奶　牛　学

张养东　施正香　主编

中国农业出版社
北　京

编者名单

主　　编　张养东　施正香

副 主 编　于建国　李庆章　陈宏

编写人员　（按撰写章节顺序排序）

中国农业科学院北京畜牧兽医研究所　王加启　张养东　赵圣国　周振峰

河南农业大学　高腾云

西北农林科技大学　陈宏　蓝贤勇　黄永震

北京农学院　高建明　蒋林树

山东农业大学　王中华

东北农业大学　李庆章　曲波　栾冬梅

内蒙古伊利实业集团股份有限公司　宋丽华　王典

江西农业大学　瞿明仁

中国农业科学院饲料研究所　屠焰

内蒙古农牧业科学院　金海　薛树媛

中国农业大学　施正香　王朝元

北京京鹏环宇畜牧科技股份有限公司　彭英霞

扬州大学　李建基　王亨　韩春杨

吉林大学　雷连成　李子义　丁壮　周玉龙　孙长江　曹永国　张乃生　张西　宫鹏涛　马馨

国家奶业科技创新联盟　顾佳升

中国农业科学院农产品加工研究所　王金枝

光明乳业股份有限公司　王光文

内蒙古蒙牛乳业（集团）股份有限公司　李梅

农业农村部奶及奶制品质量监督检验测试中心（北京）　于建国　杜洪

统　　稿　张养东　于建国

主　　审　王加启　李芸　吴克谦　梁冠生

前言

《奶牛学》历时近8年，终于诞生了！

《奶牛学》是一部全面梳理中国奶牛科学发展的现代学术专著，是研究中国奶牛品种及其育种繁殖、饲养管理和疫病防治的书籍。

奶牛的主要产品是牛奶。牛奶中含有人体必需的营养物质，奶牛被荣称为“人类的保姆”。在大千世界里爱有多种，但最纯真、最无私心、最无要求回报的、几乎近于本能的爱，就是奶牛为人类健康，义无反顾地无私奉献着。世人甚至惊呼：“一杯牛奶，可强壮一个民族。”中国奶牛将为中华民族实现伟大复兴的梦想，付出全部的爱，难道我们就不应为中国奶牛做点什么吗？我们不在意中国的牛场规模有多大、有多气派，设备有多先进，我们更在意的应是为奶牛提供了多少应有的福利。让奶牛能站着自由采食，卧着宁静反刍，愉快地接受挤奶，尊重奶牛的自然习性，让奶牛疾病发病率降到最低，这才是人类应当为奶牛做的最重要的事情，这也是我们撰写《奶牛学》的动力所在。

《奶牛学》共计15章，包括绪论、对奶牛品种、遗传、育种、繁殖、消化、泌乳、营养需要、奶牛饲料、饲养管理、奶牛场建设以及疾病防治、乳品加工、乳品品质及评价、生乳安全及评价等重要内容。

尽管作者力求深入浅出、言简意赅，其内容尽量安排合理，所用数据尽可能准确，思想立意尽可能新颖，但终因水平所限，挂一漏万、鲁鱼亥豕之误难免。所幸的是得到了许多院士、专家、教授的指导，才使本书益多误少。本书的作者均为学科的知名学者，都有国内外奶牛饲养和奶业生产的实际工作经验，多名作者已出版过多部相关科学著作，他们是本书质量的保证。在此一一表示感谢！

编　者

2022年春

目录

第一章

绪　论

第一节　中国奶牛起源与驯化

人类饮食畜奶的历史悠久。考古学家在对欧洲东南部地区出土的 2 200 多个 7 000 年前的陶器进行微痕考古学鉴定时，发现有的陶器残留有牛奶微痕。在我国，远古时代有“羊奶育孤”的传说；春秋时期有“鹿奶奉亲”的故事；汉代有“酪酥醍醐”的记载；北魏时期的《齐民要术》有世界最早、最完整的传统乳品加工技术的记载。这都说明，中国很早就开始养殖奶畜并用于挤奶饮用了。有了对饮食畜奶的需求之后，也就开始了对奶畜的驯化和饲养。

一、奶牛的起源与驯化

在古代，人类祖先驯化并饲养猪、羊、牛、马、驴等家畜，用于食肉、挤奶和役用。其中，可用于产奶的家畜被称为奶畜。奶畜种类较多，有牛、羊、马、驴、驼等。就牛而言，主要有黄牛、水牛和牦牛等。这时期所谓的奶牛，多是肉、乳、役兼用型品种，没有现在意义上的仅用于产奶的专用型品种。后来，人们逐渐培育出了一些专门的乳用品种，主要品种有荷斯坦牛、娟姗牛等。

1. 兼用型奶牛的起源与驯化

(1) 黄牛。黄牛的驯化时间距今约 7 000 年，这在我国出土的家养黄牛骨骼化石遗址中可得到考证。这些遗址有裴李岗遗址、贾湖遗址、磁山遗址等。有关黄牛渊源，众说纷纭：有外来说、有中国培育说、有祖先单元育成说、有黄牛祖先多元融合说等。但最流行的说法是起源于褐牛及其祖先原牛，早在新石器时代由古羌人驯化、培育而流传下来的。

(2) 水牛。水牛属分两个亚属，分别是亚洲水牛亚属和非洲水牛亚属。由于非洲水牛亚属没有被驯化，因此现有水牛的祖先都是由亚洲水牛亚属的野水牛驯化而来的。据研究推测，水牛驯化的时间最早在美索不达米亚的阿加德王朝期间，或在公元前 2 500 年印度河流域的上古文明期间。也有学者认为，驯化水牛始于史前或商代。中国水牛来自东南亚，或由中国本地种驯化而来。

(3) 三河牛。三河牛，因育成并主要分布于大兴安岭西麓额尔古纳市的三河地区（根河、得耳布尔河、哈布尔河）而得名。三河牛是我国自主培育的优良乳肉兼用品种，其血缘关系比较复杂，是三河地区的蒙古牛与多个品种（西门塔尔牛、西伯利亚牛、俄罗斯改良牛、后贝加尔牛、塔吉尔牛、雅罗斯拉夫牛、瑞典牛和日本北海道荷兰牛）杂交后，经系统选育而形成的，在育成过程中受西门塔尔牛影响最大。19 世纪末 20 世纪初，当时的俄国人携带多个品种的乳用或乳肉兼用型奶牛到达三河地区，这些奶牛与本地蒙古牛进行着无目的初级杂交，改善了本地蒙古牛的生活习性和生产性能。20 世纪 50—70 年代，国家加强了对三河牛的育成，重点实施了有计划的杂交和横交固定，最终育成了三河牛品种。80年代，三河牛通过农业部门品种审定，并入选《中国牛品种志》。

(4) 新疆褐牛。新疆褐牛是20世纪以伊犁、塔城地区本地黄牛为母本，引入瑞士褐牛、阿拉托乌牛和科斯特罗姆牛与之杂交，长期选育而成的优良乳肉兼用品种。包括原伊犁地区的伊犁牛、塔城地区的塔城牛和其他地区的褐牛，这些牛曾被称为新疆草原兼用牛。1983年经专家组验收鉴定，并命名为新疆褐牛。

(5) 中国草原红牛。中国草原红牛，是从20世纪50年代初开始，在吉林、内蒙古、河北和辽宁等草原地区，以兼用型短角牛为父本、草原地区蒙古牛为母本，经历杂交、横交固定和本群扩繁等阶段，在放牧饲养条件下育成的乳肉兼用新品种。1985年正式命名为中国草原红牛。目前，主要分布在吉林省白城市的通榆、大安、洮南、镇赉等县市和松原市的乾安、长岭县，内蒙古自治区赤峰市的翁牛特旗、巴林左旗、巴林右旗、克什克腾旗、敖汉旗等地以及河北省张家口地区。

(6) 中国西门塔尔牛。中国西门塔尔牛的育成历经百年，19世纪末被引入，法国军队将法国东南部的红白花奶牛（法系西门塔尔牛）引到上海，但这些西门塔尔牛多不与中国本地牛杂交。20世纪初，大量西门塔尔牛引入中国各地，开始与中国地方黄牛或其他品种杂交。20世纪50年代，经过有计划的纯种引进、杂交改良、横交固定、闭锁繁育、再引进提高、扩繁选育等阶段，最终育成了中国西门塔尔牛，并于2002年通过国家畜禽遗传资源委员会新品种审定。中国西门塔尔牛分平原、山区和草原3个类群，广泛分布于全国除港澳台以外的31个省份。

2. 中国荷斯坦奶牛的引进和培育

中国荷斯坦奶牛，俗称中国黑白花奶牛，培育工作始于19世纪中叶。在中国的外国人为满足饮奶需要，从国外带来一些乳用型或兼用型的奶牛品种，有荷斯坦牛、爱尔夏牛、娟姗牛、瑞士褐牛、短角牛等。其中，荷斯坦奶牛产奶量高，花色喜人，备受养殖者喜爱。这些荷斯坦奶牛开始与中国本地牛杂交，并取得了较好的效果。荷斯坦牛引入我国后，一方面在小范围内进行纯种繁育；另一方面也使用纯种荷斯坦公牛对本地黄牛进行杂交改良，以提高奶牛的数量。经过数世代的级进杂交（upgrading）后，进行杂种牛的横交固定。又经过多世代的选育，逐步形成了特性、特征表现一致、遗传稳定、适应性强的奶牛群体，最终育成适应中国饲养条件的中国荷斯坦奶牛品种。1985年经农牧渔业部品种审定，正式命名为中国黑白花奶牛新品种，成为我国奶牛业发展史中第一个自主培育的奶牛专用品种。1992年，农业部将中国黑白花奶牛品种更名为中国荷斯坦牛（Chinese holstein）。

二、奶牛业的形成

中国奶牛业的形成经过了漫长的过程，大致可分为3个时期：一是萌芽期，时间是中华人民共和国成立以前的漫长历史阶段；二是发展期，时间是中华人民共和国成立以后至2008年；三是转型期，时间是2009年至今。

1. 萌芽期

我国自古就有饮食畜奶的习俗，并形成了浓厚的奶文化。但据史料推测，中原广大区域和沿海地区以农耕和渔业为主，养殖奶畜挤奶饮用的习惯明显不如北方及边疆游牧民族。因此，在漫长的历史时期，以奶牛养殖并挤奶饮用或加工的产业并没有出现，只是零星出现在少数地区、少数人群，仅仅为一项副业。奶牛业作为一个产业发展的萌芽始于19世纪，随着外国人在中国数量的增加，有着饮奶习惯的外国人为满足饮奶的需要，随船带来了本国的奶牛，并饲养在教堂、学校、工厂和住所的周边，用于挤奶饮用。同时，也培养了一批中国城市饮奶消费者。

这一时期，初步形成了城市型奶牛业的雏形，并带动了城市周边奶牛业的发展。一些城市打工者看到奶牛饲养商机，在郊区购地、购牛，开始饲养奶牛。当时饲养的奶牛有的是本地品种，有的是引进品种，有的是引进品种与本地牛杂交品种。饲草料是有什么喂什么，饲养管理极为粗放，奶牛没有像样的牛舍，手工挤奶，用冷水降温，多不加工直接饮用，后期才开始进行简单的加工处理，如加热消毒等。这一时期，奶牛业家底薄、基础差。如 1949 年奶牛存栏仅 12 万头，牛奶产量 200 kt，人均奶类占有量只有 0.4 kg。这是中国奶牛业发展的萌芽期。

2. 发展期

中华人民共和国成立后，在国家、集体和个人的共同努力下，我国奶牛业得到了迅猛发展。到 2008 年，我国奶牛存栏量达 1 233.5 万头、牛奶产量 35 558 kt，分别是 1949 年的 103 倍和 178 倍（表 1－1）。纵观近 60 年的发展，又可分为 4 个阶段：

(1) 中华人民共和国成立初期（1949—1957）。这一时期国家鼓励和扶持个体私营奶牛养殖（表 1－1），是加快奶牛养殖的恢复和发展期。其中，包括 4 年恢复期（1949—1952）和第一个五年发展计划期（1953—1957）。

表 1－1 1949 年和 2008 年奶牛业发展概况比较

年份	奶牛存栏量（万头）	牛奶产量（kt）
1949	12	200
2008	1 233.5	35 558

三年恢复期国家鼓励和扶持个体私营，奶牛饲养以私营为主。1955 年，北京市、上海市、天津市的奶牛养殖户数分别达到 655 个、131 个和 240 个，分别比 1949 年增长了 9.9 倍、1.0 倍和 1.7 倍。

在第一个五年发展计划期间，通过建立互助组、建立合作社、实施公私合营和发展国营奶牛场等措施，以生产资料私营为基础的个体私营奶牛饲养逐步被以生产资料公有制为基础的集体、国营奶牛饲养代替。在饲养管理上，有了一些国营奶牛场模式；科研上，开始了牧草资源的勘察、品种培育，研发了犊牛代乳料，进行了青贮和氨化秸秆的尝试等。

这一时期，集体、国营奶牛场开始建立并逐步占据主导地位，为奶牛品种改良育种提供了基地，开展了奶牛育种登记工作。例如，1956 年公私合营成立的上海牛奶公司，对全市牛群进行了牛只来源、生产性能、健康状况的普查。

这一时期，奶牛繁殖主要推广了新鲜精液的人工授精和人工授精技术培训。1952 年，北京双桥农场应用新鲜精液给奶牛人工授精并取得成功。1956 年后，北京、上海、武汉、长春、哈尔滨等 10 多个城市的国营奶牛场都开始应用人工授精技术，并逐步向国内其他地方推广。

这一时期，疫病防控工作主要是成功消灭牛瘟，基本控制了牛肺疫、炭疽、气肿疽、布鲁氏菌病等。为加强牛肺疫的控制，农业部颁布了《关于从牛肺疫安全区运出牛只的暂行规定》，并相继成立了兽医、医药研究所，加强了奶牛疫病防控工作。在奶牛的结核病、布鲁氏菌病、牛瘟、口蹄疫及其疫苗防治等方面做了大量技术工作。

(2) 计划经济阶段（1958—1978）。国营奶牛养殖推动了奶牛业的稳定发展。这一时期具有以下特点：

① 从经济体制上，国家引导和扶持国营奶牛业发展，奶牛饲养呈现出以国营为主、集体为辅的局面。1978 年，全国奶牛存栏量 48 万头，其中国营奶牛场饲养 37 万头、集体饲养 8 万头，分别占 77%和 17%，个体饲养仅占 6%。从区域上看，奶牛饲养由前期多集中于城市开始走向城郊或远郊。从饲养管理上看，国营奶牛场拥有较完善的牛舍，并不断强化饲养管理，其饲养管理水平普遍得到提升，包括奶牛饲养管理制度、配种工作制度、防疫制度、兽医工作制度等。为满足奶牛草料需求，国家供给饲料粮或划拨饲料地。1973 年，北京市规定，每交售商品奶 1 325 g 供应饲料粮 500 g；每增

加 1 头成年奶牛，供应饲料粮 2 100 kg，平均每个饲养日 2.5 kg 饲料粮；每出售 1 头青年母牛供应饲料粮 150 kg，种公牛每头每天供应饲料粮 4 kg。1974 年，中共北京市委指示，各农场要为每头成年奶牛配套 0.27～0.33 hm^2 的饲料地。从科研上，探索草畜配套建立了人工种草示范区，开始引进苏联的挤奶机，探索机械化挤奶技术。

② 这一时期建立了育种组织，制定了育种目标，实施了育种技术措施。1961 年，成立了北京市国营农场奶牛育种小组；1962 年，对当时北京黑白花奶牛的体质外型、生产性能及生长发育进行了普查；1963 年，比较了北京黑白花奶牛群中不同来源种公牛的杂交效果，有效改善了乳成分，改良了尻部和乳房结构，比较适合北京养殖。1964 年编写的《北京黑白花奶牛育种资料汇编》（第一集），公布了北京黑白花奶牛鉴定图谱，详细规范了整体观察和鉴定、外貌部位的观察与鉴定等。同时，随着集中管理种公牛，初步构建了奶牛良种繁育体系。最受关注的是 1972—1973 年，分别成立了北方地区中国黑白花奶牛育种科研协作组和南方地区中国黑白花奶牛育种科研协作组。在协作组的推动下，制定了奶牛育种目标和方案，建立了种公牛站，探索了种公牛育种值估计和遗传评定方法，进行了良种登记，加强了科学研究和培训，奶牛育种工作取得了很好的成效。

③ 这一时期，随着颗粒冷冻精液的研制与应用，奶牛繁殖开始推广冷冻精液人工授精技术。20 世纪 60 年代初，内蒙古畜牧科学院和黑龙江畜牧研究所都曾采用干冰（－79 ℃）作冷源，用安瓿分装冻精，并取得成功。1963 年，北京市北郊农场、中国农业科学院畜牧研究所等，用干冰作冷源成功研制出奶牛颗粒冷冻精液，拉开了中国奶牛冷冻精液人工授精的序幕。

④ 这一时期，疫病防控工作延续了中华人民共和国成立初期（1949—1957）的工作，重点对严重危害奶牛的疫病进行扑灭和控制。

(3) 改革开放阶段(1979—2000)。改革开放为奶牛业快速发展提供了机遇。

① 从所有制上，个体、集体、国有、外资共存，推动了奶牛业的快速发展；从区域上，奶牛开始下乡，由城郊向广阔的农村拓展；从模式上，有家庭散养、个体专业户、养殖小区、规模化牧场等多种模式。从饲料供给看，取消了供给饲料粮，国家放开了饲草料价格，其供给走向市场。从饲养管理看，1985—1986 年，农牧渔业部先后颁布了《高产奶牛饲养管理规范》和《奶牛饲养标准》，奶牛养殖更加规范；同时，加强了牧草品种培育，1986—2002 年通过全国牧草品种审定委员会审定登记的品种达 250 个，其中苜蓿有龙牧 801 和龙牧 803 两个抗寒新品种；并大力推广青贮、氨化饲料及配套技术，开发了奶牛饲料添加剂。所有制、模式多样，区域更加广阔，饲养更加科学，管理更加规范，改革开放的大环境有力地推动了奶牛业的快速发展。

② 奶牛育种取得显著成效，1985 年，中国第一个自主培育的奶牛专用品种中国黑白花奶牛正式通过品种审定。为加强奶牛群体改良，开展系列群体遗传改良基础工作，主要有建立奶牛个体识别体系、建立品种登记体系、建立奶牛生产性能测定体系、建立国家奶牛育种数据处理中心、推行奶牛外貌线性评分系统、构建青年公牛后裔测定技术体系、加强高产核心母牛群的选育等。

③ 在推广颗粒冷冻精液后，繁殖又有了新突破，开始了细管冷冻精液的研制和应用。1979—1980 年，上海牛奶公司自行研制细管分装机生产细管冷冻精液，11 个省份应用验证，情期受胎率达到了 57.5%，但成果没有得到有效推广。1981 年，利用联合国开发计划署对中国的援助，北京市种公牛站引进国外设备生产细管冷冻精液，开始在全国推广应用，并取得了初步成效。为规范冷冻精液的制作和保障其质量，1984 年国家标准局颁布了《牛冷冻精液》国家标准。此期，也开始了性控冷冻精液的研究，但仅处于起步阶段。这一时期，与繁殖相关的胚胎生物技术也开始研究和应用，并取得了较好成效。

④ 在扑灭和基本控制一些重大危害疾病的情况下，此期奶牛疾病防治技术得到突破和发展，重点研制了一些奶牛疾病生物制品、化学药品等，出台了系列法规和标准。1979—1993 年先后出台了《兽药管理条例》《中华人民共和国进出口动植物检疫条例》《中华人民共和国家畜家禽防疫条例》《中华人民共和国兽用生物制品规程（1992 年版）》《兽药生产质量管理规范（2020 年修订）》等法规和标准。

(4) 21世纪初期(2001—2008年)。科学技术进步加快了奶牛业的发展，推进了规模化、集约化、标准化和一体化建设，推进了奶牛饲养模式的转型。

实施系列专项和示范工程，基础研究和科技示范获得了重大突破，新技术、新成果被广泛应用，奶牛饲养水平快速提升。从饲养上，奶牛配合饲料从无到有，并迅猛发展；全混合日粮、全株玉米青贮等大力推广和应用，信息化、机械化不断增强。从育种上，高产母牛核心群不断壮大，种公牛培育进展较快，大力推广了奶牛生产性能测定技术。从繁殖上，性控技术开始推广应用，胚胎生物技术得到了有效应用。从疫病防控上，加强了奶牛保健和疾病综合防治，建立了动物防疫体系，并逐步法制化。2006年，奶牛养殖实现迅猛发展，成就显著。2008年，奶业遭遇婴幼儿奶粉事件，奶业发展受挫。为促进我国奶业持续健康发展，国务院出台了国发〔2007〕31号文件，提出了奶牛养殖的八条扶持和补贴政策。为规范奶业发展，国家又颁布了《乳品质量安全监督管理条例》，使奶业进入整顿和振兴期，并加快了转型升级的步伐。

3. 转型期

2009年至今，中国奶业得到了迅猛发展，取得了令人瞩目的成就。2010年，修订并颁布了《食品安全国家标准 生乳》等66项国家标准，奶业发展实现了有法可依，依法生产；同时，国家加大了对奶业的扶持力度，每年10亿元扶持标准化规模养殖和5.25亿元扶持苜蓿种植与加工等；奶牛业转型升级的步伐明显加快。2015年，我国奶牛100头以上存栏比例达到48.3%，比2009年提高了21.5个百分点；全国2万多个奶站，减少至0.9万个，全国1 000多家乳品加工企业减少至600多家，集约化程度进一步提高；2015年，牛奶产量37 550 kt，较2009年35 209 kt增长了2 341 kt，保持了稳定发展（表1-2)。

表1-2 奶牛业发展概况比较

年份	奶牛存栏量（万头）	牛奶产量（kt）	100头以上比例（%）
2009	1 260.3	35 209	26.8
2012	1 993.9	37 436	37.3
2015	1 470.0	37 550	48.3

第二节 发展奶业的意义

奶业是关系人类健康的重要产业，发展奶业强壮民族、普惠民生。同时，奶业是经济、高效的产业，是畜牧业的重要支柱，世界各国都将奶业发展作为发展农业经济的重中之重。奶业发达国家奶业产值占畜牧业和农业产值都在20%以上，而我国目前奶业产值仅占农业总产值的2%，占畜牧业产值的5%。因此，我国将下大力气发展奶业，并将奶业作为优先发展的产业。

一、发展奶业与国民经济的关系

奶业产业链长、科技含量高，涉及奶牛饲养、牛奶加工、市场流通等环节。发展奶业，一是有利于调整农业产业结构。在农业发达的欧洲国家，奶业产值占农业总产值的第1位，而我国目前的奶业产值仅占农业总产值的2%。二是有利于调整种植结构。现代奶业的发展将进一步优化种植结构，促进种植业从“粮经”二元结构向“粮经饲”三元结构转变。三是有利于调整畜产品结构。在现代农业国家的畜产品结构中，肉类和奶类产量的比例为1∶2，而我国的比例仅为1∶0.5，来自奶类的蛋白质的量仅为1.5 g，而发达国家为15 g。四是有利于调整劳动力就业结构。奶业属于劳动密集型产业，既可以促进饲料饲草种植、奶牛养殖等第一产业的发展，又可以带动食品加工、饲料加工、机械制造等第二产业的发展，还可带动储运、营销等第三产业的发展。

与其他畜牧业相比，奶业经济、节粮、高效，有利于提高农业资源利用率、保护农业生态环境、促进农业可持续发展。众所周知，我国耕地有限，用于发展畜牧业的粮食有限，但青、粗饲料资源相对丰富，奶牛可充分利用低等植物蛋白、非蛋白氮，有效避免了与人及其他畜禽争夺粮食，是节粮型畜牧产业。另外，奶牛饲料转化率较高，用 1 kg 饲料饲喂奶牛其产品中转化的蛋白比猪高出 2 倍多。因此，奶业是经济型、高效型的畜牧产业。

发展奶业有助于农业产业结构调整，有助于节粮高效，是国民经济发展的重要组成部分，并将成为国民经济增长的重要贡献点。

二、奶业与人类健康

牛奶营养丰富，500 mL 牛奶所含的营养物质能满足人体每天 50％的动物蛋白质、30％的热能和 50％的钙需要量。其蛋白质含有维持人类生命所必需的全部氨基酸，而且比例搭配适当；其脂肪含有较多的短链脂肪酸，易于消化，且胆固醇大大低于其他动物性食品；其碳水化合物主要是乳糖，在小肠中转化为乳酸后能维护肠道良好的微生态环境；其钙磷比例恰当，对预防儿童和老人缺钙症极为重要。牛奶也是维生素的重要来源，对促进儿童的身体发育和智力提高有良好作用。多年来，许多国家积极扩大本国的奶产品生产和消费。日本通过实施“一杯牛奶强壮一个民族”的行动，极大地改善了国民的身体素质。泰国 1985 年成立了泰国国家喝奶推广委员会，经过 15 年的努力，终于取得了令人瞩目的成就，18 岁男青年身高平均增长 4 cm，女青年平均增长 3 cm。这些事实及其他发达国家的发展历史证明，一个民族的长寿与健康，一个人的身体素质、耐力、智力、体力等方面的提高都与牛奶的消费量直接相关。正因为奶在人类进步与社会发展中的重要地位，世界卫生组织早已将人均奶产品消费量作为衡量一个国家人民生活水平的主要指标。

目前，奶产品已成为我国人均占有量大大低于世界平均水平最为突出的大宗农产品。奶产品消费水平偏低，已影响到全民族体质的增强与智力的提高，影响到中华民族的复兴大业。受不合理膳食结构的影响，我国各年龄段人群不同程度地缺钙。据抽样调查，儿童与中老年人的摄入量仅为推荐量的 40％，青少年与成年人不到 50％。我国儿童 1 岁前发育情况与外国儿童没有明显差异，而 1 岁后的生长速度较国外儿童减慢，到青春期更加明显。由于钙摄入量不足，婴幼儿佝偻病患病率达 15％～17％，生长迟缓检出率平均为 35％，个别贫困地区高达 50％。一方面，奶产品消费过低，饮食结构不合理；另一方面，落后的营养观念，导致人们通过药补来补充生长发育需要的营养物质。大力宣传科学的营养观，提高人们的奶产品消费水平，已成为全社会健康持续发展的战略需要。

三、奶业生产、消费与市场预测

1. 奶牛存栏和牛奶产量预测

纵观 1949 年后的奶业发展，奶牛存栏由 1949 年的 12 万头增长至 2015 年的 1 470 万头，年均递增 8％。牛奶产量由 200 kt 增长至 2015 年 37 550 kt，年均递增 8.7％。但不同历史阶段，奶牛存栏和牛奶产量的年均增幅差异较大。以 10 年为一发展阶段，各阶段奶牛存栏和牛奶产量年均递增率见表 1－3。

表 1－3　1949—2020 年奶牛存栏和牛奶产量统计

年份	奶牛存栏量（万头）	10 年均递增率（％）	牛奶产量（kt）	10 年均递增率（％）
1949	12		200	

（续）

年份	奶牛存栏量（万头）	10年均递增率（%）	牛奶产量（kt）	10年均递增率（%）
1959	19	4.7	270	3.0
1969	26.8	3.5	510	6.6
1979	55.70	7.6	1 065	7.6
1989	252.6	16.3	3 813	13.6
1999	424.1	5.3	7 176	6.5
2009	1 260.3	11.5	35 208	17.2
2015	1 470.0	1.2	37 550	0.9
2020	1 650.0	1.5	50 000	3.5

从表 1-3 可以看出，奶牛存栏量和牛奶产量都达到一个新的高度，且随着资源和环境约束的趋紧，未来奶牛存栏量和牛奶产量的增幅都会趋缓。但在转型升级中，牛奶产量的增幅将高于奶牛存栏量的增幅。据统计，2020 年奶牛存栏量和牛奶产量的增幅分别为 1.5%和 3.5%，奶牛存栏量增至 1 650 万头，牛奶产量将接近 50 000 kt。

2. 奶业消费预测

消费是生产的最终目标和源动力。奶类消费水平受消费习惯、收入水平、供给水平、人口水平等多种因素的影响。居民收入每增长 1%，将拉动乳制品消费水平增长 0.8%。排除其他影响，2020 年居民收入将翻一番。据此推算，2020 年乳制品的消费市场将增加 0.8 倍。考虑人口总量在增长，以 2012 年人均乳制品消费 32 kg 计算，2020 年人均乳制品消费水平达到 40 kg 左右。

3. 奶业市场预测

（1）奶业发展进入转型升级的调整时期。到 2006 年，中国奶业已基础牢固、态势向好，产奶量稳居世界第三大国。但在迅猛发展的过程中，也出现了一些急需解决的矛盾和问题。就奶牛养殖而言，仍有 60%的奶牛是小规模饲养，小、散、低的局面没有得到根本扭转。突出的表现是奶牛养殖效益较低，生乳质量安全水平不高。就乳品加工而言，奶源基地建设滞后，养殖与加工没有建立良好的利益联结机制。乳品企业产品同质化严重，存在着一定的恶性竞争。乳品消费缺乏科学饮奶知识，对乳制品消费存在着一定的盲目性。这些矛盾和问题都是奶业发展中不可避免的，是传统奶业无法突破的，必须立足转型升级加快调整。2004 年，中国奶业协会在河北石家庄召开第一届中国奶牛发展大会，倡导奶业走集约化之路，开启了中国奶业的转型升级之门。2006 年的规模化、2008 年的标准化和 2010 年的一体化，都不同程度地推动了奶业的转型升级。特别是 2007 年国务院颁布《关于促进奶业持续健康发展的意见》（国发〔2007〕31 号）文件，提出并实施了扶持奶业发展的八条措施。在各级奶业主管部门和研究部门的指导下，中国奶业加快了由传统奶业向现代奶业过渡转型的步伐，成功应对了 2006 年的波动和 2008 年的婴幼儿奶粉事件，保持了奶业稳定增长。未来，中国奶业将融入国际奶业，必须持续健康发展，提升产业竞争力，进一步加大转型升级调整的步伐。因此，未来无论是奶牛养殖，还是乳品加工，各自或相互的整合还将继续，直至达到一个和谐发展的新格局。

（2）巴氏鲜奶将引领液态奶消费。巴氏鲜奶，是采用巴氏灭菌法加工的牛奶。用巴氏灭菌法加工牛奶既可杀死对健康有害的病原菌又可使乳质尽量少发生变化，最大限度地保留了牛奶中的活性物质。从口味和营养上来说，巴氏鲜奶是乳制品中最完美、营养最丰富的。据报道［国际乳业联合会(IDF)1981 年第 130 号《技术公告》］，与超高温瞬时（UHT）灭菌的直接法相比，巴氏灭菌法有不可超越的优势，其中乳清蛋白变性率降低 56 个百分点，可利用赖氨酸损失率降低 2 个百分点，维生素 C 损失率降低 5.3 个百分点，蛋氨酸损失率降低 24 个百分点。因此，就风味和营养而言，巴氏鲜奶最接近于生乳，备受各国消费者青睐。从国际上看，90%的国家乳制品消费都以巴氏鲜奶为主，美国、日本、韩国、英国、澳大利亚、新西兰、荷兰、加拿大、丹麦、冰岛、挪威、瑞典、芬兰等国家，巴氏鲜奶的消费量都占液态奶的80%以上。2000年以前，我国乳制品消费以巴氏鲜奶为主，市场份额高达70%。但受多种因素（布局、农村需求、外资注入、消费引导、运输及保存设施等）的影响，2006—2007年，巴氏鲜奶占液态奶的份额曾一度低至18%。自2008年后，乳品企业和消费者再次关注巴氏鲜奶，巴氏鲜奶的市场份额逐年增加。随着消费者对巴氏鲜奶认知度的提高，习惯会逐步改变；同时，随着乳品企业产品结构的调整，运输、储存、布局等条件的改善，巴氏鲜奶一定会引领乳品消费的潮流。

(3) 功能性牛奶的消费需求将进一步上涨。功能性食品是指在基本营养功能之外还具备提高人体免疫力、调节生理节律、预防疾病和促进康复等功能的食品。功能性食品具有3个典型特征：①必须是无毒、无害，符合应有营养要求的食品；②具有经过科学验证的保健功能；③不以治疗为目的，不能取代药物对病人的治疗作用。

功能性牛奶，除了具备普通牛奶应有的功效外，还具有其他的保健功能。这些功能可以是原料奶固有的，也可以是在加工过程中赋予的。如通过营养调控或生物、免疫等技术，使奶牛生产富含某种特殊功效的生鲜乳，如富含共轭亚油酸（CLA）、乳铁蛋白、短链不饱和脂肪酸等；或通过加工赋予，如发酵乳产品、维生素或微量元素强化奶等。未来，具有特殊功效的功能性牛奶的消费需求将进一步上涨，原因有3个方面：一是生产者通过生产功能性牛奶可获得更高的收益；二是加工者可通过加工功能性牛奶获得更强的竞争力和更高的收益；三是消费者对功能牛奶有特殊需求。欧盟注重功能性食品的发展，功能性食品在整个包装食品中的比例2003年高达24%。在欧盟功能性食品中，功能性乳制品的比例平均为32%。法国更高，达52%。我国功能性牛奶的生产、加工和消费刚刚起步，还有巨大的发展空间。

(4) 国内外乳品的博弈加剧。我国奶类人均消费量较低，平均只有30 kg左右，约是亚洲平均消费水平的1/2、世界平均消费水平的1/3。随着人口的增长、膳食结构的改善和城镇化水平的提高，乳品消费市场潜力巨大。面对我国乳制品消费巨大的潜力，国内外乳品企业都积极运筹，抢占中国乳制品消费市场，国内外乳品的博弈加剧。

2016年，我国乳制品产量29 932 kt，进口乳制品1 956 kt，进口乳制品占国产乳制品总量的6.5%。其中，干乳制品进口1 300 kt，占国产干乳制品总量的50.7%。目前，向中国输入乳制品的国家或地区达30多个，主要包括新西兰、美国、澳大利亚、德国、法国、丹麦、新加坡、瑞典和荷兰等。进口品种有鲜奶、酸奶、奶油、干酪、奶粉、炼乳和乳清等七大品种。因此，无论从数量来看，还是从来源和品种来看，国外乳制品已大量进入中国，并呈增加趋势。

(5) 乳制品市场呈多元化趋势。我国区域较广、人口众多，且生活和风俗习惯多样，乳制品消费随之也出现多元化。1949年，我国奶业刚刚起步，牛奶是奢侈品或特供品，主要向老人、病人和儿童提供。这一时期，因奶粉好储存、方便运输，其产品主要以奶粉为主，只有少量的消毒牛奶。后来，液态奶产量逐渐增多，并占据很大份额。如2016年液态奶产量27 371 kt，占总产奶量的91%以上。其中，UHT灭菌奶以其货架期长和常温保存的优势，在液态奶销售中占据鳌头，成为液态奶中的主导产品。随着人民生活水平的不断提高，对乳制品品质和种类的要求也不断提高，产品多元化已经成为市场最迫切的需求。

在乳制品消费品种多元化的趋势下，液态奶仍将占据主导位置。但它的品种结构会有所改变，口感好、新鲜度高、营养价值高的低温消毒的巴氏杀菌乳的份额比重将增加。酸乳的生产量和消费量也将增加。针对性（如低脂乳、低乳糖乳、高血压因子发酵乳、降胆固醇功能乳、降血糖功能乳、婴幼儿免疫乳等）或具有特殊保健功能（如富含共轭亚油酸鲜乳、双歧酸乳等）的产品逐渐兴起，越来越受到消费者青睐。

在固体乳制品中，奶粉仍是一朵奇葩，因为它适合于各个年龄阶段的消费者饮用。在奶粉中，适合不同年龄阶段的婴幼儿配方奶粉和中老年配方奶粉将备受业界关注。除奶粉之外，各种奶酪、奶油、炼乳等产品也会有所增加，但预计短时间内增幅不大。

第三节　我国奶业的现状及发展方向

一、我国奶业的现状及生产消费水平

1. 奶牛生产概况

(1) 奶牛存栏量和牛奶产量。2015 年，全国奶牛存栏量 1 470 万头，是 1949 年的 123 倍，年均递增 8%。牛奶产量 37 550 kt，是 1949 年的 188 倍，年均递增 8.7%（表 1-4）。奶牛存栏约占世界总量的 8%，奶类产量占世界总量的 6%，是名副其实的第三产奶大国，近年来对全球奶类产量的增长做出了重大贡献。

表 1-4　1949—2015 年我国奶牛存栏量和牛奶产量

年份	奶牛存栏量（万头）	牛奶产量（kt）	年份	奶牛存栏量（万头）	牛奶产量（kt）
1949	12	200	1999	424.1	7 176
1959	19	270	2009	1 260.3	35 208
1969	26.8	510	2010	1 420.1	35 756
1979	55.70	1 065	2011	1 440.2	36 578
1989	252.6	3 813	2015	1 470.0	37 550

(2) 标准化规模养殖水平。近年来，随着养牛产业化的发展、集约化的经营管理，养牛场的规模发生了变化，养牛场的数量大幅度减少。2015 年，全国存栏量 100 头以上的奶牛规模养殖比例达 48.3%，比 2008 年提高 28.8 个百分点（表 1-5）。2016 年，机械化挤奶率达 95%，比 2008 年提高 44 个百分点。奶牛品种以荷斯坦牛为主，占 80%以上，其他品种有西门塔尔牛、三河牛、新疆褐牛、娟姗牛等。在种公牛评定方面，采用全基因组选择和后裔测定相结合的方法，大大加快了优良种公牛的选育速度。在繁殖方面，全国普及了人工授精技术，应用了胚胎技术，并自主生产了性控冻精。这些技术的普及和提升，有效地提高了奶牛单产水平。2015 年，奶牛单产水平达到 6 t，比 2008 年增长 1.2 t。目前，“小、散、低”的局面正慢慢得到改善，未来奶牛养殖将以标准化规模养殖为主。

表 1-5　2008—2015 年我国奶牛规模养殖（%）

养殖规模	2008 年	2011 年	2013 年	2015 年
20 头以下	63.90	48.90	43.0	37.5
100 头以上	19.5	32.9	41.1	48.3
500 头以上	10.1	20.8	27.7	34.0

在中国奶业第一大省份内蒙古，2014 年散养的荷斯坦牛仅有 56.9 万头，比 2013 年同期减少 41.6 万头。同时，规模化养殖的奶牛增加 32.5 万头，规模化率也从 2013 年的 52%上升至 2014 年的 71%。

奶业第二大省份黑龙江的奶牛散养比例已从过去的 80%左右下降到目前的 50%左右。以此速度，未来 5～10 年时间，散户或将全部退出黑龙江市场，取而代之的是规模化养殖。此外，山东、青海、陕西等中国重要的乳品生产地区，奶牛规模化养殖量也正在快速增长。

(3) 区域布局。我国幅员辽阔，各地自然资源、气候条件差异明显，影响着各区域奶业的生产，其生产模式、发展水平都呈现出不同的特色。为适应不同区域奶业发展，全国奶业划分为 5 个奶业产区，即东北内蒙古奶业产区、华北奶业产区、西部奶业产区、南方奶业产区和大城市周边奶业产区。

① 东北内蒙古奶业产区。包括黑龙江、吉林、辽宁和内蒙古等4个省（自治区），区域有农区、牧区、农牧结合区等奶业发展类型。区域内有多家国内外著名的乳品加工企业。区域特点是饲草饲料资源丰富，气候适宜，饲养成本低，奶牛群体基数大，但单产水平不高，分散饲养比重较大，与主销区运输距离较远。有必要加快推进奶牛标准化规模养殖，扩大优质奶源基地。鼓励发展家庭牧场，兼顾奶牛养殖小区发展，兼顾奶山羊生产。要通过政策、技术、服务等综合手段，综合提升该区域奶牛生产水平。优先发展液态乳、奶粉、干酪、乳清粉、奶油等。液态乳中引导发展巴氏杀菌乳、酸乳等产品，严格控制建设同质化、低档次的乳品加工项目。

② 华北奶业产区。包括河北、河南、山东、山西等4个省。此区域奶业发展类型主要是农区奶业。区域特点是地理位置优越，人口集中，养殖和加工基础较好。此地区重点发展标准化规模养殖，鼓励发展家庭牧场，兼顾奶山羊生产，探索资源综合利用新模式；优先发展液态乳（巴氏杀菌乳、超高温灭菌乳）、酸乳、奶粉、干酪等产品，合理控制加工项目建设。

③ 西部奶业产区。包括陕西、甘肃、青海、宁夏、新疆和西藏6个省（自治区），区域有农区、牧区、农牧结合等多个奶业发展类型。区域特点是奶牛养殖和牛奶消费历史悠久，但牛奶商品率偏低，奶牛品种杂，养殖技术落后，单产水平低，同时区域内草原生态保护压力大。重点发展适度规模的奶牛场、家庭牧场和奶牛养殖小区，在牧区大力推广舍饲、半舍饲养殖，兼顾山羊乳、牦牛乳、马乳、驼乳等生产。同时，集中力量，改善草原生态条件和产出能力，发展节粮型奶业，构建国内最大的特色奶业带。主要发展便于储藏和长途运输的奶粉、干酪、奶油、干酪素等乳制品，适度发展巴氏杀菌乳、超高温灭菌乳、酸乳等产品，合理控制加工项目建设，鼓励发展具有地方特色的乳制品。

④ 南方奶业产区。包括湖北、湖南、江苏、福建、安徽、江西、广东、广西、浙江、海南、云南、贵州、四川等13个省（自治区）。区域内的特点是地处亚热带、高温湿热，适宜发展奶水牛，乳制品消费市场大。该区域重点发展奶牛适度规模养殖场，广西、云南及其他有条件的省（自治区）鼓励开展奶水牛品种改良与饲养；主要发展巴氏杀菌乳、干酪、酸乳，适当发展炼乳、超高温灭菌乳、奶粉等产品，根据奶源发展的情况和分布，合理布局乳制品加工企业，鼓励开发水牛奶加工等具有地方特色的乳制品。

⑤ 大城市周边奶业产区。包括北京、天津、上海和重庆等直辖市。大城市郊区是我国重要的奶源和乳制品生产基地，通过“菜篮子”工程的实施，奶业生产已形成了一定规模，生产水平较高。区域内有多家国内著名乳品加工企业。该区域乳制品消费市场大，加工能力强，牛群良种化程度高，部分农场的奶牛单产水平达到10 000 kg以上；存在的主要问题是环境保护压力大，饲草饲料资源紧缺。对于上述地区，要着力培育高产奶牛核心群，提高奶牛育种选育水平，推进标准化生产，全面开展粪污无害化处理和资源化利用，大力发展都市型奶业。主要发展巴氏杀菌乳、酸乳等低温产品，适当发展干酪、奶油、功能性乳制品，原则上不再布局新的乳品加工项目。

(4) 生乳质量安全水平。2015年，经清理整顿，全国2万多个奶站减少至0.9万个，取缔了一些不达标奶站和一些违法流动收奶点。同时，国家加强生乳的质量监测。2015年，全国累计抽检生乳样品7.7万批次，蛋白质、脂肪等理化指标全部合格，三聚氰胺全部符合国家限量管理规定，铬、铅等指标全部符合国标要求，没有检出皮革水解物等违法添加物。按照《食品安全国家标准　生乳》的要求，企业实施了批批检测，检测指标涵盖风味、色泽、营养、生化、抗生素等常规性指标，生鲜乳质量安全状况总体保持良好。

2. 乳品加工业

2016年，全国乳制品总产量29 932 kt，比2015年增长7.68%，比2008年增加40.6%。全国乳品加工企业总资产达29 932亿元，实现利润总额259.9亿元。2016年，全国乳品企业为627家，比2008年减少了一半。与前几年相比，乳品企业的数量减少，但其产量和产品品质进一步提高。奶业

20强（D20）企业产量和销售额占全国50%以上，2家企业进入世界奶业20强。

3. 乳制品消费

随着饮乳知识的普及和人民生活水平的提高，我国居民乳制品的消费量不断增长。2015年，我国居民人均乳制品消费量（折合鲜乳）36 kg，约为世界平均水平的1/3。近年来，虽受一些乳制品安全事件的影响，乳制品消费增长速度有所减缓，但随着企业经营与管理整顿的深入、生鲜乳质量安全水平的提升，未来乳制品的消费将进一步增长。保障乳制品供应、提升乳制品质量安全水平，任务艰巨。

二、我国奶业发展存在的问题

1. 科技水平较低

我国奶业起步较晚，相关的科学研究工作滞后，科技的贡献率较低。据行业测算，目前我国奶业科技贡献率不到50%，远远低于欧美等国家70%～80%的水平。主要表现有：良种水平较低，饲养管理水平较低，优质粗饲料特别是优质青贮饲料、苜蓿供应不足，导致奶牛单产水平较低，生产效益不高。据统计，2015年我国奶牛单产水平平均为6 t，与欧美发达国家相比有2～4 t的差距。如果单产达到发达国家水平，在保持存栏量不变的情况下，每年我国牛奶产量至少可以增加20 000 kt，约占目前我国牛奶产量的60%。对乳品加工来说，由于科技水平低，乳制品的品种单调、品质不高，且企业间产品同质化严重。

2. 资源和环境约束日益增大

我国人口众多，资源相对匮乏，奶业发展面临着资源与环境的双重约束。奶牛生产需要一定量的土地，用于生产饲草料和消纳粪尿。但我国土地资源有限，没有足够的土地配套，其饲草料的供应和粪尿的消纳就成了严重的约束。据统计，目前牧草供给率只有20%～30%，奶牛的粗饲料主要依靠秸秆青贮或黄贮。同时，一个千头奶牛场每天排放粪污近40 t，若处理不好将直接污染环境，破坏生态环境，奶牛生产生态环保压力日益增大。

3. 产业一体化程度不高

国内外奶业发展的实践证明，保持奶业持续健康发展，必须走产业一体化之路。产业一体化，即奶业生产中奶牛生产、乳品加工和乳品消费，以及与之配套的各环节建立紧密的利益联结机制。通过紧密的利益联结，确保各环节都为向社会奉献更多、更优质、更安全的乳制品而努力。但受多种因素的影响，我国奶业“产、加、销”各环节独立，没有建立合理的利益联结机制，发展中不可避免地滋生了“奶源紧张，竞相抢购”“奶源充足，压级压价”“严重时刻，倒奶杀牛”等问题。

三、奶业发展的方向

1. 奶业发展的政策导向

（1）加大政策扶持。政策是奶业持续健康发展的保障。2008年以来，国家高度重视奶业发展，不断加大对奶业的支持力度，出台了一系列力度大、含金量高、针对性强的扶持政策。

① 扶持奶牛标准化规模养殖。2012年，中央财政共投资22亿元，累计补助3 002个奶牛养殖场（小区）改（扩）建，奶牛养殖基础设施明显改善。

② 实施奶牛良种补贴。国家累计安排14.95亿元，改良奶牛5 177万头（次），实现荷斯坦牛全覆盖。

③ 开展生产性能测定。共安排1亿元，累计测定奶牛178.6万头（次），参测奶牛产量和质量显著提高。

④ 启动振兴奶业的苜蓿发展行动。从2012年起，中央财政每年安排5.25亿元，建设50万亩* 高产优质苜蓿基地，促进草畜配套。

除此之外，还有保险、机械补贴等扶持政策。国家还准备进一步加大政策扶持，提高扶持的力度和广度。

（2）引导标准化规模养殖。奶业发展的实践证实，奶牛标准化规模养殖是奶业发展的根本之路，也是我国奶牛养殖业发展到一定阶段的必然要求。传统奶业“小、散、低”的状况已严重阻碍奶业的发展，解决“小、散、低”困局的关键在于推进标准化规模养殖。因此，国家在政策上引导奶业走标准化规模养殖之路。要对奶牛标准化规模养殖政策和资金给予大力扶持，引导家庭散养升级为家庭牧场，引导奶牛养殖小区升级为规模奶牛场，并加大对奶牛场基础设施、先进装备的支持，努力提升奶牛场的管理生产水平。

（3）加强奶源基地建设。充足、优质、安全的奶源是奶业发展的基础。近年来，国家和企业都十分注重奶源基地建设，也取得了一定的成效。例如，2012年底100家乳品企业共自建牧场（小区、合作社）633个，存栏奶牛84.8万头，提供生鲜乳2 390 kt，所占份额接近20%。但这与国家对乳品企业自有奶源基地的要求还有很大差距，需要进一步加强政策引导，加快乳品企业自有奶源基地建设的步伐。

（4）加强质量安全监管。质量是奶业发展的生命线，关乎人民生命安全和奶业持续健康发展。2008年，国家加强了对乳及乳制品的质量安全监管，相继发布了《关于促进奶业持续健康发展的意见》和《乳品质量监督管理条例》，从此奶业发展实现了有法可依、有章可循。同时加强监测设备和人力建设，让所有生乳生产点、所有检测指标都实现全覆盖，使乳及乳制品的质量安全得到保障。但也要清醒地认识到，一些乳品质量安全隐患仍然存在，一些质量安全事件也偶有发生，必须提高乳制品的质量安全意识，进一步加强乳及乳制品的质量安全监管。

2. 奶业科学发展的方向

（1）集成现代奶牛育种技术，加快推进奶牛群体遗传改良计划。良种是奶牛业发展的基石。理论与实践均证实，在诸多影响奶牛业发展的因素中，品种遗传起着关键作用，其贡献率占到40%。在同等饲养和管理条件下，不同个体的奶牛产奶量和牛奶质量存在显著差异。同为荷斯坦牛，美国、以色列等国家荷斯坦牛的平均单产水平均在8 t以上，而我国只有6 t左右，其主要原因是遗传素质不一样。美国1953年开始实施奶牛遗传改良计划，将先进的遗传育种理论和方法系统地应用和推广到奶牛生产实践中，经过近半个世纪的努力，使总产奶量每年增加2%～3%，但牛群规模减少了近一半，奶牛的遗传素质和生产性能提高了近50%。

种公牛的遗传品质对奶牛育种工作尤为重要，或者说起着决定性作用。因此，选择和培育种公牛是奶牛育种工作的关键。现阶段重点是：第一，加快推进奶牛群体遗传改良计划，加快种公牛自主培育，加大种公牛站设施改造和先进生产设备配备力度，着力做好优秀种公牛的培育工作，重点推进公牛后裔测定和全基因组选择相结合的育种模式，增加选种准确性，加快遗传育种进展速度。第二，以种公牛站和高产母牛场为依托，充分利用国内外遗传资源，增加高产奶牛核心群的数量，提高核心奶牛场的生产水平和供种能力。第三，扩大奶牛良种补贴，扩大优秀种公牛冻精的使用范围，优化品种结构，丰富品种多样性，因地制宜发展乳肉兼用型品种。第四，加强奶牛生产性能测定工作，采取项目配套、乳企配合等有效方式，扩大奶牛生产性能测定范围，提高参测泌乳牛数量，规范乳样采集、样品检测等程序，加强数据分析应用，提高数据可靠性和科学性，指导牛场科学养牛。

---

* 亩为非法定计量单位。1亩＝1/15 hm^2。

在种公牛培育上，实施超排和胚胎移植技术（MOET），克服自然条件下动物繁殖周期和繁殖效率的限制，以快速增加良种牛后代数量。实施 MOET 技术，缩短了世代间隔，遗传进展比传统育种方法提高 30%～49%。目前，加拿大使用的乳用种公牛有 58%来自胚胎移植。对于获得优良遗传品质的后备青年种公牛，可采用全基因组选择和后裔测定有机结合，加快后备青年种公牛的评估和应用。

（2）实施营养调控和加强饲养管理，实现奶业发展的优质、高产、高效。营养调控技术是提高饲料转化率，降低奶牛养殖成本，实现奶业发展优质、高效的关键。日粮是奶牛生产的物质基础，通常占牛乳生产成本的 70%以上。近年来，受饲料原料价格持续上涨的影响，日粮成本的份额已高达 80%以上。在这些方面，应借鉴奶业发达国家的经验，加强对奶牛营养、日粮配制等关键技术的研究。美国很早就制定了详细、科学、实用的《奶牛饲养标准》，并保持每 5 年更新一版，到 2001 年已经出版第七版。《奶牛饲养标准》汇集了最新成果和技术，规范和指导奶业更快、更好地发展，是奶牛养殖最有效的工具。这些新成果和新技术包括：奶牛小肠可吸收蛋白质需要量、理想氨基酸模型、饲料营养评价体系、瘤胃发酵调控等研究领域取得的最新进展，并开发了阶段饲养、高产奶牛特殊饲养、犊牛培育、抗应激、饲料加工、全混合日粮饲养等新技术。以色列建立了一整套适应炎热气候的高产奶牛饲养管理方式，20 世纪 90 年代推出了奶牛全混合日粮饲养技术体系，使全国奶牛的产奶量提高 30%以上，以色列已经成为目前世界上奶牛单产最高的国家。毋庸置疑，经过我国科研工作者的努力，借鉴奶业发达国家经验，加强了自主研究和创新，有效缩短了与奶业发达国家的差距。

加强饲养管理是确保奶牛优质、高产和高效的重要举措。我国奶牛养殖模式有规模养殖场，也有集中在一起散养的小区，还有部分小规模家庭散养户，管理水平有很大差异。因此，要结合实际情况，针对不同的养殖模式，结合区域特色，借鉴奶业发达国家的管理经验，制定适宜的饲养管理策略。

（3）加强疫病防控是奶业发展的关键。在疫病防治中，除重点严控重大传染性疫病的发生和流行外，重要的是加强乳腺炎、不孕症、蹄病、营养代谢性疾病等常规性疾病的防治。常规性疾病虽不像重大传染性疫病，给奶业发展带来威胁性和致命性的灾难，但也不能小觑。奶业发达国家通过平衡营养将营养代谢性疾病发病率降到较低水平。在我国，随着奶牛产奶量提高，营养代谢性疾病日益突出。其中，酮病、生产瘫痪、卧地不起综合征、硒缺乏和碘缺乏等对奶牛影响最大。在诊断和防治上重点在于预防，提高科学饲养管理水平，根据奶牛的不同需求供给平衡的营养。

（4）加强乳品加工和检测技术研究，提升乳品质量安全水平。乳及乳制品质量安全是奶业发展的生命线。虽然说优质安全乳及乳制品是生产出来的，不是加工和检验出来的，但加工和检测是不可缺少的重要方面。加强乳品加工和检测技术研究，将一些新的技术和成果应用于加工和检测，可有效提升乳及乳制品的质量安全水平。

乳品加工技术包括液态乳生产中的低温巴氏杀菌、超高温灭菌，还有蒸汽热杀菌和膜加工技术。在发酵乳生产中，采用基因工程技术开发高效直投式发酵剂且已经产业化。在奶粉生产中开发和使用机械蒸汽再压缩（MVR）、热力蒸汽再压缩（TVR）等新技术，提高了干燥及浓缩的热效率，保护了乳中活性物质，改善了奶粉品质。功能性乳制品生产加工技术的研究十分活跃，如澳大利亚开发出具有高蛋白、低脂肪和高钙特点的酸乳制品。我国生产了富含共轭亚油酸（CLA）的功能性牛乳。

乳品检测技术是保证牛乳品质和安全不可或缺的。1998 年以来，ISO 在分析测试方法和管理等方面制定了多项标准，覆盖了包括乳和乳制品在内的农产品食品加工各种类型的产品。FAO/CAC 的食品法典中共包括 245 个通用标准和食品品种标准、41 种食品加工卫生规范。IDF 的标准化活动领域包括乳品生产、卫生和质量、乳品工艺和工程、乳品行业经济销售和管理等各个环节，共出台标准 180 个。同时，分析检测技术的规范化、自动化、特异性，实现了快速准确的在线检测。例如，细菌快速检测的检测试剂盒、抗生素的生物学检测技术等，使检测手段朝着快速、灵敏、准确的方向发展。2010 年，我国发布了《食品安全国家标准 生乳》等 66 项涉及乳及乳制品的国家标准，检测指标齐全、检测方法规范。就指标而言，不仅涵盖了风味、色泽、营养、理化等常规性指标，还包括了抗生素、细菌数、毒素、残留等非常规性指标。

第四节 世界奶业的现状及发展方向

一、世界奶业的发展现状

1. 奶牛养殖状况

近年来，全球奶牛存栏量呈现增长趋势。2011 年，全球奶牛存栏量为 1.32 亿头，2014 年增长至 2.80 亿头。2014 年印度奶牛存栏量占全球奶牛存栏量的 35.5%，欧盟占 16.5%，中国占 6.0%（图 1－1）。近年来，一些奶业发达国家已由数量型增长转至质量型增长，不再单独追求奶牛存栏数量，而是重点关注奶牛的单产水平。这些国家通过不断的科技创新，逐步提升了奶牛养殖科技水平，牛奶产量持续增长。

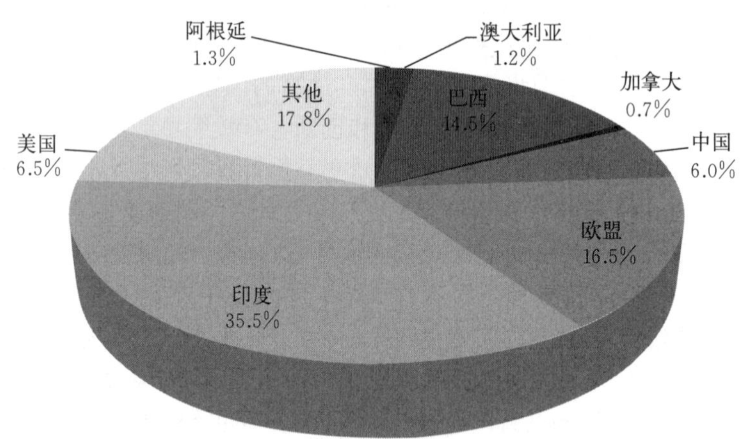

图 1－1 2014 年全球奶牛存栏区域分布

近年来，全球牛乳产量继续保持了稳定增长态势。2015 年，全球牛乳总产量达 527 Mt，欧盟产量第一，为 147 Mt，占全球牛乳产量的 27.9%；美国产量第二，为 94.7 Mt，占全球牛奶产量的 18.0%；第三位的是印度，为 63.5 Mt，占全球牛乳产量的 12.0%。前三位的地区牛乳产量占全球牛乳产量的 57.9%（表 1－6）。

表 1－6 2011—2015 年全球主要国家及地区牛乳产量统计表(kt)

国家及地区	2011 年	2012 年	2013 年	2014 年	2015 年
阿根廷	11 470	11 679	11 519	11 100	10 700
澳大利亚	9 568	9 811	9 400	9 700	9 800
巴西	30 715	31 490	32 380	33 350	34 250
加拿大	8 400	8 614	8 443	8 409	8 535
欧盟	138 220	139 000	140 100	146 500	147 000
印度	53 500	55 500	57 500	60 500	63 500
日本	7 474	7 631	7 508	7 315	7 350
韩国	1 888	2 111	2 093	2 073	2 065
墨西哥	11 046	11 274	11 294	11 464	11 680
新西兰	18 965	20 567	20 200	21 893	21 675

（续）

国家及地区	2011 年	2012 年	2013 年	2014 年	2015 年
俄罗斯	31 646	31 831	30 529	30 553	29 500
乌克兰	10 804	11 080	11 189	11 200	11 160
美国	89 020	91 010	91 277	93 461	94 710
中国	36 560	37 440	35 310	37 420	37 550
全球产量	490 329	502 004	503 419	522 555	527 348

2. 世界乳制品加工和消费现状

随着人口的增长和居民收入水平的提高，世界乳制品的加工和消费均呈稳定增长态势，产销基本平衡。液态乳产量排名前 4 位的是美国、中国、巴西和印度；奶粉产量排名前 4 位的是新西兰、中国、美国和巴西；干酪产量排名前 4 位的是美国、德国、法国和意大利；奶油产量排名前 4 位的是印度、美国、新西兰和德国；炼乳产量排名前 4 位的是美国、德国、荷兰和俄罗斯。

从人均年消费量看，世界人均年消费牛乳量是 100 kg 左右，亚洲乳类消费水平保持在 50 kg 左右。

而欧美发达国家的乳产品消费量则大大高于世界平均水平。消费液态乳排名前 9 位的有爱尔兰、英国、澳大利亚、西班牙、加拿大、新西兰、美国、巴西和法国；消费干酪排名前 9 位的是法国、德国、意大利、荷兰、美国、加拿大、澳大利亚、阿根廷和波兰；消费奶油前 9 位的国家是法国、德国、新西兰、波兰、澳大利亚、巴基斯坦、印度、荷兰和英国。近年来，亚洲的消费水平在快速增长，特别是韩国、日本和中国等。

二、世界奶业的发展方向

1. 奶牛品种以荷斯坦牛为主，兼顾多元化

世界区域广阔、气候各异，奶牛的品种应具有特定的适应性。其中，荷斯坦奶牛因易驯化且产乳性能好，被广大奶牛养殖者喜爱，是世界主要奶牛品种。如美国、中国、加拿大、以色列、荷兰、新西兰、澳大利亚、日本、韩国等，其奶牛品种均以荷斯坦牛为主。但也有区域性优秀的其他品种个体，如美国还有娟姗牛；中国有西门塔尔牛、三河牛、新疆褐牛、草原红牛等；法国和德国还饲养了乳肉兼用的西门塔尔牛；挪威饲养了有特色的挪威红牛；印度大力开发适应热带雨林气候的吉布瘤牛、奶水牛等。

2. 奶牛存栏量稳中有降，牛乳产量稳中有升

从全球来说，虽包括中国在内的奶业发展中国家仍有较大的发展空间，但总体而言，世界奶业发展已相当成熟并稳定。未来，奶业发展重点是转型升级，由数量型低效益向质量型高效益发展。走规模化、集约化、标准化和一体化之路。提高奶牛存栏规模，降低奶牛存栏量，通过技术提升和强化管理，最终提高奶牛单产水平，进而增加牛乳总产量。目前，奶业仍处于成长阶段，乳类产量的增加仍靠奶畜数量增长和单产水平提升来实现。

3. 消费总量增加，乳品种类多样

乳品营养丰富，易于消化，是人类理想的蛋白食品。随着人口的增长，经济收入的增长，消费观念的改变，全球乳品消费将呈刚性增长。特别是占世界人口接近 60%的亚洲，乳品的消费量将进一步增加。若达到全球平均水平，每人增长空间是 1 倍，40 亿人口将增加消费量 200 Mt。同时，乳品

消费的种类也会多样化。有液态乳、干乳制品；有低温巴氏消毒乳、超高温灭菌等纯牛乳，也有添加各种辅料的风味乳以及各类发酵型的酸乳。干乳制品中有奶粉、奶酪、炼乳、奶油等。其中，奶粉包括脱脂奶粉、半脱脂奶粉和全脂奶粉等；奶酪有硬质奶酪、软质奶酪等；还有各种类型的炼乳、奶油及功能性乳品。

（王加启、张养东、赵圣国、周振峰）

主要参考文献

刘成果，2013. 中国奶业史 . 通史卷 [M]. 北京：中国农业出版社 .
梅森（I. L. Mason），1984. 驯化动物的进化 [M]. 王铭农，李群，等，译 . 南京：南京大学出版社 .
王加启，2006. 现代奶牛养殖科学 [M]. 北京：中国农业出版社 .
谢成侠，1985. 中国养牛羊史（附养鹿简史）[M]. 北京：农业出版社 .
徐旺生，2005. 中国家水牛的起源问题研究（上）[J]. 四川畜牧兽医，32（3）：56.
徐旺生，2005. 中国家水牛的起源问题研究（中）[J]. 四川畜牧兽医，32（4）：57.

第二章

中国奶牛品种及生物学特征

中国养殖奶牛有上千年的历史，早期主要饲养乳肉兼用型牛。目前，奶牛养殖的品种类型很多，有专门的乳用品种和乳肉兼用型品种。本章重点介绍中国奶牛品种的形成、特征、生产性能、分布、选育方向，以及奶牛的生理特性，包括奶牛行为习性、生命周期、体况评分、解剖学形态和消化特征等内容。

第一节　中国奶牛品种

世界上奶牛的遗传资源丰富。中国在长期精心选育下，也培育出了许多乳用品种和乳肉兼用型品种。专门的乳用品种有荷斯坦牛、娟姗牛、爱尔夏牛和更赛牛等，其中饲养量最大的是荷斯坦牛及独具特色的娟姗牛；乳肉兼用型品种有瑞士褐牛、西门塔尔牛、丹麦红牛、短角牛、三河牛、中国草原红牛、新疆褐牛等。所有这些品种都可以用于奶业生产。

一、荷斯坦牛

1. 原产地及环境

荷斯坦牛（Holstein cattle）原称荷兰牛，该品种至少起源于距今 2 000 年前。原产于荷兰北部的北荷兰省和西弗里生省（West Friesland），其后代分布到荷兰全国以及德国的荷斯坦省（Holstein）。原产地紧临北海，地势低湿、土壤肥沃、气候温和、雨量充沛、牧草生长茂盛、草地面积大。当地饲养奶牛以放牧为主，冬季舍饲。

2. 品种类型

荷斯坦牛传播到世界各国后，在各国经过长期的风土驯化和系统繁育，或与当地牛杂交，育成了具有各自特征的荷斯坦牛，并冠以该国的名字，如美国荷斯坦牛、加拿大荷斯坦牛、中国荷斯坦牛等。近一个世纪以来，由于各国对荷斯坦牛的选育方向有所不同，形成了乳用和乳肉兼用两大类型。美国、加拿大、日本和澳大利亚等国的荷斯坦牛属于乳用型，欧洲国家如德国、法国、丹麦、瑞典、挪威等国的多属于乳肉兼用型。

澳大利亚荷斯坦牛是产于澳大利亚的能够适应热带、亚热带气候环境的放牧型、中小型荷斯坦奶牛品种。从 19 世纪 50 年代开始，澳大利亚定期从欧洲（特别是荷兰）进口荷斯坦牛，后来又引进了加拿大和美国的荷斯坦种牛进行改良，经过长期选育逐渐成为澳大利亚荷斯坦牛。该牛体型中等偏小，具有适应性强、耐热性强的特点。该类型的牛以在天然草原上放牧为主，体质健壮。

3. 中国荷斯坦牛的形成

19 世纪末已有荷斯坦牛引入我国，最早由荷兰、德国及俄国引入。引进头数多的有上海、北京、天津、杭州、福州等地，以后逐渐扩展到全国。抗日战争胜利后，联合国善后救济总署赠送给我国很多荷斯坦牛，北京、天津、山西、陕西、上海、江苏等地的奶牛，含有这批牛血统者较多。

1955年，我国曾引进荷兰的荷斯坦牛，如北京、山西、黑龙江的奶牛有一些含有荷兰牛的血统。1970年后，我国又引进过一些日本、加拿大、美国荷斯坦牛的种牛或冷冻精液，对我国奶牛进行改良。

中国荷斯坦牛的育成经历了3个阶段：①引进和杂交改良的初级阶段；②进行有计划的杂交和横交固定；③选育提高阶段。各种类型的荷斯坦牛都在我国经过长期驯化、杂交和选育，逐渐形成了现在的中国荷斯坦牛。1987年，我国对中国黑白花奶牛品种进行了鉴定验收，于1992年将“中国黑白花奶牛”品种更名为“中国荷斯坦牛”。中国荷斯坦牛现已遍布全国，以东北、华北和西北居多，主要以内蒙古、黑龙江、河北、山东、新疆、宁夏、河南等地为多。2008年，中国荷斯坦纯种牛及杂交改良牛存栏量约1 233.5万头（其中，符合中国荷斯坦牛品种标准的占1/3），已成为我国奶牛的主要品种，并选育建立了具有高产奶性能的核心群。

4. 外貌特征

荷斯坦牛从毛色类型来说，有黑白花牛和红白花牛两种。红白花荷斯坦牛在一些国家有一定的饲养量，但在整个荷斯坦牛群中仍然占较小的比例。黑白花荷斯坦牛毛色为明显的黑白花片，花片分明，黑白相间；额部有白星（三角星或广流星），腹下、四肢下部及尾帚为白色，被毛细短；有角，多数由两侧向前向内弯曲，角体蜡黄，角尖黑色（图2-1）。

图2-1 荷斯坦牛

乳用型荷斯坦牛体质细致结实，皮薄骨细，皮下脂肪少，结构匀称，后躯较前躯发达，侧望呈楔形；乳肉兼用型荷斯坦牛，一些部位皮下脂肪稍多，肌肉较发达，体躯宽深，略呈矩形。

乳用型荷斯坦牛的乳房附着良好，乳房庞大，质地柔软，乳静脉明显，乳头大小、分布适中；乳肉兼用型荷斯坦牛乳房附着良好，发育匀称，呈方圆形。

荷斯坦牛的体格高大，乳用型荷斯坦牛的体高135 cm、体长170 cm、胸围195 cm。公牛体重900～1 200 kg，母牛体重650～750 kg。乳肉兼用型荷斯坦牛的体格比乳用型略小，体高120.4 cm、体长156.1 cm、胸围197.1 cm。公牛体重900～1 100 kg，母牛体重550～700 kg。犊牛初生体重较大，乳用型为40～50 kg，乳肉兼用型为35～45 kg。

中国荷斯坦牛体型外貌多为乳用型（有少数个体稍偏兼用型），具有明显的乳用特征。其体尺、体重见表2-1。北方地区的中国荷斯坦牛体型较为高大，南方地区的体型略小。

表2-1 中国荷斯坦牛体尺、体重

性别	体高（cm）	体长（cm）	胸围（cm）	管围（cm）	体重（kg）
公	150～175	190～210	220～235	22～23	900～1 200
母	135～155	165～175	185～200	18～20	550～750

5. 生产性能与特性

荷斯坦牛的产奶量高。一般为6 500～9 000 kg，乳脂率3.5%～3.7%，乳蛋白率3.2%～3.4%。美国2000年登记的荷斯坦牛平均年产奶量为9 777 kg，乳脂率3.66%，乳蛋白率3.23%。乳肉兼用型荷斯坦牛平均产奶量较乳用型低，年平均产奶量一般为4 500～6 000 kg，乳脂率3.9%～4.5%；

其肉用性能较乳用型高。澳洲荷斯坦牛在草场放牧和补饲的条件下，320 d 平均产奶量 5 786 kg，乳脂率 3.94%，乳蛋白 3.2%。其中，81 446 头种母牛平均产奶量为 6 770 kg。

中国荷斯坦牛 305 d 各胎次平均产奶量为 6 359 kg，平均乳脂率为 3.56%，重点育种场群平均产奶量在 7 000 kg 以上。在饲养条件较好、育种水平较高的北京、上海等市，个别奶牛场全群平均产奶量已超过 8 000 kg。泌乳期产奶量超过 10 000 kg 的奶牛不断涌现。

乳用型荷斯坦牛产肉性能一般，乳肉兼用型荷斯坦牛产肉性能较好，屠宰率可达 55%～60%。经育肥的公牛，平均日增重可达 1.195 kg，500 日龄平均活重为 566 kg，屠宰率为 62.8%。据对中国荷斯坦牛测定，未经育肥的淘汰母牛屠宰率为 49.5%～63.5%，净肉率为 40.3%～44.4%；6 月龄、9 月龄、12 月龄牛屠宰率分别为 44.2%、56.7%、64.3%；经育肥 24 月龄的公牛的屠宰率为 57%。

荷斯坦牛性成熟较早，14～18 月龄、体重 380 kg 以上开始配种。中国荷斯坦牛具有良好的繁殖性能，年平均受胎率为 88.8%，情期受胎率为 48.9%。

中国荷斯坦牛耐寒，但耐热性较差，与大型荷斯坦牛相比，澳大利亚荷斯坦牛夏季受热应激影响相对较小，产奶量波动性不大，泌乳曲线平稳。荷斯坦牛对饲料条件要求较高，乳用型荷斯坦牛更显示出这些缺点。引自寒带地区的荷斯坦牛对热带、亚热带的气候条件适应情况较差，而原产炎热地区的荷斯坦牛则可以在热带、亚热带地区较好地适应夏季的气候。

6. 中国荷斯坦牛的选育

针对中国荷斯坦牛还存在体型外貌不够一致、乳用特征欠明显、产奶量较低等缺点，今后的选育方向是荷斯坦牛体质结实、外貌结构良好。对牛生产性能的选择仍以提高产奶量为主，注意提高乳脂率和乳蛋白率，并具有一定的肉用性能；加强适应性选育，特别是耐热、抗病力的选育，重视牛的长寿性；提高优良牛在牛群中的比例，稳定优良的遗传特性。今后育种工作中还应完善中国荷斯坦牛的育种体系，进一步加强中国荷斯坦牛本品种选育和后裔测定工作。

二、娟姗牛

娟姗牛（Jersey）是英国一个古老的小型奶牛品种，育成历史悠久。本品种早在 18 世纪就已经闻名于世。1866 年建立良种登记簿，至今在原产地仍为纯繁。

1. 原产地及环境

娟姗牛原产于英吉利海峡南端的娟姗岛，并以此得名。娟姗岛上气候温和，年平均气温 10 ℃左右；冬季短，夏无酷热，多雨；牧草茂盛，沿海一带杂草丛生，较好的土地牧草与作物轮作，较差的土地供作放牧；主要作物是马铃薯和蔬菜。奶牛终年以放牧为主，冬季补饲粗饲料及大量的根茎类饲料，产奶母牛另补精饲料。牧民对牛精心饲养选育。由于娟姗岛自然环境条件适于养奶牛，加之当地牧民的选育和良好的饲养条件，从而育成了性情温驯、体型轻小、高乳脂率的奶牛品种。

2. 外貌特征

图 2-2 娟姗牛

娟姗牛为小型的乳用型牛，体型细致紧凑，轮廓清晰。头小而轻，耳大而薄，两眼间距宽，面部中间凹陷；角中等大小，琥珀色，角尖黑，向前弯曲；颈细，有皱褶，颈垂发达；鬐甲狭窄，肩直立，胸深宽，背腰平直，腹围大，尻长、平、宽。后躯较前躯发达，呈楔形。尾帚细长，四肢较细，关节明显，蹄小。乳房发育匀称，形状美观，质地柔软，乳静脉粗大而弯曲，乳头略小（图 2-2）。被毛细短而有光泽，毛色有灰褐、浅褐及深褐色，以浅褐色为最多。鼻镜及舌为黑色，嘴、眼周围有浅色毛环；尾帚为黑色。

娟姗牛体格小，成年公牛体重为650～750 kg，母牛为340～450 kg。犊牛初生重为23～27 kg。成年母牛体高为113.5 cm，体长为133 cm，胸围为154 cm，管围为15 cm。

3. 生产性能及特征

娟姗牛305 d平均产奶量为4 000～5 000 kg，乳脂率为4.5%～6%，乳蛋白率为3.7%～4.4%。丹麦1986年有产奶记录的10.3万头娟姗母牛平均产奶量为4 676 kg，乳脂率为6.25%，乳蛋白率为4.0%。2000年，美国18万头登记的娟姗牛平均产奶量为7 215 kg，乳脂率为4.62%，乳蛋白率为3.57%。

娟姗牛的乳质浓厚，乳脂肪球大，易于分离，乳脂黄色，风味好，适于制作黄油，其鲜乳及乳制品备受欢迎。

娟姗牛性成熟早，母牛初情期通常为8月龄，适宜配种年龄为14～16月龄，一般情况下娟姗牛初产年龄在24～26月龄。娟姗牛一般都可以自然分娩，不需要助产。

娟姗牛耐热性强，耐粗饲，性情活泼，但有时感觉过敏，如果管理上混乱会影响其产奶量。

4. 品种类型与中国娟姗牛的形成

近两个世纪，娟姗牛被广泛引种到世界各地。在美国、英国、加拿大、日本、新西兰、澳大利亚等国均有饲养。目前，在美国参加奶牛生产性能测定的娟姗牛约为160 000头，以每年2%的速度逐年增加。娟姗牛于19世纪被引入中国，由于该品种适应炎热的气候，所以在我国南方有少量分布。1946年，联合国善后救济总署捐赠给我国一批娟姗牛，主要饲养于南京、上海等地，年产奶量为2 500～3 500 kg。但这些牛没有被保存下来，仅留下了一些杂交后代。直到1996年，广州市从美国引进100多头娟姗牛；2003年，广州市和北京市从美国引进了200头娟姗公牛和母牛；2010年，辽宁省沈阳辉山乳业公司从澳大利亚引进了2 200头娟姗牛。其他省份也陆续引入了娟姗母牛。目前，我国黄油供应紧张，发展娟姗牛生产牛奶和黄油，值得考虑。

利用娟姗牛改良热带、亚热带地方牛，可提高其产奶量。如澳大利亚利用娟姗牛育成了乳用型牛。在我国南方，也可以用娟姗公牛、荷斯坦公牛与当地黄牛杂交，培育适应南方气候的奶牛品种。

三、爱尔夏牛

1. 原产地及环境

爱尔夏牛（Ayrshire）原产于英国苏格兰的爱尔夏郡。该牛是在地方牛种的基础上，从1750年开始引用荷斯坦牛、更赛牛、娟姗牛等乳用品种杂交改良，育成为乳用品种。该品种先后出口到日本、美国、澳大利亚、加拿大等国家。1822年，第一批爱尔夏牛被引入美国，并建立了爱尔夏牛良种登记体系，217头母牛和79头公牛被列入其中。我国广西、湖南等地曾有引进。

2. 外貌特征

毛色有浅红棕色与白色相间的图案（红白色）或者深红棕色与白色相间的图案（棕白色），很多公牛的深红棕色接近黑色（图2-3）。有时被毛有小块的红斑

图2-3　爱尔夏牛

或红白沙毛，花斑或沙毛色的个体很少；鼻镜、眼圈浅红色，尾帚白色。体格中等，结构匀称。角基向外，角长而向上弯，长度超过30 cm；爱尔夏牛也有天生无角的，这个品系强壮有力，适于放牧。爱尔夏牛的乳房结构很好，4 个乳区匀称，乳头中等。

3. 生产性能与特征

成母牛平均体重为 550～600 kg，公牛为 680～900 kg，公犊牛初生重为 35 kg，母犊牛为 32 kg，犊牛体格强壮。

305 d 产奶量平均为 4 500 kg，乳脂率为 4.1%。美国爱尔夏牛登记年平均产奶量为 5 448 kg，乳脂率为 3.9%。其泌乳稳定性较别的品种差。与其他品种相比，爱尔夏牛的产奶性能属于中等水平。爱尔夏牛在选育中一直注重乳房结实和体型优良，二者造就了其长寿的特性。

爱尔夏牛早熟性好，耐粗饲，适应性强，适合放牧。

四、更赛牛

1. 原产地及环境

更赛牛（Guernsey）原产于英国的更赛岛，属于中型乳用品种。1877 年成立该品种协会，1878 年开始良种登记。1830 年，首批更赛牛被引入美国。20 世纪 50 年代，登记注册的更赛牛有 10 万多头，但是目前只有约 1 万头参加美国的奶牛生产性能测定。19 世纪末，开始输入我国。1947 年，又输入一批，主要饲养在华东、华北一些城市。

2. 外貌特征与特征

头小，额狭，角较大，向上方弯；颈长而薄，体躯较宽深，后躯发育较好，乳房发达，呈方形，但不如娟姗牛的匀称。被毛为棕褐色或浅黄色，也有浅褐色个体；腹部、四肢下部和尾帚多为白色，额部常有白星，鼻镜为深黄色或肉色（图 2-4）。体型中等，成年公牛体重为 750 kg，母牛体重为 500 kg，犊牛初生重为 27～35 kg。

图 2-4　更赛牛

3. 生产性能

1992 年，美国更赛牛登记平均年产奶量为 6 659 kg，平均乳脂率为 4.49%，平均乳蛋白率为 3.48%。更赛牛以高乳脂率、高乳蛋白率以及乳中较高的 β-胡萝卜素含量而著名，乳的颜色为微黄色。同时，更赛牛的饲料转化率较高；产犊间隔较短，初产年龄较早，易分娩；性情温驯；耐粗饲，采食性好，易放牧，对温热气候有较好的适应性。

五、瑞士褐牛

1. 原产地及环境

瑞士褐牛（Brown swiss）原产于瑞士阿尔卑斯山东南部的德语区，该区域雨量充沛，草地所占比例很大，饲养者在夏季常常带着瑞士褐牛到山地草场放牧，秋后返回平原地区饲养，在瑞士全境均有分布。瑞士褐牛是一个古老品种，原为乳、肉、役三用，后发展成为以乳用为主。1869 年引入美国，经过系统选育，形成了乳用型瑞士褐牛。该品种在全世界分布较广，约有 600 万头。在美国、委内瑞拉、阿根廷和南非，瑞士褐牛主要作为乳用牛，而在一些欧洲国家主要作为乳肉兼用牛。1879

年，瑞士开始出版瑞士褐牛登记簿。1888 年，瑞士成立育种者协会。美国 1880 年成立该品种协会，现在美国每年约有 15 000 头瑞士褐牛参加奶牛生产性能 DHI 测定。

1977 年，我国新疆从德国、奥地利引进瑞士褐牛数十头。现在饲养在昭苏马场、乌鲁木齐种畜场、塔城种牛场。截至 2010 年 12 月，饲养美国引进的瑞士褐牛种母牛 51 头、种公牛 5 头和小公牛 70 头。

我国饲养的德国瑞士褐牛体型较大，外貌细致清秀，偏乳用型，产奶量较高。在我国具有良好的适应性。其体尺体重如下：体高 134 cm；体重（575.6±32.6）kg。第 1 泌乳期（305 d）产奶量（3 346.3±386.3）kg。

2. 外貌特征

全身被毛为褐色，由浅褐色、灰褐色至深褐色。鼻、舌为黑色，在鼻镜四周有一浅色或白色带，角尖、尾尖及蹄为黑色，角长中等（图 2－5）。体格粗壮，结构匀称，体型和体重比荷斯坦奶牛略小。

图 2－5　瑞士褐牛

3. 生产性能

成年公牛体重为 900～1 000 kg，成年母牛为 500～550 kg。一般 18 月龄体重可达 485 kg。育肥期平均日增重 1.1～1.2 kg，屠宰率为 50%～60%。成熟较晚，通常满 2 岁时配种。耐粗饲，适应性强，特别适合放牧。

瑞士褐牛的产奶性能见表 2－2。

表 2－2　瑞士褐牛产奶性能

类　型	产奶量（kg）	乳脂率（%）	乳脂量（kg）
美国瑞士褐牛（1972）	5 785.3	3.98	230.3
俄罗斯瑞士褐牛	3 900.0	3.77	147.0

六、西门塔尔牛

1. 原产地及环境

西门塔尔牛（Simmental）原产于瑞士阿尔卑斯山区的河谷地带，主要产地是西门塔尔平原和萨能平原。该地区牧草繁茂，适于放牧。在法国、德国、奥地利等国边邻地区也有分布。现已分布到很多国家。我国自 20 世纪 50 年代开始从苏联引进，70—80 年代又先后从瑞士、德国、奥地利等国引进。

2. 品种类型

西门塔尔牛属于乳肉兼用大型品种。但有些国家已向肉用方向发展，逐渐形成了肉乳兼用品系，如加拿大的西门塔尔牛就属于肉乳兼用型。法国东南部对西门塔尔牛进行选育，形成了法系西门塔尔牛品系——蒙贝利亚牛。德国育种者从瑞士引进二元杂交的西门塔尔后代公牛（红荷斯坦和西门塔尔血缘各占 50%）与肌肉丰满的德国西门塔尔母牛进行杂交，进行定向选育，育成了德系西门塔尔牛——弗莱维赫牛。这两个品系均是以乳用为主的乳肉兼用品系。

3. 外貌特征

毛色多为黄白花或淡红白花，一般为白头，体躯常有白色胸带和肷带，腹部、四肢下部、尾帚为白色。体格粗壮结实，前躯较后躯发育好，胸深、腰宽、体长、尻部长宽平直，体躯呈圆筒状，肌肉丰满。四肢结实。乳房发育中等。肉乳兼用型西门塔尔牛多数无白色的胸带和肷带，颈部被毛密集且多卷曲；胸部宽深，后躯肌肉发达（图 2－6）。

西门塔尔牛成年公牛体重 1 100～1 300 kg，成年母牛 670～800 kg。成年公牛和母牛的体高、体长、胸围、管围分别为 147.3 cm、179.7 cm、225.0 cm、24.4 cm 和 133.6 cm、156.6 cm、187.2 cm、19.5 cm。

中国西门塔尔牛的成年公牛体重为 866.75 kg，成年母牛体重为 524.49 kg。成年公牛和母牛的体高、体长、胸围、管围分别为 144.75 cm、177.1 cm、223.87 cm、24.75 cm 和 132.59 cm、154.5 cm、191.17 cm、19.77 cm。

图 2－6　西门塔尔牛

4. 生产性能与特征

西门塔尔牛泌乳期产奶量为 3 500～4 500 kg，乳脂率为 3.64%～4.13%。我国饲养的西门塔尔牛其核心群的平均产奶量为 3 550 kg，乳脂率为 4.74%；肉乳兼用型西门塔尔牛产奶量稍低，如黑龙江省宝清县饲养的加系肉乳兼用型西门塔尔牛，在饲养水平较差条件下第 1、2 胎次泌乳期分别为 240 d 和 265 d，平均产奶量分别为 1 486 kg 和 1 750 kg。由于西门塔尔牛原来常年放牧饲养，因此具有耐粗饲、适应性强的特点。

蒙贝利亚牛泌乳牛 1974 年产奶性能，头均产奶量为 7 516 kg，平均乳脂率为 3.76%，平均乳蛋白率约为 3.33%，排乳速度快。弗莱维赫牛 2010 年的产奶性能为：平均产奶量为 6 768 kg，平均乳脂率为 4.15%，平均乳蛋白率为 3.50%。

中国西门塔尔牛，核心群母牛的平均产奶量为（4 237.5±357.3）kg，平均乳脂率为（4.03±0.31）%（表 2－3）。

表 2－3　中国西门塔尔牛产奶性能

类群	头数（头）	平均产奶量（kg）	平均乳脂率（%）	平均乳蛋白率（%）
核心群	2 178	4 237.5±357.3	4.03±0.31	3.19±0.27
平原类群	201	3 766.1±1 211.3	4.67±0.39	3.54±0.45
草原类群	197	4 510.2±1 109.8	4.08±0.43	3.27±0.31
山地类群	310	3 889.4±1 580.6	4.51±0.52	3.48±0.36

西门塔尔牛的产奶性能比肉用品种高得多，而产肉性能也不亚于专门化的肉牛品种。西门塔尔牛肌肉发达，产肉性能良好。12 月龄体重可以达到 454 kg。公牛经育肥后，屠宰率可以达到 65%；在半育肥状态下，一般母牛的屠宰率为 53%～55%。胴体瘦肉多，脂肪少，且分布均匀。弗莱维赫公牛平均初生重为 40 kg，18～19 月龄体重可达 700～800 kg，平均日增重 1 400 g 以上。蒙贝利亚牛 12 月龄体重公牛为 355 kg，母牛为 256 kg；18 月龄体重公牛为 485 kg，母牛为 340 kg。在以玉米青贮为主的日粮条件下饲养，日增重可达 1.2～1.35 kg，14～15 月龄出栏。

5. 中国西门塔尔牛的形成

中国西门塔尔牛是德系、苏系和澳系西门塔尔牛在中国的生态条件下与本地黄牛进行级进杂交后，对改良牛的优秀个体进行选种选配培育而成，形成了中国西门塔尔牛草原类群、平原类群和山区类群。

在我国一般饲养条件下，西门塔尔牛杂交牛也表现出较好的生产性能。从全国商品牛基地县的统计资料来看，207 d 的泌乳期产奶量，西杂一代牛为 1 818 kg、西杂二代牛为 2 121.5 kg、西杂三代牛为2 230.5 kg。用西门塔尔牛改良黄牛而形成的杂种母牛有很好的哺乳能力，能哺育出生长速度快的杂交犊牛。根据 97 头高代杂交去势牛育肥试验结果，育肥期平均日增重为 1 106 g，在 18～22 月龄时平均体重为 573.6 kg，屠宰率为 61.0%，净肉率为 50.02%。

我国西门塔尔牛的供种地区有新疆、内蒙古、四川、黑龙江、吉林、辽宁、河南等地。中国西门塔尔牛种质好、适应性强，具有优良的乳质，产奶量较高，肉用性能较好，生长速度理想。从亚热带到北方寒冷气候条件下都能表现出良好的生产性能，尤其适合我国牧区、半农半牧区的饲养管理条件，主要分布于内蒙古、河北、吉林、新疆、黑龙江等地。2002 年，核心群规模 3 万多头，是一个理想的乳肉兼用型品种。

七、丹麦红牛

1. 原产地及育种经过

丹麦红牛（Danish red）原产于丹麦，为乳肉兼用型品种。由丹麦默恩岛、西兰岛和洛兰岛上所产的北斯勒准西牛经过长期选育而成。在选育过程中，曾与安格勒和乳用短角牛（这两种牛与该牛生产性能、毛色、繁育环境等相似）进行导入杂交。1878 年成立品种协会；1885 年出版良种登记册，随后利用纯种繁育法提高了其种用品质和生产性能。为了血液更新和避免近亲繁殖，近 30 年来又利用美国瑞士褐牛的公牛精液进行导入杂交，规定在一次导入外血后，再重新用丹麦红牛的精液对获得的一代杂种母牛进行授精。目前，该牛在许多国家都有分布。1984 年我国首次引入 30 多头，分别饲养于吉林和陕西。

2. 外貌特征

体格大，体躯深、长，胸宽，胸骨向前突出，垂皮大。背长、腰宽，尻宽而长，腹部容积大。常见有背部稍凹，后躯隆起的个体。全身肌肉发育中等。乳房大，发育匀称，乳头长 8～10 cm。皮肤薄、有弹性。

毛色为红色或深红色。公牛一般毛色较深，还能见到腹部和乳房部有白斑的个体。鼻镜为瓦灰色（图 2-7）。

图 2-7　丹麦红牛

3. 生产性能与特征

12 月龄平均体重，公牛为 450 kg，母牛为 250 kg。成年公牛体重为 1 000～1 300 kg，成年母牛体重为 650 kg。成年公、母牛体高分别为 148 cm 和 132 cm。

产肉性能好。屠宰率一般为 54%。在用精饲料育肥条件下，12～16 月龄的小公牛平均日增重为 1 010 g，屠宰率为 57%，胴体中肌肉占 72%；22～26 月龄的去势小公牛，平均日增重为 640 g，屠宰率为 56%，胴体中肌肉占 65%。

产奶性能中等。1970 年，15 万头有产奶记录的母牛，泌乳期 305 d 的产奶量为 4 877 kg，乳脂率为 4.15%；1980 年，产奶量为 5 346 kg，乳脂率为 4.18%。1989—1990 年，平均产奶量达 6 712 kg，乳脂率为 4.31%，乳蛋白质率为 3.49%。在我国饲养条件下，305 d 产奶量达 5 400 kg，乳脂率为 4.21%。

在陕西省富平县用丹麦红牛与秦川牛杂交，丹秦杂种一代牛在农户饲养的条件下，第 1 泌乳期为 225.2 d，产奶量为 1 749.8 kg，乳脂率为 5.01%，相当于标准乳 2 015 kg。

丹麦红牛性成熟早，生长速度快，肉品质好。体质结实，抗结核病能力强。

八、短角牛

1. 原产地及环境

短角牛（Shorthorn）原产于英国英格兰北部梯姆斯河流域。该地区气候温和，土壤肥沃，牧草茂盛，是良好的放牧地区。该地区原来有很多品种的本地牛，牧场主们就将这些牛向肉用方向改良。当时牛的主要缺点是后躯短、胸狭、肩部肌肉少及四肢高等。

短角牛是英国在 18 世纪初期经近亲育种与纯种繁育而育成的较好的品种。短角牛现有 3 个类型：乳肉兼用型、肉乳兼用型和肉用型。

我国从 1949 年前就开始多次引入兼用型短角牛，饲养在内蒙古、河北、吉林、辽宁、陕西、河南、江苏、湖南等地。1996 年，云南省从美国引进了肉用型短角牛 108 头（公牛 16 头、母牛 92 头），从澳大利亚引进 19 头（公牛 14 头、母牛 5 头）。

2. 外貌特征

短角牛分为有角和无角两种，角细短，呈蜡黄色，角尖黑。头短宽，颈短而粗，鬐甲宽平，胸宽且深，肋骨开张良好，背腰宽直，腹部呈圆筒形。尻部方正丰满，四肢短，肢间距离宽。乳房大小适中。毛色多为深红色或酱红色，少数为红白沙毛或白毛。鼻镜为肉色（图 2-8）。

3. 生产性能与特征

成年公牛体重为 900～1 200 kg，成年母牛体重为 600～700 kg，犊牛初生重为 32～40 kg。

乳肉兼用型短角牛，年产奶量为 3 000～4 000 kg，乳脂率为 3.9%。2004 年，美国注册短角牛平均产奶量达 7 847 kg，乳脂率为 3.57%。肉乳兼用型牛产奶量为 2 500～3 500 kg，乳脂率为 3.4%～3.9%。吉林省通榆县繁育的短角牛，第 1 泌乳期产奶量为 2 537.1 kg，以后泌乳期则为 2 826～3 819 kg。

图 2-8　短角牛

短角牛前期生长发育快。母牛在 1.5 岁以前的生长强度大，1.5 岁平均体重为 448.57 kg，能够达到成年体重的 80%。在云南寻甸的人工草场条件下，放牧美系短角母牛 3.5 岁体重增长已基本结束，达到体成熟。

肉用性能好。肉用短角牛 180 日龄体重为 220 kg，400 日龄可以达 410 kg。一般 200～400 日龄日增重为 1.01 kg。据内蒙古地区测定，短角牛的屠宰率为 65%～68%。肌肉呈大理石纹状结构，肉质细嫩。

我国北方地区，尤其是内蒙古、河北、吉林、辽宁等省份，从 1949 年初已开始用乳肉兼用短角牛杂交改良蒙古牛，杂种牛的泌乳性能大幅度提高。例如，察北牧场短蒙杂种一代母牛各胎次平均泌乳期为 267.8 d，较蒙古牛的平均泌乳期长 108.4 d；短蒙杂种一代母牛 300 d 产奶量，第 1、第 2 和第 3 泌乳期分别为 1 625 kg、1 977.5 kg 和 2 342.4 kg，乳脂率平均为 4.6%。

总之，短角牛体躯较大，早熟；母牛产奶性能较好；性情温驯，对生态环境适应性强，在多数地区都可以饲养。

九、三河牛

1. 原产地及环境

三河牛（Sanhe cattle）是我国优良的乳肉兼用型品种，因育成于大兴安岭西麓的额尔古纳市的三河（根河、得耳布尔河、哈布尔河）地区而得名。三河牛主要分布在额尔古纳市的三河地区及呼伦贝尔市、兴安盟、通辽市、锡林郭勒盟等地。2005 年，存栏量为 4.03 万头，中心产区在海拉尔农场局所属各农牧场，共存栏 3.12 万头。原产地冬季气候寒冷，全年有 6 个月平均气温在 0 ℃以下；枯草期长达 7 个月，积雪期为 200 d 左右。夏秋季节，气候凉爽，水草丰美。

该牛为多品种杂交后经过多年选育而成，其父系多为西门塔尔牛，还有少量雅罗斯拉夫牛。三河牛选育工作始于 1954 年，当时在苏侨奶牛的基础上，于呼伦贝尔盟建立了一批以饲养三河牛为主的国营农场，进行有计划的选育提高。1986 年，通过内蒙古自治区政府的鉴定。

2. 外貌特征

毛色为红（黄）白花，花片分明，头白色或额部有白斑，四肢膝关节下、腹部下方及尾尖呈白色（图 2-9）。体格高大，结构匀称，体质结实。角稍向前上方弯曲，有少数牛角向上。胸深，背腰平直，腹围圆大；体躯较长，肌肉发达。肢势端正，四肢强健，蹄质坚实；乳房大小中等，质地良好，乳静脉弯曲明显，乳头大小适中。成年公、母牛体重分别为 930.5 kg 和 578.9 kg；成年公、母牛体高分别为 152.4 cm 和 136.9 cm。

图 2-9 三河牛
（宁夏大学史远刚提供）

3. 生产性能与特征

三河牛遗传性能稳定，乳用性能好。2005 年，海拉尔农牧场 802 头基础母牛 305 d 平均产奶量为 5 105.8 kg，较 1984 年三河牛的平均产奶量提高 986.2 kg。所产牛奶干物质含量高，乳脂率为 4.06%、乳蛋白率为 3.19%。

三河牛产肉性能较好，在放牧育肥条件下，去势牛屠宰率为 54.0%，净肉率为 45.6%。在完全放牧不补饲条件下，两岁公牛屠宰率为 49.5%，净肉率为 40.0%，胴体产肉量比当地蒙古牛增加 1 倍以上。

母牛一般 20～24 月龄初配，最长可繁殖 10 胎以上。在内蒙古气候条件下，该牛的繁殖成活率为 60%左右，国营农场中则可达 77%。

三河牛耐粗饲、宜牧，能适应严寒环境，抗病力强，适合高寒牧场条件。

十、中国草原红牛

1. 产地及环境

中国草原红牛（Chinese grassland red cattle）是适合草原地区放牧饲养的乳肉性能较好的兼用品种。主要分布于吉林白城、内蒙古赤峰和锡林郭勒盟、河北张家口等高寒地区。产区气候干燥，冬季长，严寒少雪，无霜期 85～145 d，作物生长期短。

中国草原红牛是应用乳肉兼用短角牛与蒙古牛杂交选育而成的。从 1952 年开展有计划的杂交工作，在级进杂交二代和三代的基础上，进行横交固定和自群繁育，达到了预期的育种目标。1985 年，通过了农牧渔业部组织的品种验收及品种标准审定。

2. 外貌特征

全身被毛为深红色或枣红色，部分牛的腹下或乳房有小片白斑（图 2-10）。头较轻，大部分牛有角，角多伸向前外方、呈倒“八”字形、略向内弯曲。颈肩宽厚，结合良好，胸宽深，背腰平直，中躯发育良好，后躯略低，尻部较平，四肢端正，蹄质结实。

成年体重：公牛为 850～1 000 kg，母牛为 450～550 kg；初生重：公犊为 34 kg，母犊为 31 kg；成年体高：公牛为 140～155 cm，母牛为 122 cm。体格中等大小，体躯呈长方形，肌肉丰满。母牛乳房发育良好。

图 2-10　中国草原红牛
（吉林省农业科学院吴健提供）

3. 生产性能与特征

中国草原红牛的泌乳期为 210～220 d，产奶量为 1 400～2 000 kg，乳脂率为 4.3%，乳蛋白率为 4.13%。乳脂率随着泌乳期的增加而逐渐下降。在高寒草原地区，以放牧为主、适当补饲，产奶主要是利用 6—8 月的青草期，青草期挤乳 100 d，平均产奶量为 849 kg，乳脂率为 4.03%。

该品种牛产肉性能良好。18 月龄的去势牛，经放牧育肥，屠宰率为 50.84%，净肉率为 40.95%；短期育肥牛的活重达 500 kg 以上，屠宰率为 58.1%，净肉率为 49.5%。

草原红牛繁殖性能良好，初情期多在 18 月龄。在牧场条件下，繁殖成活率为 68.5%～84.7%。

草原红牛终年放牧，耐粗放管理；对严寒和酷热条件耐受力强，适应性好；发病率低。

十一、新疆褐牛

1. 原产地及育成

新疆褐牛（Xinjiang brown cattle）原产于新疆天山北麓西端的伊犁地区和准噶尔山的塔城地区。分布于新疆的天山南北，主要在伊犁、塔城、阿勒泰、石河子、昌吉、乌鲁木齐、阿克苏等地。

新疆褐牛的育种工作从 20 世纪初期已开始。1935—1936 年，伊犁和塔城地区引用瑞士褐牛与当地哈萨克母牛进行杂交，还曾用阿拉塔乌牛（含有该牛血统的）杂交过。以后又多次引进瑞士褐牛进行级进杂交，稳定了遗传性能。1983 年，通过了新疆维吾尔自治区畜牧厅组织的品种审定。

2. 外貌特征

毛色呈褐色，深浅不一，额顶、角基、口轮周围和背线为灰白色或黄白色，眼睑、鼻镜、尾尖、蹄呈深褐色。角大小适中，向侧前上方弯曲，呈半圆形，深褐色。体格中等，结构匀称，头颈适中，颈肩结合良好，背腰平直，胸较宽深，尻方正，四肢较短而结实，乳房发育良好（图 2-11）。成年公牛体重为 970 kg 左右，成年母牛体重为 430～520 kg。

3. 生产性能与特征

2006 年，育种工作者对伊犁新疆褐牛的产奶量进行测定，一胎次为 2 251 kg，二胎次为 2 328 kg，三胎次以上为 2 617 kg。乳脂率为 3.54%，乳蛋白率为 3.32%。

新疆褐牛产肉性能良好，在自然放牧条件下，体况中等，2 岁以上牛只屠宰率为 50%以上，净肉率为 39%，育肥后净肉率则超过 40%。

新疆褐牛适应性很好，在草场放牧可耐受严寒和酷暑环境，抗病力强。

图 2-11　新疆褐牛

第二节 奶牛的生物学特征

尽管牛从野生状态被驯化成家畜距今已有五六千年，但是仍然保留了其祖先的一些习性。奶牛也不例外，具有很多明显的生物学特征。

一、行为习性

1. 奶牛的行为

（1）采食行为。奶牛一昼夜有 3～6 h 在采食。奶牛自由采食粗饲料需要的时间要长于精饲料，采食 1 kg 精饲料需要 3～4 min，而采食 1 kg 干草则需要 30 min。

奶牛从黎明开始采食，10:00～15:00 进行反刍，21:00 又开始采食。夜晚奶牛采食很少，大部分时间都在反刍。在饲养管理中，要根据奶牛的采食行为特点安排饲喂时间和挤时间，一旦形成规律就不能经常变化。奶牛必须采食大量的饲料和饮用大量水来维持生命和产奶。可通过观察奶牛的瘤胃充盈度，判断奶牛采食量是否充足。若奶牛采食时间增加过多，卧床时间和反刍时间会相对减少。

奶牛采食具有选择性，喜食青绿饲草和块根饲料，通常不会采食被排泄物污染的、绒毛多的或者外表粗糙的牧草。但是，如果草地被大面积污染，如撒有液体厩肥的草地，奶牛不得已还是会采食这些被污染的牧草。大多数奶牛喜欢味甜微酸的味道。

（2）反刍行为。牛每天采食大量的粗饲料，一般不经过充分咀嚼就匆匆吞进瘤胃，吃饱后再把食团逆呕到口腔重新咀嚼，然后再吞进瘤胃，这一过程称为反刍（ruminating）。一般牛吃草后 15～60 min进行反刍。反刍过程中分泌大量唾液，对饲料的浸泡、软化以及在瘤胃中的发酵和氮素循环等具有重要作用。一般犊牛出生 3 周后就出现反刍，如果早期补饲可使反刍提前。每头奶牛每天应反刍 7～10 h，反刍次数少表明日粮配比不合适。

奶牛瘤胃一般做固定式的收缩移动。健康奶牛瘤胃每分钟收缩 1 次或 2 次。这种收缩可使瘤胃中的饲料混合。奶牛瘤胃蠕动次数越多，反映消化机能活动越旺盛，消化器官负担也越重。

高产奶牛采食和反刍时间比低产奶牛长，瘤胃蠕动次数也多。反刍后每分钟咀嚼 60 次左右。

（3）躺卧行为。在理想条件下，奶牛每天躺卧休息的时间约为 14 h。无论是拴系、散放，还是放牧饲养，奶牛每天都会躺卧休息。当奶牛躺卧休息时，乳房的血流量明显增加；相反，如奶牛躺卧休息时间不足，会影响奶牛产奶量，同时还会增加奶牛肢蹄病的发生。奶牛一昼夜的躺卧时间少于 10 h，会影响奶牛休息和健康状况。躺卧时间减少 2 h，可以对奶牛的生产性能和经济效益产生显著影响。奶牛喜欢躺卧，一天躺卧时间长于采食时间和嬉戏时间。

奶牛在采食和躺卧两种活动中，优先选择躺卧，甚至会放弃一定的采食时间，来保证自己的躺卧时间充足。

奶牛总是凭借着自己的平衡感寻找斜坡并顺坡度向上躺卧。牛的典型躺卧姿势是胸骨横卧或向一侧倾斜，前肢向身体内侧下部弯曲，一侧后肢向前伸展，而另一后肢向外伸展。在牛躺卧时，确实会闭上眼睛睡觉。通常犊牛在躺卧休息时还会将头转向腹部，一般一次休息 30 min。

（4）争斗行为。奶牛能形成群体等级制度和群体优劣序列。不管是在不到 10 头牛的小牛群内还是在复杂的大牛群中，牛的等级地位通常根据强弱和体重而定。在拥挤的条件下，高等级牛的个体空间要比低等级牛大。

当奶牛被转到新的牛群，需要大约 1 周时间重新建立群内的社会秩序。在秩序混乱阶段，奶牛会发生争斗，以建立新的秩序。

如果奶牛没有去角，弱势牛如遇到强势牛的顶撞，会出现无法逃避的现象。在牛群中属于相对弱势的牛，因为恐惧被抵，而不敢到卧栏休息。奶牛去角对奶牛饲养有很好的效果，由于减少奶牛争斗和因争斗造成的损伤，可以提高5%左右的产奶量。犊牛出生后7～14 d是去角的最佳时间。

强势奶牛的存在和牛之间的竞争会影响奶牛的采食速度及采食行为。争夺采食空间会使奶牛频繁地更换采食位置。对于经产牛，在竞争环境下的采食时间要比非竞争环境下少很多，而站立时间更多。

(5) 排泄行为。舍饲奶牛采用的是密集饲养方式，其排泄行为与放牧状态相比，发生了很大变化。舍饲奶牛，由于其活动范围有限，粪尿多集中于牛床后面的粪道或牛床的后部。

产奶牛一昼夜平均排尿9.2次，平均排粪13.5次。产奶牛排粪的间隔时间白天为1.5 h，夜晚为2 h。一昼夜产奶牛有4次排泄高峰，且排粪、排尿高峰同时出现。一般根据奶牛的排泄行为决定清粪时间。

多数产奶牛站立排粪，只有少量的牛在运动或躺卧时排粪。在躺卧休息期间排泄的间隔时间较活动时长，采食期间排泄次数较平时频繁。另外，产奶牛还有躺卧休息后站立起来不久便排泄，且排泄过后再休息的习性。

群体舍饲的产奶牛，排泄行为会相互影响，尤其是排尿行为更为明显，即一头产奶牛排尿后，能诱导左右的牛也排尿。此外，奶牛的排尿行为常被冲水等管理措施所诱发，平日用水冲刷牛床、走道，夏天用水冲洗牛身都能促使牛产生排尿行为，似乎水是排尿行为的激发剂。

排泄行为在一定程度上能够反映奶牛的健康状况，兽医可利用排泄行为来判断产奶牛健康状况。奶牛的粪便不应该太稠或太稀，而且不应该有未消化的饲料。粪便的稠稀也能反映奶牛精粗饲料比例是否适宜。

(6) 正常行为与异常行为。在奶牛场，奶牛表现出的正常行为包括躺卧和休息行为、采食行为、排泄行为、寻找庇护行为、探究行为、性行为、群居行为、争斗行为、仿效行为以及护犊行为等。安逸舒适的奶牛应该能够正常地采食、饮水、泌乳以及等待挤乳、向特定目的地运动、正常发情或躺卧和反刍。在正常情况下，牛群中反刍的比例占60%～70%。健康的奶牛看起来清秀强壮，被毛光滑；乳头富有弹性，肤色自然；胃部充实；奶牛站立吃料时应该挺直，蹄点地或步态变跛则可能是采食不适的征兆。

如果奶牛出现一些异常行为，如舌头打圈、啃咬护栏，这可能是因为奶牛活动太少的缘故。放牧的奶牛就不会表现出上述异常行为。多次饲喂和多喂粗饲料，可以减少这类异常行为的发生。

当看到牛群中多数母牛只是站着不动时，那么牛群中很可能存在着影响奶牛舒适度的问题。

一头奶牛站在牛床前并不卧床，或者左顾右盼，小心翼翼地卧下，可能反映牛床设计不合理，奶牛不能自由地卧下。

2. 奶牛习性

(1) 听觉灵敏。奶牛靠耳朵感知周围环境变化，通过耳朵和眼睛来判定危险物距离，并会面对危险物，以判定下一步该如何行动。奶牛身边如果存在压力圈、危险圈，进入奶牛压力圈时，奶牛会因为感到危险而行走时躲避，接近危险圈时奶牛会因为躲避危险而奔跑。不同奶牛对两个圈的反应不尽相同，但青年牛相对敏感。

奶牛对异常噪声高度敏感，噪声超过110～115 dB时，产奶量会下降10%。

(2) 群居性。牛是群居家畜，有相互协作的群体行为，多是一起休息、一起进食。牛喜欢成群活动，若与群体隔离，就会十分沮丧。在一个牛群内，奶牛也需要自我空间，保持与其他奶牛的距离。奶牛合群性很强，领头牛走出牛舍，其他牛会自动跟随。此时饲养员的吆喝只会让正在出舍的奶牛停下脚步，转头判断是否有危险。

(3) 对陌生环境的适应性。在现代奶牛养殖中，奶牛经常被分群或转群。但分群和转群过程中，往往伴有应激反应，奶牛可能会打滑或者突然奔跑等。当奶牛被赶到陌生的牛舍区域时，最好是让牛群自己来适应新的环境，而不是人为地强迫其适应新环境。牛群需要逗留2～4次之后才会判定这个新地方是否安全。

(4) 耐热与耐寒性。当外界温度升高到 25 ℃以上，荷斯坦牛的呼吸频率加快，食欲不振，产奶量开始下降。但是奶牛不怕冷，荷斯坦牛在外界气温达到－13 ℃时产奶量才开始下降。在北方冬季的奶牛饲养中观察到，虽然白天舍外气温达－15 ℃，奶牛仍然选择到舍外运动场上休息，而较少选择在牛舍内卧栏上休息。奶牛的生产可接受的温度为：犊牛 10～24 ℃，育成牛 5～27 ℃，泌乳牛－4～24 ℃。

二、生命周期

在奶牛的生命周期中，一般按照生理阶段将奶牛划分为犊牛、育成牛、青年牛、成母牛、干乳牛（图 2－12）。

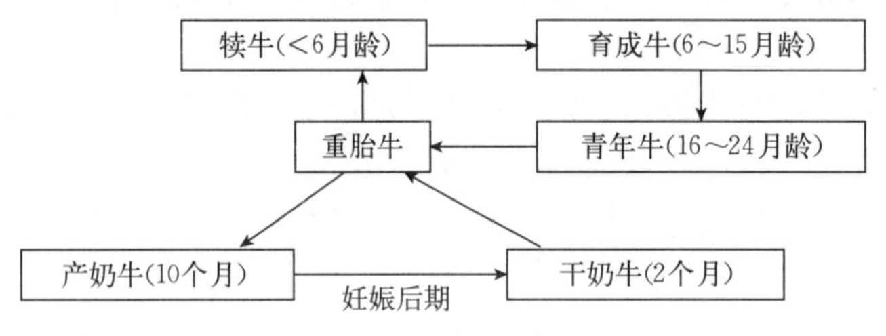

图 2－12 奶牛生命周期图

后备母牛包括犊牛、育成牛和妊娠青年母牛。后备母牛正处于快速生长发育阶段，其培育方法正确与否，对奶牛体型的形成、采食粗饲料的能力，以及到成年期的产奶和繁殖性能都有重要影响。

母牛第 1 次产犊后便进入成年母牛的行列，开始了正常的生产周期，重复着产奶、配种、妊娠、干奶、产犊的生产活动。母牛的泌乳与配种、妊娠、产犊密切相关，并互相重叠。

因为乳用奶牛的主要生产性能是泌乳，其生产周期是围绕着泌乳进行的，因而称为泌乳周期。奶牛的一个泌乳周期包括泌乳期（约 305 d）和干乳期（约 60 d）。在奶牛的一个泌乳周期中，奶牛的采食量、产奶量和体重均呈现出规律性的变化（图 2－13）。成年母牛饲养管理的好坏直接关系到母牛产奶性能的高低和繁殖性能的好坏，进而影响奶牛生产的经济效益。

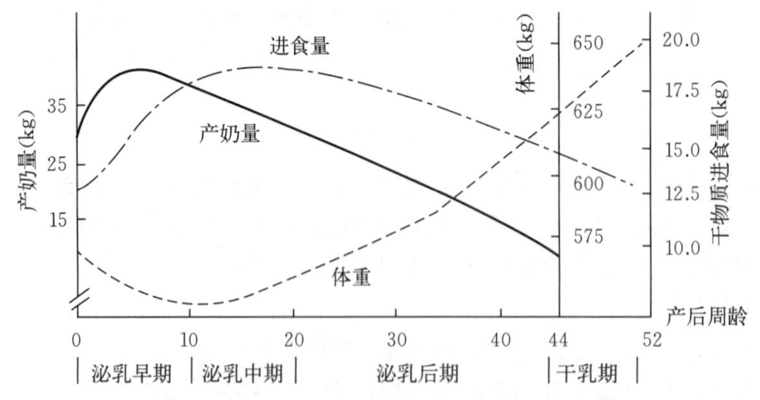

图 2－13 泌乳阶段划分及泌乳周期中的产奶量、进食量和体重的变化曲线

奶牛只有经配种、妊娠、产犊后才能产奶。育成牛初配年龄一般为 14 个月龄以上，身高须达到 132.0 cm 以上，体重为其成年牛体重的 70%，经产母牛在产后两个月左右配种效益最佳，也就是在泌乳两个月左右配种。经产母牛妊娠后，仍然继续泌乳，直到泌乳至 10 个月进入干乳期，此时也正值妊娠后期。

奶牛理想的繁殖周期是一年产一胎，即胎间距（两次产犊的间隔天数）365 d，减去 60 d 干乳期，一胎的正常泌乳期为 305 d。

奶牛如此重复着产奶、配种、干乳、妊娠、产犊的生产周期（图 2－14）。那么，奶牛一生中有多少个这样的生产周期？奶牛的寿命究竟有多长呢？

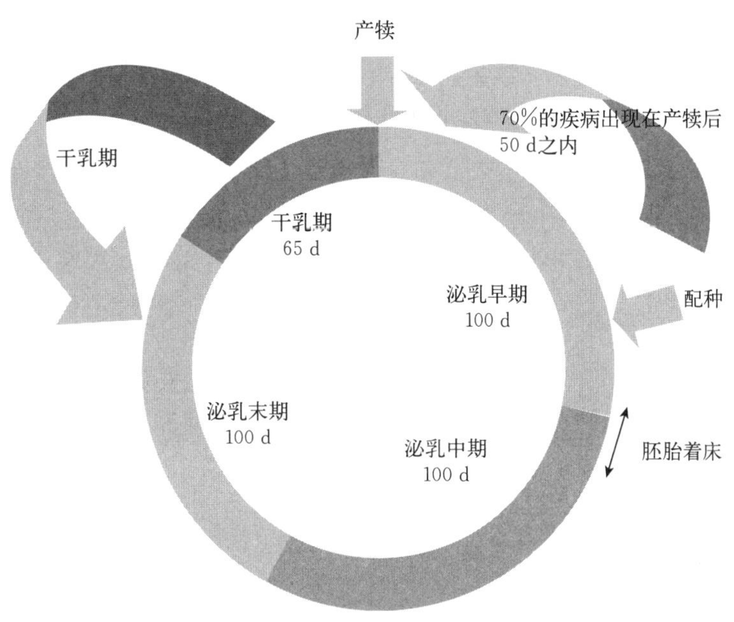

图 2－14　奶牛的生产周期

奶牛群体长寿性的一种衡量方式是奶牛自然老死的平均年龄。加拿大荷斯坦母牛的寿命是 9.1 岁，也就是 6.8 年的生产寿命，接近 6 胎。具有长寿性遗传潜力的奶牛，在奶牛生产中往往能够被选留。但是，奶牛的长寿性受牛群管理方式等多种非遗传因素的影响。

三、生长发育及体型评定

1. 奶牛的生长发育

牛在胚胎阶段各部分的生长，以维持生命的重要器官发育较早，如头部、内脏等，而脂肪、肌肉等发育较迟。

6 月龄犊牛，此时期是由靠母乳生存到靠采食植物性饲料为主的生存方式、由不反刍到反刍的生理环境转变、犊牛各器官系统的发育时期。

7～15 月龄的育成牛，瘤胃机能已相当完善，可自由采食优质粗饲料。育成牛生长迅速，平均日增重达 700～800 g。一般育成牛体重达到成年母牛体重的 40%～50%时进入性成熟期，达到成年体重 70%，约 380 kg 以上时可以开始配种。小母牛的体重比年龄对繁殖能力（泌乳性能）的影响更大。例如，发育良好的荷斯坦母牛 14 月龄可以配种，发育一般的荷斯坦牛在 17～18 月龄才达到配种体重要求。

犊牛出生后，在满足营养需要的条件下，体重的增长呈典型的生长曲线。在性成熟时加速生长，到生长发育成熟时增重速度显著变慢。即在 12 个月龄以前的生长速度很快，以后则逐渐变慢。掌握牛生长发育特点，在生长发育较快的阶段给予充足营养，以达到增重的效果。在正常饲养条件下，荷斯坦犊牛初生体重占成年牛体重的 7%～8%，3 月龄达 20%，6 月龄达 30%，12 月龄达 50%，18 月龄达 75%，5 岁时生长结束。体高的增加是曲线性的，体高的 50%发生在前 6 个月，而且仅有 25%发生在 24 月龄产犊以前的最后 12 月龄中（表 2－4）。

育成牛在性成熟期，正处于乳腺组织快速发育的阶段，如果实行高能量营养饲养，会导致乳房中沉积大量的脂肪，排斥了乳腺发育的正常空间，形成“肉乳房”，影响日后的产奶能力。因此，育成牛的日增重保持以 700～800 g/d 为宜，体况评分掌握在 2.75～3.25 分最为理想。

表 2-4 不同生长阶段奶牛较理想的体重和胸围

（引自梁学武，2002）

月龄	荷斯坦牛、瑞士褐牛		娟姗牛		爱尔夏牛		更赛牛	
	体重（kg）	胸围（cm）	体重（kg）	胸围（cm）	体重（kg）	胸围（cm）	体重（kg）	胸围（cm）
初生重	41	79	27	64	32	74	32	74
2	72	94	47	81	59	89	56	86
4	122	107	83	99	1 088	109	101	107
6	173	125	126	114	151	122	142	117
8	221	140	169	125	182	130	178	127
10	270	150	191	130	230	137	207	135
12	315	158	236	142	268	150	250	145
14	347	163	252	147	297	155	275	150
16	392	168	277	152	326	160	299	155
18	419	175	302	155	358	165	331	160
20	446	180	326	160	383	170	358	165
22	495	185	344	165	410	175	376	170
24	540	191	376	170	441	178	414	175

2. 奶牛体型线性评定

早期的体型外貌评定是根据肉眼观察，从形态上看一个个体是否理想，并无严格的定量标准。后来出现了两种比较客观的评定方法：一是基于身体结构的协调性定出每一畜种身体结构的理想尺寸，再将各个体与之相比较，这种协调性主要是从解剖学的角度而不是从生理学的角度去考虑；二是给身体的各个部位评分，对一个个体体型外貌的评定除了有总体评定外还有各个部位的评分，但这种评分是用肉眼观察给出的。

在 20 世纪 70 年代后期，美国奶牛人工授精育种者联合会提出了一种用于奶牛的新的体型评定方法，即体型线性评定（linear evaluation）。这种评定方法的结果是客观的，可用统计学方法对评定结果进行分析。

（1）奶牛体型线性评定的原则与方法。

① 线性评定的基本原则。要评定的体型性状应有一定的生物学功能，且可通过育种手段加以改进。对各个性状要分别进行评定，对每一性状都用数字化的线性尺度来表示，即从一个极端到另一个极端的不同状态，即所谓的线性评分。这种数字的大小只是客观地反映性状的状态，而不反映性状的优劣。评分的结果适合用育种值估计方法进行分析，为此将评定的尺度进行详细划分。被评定的个体应处于相同的年龄阶段。

② 线性评定的方法。用数字化的线性尺度评定体型性状，如 1～50 分或者 1～9 分的线性尺度，来衡量体型性状从一个极端到一个极端的不同状态。例如，对于奶牛的尻长性状，可用 1～9 分的线性尺度来描述其从很短到很长的状态。

（2）我国奶牛体型线性评定。线性评定方法已在世界各国普遍使用，并基本形成了国际性的统一标准。但各国在测定性状的选择上以及对各个性状的重视程度有所不同。

我国将体型性状分为两级，一级性状共 15 个，归纳为 5 个部分：

① 体型部分。

体高：由鬐甲最高点（第 4 胸椎棘突处）至地面的垂直距离。

胸宽/体强度：根据胸宽与胸深、鼻镜宽度和前躯骨骼结构综合评判。

体深：中躯的深度，主要看肋骨的长度和开张度。

棱角清秀度：骨骼鲜明度和整体优美度。

② 尻臀部。

尻角度：从腰角到臀角坐骨结节连线与水平线所夹的角度。

尻长：从腰角到臀角之间的距离。

尻宽：由腰角宽、髋宽和坐骨宽综合评定，比重分别为 10%、80%和 10%。

③ 肢蹄部。

后肢侧望：主要指飞节处的弯曲程度。

蹄角度：蹄前缘斜面与地平面所构成的角度，以后肢为主。

④ 乳房部。

前房附着：前房与体躯腹壁的附着紧凑程度，根据乳房前缘由韧带牵引与体躯腹壁附着的角度来判断。

后房高度：后房附着点的高度，根据其在坐骨与飞节之间的相对位置来判断。

后房宽度：后房左右两个附着点之间的宽度。

悬垂形状（中央悬韧带强度）：根据后视乳房悬韧带的表现清晰度判断。

乳房深度：乳房底平面的高度，根据其与飞节的相对位置来判断。

⑤ 乳头部分。

乳头后望：从后面观看的乳头基底部在乳区内的分布（乳头间的距离）情况。

这些一级性状被认为具有较重要的生物学功能，是线性评定的重点。此外，在以上 5 个部分中还包含 14 个二级性状。

多数体型性状的表现与成年牛的年龄、泌乳阶段和饲养管理等无明显关系。但为提高评定的准确性，最理想的鉴定个体是分娩后 90～120 d 的头胎初产牛。干乳期、产犊前后、疾病期间以及 6 岁以上的个体不宜进行评定。

在得到各一级性状的等级得分后，还要进一步将有关性状的得分加权合并成一般外貌、乳用特征、体躯容量和泌乳系统 4 个特征性状的得分。注意公牛本身没有泌乳系统得分，但可根据其女儿和其雌性亲属的评分来对其进行间接评定。

4 个特征性状得分的计算公式分别是：

一般外貌＝0.2（体高＋后肢侧望＋蹄角度）＋0.1（强壮度＋体深＋尻角度＋尻宽）

乳用特征＝0.3×棱角清秀度＋0.2（尻长＋尻宽）＋0.1（后肢侧望＋蹄角度＋后房宽度）

体躯容量＝0.2（体高＋强壮度＋体深＋尻角度）＋0.1（尻长＋尻宽）

泌乳系统＝0.2（前房附着＋后房高度＋后房宽度＋乳房深度）＋0.1（悬垂形状＋乳头后望）

最后将各特征性状得分再加权合并为体型整体得分。

用等级分可计算各个性状、各特征性状和整体的育种值。对于公牛一般还要将这些育种值标准化，再绘制出横柱形图。注意公牛虽然其本身并无泌乳器官，但可通过其女儿和其雌性亲属的信息获得其泌乳器官的育种值。

（3）奶牛体型线性评定的性状评分标准。

① 体高。主要依据十字部到地面的垂直距离进行线性评定，中等水平的体高为 140 cm 评为 25 分，每增加或减少 1 cm 评分时相应加减 2 分。达到 150 cm 的体高为极高，评为 50 分；130 cm 以下为极低的体高，评为 1～5 分。

体高在奶牛的集约化管理中起一定的作用，过高与过低的奶牛均不适于规范化管理。通常认为，极端低与极端高的奶牛均不是最佳体高，当代奶牛的最佳体高是 145～148 cm，即线性评分 35～40 分。

② 胸宽/体强度。

胸宽的性状评分标准：评定时通常看胸下前肢内裆宽，25 cm 时评 25 分，每增加或减小 1 cm 评分时相应加减 2 分。胸部宽度达到 35 cm 以上评为 45～50 分，15 cm 以下评为 1～5 分。

体强度的性状评分标准：强健结实程度中等的个体评为 25 分，极强健结实的个体评为 45～50 分，极端纤弱且胸非常窄缩的个体评为 1～5 分。体强度可表现个体是否具有高产能力和保持健康状态的能力。通常认为棱角鲜明、偏强健结实的体型是当代奶牛的最佳体型结构。从评定等级给分看，以线性评分 35～40 分为最佳，胸过宽产量低，胸窄的牛不耐久。

③ 体深。要依据肋骨长度和开张程度进行线性评分。评定时看中躯，以肩胛后缘的胸深为准，主要看肋骨最深处的长度、开张度、深度。胸宽是鬐甲高的一半，肋骨开张度 70° 的奶牛评为 25 分，大于一半，多 1 cm 加 1 分；小于一半，少 1 cm 减 1 分。极端高深的个体评为 45～50 分；极端欠深的个体评为 1～5 分。体深程度可表现个体是否具有采食大量粗饲料的容积。通常认为，适度体深的体型是当代奶牛的最佳体型结构，即线性评分 35～40 分。

④ 棱角清秀度。主要依据肋骨开张度和颈长度、骨骼的明显程度、母牛的优美程度和皮肤状态等进行线性评分。评定时，鉴定员可依据第 12、13 肋骨，即最后两肋的间距衡量开张程度评分。肋骨间宽两指半为中等程度，评为 25 分；三指宽为较好，评为 40 分。肋骨间越宽，骨骼越明显，轮廓极其鲜明的个体越加分，非常明显评为 45～50 分；非常不明显，肉厚、粗糙的个体评为1～5分。通常认为，棱角清秀度是与产奶量非常相关的性状。轮廓非常鲜明的体型是当代奶牛的最佳体型结构，即线性评分 45～50 分。

⑤ 尻角度。主要从牛体的侧面观察，依据腰角到臀角坐骨结节连线与水平线的夹角，即坐骨端与腰角的相对高度进行评定。腰角略高于坐骨结节 4 cm 评为 25 分，最好。腰角高于坐骨结节 12 cm 的个体应评为 45～50 分；腰角高于坐骨结节 10 cm 的个体评为 35 分；水平尻时评为 15 分；坐骨结节高于腰角 5 cm 评为 1～5 分。

尻角度直接关系到个体繁殖机能的健康。通常认为，两极端的奶牛均不理想，当代奶牛的最佳尻角度是腰角微高于臀角且两角连线与水平线夹角达 5°时最好，线性评分为 25 分。

⑥ 尻宽。主要依据臀宽为两坐骨端之间的宽度 18 cm 评为 25 分，每增减 1 cm 评分相应加减 2 分，9 cm 以下评为 1～5 分，24 cm 以上评为 45～50 分。评定尻宽时，要注意识别臀宽的位置。尻宽是与能否顺利分娩有关的性状。尻极宽的体型是当代奶牛的最佳体型结构。线性评分 45～50 分为最佳。

⑦ 后肢侧望。从侧面观察后肢的肢势，依据肘关节处飞角的角度进行评分。后肢一侧伤残时，应在健康的一侧进行评定。飞节角度 145°评为 25 分，角度增加 1°评分下降 2 分。135°以下，即飞节处极度弯曲呈镰刀状站立，个体评为 45～50 分；飞角大于 155°，飞节处向下垂直呈柱状站立，个体评为 1～5 分。

飞节角度与奶牛的耐力有关，一般认为偏直飞节要比偏内飞节持久力高得多。两极端的奶牛均不具有最佳侧视肢势，只有适度弯曲的体型才是当代奶牛的最佳体型结构，且偏直一点的奶牛耐用年数长。线性评分是 25 分为最佳。

⑧ 蹄角度。主要依据蹄侧壁与蹄底的交角进行线性评分。后蹄前缘与地面夹角 45°评为 25 分，每增减 1°评分相应加减 1 分。极度高蹄角度（大于 65°以上）的个体评为 45～50 分；比较高蹄角度（等于 55°）的个体评为 35 分；中等蹄角度（等于 40°）的个体评为 20 分；比较低蹄角度（等于 35°）的个体评为 15 分；极度低蹄角度（小于 25°）的个体评为 1～5 分。

蹄形的好坏影响奶牛的运动性能和健康状态。通常认为，极度低和极度高的两极端奶牛均不具有最佳的蹄角度。只有适当的蹄角度（55°）才是当代奶牛的最佳体型结构，线性评分为 35 分。蹄的内外角度不一致时，应观察外侧的角度，评定时以后肢的蹄角度为主。由于蹄角度易受修蹄因素的干扰，长蹄时，要改为观察蹄壁上沿的延伸线到前肢的位置。

⑨ 前房附着。主要依据侧面韧带与腹壁连接附着的结实程度（或构成角度）进行评分。连接附着强壮有力、充分紧凑（130°）的个体评为45～50分。

四、体况评分

奶牛的体况评分就是对奶牛的膘情进行评定，体况评分能反映该牛体内沉积脂肪的基本情况。通过了解群体和个体的体况评分，可以明确不同生长、生产阶段奶牛存在的问题，对该时期的饲养效果进行评估，为制定下一阶段营养策略、饲养措施和调整日粮配方提供依据。另外，体况评分也是对奶牛进行健康检查的辅助手段。

1. 奶牛体况评分的分值特征

(1) 评1分。体况评分1分的奶牛，其侧视、后视和全视分别见图2-15、图2-16和图2-17。

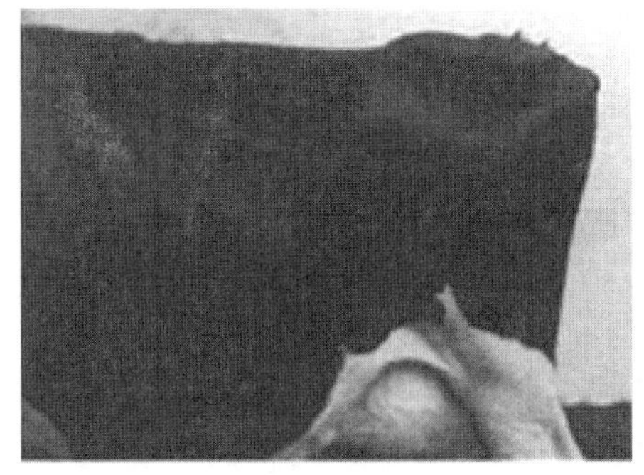

图2-15　1分奶牛的侧视图

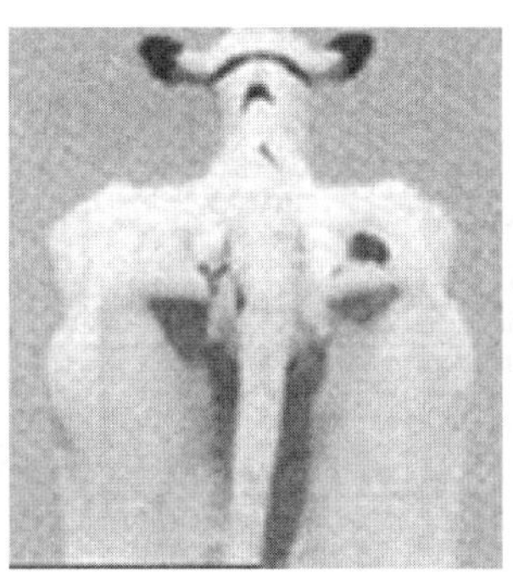

图2-16　1分奶牛的后视图

图2-17　1分奶牛的全视图

两面肋骨上，没有任何脂肪沉积，皮下覆盖着薄薄的肌肉。脊椎、腰部和尾部的骨骼突出，没有脂肪沉积，没有平滑的感觉。臀部和髋骨明显突出，覆盖肌肉非常薄，并且骨骼之间的衔接处凹陷很深。牛尾根高高翘起，与髋骨的连接面上出现较深凹陷，骨骼结构明显突出。

(2) 评2分。体况评分2分的奶牛，其侧视、后视和全视分别见图2-18、图2-19和图2-20。能够清楚看到奶牛两侧的每一根肋骨。触摸起来，肋骨末梢明显，同时肌肉覆盖层比1分牛稍厚。可以看到脊椎、腰部和尾部区域中的单独骨骼明显。臀部和髋骨突出，但是它们之间的凹陷程度好于1分牛。牛尾根以下的区域以及髋骨之间的区域有些凹陷，但是骨骼结构有一定的肌肉覆盖层。

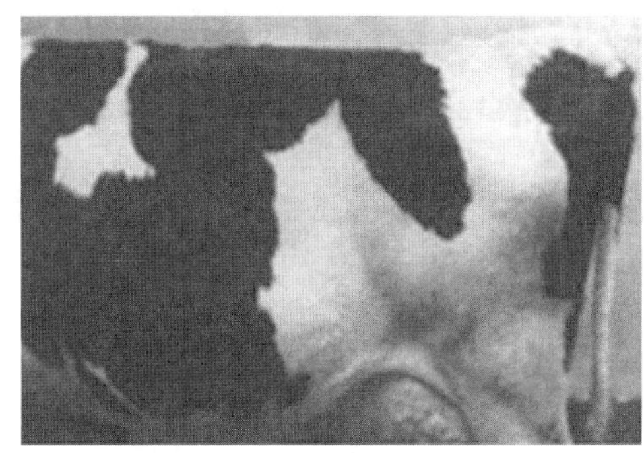

图2-18　2分奶牛的侧视图

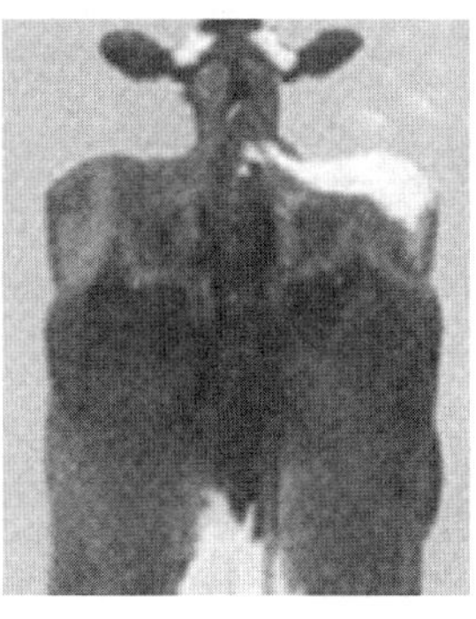

图2-19　2分奶牛的后视图

图2-20　2分奶牛的全视图

(3) 评3分。体况评分3分的奶牛，其侧视、后视和全视分别见图2-21、图2-22和图2-23。

图 2-21 3分奶牛的侧视图

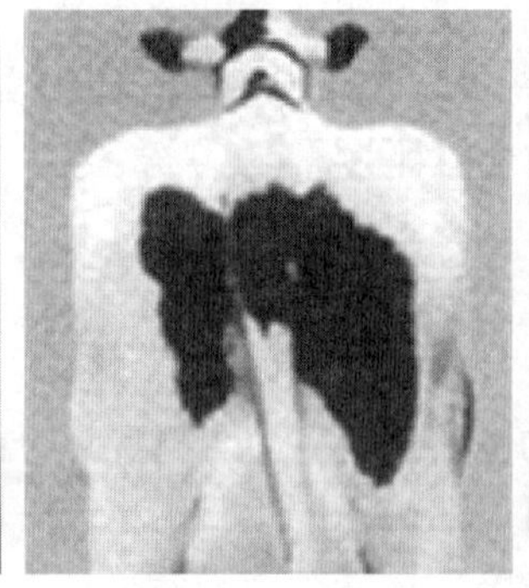

图 2-22 3分奶牛的后视图

图 2-23 3分奶牛的全视图

轻压可以感觉到肋骨，从奶牛的后部一侧向前观看，隐约显现奶牛的肋骨。整体上讲，覆盖肋骨的外表，显得很平滑。脊椎呈现出少量脂肪支撑下三角形的平滑脊背，要想感觉到单个骨骼，则需要用手触摸。臀部和髋骨圆润、平滑。髋骨之间和牛尾根周围的区域平滑，没有脂肪沉积的现象。

(4) 评4分。体况评分4分的奶牛，其侧视、后视和全视分别见图2-24、图2-25和图2-26。

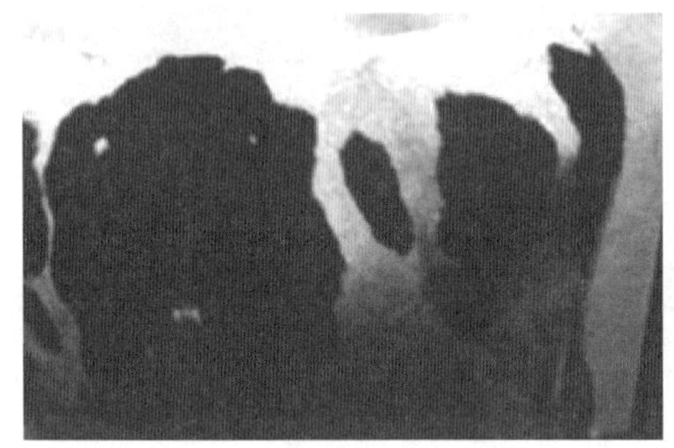

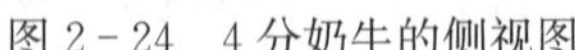

图 2-24 4分奶牛的侧视图

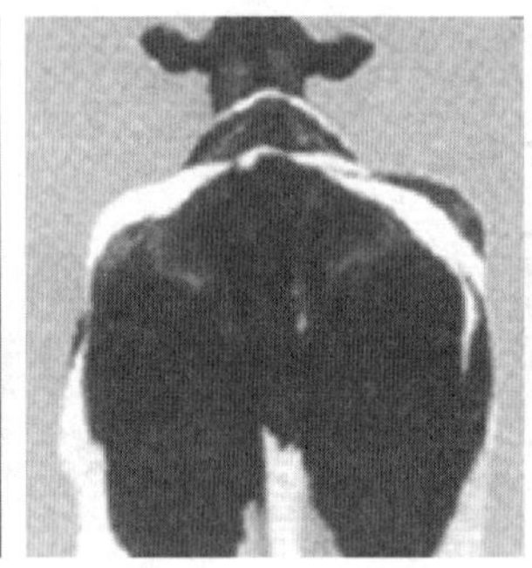

图 2-25 4分奶牛的后视图

图 2-26 4分奶牛的全视图

只有通过强压才能区分单独的肋骨。肋骨显得扁平而浑圆。脊椎区域的脊椎骨浑圆而平滑。腰部、背部和尾部区域显得很平。臀部浑圆，臀部之间部分很平。牛尾根和髋骨区域浑圆，有脂肪沉积迹象。

(5) 评5分。体况评分5分的奶牛，其侧视、后视和全视分别见图2-27、图2-28和图2-29。

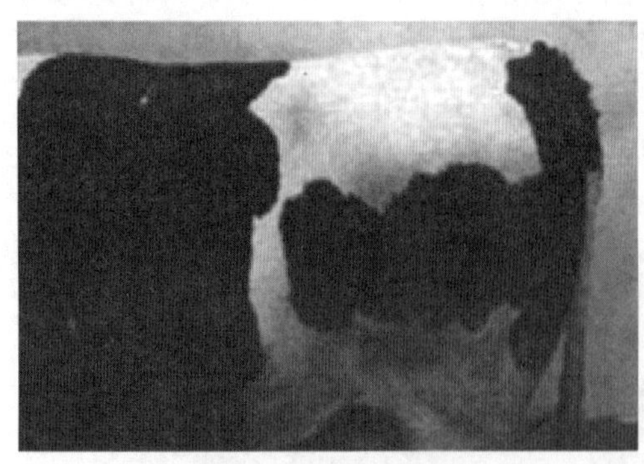

图 2-27 5分奶牛的侧视图

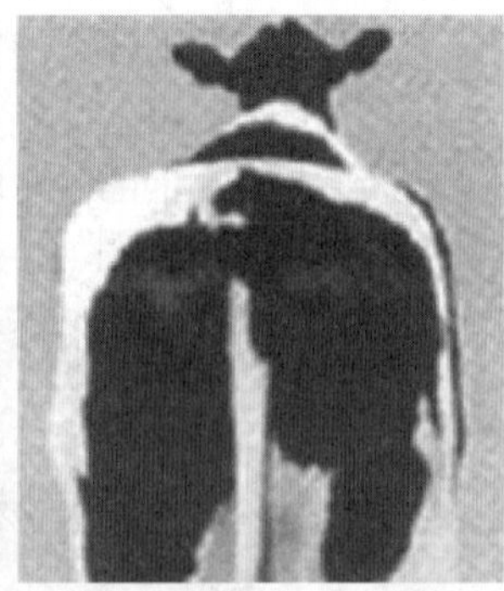

图 2-28 5分奶牛的后视图

图 2-29 5分奶牛的全视图

脊椎骨、肋骨、臀部及髋骨的骨骼结构不明显，皮下脂肪沉积非常明显。牛尾根埋在脂肪组织中。

2. 不同生理阶段奶牛的体况标准分值

奶牛的体况评分，以1分表示非常瘦的母牛，5分表示过肥的母牛。这两组分数都是极端的分数，在牛群中一般是比较少的。

（1）围生前期奶牛。体况评分标准值为 3.25～3.75 分。在奶牛饲养中，希望围生牛在拥有充足但不过剩的体脂肪储备的情况下产犊。如果低于 3.25 分，说明奶牛在泌乳末期或干乳期得到的能量不足。如果高于 3.75 分，说明奶牛在泌乳末期或干乳期的能量摄取量过高，造成奶牛皮下脂肪的沉积量过高，从而造成奶牛的脂肪肝、临床型酮病、亚临床型酮病。

（2）高产泌乳牛（泌乳 31～220 d）。体况评分标准值为 2.75～3.25 分，理想值为 3 分。产奶量很高的泌乳牛，由于奶牛能量负平衡，体况评分可能会低于 2.75 分，将会缩短奶牛的泌乳高峰，并影响奶牛受胎。

（3）中产泌乳牛（泌乳 221～270 d）。体况评分标准值为 3～3.25 分。维持这一体况，将使产奶量最大化。

如果体况评分值低于 3 分，反映奶牛得到的能量不足，需要检查高产阶段奶牛的日粮。如果超过 3.25 分，需要减少能量摄取量。

（4）低产泌乳牛（平均泌乳天数 271 d）。体况评分值应该为 3～3.25 分。距离干乳期 30 d 时，体况评分的目标分值不低于 3.25 分。

（5）干乳期（产前 60 d）。体况评分标准值为 3.25～3.5 分。

（6）育成牛（6～12 月龄）、**青年牛**（12～24 月龄）。体况评分标准值为 3～3.25 分，理想值 3 分。如果青年牛的体况低于 3 分，说明奶牛的日增重低于 0.8 kg，体高和胸围发育不充分。如果青年牛的体况高于 3.25 分，说明青年牛体内脂肪沉积量较高，乳腺快速发育期乳池内脂肪沉积量过高，将影响以后的产奶量。

（7）头胎青年牛（怀胎 180～210 d）。体况评分标准值不低于 3.25 分。

（8）大胎青年牛（怀胎 211～260 d）。体况评分标准值为 3.25～3.50 分，此期的体况评分直接决定了奶牛围生阶段的体况。

（9）围生期末头胎牛。体况评分标准值为 3.50～3.75 分。

五、解剖学形态

1. 牛体各部位

牛体可分为头颈部、前躯、中躯和后躯 4 个部位（图 2－30）。

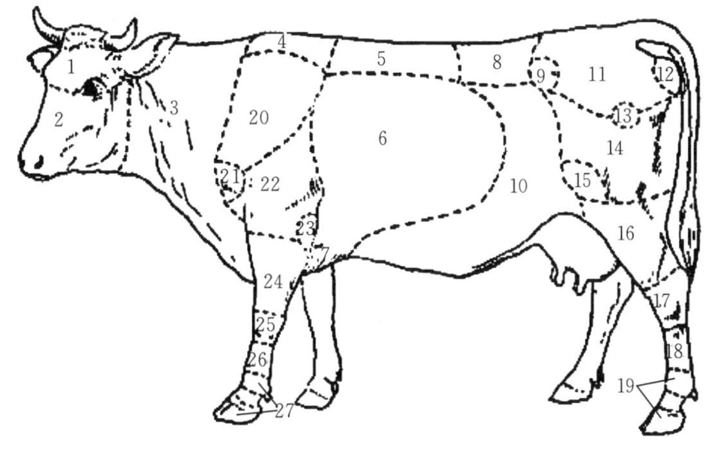

图 2－30　牛体各部位名称

1. 颅部　2. 面部　3. 颈部　4. 鬐甲部　5. 背部　6. 肋部　7. 胸骨部　8. 腰部　9. 髋结节　10. 腹部　11. 荐臀部　12. 坐骨结节　13. 髋关节　14. 股部　15. 膝部　16. 小腿部　17. 跗部　18. 跖部　19. 趾部　20. 肩胛部　21. 肩关节　22. 臂部　23. 肘部　24. 前臂部　25. 腕部　26. 掌部　27. 指部

（1）头颈部。头和颈是体表的最前部分，以鬐甲和肩端的连线而与体躯分界。从角根或耳根起至下颚后缘的连线，在此线以前为头部。

① 额。额在头的正面，位于两耳和两眼连线的范围内，两角之间额的凸起部分，称额顶，又称枕骨嵴。

② 脸。位于两眼内角连线之下，其两侧与颊相连，下接鼻镜，其中央的隆起部分，为鼻梁。

③ 鼻镜。位于鼻的最前端，颜色较其他部位浅，无毛着生。

④ 颊。颊位于头的侧面，脸的两侧从眼到下颌的部分。

⑤ 下颚。下颚是以颚骨为基础的体表部位，基前方是鼻镜，上方是颊。

⑥ 颈部。颈在头的后面，鬐甲和肩端的连线以前，包括下列各部位：

喉：位于头和颈的折合处，是喉软骨的体表部位。

颈峰：颈峰为公牛所特有，是颈部背面的隆起部分。

垂皮：位于颈的下后方和前胸之上，又称颈垂或肉垂。

（2）前躯。前躯在颈之后，肩胛骨后缘垂直切线以前，以前肢诸骨为解剖基础。

① 鬐甲。肩胛骨上端的隆起部分，又称肩峰。它是以第2～6个背椎棘状突起为基础，肩胛上部的软骨联合而成。

② 肩。肩位于颈之后、肋之前，是以肩胛骨为基础的体表部位。营养状况不良的牛，在肩胛骨的后面常有一微凹区，称作肩窝或肩凹。

③ 肩端。也称肩点，是肩关节的体表部位，狭义的肩端以肱骨大粗隆为基础。

④ 臂。也称膊或上膊，也有称上臂的，是以肱骨为基础的体表部位，位于肩点的下后方、肘的前方。

⑤ 肘。以尺骨后上端的肘突为基础的体表部位。

⑥ 前臂。也称前膊，是位于肘和膝之间，以桡骨和尺骨为基础的体表部位。

⑦ 前膝。是腕关节的体表部位。

⑧ 管骨。也称前管，是以掌骨为基础的体表部位，位于膝之下、球节之上。

⑨ 球节。球节是以第1指关节为基础的体表部位，位于管骨的下方。

⑩ 系。是球节至蹄之间的部位，包括第1指骨和第2指骨两部分。

⑪ 蹄。是四肢末端紧靠地面的角质部分。

⑫ 悬蹄。也称副蹄或小蹄，是球节后方的两个角质突起。

⑬ 胸。胸是整个胸腔外部体表的总称，其突出于前肢之前者称前胸。后面以剑状软骨的末端为界。

（3）中躯。这是肩和臂之后，腰角及大腿之前的一段体躯，包括下列各部分：

① 背。这是鬐甲至最后背椎棘突后缘的体表背面部分。一般所谓背线，是指自鬐甲至尾根的整段轮廓。

② 腰。腰在背之后，两腰角前突连线（即十字部）之前的体表部分。即无肋骨相连的背椎体表部位。

③ 肋。肋是肩和臂之后、肷之前、背之下的肋骨表面部位。

④ 肷。肷是肋之后、腰之下、腹之上、腰角前下方的无骨部分，平时凹陷，呈三角窝。饱食后则因瘤胃膨大而使左侧的肷丰满；饮水后则右侧的肷丰满，故农民把左肷称为“草肷”，右肷称为“水肷”。

⑤ 腹。体躯下部无骨部分，统称为腹。

⑥ 胁。前后肢与体躯相连接的部分，分别称为前胁和后胁。

（4）后躯。后躯是畜体的末端，以腰角前缘做一垂直切线而与中躯分界，包括下列部位：

① 腰角。腰角是尻部前端突出的角，是以骨盆的髋结节为基础的体表部位。

② 臀角。是以股骨大转子为基础的体表部位。

③ 臀。臀也称尻或荐部，是以腰角、臀角及臀端的连线为范围，而以荐骨、髋骨和第 1 尾椎为基础的前侧体表部位。

④ 股。也称大腿，其上接臀，下以膝关节与地平面所做的平行线而与小腿为界，是以股骨为基础的体表部位。其后缘主要是半腱肌和半膜肌。

⑤ 后膝。后膝位于股的下前方，是以膝关节为基础的体表部位。

⑥ 小腿。位于后膝以下、飞节以上，以胫骨与腓骨为基础的体表部位。

⑦ 飞节。是以跗关节为基础的体表部位，其后缘顶端有以跟骨结节为基础的突出部分，称为飞端。飞节以下有管、球节、系与蹄等，其位置同前肢。

⑧ 尾。位于体躯的最末端，是以尾椎为基础的体表部位。其与荐骨相连的部分，称为尾根，是尾的起点；其末端着生长毛，称为尾稍。

⑨ 乳房。母牛的乳房形似扁球，附着在腹部的脐和阴户之间，分前、后、左、右四区，每区附着 1 个乳头，是乳汁流出的孔道。乳房前静脉粗大而弯曲，外部显而可见，左右各 1 条，简称乳静脉。它从乳房沿腹部下侧向前延伸，直至第八、九肋骨间通过腹壁的孔而入胸腔与心脏和静脉血管汇合，此腹壁孔称为乳井。乳房的后上方柔软皮肤的光滑面称为乳镜。乳房前后区与腹部相连的皮肤，称为附连（分称为前附连和后附连）。乳房上附着多余的小乳头，称为副乳头。

2. 牛体骨骼

牛体骨骼如图 2－31，包括头骨、躯干骨和四肢骨。

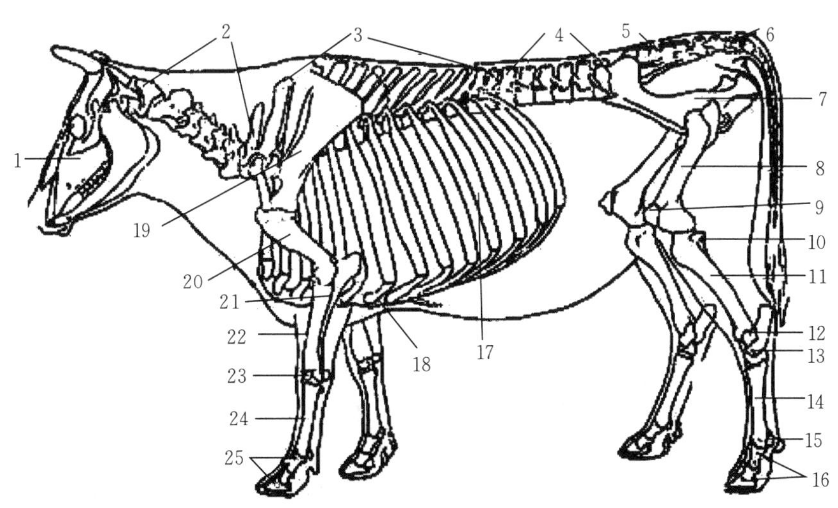

图 2－31　牛体骨骼

1. 头骨　2. 颈椎　3. 胸椎　4. 腰椎　5. 荐椎　6. 尾椎　7. 髋骨　8. 股骨　9. 膝盖骨　10. 腓骨　11. 胫骨　12. 踝骨　13. 跗骨　14. 跖骨　15. 近籽骨　16. 趾骨　17. 肋骨　18. 胸骨　19. 肩胛骨　20. 臂骨　21. 尺骨　22. 桡骨　23. 腕骨　24. 掌骨　25. 指骨

（1）头骨。包括面骨和颅骨。

（2）躯干骨。包括椎骨、胸椎和肋骨。

① 椎骨由颈椎、胸椎、腰椎、荐骨和尾椎（18～24 块）构成。

② 胸骨由 8 个胸片组成，包括胸骨柄、胸骨体和剑状软骨。

③ 肋骨由 8 对真肋和 5 对假肋组成。

（3）四肢骨。包括前肢骨和后肢骨。

① 前肢骨由上而下为肩胛骨、臂骨、尺骨、桡骨、腕骨、掌骨、指骨。

② 后肢骨从上至下为髋骨、股骨、膝盖骨、腓骨、胫骨、踝骨、跗骨、近籽骨、趾骨。

3. 奶牛乳房

奶牛乳房内有一条中悬韧带，把乳房分成左、右两半，结缔组织又把乳房分成前后两区，从而形成前、后、左、右4个乳区。4个乳区各成独立的分泌系统，互不相通。

奶牛乳房两侧各有一条侧悬韧带，从腹壁沿乳房两侧延伸到乳房底部。侧悬韧带和中悬韧带把乳房固定。另外，还有一些薄韧带组织延伸入乳房组织，也起到加强固定的作用。

奶牛乳房内部由血液循环系统、淋巴系统、神经系统、分泌系统和结缔组织所组成。分泌系统属于腺体组织，占乳房组织的75%～80%，而间质组织仅占20%～25%。

分泌系统包括乳腺泡、末梢导管、乳腺小叶、小叶导管、乳腺叶、大小导管、乳池、乳头管（详见第七章）。

乳腺泡和末梢导管是由若干单层的分泌上皮细胞组成的。如同一粒有柄的葡萄，中间空，称为乳腺泡腔。整个乳房含乳腺泡几十亿个。分泌上皮细胞的作用：吸收、合成和分泌。从周围血管中吸收所需要的营养物质，合成乳脂肪、乳蛋白质和乳糖，并将这些合成物与吸收来的矿物质、维生素和水分等排到乳腺泡腔内，混合成乳。

乳头管开口部分，围绕一层括约肌。排乳速度与括约肌的强度和乳头管粗细有关。括约肌强度因品种和个体而异。

六、消化特征

哺乳动物的胃有单胃和复胃之分。牛是反刍动物，牛胃是复胃，容积很大，分为瘤胃、网胃（蜂巢胃）、瓣胃（重瓣胃）和皱胃四部分。其中，皱胃富有腺体，是真正的胃，其余三部分是由食道下端膨大所形成的（图2-32）。

瘤胃是饲料进行发酵的主要场所。网胃主要是利用胃壁的运动磨碎或流转食物。瓣胃是通过瓣胃黏膜形成的瓣叶挤压食糜的水分并吸收少量营养。皱胃是消化菌体蛋白和过瘤胃蛋白的主要部位。

在反刍动物的瘤胃内栖息着复杂、多样的微生物。瘤胃微生物是定居在反刍动物瘤胃中，并能分解纤维素等复杂有机物的特定微生物群落，主要包括瘤胃原虫、瘤胃细菌和厌氧真菌，还有少数噬菌体。其中，绝大多数微生物都是专性厌氧的。细菌是瘤胃内数量最多而且重要的微生物；纤毛虫是瘤胃中个体大、数量多、增殖快的原虫。瘤胃微生物之间处于一种相互依赖、相互制约的动态平衡关系。瘤胃微生物区系和种群组成受到诸多因素的影响，如牛的生理阶段、日粮类型、放牧方式、饲养水平、饲喂频率等。

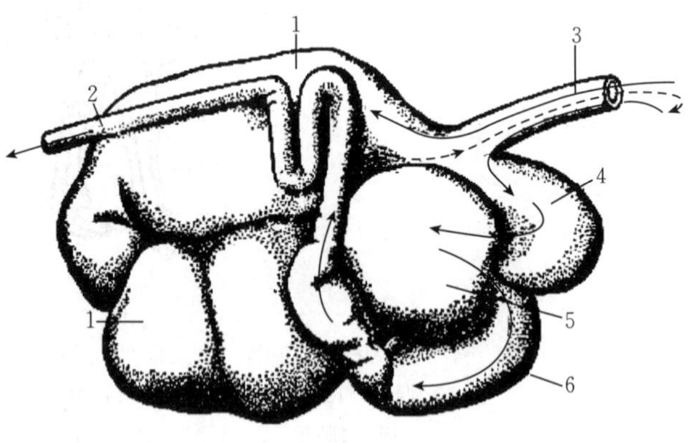

图2-32 牛的复胃
1. 瘤胃 2. 小肠 3. 食道 4. 网胃 5. 瓣胃 6. 皱胃

牛的瘤胃中寄生着大量的微生物（1 mL瘤胃液中微生物数为10^9～10^{10}个），这些微生物使进入瘤胃的饲料不断发酵产生挥发性脂肪酸和二氧化碳、甲烷等气体，所产生的气体通过不断嗳气排出体外。当牛过量食入易发酵的牧草后，瘤胃发酵作用急剧上升，所产生的气体超过嗳气负荷时，就会出现臌气。

奶牛瘤胃中有的微生物可以利用非蛋白氮合成菌体蛋白质，然后被奶牛机体所利用。因此，非蛋白质含氮化合物，如尿素是养牛业中蛋白质饲料来源之一。尿素能在瘤胃中水解产生氨，瘤胃微生物能将氨合成为菌体蛋白质，菌体蛋白质再被反刍动物利用。当瘤胃中氨浓度过大，来不及被瘤胃微生物全部利用时，一部分氨便通过瘤胃上皮由血液送到肝中再转化为尿素，大部分经尿排出而浪费；一部分尿素通过唾液或血液循环通过瘤胃再次利用。但氨量过高，会导致吸收的氨超过肝将其转化为尿素的能力，血液中氨浓度过高会引起氨中毒。

由于细菌合成蛋白质的过程需要能量，所以使用含尿素的日粮时应考虑丰富的可溶性碳水化合物作为能量来源，同时补充矿物质和维生素，以满足瘤胃微生物利用尿素时所需的条件，才能收到应有的效果。为了提高尿素利用效果，减缓尿素在瘤胃中释放氨的速度，以达到和微生物活动相适应的程度，需要考虑影响尿素利用效果的有关因素：日粮的蛋白质水平、蛋白质的可溶性、日粮中碳水化合物的种类、微量元素的补充等。

瘤胃 pH 与反刍时间。瘤胃内容物 pH 5～8.1，一般为 6～6.8，每昼夜反刍 6～8 次，每次 4～50 min，每口咀嚼 20 多次，每分钟嗳气 17～20 次。

肝是奶牛的最大腺体，是重要的代谢器官。它参与淀粉、脂肪、蛋白质的代谢和转化，并参与激素、维生素和免疫抗体等的生成。肝是解毒器官，分泌的胆汁又参与肠道内容物的消化吸收。奶牛的营养利用和转化能力很强，能够有效地把各种营养送往乳腺转化成牛乳的各种成分（图 2-33）。

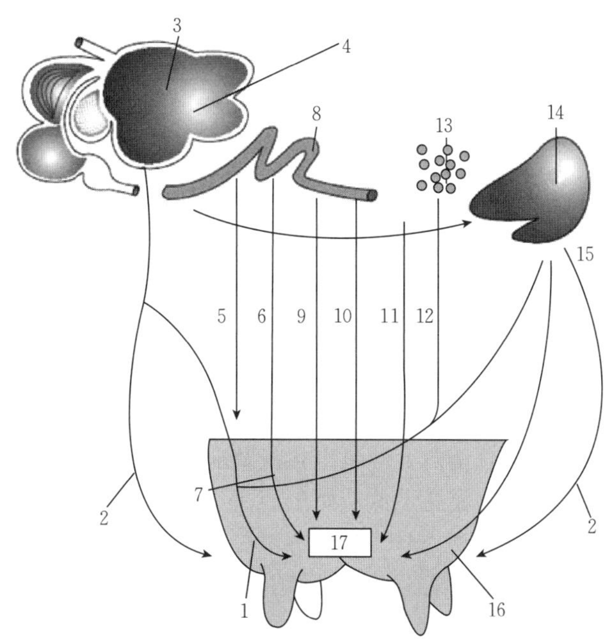

图 2-33　养分消化利用与乳的形成

1. 脂肪　2. 能量　3. 瘤胃　4. $C_2 \cdot C_2 \cdot C_4$ 脂肪酸　5. C_{16}脂肪酸　6. 氨基酸　7. 蛋白质　8. 肠　9. 矿物质　10. 维生素　11. 水　12. C_{11}脂肪酸　13. 体脂肪　14. 肝　15. 葡萄糖　16. 乳糖　17. 牛乳

七、生理特点

奶牛属于恒温动物，其基础生理指标相对比较稳定。体温、呼吸和脉搏往往能够反映奶牛的机体代谢状况、健康状况及对生态环境的适应性。

1. 体温

奶牛的体温受一些生理因素的影响，如品种、年龄、性别、营养状况、产奶量、活动量，以及环境的温度等不同时，牛体温会发生一定的变化。但一般相差不大，为 0.5～1 ℃，荷斯坦牛正常体温应为 38～39 ℃。活动以后或气温较高时，体温稍高，高产奶牛的体温较高。如果耳朵发凉，表明奶牛可能患有产褥热或血液循环问题。

2. 心率和脉搏

奶牛心率测定，听诊部位在左侧胸壁的前下方，肘关节内侧第3～5肋间。脉搏跳动次数在下颌动脉或尾动脉处检查。心率和脉搏的测定数是一致的。当受到刺激、激烈运动、气温升高、发热时，心率加快。高产奶牛由于基础代谢率高，心率比低产牛高，泌乳盛期更明显，母牛妊娠后期也增高。奶牛的正常脉搏为50～80次/min。

3. 呼吸频率

奶牛正常呼吸的次数、深度受多种环境因素（气温等）和牛的状态（运动等）影响，呼吸的次数、深度、特性可作为多种疾病诊断的依据。高产奶牛的呼吸频率与低产牛有很大差异。荷斯坦牛正常的呼吸次数是18～28次/min，更快的呼吸表明有热应激或痛苦和发热（表2-5）。

表2-5 奶牛的正常生理指标

牛种	体温（℃）	脉搏（次/min）	呼吸次数（次/min）	瘤胃蠕动（次/min）
泌乳期	37.5～39.2	50～80	18～28	4～10
犊牛	38.0～39.5	72～100	20～40	—

4. 血液

血液组成与奶牛机体的新陈代谢密切相关，因此常用血液生化指标判断奶牛的健康状况、营养状况和代谢水平。

用于血液生化分析的血液样品一般采用颈静脉采血的方法采集。采样时，要同时记录采样牛的具体情况和资料。颈静脉采血10 mL，肝素钠抗凝，3 000 r/min离心10 min，血浆分装于小塑料管中封口后置于冰盒内送实验室待测。

奶牛血液生化指标很多，血清总蛋白、球蛋白含量及血糖含量都是基本的生化指标。高产奶牛血清总蛋白、球蛋白含量及血糖含量明显高于低产奶牛。

不同饲养方式对奶牛血清中尿素氮（BUN）、游离脂肪酸（NEFA）、葡萄糖（Glu）、碱性磷酸酶（Alp）和磷（P）值影响较显著，尤其以BUN和NEFA变化最为敏感。奶牛不同生长阶段血液生化指标见表2-6至表2-8。

如果散养和小型牛场奶牛营养状况不佳，泌乳前期和泌乳中期奶牛能量均供应不足，泌乳前期奶牛蛋白质供应不足，集约化奶牛场和养殖小区饲养的泌乳前期奶牛能量供应不足。散养奶牛Glu测定值为（2.36±0.28）mmol/L，显著低于其他方式（养殖小区、集约化奶牛场）饲养的奶牛Glu测定值（$P<0.05$）；而NEFA值最高，为（579.16±159.2）μmol/L，显著高于其他方式饲养的奶牛NEFA测定值（$P<0.05$）。泌乳后期散养奶牛BUN最低，为（2.19±0.49）μmol/L，养殖小区饲养下BUN值最高，为（3.91±0.59）μmol/L，而NEFA值最低，为（237.2±144.27）μmol/L。

表2-6 成年奶牛血液生化常值

（引自《奶牛疾病学》）

指标	国外		上海地区		台湾地区	
	范围	$\overline{X}$	范围	$\overline{X}$	范围	$\overline{X}$
TP(g/L)	69～90	79.5	66～73.5	69.75	65～80	72.5
Alb(g/L)	28～39	33.5	29～36.6	32.5	30～35	33
A/G	0.7～1.2	0.95	—		0.7～0.8	0.75

（续）

指标	国外		上海地区		台湾地区	
	范围	$\overline{X}$	范围	$\overline{X}$	范围	$\overline{X}$
BUN(mmol/L)	1.4～3.8	2.69	2.1～3.2	2.68	2.1～3.3	2.7
Glu(mmol/L)	2.2～4.1	3.1	2.2～3.89	3.00	2.4～4.3	3.35
Ca(mmol/L)	2.0～2.7	2.30	2.0～2.74	2.37	2.0～2.5	2.25
P(mmol/L)	1.4～2.80	2.10	1.2～2.26	1.75	1.5～2.2	1.85
Ca/P	—		—		1.5～2.0	1.75
Mg(mmol/L)	1.0～1.3	1.15	0.75～1.2	1.00	0.8～1.2	1.00
Alp（U/L）	12～117	53.2	—		—	
AST（U/L）	43～128	70.7	23～165		—	
NEFA(μmol/L)	—		40～340	200	—	

表 2-7　育成奶牛血液生化常值

指标	平均值	范围
TP(g/L)	58.9	52.5～65.3
Alb(g/L)	45.9	38.7～53.1
A/G	—	—
BUN(mmol/L)	4.14	3.00～4.28
Glu(mmol/L)	2.25	1.71～2.79
Ca(mmol/L)	2.72	2.18～3.26
P(mmol/L)	2.22	2.00～2.51

注：上海市奶牛研究所 1983—1986 年测定值。

与奶牛的营养代谢相联系的血液生化指标有钙、磷、β-胡萝卜素、血糖、CO_2 结合力、GPT 含量等。

表 2-8　奶牛血浆中生化指标

（引自何剑斌，刘明春，张文亮，等，2005）

类别	钙 (mmol/L)	磷 (mmol/L)	β-胡萝卜素 (μg/dL)	血糖 (mg/dL)	CO_2 结合力 (mmol/L)	GPT (卡门单位)
高产奶牛	2.29±0.21 (n=84)	1.87±0.38 (n=84)	378.46±145 (n=84)	58.24±7.92 (n=56)	26.45±5.98 (n=84)	30.56±15.26 (n=84)
产后牛	2.22±0.40 (n=77)	1.61±0.37 (n=77)	208.56±98 (n=77)	53.05±24.19 (n=49)	26.69±5.12 (n=77)	29.49±14.08 (n=77)
干乳牛	2.32±0.28 (n=92)	1.68±0.31 (n=92)	289.31±102 (n=92)	62.31±7.43 (n=64)	26.94±3.99 (n=92)	27.80±15.32 (n=92)
平均值	2.28±0.46 (N=253)	1.72±0.42 (N=253)	292.11±175.34 (N=253)	57.87±18.21 (N=169)	26.69±5.31 (N=253)	29.28±14.17 (N=253)

表 2-8 中全群牛血中钙、磷含量的平均值偏低，其中产后奶牛血中钙、磷水平更低。全群牛血中β-胡萝卜素含量严重不足，但高产奶牛血中含量相对较高。全群牛血糖含量的平均值为（58.87±18.21）mg/dL，其中干乳牛测定值较高，高产奶牛血糖含量较低，产后牛最低。全群牛血中 CO_2 结合力的平均值为（26.96±5.31）mmol/L，高产奶牛血中 CO_2 结合力较低。全群牛血中 GPT 含量的

平均值为（29.28±14.17）卡门单位，其中高产奶牛血中GPT的平均含量最高，而干乳牛的平均含量相对较低。

八、神经内分泌特点

奶牛是通过人工选择和育种而获得的高产家畜，往往存在着遗传种质固有的生理不协调性，容易形成高产应激。奶牛的神经活动过程属于均衡过程，神经内分泌活动频率高，垂体分泌催乳素的反射活动较强。

奶牛对于外界刺激非常敏感，容易紧张。拍打、惊吓、强烈的声响及其他虐待行为，都会造成应激反应，导致奶牛产奶量下降。因为奶牛每次泌乳均是依靠排乳反射完成的，突然出现应激反应，会使脑垂体前叶分泌促肾上腺皮质激素，促进肾上腺皮质大量分泌肾上腺皮质激素，引起乳头管收缩。由于肾上腺皮质激素浓度升高，可影响催乳素、生长激素的分泌，也影响了乳的分泌。因此，管理奶牛要注意养护和照顾，在产奶前后要避免噪声，操作要轻柔。

奶牛的产奶遗传潜力主要体现在泌乳前期。泌乳前期的奶牛体内催乳素、生长激素浓度较高，激素分泌模式有利于泌乳，泌乳倾向较强。泌乳后期（产后201 d至干乳前）的奶牛已到妊娠后期，随着胎盘及黄体分泌激素量的增加，抑制脑下垂体分泌的催乳素，产奶量下降速度加快。

高产奶牛繁殖力往往会下降。虽然有数据表明，高产奶牛与低繁殖力相关，但是高产和繁殖力低二者本身没有因果关系。例如，在捷克有一个450头牛的牛群，年平均产奶量达到11.5 t。在如此高产奶量的情况下，第1次配种受孕率高达67%。

卵泡的发育需要特殊的生长因子，健康的奶牛在免疫系统良好、营养合理、日粮平衡的情况下，会产生更高浓度的卵泡发育生长因子，从而使卵泡的质量更好。卵泡在促卵泡激素和促黄体激素的影响下继续发育。奶牛能量不足时，这两种激素的产生会减少，卵泡的发育可能不会继续。健康的卵泡会产生雌激素刺激发情活动，能量不足时产生的卵泡不能合成雌激素，所以发情活动较弱或缺失——安静发情。卵泡排卵需要促黄体激素的一个大的高峰，能量不足的奶牛会阻止促黄体激素的释放，造成排卵失败。

（高腾云）

主要参考文献

Bruce Woodacre，2010. 奶牛繁殖面临的问题与解决方案［J］. 中国乳业（8）：34－38.
何剑斌，刘明春，张文亮，等，2005. 奶牛血液生化指标的检测［J］. 中国兽医杂志（2）：14－17.
冀一伦，2005. 实用养牛科学［M］. 2版. 北京：中国农业出版社.
莫放，2010. 养牛生产学［M］. 2版. 北京：中国农业大学出版社.
王福兆，2004. 乳牛学［M］. 3版. 北京：科学技术文献出版社.
王根林，2006. 养牛学［M］. 2版. 北京：中国农业出版社.
谢运，刘文奇，2004. 高产奶牛的特征［J］. 农村实用科技信息（12）：22－22.
张广德，1985. 产奶牛的排泄行为及其利用［J］. 上海农业科技（6）：25－26.
张沅，2011. 中国畜禽遗传资源志：牛志［M］. 北京：中国农业出版社.

第三章

奶　牛　遗　传

本章系统地介绍了细胞遗传学的概念，奶牛染色体的基本特征、核型等；分子遗传学的研究进展，特别是奶牛经济性状功能基因的研究，包括产奶性状相关基因、繁殖性状相关基因、抗病和生长性状相关基因等；奶牛质量性状和数量性状的遗传，包括质量性状和数量性状的概念、特征、遗传基础和研究方法等；奶牛种牛遗传评定的概念、评估的方法及对奶牛遗传育种的作用。

第一节　细胞遗传学

细胞遗传学是细胞学和遗传学相结合的一门遗传学分子学科。奶牛细胞遗传学主要研究奶牛染色体的基本特征、核型、带型、染色体的变异与多型性及染色体标记在奶牛遗传育种中的应用。

一、奶牛染色体的基本特征

染色体是遗传物质的载体，染色体的主要组成是 DNA 和组蛋白；另外，还有一些非组蛋白和少量的 RNA。在细胞水平上，遗传物质以染色体的形式表现出来。每种生物都有其特定的染色体特征，具有稳定的遗传特性，可以作为一个个体或一个品种的遗传标记。

1. 染色体的数目

牛按经济类型可以分为奶牛、肉牛、兼用牛和役用牛。奶牛二倍体有 60 条染色体，其中 29 对常染色体和 1 对性染色体。29 对常染色体全为端着丝粒染色体，只有性染色体是 1 对亚中着丝粒染色体。X 染色体与 1 号染色体大小相当，Y 染色体较小，并具有多态，有中着丝粒和端着丝粒 Y 染色体两种类型（图 3 - 1），中国荷斯坦牛的 Y 染色体为中着丝点染色体。

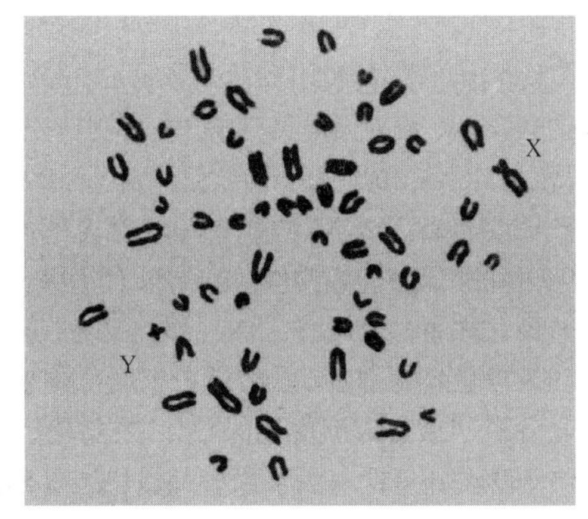

图 3 - 1　奶牛的中期染色体特征

2. 染色体的大小

染色体的绝对长度是指每一条染色体从一端到另一端的长度，然而由于染色体所处的细胞分裂时期不同，染色体的收缩程度也不同，从而导致染色体的绝对长度发生变化。所以，染色体的大小一般不用染色体的绝对长度，而是常用染色体的相对长度来衡量。染色体的相对长度（relative length）是指某单个染色体的长度与包括 X 染色体在内的单倍性常染色体的总长度之比，以百分比表示，即：相对长度＝某条染色体长度/(单倍性常染色体总长＋X 染色体的长度)×100%。中国荷斯坦牛 1 号染色体的相对长度最大，X染色体大小介于1号染色体和2号染色体大小之间，Y染色体的大小介于25号染色体和26号染色体大小之间。在染色体特征分析中，一般都进行染色体相对长度的分析（表3-1）。

表3-1 中国荷斯坦牛的染色体相对长度

（引自晁玉庆，1989）

染色体序号	染色体相对长度（%）	染色体序号	染色体相对长度（%）
1	6.156±0.451	17	3.123±0.114
2	5.411±0.447	18	3.054±0.179
3	4.990±0.538	19	2.954±0.248
4	4.527±0.297	20	2.891±0.256
5	4.386±0.233	21	2.806±0.195
6	4.277±0.208	22	2.772±0.210
7	4.256±0.238	23	2.698±0.147
8	4.225±0.213	24	2.570±0.127
9	3.882±0.269	25	2.519±0.111
10	3.817±0.245	26	2.252±0.404
11	3.324±0.220	27	2.189±0.352
12	3.589±0.249	28	2.045±0.246
13	3.455±0.083	29	1.921±0.254
14	3.315±0.071	X	5.916±0.481
15	3.259±0.083	Y	2.296±0.304
16	3.174±0.109		

3. 染色体形态

染色体形态一般用臂比率（arm index）、着丝粒指数（centromere index）和染色体臂数（NF）等参数表示。臂比率是指染色体的长臂长度与短臂长度之比。着丝粒指数是短臂长度/该染色体长度×100%。按臂比率可将染色体划分为：臂比率等于1.0，称中着丝粒染色体（M）；臂比率为1.0～1.7，称中央着丝粒染色体（m）；臂比率为1.7～3.0，称亚中着丝粒染色体（SM）；臂比率为3.0～7.0，称亚（近）端着丝粒染色体（ST）；臂比率在7.0以上，称端着丝粒染色体（T）（表3-2）。

染色体臂数（NF）是根据着丝粒的位置来确定的，端部着丝粒染色体臂数为1，中部或亚中部着丝粒染色体臂数为2。所以，中国荷斯坦牛有60条染色体，其中58条常染色体全为端着丝粒染色体，各有一条臂；X和Y染色体为双臂染色体各有两个臂，染色体的总臂数为62。

表3-2 染色体的臂比率与染色体类型的关系

臂比率	染色体类型	染色体形态	代表符号
1.0	中着丝粒染色体	着丝粒在染色体的中部或接近中部	M
1.0～1.7	中央着丝粒染色体	染色体具有两个等长的臂	m
1.7～3.0	亚中着丝粒染色体	着丝粒在染色体中部的上方	SM
3.0～7.0	亚（近）端着丝粒染色体	着丝粒靠近端部，具有一个长臂和一个极短的臂	ST
7.0以上	端着丝粒染色体	着丝粒在染色体的端部，染色体只一个长臂	T

二、染色体核型

1. 染色体核型

染色体核型（karyotype）是指将一个生物细胞中的染色体图像进行剪切、按照同源染色体配对、分组、依大小排列的图形。核型反映了一个个体、一个物种所特有的染色体数目及每一条染色体的形态特征。

2. 染色体核型分析

核型分析（karyotype analysis）是将一个细胞内的染色体利用显微摄影的方法，将生物体细胞内整个染色体拍下来，然后同源染色体配对，按照形态、大小和它们相对恒定的特征排列起来，制成核型图（karyogram），并进行染色体特征分析的过程。根据核型绘成的核型模式图称为染色体组型（idiogram）。染色体组型是指理想的、模式化的染色体组成，是根据许多细胞的形态学特征描绘而成的。染色体组指的是一个生物细胞中同源染色体之一构成的一套染色体。所以，染色体核型分析有时也称染色体组型分析。在一些文献中，染色体核型和染色体组型经常有混用的情况。核型分析一般主要是对染色体数目、形态特征的分析。

分析的步骤包括：①取样、细胞培养和标本的制备过程。②观察细胞分裂相，寻找和选择合适的分裂细胞，显微照相。③通过剪切、测量和计算进行分析。④通过对染色体特征的识别和排列做核型分析。⑤资料的显示和比较，包括柱形图和统计检验等。

一个中期细胞的染色体的核型排列可以手工进行，用计算机做分析。核型分析是染色体变异分析的基础。

在染色体核型分析中，一般观察 50 个以上细胞的染色体形态，计数染色体数目，测量长度。在提交的染色体核型报告中需要有染色体核型排列图，以反映染色体的核型特征、鉴定并标明染色体的数目和结构变异的染色体序号，附上分裂中期图片，即构成染色体核型图。根据核型分析，分辨和识别各个染色体形态结构及其有无异常。进行不同品种染色体核型比较，能够探讨进化规律。

3. 牛染色体核型及表示方法

由于染色体检查在动物遗传育种和临床医学中的广泛应用，染色体异常的报道也日益增多，对染色体的核型表示法制定统一的标准显然是十分必要的。核型表示方法也称核型式，它能简明地表示一个个体、一个品种或一个物种染色体的组成。一般前面的数字代表一个个体、一个品种或一个物种细胞内染色体的总数，在逗号后的两个字母代表性染色体的组成和类型。中国荷斯坦牛核型式的表达和含义如下：

核型式 60，XX：代表染色体数 60，性染色体 XX，表示正常母牛核型。

核型式 60，XY：代表染色体数 60，性染色体 XY，表示正常公牛核型（图 3－2）。

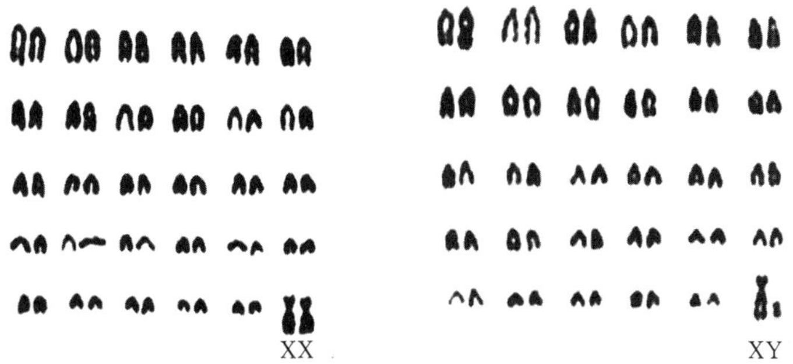

XX

母牛的染色体核型

XY

公牛的染色体核型

图 3－2　牛的染色体核型

核型式 61，XXX：表示染色体数为 61，性染色体组成为 XXX，母牛，但 X 染色体多了一条。染色体数目的变异都可用核型式表示。奶牛的核型式不分组，29 对端着丝粒染色体从大到小依次排列编号为1～29号，一对性染色体排列其后。

三、染色体带型

1. 染色体带型的含义

染色体带型是以染色体显带（chromosome banding）技术为基础，用特殊的理化方法及染料进行染色，使染色体在不同部位出现大小、颜色深浅不同的带纹。显带技术不仅解决了染色体的识别问题，还能提供染色体及其畸变的更多细节，使染色体结构畸变的断点定位更加准确。20 世纪 70 年代以来，染色体显带技术不断发展，能显示的带数也不断增加。染色体显带技术的发展，对动物遗传资源研究具有十分重要的意义。

2. 染色体带型的类型

由于染色体标本处理的方法和染色不同，出现了不同的分带技术。最常用的显带技术有 Q 带、G 带、C 带、R 带、T 带、银染带（Ag－NOR）和姊妹染色单体交换（SCE）等。中国荷斯坦牛研究最多的是 Q 带、G 带、C 带和Ag－NOR等。这些分带已用于奶牛染色体的变异研究。

（1）Q 带。 Q 带也称荧光带，是用奎吖因（quinacrine）等荧光染料处理后，沿着每个染色体的长度上可显示出横向的、强度不同的荧光带纹。Q 带是最早应用的显带方法。Q 带十分恒定，每对染色体的带纹数目、大小、强度和分布是特定的。这些区带相当于 DNA 分子中 AT 碱基对成分丰富的部分。

（2）G 带。 G 带即吉姆萨（Giemsa）染色显示的分带，当染色体经胰酶或某些盐类处理、吉姆萨染色后，沿长度上所显示出的丰富带纹称 G 带。G 带带型与 Q 带相似，其带纹精细，清晰、分辨率高、技术比较简单，制片可以长期保存，用光学显微镜即可观察。人们已根据显带的带型特征绘制出牛染色体 G 带模式图，作为 G 带的带型标准用于各种比较分析。

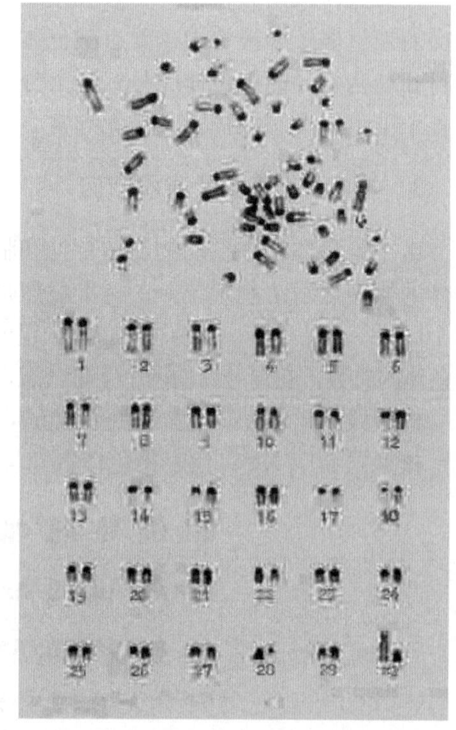

图 3－3　牛染色体 C 带中期分裂相

（3）C 带。 C 带是专门显示结构异染色质的选择性分带。一般是利用弱碱处理后，吉姆萨染色所显示的带。C 带的阳性带通常识别组成型异染色质，它含有高度重复的卫星 DNA。不同生物 C 带的阳性区分布不同，中国荷斯坦牛的 C 带一般分布在常染色体的着丝粒部位和整个 Y 染色体上，X 染色体上没有 C 带阳性区（图 3－3），但不同常染色体着丝点处的 C 带区大小有差异。

（4）银染带（Ag－NOR）。染色体上含有 18S 和 28S rRNA 基因，它在细胞分裂过程中决定核仁的形成，因而被称作核仁组成区（NOR）。在用硝酸银染色时，这一区域专一性地被染成黑色，即形成所谓的银染带（Ag－NOR）（图 3－4）。它反映了 rRNA 基因具有转录活性。中国荷斯坦牛 Ag－NOR 分布在 5 对染色体上，每个细胞中 2～10 个，平均 6 个左右，其频率比中国黄牛要高一些。人们可以利用牛 Ag－NOR 的分布和频率研究牛品种间的亲缘关系和起源进化。

(5) 姊妹染色单体交换(SCE)。姊妹染色单体交换(sister chromatid exchange,SCE)是指两条姊妹染色单体在相同位置上发生同等对称的片段交换。许多突变剂和致癌剂可诱发 SCE 和染色体断裂、重排。因此,SCE 分析已成为检测 DNA 损伤、遗传稳定性、染色体脆性位点常用的细胞遗传方法。在健康牛中,每个细胞 SCE 平均为(2.760±0.206)个;但在牛白血病病毒阳性的牛中,每个细胞 SCE 平均达(4.800±0.219)个;在患淋巴瘤的牛中,每个细胞 SCE 平均达(8.800±0.219)个。中国荷斯坦牛每个细胞 SCE 平均为 4.33~10.78 个。

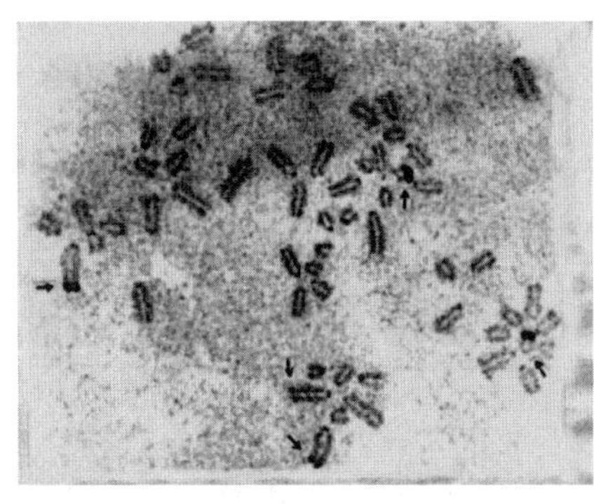

图 3-4 牛染色体上的 Ag-NOR

(6) 高分辨染色体分带。通常染色体的研究都是在细胞分裂的正中期分裂相上进行的。在这一时期应用的显带技术,显示的条带较少。因而难以进一步识别和分析染色体微细结构的异常。20 世纪 70 年代后期,由于细胞同步化方法的应用和显带技术的改进,获得了大量的前期、前中期和早中期的分裂象。这些分裂象的染色体比正中期染色体长,显带后可制作出分带细、带纹更多的染色体,使显带数目成倍增加,这种染色体称为高分辨染色体。随着高分辨技术的不断发展,牛染色体的显带数目将随之增加,从而大大提高人们对染色体的分辨能力。这无疑有助于研究染色体的结构、检测染色体的畸变、分析种间或品种间染色体的差异,从而进行基因的准确定位等。

3. 染色体带型分析

(1) 染色体显带的命名法。根据人类分带染色体命名标准法,在染色体标本上,一条染色体以着丝粒为界标分为短臂(p)和长臂(q);对染色体带型的识别和命名是以染色体上明显而恒定的形态特征为界标将染色体分为几个区。每区中可以包括若干个带。区和带以序号命名,从着丝粒两侧的带开始,作为第 1 区第 1 号带,向两臂远端延伸,依次编为 2 区、3 区等,第 1 区内也依次编为 1 号带、2 号带……定为界标的染色带就作为下一个区的 1 号带。每一个染色体带的命名,由连续书写的符号组成。例如,1q32 表示为第 1 号染色体长臂的第 3 区 2 号带。如果一个带又分成若干亚带(即高分辨带),则在带号之后加小数点,再书写亚带的编号。亚带也由着丝粒从近端向远端依次编号,如 1p36.2 表示第 1 号染色体短臂的第 3 区 6 号带中的第 2 号亚带。如果亚带又再细分,则在原亚带编号后再加数字,不需再加标点,如 1p36.21。

染色体分带的命名法:①染色体和编号数;②染色体的臂号;③区号;④带号。

(2) 牛显带染色体的识别。利用染色体分带技术可以更加精确地识别每条染色体。但染色体分带的识别和表征,常因分带的方法和染色反应不同而不同,不同的分带方法识别的对象和目的不同。对于 G 带来说,每一染色体上所示的分带的精细程度和带的数目,也因染色体所处的时期、收缩的情况、制片的质量、处理和染色的时间不同而不同。一般晚前期、早中期比中期分裂相染色体分带数要多些,带纹也狭些。对于 C 带和 Ag-NOR 来说,都是特异性的染色带,一般不存在以上情况。C 带反映异染色质存在的部位,Ag-NOR 反映核仁组织区活性、位置和数目。所以,根据不同的情况可以对整个染色体和染色体局部的变化进行识别和分析。

为了阐明牛的染色体构成,比较品种间染色体的变异,如果对染色体标本进行显带核型分析,即先行显带然后进行核型分析,会使染色体的识别、配对和排序更加准确。

科研工作者将 3 个中国黄牛品种染色体的 G 带从 311 条带提高到 354 条,并发现 5 号染色体的着丝点近端区的深染区由 2 条暗带组成,27 号染色体有明显的着丝点顶端带等新的带纹特征。根据 3 个黄牛品种 G 带带型的共同特点,对中国黄牛染色体 G 带带型进行了描述、分区和命名,并绘制了中国黄牛染色体 86 个区 354 条带的 G 带模式图(图 3-5)。这些研究丰富了牛细胞遗传学的基本内容，为黄牛染色体畸变分析和基因定位研究提供了统一的标准和基础。

图 3-5 牛的染色体 G 带模式图

四、染色体的变异与多型性

1. 染色体畸变

染色体畸变分为数目畸变和结构畸变。数目畸变通常包含整倍性变异和非整倍性变异；结构畸变包含缺失、重复、倒位、裂隙和易位等。各种类型的畸变在奶牛中都存在。

（1）常染色体畸变

① 多倍体与嵌合体。即使在正常个体中也可以看到百分之几的多倍体细胞，但多倍体个体在家畜中却很难见到，其原因是多倍体打破了家畜固有的遗传平衡，因而导致胚胎的早期死亡。即使个别有幸存下来的多倍个体，也常携带有某种遗传疾病。中国荷斯坦牛多倍体细胞出现率为 5.74%；在夏洛来牛群中发现，具有肌肥大症的个体，多倍体细胞的发生率高达 17%～24%，其主要类型是 $4n$，也有少数 $6n$ 和 $10n$。对表现为中枢神经系统异常症状的牛进行核型调查时，发现大部分细胞（28 例中有 23 例）是 $2n/4n$ 嵌合体。在中国黄牛中多倍体细胞出现率在 4.12%～5.59%。

② 三倍体。家畜中常染色体三倍体的个体极为罕见。有几例关于牛 18 号染色体三倍体的报道，这些病例共同的特征是胎儿下颚不全症。从罗马尼亚牛群中曾发现过 3 例小染色体（未能确认染色体编号）三倍体，表现为侏儒症。

③ 断裂、缺失和倒位。家畜中有关这些畸变类型的详细资料不多。曾经对两个繁殖力低的牛群做过染色体检测，发现裂隙和断裂的频率高达 10%～15%，而对照组仅为 2.5%～5.8%。在中国荷斯坦牛的不同群体中，断片、断裂、着丝点环等结构变异率在 0.23%～4.92%。中国黄牛染色体结构变异率为 1.94%～3.10%。

④ 易位。染色体易位在牛群中的发生频率相对较高。牛发生的易位主要是罗伯逊易位。所谓罗伯逊易位，是指两个端着丝粒染色体的着丝点部位融合，形成一个中或亚中着丝粒染色体。在牛群中至少发现有 18 种类型，分布最广的是牛的 1/29 易位。这种易位目前已在 26 个国家的 30 多个品种中发现，发生频率平均为 6%。由于这种易位是按照孟德尔规律传递的，因而易位纯合体和杂合体在整个牛群中不断扩散。携带 1/29 易位的牛表型正常，但繁殖力下降，使公牛的配种受胎率降低 17.7%，母牛的繁殖力下降了 6%～13%。染色体易位严重影响了牛的生产性能，对用于人工授精的种畜而言，则影响更大。因此，许多国家已开展了对种畜的细胞遗传学检查，收到了明显的经济效益。我国也急需开展这方面的工作。

(2) 性染色体畸变。性染色体畸变的结果导致动物的性异常。牛群中发现的间性个体大多是嵌合体，有近 10 种类型。常发生的是 60，XX/60，XY 嵌合体，习惯上称作双生间雌症。在牛的异卵异性双胎中，91.9%的母犊呈现性异常，通常造成不育。这是因为在胚胎发生初期，同产次的雌雄胚胎之间发生血管系吻合，血液已经相互交流，所以母体内流入了由雄性来的细胞和物质，导致了性分化的异常。除嵌合体外，牛群中还发现有核型为 61，XXY、59，XO、60，XXX 等类型性分化异常的个体。

2. 染色体的多型性

染色体具有二重性，即稳定性和高度变异的体系。这主要是指在正常畜群中经常可见各种染色体结构和形态的差异，诸如某些带纹的大小、着色强度的差异及同源染色体的形态和大小差异等。这种变异称为染色体的多型性（polymorphism）。在牛的染色体中，含有高度重复 DNA 的结构异染色质的分布是不均匀的，多集中于着丝粒、随体、次缢痕和 Y 染色体上。因此，染色体的多型性也集中地表现在这些部位。

染色体的多型性一般具有下述特征：主要表现为两条同源染色体的形态、大小或着色方面的不同。按孟德尔方式遗传，在个体中是恒定的，在群体中有变异。集中地表现在某些染色体的一定部位，这些部位都是含有高度重复 DNA 的结构异染色质所在之处。通常不具有明显的表型或病理学意义，否则传统上则称为染色体畸变，以示区别于染色体的变异。

① C 带多型性。C 带在家畜中存在广泛的多态性。在牛中，C 带的多型性主要表现在同源染色体对间和不同常染色体端着丝粒染色体部位 C 带阳性区大小上的差异。

② Ag-NOR 多型性。对普通牛和荷斯坦牛 Ag-NOR，不同作者将 Ag-NOR 定位于不同的染色体上（表 3-3），由于大多数作者是通过常规染色法进行 NOR 定位，并未经银染-G 带连续染色加以证实。从表 3-3 中 Ag-NOR 分布范围来看，所有牛均在 1～10。由此推断，牛的 NOR 可能分布

表 3-3　部分牛种的 Ag-NOR 数目及分布

品种/类群	头数（头）	观察细胞数（个）	Ag-NOR 总数	Ag-NOR 均数/细胞	分布范围	众数	显示 Ag-NOR 染色体对	作　者
荷斯坦牛	2	27	157	5.80	1～8	5	2、3、4、5、26、28	陈文元，1990
中国荷斯坦牛		470	3 032	6.45±0.19	3～12	7	2、3、4、5、28、X	郭爱朴，1982
延边牛	4	240	1 315	5.48	3～9		2、3、4、11、21(22)、28	于汝梁，1992
蒙古牛	5	193	1 249	6.47	3～11		2、3、4、11、28	于汝梁，1992
秦川牛	11	2 002	10 793	5.47±0.32	3～10	5～6	2、3、4、5、11、23、26、28、X	陈宏，1990
丽江黄牛	5	210	1 077	5.13±0.11	1～10	5	2、3、4、5、28	郭爱朴，1983
温岭高峰牛	4	215	1 262	5.89±1.02	3～8		2、3、4、11、21、28	辛彩云，1993
犏牛	3	140	759	5.42±0.13	1～9	5	2、3、4、5、28	郭爱朴，1983
奶牛×牦牛	4	196	974	5.65	1～9	6	2、3、4、5、11、26、28	陈文元，1990

在5～6对染色体上。牛的Ag-NOR具有品种特征。牛Ag-NOR的大小在不同对染色体间和两条同源染色体间的差异都很大，甚至一个大的Ag-NOR可比小的大出几倍。此外，牛群中有较高频率的Ag-NOR染色体联合，黄牛平均为14.6%，荷斯坦牛为22%，联合的方式多种多样，存在明显的多型性。综上所述，牛的Ag-NOR也是一项极其重要的细胞遗传学标记。

③ 性染色体的多型性。牛X染色体臂比率和相对长度的变化，可导致形态发生多态，牛的Y染色体有明显的形态变异的更多。我国南方黄牛种包括海南牛、四川黄牛、温岭高峰牛，多为亚端着丝粒Y染色体；北方牛种如延边牛、蒙古牛、新疆褐牛为中或亚中着丝粒Y染色体；中原地区的黄牛，部分为亚端着丝粒Y染色体（表3-4），如鲁西牛和南阳牛，部分为两种着丝粒Y染色体的混合型，如秦川牛、晋南牛等；欧洲牛和中国荷斯坦牛Y染色体为中或亚中着丝粒Y染色体。Y染色体的多型具有明显的生态-地理效应。

表3-4 我国部分牛品种的性染色体特征

品种/类群	头数（公）	X染色体		Y染色体		作 者
		臂比	着丝粒位置	臂比率	着丝粒位置	
中国荷斯坦牛	10		亚 中	1.27	亚 中	张成忠，1992
新疆褐牛	10				中	朱海，1988
蒙古牛	10	1.93	亚 中	1.15	中	陈宏，1990
鲁西牛	26	1.99	亚 中	3.19	亚 端	于汝梁，1991
南阳牛	10	2.26	亚 中		亚端	于汝梁，1991
晋南牛	9	2.10	亚 中	1.16(7) (2)*	中、亚端	于汝梁，1991
秦川牛	12	1.95	亚 中	1.19(9) (3)*	中、亚端	陈宏，1990
西镇牛	9	2.11	亚 中		亚 端	陈宏，1990
四川黄牛	72		亚 中		亚 端	张成忠，1992
温岭高峰牛	9	2.22	亚 中	3.06	亚 端	辛彩云，1993
海南牛	9		亚 中		亚 端	陈琳，1988
宣汉牛	12		亚 中		亚 端	龚荣慈，1992
西藏牛	4	1.71	亚 中	1.68	中	陈智华，1995
独龙大额牛	1	2.35	亚 中	1.93	亚 中	单祥年，1980

* 括号中的数字为具有中和亚端着丝粒Y染色体的牛头数。

五、染色体标记在奶牛遗传育种中的应用

1. 种牛鉴定

由于染色体畸变会对牛的生产性能造成不同的影响，早在20世纪70年代，欧美国家已将细胞遗传学检测作为留种种牛及引进种牛的必做项目之一。对种牛进行核型带型分析，检查种牛的染色体有无异常，一旦发现有染色体畸变的个体就将其淘汰或不能引进。

2. 疾病诊断

一些染色体畸变会引起性状的改变或造成各种疾病，造成严重的遗传缺陷，如染色体59和染色体XO畸变的母牛没有生育能力。经过细胞遗传学检查，可以诊断出染色体疾病，以便淘汰有染色体遗传缺陷的个体。

3. 研究品种的形成

染色体的罗伯逊融合和断裂，染色体臂间与臂内倒位、易位和缺失，Ag-NOR的增加和减少及

异染色质的增生等在种的分化和品种的形成过程中都有非常重要的意义。牛 Y 染色体的两种形态，经 G 带证实，中或亚中着丝粒 Y 染色体的短臂与亚端着丝粒 Y 染色体长臂末端同源。由此认为，瘤牛型黄牛 Y 染色体是普通牛 Y 染色体臂间倒位的结果。关于 C 带大小及其在品种间存在的广泛差异，可能是染色体进化中异染色质增生的结果。至于 Ag－NOR 的多态现象，它本身反映的就是 rRNA 基因的排列状况和活性大小，说明在品种的形成过程中它具有不可忽略的重要作用。一般认为，在家畜通常的繁殖条件下，具有稍微不利影响的染色体畸变在短时间内可以广泛扩散。在规模有限而且又细分为只含少数不同繁殖力个体的小类群的群体中，偶然性效应可能具有相当大的影响，从而导致了群体的再划分。

4. 进行品种的系统分类

在众多的细胞遗传学指标中，筛选出的较为适合于品种分类的最好的细胞遗传学标记是 Ag－NOR 与 Y 染色体的形态特征。具有肩峰的瘤牛（*Bos indicus*）的 Y 染色体是亚端着丝粒，无肩峰的普通牛（*Bos taurus*）、蒙古利亚牛是中或亚中着丝粒。Ag－NOR 在中国荷斯坦牛品种中比瘤牛型牛的数目明显高。

第二节 分子遗传学

奶牛分子遗传学是在分子水平上研究奶牛群体数量性状遗传与变异规律的科学，是分子生物学与遗传学和数量遗传学相结合诞生的一门新的交叉学科。主要研究控制奶牛经济性状功能基因遗传多样性、功能鉴定及调控机制，为奶牛的分子育种提供理论依据，以便发展以 DNA 分子遗传标记为基础的标记辅助选种、转基因技术和基因诊断试剂盒等的分子育种手段，加快育种速度。奶牛的分子遗传学研究已经涉及产奶性状功能基因分析、表观遗传研究、mtDNA 研究、微卫星及全基因组选择等多个方面。分子遗传的主要研究方法涉及基因及基因组测序、PCR 技术、基因克隆技术、关联分析和各种生物信息学分析技术及方法。

一、奶牛功能基因

中国奶牛分子遗传的研究主要集中在产奶、繁殖、抗病等性状上。自从中国奶牛开展了分子遗传学研究以来，研究内容涉及的重要功能基因已超过 100 多个（*POU1F1*、*NRAMP1*、*CXCR1*、*TLR4*、*Lf*、*STAT5A*、*BoLA－DRB*、*BoLA－DQB*、*CSN3*、β－*Lg*、*CSN1S2*、*IGFBP－3*、*FSHR*、*GDF8*、*CAST*、*MC3R*、*MC4R*、*AGRP*、*POMC*、*CART*、*GHRELIN*、*HTR1B*、*HTR2A*、*MSTN*、*MRF*、*GH*、*GHR*、*IGF－1*、*IGF－2*、*DGAT1*、*DGAT2*、*TG*、*LEPTIN*、*FTO*、*GHRH*、*PROP1*、*POMC*、*ABCG2*、*HSP* 基因家族等基因）。研究的主要目的：一是揭示生产性状的分子遗传标记，直接用于选种；二是揭示奶牛品种的分子群体遗传学特征，阐明品种间的差异和遗传关系，用于杂交效果的预测、遗传资源的评价、保护和开发利用。这里简要介绍一下部分奶牛功能基因的研究情况。

1. 奶牛产奶性状功能基因

乳中各成分含量一般较为稳定，主要为乳蛋白。乳蛋白通常分为两大类：一类是酪蛋白（whole casein），主要包括 α_{s1}-酪蛋白（α_{s1}－casein，α_{s1}－CN）、α_{s2}-酪蛋白（α_{s2}－casein，α_{s2}－CN）、β-酪蛋白（β－casein，β－CN）和 κ-酪蛋白（κ－casein，κ－CN）；另一类为乳清蛋白（whey protein），包括 α-乳白蛋白（α－lactalbumin，α－La）和 β-乳球蛋白（β－lactoglobulin，β－*Lg*）以及少量的乳铁蛋白（lactoferrin）。酪蛋白约占乳蛋白的 80%，乳清蛋白约占 20%。乳蛋白的分子遗传学主要集中在

乳蛋白基因的结构、多态性及其对产奶性状的影响上。

（1）乳蛋白基因的定位和结构。 编码乳蛋白的基因都位于常染色体上并呈共显性。牛的 6 种主要乳蛋白基因位于其基因组的 3 条独立的染色体上。其中，酪蛋白基因位于 6 号染色体上，$\alpha-La$ 基因位于 5 号染色体上，$\beta-Lg$ 基因位于 11 号染色体上。

乳蛋白基因是一种组织特异性基因，真核生物组织特异性基因的转录单位有一定的规范结构，从 5′到 3′包括对应于 CAP 位点的共有序列：大量的 mRNA 剪接的供体，分支点和剪接受体位点，以及多聚腺苷信号和紧接的 GT－丰富区，标志着转录区的末尾。目前，序列已知的编码乳蛋白的基因都为嵌合基因，其转录单元长度从 1.7 kb 到 18 kb 不等。内含子组成差异较大，为 3～18 个，核苷酸片段最短的只有 81 bp，最长的达 5 800 bp，并含有大量的重复序列。外显子相对较短，由 21～525 个核苷酸组成。与乳清蛋白基因相比，酪蛋白基因片段无内含子分割密码子现象。

牛的酪蛋白基因的 4 种组分基因在染色体上的排布依次为 $\alpha_{s1}-CN$ 基因、$\beta-CN$ 基因、$\alpha_{s2}-CN$ 基因和 $\kappa-CN$ 基因，紧密连锁，分布跨度约为 200 kb，表明不同酪蛋白基因的表达受到共同的启动元件和调控元件的调控，同时也受到邻近连锁基因的影响。酪蛋白基因在结构上有很大差异，其转录单元从 8.5 kb 到 18.5 kb 不等，内含子为 4～18 个。

牛的 $\alpha_{s1}-CN$ 基因含有 19 个外显子、18 个内含子。外显子Ⅰ的 53 bp 根本不编码，长为 63 bp 的外显子Ⅱ编码整个前导肽及成熟蛋白质的前两个氨基酸。牛的 $\alpha_{s2}-CN$ 基因含有 18 个外显子、17 个内含子，大小介于 21～266 bp。长度为 44 bp 的外显子Ⅰ不编码，63 bp 的外显子Ⅱ编码保守的信号肽，最后两个外显子编码 3′端部分非翻译区。在 $\alpha_{s2}-CN$ 基因的内含子Ⅰ区含有一个额外外显子Ⅰ，在 mRNA 加工过程中一起被剪切掉约 96%，剩下的 4%产生长为 44nt 的 mRNA，但因外显子Ⅰ不编码，因此翻译的蛋白质并未变化。

$\beta-CN$ 基因是酪蛋白基因家族中最小的一个，在不同的种属间有部分序列高度保守。牛的 $\kappa-CN$ 基因大小接近 13 kb，含有 5 个外显子。牛 $\kappa-CN$ 基因 5′端上游含 *TATA* 框、*CAAT* 框等调节序列。在－54 开始的区域内存在与转录因子 *AP－1* 识别序列相似的序列 *TGACGCA*，其中 7 个序列中有 6 个为转录因子 *AP－1* 的识别序列 *TGACGCA*。与外显子相比，内含子 A＋T 含量较高。

核苷酸序列分析表明，$\alpha_{s1}-CN$ 基因、$\alpha_{s2}-CN$ 基因和 $\beta-CN$ 基因来自同一个祖先，这三类基因的第 2 个外显子内具有 5′端共同的 DNA 结合功能域，还有 4 个组织模式非常相似的外显子。相比而言，$\kappa-CN$ 基因在结构上与前三类基因差异较大，目前认为 $\kappa-CN$ 基因在进化上与纤维蛋白原基因家族有关（其编码的蛋白质与 κ-酪蛋白功能相似）。

$\alpha-La$ 基因结构比较简单，一个 2 kb 的转录单元含有 4 个外显子，$\beta-Lg$ 基因的转录单位为 4.7 kb，包含 6 个内含子。乳清蛋白基因在进化上比较保守，编码区结构非常相似，这有力地支持了不同物种有共同起源的假说。

（2）乳蛋白基因多态性及其与泌乳性状的关系。 乳蛋白编码基因在不同动物之间，甚至同种动物的不同个体之间存在不同程度的变异，表现出多态现象。截至目前，在 $\alpha_{s1}-CN$ 基因位点含有 8 个变异体基因，分别为 *A*、*B*、*C*、*D*、*E*、*F*、*G* 和 *H*，后来又发现了 $\alpha_{s1}-CNX$ 和 $\alpha_{s1}-CNY$ 等位基因，但没有其他实验予以证实。α_{s2}-酪蛋白基因由一个位点 4 个等位基因编码，分别为 *A*、*B*、*C*、*D*。$\beta-CN$ 基因已发现有 *A1*、*A2*、*A3*、*B*、*C*、*D*、*E*、*F*、*G*、*H* 共 10 个等位基因。而 $\kappa-CN$ 基因已检测出 11 个等位基因，分别是 *A*、*B*、*C*、*B2*、*E*、*F*、*G*、*H*、*I*、*J*、*A*(1)。$\alpha-La$ 是第 2 种研究其多态性的蛋白，至今发现存在 3 个等位基因 *A*、*B* 和 *C*。$\beta-Lg$ 的多态性最先被发现，已有至少 12 种等位基因被检测出来，从 *A* 到 *J*，还有 $\beta-Lg\ W$ 和 $\beta-LgDr$。

编码这些蛋白质的等位基因是共显性的，因此可通过乳蛋白的类型来鉴别杂合子和纯合子基因携带者，为辅助选择提供一定依据。某些蛋白的基因变异是普遍的，而有些仅限于一定的品种。以 $\beta-Lg$ 基因为例，几乎所有牛品种中都存在 *A* 和 *B* 等位基因，*C* 变异基因存在于澳大利亚娟姗牛（Australian jersey）、德国娟姗牛（German jersey）、古巴瘤牛（Cuban zebu）和帕米尔高原牦牛（Pamier yak）中，D 等位基因仅存在于丹麦娟姗牛（Danish jersey）、波兰西门塔尔牛（Polish simmental）、意大利褐牛（Italian brown）、莫迪卡纳牛（Modicana）等几个牛品种中，E、F、G 等位基因仅在斑腾牛（*B. javanicus*）中发现，其他的均为稀有基因且仅在一个牛品种中发现。对于中国荷斯坦牛而言，α_{s1}-CN 基因的 A 和 C 等位基因，β-CN 基因的 B 等位基因为稀有基因。

大量实验对乳蛋白基因非编码区进行了研究，尤其是 5′和 3′侧翼区。与编码序列相比，5′侧翼区具有高度的变异。一般而言，5′侧翼区的突变对乳蛋白基因的表达和产奶量性状及乳成分有重要的影响。

Bleck 和 Bremel 在荷斯坦牛中检测出 α-La 基因的 5′侧翼区有 3 个单碱基多态，分别位于 mRNA 转录起始位点的＋15、＋21 和＋54 位。α-La（＋15）和 α-La（＋21）多态位于 mRNA 序列的 5′-非翻译区（5′UTR），α-La（＋54）多态是 α-La 基因编码区的一个沉默突变。α-La（＋15）A 和 α-La（＋15）B 等位基因分别对应＋15 位上的碱基 A 和 G。后来的实验在其他牛品种中也发现了 α-La（＋15）的多态。

Voelker 等（1997）在荷斯坦牛、西门塔尔牛和瑞士褐牛中发现 α-La 基因转录起始位点上游 1689 碱基处的一个单碱基多态，有两个等位基因，与 α-La（＋15）的碱基变化一致，并且 α-La（＋15）A 总是与 α-La（－1 689）A 连锁。α-La（－1 689）多态性在朝鲜荷斯坦牛中也有发现。

Schild 等（1994）对 7 个牛品种进行分析，发现在 κ-CN 基因的 5′侧翼区有 15 个变异，其中的一些变异位于潜在的调节位点，可能涉及基因的表达。推测 κ-CN 基因 A 与 κ-CN 基因 B 等位基因表达的差异与该基因 5′侧翼区的某些突变有关。在 κ-CN 基因的内含子Ⅱ中发现另一个多态，精确定位于与 Bov-A 同源的 Bov-$A2$ 序列中。

Bleck 等（1996）发现 β-酪蛋白基因 5′侧翼区存在一个多态，是由转录起始位点上游的 516 位缺失 T 造成的。

β-Lg 基因是 5′侧翼区多态研究最多的蛋白基因。许多研究都试图弄清楚 β-Lg A 和 β-Lg B 等位基因不同表达的原因。一般在乳液中，A 型蛋白是 B 型蛋白的 1.2 倍。对 mRNA 水平检测说明 A 型 mRNA 比 B 型 mRNA 型多约 60%。转录水平的差异或 mRNA 稳定性的不同可能是造成相应类型蛋白不同表达比率的原因。对两种变异基因的 5′侧翼区进行测序，Wagner 等（1994）检测到 14 个单碱基替代，其中 2 个在 *exonI* 的 5′*UTR* 区，影响这两种等位基因的转录水平。以后的试验证实了 Wagner 等的结果。特别是 Lum 等（1997）对 AP-2 结合位点的研究发现，在－430 位存在等位基因特异性单碱基替代，在 β-Lg A 等位基因中为 G，在 β-Lg B 等位基因中为 C，说明 AP-2 对两种等位基因不同的亲和性受－430 位的突变影响，并且在不同的等位基因表达中 AP-2 具有调节作用。Kaminski和 Zabolewicz(1998) 利用 SSCP 技术发现在 β-Lg5′侧翼区－501 至－293 共存在 6 个变异，但没有进一步的试验研究。Kuss 等（2003）对 β-Lg 基因 AP-2 结合位点研究发现，在 β-Lg 启动子区的－435 处有一个 SNP 位点，碱基为 G 和 C，且该位点 β-LgG 等位基因与每日 β-Lg 分泌量和产奶量成正相关。因此，推测 β-Lg 基因 AP-2 结合位点 SNP 与其基因产物间的关系是结合蛋白活性不同而导致在基因表达过程中等位基因的特异差别。

影响乳蛋白基因和产奶性状之间关系的原因可能有以下两点：一是乳蛋白基因对产奶性状的微效多基因效应引起；另一个是产奶性状位点和乳蛋白基因之间的连锁引起的。在这个基因连锁群中，乳蛋白基因是主效基因。大量的研究对酪蛋白基因座位进行遗传学分析，表明 α_{s1}-CN、β-CN 和 κ-CN 紧密连锁（Larsen 等，1996；Grosclaude 等，1964，1965），进一步试验表明，α_{s2}-CN 座位和其他 3 个酪蛋白座位也连锁（Grosclaude，1978）。

自从 Aschaffenburg 和 Drewry 首次运用纸层析法对荷斯坦牛 β-Lg 进行分析揭示了乳球蛋白的两种变异型后，其他几种乳蛋白的变异也先后被发现，并对乳蛋白基因型与泌乳性状的相关性进行了大量研究。

在众多试验研究中，β-Lg 被普遍认为对乳脂率有显著影响。β-Lg BB 型乳脂率明显高于 β-

Lg AB 型和 β-*Lg AA* 型。对 α_{s1}-*CN* 基因位点的研究存在分歧。众多研究的焦点是该位点 *C* 等位基因与乳中蛋白含量的关系。Aleandri(1990) 和 Ng-Kwai-Hang 等（1985）研究认为，α_{s1}-*CN BC* 型的乳蛋白含量高，而 Bovenhuis 等（1992）和 Henlein 等（1987）研究认为，α_{s1}-*CN CC* 型的表现最好。但众多试验认为，α_{s1}-*CN BC* 型与乳脂率成正相关，α_{s1}-*CN BB* 型表现出高乳脂肪产量。

β-*CN* 基因位点的 A^2 等位基因可能对产奶量、乳蛋白产量有显著影响，A^1 与高乳脂率相关，β-*CN* A^2A^3 型与高脂肪产量相关（Bech and Kritiansen，1990；Braunshweig et al.，1998；Freyer et al.，1998）。也有研究认为 β-*CN* 与高产奶量无关。

目前的研究表明，κ-*CN* 基因型影响乳蛋白率，κ-*CN BB* 型奶牛产奶量高于 *AA* 型，并且 κ-*CN B* 等位基因提高乳蛋白表达量，为 *BB*>*AB*>*AA*。Ron 等（1994）发现，κ-*CN* 和 β-*Lg AA* 型互作位点对乳脂率有显著影响。祝香梅等（2000）研究认为，κ-*CN* 位点和 β-*Lg* 位点的 *B* 基因或其连锁基因对乳蛋白率、乳脂肪率有显著影响。另外，乳清中的干物质受 κ-*CN* 基因型影响，差异极显著，κ-*CN* 基因型还影响乳脂、乳糖含量，以及初乳、乳酪和乳清的组成。

总之，对乳蛋白基因多态性与产奶性状关系的研究取得了巨大的进展。尽管存在一定的分歧，但是归结起来，其原因可能是所选择群体和品种或基因座位的不同，还有统计方法的不完善，限制了研究的顺利进行。从目前的研究来看，乳蛋白基因的研究主要集中在两个方面：一方面是通过乳蛋白基因的研究为畜牧业选种提供更为真实、详尽的理论资料；另一方面进一步探索乳蛋白基因与产奶性状之间的关系，以期达到在乳中引入一种新成分或改变乳中原有的某一成分的目的。但是，这还需要做大量的研究工作，解决许多技术和理论上的难题。

（3）影响奶牛泌乳性状的其他候选基因研究。

① *Weaver* 基因。奶牛 *Weaver* 综合征（Weaver Syndrome）是存在于奶牛群中的一种常染色体单隐性遗传缺陷，其隐性纯合个体在 5～8 月龄时表现出进行性后肢轻瘫、共济失调、性腺萎缩等症状，主要由位于 4 号染色体的 *Weaver* 基因控制。但近年来的一些研究表明，*Weaver* 基因与奶牛产奶性状间存在显著相关。这可能由于 *Weaver* 基因具有多效性或 *Weaver* 基因与影响泌乳性状的某些 *QTL* 紧密连锁。Georges 等人利用一个与 *Weaver* 基因紧密连锁的微卫星 *TGLA116* 将其定位牛的同线群 3 上。同时，研究发现，*Weaver* 基因的携带母牛平均产奶量比正常纯合子高 673.6 kg，乳脂量高 26.0 kg。单雪松等利用 7 个与 *Weaver* 基因紧密连锁的微卫星基因座进行产奶性能的相关分析，结果表明，*BM6438*、*BMS2321*、*BMS711*、*TGLA116* 对产奶量影响不显著（$P>0.05$），*BMS2321* 对乳蛋白量和乳蛋白率有极显著的影响（$P<0.01$），*TGLA116* 对乳蛋白量和乳蛋白率的影响达到 0.05 的显著水平。由于 *Weaver* 综合征与产奶性能间具有高度相关性，因此从 *Weaver* 基因入手进行研究，探寻奶牛产奶性能的 *QTL* 检测的新途径具有重要意义。

② 生长激素和生长激素受体基因。高产牛的饲料转化率高，而生长激素是饲料利用的一个主要的调控因子。由于对奶牛产奶量的选择也导致血液中生长激素含量的升高，因此生长激素和生长激素受体基因（growth hormone and growth hormone receptor gene）被认为是与产奶性能相关的候选基因之一。采用 SSCP 法对荷斯坦牛的 *GH* 基因进行研究，结果表明，*GH4.1* 和 *GH6.2* 与产奶性能间存在相关，*GH4.1c* 和 *GH6.2a* 基因型有较高的产奶量、乳脂量和乳蛋白量，其他位点（*GH1*、*GH4.2*、*GH5* 和 *GH6.1*）与产奶性能间不存在相关。Sabour 等应用 PCR-RFLP 对牛生长激素受体调控区及其 5′侧翼区荷斯坦公牛泌乳性状的相关研究表明，*AluI* 等位基因多态性在 2 个公牛群体中差异极显著，*AluI*（+/+）型公牛比 *AluI*(−/−) 型公牛的脂肪率有较高的育种估计值。

③ 肥胖基因。肥胖基因（obese locus）位于 4 号染色体上并影响脂肪的代谢。Lindersson 等研究表明，在肥胖基因的附近存在影响产奶性能的 *QTL*，但还没有足够的证据证明肥胖基因与产奶性能之间存在相关。*AC* 基因型的奶牛的乳脂、乳蛋白和乳糖含量都高于 *AA* 型和 *AB* 型奶牛。

④ 催乳素基因。催乳素（prolactatin，*PRL*）是脊椎动物腺垂体分泌的单链多肽类激素，属于生长激素/催乳素家族。在哺乳动物中，其主要生物学功能是与乳腺发育、乳汁生成、发动和维持泌乳

直接相关。牛催乳素（bovine prolactin，bPRD）基因定位于第 23 号染色体，估计长约 10 kb。1990 年，Cowan 等采用 RFLP 技术，对位于 23 号染色体上的催乳素基因进行分析，发现 *AA* 型与 *BB* 型的产奶量、干酪率和蛋白质率分别相差 282.9 kg、48.58%和 53.067%。

胡秀彩采用 PCR－SSCP 和测序方法，研究了中国荷斯坦牛群体共 606 个个体 *PRL* 和催乳素受体（prolactin receptor，*PRLR*）基因共 7 个位点的多态性，并与中国荷斯坦牛泌乳性状进行了关联分析。发现 *PRL* 基因 P_1 位点存在 3 种基因型（*AA* 型、*AG* 型和 *GG* 型），在第 1、2 胎奶产量上，*AA* 基因型个体显著高于 *AG* 和 *GG* 基因型个体；在第 1、2 胎乳脂率上，*AA* 基因型个体显著低于 *GG* 和 *AG* 基因型个体；在第 1、2 胎体细胞评分数上，*GG* 基因型个体显著高于 *AG* 和 *AA* 基因型个体；在 *PRL* 基因 P_3 位点发现 3 种基因型 *CC* 型、*CT* 型和 *TT* 型，*CC* 基因型个体在第 1、2 胎乳蛋白率显著高于 *CT* 型和 *TT* 型个体；在 *PRL* 基因 P_5 位点发现 3 种基因型 *AA* 型、*AB* 型和 *BB* 型，不同基因型对第 1 胎产奶量、第 2 胎产奶量、体细胞评分数、第 2 胎乳蛋白率均有显著影响。

在 *PRLR* 基因 P_1 位点发现 3 种基因型 *AA* 型、*AB* 型和 *BB* 型，在第 1、2 胎产奶量上，*BB* 基因型个体显著高于 *AB*、*AA* 基因型个体；在第 1、2 胎乳脂率上，*BB* 基因型个体显著低于 *AB*、*AA* 基因型个体；在体细胞评分上，即 *BB* 基因型个体显著低于 *AB*、*AA* 基因型个体；在 *PRLR* 基因 P_5 位点发现 3 种基因型 *AA*、*AC* 和 *CC* 型，但对第 1、2 胎产奶量、乳脂率、乳蛋白率和体细胞评分数没有显著影响；在 *PRLR* 基因 P_9 位点发现 2 种基因型，即 *AA* 和 *AG* 型，在第 1、2 胎产奶量上，*AG* 基因型个体显著高于 *AA* 基因型个体；在第 1、2 胎乳脂率、乳蛋白率上 *AG* 基因型个体显著低于 *AA* 基因型个体；在体细胞评分上，*AA* 基因型个体显著低于 *AG* 基因型个体；在 *PRLR* 基因 9681T>C 位点发现 3 种基因型（*CC*、*CT* 和 *TT* 型），第 1、2 胎产奶量 *CC* 和 *CT* 基因型个体显著高于 *TT* 基因型个体；在第 1、2 胎体细胞评分上，*CC* 基因型个体显著低于 *CT* 和 *TT* 基因型个体。

⑤ 胰岛素样生长因子（*IGFs*）。胰岛素样生长因子（insulin－like growth factors，IGFs）是一类既有胰岛素样合成代谢作用又有促生长作用的多肽，能介导 GH 促进多种组织细胞生长代谢，故 *IGFs* 对胚胎、神经、骨骼肌、骨骼的发育、细胞增殖、转化等具有重要作用。*IGFs* 家族包括 *IGFs*（*IGF－Ⅰ*、*IGF－Ⅱ*），*IGFBP*（*1－6*）及 *IGF* 受体（*IGF－Ⅰ R*，*IGF－Ⅱ R*）。*IGFs*、*IGFs* 受体及 *IGF－Ⅰ* 的 mRNA 存在于乳腺组织，*IGFs* 基因可通过其相应受体直接作用于乳腺。高遗传值与中遗传值的奶牛相比，产奶量更高，但血糖与 *IGF－Ⅰ* 浓度更低。McBride 等（1990）通过乳腺动脉给泌乳山羊直接注射 *IGF－Ⅰ*，结果产奶量上升 15%。在分娩前，*IGF－Ⅰ* 在乳腺的分泌量及血液中的浓度很高，随着分娩的临近而轻微降低。分娩后，血液中 *IGF－Ⅰ* 的浓度很稳定，但 *IGF－Ⅰ* 在乳腺分泌物中很难检测到（Dehnhard et al.，2000）。在乳腺泌乳周期，Baumrucker 等（2000）对 *IGF－Ⅰ R* 的检测表明，分娩时 *IGF－Ⅰ R* 数量减少，并与其在血液中的配体水平一同降低，而 *IGF－Ⅰ*、*IGF－Ⅱ* 和 *IGF－Ⅱ R* 的数量大体上没变，*IGFBP－3* 是乳腺中数量最多的 IGF 结合蛋白，与产前和子宫复旧期相比，其在哺乳期血液和乳中的浓度降低，*IGFBP－3* 结合于牛乳腺组织膜蛋白，*IGFBP－3* 结合蛋白已被证实为牛乳铁蛋白，乳铁蛋白能与 IGF 竞争结合 *IGFBP－3*。Baumrucker 等的研究还表明，在子宫复旧期，乳铁蛋白与 IGF 系统的调控高度相关。2000 年，Chung 研究了 *IGF－Ⅰ* 基因的多态性，发现 *A*、*B* 两个等位基因在高产牛群和低产奶牛群中的频率分布稍有差异。他认为，*IGFI* 基因的 *PCR－RFLP* 基因型可作为韩牛（hanwoo）产奶量的一个有效标记。因此，可以把 *IGFs* 基因作为候选基因来研究其与泌乳性状的关系。

⑥ 垂体特异转录因子基因。垂体特异转录因子（*Pit－1* 基因，*Pou1F1*）属于 *POU* 家族的一员，是生长激素（GH）、催乳素（prolactin，PRL）和促甲状腺素（TSH）的调节因子。*Pit－1* 已经定位于牛的 1 号染色体。Woollard 等最先用 *Hin*fI 酶切揭示了 *Pit－1* 基因的多态性，而且 *Pit－1* 的 *A* 等位基因在产奶量、蛋白产量和体质性状方面显著高于 *B* 等位基因。Renaville 等对 *Pit－1* 基因与荷斯坦牛数量性状的研究表明，*Pit－1* 基因的内含子 5 中的多态影响荷斯坦牛的产奶量。因此，编码 *Pit－1* 的基因被作为候选基因来研究与生长、屠宰性状和泌乳性能的关系。

⑦ 二酯酰甘油甲基化转移酶-1基因。二酯酰甘油甲基化转移酶-1基因（diacylglycerolacyl transferase 1，*DGAT1*）是编码二酯酰甘油甲基化转移酶的一种基因。许多研究显示，缺乏*DGAT1*拷贝的雌鼠表现泌乳缺陷，极可能因为乳腺细胞中甘油三酯的合成缺陷造成。因此，在对小鼠进行大量的研究后，人们把*DGAT1*作为功能性的候选基因来研究其与泌乳性状显著的关系。Andreas Winter等将*DGAT1*定位于牛14号染色体上，且位于影响脂肪含量的*QTL*内。其他的研究也表明*DGAT1*与脂肪含量有关。

⑧ 信号转导与转录激活因子5基因。信号转导与转录激活因子5（*STAT5*）是转录因子家族成员之一，在催乳素基因与乳蛋白基因间的信号传递过程中发挥重要作用。*STAT5*二聚体与乳蛋白基因启动区的GAS序列结合。因此，*STAT5*基因被认为是乳蛋白产量与乳蛋白率相关的候选基因。*STAT5*以两种紧密相关的形式*STAT5A*和*STAT5B*存在，并由两个独立的基因编码。基因敲除试验证实*STAT5*具有促进乳腺发育和催乳的作用。牛*STAT5A*、*STAT5B*基因与*STAT3*基因共同存在于第19号染色体长臂上40 kb区域，*STAT5A*有19个外显子，编码794个氨基酸，牛乳蛋白基因在奶牛上皮细胞中的表达在很大程度上受到催乳素介导的*STAT5A*转运因子的影响。*STAT5A*基因是奶牛产奶量潜在的数量性状位点和遗传标记位点。鲍斌等（2005）利用PCR-SSCP方法分析了279头中国荷斯坦牛个体*STAT5A*基因的遗传变异，发现在*STAT5AP1*和*STAT5AP2*两个位点上分别存在3种多态类型及7种单倍型组合，*STAT5AP1*位点的3种不同基因型对第1胎产奶量、乳蛋白率和第2胎乳蛋白率存在显著影响。*STAT5AP2*位点的*CC*、*TT*和*CT*的基因型对第2胎乳蛋白率有显著影响；不同单倍型与第1、2胎产奶量以及乳蛋白率有显著影响。

2. 繁殖性状功能基因

（1）卵泡刺激素（FSH）及受体（FSHR）基因。卵泡刺激素（FSH）是由垂体前叶分泌的一种糖蛋白激素，作用于卵泡颗粒细胞上的受体蛋白，促进卵泡的发育和成熟。由α亚基和β亚基构成，α亚基为促黄体素（LH）和促甲状腺素（TSH）所共有，而β亚基是有特异的，为其行使功能所必需。一般认为，该基因的活性中心位于β亚基上，牛的*FSHβ*基因位于牛的15号染色体上，总长度为6 610 bp，由2个内含子和3个外显子构成。梁宏伟等利用PCR-SSCP分子标记对中国荷斯坦牛的*FSHβ*基因5′侧翼区进行了多态性分析，结果发现在中国荷斯坦牛中只有*AA*型，而在秦川牛中存在*AA*、*AB*和*BB* 3种基因型。雷雪芹等（2002）利用PCR-RFLP标记对荷斯坦双胎奶牛的*FSHR*基因5′端区进行了研究，发现用限制性内切酶*Taq*Ⅰ酶切出现*AB*和*BB*两种基因型，并发现黑白花奶牛双胎母牛的*B*基因频率（0.593 7）和*BB*基因型频率（0.687 5）均高于单胎母牛的*B*基因频率（0.541 6）和*BB*基因型频率（0.416 7）。中国荷斯坦牛的*FSHR*基因第10外显子的PCR-SSCP标记研究发现，*FSHR*基因的第1 506个碱基发生了突变，即T→C，该基因双胎牛的突变型频率（为31.25%）比单胎牛的突变型频率（6.67%）高。因此，认为用*FSHR*基因第10外显子的多态性对牛的双胎性状标记是可靠的。

（2）*HSP*基因家族。*HSP*是胚胎发育过程中产生的第一类蛋白，内源性的保护机制对于胚胎的生存至关重要。胚胎发育阶段，热休克基因表达具有时间和组织的特异性。着床前期的胚胎，*HSP*表达有以下3个特点：① 从受精卵开始，*HSP*即开始表达，*HSP70*是着床前主要表达的*HSP*蛋白。② 到达桑葚胚或囊胚期的胚胎，即具有热应激能力。③ 囊胚期胚胎细胞开始分化出内外细胞层，因此*HSP*的诱导表达与胚胎分化相关。

张宝等（2008）利用qRT-PCR技术研究发现，*HSP*基因家族的17个基因，在美国荷斯坦牛体外培养胚泡和凋亡胚胎中表达差异倍数为1.5～7.6倍；其中，9个基因（*HSPE1*、*HSPH1*、*HSBP1*和6个*HSP70*家族的基因）表现为中等的表达差异倍数。*HSP70*基因家族中的3个基因（*HSPA2*、*HSPA5*和*HSPA8*）在胚泡里高表达，而2个基因（*HSPA9*和*HSPA14*）在凋亡胚胎中高表达。依据*HSP*基因家族17个基因的差异表达倍数，筛选了*DNAJC15*、*DNAJC19*、*DNA-*

JC24 和 *DNAJC27* 四个可能与胚泡率相关的候选基因，检测了其 *SNP*，并分析与受精率和胚泡率等繁殖性状的关联分析，发现美国荷斯坦牛这 4 个候选基因存在 14 个 *SNP*，将位于编码区及调控区的 9 个 SNP 进行基因分型。发现 *DNAJC15* 基因的 5 个 SNP 和 *DNAJC27* 基因的 3 个 SNP 分别存在高的连锁值。关联分析发现，*DNAJC27* 基因的一处突变位点（NC _ 007309：g. 36016 C>G），具有 *GG* 和 *CC* 基因型个体的受精率分别为 69.3%和 62.2%，差异显著（$P=0.034$）。*DNAJC15* 基因的一处突变位点（NW _ 001493020.2：g. 995593 G>A），具有 *GG* 和 *AG* 基因型个体的胚泡率分别为 40.1%和 28.1%，差异达到显著水平。

3. 奶牛生长性状功能基因研究

（1）*GHSR* 基因。GHSR(growth hormone secretagogue receptor) 能够促进 GH 的分泌，调节食欲及新陈代谢，进而影响动物的生长发育。张宝（2008）利用 PCR - SSCP 和 DNA 测序技术结合对牛 *GHSR* 基因 3′非翻译区进行了多态性扫描，发现 3′UTR 存在 nt3552(*C*>*T*) 和 nt3566(*A*>*G*)2 处突变。经软件分析发现，其中 nt3566(*A*>*G*) 位置的突变可以用限制性内切酶 *Eco*RⅠ来进行酶切鉴定。PCR 扩增产物被 *Eco*RⅠ酶切后，出现 3 种基因型：*AA* 基因型表现为 2 条带（272 bp 和 111 bp）；*GG* 基因型表现为 1 条带（383 bp）；*GA* 基因型表现为 3 条带（383 bp、272 bp 和 111 bp），3 种基因型频率分别为 0.38、0.57 和 0.05。*A* 和 *G* 基因频率分别为 0.67 和 0.33。中国荷斯坦牛有效等位基因数 1.80，多态信息含量为 0.35，处于中度多态。

（2）*FTO* 基因。*FTO* 基因是目前发现的一个与肥胖密切相关的基因，该基因变异与肥胖症的相关性已被普遍接受。*FTO* 基因在神经调节饮食方面和脂肪沉积过程中以及动物生长发育过程发挥重要的作用。牛 *FTO* 基因位于 18 号染色体，包括 9 个外显子，编码 505 个氨基酸，位于胴体重、日增重等性状 QTL 附近。张宝（2008）利用 PCR - SSCP、PCR - RFLP 和测序等 DNA 分子标记技术，设计了 5′UTR、外显子、外显子内含子结合区及 3′UTR 共 10 对引物，研究中国荷斯坦牛 *FTO* 基因的遗传特性，发现在中国荷斯坦牛中存在 3 处突变位点，而在中国地方黄牛 *FTO* 基因中存在 10 个 SNP。

（3）其他功能基因。中国荷斯坦牛与生长发育相关的功能基因还有 *GDF8*、*CAST*、*MC3R*、*MC4R*、*AGRP*、*POMC*、*CART*、*GHRELIN*、*HTR1B*、*HTR2A*、*MSTN*、*MRF*、*GHRH* 和 *GHR* 等重要功能基因，发现了 *MC3R*、*MC4R*、*AGRP*、*POMC*、*CART*、*GHRELIN*、*HTR1B* 和 *HTR2A* 基因的 33 个新的 *SNP*，丰富了中国荷斯坦牛群体与产奶及其相关性状的基因库信息。

4. 抗病免疫特性基因

（1）牛白细胞抗原基因。主要组织相容性复合物（major histocompatibility complex，MHC）是由紧密连锁的高度多态的基因座所组成的染色体上的一个遗传区域，奶牛 MHC 又称为牛白细胞抗原(bovine lymphocyte antigen，BoLA)，其位于牛的 23 号染色体上。根据基因产物的功能和结构的不同，将其分为Ⅰ、Ⅱ、Ⅲ类基因。由于Ⅲ类基因不参与抗原的递呈，因而很少有人对其进行研究。习惯上又将Ⅰ、Ⅱ类基因称为 A 区和 D 区基因。

迄今为止，BoLA 的结构已基本研究清楚：

① Ⅰ类基因由于Ⅰ类抗原分子中的 β 链（β_2 微球蛋白）不由 MHC 区域的基因所编码，因此Ⅰ类区只含有一个编码 α 链的基因座 *BoLA* - *A*。

② Ⅱ类基因由编码Ⅱ类抗原分子 α 链的基因 *DA* 和编码 β 链的 *DB* 基因组成。*DA* 基因（包括 *DRA*、*DQA*、*DNA*、*DMA*、*DYA* 等）含有 5 个外显子，其分别编码信号肽、α_1 功能区、α_2 功能区、转膜区（TM）和胞质区（CY）、3′非翻译区（3′UT）；*DB* 基因（包括 *DRB*、*DQB*、*DMB*、*DIB* 等）则含有 6 个外显子，其分别编码信号肽、β_1 功能区、转膜区、胞质区、3′非翻译区。Ⅱ类基因被划分为Ⅱa 类、Ⅱb 类两个明显的亚区，前者含有 *DR* 和 *DQ* 基因，与Ⅰ类基因紧密连锁；后

者含有 *DYA*、*DYB*、*DOB*、*DNA*、*DIB*、*DMA*、*TAP1*（转运蛋白基因）、*LMP2*（蛋白酶体相关基因）以及 *LMP7*，两个亚区之间的重组距离为 17 cM。截至目前，已有 37 个 *BoLA-A* 等位基因；1 个 *DRA* 等位基因，2 个 *DRB1* 等位基因，1 个 *DRB2* 等位基因，63 个 *DRB3* 等位基因，39 个 *DQA* 等位基因，37 个 *DQB* 等位基因；1 个 *DIB* 等位基因，1 个 *DMA* 等位基因，1 个 *DMB* 等位基因和 3 个 *DYA* 等位基因经国际 BoLA 命名委员会统一命名。

研究 MHC 与生产性状的关系是分子育种学中的一个热点。Simpson 等研究了冰岛奶牛 *BoLA* 与产奶量的关系，结果表明等位基因 *W6* 与产奶量、乳脂量、乳蛋白量的下降及乳腺炎发病率的升高有关。Weigel 等对荷斯坦牛 *BoLAI* 类抗原进行了研究，表明等位基因 *W14* 与产奶量升高、乳脂量升高有关，*W11* 与废弃乳量下降、乳脂量下降、脂肪百分率下降有关，*W31*（*W30*）与脂肪百分率下降有关。Arriens 等报道瑞士褐牛、西门塔尔牛和荷斯坦牛的 *BoLA-I* 类抗原与乳脂率显著相关。在这之后，Sharif 等又研究了 *BoLA-DRB3* 等位基因与生产性状（包括 305 d 的产奶量、乳脂量、乳蛋白量）的关系，结果表明，*BoLA-DRB3×8* 和 305 d 的产奶量、乳脂量和乳蛋白量显著相关，*BoLA-DRB3×22* 与产奶量和乳蛋白量的减少有关。

Dietz 等采用 PCR-RFLP 对 1 100 头美国荷斯坦泌乳母牛的 *BoLA-DRB3.2* 基因座进行了基因型分析，表明 *DRB3.2×16* 等位基因与高 SCC 显著相关，*DRB3.2×8* 等位基因与 324 头第 1 泌乳期母牛的高 SCC 显著相关，*DRB3.2×16* 等位基因与 236 头第 2 泌乳期母牛的高 SCC 显著相关，*DRB3.2×22* 等位基因与 236 头第 2 泌乳期母牛的低 SCC 显著相关，*DRB3.2×23* 等位基因与第 3 泌乳期母牛高 SCC 显著相关。Starkenburg 等发现 *DRB3×16* 等位基因与第 2 泌乳期母牛较低体细胞评分（somatic cell score，SCS）相关。Sharif 等研究了加拿大奶牛 *BoLA-DRB3* 等位基因与乳腺炎发生率和 SCS 的相关性，结果表明，*BoLA* 等位基因对娟姗母牛 SCS 没有显著影响，但 *BoLA-DRB3.2×16* 与荷斯坦母牛较低的 SCS 显著相关，*BoLA-DRB3.2×23* 与荷斯坦牛较高乳腺炎发生率显著相关，提示 *BoLA* 等位基因作为母牛乳腺炎抗性的遗传标记具有潜在的有效性。

可见，*BoLA* 的某些等位基因可以作为奶牛健康和生产性状选择的标记基因，这也暗示用 *BoLA* 的等位基因通过标记辅助选择和基因操作能增加对疾病的抗性和加快生产性能的选择进展，缩短世代间隔，并且能提高选择的准确性。

鲍斌等研究了中国荷斯坦牛 *BoLA-DRB3* 和 *BoLA-DQB2* 基因及其上游调控的多态性，在中国荷斯坦牛 *BoLA-DRB3* 基因的上游调控序列中发现 9 种基因型，不同基因型与第 1 胎乳脂率、乳蛋白率，与第 2 胎产奶量、乳脂率、乳蛋白率都存在相关性，但与第 1 胎产奶量不存在相关性。在中国荷斯坦牛 *BoLA-DQB2* 基因上游调控序列中发现 3 种基因型，不同基因型与第 1、2 胎产奶量存在相关性。在中国荷斯坦牛的 *DQB2* 基因存在 *Taq* Ⅰ酶切多态性，共出现了 2 种基因型，不同基因型与第 2 胎乳脂率存在相关性。

（2）中国荷斯坦牛抗乳腺炎候选基因。

①自然抗性相关巨噬细胞蛋白 1(*nramp1*) 基因。自然抗性相关巨噬细胞蛋白 1(natural resistance-associated macrophage protein 1，*nramp1*) 基因包括 14 个内含子、15 个外显子，编码 60 ku 的膜蛋白即自然抗性相关巨噬细胞蛋白-1。与 *nramp2* 蛋白同属于 *nramp* 蛋白家族。*nramp1* 基因主要表达于巨噬细胞，是许多物种影响跨膜巨噬蛋白功能进而调节抗感染性的主要候选基因。*nramp1* 基因具有高度的保守性，不同物种的 *nramp1* 基因具有高度的同源性。*nramp1* 蛋白在巨噬细胞活化通路中发挥重要作用，具有抵抗多种细胞内病原的能力（Feng et al.，1996），也能抵抗细胞内乳腺炎病原如金黄色葡萄球菌等。*nramp1* 基因具有高度的保守性，在该基因的 3′UTR 区域和内含子 10 中发现了多态性。现已知道 *nramp1* 基因是奶牛抵抗布鲁氏菌流产的主要候选基因，通过遗传育种每一代可以提高 20%的抗病性。在中国荷斯坦牛中，*nramp1* 基因第 10 内含子位点有 2 个等位基因，3 种基因型，基因频率分别为 0.684 2/0.315 8，*nramp1* 内含子 10 基因座多态性对 *SCC* 和 *LSCC* 有显著影响。

② 白细胞介素 IL－8 受体基因（*cxcr1*）。*cxcr1* 基因是趋化因子白细胞介素－8(interleukin－8，IL－8）受体 *CXCR1* 的编码基因，与 *nramp1* 等其他编码疾病相关基因座连锁。其完整的 mRNA 序列长 1 744 bp(GenBank Accession No. U19 947)。趋化因子是细胞因子超家族中的一员，依据 N－端半胱氨酸可以分 4 类：*CXC*、*CC*、*CX3C* 和 *C* 型。而 *CXC* 又分为（*ELR*)＋*CXC* 和 *ELR*－*CXC*－2 种类型。趋化因子 IL－8 属于（*ELR*)＋*CXC*，其受体 *cxcr1* 和 *cxcr2* 属于 G 蛋白耦连受体家族成员，主要分布在中性粒细胞表面，是分子质量介于 8～10 ku 的较小的蛋白，由 70～80 个氨基酸组成。IL－8的受体与 *cxcr1*、*cxcr2*、*cxcr3* 等配体相结合，调解中性粒细胞紧急趋化到炎症组织部位，增强炎症感染期中性粒细胞的作用。通过趋化因子介导产生中性粒细胞反应、趋化效应，最后吞噬病原体，对于抵抗感染起着非常重要的作用。尽管这是正常的抵御感染、清除受损细胞、激发自愈的生理过程，但如果中性粒细胞的迁移紊乱则会导致组织破损，自愈减慢，有时甚至使个体死亡。所以，通过限制中性粒细胞、诱导生物活性，可能是一个抵抗治疗多种感染性疾病的有效方法。

中性粒细胞作用相关的基因是乳腺炎潜在的分子标记基因。因为中性粒细胞从血液到感染部位的迁移对于识别绝大多数乳腺炎病原体来是非常重要。IL－8 的两个接受因子 *cxcr1* 和 *cxcr2* 其相对应的基因 *cxcr1* 和 *cxcr2* 均是乳腺炎的潜在分子标记基因。

Pighetti 在 *cxcr2* 基因扩增 311 bp 的片段中发现了 5 个单核苷酸位点，分别位于＋612、＋684、＋777、＋858 和＋861，并发现＋777 位置（G－C）的多态性产生的不同基因型对亚临床乳腺炎有影响。马捷琼（2007）研究了 200 头中国荷斯坦牛 *cxcr1* 基因的多态性，发现了 6 个突变位点。不同基因型对乳腺炎抗性性状体细胞数（SCC)、前体细胞数（PreSCC）和体细胞评分（LSCC）有显著影响。

③ 与奶牛乳腺炎抗性相关的其他基因。与奶牛乳腺炎抗性相关的基因还有 *MBL2*、*FEZL*、*TLR4*、*TIR2*、*IRAK2*、*hsp*－*70*、*TLRs* 基因家族、*LF*、*DNA*－*PKcs*、*ZNF313* 基因等。

二、QTL 定位研究

QTL(quantitative trait locus) 即数量性状座位或者数量性状基因座，是控制数量性状的基因在基因组中的位置。QTL 定位就是采用类似单基因定位的方法将 QT 定位在遗传图谱上，确定 QTL 与遗传标记间的距离（以重组率表示）。1994 年，牛的第 1 代遗传图谱问世，共 202 个标记。1997 年，第 2 代牛遗传图谱公布，该版本图谱上共 1 250 个标记位点，其中 1 236 个是多态标记，图谱总长 2 990 cM，标记间平均距离为 2.5 cM。之后，随着研究的不断深入，牛的遗传图谱也在不断地更新升级。得益于测序技术的飞速发展。2009 年，UMD 3.1 和 Btau _ 4.0 两个版本的完整牛基因组序列图谱公布。高密度奶牛遗传图谱构建和全基因组测序计划的完成为基因定位、全基因组选择提供了有力的参考依据，也是 QTL 精细定位和位置候选克隆的基础。

奶牛 QTL 定位研究的主要目标是产奶量、乳蛋白、乳蛋白率、乳脂量、乳脂率等 5 个与奶牛经济价值有直接关系的重要性状。目前研究结果表明，产奶量 QTL 定位于牛的 1、3、5、6、7、9、10、14、20、26、29 号染色体；乳蛋白量相关 QTL 定位于 1、3、6、7、9、14、16、17、20、26、27 号染色体；乳蛋白率相关 QTL 定位于 1、2、3、5、6、7、10～14、20、23、29 号染色体；乳脂量相关 QTL 定位于 3、6、7、9、12、14、20、26、27、29 号染色体；乳脂率相关 QTL 定位于 2～7、14、19、20 和 26 号染色体。

三、奶牛的全基因组选择

1. 全基因组序列特征

2006 年 8 月完成了牛的全基因组测序，测序对象主要有海福特牛。随后，对荷斯坦牛、安格斯牛、利木赞牛、挪威红牛和婆罗门牛的基因也进行了测序，以鉴定这些不同种类牛之间的特殊遗传差异性。牛的基因组DNA序列全长2.87 Gbp，SNP在美国国家生物技术信息中心（NCBI）可以搜索到2 210 641个。2010年，应用新的测序技术（paired - end reads 技术）完成了对德国弗兰维赫（Fleckvieh）牛的测序，检测到了约240万个SNP，82%的SNP与已经发现的重复，还检测到了111.5万个小的缺失突变。随着测序技术的发展和测序费用的降低，更多牛品种的全基因组测序被完成，越来越多的SNP也将会检测出来。2014年，通过测序，发现中国地方黄牛秦川牛和南阳牛存在接近700万个和900万个SNP。

2. 全基因组关联分析（GWAS）

全基因组关联分析（genome - wide association study，GWAS）是一种对全基因组范围内的常见遗传变异（单核苷酸多态性和拷贝数）基因总体关联分析的方法。在全基因组范围内进行整体研究，能够一次性对奶牛重要经济性状的遗传变异进行鉴定和分析，在全基因组层面上开展多中心、大样本、反复验证的基因与经济性状的关联研究，可全面揭示经济性状及复杂性状相关的遗传基因。

GWAS发展如此迅猛，主要归结于3个方面原因：第一，基因组计划的完成和SNP数据库的建立为GWAS的开展奠定了基础；第二，技术上的成熟，如高通量SNP芯片检测的发展；第三，统计方法的发展，GWAS因样本量大、数据庞杂，同时还须克服群体混杂、选择偏倚、多重比较等带来的假阳性问题，需要有正确严谨的统计分析方法解决。

Daetwyler等于2008年最早报道了奶牛GWAS研究结果，发现了133个与产奶性状显著关联的SNP位点。之后，随着Illumina公司推出了SNP 50芯片，相关报道逐渐增多。Bastiaansen等基于Bovine SNP50芯片，对荷兰、苏格兰、瑞典和爱尔兰等国家共计1 933头荷斯坦牛进行了产奶量和脂肪蛋白比性状的GWAS研究，采用单标记回归分析方法，共发现了36个影响产奶量的SNP标记，分布于14号(32个)、9号(2个)、10号(1个）染色体和未知染色体（1个）上。Meredith等以1 957头爱尔兰荷斯坦公牛作为试验群体，对产奶性状与体细胞数的研究发现了114个显著SNP标记，分布于1、5、6、7、8、14、20和22号染色体上。Schopen等通过GWAS研究，在荷兰荷斯坦牛群体中，发现了20条常染色体的31个区段与乳蛋白成分和乳蛋白率显著相关，影响乳蛋白成分的SNP标记主要位于5、6、11和14号染色体，6号染色体上的一个区段与6个乳蛋白成分均显著相关，11号染色体上的一个区段与4种酪蛋白和β-乳球蛋白（β-Lg）显著相关。

我国也开展了奶牛GWAS研究，Jiang等基于来自14个父系半同胞家系的2 093头中国荷斯坦母牛女儿设计试验群体进行了5个产奶性状的GWAS研究，采用Bovine SNP50芯片，传递不平衡检验方法（transmission disequilibrium test，TDT）和基于回归分析的混合模型方法（mixed model based regression analysis，MMRA)，共检测到105个显著SNP标记与某个或多个产奶性状显著相关。其中，38个SNP被两种方法同时检测到，4个SNP仅被TDT法检测到，63个SNP仅被MMRA法检测到。绝大多数显著SNP(86/105）位于前人已报道的QTL区间，部分SNP靠近或位于已报道候选基因内部，标记*ARS - BFGL - NGS - 4939*与*DGAT1*基因相距仅160 bp，标记*BFGL - NGS - 118998*则位于*GHR*基因内部。

GWAS为研究者提供了许多影响畜禽经济性状的有价值的基因组信息，这些信息已经应用于诸多方面。首先，可将位于显著性区域内部的基因和显著位点附近的基因作为候选基因，通过细胞水平等方法对其功能进行验证，确定其是否为真正的候选基因。其次，可以通过精细定位等手段发现候选基因。除此之外，这些显著的SNP或区域可为制作一些小的SNP芯片提供依据。

由于自身的优势和效力，GWAS是目前鉴定奶牛数量性状基因最有效的方法。随着不同物种基因组测序的相继完成、高通量检测平台的建立、统计分析方法的发展，GWAS在鉴定畜禽重要性状基因领域将会发挥越来越重要的作用。

3. 全基因组选择

全基因组选择（genomic selection，GS），即全基因组范围的标记辅助选择（marker assisted selection，MAS），指通过检测覆盖全基因组的分子标记，利用基因组水平的遗传信息对个体进行遗传评估，以期获得更高的育种值估计准确度。随着 2006 年牛基因组结果的公布，以及高密度 SNP 分型芯片的开发和成本降低，获得高覆盖率的全基因组的标记成为可能。同时，计算机的飞速发展和分子数量遗传学理论的进步，也为大批量数据的运算提供了技术支持。这两者都促进了基因组选择方法由理论变为实践。全基因组选择获得的估计育种值称为基因组。基因组选择的一个基本假设是，影响数量性状的每一个 QTL 都与高密度全基因组标记图谱中的至少一个标记处于连锁不平衡（linkage disequilibrium，LD）状态。因此，基因组选择能够追溯到所有影响目标性状的 QTL，从而克服传统标记辅助选择中标记解释遗传方差较少的缺点，实现对育种值（genomic estimated breeding value，GEBV）的准确预测。

4. 全基因组研究的方法

全基因组选择在实施过程中主要分为两个步骤：一是通过参与群体估计出不同染色体片段的效应；二是预测群体的基因组估计育种值（genomic EBVs，GEBVs），该步骤可以直接预测无表型记录，但是有基因型资料动物个体的 GEBVs。步骤二中的困难主要是通过少量的表型记录估计大量染色体片段的单倍型效应。

5. 全基因组选择应用

在澳大利亚后裔测定体系中选择出生于 1998—2003 年的共计 798 头荷斯坦公牛，利用 Bovine SNP50 芯片对 56 947 个 SNP 标记进行了个体基因型测定，使用两种方法计算了 GEBVs：第 1 种方法为 Meuwissen 等提出的 BLUP 方法，假设所有的 SNP 效应均来自同一个正态总体，即假设所有的 SNP 效应很小且方差相同；第 2 种方法为 Bayes A 方法认为影响一个性状的大部分 SNP 标记具有微小的独立效应，但一小部分 SNP 具有相对较大效应即不同 SNP 的效应不同，计算结果表明使用 GEBVs 预测真实育种值的可靠性高于利用系谱指数对公牛进行预测的可靠性。

新西兰家畜遗传改良公司 LIC 于 2008 年公布新西兰奶牛 GEBVs 预测的可靠性，以 4 500 头左右后裔测定公牛为参考群体，公牛规模及其出生年度范围均远高于澳大利亚群体。利用 Bovine SNP50 芯片对所有公牛进行基因分型，采用 BLUP、Bayes A、Bayes B（考虑了某些 SNP 效应为 0 的情况）、线性角回归和贝叶斯回归等方法估计 GEBVs，并进行比较。此外，在 GEBVs 中还加入了系谱指数（加性育种值）信息。

在奶牛繁殖性状研究方面，Olsen 等基于 Affymetrix 25K 芯片，在 2 552 头挪威红牛群体中，发现了 16 个与死胎、难产显著关联的 SNP。Sahana 等利用 Boinve SNP50 芯片，对 2 531 头丹麦与瑞典荷斯坦公牛进行 GWAS 研究，发现了 74 个与受胎率、返情率、配种间隔等繁殖性状显著关联的 SNP。Huang 等基于 Boinve SNP50 芯片进行 GWAS，共检测到影响荷斯坦奶牛受精率和胚泡率的 SNP 27 个。

四、奶牛线粒体 DNA

1. 牛线粒体 DNA 的结构

线粒体是存在于绝大多数真核细胞内的一种基本的、重要的细胞器，是细胞进行氧化磷酸化的场所。动物细胞内存在两套基因组，即核基因组和线粒体基因组。其中，核基因组中的基因遵循孟德尔遗传规律，并控制和影响动物的表型性状；而线粒体基因则以非孟德尔遗传方式控制和影响线粒体的功能。牛的线粒体DNA（mtDNA）大小为16 338 bp，与大多数动物的mtDNA一样，由37个基因和一段D-loop组成，包括13个蛋白质编码基因，即1个细胞色素*b*基因（cyt*b*）、2个ATP酶亚基基因（*ATPase6*、*ATPase8*）、3个细胞色素氧化酶亚基基因（*Co Ⅰ*、*Co Ⅱ*、*Co Ⅲ*）、7个呼吸链NADH脱氢酶亚基基因（*ND1*～*6*、*ND4L*）、2个rRNA基因（*12S rRNA*和*16S rRNA*）和22个*tRNA*基因。这些基因排列得非常紧密，基因之间除了线粒体DNA（mtDNA）复制所不可缺少的D-loop区域之外，基因间隔区只有87 bp，只占DNA总长度的0.5%。13个蛋白质编码基因中，只有*ND6*从轻链上转录，其余均从重链转录。2个*rRNA*基因也从重链转录。22个*tRNA*基因有14个从重链转录。正是由于其结构和进化上的特点，*mtDNA*在动物的系统发育、演化及遗传多样性方面得到了广泛的应用。

2. mtDNA的遗传特征

线粒体基因组具有3种遗传特性：①由于在受精时父本的mtDNA不能进入卵细胞，使子代的mtDNA直接来自母本，不存在父母双方mtDNA的重组过程。因此，mtDNA遵循严格的母性遗传。②虽然mtDNA分子的长度和结构十分稳定，但其内部的一级结构序列的变异却是核DNA的5～10倍。主要原因是mtDNA的复制酶Ⅰ不具备校对能力，加之其复制快、拷贝数量大，并且易受内外环境因素影响。尤其是脊椎动物mtDNA的D-loop控制区，在物种内甚至同群体中个体间都存在mtDNA序列的差别。③在同一个体组织中的mtDNA具有一致性。所以，线粒体DNA的这些特性使它成为生物进化过程中的谱系发生和迁移流动的有效遗传标记。

3. mtDNA的遗传与进化

mtDNA基因组的结构简单、稳定，很少受到序列重排的影响，又具有广泛的种内和种间多态性，在亲缘关系相近的物种间，其进化率为单拷贝核基因的5～10倍，具有结构简单、序列和组成一般比较保守、易于操作、母系遗传、无重组、单拷贝、无组织特异性、与核DNA相比相对较小、进化速度快等特性。同一母系祖先的后代，其mtDNA都是一样的，因而一个个体的mtDNA类型就代表一个母系祖先，这就大大减少了试验动物的数量。在进化上，D-loop区的碱基替换率比mtDNA的其他区域高5～10倍，是mtDNA的高变区。D-loop区域的物种内变异水平高，可用于分析进化、遗传多样性、品种分布、基因流、遗传漂变、物种扩张等。因此，被广泛地用于系统发育研究。

（1）牛mtDNA的D-loop区序列变异与起源进化。Wu对来源于18个母系的36头奶牛的mtDNA D-loop序列多态位点及其异质性进行了研究。mtDNA D-loop区发现了17个变异位点，其中高变异位点为169和216，存在转换、颠换、插入和缺失4种多态性变异位点。尤其引人注意的是，mtDNA一般不存在异质性（同一个体内具有可变mtDNA），但Wu发现36头奶牛有11头出现广泛的mtDNA异质性。

利用mtDNA的D-loop区序列变异研究牛起源进化的报道很多。贾善刚（2007）利用PCR和测序技术测定了17个中国黄牛品种和德国黄牛187个个体的线粒体D-loop区段的全序列，发现牛mtDNA D-loop区全序列长度为909～913 bp，A+T平均含量为61.5%，G+C平均含量为38.5%。共产生了110个多态位点，其中普通牛和瘤牛群体内的变异位点分别为75个和43个。有97种单倍型，其中62种为普通牛单倍型、34种为瘤牛单倍型以及1个牦牛类型单倍型，表明中国黄牛品种存在丰富的遗传多样性。根据mtDNA单倍型的系统发育分析和网络分析表明，中国黄牛主要存在普通牛和瘤牛两大母系起源。

雷初朝对我国45个牛群体544头黄牛进行了mtDNA D-loop全序列910 bp测定，从GenBank数据库下载14个群体148条牛mtDNA D-loop全序列，共计55个中国牛品种/群体642条序列。从GenBank下载5个亚洲牛群体250条序列，共计60个牛群体892条序列全面研究了中国牛的遗传多样性与起源进化关系。揭示中国黄牛有2个母系起源，即普通牛起源和瘤牛起源。

Takeda等1997年用SSCP法及PCR直接测序法，对25头日本黑牛、16头日本褐牛和6头日本荷斯坦牛的mtDNA D-loop区进行分析。分别在日本黑牛、日本褐牛和日本荷斯坦牛中发现5、4、3个多态性。对有不同SSCP类型的4头日本黑牛、2头日本褐牛和3头日本荷斯坦母牛mtDNA D-loop区的385 bp多态性进行了测序，发现品种间没有特异性差异，这3个日本牛品种与欧洲及非洲牛具有相同的血统来源，与亚洲瘤牛没有相同的血统来源。1994年，Loftus等测定了6个欧洲牛（taurine）、3个印度牛（zebu）、4个非洲牛（three zebu，one taurine）的mtDNA D-loop序列。分析表明，所研究牛种mtDNA D-loop序列明显分为瘤牛和普通牛两种类型，这两种类型分化于至少20万年前，甚至1 000万年前。

（2）牛mtDNA的*cytb*基因多态性与起源进化研究。蔡欣（2006）研究了中国18个品种136头牛的mtDNA *cytb*基因全序列，发现*cytb*基因不存在长度差异（1 140 bp），共检测到了105个替代突变位点，约占核苷酸总数（1 140 bp）的9.2%，核苷酸多样性（Pi）为0.009 23；一共定义了47个*cytb*基因单倍型，单倍型多样性为0.848。105个突变位点中有65个转换和39个颠换。与GenBank已公布的普通牛、瘤牛、斑腾牛、羯牛、牦牛和欧洲野牛的*cytb*基因全序列比较，构建了分子系统树，中国黄牛*cytb*基因47个单倍型明显地分为2个分支，各包含了24个普通牛和23个瘤牛单倍型，所以中国黄牛含有普通牛和瘤牛2个母系起源。普通牛单倍型频率在北方牛种群中占优势，而瘤牛在南方牛种群中占优势。2种单倍型在中原牛种群中的分布也存在差异。这些分布频率的差异揭示出了普通牛和瘤牛在中国的地理分布以及流动模式，即瘤牛mtDNA基因呈现出由南到北逐渐降低的趋势，而普通牛则相反。

（3）牛mtDNA的其他基因多态性研究。张宝等利用PCR-SSCP技术研究了6个黄牛品种714个个体mtDNA *ND5*基因的多态性及其与生长性状的相关性。结果发现2种单倍型、3个SNP等位点，即12900 T>C、12923A>T、12924 C>T（与NC _ 006853对照）。其中，12900 T>C位属于同义突变，12923A>T、12924 C>T两位突变处于同一密码子的二、三位，致使苯丙氨酸变为酪氨酸。经关联分析，发现*ND5*基因遗传变异与南阳牛的坐骨端宽、体重、体斜长、体高、日增重等性状存在显著关联性，在6月龄坐骨端宽、体重、体斜长、体高、日增重等指标上，B单倍型显著高于A单倍型。关于mtDNA上的基因的变异与奶牛产奶性状的关联性分析还较少。

五、奶牛的微卫星标记

微卫星是基因组中的高度重复序列，作为一种标记广泛用于与奶牛生产性状的关联分析和品种间亲缘关系分析以及亲子鉴定等领域。

张润锋应用10个微卫星DNA标记对陕西地区荷斯坦牛进行多态性分析，发现9个微卫星位点存在多态。其中，8个多态微卫星位点基因型对荷斯坦牛的305 d泌乳量、乳蛋白率、乳脂率、乳脂率与乳蛋白率比值、前体细胞数、体细胞数和体细胞评分有显著影响。对于305 d泌乳量，*BM2113 AA*型、*BB*型和*FK*型显著高于*CH*型；*ETH152 BB*型显著高于*DD*型和*CJ*型；*CSSM66 EE*型显著高于*GG*型。对于乳蛋白率，*BM1824 CC*型显著高于*AA*型，*ETH152 CJ*型显著高于*BB*型和*CC*型，*ETH225 AH*型显著高于*DD*型和*EE*型，*HEL13 BB*型显著高于*CC*型和*DD*型，*CSSM66 FF*型显著高于*EE*型。对于乳脂率和乳脂率与乳蛋白率比值，*ETH152 CC*型显著高于*BB*型和*DD*型，*ETH225 CJ*型显著高于*BI*型和*EE*型。*HEL13 BB*型与前体细胞数、体细胞数和体细胞评分呈正相关，*ETH152 CJ*型对前体细胞数和体细胞数有负效应，*HEL9 BB*型的体细胞数和体细胞评分显著高于*CC*型，而且该位点*CC*型对体细胞评分具有正效应。

单雪松等选择了与*weaver*基因连锁的7个微卫星基因座，并在荷斯坦牛群体中进行了群体遗传学特性分析。发现4个微卫星基因座多态性在中度以上，其中*BMS2321*和*TGLA116*基因座对乳蛋白量和乳蛋白率有显著的影响。郭继刚等研究了3个微卫星DNA基因座（*UWCA9*、*IDVGA-2*和*BM3413*）的多态性及其对荷斯坦牛产奶性能及体尺性状的影响。发现3个微卫星基因座对体重、体斜长及管围影响不显著，但对产奶量、体高和胸围影响显著。严林俊等利用PCR技术和复合电泳银染技术检测了中国荷斯坦牛*ETH225*、*BM1824*、*BM2113*和*ETH152* 4个微卫星座位的多态性分布，发现*ETH225*基因座的杂合度（H）、有效等位基因数（Ne）、Shannon信息熵（S）、多态信息含量（PIC）和固定指数（F）均最高，表明该座位具有更大的选择潜力。

第三节　质量性状的遗传

一、质量性状的概念和特点

1. 质量性状概念

质量性状是指同一种性状的不同表现型之间不存在连续性的数量变化，而呈现质的中断性变化的那些性状。它由少数起决定作用的遗传基因所支配，如角的有无、毛色、血型、遗传缺陷等都属于质量性状。质量性状较稳定，不易受环境条件的影响，在群体内的分布是不连续的，杂交后代的个体可明确分组，这类性状在表面上都显示质的差别。质量性状的差别可以比较容易地由分离定律和连续定律来分析。

2. 质量性状特点

质量性状特点包括：

（1）多由一对或少数几对基因所决定，每对基因都在表型上有明显的可见效应。

（2）其变异在群体内的分布是间断的，即使出现有不完全显性杂合体的中间类型也可以区别归类。

（3）性状一般可以描述，而不是度量。

（4）遗传关系较简单，一般服从三大遗传定律。

（5）遗传效应稳定，受环境因素影响小。

质量性状中有些是重要的经济性状，特别是毛皮用畜禽。另外，遗传缺陷的剔除，品种特征如毛色、角形的均一，遗传标记如血型、酶型、蛋白类型的利用，都涉及质量性状的选择改良。数量性状的主基因具有质量性状基因的特征，在鉴别和分析方法上也采用质量性状基因分析的方法。因此，质量性状对育种工作具有重要的科学意义。

二、质量性状的研究方法

质量性状的研究首先要掌握其主要遗传规律：①分析某性状是由几对基因控制的。②分析基因间的互作与连锁关系。③分析理想类型是属于显性、隐性还是属于共显性。

改良的方法包括创造变异和选择两个途径。变异是选择的原料，创造变异主要靠杂交或互补选配来产生性状间的新组合，或用理化诱变和基因工程的方法来改变基因本身。单基因性状的选择比较简单，基本方法就是选留理想类型、淘汰非理想类型。隐性性状由于能表现出来的个体都是纯合子，因此只要选留表型理想的就能达到很好的选择效果。如果全部选留隐性性状的个体，只需一代就能把显性性状从群体中基本清除，下一代不再分离出非理想的类型。但显性性状由于纯合子与杂合子在表型上不能区分，因此必须借助系谱分析或测交试验才能选留纯合子而达到良好的选择效果。只进行表型选择是很难从群体中完全清除非理想的隐性类型的，因为选留的显性类型中包含部分杂合子，而杂合子中有隐性基因，在以后各代中必然还将分离出来而有所表现。

三、奶牛的质量性状

1. 毛色

奶牛的毛色基本上分为白色、红色、黑色、褐色、灰色、白斑6类。

(1) 白色牛。

① 显性白。WW 是白毛，ww 是红毛，Ww 是沙毛（红沙），见于英国短角牛。Ww 再带有黑色基因（B）则为蓝灰色或称蓝沙，它实际是黑毛和白毛混生，在阳光下，看起来呈蓝灰色。

② 白化 cc。皮肤、毛、眼均无色素，是隐性，见于荷兰牛、海福特牛。

③ 全身白毛。只耳部有黑毛，见于瑞典高地牛，这实际是白斑的最扩大形式。

(2) 黑色和红色。黑色和红色是牛中最常见的颜色，黑色是由于显性基因 B，红色是隐性纯合基因 bb，现在黑色牛品种多少还存在基因 b，不过频率很低而已。像马、兔一样，黑色和红色受其他基因座基因的影响。有少数品种毛色是灰的，这种灰毛像鼠灰色毛，毛尖是白色，下面有几个黑色和黄色带，受鼠灰基因座基因 A 控制。$A-B$ 是灰色牛，$A-bb$ 是红色牛，bb 对 A 有上位作用。灰色的深浅程度受修饰基因和性激素的影响。

(3) 黑白花。乳用牛、乳肉兼用牛、肉用牛多数有不同程度或范围的白斑，如常见的荷斯坦牛，全黑色的由显性基因 B 决定，花斑由 s 决定，花斑的大小受修饰基因的影响。另一种白斑形式是体侧为有色毛，背线和腹线（包括胸前）为白毛，下肢白毛，如海福特牛，它是由显性基因 S^C 控制的。还有一种是白面，由显性基因 S^H 控制，S、S^C、S^H、s 是复等位基因，S、S^C、S^H 相互间不完全显性，但对 s 都是显性。

2. 角形

有许多无角牛品种，如无角安格斯牛、无角海福特牛等。无角基因对有角基因表现为显性。但在无角牛中常表现出角的痕迹，称为“痕迹角”。它是由另一个基因座上的基因 Sc 作用的，其等位基因 sc 无此作用，二者的显隐性关系，常因性别而发生变化，Sc 在公牛为显性，在母牛为隐性，sc 则相反。例如，无角品种与有角品种牛杂交时，其后代中的母牛无角，但后代中的公牛头上有角样组织。这说明性别也影响角的生长。

3. 血型和血液蛋白质型

家畜的血型遗传符合孟德尔遗传规律，是一种稳定遗传的质量性状。血型可用于个体间、家系间、物种间的亲缘程度分析，也用于某些经济性状的间接选择以及若干疾病的预防等。血液蛋白多态性也常用于上述各种用途。

(1) 血型。主要是指以细胞膜抗原结构的差异为特征的红细胞抗原型。目前，已发现牛的血型有12个，总共有80多个抗原因子。血型在育种中的应用如下：

① 利用血型确定个体间的亲缘关系。当需要确定种畜的系谱关系或不同个体之间的亲缘关系时，血型鉴别结果是可靠的科学依据。

② 品种或品系间的亲缘程度分析。当进行杂交育种或杂种优势利用时，品种或品系间的血型因子的相似程度或差异的大小，能显示出二者在遗传基础上差异的程度，可以预计杂种优势的大小。

③ 预防新生畜溶血病。当新生畜发生溶血病时，血型分析可准确判断发病原因，从而及时采取措施，防止幼畜因此而死亡。

④ 利用血型选择抗病品系。某些血型因子与对白血病、马立克氏病、白痢等的抗病性有关。通过选择这些血型的个体，可能会增加后代的抗病能力。

(2) 血液蛋白质型。血液蛋白多态位点有很多，一些位点只有一对等位基因，而另一些则有许多复等位基因。2个等位基因之间的最小差异是一个DNA碱基对的变化，相当于最终产物1个氨基酸的差异。牛的血液蛋白型如下：

① 血红蛋白型（Hb）。有 A、B、C 3种因子，基因型为 AA、AB、AC、BB、BC、CC 共6个。移动的快慢顺序为 BB、CC、AA，这种特性由一对常染色体上的基因支配。另外，还发现有 HbD 和 $Hb\ Khillali$ 变异型，但其遗传方式尚未确定。

② 血清转铁蛋白型（Tf 型）。β球蛋白称作转铁蛋白。目前，已发现牛的转铁蛋白至少受8种等位基因支配，依表型移动度的快慢，基因被命名为 Tf_1^A、Tf_2^A、Tf^B、Tf_1^D、Tf_2^D、Tf^F、Tf^E、Tf^G。

③ 血清白蛋白型（Alb 型）。目前，发现A、AB、B、AC、BC共5种表现型，由 Alb^A、Alb^B、Alb^C 3种等位基因支配。三者是等显性的。

④ 后白蛋白型（Pa 型）。后白蛋白是比白蛋白移动度稍慢的蛋白质。受 Pa^A 和 Pa^B 两种等位基因所支配，有3种表现型。每种基因决定一条明显的蛋白电泳带和一条色淡的带，共2条带。

⑤ 慢α型（S_α 型）。受两种等位基因（S_α^A、S_α^B）支配，缺少 S_α^A 蛋白带的基因型可用 S_α^O/S_α^O 代表，但为数极少。

⑥ 血清碱性磷酸酶型（AKP 型）。这种酶受年龄影响，1岁以上的成年牛，最显著的个体变异是表现在电泳量 α-球蛋白区有无A带。这个带是受遗传支配的，表现A带的为 F^A 基因，不表现的为 F^O 基因。在A着色程度上也有个体差异。共有 A/A、A/O、O/O 共3种基因型。

⑦ 血清淀粉酶型（A_m）。这种酶型由常染色体上的3种等位基因所支配（A_m^A、A_m^B、A_m^C），已发现有6种表现型。

⑧ 血清铜蓝蛋白酶型（Cp 型）。由3种显性等位基因 Cp^A、Cp^B、Cp^C 所支配。

⑨ 血细胞的碳酸酐酶型（CA 型）。由两种等位基因 C_A^F 和 C_A^S 所支配，表现型分为 F、FS、S 共3型。

4. 遗传缺陷

在牛基因组中，常有一些有害基因。这些基因导致程度不同的遗传缺陷，使个体致病、致残、致畸或致死，给养牛生产带来损失。牛的遗传缺陷主要表现为：

（1）软骨发育不全。短脊椎、鼠蹊病、前额圆而突出、腿很短；主轴骨和附属骨发育不良，头部畸形，短而宽，腿略短。

（2）下颚不全。公犊的下颚比上颚短，胃伴性基因遗传。

（3）大脑疝。前额骨化不足，头盖骨敞开，脑组织突出，生后不久死亡，见于荷兰牛、海福特牛，隐性基因遗传。

（4）先天性痉挛。头与颈连续性的间歇性痉挛运动，隐性基因遗传。

（5）曲肢。后肢严重畸形，飞节紧靠体躯，几乎不能向前弯曲，隐性基因遗传。

（6）癫痫。低头、嚼舌、口吐白沫，最后昏厥，阵发性，隐性基因遗传。

（7）裂唇。犊牛单裂唇，缺少牙床，有硬腭，见于短角牛，隐性基因遗传。

（8）无毛。躯体70%或全部无毛，隐性基因遗传。

（9）多乳头。乳头数多于正常数量，隐性基因遗传。

（10）表皮缺损。膝关节以下，后肢飞节以下无表皮，有时鼻镜、额部、耳后也缺少表皮，见于荷兰牛、娟姗牛、爱尔夏牛等品种。隐性基因遗传。

常见隐性遗传缺陷还有侏儒、短腿、先天性白内障、脑积水、卵巢发育不全、多趾等。

以上这些遗传缺陷，很多可能是由于基因突变产生的。由于这些基因绝大多数都是隐性，很难从牛的群体中消除，这是因为在表现型中隐性缺陷的基因被显性正常基因所遮盖，只有当它们与携带者交配和产生一头同质隐性基因的犊牛时才能察觉。为了避免这类性状出现，在选配时要严格审查系谱，特别是种公牛，如果系谱中发现有遗传缺陷的基因携带者则不能做种用，后代中发现有遗传缺陷者应立即淘汰。

四、质量性状选择的意义

质量性状（毛色、肤色、体型、角形、致死、畸形、血型和血液蛋白多态性等）是品种、品系的重要特征，对奶牛来说，遗传缺陷的剔除，品种特征如毛色、角形的均一，都涉及质量性状的选择改良。

因此，质量性状与经济用途及生产性能有直接联系，了解这些性状的特征、遗传机制及规律，对畜禽遗传改良、新品种和新品系的培育具有重要意义。

第四节 数量性状的遗传

一、数量性状的概念和特点

1. 数量性状概念和特点

数量性状（quantitative characters）是受多基因控制、表现为数量上或程度上连续性变异的一类性状。数量性状较易受环境的影响，在一个群体内各个个体的差异一般呈连续的正态分布，难以在个体间明确地分组，如奶牛的产奶量、乳脂率、乳蛋白率、体尺性状等。数量性状在生物全部性状中占有很大的比重，奶牛的大部分经济性状都是数量性状。研究数量性状遗传规律的学科称为数量遗传学。

数量性状的特点：一是个体间的差异是连续的，如用产奶量有差别的两个奶牛品种进行杂交，则子一代（F1）的产奶量介于两亲本之间，这种无法求出产奶量分离比而只能用一定尺度测量性状的表型值，用统计学方法加以分析。二是容易受环境的影响。它与质量性状相比，更容易受到环境因素的影响。

2. 数量性状与质量性状的区别

牛的性状可分为数量性状和质量性状，两者既有区别也有联系。其联系表现为控制性状的基因都存在于染色体上，都遵循遗传规律。它们之间的区别主要表现为：

（1）变异的表现。质量性状的差别非常明显，是“非此即彼”的关系，彼此之间的差异是质的差异。而数量性状的差别是连续的，这种差别只表现在量的多少或大小上，也就是说，彼此之间的差异是量的差异。

（2）环境因素对性状表现的影响。一般而言，环境因素对质量性状的影响很小，甚至不起作用。但环境因素对数量性状的影响却很大。由于不同环境对不同数量性状的影响不同，数量性状在个体间的差异，既包含遗传上的差异，又包含环境影响造成的差异。这两种差异混在一起，不易区分。

（3）控制性状的基因数目。质量性状由单个基因控制，而数量性状由多个基因控制，这些基因作用的大小可能不同，作用大的基因称为主基因，但其作用是可以累加的。目前，将控制数量性状的这些基因座称为数量性状基因库。

（4）杂种后代的性状表现。质量性状的杂种一代表现亲本中的显性性状。数量性状的杂种一代往往表现出两个亲本的中间类型。

数量性状与质量性状虽有明显的区别，但并非截然分开。由于划分的标准不同，往往也可以把数量性状看作质量性状。

3. 多基因假说

多基因假说于1908年由瑞典学者尼尔逊·埃尔提出。多基因假说的要点是：

（1）同一数量性状由若干对基因所控制。

（2）各个基因对于性状的效应都很微小，而且大致相等。1941年，英国数量遗传学家K·马瑟把这类控制数量性状的基因称为微效基因。

（3）控制同一数量性状的微效基因的作用一般是累加性的。

（4）控制数量性状的等位基因间一般没有明显的显隐性关系。

4. 基因的数量效应

确定了影响数量性状的基因数目，就可以研究微效基因的表型效应了。效应是可以累加的，累加方式基本上分为两类：一是算术级累加，也称累加作用；二是几何级累加，也称倍加作用。累加作用是每个有效基因的作用由固定数值与基本值的加减关系所决定的；倍加作用是每个有效基因的作用按固定数值与基本值的乘除关系来决定的。

二、奶牛数量性状的研究方法

数量性状的特点决定了数量性状的研究方法必须采用数学和统计学的方法来进行。一般所用的表示形式有以下几种：

1. 平均数

平均数指某一性状全部观察数（表现型值）的平均值。通过把全部资料中各个观察测定的数据总加起来，然后用观察总个数除之。

公式如下：

$$\overline{x}=\frac{x_1+x_2+\cdots x_n}{n}=\frac{1}{n}\sum_{i=1}^{n}x_i \tag{3-1}$$

2. 方差

方差反映个体测量值与平均值的偏差程度，用来测量变异的程度。

$$S^2=\frac{(x_1-\overline{x})^2+(x_2-\overline{x})^2+\cdots+(x_n-\overline{x})^2}{n-1}=\frac{\sum(x_i-\overline{x})^2}{n-1} \tag{3-2}$$

也有用标准差表示的。标准差是方差开方，使变异范围的单位和个体量度范围相同。

三、奶牛数量性状的遗传参数

数量性状表现为连续变异，而且容易受环境影响。那么，研究和分析数量性状的遗传特性离不开其遗传参数。数量性状的遗传参数包括遗传力、重复力和遗传相关。

1. 基因型及其构成

具体衡量数量性状在群体中的表现，需该个体的表型值：即对一个个体在某个数量性状上进行度量所得到的数值。表型值可分解为基因型值和环境效应两部分：$P=G+E$。式中，P为表现型值；G为基因型值；E为环境效应。如果个体所遇的环境差异完全是随机的，正作用和反作用相互抵消，群体内总环境效应等于0。

基因型值是可遗传部分，又可分割为 3 个部分：

（1）基因的累加作用（A）。指基因内所有基因平均效应和，在上下代间可以固定遗传，直接关系到改良育种的成就，又称育种值。

（2）显性离差（D）。指基因值与育种值之差。

（3）上位效应（I）。指非等位基因之间的互相作用所产生的偏差。

当基因座超过两个时，上位互作很复杂，加上其他效应，在统计分析中进行综合分析。由于个体某性状的基因型值又可分解为：$G=A+D+I$。式中，A 为育种总和；D 为显性离差总和；I 为上位效应总和。代入上式得 $P=A+D+I+E$。后三项（$D+I+E$）之和称为剩余值，用 R 表示。此时公式可写为 $P=A+R$。在奶牛育种中，人们所关心的是育种值（A）的大小。

2. 遗传力

（1）概念与类别。遗传力（V）代表了数量性状遗传中遗传因素所起作用程度的大小。遗传力有广义和狭义之分。广义遗传力指遗传方差所占表型方差的百分比。狭义遗传力指加性遗传方差占表型方差的百分比，即扣除环境影响、显性离差及上位作用后能够固定遗传的变异占表型的百分比。狭义遗传力比广义遗传力更确切可靠。公式如下：

已知 $V_P=V_G+V_E$，$V_G=V_A+V_D+V_I$，则广义遗传力 $h^2=V_G/V_P=(V_P-V_E)/V_P$；狭义遗传力$=V_A/V_P$。

（2）遗传力的意义和性质。由于遗传力反映群体内数量性状的遗传情况，从而可以判断某数量性状遗传给下一代时环境因素影响的程度，这样在下一代中进行选择时，可以判断选择的好坏。

遗传力高说明数量性状的变异主要是遗传变异，对这种性状进行选择效果好，反之则选择效果差。遗传力有以下特点：

① 变异系数小，受环境影响小的性状，遗传力高；反之则较低。

② 与适应性无关的性状，遗传力高；反之则低。

③ 亲本差异大，则杂种后代遗传变异丰富，求得的遗传力估值较高。

3. 重复力

许多数量性状在同一个体是可以多次度量的。例如，奶牛泌乳期产奶量，在个体一生就有多次记录，表现为不同时间的重复度量。那么，在种牛评定时究竟应当依据哪一次记录？一般而言，依据哪一次都可以，但不如用多次度量资料进行综合评定更为可靠。度量次数越多，信息量越大，取样的误差越小，估计就越准确。具体度量次数的多少取决于该性状在个体多次度量值间的相关程度。

重复力就是衡量一个数量性状在同一个体多次度量值之间的相关程度，在国内有的论著中也称之为重复率。对于一个个体而言，当其合子一经形成，基因型就完全固定了，因而所有的基因效应都对该个体所有性状产生终身影响。不但如此，个体所处的一般环境（或称持久性环境）也将对性状的终身表现产生相同的影响，所谓持久性环境效应，是指时间上持久或空间上非局部效应的环境因素，它影响个体的个体性状表现。除持久性环境因素的影响，这种效应称之为暂时性环境效应。当个体性状多次度量时，这种暂时性环境效应对各次度量值的影响有大有小、有正有负，可以相互抵消一部分，从而可提高个体性状生产性能估计的准确性。

（1）重复力估计原理。从效应剖分来看，可以将环境效应（E）分解为持久性环境效应（E_P）和暂时性环境效应（E_T），即 $E=E_P+E_T$，因此 $P=G+E=G+E_P+E_T$。假定基因型效应、持久性环境效应和暂时性环境效应之间都不存在相关，可以将表型方差（V_P）分解为 $Vp=V_G+V_{E_P}+V_{E_T}$，因此重复力 r_e 可以定义为：

$$r_e=\frac{V_G+V_{E_P}}{V_P}=\frac{V_G+V_{E_P}}{V_G+V_{E_P}+V_{E_r}} \tag{3-3}$$

可见，重复力实际上就是以个体多次度量值为组的组内相关系数，因而其估计方法与组内相关系数的计算完全一致，传统上是利用单因素方差分析进行估计的。重复率反映了一个性状受到遗传效应和持久性环境效应影响的大小，r_e 高，说明性状受暂时性环境效应影响小，每次度量值的代表性强，因而所需度量次数就少；反之，r_e 低，说明性状受暂时性环境效应影响大，每次度量值的代表性差，因而所需度量的次数就多。

（2）重复力的作用。重复力的作用主要有以下 3 个方面：

① 重复力可用于验证遗传力估计的正确性。由重复率估计原理可以知道，重复力的大小不仅取决于所有的基因型效应，而且取决于持久性环境效应，这两个部分之和必然高于基因加性效应，因而重复力是同一性状遗传力的上限。另外，因重复力估计方法比较简单，而且估计误差比相同性状遗传力的误差要小，估计更为准确。因此，如果遗传力估计值高于同一性状的重复力估计值，则一般说明遗传力估计有误。

② 重复力可用于确定性状需要度量的次数。由于重复力就是性状在同一个体多次度量值间的相关系数，依据它的大小可以确定达到一定准确度要求所需的度量次数。r_e 越小，应适当增加度量次数；反之，r_e 越大，每次度量值的代表性越强，只需适当度量几次就可以了。

③ 重复力可以用于种畜育种值的估计。当利用个体多次度量均值进行育种值估计时，需要用到重复力。由于多次度量消除了个体一些暂时性环境效应的影响，从而能够提高对育种值的估计准确度。

4. 遗传相关

生物体作为一个有机的整体，它所表现的各种性状之间必然存在着内在的联系。从数量遗传学这一角度，可以采用遗传相关来描述不同性状之间由于各种遗传相关原因造成的相关程度大小，它是性状特异的，应该与亲属个体间的遗传相关区别开。

（1）遗传相关概念。与对数量性状表型值剖分一样，研究性状间的相关也需要区分表型相关和遗传相关。所谓表型相关，就是同一个体的两个数量性状度量值间的相关。造成表型相关的原因可分为两大类：一类是由于基因的一因多效和基因间的连锁不平衡造成的性状间遗传上的相关，称之为遗传相关；另一类是由于两个性状受个体所处相同环境造成的相关，称之为环境相关。另外，由于等位基因间的显性效应和非等位基因间的上位效应造成的一些相关也不能真实遗传。因此，一般就并入环境相关之中，统称为剩余值间的相关。在这两类遗传和环境相关原因的共同作用下，两个性状之间就呈现一定的表型相关。

（2）遗传相关估计方法。遗传相关估计方法与遗传力估计方法类似，需要通过两类亲缘关系明确的个体的两个性状表型值间的关系来估计。一般有两种方法：亲子资料分析和同胞资料分析。

① 亲子资料分析。一般情况下是采用几何平均的方法，但有时亲子间的交叉协方差可能一正一负，结果出现虚数。为避免这种情况，分子部分可用算术平均数代替。估计出遗传相关后也需要进行显著性检验，一般情况下误差是非常大的。研究表明，如果两性状的遗传相关和表性相关大，两性状的遗传力较高；如果相关很小，对同样大小的遗传力需要 1 200 个亲子对。

② 同胞资料分析。利用同胞资料估计遗传相关也有半同胞和全同胞两种方法。传统方法是采用与上述遗传力估计类似的单因素和二因系统分组的方差、协方差分析方法。对于大家畜而言，大量的全同胞资料难以得到，为扩大样本含量一般采用半同胞资料估计遗传相关。由于同父半同胞个体很多，与遗传力估计时一样，需要计算公畜组间两性状的遗传方差以及遗传协方差。为了获得一个标准误为 0.05 的遗传相关估计值，至少要有 600 头公畜的 6 000 个半同胞后代资料。可见，遗传相关的估计需要庞大的样本。在家畜育种中，如果缺乏完善的育种数据管理系统，遗传相关的估计很难达到统计显著，因此在实际估计时需十分谨慎。

（3）遗传相关的作用。遗传相关作为一个基本的遗传参数，在数量遗传学中起着重要的作用，可概括为以下 3 个方面：

① 间接选择。遗传相关可用于确定间接选择的依据和预测间接选择反应大小。所谓间接选择是指当对一个性状不能直接选择或者直接选择效果很差时，借助与之相关的另一个性状的选择，来达到对某一性状的选择目的，另一性状就是辅助性状。间接选择在畜禽育种实践中具有很重要的意义，有些性状只能在屠宰后才能度量，如胴体性状和肉质性状。有的性状只能在个体生命晚期才能度量，如使用寿命。有些性状遗传力很低，直接选择效果不好。在这些情况下，都可以考虑采用间接选择。

② 不同环境下的选择。遗传相关可用于比较不同环境下的选择效果。实际上，不但相同性状间可以估计遗传相关，而且同一性状在不同环境下的表现也可以作为不同的性状来估计遗传相关。这就为解决育种工作中的一个重要实际问题提供了理论依据，即在条件优良的种畜场选育的优良品种，推广到条件差的其他生产场能否保持其优良的特性呢？实质上就是同一性状在两种不同环境下的反应是否一致。

③ 多性状选择。遗传相关在选择指数理论中具有重要的作用，这是遗传相关最主要的用途。一般而言，只要涉及两个性状以上的选择问题，无不需要用到遗传相关这一参数。而在现代高效率的畜禽育种中，一个可行的育种规划都要涉及多性状的选择，遗传相关的应用是不可避免的。

第五节 种牛遗传评定

种牛遗传评定是选种的基础，在奶牛育种中非常重要。

一、种牛遗传评定的概念

遗传评定就是遗传评估，是对育种值的估计。育种值是指种畜的种用价值。在数量遗传学中把决定数量性状的基因加性效应值定义为育种值（breeding value，BV），个体育种值的估计值称作估计育种值（estimated breeding value，EBV）。通俗的理解就是某个体所具有的遗传优势，即它高于或低于群体平均数的部分。计算育种值是为了预测选种的效果。个体加性效应的高低反映了它在育种上贡献的大小，因而称之为育种值。下面是与个体育种值估计有关的几个基本概念：

1. 估计育种值

虽然育种值是可以稳定遗传的，根据它进行种用个体选择可以获得稳定的选择进展。但是，育种值是不能直接度量的，所能测定的是包含育种值在内的各种遗传效应和环境效应共同作用得到的表型值。因此，只能利用统计学原理和方法，通过表型值和个体间的亲缘关系进行估计，由此得到的估计值称为估计育种值。

2. 估计传递力

对常染色体上的基因而言，后代的遗传基础由父母双方共同决定，一个亲本只有一半的基因遗传给下一代。对数量性状来说，个体育种值的一半能够传递给下一代，在遗传评估中将它定义为估计传递力（estimated transmitting ability，ETA）。

3. 相对育种值

个体育种值占所在群体均值的百分比称为相对育种值（relative breeding value，RBV）。这是为了育种实践中便于比较个体育种值的相对大小而设定的。

4. 综合育种值

对多性状选择时，需要估计个体多个性状的综合育种值（total breeding value），根据它进行选择可获得多个性状的最佳选择效果。综合育种值是考虑了不同性状在育种上和经济上的重要性的差异，用性状的经济加权值表示。

二、种牛遗传评定的作用

由于我国的奶牛体型鉴定体系和制度尚不健全，遗传评定工作刚刚起步，目前全国奶牛品种登记工作尚不规范，登记数据缺乏可靠性和权威性，登记牛的使用价值难以完全体现出来。尽快完成品种登记、体型鉴定和遗传评定工作规范以及相关标准的制定，推进奶牛生产性能测定，建立健全奶牛良种登记制度，可以为奶业群体遗传改良提供准确完整的基础数据。

1. 种牛遗传评定有利于建立奶牛生产基础数据库

通过个体系谱资料记录、体型鉴定和生产性能测定，进行综合遗传评定，可以科学判断奶牛个体的种用价值，为选择建立良种核心群、培育种公牛和生产优质胚胎奠定坚实的基础。

2. 有利于增强培育种公牛的能力

种公牛遗传品质直接关系到牛群遗传改良效果。奶业发达国家的经验表明，种公牛对奶牛群体遗传改良的贡献率超过75%。选育种公牛最可靠的方法是后裔测定，即通过公牛女儿的生产成绩衡量种公牛质量。我国的公牛后裔测定工作起步较晚，基础薄弱，加快推进公牛后裔测定、遗传评定和奶牛生产性能测定，可以增强我国自主选育培育优秀种公牛能力，改变种公牛长期依赖国外进口的局面。

3. 有利于提高奶牛生产水平

良种是提高奶牛生产水平的一个关键因素。实践表明，中低产奶牛通过使用优秀种公牛冷冻精液的持续改良，可以显著提高生产水平。应采取有效措施，通过良种补贴等方式，大力推广优秀种公牛冷冻精液的使用。奶牛生产性能测定既是培育种公牛和奶牛良种登记所必需的基础性工作，也是提高奶牛饲养管理水平的有效手段，通过产奶量和乳成分分析，可以实现“测乳科学配料”，降低饲养成本，提高奶牛养殖效益。

4. 有利于促进奶业可持续发展

与国际先进水平相比，我国饲养2～3头奶牛才相当于发达国家1头奶牛的产奶量，而在饲料、人工、防疫等方面的费用成倍增加，影响我国奶业可持续发展。为促进我国奶业持续健康发展，缩小与奶业发达国家的差距，可通过实施全国奶业遗传改良计划，提高奶牛单产水平，推动奶业发展由数量增长型向质量效益型转变。

国外奶业发展经验表明，实施全国奶业遗传改良计划，对于推动奶牛生产水平的提高有很重要的作用。20世纪50年代初，美国和加拿大的奶牛平均生产水平还只有5 000 kg左右，两国都实施了“全国奶业遗传改良计划”，政府支持开展良种登记、奶牛生产性能测定和后备种公牛选育等工作。经过半个多世纪的不懈努力，奶牛育种体系已经健全，奶牛饲养管理水平不断提高，平均单产达到9 000 kg以上。因此，借鉴国外奶业发达国家的经验，启动实施全国奶业遗传改良计划，可以加快我国奶牛改良工作推进。

5. 种牛遗传评定的发展过程

近20年来，随着奶牛育种方法和计算技术的发展，我国使用的公牛育种值估计方法也经历了一个发展过程。20世纪70年代，主要采用同期同龄比较法；80年代初期，改用预期差法，并根据产奶量、乳脂率和体型外貌评分的 PD 值，配合成总性能指数（TPI），按 TPI 值对测定公牛排队选择。自 20 世纪 70 年代中后期，随着线性模型理论和方法的日趋完善及计算机技术的发展，BLUP 法开始在奶牛遗传评定中得到应用。我国育种界对线性模型的研究工作始于 80 年代初。1986 年，首先在北京市尝试用 BLUP 法估计公牛的育种值；1988 年，开始使用公畜模型 BLUP 法对联合后裔测定的公牛进行遗传评定。90 年代初，在北京市首先开始，随后在其他部分省市使用更科学合理的动物模型 BLUP 法。北京奶牛中心公布的 1998 年"公牛概要"，利用了北京荷斯坦奶牛 1979—1996 年间的生产性能记录资料，其中包括 51 322 头母牛的 82 064 条有效产奶量记录、34 796 头母牛的 46 825 条乳脂率记录和 18 108 头母牛的 16 202 条体型线性评分记录，对 432 头公牛进行了遗传评定。与此同时，每头有关母牛也都获得了一个估计育种值。

我国首次对奶牛产奶性能进行遗传参数估计是在 20 世纪 70 年代中后期和 80 年代初期，所用的方法主要是半同胞分析和公牛内母女回归，但其后很少再有关于遗传参数估计方面的报道。80 年代以来，世界上关于家畜遗传参数估计方法有了很大发展，目前世界各国普遍使用的方法主要是约束最大似然法（REML）。张勤等首次用 REML 对北京市荷斯坦牛产奶量进行了遗传参数估计。总体来说，由于我国各省市的奶牛群体都不大，可利用的数据资料很有限，难以得到可靠的遗传参数估计值。

三、种牛遗传评定的方法

在牛繁育体系中，种公牛评定和选择是关键的一环。据研究，人工授精技术广泛应用以后，种公牛对遗传改良的贡献可以达到总遗传进展的 75%～95%。因此，在现代条件下如何准确地选育出遗传优良的种公牛，就显得尤其重要了。

1. 基本模型

对于奶牛的所有性能记录都适合下列基本模型：

$$Y=\mu+M+BV+e \tag{3-4}$$

式中，Y 为假定已经消除了其他固定环境效应（如胎次、产奶天数等）的性能记录；μ 为群体均数；M 为固定环境效应，如场、年、季效应；BV 为育种值；e 为随机残差效应。因为 μ 存在于所有个体记录中，所以在比较时可以忽略，因而

$$Y=M+BV+e \tag{3-5}$$

又因为，$BV/2=TA$（传递力），所以后裔 $BV=$ 父亲 $TA(TA_a)+$ 母亲 $TA(TA_d)$，因而由（3-5）得出

$$Y=M+TA_a+TA_d+e \tag{3-6}$$

模型中最感兴趣的是女儿父亲效应（即 TA），它来自种公牛为其女儿提供的那一半基因。如何从混杂着各种不同效应的性能记录中估测出公牛的传递力（TA_a）。截至目前，还没有有效的方法来估测它的绝对值，最好的解决途径是将公牛互相比较，估测 TA_a 间的相对大小。这涉及一个共同的比较基础。实际上，不同的出生年度、不同的国家，以及同一国家的不同地区的牛群生产水平各不相同，将导致比较基础的不一致。所以，要将公牛的遗传传递力划分为组均数（G）和公牛对所在组均数的差值（S），即 $TA_a=G+S$。同理，也可对母牛的传递力做相应的剖分。

2. 各评估方法的原理

（1）等亲指数法(EPI)。1913 年，瑞典的 Hanssan 提出这一方法。公式为：$P=(S+D)/2$。其遗传基础是后裔（P）的遗传物质一半来自父亲（S）一半来自母亲（D）。将上式改变成

$$S=2P-D \tag{3-7}$$

此式实践上广泛应用于估测公牛的遗传值。

（2）女儿均数法。这是早期评价公牛的重要工具。

设 a、b 两头公牛的女儿均数分别为 Y_a 和 Y_b，依（3-5），并使两均数相减得：$Y_a-Y_b=(M_a-M_b)+(TA_a-TA_b)+(TAD_a-TAD_b)+(e'-e)$。其中，$TAD_a$、$TAD_b$ 分别为 a、b 与配母牛的平均传递力。由上式可知，此法估测的是公牛的传递力。估测的有效性依赖以下条件：

① 平均环境效应之差足够小。即 $(M_a-M_b)\to 0$。如果各个公牛其女儿都处于比较近似的固定效应里，或者每个公牛都有足够的女儿随机分布于各个固定效应中，则此条件成立。

② 与配母牛的平均传递力相等。如果配种在各个牛场里随机进行，与配母牛又随机选定，这个条件则会满足。不过，许多研究表明，与配母牛间的遗传差异对于估测公牛遗传性能的影响较小，只有当这个差值非常大时方才引起严重的偏差。女儿均数法可用于公牛的后裔测定。只要对试验进行适当的控制，尽力使上述条件得以满足，有较好的结果。当然比较须在同一遗传基础上进行。

（3）女儿母亲比较法。早在 1902 年丹麦人便使用女儿母亲均数之差评价公牛。1935 年，美国农业部开始采用此法，在随后的二十几年里，一直是美国公牛评价的基本方法。设 Y_o 和 Y_d 分别为公牛女儿及其母亲的平均性能值，因此由（3-5）得 $Y_d=M_d+BV_d+e=M_d+2TA_d+e$；由（3-6）得 $Y_o=M_o+TA_a+TA_d+e'$，将两式相减得：

$$Y_o-Y_d=(M_o-M_d)+TA_a-TA_d+(e'-e) \tag{3-8}$$

因为与配母牛对于公牛传递力的估测影响较小，所以如果近似假定与配母牛的平均传递力相等，那么：

$$Y_o-Y_d=(M_o-M_d)+TA_a+(e'-e) \tag{3-9}$$

与等亲指数法比较，本法也需要同时具有女儿与母亲的记录资料。所不同的是，它同女儿均数法一样估测的是传递力，而不是育种值；它没有加大固定环境效应所引起的偏差，但是由于饲养管理科学的巨大进展，处于不同世代的女儿、母亲其固定环境效应的差异是相当大的，因而可引起公牛估计传递力的较大偏差。

（4）群伴比较法。1913 年，由德国专家 Peters 提出，由（3-6）得女儿性能均数值（Y_o）与其群伴牛性能均值（Y_h）之差为：

$$\begin{aligned}Y_o-Y_h&=(M-M)+(TA_{oa}-TA_{ha})+(TA_{od}-TA_{hd})+(e-e')\\&=(TA_{oa}-TA_{ha})+(TA_{od}-TA_{hd})+(e-e')\end{aligned} \tag{3-10}$$

式中，TA_{oa}、TA_{ha}分别为女儿父亲及其群伴牛父亲的遗传力；TA_{od}、TA_{hd}分别为女儿母亲及其群伴牛母亲的遗传力。

这个方法的最大优点是消除了固定环境效应所引起的偏差。另外，所有女儿记录都能参加公牛评价，不会仅仅因为缺少母亲记录而被剔除。如果在各牛场里所有公牛都随机交配，那么母牛的影响可以忽略。实际上如前所述，一般情况下母牛的影响很小。那么，影响估测公牛 TA 值的最大因素可能是群伴牛父亲的平均传递力。由于遗传进展的存在，不同时间、不同地点公牛女儿的群伴牛父亲的平均传递力肯定不会相等，这将导致公牛 TA 值估计的巨大偏差，甚至于使这种估计毫无意义。因此，必须对此进行比较基础的校正。校正可以依照各公牛所属群体的遗传基础进行。

四、种牛评定的研究进展

在育种工作实践中，准确可靠的遗传参数估计和个体育种值预测是卓有成效的育种工作的前提条件，育种值的估计称作遗传评定。奶牛的遗传评定法是畜禽遗传育种研究中较深入、应用较广泛、效果较好的方法之一，尤其是近年来，随着科学技术的发展、育种值估计法的不断改进及估计精确度的不断提高（总的趋势是在保证一定准确性前提下尽可能简化），使奶牛群体生产水平大幅度的提高。

1. 奶牛遗传评定法的研究概况

遗传评定法是根据育种实践中出现的具体问题而提出的，可分为 3 个历史阶段。第 1 阶段是育种的初级阶段，育种是在一个较小的群体范围内进行的，待估公畜和其后代处于一个共同的环境之中，这一阶段的育种值估计方法称个体育种值的估计或称选择指数法。第 2 阶段是群体牛比较法，由于人工授精技术的发展和后裔测定方法的应用，使得公畜能够分布在许多环境不同的群体中，即环境影响着性状的表现水平，这一阶段的育种值估计法有同群牛比较法（HC）、同期同龄牛比较法（CC）、改进的同期同龄牛比较法（MCC）等。第 3 阶段是能够同时获得固定效应 BLUE 估计值和随机遗传效应 BLUP 估计值的 BLUP 法。

在这 3 个阶段中的 HC、CC、MCC 和公畜模型 BLUP 法、动物模型 BLUP 法有一个共同的特点：在模型中所有的观察值都是经过间隔抽测法将测定日记录转化成全期或标准乳期记录。在转化过程中他们假设所有的奶牛在其泌乳期间、泌乳年龄内有相同固定形状的泌乳曲线，不同个体间只存在泌乳曲线高低的不同。后来经过深入研究得出：每头牛泌乳曲线的形状和走向是不同的，存在个体间的差异。每头牛的泌乳曲线可看作是泌乳天数的两种随机回归系数，一般牛泌乳曲线的固定回归系数是指具有相同的地区、产犊年龄、产犊季节；与此相对应的是随机回归系数，是指每头牛有不同的遗传泌乳曲线。测定日产奶量的这种模型称随机回归模型。因为产奶性状是由遗传和环境共同决定的，不同个体遗传基础不同，产奶性状的变化规律也不同，产犊年龄、产犊季节、胎次、牛场等是影响产奶性状的主要的系统环境效应。同时，测定日记录也要受系统环境和随机环境效应的影响，如测定日天气、被测牛只的健康状况、妊娠状况、牛群的疾病控制等因素，为此直接将测定日记录转化为全期记录估计误差较大。为了提高奶牛的产奶性能估计育种值的准确性，在 20 世纪 90 年代初期遗传学家 Schaefer 首先提出测定日模型（test day model）的概念，对奶牛的遗传评定有着重要意义。

2. 测定日模型的概念和特点

（1）测定日模型的概念。测定日模型是与传统的动物模型相比较而言的，是以一系列的测定日记录作为处理对象的遗传评定模型，为每头母牛设立一条遗传泌乳曲线模型，公牛的遗传泌乳曲线则由女儿的平均数来确定。

采用测定日模型的最大特点是将公牛和母牛的产量育种值具体到某一天的产量上，而不是过去的某一年的产量上，这样就减少了环境因素和其他方面的影响，所有对环境因素的校正被应用到母牛测定日的具体环境这样一个最小的基本单位。测定日模型采用 3 个泌乳期的 4 个性状（产奶量、乳脂肪量、乳蛋白量和体细胞数）的多性状模型，视 3 个泌乳期为不同的性状，而其他的模型假定不同的泌乳期为相同的性状是 305 d。泌乳期模型与测定日模型在数据和模型上的比较，测定日模型育种值估计的准确性超过 305 d 泌乳期模型小母牛育种值的准确性，提高 13%～14%，公牛育种值的准确性提高 3%～5%。

（2）测定日模型用于遗传评定的特点。测定日模型从理论上要优于全期模型，在相同测定日，奶牛的记录数要优于全期 305 d 模型的记录数，对固定效应校正的准确性也随之提高，特别是在小群体中。个体的测定日效应被包含在模型中，它实际上影响测定日产奶量。一般认为，测定日模型降低了许多预测估计的系统误差，每头牛的记录数和测定日的间隔都被包含在模型中了，测定日拉大或缩短，或缺少某些记录（如乳脂量），都可以处理，具有更大的实用价值。测定日模型利用混合模型方程组的随机回归系数得到任何时间点的奶牛个体估计育种值。测定日模型考虑了单个牛的泌乳曲线形状的差异，并且包含了泌乳的持续力。对不同间隔的测定日进行校正，能对跨群体、跨泌乳阶段的固定效应进行估计，对不同泌乳期的不同信息进行了考虑。

（3）测定日模型与传统模型比较。测定日模型对数据的要求可以从畜群水平、母牛水平、泌乳期水平和测定日水平 4 个方面考虑。

① 畜群水平。畜群中除了成母牛为品种协会正式注册的外，至少 50% 以上的拥有自己单独注册号，平均每年至少有 10 次测定日记录。

② 母牛水平。必须拥有头胎泌乳的记录，有其父亲的注册号码，父母的品种为已知的，至少要求 3 个测定日记录。

③ 泌乳期水平。考虑 1、2、3 胎的记录。

④ 测定日水平。泌乳期为 5～305 d，需有产奶量、乳脂量、乳蛋白量和体细胞记录。

(4) 测定日模型对测定日记录的处理方法。

① 校正测定日记录法。它与全期模型相比，其特点是将测定日记录在测定日水平上校正后合并成泌乳期记录应用于遗传分析，该方法已在一些国家得到应用，如 1984 年澳大利亚应用此体系，将测定日记录经特定群体测定日效应（HTD）校正后合并为泌乳期记录进行遗传评定。

② 直接利用法。即常规测定日模型以特定群体测定日效应作为固定效应，产犊年龄及 DIM 作为协变量，并直接利用测定日记录作为观察值。固定回归模型用建立在 DIM 基础上的回归关系来反映泌乳曲线的形状和走向，考虑了测定日记录的随机残差效应是不同的，并将回归系数嵌套于一年一季等固定效应中，以使不同固定效应分组、不同的个体配合不同的泌乳曲线的回归系数。模型中 HTD 代替了传统一年一季效应，降低了随机误差效应。此模型已用于加拿大奶山羊和奶牛体细胞数的遗传评定，但目前大范围地应用还有一系列的技术问题。

③ 随机回归模型（RRM）。直接利用测定日记录对种用奶牛进行产奶性能的遗传评定，随机回归模型将动物个体效应对泌乳曲线形状和走向的影响给予了考虑，并将随机遗传效应剖分成数个随机回归系数。随机回归模型是由固定和随机回归系数的线性函数及一系列描述奶牛群体或个体牛的泌乳曲线的协变量组成的，此法应用较多。

④ 协方差函数模型。协方差函数是以年龄和时间为自变量，用于描述重复度量值之间方差-协方差的连续函数，应用协方差函数能降低类似生长性状、产奶性状这些无限性状重复值间方差-协方差矩阵的秩。产奶性状是无限性状，在其有规律的变化轨迹上的任意时间点均有度量值，按照目前奶牛产奶性能测定的方法，平均每个泌乳月至少有一个测定日记录，一个泌乳期至少具有 10 个测定日记录。对于这些重复度量值，传统的遗传评定模型是重复力模型和多性状模型。重复力模型的最大特点就是：假设所有的测定日记录间的遗传相关为 1，所有测定日表型方差相同，这一假设是不成立的。因为不同泌乳阶段的测定日记录反映的信息是不同的，它们之间的遗传相关不可能是 1。传统的多性状模型将所有的测定日记录视为不同的性状，即将一个性状的多次测量值视为不同的性状，在建立混合模型方程组时考虑了所有测定日记录之间的方差-协方差，实际上在不规律地进行产奶性能的测定时，很难得到测定日结构化的方差（协方差矩阵）。协方差函数模型也是基于多性状模型的，但该模型利用协方差函数解决了测定日记录之间的方差（协方差矩阵阶数）。

无论是常规遗传评定方法，还是近来新兴的测定日模型，在提高奶牛育种效率中都起着不可估计的作用。现代科学发展的特点之一，就是科学技术的综合与集成，即在传统的科学技术基础之上，尽可能地结合和应用最新科技成果，以便形成新的高效的配套技术，促进生产的发展。随着生物技术的飞速发展，以及对于分子标记信息在种畜遗传评定上应用的深入研究，将使测定日模型在家畜遗传育种中的应用前景越来越广阔。

（陈宏、蓝贤勇、黄永震）

主要参考文献

鲍斌，房兴堂，陈宏，等，2008. 中国荷斯坦牛 *STAT5A* 基因遗传多态性与泌乳性状的相关分析 [J]. 中国农业科学，41 (6)：1872-1878.

蔡欣，陈宏，雷初朝，等，2006. 从 *cyt b* 基因全序列分析中国 10 个黄牛品种的系统进化关系［J］. 中国生物化学与分子生物学学报，22(2)：168－171.

蔡欣，陈宏，雷初朝，等，2007a. 中国 17 个黄牛品种 mtDNA 变异特征与多态性分析［J］. 中国生物化学与分子生物学学报，23（8）：666－674.

蔡欣，陈宏，雷初朝，等，2007b. 中国 3 个牛种 *cytb* 基因多态性及其系统发育研究［J］. 西北农林科技大学学报，35（2）：43－46.

晁玉庆，巴勇舸，国向东，等，1989. 黑白花奶牛染色体核型、带型初步分析［J］. 内蒙古农牧学院学报（1）：82－90.

陈宏，邱怀，1995. 家畜线粒体 DNA（mtDNA）的研究［J］. 黄牛杂志，21（1）：7－13.

陈宏，1987. 牛的染色体研究简况及其应用［J］. 中国黄牛，13（4）：34－38.

陈宏，1991. 中国四个地方黄牛品种的染色体研究（摘要）［J］. 中国牛业科学，17（2）：8－10.

陈宏，雷初朝，2000. 3 个黄牛品种染色体的 G 带模式图研究［J］. 西北农业大学学报，28（2）：54－59.

陈宏，刘丹利，李俊侠，1995. 丹麦红牛的染色体分析［J］. 黄牛杂志，21（2）：8－10.

陈宏，邱怀，1994. 通过银染核仁组织区（Ag－NOR）对黄牛品种间遗传关系的探讨［J］. 黄牛杂志，20（3）：3－5.

陈宏，邱怀，1995. 陕西延安蒙古牛群体的染色体研究［J］. 黄牛杂志，21（3）：12－14.

陈宏，邱怀，何福海，1995. 岭南牛的染色体研究［J］. 西北农业大学学报，23（2）：40－44.

陈宏，邱怀，詹铁生，等，1993a. 秦川牛的染色体研究［J］. 畜牧兽医学报，24（1）：17－21.

陈宏，邱怀，詹铁生，等，1993b. 中国四个地方黄牛性染色体多态性的研究［J］. 遗传，15（4）：14－17.

陈宏，邱怀，詹铁生，1994. 黄牛品种银染核仁组织区（Ag－NOR）多态性的研究［J］. 西北农业大学学报，22（4）：18－22.

陈宏，徐廷生，雷初朝，等，2001. 黄牛 Ag－NOR 染色体联合的类型和频率［J］. 遗传，23（6）：526－528.

戴灼华，王亚馥，粟翼玟，2008. 遗传学［M］. 2 版．北京：高等教育出版社．

范翌鹏，孙东晓，张勤，等，2011. 全基因组选择及其在奶牛育种中应用进展［J］. 中国奶牛（20）：33－38.

郭爱朴，郭丹玲，张守仁，等，1982. 中国北方黑白花奶牛银染核仁组织区（Ag－NORs）的研究［J］. 畜牧兽医学报，13(3)：157－160.

洪广田，1998. 动物模型 BLUP 法在北京奶牛遗传评定中的应用［J］. 北京奶牛（3）：1－4.

蒋建文，达永仙，连林生，2007. 个体遗传评定 BLUP 法的应用与展望［J］. 上海畜牧兽医通讯（4）：9－11.

蒋明，陈斌，2013. BLUP 个体遗传评定及其在群体继代选育中的应用［J］. 养猪（6）：44－47.

雷初朝，陈宏，胡沈荣，2000. Y 染色体多态性与中国黄牛起源和分类研究［J］. 西北农业学报，9（4）：43－47.

雷初朝，陈宏，杨公社，等，2002. 中国荷斯坦牛 mtDNA D－Loop 全序列分析［J］. 黄牛杂志，28（5）：7－9.

雷初朝，陈宏，杨公社，等，2004. 中国部分黄牛品种 mtDNA 遗传多态性研究［J］. 遗传学报，31（1）：57－62.

雷雪芹，陈宏，徐廷生，等，2003. *FSHR* 基因的 PCR－RFLP 对牛双胎性状的标记分析［J］. 中国农学通报，19(4)：7－10.

雷雪芹，陈宏，袁志发，2003. 牛羊多胎性状的分子遗传基础研究［J］. 黄牛杂志，29（1）：3－6.

雷雪芹，陈宏，袁志发，等，2002. 促卵泡生成素受体基因的 SNP 对牛双胎性状的标记研究［J］. 云南畜牧兽医（4）：28－29.

雷雪芹，陈宏，袁志发，等，2004. 牛 *FSHR* 基因第 10 外显子单核苷酸多态性及其与双胎性状的关系［J］. 中国生物化学与分子生物学学报，20（1）：34－37.

雷雪芹，魏伍川，陈宏，等，2004. 6 个牛品种 *FSHR* 基因位点的遗传关系及其多态对双胎性状的标记［J］. 西北农林科技大学学报（自然科学版），32(7)：1－6.

李瑞彪，陈宏，2002. 泌乳性状遗传标记研究进展［J］. 黄牛杂志，28（4）：32－34.

刘曙东，奚亚军，2011. 遗传学［M］. 北京：高等教育出版社．

农业部，2008. 中国奶牛群体遗传改良计划（2008—2020 年）［J］. 中国乳业（4）：2－7.

齐超，黄金明，仲跻峰，2013. 全基因组选择及其在奶牛育种中的应用进展［J］. 山东农业科学，45(2)：131－134.

任红艳，2008. 利用外部信息进行中国西门塔尔牛遗传评定研究［D］. 北京：中国农业科学院研究生院．

谭桂芳，潘玉春，吴潇，等，2009. 奶牛生产性能测定与遗传评定方法［J］. 黑龙江动物繁殖（1）：18－20.

唐臻钦，洪广田，1997. 动物模型在荷斯坦牛遗传评定上的应用［J］. 畜牧兽医学报，28（3）：199－205.

王志生，买买提明·巴拉提，决肯·阿努瓦什，1999. 新疆荷斯坦牛染色体研究［J］. 新疆农业科学（4）：180－181.

严林俊，陈宏，房兴堂，等，2007. 中国荷斯坦牛微卫星基因座遗传多态性研究［J］. 西北农林科技大学学报，35 (7)：23-27.

严林俊，刘波，房兴堂，等，2006. 秦川牛和中国荷斯坦牛 *POU1F1* 基因多态性研究［J］. 遗传，28 (11)：1371-1375.

杨东英，2006. 黄牛生长性能候选基因多态及其与生长发育相关性研究［D］. 杨凌：西北农林科技大学 .

杨东英，陈宏，张良志，等，2006a. 中国 5 个牛种 *Leptin* 基因外显子 3 的多态性分析［J］. 杨凌：西北农林科技大学学报（自然科学版），34(8)：17-20.

杨东英，陈宏，张良志，等，2006b. 牛 *BoLA-DRB3* 基因的多态性与乳房炎相关性初探［J］. 中国兽医杂志，42 (7)：7-9.

杨通广，滕勇，2007. 奶牛场的选种选配［J］. 中国乳业（6)：60-60.

俞英，张沅，2003. 畜禽遗传评定方法的研究进展［J］. 遗传，25 (5)：607-610.

再娜古丽，黄锡霞，马晓燕，等，2014. 荷斯坦牛初生重与头胎 305d 产奶量的遗传参数估计［J］. 中国畜牧杂志，50 (11)：13-16.

张润锋，陈宏，蓝贤勇，等，2005. 西安荷斯坦奶牛群 5 个基因座位遗传多态性的 PCR-RFLP 分析［J］. 畜牧兽医学报，36 (6)：545-549.

张润锋，陈宏，雷初朝，等，2006. *IGFBP-3* 基因 *PCR-RFLP* 多态性与中国荷斯坦牛泌乳性状的相关分析［J］. 中国畜牧杂志，42(3)：9-11.

张润锋，陈宏，雷初朝，等，2006. 西安地区荷斯坦奶牛群 5 个基因位点遗传多态性与泌乳性状的相关分析［J］. 农业生物技术学报，14(3)：329-333.

张润锋，陈宏，雷初朝，等，2007. 西安地区荷斯坦牛群 4 个基因位点遗传变异与 SCC、SCS 的相关分析［J］. 农业生物技术学报，15 (1)：179-180.

张胜利，石万海，郑维韬，等，2002. 北京市奶牛遗传评定概况［J］. 中国奶牛（2)：27-29.

张武学，张才骏，李军祥，等，1991. 青海黑白花奶牛染色体的研究［J］. 青海畜牧兽医学院学报，8 (1)：1-5.

张沅，2001. 家畜育种学［M］. 北京：中国农业出版社 .

周贵，肖振铎，2011. 加拿大奶牛品种遗传评定体系及指标［J］. 中国奶牛（5)：28-31.

Cai X，Chen H，Lei C Z，et al，2007. mtDNA diversity and genetic lineages of eighteen cattle breeds from Bos taurus and Bos indicus in China [J]. Genetica，131(2)：175-183.

Hu X C，Lü A J，Chen H，et al，2009. Preliminary evidence for association of prolactin and prolactin receptor genes with milk production traits in Chinese Holsteins [J]. Journal of Applied Animal Research，36(2)：213-217.

Jia S，Chen H，Zhang G X，et al，2007. Genetic variation of mitochondrial D-loop region and evolution analysis in some Chinese cattle breeds [J]. Journal of Genetics and Genomics，34 (6)：510-518.

Lei C Z，Chen H，Zhang H C，et al，2006. Origin and phylogeographical structure of Chinese cattle [J]. Animal Genetics，37(6)：579-582.

Sun W B，Chen H，Lei C Z，et al，2007. Study on population genetic characteristics of Qinchuan cows using microsatellite markers [J]. Journal of genetics and Genomics，34(1)：17-25.

Sun W B，Chen H，Lei C Z，et al，2008. Genetic variation in eight Chinese cattle breeds based on the analysis of microsatellite markers [J]. Genetics Selection Evolution，40(6)：681-692.

Zhang B，Chen H，Hua L H，et al.，2008. Novel SNPs of the mtDNA ND5 gene and their associations with several growth traits in Nanyang cattle breeds [J]. Biochemical Genetics，46(5-6)：362-368.

Zhang C L，Chen H，Wang Y H，et al，2008. Association of a missence mutation in serotonin receptor 1B (HTR1B) gene with milk production traits [J]. Research in Veterinary Science (85)：265-268.

Zhang R F，Chen H，Lei C Z，et al，2007. Association between PCR-RFLP polymorphisms of five gene loci and milk traits in Chinese Holstein [J]. Asian-Aust Journal of Animal Sciences，20 (2)：166-171.

第四章

奶　牛　育　种

本章介绍纯种育种、杂交育种、育种保障及奶牛育种新技术，建立生产性能记录和统计制度，是开展奶牛育种和组织奶牛生产的一项基本工作，必须给予高度重视。

第一节　纯种育种

纯种育种包括本品种选育和品系选育。常用建系方法包括系祖建系法、近交建系法和群体继代选育建系 3 种方法。动物资源的保护是育种的基础，保种的理论包括静态保种、动态保种、进化保种和系统保种理论等。保种的方式可分为活体保护、离体保护、原产地保护、迁地保护，以及保种场、保护区和基因库保种等。

一、育种基础

1. 品种、品系与家系

（1）品种。品种是人类在一定的社会条件下，为了生产和生活的需要，通过长期选育而形成的、具有共同经济特点，并能将其特点稳定地遗传给后代的、具有一定数量的动物类群。品种是进行动物生产时所采用的一级分类单位，不是生物学的分类单位。

作为品种的动物群体至少应具备以下条件：

① 血统来源相同。同一品种的动物个体，其血统来源基本相同。因彼此间有血统上的联系，故其遗传基因也基本相似。

② 性状及适应性相似。由于血统来源、培育条件、选育目标和选育方法相同，就使品种内所有个体，无论体型结构、生殖机能、重要经济性状，以及对自然条件的适应性都很相似，并以此构成该品种的基本特征，据此与其他品种相区别。

③ 遗传性稳定。品种只有具备稳定的遗传性，才能将其典型的优良性状遗传给后代，并使品种得以保持，表现出较高的种用价值，这是与杂种动物的根本区别。

④ 一定的结构。一个品种不是一些动物简单的汇集，在具备基本共同特征的前提下，可分为若干各具特点的类群，如品系或亲缘群。这些类群可以是自然隔离形成的，也可以是育种者有意识地培育而成的。

⑤ 足够的数量。品种内个体数量多，才能保持品种的生命力，才能保持较广泛的适应性，才能进行合理的选配而不至于近交。

⑥ 被政府或品种协会所承认。作为一个品种必须经过政府或品种协会等权威机构审定，确定其是否满足以上条件，并进行命名，只有这样才能正式称为品种。

由此可见，品种不仅是人类劳动的产物，而且还是畜牧业生产的工具。品种是一个具有较高经济价值、种用价值、历史文化价值，又有一定结构的动物集团。目前，全世界有各种畜禽品种约 2 337 个。其中，牛 1 000 个。在我国固有品种中，家牛 49 个、水牛 18 个、牦牛 9 个。

（2）品系。品系是在品种基础上，具有突出优点并能将这些优点稳定遗传下去的种畜群。品系是起源于共同祖先的一个群体。品系可以是经自交或近亲繁殖若干代以后所获得的在某些性状上具有相当的遗传一致性的后代，也可以是源于同一头种畜（通常为公畜，称为系祖）的畜群，具有与系祖类似的特征和特性，并且符合该品种的标准。具有不同特点的几个品系还可以根据生产需要合成为一个新的品系，称为合成系。

品系可视为进行动物生产时所采用的二级分类单位。按其形成方式可分为以下几类：

① 地方品系。在品种的发展过程中，由于数量的增加和分布区域的扩大，同一品种的个体在各自的生存地域受自然条件、饲养管理条件、人工选择的作用，产生的具有不同特点的畜群。

② 单系。以一头卓越系祖发展起来的品系。单系往往以少数几项突出的生产性能或外形特征作为标志，并以该系祖的名号命名。

③ 群系。挑选具有所需优秀性状的个体建立基础群，群内闭锁繁育，选种选配，使群体中的优良性状迅速集中，建立的具有相同性状且能稳定遗传的群体，这就是群系。由于群系的规模比单系大，所以遗传性较为丰富，保持时间也较单系长。

④ 近交系。采用高度近交方法而建立起来的品系。近交系数通常在 37.5% 以上，也有人主张在 40%～50%。近交系本身的生产性能不一定高，但近交系间杂交所产生的杂种后代往往表现出较强的杂种优势。近交系在养禽业中已推广应用，但在肉牛业和奶牛业中几乎没有。

⑤ 专门化品系。根据畜禽的主要性状，在品种内建立各具特点，并专门用以与另一特定品系杂交的不同品系，利用这些品系分别作父本和母本，通过品系间杂交，获得优于一般品系的畜群。例如，奶牛中可建立泌乳量高的母本品系，生长快、饲料转化率高的父本品系。二者杂交后，使奶牛生产获得明显的杂种优势。

（3）家系。家系是来自卓越种畜的全同胞或半同胞所组成的群体。在直系或旁系中，三代以内都有该种畜血统的 1/2 血液，自群繁育时也维持在 1/2 的水平上。根据垂直亲属关系分，有父系家系和母系家系；根据平行亲属关系分，有同父同母的全同胞家系及同父异母或异父同母的半同胞家系。如果连续进行同类亲属关系的繁殖就可形成该家系的近交系。家系可视为动物生产中所采用的三级分类单位。

2. 品种的形成过程

动物品种形成速度一般随社会生产的发展速度加快。自 19 世纪以来，由于选用理想型小群体近交，又采用迁入杂交，并加速人工选择，使品种形成速度大大加快，同时还在品种内形成一个金字塔式的锥形结构。尽管动物类别不同，但其品种的形成过程有共同之处：

① 动物群体内存在理想型个体。识别与其他个体在血统来源上相似，并符合人类利益需要的理想型个体。

② 理想型个体集中形成育种群。组成育种群后不再导入或引入其他血统，也不再进行杂交混配。

③ 育种群内有意识近交。封闭畜群不与外界混杂，只在本群内部有意识地近亲选配，使畜群中等位基因纯合的机会增加，再伴以选择，就会使畜群性状逐渐趋向一致。

④ 育种群扩大繁殖与推广应用。理想型个体所具有的优良性状在育种群中能稳定遗传时，迅速繁殖扩大育种群体的后裔数量，使之具备品种所要求的几个条件。通过品种鉴定、登记后，面向社会推广应用于实际生产。

3. 影响品种形成的因素

（1）社会经济因素。社会经济条件是影响品种形成的首要因素，具体影响有以下几点：

① 市场需要。品种的结构、形态、机能，随市场和人类对于畜产品的利用方式、利用程度等不同而变化。例如，随着市场的需求变化，肉牛生产由役用牛型转向肉用牛型和乳用牛型。

② 生产水平。随着社会生产水平的不断提高，动物品种的形态结构也发生了明显变化。传统的动物生产，依靠的纯种繁育畜禽是原始品种；而现代的动物生产，依靠的纯种畜禽则是性能全面分化的专门化品种。

③ 集约程度。动物生产的集约化，使动物品种的数量及其应用受到明显影响。品种数量由多到少，高产品种从局部扩散至全球，并且少数高产品种受自然环境的影响越来越小。

（2）自然环境因素。某一地区的自然环境是相对稳定的，自然环境条件对动物品种特性的形成有全面、深刻的影响，并且其影响比较恒定持久。

① 气候。主要是指温度、湿度对动物直接或间接的影响。直接影响表现在动物的体型结构和体格大小。例如，寒冷地区动物体大紧凑，体表面积相对较小，皮厚毛多；而炎热地区动物则体小疏松，体表面相对较大，皮薄毛稀。间接影响表现在植被生长状态，从而影响草食性动物的体型结构。

② 海拔。主要是气压及空气成分对动物的直接影响和间接影响。直接影响表现在高海拔地区的动物都有发达的呼吸循环系统，血液内红细胞多，携氧能力强等。

③ 光照。主要是指阳光对于动物的直接影响或间接影响。直接影响表现在光照通过视觉及神经影响个体的内分泌变化，进而影响繁殖等。

总之，每个品种都打上了其原产地自然条件的烙印，都与原产地的环境条件密切相关。

4. 动物品种分类的原则和方法

为了客观描述和观察不同动物类别的多个品种，需要对动物品种按不同标准进行分类，划分品种类型的标准主要有以下方面：

① 相对大小。根据动物品种的体型相对大小来划分，将同一物种体型分成大型、中型和小型品种。

② 外形特征。根据动物外部形态特征标记来划分品种。经常采用的外部标记有角、尾、被毛等。例如，根据角的有无，将牛分为无角牛与有角牛品种；根据角的长短分为长角牛与短角牛品种。

③ 培育程度。动物品种依改良、培育程度分为以下3类：原始品种、培育品种和过渡品种。

原始品种：在人工选择程度不高，饲养管理粗放的条件下，在原产区所形成的品种，该类型具有鲜明的特点，如比较晚熟，个体相对较小，体格协调，生产力低但全面，耐粗饲，抗逆性强。原始品种是培育新品种所必需的原始材料。

培育品种：经人们系统选育而成的品种，其特点在于：早熟、体型较大、生产力高且比较专门化，对饲养管理条件要求高，分布范围广。

过渡品种：由原始品种向培育品种过渡的品种，该类型往往不稳定，如能加强选育，可能很快会成为培育品种。

④ 产品方向。根据饲养动物的生产目的来划分品种，并根据各类动物所提供的产品来命名。在牛方面，根据产品方向分乳用、肉用、役用以及侧重点不同的兼用型牛品种。

根据相对大小、外形特征、产品种类和培育程度4项综合划分品种类型较为全面。在实践中，人们常常结合起来使用，将国内外主要牛品种进行分类（表4-1、表4-2）。

表4-1　我国主要牛品种一览表

种名	品种名	品种类别	原产地	生产类型
普通牛	蒙古牛	原始品种	内蒙古、蒙古国	兼用
	秦川牛	地方品种	陕西	役肉兼用
	南阳牛	地方品种	河南	役肉兼用

（续）

种名	品种名	品种类别	原产地	生产类型
普通牛	鲁西牛	地方品种	山东	役肉兼用
	晋南牛	地方品种	山西	役肉兼用
	延边牛	地方品种	吉林	役肉兼用
	中国荷斯坦牛	培育品种	国外	乳用、乳肉兼用
	三河牛	培育品种	内蒙古	乳肉兼用
	草原红牛	培育品种	内蒙古、河北、吉林	肉乳兼用
	蜀宣花牛	培育品种	四川	乳肉兼用型
牦牛	青藏高山牦牛	原始品种	青藏高原	兼用
	天祝白牦牛	地方品种	甘肃天祝	兼用
	麦洼牦牛	地方品种	四川阿坝	兼用
水牛	海子水牛	地方品种	江苏	兼用
	上海水牛	地方品种	上海	役挽兼用
	滨湖水牛	地方品种	湖北、湖南	役挽兼用
	德昌水牛	地方品种	四川	役挽兼用
	福安水牛	地方品种	福建	役挽兼用
	德宏水牛	地方品种	云南	役挽兼用
	兴隆水牛	地方品种	广东	役挽兼用

表 4-2　国外主要牛品种一览表

种名	品种名	原产地	生产类型
普通牛	荷兰牛	荷兰、德国	乳用、乳肉兼用
	爱尔夏牛	英国	乳用
	更赛牛	英国	乳用
	娟姗牛	英国	乳用
	瑞士褐牛	瑞士	兼用
	乳用短角牛	英国	乳用
	西门塔尔牛	瑞士	兼用
	海福特牛	英国	肉用
	安格斯牛	英国	肉用
	短角牛	英国	肉用
	夏洛来牛	法国	肉用
	利木赞牛	法国	肉用
	契安尼娜牛	意大利	肉用
	玛契加娜牛	意大利	肉用
	罗马诺拉牛	意大利	肉用
	肉牛王	美国	肉用
	波罗格斯牛	美国	肉用
	墨累灰牛	澳大利亚	肉用
	邦斯玛拉牛	南非	肉用
水牛	尼里-拉维水牛	巴基斯坦、印度	乳役兼用
	摩拉水牛	巴基斯坦、印度	乳役兼用

二、纯种育种

1. 本品种选育

家畜品种，无论是直接用于生产畜产品，还是作为杂种优势利用和培育新品种的原始材料，均必须以家畜品种本身的选育提高为基础，一般称为本品种选育，奶牛品种也不例外。

（1）本品种选育的概念与意义。所谓本品种选育，一般是指在同一品种内，通过选种选配、品系选育、改善培育条件等措施，以提高品种性能的一种选育方法。从广义而言，是指所有种群内部的选育，即本品种选育，因此奶牛的本品种选育就是指所有奶牛群体内部的选育。

奶牛的本品种选育的基本任务是保持和发展一个奶牛品种的优良特性，增加品种内优良个体的比例，克服该品种的某些缺点，达到保持品种纯度和提高整个品种质量的目的。

当一个奶牛品种的生产性能基本上能满足经济生活的需要，不必做大的方向性改变时使用本品种选育。在这种情况下，虽然控制优良性状的基因在该群体中有较高的频率，但还需要开展经常性的选育工作。否则，由于遗传漂变、突变、自然选择等作用，优良基因的频率就会降低，甚至消失，品种就会退化。再者，任何一个良种都不可能十全十美，为了保持和发展其优良性能，克服其缺点，也有必要进行奶牛的本品种选育。

奶牛的本品种选育基础存在着差异。任何一个奶牛品种，纯是相对的，没有一个奶牛品种的基因型会达到绝对的一致，尤其是高产的奶牛品种，受人工选择的影响较大，其性状的变异范围更大。这样，通过选优去劣，再加以正确地选配，使合意基因频率和基因型频率得以保持并增加，从而使品种特性得以保持并提高；通过彼此有差异的个体间交配，其后代中所出现的多种多样变异，为实行保持品种特性和提高品质的人工定向选育提供了良好的素材。而且，本品种选育中并不排斥在必要的时候，在有限的群体范围内采用引入杂交的方法，有目的地引进某些基因，以增强克服个别缺点的效果，从而加速品种提高的进程。

（2）本品种选育的基本原则。国内外奶牛品种多种多样、各具特点，因此选育方法不可能完全一样。在奶牛品种选育过程中，应遵循以下基本原则：

① 明确选育目标。奶牛选育目标的拟订必须根据国民经济发展和市场的需求，结合当地的自然生态条件、社会经济条件，尤其是农牧业条件以及该品种具有的优良特性和存在的缺点等进行综合考虑。牛品种是随着人类经济生活的需要而产生和发展的。我国牛品种的选育方向也必须适应国民经济发展的要求，满足人民生活的需要。黄牛本是华北农村的重要劳动力，但是随着农业机械化的发展，黄牛的选育方向必定逐渐向肉用或乳用方向改变。同时，在拟订选育目标时，必须充分考虑地方品种特有的良好适应性。例如，耐粗饲在农村饲养是个优点，但在集约化饲养条件下，耐粗饲的奶牛品种有可能因其生长缓慢而成了缺点。在拟订选育目标时，还必须注意原有品种的优良特性。我国许多地方牛品种都有其独特的优点，而这些优良特点是国外任何良种所不及的，在拟订选育目标时，应充分考虑保留和提高。

② 正确处理品种一致性和异质性的矛盾。在本品种选育时，应该通过选种选配等措施，尽量使一个品种内的所有个体，在主要性状上逐渐达到统一的标准，这是本品种选育的一项重要内容。同一品种内由于地理位置的差异和选择的不同，往往形成不同的品系和地方类型，各品系之间和各地方类型之间均具有不同的遗传结构，这就构成了品种的异质性。对品种而言，异质性是完全必要的，没有一定的内在差异，品种就没有发展前途。所以，在选育时对于品种内原有的类型差异，应尽量保存和利用；如果品种内类型差异不明显，还应该通过品系选育使杂乱的异质性系统化和类型化。这里所说的差异是与生产性能密切相关的。

③ 辩证地对待数量与质量的关系。一个奶牛品种的质量，不仅表现在其生产性能上，而且还表现在良好的种用价值上，即具有较高的品种纯度和遗传稳定性，杂交时能表现出较好的杂种优势，纯

繁时后代比较整齐，不出现分离现象。选育能改变群体的基因频率和基因型频率，从而改变畜群的特征特性和生产性能，因此常把提高品种的质量作为选育的首要任务。但是，如果一个奶牛品种没有足够的个体数量，选育效果必将受到影响。奶牛品种的数量和质量之间存在着辩证的关系，必须全面兼顾，才能使奶牛的本品种选育取得预期的效果。为此，在奶牛的本品种选育过程中，应该做到不纯粹追求数量，在保证一定数量的基础上，以提高质量为主。

(3) 本品种选育的措施。

① 建立选育机构。我国地方品种或育成的品种，数量较多，分布较广。在开展本品种选育时，建立相应的选育机构是开展本品种选育的组织保证。选育机构建立后，应进行调查研究，详细了解品种的主要性能、优点、缺点、数量、分布和形成历史条件等，然后确定选育方向，拟订明确的选育目标，制订选育方案。

② 建立良种繁育体系。良种繁育体系一般由育种场、繁殖场和生产场组成（或繁育体系一般由育种群、繁殖群和生产群组成）。在良种选育地区办好专业的奶牛育种场，并建立选育核心群，这是本品种选育中的一项关键措施。育种场的种畜由产区经普查鉴定选出，并在场内按科学配方合理饲养和进行幼畜培育，在此基础上实行严格的选种选配，还可进行品系选育、近交、后裔测定、同胞测定等较细致的育种工作。通过比较系统的选育工作，培育出大批优良的纯种公、母畜，分期分批推广至各地繁殖场。繁殖场的主要任务是扩大繁育良种，供应生产场（商品场）。生产场主要饲养商品家畜，供应市场。

③ 建立健全性能测定制度和严格的选种、选配制度。育种群家畜都应按全国统一的有关技术规定，及时、准确地做好性能测定工作，建立健全种畜档案，这是选种选配必不可少的原始依据。承担良种选育任务的场站，都应有专人负责做好这一工作。条件许可时，还应成立品种协会，实行良种登记制度，定期公开出版良种登记簿，以推动选育工作。选种、选配是本品种选育的主要手段。很多地方品种目前都不同程度地存在着种公畜量少质差的问题。适当多留种公畜，给予良好的培育条件，通过本身以及同胞或后裔测定，选出一批较好的种公畜，更换产区低劣公畜，是既经济又能迅速提高畜群质量的有效措施。在选种时，应针对每个品种的具体情况，突出重点，集中几个主要性状进行选择。这样可以加大选择强度，容易收到良好效果。在选配方面，应根据本品种选育的不同要求，采取不同方式。在育种场的核心群中，为了建立品系或纯化，可以采用不同程度的近交。但在繁殖场或生产场，则应避免近交。

④ 科学饲养与合理培育。良种还需要良养，只有在比较适宜的饲养管理条件下，良种才有可能发挥其高产性能。我国有些地方品种经长期选育，生产性能总是上不去，甚至还有所下降，其主要原因还在于饲养管理不当、饲养水平太低。因此，在开展本品种选育时，应把加强饲草饲料基地建设，改善饲养管理，并进行合理培育放在重要地位。

⑤ 开展品系选育。品系选育是加快选育进度的一种行之有效的方法。国内外的实践证明，不论是新育成的品种，还是原来的地方品种，采用品系选育都能加快选育进程，较快地收到预期效果。在开展品系选育时，应根据不同类型品种特点及育种群、育种场地等具体条件，采用不同的建系方法。

⑥ 引入少量外血。如果采用上述选育措施后选育进展不快，不能有效地克服一个品种的个别严重缺陷时，就可以考虑采用引入杂交的方法进行改良提高，即引入某一具有相应优点的品种的基因，以克服本品种的缺陷。但引入外血的量必须控制，一般以 1/8～1/4 为宜。这样虽然引入了外血，但是由于量很少，基本上没有改变本品种的基本性状，所以仍属于本品种选育的范畴。

2. 纯种繁育

纯种繁育，简称纯繁，是指在同一品种内进行交配繁殖，同时进行选育提高的方法，其目的是获得纯种。所谓“纯种”，是指个体本身及其全部近祖都属同一品种，具有遗传上相对稳定的该品种特征特性的个体或群体。也包括通过级进杂交四代以上，其特征与改良品种基本相同的高血杂种。

纯种繁育是与本品种选育既相似又不相同的两个概念。纯种繁育，是指在同一品种内进行繁殖和选育，其目的是获得纯种。而本品种选育，是指在同一品种内，通过选种选配、品系选育、改善培育条件等措施，提高品种性能的一种选育方法。纯种繁育，一般针对培育程度较高的优良品种和新品种而言；而本品种选育的涵义更广，不仅包括育成品种的纯繁，而且包括某些地方品种、类群的改良和提高，并不强调保纯，有时可采用某种程度的小规模杂交，以提高本品种性能。

3. 我国地方优良品种的选育

所谓地方品种，是指在某一特定的社会和生态条件下，经过长期选育形成的具有独特特征和性能的类群，其形成及分布有明显的地域性，即在我国土生土长、有地方特色的家畜品种。例如，秦川牛、南阳牛、延边牛、晋南牛和鲁西牛。这些品种历史悠久，有特定产区，是当地劳动人民长期选种的结果。

地方品种都是在各种特定的生态条件下长期辛勤培育而成的，具有较好的适应性和抗逆性，有的在生产性能上也不乏优点，但除了部分纯化程度较高的品种外，其性状大多还不够一致，生产性能还处于较低水平。因此，地方品种的选育特点在于提纯和提高生产性能。

我国的地方品种，根据选育程度大体可分为3类，每类的选育措施各有侧重：

① 原始品种。原始品种是指选育程度较低、性状不纯、生产性能中等或较低，但具有突出的经济性能，或对当地自然生态条件具有特殊适应力的地方品种，如蒙古牛等品种。其选育措施主要是在群体内选择优良个体组成核心群，开展闭锁繁育或近交选育，固定优良性状，以保存和增加优良基因。对于混杂严重的地方品种，则以整理提纯为主开展选育工作。

② 地方良种。地方良种是指选育程度较高、类型整齐、生产性能较为突出的地方品种，如秦川牛、南阳牛、吉安黄牛、广丰黄牛、锦江黄牛等品种。其选育措施主要是在保存其优良基因和性状的基础上开展品系选育，扩大品种内差异，利用系间杂交进一步提高其生产性能。

③ 培育品种。培育品种是指以地方品种为基础引入外血经杂交育成的品种。一般育成时间较短、遗传性还不很稳定、后代还有分离现象，但具有良好的适应性和较高的生产性能，如中国荷斯坦牛、夏南牛、蜀宣花牛等品种。其选育措施的重点是通过严格的选种选配，提高其纯度和遗传稳定性；加强品系选育，使品种内的异质性系统化，再通过系间结合，提高其品质。对于数量太少的种群，还应扩大繁殖，增加数量。

4. 引入品种的选育

所谓引入品种，是指由国外和国内其他地区引入本地的品种，主要指由国外引进的品种。如我国引进的原产于荷兰的荷斯坦牛、英国的娟姗牛、日本的和牛等。

引入品种的选育特点，首先应从风土驯化的角度增强其对当地条件的适应性，然后才有可能进一步提高其生产性能。

根据上述特点，结合我国各地经验，对引入品种进行选育的主要措施如下：

① 集中饲养。对引入的同一品种的种畜应相对集中地饲养，建立以繁育该品种为主要任务的育种场，以利于风土驯化和开展选育工作。这是引入品种管理和选育工作中极为重要的。因为引入的家畜个体数量往往较少，如果刚引进就分散饲养，不但难以养好，而且容易被迫近交，造成品种的退化。良种群的大小，可因畜种不同而不同。根据闭锁繁育条件下近交系数增长速度的计算，一般在良种群中需经常保持50头以上的母畜和5头以上的公畜，才不致由于其近交系数的过快增长造成不利的影响。在良种场中一定要转变“见纯就留”的观点，严格制定和执行选种选配制度，确保种畜的等级和质量。

② 慎重过渡。对引入品种的饲养管理，应采取逐步过渡的方法，使之逐渐适应引入地的环境条件。引种后的第1年是关键性的一年，为了避免不必要的损失，应尽量创造适于引入品种的环境条

件，进行科学的饲养管理，在为引入品种创造良好环境条件的同时，还要加强其适应性锻炼。例如，从国外引进的西门塔尔牛，引入后应慢慢使之逐渐适应我国当地的气候类型。

③ 逐步推广。在集中饲养过程中要详细观察引入品种的特性，研究其生长、繁殖、采食习性、放牧及舍饲行为和生理反应等方面的特点，认真做好观察记录，为饲养和繁殖提供必要的依据。经过一段时间的风土驯化，摸清了引入品种的特性后，再逐渐由点到面推广到生产单位饲养。良种场应做好推广良种的饲养、繁殖以及卫生防疫等方面的技术指导工作。

④ 开展品系选育。品系选育是引入品种选育中的一项重要措施。通过品系选育可改进引入品种的某些缺点，稳定并提高其生产性能，使之更符合引入地的要求。通过系间交流种畜，可以防止过度近交。另外，通过综合不同系统的特点，还可建立我国自己的综合品系。

⑤ 加强组织领导、开展选育协作。在进行引入品种选育的过程中，应建立相应的选育协作机构或品种协会，加强组织领导，及时总结交流经验，充分做好引入种畜的调剂和利用工作，以达到最佳利用引入品种的目的。

5. 品系选育

（1）培育新品系的意义。品系选育是家畜育种工作中最重要的选育方法，因为品系是育种工作者施以育种技术措施最基本的种群单位。首先是要建立一系列各具特点的品系，丰富品种结构，有意识地控制品种内部的差异，使品种的异质性系统化。品系选育的全过程不仅是为了建系，更重要的是利用品系加快种群的遗传进展，加速现有品种的改良，促进新品种的育成和充分利用杂种优势。为此，建系是手段，利用品系才是目的。

培育新品系的意义：

① 加快种群的遗传进展。培育一个品系要比培育一个品种快得多，因为品系的范围较小，整个种群的提纯比较容易。这样，由于品系形成快、数量多、周转快，其遗传质量的改进，不仅可通过种群内选育而渐进，还可通过种群的快速周转而跃进。

② 加速现有品种的改良。在本品种选育和畜群杂交改良过程中，可通过分化建系和品系综合，使畜群得到不断的发展和提高，搞好品系选育可以很好地解决群体中优秀个体质量高和数量少的矛盾；选育过程中选择性状数目与选择反应成反比的矛盾；品种的一致性与品种结构，即异质性的矛盾和种群基因纯合与近交衰退的矛盾。这些矛盾的解决将有助于加快品种的改良速度。

③ 促进新品种的育成。众多品种的育成史表明，不论是纯种还是杂种群，只要具有优良性状，特别是当优良性状不是由个别基因，而是由一些基因组合控制时，品系选育就更为有效。在培育新品系时，采用的品系选育，主要任务是巩固优秀性状的遗传性，因此在建系时应该采用较高程度的近交，这样就可促进新品种的育成。

④ 充分利用杂种优势。由于品系经过闭锁群体下的若干代同质选配和近交选育，许多座位的基因纯合度高、遗传性稳定、系间遗传结构差异较大，这样的种群不仅具有较高的种用价值，而且当品系间杂交时也会产生明显的杂种优势，于是品系可以为商品生产中开展品系间杂交提供丰富有效的亲本素材。现代畜牧业生产中所采用的近交系与专门化品系杂交所取得的巨大杂种优势利用效果便是很好的例证。

（2）品系培育的条件。在一个品种内，无论品系是如何形成和发展的，品种和品系的群体要求足够大，才能长期存在。对于有目的的人工建系进行品系选育来说，建系之初至少要满足以下几个条件。

① 奶牛的数量。奶牛群体很小是无法进行品系选育的。一般认为，一个品种至少要有一定数量的品系，每个品系应有适当的家系组成，并且要有足够的数量，不过因畜种不同和饲养条件上的差异，上述数量可视具体情况而定。当计划进行品系间杂交，以生产商品畜禽时，因杂交方案不同对品系数的需求也不同。

② 奶牛的质量。品系选育的目的，是提高和改进现有奶牛品种的生产性能、充分利用品系间不同的遗传潜力来产生杂种优势。所以，每个品系除了要有较好的综合性能外，而且各自要有某一方面较突出的优良特征。如果畜群中有个别出类拔萃的公畜和母畜，就可以采用系祖建系法建系。如果优秀性状分散在不同个体身上，还可以用近交建系或群体继代建系法来建系。

③ 饲养管理条件。品系选育的目标能否按期实现，种畜的饲养管理水平也很重要。例如，舍饲家畜的饲料配方与饲喂方法，环境卫生是否能保证种畜的正常发育和配种繁殖；放牧家畜如何组群，怎样实现配种方案，如何选择种畜和记录系谱资料等。

④ 技术与设备。品系选育过程涉及畜牧业生产过程的方方面面，要求有统一的组织协调工作、先进而充分的理论根据、完整而严密的技术配合，还应有必需的仪器设备等。

(3) 品系培育的方法。常用建系方法包括系祖建系法、近交建系法和群体继代选育法 3 种方法。

① 系祖建系法。采用系祖方法建立品系，首先要在品种内选出或者培育出系祖。只有突出的优秀个体才能作为系祖。它不仅有独特的遗传性稳定的优点，其他性状也能达到一定水平。如果系祖没有独特优点，那么将来即使能建成品系也没有意义。系祖的标准是相对的，不能脱离实际来要求其十全十美。可以允许次要性状有一定的缺点，但应不太严重。作为一个系祖，最主要的不是优良的表现型，而是优良的基因型。如果其突出优点主要是环境条件所致，那么这一优点就不能遗传给后代，也就建不成品系；或者其表现型虽然很优秀，但携带有隐性有害基因，如隐睾基因，这些隐性不良基因不仅影响建系，还会带来很大隐患。因此，必须用遗传学理论与方法准确地选择优秀的种畜作为系祖，有条件时最好运用后裔测定和测交，证明它确实能将优秀性状稳定地传给后代，且未携带不良基因。系祖最好是公畜，因为它的后代数量多，可以进行精选；但也可以是母畜，如果确实出类拔萃的话，可利用优秀母畜有计划地从其后代中选育出系祖。

找出了系祖，就应充分发挥它的作用，以便获得大量的后代，并能从中选留具有系祖突出优点的后代。为了保证其后代能集中地突出表现系祖的优点，在一般情况下，系祖应尽量与没有亲缘关系的个体进行同质选配。对于那些有微小缺点的系祖，有必要使用一定程度的异质选配，用配偶的优点来补充系祖的不足，从后代中出现兼有双亲优点的个体中选留新的种畜。

最初与系祖交配的母畜不必很多，但以后世代可以逐渐增加与配母畜。只有满足品系选育目标的后代才能作为品系中的成员。每一代的留种个体都要具有系祖的主要特征。在进行同质选配时，最初几代应尽量避免近交，然后进行中等程度的近交。随后采用高度近交，甚至用系祖回交，所需代数以未出现衰退现象为限，目的是迅速巩固系祖的优良性状。一般情况下，交替采用近交与远交相结合的方式，但始终是进行同质选配。

② 近交建系法。近交建系法是在选择了足够数量的公、母畜后，根据育种目标进行不同性状和不同个体间的交配组合，然后进行高度近交，如亲子、全同胞或半同胞交配若干世代，以使尽可能多的基因座位迅速达到纯合，通过选择和淘汰建立品系。与系祖建系法相比，近交建系法在近交程度和近交方式上都有差别。

最初的基础群要足够大，母畜越多越好，公畜数量则不宜过多且相互间应有亲缘关系。基础群的个体不仅要求性能优秀，而且它们的选育性状相同，没有明显的缺陷，最好经过后裔测验。过去美国、英国等国家几乎都是采用连续的全同胞交配来建立近交系。他们认为全同胞交配和亲子交配，虽然一代都同样达到 25%的近交参数，但前者每一亲本对基因纯合的贡献相同，而亲子交配时，在增加纯合性方面只有一个亲本起作用，如果这一亲本具有隐性有害基因，而其纯合率就为全同胞交配时的 2 倍。无论采用哪种方式的高度近交，大多数系很快因繁殖力和生活力的衰退而无法继续进行。因此，有人提出最初就将基础群分成一些小群，分别进行近交建立支系，然后综合最优秀的支系建立近交系。

近交的最初几代一般不进行很严格的选择，而先致力于尽可能多座位的基因纯合，然后再进行选择。这样的方法可使基因的纯合速度加快，产生较多的纯合类型，有利于选择。

③ 群体继代选育法。群体继代选育法是从选育基础登记开始，然后闭锁繁育，根据品系选育的

育种目标进行选种选配，一代一代重复进行这些工作，直至育成符合品系标准、遗传性稳定、整齐均一的群体。基础群是异质还是同质群体，既取决于素材群的状况，也取决于品系选育预定的育种目标和目标性状的多少。当目标性状较多而且很少有各方面都满足要求的个体时，基础群以异质为宜，建群以后通过有计划的选配，把分散于不同个体的理想性状汇集于后代。如果品系选育的目标性状数目不多，则基础群以同质群体为好。这样可以加快品系的育成速度，降低工作强度，提高育种效率。

基础群要达到一定规模，可避免因群体含量太小而在育种过程中被迫近交，也可避免因整个群体太小而不能采用较高的选择强度，从而降低品系的育成速度。一般来说，基础群要有足够的公畜，且公、母畜比例合适。

在选配方案上，原则上避免近交，不再进行细致的个体间的同质选配，而是提倡以家系为单位进行随机交配。种畜的选留要考虑到各个家系都能留下后代，优秀家系适当多留。一般情况下，不用后裔测验来选留种畜，而是考虑本身性能和同胞测定，缩短世代间隔，加快世代更替。这种方法在近代我国猪育种工作中发挥了很大作用。它具有世代周转快、世代间隔分明不重叠、育种群要求不大、方法简便易行、技术水平高低都可进行等优点；但也同时存在种畜利用年限短、成本较高、小群闭锁、遗传基础窄、每代都要大量留种、选择强度受到限制、采用随机留种稳定性不大等缺点。所以，在目前的育种工作中已做了较大的改进。

三、引种与保种

1. 引种

(1) 引种与风土驯化。从动物的生态分布情况可以看到，各种动物都有其特定的分布地域范围，并只能在特定的自然生态条件下生活。当野生动物驯化成家畜以后，在人类的积极干预下，其分布范围得到了扩大。尽管如此，各种家畜的地理分布还是很不平衡的，家畜的地理分布与各自的历史发展条件以及对自然生态条件和社会经济条件尤其是农牧业条件的适应性有关。

随着国民经济的发展，为了迅速改变当地原有家畜的生产性能，常常需要从外地或国外引入优良的品种，有的还须引入新的家畜种类，来满足人类日益增长的多样化需要。这种把外地或国外的优良品种、品系或类型的家畜引入当地，直接推广或作为育种材料的工作，称作引种。引种时可以直接引入种畜，也可以引入良种公畜的精液或优良种畜的胚胎（受精卵）。

所谓风土驯化，就是指被引种家畜适应引入地新环境条件的复杂过程。其标准是引入品种在新的环境条件下，不但能生存、正常的生长发育和繁殖，而且还能够保持其原有的基本特征和特性。这不仅包括育成品种对于不良生活条件的适应能力，也包括原始品种对于良好生活条件的适应能力，还包括家畜对某些疾病的抵抗能力。引入品种必须经过风土驯化才能稳定并保持其原有的特征和特性。引种是随着社会经济条件的发展而产生的，风土驯化是引种的后续工作。

家畜的风土驯化主要通过以下两种途径。

① 直接适应。从引入个体本身对新环境条件的直接适应开始，经过以后每一世代在个体发育过程中不断对新环境条件的直接适应，直到基本适应新的环境条件为止。这种情况一般是当新迁入地区的环境条件与原产地差异不是很大，属于引入品种家畜反应规范内的条件，所以通过直接适应就能达到风土驯化的目的。

② 定向改变遗传基础。当引入地的环境条件与原产地条件差异较大，超出了引入品种家畜的反应规范范围，就会导致引入家畜发生不能很好适应新环境条件的种种反应。此时，通过选择和选配，严格淘汰不适应的个体，选留能较好适应的个体进行繁殖，从而逐渐改变了群体中的基因频率和基因型频率，使引入品种家畜在基本保持原有特性的前提下，遗传基础发生相应的改变。但是应该指出，上述两种途径不是彼此孤立、互不相关的，往往最初是通过直接适应，以后则由于选择的作用和交配制度的改变，使其遗传基础发生相应的变化，从而实现引入家畜的风土驯化。

（2）自然条件对引种的影响。 长久以来，我国从国外引入了较多的家畜品种，国内良种调运也很频繁，在我国家畜育种工作中起到了很大的作用。但由于其中也存在着对于引种工作的规律认识不够，尤其是缺乏对新引进品种原产地自然生存条件的了解，盲目引种，结果造成了一些不必要的损失。因此，认真研究引入家畜适应引入地新环境条件的过程，科学引种，对于进一步发展我国畜牧业具有十分重要的意义。

家畜无时无刻不在受着各种自然环境条件的影响，其中温度、湿度、海拔、光照等因素是引种时必须考虑的因素。

① 温度的影响。温度是自然条件中对家畜影响最大的因素。可直接影响家畜的体格大小和体型。同一种家畜，在寒冷地区的体格较在温暖地区的要大，因为体格较小的动物具有相对较大的体表面积，有利于体热的散失。生活在寒冷地区的家畜，其被毛中的绒毛发达，皮肤较厚，而生活在炎热地区家畜的被毛则以粗毛为主，绒毛逐渐消失，皮肤较薄。

② 湿度的影响。湿度可对家畜产生直接影响，还可通过对植被的影响而间接对家畜产生影响。在季节性较强的沙漠或半干旱地区，往往使家畜的身体在结构上发生某些适应性变化。

③ 海拔的影响。海拔不仅使气温和气压发生变化，而且还影响空气的成分。将低海拔地区的家畜迁往高海拔地区，往往由于高原反应而导致失败，同样将高海拔地区的家畜迁往低海拔地区也较难成功。长期栖居山地的家畜，由于对地势的适应，其呼吸器官比较发达，胸骨长而突出，后肢发达，血液浓度较高，血红蛋白的类型和含量发生变化。

④ 光照的影响。光照可影响家畜的许多重要生命活动过程，其中最重要的是对家畜繁殖的影响。许多季节性繁殖动物的发情都与光照时间的增减有关。

各种自然因素对家畜的影响十分复杂，其作用相互交叉，呈综合表现。全面了解自然因素对家畜的影响，对于指导引种工作具有非常重要的意义。

（3）引种时应注意的问题与基本要求。 鉴于自然条件对品种特性有着持久的和多方面的影响，在引种工作中必须采取慎重态度。在引种前，首先应认真研究引种的必要性，切实防止盲目引种。在确定需要引种以后，必须做好以下几方面的工作：

① 正确选择引入品种。选择引入品种，必须考虑国民经济的需要和当地品种区域规划的要求。选择的品种应具有良好的经济价值和育种价值，并有良好的适应性。前者反映引种的必要性，后者说明引种的可能性，这是引种的基本要求。适应性是由许多性状构成的一个复合性状。包括人们日常所说的抗寒、耐热、耐粗饲、耐粗放管理以及抗病力等性状。它本身不是一个经济性状，但可直接影响生产性能的发挥。每个品种都有一定的适应范围。一个品种的适应范围大小和适应性强弱，大体可从品种育成历史和原产地条件等方面判断，育成历史悠久、分布地区广的品种，如荷斯坦牛等都具有较广泛的适应性。一般来说，新引入地与原产地纬度、海拔、气候、饲养管理等方面相差不远，那么引种通常都易成功；如果原产地的环境条件与新引入地相差较大，引种比较困难，但只要做好引入后的风土驯化工作，不少也能成功。例如，摩拉水牛原产于炎热的印度、巴基斯坦，引入我国广西、湖北等地区后，均表现良好。原产于比较炎热地区的品种引入较寒冷地区，比较容易成功。其原因在于家畜在生理上适应低温的能力较强；人工防寒设备比防高温设备简单、经济；一般热带品种的饲养管理比较粗放。相反，将生产性能高的温带家畜品种引入热带或亚热带地区，则难以成功。例如，一些原产于英国或欧洲大陆的品种，如短角牛、海福特牛、西门塔尔牛等品种，引入我国南方地区虽已多年，但在夏天仍出现性欲衰退或暂时丧失配种能力的现象。其原因在于：温带品种在生理上的耐热能力较差；温带品种对炎热地区的地方疾病、内外寄生虫病等的抵抗力较弱；热带地区的饲养管理比较粗放。此外，有些品种长期受特定生态条件的影响，从而形成了特殊的适应性，在引种时要特别注意。为了正确判断一个品种是否适宜引入，最可靠的方法是首先引入少量个体进行引种试验观察，经实践证明其经济价值及育种价值良好，又能在适应当地的自然条件和饲养管理条件后，再大量引进。

② 慎重选择引入个体。在引种时对个体的挑选，除注意品种特性、体型外貌，以及健康、发育

状况外，还应特别加强系谱的审查，注意亲代或同胞的生产性能高低，防止带入有害基因和遗传疾病。引入的个体间，一般不宜有亲缘关系，公畜最好来自不同品系。此外，年龄也是需要考虑的因素，由于幼年个体在其发育的过程中比较容易适应新环境，因此从引种角度考虑，选择幼年健壮个体，有利于引种成功。随着冷冻精液及胚胎移植技术的推广，采用引入良种公畜精液以及良种种畜的胚胎（受精卵），既节省引种成本和运输费用，又容易引种成功。

③ 合理安排调运季节。为了使引入的家畜在生活环境上的变化小一些，使有机体有一个逐步适应的过程，在引入家畜的调运季节上应注意原产地与引入地季节的差异。如由温暖地区引至寒冷地区，宜于夏季抵达；而由寒冷地区将家畜引至温暖地区则宜于冬季抵达，以便使家畜逐渐适应气候的变化。

④ 严格执行检疫制度。为了避免疫病传播给生产带来损失，必须切实加强种畜检疫，严格实行隔离观察制度。

⑤ 加强饲养管理和适应性锻炼。引种后的第 1 年是关键性的一年，为了避免不必要的损失，必须加强饲养管理。为此，要做好引入家畜的接运工作，并根据原来的饲养习惯，创造良好的饲养管理条件，选用适宜的日粮类型和饲养方法。在运输过程中，为预防水土不服，应携带原产地饲料，供途中和初到新地区时饲喂。根据对环境的要求，采取必要的防寒或降温措施。实践证明，植树、搭棚、改变栏舍建筑，有助于改善局部小气候。将喂料时间安排在清晨或傍晚，尽量利用夜间放牧，有助于降低家畜在炎热季节的热负荷。淋浴是夏季降温的有效措施。预防地方性的寄生虫病和传染病，也是有利于外来品种风土驯化的积极措施之一。加强适应性锻炼和改善饲养条件，二者不可偏废。单纯注意改善饲养管理条件而不加强适应性锻炼，其效果有时适得其反。

⑥ 采取必要的育种措施。对新环境的适应性不仅品种间存在着差异，而且个体间也有不同。因此，在选种时应选择适应性强的个体，淘汰不适应的个体。在选配时，应避免近交，防止生活力下降和退化。此外，为了使引入品种更容易适应当地环境条件，也可考虑采用级进杂交的方法，使外来品种的血缘成分逐代增加或拉长迁移时间，以缓和适应过程。

在环境艰苦的地区，引入外地品种确有困难时，可通过引入品种与本地品种杂交的方法，培育适应当地条件的新品种。如在南非（阿扎尼亚），1936 年开始用海福特和短角公牛与非洲本地母瘤牛进行杂交，1956 年育成了适于非洲气候环境的新品种邦斯玛拉牛。它不仅具有耐高热、耐粗饲、抗蜱的特性，而且产奶量高于海福特牛和非洲瘤牛，去势牛 20 月龄体重达 518 kg，屠宰率平均为 61.5%。

（4）引入品种的管理和选育提高。由于引入品种要长期使用，这就不仅需要保种和加强管理，妥善地保存好和管好这些优良的基因资源，而且还应加强选育工作，使引入的品种在当地条件下更能满足人们的需要。实践证明，引入品种的管理和选育工作做得好，不仅能保证一个品种的性能充分表现，而且还能使一个品种的性能在新的条件下得到进一步提高。

在引入品种的管理方面，目前不少地区还存在着引入品种过多、同一品种又过于分散的现象，不利于保护品种特点，也不利于进一步推进良种场的繁育工作和提高饲养管理水平。从本质上看，引入品种的选育属于本品种选育范畴，因此前面所说的本品种选育措施，也适用于引入品种的选育。但是由于引入品种毕竟不是在当地条件下育成的，因此应该首先从加强它们对当地条件的适应性入手，做好风土驯化工作，这样才可能逐步提高生产性能。这也是引入品种选育的特点。

2. 保种

（1）保种理论。目前，关于保种的理论主要有静态保种、动态保种、进化保种、系统保种等。

① 静态保种。强调尽可能保持原种群的遗传结构，避免基因频率和基因型频率在群体中发生变化，防止群体中任何遗传信息丢失。

② 动态保种。小群体保种难以避免自然选择作用和遗传漂变的作用，通过人工选择对抗自然选

择及遗传漂变作用，同时改良需要保存的性状，提高基因频率。

③ 进化保种。允许保种群内存在自然选择，群体的遗传结构随选择的发生而变化，群体始终保持较高的适应性。要求群体规模较大，以降低近交与遗传漂变的作用。保种群更注重群体所有有利基因、基因型和性状的保持，一般要注意避免人工选择，采取有力的留种方式，实施随机交配。

④ 系统保种。将一定时空内的某一畜种的所有品种群体视为一个整体，作为保存对象。各品种作为其中组分，基于各群体的遗传特征和基本假设条件，划分不同亚群，在各亚群中，重点保存各亚群共有的特有性状、高产经济性状和适应性相联系的基因组合。这种保种理论是以部分性状为保种对象，忽视各品种未确定的基因类型。

（2）保种形式。基于不同角度有多种保种分类方法。按照保种的方式可分为活体保护和离体保护；按照保种对象的位置可分为原产地保护和迁地保护；保种的实施形式包括保种场、保护区和基因库。其中，保种场是指有固定场所、相应技术人员、设施设备等基本条件，以活体保护为手段，以保护畜禽遗传资源为目的的单位。保护区是指国家或地方为保护特定畜禽遗传资源，在其原产地中心产区划定的特定区域。基因库是指在固定区域建立的，有相应人员、设施等基础条件，以低温生物学方法或活体保护为手段，保护多个畜禽遗传资源的单位。基因库保种范围包括活体、组织、胚胎、精液、卵、体细胞、基因物质等遗传材料。

目前，基本保种形式是以活体保护为主、离体保护形式为辅。保种的中心工作是保持品种多样性，应避免由于近交和遗传漂变对遗传多样性的影响。根据不同品种的经济价值和种群状况，采用不同的保护形式。

① 活体保护。活体保护是以畜禽品种的自然群体或自然群体的一部分组成保种群，按照一定原则和方法对品种遗传多样性进行保护的方式。活体保护可依托保种场，也可以依托保种区，是当前最主要的保种方式。按照农业部 2006 年颁布的《畜禽遗传资源保种场保护区和基因库管理办法》规定，保种场中活体保种群，除了要求有一定规模和低于正常生产的性别比例外，主要家畜无血缘关系的公畜家系 6 个以上。保种区中的保种群数量不少于保种场要求数量的 5 倍。在实际工作中，保种群对品种多样性的保护效果受到保种群代表性、保种群规模、留种方式、交配系统、世代间隔与环境因素、场地等条件影响。这种方式维持成本较高，疾病及意外还可能对保种群造成毁灭。

② 离体保护。离体保护指以活体以外的形式对品种遗传多样性的保护方法，主要基于超低温冷冻技术和细胞与分子生物学技术，因此也可称之为生物技术保种。主要包括保存细胞和 DNA 文库等形式。以细胞形式保存是对采集品种的精液、卵子、胚胎或体细胞采用液氮超低温冷冻形式进行保存。我国在北京建立了国家畜禽种质资源保存利用中心，收集了数十个牛羊品种的胚胎和精液，每个品种保存了不少于 100 枚胚胎和 1 500 份精液。这种方式占地少、受环境条件影响小、世代间隔长、比活体保护维持费用低。其保种效果同样受到保存材料的品种代表性和保存材料数量影响，冷冻技术、胚胎工程技术的成功率还有待进一步提高，部分畜种配子和胚胎的取样、冷冻及解冻还存在一定困难，因此冷冻保护形式应与活体保护相结合进行。DNA 保种是建立在基因克隆和转基因技术的基础上针对特定基因的保存方法，如可直接保存畜禽品种的 DNA，也可将家畜已定位的基因克隆并转移到大肠杆菌中，形成 DNA 文库。《畜禽遗传资源保种场保护区和基因库管理办法》规定，牛羊的单品种精液份数不少于 3 000 份，或胚胎 200 枚以上，同时至少包括 6 个以上家系。

我国在国家畜禽种质资源保存利用中心已保存有 60 个中国地方猪品种和引进猪种近 3 600 个个体的 DNA，并保存有部分细胞组织等遗传素材。这种方式从理论上更能够节省保种资金，用于长期保护也有理论依据。但这种方式受限于对畜禽性状所对应基因的认识水平，无法保存品种的所有性状，也难以确定特定品种性状间、基因间的联系。离体保护目前只能是遗传多样性保护的辅助形式。

③ 原产地保护。原产地保护（原地保护、就地保护、原位保护）是在品种种群原产地自然生态条件下维护和恢复其可存活的种群的方法，一般通过设立保护区、保种场等形式对该品种进行保护，

也可以同时在原产地辅以基因库建设。

④ 迁地保护。迁地保护（异地保护、异位保护）是将保种群迁到原产地之外的地区建立基因库，或建立保种场。一般迁地保护以多个品种的配子、胚胎库为主，也有部分保种群迁地集中保护，在进行保种的同时便于开展科学研究。如前所述，我国已在北京建立了较大规模的细胞和基因库。与原产地保护相比，这种方式同样受到保种群体规模的限制，在一定程度上还存在对新的环境条件下产生新的适应性影响原品种特点的问题。

（3）保种方案的制订。在确立保种对象后，需要制订详细的保种方案，以便于保种的实施。目前，保种方案的主要内容包括：

① 品种概述。品种来源、状况、特点，保护该品种的意义。

② 组织方式。经费来源、负责机构、保种的地点与保种形式。

③ 保种目标。保种期限和保种的技术指标，如允许的近交增量和各种生产性能水平等。

④ 保种措施。保种群体规模、公母比例、交配体制、世代间隔、留种方式，达到这些既定目标所采取的具体措施。

⑤ 补救措施。当近交增量或遗传多样性降低超过规定限额时的调整补救措施。

⑥ 条件保障。明确饲养管理、防疫保健与环境控制条件保障。

⑦ 监测手段。主要监测内容、方法、指标。

第二节　杂交育种

杂交是畜牧生产中的一种主要方式，可充分利用杂种优势。根据杂交亲本亲缘关系的远近杂交可分为品种间杂交、系间杂交和远缘杂交。杂种优势遗传机理学说有显性学说、超显性学说、上位学说和遗传平衡学说等。杂交育种的方法按照杂交的作用和目的可分为级进杂交、导入杂交、育成杂交和经济杂交。其中，杂种优势利用中常用的杂交方式有二元杂交、三元杂交、回交、双杂交、轮回杂交、顶交等。

一、杂交育种概述

杂交育种（crossbreeding）是指遗传性状不同的种、类型或品种间进行有性杂交产生杂种，继而对杂种加以选择培育，创造新品种的方法。根据杂交亲本亲缘关系的远近将杂交育种分为品种间杂交、系间杂交和远缘杂交。一般把不同品种间的交配称作杂交；不同品系间的交配称作系间杂交；不同种或不同属间的交配称作远缘杂交。

杂交育种是国内外广泛应用并卓有成效的育种方法。目前，生产上常见的商业品种大多数是用杂交育种方法育成的。不同品种具有各自的遗传基础，通过杂交、基因重组，可将各亲本的优良基因集中在一起，同时由于基因的互作可能产生超越亲本品种性状的优良个体，并且通过选种、选配和培育等育种方法可使有利基因得到相对的纯合，从而使它们具有相当稳定的遗传能力。

杂交可以充分利用物种间、种群间的互补效应，尤其是可充分利用杂种优势。例如，用驴马杂交来产骡，这种种间杂种较其亲本（驴和马）具有更优异的役用性能，因此尽管骡不能繁殖但仍深受人们欢迎；我国汉代、唐代，人们将从西域引进的大宛马与本地马杂交生产优美健壮的杂种马，并获得“既杂胡种，马乃益壮”的宝贵经验。杂交在畜牧业中随处可见，80%～90%的商品猪肉产自杂种猪，几乎全部肉用仔鸡都是杂种，肉牛等也都广泛采用杂交以利用杂种优势。

1. 杂种优势理论

在杂交育种中，杂种优势是杂交育种国内外广泛应用并卓有成效的重要原因。所谓杂种优势，即不同种群杂交所产生的杂种往往在生活力、生长势和生产性能方面在一定程度上优于两个亲本种群平均值。目前，对杂种优势机理有以下几种学说。

（1）显性学说。显性学说又称突变有害说，最先是由布鲁斯（Bruce）提出显性互补假说，后由琼斯（Jones）补充，称显性连锁假说。该学说的主要论点：①显性基因多为有利基因，有害、致病以及致死基因大多是隐性基因。② 显性基因对隐性基因有抑制和掩盖作用，从而使隐性基因的不利作用难以表现。③ 显性基因在杂种群中产生累加效应。如果两个种群各有一部分显性基因，则其杂交后代可出现显性基因的累加效应。④ 非等位基因间的互作，会使一个性状受到抑制或者增强，这种促进作用可因杂交而表现出杂种优势。

但这一学说在其解释实际杂种优势现象时存在两个问题：一是显性学说认为杂种优势的大小直接取决于亲本中纯合隐性基因数目，这些基因簇在杂交时可能成为杂合状态而表现杂种优势，因此在每个基因簇至少有一个显性基因的个体和种群具有最高的杂种优势，而在其他情况下获得的杂种优势将小于该值。然而，在亲本群体中维持许多隐性有害的不利基因纯合子的可能性是不大的。因此，根据这一学说在实际中所能获得的杂种优势是不大的，这同实际情况并不相符。如在玉米杂交中，杂种的生产性能通常超过亲本的 20%，甚至超过 50%。显性学说认为隐性基因只有在纯合状态下才是不利的，在自然群体处于杂合状态的个体具有大的适应性。但是，一些试验表明消除部分隐性基因并未给群体带来多大改变。显性学说则认为在选育过程中，有许多和隐性基因紧密连锁的有利显性基因也随之丢失，因而即使消除部分隐性基因也得不到明显效果。但从生物发展的角度看，基因连锁强度应受到自然选择的控制，使一些有利的显性基因和有害的，甚至在纯合状态下致死的隐性基因紧密连锁的特殊情况得以维持下来。这表明此类隐性基因对一个基因型整体来说有重要的适应意义。

（2）超显性学说。超显性学说也称等位基因异质结合说。该学说认为，性状受控的等位基因间不存在显隐性关系，杂种优势来源于双亲异质结合的等位基因间相互作用。由于具有不同作用的一对等位基因在生理上相互刺激，使杂合子比任何一种纯合子在生活力和适应性上均更为优越。每一基因簇上有一系列的等位基因，而每一等位基因又具有独特的作用。因此，杂合子比纯合子具有更强的生活力。基因在杂合状态时可提供更多的发育途径和更多的生理生化多样性，因此杂合子在发育上即使不比纯合子更好，也会更稳定一些。超显性学说虽然提出的很早，但因长期缺乏直接的试验证据而不被重视，直到后来发现了一些试验证据才逐渐被人们所接受。譬如，其对玉米杂交所表现的高度杂种优势的解释比显性学说更圆满。尽管如此，超显性学说仍存在一些难以解释的问题。

（3）上位学说。该学说认为杂种优势产生于各种非等位基因间的互作。杂交增加群体杂合程度，非等位基因间互作加强，使杂种优于双亲。

（4）遗传平衡学说。显性学说和超显性学说在对杂种优势的成因解释上都不全面。因为杂种优势往往是显性和超显性共同作用的结果。有时一种效应可能起主要作用，有时则可能是另一种效应起主要作用。也可能在控制一个性状的许多对基因中，有的是不完全显性、有的是完全显性、有的是超显性，有的基因之间有上位效应、有的基因之间没有上位效应。所以，杂种优势不能用任何一种遗传原因解释，也不能用一种遗传因子相互影响的形式加以说明。因为这种现象是各种遗传过程相似作用的总效应，所以根据遗传因子相互影响的任何一种方式而提出的假说均不能作为杂种优势的一般理论。尽管其中一些假说，特别是上述两种假说都与一定的试验事实相符，但这些假说都只是杂种优势理论的一部分。近年来，许多研究和进展都对这一观点给予了更多的支持和佐证。例如，人们在蛋白质、氨基酸序列、DNA 等各种不同水平上均发现存在有大量多态现象。这种多态现象是维持群体杂种优势的一个重要因素，可增强群体的适应能力，保持群体的生活力旺盛，故可认为是对超显性学说的支持。但随着分子遗传学研究的深入，对基因的认识已有很大改变，发现基因间的作用相当复杂，难以明确区分显性、超显性、上位等各种效应。

2. 杂交育种的原则

育种的目的是培育新品种满足人们生活的需要，是追求最经济、最有效地育成社会需要的新品种。

(1) 杂交育种须遵循的原则。

① 要有明确的目的。明确培育新品种的必要性和可行性。

② 要有可靠的根据。详细调查研究当地的自然、社会、技术、饲料等条件，以及育种基础畜禽的数量、分布、用途、生产力水平、优缺点等情况，对拟采用的杂交育种方法、育种效果等进行充分的估计。

③ 要有具体的指标和目标。具体的育种指标与目标是衡量育种目的、育成新品种的类型、制定育种措施等的依据，指标和目标是工作的方向，是育种任务完成与否、完成质量的检验尺度。

④ 有周密的计划。务求方法可靠、步骤可行、措施得力。

⑤ 要有必要的组织保证。

(2) 选择亲本原则。采用杂交育种时，应根据育种目标要求选育适当的材料，配置合理的杂交组合，其中亲本选配正确与否是杂交育种能否有成效的关键。一般应按照下列原则选择亲本：

① 亲本目标性状突出，有足够的遗传强度，亲本间优缺点力求达到互补。

② 亲本中有适应当地条件的优良品种。

③ 亲本间存在一定差异，包括生态类型、亲缘关系上存在一定差异或在地理上相距较远。

④ 亲本之间要有较好的配合力。

3. 杂交育种的过程

杂交育种就是运用杂交从两个或两个以上品种中创造新的变异类型，并且通过育种手段将这种变异类型固定下来的一种育种方法。杂交育种过程中应注意以下几个基本阶段：

① 杂交创新阶段。采用两个或两个以上的品种杂交，通过基因重组和培育以改变原有家畜类型并创造新的理想型。这一阶段不仅要注意杂交，还应进行选种和选配。至于杂交进行几代，应视理想型出现与否而灵活掌握，有时虽杂交代数不多，但已出现理想型，那么杂交应停止。

② 自繁定型阶段。这一阶段的任务是通过杂交和培育创造成功的理想型个体，然后停止杂交，改用杂种群内理想型个体相互繁育，稳定后代的遗传基础并对它们所生后代进行培育，从而获得固定的理想型。该阶段主要采用同质选配和近交。

③ 扩群提高阶段。这一阶段的任务是大量繁殖已固定的理想型，迅速增加其数量和扩大分布地区，培育新品系，建立品种整体结构和提高品种品质。

杂交育种是新品种培育的主要方法，近年来基于杂交方法的牛新品种育种取得了较大进展。在牛的新品种（品系）的培育中，我国先后育成中国荷斯坦牛、蜀宣花牛、夏南牛等品种。

二、杂交育种方法

杂交育种的方法较多，按照杂交的作用和目的可分为级进杂交、导入杂交、育成杂交和经济杂交。

1. 级进杂交

级进杂交（grading－up，grading）又称改良杂交、改造杂交、吸收杂交，是指用高产的优良品种公畜与低产品种母畜杂交，所得的杂种后代母畜再与高产的优良品种公畜杂交。一般连续进行 3～4 代，就能迅速有效地改造低产品种（图 4－1）。

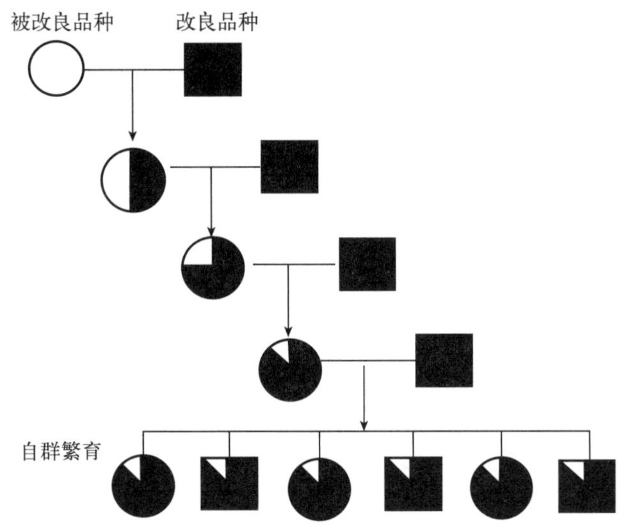

图 4-1　级进杂交

当需要彻底改造某个种群（品种、品系）的生产性能或者是改变生产性能方向时，常用级进杂交。此外，根据提高生产性能或改变生产性能方向选择合适的改良品种；对引进的改良公畜进行严格的遗传测定；杂交代数不宜过多，以免外来血统比例过大，导致杂种对当地的适应性下降。

2. 导入杂交

导入杂交（introductive crossing）就是在原有种群的局部范围内引入不高于 1/4 的外血，以便在保持原有种群的基础上克服个别缺点（图 4-2）。

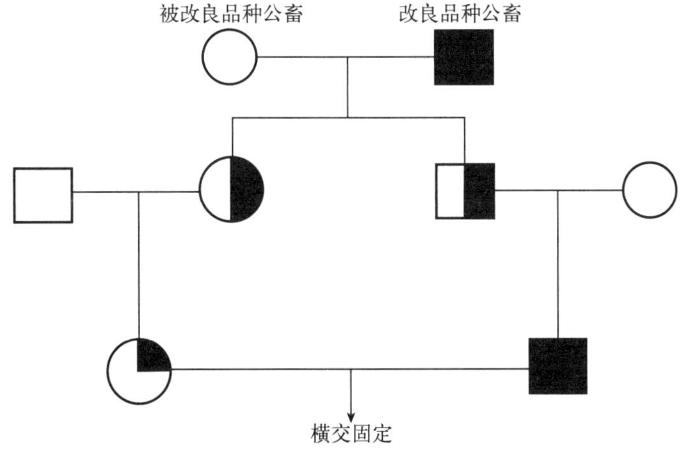

图 4-2　导入杂交

当原有种群生产性能基本上符合需要，局部缺点在纯繁下不易克服时，宜采用导入杂交。此时，须针对原有种群的具体缺点进行导入杂交试验，确定导入种公畜品种；对导入种群的种公畜严格选择。

3. 育成杂交

育成杂交（crossbreeding for formation a new breed）是指用两个或更多的种群相互杂交，在杂种后代中选优固定，育成一个符合需要的新品种（图 4-3）。

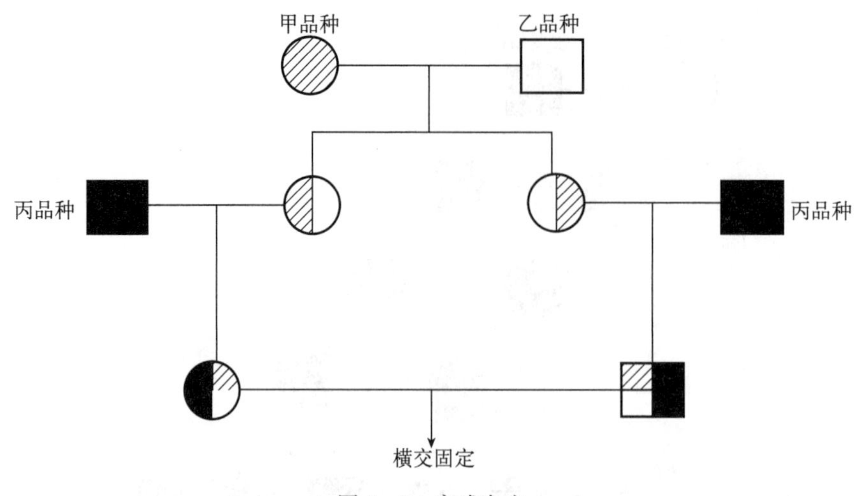

图 4-3 育成杂交

对原有品种不满意，也没有任何外来品种能完全替代时，可采用育成杂交。此外，杂交要求外来品种生产性能好、适应性强；杂交亲本不宜太多以防遗传基础过于混杂，导致固定困难；当杂交出现理想型时，应及时固定。

4. 经济杂交

经济杂交是指利用不同遗传类型的亲本杂交所产生的具有杂种优势的 F1 代进行生产的一种育种方式。经济杂交所产生的 F1 代只可利用一次，F1 代所产生的后代不能再作为亲本进行繁殖。在杂种优势利用当中，最终商品畜的整个生产过程可能涉及不同数量的种群、不同数量的层次以及不同的种群组织方法。目前，杂种优势利用中常用的经济杂交方式有二元杂交、三元杂交、回交、双杂交、轮回杂交、顶交等。

(1) 二元杂交。二元杂交即两个种群杂交一次，一代杂种无论是公是母，都不作为种用继续繁殖，而是全部用作商品。这种杂交方式显然比较简单，但在实际应用当中却较麻烦，因为除了杂交以外还须考虑两个亲本群的更新补充问题。通常人们对父本种群的公畜采取购买的方法解决，对母本种群的更新补充则通过购买公畜与杂交用的母畜群进行几个产次的纯繁解决。但无论怎样做，增加一个纯繁环节都显得较麻烦。这种杂交方式的最大缺点，是不能充分利用母本种群繁殖性方面的杂种优势。因为在该方式之下，用以繁殖的母畜都是纯种，杂种母畜不再繁殖。不予利用将是一个损失。

(2) 三元杂交。三元杂交是用两个种群杂交，所生杂种母畜再与第 3 个种群杂交，所生二代杂种用作商品。这种杂交方式在对杂种优势的利用上可能要大于二元杂交。首先，在整个杂交体系下，二元杂种母畜在繁殖性能方面的杂种优势可以得到利用，二元杂种母畜对三元杂种的母体效应也不同于纯种。其次，三元杂种集合了 3 个种群的差异和 3 个种群的互补效应，因而在单个数量性状上的杂种优势可能更大。三元杂交在组织工作上，要比二元杂交更为复杂，因为它需要有 3 个纯种畜群。

(3) 回交。回交是指两个种群杂交，所生杂种母畜再与两个种群之一杂交，所生杂种不论公母一律用作商品。例如，以 A 作为父本、B 作为母本杂交，所得二元杂种母畜 AB 再与 A 杂交，所生的二代杂种一律育肥出售，这种杂交即为回交。这种杂交方式可以利用二元杂种母畜在繁殖性能方面的杂种优势，但三元商品杂种在利用杂种优势上要小，因为二元杂种的显性效应有一半在回交后因一半基因座的纯合而丧失。

(4) 双杂交。双杂交是用 4 个种群分别两两杂交，然后两种杂种间再次进行杂交，产生四元杂种商品畜，目前在畜牧业中主要用于鸡。这种杂交方式的优点：

① 遗传基础更广一些，可能有更多的显性优良基因互补和更多的互作类型，从而可望有较大的

杂种优势。

② 可以利用杂种母畜的优势，也可以利用杂种公畜的优势。杂种公畜的优势主要表现为配种能力强。可以少养且使用年限长。

③ 由于大量利用杂种繁殖，纯种就可以少养。而养纯种比养杂种成本高，特别是对近交系而言。双杂交涉及 4 个种群，因此其组织工作就更复杂一些。但在家禽中同时保持几个纯种群比较容易，所以实际采用这种杂交方式的较多。

(5) 轮回杂交。轮回杂交是用几个种群轮流作为父本杂交，杂交用的母本种群除第 1 次杂交是用几个种群中的一个之外，其余各代均用杂交所产生的杂种母畜，各代所产生的杂种除了部分用于继续杂交之外，其他母畜连同所有公畜一律用作商品。

轮回杂交的优点：

① 除第 1 次杂交外，母畜始终都是杂种，有利于利用繁殖性能的杂种优势。

② 对于单胎家畜，繁殖用母畜需要较多，杂种母畜也需用于繁殖，采用这种杂交方式最为合适。因为二元杂交不利用杂种母畜繁殖，三元杂交也需要经常用纯种杂交以产生新的杂种母畜，对于繁殖力低的家畜，特别是大家畜都不适宜。

③ 这种杂交方式只需要每代引入少量纯种公畜或利用配种站的种公畜，而不需要自己维持几个纯繁群，在组织工作上方便得多。

④ 由于每代交配双方都有相当大的差异，因此始终能产生一定的杂种优势。

轮回杂交的缺点：

① 代代需要更换公畜，即使发现杂交效果好的公畜也不能继续使用。而且如果自己饲养公畜，公畜在使用一个配种期后，要么淘汰，要么闲置几年，造成较大浪费。克服的方法是使用人工授精或者几个畜场联合使用公畜。

② 配合力测定不好做，特别是在第 1 轮回的杂交期间，相应的配合力测定必须在每代杂交之前进行，这时相应的杂种母畜还没有产生，为了进行配合力的测定，就必须在一种类型的杂种母畜大量产生前，先生产少数供测定用的该类型杂种母畜，这就比较麻烦。但在完成第 1 轮回的杂交以后，只要方案不变，就不一定再做配合力的测定。

(6) 顶交。顶交是指用近交系的公畜与无亲缘关系的非近交系母畜交配。这种杂交方式主要用于近交系的杂交，因为近交系的母畜一般生活力和繁殖性能都差，不适宜做母本。用非近交系作母本，容易因种群内的纯合程度较差而使后代发生分化，从而难以得到规格一致的产品。补救的方法是父本要高度提纯，使公畜在主要性状上基本都是优良的显性纯合子。这样即使母本群的纯度稍差一些，影响也可能不大；另一个方法是改用三系杂交，先用两个近交系杂交生产杂种母畜，再用另一近交系公畜杂交。

总之，各种杂交方式特点不同，适用场合也有不同。在实际的杂交当中，应根据具体情况确定所选用的杂交方式。

三、杂交育种应用

1. 利用杂交育种培育中国荷斯坦牛

中国荷斯坦牛，原名中国黑白花牛。1992 年，更名为中国荷斯坦牛，是中国奶牛的主要品种，分布全国各地。中国荷斯坦牛是从国外引进的荷兰牛在中国不断驯化和培育，或与中国黄牛进行杂交并经长期选育逐渐形成的。

由于各地引进的荷斯坦公牛和本地母牛类型不一，以及饲养环境条件的差别，中国荷斯坦牛的体格有大、中、小 3 个类型。大型奶牛主要含有美国荷斯坦牛血统，成母牛体高 135 cm，体重 600 kg 左右；中型奶牛主要引进欧洲部分国家中等体型的荷斯坦公牛培育而成，成母牛体高 133 cm 以上；

小型奶牛主要是引用一些国家的小体型荷斯坦牛与中国体型小的本地母牛杂交培育而成，成年母牛体高 130 cm 左右。

中国荷斯坦牛多为乳用体型，华南地区的偏兼用型，毛色多呈现黑白花，花色分明，黑白相间，额部多有白斑，腹部低，四肢膝关节以下及尾端呈白色，体质细致结实，体躯结构匀称，有角，多数由两侧向前、向内弯曲，色蜡黄，角尖黑色。尻部平、方、宽，乳房发育良好，质地柔软，乳静脉明显，乳头大小分布适中。中国荷斯坦奶牛的生产性能：

① 泌乳性能。重点育种场的奶牛，全群年平均产奶量已达到 7 000 kg 以上。一个泌乳期（305 d）产奶量达到 10 000 kg 以上奶牛的数量已经很多。

② 产肉性能。据少数地区测定，未经育肥的母牛和去势公牛，屠宰率平均可达 50%以上，净肉率在 40%以上。据黑龙江省测定，14 头成年母牛，屠宰率平均为 53.3%，净肉率平均为 41.4%。

③ 中国荷斯坦牛繁殖性能。初情期在 6～9 月龄，随饲养和环境条件不同而有差异，发情周期 15～24 d。平均妊娠天数，母犊为 277.5 d，公犊为 278.7 d。自 1972 年开始应用冷冻精液人工授精以来，到 1982 年全国大中城市及郊区的黑白花奶牛均已普遍应用。

此外，在杂交效果方面，应用中国荷斯坦牛公牛杂交改良当地母牛。据初步资料，在贵州、甘肃、山西、四川、内蒙古等省、自治区，其产奶性能已获得明显的效果。据贵州对本地黄母牛进行级进杂交的结果，体尺、体重和产奶量随级进代数的增加而明显提高，而含脂率随级进代数的增加而降低，发病率随级进代数的增加而增加。故在贵州的条件下，级进杂交以不超过 4 代为宜。在役用性能上，一代杂种的挽力和功率分别超过本地黄牛的 25.3%和 26.5%。据耕地测定，在 6 h 内，杂种牛完成 2.46 亩，本地崐黄牛为 1.5 亩，杂种牛比本地牛提高 64%。内蒙古应用黑白花奶公牛与三河母牛杂交，提高产奶量更为明显，在第 3 胎时一个泌乳期产奶量，一代、二代和三代杂种分别可达到 4 024 kg、5 160 kg 和 6 515 kg，比三河牛分别提高 25.8%、61.3%和 103.6%。

2. 利用杂交育种培育蜀宣花牛

四川省宣汉县蜀宣花牛是以宣汉黄牛为母本，选用原产于瑞士的西门塔尔牛和荷兰的荷斯坦乳用公牛为父本，从 1978 年开始，通过西门塔尔牛与宣汉黄牛杂交，导入荷斯坦牛血缘后，再用西门塔尔牛级进杂交，经横交固定和 4 个世代的选育提高，历经 30 余年培育而成的乳肉兼用型牛新品种。

蜀宣花牛血统来源清楚，遗传性能稳定，含西门塔尔牛血缘 81.25%，荷斯坦牛血缘 12.5%，宣汉黄牛血缘 6.25%。截至 2016 年底，在宣汉县育种区内，蜀宣花牛总存栏量 8.2 万余头。

蜀宣花牛体型外貌基本一致。毛色为黄白花或红白花，头部、尾梢和四肢为白色；头中等大小，母牛头部清秀；成年公牛略有肩峰；有角，角细而向前上方伸展；鼻镜肉色或有斑点；体型中等，体躯宽深，背腰平直、结合良好，后躯较发达，四肢端正结实；角、蹄以蜡黄色为主；母牛乳房发育良好。

蜀宣花牛母牛初配时间为 16～20 月龄，妊娠期 278 d 左右。公、母牛初生重分别为 31.6 kg 和 29.6 kg；6 月龄公、母牛体重分别为 154.7 kg 和 149.3 kg；12 月龄公、母牛体重分别为 315.1 kg 和 282.7 kg。成年公、母牛体高分别为 149.8 cm 和 128.1 cm，体斜长分别为 180.0 cm 和 157.9 cm，胸围分别为 212.5 cm 和 188.6 cm，管围分别为 24.3 cm 和 18.6 cm。

蜀宣花牛第 4 世代群体平均年产奶量为 4 480 kg，平均泌乳期为 297 d，乳脂含量为 4.16%，乳蛋白含量为 3.19%。公牛 18 月龄育肥体重平均达 499.2 kg，90 d 育肥期平均日增重为 1 275.6 g，屠宰率为 57.6%，净肉率为 48.0%。

蜀宣花牛性情温驯，具有生长发育快、产奶和产肉性能较优、抗逆性强，耐粗饲、适应高温（低温）高湿的自然气候及农区较粗放的饲养条件等特点，深受各地群众欢迎，培育期间已向育种区外的贵州、云南、西藏、重庆、河北、上海等省份和四川省内近 20 个市（州）推广 5 000 余头母牛、500 余头公牛。

蜀宣花牛新品种的培育成功，标志着中国南方地区养牛业发展呈现出新起点，是中国畜牧业史上的一项重大科技成果，对当前畜牧业内部结构调整，推动全国奶牛业、肉牛业的发展壮大，发展农村经济，加快山区人民脱贫致富奔小康，推进现代畜牧业发展，具有极其重要的理论和现实意义。

总之，从古到今，杂交都是畜牧生产的一种主要方式，因为杂交可以充分利用物种间、种群间的互补效应，尤其是可充分利用杂种优势。

第三节　育种保障

一、建立生产性能记录与统计制度

在奶牛业中如果没有正确精细的各项记录，正确的饲养管理和育种工作将无法进行。例如，进行选种选配时，必须要有奶牛的生长发育、生产性能和系谱记录等材料；有了配种记录，才能推算母牛的预产期和犊牛的血统；有了犊牛的体重增长和母牛的体重及产奶量、乳脂率、乳蛋白率等记录，才能正确地配合日粮和改进饲养管理工作。只有根据这些记录，才能了解牛只的个体特征，及时发现和解决问题，检查并有计划地开展工作。所以，建立生产性能记录和统计制度，是开展奶牛育种和组织奶牛生产的一项基本工作，必须高度重视。

奶牛生产中常见的记录表格及记录内容如下：

1. 种公、母牛卡片

记录牛的编号和良种登记号；品种和血统；出生地和日期；体尺体重、外貌结构及评分；后代品质；公牛的配种成绩，母牛的产奶性能及产犊成绩、鉴定成绩等；公、母牛照片等。

2. 公牛采精记录表

记录公牛编号；出生日期、第1次采精日期；每次采精日期、次数、精液质量、稀释液种类、稀释倍数、稀释后及解冻后活率、冷冻方法等。

3. 母牛配种繁殖登记表

记录母牛发情、配种、产犊等情况与日期。

4. 母牛产奶记录表

记录每天分次产奶记录；全群每天产奶记录；每月产奶记录；各泌乳月产奶记录；牛奶质量指标等。

5. 犊牛培育记录表

登记犊牛的编号；品种和血统；出生日期和初生重；毛色及其他外貌特征；各阶段生长发育及鉴定成绩等。

6. 牛群饲料消耗记录表

登记每头牛和全群每天各种饲草、饲料消耗数量等。

7. 牛的健康记录

包括牛的疾病及治疗等。

二、建立编号与标记制度

牛的编号与标记，是育种工作中必不可少的技术措施。特别是作为育种群，一二级保种区的黄牛、水牛群，必须给牛编号和进行标记，以利于育种工作顺利开展。

1. 牛的编号

犊牛出生后应立即给予编号。编号时，要注意同一牛场或选育（保种）区，不应有两个相同的号码。如有牛只死亡或淘汰，也不要以其他牛只替补其号码；从外地购入的公牛可沿用原来的号码，不要随便变更，以便日后查考。

以往我国奶牛个体识别方法不统一，造成大范围无法统一登记。为此，近年中国奶业协会设计了我国奶牛终身编号系统，新的编号系统共 12 位，分为 4 个区。第 1 区占用 2 位，为省（自治区、直辖市）代码；第 2 区占用 4 位，为省（自治区、直辖市）所辖牛场编号；第 3 区占 2 位，为年度号；第 4 区占用 4 位，为牛场内每一年出生犊牛的顺序号。例如，湖北省武汉市黄陂区八一牧场 2014 年出生的第 1 头母犊登记号为："42AA01140001"，其中"42"代表湖北省代码，"AA01"为武汉市所属牛场编号（前一个 A 代表武汉市编号，后一个 A 代表黄陂区编号，01 为武汉市黄陂区牛场编号）；"14"代表 2014 年；"0001"表示出生犊牛的顺序号。

此编号系统的优点在于，在全国范围内可不再出现重复现象，而从登记号中又可以大致了解牛只的来源和出生年度。这种编号在建立数据库时，归类、检索十分方便。为了避免不必要的烦琐，在同一场内饲养的奶牛在耳号上只需后 5 位号就足够了。

2. 牛的标记

随着牛群增大，牛只标记成为近年来的重要问题。通用的耳号系统已经使牛的永久性统一标记成为可能。但是，耳号太小，在一臂之距以外，就不易看清。所以，对标记方法要求是廉价、对牛只无害、号码是永久且至少在 10 m 以外可以看清。

牛的标记方法可以分为两类：永久性的和非永久性的。永久性标记包括耳部刺号、烙号（酸、碱、火烙、冷冻烙号）、素描画像、照片等；非永久性的标记包括耳部标牌、带标号的颈圈、颈带标配等。近年来，国内外广泛采用塑料耳标法，是用不褪色的色笔将牛号写在 2 cm×3.5 cm 的塑料耳标牌上。法国生产的塑料耳标，固定牛耳朵的一端呈箭状，用专业的耳标钳固定于耳朵中央，标记清晰，站在 2～3 m 远能看清号码。缺点是用久了塑料老化，容易折断丢失。

较有前途的永久性标记方法之一是冷冻烙号法。采用深度冷冻可以选择性地破坏皮肤的黑色素细胞和产生色素的细胞，从而导致烙号皮区长出白毛。如操作得当，冷冻烙号具有火烙的优点而几乎可以避免火烙的缺点。采用冷冻烙号的牛痛苦较少，皮肤和皮革损伤大为减小，有效控制了感染的发生。

对大群奶牛来说，另一种有前途的方法是电子标号法。这种方法是利用一种称作电子脉冲收发器和微型数字电路储存被标号牛的标号，将该收发器植于皮下或挂于颈圈之上，收发器是被动的，只有询问器对它施以能量时它才发出应答，询问器可以查出各牛只的标号数据。这种装置用于国外现代化的养牛场，可以作为自动挤乳、自动饲养、自动数据记录系统的一部分，以保证对奶牛进行及时的自动控制，还可以提供数据。

三、建立良种登记制度

良种登记包括系谱、生产性能和体型外貌等内容。建立良种登记制度是育种工作中的重要措施之一。通过良种登记，可以正确地开展选配工作，即在良种登记的基础上，选出拔尖种子母牛群，与经过了后裔测定的优秀公牛进行配种，从而使牛群质量不断得到提高。如美国各个奶牛品种协会的主要任务是办理奶牛的良种登记、产奶登记，产奶量及乳脂、乳蛋白测定，奶牛分级鉴定等工作。根据测定和鉴定结果，进行良种登记，对合格的良种公、母牛发给证书，这对牛群质量的提高有很大的促进作用。

我国原黑白花奶牛育种协作组在1974年制定了《良种登记暂行办法》（以下简称《办法》），并出版了多次良种登记簿，对加快黑白花奶牛的育种进展起到了积极的推动作用。根据该《办法》，只有满足良种条件的公牛或母牛才能申请登记，并经有关专业机构审查批准，而这些机构可组织技术人员监督或检查。已登记的公牛和母牛，颁发良种登记号、良种证书及良种牛的标志牌，并定期公布。该项工作近年已中断。必须认清牛良种登记的意义，加强领导和管理，进一步研究操作规程，尽快恢复和完善该项登记制度。

四、成立育种协会

畜牧业发达国家对每一家畜、家畜品种都成立了品种协会等育种组织。如美国的DHIA、INTERBULL，各国的品种育种委员会等负责组织本品种的保种和进一步的改良提高工作，诸如种畜鉴定、良种登记、生产性能测定、公牛后裔测定及指导育种等，并且其国家化的程度越来越高。

我国的育种工作组织成立于20世纪70年代，这些组织如中国奶业协会、中国奶业协会育种专业委员会、中国良种黄牛育种委员会、中国西门塔尔牛育种委员会等。在农业部的统一领导下，配合当地农牧主管部门，开展教学、科研与生产协作，宣传、贯彻政府有关发展畜牧业的方针、政策，统一牛种育种方向，开展种公牛的后裔测定，推广人工授精技术和其他先进技术，扶持养牛专业户等，促进了牛种数量的持续发展和牛群质量的提高。但这些组织如何适应市场经济发展的需要，进一步完善各种职能，在许多方面仍需要加强和改善。

赛牛会一般由品种协会等育种组织举办，对吸引广大养牛者参与到育种工作中来，促进奶牛育种的发展具有良好的作用。一些养牛业发达国家，举办赛牛会十分普遍，并有专门的赛牛场所。参赛牛一旦获奖，身价倍增，对牛的育种起到了良好的促进作用。

我国良种黄牛产区的广大群众历来就十分重视良种黄牛的培育，素有赛牛的传统，应统一规范赛牛规程和评比方法，引导赛牛向健康方向发展、有效推动我国奶牛业发展。

五、制订育种工作计划

牛群经过鉴定、整顿和分群后，应着手编制育种工作计划，以便有目的地进行牛群的育种工作。

制订育种工作计划时，要根据国家的育种方针和《全国牛的品种区域规划》以及各省（自治区、直辖市）牛种改良区域工作规划，结合各地和农牧场的生产任务及具体条件，并从完成任务的实际可能出发。因为牛育种工作具有长期性，计划一经拟订，就要贯彻执行。在制订育种工作计划时，必须考虑本地区的生产任务和自然条件。牛群的类型及饲养水平等特点，以及采用哪个品种、利用何种繁殖方法、分年度的育种目标等都应详细列出。

育种工作计划的内容主要包括下列3个部分：

1. 牛场和牛群的基本情况

包括牛群所在地的自然、地理、气候、社会经济条件，牛群结构、品种及其来源和亲缘关系，体型外貌特点及其缺点，生产性能以及目前的饲养管理水平、饲料供应等情况。

2. 育种方向和目标

包括牛群规模和育种目标。育种目标根据育种方向不同而有所不同，如肉乳兼用牛，其育种指标包括犊牛初生重、各阶段体重、主要体尺及平均日增重、屠宰率、净肉率、眼肌面积、骨肉比以及新品种体型外貌要求等指标；对乳肉兼用牛，除上述指标外，还要包括各胎次产奶量、乳脂率、乳蛋白率等指标。

3. 育种措施

提出保证完成育种工作的各项措施，如加强组织领导，建立健全育种机构；建立育种档案及记录制度；选种方向和选配方法及育种方法；加强犊牛培育；制定各类牛的饲养管理操作规程；建立饲料基地，合理供应饲草饲料；畜牧机械化及畜舍的布局与建筑；制定和认真落实奖励政策；开展劳动竞赛；培养技术人员以及加强疫病防治工作等措施。

第四节　奶牛育种新技术

优良品种在畜牧生产中非常重要。品种改良的基础包括遗传理论、育种技术和种质资源。育种技术的改进是随着遗传理论的发展而发展的。遗传学从建立经历群体遗传学、数量遗传学，发展到现在的分子数量遗传学。育种技术也经历表型选种、表型值选种、基因型值或育种值选种、标记辅助选择，发展到目前的分子育种。DNA 重组技术、转基因技术、动物克隆技术，改变了常规的基因导入的杂交方法，可按人们的要求只转入所需要的目的基因，使快速育种成为现实。所以，生物技术的每一步发展，都伴随着新的育种技术的革命。

目前，在奶牛育种中的现代生物技术包括 MOET 育种技术、转基因技术、分子生物技术与分子育种技术等。

一、MOET 育种技术

（1）MOET 育种概念。MOET（multiple ovulation and embryo transfer）是英文超数排卵和胚胎移植的缩写，是采用同期发情、超数排卵和胚胎移植等配套技术进行优质动物个体快速扩繁的一种方法。对提高母牛的繁殖力，特别对低繁殖力的母牛来说，具有特殊的意义。MOET 育种技术是动物胚胎生物工程技术在动物育种中的综合运用。具体操作是对优秀的母畜（供体）进行超数排卵处理后，用特别优秀的公畜交配，然后冲出胚胎，移植到同期发情的一般个体（受体）的子宫中完成胚胎发育过程，使一头优秀母畜一年可产众多的优秀后代。MOET 育种技术目前已用于优秀奶牛、肉牛、肉羊的快速扩繁和育种。

众所周知，应用胚胎移植技术可大大提高母牛的繁殖力。在讨论其在育种中的应用策略时，人们往往首先考虑的是，通过胚胎移植扩大高产母牛在群体中的影响。但相应的育种规划研究表明，在一个实施常规 AI 育种方案的奶牛群体中，若应用胚胎移植技术仅旨在提高优秀母牛的繁殖力时，只能获得 5%～10%的育种成效。这一育种成效的改进，主要是种子母牛高选择强度所致。而实施胚胎移植技术的成本很高，因此仅以提高母牛繁殖力或改善母牛育种环境为目的而应用胚胎移植技术策略，是不现实的。

鉴于此，20 世纪 80 年代以来，许多育种学家建议，将胚胎移植技术高效率、高强度地应用于一定规模的高产奶牛育种核心群中，通过特定育种方案的实施，在核心群中选育优秀的种公牛和母牛，然后通过公牛、精液、胚胎等育种材料的推广，进一步改良整个奶牛群。这个将胚胎移植技术应用于育种中的策略，可以产生很大的育种成效。与其相比，在核心群中实施胚胎移植技术的成本是微不足道的。将胚胎移植技术的优势与核心育种的特点结合为一体，就形成了一个新的育种体系，称之为MOET核心群育种体系。核心群育种的特点在于育种措施主要集中在较小的高产牛群中进行，既便于严格的实施育种方案，又可实施一些在一般牛群中难以采取的育种措施，如某些特殊性能的测定，如采食量、挤乳性能等。

（2）MOET育种方法。奶牛MOET核心群育种体系的主体是建立一个高产奶牛核心群。在核心群中实施胚胎移植技术的目的在于，使供体母牛每年获得一定数量的具有全同胞关系的后代，由此在该育种体系中，不再组织耗时长的公牛后裔测定，而是利用具有全同胞和半同胞遗传关系的母牛性能记录资料，采用特定的统计推断方法，进行核心公牛和核心母牛的遗传评定。由此可缩短核心群的世代间隔，进而加快牛群的遗传进展，提高育种效益（图4-4）。

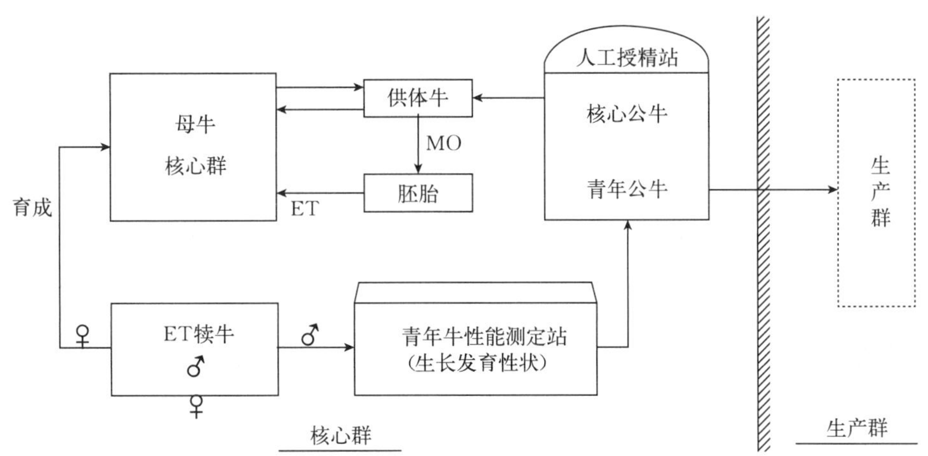

图4-4　MOET核心群育种体系的基本流程示意图

从图4-4可看出以下几个要点：

① 经严格选择，组建一个600～1 000头的高产奶牛核心群，在核心群中，对所有母牛实施可靠的性能测定。除产奶性能外，还应测定那些遗传力偏低而经济重要性很高的次级性状（secondary traits），以及其他特殊性状。

② 每年根据性能测定的结果，通过育种值估计，选择一定数量的优秀母牛作为胚胎移植的供体母牛。

③ 对供体母牛进行超数排卵处理，并使用核心公牛或进口的优秀公牛精液配种，以期获得足够数量的可用胚胎，如10～20枚。

④ 在核心群内，把其他的母牛均作为受体使用，接受胚胎移植。

⑤ 在得到的ET犊牛中母犊牛育成后，第1胎先在核心群中全部作为受体母牛使用，在其获得第1泌乳期成绩后，使用群体内动物模型BLUP法，进行母牛个体遗传评定。在每一全同胞组的头胎母牛中，仅选留1头最优秀者，作为核心母牛留在核心群中。

⑥ ET公犊牛经过生长发育性能测定后，同样每个全同胞组留1头，等待进一步的选择。

⑦ 选留下来的青年公牛要等到其全同胞、半同胞姐妹的第1泌乳性能测定后，利用以全同胞-半同胞信息为主的资料，进行青年公牛的育种值估计和遗传评定，选择一定数量的核心公牛。

⑧ 在核心群以外的生产群中，还可组织一个“测定群”，为核心群青年公牛的遗传评定提供更多的半同胞信息，这对次级性状的遗传评定十分有意义。

MOET核心群育种体系的流程，不仅包括青年牛模型（juvenile model），还包括成年牛模型（adult model）。在青年牛模型中，种牛均在13月龄时使用母亲的生产性能以及其他系谱信息进行遗传评定。种母牛一经选留，即刻进行超数排卵，获得后代时，大约为22月龄，即可实现1.83年的世代间隔。在成年牛模型中，青年母牛第1胎作为受体使用。公牛和母牛的遗传评定等到青年母牛获得第

1 泌乳期产奶成绩后进行，此时年龄为 35 月龄。所以，被选留作为种牛的后代出生时，它们的年龄为 44 月龄，即 3.67 年。根据以上青年牛模型和成年牛模型的 MOET 育种模型，估计育种时可使用到的信息来源。在青年牛模型中，仅能使用各种祖先提供的系谱信息。而在成年牛模型中，在公牛和母牛的育种值估计时，均可使用到一定数量的全同胞和半同胞的信息，而且母牛还有个体本身的性能记录，显然育种值估计的准确性要优于青年牛模型。

(3) MOET 育种注意事项。在各类育种体系间的对比中，MOET 育种体系的育种成效均优于实施后测的 AI 育种体系，最低也要高出 20%以上的进展。这主要是由于 MOET 育种体系的世代间隔更短，但由于近交风险太大，人们往往更倾向于成年型 MOET 核心群育种体系，如果能定期导入一定数量的进口冷冻精液，将核心群开发或半开放，则不仅降低了近交风险，同时也可由此提高核心群内的遗传变异度。

MOET 核心群育种体系效率的高低，关键在于每头供体牛所能产生的全同胞后代数量。也就是说，实施胚胎移植技术的水平，直接关系到 MOET 核心群育种体系可能获得的育种成效。因此，在 MOET 核心群育种体系的发展中，应尽快地应用一些新胚胎工程技术，如胚胎分割、胚胎性别鉴定、体外受精等技术，以便提高胚胎移植的效率。

在核心群内集中测定的是遗传力为中等的生产性状，而对低遗传力性状繁殖力和抗病力等，仅靠核心群内的测定是不够的。为此，有两种解决的途径：第一，探索一些遗传力高、测定简单，且与上述性状紧密相关的间接性状；第二，在核心群外建立一个有一定规模的测定群，以求获得核心群中被测后备牛与测定群中的半同胞组，当半同胞组达 200 头以上时，低遗传力性状的选择是有效的。

此外，从数量遗传学观点出发，核心群饲养管理条件基本接近一般牛场水平，以避免由于基因型与环境的互作效应所带来的偏差。

二、转基因技术

1. 转基因技术与转基因动物

动物转基因技术是将外源 DNA 导入性细胞或胚胎细胞并生产出带有外源 DNA 片段动物的一种技术。它是在 DNA 重组技术的基础上发展起来的。凡带有外源基因的动物都称作转基因动物 (transgenic animal)。

2. 转基因动物技术的一般步骤

转基因动物技术是把单个有功能的基因或基因簇导入动物的基因组中，并使其在后代中能够得到表达的一种操作技术。该技术是 DNA 重组技术在动物中的应用。生产转基因动物的步骤包括：

① 选择能有效表达的蛋白质。

② 克隆与分离编码这些蛋白质的基因。

③ 选择能与所需组织特异性表达方式相适应的基因调节序列。

④ 把调节序列与结构基因重组拼接，并在培养细胞或小鼠中预先检验其表达情况。

⑤把拼接的基因引入受精卵的细胞核中。

⑥ 把引入后的受精卵移植到子宫，完成胚胎发育。

⑦ 检测幼畜是否整合外源基因、外源基因的表达情况以及外源基因在其后代中的传递情况。部分后代细胞携带有转入外源基因，利用这些动物培育新的品系。

在这个技术中涉及基因工程技术、胚胎生物工程技术和分子诊断技术等。其关键是目的基因的选择和提高外源基因导入的成功率。

3. 导入基因的方法

导入外源基因的方法有显微注射法、精子载体法、胚胎干细胞（ES）介导法和染色体片段显微注入法等。在转基因动物中，染色体片段显微注入法比较常用。

(1) 显微注射法。显微注射（microinjection）法是在显微注射仪上将外源DNA直接注入细胞。用一支口径很小的吸管将受精卵固定，再将另一吸管插入受精卵直接注入外源基因，接着移植到受体动物的子宫，完成发育过程。为了减少细胞的损伤，吸管以非常小的角度逐渐变细。原核膨胀表明基因已注入原核。如果将外源基因注入细胞质内，只有核膜消失时外源基因才有机会与受体细胞基因相结合。所以，注射到细胞质中的外源基因整合率很低，只有注射到原核内才能提高整合率。现已有人将基因注入卵母细胞核内，再让卵母细胞体外成熟、体外受精，由于卵母细胞核较大，可以大大地提高转化效率。这种方法的优点是不但可以控制注入DNA的量，而且可以把外源DNA注入细胞的不同部位，但是需要逐个操作每一个细胞，因而无法进行批量处理。迄今为止，人们已利用此法将胸苷激酶基因、生长激素基因和鼠*myc*基因转入了哺乳动物细胞。这种方法不仅可以获得转基因动物所用的转基因动物细胞，而且也可以通过哺乳动物细胞来生产有用的蛋白质。小鼠和兔的受精卵原核在普通显微镜下容易看到，而绵羊，尤其是猪和牛的卵细胞质稠密，不能看到原核。Hammer等用干涉相差显微镜可观察到80%的绵羊卵核，而猪和牛的卵子须经离心处理再用干涉相差显微镜才能观察到卵原核，离心处理后的多数受精卵仍能正常发育。

(2) 精子载体法（sperm as vector）。当前转基因动物生产的方法劳动强度大、费用高，而新的简化程序技术能使转基因动物的工作获益很大。近年来，利用精子作为外源基因的载体来生产转基因动物的技术令人瞩目。采用的方法是，将成熟的精子与带有外源DNA的载体进行共培育之后，使精子有能力携带外源DNA进入卵中，使之受精，并使外源DNA整合于染色体中。这一方法在转基因鼠上的应用使人们看到转基因动物效率提高的希望。影响DNA与精子结合的因素可能是获得成功的关键性因素，首先哺乳动物精子吸附外源DNA需特定的时期；其次，精子吸附DNA时精子活性及DNA性质都受影响。利用精子作为基因转移的工具，在实践中存在许多问题，但此技术至少在构思上，对于大动物转基因研究具重要意义。

(3) 胚胎干细胞介导法。胚胎干细胞（embryonic stem cell，ES）是从胚泡中将内细胞团取出在体外培养建立的，在培养时保持了它的正常核型。胚胎干细胞注入寄主胚泡后，参与胚胎形成，进入嵌合体动物的生殖系统。用DNA转染法或反转录病毒介导法可将基因导入胚胎干细胞，选出带有目的基因的细胞克隆，然后导入受体胚胎。由此法生成的后代都是嵌合体，由这些嵌合体胚胎中再分离出干细胞，用核移植技术将其细胞核植入无核卵细胞，可以提高转基因的效率。

(4) 染色体片段显微注入法。染色体介导法是指从人或动物染色体上割取或分离特定的染色体片段（M期），以其为媒介将外源基因注入动物早期胚胎中，以获得带有外源DNA的动物，严格地讲，称为转染色体动物。通常人们采用离心分离法或流式细胞仪（flow cytometry）分离法分离染色体。

尽管目前该技术应用困难较大，且成功率很低（0～0.002%），但由于它具有不须经基因重组就可转移超大型外源DNA（大于1 000 ku）的独特优点，适于多基因转移。导入的遗传信息片段长，能生产出具有某些特殊疾病的实验动物模型。

4. 转基因动物检测的方法

以转基因鼠为例。经转基因步骤获得的仔鼠出生后采样提取DNA。将制备好的DNA样品点到尼龙膜或硝酸纤维素膜上，再用所注射的基因做成探针，做斑点杂交，检测出带有外源基因的小鼠。然后采集血样或外源基因表达的器官组织用以制备RNA。用外源基因作为探针与制备的RNA进行Northern分子杂交，检查外源基因是否转录成mRNA。接着对带外源基因的小鼠进行放射免疫测定，以检测由外源基因合成的蛋白质。可用原位杂交法测出外源基因在染色体上的整合部位，还可将带外源基因的小鼠进行繁殖，检查基因是否进入生殖系统以及在后代中的传递情况。对于其他动物除了收集受精卵的方式、注射外源基因和胚胎移植不同之外，其检测方法都是相同的。

5. 基因的选择与转基因动物的研究现状

（1）转入基因的选择。 目前，在动物转基因的选择上主要考虑能提高动物的生长速度、生产性能、繁殖性能、抗性及开拓新的经济用途等方面。主要包括四大类：与机体代谢调节有关的蛋白基因，如生长激素基因等；抗性基因；抗逆、抗病等；经济性状的主效基因。这些基因与动物的生产力密切相关。

（2）转基因动物的研究现状。 利用转基因技术，近年来先后成功培育出转基因鼠、猪、羊、牛、鸡、兔、鱼等多种转基因动物。

① 提高动物生长、生产性能的研究。由于家畜许多性状，如发育、生长速度、产奶量等都受激素调节，所以很多转基因是能提高相关激素水平的基因。美国伊利诺伊大学研究出一种带牛生长激素的转基因猪，这种猪生长快、体大、饲料转化率高，可给养猪业带来很高的经济效益。

② 改变乳蛋白成分和性质的设想。在奶牛和奶羊上，目前转基因的主要用途是改变乳的成分、提高产奶量和生长速度。例如，牛奶中乳酪的产量与牛奶中 K 酪蛋白的含量直接相关。转入一个超量表达的 K 酪蛋白基因能够增加酪蛋白的产量。通过胚胎基因转移技术导入原有基因的额外拷贝、采用某些乳蛋白高水平表达基因的调节序列以及转移另一物种的乳蛋白基因或修饰基因，可以改变原有乳蛋白的成分和性质，如把人乳蛋白产物引入家畜乳中，以这种家畜的乳替代人乳，或提高牛乳中某些蛋白质的浓度，改变牛乳加工处理的性能等，目前分离出改变乳成分的有关基因，看来通过胚胎基因转移改变乳成分的前景是广阔的。2012 年，内蒙古农业大学培育出了世界首例转乳糖分解酶基因奶牛，而且"转基因奶牛"健康成长，为培育"低乳糖奶牛"新品种提供了重要的技术基础。

③ 利用家畜生产药物蛋白的研究。由于人类医学的需要，转入人类蛋白基因，生产药用蛋白是转基因动物研究的一个重要方面。人们已把人的血红蛋白基因转入猪获得成功，所得到的转基因猪在血液中表达了人的血红蛋白。经检测发现，它与天然的人的血红蛋白性质完全相同。白蛋白历来是从人的血液中提取，其价格昂贵。2011 年，吉林大学农学部奶牛繁育基地成功培育出一头携带转入赖氨酸基因的克隆奶牛，这头克隆奶牛是利用分子生物学技术，将牛乳蛋白中编码赖氨酸基因片段转入"雌性荷斯坦牛"胎儿成纤维细胞内，以此体细胞为细胞核供体，通过体细胞核移植技术制备克隆胚胎，再将克隆胚胎移植到西门塔尔杂交母牛（黄白花）体内代孕，受体牛妊娠后顺利产下一头雌性转基因克隆牛犊（黑白花）。2013 年，阿根廷科学家成功获得世界上第 1 头加入两个人类基因的奶牛——罗西塔 ISA，其产出的牛乳非常类似于人乳，其中含有抗菌抗病毒成分，能够大大提高婴儿的免疫力，这是乳制品营养领域的重大进步。现在已经成功地培育了含人体清蛋白基因的山羊。还有一种转基因山羊，在乳中可产生具有抗癌作用的复合单克隆抗体，利用这种转基因山羊可极大地降低生产这种复杂分子的成本。由于艾滋病和肝炎的流行，使一些原来从人血中制备的药物蛋白增加了感染的危险性，于是人们设想，采用胚胎基因转移技术，采用家畜乳生产药物蛋白。采用这种方法，虽然创建转基因动物品系的成本很高，但增殖与应用成本却很低，而且动物乳生产的药物蛋白不含上述感染物质。由于 β-乳球蛋白在反刍动物乳中浓度最高，而且仅在乳腺中表达，于是 Clark 等（1989）把含有启动子的 β-乳球蛋白基因与含有终止子的人血凝因子Ⅸ基因拼接，将这种融合基因注入绵羊受精卵原核内，由此产生的雌性转基因绵羊乳中检测出有活性的人凝血因子Ⅸ，含量为 25 μg/mL。另外，把与人凝血因子基因序列有相似结构的 α_1-抗胰蛋白酶（也称 α_1-蛋白抑制因子）基因导入绵羊，也得到表达，乳中 α_1-抗胰蛋白酶的浓度为 2～20 μg/mL，虽然这些基因的表达水平很低，但也说明，乳腺能生产药物蛋白，当然要提高表达水平还须进一步研究，一旦成功，将为畜牧生产开辟新的领域。

从以上的研究进展可见，转基因动物育种技术的进步，不仅可提高畜牧业的生产效率，还可拓展家畜新的用途，为畜牧业持续、高效的发展提供技术力量。

6. 转基因动物的应用前景

目前人类在转基因动物方面所取得的成果还仅仅处于起步阶段。随着生命科学各个领域的不断发展，新的突破会不断产生，一些在实验室中获得的成果可以不断地运用到生产实践中去。相信在未来，人们可以创造出更多有良好经济效益的物种，使地球的生物圈变得更加丰富多彩。转基因技术的诞生、成熟和推广正在给畜牧业带来一场新的革命。

三、分子生物技术与分子育种技术

进入 20 世纪 80 年代以来，随着分子生物学、分子遗传学的迅速发展，以候选基因和 DNA 分子标记为核心的各种分子生物技术不断出现，动物遗传育种也已进入分子水平，即分子育种，使育种朝着快速改变动物基因型的方向发展。近几年，由于分子生物学和各种分子生物技术的发展，使人们有可能直接从遗传物质本身的基础上揭示生物的性状特征，它与基因产物的研究相比克服了年龄、性别、组织及各种内外环境因素的影响，而且所提供的遗传差异，即遗传标记的种类又非常多，因此分子育种越来越受到人们的重视。采用分子育种，可使培育动物新品种的时间由过去的 8～10 代缩短到 2～3 代，其主要方法是对主要经济性状进行基因定位，用遗传连锁法和候选基因法测定数量性状的主效基因以及进行 DNA 分子遗传标记法的辅助选择。这些措施的综合应用，可以大大提高经济性状的选择进展，加快品种的改良和新品种的培育速度。利用分子手段研究决定目标性状遗传机理及制定相应的分子遗传标记辅助选择的方法和技术，目前已成为动物分子育种研究的热点。

1. 分子生物技术的类型及其应用

目前，常用的分子生物技术都是在 DNA 的分离提取、DNA 的限制性酶切、凝胶电泳、DNA 的扩增合成、分子杂交、序列测定等技术的基础上产生的。

（1）常用的分子技术。

① DNA 指纹（DNA fingerprint，DFP）技术。

② 限制性片段长度多态性（restriction fragment length polymorphism，RFLP）技术。

③ PCR 技术（polymease chain reaction，PCR）。在 PCR 技术的基础上，目前衍生了许多方法，如 RAPD 技术（random amplified polymorphic DNA，RAPD）；RAMP 技术（random amplified microsatellite polymorphism，RAMP）；扩增长度多态性（amplified length polymorphism，ALP）；特异性扩增多态性（specific amplified polymorphism，SAP）；微卫星 DNA 标记（microsatellite repeats）；小卫星 DNA 标记（minisatellite DNA）；单链构型多态性标记（single - strand conformation polymorphism，SSCP）等。

④ 差异显示（diffrential display）技术。

⑤ DNA 序列分析。

⑥ 线粒体 DNA 的限制性片段多态性（mitochondrial DNA restriction fragment length polymorphism，mtDNA RFLP）。

（2）分子生物技术的应用。

① 构建分子遗传图谱与基因定位。目前用 DNA 分子标记已构建了一些动物的分子遗传图谱，这些图谱将为动物的进一步开发利用提供重要的基础资料。

② 用于家畜基因的监测、分离和克隆。主要经济性状的主基因和一些有害基因的监测、分离和克隆。

③ 用于动物基因组学分析。DNA 分子标记所检测到的动物基因组 DNA 上的差异稳定、真实、客观。可用于品种资源的调查、鉴定与保存，研究动物的起源进化，杂交亲本的选择和杂种优势预测等。

④ DNA 标记辅助选种。利用 DNA 标记辅助选种是一个很诱人的领域，将给传统的育种研究带来革命性的变化，这也是分子育种的一个重要方面。目前，许多研究都集中在各种 DNA 分子标记与主要经济性状之间的关系上。

⑤ 性别诊断与控制。一些 DNA 标记与性别有密切关系，有些 DNA 标记只在一个性别中存在。利用这一特点，可以制备性别探针，进行性别诊断；分离性基因，做转基因之用。

⑥ 证身和父系测验。如 DNA 指纹有高度多变性和稳定性，人们已用它做证身和父系测验。

⑦ 突变分析。由于大部分 DNA 分子标记符合孟德尔遗传规律，有关后代的 DNA 带谱可以追溯到双亲。后代中出现而上亲中没出现的带谱肯定来自突变。

2. 数量性状位点（QTL）与标记辅助选择

（1）牛的基因图谱与 QTL。 对数量性状遗传变异有贡献的位点称 QTL，简称数量性状位点（QTL）。如果 QTL 是一个重要的经济性状位点，则可称为 ETL。基因图谱是 QTL 定位和 QTL 效应估计的基础，标记- QTL（连锁）分析是标记辅助选择的前提。标记- QTL 分析涉及复杂的遗传学方法。尽管目前 QTL 分析的成果还不是很多，但鉴别出影响牛数量性状变异遗传因子的希望是存在的。

含有数百个微卫星（MS）和限制性长度多态性（RFLP）标记的牛基因组染色体的连锁和物理图谱已经做出。标记辅助选择的应用有利于对影响重要经济性状的因子做系统的基因组分析。因此，具有一个详细描述基因或遗传标记的基因图谱，会给影响某个性状的染色体区域的发现和分析带来极大的方便。根据动物的家系遗传关系，做沿着染色体组的多位点减数分裂的连锁关系分析，可以得出牛基因组的连锁图。

为做出连锁图必须鉴定出牛的多态基因位点（具多个等位基因且在群体中随机分离的位点）。人们最初采用 RFLP 标记做此类连锁图，但这种方法对牛基因组做图费时费工。在人类基因组做图工作中，发现了内含于人 DNA 序列的高度变异的 VNTR（可变数目串联重复，1989），即微卫星（MS）。MS 变异十分丰富，大小可变，一位点的多个等位基因在群体中随机分离，符合孟德尔遗传规律，在几种哺乳动物的染色体组中随机分布。当结合 PCR（聚合酶链式反应）和定点侧翼 DNA 引物技术时，一种理想的基因定型体系建立起来，该体系可用于任何物种快速基因组图，具体操作上采用来源于参考家系（设计产生最多的杂合型和对每个位点产生最多的有丝分裂相以估计重组率）的 DNA 进行分析。目前，牛的基因做图也主要采用上述方法。

牛基因图谱工作在近年已取得较大进展。迄今采用不同的方法，已经有超过 600 个基因和 1 600 个 DNA 标记定位在牛基因图谱上。但目前已定位的基因主要是牛的质量性状位点，如双肌基因位点、无角基因、主要组织相容性复合体（MHC）位点。显然，还有更多的基因位点需要做图，也需要提高做图的精度，以便使用牛基因图谱更为方便。当然，目前的工作多数是直接利用 DNA 的标记做图，方法是通过遗传连锁做图为 QTL 做图提供资源。

（2）MA 技术的应用。 在家畜性能或后裔测定之前提高选择准确性的最佳途径就是最大限度地应用遗传标记技术（MAS）。通过探测种 DNA 片段长度的变化所获得的标记，可应用于示踪一个等位基因或一条染色体区段从亲代传递到子代的情况。对那些采用目前常规的育种技术难以改进的性状，应用 MAS 可望有较广阔的前景，如屠宰性状、抗病与免疫力、繁殖力与成活力性状，它们比较难以度量，有的遗传力低。

① 附加遗传标记的必要性。依后裔测定和性能测定做出保留或淘汰一头幼畜的决定是基于谱系信息的，保存完整记录和资料处理方法的革新已强化了这种信息的价值。但是，谱系信息中的遗传变量充其量不到 1/2。此外，在区分类似或一致谱系的个体之间的差异时，谱系信息就无能为力了。遗传多样性为直接识别遗传差异提供了另一途径，当一种遗传标记与一种经济性状关联时，把这种遗传标记补充到传统的选择方法中去就可以提高对类似或一致谱系的个体之间进行选择的

准确性。

② 作为遗传标记的基本条件。识别了遗传多样性不能机械地定义为一种有用的或有信息的标记，这种标记必须可追踪，即通过配子从亲代传递到子代，它必须与一个可度量的性状有关系。准确性增加的多少取决于在一个群体中这种标记的频率以及与它关联影响的大小。

③ 遗传标记与数量性状位点的关系。一种遗传标记与一个数量性状位点（QTL）之间的关系决定了遗传标记的效用。一个遗传标记可以位于数量性状位点上，也可以远离数量性状位点。当一种遗传标记位于数量性状位点上时，被认为是完全连锁。此种情况下，遗传标记在重组时丢失的可能性很小，对这种遗传标记的选择就相当于对数量性状的选择。这种类型的遗传标记比较适合在家系间、品种间和动物间进行选择。当一个遗传标记远离 QTL 时，这种关系是一种跨越连锁，遗传标记与 QTL 间距离越大，重组的机会和遗传标记与 QTL 关系丢失的机会越大。此外，在不同的家系之间，遗传标记与 QTL 的关系在大小和方向上也有所不同。因此，这种类型的遗传标记常常仅限于在家系内的选择，不适合在家系间、品种间或动物间应用。

④ 应用前景。奶牛业和肉牛业刚开始研究 DNA 技术的应用，目前和未来的发展将集中在 3 个方面，即限性性状、非生产性的性状以及在性能或后裔测定前幼畜的预筛选。

奶牛业所涉及的大多数性状是限性性状。然而，产奶量遗传进展的 3/4 是由于选择幼年公畜带来的。因为一头公牛并不产奶，它的产奶性状的育种值必须从有关母畜计算出来。现在虽然可以准确地评定一头公牛的真正遗传品质，但此过程世代间隔长，母畜群体相对较大。遗传标记不受动物性别、年龄或发育阶段的限制。一旦一种标记与一个数量性状位点之间的关系被确定，那么这种标记辅助选择计划就可以在公畜和母畜上得以实现。

繁殖和健康等性状的重要性日益增加，这些性状的遗传力通常较低，受环境影响较大。分析标记不受环境因子的影响，因此它可以回答迄今为止未知的问题。不理想的单基因性状（隐性有害基因），可导致动物的抗病力以及对疾病的易感性日益增多。此外，提高繁殖率的机会也相当大，目前已经知道了几种生殖激素基因的染色体位点。因为基因在动物间趋于保守性，所以最近有关小鼠顶体基因和穆勒式抑制基因的识别，都可以直接应用到牛的研究中。如果发现了与雄激素有关的牛精清蛋白的多态性，有关幼年公牛性成熟的年龄、精液品质或精子生产的问题就有可能得到解决。此外，分子技术也能发展于嵌合体的研究。例如，目前一种 DNA 测试能有效地早期识别异性双胎不育母犊牛。但将 DNA 技术应用于非生产性状的主要限制因素是缺乏信息和保存系统记录。

在进入后裔测定或性能测定之前，预选幼年动物，特别是对那些有类似或一致谱系的动物应用遗传标记具有诱人的前景。应用已证实的遗传标记在生命的早期预选公牛或母犊牛，并可补充完整的记录，淘汰那些缺乏有利标记的动物，将会提高所留动物的平均遗传值。早期选种带来选种效率的提高在养牛业中具有深远的意义。

遗传多态性提供了直接探测遗传变异、提高选择准确性的机会，可补充已建立起的常规选种技术程序，但一般认为还不能代替传统的选择方法。

（蓝贤勇、陈宏）

主要参考文献

常洪，2009. 动物遗传资源学［M］. 北京：科学出版社.
刘榜，2007. 家畜育种学［M］. 北京：中国农业大学出版社.
莫放，2010. 养牛生产学［M］. 2 版. 北京：中国农业大学出版社.
内蒙古农牧学院，1989. 家畜育种学［M］. 北京：中国农业大学出版社.

王根林，2000. 养牛学［M］. 北京：中国农业大学出版社.
杨纪珂，1979. 数量遗传基础知识［M］. 北京：科学出版社.
昝林森，2007. 牛生产学［M］. 2版. 北京：中国农业出版社.
张细权，李加琪，杨关福，1997. 动物遗传标记［M］. 北京：中国农业大学出版社.
张沅，2001. 家畜育种学［M］. 北京：中国农业大学出版社.

第五章

奶 牛 繁 殖

奶牛繁殖在奶牛生产中十分重要。研究奶牛的生殖生理特点及其规律以及繁殖过程，采用繁殖新技术，保证奶牛具有正常的生殖机能和较高的繁殖力，充分发挥优良品种奶牛的繁殖潜力和遗传特性，才能保障和促进奶牛生产性能的不断提高。

第一节　母牛生殖生理特点

一、母牛生殖器官及功能

母牛的生殖器官（reproduction organs）由内生殖器官［包括卵巢、输卵管、子宫、阴道（图5－1)］和外生殖器官（包括尿生殖前庭、阴唇、阴蒂）组成。

1. 内生殖器官

(1) 卵巢。卵巢（ovary）是母牛的性腺，其作用是产生卵子和分泌性腺激素。卵巢的位置、形状、大小和解剖组织结构因个体年龄、繁殖周期不同而变化。卵巢附着于卵巢系膜上，其附着缘为卵巢门，血管和神经由此通入卵巢内，未附着于卵巢系膜的游离缘露于腹腔内。

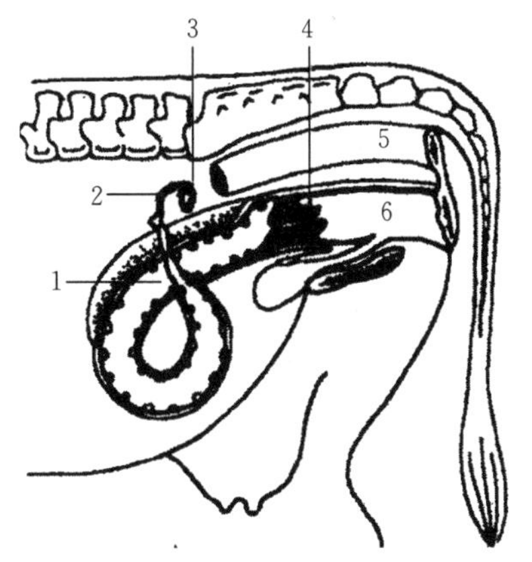

图5－1　母牛的生殖器官
1. 子宫角　2. 输卵管　3. 卵巢
4. 子宫颈　5. 直肠　6. 阴道

奶牛的卵巢一般位于子宫角尖端外侧，初产及经产胎次少的母牛，卵巢均在耻骨前缘之后，即骨盆腔内。经产母牛的子宫角因胎次增多而逐渐垂入腹腔，卵巢也随之前移至耻骨前缘的前下方。卵巢形状为稍扁的椭圆形，左、右各一。卵巢平均长2～3 cm，宽1.5～2 cm，厚1～1.5 cm。

卵巢的组织结构（图5－2）一般分为被膜、皮质和髓质。被膜由生殖上皮和白膜组成。卵巢表面除卵巢系膜附着部外，均覆有一层生殖上皮，因而卵巢表面各处均可排卵。幼年卵巢的生殖上皮为单层立方或柱状，随年龄增长而趋于扁平。生殖上皮下为一层致密结缔组织构成的白膜。白膜内为卵巢实质，分为浅层的皮质和深层的髓质。卵巢的皮质由基质、处于不同发育阶段的卵泡、闭锁卵泡和黄体等构成。基质由较致密的结缔组织构成，内含大量网状纤维和少量弹性纤维，还有较多的梭形结缔组织细胞。髓质为疏松结缔组织，含有丰富的弹性纤维、血管、淋巴管和神经等，而梭形细胞及平滑肌纤维少。卵巢动脉呈螺旋状，静脉则成静脉丛。髓质和皮质间没有明显的界限。

(2) 输卵管。输卵管（fallopian tube）是一对细长而弯曲的管道，长20～30 cm，位于卵巢和子宫角之间，是卵子进入子宫的通道。输卵管分为漏斗部、壶腹部和峡部三段。漏斗部靠近卵巢端，扩

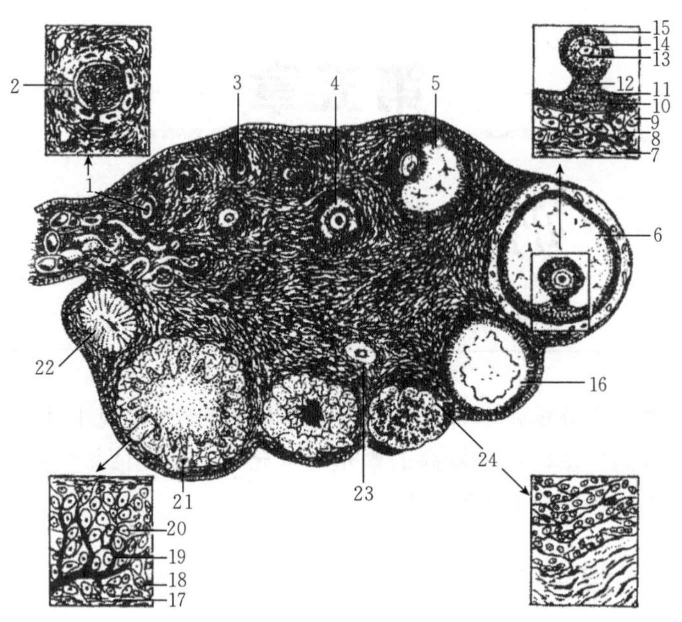

图 5-2 卵巢的组织结构

1. 原始卵泡 2. 卵泡细胞 3. 卵母细胞 4. 次级卵泡 5. 生长卵泡 6. 成熟卵泡 7. 卵泡外膜 8. 卵泡膜的血管 9. 卵泡内膜 10. 基膜 11. 颗粒细胞 12. 卵丘 13. 卵细胞 14. 透明带 15. 放射冠 16. 刚排过卵的卵泡空腔 17. 由外膜形成的黄体细胞 18. 由内膜形成的黄体细胞 19. 血管 20. 由颗粒细胞形成的黄体细胞 21. 黄体 22. 白体 23. 萎缩卵泡 24. 间质细胞

大呈漏斗状，可将卵巢包裹，漏斗边缘形成许多不规则皱襞，称输卵管伞。漏斗的中央有一个与腹腔相通的输卵管腹腔口即输卵管喇叭口，卵巢排出的卵子由此进入输卵管中。壶腹部位于漏斗部和峡部之间的膨大部分，是卵子受精的地方。壶腹部和峡部连接处称为壶峡连接部。峡部较短，细而直，其末端与子宫角尖端相连称宫管结合部，并与子宫角相通。

输卵管的管壁从外向内由浆膜、肌膜和黏膜构成。浆膜由疏松结缔组织和间皮组成。肌膜由内环外纵两层平滑肌组成，其中混有斜行纤维，使整个管壁能协调地收缩。由于两层之间无明显界限，因而有些肌束呈螺旋形排列。肌层从卵巢端向子宫端逐渐增厚。黏膜形成许多纵行的皱褶，以壶腹部最多，且反复分支，在近子宫端皱褶变低而减少。黏膜上皮细胞有柱状纤毛细胞和无纤毛的分泌细胞，两者相间排列。柱状纤毛细胞通过纤毛向子宫端颤动，有助于卵子的运送。这种细胞在输卵管的卵巢端，特别在伞部，较为普遍，越向子宫端越少。分泌细胞含有分泌颗粒和糖原，其大小和数量因发情时期的不同而有很大变化，其分泌物是精子和卵子的运载工具，也是精子、卵子及早期胚胎的营养液。

(3) 子宫。奶牛的子宫（uterus）分为子宫角、子宫体和子宫颈 3 个部分。奶牛的子宫角基部之间有一纵隔，将二角分开，称为对分子宫。子宫借子宫阔韧带附着于腰下部和骨盆腔侧壁，子宫阔韧带内有丰富的结缔组织、血管、神经和淋巴管。子宫前端与输卵管相接，后端突出阴道内，称为子宫颈阴道部，背侧为直肠，腹侧紧邻膀胱。

两个子宫角在子宫的前部，位于腹腔内（未经产的牛则位于骨盆腔内），其形状如同弯曲的绵羊角，大弯在上，小弯在下，子宫角尖端较细，基部粗，其直径为 1.5～3 cm，子宫角长 20～40 cm，两子宫角基部中间的纵隔外上方有一明显的纵沟，称为角尖沟，在直肠检查时可以摸到。子宫角前端与输卵管相通，后端汇合而成子宫体，子宫体长度为 3～4 cm，位于骨盆腔内，部分在腹腔，前与子宫角相连，向后延续为子宫颈，子宫颈长度为 5～10 cm，直径为 3～4 cm，位于骨盆腔内，前端与子宫体相通为子宫颈内口，后端突出于阴道内约 2 cm，称为子宫颈阴道部，在子宫颈管内有 3～4 个环形的彼此契合的新月形皱襞，呈螺旋状。子宫颈管平时闭合，发情时稍松弛；妊娠时，子宫颈收缩很紧并分泌一种黏稠的黏液封闭子宫颈管，以保护胎儿的安全发育；分娩时子宫颈扩大。

子宫的组织结构由里向外为内膜、肌膜和外膜。子宫内膜由黏膜上皮和固有膜构成。黏膜上皮为柱状细胞，上皮下陷入固有膜构成子宫腺。固有膜也称基质膜，非常发达，内含大量的淋巴、血管和子宫腺。子宫腺为弯曲的分支管状腺。子宫腺以子宫角最发达，子宫体较少，子宫颈仅在皱襞之间的深处有腺状结构。牛子宫角内膜表面，沿子宫纵轴排列着 80～120 个半圆形隆起（直径为 15 mm），称为子宫阜。子宫阜上无子宫腺分布。妊娠时，子宫阜显著增大即发育为母体子叶。肌膜由强厚的内环行肌和较薄的外纵行肌构成，内、外肌层之间有交错的肌束和血管网。子宫外膜为浆膜，由疏松结缔组织和间皮组成。

(4) 阴道。奶牛阴道（vagina）的背侧为直肠，腹侧为膀胱和尿道。阴道呈扁管状，前端因子宫颈阴道部突出而形成一环状或半环状陷窝，称为阴道穹隆，向后延接尿生殖前庭。阴道壁由肌层和黏膜层构成，在肌层的外面，除阴道的前端覆有浆膜外，其余部分均由骨盆内的疏松结缔组织包围。阴道黏膜有许多纵褶，无腺体，在阴道前端子宫颈后方具有一些黏液细胞。

牛的阴道长 22～28 cm，具有多种功能。它不仅是交配器官，也是交配后精子集聚和保存的场所，并不断向子宫供应精子。阴道的生化和微生物环境可保护生殖道不遭受微生物入侵。阴道通过收缩、扩张等功能，排出脱落的子宫内膜和输卵管的分泌物。同时，也是分娩时的产道。

2. 外生殖器官

外生殖器官（external genital organs）包括尿生殖前庭、阴唇和阴蒂等。

(1) 尿生殖前庭。尿生殖前庭呈扁管状。前端腹侧有一横行的黏膜褶，称为阴瓣，以此与阴道分界；后端以阴门与外界相通。在前庭前端底部阴瓣的后方有尿道外口。在前庭近顶壁的两侧有前庭大腺的开口，近底壁的两侧有前庭小腺的开口。

(2) 阴唇。阴唇是母牛生殖器官的最末端，分左右两片构成阴门，其上下端联合处形成阴门的上下角。阴门上角与肛门之间为会阴部。阴唇间的开口为阴门裂。阴唇的外面是皮肤，内为黏膜，二者之间有大量的阴门括约肌及结缔组织。

(3) 阴蒂。阴蒂由勃起组织构成，与公牛的阴茎有相同的胚胎起源。其凸起于阴门下角的阴蒂窝内。富有感觉神经末梢。

3. 生殖器官的系膜、血管和神经

(1) 系膜。内生殖器官的系膜统称为子宫阔韧带，是左右两片宽阔的浆膜皱襞，将卵巢、输卵管和子宫悬挂于腰下和盆腔前部。由卵巢系膜、输卵管系膜和子宫阔韧带组成，三者之间无明显分界。子宫阔韧带起于骨盆的两侧壁，输卵管上系膜由阔韧带的外层构成，与卵巢固有韧带（由卵巢至子宫角尖端的韧带）共同构成卵巢囊。子宫阔韧带由两层浆膜构成，是血管、淋巴管以及神经出入卵巢、子宫的通道，另外还含有平滑肌组织。

(2) 血管。分布到内生殖器官的动脉（图 5－3），每侧主要有卵巢动脉、子宫动脉和尿生殖动脉子宫支。外生殖器的主要动脉是阴部内动脉和髂内动脉。静脉一般与同名动脉并行。

① 卵巢动脉。牛一般在第 4、5 腰椎处，肠系膜后动脉之前，起于腹主动脉。通过分支供给卵巢、输卵管和子宫角相邻部的血液。分支到达子宫角尖端，向后与子宫动脉的分支相吻合。

② 子宫动脉。子宫动脉是子宫的主要动脉，在妊娠时特别发达。起于髂内动脉起始处外缘。子宫动脉在子宫阔韧带内进入骨盆腔，在未到子宫之前分为前后两支，再分出数支分布于子宫壁，并向前和卵巢动脉子宫支吻合，向后和尿生殖动脉子宫支吻合。

③ 尿生殖动脉子宫支。起于相当于第 4、5 荐椎处的尿生殖动脉。子宫支向下达到阴道、子宫颈和子宫体，并与子宫动脉的分支吻合。

(3) 神经。分布于生殖器官的神经均来源于交感神经和副交感神经。交感神经来自腰内脏神经（或称内脏后神经），向后行，进入肠系膜后神经节，由此再分出 1～3 支腹后神经，向后进入盆腔，形成盆神经丛。副交感神经来自荐神经腹支的盆神经，向下行，与腹后神经形成盆神经丛。由肠系膜后神经节及盆神经丛都发出分支，分布到生殖器官各部分。

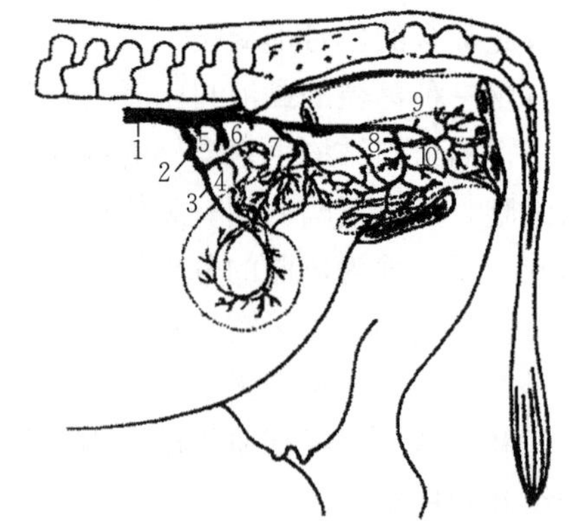

图 5－3　母牛生殖器官的血管

1. 腹主动脉　2、4. 卵巢动脉　3. 卵巢动脉子宫支　5. 肠系膜后动脉　6. 髂内动脉　7. 子宫动脉　8. 尿生殖动脉　9. 阴部内动脉　10. 尿生殖动脉子宫支

二、母牛的性机能

母牛性机能的发育过程是一个从发生至衰老的生理过程。一般分为初情期、性成熟期、初配适龄及繁殖能力停止期。各期的确切年龄根据品种、饲养管理、营养水平以及自然环境条件等因素的不同而不同，即使同一品种，也因个体生长发育及健康情况的不同而有所差异。

1. 初情期

初情期（puberty）是母牛初次发情和排卵的时期（6～12 月龄），体重约为成年体重的 35%，是性成熟的初级阶段，也是具有繁殖能力的开始的时期。但此时生殖器官仍在继续生长发育，不能配种。

初情期前生殖道和卵巢增长缓慢，随着年龄的增长而逐渐增大。卵巢上也具有卵泡的发育和退化的周期性活动，但所有卵泡都是闭锁退化而消失，直到初情期开始，卵泡才能生长成熟以致排卵。初情期后，血液中促性腺激素水平的提高，促进了卵巢中卵泡的发育。同时，由于卵泡的发育，所分泌的大量雌激素释放到血液中，刺激了生殖道的生长和发育。

在第一次排卵和形成黄体时，70%以上不出现发情的行为和征状。因为诱导明显的发情征状需要少量的孕酮与雌激素协调作用。初情期前的母牛，因卵巢中没有黄体产生，而且缺少孕酮分泌，因此，初情期母牛的发情往往表现安静发情，即只排卵而不发情。

2. 性成熟期

性成熟（sexual maturity）期是母牛初情期以后的一段时期（12～14 月龄），此时生殖器官已发育成熟，具备了正常的繁殖能力。但此时母牛的生长发育仍在继续进行，尚未达到完全发育成熟阶段，故一般情况下不宜配种，以免影响母体自身和胎儿的生长发育或引起难产。

3. 初配适龄

母牛的初配适龄（the first mating）应根据具体生长发育情况而定，一般在性成熟期以后（15～18 月龄），但在开始配种时的体重应不低于其成年群体平均体重的 70%。北方地区达到 380 kg，南方地区达到 350 kg 左右。过迟配种则降低经济效益，而且易导致母牛肥胖，降低其生殖机能。

4. 繁殖能力停止期

母牛的繁殖能力（reproductive capacity）有一定的年限（13～15 岁），繁殖能力消失时期称为繁殖能力停止期。繁殖年龄的长短因品种、饲养管理以及健康情况的不同而异。母牛繁殖能力丧失后，便无饲养价值，应予以淘汰。

三、卵子的发生与卵子形态结构

1. 卵子的发生

母牛在胎儿阶段，卵巢皮质内的卵原细胞生长发育成为初级卵母细胞。初情期后，初级卵母细胞发生第 1 次成熟分裂，生长发育成为次级卵母细胞，在精子的刺激下，次级卵母细胞完成第 2 次成熟分裂，并迅速与精子结合而受精形成合子。因此，卵子发生过程包括卵原细胞增殖、卵母细胞生长和卵母细胞成熟 3 个阶段。

（1）卵原细胞增殖。在胚胎期性别分化后，母牛胎儿的原始生殖细胞便分化为卵原细胞。卵原细胞的染色体为二倍体，含有典型的细胞成分，如高尔基体、线粒体、内质网、细胞核和核仁等。卵原细胞通过有丝分裂，以一分为二、二分为四的方式增殖成许多卵原细胞，这个时期称为增殖期或有丝分裂期。

牛的卵原细胞增殖开始较早，持续时间相对于整个妊娠期较短，一般在胚胎期 45～110 d。卵原细胞经过最后一次有丝分裂，即发育为初级卵母细胞并进入成熟分裂前期，然后便被卵泡细胞所包围而形成原始卵泡。当原始卵泡出现后，有的卵母细胞就开始退化（卵泡闭锁），牛卵母细胞开始退化的平均胚龄时间为 90 d。此后，卵母细胞不断产生的同时又不断退化，到出生时或出生不久，卵母细胞的数量已经减少很多。牛在胚龄 110 d 时，卵母细胞约有 270 万个，出生时仅有 6.8 万个。以后随着年龄的增长，卵母细胞数量继续减少，最后能达到发育成熟至排卵的只有极少数。一头母牛出生时有 6 万～10 万个卵母细胞，一生中有 15 年的繁殖能力，如发情而不配种，每 3 周发情排卵 1 次，总共排卵数也仅有 257 个，排卵者仅占 0.2%～0.4%。因此，开发母牛的卵巢卵泡资源，对提高其繁殖潜力具有重要意义。

（2）卵母细胞生长。卵原细胞经过最后一次有丝分裂之后，即发育为初级卵母细胞。此期的主要特点是：卵黄颗粒增多，使卵母细胞的体积增大；出现透明带；卵泡细胞通过有丝分裂而增殖，由扁平变为立方形，由单层变为多层；初级卵母细胞形成后，一直到初情期到来之前，卵母细胞的生长处于停滞状态，称为静止期或称核网期。发育停滞现象一直维持到排卵前才结束，随之第 1 次成熟分裂开始，称为复始。卵泡细胞可作为营养细胞为卵母细胞提供营养物质。因此，到了成熟时，卵子已有储备物质，为以后的发育提供能量来源。

（3）卵母细胞成熟。卵母细胞成熟是初级卵母细胞经两次成熟分裂（或减数分裂）后完成的。卵泡中的卵母细胞是一个初级卵母细胞，在排卵前不久完成第 1 次成熟分裂，变为次级卵母细胞，受精后完成第 2 次成熟分裂。第 1 次成熟分裂分为前期、中期和末期。前期分为细线期、偶线期、粗线期、双线期及终变期。当初级卵母细胞进行第 1 次成熟分裂时，卵母细胞的核向卵黄膜方向移动，核仁和核膜消失，染色体聚集成致密状态，然后中心体分裂为两个中心小粒，并在其周围出现星体，这些星体分开，并在其间形成一个纺锤体，成对的染色体游离在细胞质中，并排列在纺锤体的赤道板上。在第 1 次成熟分裂的末期，纺锤体旋转，有一半的染色质及少量的细胞质排出，称为第 1 极体，而含有大部分细胞质的卵母细胞则称为次级卵母细胞，其中所含的染色体数仅为初级卵母细胞的一半，变为单倍体。

第 2 次成熟分裂时，次级卵母细胞再次分裂成为卵细胞（卵子）和第 2 极体。卵细胞的染色体为单倍体，而且细胞质含量也很少。此外，第 1 极体有时也可能分裂为两个极体，分别称为第 3 极体和第 4 极体。第 2 次成熟分裂持续时间很短促，是在与精子受精过程中借助精子的刺激完成的。此期的卵子与精子一样，各含有单倍染色体，只有受精的合子才为双倍体。

牛的卵子在排卵时尚未完全成熟，仅完成第 1 次成熟分裂，即卵泡成熟破裂时，排出的是次级卵母细胞和第 1 极体。排卵后，次级卵母细胞开始进行第 2 次成熟分裂，直到精子进入透明带才被激活，产生并释放出第 2 极体，完成第 2 次成熟分裂。未受精的卵子在子宫内退化及碎裂，被吞噬细胞吞噬或被子宫吸收。

2. 卵子的结构与形态

奶牛的正常卵子（egg）为卵圆形，直径为 138～143 μm。凡是椭圆形或扁形的、有大型极体或无极体的、卵黄内有大空泡的、特大或特小的、异常卵裂等都属于畸形卵子。造成畸形卵子原因，包括遗传、环境性应激、营养和年龄因素等。另外，卵母细胞成熟过程不正常或不完全，可能导致极体不能排出，也是引起畸形卵子的因素。

卵子结构主要包括放射冠、透明带、卵黄膜及卵黄等部分（图 5-4）。

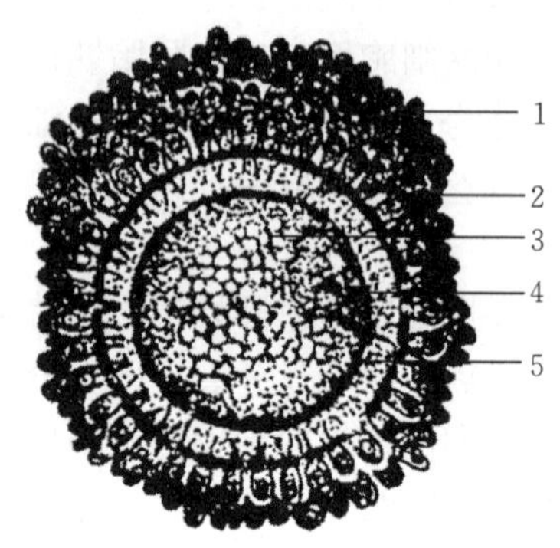

图 5-4　卵子结构模式图

1. 放射冠　2. 透明带　3. 卵黄　4. 核　5. 核膜

（1）放射冠。卵子周围致密的颗粒细胞呈放射状排列，故名放射冠。放射冠细胞的原生质伸出部分穿入透明带，并与存在于卵母细胞本身的微绒毛相交织。排卵后数小时，由于输卵管黏膜分泌纤维蛋白分解酶，在其作用下使放射冠细胞松散、脱落，于是引起卵子裸露。牛的卵子运行到输卵管膨大部时，放射冠细胞消失。

放射冠的作用是在卵子发生过程中起到营养的供给和保护作用，有助于卵子在输卵管伞中运行，在受精过程中对精子有引导和定位作用。

（2）透明带。透明带位于放射冠和卵黄膜之间的均质而明显的半透膜，主要由糖蛋白质组成。其作用是保护卵子，以及在受精过程中发生透明带反应，对精子有选择作用，可以防止多个精子入卵，还具有无机盐离子交换和代谢作用。

（3）卵黄膜。卵黄外周包被卵黄的一层薄膜，由两层磷脂质分子组成。用透射电子显微镜观察，呈典型的两层结构，具有微绒毛和细胞质突起等结构，在微绒毛间有散在的吞噬细胞存在。用扫描电子显微镜观察，可见长度不等的微绒毛，形状各异。卵黄膜的作用是保护卵子，以及在受精过程中发生卵黄膜封闭作用，防止多精子受精，且使卵子有选择性地吸收无机盐离子和代谢物质。

（4）卵黄。位于卵黄膜内部的结构，外被卵黄膜，内含卵核。由核膜、核糖核酸等组成。刚排卵后的卵核处于第 2 次成熟分裂中期状态，染色质呈分散状态。受精前，核呈浓缩的染色体状态，雌性动物的主要遗传物质就分布在核内。卵黄的主要作用为卵子和胚胎早期发育提供营养物质。

排卵时的卵母细胞，卵黄占据透明带以内的大部分容积。受精后卵黄收缩，并在卵黄膜与透明带之间形成间隙，称为卵黄周隙，以供肌体储存。

四、卵泡发育及排卵

1. 卵泡发育及其形态特点

卵泡（ovarian follicle）是位于卵巢皮质部、包裹卵母细胞的特殊结构。在出生前，卵巢上便具备了大量原始卵泡，出生后随着年龄的增长而不断减少，多数卵泡中途闭锁而退化、死亡，只有少数卵泡发育成熟而排卵。出生母犊卵巢上约有 75 000 个卵泡，10～14 岁时约有 25 000 个。

初情期前，卵泡虽能发育但不能成熟排卵，当发育到一定程度时便退化萎缩。初情期在激素的调节作用下，卵巢上的原始卵泡逐步发育而成熟排卵。卵泡发育是卵泡由原始卵泡发育成为初级卵泡、次级卵泡、三级卵泡和成熟卵泡的生理过程（图 5-5）。

（1）原始卵泡。在胎儿期间已有大量原始卵泡作为储备，除极少数发育成熟外，其他均在发育过程中退化、死亡。原始卵泡位于卵巢皮质的外围。此发育阶段的特点是卵原细胞周围由一层扁平状的卵泡细胞（颗粒细胞）所包裹，没有卵泡膜和卵泡腔。原始卵泡直径主要为 20～30 μm。

（2）初级卵泡。初级卵泡由原始卵泡发育而成，位于卵巢皮质外围。其特点是卵母细胞的周围由一层立方形卵泡细胞所包裹，卵泡膜尚未形成，也无卵泡腔，且此发育阶段之前为促性腺激素的不依赖期。直径主要为 40～60 μm。

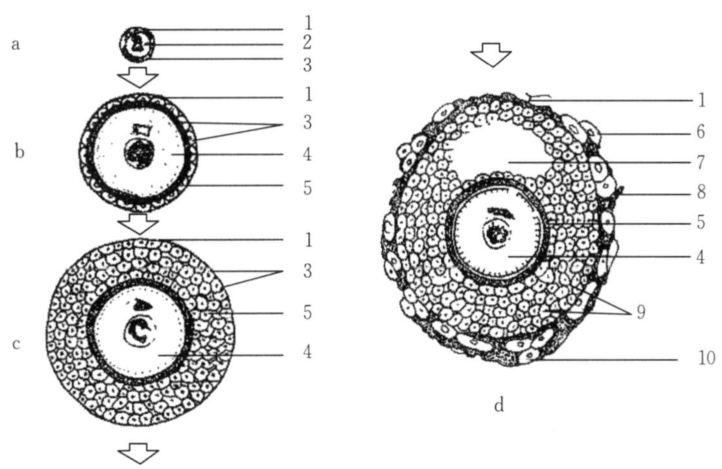

图 5-5　各级卵泡的形态结构示意图及发育阶段与促性腺激素的关系

a. 原始卵泡　b. 初级卵泡　c. 次级卵泡　d. 早期三级卵泡

1. 基板　2. 二部体卵　3. 颗粒细胞　4. 生长卵　5. 透明带　6. 类固醇激素分泌细胞

7. 卵腔　8. 血管　9. 多层颗粒细胞　10. 内膜细胞

（引自朱士恩，2006. 动物生殖生理）

（3）次级卵泡。初级卵泡进一步发育为次级卵泡，位于卵巢皮质较深层。卵母细胞被 2 层以上立方形卵泡细胞所包裹，卵泡细胞和卵母细胞的体积均比初级卵泡大，随着卵泡的发育，卵泡细胞分泌的液体增多，卵泡的体积逐渐增大，卵黄膜与卵泡细胞（或放射冠细胞）之间形成透明带。但此时尚未形成卵泡腔，以后的发育为促性腺激素依赖期。次级卵泡直径为 50～80 μm。卵泡细胞层数为 2～4 层。

上述 3 种卵泡的共同特点是没有卵泡腔，所以统称为无腔卵泡或腔前卵泡。其卵泡细胞也称为颗粒细胞。

（4）三级卵泡。三级卵泡由次级卵泡进一步发育而成。在这一时期，卵泡细胞分泌的液体使卵泡细胞之间分离，与卵母细胞的间隙增大，形成不规则的腔隙，称为卵泡腔。卵泡细胞达 5～6 层时开始出现不连续腔。其后随着卵泡液分泌量的逐渐增多，卵泡腔进一步扩大，卵母细胞被挤向一边，并被包裹在一团卵泡细胞中，形成突出于卵泡腔中的岛屿，称为卵丘。其余的卵泡细胞则紧贴在卵泡腔的周围，形成紧密的细胞层。

（5）成熟卵泡。成熟卵泡也称为葛拉夫氏卵泡，为三级卵泡进一步发育至最大体积，卵泡壁变薄，卵泡腔内充满液体，这时的卵泡称为成熟卵泡或排卵卵泡。这种卵泡扩展达卵巢皮质的整个厚度，并明显突出于卵巢表面。牛的成熟卵泡直径可达 10～14 mm。一般只有一个优势卵泡发育到成熟并排卵。

包裹卵泡的膜为卵泡膜。有关卵泡膜的形成和分层时期，很多资料中描述有异。我们最近通过对牛卵巢组织切片观察，发现初级卵泡外缘即可见个别的梭形细胞（前体膜细胞），这个阶段为膜细胞募集的起始阶段。次级卵泡阶段卵泡外缘的梭形细胞开始增多，为 1～2 层膜细胞。卵泡膜在三级卵泡阶段膜细胞层数增多并开始分为 2 层。外膜为纤维的基质细胞，对卵母细胞的发育起保护作用；内膜分布有许多血管，内膜细胞参与雌激素的合成。

三级卵泡与成熟卵泡的共同特点是含有卵泡腔，因此被称为有腔卵泡。初级卵泡、次级卵泡和三级卵泡生长发育很快，表现在细胞分裂迅速、体积增大明显，故常将这 3 种卵泡称为生长卵泡。

在腔前卵泡时期，卵泡和其卵母细胞直径增长幅度大体相等，而从有腔卵泡开始，卵泡生长速度远远大于其卵母细胞。透明带随着卵泡的发育而增厚，尤以成熟卵泡阶段增厚显著。目前，将卵泡细胞统称为颗粒细胞。

(6) 卵泡发生波。在奶牛发情周期中，卵巢上大卵泡生长有 2 个或 3 个主要时期，即每个发情周期有 2～3 个卵泡发生波。在每个卵泡发生波中都有 1 个卵泡相对于其他卵泡具有发育上的优势，通常称为优势卵泡，其他卵泡则称为劣势卵泡或从属卵泡。

奶牛每个卵泡波的特点是，从较小卵泡池中同时出现中等大小（直径>4 mm）的生长卵泡，其中一个迅速以优势卵泡出现（直径>7 mm）并继续发育，其他则退化、闭锁。一般，牛的优势卵泡发育到排卵大小需 5～7 d。优势卵泡的最大直径可达 15 mm，并保持数天的优势，直至退化、闭锁，5 d 内被下一个卵泡波的优势卵泡所取代。如果在优势化的早期或生长期内卵巢上黄体退化，优势卵泡就继续发育至排卵前大小（20 mm），最终排卵（图 5－6）。

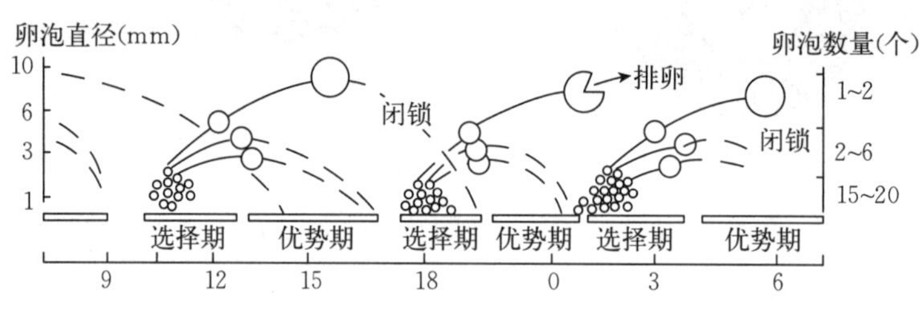

图 5－6　发情周期内牛卵泡发育规律模式图

2. 排卵

奶牛卵泡成熟后便自发排卵和自动生成黄体。奶牛一般每次只排一个卵子，个别的有排两个的。

(1) 排卵过程。卵泡在排卵过程中要经过一系列的变化，首先要完成卵母细胞胞质和核的成熟，卵丘细胞团中间出现空腔，卵丘颗粒细胞彼此逐渐分离，只剩下卵母细胞周围的颗粒细胞，即为放射冠。最后卵母细胞从颗粒层细胞中释放出来，并在促性腺激素峰后约 3 h 重新开始成熟分裂，这个过程称为核成熟，于排卵前 1 h 结束，并排放出第 1 极体。此时由于卵泡液的增加，卵泡膜变薄，卵泡外膜细胞发生水肿，纤维蛋白水解酶活性提高，在酶的作用下卵泡膜进一步变薄，卵泡顶端的上皮细胞脱落，顶端壁不断变薄，最后形成排卵点，在卵巢的神经肌肉系统的作用下，卵泡自发性收缩频率增加而使卵泡破裂。

(2) 排卵机理。排卵是一个复杂的过程，确切的机理还不十分清楚。许多研究表明，排卵由激素及卵泡局部活性物质调节。

① 促性腺激素的作用。排卵前数小时乃至十几小时，在雌激素正反馈作用下 LH 分泌增加，促使排卵前出现 LH 峰。LH 峰激发排卵卵泡产生一系列的理化变化。在 LH 峰之后，卵丘颗粒细胞变松散，并与卵母细胞的间隙连接解体，解除了使卵母细胞维持在停止状态的因子，或者诱导颗粒细胞产生诱导成熟信号，促进卵母细胞成熟分裂的恢复，达到核成熟。LH 峰之后还诱导卵泡类固醇激素、前列腺素的合成与分泌，一些生长因子和蛋白酶的合成增加，因此引发卵泡破裂而排卵。

② 类固醇激素的作用。排卵前卵泡雌二醇的含量增高，提高了卵泡细胞促性腺激素受体以及排卵轴系对孕酮等因子的敏感性。此外，雌二醇还是排卵前 LH 峰的激发者。而排卵前的孕酮对排卵过程所起作用在于：一方面，可通过调控排卵卵泡的组织重构和抗闭锁作用；另一方面，孕酮加速排卵的作用与刺激前列腺素和纤维蛋白溶解酶原激活因子系统有关。

③ PG 的作用。排卵前卵泡 PGE_2 和 $PGF_{2\alpha}$ 均增加。PGE_2 可促进纤维蛋白溶解酶原的产生，增加纤维蛋白分解酶的活性，使卵泡膜细胞破裂；$PGF_{2\alpha}$ 既可提高纤维蛋白溶解酶原的水平，也可使卵泡顶端上皮细胞的溶酶体破坏，溶酶体释放出蛋白溶解酶，使上皮细胞脱落，卵泡顶端形成排卵点。

同时，卵泡前列腺素还能使卵泡外膜组织的平滑肌细胞收缩，促进卵泡破裂。

④ 蛋白溶解酶的作用。排卵前卵泡顶端胶原分解和细胞死亡是卵泡即将破裂的标志。在促性腺激素的刺激下，围绕排卵前卵泡的卵巢表面上皮细胞分泌纤维蛋白酶原激活因子，使局部合成组织型纤维溶解蛋白酶，后者活化胶原酶并促使卵泡膜内皮组织分泌肿瘤坏死因子。胶原酶和肿瘤坏死因子促进胶原溶解。

综上所述，一般认为排卵的机制是由于 E_2 引起的 LH 锋，LH 峰引发卵泡内一系列细胞和分子关联反应，包括前列腺素和类固醇合成与释放的增加，某些生长因子和蛋白酶活性作用的增强，促进排卵前卵泡顶端细胞和血管破裂以及细胞死亡，最终导致卵泡壁破裂，释放出卵子和卵泡液。

3. 黄体的形成与退化

成熟的卵泡破裂排卵后，由于卵泡液被排空，形成的卵泡腔内产生了负压，而使卵泡膜的血管发生破裂，血液积聚于卵泡腔内形成凝块，破裂口呈火山爆发口样，且为红色，称为红体。此后颗粒层细胞增生变大，并吸取类脂质而变成黄体细胞，同时卵泡内膜分生出血管，布满于发育中的黄体，随着这些血管的分布，含类脂质的卵泡内膜细胞移至黄体细胞之间，并参与黄体形成。黄体细胞增殖所需要的营养由血管供应。

奶牛一般在发情周期的第 7 天（按 21 d 为 1 个周期，发情日为 0 d），黄体内的血管生长及黄体细胞分化完成，第 10 天达到最大体积。母牛如未配种或配种后未孕，此后黄体逐渐退化，此时的黄体称为性周期黄体或称假黄体；如妊娠，则黄体一直维持到母牛临近分娩前，此时的黄体称为妊娠黄体或称真黄体。在整个妊娠期中，黄体持续分泌孕酮，以维持妊娠，到妊娠快结束时才退化。在黄体退化时，颗粒层细胞退化得很快，表现在细胞质空泡化及胞核萎缩，随着血管的退化，黄体的体积逐渐变小，颗粒层黄体细胞逐渐被成纤维细胞所取代，最后整个黄体被结缔组织所代替，形成一个瘢痕，称为白体。大多数白体存在到下一个周期的黄体期，此时功能性黄体与退化的白体共存，一般规律是第 3 个发情周期，白体仅有疤痕存在。

根据由屠宰场获取的成年牛卵巢的黄体形态学特征，将卵巢黄体划分为圆锥状型、火山口状型、蘑菇状型、扁平片状型和表面无黄体型 5 种类型（表 5－1），通过组织学观察，前 3 种类型为功能性黄体，后 2 种类型为非功能性黄体，其功能强弱依次递减（表 5－2）。

表 5－1 牛各类型黄体的形态学特征

黄体类型	形态学特征
圆锥状型	黄体突出于卵巢表面呈圆锥形，顶端略有凹陷，ϕ5～9 mm
火山口状型	黄体突出于卵巢表面呈火山口状，顶端有明显凹陷，ϕ10～15 mm
蘑菇状型	黄体突出于卵巢表面呈蘑菇状，顶端无凹陷，ϕ10～13 mm
扁平片状型	黄体略微突出于卵巢表面，呈扁平片状，ϕ2～5 mm
表面无黄体型	卵巢表面无黄体

表 5－2 牛各类型黄体的组织结构

黄体类型	组织结构
圆锥状型	黄体的粒性细胞呈卵圆形或多边形，细胞质嗜色反应深红；细胞质内的类脂颗粒明显；细胞核卵圆形，较火山口状型、蘑菇状型黄体细胞稍小，并有变异状核型出现，如逗点状核，核仁清晰；毛细血管丰富，管腔隙较大
火山口状型	黄体的粒性细胞呈多边形，细胞核卵圆形，核仁清晰，粒性黄体细胞明显较圆锥状型、蘑菇状型少；细胞质内的类脂颗粒明显，有的呈空泡状；毛细血管网十分丰富，管腔隙较小

（续）

黄体类型	组织结构
蘑菇状型	黄体的粒性细胞居多，呈多边形，细胞核大，呈卵圆形；核的染色质少核，核仁清晰；细胞质内的嗜酸性颗粒明显；毛细血管网较丰富，管腔隙较小
扁平片状型	黄体的粒性细胞嗜色反应浅淡、量少，在粒性黄体细胞群中有较多的膜性黄体细胞出现；毛细血管较少
表面无黄体型	黄体细胞萎缩，细胞核固缩，细胞形态呈梭形；细胞质出现空泡化，毛细血管少见

五、发情与发情周期

1. 发情

母牛生长发育到一定年龄后，在下丘脑-垂体-卵巢轴系调控下，卵巢上卵泡发育并排卵，同时母牛的生殖器官、行为表现等方面也出现一系列变化，这种生理状态即为发情（estrus）。

（1）正常发情。正常发情的母牛具备4个方面的生理变化：①卵巢上卵泡发育快，卵泡体积增大迅速并突出于卵巢表面，成熟排卵，排卵后逐渐形成黄体；②阴唇充血、肿胀，子宫颈口松弛，黏液流出，如挂线或吊线状；③精神兴奋不安，食欲减退，泌乳量减少；④在运动场中爬跨其他母牛或接受其他牛爬跨，发情充分时则静立不动接受爬跨。

（2）异常发情。母牛的异常发情多见于初情期到性成熟阶段。若营养不良、饲养管理不当、环境温度和湿度突然改变也易引起异常发情。

① 安静发情。安静发情又称安静排卵，即无发情征状，但卵泡能发育成熟并排卵。母牛分娩后第1个发情周期以及每天挤乳次数多的母牛、年轻或体弱的母牛均易发生安静发情。当连续2次发情的间隔时间相当于正常间隔的2倍或3倍时，即可怀疑中间有安静发情。引起安静发情的原因可能是由于生殖激素分泌不平衡所致。例如，当雌激素分泌量不足时，发情表现不明显；有时虽然分泌量没有减少，但由于个体间对激素刺激发情表现所需的雌激素阈值不同，有些个体所需的阈值较大，虽然分泌量不少，但仍未到达阈值，故发情征状不明显或没有发情表现。促乳素分泌量不足或缺乏，引起黄体早期萎缩，使孕酮分泌量减少，下丘脑对雌激素的敏感性降低，也会引起安静发情。

② 孕后发情。在妊娠后仍出现发情表现，称为孕后发情。母牛在妊娠最初的3个月内，常有3%～5%发情，少数在妊娠期其他时间有发情表现。虽然孕后发情时卵泡发育可达即将排卵时的大小，但往往不排卵。

③ 持续发情。发情持续时间长，行为表现为持续而强烈，发情期长短不规则，周期不正常，一般患有卵泡囊肿，严重时称为慕雄狂。患牛高度兴奋，大声哞叫，阴道黏膜及阴门水肿，从阴门流出透明的黏液，食欲减退，消瘦，两侧臀部肌肉塌陷，尾根举起，频频排尿，经常追逐和爬跨其他母牛，配种后不能受胎；患牛往往伴有雄性第二性征，如声音粗低，颈部肌肉发达等。卵泡内常积有大量的液体，体积增大，既不排卵，也不黄体化，卵泡壁变薄，几乎没有颗粒细胞或内膜细胞，卵泡可发生周期性变化，即交替发生生长和退化，但不排卵。

④ 短促发情。主要表现为发情持续时间非常短，如不注意观察，常易延误配种时机。其原因可能是由于卵泡发育迅速，成熟破裂而排卵，缩短了发情期；另一种原因可能是由于卵泡在发育过程中，受某种因素的影响而突然终止发育，使发情停止。

（3）产后发情。产后发情是指母牛分娩后出现的第1次发情。一般可在产后40～60 d发情，产后第1次发情早者可于产后10 d左右发情，而迟者可达数月。但产后由于子宫尚未完全恢复，配种受胎率低，因此一般以产后60 d左右出现发情时配种最为理想。

2. 发情周期

母牛自第1次发情后，如果没有配种或配种后没有受胎，则每间隔一定时间便开始下一次发情，如此周而复始地进行，直到性机能停止活动的年龄为止，这种周期性的活动称为发情周期。计算发情周期的时间，是从前次发情开始至下一次发情开始，或者从前次发情结束到下一次发情结束所间隔的时间。

(1) 发情周期特点。牛的发情周期一般平均为21(18～24)d，青年母牛的发情周期一般较成年母牛短，发情持续时间较短，平均为18(10～24)h。发情期因季节和营养不同而略有差异，一般夏季发情较短，春秋季节较冬季短，营养情况差的较营养情况好的短。排卵发生在发情停止后10～15 h。母牛的发情行为表现比较明显，母牛在发情时会爬跨其他母牛或接受其他母牛的爬跨，有80%～90%的处女牛、45%～65%的经产母牛在发情后有时血液随黏液由阴门排出。

牛右侧卵巢的排卵概率（55.33%）较左卵巢多（36.67%），单侧排卵占90%。牛在一个发情周期中通常只有一个卵泡发育成熟并排卵，排双卵的概率仅为0.5%～2%。发情周期第10天左右的黄体达到最大体积，直径为20～25 mm。成熟的黄体为球形或椭圆形，突出于卵巢表面。起初形成的黄体呈红色为红体，至周期第5天后变为浅黄色，第14天以内为黄色，以后逐渐变为橘红色至紫红色。一般在周期第15天左右黄体开始退化。老牛的黄体退化比年轻牛慢，且退化不完全，退化的黄体在卵巢上遗留一个暗红色的残迹，最后被结缔组织所代替变成白体。退化时间有的可长达数月。

(2) 发情周期阶段的划分。根据母牛的生殖生理和行为变化，可将发情周期划分为4个阶段。

① 发情前期。为发情的准备时期。上一个发情周期形成的黄体已逐渐退化或萎缩、新的卵泡开始生长发育；雌激素分泌逐渐增加，孕激素的水平逐渐降低；生殖上皮增生和腺体活动增强，黏膜下基层组织开始充血，阴道及阴道黏膜开始充血肿胀，子宫颈和阴道的分泌物稀薄而增多。母牛行为表现主要是试图爬跨其他母牛、闻嗅、追寻其他母牛并与之为伴，同时稍有不安、敏感、哞叫，但不接受其他母牛爬跨。

② 发情期。为有明显发情征状的时期。主要表现为精神兴奋、食欲减退；卵巢上的卵泡发育较快、体积增大，雌激素分泌很快增加到最高水平，孕激素分泌逐渐降低至最低水平；子宫黏膜充血、肿胀，子宫颈口开张，子宫肌层收缩加强、腺体分泌增多；阴道黏膜上皮逐渐角质化，并有鳞片细胞（无核上皮细胞）脱落；外阴部充血、肿胀、湿润，外阴部悬挂透明棒状黏液。这一时期为接受交配期，母牛行为表现主要是爬跨其他母牛，也接受其他母牛爬跨，闻嗅其他母牛的外阴部、不停哞叫、频繁走动、敏感，两耳直立、弓背、腰部凹陷、荐股上翘，食欲差，产奶量下降。接受其他母牛爬跨时站立静止不动是母牛发情最充分时期，也是判断发情的标准。

③ 发情后期。为发情征状逐渐消失的时期。发情状态由兴奋逐渐转为抑制；卵巢上的卵泡破裂并排卵，新的黄体开始逐渐生成，雌激素含量下降，孕激素分泌逐渐增加；子宫肌层收缩和腺体分泌活动均减弱，黏液分泌量减少而变黏稠，黏膜充血现象逐渐消退，子宫颈口逐渐收缩；阴道黏膜上皮脱落，释放白细胞至黏液中；外阴肿胀逐渐消退。母牛行为表现主要是不接受其他母牛爬跨，有时被其他母牛闻嗅或闻嗅其他母牛，食欲逐渐恢复。发情结束2 d左右，一些母牛从阴门流出带血的黏液，可辅助对发情不明显情况的判定。

④ 间情期。又称休情期。性欲消失，精神和食欲恢复正常。卵巢上的黄体逐渐生长、发育至最大，孕激素分泌逐渐增加至最高水平；子宫内膜增厚，黏膜上皮呈高柱状，子宫腺体高度发育，分泌活动旺盛。随着时间的推移，黄体发育停止，并开始萎缩，孕激素分泌量逐渐减少，增厚的子宫内膜回缩，呈矮柱状，腺体变小，分泌活动停止。此时期为黄体活动期。

母牛配种的时间是在发情期，如未妊娠则在间情期结束后进入下一个发情周期；如妊娠，则不发情，直至分娩结束后子宫恢复正常，开始产后第1次发情。

在发情周期中，卵泡期与黄体期交替进行。也可将发情周期划分为卵泡期和黄体期。卵泡期是指卵泡从开始发育至成熟、破裂并排卵的时期，持续 5～7 d，约占整个发情周期的 1/3，相当于本次发情周期第 18 天至下次发情周期的第 2 天或第 3 天。卵泡期相当于发情周期的发情前期至发情后期前部分阶段。黄体期指黄体开始形成至消失的时期。从卵泡破裂后开始，黄体逐渐发育，待生长至最大体积后又逐渐萎缩，至卵泡开始发育为止，相当于发情周期的第 2～3 天开始至第 17 天。

六、发情鉴定

在牛繁殖过程中，发情鉴定（identification of estrus）是一个最基本的技术环节，通过发情鉴定，可以判断母牛发情所处阶段和程度，以便适时配种或输精，提高受胎率和繁殖速度。发情鉴定有多种方法，主要是根据母牛发情时的外部行为表现和内部生理变化（如卵巢、生殖道和生殖激素）综合进行判断。

1. 外部观察法

根据母牛爬跨的情况来发现发情牛，这是最常用的方法。一般早晚及下午各观察一次，可根据发情母牛爬跨其他母牛，或被其他母牛爬跨来判定发情程度。

母牛发情初期，往往有其他牛跟随，欲爬跨，但母牛不接受，兴奋不安，常哞叫，此时阴道和子宫颈呈轻微的充血肿胀，流透明黏液，量少；以后母牛黏液逐渐增多，兴奋性增强，其他牛跟随，但母牛尚不接受爬跨，子宫颈充血肿胀开口较大，流透明黏液，量较多，黏性较强；到了发情盛期，经常有其他牛爬跨，母牛很安定，往往站立静止不动，愿意接受，并且也爬跨其他母牛，常由阴道流出牵缕性强的透明黏液；子宫颈呈鲜红色，明显肿胀发亮，开口较大。过了发情盛期之后，虽仍有其他母牛想爬跨，但母牛已稍感厌倦，不大愿意接受，此时流出的黏液稍混杂一些乳白色的丝状物，量较少，黏性减退，牵之成丝，不像发情盛期呈玻璃棒状。此后不久，黏液变成半透明状，量较少，黏性较差，其他母牛跟逐，母牛已不愿意接受爬跨，其他母牛爬跨时，母牛往往走开。子宫颈的充血肿胀度逐渐减退，黏液变成乳白色，量少而干涩。以后母牛恢复常态，如果其他母牛跟随，母牛拒绝接受爬跨，表示发情已停止。

2. 阴道检查法

用开膣器扩张母牛的阴道，检查其阴道黏膜的颜色、润滑度，子宫颈的颜色、肿胀度及开口大小和黏液量、颜色、黏稠度等，以便判断母牛发情的程度。检查时应注意开膣器要彻底消毒，插入开膣器时要小心，以免损伤阴道黏膜。将子宫颈黏液取出制成抹片，在显微镜下观察，可见黏液呈现羊齿植物状结晶花纹，这是发情充分的表现，如结晶结构较短，呈现金鱼藻或星芒状，则是发情末期的表现（图 5－7）。但有少数发情母牛的子宫颈黏液抹片不呈结晶状态，这样的母牛一般受胎率较低。

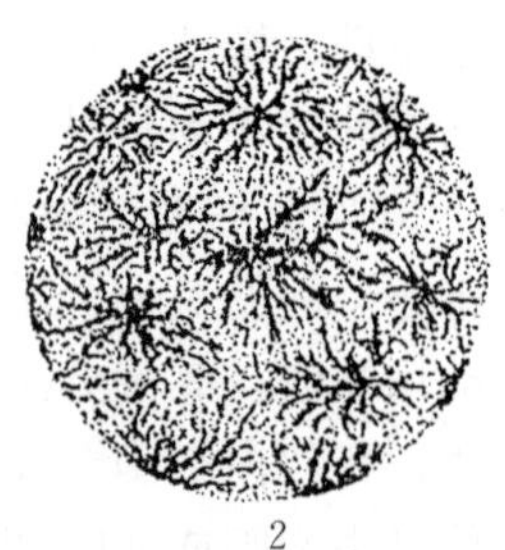

1　　　2

图 5－7　发情母牛子宫颈黏液抹片的结晶花纹
1. 抹片呈羊齿植物状结晶花纹（发情盛期）
2. 抹片的结晶结构较短，呈现金鱼藻或星芒状（发情末期）

3. 直肠检查法

将手伸进母牛直肠内，隔着直肠壁触摸卵巢上的卵泡，判断其发育程度，以鉴定发情和确定适宜的配种（或输精）时间。这是目前判断母牛发情比较准确也是最常用的方法。同时，还可判断母牛的异常发情及其他生殖系统疾病，以及进行妊娠诊断，避免给已妊娠的母牛配种而引起流产。操作时应注意卫生和消毒，以防人兽共患病（如布鲁氏菌病等）的传播和感染。检查时要有步骤地进行，用指肚触摸卵泡，判断其发育程度，切勿用手挤压，以免将发育中的卵泡挤破。

母牛的发情期短，一般在发情期中配种一次或两次即可，不一定要用直肠检查法来鉴定其排卵时间。但有些营养不良的母牛，其生殖机能衰退，卵泡发育缓慢，因此排卵时间会延迟。有些母牛的排卵时间可能提前，没有规律。对于这些母牛，不做直肠检查就不能正确地判断其排卵时间。为了准确确定最适配种时期，除了进行外部观察外，有必要进行直肠检查。通过直肠触诊，检查卵泡发育情况。

直肠检查母牛卵泡发育的 4 个时期：

① 卵泡出现期。卵巢稍增大，触摸时感到卵巢上有一软化点，卵泡直径 0.5～0.7 cm，波动不明显。此期开始有发情表现，一般为 6～12 h。

② 卵泡发育期。卵泡直径达 1.0～1.5 cm，呈小球状，突出于卵巢表面，触摸有波动感，此期为发情盛期，发情表现由强到弱，一般为 10～12 h。

③ 卵泡成熟期。卵泡体积不再增大，卵泡壁变薄，紧张而有弹性，波动明显，有一触即破之感。此期发情征状由微弱到消失，必须抓紧配种，一般 6～8 h。

④ 排卵期。卵泡破裂排出卵子，卵泡液流出，卵泡壁变松软，触摸有一凹陷。排卵后 6～8 h 开始形成黄体，黄体直径 0.6～0.8 cm，触摸如柔软的肉样组织，发育完全的黄体直径 2.0～2.5 cm，突出于卵巢表面，比较硬。排卵发生在性欲消失后 10～15 h。夜间排卵较白天多，右侧卵巢排卵较左侧多。

4. 生殖激素测定法

母牛发情时孕酮水平降低，雌激素水平升高。应用酶联免疫或放射免疫测定技术测定血浆、血清、乳汁或尿液中雌激素或孕酮水平，依据发情周期中生殖激素的变化规律，可判定母牛发情程度。如母牛排卵前孕酮含量由每分钟 0.24 μg 增加到 1.52 μg，采用放射免疫测定技术测定母牛血液中孕酮含量为 0.12～0.48 μg/mL，输精后情期受胎率达 51%。但该方法对操作有严格要求，以及受仪器和药品试剂制约，很难在生产实践中推广。

5. 超声波法

利用配有一定功率探头的超声波仪，将探头通过阴道壁对准卵巢上的黄体或卵泡时，由于探头接受不同的反射波，在显示屏上显示出黄体或卵泡的结构图像。根据卵泡的大小确定发情阶段。

第二节　公牛生殖生理特点

一、公牛生殖器官及功能

公牛的生殖器官由睾丸、附睾、输精管、副性腺（精囊腺、前列腺和尿道球腺）、阴囊、尿生殖道、阴茎和包皮组成（图 5-8）。

1. 睾丸

睾丸（testis）是公牛的性腺，其作用是产生精子和性腺激素（主要是睾酮）。在阴囊中成对存在，为长卵圆形。牛两个睾丸的绝对重量为 550～650 g，占体重的 0.08%～0.09%，左侧稍大于右侧。每克睾丸组织平均每天可产生的精子 1 300 万～1 900 万个。

睾丸的一侧有附睾附着，称为附睾缘，另一侧为游离缘。血管和神经进入的一端为睾丸头，有附睾头附着，另一端为睾丸尾，有附睾尾附着。牛睾丸的长轴与身体方向垂直，附睾位于睾丸的后外缘，附睾头朝上、尾朝下。两个睾丸分别位于阴囊的两个腔内。

除附睾缘外，睾丸的表面均覆盖着一层浆膜，即睾丸固有鞘膜。浆膜深面为白膜，白膜厚而坚韧，由致密结缔组织构成。白膜自睾丸头深入睾丸实质内，贯穿睾丸长轴形成睾丸纵隔。睾丸纵隔向四周分出许多呈放射状排列的结缔组织隔，称为睾丸小隔。睾丸小隔将睾丸实质分成许多锥形的睾丸小叶。每个睾丸小叶内，有2～3条盘曲的精曲小管，精曲小管之间为间质组织，间质细胞可分泌雄激素，主要是睾丸酮，可增进正常的性欲活动，刺激第二性征出现，促进阴茎和副性腺的发育，维持精子发生及附睾精子的存活。精曲小管在各小叶尖端汇合成精直小管，穿入纵隔结缔组织内形成弯曲的导管网，称为睾丸网。由睾丸网分出10～20条睾丸输出管穿过白膜形成附睾头部。

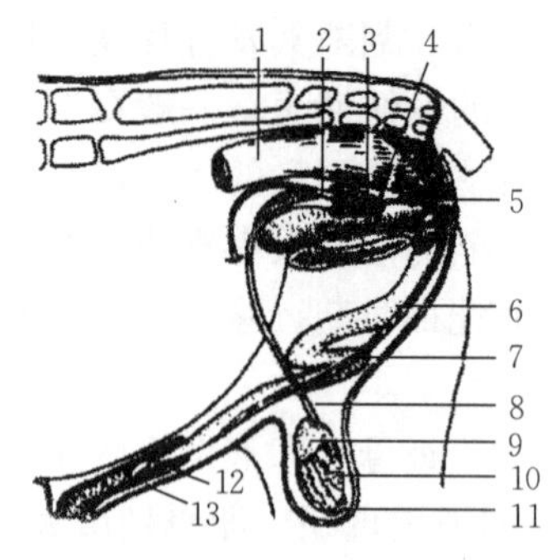

图5-8　公牛生殖器官示意图
1. 直肠　2. 输精管壶腹部　3. 精囊腺　4. 前列腺　5. 尿道球腺　6. 阴茎　7. S状弯曲　8. 输精管　9. 附睾头　10. 睾丸　11. 附睾尾　12. 阴茎游离端　13. 内包皮鞘

精曲小管为精子发生的场所，公牛精子发生大约需要54 d。其管壁由基膜和多层上皮细胞组成。上皮具有产生精子的生精细胞和对生精细胞具有支持营养作用的支持细胞或足细胞两种类型。精曲小管的生精细胞通过精原细胞的有丝分裂、精母细胞的成熟分裂、精细胞变形，最终形成精子，游离于精细管腔并储存于附睾。精曲小管和睾丸网可产生大量睾丸液。睾丸液含有较高浓度的钙、钠等离子成分和少量的蛋白质成分，具有维持精子生存和促进精子向附睾头部移动的作用。牛的精曲小管占睾丸重量的79.4%，长约4.8 km，睾丸的大小主要与其长度有关。

自初情期开始，直至生殖机能衰退，在整个生殖年龄，睾丸的精曲小管上皮总是在进行着生精细胞的分裂和演变，使精子不断产生和释放，而同时生精细胞也不断得到补充和更新。

2. 附睾

附睾（report of testis）附着于睾丸，由头、体、尾3个部分构成（图5-9）。附睾头膨大，由10余条睾丸输出管组成。睾丸输出管汇合成一条长达30～50 m的附睾管，构成附睾体和尾，其中附睾管由细渐粗盘曲而成，最后逐渐过渡为输精管，经腹股沟管进入腹腔。

睾丸输出管的管壁很薄，基膜外为薄层的固有膜，在基膜内侧有由高柱状纤毛细胞群和无纤毛的立方细胞群相间排列组成的上皮细胞。立方细胞的分泌物可营养精子，高柱状纤毛细胞的纤毛通过向附睾管方向摆动，有利于精子向附睾管方向运动。

附睾管的上皮由高柱状纤毛细胞和基底细胞组成。高柱状纤毛细胞的纤毛长，但不能运动，称为静纤毛。这种细胞有分泌作用，分泌物有营养精子的作用。基底细胞紧贴基膜，体小，呈圆形或卵圆形，染色浅。基膜外有固有膜，内含薄的环形平滑肌。

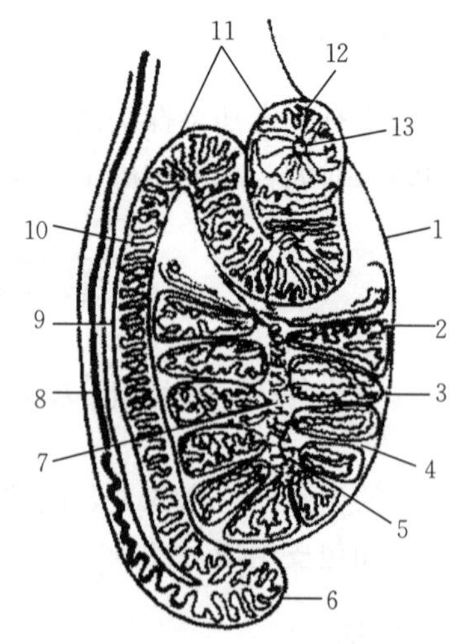

图5-9　睾丸及附睾结构模式图
1. 睾丸　2. 精曲小管　3. 小叶　4. 小隔　5. 纵隔　6. 附睾尾　7. 睾丸纵隔　8. 输精管　9. 附睾体　10. 附睾管　11. 附睾头　12. 输出管　13. 睾丸网

精子在睾丸产生后并不具有运动能力和受精能力，需要在通过附睾转运到输精管的过程中，经历一个成熟的过程，获得与卵子受精的能力。牛的精子由附睾头到附睾尾运行时间约为7 d，这是精子成熟的时间。精子的成熟涉及某些形态和机能的变化，包括体积略微缩小，原生质小滴向尾部末端后移和脱落，运动方式由原地摆动或转圈运动到尾部后获得了直线前进运动的能力并具有了受精能力，以及代谢方式和膜的通透性改变等。

一头公牛两侧附睾储存的精子数为741亿个，相当于睾丸3.6 d所产生的精子，储存于附睾尾的精子占总数的54%。附睾内温度低于体温4～7 ℃，呈弱酸性（pH 6.2～6.8），可抑制精子活动。公牛的精子在附睾内存活的时间为60 d。但储存过久的精子有些会变性、分解而被吸收，而另一部分经尿液排出。长时间不采精或不配种的公牛其精液中退化、变性的精子含量明显增加。

3. 输精管

输精管（the vas deferens）由附睾管直接延续而成，由附睾尾沿附睾体至附睾头附近，并与血管、淋巴管、神经、提睾内肌等同包于睾丸系膜内而形成精索，经腹股沟管入腹腔，折向后进入骨盆腔，在膀胱背侧的尿生殖褶内稍膨大变粗形成输精管壶腹，其末端变细，开口于尿生殖道起始部背侧壁的精阜上。

输精管在催产素和神经系统的共同支配下，其肌肉层发生规律性收缩，可使输精管内和附睾尾储存的精子排入尿生殖道，即发生射精。输精管壶腹也可视为副性腺的一种，牛精液中部分果糖来自输精管壶腹。输精管对死亡和老化精子也具有分解吸收作用。

4. 副性腺

副性腺（accessory gland）包括精囊腺、前列腺和尿道球腺。公牛射精时，其分泌物与输精管壶腹的分泌物混合在一起称为精清，精清占精液容量约为85%。精清和睾丸生成的精子共同组成精液。当公牛达到性成熟时，其形态迅速丰盈、机能发育常不一致，而去势和衰老的公牛腺体萎缩，机能丧失。

（1）精囊腺。为实质性的分叶状腺体，腺体中央有一较小的腔，左、右精囊腺的大小完善形状也不相同，位于输精管末端的外侧，膀胱颈背侧。每侧的精囊腺导管和输精管共同开口于精阜，形成射精孔。精囊腺分泌物为白色或黄色黏稠液体，偏酸性，富含果糖和柠檬酸。果糖是精子的主要能量来源，柠檬酸和无机物共同维持精子的渗透压。

（2）前列腺。位于尿生殖道起始部的背侧，分为体部和扩散部。体部小，为梭形，位于膀胱颈和骨盆尿道交界处，外观可见，扩散部发达，分布于尿生殖道骨盆部，它们的腺导管成行开口于精阜两侧的尿生殖道内。其分泌物无色透明，偏酸性。提供精液中磷酸酯酶、柠檬酸、亚铅等物质，以增强精子活率，有冲洗尿道的作用。

（3）尿道球腺。尿道球腺又称考贝氏腺。位于尿生殖道骨盆部末端的背面两侧，在坐骨弓背侧，为一对圆形实质性腺体，埋藏于球海绵体肌内，每侧腺体有一个排出管，开口于尿生殖道峡部的背侧。阴茎勃起时所排出的少量液体主要为尿道球腺所分泌，可冲洗尿生殖道中残留的尿液，使通过的精子免受危害。

5. 阴囊

阴囊（the scrotum）是呈袋状的腹壁囊，内有睾丸、附睾和部分精索。阴囊壁由皮肤、肉膜、阴囊筋膜和总鞘膜构成。阴囊皮肤有丰富的汗腺，肉膜能调节阴囊壁的薄厚及其表面面积，并能改变睾丸至腹壁的距离。除具有一般机械性的保护作用外，调节睾丸和附睾的温度是阴囊的独特功能。随着环境温度的变化，阴囊可使睾丸和附睾维持在较低的温度（34～35 ℃），有利于精子的产生和储存。

胎儿期，睾丸和附睾位于腹腔中，到达一定发育阶段，才下降到阴囊里。如果到成年仍未下降，则称隐睾。隐睾是公牛不育的原因之一。

6. 尿生殖道

尿生殖道（urogenital tract）是尿液和精液共同通过的通道，以坐骨弓为界分为骨盆部和阴茎部。

骨盆部为一长的圆柱形管，沿骨盆底壁由膀胱颈直达坐骨弓，外部包有尿道肌。在起始部背侧壁的中央有一圆形隆起，称为精阜。精阜主要由海绵组织构成，在射精时关闭膀胱颈，从而阻止精液流入膀胱。

阴茎部位于阴茎海绵体腹面的尿道沟内，外部包有尿道海绵体和球海绵体肌，开口于体外。在坐骨弓处，尿道阴茎部在左右阴茎脚之间稍膨大形成尿道球。

7. 阴茎和包皮

（1）阴茎。阴茎（penis）为公牛的交配器官，长 80～100 cm，附着于两侧的坐骨结节，经左、右股部之间向前延伸至脐部的后方。牛的阴茎较细，在阴囊后形成一“乙”状弯曲，阴茎可分为阴茎根、阴茎体和阴茎头。阴茎根以两个阴茎脚附着于坐骨弓两侧，外侧覆有发达的坐骨海绵体肌（横纹肌）。阴茎体由背侧的两个阴茎海绵体及腹侧的尿道海绵体构成。阴茎头为阴茎前端的膨大部，也称龟头。

（2）包皮。包皮（the foreskin）为皮肤折转而形成的一管状鞘，有容纳和保护阴茎头的作用。包皮内积存包皮污垢，由管状腺的脂性分泌物、脱落的上皮细胞和细菌构成。采精时，若处理不当会污染精液。

二、公牛的性机能

1. 初情期

公牛初情期（the bull puberty）是第 1 次能够释放出具有受精能力的精子的年龄段。初情期标志着公牛开始具有生殖的能力，但繁殖率比较低。在正常饲养管理条件下，牛的初情期为 12 月龄。初情期受品种、体重、生理环境、季节、环境温度以及营养水平等因素的影响。

2. 性成熟

性成熟（sexual maturity）是继初情期之后，公牛生殖器官已发育完全，具备了正常繁殖能力的时期。通常公牛性成熟要比母牛晚些，性成熟年龄为 10～18 月龄。性成熟是生殖能力达到成熟的标志，此时身体的发育尚未达到成熟，必须再经过一段时间才能完成这一过程。

体成熟是公牛基本上达到生长完成的时期。从性成熟到体成熟须经过一定的时期，在这个时期如果生长受阻，必然延长体成熟时间。

牛性成熟的年龄为体成熟的一半左右。体成熟年龄为 2～3 岁。

3. 适配年龄

公牛适合开始配种的年龄，可根据公牛自身发育的情况和使用目的来确定。一般在性成熟期稍后一些，体重达到其成年体重的 70%左右开始配种。过早配种不利于公牛身体的发育，又影响其繁殖机能和使用年限，即使用寿命缩短。

由于品种、身体发育情况及环境、个体差异，饲养管理等不同，确定配种的最佳时间可灵活掌握，一般在性成熟末期或更迟些。

三、精子的形态结构与活动力

1. 精子的形态和结构

公牛的精子（sperm）由头、颈、尾 3 个部分组成，尾部又分为中段、主段和末段。精子表面有质膜覆盖（图 5-10）。

① 精子的头部。精子的头部为扁卵圆形，其正面观似蝌蚪，侧面似刮勺，长度为 8.0～9.2 μm。头部主要由细胞核、顶体（核前帽）、核后帽、核环（赤道节）、核膜等构成。细胞核内含遗传物质 DNA，1 亿个精子中 DNA 含量为 2.8～3.9 mg。核的前半部由顶体系统保护，核的后部由核后帽包裹，并与核前帽形成局部交叠，此处为核环。

顶体顶端较厚，为顶体脊。顶体由内外膜构成，两膜中间为顶体层，顶体内含多种与受精有关的酶，如透明质酸酶、放射冠穿入酶、顶体蛋白酶等。顶体是一个不稳定的结构，它的畸形、缺损或脱落会使精子的受精能力降低或完全丧失。

② 精子的颈部。精子的颈部很短，是头和尾的连接部，由中心小体衍生而来，精子尾部的纤丝在该部与头相连接。这部分很脆弱，在精子成熟、体外处理和保存过程中，某些不利因素的影响极易造成尾部的脱离，形成无尾精子。

③ 精子尾部。精子尾部是精子最长的部分，是精子的主要运动器官。分为中段、主段和末段 3 个部分。尾的基础是 2 条中心轴丝，纵贯尾的各部，中心轴丝的外周还有两圈呈同心圆排列的纤丝，内圈为 9 条较细的纤丝，外圈为 9 条较粗的纤丝。精子主要靠尾部的鞭索状波动，推动其向前运动。

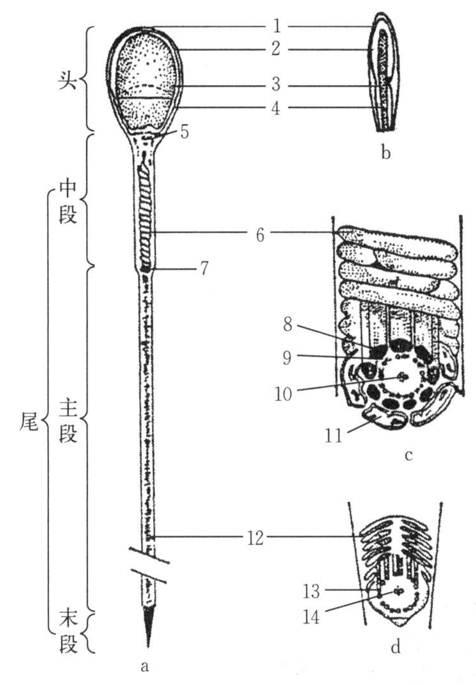

图 5-10　精子结构示意图

a. 整个精子形状　b. 精子头部的纵断侧面观
c. 中段外周的线粒体鞘和横断面所示纤丝
d. 主段切面所示的纤丝和尾鞘
1. 细胞质膜　2. 顶体　3. 核　4. 核后帽　5. 近端中心小体　6. 线粒体鞘　7. 远端中心小体或环　8. 9 条外圈粗大纤丝　9、13. 9 条内圈纤丝　10、14. 2 条中心轴丝　11. 线粒体　12. 尾鞘

中段：尾部靠近头部的一端，是尾部较粗的部分，长度为 14.8 μm。其结构为 2 条中心轴丝、9 条内圈纤丝和 9 条外圈粗大纤丝组成，外围由线粒体鞘覆盖，呈螺旋状排列。此段是精子能量代谢的主要所在地。

主段：是精子运动的主要部分，长度为 45.0～50.0 μm，由 2 条中心轴丝和 9 条内圈纤丝组成，但外圈包围的是一层坚韧的纤维鞘。

末段：尾部最后部分，长度为 57.4～90.0 μm，只有细胞膜包围的 2 条中心轴丝。

2. 精子的活动力

（1）运动方式及特点。

① 运动方式。活动力是精液中有活动能力的精子。这些活动的精子以不同运动形式出现，在显微镜下可以清楚地观察精液中有活动能力的精子的活动状态。运动方式由原地摆动或转圈运动，到尾部后获得了直线前进运动的能力并具有了受精能力。在附睾内储存时由于温度低及弱酸性环境，精子活动力微弱，其在生殖道与副性腺液混合后就有了强的活动能力，且随温度升高活力增强。精子活动的基本形式是直线前进运动，即精子沿其长轴旋转并按直线向前运动，其尾端用慢镜头能见到有规则地划成“8”字形运动，只有这种运动形式的精子才具有受精能力，而圆周运动（旋转运动）和原地摆动的精子多见于未成熟的精子和异常精子。因此，精液品质检查时评定精液品质的一个重要指标就是活率，即指直线前进运动的精子占总精子数的百分比，但精子的运动速度受精液射出时间、温度、液流、精子密度、黏度等影响。通常在 37～38 ℃温度条件下，精子运动速度最快，为

94～113 μm/s。

② 运动特点。精子在液体或在母牛生殖道中运动时具有其独特的形式。在流动的液体中，精子表现出向逆流方向游动，而且其速度随液体流速增加而增加，即向逆流性；当精液或稀释液中有异物存在时，如上皮细胞、空气泡等，精子有向异物边缘运动的趋势，即向触性。另外，精子对某些化学物质有较强的趋向性，即向化性，这可能与受精过程中，精子对卵子有一定向性相关。

在射出的精液中可以见到几个或多个精子头对头或尾对尾凝集在一起，即精子的凝集现象，致使精子失去前进运动的能力，造成精液品质下降。其产生的主要原因：一方面是在精液稀释、保存处理过程中的不适当的操作，或稀释液中某些化学成分、生物化学指标不能适应精子生理需求，精液pH、渗透压改变及精子受到低温打击等引起精子脂蛋白膜破坏，从而使精子凝集；另一方面，精子及某些副性腺分泌物、稀释液中的卵黄具有一定抗原性，可诱导雌性机体产生抗精子抗体，在有补体存在时，抗精子抗体抑制精子运动，而使精子凝集。

（2）精子的代谢。精子为维持其生命和运动，在体内和体外始终进行着复杂的代谢活动，从而分解营养物质获得能量。即使在冷冻状态下，精子的活动虽然停止，但其代谢活动却未绝对停止。精子主要通过糖酵解和呼吸作用两种代谢方式消耗基质产生能量。精子一般主要利用的基质是糖类，但在特殊情况下也能分解脂类及蛋白质。

① 精子的糖酵解作用。糖类是精子维持生命的必要能源，精子本身缺少提供能量的糖类，代谢糖类几乎全部来自精液中。精子在有氧和无氧情况下，主要通过分解精液中的果糖进行糖酵解产生丙酮酸或乳酸，最终分解为 CO_2 及水，产生能量。精子糖酵解的能力因精液温度、精子密度和活率等而产生影响。评定精子果糖酵解的能力指标是果糖酵解指数，即 10^9 个精子在 37 ℃无氧状态下，1 h 分解果糖的毫克数。正常的牛精液果糖酵解指数是 1.5～2 mg（平均 1.74 mg）。

② 精子的呼吸作用。呼吸是精子在有氧情况下氧化基质产生能量的生理现象。精子的呼吸和糖酵解密切相关，呼吸作用获得的能量比糖酵解作用获得的能量大很多，同时也会消耗大量的代谢基质，造成精子在短时间内衰竭死亡。精子的呼吸作用受精液中所含有的代谢基质多少、精液 pH、保存温度、精子密度、活力等方面的影响。因此，保存精液时常采取降低温度、隔绝空气或充入 CO_2、降低 pH 等措施来抑制精子的呼吸，降低其代谢强度，减少精子能量消耗，以维持并延长精子在体外生存时间和受精能力。精子呼吸时的耗氧率通常按 1 亿个精子在 37 ℃ 1 h 内所消耗的氧量进行计算。牛一般为 21 μL。

③ 精子对脂类的代谢。当精子呼吸可利用的外源基质枯竭时，精子为维持其生命力，可氧化细胞内的磷脂，使脂类分解，产生脂肪酸，经氧化而获得能量。精子在呼吸过程中使精液中的磷脂氧化生成卵磷脂。而精液中的缩醛磷脂在果糖存在时并不分解。在精液中，脂类分解产生的甘油以及在精液冷冻保存过程中加入的甘油冷冻保护剂能促进精子消耗氧和产生乳酸，而乳酸能再形成果糖，作为精子的能量来源；而且，甘油在精子中可通过磷酸三糖的阶段参加糖酵解的过程。

④ 精子对蛋白质和氨基酸的代谢。在正常情况下，精子不从蛋白质成分中获得所需要的能量，一旦精子对蛋白质分解，则表明精液品质已经下降，精子变性。这是因为精子在有氧的条件下能利用某些氨基酸，在氨基酸氧化酶的作用下，引起氧化脱氨作用，产生氨和过氧化氢，进而对精子有毒害作用，使精子耗氧率降低，造成精液腐败现象。

四、精液的理化特点及外界因素对精子的影响

精液（seminal）由固态成分的精子和液态成分的精液两部分组成。精液由睾丸、附睾及各种副性腺器官所分泌的液体组成。精液对精子有运送、稀释、增进精子活力、有利于精子运行，减少或缓冲不良因素对精子的危害、保护精子，供精子产生能量基质等作用。

牛精子在精液中只占 10%～14%，精液中 90%～98%是水分，2%～10%是干物质，干物质中

60%是蛋白质。公牛一次射精量平均为 5.0 mL(3.0～10.0 mL)，精子密度平均为 10.0 亿个/mL(8.0 亿～15.0 亿个/mL)。

1. 精液的理化特点

(1) 精液的主要化学成分。

① 糖类。糖是精子活动的重要能量来源。来源于精囊腺的果糖含量较高，平均为 577.7 mg/dL。此外，还有山梨醇和肌醇。山梨醇可由果糖还原而成，并且能氧化成果糖。

② 脂质。精液中主要脂质与精子一样，都是磷脂。如磷脂酰胆碱、乙胺醇等，主要来源于前列腺，但也有一部分来自精子，特别是精子质膜损伤后，精子中的磷脂很容易漏到精液中。牛精液中的磷脂多以甘油磷酰胆碱（GPC）形式存在，来源于附睾分泌物，不能被精子直接利用。但母牛生殖道能分泌一种酶，使其分解为磷酸甘油，为精子所利用，成为精子运动时的重要能源。

③ 蛋白质和氨基酸。精液中蛋白质的含量占 3%～7%，其主要来源于副性腺和精子。精液中的蛋白质成分，在射精后因某些蛋白酶的作用而很快发生变化，使非透析性氮的浓度降低，同时非蛋白性的氮和氨基酸含量增加。其中，精液中游离的氨基酸成为精子氧化代谢中可以用来氧化的基质。在牛的精液中已发现有 17 种游离氨基酸，其中以谷氨酸含量最高，占 38%。

④ 酶。精液中含有多种酶，有蛋白分解酶、脂质分解酶、磷酸酶、糖苷酶等，这些酶多数来自精囊腺，一部分来自其他副性腺的分泌液，也有少量由精子渗出。

⑤ 有机酸。柠檬酸是精囊腺分泌的精液成分，柠檬酸浓度为 720 mg/dL，柠檬酸不能作为精子呼吸代谢的基质，但可与钙结合，具有防止精液凝结，与钠、钾结合，有助于维持精液渗透压的平衡。乳酸是正常精液成分之一，乳酸含量在 30 mg/dL 左右。由精囊腺产生的乳酸与丙酮酸一样，在有氧条件下可作为能源被精子利用。前列腺素在精液中含量少于 100 ng/mL。前列腺素对于精子在雌性生殖道的运行有促进作用。另外，在牛的精液中还含有抗血酸和尿酸等微量的有机酸。

⑥ 无机成分。精液中阳离子以 Na^+ 和 K^+ 为主，K^+ 浓度可以影响精子的生活力。一般情况下，精液中 K^+ 的浓度低于精子中的浓度，Na^+ 的浓度则反之。此外，精液中还含有少量的 Ca^{2+} 和 Mg^{2+}。精液中主要的阴离子为 Cl^-、PO_4^{3-}，还有较少量的 HCO_3^-。无机成分主要来自附睾和副性腺。

(2) 精液的物理特性。精液的物理学特性，因个体、季节和饲养管理不同而差异很大，多数与精液的化学成分有关。

① 黏度。每微升的牛精液若含有 8 万个精子，黏度是 1.76 cp；若含有 226 万个精子，则增加到 10.52 cp。

② 相对密度。精液的相对密度取决于精子密度。由于精子的相对密度通常略高于精液，所以当精液长时间静置以后，精子则沉降在底部，精液浮在上层。精液的相对密度也可因连续射精而降低。例如，牛精液的相对密度为 1.037 6～1.092 7，连续 5 次采精，逐渐降低为 1.028 1～1.042 1。

③ pH。精液的 pH 主要由副性腺分泌液决定，由于在附睾内的精子处于弱酸性，在射精时因受副性腺分泌物中碱性盐类的中和，刚射出的精液 pH 为中性偏酸。

由于与外界接触、糖酵解和精子呼吸程度等复杂因素的影响，使精液 pH 变化较大；由于果糖分解及乳酸累积，而使精液 pH 明显下降。当精液有微生物污染或有大量死精子时，由于氨的增加而使 pH 上升。另外，患附睾炎或因连续多次采精而缺少精子时也出现同样的情况。

④ 渗透压。精液的渗透压一般保持在一定范围内，多以冰点下降度（Δ）表示，正常范围是 −0.61～−0.55 ℃。目前也可用渗透压（Osm）表示，约为 0.324 Osm。1 L 水中含有 1 Osm 溶质的溶液可使水的冰点下降 1.86 ℃，如果精液的 Δ 为 −0.61 ℃时，则所含的溶质总浓度为 0.61/1.86＝0.328 Osm。

⑤ 导电性。精液的导电性取决于其中存在的各种盐类和离子，其含量较少，则导电性较低。通过测得精液导电性的高低，可了解其中所含电解质的多少及其性质。一般以 25 ℃时 $\Omega\times10^{-4}$ 表示溶

液的导电性。精液的导电性与射精量有一定关系，牛精液导电性为中。

由于精液中电解质与 pH 和渗透压密切相关，所以测定精液的导电性对人工授精中精液稀释液的选择是有帮助的。

⑥ 光学特性。精液中有精子和各种化学成分，对光线的吸收和透过性不同。精子密度大的精液透光性差，反之就强。所以，利用这一光学特性，牛精子密度测定常采用光电比色法。

2. 外界因素对精子的影响

（1）温度。牛精子最适宜的生存温度是 37～38 ℃，在一定时间内可保持正常的代谢和运动状态。高于此温度，精子的活动能力和代谢作用加强，但也加速了精子的衰老和死亡过程，精子表现异常的激烈运动，55 ℃左右瞬时死亡。

精子在体外保存，一般比较适应低温环境。当精液经过适宜的稀释、缓慢的降温处理，温度为 0～5 ℃时，精子的代谢活动和运动能力受到抑制，使之产生假死或休眠状态；当温度恢复时，精子复苏，仍保持活动能力。如果精液从 37～38 ℃急剧下降至 10 ℃以下时（超过 20 ℃），精子因受温度突降冲击后，即使温度再回升到 37～38 ℃，仍不可逆地丧失活动能力，这种现象称为精子的冷休克或低温打击。为防止这种现象的出现，在精液处理过程中，应采取缓慢降温的方法，避免温度大范围内的剧烈变化。

（2）光线和辐射。直射的阳光中含有的红外线能直接使精液温度升高，刺激精子的运动和代谢活动，不利于精液保存；紫外线则不但降低精子的受精能力，而且还可能影响受精卵的发育。荧光灯的光照对精子的损害程度虽然较低，但通过与在暗处保存的牛精液比较，死精子随光照度增大而增加，精子活动能力降低。因此，实验室内的日光灯对精子也有不良作用。所以，在室外采精和运输精液时，应尽量避免日光直射，用棕色集精瓶收集和储运精液。

X 线等射线对精子和性腺细胞的染色质也能产生严重伤害，其损害程度与辐射的剂量相关。

（3）pH。酸性环境对精子的代谢和运动有抑制作用，而碱性环境则对其有激发和促进作用。但超过一定限度均会因不可逆的酸抑制或因加剧其代谢和运动而造成精子酸碱中毒死亡。精子为维持正常代谢与活动，其 pH 都有一个适宜的范围，牛精子 pH 为 6.9～7.0。精液的 pH 可因精子代谢和其他因素的影响而有所变化，稀释液中的磷酸盐类及柠檬酸钠是比较好的缓冲剂，可抑制精子代谢。采用适宜的弱酸稀释液、精液用 CO_2 饱和均有利于延长精子体外存活时间和具有受精能力。

（4）渗透压。渗透压是指精子膜内外溶液浓度不同而造成的膜内外的压力差。在进行精液稀释处理时，若在低渗溶液中，则水分向精子膜内渗入，引起精子膨胀变形，呈一种圆形弯曲。在高渗溶液中，精子膜内的水分向膜外渗出，造成精子脱水，发生皱缩状弯曲致死。精子通过细胞膜的作用对不同的渗透压有逐渐适应的能力。一般情况下，精子对渗透压的耐受范围是等渗压的 50%～150%。

（5）电解质。精液中含有一定量的电解质，对维持精液品质是必要的，它不仅起到提高精子活力的作用，还可起到维持相对稳定的渗透压及 pH 作用。与非电解质相比，细胞膜在电解质中的通透性高，因此对渗透压的影响很大，如电解质浓度过高则会损害精子。

电解质对精子的影响与其在精液中电离所产生的阴阳离子和浓度有关。阴离子能破坏精子表面的脂类，而使精子凝集。因此，阴离子对精子的损害程度大于阳离子。对精子代谢和运动能力影响较大的离子主要是 K^+、Na^+、Ca^{2+} 和 Cl^-，某些重金属离子 Fe^{2+}、Cu^{2+} 等对精子有毒害作用。

（6）精液的稀释。精液经适当的稀释液稀释精子密度降低，运动加快，代谢增强，耗氧率增大。但稀释倍数超过一定量时，使精子体内 K^+、Mg^{2+}、Ca^{2+} 外渗，而液体中的 Na^+ 向精子内渗入，造成精子活率和受精能力降低。因此，稀释液倍数的高低要根据稀释前精液品质（密度、活率）、稀释液的性质和每个输精剂量的精子数目而定。

（7）化学药品。常用的消毒药品即使浓度很低，对精子也是有害的，如乙醇、煤酚皂液（来苏儿）等。而在精液或稀释液中加入一定浓度的青霉素、链霉素及磺胺等抗菌类药物，对精子无毒害作用，能抑制精液中病原微生物的繁殖，有利于精子体外存活和受精。一些挥发性气体、烟雾对精子有强烈的危害作用，如福尔马林、吸烟等。

（8）震动。在采精和精液运输过程中，震动是不可避免的。轻微的震动，封装方法适当，对精子的危害不大。在运输液态精液时，应将容器装满精液、封严，不留空隙，避免空气存在。如有空气存在，震动会加速精子的呼吸作用，从而加大对精子的危害。

五、种公牛的繁殖力

目前，奶牛的配种几乎100%是采用人工授精技术实现的，尤其是借助冷冻精液，可使一头优秀种公牛每年配种的母牛数量达数万头以上。种公牛的主要任务即是保持良好的性机能和较高的交配能力，从而能充分地提供有受精能力的精子。具有较高繁殖力的种公牛的主要特征为膘情适中、四肢健壮、性欲旺盛、睾丸大、精液量大、精子成活率高、畸形精子的比率低等。因此，种公牛的生理状态、生殖器官特别是睾丸和精子排出管道的生理功能，性欲、交配能力、精液质量、配种负荷，与配母牛的情期受胎率、使用年限及生殖疾病等均为种公牛繁殖力测定的内容。在实际生产中，合理地饲养管理、使用种公牛，提高其繁殖力十分重要。

1. 影响种公牛繁殖力的因素

（1）遗传的影响。公牛的精液质量和受精能力与其遗传性有密切关系，因而影响受精卵的数目。

（2）热应激和环境的影响。热应激对公牛的繁殖力有很大影响。热应激会导致公牛性欲差，精液品质明显下降，受胎率降低。热应激主要影响未成熟精子的发育，在热应激30～60 d以后表现出来。同样，热应激的影响至少要在1个月以后消失。舍饲条件也会影响公牛的繁殖力。牛舍地面光滑或者不平、泥泞等都会大大减少公牛的爬跨行为。一般情况下，泥土或混凝土地面有利于公牛爬跨。在完全封闭的饲养环境，公牛的性行为不活跃，太小和不清洁的环境对公牛不利。

（3）营养与管理。营养与管理是公牛繁殖力的物质基础和条件，也是影响公牛繁殖力的重要因素。

公牛合理的日粮组成包括蛋白质、脂肪、能量物质、维生素、矿物质等。日粮营养合理可以维持其正常的内分泌活动，使其生殖系统发育良好，从而充分发挥其繁殖潜能。营养水平不足则阻碍公牛生殖器官的发育，延迟初情期和性成熟期，使公牛性欲减退；成年公牛长期低营养水平，导致其精液性状不良，副性腺分泌机能减弱，精液中果糖和柠檬酸含量减少，引起生精机能下降。营养水平过高，会造成公牛膘情过肥，性欲减退，也更易受热应激影响，即使在环境条件较好时所产生的精子质量往往也较差。如果给公牛饲喂泌乳牛日粮，还会使公牛摄入钙量过多，从而引起脊柱和臀部骨骼的损伤，最终导致跛行。

在人工授精过程中，不合适的假阴道、台畜、采精场地等均会引起公牛的不良反应。采精或配种时操作不当，容易损伤公牛阴茎、造成阳痿。过度地连续采精、强迫射精或惊吓等，会引起公牛性欲减退和精液品质不良，降低其繁殖力，缩短其作为种用的使用年限。

（4）年龄的影响。种公牛到了一定年龄，精液数量和质量逐渐下降。5～6岁繁殖机能开始下降。一般3～4岁公牛的精液质量最高，以后每年下降1%。生产实践证明，种公牛使用年限一般为7～10岁，随着年龄的增长，公牛出现性欲减退、睾丸变性等繁殖障碍，精液质量严重下降，有的公牛出现脊椎和四肢疾病，失去爬跨能力。

2. 提高种公牛繁殖力的措施

（1）选择繁殖力高的公牛作种公牛。一般根据繁殖力的检查结果选择种公牛。包括对公牛繁殖历史和繁殖成绩的了解、一般生理状态、生殖器官、精液品质和生殖疾病等方面的检查。要参考其祖先的生产能力，并对被选个体的生殖系统发育情况（睾丸的外形、硬度、周径、弹性、副性腺的功能等）、性欲、交配能力、射精量、精子形态、精子密度和精子活率等进行检查，合格者可用于试配，然后根据试配结果进行选择。目前认为，精子的形态能真实反映公牛个体间的繁殖力遗传差异。精子头长与受胎率呈正相关，头宽则呈负相关。

（2）科学的饲养管理。应根据品种、年龄、生理状态、生产性能等喂给充足的营养物质，从而保证青年公牛生殖器官和身体的正常发育，以及公牛内分泌机能正常，充分发挥其繁殖潜力。在管理上，为种公牛提供良好的饲养环境，厩舍清洁、通风良好，保证足够的运动场地。高温季节做好防暑降温工作，严冬季节保暖防冻。饲养管理人员禁止惊吓、粗暴对待公牛。

（3）保证精液质量，提高受胎率。配种前，对精液质量进行检查。包括精子活率、密度，必要时进行顶体完整率、畸形率和微生物含量的检查。

（4）加速繁殖技术的推广应用。在现代化养牛生产中，繁殖技术得到不断改进和提高，人工授精、精液冷冻、胚胎移植、性别控制，以及克隆、转基因等技术的应用可大大提高种公牛精液的利用效率。

（5）防治不育症。造成种公牛不育的原因主要有先天性、遗传性、衰老性、疾病性、营养性、利用性和人为性不育。应根据具体原因采取相应措施。对于先天性、遗传性和衰老性不育的公牛，应及早淘汰；对于营养性和利用性不育，可通过改善饲养条件和合理的利用加以克服；对于传染性疾病引起的不育，应加强防疫，及时隔离和淘汰病牛，保证牛群健康；对于一般性疾病引起的不育，应采取积极的治疗措施，以便尽快恢复其繁殖能力。

第三节　奶牛繁殖过程

一、受精

受精（fertilization）是两性配子（精子与卵子）相融合形成合子的过程。精卵结合的部位是输卵管壶腹部，因而在受精前，雌、雄配子在母牛生殖道内运行一段距离的同时也做好了受精的准备，这样在受精部位，卵子在精子的激活下开始卵裂，进而胚胎发育。因此，受精是新生命的起始。

1. 配子在受精前的准备

牛是阴道射精型动物，母牛的子宫颈较粗硬，子宫颈内壁上有许多皱襞（螺旋状半月形的皱襞），发情时子宫颈口开张小，交配时公牛的阴茎无法插入子宫颈内，只能将精液射至子宫颈外口附近的阴道内，精子经过子宫颈、子宫和输卵管 3 个部分，最后到达受精部位。卵子则由卵巢上成熟卵泡排出，借助于输卵管伞纤毛的颤动进入输卵管喇叭口，向受精部位运行（图 5－11）。

（1）精子在受精前的准备。

① 精子在母牛生殖道内的运行。精子自射精部位到达受精部位的时间为 15 min 左右。精子运行的速度与母牛的生理状态、黏液的性状以及母牛的胎次都有密切关系。

a. 精子在子宫颈内的运行。牛子宫颈黏膜具有许多纵行皱襞构成的横行沟槽（皱褶）。处于发情阶段的子宫颈黏膜上皮细胞具有旺盛的分泌作用，并由子宫颈黏膜形成腺窝。子宫颈具有的功能是在非发情时期可防止外物侵入，发情期输入精液后，可储存精子、保护精子不受阴道的不利环境影响、为精子提供能量以及滤出畸形和不活动的精子。射精后，一部分精子借自身运动和黏液向前流动进入子宫，另一部分则随黏液的流动进入腺窝形成的精子库，暂时储存起来。精子库内的活精子会相继随子宫颈的收缩活动被拥入子宫或进入下一个腺窝，而死精子可能因纤毛上皮的逆蠕动被推向阴道而排出，或被白细胞吞噬而清除。精子通过子宫颈第 1 次筛选，既保证了运动和受精能力强的精子进入子宫，同时也防止过多的精子进入子宫。因此，子宫颈称为精子运行中的第 1 道栅栏。

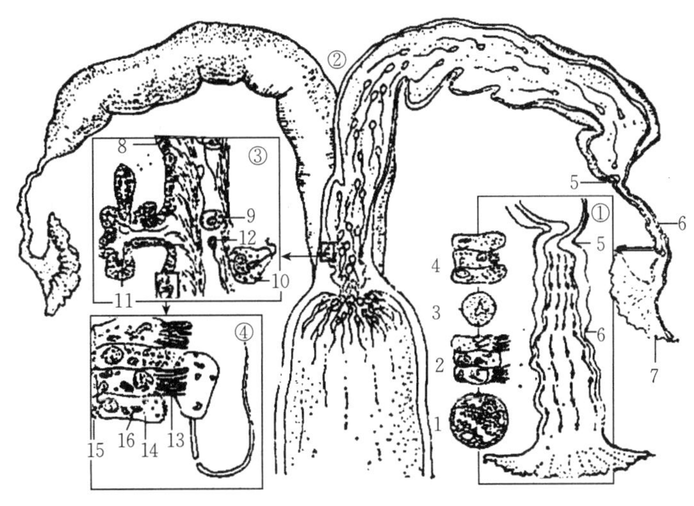

图 5-11　配子运行

①卵子在输卵管内的运行　②精子在母牛生殖道内的运行和分布　③精子在子宫颈内的运行　④ 精子和子宫颈上皮细胞的关系
1. 壶腹部的横切面　2. 壶腹部上皮纤毛细胞及分泌细胞　3. 峡部的横切面　4. 峡部上皮纤毛细胞及分泌细胞
5. 宫管连接部　6. 壶峡连接部　7. 输卵管伞　8. 子宫颈上皮　9、10. 白细胞吞噬精子　11. 子宫颈隐窝　12. 死精子
13. 微绒毛　14. 分泌颗粒　15. 上皮基膜　16. 线粒体

b. 精子在子宫内运行。穿过子宫颈的精子进入子宫（体、角），主要是靠子宫肌的收缩，在这里有大量精子进入子宫内膜腺，这样许多精子储存在子宫内。精子从此部位不断释放，并在子宫肌收缩和子宫液的流动以及精子自身运动等作用下通过子宫和宫管连接部，进入输卵管。在这一过程中，一些死精子和活动能力差的精子被白细胞所吞噬，精子又一次得到筛选。精子自子宫角尖端进入输卵管时，宫管连接部成为精子向受精部位运行的第 2 道栅栏。

c. 精子在输卵管中运行。精子进入输卵管后，靠输卵管的收缩、黏膜皱襞及输卵管系膜的复合收缩，以及管壁上皮纤毛摆动引起的液流运动继续前行。在输卵管壶峡连接部时，精子因峡部括约肌的有力收缩被暂时阻挡，限制过多的精子进入输卵管壶腹。所以，输卵管壶峡连接部是精子运行的第 3 道栅栏，这在一定程度上可防止卵子发生多精受精。一般能够到达输卵管壶腹部的精子不超过 1 000 个。最后，在受精部位完成正常受精的只有 1 个精子（极少 2 个）。

精子在雌性生殖道内的存活时间一般稍长于保持受精能力的时间，受精液品质、母牛发情阶段及生殖道环境等因素的影响。牛精子一般可存活 96 h，维持受精能力的时间为 24～48 h。所以在生产实践中，为确保受精效果，严格确定配种时间和配种间隔时间十分重要。

② 精子的获能。精子在受精前，必须在雌性生殖道内经历一段时间以后，在形态和生理生化上发生某些变化之后才具有受精能力，这种现象称为精子获能。精子获能后耗氧量增加，运动速度和方式发生了改变，尾部摆动的幅度和频率明显增加，呈现一种非线性、非前进式的超活化运动状态。精子获能的主要意义在于使精子做顶体反应的准备和精子超活化，促进精子穿越透明带。

a. 获能部位。精子获能需要一定的过程，主要是在子宫和输卵管内进行。牛精子获能所需平均时间为 3～4 h（最长 20 h）。精子在子宫内获能的程度，受子宫的生理状况和生理时期的影响。如在排卵前的子宫液中获能的精子与卵子结合，则合子不能卵裂；在排卵后的子宫液中获能，受精后只有 60%能正常卵裂。

b. 获能机理。精液中存在一种抗受精的物质，称去能因子。它来源于精液，相对分子质量为 300 000，能溶于水，具有强的稳定性，可抑制精子获能。若将获能的精子重新放入动物的精液与去能因子相结合，又会失去受精能力，这一过程称“去能”。而经去能处理的精子，在子宫和输卵管孵育后，又可获能，称为再获能。

去能因子由糖蛋白构成，没有明显的种的特异性，去能因子在附睾以及整个雄性生殖道均可产生，它覆盖于精子表面，当精子在雌性生殖道内运行时可以除去去能因子，使精子获能。目前认为，精子获能的实质就是使精子去掉去能因子或使去能因子失活。即解除去能因子对精子的束缚，使精子表面的结合素能与卵子透明带表面的精子受体相识别，进而发生顶体反应而开始受精。

雌性生殖道中的α淀粉酶和β淀粉酶被认为是获能因子。尤其是β淀粉酶可水解由糖蛋白构成的去能因子，使顶体酶类游离并恢复其活性，溶解卵子外围保护层，使精子得以穿越完成受精过程。精子的获能还受性腺类固醇激素的影响，一般情况下，雌激素对精子获能有促进作用，孕激素则为抑制作用。现已发现，溶菌体酶、β葡萄糖苷酸酶、肝素和 Ca^{2+} 载体等对精子获能有促进作用。

(2) 卵子在受精前的准备。

① 卵子在输卵管中的运行。卵子自身无运动能力，排出的卵子常被黏稠的放射冠细胞包围，附着于排卵点上。卵子借伞黏膜上的纤毛颤动沿伞部纵行皱褶，通过输卵管伞的喇叭口进入输卵管及壶腹部。牛的输卵管伞部不能完全包围卵巢，有时排出的卵子会落入腹腔，再靠纤毛摆动形成的液流将卵子吸入输卵管中。卵子通过壶腹部时间很快，但在壶峡连接部可停留 2 d 左右，因为壶峡连接部为一生理括约肌，对卵子的运行有一定控制作用，可以防止卵子过早地进入子宫。可能是该处纤毛停止颤动，也可能是该处环形肌的收缩，或局部水肿使峡部闭合，也可能还有输卵管向卵巢端的逆蠕动等所致。在经过短暂停留后，当该部的括约肌放松时，在输卵管的蠕动收缩影响下，卵子在短时间内通过整个峡部进入子宫。卵子在输卵管内运行，主要依赖于输卵管的收缩、纤毛颤动和液体的流动，以及雌激素和孕酮的作用。运行时间一般为 80 h。卵子在输卵管壶腹部才具有正常的受精能力，未遇到精子或未受精的卵子，会沿输卵管继续下行，随之老化，被输卵管的分泌物包裹，丧失受精能力，最后破裂崩解，被白细胞吞噬。

卵子在输卵管内保持受精能力的时间比精子要短，为 20～24 h。其受精能力消失与卵子本身的质量及输卵管的生理状态等因素有关。卵子的受精能力是逐渐降低的，有的卵子尚未完全丧失受精能力而延迟受精，这样的受精卵往往导致胚胎异常发育而死亡或胚胎出现畸形。因此，适时配种十分重要。

② 卵子在受精前的准备。现已发现，卵子在受精前也有类似精子获能的成熟过程。牛卵巢排出的卵子为刚刚完成第 1 次成熟分裂的次级卵母细胞，需要在输卵管内进一步成熟，达到第 2 次成熟分裂的中期，才具备被精子穿透的能力。此外，已发现大鼠、小鼠和兔的卵子排出后其皮质颗粒不断增加，并向卵的周围移动，当皮质颗粒数达到最多时，卵子的受精能力也越强，卵子在输卵管期间，透明带和卵黄膜表面也可能发生某些变化，如透明带精子受体的出现、卵黄膜亚显微结构的变化等。

2. 受精过程

获能的精子与充分成熟的卵子在输卵管壶腹相遇，并导致两者在卵透明带上黏附结合。精卵结合有种属特性，存在精子和卵子的相互识别，一般只有同种的精子和卵子才能受精。目前，已知在卵子透明带上有精子受体，用于识别精子，而在精子表面也有卵子结合蛋白。

(1) 精子穿过放射冠。进入壶腹部的卵子透明带外包裹着几层颗粒细胞，即呈放射状排列的放射冠细胞。获能精子与放射冠接触即发生顶体反应，顶体中释放出透明质酸酶和顶体素，以溶解放射冠胶样基质，使精子到达透明带（图 5－12、图 5－13）。

顶体反应的作用：一是释放顶体内酶，使精子通过卵外的各种膜；二是诱发赤道段区或顶体后区的质膜发生生理生化变化，以便随后与卵质膜发生融合。顶体内酶包括透明质酸酶、顶体粒蛋白、蛋白酶、脂酶、唾液酸苷酶、β－N－乙酰氨基葡萄苷酶和胶原酶等，这些酶大多分布于顶体膜内和顶体膜上。

因此，配种时要求一定的精子数量十分重要。如100万个精子/mL，放射冠细胞可在2～3 h分解；若只有0.5万～1万个精子/mL，则需上述数倍时间；若仅有1 000个精子/mL，则几乎不能分解放射冠细胞。因而，少精或有效精子数量达不到要求的公牛精液不能用于配种。

(2) 精子穿过透明带。穿过放射冠的精子即与透明带接触并附着其上，随后与透明带上的精子受体相结合。精子头部前端仅覆盖一层顶体内膜，这层膜中含有顶体酶使透明带软化，精子借助于自身运动斜向穿过透明带，而触及卵黄，从而使卵子激活，同时卵黄膜发生收缩，由卵黄释放出皮层颗粒内容物（大量水解酶类、硫酸黏多糖、糖蛋白等）传到全卵的表面以及卵黄周隙，作用于透明带，改变了透明带的性质，破坏了透明带上的精子受体，从而阻止其他精子的穿入，防止多精子受精，即发生透明带反应。

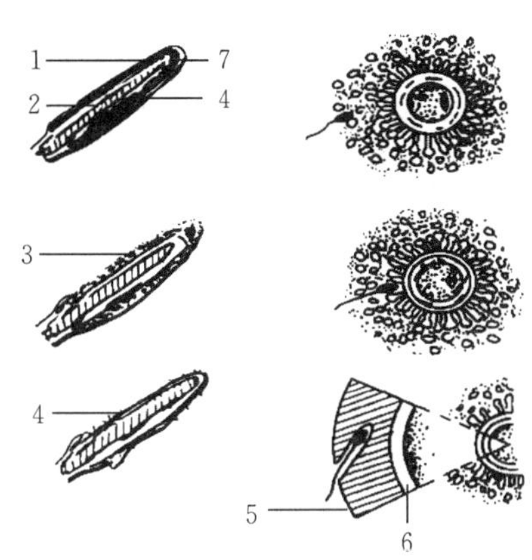

图5-12　精子顶体反应示意图

1. 顶体　2. 核　3. 泡状化　4. 顶体内膜　5. 透明带　6. 卵黄周隙　7. 顶体外膜

通常精子附着于透明带后5～15 min穿过透明带，但也与pH、温度、孵育时间和顶体反应的程度有直接关系。

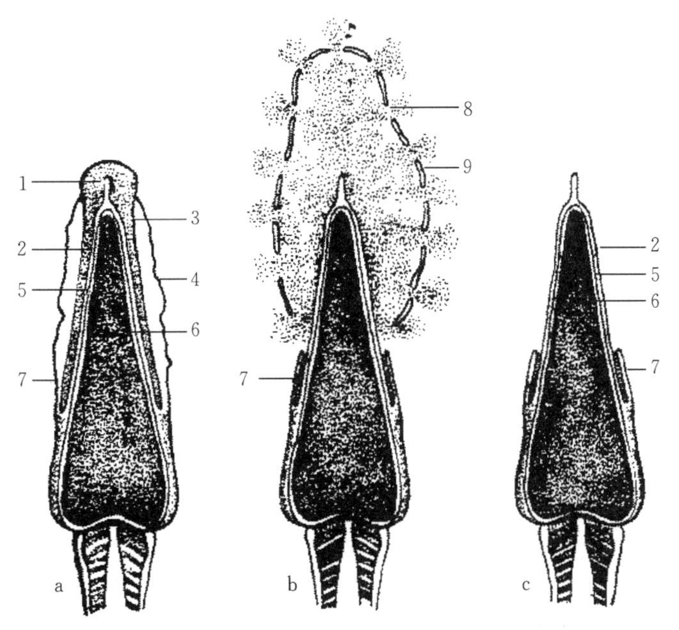

图5-13　精子顶体反应过程

a. 完整的精子头、颈部　b. 顶体反应开始，精子质膜与顶体外膜融合，形成小孔，内容物溢出，孔间成小泡　c. 顶体外膜和内容物失去，仅留顶体内膜和赤道段

1. 顶体　2. 顶体内膜　3. 顶体外膜　4. 质膜　5. 核被膜　6. 核　7. 赤道段区　8. 小孔　9. 小泡

(3) 精子进入卵质膜。穿过透明带的精子，其头部在卵黄周隙与卵黄膜表面接触，附着在卵黄膜表面的微绒毛上。精卵融合的部位，通常是精子质膜的赤道段，在融合过程中，整个精子质膜（包括尾部质膜）都融合到受精卵细胞膜中，而顶体内膜则随精子一起进入卵质中。精卵质膜融合后，卵皮质中微丝收缩，将精子和相连的微绒毛一起拖入卵内。精子进入卵黄后，卵黄膜结构发生改变，进一步阻止其他精子进入卵黄膜，这种多精子入卵阻滞作用称为卵黄封闭作用。

(4) 原核形成。精子入卵后，引起卵黄紧缩并排出液体至卵黄周隙。此时，精子头部浓缩的核发生膨胀，尾部脱落，精子核内形成多个核仁，周围形成核膜，此为雄原核；与此同时，卵母细胞第2

次减数分裂恢复，释放第 2 极体，核仁、核膜形成，形成雌原核。雌、雄原核同时发育增大，数小时内可达原体积的 20 倍。

(5) 配子配合。雌、雄两原核在充分发育到一定阶段后逐渐向卵中央移动、相遇并接触，体积迅速缩小并合并在一起，核仁、核膜消失，两组染色体重组合在一起，成为双倍体的合子。受精到此结束，准备第 1 次卵裂，开始新生命的发育。受精时间为 20～24 h。

3. 异常受精

在受精过程中有时出现非正常的受精现象，占 2%～3%，造成胚胎不能正常发育。

(1) 多精受精。两个或两个以上的精子几乎同时穿入卵内而发生的受精，称为多精受精。这与卵子阻止多精子入卵机能不完善有关。在生产实践中，配种和输精延迟都可能引起多精受精。多精受精发生时，多余精子形成的原核一般都比较小，有两个精子同时参加受精，会出现 3 个原核，形成三倍体，胚胎在发育早期即死亡。

(2) 单核发育。

① 雄原核发育。卵子被精子激活后，雌原核消失，只有雄原核发育成胚胎。

② 雌原核发育。经精子激活后的卵子，未形成雄原核，仅由雌原核发育成胚胎。这两种胚胎均为单倍体，不能正常发育，在早期发育中死亡。

(3) 双雌核受精。双雌核受精是卵子在成熟分裂中，未能排出极体，造成卵内有两个卵核，且都发育为雌原核。延迟交配、输精或受精前卵子的衰老等都可能引起双雌核受精，牛比较少见。

二、妊娠

妊娠（pregnancy）是由卵子受精开始，经过受精卵卵裂、胚胎发育、胎儿阶段，直至分娩为止的生理过程，它是哺乳动物特有的一种生理现象。

1. 胚胎的早期发育

受精卵在透明带内进行多次重复分裂的过程称为卵裂。卵裂所形成的细胞称为卵裂球。卵裂球数量不断增加，其体积越来越小，但胚胎的大小不发生变化。卵裂有两个特点：①不等分裂，卵裂球的大小不相等。②不同时卵裂，较大的卵裂球优先继续卵裂。卵裂开始于输卵管，随后胚胎迅速通过输卵管峡部进入子宫。胚胎的早期发育经过卵裂成为桑葚胚、囊胚或胚泡、原肠胚。牛受精卵第 1 次卵裂发生于排卵后的 32～36 h。

(1) 桑葚胚。卵裂在透明带内进行大约 5 次后，卵裂球增加到 32～64 细胞期，细胞从球形变为楔形，使细胞间最大限度地接触并紧密连接，细胞致密化。胚胎卵裂球在透明带内形成密集的细胞团，形似桑葚状，称为桑葚胚。胚胎发育至桑葚胚不久，卵裂球之间排列更加紧密，细胞间的界线逐渐消失，胚胎外缘光滑，体积减小，产生了细胞连接，整个胚胎形成一个紧缩细胞团，这个过程称为致密化，这时的胚胎称为致密桑葚胚。

在桑葚胚时期，胚胎已分出外层细胞和内层细胞，外层细胞中的膜蛋白和细胞器呈现不对称分布。胚胎外层细胞出现紧密联结，内层细胞与外层细胞之间出现缝隙联结（图 5－14）。胚胎发育所需要的营养物质主要来源于自身，部分来自输卵液或子宫液。

(2) 囊胚。桑葚胚致密化以后，卵裂球分泌的液体在细胞间隙积聚，在胚胎中央形成一充满液体的腔，即囊胚腔（图 5－15）。随囊胚腔的扩张，细胞开始分化，胚胎的一端，细胞个体较大，密集成团称为内细胞团（ICM），将发育为胚体；另一端，细胞个体较小，只沿透明带的内壁排列扩展，这一层细胞称为滋养层，将发育为胎膜和胎盘。这一发育阶段的胚胎称囊胚。囊胚初期，细胞束缚于透明带内，随后囊胚进一步扩张，逐渐从透明带中伸展出来，体积增大，成为泡状透明的孵化囊胚或

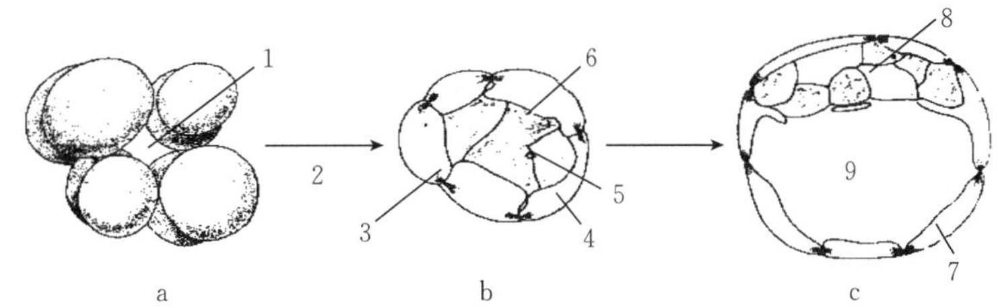

图 5-14　哺乳动物胚胎细胞的形态变化示意图

a. 细胞胚胎　b. 桑葚胚　c. 囊胚

1. 细胞间隙较大　2. 致密化　3. 紧密联结　4. 外层细胞　5. 缝隙联结　6. 内层细胞　7. 滋养层细胞　8. 内细胞团　9. 囊胚腔

（引自朱士恩，2006. 动物生殖生理）

称胚泡。这一过程称作孵化。牛囊胚孵化时间一般在排卵后 9～11 d。

在囊胚期，所有动物的代谢速度都增加。牛囊胚在 10 d 时具有三羧酸循环氧化酶，此时囊胚开始伸长，因而能进入较有效的能量代谢需氧途径。这一时期，位于胚胎外周的滋养层对于胚胎与母体环境的隔离和营养物质的传递起重要作用。囊胚在孵化过程中或孵化以后分泌妊娠信号，与母体子宫建立初步联系。囊胚期胚胎生活在子宫中，其发育所需的营养物质主要来自子宫内膜腺和子宫上皮所分泌的子宫乳。

桑葚胚期和囊胚期的胚胎一直游离于输卵管管腔或子宫腔的液体内，与母体没有建立固定的关系，所以可利用这个特点进行胚胎移植工作。

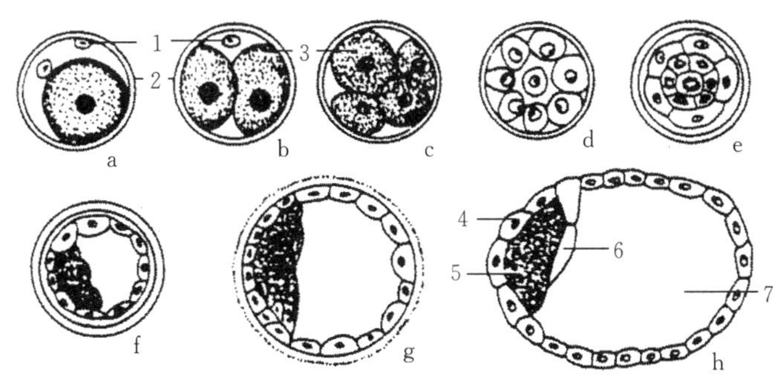

图 5-15　受精卵的发育

a. 合子　b. 2 细胞期　c. 4 细胞期　d. 8 细胞期　e. 桑葚胚　f～h. 囊胚期

1. 极体　2. 透明带　3. 卵裂球　4. 囊胚腔　5. 滋养层　6. 内细胞团　7. 内胚层

（3）原肠胚。囊胚孵化以后，继续发育、分化，进入快速生长期。在此过程中，由于细胞的分层和迁移，在滋养层和 ICM 围成的囊胚腔中，由新形成的内胚层围成一个新腔，称为原肠，此时的胚胎称为原肠胚。原肠形成是早期胚胎发育的一个重要阶段。从进化意义上讲，是由单层细胞胚体和具腔的囊胚，经过细胞的分裂、运动、迁移和聚集，分化成为二胚层和三胚层的胚胎，再进一步分化成各种组织和构建成器官、系统。

原肠形成过程中，首先 ICM 分化为两层细胞，分别称为上胚层和下胚层。下胚层又称为原始内胚层。其后，下胚层细胞继续分裂，紧贴着滋养层生长，向周围、向下扩展，并在植物极汇合，结果在滋养层内侧形成了包围一个大腔的内胚层，这个大腔就是原肠。位于原肠顶壁的内胚层，将来形成胚体的部分，称为胚内内胚层，其余部分则称为胚外内胚层，它们位于原肠腔的侧壁和底壁。胚外内胚层将形成卵黄囊和尿囊的主要成分。上胚层形成了胚体外胚层、胚体中胚层，以及绝大部分的胚内内胚层。下胚层则形成胚外内胚层与一小部分胚内内胚层。

在胚胎原肠化过程中，胚胎进入快速发育期，其胚胎的体积快速增加。牛胚胎在受精第 13 天时形成直径为 3 mm 的球体，第 17 天时发育成长度为 25 cm 的线形胚胎，第 18 天时线形胚胎伸入对侧子宫角。胚胎的伸长与妊娠信号的发出几乎是同时进行，有利于妊娠信号的传播，使母体做出反应，保证胎儿进一步发育。

2. 妊娠识别与胚泡附植

（1）妊娠识别。妊娠初期，胚胎的滋养外胚层产生的某种化学因子（类固醇激素和蛋白质）作为妊娠信号传递给母体，母体对此产生相应的反应，识别和确认胚胎的存在。为在胚胎和母体之间建立生理和组织联系做准备，这一过程称妊娠识别。妊娠识别的实质是胚胎产生某种抗溶黄体物质，作用于母体的子宫或（和）黄体，阻止或抵消 $PGF_{2\alpha}$ 的溶黄体作用，使黄体变为妊娠黄体，维持母体妊娠。妊娠识别后，母体即进入妊娠的生理状态。牛妊娠识别的时间为配种后 16～17 d。

（2）胚泡附植。胚泡在子宫内经过一段游离状态后，随着胚泡内液体的不断增加及体积的增大，在子宫内的活动逐步受到限制，与子宫壁相贴附，随后和子宫内膜发生组织及生理的联系，位置固定下来，这一过程称为附植。胚泡附植的部位，一般在排卵同侧的子宫角下 1/3 处，这个部位子宫血管分布稠密，营养供应充足，有利于胚胎发育。牛胚胎发育大约 8 d 透明带消失，11 d 后胚泡开始伸长，其速度达 1 cm/h。13 d 时线状胚胎伸入排卵对侧子宫角，原肠胚形成。17 d 时胚胎占据整个子宫角。20 d 时达到双侧子宫角顶端，此时胚胎同侧的子宫上皮和滋养层部分黏着，并在子宫阜处紧密结合。第 4 周母体子宫上皮和滋养层表面的微绒毛出现交叉，开始形成比较牢固的附植。一般完全附植平均需要 60(45～75)d。

3. 胎膜、胎盘

受精卵经过发育除了形成胚胎（embryo），最后发育成为胎儿以外，还形成胎儿的附属物，即胎膜、胎盘。胎膜和胎盘是胎儿在子宫内发育阶段的临时器官，分娩后即脱离胎儿。

（1）胎膜。胎膜（fetal membrance）即胎儿附属膜，它包被在胎儿外面，由卵黄囊、羊膜、尿膜、绒毛膜 4 个部分构成。胎儿依靠胎膜从母体血液中获得营养物质和氧气，又通过胎膜将胎儿代谢产生的废物运出去，并能合成某些酶和激素。它是维持胎儿发育并保护其安全的重要的暂时性组织器官，对胚胎的发育极为重要。

① 卵黄囊。卵黄囊是原肠胚进一步发育，分为胚内和胚外两部分，其胚外部分即形成卵黄囊。卵黄囊的外层和内层分别由中胚层和内胚层形成。卵黄囊上有完整的血液循环系统，是主要的营养器官，起着原始胎盘的作用。牛的卵黄囊较长，可达胚胎的两端。胚胎发育初期借卵黄囊吸收子宫乳中的养分和排出废物。随着胎盘的形成，卵黄囊的作用减少并萎缩，最后只在脐带中留下一点遗迹。

② 羊膜。羊膜由外胚层和中胚层构成，呈半透明状，其上无血管分布，是卵黄囊发育后开始出现的。发育完成的羊膜形成羊膜囊，内含有羊水，胎儿即漂浮在羊水中。牛羊膜于妊娠后 13～16 d 形成。

羊水最初由羊膜细胞分泌，之后则大部分来源于母体血液及胎儿的一些代谢产物。羊水中含有无机盐、蛋白质、糖类、脂肪、酶、激素等。羊水在妊娠初期呈透明清亮黏液状，后期呈混浊状，妊娠后期增多。其平均量为 5 000～6 000 mL。羊水不仅能保护胎儿不受外力影响，防止胎儿受到周围组织的压迫，避免胎儿皮肤与胎膜粘连，分娩时有助于子宫颈扩张并使胎儿体表及产道润滑，有利于胎儿产出。

③ 尿膜。尿膜由胚胎后肠端向腹侧方向突出而成，外层为胚外脏壁中胚层，内层为胚外内胚层构成。尿膜生长在绒毛膜之内，其内面是羊膜囊。尿膜囊位于绒毛膜和羊膜之间。尿膜内层与羊膜粘连称尿膜羊膜，外层与绒毛膜粘连称尿膜绒毛膜。尿膜外层上有大量的血管分布，使得尿膜外面的绒毛膜血管化，毛细血管伸入绒毛内，与胚胎发生联系。牛的尿膜内层的一部分（下面两侧或两端）与

羊膜粘连构成尿膜羊膜，其余部分（背部或上部）没有尿膜内层和外层，羊膜上部直接与绒毛膜黏接在一起构成羊膜绒毛膜。

尿膜囊内有尿水，主要来自胎儿的尿液及尿囊上皮分泌物，或从子宫内吸收而来。尿水最初为清澈透明的水样，以后变为浓稠状。尿水内成分与羊水相似，呈弱碱性，并含有白蛋白和尿素。尿水的含量变化很快，在妊娠后期达 4 000～15 000 mL。尿水有助于分娩初期扩张子宫颈，并可在分娩前储存胎儿的排泄物，还有助于维持胎儿血浆渗透压。

④ 绒毛膜。绒毛膜是胎膜的最外一层膜，表面覆盖绒毛。绒毛膜由胚外外胚层和胚外体壁中胚层构成。绒毛膜包在其他 3 种胎膜之外，并在结构上与它们有密切联系。绒毛膜囊的形状与妊娠子宫相同，牛绒毛膜分别和羊膜、尿膜粘连，绒毛膜上的绒毛呈丛状分布（图 5－16）。

（2）胎盘。胎盘（placenta）是母体和胎儿之间在子宫的联络部分，也是胎儿绒毛膜的绒毛和妊娠子宫黏膜相结合的部分。前者称胎儿胎盘，后者称母体胎盘。胎儿胎盘和母体胎盘均有各自的血管系统，并通过胎盘进行物质交换，保证胎儿发育的需要。

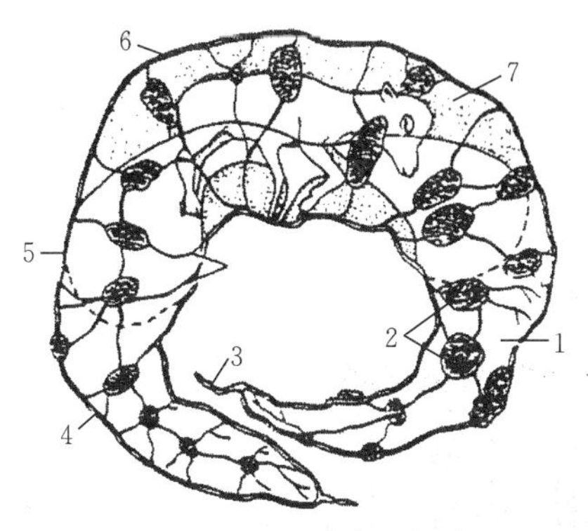

图 5－16　牛的胎膜及胎囊

1. 尿膜囊　2. 子叶　3. 绒毛膜坏死端　4. 尿膜绒毛膜　5. 绒毛膜　6. 羊膜绒毛膜　7. 羊膜腔

牛胎盘的类型为子叶型胎盘。胎儿尿膜绒毛膜的绒毛集中成许多圆盘状的绒毛丛（胎儿子叶），包在母体子宫黏膜上突起的子宫阜（母体子叶）上，形成胎盘突（75～120 个），其胎儿子叶上的绒毛相应嵌入母体子叶凹下的腺窝中。子叶之间表面光滑，无绒毛存在。按照子宫内膜和绒毛膜参与胎盘形成的组织层次及其与毛细血管之间的关系分，牛胎盘属于结缔组织绒毛膜型，妊娠前 4 个月左右时为上皮绒毛膜型胎盘，随后母体子叶上皮变性、萎缩消失，使母体胎盘的结缔组织直接与胎儿子叶的绒毛接触变为结缔组织绒毛膜胎盘，也称上皮绒毛与结缔组织绒毛混合型胎盘。这种类型的胎盘，母体胎盘与胎儿胎盘联系紧密，分娩时不易脱离。牛的母体子叶为凸出的饼状，产后胎衣排出较慢且易出现胎衣不下。牛在分娩过程中，当胎儿胎盘脱落时常会带下少量子宫黏膜结缔组织，并有出血现象，又称为半蜕膜胎盘（图 5－17）。

（3）脐带。脐带（umbilical cord）是连接胎儿与胎膜之间的带状组织。脐带外面包覆有羊膜，一端与胎儿脐孔相连，另一端呈喇叭状逐渐过渡到羊膜绒毛膜上。脐带中的血管进入胎膜后分成两大支，再分成细支进入绒毛膜。牛脐带内有两条脐静脉和两条脐动脉，二者相互缠绕，很松，且静脉在脐孔内合为一条。由于牛的脐带在脐孔处连接较松，在分娩时易断于腹腔内。牛脐带长度为 30～40 cm。

图 5－17　牛胎盘结构

1. 尿膜绒毛膜（胎儿胎盘）
2. 子宫内膜（母体胎盘）

4. 妊娠母牛的生理变化

妊娠之后，由于发育中的胎儿和胎盘以及黄体的形成及其所产生的激素都对母体产生极大的影响，因而母体产生了很多形态上及生理上的变化，这些变化对妊娠诊断有参考价值。

（1）内分泌变化。妊娠期间出现的一系列变化受母体和胎盘分泌的有关生殖激素的协调，否则将导致妊娠的中断。雌激素在妊娠早期比在性周期中水平低，这是因为妊娠后卵泡发育受到抑制，但胎盘能分泌一定的雌激素，所以随妊娠期的延长，雌激素水平增加。孕酮主要由黄体分泌，肾上腺和胎盘也能分泌孕酮，因而可以抑制雌激素和催产素对子宫肌的收缩作用，使胎儿的发育处于稳定的环境，促进子宫颈栓体的形成，防止妊娠期间异物和病原微生物侵入子宫、危及胎儿，抑制垂体 FSH 的分泌和释放，从而抑制卵巢上卵泡发育和母牛发情；妊娠期间，血液中孕酮含量基本不变，直到临近分娩时孕酮水平才急剧下降，从而有利于分娩的发动。雌激素和孕激素的协同作用可改变子宫基质，增强子宫的弹性，促进子宫肌和胶原纤维的增长，以适应胎儿、胎膜和胎水增长对空间扩张的需求；还可刺激和维持子宫内膜血管的发育，为子宫和胎儿的发育提供营养。在妊娠期间，促黄体素的含量因孕酮的作用而逐渐降低，妊娠 75 d 的血清中，LH 只有（1.0±0.1)mg/mL，而未妊娠牛为（1.2±0.1)mg/mL。

（2）母体全身的变化。妊娠后，随着胎儿生长，母体新陈代谢变得旺盛，母牛食欲增加，消化能力提高，营养状况改善，体重增加，被毛光润。但妊娠后期，胎儿迅速生长发育，母牛常不能消化足够的营养物质满足胎儿的需求，妊娠前半期所储存的营养物质消耗很快，所以尽管食欲良好或者更为旺盛，却常变为清瘦。妊娠后半期，是胎儿生长发育最快的阶段，胎儿对钙、磷等矿物质需要量增多，如果含矿物质的补充饲料缺乏，往往会造成母牛体内钙、磷含量降低，母牛脱钙，易出现后肢跛行、骨折、牙齿磨损快等现象。

妊娠后期，母牛腹部轮廓发生改变，腹部膨大，尤其是右侧更为明显。由于胎儿增大，占据了母体腹内的一定位置，腹内压力增高，内脏器官的容积减少，使排尿排粪的次数增多，但每次的量减少。呼吸次数增加，且呼吸方式由胸腹式呼吸变成胸式呼吸。心脏负担过重时引起代偿性左心室妊娠性肥大等症状，血流量增加，心血输出量提高，进入子宫的血量在妊娠后期增加几倍到十几倍。妊娠后期，血中碱储下降，酮体较多，有时会导致妊娠性酮血症。此外，还出现血凝固能力增强、红细胞沉降速度加快等现象。由于组织水分增加，子宫压迫腹下及后肢静脉，以致这些部位特别是乳房前的下腹壁，容易发生水肿。牛不多发，但个别奶牛发生时也比较明显。妊娠后，乳腺发育显著，一般分娩前 2 周可挤出少量乳汁。

（3）生殖器官的变化。

① 卵巢。受精后，母体卵巢上的黄体转化为妊娠黄体继续存在，分泌孕酮，维持妊娠。妊娠早期，卵巢偶有卵泡发育，致使孕后发情，但多不能排卵而退化，闭锁。

② 子宫。妊娠期间，随着胎儿的发育，子宫体积增大。子宫黏膜增生，子宫肌组织也在生长。子宫通过增生、生长和扩展的方式以适应胎儿生长的需要。同时，子宫肌层保持着相对静止和平衡的状态，以防胎儿过早排出。妊娠前半期，子宫体积的增长，主要是由于子宫肌纤维增生肥大所致，妊娠后半期则主要是胎儿生长和胎水增多，使子宫壁扩张变薄。由于子宫重量增大，并向前向下垂，因此至妊娠 1/3 期及其以后，一部分子宫颈被拉入腹腔，但至妊娠末期，由于胎儿增大，又会被推回到骨盆腔前缘。

③ 子宫颈。子宫颈是妊娠期保证胎儿正常发育的门户。子宫颈上皮的单细胞腺分泌黏稠的黏液封闭子宫颈管，称子宫栓。牛的子宫颈分泌物较多，妊娠期间有子宫栓更新现象。子宫栓在分娩前液化排出。

④ 子宫动脉。由于胎儿发育的需要，随着胎儿不断地增大，血液的供给量也必须增加。妊娠时子宫血管变粗，分支增多，特别是子宫动脉（子宫中动脉）和阴道动脉子宫支（子宫后动脉）更为明显。随子宫动脉管变粗，动脉内膜的皱襞增加并变厚，而且与肌层联系疏松，所以血液流过时所造成的脉搏就从原来清楚的搏动，变为间隔不明显的流水样的颤动，称为妊娠脉搏（孕脉）。这是妊娠的特征之一，在妊娠后一定时间出现，孕脉强弱及出现时间，随妊娠时间不同而不同。至妊娠末期，牛的子宫动脉可以粗如食指。孕角子宫中动脉比空角的显著增大。

⑤ 阴道和阴门。妊娠初期，阴门收缩紧闭，阴道干涩。妊娠后期，阴道黏膜苍白，阴唇收缩。妊娠末期，阴唇、阴道水肿，柔软有利于胎儿产出。

5. 妊娠诊断

奶牛的妊娠期（pregnancy）平均为 282(276～290)d。妊娠过程中，母体生殖器官、全身新陈代谢和内分泌都发生变化，且在妊娠的各个阶段具有不同特点。妊娠诊断就是借助母体妊娠后所表现出的各种变化来判断是否妊娠以及妊娠进展的情况。在母牛配种后应尽早确定其是否妊娠，这对于保胎、减少空怀、提高产量和繁殖率是非常重要的。简便有效的妊娠诊断方法，尤其是早期妊娠诊断的方法，一直是生产中极为重视的问题。经过妊娠诊断，可以确定已妊娠的母牛，从而加强饲养管理做好保胎工作。对未妊娠的母牛，应找出原因，及时采取相应措施消除影响妊娠的原因，并尽快配种。另外，在妊娠诊断中还可以发现某些生殖器官疾病，以便及时治疗。如果发生妊娠诊断错误，将会造成发情母牛的失配和已妊娠母牛的误配，从而人为地延长产犊（仔）间隔。如牛只要失误 13.5 个情期（282 d），就相当于少产一头犊牛，损失一个泌乳期，对经济效益影响相当大。

（1）外部观察法。

① 视诊。主要根据母牛妊娠后的行为变化和外部表现来判断是否妊娠，常作为早期妊娠诊断的辅助或参考。母牛妊娠后，周期性发情停止，食欲增进，膘情改善，毛色光泽，性情温驯，行动谨慎。妊娠中期或后期，腹围右侧增大突出。乳房胀大，育成母牛在妊娠 4～5 个月后，乳房发育速度加快，乳房体积明显增大，而经产母牛的乳房在妊娠的最后 1～4 周才明显增大。牛有腹下水肿现象。妊娠牛 6 个月后可见胎动。

② 触诊。触诊指隔着母体腹壁触诊胎儿及胎动的方法。该法只能用于妊娠后期。牛 7 个月后，隔着右侧腹壁，可触诊到胎儿。当胎儿胸部紧贴母体腹壁处时，可听到胎心音。

（2）阴道检查。主要观察阴道黏膜色泽、黏液性状和子宫颈状况等变化。该方法在母牛妊娠早期诊断较困难，只能作为辅助方法。一般妊娠 3 周以后，阴道黏膜由粉红色变为苍白色，表面干燥、无光泽，滞涩，阴道收缩变紧。妊娠 1.5～2 个月，子宫颈口处有黏稠的黏液，量较少，3～4 个月后，量增多，为灰白色或灰黄色糊状黏液。6 个月以后，黏液变得稀薄而透明。妊娠后子宫颈紧闭，阴道部变成苍白色，有子宫栓存在。子宫颈的位置随妊娠的进展，向前向下移动，发生相应的位置变化。牛妊娠过程中子宫栓有更替现象，被更替的黏液排出时，常黏附于阴门下角，并有粪黏着，是妊娠的表现之一。

另外，在进行阴道检查时，除需要消毒外，还应注意个体间的某些差异，某些未孕但有持久黄体存在的个体，同样会有与妊娠相似的阴道变化。而已孕的母牛的阴道或子宫颈的某些病理性变化会干扰对妊娠的判断。操作时要注意防止因阴道检查造成的感染和流产。

（3）直肠检查。直肠检查是隔着直肠壁触诊母牛生殖器官形态和位置变化，是用于牛早期妊娠诊断的一种既经济又可靠的方法。妊娠 20 d 可做出初步诊断，40 d 即能确诊，大致确定妊娠时间，而且可直接检查出患有不孕症的母牛，给予及时治疗。

直肠检查内容主要随妊娠时间、阶段不同而有不同的侧重。妊娠初期，主要以卵巢上黄体的状态、子宫角的形状和质地的变化为主。胎泡（包被胎儿的子宫部分、胎儿和胎水的总称）形成后，以胎泡的存在和大小为主。胎泡下沉入腹时，则以卵巢的位置、子宫颈的紧张度和妊娠脉搏为主。妊娠后期还可触摸胎儿肢体等。

① 直肠检查的环节。首先将母牛在保定架或牛栏内保定好。有条件时，可用温水灌肠，使粪便排出，肠管松软易于检查。检查人员指甲必须剪短、磨圆、消毒，以防弄破直肠壁。戴上长臂乳胶或塑料手套，涂上润滑剂。直肠检查的要领是手臂伸入直肠膨大部后，可向下触摸，在骨盆入口附近找到坚硬的子宫颈，以此为据点向前摸到子宫、角间沟及子宫角侧后方的卵巢。

② 妊娠早期各阶段的变化（图 5－18）。妊娠 20～25 d，妊娠的主要特征是一侧卵巢体积明显大于对侧，质地变硬，黄体突出于卵巢表面，直径为 2.5～3 cm，这是早期妊娠判断的主要依据。此时，母牛的子宫角无明显变化，子宫角柔软或稍肥厚而有弹性，但无病态表现，触摸时无收缩反应，角间沟明显。

妊娠 30 d，两侧子宫角不对称，孕角变粗，松软，有波动感，其膨大处子宫壁变薄，弯曲度小，而空角仍无明显变化，角间沟仍明显。用拇指和食指轻轻捏起孕侧子宫角，再突然放松，可感到子宫壁内先有一层薄膜滑开，这就是尚未附植的胎囊壁。技术熟练者此时在角间韧带前方可摸到豆形的羊

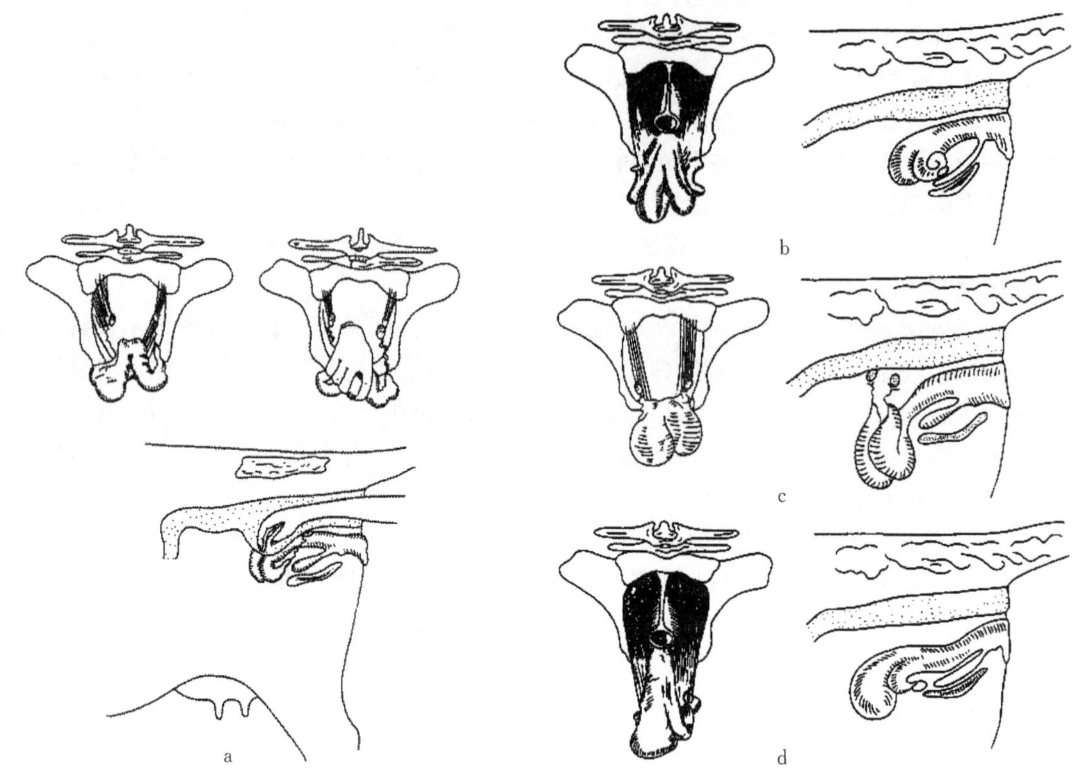

图 5-18 牛妊娠子宫位置的正面及侧面观

a. 妊娠 30 d b. 妊娠 60 d c. 妊娠 90 d d. 妊娠 120 d

膜囊，直径约 20 mm。

妊娠 60 d，孕角明显增粗，相当于空角的 2 倍，孕角波动明显，角间沟变平，子宫角开始垂入腹腔，但仍可摸到整个子宫。

妊娠 90 d，孕侧子宫角显著粗大，直径为 12～16 cm，内有明显的波动，子宫壁变薄，角间沟完全消失，子宫开始沉入腹腔，子宫颈前移。孕侧子宫动脉基部开始出现微弱的特异搏动（妊娠脉搏）。

妊娠 120 d，子宫全部沉入腹腔，子宫颈已越过耻骨前缘，一般只能摸到子宫的局部及该处的子叶，如黄豆至蚕豆大小，可触到胎儿。子宫动脉的妊娠脉搏明显。

此后子宫进一步增大，沉入腹腔，手已无法触到子宫的全部，子叶逐渐增大如鸡蛋大小，子宫动脉粗如拇指，两侧妊娠脉搏均明显。在妊娠后期可触到胎儿的头、四肢及身体其他部位。

寻找子宫动脉的方法是：手深入直肠内，手心朝上，贴着骨盆顶部向前滑动，先摸到腹主动脉末端的两条分支，即髂内动脉，再沿正中的腹主动脉向前摸到第 2 个分支即髂外动脉；在髂外动脉的基部，可以摸到由此处分出来走向子宫阔韧带的子宫动脉（图 5-19）。

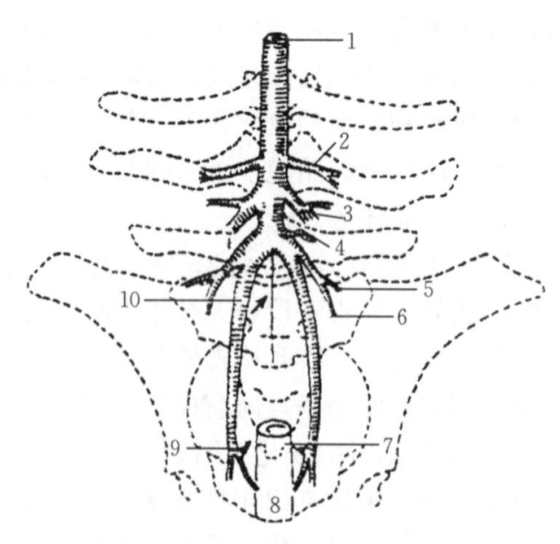

图 5-19 母牛子宫动脉位置

1. 腹主动脉 2. 卵巢动脉 3. 髂外动脉 4. 肠系膜后动脉 5. 脐动脉 6. 子宫动脉 7. 尿生殖动脉子宫支 8. 阴道 9. 尿生殖动脉 10. 髂内动脉

（4）直肠检查时应注意的问题。

① 妊娠子宫和异常子宫的区别。因子宫炎症造成的子宫积脓或积水，常常会引起一侧子宫角和子宫体膨大，重量增加，子宫下沉，卵巢位置下降等类似妊娠的表现，须仔细触摸才能做出准确的诊断。通常牛子宫有炎症的无子叶出现，不会有子宫动脉妊娠脉搏。

② 妊娠和假妊娠的正确判断。配种 40 d 以上时，子宫角仍无妊娠表现，子宫角基部无胎泡，卵巢上无卵泡发育和排卵现象。阴道的表现与妊娠一致。这种情况可认为是假妊娠，应及时处理，促其再发情配种。

③ 胎泡和膀胱的正确区分。牛膀胱充满尿液时，其大小和妊娠 70～90 d 的胎泡相似，容易将其混淆，造成误诊。区别的要领是膀胱呈梨状，正常情况下位于子宫下方，两侧无牵连物，表面不光滑，有网状感；胎泡则偏于一侧子宫角基部，表面光滑，质地均匀。

④ 注意妊娠后发情。母牛配后妊娠 20 d 及 3～5 个月偶尔也有某些外部发情表现。但是，只要是无卵泡发育也可认为是假发情。

⑤ 注意综合判断。对妊娠症状要全面考虑，综合判断。既要抓住每个阶段的典型症状，也要参考其他表现。对牛 4 个月以上的妊娠诊断，既要根据胎泡的有无和大小，又要注意子叶的有无和直径，以及子宫动脉的反应。另外，直肠检查时，还应注意先将直肠内粪便掏出再进行检查。检查时动作应轻缓柔和，当直肠扩大或缩小很紧时，要等恢复后再操作。

（5）孕酮水平测定法。母牛妊娠后，其血浆和乳汁孕酮含量明显高于未妊娠母牛，而且在长时间内保持稳定的水平，因此采用放射免疫测定或酶联免疫测定法，可以根据孕酮含量的变化进行妊娠诊断。试验证明，乳汁孕酮含量变化发生在血浆或全血孕酮浓度变化以后，但孕酮极易在乳汁内溶解，因而在同一单位体积内，乳汁孕酮浓度高于血浆和全血孕酮浓度。在配种后 20～25 d 的乳汁中孕酮含量≥7 ng/mL为妊娠，≤5.5 ng/mL 为未妊娠，介于 5.5～7 ng/mL 为可疑。乳汁中孕酮含量≥200 ng/mL为妊娠，≤100 ng/mL 为未妊娠，介于 100～200 ng/mL 为可疑。

由于用乳样较采集血样简单方便，对牛的孕酮检测常用乳汁。其妊娠诊断准确率为 65%～85%，未妊娠诊断的准确率为 90%～100%。这主要是由于母体本身生理情况造成的。被测母牛孕酮水平高的原因有很多，如持久黄体、黄体囊肿、胚胎死亡，或其他卵巢、子宫疾病等，往往造成一定比例的误诊。此外，孕酮测定的药盒标准误差、测定仪器和技术水平等也影响诊断的准确性。

（6）子宫颈阴道黏液煮沸法。

① 蒸馏水煮沸法。从子宫颈口取少量黏液（玉米粒大小）放置于试管中，以 1∶3 的比例加蒸馏水煮沸 1 min。若妊娠则煮沸后溶液呈灰白色或白色，黏性比较大，呈一定形状，似一块云雾状液体，漂浮在水中；若未妊娠则黏液全部溶解，且液体透明清亮，没有任何沉淀及漂浮物存在；如子宫有疾病（子宫积脓、子宫内膜炎），溶液呈灰白色，但混浊、有细小的絮状物黏附于试管壁上。

② 氢氧化钠煮沸法。用 10%的 NaOH 3 份加入 1 份黏液，煮沸 1 min。若妊娠，则黏液完全溶解，溶液颜色由黄色、橙色变为暗褐色；未妊娠，黏液完全溶解，溶液由清亮透明变为淡黄色；有子宫疾病的，则黏液不溶解，且呈混浊不透明的淡黄色。子宫颈阴道黏液煮沸法妊娠诊断准确率在 80%以上。

（7）超声波诊断法。将超声波的物理特性和不同组织结构的声学特性密切结合的一种物理学检查方法。目前用于妊娠诊断的超声波妊娠诊断仪主要有 3 种类型。

① 多普勒超声波诊断仪。通过听妊娠牛子宫血流音、胎儿心音、脐带上的动脉和静脉血流音来诊断。将探头缓慢插入阴道，使探头位置在阴道穹窿 2 cm 以下区域。母体子宫血流音在妊娠 35 d 左右出现“啊呼”音，40 d 以后有“蝉鸣”音。未妊娠牛或探头接触不良时，仅有“呼呼”声，其频率同母牛脉搏。胎儿死亡时，也为“呼呼”音。胎儿脐带血流音比较快，频率为 120～180 次/min，从妊娠 50 d 起比较明显。应用多普勒超声波诊断仪检查 30～70 d 的母牛，妊娠诊断准确率可达 90%以上。

② A 型超声波诊断仪。将探头缓慢插入阴道，使探头抵在阴道穹窿下半部的阴道壁上，左右或前后移动探查胎囊中的液体，如连续发出声响且指示灯持续发光，则为妊娠，最早的可于牛配种后18～21 d 诊断出。但如膀胱有尿液，探触到也会发出声响和灯光，因此要注意探查部位。

③ 超声断层扫描（简称 B 超）。将超声回声信号以光点明暗显示出来，回声的强弱与光点的亮度一致，这样由点到线到面构成一幅被扫描部位组织或脏器的二维断层图像，称为声像图。超声波在牛体内传播时，由于脏器或组织的声阻抗不同、界面形态不同以及脏器间密度较低的间隙，造成各脏器不同的反射规律，形成各脏器各具特点的声像图。用 B 超通过探查胎水、胎体或胎心搏动以及胎盘来判断母牛妊娠阶段、胎儿数、胎儿性别及胎儿的状态等。但早期诊断的准确率仍然偏低。

三、分娩

经过一定时间的妊娠，胎儿发育成熟，母体将胎儿及其附属物从子宫内排出体外，这一生理过程称为分娩。

1. 分娩的发动

分娩（delivery）的发动是由复杂的内分泌、神经和机械因素相互调节及母体和胎儿共同参与完成的。胎儿下丘脑-垂体-肾上腺轴（系统）对触发分娩起着重要作用。

（1）胎儿下丘脑-垂体-肾上腺轴。当胎儿发育成熟以后，胎儿通过下丘脑使垂体分泌促肾上腺皮质激素（ACTH），从而促使胎儿肾上腺分泌皮质素。在分娩前，胎儿的皮质素大量增加，通过血液循环到达胎盘，将胎盘合成的孕酮转化为雌激素，导致孕酮水平急剧下降，雌激素水平急速升高，从而刺激胎盘和子宫大量合成前列腺素（$PGF_{2\alpha}$）及垂体后叶释放催产素，协同发动分娩，将胎儿排出体外（图 5-20）。

（2）机械刺激。妊娠后期，胎儿发育成熟，使子宫体积扩大，重量增加，子宫肌纤维达到高度伸张状态，对子宫的压力超出其承受的能力时，便可引起子宫肌反射性收缩而导致分娩。

（3）母体激素。母牛在妊娠期内孕酮一直处于一个高而稳定的水平上，抑制了子宫肌收缩，维持子宫相对安静而稳定的状态。但妊娠后期，孕酮含量明显下降，在分娩发生前 16～24 h 雌激素分泌量迅速达到峰值，刺激垂体后叶释放催产素，同时前列腺素（$PGF_{2\alpha}$）浓度急剧增加，从而触发分娩活动。

（4）胎盘变性。胎儿发育成熟时，胎盘开始发生脂肪变性。胎儿对母体的免疫系统来说是一个异物，而受到母体排斥，被排出体外。

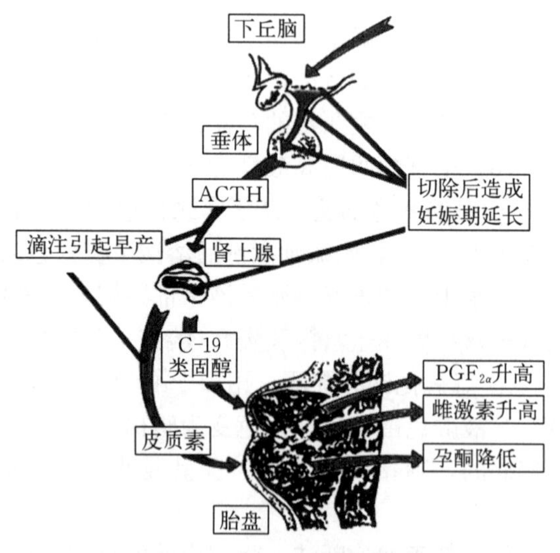

图 5-20 胎儿发动分娩示意图

（5）神经系统。当子宫颈和阴道受到胎儿的压迫和刺激时，通过神经传导使垂体后叶释放催产素，引起子宫收缩。

2. 分娩预兆

母牛分娩前，在生理、形态及行为方面发生一系列变化，称为分娩预兆（delivery emen）。根据分娩预兆可大致预测和判断分娩的时间，以便做好接产的各项准备工作，保证母牛安全生产。

（1）乳房的变化。经产母牛乳房在分娩前 10 d 迅速增大，有的并发水肿，可挤出少量清亮胶样液体或乳汁，产前 2 d 内乳房极度膨胀，皮肤发红，乳头中充满白色初乳，乳头表面被覆一层蜡样物且变为圆柱状。有的母牛有漏乳现象，乳汁成滴或成股流出，漏乳开始后数小时至 1 d 分娩。初产牛妊娠 4 个月后乳房开始增大，后期加快。

（2）生殖器官的变化。牛阴道黏膜潮红，能分泌出一些稀薄的润滑液体，在分娩前 1 周，阴唇肿胀变软，皱褶消失，一般可增大 2～3 倍。

（3）骨盆韧带的变化。在分娩前 1～2 周，骨盆部韧带开始软化，尤其是荐坐韧带特别松弛，使尾根二侧肌肉塌陷，在分娩前 12～36 h，荐坐韧带松弛达最大程度。初产牛变化不明显。

（4）行为表现。临产前，母牛表现不安，时卧时起，回顾腹部，尾高举做排尿姿势，食欲废绝。

（5）体温升高现象。妊娠 7 个月母牛开始有体温升高现象，产前 1 个月到产前 7～8 d，体温逐渐上升可达 39 ℃，分娩前 12 h，体温下降 0.4～0.8 ℃。

3. 决定分娩的因素

（1）产力。产力是将胎儿从子宫中排出的力量，由子宫肌、腹肌和膈肌有节律地收缩共同构成。子宫肌的收缩为阵缩，是分娩过程中的主要动力；腹肌和膈肌的收缩为努责，是伴随阵缩进行的一种辅助动力，对胎儿的产出起着重要作用。子宫的收缩，开始时短暂而且不规律、力量不强，以后逐渐变得持久、规律、有力。牛的子宫收缩开始时，每 15 min 1 次，每次持续 15～30 s，随后收缩的频率增高达每 3 min 1 次，力量增强，持续时间也增长。母牛血液中的乙酰胆碱和催产素均能促进子宫收缩，由于它们的作用时强时弱，所以子宫的收缩是阵发性的，即每 2 次收缩之间有间歇，这种间歇性收缩对胎儿的安全非常重要。如没有间歇，子宫收缩时，血管受到压迫，胎盘上的血液循环及氧的供给受阻，就会引起胎儿死亡。

（2）产道。产道是分娩时胎儿由子宫内排出所经过的道路。产道有软产道和硬产道两部分。软产道包括子宫颈、阴道、阴道前庭和阴门。硬产道指骨盆。骨盆主要由荐骨与前 3 个尾椎、髂骨及荐坐韧带共同构成。牛的骨盆入口呈竖的椭圆形，倾斜度较小，骨盆底下凹，而且后部向上倾斜，因此其骨盆轴为曲折形，即先向上向后然后水平，再向上向后。骨盆侧壁的坐骨上棘很高，并且斜向骨盆腔，横径小，荐坐韧带窄，坐骨结节大，所以胎儿通过时比较困难（图 5－21）。

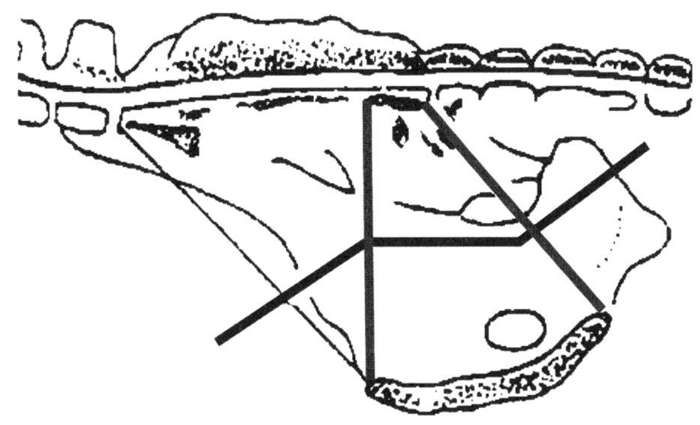

图 5－21 牛的骨盆轴

（3）胎儿在子宫内的状态。

① 胎向。胎儿在母体子宫内的方向是指胎儿身体的纵轴和母体身体纵轴的关系。胎向有 3 种。

a. 纵向。胎儿纵轴与母体纵轴互相平行。纵向又分为纵头向和纵尾向。纵头向是正生，胎儿的前肢和头部先进入产道；纵尾向是倒生，胎儿的后肢和尾部先进入产道。

b. 横向。胎儿纵轴与母体纵轴近于水平交叉。胎儿的腹部朝向产道称腹横向；胎儿的背部朝向产道称背横向。

c. 竖向。胎儿纵轴与母体纵轴上下垂直，胎儿的头部可能向上或向下，同时胎儿的背部或腹部朝向产道称为背竖向或腹竖向。纵向是正常胎向，而横向和竖向属异常胎向，均易发生难产。

② 胎位。胎儿在母体子宫内的位置。即胎儿的背部和母体背部或腹部的关系。胎位有 3 种。

a. 上位。胎儿背部朝向母体的背部，伏卧在子宫内，是正常的胎位。

b. 下位。胎儿的背部朝向母体的下腹部，仰卧在子宫内，是异常胎位，但不一定难产。

c. 侧位。胎儿的背部朝向母体腹部侧壁。胎儿的背部向母体的左或右腹部，可分为左或右侧位。

侧位是异常的胎位，若倾斜不大，称轻度侧位，也可以看作是正常的（图5－22）。

③ 胎势。胎儿在母体子宫内的姿势。一般体躯微弯，四肢屈曲，头部向胸部俯缩。前置也称先露，是指胎儿最先进入产道的部分，如正生时称头前置或前躯前置；倒生时称后躯前置。在分娩时，有时因胎势异常而造成难产。在妊娠后期，牛的胎儿是纵向，侧位，大多数是头前置，正生率为95%。

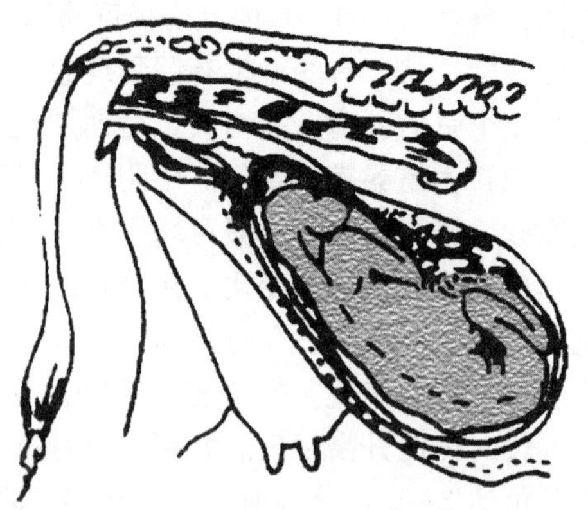

图5－22　分娩前牛胎儿在子宫内的侧位图

4. 分娩过程

分娩过程是从子宫开始阵缩至胎儿及其附属物（胎衣）排出体外为止的这段时间。一般划分为子宫开口期、胎儿产出期和胎衣排出期3个时期。但第1期与第2期间没有明显界限。

(1) 子宫开口期。子宫开口期又称准备期，指从子宫肌开始阵缩为起点，到子宫颈口完全开张与阴道之间的界限消失为止的这段时间。这一期仅有阵缩而无努责。开始收缩时频率低，间隔时间长，持续收缩的时间和强度低；随后收缩频度加快，收缩的强度和持续时间增加，到最后每隔几分钟即收缩一次。初产母牛表现不安、起卧频繁、食欲减退等；经产牛表现不很明显，稍有不安，轻度腹痛，尾根举起，常做排尿姿势，并停止采食或者是很少进食。牛子宫开口期持续2～8(0.5～24)h。

(2) 胎儿产出期。胎儿产出期是指子宫颈完全开张到胎儿排出体外为止的这段时间。在这一时期，子宫阵缩和努责共同发生作用。胎儿首先通过完全开张的子宫颈，渐渐进入骨盆腔，随着子宫收缩力的增强，促使胎儿迅速排出。此期母牛极度不安，呼吸和脉搏加快，拱背举尾，时起时卧，回顾腹部，呻吟并出汗，最后大多都是侧卧不起，四肢伸直，强烈努责，排出胎水及胎儿。此期为3～4(0.5～6)h。

(3) 胎衣排出期。胎衣排出期是指从胎儿排出后到胎衣完全排出为止的这段时间。当胎儿排出后，母牛即安静下来，经几分钟后，子宫恢复阵缩，但收缩的频率和强度都比较弱，有时伴有轻微的努责将胎衣排出。牛的胎盘为子叶型胎盘，组织结构上属于上皮绒毛与结缔组织绒毛混合型胎盘，母体胎盘与胎儿胎盘结合紧密，胎儿胎盘包被着母体胎盘，子宫收缩时则包被得更紧，难以分开，只有母体胎盘组织张力减弱时，胎儿胎盘的绒毛膜才能脱离，所以胎衣排出时间较长，一般为4～8 h，长的可达12 h。如果超过12 h胎衣不下，则属于异常的胎膜滞留，需要采取药物处理或人工剥离子叶使之排出。

5. 助产

分娩为母牛正常的生理过程，一般情况下，不须干预，胎儿均能自行娩出。如果助产不当，反而容易造成分娩困难或引起产道的损伤与感染。因此，助产的主要目的在于观察分娩的过程是否正常，必要时给予适当的帮助，以保证母牛分娩顺利和犊牛安全。

(1) 助产前的准备。临产母牛在预产期前一周左右进入产房。事先对产房进行环境消毒。产房应干燥，光线充足，通风良好，场地宽敞，便于母牛有活动的地方，并有利于助产；产房还要保温，以免冻伤新生犊牛；铺垫的褥草不可过短，以免犊牛误食而卡入气管内。

产房内应备有必要的助产器械及药品，如剪刀、产科绳、手术刀、镊子、针头、注射器、药棉、纱布；75%乙醇、碘酒、来苏儿、催产素；毛巾、肥皂、脸盆、工作服及胶鞋等。

助产人员应熟悉母牛分娩的生理规律，具有一定的接产经验，遵守助产的操作规则及值班制度。助产时注意自身消毒和防御，并防止人身伤害和人兽共患病的感染。

(2) 正常分娩的助产。助产工作应在严格消毒的原则下，按以下方法进行，以保证母牛分娩顺利和犊牛的安全。

① 在母牛进入胎儿产出期时，应及时确定胎向、胎位、胎势是否正常。检查时要隔着胎膜触诊（伸入阴道中），避免胎水过早流失，若胎向或胎位不正常，可将胎儿推回子宫进行整复。如倒生时，应及早迅速拉出胎儿，否则胎儿易吸入羊水而发生窒息死亡。

② 胎儿的头部露出阴门时，应擦干其口腔和鼻孔黏液，以利于胎儿呼吸。

③ 遇到羊水流失、胎儿仍未排出时，可抓住胎儿及前肢，随母牛努责，沿骨盆轴方向拉出胎儿，在牵拉过程中要注意保护阴门。尤其胎儿臀部通过阴门时，切忌快拉以免发生子宫内翻或脱出。

④ 牛胎儿的腹部通过阴门时，将手伸至胎儿腹下，并握住脐带根部，防止脐血管断到脐孔内，引起感染。

（3）新生犊牛的护理。

① 胎儿产出后，立即将其鼻孔、口腔内的黏液擦净。

② 及时处理脐带。犊牛娩出时，脐带多自行扯断，一般不必结扎。应用5%～10%碘伏溶液浸泡脐带消毒，防止感染和发生破伤风。如断脐后持续出血，则应进行结扎。

③ 擦干犊牛身上的黏液。也可让母牛舐干黏液，从而促进其子宫收缩，加快胎衣排出。在冬季及时擦干犊牛身上的黏液可防冻害，并能促进犊牛呼吸与血液循环等器官机能活动。

④ 帮助犊牛尽早吃上初乳。新生犊牛出生后不久即试图站立，要先抠出软蹄使之站立，擦净乳头，帮助犊牛吃上初乳。

⑤ 检查胎衣是否完整。如不完整，说明子宫内有残存胎衣，要采取措施尽快使残存胎衣排出，以防母牛子宫有病理变化。排出的胎衣应立即移走，以免母牛吞食后引起消化紊乱。

6. 难产及其救助

胎儿正常分娩产出取决于推动胎儿娩出的适宜力量、通畅的产道及胎位或胎儿发育正常 3 个方面。如一方面出现问题，就会出现分娩异常，造成难产。

（1）难产的分类。由母体异常引起的难产有产力性难产和产道性难产，由胎儿异常引起的难产称为胎儿性难产，占牛难产的 3/4。

产力性难产主要是阵缩与努责微弱、阵缩及破水过早以及子宫疝气等；产道性难产包括子宫扭转、子宫颈狭窄、骨盆狭窄、阴道与阴门狭窄等；胎儿性难产主要是胎儿过大或双胎而与母体骨盆大小不相适宜、胎儿姿势不正、胎儿位置和方向不正等。

（2）难产的救助原则。发生难产时，必须遵守一定的助产原则。难产助产的目的，不仅在于保全母牛性命，救出活的胎儿，而且要注意保证母牛的繁殖机能，因此助产与检查时要避免损伤产道，术者手臂、所用器械、母牛外阴及臀部都要清洗与常规消毒，以免母牛产道感染。为便于矫正和拉出胎儿，特别是当产道干燥时，应向产道内灌注大量滑润剂。矫正异常胎势时，要力求在母牛阵缩间歇期将胎儿推回子宫，以利于矫正胎势。拉出胎儿时，要按母牛骨盆轴方向进行，并随着母牛的努责用力，牵拉时人数不宜过多，切不可拔河式强拉，以免胎儿肢体剧伸、撕裂和损伤母牛骨盆及软产道。助产拉出困难时，应及早采取剖宫术。

（3）难产预防。难产极易引起犊牛死亡，并严重危害母牛的生命和以后的繁殖能力。因此，难产预防具有十分重要的意义。首先，在配种管理上不要让青年母牛过早配种，由于青年母牛仍在发育，分娩时常因骨盆狭窄导致难产。其次，在饲养管理上，对妊娠母牛进行合理饲喂，给予营养均衡的饲料，以保证胎儿的生长和维持母体的健康，防止母牛过肥、胎儿过大，加强妊娠牛的运动，减少分娩时发生难产的可能性。另外，对妊娠牛要安排适当的使役和运动，这对胎儿在子宫内位置的调整、减少难产和胎衣不下等都有积极的作用。临产前还要及时检查妊娠牛、矫正胎位，这也是减少难产发生的一个必要措施。

7. 产后子宫、卵巢机能的恢复

从胎衣排出后到母牛生殖器官恢复到原状的这段时间是产后期。主要是子宫内膜的再生、子宫的复原和发情周期的重新出现。

(1) 子宫的恢复。分娩后子宫黏膜表层发生变性、脱落，新生的黏膜代替了原属母体胎盘部分的子宫黏膜。在这个变化过程中，脱落的母体胎盘组织和遗留于子宫中的胎水及破碎的胎膜、黏膜破裂时流出的血液等混合物，不断地向体外排出，这种混合液体称为恶露。最初呈红褐色，以后变为黄褐色，最后变为无色透明。如恶露排出的持续时间过长或者颜色异常，则可能是子宫有某些病理变化。恶露完全排出一般需要 15 d 左右。

随着子宫黏膜的恢复和更新，子宫肌纤维也发生相应的变化。开始时子宫壁体积缩小，随后子宫肌纤维变性，部分被吸收，使子宫壁变薄并逐渐恢复到接近原来的状态，牛子宫复原一般需要 30～40 d。

(2) 卵巢机能的恢复。母牛卵巢上的黄体虽然在妊娠末期发生变性，但到分娩后才逐渐萎缩消失，所以产后第 1 次发情较晚，一般在分娩后 40～50 d，而且往往只排卵而无发情表现。产后哺乳或增加挤乳次数，母牛产后发情排卵的时间均会延长。阴道及阴门一般在产后 3 d 内即可恢复原状，但并不能复原到原来大小；骨盆韧带在分娩后 4～5 d 复原。

8. 产后母牛的护理

母牛在分娩过程中，由于胎儿的产出、产道的开张以及产道和黏膜的某些损伤，母牛体能消耗过大，失去水分多，新陈代谢机能下降，抵抗力减弱，子宫内恶露的存在，均为病原微生物的侵入和感染创造了条件。如果对母牛护理不当，不仅会影响母牛身体健康，还会使其生产性能下降。因此，为使产后母牛尽快恢复正常，应注意加强护理，进行妥善的饲养管理，防止发生产后疾病。

对产后母牛的护理应注意保暖、防潮，避免风吹和感冒，要保持产房干燥、清洁、安静。产后要及时饮以足够的温水或温麸皮水，切忌喝冷水。产后 1 周内，母牛的后躯、尾根和外阴每天要用消毒液清洗消毒。勤换洁净的垫草。供给质量好、营养丰富、易消化吸收的饲料，但牛产后前 10 d 不宜喂得太多，饲料要逐渐转为正常，以免引起胃肠消化紊乱和乳腺疾病。

第四节 繁殖新技术

一、发情排卵调控

发情排卵调控（control of estrus and ovulation）技术通常是利用激素处理雌性动物，达到控制其发情时间和排卵的目的。从而充分发掘雌性的繁殖潜力，能够饲养较少的雌性动物而获取最大的经济利益。有时也是为了便于生产和管理，有意识地控制雌性的发情和配种。

1. 初情期的调控

对雌性动物初情期的调控（control of puberty）是指利用激素处理，使未性成熟雌性动物的卵巢和卵泡发育，并能达到成熟的阶段。初情期调控技术主要应用于牛等世代间隔长的大动物的育种，以期缩短优秀雌性的世代间隔，适当对奶牛提早配种。

(1) 初情期调控原理。虽然初情期前卵泡不能发育至成熟，可能是下丘脑、垂体尚未发育成熟，下丘脑-垂体-性腺反馈轴尚未建立的缘故，但性腺已能对一定量的促性腺激素（Gn）甚至促性腺激素释放激素（GnRH）产生反应，卵泡发育并至成熟。只是此时动物的垂体未能分泌足够的促卵泡激素（FSH）和黄体生成素（LH）。因此，给予一定量的外源 FSH 和 LH 及其类似物，可达到调控未性成熟雌性初情期的目的。

（2）调控初情期的方法。诱发未性成熟母牛发情和排卵的方法与诱发性成熟乏情母牛发情和超数排卵的方法类似，只是用药剂量减少 30%～70%，其调控方法如下。

① FSH 的处理方法。用纯品 FSH 5～7.5 mg，按递减法分 3 d，上、下午各 1 次，共 6 次肌内注射（如 5 mg FSH，第 1 天 2.5 mg，第 2 天 1.6 mg，第 3 天 0.9 mg）。

② PMSG 的处理方法。PMSG 的特点是半衰期长达 120 h，用于性成熟雌性的诱发发情或超数排卵，可能会因作用时间太长而影响效果，而对未性成熟雌性如果仅做超排取卵，则影响不大。一次肌内注射 800～1 500 IU，4 d 后卵泡可发育至成熟阶段，此时可取卵。但 PMSG 刺激雌性卵泡发育的效果不如 FSH 稳定。

2. 诱发发情

诱发发情（induction of estrus）是对因生理和病理原因不能正常发情的性成熟雌性使用激素和采取一些管理措施，使之发情和排卵的技术。

（1）诱发发情原理。诱发发情是利用外源生殖激素或管理措施使卵巢从相对静止状态转为活跃性的周期状态，促进卵泡生长发育、成熟和排卵，表现出发情并能够配种。

（2）诱发发情方法。

① 孕激素处理法。与孕激素同期发情处理方法相同，常处理 9～12 d。因这些生理乏情母牛的卵巢都是静止状态、无黄体存在。孕激素处理后，对垂体和下丘脑有一定的刺激作用，从而促进卵巢活动和卵泡发育。同时，孕激素对下丘脑、促性腺激素有抑制作用，如在孕激素处理结束时，给予一定量的 PMSG 或 FSH，效果会更明显。

② 促性腺激素 PMSG 处理方法。乏情母牛卵巢上应无黄体存在，一定量的 PMSG(750～1 500 IU 或每千克体重 3～3.5 IU)，可促进卵泡发育和母牛发情。10 d 内仍未发情的可再次如上法处理，剂量稍加大。该法处理简单，效果明显，奶牛在产后 25～30 d 即可用 1 000～1 500 IU 的 PMSG 处理，4 d 后肌内注射 1 000 IU 人绒毛膜促性腺激素（HCG），注射 HCG 后 24 h、36～48 h 两次输精，可获得正常的受胎率。

③ GnRH 及其类似物。目前，国产的 GnRH 类似物半衰期长，活性高，有促排卵素 2 号（LRH－A2）和促排卵素 3 号（LRH－A3），是经济有效的诱发发情的激素制剂。使用 LRH－A3 时，肌内注射剂量为 50～100 μg，每天 1 次，每个疗程 3～4 d。一个疗程处理后 10 d 内仍未见发情的，可再次处理。

3. 同期发情

同期发情（synchronization of estrus）是对群体母牛采取措施，使之发情相对集中在一定时间范围的技术，也称发情同期化（estrus synchronization）。同期发情是将原来群体母牛发情的随机性人为地改变，使之集中在一定的时间范围内，通常能将发情集中在结束处理后的 2～5 d。

（1）同期发情原理。同期发情技术是以体内分泌的激素在母牛同期发情中的作用为理论依据，应用外源激素或其类似物直接或间接作用于卵巢，使卵巢的生理机能处于相同的阶段，人为地干预母牛的发情周期，进而把发情周期的进度调整到基本一致的时间内，即发情同期化。

发情同期化的途径有两种：一种方法是对待处理母牛应用孕激素，经过一定时间后，同时停药，即可引起母牛同时发情。此种方法以外源孕激素代替内源孕激素的作用，人为地延长黄体期，从而推迟了发情期的开始，其实质是延长了发情周期。另一种方法是利用前列腺素 $PGF_{2\alpha}$的溶黄体作用，使黄体溶解，人为地中断黄体期，停止孕酮分泌，而使促性腺激素释放，从而引起发情，此途径的实质是缩短了发情周期，能使发情期提前开始。

（2）同期发情技术应用。

① 应用同期发情技术有利于推广人工授精，促进奶牛品种改良。常规的人工授精需要对奶牛个

体做发情鉴定，但同期发情可省去发情鉴定这个费力费时的工作环节。

② 应用同期发情技术便于组织和管理生产，节约配种经费。母牛同期发情处理后，可同期配种，随后的妊娠、分娩、犊牛的管理、育肥、出售等一系列的饲养管理环节都可以按时间表有计划地进行。从而使各时期生产管理环节简单化，减少管理开支，降低生产成本，形成现代化的规模生产。

③ 应用同期发情技术可提高牛群的繁殖率。一些繁殖率低的牛群，如中国南方地区农村的黄牛和水牛，繁殖率一般低于50%。这些牛群中部分个体因营养水平低下、使役过度等原因而在分娩后的很长一段时间内不能恢复正常发情周期。同期发情处理后可使这些牛群恢复发情周期并在配种后受胎，从而提高繁殖率。

④ 同期发情是胚胎移植技术的基础。由于移植新鲜胚胎的受胎率高于冷冻胚胎，一个供体获得数枚至数十枚胚胎，这就需要一定数量与供体母牛发情周期相同或接近的受体母牛。此外，胚胎移植过程中，胚胎的生产和移植往往不在同一地点进行，也要用同期发情技术在异地使供体和受体母牛发情周期同期化，从而保证胚胎移植的顺利实施。

(3) 奶牛同期发情方法。

① 孕激素阴道栓。将泡沫塑料浸吸一定量的孕酮类药物塞于母牛子宫颈口附近的阴道内，让其缓慢但持续不断地将孕酮释放至周围组织被机体吸收，经9～15 d取出。在取出阴道栓的前一天或当天可注射PMSG 500～800 IU。一般取出阴道栓后1～3 d 80%以上的母牛可发情。

② 埋植法。将18-甲基炔诺酮15～25 mg/头及少量消炎粉，装入空的塑料细管中，利用兽用套管针埋入母牛耳部皮下，经9～12 d取出，同时注射500～800 IU促性腺激素，取管后2～5 d多数母牛出现发情。

③ 注射法。每天将一定量的药物皮下注射或肌内注射，连续若干天后停药。牛可采用肌内注射15-甲基前列腺素或$PGF_{2\alpha}$甲酯2～4 mg配合PMSG使用，在前列腺素处理前两天注射PMSG 500～800 IU，可使发情时间提前且较集中。也可先用前列腺素处理后再注射GnRH或类似物100～200 μg。

④ 子宫灌注法。牛子宫灌注15-甲基前列腺素和$PGF_{2\alpha}$。

⑤ 尾根静脉注射。牛可用前列烯醇等尾根静脉注射，效果良好。

(4) 影响同期发情效果的因素。同期发情技术的实施是一项综合的技术措施，很多因素可影响其效果。

① 处理母牛的质量和生殖状况。被处理母牛的质量，是影响同期发情效果的关键，内容包括年龄、体质、膘情、生殖系统健康状况等。好的同期发情处理方法，只有在被处理母牛身体素质良好，生殖机能正常、无生殖道疾病，获得良好的饲养管理时，才能取得较好的效果。

② 所用药品的质量。奶牛同期发情中所用的孕激素类的埋植物和阴道栓，我国尚无一家标准化、规模化生产的厂家，产品的质量和同期发情效果难以保证。在生产中使用进口的孕激素产品，因价格过高而不现实，只能在一些科学试验中使用。因此，完善药品的检验制度是保证药品质量和同期发情效果的关键。

③ 处理方案的选择。不同品种在不同的季节其处理方案也有所不同。一般孕激素阴道栓对奶牛在各季节都适用。

④ 所用精液的质量。同期发情处理后，短时间内要给大量的发情母牛人工授精，因此精液质量是获得高受胎率的关键之一。

⑤ 适当的处理时间。由于各种原因，在我国形成了特定的配种旺季，牛主要集中在6—11月，在配种旺季内进行同期发情，会取得较好的结果，反之则差些。

⑥ 输精人员的技术水平。同期发情后因短时间内给多头母牛输精，需要一定的技术和体力。因此，须专门培养一批体质好、健壮有力的输精人员以确保准确、有效地输精。

⑦ 配种后母牛的饲养管理。同期发情输精后一段时期内，母牛不应高强度使役，以免受精卵不

能着床和发生早期流产，影响受胎率。

4. 排卵控制

排卵控制（control of ovulation）主要是指用激素处理母牛，控制其排卵的时间和数量。排卵控制主要有诱发排卵和超数排卵两种。

（1）诱发排卵。母牛初情期后，每次发情期的末期卵泡发育至一定阶段，其垂体分泌 LH 达峰值，促进卵泡成熟和排卵。而诱发排卵时，外源激素替代了垂体 LH 的这一作用。在生产中，人工授精或自然交配时肌内注射一定量的 LH 或 GnRH，可达到诱发排卵的目的。

（2）超数排卵。利用促性腺激素使卵巢上比正常生理状态下有更多的卵泡发育并排卵，在奶牛胚胎移植时要进行超数排卵。

二、人工授精

人工授精（artificial insemination，AI）是指利用器械以人工方法采集雄性动物的精液，经特定处理后，再输入发情雌性动物的生殖道的特定部位使其妊娠的一种动物繁殖技术。自从人工授精和冷冻精液技术产生以来，对养牛业的发展起到了巨大的推动作用，已成为现代畜牧业生产的重要技术手段。人工授精技术对于提高优良配种效率、加速改良步伐、促进育种进程、保护品种资源、降低生产成本、克服交配困难、防止疾病传播、提高母牛的受胎率等方面均具有重要作用。

1. 采精

采精（semen）是人工授精技术中最为重要的环节之一，包括公牛性刺激及性准备、正确的采精技术和适宜的采精频率。采精的目的是每次最大量地获得高质量的精子。

（1）性刺激及性准备。公牛采精前性刺激及性准备直接影响精液采集量、精子活率、密度等。因此，利用空爬跨和诱情的方法可促使公牛具有充分的性兴奋和性欲，尤其对性欲迟钝的公牛要采取改换台畜、变换位置及观摩其他公牛爬跨等方法增强其性欲。

（2）采精方法。采精方法常用假阴道法、电刺激法等，应根据动物种类和环境条件的不同，合理地进行选择。假阴道法是较理想的采精方法，适用于各种家畜和部分驯兽；电刺激法，主要用于失去爬跨能力的种公牛采精。

① 假阴道法。假阴道是相当于母牛阴道环境的人工阴道，用于诱导公牛在里面射精而获得精液。假阴道是一筒状结构，主要由外壳、内胎和集精杯 3 个部分组成（图 5 - 23）。外壳为一硬橡胶圆筒，上有注水孔；内胎为弹性强、薄而柔软无毒的橡胶筒，装在外壳内，构成假阴道内壁。集精杯由暗色玻璃或塑料制成，装在假阴道的末端。此外，还有固定集精杯用的胶套、固定内胎用的胶圈、充气调压用的管阀等部件。外壳和内胎之间可装温水和吹入空气，以保持适宜的温度（38～40 ℃）和压力。压力不足不能刺激公牛射精，压力过大则使阴茎不易插入或插入后不能射精。假阴道在使用前要进行洗涤、安装内胎、消毒、冲洗、注水、涂润滑剂、调节温度和压力等。假阴道安装时，先将内胎的光面朝内然后放入外壳内，露出的两端要长短相等，翻套在外壳的两端上，用固定套固定。上好的内胎应松紧适度，平直无斜扭的褶皱。内胎装好后，用长柄钳夹取酒精棉球从内到外均匀地擦拭内胎，然后再用酒精棉球擦拭。待乙醇挥发后，用生理盐水冲洗 2～3 遍。将已消毒好的集精杯用生理盐水冲洗后安装在假阴道上，并用固定套固定。再将生理盐水倒入假阴道，盖上集精杯盖子，摇动假阴道，使生理盐水充分冲洗内胎和集精杯，最后倒出生理盐水，共冲洗 2～3 遍，以清除残余乙醇。气温低时，可在集精杯外面加上保温套。临采精前，将安装完毕的假阴道通过其注水孔注入 50～55 ℃温水，使其在采精时内壁温度保持在 38～40 ℃。注水量为内外壁之间容积的 1 倍左右。集精杯内温度应保持在 34～35 ℃，以防射精后因温度变化对精子造成危害。注水后，用消毒后的玻璃棒蘸取经灭菌的

润滑剂（常用中性凡士林）对假阴道内表面加以润滑，涂抹部位应是假阴道前段的1/3～1/2处至外口周围（从里向外转圈涂抹），涂抹段过长及润滑剂过多则会流入精液中，而影响精液品质。润滑剂涂好后，通过开关处吹入空气，调节压力，以假阴道入口处的内胎形成3个半圆形的大褶襞，即呈现3个饱满的瓣为宜。假阴道安装后，用消毒后的纱布2～4层盖住假阴道入口，放入40～42℃恒温箱内待用。假阴道的清洗和灭菌工作极其重要，每次使用完毕后，应完全拆卸下来并立即清洗；内胎和集精杯应翻转过来刷洗，再用自来水冲洗，然后用蒸馏水冲洗，最后在70%的乙醇中浸泡5 min，取出后竖挂于无尘的柜子内使其干燥。

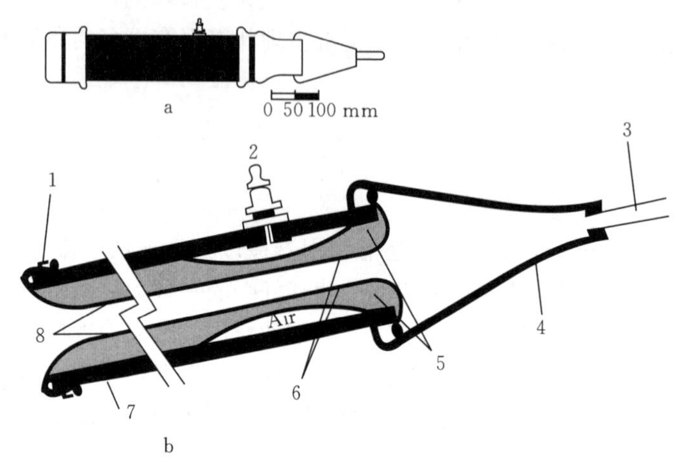

图5-23 牛用假阴道

a. 外观 b. 构造

1. 固定胶圈 2. 管阀 3. 集精管 4. 集精杯 5. 温水 6. 软橡胶内胎 7. 保温套 8. 润滑剂

为了获得高质量的精液，采精时要注意以下几点：集精杯和集精管应保温以避免精子受到低温打击，集精管应避免阳光照射，避免精液受污染，每次采精都应更换假阴道，阴茎、包皮的毛应剪去。

② 电刺激法。电刺激采精仪由电极探头和可调的交流电源两大部分组成。电压为0～30 V，电流为0.5～1.0 A。电极探头上的正负极有两种排列方式：一种是相距4 cm的环形可变极性的正负极；另一种是沿电极探头纵轴排列的4根导线，2个正极，2个负极。有一种型号只有3根导线，全部在电极探头的一侧排列。采精时，电极处于直肠内副性腺的正上方，以便刺激生殖系统的神经。

电刺激采精时，先清除直肠内的粪便，把涂抹润滑剂的电极探头插入直肠内，并定位到副性腺的正上方。开始用低电压刺激，并逐渐增加电压，每次增加电量、增加电压与长4 s的休止期（电压为0）交替进行。这种有节律的刺激一直持续到公牛射精为止。低电压时副性腺分泌、阴茎勃起，高电压时射精。电压增加过快会导致阴茎未勃起时就先行射精，这样精液会被包皮污染。大多数公牛刺激2～5 min即能射精。

(3) 采精频率。采精频率是指每周对公牛的采精次数。合理安排采精频率，对维持种公牛正常性功能、保持健康体况、最大限度地提高采精量和精液品质是十分重要的。应根据其正常生理状况下可产生的精子数量与每次射精量及其精子总数、精子活率、精子形态正常率、公牛的饲养管理状况和性活动等因素来决定。一般1 g睾丸组织每周大约生产5 000万个精子。生产实际中，成年公牛每周可采精2～3 d，每天采精2次，往往第2次采得的精液，无论数量和质量都较第1次好，可将其混合使用。如果饲养管理条件较好，由于附睾精子储存量相当于产量的5～6倍，因此短期内每周采精6次也不会影响性机能。青年公牛的精子产量较成年公牛少1/3～1/2，故采精次数应当酌减。

2. 精液品质检查

精液品质评定的最终指标是受精率的高低。但得到奶牛受精率数据最短也需要35 d。因此，技术人员在实验室内准确地评定精液品质非常必要。精液品质评定的目的是鉴定精液质量的优劣，以便决定取舍和确定制作输精剂量的头份，同时也检查公牛的饲养管理水平和生殖器官机能状态，并以此作为检验精液稀释、保存和运输效果的依据。

（1）外观评定。用肉眼观察，可对精液品质做出初步估测。

① 精液量。精液量是指公牛一次射出精液的量。采集精液应立即直接计量，因为每头公牛的射精量均保持在一定的范围内，精液量超出正常范围太多或太少，应查找原因。

② 色泽。正常情况下牛精液为乳白色，但有时呈乳黄色，这主要是牛精液中核黄素含量较高的缘故。

③ 气味。公牛的精液一般略带腥味，如有异常气味，可能是混有尿液、脓液、尘土、粪渣，应废弃。色泽和气味检查结合进行，鉴定结果更为准确。

④ 云雾状。牛精液因精子密度高而混浊不透明，因此用肉眼观察刚采的新鲜精液时，可看到如翻腾滚滚的云雾状，这是精子密度大而运动又非常活跃的表现。据此，可以初步估测精于密度和活率的高低。

（2）精子活率。精子活率（sperm motility）是指精液中直线前进运动精子所占的百分比，简称为活率。精子活率是精液品质评定的一个重要指标，因为受精率与所输精液中直线前进运动的精子数有关。

精子活率一般在采精后、精液稀释、降温平衡、冷冻、解冻输精前后都要评定一次。精子活率为50%和80%的精液其受精率没有差异。这是因为在实践中输入的总精子数一般都高于保证受精所需的精子数，使有效精子（直线前进运动精子）的数量都超过了理想量，从而掩盖了上述情形的区别。精子活率低于40%的原精液不使用，除非是来自特别优秀的种公牛，但会以降低受胎率为代价。

精子活率常采用目测法进行。评定时借助光学显微镜放大200～400倍，对精液样品中直线前进运动的精子所占百分比进行估测。因为精子活率受环境温度影响较大，在评定时精液样品和环境的温度应为37℃左右。

（3）精子密度。精子密度（sperm concentration）是指单位容积的精液所含的精子数量。若某公牛精子密度有持续下降趋势，可能与采精前性刺激不足有关，或者采精过于匆忙，或者在几周前公牛的生殖系统发生过或已开始出现病症。

① 精子直接计数（血细胞计计数法）。血细胞计在医学上用于计数血液中的红细胞和白细胞的数量。在精液品质评定工作中常利用血细胞计来计算精子密度。其基本原理是，血细胞计的计数室深0.1 mm，底部为正方形，长宽各1.0 mm。底部正方形又划分成25个小方格，通过计数和计算求出0.1 mm^3 精液中的精子数，再根据稀释倍数计算出每毫升精液中的精子数，计算公式为：

1 mL原精液中的精子数（精子密度）＝0.1 mm^3 中的精子数×10×稀释倍数×1 000

利用血细胞计计算精子密度时应预先对精液进行稀释，稀释的目的是在计数室使单个精子清晰可数。牛精液一般稀释200倍，所用稀释液必须能杀死精子。常用的有3% NaCl溶液、含5%氯化三苯基四氮唑的生理盐水、含5%氯胺T的生理盐水，以及5 g $NaHCO_3$ 和1 mL 35%的浓甲醛加生理盐水至100 mL组成的混合溶液等。

② 光电比色计测定法。光电比色计也称为分光光度计，能准确测定精子密度。精液样品密度和样品光透率之间的线性关系用对数表示。使用光电比色计之前，需要根据血细胞计计算出精液样品中的精子数来确定标准。使用这些数据根据回归计算公式做出精子数量相对光密度的标准曲线。然后根据标准曲线上的相对光密度值来计算未知样品的精子密度。

新型的精子浓度测定仪测定精子密度快捷、准确、方便，已被普遍用于冷冻精液生产单位。

③ 电子颗粒计数仪测定法。电子颗粒计数仪能准确测定精子密度。已稀释的精液样品通过一个特制的直径很小的毛细管时，每次只有一个精子细胞从两个电极之间通过，精子头部引起的电阻陡增被计数器记录。

(4) 精子形态检查。大多数公牛的精液都有一定数量的畸形精子。某些畸形精子可能与不孕有关。用于检查畸形精子的精液抹片要小心制作。畸形精子可用相差显微镜或反差干涉显微镜检查。

精子的畸形分为初级、次级、三级3种情况。初级畸形是由于精子发生出现障碍，而次级畸形发生于精子通过附睾期间。射精期间或射精后精子受到损害，或者对精子处理不当是造成精子三级畸形的原因。人工授精中畸形精子的分类：头部畸形或头尾分离；精子尾部中段前端、中部或末端附着有原生质小滴；尾部蜷缩或弯曲；其他形式畸形。

(5) 冷冻精液品质的评定。新鲜精液品质的评定决定了是否进行稀释、降温平衡、冷冻等下一步的处理，而冷冻精液品质的评定决定了某批次冷冻精液是否在一个输精剂量内能提供足够的有效精子数。

(6) 精液品质自动分析仪。精液品质自动分析仪能对精液的精子活率、精子浓度、精子运动类型及速度、精子形态、精子顶体完整率等指标进行定量和定性分析。

(7) 新的检查方法。

① 流式细胞计数仪分析精子染色体结构。精子染色体结构分析是测定精子对原位DNA（染色质）变性的敏感性，即精子在酸中处理30 s，然后用特异性荧光染料吖啶橙染色，通过流式细胞计数仪进行分析。此法可作为精液品质检查的辅助手段。另有利用溴氧尿苷（Br-dU）、末端氧核苷酸转移酶和荧光素标记的抗Br-dU单克隆抗体进行切口NDA测定，可以检测精子DNA变性和核完整性及凋亡情况。其结果与精子密度、活率和形态有密切关系。

② 流式细胞计数仪分析精子质膜变化。细胞破坏时，丝氨酸从膜内层转移到外层，这是细胞凋亡的最早迹象。可通过膜联蛋白（annexin）与精子质膜的结合快速检测冷冻后精子膜的变化。用膜联蛋白V(annexin V）和碘化丙锭两种荧光染料染色，通过流式细胞计数仪进行分析。

③ 荧光极化各向异性。测定精子质膜流动性各向异值，此值与膜流动性成反比。冻前质膜流动性越高，精子对冷冻的反应就越好。解冻后精子活率与各向异值均有很强的相关性，因而可通过测定各向异值预测精液冷冻保存的效果。

④ 荧光染色检查顶体状态。死亡降解的精子也会出现顶体丢失现象，但只有活精子的顶体丢失才能称为真正的顶体反应。因而，检测顶体反应必须同时检测精子的活力。利用PSA-FITC/Hoechst 33258染色，可以同时测得精子活力和顶体状态。

⑤ 精子异种穿卵法检测冻后精子质量。牛精液解冻后的一部分精子头部质膜膨胀破裂，顶体外膜也部分发生泡状化，形成伪顶体反应。这种精子在显微镜下可见非常活跃，但不能与体内的成熟卵子进行融合受精。异种穿卵是用不同种的精子卵子互相作用受精。将冻精在体外处理后，在CO_2培养箱内使其与刚从仓鼠体内取出的去透明带的成熟卵受精，用倒置相差显微镜检查穿卵效果，观察卵胞质中是否有精子头部或者雄原核，从而可以正确评价解冻后精子的真正受精能力。

3. 精液的稀释

人工授精的成功应用，极大地依赖于优秀稀释液的开发。射精量为6 mL的公牛精液，其所含有的活精子数足够给200～300头母牛输精，但不可能把6 mL精液分成这么多头份。稀释液则发挥了扩大精液量的作用，提高了一次射精的可配母牛头数。同时，由于稀释液中添加的各种成分，使精子适宜生存，延长了其在体外的存活时间，有利于保存和运输。

(1) 稀释液的成分及作用。

① 提供精子代谢的能源物质，如卵黄、乳汁和一些单糖。

② 保持适当的渗透压和电解质平衡，如2.9%的二水柠檬酸钠溶液或者其他适宜的盐溶液。

③ 有缓冲作用（中和精子代谢产生的酸，防止pH改变），如等渗的柠檬酸钠溶液、三羟基甲基氨基甲烷（Tris)、乙二胺四乙酸二钠（EDTA）等。

④ 从体温降至5 ℃的冷却过程中，具有保护精子免受低温打击的伤害，如来自卵黄或乳的卵磷

脂和脂蛋白。

⑤ 保护精子免受冷冻和解冻过程中的伤害，如甘油（丙三醇）、乙二醇、二甲基亚砜（DMSO）等。

⑥ 能控制微生物的污染，如青霉素（penicillin）和链霉素（streptomycin）、庆大霉素（gentamicin）、泰乐菌素（tylosin）和利高霉素（linco-spectin）、恩诺沙星（enrofloxacin solution）、复方磺胺间甲氧嘧啶钠（compound sulfamonomethoxine sodium）等。

（2）稀释液种类。目前稀释液按其性质和用途分为四类。

① 以扩大精液量，增加配种头数为目的。采集的新鲜精液，立即用等渗糖类溶液或乳类、生理盐水作为稀释液进行稀释。

② 用于精液常温短期保存。一般是 pH 较低的常温保存稀释液。

③ 用于精液低温保存。一般是以卵黄和乳类为主的抗冷休克物质的低温保存稀释液。

④ 用于精液冷冻保存。其稀释液成分较为复杂，含有糖类、卵黄，还有甘油或二甲基亚砜等抗冻剂的冷冻保存稀释液。

（3）稀释液配制。稀释液种类很多，要根据实际情况合理选择，现用现配。

① 配制稀释液所使用的用具、容器必须洗涤干净、消毒，用前经稀释液冲洗。

② 稀释液必须保持新鲜。如有条件，可将灭菌的密封稀释液置于冰箱内保存数日，但卵黄、乳类、活性物质及抗生素须临时加入。

③ 所用的水必须清洁无毒。蒸馏水或去离子水要求新鲜。若使用沸水，则应在冷却后用滤纸过滤。

④ 药品成分要纯净。一般选用化学纯或分析纯制剂，配制时称量要准确，充分溶解，过滤后消毒。

⑤ 使用的乳类时，应在水浴中灭菌（如 90～95 ℃）10 min，除去乳皮；卵黄要取自新鲜鸡蛋，取前要对蛋壳消毒。

⑥ 抗生素、酶类、激素、维生素等添加剂必须在稀释液冷却至室温时，按用量准确加入。

（4）精液的稀释方法。

① 稀释应在采精后立刻进行。

② 确定稀释倍数。

③ 所有用具在稀释前必须用稀释液清洗。

④ 稀释液温度应与精液温度一致，在稀释过程中要防止温度突然升降。

⑤ 稀释时，要把稀释液沿瓶壁缓缓倒入精液，轻轻转动，混合均匀，切不可将精液倒入稀释液。

⑥ 如做高倍稀释，应分次进行，先低倍稀释，后稀释到高倍。

⑦ 稀释后要进行精液检查，精子活力不能有明显下降。

（5）精液稀释倍数。

① 牛精液稀释后，保证每毫升含有 500 万个有效精子数时，稀释倍数可达百倍以上，而对受胎率没有很大影响。不过在一般情况下，只做 10～40 倍稀释。

② 不同配方的稀释液，稀释倍数也不相同。在研制稀释液配方时，应结合有关试验求得该种稀释液的最适宜精液稀释倍数。一般乳类稀释液可做高倍稀释，而糖类稀释液则不宜做高倍稀释。

③ 精液的保存方法以及稀释后的保存时间要求不同，应考虑采用不同的稀释倍数，如精液冷冻保存就不能像常温、低温保存那样较高倍数稀释。

④ 精液稀释后，要保证母牛正常受胎率，满足每个输精量所需的有效精子数。人工授精操作规程规定，牛每头份输精量中应含有的活精子数 500 万～1 000 万个。

4. 精液保存

精液保存方法按保存温度分为常温保存（15～25 ℃）、低温保存（0～5 ℃）和冷冻保存（－79 ℃

或－196 ℃）。无论哪种形式保存都以抑制精子代谢活动、补充精子能量来延长精子存活时间为目的。常温保存和低温保存，精液呈液态形式，采用设备简单，操作方便，但保存时间短。冷冻保存是以液氮（－196 ℃）、干冰（－79 ℃）为制冷剂和冷源，把处理后的精液按一定方法冻结成固态并长期保存。

（1）精液冷冻保存的原理。精液经过特殊处理后在超低温下形成玻璃化。玻璃化中的水分子能保持原来的无序状态，形成纯粹玻璃样的超微粒结晶，从而避免了精子原生质脱水和膜结构遭受破坏，解冻后精子仍可恢复活力。在稀释液中添加的抗冻物质，如甘油、二甲基亚砜等物质能增强精子的抗冻能力，防止冰晶形成。甘油亲水性很强，它可在水结晶过程中限制和干扰水分子晶格的排列，降低了水形成结晶的温度。

（2）冷冻精液的分装和剂型。冷冻保存的精液，均需按头份进行分装。目前，广泛应用的剂型为细管型和颗粒型。

① 细管型。细管由聚氯乙烯复合塑料制成，管长 125～133 mm，包括 0.25 mL 和 0.5 mL 两种剂型。将平衡后的精液通过吸引装置分装，再用聚乙烯醇粉、钢珠或超声波静电压封口，置液氮蒸汽上冷却，然后浸入液氮中保存。细管型冷冻精液，适于快速冷冻，管径小，每次制冻数量多，精液受温均匀，冷冻效果好；同时精液不再接触空气，即可直接输入母牛子宫内，因而不易污染，且剂量标准化，易于标记，品种与个体精液不易混淆；容积小，便于大量保存；精液消耗少，输精母牛受胎率高；适于机械化生产。目前大多采用 0.25 mL 的微型细管，提高了精液的利用率。

② 颗粒型。将 0.1 mL 精液滴冻在经液氮冷却的聚乙烯氟板或金属板上，也可将液氮直接滴入干冰洞穴中。这种方法的优点是简便、易于制作、成本低、体积小。缺点是剂量不标准、颗粒裸露易污染、不便标记、大多须解冻液解冻。

（3）冷冻精液的制作方法。目前，冷冻精液多以液氮为冷源，采用液氮蒸汽熏蒸法进行精液的冷冻。

① 制备颗粒精液。其主要依据是通过调节距液氮面的距离和时间来掌握降温速率。将装有液氮的广口保温容器上置一铜纱网或特制氟板（聚四氟乙烯凹板），距液氮面 1～2 cm 处预冷数分钟，使网面温度保持在－120～－80 ℃。若用氟板，先将其浸入液氮中几分钟后，置于距液氮面 2 cm 处。然后将平衡后的精液用滴管定量而均匀地滴冻，每粒约 0.1 mL。停留 2～4 mim 后颗粒颜色变白时，将颗粒置入液氮中，取出 1～2 粒解冻，检查精子活率，活率达 0.3 以上者则收集到小瓶或纱布袋中，并做好标记，储存于液氮罐中保存。滴冻时要注意：滴管事先预冷，与平衡温度一致；操作要准确迅速，防止精液温度回升；颗粒大小要均匀；每滴完一头公牛精液后，必须更换滴管、氟板等用具。

② 制备细管精液。根据冷冻时液氮蒸汽的状态分为静止的液氮蒸汽熏蒸法和流动的液氮蒸汽熏蒸法两种。静止的液氮蒸汽熏蒸法的原理是利用细管精液和其承载系统（金属架、框、网等）与液氮及液氮蒸汽间的温差，间接地使液氮气化吸热而使精液降温冻结。再根据冷冻时细管的排列方式可以把液氮蒸汽熏蒸法分为两种类型：一种是水平排列式，另一种是竖直排列式。无论哪种排列方式，现有技术都要求细管间必须保持适当的距离，进行分散排列。保持距离的方法是把细管水平地平行排列于锯齿状的冷冻架上或竖直地插入圆形冷冻筐的分隔网的网格方孔之中。

5. 输精

成功的人工授精，目的是把高质量的精液放入母牛生殖道的恰当部位，而衡量人工授精效率的最终指标是母牛的受胎率。因此，输精技术的目标就是把精液输送到最有机会受胎的部位。目前，适宜的输精时间通常根据母牛发情鉴定的结果来确定。对发情母牛输精采用开膣器法和直肠把握法，但开膣器法输精部位浅，受胎率低，生产中已很少使用。

直肠把握输精操作方法：将牛尾系在直肠把握手臂的同侧，露出肛门和阴门。输精员一只手臂戴上长臂乳胶或塑料薄膜手套伸入直肠内，排出宿粪后，先握子宫颈后端；另一只手持输精器插入阴道，先向上再向前，输精器前端伸至宫颈外口，两只手协同动作使输精器绕过子宫颈螺旋皱褶，输精器前端到达子宫颈口时停止插入，将精液缓缓输入此处。抽出输精管后，用手顺势按摩子宫角1～2次，但不要挤压子宫角。此法用具简单，操作安全，母牛无痛感。初配母牛也适用，输精部位较深，受胎率较高。此外，还可做妊娠检查，避免误配而造成流产，被广泛采用。

三、胚胎移植

胚胎移植（embryo transfer，ET）又称受精卵移植，是指将良种母牛体内以及体外生产的早期胚胎移植到同种生理状态相同的母畜生殖道内，使之继续发育成新个体的技术。提供胚胎的个体为供体（donor），接受胚胎的个体为受体（recipient）。通过ET技术所产生的后代，其遗传信息来自供体及与之相交配的公畜，受体的遗传信息并不会影响后代原有的基因型。

胚胎移植是研究受精过程、胚胎学和遗传学等基础理论的有效方法之一，也是核移植、基因导入等其他胚胎工程技术实施的必不可少的环节。

1. 胚胎移植的意义

（1）充分发挥良种母牛的繁殖潜力和效率。利用胚胎移植技术可将良种母牛的早期胚胎移植到其他母体的子宫（或输卵管）内完成后期的发育过程。这样，供体母牛就可以省去很长的妊娠期，从而大大地缩短了其繁殖周期。更重要的是，通常对供体母牛都实行超数排卵处理，经自然交配或人工授精一次即可得到数枚乃至十多枚甚至数十枚胚胎。所以，无论从一次配种或终生来看，供体母牛都能产生更多的后代，其繁殖效率比自然情况下高数十倍甚至数百倍。

（2）加速品种改良，扩大良种育群。在育种工作中，一头良种公牛所起的作用远远大于一头良种母牛，其原因在于一头公牛一生中获得的后代远远多于一头母牛。母牛产生后代少，其原因一方面是由于母牛产生的成熟卵子数有限；另一方面胚胎的发育在母体内进行，妊娠占去了母牛一生中大部分时间，如果能使母牛排出更多的成熟卵子、同时卸去孕育胎儿的包袱，那么其在一生中所能产生的后代将大大增加。胚胎移植技术可实现上述设想，它的实施极大地提高了母牛的繁殖力，从而有利于选种工作的进行和品种改良计划的实施。因此，人工授精和胚胎移植是从公牛和母牛两个不同的角度提高家畜繁殖力的有效措施，也是进行品种选育的有力手段。

（3）诱导双胎。生产中，可以向已配种的母牛（排卵卵巢的对侧子宫角）移植一枚胚胎，这样配种后未受胎的母牛可能因接受移植的胚胎而开始妊娠，本来已受胎的那些母牛由于增加了一个外来胚胎而怀双胎。另一种人工诱产双胎的方法是向发情但未配种的母牛移植两枚胚胎。

（4）克服不孕。在优良母牛容易发生习惯性流产或难产以及其他原因不宜担负妊娠过程的情况下，也可以采用胚胎移植，使之正常繁殖后代。例如，美国科罗拉多大学曾采用超数排卵及胚胎移植技术在15个月内从一头屡配不孕的母牛得到30头犊牛。

2. 超数排卵

奶牛的卵巢含有十几万个卵母细胞，由于母牛受孕次数受到妊娠期长短的限制，所以母牛一生的产犊数量很有限。为此，对作为供体用的母牛进行超数排卵处理，通过使其临时性妊娠，取出妊娠的早期胚胎，再移植到生理条件相同的另一头受体母牛子宫角内，继续完成妊娠，可大大增加供体母牛的后代。

（1）供体牛的选择。作为供体，应选择具有正常的繁殖力、良好的营养状况和完整产犊记录的经产或初产母牛，其理想的年龄为3～6岁，由于小母牛和特别老的母牛对超排的反应较弱，一般不适宜作为供体。选择供体应从遗传学与产科学的角度考虑，遵循以下原则，即高的遗传优势、良好的繁殖性能、巨大的市场价值。供体牛的选择标准如下。

① 具有稳定的遗传能力，没有遗传疾病。

② 繁殖机能旺盛，发情周期正常，发情征兆明显。

③ 体质健壮没有任何传染疾病；没有流产史和其他一些繁殖机能疾病。

④ 选择 15 个月到 6 岁以内的牛；老龄、太肥、太瘦、长期空怀母牛不能使用。

⑤ 两次超排处理反应不良的供体母牛不能继续使用。

⑥ 分娩 6 个月以内、3 个月以上的母牛繁殖机能旺盛，可以作为主要的供体牛选择对象。

⑦ 对于已经选择且比较好的供体牛，如重复超排处理，两次超排处理之间，一般需要 60～70 d 的间隔期。

（2）超排处理方法。在母牛发情周期的适当时期，利用外源性促性腺激素处理，增进卵巢的生理活性，诱发许多卵泡同时发育成熟排卵。

① FSH+PG 法。在发情周期的第 9～13 天（即黄体期）中的任何一天开始肌内注射 FSH，以日递减法连续注射 4 d，每天等量注射 2 次（间隔 12 h），总剂量按牛的体重、胎次做适当调整。经产奶牛为 8～10 mg，育成牛为 6～8 mg，日递减差以 0.2～0.4 mg 为宜。在注射 FSH 第 5 针、第 6 针的同时，肌内注射氯前列烯醇 0.4～0.6 mg，若采用子宫内灌注则剂量减半。

② CIDR+FSH+PG 法。在发情周期的任何一天在供体牛阴道内放入 CIDR，计为 0 d，然后于第 9～13 天任何一天开始肌内注射 FSH，递减法连续注射 4 d 共 8 次，在第 7 次肌内注射 FSH 时取出 CIDR，并肌内注射氯前列烯醇，一般在取出 CIDR 后 24～48 h 发情。

③ PMSG+PG 法。在供体发情周期的第 11～13 天中的任何一天肌内注射 PMSG 1 次，剂量按每千克体重 5 IU 左右确定，在注射 PMSG 后 48 h 和 60 h，同时各肌内注射氯前列烯醇 0.4～0.6 mg，在母牛发情后第 1 次输精配种的同时，肌内注射与 PMSG 等剂量的抗 PMSG 以消除其半衰期长的副作用。此外，本方法也可以与放置 CIDR 相结合，在随机放置 CIDR 后第 9～13 天中的任何一天肌内注射 PMSG 1 次。肌内注射氯前列烯醇 24 h 后取出 CIDR。

3. 胚胎回收

胚胎的回收是利用冲卵液将胚胎由子宫角中冲出，并收集在器皿中。回收胚胎有手术法和非手术法两种，牛常采用通过子宫颈的非手术法回收胚胎。该方法简单易行，操作方便，对供体母牛及其生殖器官造成的伤害程度比较小。

回收胚胎时，应考虑配种时间、排卵的大致时间、胚胎移行的速度和发育阶段等因素。只有这样才能顺利地完成胚胎回收，并得到较高的胚胎回收率。在实际操作中，胚胎回收的时间不应该早于排卵的第 1 天，最早应在受精卵完成第 1 次卵裂之后，否则不易辨别卵子是否受精。回收时间最好是在配种后的 6～8 d，即胚胎发育至桑葚胚或者早期囊胚，以便非手术法回收和移植。

（1）回收前的准备。冲胚前 1 d 开始停饲并限制饮水，以减轻冲胚操作时腹压和瘤胃压力的影响。

（2）供体牛的保定与消毒。将供体牛站立保定于六柱栏保定架内，用 2%的盐酸利多卡因或普鲁卡因进行荐尾椎硬膜外麻醉，用 18 号针头，每只牛约 5 mL。外阴部及阴唇用温肥皂水清洗干净，再用 70%乙醇消毒，并用消毒过的纸巾擦干。

（3）回收方法。如图 5－24，术者左手或右手在直肠内把握子宫颈，另一只手持内管穿插有金属探针的双通式或三通式导管冲卵器，使其依次通过阴门、阴道、子宫颈和子宫体，最后头端抵达一侧子宫角基中部。然后通过充气

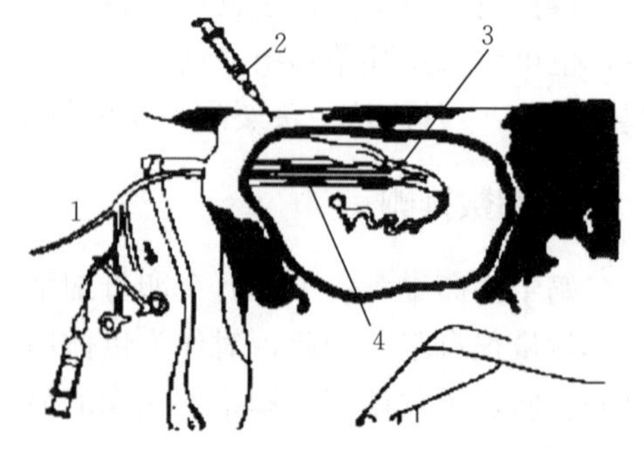

图 5－24 牛的非手术法回收胚胎

1. 冲卵液 2. 硬膜外麻醉 3. 插入子宫中的 Foley 管 4. 子宫颈

（引自《牛羊繁殖学》，2003）

孔充气 15～20 mL，使其头部的气囊膨胀以固定在子宫角内腔，以免冲卵液流入子宫体并沿子宫颈口流出。取出金属探针通过内管注入冲卵液，每侧子宫角须分批次注入冲卵液 200～500 mL。冲卵液的导出应顺畅迅速，并尽可能将冲卵液全部收回。所以，冲卵最好用手在直肠内将子宫角提高并略加按压，以利于冲卵液流出。一侧子宫角冲完后放出气囊中的气体，退回子宫体，再通过金属探针将冲卵器送入另一侧子宫角，采用同样方法进行冲洗。牛的子宫颈管细小弯曲呈螺旋状，黏膜上有数个横的月牙形皱襞彼此契合，而且颈口突出于阴道形成穹窿，因此冲卵管通过子宫颈略有困难，需要仔细操作并不断改变管的方向。对于育成牛以及插管确有困难的供体牛，在插管前可以先用扩张棒扩张子宫颈。

4. 胚胎鉴定与保存

（1）胚胎鉴定。胚胎鉴定包括两个过程：一是检胚；二是胚胎质量鉴定。检胚时，须将回收到的冲卵液静置10 min，等胚胎下沉后移去上层液，直接吸取底部液体，然后置于体视显微镜下检胚。目前，在生产中大多采用胚胎过滤漏斗除去多余的液体再直接检胚。检到的胚胎应及时移入含有10%～20%犊牛血清的 PBSS 培养液中进行质量鉴定。胚胎质量鉴定方法有 3 种。

① 形态学法。这是目前鉴定胚胎质量最广泛、最实用的方法。一般是在 30～60 倍的体视显微镜下或 120～160 倍的生物显微镜下对胚胎质量进行鉴定。鉴定的内容包括：

a. 卵子是否受精，未受精卵的特点是透明带内有分布均匀的颗粒，无卵裂球。

b. 透明带形状、厚度、有无破损等。

c. 卵裂球的致密程度，卵黄周隙是否有游离细胞或细胞碎片，细胞大小是否有差异。

d. 胚胎的发育程度是否与胚龄一致，胚胎的透明度，胚胎的可见结构是否完整等。

② 荧光活体染色法。将二醋酸荧光素（FDA）加入待鉴定的胚胎中，培养 3～6 min，活胚胎显示荧光，死胚胎无荧光。这种方法比较简单，而且可验证形态学检测对胚胎进行的分类是否准确。

③ 测定代谢活性法。通过测定胚胎的代谢活性，鉴定胚胎的活力。其方法是将待鉴定的胚胎放入含有葡萄糖的培养液中培养 1 h，以测定葡萄糖的消耗量。每培养 1 h 消耗葡萄糖 2 μg 以上者为活胚胎。应该注意的是，在检胚及进行胚胎分类时，胚胎均应保持在不低于 25 ℃的环境温度下。发育至不同阶段的牛早期正常胚胎形态见图 5 - 25。

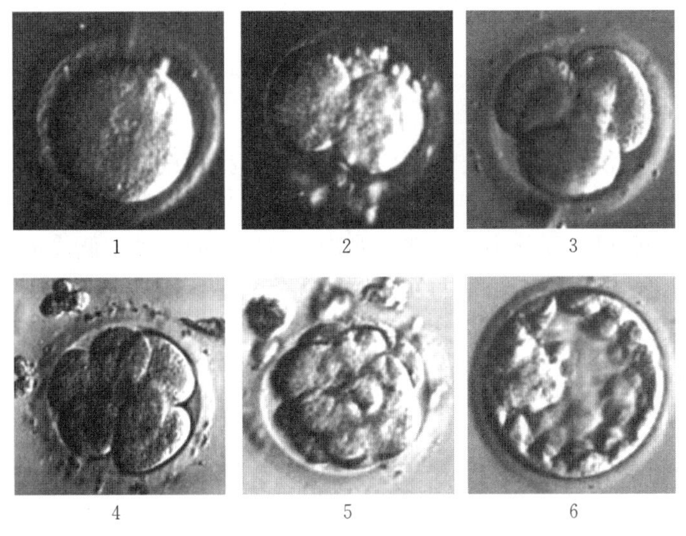

图 5 - 25　不同发育阶段胚胎

1. 1 细胞期　2. 2 细胞期　3. 4 细胞期　4. 8 细胞期　5. 桑葚胚　6. 囊胚

（2）胚胎保存。胚胎保存的目的是延长胚胎在体外的生存时间。按胚胎的不同用途，胚胎的保存分为临时保存和冷冻保存（长期保存）。冷冻保存采取特殊的抗冻保护措施和降温程序，使胚胎在

－196 ℃的条件下停止代谢，而升温后又能恢复其代谢能力的一种长期保存胚胎的生物技术。胚胎冷冻保存为建立优良品种的胚胎库或基因库提供了条件，可使因疾病或其他原因丢失的动物品种、品系和稀有突变体得以保持，可控制品种内的遗传稳定性和维持某些近交系动物的遗传一致性。胚胎冷冻保存对保存各种动物优良的基因资源及控制动物的遗传稳定性具有重要意义。目前用于胚胎保存的方法主要有以下几种。

① 异种活体保存。一般将暂不使用的胚胎放在活体同种或异种动物的输卵管内保存。牛的早期胚胎可在结扎的兔输卵管中保存 3～4 d，移植后能产犊。为避免胚胎在异种动物输卵管内的丢失或吸收，可用琼脂柱先将胚胎封存。

② 常温保存。经检胚鉴定认为可用的胚胎，可短期保存在新鲜的 PBSS 培养液中准备移植，一般在 25～26 ℃条件下，胚胎在 PBSS 培养液中可保存 4～5 h 而不影响移植效果。若要保存更长时间，则须对胚胎进行降温处理。

③ 低温保存。将发育早期的胚胎保存在 0～4 ℃条件下，其发育可暂时停止，这种停止是可逆的。适于此种保存方法的胚胎一般均为致密桑葚胚或早期囊胚，因为此期的胚胎要比更早期的胚胎较耐低温且易于保存。利用此特点，在生产和试验过程中，可将当天未用完的胚胎在－4 ℃下短期保存，移植给受体母牛，且生理状态不受影响。

(3) 胚胎冷冻。冷冻的方法很多，可以归纳为常规冷冻法和玻璃化冷冻法两种。

① 冷冻方法。

a. 常规冷冻法。常规冷冻法是最常用的胚胎冷冻保存方法，常用的抗冻保护剂有甘油、乙二醇、丙二醇以及 DMSO 等低分子物质，在室温条件下用 PBSS 溶液配制成 1.0～2.0 mol/L 的抗冻液，然后将胚胎置于抗冻液中平均处理约 20 min，以使胚胎细胞内外渗透压达到平衡。常规冷冻法虽然操作比较繁杂，需要专门的冷冻仪，但胚胎解冻后存活率及移植成功率较高，为目前生产中最常用的方法。

b. 玻璃化冷冻法。玻璃化冷冻法是一种快速冷冻胚胎的方法。所谓玻璃化，即含高浓度的抗冻保护剂溶液，在由 0 ℃以上温度直接投入液氮的急速冷却过程中，因液体的黏性增加，不形成冰晶而由液态直接变为透明半固态再过渡为固态的现象。

② 解冻方法。将冷冻胚胎在空气中停留 10～15 s 后浸入 20～25 ℃水浴中解冻，因抗冻保护剂含量较高，化学毒性较大，解冻后应尽快在 0.3～1.0 mol/L 蔗糖溶液中稀释并脱去细胞内抗冻保护剂。

5. 胚胎移植

经过形态结构、发育状况和品质综合鉴别的胚胎，可直接移植给受体牛或进一步做体外保存。胚胎移植的成功率除受胚胎质量影响外，还受操作技术、受体牛的选择、饲养管理等因素的影响。

(1) 受体牛的选择与管理。受体牛一般选用遗传品质较差的土种或低代杂种。要求体格较大，膘度适中，无疾病的健康母牛，并具有正常的发情周期，生殖道无疾患。青年牛需 16～18 月龄，成母牛需 2～6 岁。移植前要准确地观察发情，做好记录，打上标记。受体牛发情天数与供体牛发情天数前后不超过 1 d。受体群的饲养管理应与供体群同样对待，给予清洁的饮水和足够的草料，保持中等营养水平。

(2) 移植方法。

① 受体牛的筛选与黄体位置的确定。选择与供体同期发情或冻胚胚龄一致的母牛（前后相差不超过 1 d）作为受体牛。在胚胎解冻或麻醉前，首先应进行直肠检查，重点检查子宫和卵巢的异常情况（包括是否妊娠）以及子宫的紧张性。一般情况下，刚开始检查时子宫紧张性小，随着检查的深入，紧张性会逐步增加。然后检查卵巢上黄体的发育情况，两侧卵巢都应检查，并应注意卵巢的结构、黄体的位置和大小，只有黄体发育良好者才能正式列为受体牛，并详细记录和在牛臀部标出黄体位于哪一侧。黄体发育不良的母牛最好不用做受体牛，以免影响受胎率。

② 受体牛的保定与消毒。根据受体牛的发情天数选择胚胎的发育阶段，一般将致密桑葚胚、早期囊胚和囊胚，分别移给发情 6～7 d 受体牛。最好将受体牛站立保定于保定架内，也可以直接拴系在牛台内进行。尾巴向前拴系或由助手向前拉住，麻醉与外阴部及阴唇的清洗、消毒同供体牛处理方法一致，确保阴道内侧干净。

③ 胚胎装管。将鉴定并洗涤过的待移植胚胎封装于 0.25 mL 塑料细管内。把装有胚胎的细管从前端装入预温的移植枪杆内（棉栓端朝枪内部），然后套上无菌的移植枪外套，并用环固定住，要确保细管的前端固定在外套的金属端，金属内芯轻轻插入细管的棉栓端内。最后在移植枪尖涂上消毒润滑油。

④ 移植。操作者用没有拿移植枪的手拉住一侧阴唇，让助手拉住另一侧阴唇（近顶端）向外扳开以使阴户最大限度开张，再次检查以确保阴道清洁干净，把移植枪深深地插入阴道，直至插不进为止（确保移植枪不接触会阴部）；将另一只手伸入直肠，把握住子宫颈，帮助移植枪往里插入，当枪尖抵达子宫颈口时，稍稍用力使枪尖穿过阴道保护外膜；通过变换移植枪的角度，双手配合帮助移植枪小心通过蛇形子宫颈管；快速将移植枪推进与黄体同侧的子宫角内，至少到达子宫角的中段，然后推动金属内芯将细管内容物连同胚胎一起推入子宫角，要求动作缓慢而有力，不要突然移动；最后抽出移植枪。移植时动作要迅速准确，避免对组织造成损伤，尤其不要擦伤子宫黏膜。

四、胚胎分割

胚胎分割（embryo splitting）是继胚胎移植后迅速发展起来的一项胚胎工程新技术，是指采用机械方法，用特制的显微手术刀或显微玻璃微针将早期胚胎分割成为 2 等份、4 等份、8 等份，从而获得同卵双生、四生或八生的一项技术。由于来自同一枚胚胎的分割胚发育成为的个体具有相同的遗传物质，故胚胎分割也是获得克隆动物的方法之一。通过胚胎分割，增加每枚胚胎的后代繁殖数，在胚胎移植推广过程中具有一定的实用价值。

1. 胚胎分割的方法

（1）玻璃微针分割法。

① Willadsen 分割法。在显微操作仪下，用固定吸管固定胚胎，用玻璃微针在透明带上做一切口，用一移植管把胚胎从透明带中移出，用分离管将胚胎分开，并将分离出的胚胎装入原透明带和备用透明带中，移入绵羊血清中；待血清充满透明带后，用双层琼脂包埋并移入中间受体输卵管中培养；回收琼脂柱，去掉琼脂层，将发育的胚胎移入同期发情的受体。此法对胚胎的损伤小，具有较高的同卵双生率，可用于 2 胚胎、4 胚胎、8 胚胎的分割，但操作复杂，技术要求严格。

② 改进的 Willadsen 分割法。改进的 Willadsen 分割法，采用玻璃微针直接分割胚胎。操作时，固定胚胎后，用玻璃微针在透明带上做一切口，用吸管吸出或向透明带内注入少量液体驱出胚细胞团，再用玻璃微针将其分割。有的学者用链霉素蛋白酶软化透明带，然后直接用微玻璃针分割胚胎。如分割胚须装入透明带，透明带切口应小于分割胚半径，以便利用；卵母细胞、受精卵及退化胚的透明带均可用作备用透明带。

（2）显微刀分割法。在显微操作仪下，用微吸管固定胚胎，在透明带上用显微刀做一切口，并在透明带内将胚细胞团分为两部分，然后用吸管（内径 40～50 μm）从透明带中将一枚半胚吸出并装入另一透明带中。显微刀片可用手术刀片、刮脸刀片、盖玻片磨制或使用商品化的专用显微刀片。此法较为简便，主要用于较晚阶段的胚胎分割。

（3）徒手分割法。徒手分割多采用垂直方向分割，分割皿用塑料或玻璃培养皿。用塑料培养皿分割胚胎时，分割前要在含有胚胎的液滴平皿底部轻轻划一痕，并拨移胚胎至痕迹线上，然后再行操作；如用玻璃培养皿，可将玻璃面磨制成 3 μm 微粒的磨砂面，以防操作时胚胎滚动。操作时，在体视显微镜（50～80 倍）载物台上的培养皿内，做数个（100～200 μL）液滴，用玻璃吸管将 1 枚欲分割胚胎移于液滴中；若用玻璃微针，要用左手调整培养皿使胚胎处于适当的操作位置，用右手的拇指、食指和中指配合夹住玻璃微针柄部，以小指和无名指做固定点以增加稳定性，用玻璃微针拨动胚胎，使其对称轴与玻璃微针方向平行，然后将玻璃微针置于胚胎上方的正中部，垂直施加压力，将胚胎一分为二。若用刀片分割，就用右手拇指和食指捏好刀片，角度以指肚能接触皿底为宜，刀刃在胚胎中部由上至下将胚胎一分为二。此方法操作简便、快速，不需要显微操作仪的帮助，成功率也较高，现场生产条件下即可进行，但要求有灵巧的操作技能，同时要防止胚胎污染。

2. 胚胎分割存在的问题及发展前景

（1）存在的问题。目前，胚胎分割后移植所产下的动物还存在着某些问题，但大部分是正常的。出现问题的原因是偶然现象还是分割时人工操作对胚胎的影响所致，还需进行深入研究。

① 体重。据报道，日本通过胚胎分割移植半胚而产下的黑牛初生重仅为 10 kg，是标准体重的一半。一般胚胎一分为二后，其胚胎细胞数也减半，在体外培养时，这种胚胎仍是小型的，胚胎细胞数也少。这种胚胎移植给受体附植后，形成正常胎盘，胚胎细胞数或细胞大小得到修复。一旦产下后代，其大小一般是正常的。但如果在妊娠期间胚胎细胞数或细胞大小不能得到正常修复，则生下的后代初生重可能会减半。

② 毛色和斑纹。胚胎分割移植后，其后代的遗传性状（包括体表毛色或斑纹）应是完全相同的。但事实并非如此，有报道显示，6 日龄牛胚胎分割移植后产下的同卵双生犊牛，其斑纹并不完全相同。其原因可能是胚胎在发育过程中，细胞不断增殖分化，致使分割胚胎的细胞之间出现差异。这种差异将影响胎牛成形后的表型性状。

③ 异常与畸形。1979 年，法国学者报道，将 8 日龄、细胞数多达 100 个以上的牛囊胚（已形成内细胞团和滋养层），分割后移植，产下一头正常的犊牛和一个无定形、无心脏的肉块。这说明，把胚胎细胞已明确定位的胚胎等分为二，也可能使分割后的胚胎发生变性而死亡，或是形成高度畸形的胎儿。

④ 同卵多胎的局限性。从目前的情况来看，通过胚胎分割生产大量克隆牛难以取得进展。迄今为止，最好的结果是由一枚牛胚胎获得 3 头犊牛，说明孪生胚胎的发育潜力是很有限的。因此，在进行胚胎分割的同时，人们在竭力探索卵裂球的培养技术，以提高胚胎分割的生产效率。

（2）胚胎分割的应用前景。

① 增加可用胚胎数，提高胚胎移植受胎率。研究结果表明，全胚和半胚的移植受胎率基本相同，因此胚胎分割与胚胎移植相结合可有效地降低胚胎移植的成本，提高良种牛的繁殖率。

② 生产同卵双胎或多胎后代。将奶牛胚胎分割成半胚、四分胚或多分胚进行移植，可以得到同卵双胎或多胎，增加产仔数，能避免异性孪生不育。

③ 便于性别鉴定的推广应用。通过胚胎分割，可在移植前对胚胎进行性别鉴定，进而根据生产目的不同繁殖不同性别的后代。对于奶牛而言，既可减少受体牛头数，又可有目的地快速扩繁高产奶牛群，增加经济效益。

④ 提供有效的遗传育种试验材料，减少后裔测定的工作量。将同卵双生后代作为遗传育种试验材料，可减少遗传性状的差异带来的影响。因此，可将分割的一对半胚先移植一枚，把另一枚冷冻保存，待测定了移植的半胚所生后代的生产性能后，根据生产性能的表现来推算遗传进展，确定是否移植冷冻保存的另一半胚。可见，通过胚胎分割可使后裔测定的工作量减少一半，而且能避免盲目移植所造成的损失。但由于半胚冷冻后存活率不高，约为全胚的一半，所以此方面的应用还很有限。

⑤ 增加和保存珍贵家族的种质资源。通过胚胎分割技术可增加优秀种牛以及有价值的转基因动物的数量。

五、体外受精

体外受精（in vitro fertilization，IVF）是动物胚胎生物工程的一项重要技术，是通过人为操作使精子和卵子在体外环境中完成受精过程的动物繁殖新技术。在生物学领域中，将 IVF 的胚胎移植后所获得的后代称为试管动物。

动物个体的发生源于卵子和精子受精过程的完成，一切能使受精卵数量增加的技术手段将是提高动物繁殖率的有效措施。体外受精技术就是这些措施当中有效的技术之一。20 世纪 80 年代初，体外受精技术研究成功，并在近 10 年得到逐步完善的一项配子与胚胎生物技术。由于它的出现，可望解决胚胎移植所需胚胎的生产成本以及来源匮乏等关键问题，并能为动物克隆和转基因等其他配子与胚胎生物技术提供丰富的实验材料和必要的研究手段。由于正常受精过程的完成需要一个完全成熟的卵子和一个获得受精能力的精子，且在受精后须对受精卵进行培养其才能发育成为一个可移植胚胎。因此，体外受精技术还包含卵母细胞的体外成熟培养和受精卵的体外培养两项密切相关的技术。

自 1998 年 Brackee 等首次获得体外受精牛以来，牛体外胚胎生产技术日渐成熟，并在生产中得到应用。

1. 卵母细胞的体外成熟

在所有哺乳动物中，刚排出的卵巢卵母细胞都静止在第 1 次成熟分裂的双线期。卵母细胞的早期生长、发育与激素的作用无关。随着卵泡细胞的增殖与分化，卵泡逐步获得对促性腺激素的反应能力，卵母细胞随即进入最后的成熟阶段，最终在促性腺激素的作用下，卵泡细胞对卵母细胞的成熟分裂抑制作用解除，卵母细胞的成熟分裂得以恢复和完成。如若将卵母细胞从卵泡中移走，其成熟分裂也可在没有促性腺激素的作用下得以恢复和完成。

（1）卵母细胞的采集方法。

① 卵母细胞的离体采集。从离体卵巢采集卵母细胞是研究卵子体外成熟的主要来源之一。母牛屠宰后，在 30 min 内取出卵巢，放入盛有灭菌生理盐水或 PBS 的保温瓶（25～35 ℃）中，3 h 内送到实验室，然后按照下述方法进行回收。

a. 卵泡抽吸法。用注射器套上 12～16 号的针头穿刺卵泡而将卵母细胞抽吸出来。该法的优点是回收速度快，不易造成卵母细胞的污染；缺点是容易损伤卵母细胞周围的卵丘细胞，影响其随后的成熟。

b. 卵巢解剖法。用手术刀片将卵巢切为两半，去掉中间的髓质部分，露出卵泡，然后用刀片划破卵泡，在培养液中反复冲洗，采集其中的卵母细胞。该法的优点是能保持卵母细胞周围卵泡细胞的完整性，回收率也相对较高；缺点是回收的速度相对较慢，容易造成污染，已不经常使用。

② 卵母细胞的活体采集。卵母细胞的活体采集是通过体外受精技术生产良种胚胎的一种主要途径，因从屠宰场收集得到的卵巢无法知道其系谱，且其种质一般都相对较差。通过对良种母牛反复进行活体采卵，可获得大量种质优良的卵母细胞，以供体外受精生产胚胎，其胚胎生产的效率要比超数排卵高出数倍，且对母牛的生产性能和生殖机能无不良影响。

a. 腹腔镜法。在腹壁切开一小口，插入腹腔镜、操作杆和穿刺针，通过操作杆和穿刺针的配合将卵母细胞抽吸出来。近年来，也有人将腹腔镜从牛阴道的穹窿插入，并成功采集到牛的卵母细胞。该法的优点是比较直观，容易掌握；缺点是工作量大，对母牛有损伤，不能频繁手术。

b. B 型超声波法。将供体母牛保定在保定架内，并从尾荐结合处做硬膜外腔麻醉。然后，将带有超声波探头和采卵针的采卵器插入阴道子宫颈的一侧穹隆处。术者通过直肠把握将卵巢贴在探头上，根据 B 超屏幕上所显示的卵泡位置进行穿刺而将卵母细胞抽出。该法的优点是不用进行手术，操作的速度较快，对母牛的损伤也小，可对母牛反复采卵，也可对妊娠母牛采卵；缺点是操作技术较难掌握，并需要昂贵的超声设备。

（2）卵母细胞体外成熟。用于卵母细胞体外成熟的基础培养液有 TCM199、Ham'sF-10、Menezo'sB2、NUSC23 和 MEM 等，其中应用最为广泛的是 TCM199。由于 TCM199 的核苷、黄嘌呤和次黄嘌呤等对卵母细胞核成熟有抑制作用的成分浓度相对较低，故其成熟培养的效果相对较好，牛卵母细胞的核成熟率都能达到 80%以上。卵母细胞的体外成熟培养还需在上述基础液中加入一定浓度的血清、促性腺激素和生长因子等成分。牛卵母细胞一般是在 38～39 ℃、5% CO_2、饱和湿度条件下培养 22～24 h。卵母细胞的成熟应包括细胞核、细胞质和卵丘细胞 3 个方面。正常成熟的卵母细胞，其细胞核处于第 2 次成熟分裂的中期，细胞质的细胞器发生重排、处于正常的位置，周围的卵丘细胞发生扩展。一般可通过形态观察来对卵母细胞的体外成熟情况进行初步评定，但如欲探讨卵母细胞体外成熟的影响因素，则必须通过固定染色检查其核成熟的详细情况，通过体外受精和体外培养评定其受精和胚胎发育潜能。

2. 体外受精

（1）精子的洗涤与体外获能。无论是鲜精还是冻精，一般都要经过数次离心以洗除精液成分、死精、加入的稀释液成分，以及冷冻保护剂如甘油等，以获得高浓度的、活力旺盛的精子。牛精子洗涤剂最常用的有 BO 洗涤液和改良 Tyrode 液（TALP）两大类，获能方法也因所选用的洗涤剂不同而异。

① BO 洗涤液。一般用含 10 mmol/L 咖啡因但不含牛血清白蛋白（BSA）的 BO 洗涤液作为精子洗涤剂，有的咖啡因仅为 5 mmol/L，甚至不加咖啡因或葡萄糖。鲜精或冻精解冻后离心洗涤 2 次，每次加洗涤液 5～10 mL，800×g 左右，离心 5～10 min。最后一次离心获得的精液小滴用上述洗涤液悬浮，调整浓度为（1～10）×10^6 个/mL，随后进行体外获能，其方法因所选用获能物质或互相搭配方式不同而异。常见的有下列几种。

a. 咖啡因。咖啡因能够提高精子的活动性，但单独采用咖啡因获能的比较少，实际上体外获能及受精液均为含咖啡因的 BO 洗涤液，精子穿透率仅能达到 32%。

b. 肝素。精子洗涤液用 BO 洗涤液而不含咖啡因，获能用含 10 μg 肝素的 BO 洗涤液。此法不常用，而且效果不理想，精子穿透率仅为 35%。

c. 咖啡因+BSA。制备的精液加入等量含 10 mg/mL 或 20 mg/mL 的 BO 洗涤液中，使咖啡因、BSA 的最终浓度分别为 2.5 mmol/L、5 mg/mL 或 5 mmol/L、10 mg/mL，精子穿透率可达 83%。

d. 咖啡因+肝素。这两类物质对获能有很强的协同作用，精子穿透率可达 68%，因此比较常用。获能液中咖啡因、肝素的最终浓度分别为 5 mmol/L、10 μg/mL。

e. 咖啡因+肝素+BSA。这是目前获能常用的方法之一，咖啡因、肝素、BSA 的最终浓度分别为 5 mmol/L、5 μg/mL、10 μg/mL 或 5 mmol/L、10 μg/mL、10 μg/mL。

以上几种获能方法的获能液就是受精液，除了少数学者进行获能孵育以外，大部分学者都是精、卵一起孵育。

② 改良 Tyrode 液（TALP）。除鲜精因活力高，少数学者仍采用 TALP 直接离心洗涤以外，目前都是通过上浮及其他处理来获得高浓度的活精子。依据处理方式不同，又可分为两种方法。

a. 上浮法。该方法是牛精子（尤其是冻精）洗涤与体外获能的主要方法。虽然在具体应用中进行了一些改变，尤其是洗涤、受精液已由单一的 TALP 发展为洗涤液（Sp-TALP）和受精液（Fert-TALP），两者成分及 pH 均稍有变化，但基本过程如下：冻精 37 ℃水浴解冻后，加入 1 mL Sp-TALP 液，混匀后分装于 4 个小塑料离心管中，39 ℃水浴上浮 1 h，然后将 4 个管中的上清液小心收集到 1 个 10 mL 玻璃离心管中，经过约 2 次离心洗涤［（200～900）×g，5～10 min/次］，最后的精子小滴用含 10～100 μg/mL 肝素的 Sp-TALP 液悬浮成（50～100）×10^6 个/mL，通常 39 ℃孵育（获能）15 min，然后精、卵在 Fert-TALP 中受精。至于精子获能，不同学者的做法差异比较大，肝素浓度可以低到 0.2 μg/mL，Fukui 等认为最佳浓度为 25～100 μg/mL，常用浓度为 10 μg/mL，冻精获能最佳时间为 5～60 min。一般认为预孵 15 min 即可，但可以短到不预孵，直接加到含肝素的受精液中获能受精；也可预孵长达 2 h。鲜精则必须在 4 h 以上，甚至在上浮及离心洗涤时就加含有肝素或 BSA 与肝素。受精液中均含有肝素，但也有另加 BSA 与咖啡因的。此外，受精液或获能液与受精液中还可以加精子激活剂。有的学者还采用先离心洗涤后上浮的方法。

b. Percoll 法。该方法是分离活精子的有效途径之一。一般用 Sp-TALP 稀释配成 45%、90%两种不同浓度的 Percoll 液，置于同一离心管中，然后将解冻后的精液加到 Percoll 上层中（45%Percoll 液），700～800×g 离心 30 min，获得的精子小滴用 5～10 mL Sp-TALP（+6 mL BSA）液悬浮，100～400×g 离心 10 min，精子小滴重新悬浮并调整浓度为 50×10^6 个/mL，用 10 μg/mL 肝素或 6 μg/mL BSA+肝素及精子激活剂获能，然后受精；也可以把精子直接加入含 BSA、肝素、精子激活剂及卵母细胞的受精液中直接获能受精。此外，Utsumi 等用 BO（含 3 mg/mL BSA 及 0.5 mmol/L 亚牛磺酸）配成 30%、40%的 Percoll 液分离活精子，同样取得了理想结果。

（2）体外受精。

① 受精前卵母细胞的处理。经过成熟培养后，尽管卵丘细胞已经充分扩散，但它与卵母细胞的连接仍比较紧密，尤其是紧临卵母细胞的卵丘细胞，在精子加入后不能很快脱去，而像“壳”一样紧密包在卵母细胞的周围直至受精 48 h 后才易剥去。为了提高精子穿透卵母细胞的速度，在受精前可以用尖而细的吸管吸吹卵母细胞来部分剥去周围的卵丘细胞，也可以通过向大量卵丘卵母细胞复合体（约 100 个）中加入微量液体以出现“涡旋”除去卵丘细胞。大规模操作则需要用 3%乳酸钠来处理卵丘细胞。也可以用 1%透明质酸酶处理，但一定要掌握好时间并充分洗涤。很多学者都不主张受精前剥离卵丘细胞，而是在受精后 48 h 左右才用异物针剥去周围的卵丘细胞，以便于形成卵丘细胞贴壁，对早期胚胎发育或许有促进作用。无论剥离卵丘细胞与否，从成熟培养液中取出的卵母细胞都要用精子洗涤液或受精液洗 3 次。

② 精子活力激活剂。青霉胺、次牛磺酸、肾上腺素等能提高精子穿透力和随后的卵裂率。

③ 精/卵比例。受精通常在石蜡油覆盖下的微滴中进行，微滴以 50～100 μL 为宜。一般每滴中加 5～10 个卵母细胞，但数量更多直至 50 个也不影响体外受精的结果。通常精子的最终浓度为 $(0.64\sim1)\times10^6$ 个/mL，若超过 1.6×10^6 个/mL，则囊胚发育率下降。

④ 受精及培养条件。受精一般先将成熟卵母细胞移入受精液中，后加制备好的精液。受精培养时间因精子处理方法不同而异，在 TALP 中一般需要 18～24 h，精卵共同孵育不足 16 h 则降低受精率，而在 BO 洗涤液中仅需要 6～8 h。尽可能快地将卵母细胞从已死亡或濒临死亡的精子悬浮液中移去，以消除水解酶对卵母细胞发育的有害影响。在 5%CO_2 气体中培养，以维持碳酸盐缓冲系统适宜的 pH，并模仿体内条件，包括 39 ℃、无菌，以及配子、胚胎可以生存的环境，这些都是体外生产胚胎必不可少的条件。

（3）体外受精的培养系统。体外受精的完成需要一个有利于精子和卵子存活的培养系统。目前，用于卵母细胞体外受精的培养系统主要包括微滴法和四孔培养板法两类。

① 微滴法。这是一种应用最广的培养系统。具体做法是在塑料培养皿中用受精液制成 20～40 μL 的微滴，上覆石蜡油，然后每滴放入体外成熟的卵母细胞 10～20 枚及获能处理的精子 $(1.0\sim1.5)\times10^6$ 个/mL，在培养箱中孵育 6～24 h。该法的优点是受精液及精液的用量均较少，体外受精的效果也较好；缺点是受精的结果易受石蜡油质量的影响，操作也相对较烦琐，成本也相对较高。

② 四孔培养板法。该法采用四孔培养板作为体外受精的器皿，每孔加入 500 μL 受精液和 100～150 枚体外成熟的卵母细胞，再加入获能处理的精子 $(1.0\sim1.5)\times10^6$ 个/mL，然后在培养箱中孵育 6～24 h。该法的优点是操作相对比较简单，受精结果不受石蜡油质量的影响；缺点是精子的利用率相对较低，体外受精效果不如微滴法稳定。

（4）影响卵母细胞体外受精的因素。

① 受精液及其成分。用于体外受精的基础液通常为 Tyrode 液和 BO 洗涤液。这些溶液相对比较简单，主要成分是无机盐离子，不含复杂的氨基酸和维生素等成分。受精液中的 Ca^{2+}、Mg^{2+}、Na^{+}、K^{+}和 BSA 均对精子的获能和体外受精起着重要作用，其中 BSA 尤为关键。BSA 具有螯合锌离子，置换精子质膜中的胆固醇，降低精子质膜的稳定性，提高精子活力和促进精子的获能及顶体反应等作用，因此 BSA 是受精液中的关键成分。由于 BSA 的用量较大（通常为 0.6%），故 BSA 的质量对体外受精的结果有显著影响。通常使用无游离脂肪酸的第五组分 BSA，纯度要求是越纯越好。

② 精子的来源。来自附睾的精子，由于没有附着由副性腺分泌的去能因子，故而较易获能，体外受精的效果也较好。冷冻精液也较新鲜精液容易获能，且有些受精力好的公牛精液不经任何获能处理也能使卵母细胞受精。公牛个体对体外受精的结果有显著影响。因此，在体外受精技术的开发应用过程中，通常要先对公牛个体受精能力进行体外受精测定，选出体外受精效果较好的公牛来进行胚胎的体外生产。

③ 精卵比率与孵育时间的影响。精子的浓度过高易引起多精子受精，过低又影响受精率。通常用于体外受精的精子浓度为（1.0～5.0）$\times 10^6$ 个/mL，精卵比率为（10 000～20 000）∶1。在有咖啡因存在的条件下，精子浓度可降低为 0.5$\times 10^6$ 个/mL，精卵比率可降低为（500～2 000）∶1。精卵孵育的时间对保证体外受精效果非常重要，过短不足以保证受精率，过长又容易引起多精受精。

④ 培养条件。水质是体外受精的一个重要影响因素，配制受精液的水最好是先过离子交换柱，然后用玻璃蒸馏水器重蒸 3 次。在受精液中加入 50 μmol/L 的 EDTA，可除去重金属离子，降低水质对 IVF 的影响。温度也是影响体外受精的重要因素之一，很小的温差可能会对体外受精有很大影响。牛体外受精的最适温度是 39 ℃，如果采用 37 ℃，受精率则下降 15%以上。用于体外受精的气相环境通常采用含 5%CO_2 的空气和饱和湿度。

⑤ 精子活力增强因子。由于精子的活动能力在卵母细胞的受精过程中起着非常重要的作用，因此在受精液中添加精子活力增强因子可提高卵母细胞的体外受精率。青霉素胺（Penicillamine）、牛磺酸（hypotaurine）、肾上腺素（epinephrine）等能提高精子的穿透能力和随后的卵裂率，被广泛应用于牛的体外受精。另一精子活力增强因子是咖啡因。在受精液中加入咖啡因能显著提高受精率，特别是当精子活力较差时，咖啡因的效果尤为显著。在应用流式细胞仪分离的精子进行体外受精时，咖啡因是保证体外受精效果的关键。因此，咖啡因目前被广泛应用于体外受精。然而，由于咖啡因对受精卵的早期胚胎发育不利，故要严格控制咖啡因的浓度和作用的时间。

3. 单精显微注射

单精显微注射技术是 20 世纪 80 年代发展起来的一种新型的体外受精技术，是借助显微操作仪，将精子或精子细胞直接注入卵母细胞质内（卵胞质内受精，intracytoplasmic sperm injection，ICSI）或卵周隙中（带下受精，subzonal insemination，SUZI）来实现受精的技术。由于该技术可排除透明带甚至质膜对精子入卵的阻碍作用，故对精子的死活及其完整性无严格要求。

单精显微注射技术主要包括卵子的收集和处理、精子或精核的制备、精子或精核的显微注射、卵子的激活。

（1）卵子的收集和处理。目前，用于 ICSI 的卵子可以通过激素超排的方法获得，也可采用体外成熟的卵子。卵母细胞在注射前用 0.1%的透明质酸酶除去卵丘细胞，然后置入覆盖有石蜡油的微滴中备用。对于脂肪含量较多的牛卵母细胞，还应对其进行离心处理（1 000$\times g$），以便使卵母细胞质中的脂肪滴被甩向一侧，胞质变得透明，便于注射操作。

（2）精子或精核的制备。新鲜的或冷冻、解冻的精子均可用于注射。精子注射前，要对其进行孵育获能处理。如果注射的是精子头，则需要对其进行超声波处理和蔗糖密度梯度离心分离。制备好的精子可单独置于含有 8%～10%聚乙烯吡咯烷酮（polyvinylpyrrolidone，PVP）或甲基纤维素的操作液微滴中，这样一方面可使活的精子丧失其游动性，便于注射时捕捉；另一方面可使精子不容易贴在注射管壁上，有利于精子的释放。此外，可在精子注射的操作液中加入二硫苏糖醇（dithiothreitol，DTT），可使注入卵母细胞质的精核更易发生解聚，这是目前提高雄原核形成率的一种常用方法。

（3）精子或精核的显微注射。 目前，用于单精显微注射的方法有常规和压电素子微操作法，两者主要在注射管及驱动动力上有所区别。前者需要斜口针，且要拉一针尖，后者使用平口针即可。微注射管的内径只能比精子头部的直径稍大一点，为 6～8 μm。显微操作时，首先用注射针在精子的操作液滴中将精子制动，然后将单个精子从尾部吸入注射管的开口端，然后转移至含有卵母细胞的操作液滴中，将单个精子连同微量的液体注入卵母细胞质。为避免损害卵母细胞纺锤体，注射时的进针位置应在极体与卵子中心连线垂直线上。

（4）卵子的激活。 目前，激活卵母细胞常用的方法有钙离子载体 A23 187 处理、电击、乙醇处理、离子霉素（Ionomysin）+6 -二甲氨基嘌呤（6 - DMAP）、离子霉素+放线菌酮（CHX）等。较为有效的激活处理方法是先用 5 μmol/L 的离子霉素激活处理卵子 5 min，然后在含有 2 mmol/L 6 - DMAP的培养液中培养 3 h。

4. 早期胚胎体外培养

早期胚胎体外培养是体外受精技术的最后一个技术环节，也是前面两个技术环节最终效果的体现和检验。早期胚胎体外培养系统比较复杂，其中对胚胎存活起关键作用的因素有温度、湿度、光、pH、渗透压、离子浓度、能量来源、血清成分（大分子和未确定的生长因子）、气象、水质及培养器皿等。由于早期胚胎体外发育时存在着发育阻断现象，即阻滞期。胚胎发育到该时期后都要受到不同程度的阻滞，牛为 8～16 细胞时期。因此，体外受精胚或核移植重构胚在无血清的特定培养液中，很难有效地突破阻滞期。目前，在哺乳动物尤其是牛上进行了大量研究，一般都是在 5%CO_2、38～39 ℃、饱和湿度、碳酸氢钠或 HEPES 缓冲的 TCM - 199 培养条件下，采用与其他体细胞共同培养的方法来促进早期胚胎的体外发育。这类细胞的类型很多，如卵丘细胞、颗粒细胞、输卵管上皮细胞、成纤维细胞、滋养层细胞、黄体细胞或其他体细胞等。

5. 体外受精技术的应用前景

未来畜牧业的发展，有赖于配子与胚胎生物技术的应用，而配子与胚胎生物技术应用的关键问题也就是良种胚胎的来源问题。体外受精技术就是解决胚胎来源问题的一项非常有效的技术。通过体外受精技术，可以从屠宰场收集卵巢，生产大量价廉质优的胚胎，为胚胎移植技术的大面积推广应用创造必备的条件。此外，结合活体采卵技术，可反复从良种动物体内采集卵母细胞生产胚胎，从而使其繁殖潜力得到充分发挥，大大缩短世代间隔，加快动物的育种进程。

六、性别决定与控制

性别决定与控制是生殖生物学研究的一个重要方面。早在 1902 年，McClung 通过研究蝗虫精细胞首先提出了性别决定的染色体理论。20 世纪 50 年代末，由于细胞遗传学的发展，动物性别决定取得了划时代的突破，证实雄性性别是由 Y 染色体决定的。随着基因工程的发展，Sinclair 与 Gubbay（1990）发现哺乳动物 Y 染色体短臂上靠近常染色体区的 35kb 区域存在着性别决定（*SRY*）基因。*SRY* 基因的发现被认为是 20 世纪 90 年代以来生物科学的重大成就之一，为进一步开展性别控制研究奠定了基础。

生物学研究结果表明，*SRY* 基因仅仅是涉及性别决定过程的基因之一，性别决定与分化是以 *SRY* 基因为主导、多基因参与的协调表达过程。迄今为止，已发现包括 *SRY* 基因在内至少有 6 种基因参与了由未分化原始生殖嵴到两性生殖器官形成的过程，如 *Dax - 1*、*Sox9*、*AMH*、*SF - 1*、

*WT-1*基因等。

尽管性别是由雄性动物Y染色体上的*SRY*基因决定的，但影响动物性别比例的因素很多，包括遗传特性、交配特点、亲代的身体状况以及外界环境的影响等。但在一般情况下，性比的差异幅度并不显著，因此自然界动物群体的性比基本上接近于平衡。

目前，控制性别的方法很多，按照控制途径可归纳为3种：①分离X精子与Y精子；②早期胚胎性别鉴定；③确定出生前的胎儿性别。但理论上还有生产纯合性双倍体、孤雌生殖、显微注射已知性别精子以及反复克隆已知性别的胚胎或体细胞等。

1. 分离X精子和Y精子

在受精前对精子的性别进行有目的的选择是性别控制最理想的途径。这种方法在卵子受精时就知道它的性别，可生产特定性别的胚胎和繁育特定性别的后代。目前，有效的分离方法是流式细胞仪分离法。

流式细胞仪分离法是根据哺乳动物X精子和Y精子DNA含量存在差异的原理，对X精子和Y精子进行分离。分离前用双苯并咪唑（bisbenzimidazole）无毒荧光染料Hoechst 33342对精子进行活体染色，在35℃下，培养1 h以增进染料的渗透，Hoechst 33342染料可渗入精子膜从而使DNA着色。经荧光染色的精子悬浮在等渗缓冲液中放入流式细胞仪的流动小室，以一定速度从一个76 μm的小孔中流出，在351～364 nm的紫外光和200 mW功率下产生的5 W的氩激光前通过。当精子通过流式细胞仪时被定位，从而被激光束激发，因为X精子比Y精子含较多的DNA，所以X精子放射出较强的荧光信号，并分辨出哪些是X精子或是Y精子。

改进后流式细胞仪在分离牛精液时，X精子和Y精子分离的准确率可达90%以上。

2. 胚胎性别鉴定

尽管鉴定移植前胚胎性别有一定的局限性，但是这种方法对控制后代的性别仍有一定的意义。胚胎性别鉴定技术目前最常用的方法是分子生物学法。

（1）雄性特异性DNA探针法。从Y染色体分离筛选出雄性特异性片段作为探针，然后用放射性同位素标记，与被检测胚胎进行Southern或斑点杂交，经过放射自显影，阳性者判为雄性。该项技术胚胎性别鉴定准确率高。但是，由于该方法需要较大量的胚胎细胞（15个以上），对胚胎损伤较大，并且鉴定时间较长，使得该法在应用上仍受到限制。

（2）PCR鉴定法。PCR鉴定法是目前唯一的、常规的、最具有商业应用价值的鉴定胚胎性别的方法。由于这种方法对胚胎损害较小而且不易被黏附在胚胎表面或透明带里的精子所污染，且准确率高、快速、简便、经济被广泛应用。PCR鉴定法的实质就是Y染色体特异性片段或Y染色体上的*SRY*基因的检测技术，即通过合成*SRY*基因或锌指结构基因（*ZFY*）或其他Y染色体上特异性片段的部分序列作为引物，用少部分胚胎细胞中的DNA为模板，在一定条件下进行PCR扩增反应，扩增出目标片段的胚胎即为雄性胚胎，否则为雌性胚胎。

目前，牛胚胎性别鉴定的PCR方法有PCR扩增Y染色体特异性片段法、SRY-PCR法、PCR法等。

① PCR扩增Y染色体特异性片段法。该方法在建立牛Y染色体DNA文库及筛选得到的克隆并测序的基础上，设计并合成一对与Y染色体特异性片段两端的正链和负链互补的小片段单链寡聚核苷酸引物（长度在20 bp左右），并在胚胎取样技术的支持下，用少部分胚细胞中的DNA为模板进行PCR扩增，将扩增产物进行琼脂糖凝胶电泳，并用EB染色后，再进行紫外激发检测，出现特异条带的是雄性胚胎，否则为雌性胚胎。

② *SRY*-PCR法。哺乳动物的*SRY*基因的发现以及PCR技术的发展不仅为*SRY*-PCR法在理论上打下了基础，而且在技术上也提供了可靠的保证。应用*SRY*-PCR技术，所采用的技术和扩增

Y 染色体特异性片段法相似，只是根据 *SRY* 基因来设计引物，通过扩增胚胎 DNA 的 *SRY* 基因进行性别鉴定。

应用 *SRY*－PCR 法鉴定胚胎性别，快速而准确，准确率可达 95%以上。经鉴别后的新鲜胚胎的妊娠率并没有降低，但经鉴别后再冷冻保存时，其妊娠率则有所下降。此法的局限性是需要从胚胎中分离出几个至十几个细胞供检测用，而这一操作比较费时。在操作过程中会偶尔损坏或丢失胚胎、出现污染。

③ 用 PCR 法进行牛胚胎性别鉴定的流程。

a. 胚胎的获取。供体牛回收的鲜胚或活体采卵体外受精生产的胚胎以及冷冻保存的胚胎，都可用来进行性别鉴定。

b. 胚胎细胞取样及基因组 DNA 的提取。在显微操作仪或体视显微镜下从牛的桑葚胚或囊胚中分离出几个细胞做分析，而胚胎大部分细胞则保留下来，用于胚胎移植等目的。

c. 引物的设计与合成。根据 Y 染色体上特异基因片段的碱基序列设计并合成引物。

d. PCR 反应。将引物与样品 DNA 进行 PCR 反应，扩增样品相应的基因片段，反应总体积和反应条件依所采用的 PCR 种类而定。

e. 扩增 DNA 的电泳检测。扩增后的 DNA 在琼脂糖凝胶上电泳，再经溴化乙锭染色后在紫外灯下检测，出现特异性条带的为雄性胚胎，不出现的则为雌性胚胎。

（3）LAMP 法。其基本原理是分别使用不同的引物，对牛胚胎中的雄性特异性核酸序列和雌雄共有核酸序列进行扩增反应，通过检测有无扩增反应（检测反应过程中的副产品焦磷酸镁所形成的白色沉淀的混浊度）来判定。与 PCR 法相比，LAMP 法的特点如下：

① 反应在恒定 65 ℃左右进行，不需要热循环仪。

② 特异性高。因为 LAMP 法是针对一个目标基因的 6 个区段设计 4 条引物，并且 6 个区段的顺序有严格要求以满足反应的要求。

③ 快速高效性。LAMP 法在 30 min 内就能完成扩增反应。

④ 产物鉴定简便。反应过程中，从 dNTPs 中析出的焦磷酸根与反应溶液中的镁离子结合，会产生一种焦磷酸镁的衍生物，大量焦磷酸镁衍生物导致溶液呈现白色混浊沉淀，用肉眼或浊度仪便可判定胚胎的性别。

LAMP 法技术鉴定胚胎性别只需 2～3 h，大大缩短了胚胎的体外培养时间。但试剂盒对 DNA 污染反应极为灵敏，一旦有极少量的外源 DNA 污染，就可能出现假阳性结果。这就要求操作者必须熟悉每个工作环节（包括分割取样、配药、鉴定等），严格消毒和控制操作环境，尽量减少细节操作不当可能带来的污染。

七、克隆

克隆一词来源于希腊语 klon，原意为插枝，即无性繁殖的意思。动物克隆是指动物不经过有性生殖的方式而直接获得与亲本具有相同遗传物质后代的过程，包括孤雌激活生殖、卵裂球分离与培养、胚胎分割以及核移植等。通常，将所有非受精方式繁殖所获得的动物均称为克隆动物，将产生克隆动物的方法称为克隆技术。在自然条件下，克隆广泛存在于动物、植物和微生物界。高等哺乳动物的同卵双生也是一种自然的克隆。在高等哺乳动物中，核移植是生产克隆动物最为有效的技术。根据所用供体细胞的来源，克隆技术又分为胚胎细胞核移植、胎儿细胞核移植和体细胞核移植三大类。

近年来，体细胞核移植技术在我国发展很快，体细胞克隆山羊和克隆牛分别于 2000 年和 2001 年研究成功。2004 年 11 月和 2005 年 3 月又分别克隆成功世界首例体细胞克隆水牛和成年体细胞克隆水牛。

1. 胚胎细胞核移植

胚胎细胞核移植是以胚胎作为核供体，用0.2%链霉蛋白酶预处理胚胎，经机械法剥离透明带，用钝头玻璃吸管反复吹吸以分离成单个卵裂球的方法。

胚胎细胞核移植试验证实，从2细胞期到内细胞团的胚胎细胞都具有发育的全能性，都可以作为供体细胞。然而，供体细胞的胚龄和类型对核移植结果有时产生一定的影响。胚胎致密化后，胚胎细胞间发生紧密连接，形成桥粒，使卵裂球分离的难度增加，常导致胚胎死亡。用发生“极化”的胚胎的卵裂球作核供体，分裂率则随胚龄的增加而下降。此外，供体细胞的大小对细胞融合的效果有直接影响，细胞越小，两细胞间的接触面越小，融合率越低。因此，在胚胎细胞核移植时一般选择16～32细胞期的胚胎细胞作为供核较为合适。但Zakharchenko(1996)等的研究发现，晚期桑葚胚的核移植效果最好，且体内胚胎优于体外胚胎。不过，当用囊胚的ICM作供体细胞时，其融合率明显降低。

2. 体细胞核移植

体细胞核移植是哺乳动物克隆最为有效的方法。从理论上讲，动物克隆的数量不受限制，可以无限延续。

体细胞核移植的基本操作程序包括：MⅡ期（第2次减数分裂中期）卵母细胞去核、核供体的准备、细胞周期的调控、细胞融合、卵母细胞激活和重构胚的培养等，其中的每一个环节对核移植的效果都有影响。

（1）供体细胞的准备。供体细胞的准备是核移植技术最为关键的一环，也是非常重要的影响因素之一。作为核供体的细胞可以是胚胎细胞，也可以是ES细胞或ES样细胞、胎儿成纤维细胞、未分化的PGCs或高度分化的成年动物体细胞。理论上讲，获得大量同源供体核是提高细胞核移植克隆胚胎效率的重要途径之一。但是，因供体核的种类和发育阶段的不同，其核移植的效果仍存在着很大差异。

目前，卵丘细胞、颗粒细胞、输卵管上皮细胞、耳皮肤成纤维细胞、胎儿皮肤成纤维细胞、肌肉细胞等体细胞都可用于体细胞克隆研究并获得克隆后代，而且这些体细胞经过培养传代、冷冻保存后仍可以用于克隆动物的生产。

（2）受体卵母细胞的准备。在奶牛核移植研究中，用作核受体的主要有去核受精卵（原核胚）及去核MⅡ成熟卵母细胞两种。虽然采用去核受精卵的细胞质作为核受体已得到了克隆动物，但供体胚胎不能超过2细胞阶段，否则其重构胚无法正常发育，所以已很少采用该方法。目前，成熟卵母细胞被广泛用作核移植的受体细胞。最初，大都采用超排体内成熟的卵母细胞作为受体卵母细胞。随着卵母细胞体外成熟培养技术的完善，现在人们都采用体外成熟的卵母细胞作为受体卵母细胞。

受体卵母细胞在核移植前须去核。如果不去核或去核不完全的话，将会因重组胚染色体的非整倍性和多倍体而导致发育受阻和胚胎早期死亡。因此，去核方法极为重要，目前常用的去核方法有以下几种。

① 盲吸法。由于第1极体刚排出或排出后不久，染色体就在极体的附近，因此用显微去核针吸取极体附近的部分细胞质便可去掉细胞核。然而，卵母细胞在清洗和去掉周围卵丘细胞的过程中，部分卵母细胞的第1极体会移位，这样将会影响到卵母细胞的去核率。通常，采用盲吸法去核的时间应尽可能选择在刚排出第1极体时，IVM的牛卵母细胞，一般是在IVM后18～20 h。

② 半卵法。将卵母细胞切为两半，去掉含有极体的一半，然后用不含极体的一半进行核移植。虽然这种方法的去核率可保证100%，但由于细胞质减半，会影响胚胎的正常发育，因此有人将两枚去核的半卵与供体细胞融合，并取得了良好的效果。

③ 荧光引导去核法。先用Hoechst 33342对卵母细胞染色10～15 min，然后在荧光显微镜下确定核的位置，去核后再观察吸去的细胞质或去核后的卵母细胞是否含有细胞核，以保证去核成功率。

④ 微分干涉相差显微镜和纺体图像观察系统。对于一些脂肪颗粒含量较少的卵母细胞（如兔和小鼠等），在微分干涉相差显微镜下可观察到染色体，因此对于这类卵母细胞可直接在微分干涉相差显微镜下去核。然而，牛卵母细胞脂肪颗粒含量较多，在微分干涉相差显微镜下则看不到染色体。最近，美国在极性光学显微镜的基础上研制出一种纺体图像观察系统（spindle view），在这种显微镜下，可直接观察到牛等卵母细胞的纺锤体，从而可准确地对卵母细胞去核。

⑤ 功能性去核法。将卵母细胞浸泡在 Hoechst 33342 DNA 染色液中，然后用紫外线照射核区，从而使核丧失功能。由于经紫外线照射处理的染色体仍具有一定活性，故常造成核移植胚的染色体异常，对细胞有较大损伤。

此外，为了保证去核彻底，以免影响核移植胚的发育，还有一些其他的去核方法，如离心去核法、时间控制去核法、化学去核法、2.5%蔗糖处理去核法、末期去核法等。

（3）注核。按供体核移入部位的不同分为卵黄周隙注射（带下注射）和胞质内注射。

① 卵黄周隙注射（带下注射）。在显微操作仪下，用去核吸管吸取一枚分离出的完整卵裂球或体细胞，注入去除核的受体卵母细胞的卵黄周隙中。

② 胞质内注射。先将供体细胞的核膜捅破，形成核胞体，再将核胞体直接注入去核卵母细胞的细胞质中，然后进行激活处理。

（4）供体细胞与受体卵母细胞的融合。注核后的卵母细胞必须进行融合处理，才能使供体细胞与受体卵母细胞形成卵核复合体。目前，牛体细胞核移植细胞融合的方法主要有化学法和电融合法。

① 化学法。用化学法进行细胞融合时对细胞有毒，且须去掉透明带，故很少应用于细胞核移植技术。

② 电融合法。电融合法是目前核移植技术的最佳融合方法，不仅可使供体细胞与受体卵母细胞的质膜有效融合，还可引起卵母细胞的激活。电融合原理是依靠直流脉冲使细胞膜产生可逆性的微孔，进而导致它们之间的融合。电融合在由一种非电解质（如 0.3 mol/L 的甘露醇）和两根相近的微细电极（0.2～1 mm）组成的融合小槽内进行。融合过程中适宜的脉冲场强和持续时间是极其重要的两个参数。在不同的畜种，这两个参数差异极大，而且还随电极间的距离、融合液的种类等变化。融合时将重组胚直接放在融合小室内，为了使细胞易于融合，须使核质接触面与电流方向相垂直，在一定的电场强度下，给予一定时间的直流电或交流电脉冲促使其融合。采用适宜的参数及熟练操作可使融合率达到 96%。

（5）重构胚的激活。核移植胚的正常发育有赖于卵母细胞的充分激活，低的核移植胚发育率可能与卵母细胞未充分激活有关。目前，有下列 4 种方法能有效地激活各个成熟阶段的卵母细胞。

① 钙离子载体结合电激活、放线菌酮和细胞松弛素处理。

② 乙醇结合放线菌酮和细胞松弛素处理。

③ 离子霉素或钙离子载体结合二甲氨基嘌呤（6-DMAP）处理。

④ 电激活结合三磷酸肌醇与 6-DMAP 处理。在核移植操作中，常用电脉冲诱导供体细胞与受体卵母细胞间的融合与激活。电激活卵母细胞的机理在于可使细胞内游离钙的浓度升高，使细胞静止因子（CSF）和成熟促进因子（MPF）失活，从而解除 CSF 与 MPF 对卵母细胞分裂的抑制作用，使卵母细胞活化并完成第 2 次减数分裂。电激活根据其在核移植前或后进行而分为前激活、融合激活和后激活，其激活效果优于其他几种方法，在试验研究中已被广泛采用。

（6）重构胚培养。融合后的重构胚经激活后，在体外培养或经过中间受体培养至桑葚胚或囊胚，然后移入与胚龄同期受体动物子宫角内，可望获得克隆后代。

（7）继代细胞核移植。继代细胞核移植又称连续细胞核移植，即将核移植胚胎的卵裂球分开，作为供体细胞，再进行连续多代的核移植，以便从一枚胚胎得到更多的克隆胚胎。

3. 细胞核移植技术存在的问题及发展前景

（1）细胞核移植技术存在的问题。尽管体细胞克隆技术在近 20 年取得了很大成就，但是普遍存在克隆效率低、妊娠失败、胎盘胎儿过大和功能混乱等问题。一般来说，牛的体细胞核移植过程中能够成功发育的囊胚仅有7%～8%。绝大部分克隆胚胎都是在植入前阶段发生丢失，即使成功植入，大部分胚胎也会在妊娠的各个阶段发生流产，胎儿出生后的高死亡率也是体细胞核移植面临的严峻问题之一。

（2）细胞核移植技术的发展前景。虽然克隆技术还存在诸多问题，但是该技术在科学研究和实践应用中具有非常重要的意义，展示出巨大的应用前景，为家畜良种选育、转基因动物生产、濒危动物保护、细胞衰老分化机理等研究提供了新的技术手段。

目前克隆的机理并不清楚，也不能100%的重复，有许多科学和技术问题需要揭示。随着相关学科的不断发展，体细胞克隆技术将日趋完善，成功率将不断提高，必将成为推动社会进步的巨大生产力，为人类社会创造更多的物质财富。

八、转基因

转基因技术是通过人为方法导入外源DNA或敲除受体基因组中的一段DNA，使动物的基因型和表现型发生变化，并且这种变化能遗传给后代的一门生物技术。通过这种方法获得的动物称为转基因动物（transgenic animals）。

1. 转基因技术的基本程序

转基因技术涉及生命科学的许多领域，是一门综合性的技术。其主要技术路线包括：目的基因的分离、表达载体的构建、基因受体（早期胚胎）的获得、基因的导入、转基因胚胎的移植、被转基因的整合表达检测以及补充转基因的遗传稳定性测试等。其中，目的基因改造及载体构建和外源基因导入受体是转基因技术实施的关键步骤。

（1）目的基因改造及载体构建。根据转基因研究目的，把目标基因与合适的调控序列连接形成一个独立表达单元是转基因技术的第1项工作。为了改进产品的功能和特异性高效表达，须对外源基因进行有目的的改造，并构建载体。改造并构建的外源基因可能包含调控元件的旁侧序列、结构基因序列和转录终止信号，同时还可引入报告基因与天然启动子。将启动子序列与目的基因拼接成融合基因。

① 调控序列的选择。调控序列的选择是表达载体设计的关键，普通表达载体常选择某些病毒蛋白的启动子，如SV40、hCMV（人巨细胞病毒）的启动子等，它们可诱导目标基因在细胞中广泛表达，且效率较高，但无组织特异性。用于转基因奶牛的生产常选择组织特异性启动子，如乳腺反应器的表达载体常用的启动子有乳清酸蛋白、酪蛋白、乳球蛋白基因的启动子等。为提高外源基因的表达水平，表达载体中除上游的调控序列外，还在下游插入增强子，目标基因中保留内含子。

② 目标基因的分离。目标基因常从动物的DNA文库或cDNA文库中筛选。由于cDNA文库来源于RNA，其中不含调节基因表达的内含子，因而表达水平往往比从DNA文库中获得的表达水平低，因此目标基因最好从DNA文库中获得。

③ 表达载体的组装。调控序列和目标基因开始在不同的质粒中扩增，然后通过体外扩增、酶切、体外重组形成一个完整的表达载体。

④ 表达载体的扩增。载体组装后转入细菌内，通过细菌的繁殖而扩增，然后再从细菌中提取、纯化和酶切成线形后，溶解在DNA缓冲液中或乙醇中保存。

（2）外源基因导入受体的方法。表达载体经扩增、纯化后，通过以下方法导入早期胚胎的基因组中，得到转基因胚胎，再把胚胎移植到代孕母体后可获得转基因动物。

① 反转录病毒转基因法。反转录病毒是一种RNA病毒，病毒的衣壳蛋白与细胞膜上的受体蛋白结合后，借助细胞的胞吞作用进入细胞质内，然后释放其核心物质（有的病毒在寄主细胞核内释放），

其中含有 3 个编码蛋白质的基因 *gag*、*pol* 和 *env*。反转录酶能将病毒 RNA 反转录出 DNA 双螺旋，形成前病毒 DNA，在其两端含有长末段重复序列（long terminal repeat，LTR）。双链 DNA 被转运到细胞核中，在病毒整合酶的作用下，前病毒 DNA 整合到寄主染色体 DNA 中。这样病毒基因组可随寄主细胞染色体的复制而复制，然后再转录出 RNA，在细胞质内翻译编码蛋白质的基因 *gag*、*pol* 和 *erw*。RNA 和这些蛋白质重新包装形成新病毒，新病毒大量繁殖导致寄主细胞裂解，病毒被释放，又感染新的寄主细胞。

反转录病毒转基因法是把目标基因插入前病毒 DNA 中，利用反转录病毒的生物特性，把外源基因整合到受体细胞基因组中。通常用目标基因置换编码蛋白质的基因 *gag*、*pol* 和 *env*，并对 LTR 进行改造后形成病毒载体，通过中间细胞包装为病毒颗粒。当病毒颗粒与早期胚胎细胞或体细胞共培养后，就可以把外源基因整合到受体细胞的基因组中。这种方法的优点是整合效率高，效果稳定，通常外源 DNA 是单拷贝整合到受体基因组中。此外，基因导入不受胚胎发育阶段限制，可以是成熟卵母细胞、附植前胚胎、PGCs 细胞或其他组织干细胞等。缺点是外源 DNA 的长度不能超过 8 kb，外源 DNA 整合后的表达率低，并具有致病性或致癌性。

② 胚胎干细胞（ES）法。这种方法首先用目标 DNA 对 ES 进行转化，通过人工筛选获得转基因阳性细胞，然后将阳性细胞注入囊胚腔或与早期卵裂球聚合，获得嵌合体胚胎，再将胚胎移植到代孕动物的子宫，获得嵌合体后代。在嵌合体动物中，如果 ES 能分化为生殖干细胞，则 F1 代为转基因动物。转基因阳性 ES 也可以作为供体核，通过细胞核移植技术，直接获得转基因动物；或者把阳性 ES 细胞与四倍体胚胎嵌合，直接获得阳性动物。

随着基因打靶技术的发展，ES 转基因技术已成为研究基因功能的主要手段。这种方法的优点是通过基因打靶技术，可获得外源 DNA 定点整合的细胞系，用此细胞系得到的转基因动物可避免随机整合的负面影响。缺点是获得转基因动物的效率低，目前仅在小鼠上获得成功，还没有建立真正的牛 ES 系，因此用这种方法生产转基因牛还存在很多问题。

③ 显微注射法。该法是用显微操作仪，把外源 DNA 溶液直接注射到早期胚胎细胞中，外源 DNA 分子在染色体 DNA 复制或修复过程中可随机整合到胚胎基因组中。原核期胚胎是染色体首次复制的 DNA 合成期，此时外源 DNA 不仅容易随机整合到胚胎基因组中，而且嵌合体的比例低。因此，显微注射的理想时间是原核期胚胎。这种方法的优点是转基因效率稳定，在体细胞核移植转基因技术没有完全成熟之前，仍然是转基因家畜生产的主要方法。缺点是操作复杂、效率低、成本较高。

④ 精子载体法。该法是将 DNA 与获能精子共孵育，利用精子能携带外源 DNA 的特性，通过受精过程把外源 DNA 整合到胚胎基因组中。这种方法的优点是简单、高效。精子洗涤后与目标 DNA 共孵育一段时间，通过体外受精或人工授精，就可获得转基因胚胎。缺点是效果不稳定，DNA 在孵育过程中可能降解，导致表达载体的结构发生变化。

⑤ 细胞核移植法。体外培养的体细胞经外源 DNA 转化后，通过筛选可获得转基因阳性细胞群。用阳性细胞作核供体，通过体细胞核移植技术，可直接获得转基因牛（图 5-26），是目前生产转基因牛最常用、最有效的方法。这种方法的优点是效率高，后代的阳性率在理论上为 100%。由于移植后的胚胎都是转基因阳性胚胎，这样节约了代孕受体的成本，因而转基因牛生产的成本大大降低。随着家畜基因组计划的完成，培养的体细胞在体外应用基因打靶技术能使外源 DNA 定点整合到染色体某一位点，这样可消除随机整合外源基因活性的影响。缺点是这一技术正处于发展阶段，很多技术环节还有待提高，定点整合和核移植的效率仍然很低。

2. 外源 DNA 表达检测

将从受体产出的拟携带有外源基因的动物提取 DNA，通常通过 DNA 水平的检测（PCR 检测、Southern - blotting)、RNA 水平的检测（Northern - blotting)、蛋白质水平的检测（Western - blot-

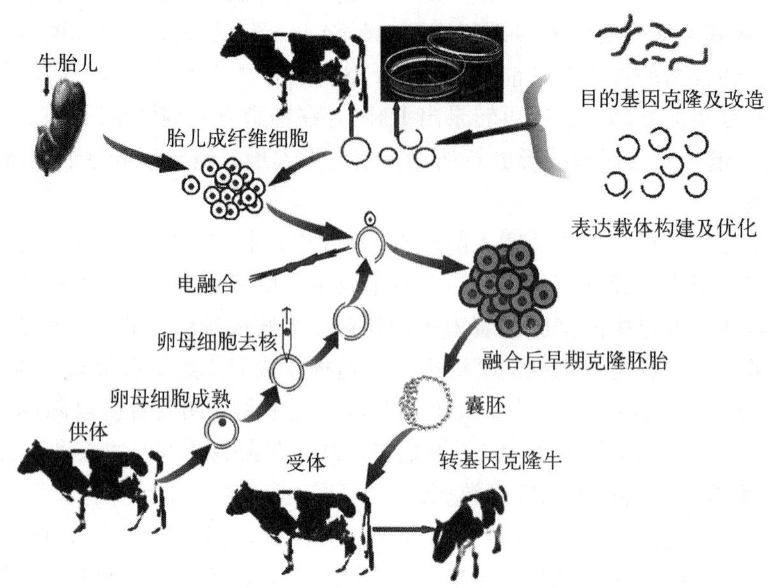

图 5-26 体细胞核移植法获得转基因克隆奶牛技术流程

ting）等方法进行整合和表达鉴定，以确定所转移基因的整合、转录和表达等生物学指标。常用的方法有以下几种。

（1）DNA 水平的检测。DNA 水平的检测主要用于检测外源基因的整合及整合的拷贝数，常用的方法有 PCR 检测、基因组 DNA 的分子杂交、整合位点的检测等。

① PCR 检测。PCR 即聚合酶链反应，是一种选择性体外扩增 DNA 或 RNA 片段的方法。此种方法有 3 个过程，即 DNA 的变性、复性和链的延伸，其前提是必须有特定的引物，以便与待扩增 DNA 片段两翼的寡核苷酸互补。PCR 过程由温度所控制，高温时，DNA 模板解链；低温时，引物通过碱基配对原则，结合于单链模板上；中温时，DNA 聚合酶沿引物方向合成模板的互补链。经过 DNA 变性-复性-延伸的反复循环，在很短的时间内便可将两个引物间的模板扩增至数百万倍。PCR 法具有所需样品量少、灵敏度高、操作简便等优点，因而常用于外源基因的检测。

② 基因组 DNA 的分子杂交。分子杂交的原理是：两条单链 DNA 中，互补碱基序列能专一配对。在一定的条件下，单链 DNA 或 RNA 能与另一条单链的互补碱基形成氢键，从而使两条单链杂交成双链 DNA 分子。常利用已标记的某一 DNA 片段或合成一段寡聚核苷酸作为探针，探测重组 DNA 分子中是否有 DNA 片段与探针发生同源杂交，然后再利用放射自显影方法显示，常用的方法是 Southern - blotting。

③ 整合位点的检测。即染色体的原位杂交，是确定外源基因在染色体上位置的一种手段。其原理是利用碱基互补原则，以放射性同位素或非放射性同位素标记的 DNA 片段为探针，与整合在染色体上的外源基因在原位进行杂交，经放射自显影或非放射性的检测系统，在显微镜下直接观察到外源基因在染色体上整合的确切位置。主要步骤有染色体标本的制备、探针的标记、原位杂交、放射自显影、染色体显影或显微镜镜检。

（2）RNA 水平的检测。外源基因的 RNA 检测主要用于研究转录水平上转基因的转录活性，常用的方法有 Northern - blotting、核糖核酸酶（RNase）保护分析法、逆转录-聚合酶链反应（RT - PCR）。

① Northern - blotting。该技术是将 RNA 样品通过琼脂糖凝胶电泳进行分离，再转移到硝酸纤维素滤膜上，用同位素或生物素标记的 DNA 或 RNA 特异性探针与固定在膜上的 DNA/RNA 进行杂交，洗膜，去除非特异性杂交信号，对特异性的杂交信号进行分析，即可得知细胞中特定的基因转录产物的大小，以便对核基因进行进一步研究。对杂交信号的强弱比较，可知道该基因表达 mRNA 的强弱。

② 核糖核酸酶（RNase）保护分析法。该法是用 RNA 探针和样品 RNA 进行杂交分析，若两者同源性不同，则形成杂交体的结构也不相同；若 100%同源，杂交体完全互补成双链分子；同源性降低，杂交体因不完全互补将产生大小不同的单链环。因此，用 RNase 处理杂交体时，完全互补的杂交体不被 RNase 水解，而未杂交的单链和杂交体中的单链环则被水解。对探针分子而言，同源性不同的靶 RNA 分子对探针的保护程度不同，放射自显影后得到的带型长度也不同。RNase 保护分析法的优点在于：整个杂交是 RNA－RNA 的液相杂交，灵敏度很高，可区分同源性很高的 RNA 分子。在转基因研究中，用于与内源性基因有较高同源性的或低中度的转基因分析。

③ 逆转录-聚合酶链反应（RT－PCR）。RT－PCR 技术是检测和定量分析半衰期短和低丰度的 mRNA 的快速、准确的试验方法。其基本原理是：以总 RNA 或 mRNA 为模板，逆转录 cDNA 第 1 条链，然后以此链为模板，在一对特定引物的存在下进行 PCR，检测转基因是否表达，若在内参存在下，还可进行竞争性 PCR，对转基因 mRNA 的拷贝数进行定量分析。

（3）蛋白质水平的检测。蛋白质水平的检测主要是用于检测导入受体染色体中的外源基因，看其能否正确地翻译成蛋白质。常用的方法有 ELISA 检测法、放射免疫检测法和 Western－blotting。其原理是：将经 SDS－PAGE 分离的蛋白质样品转移到固相载体，如硝酸纤维膜上，固相载体的非共价键形式吸附蛋白质，且能保持电泳分离的多肽类型及其生物学活性不变。以固相载体上的蛋白质或多肽作为抗原，与对应的抗体起反应，经过底物显色或放射自显影，检查电泳分离的特异性目的基因表达的蛋白质成分。

3. 影响外源基因表达的因素

外源基因的生物活性在转基因动物中差异很大，有的表达水平增加，有的降低，有的甚至不表达。导致这种现象的原因目前还没有完全弄清楚，从已有的试验结果分析来看，以下几种因素影响外源基因在动物机体内的表达水平。

（1）受体的遗传背景。同一基因在不同物种或同一品种的不同品系之间表达水平差异很大（Threadgill et al.，1995）。出现这种差异的原因可能是基因印迹（gene imprinting）的次序不同所致。基因甲基化水平直接影响其表达水平，不同个体基因甲基化水平不同，导致基因的表达水平不同。

（2）整合位点。同一外源基因整合在染色体上的位点不同，基因的表达水平不同，这种差异有时可达 1 000 倍。此外，同一动物不同组织中，其表达水平以及基因开启的时间也不同。导致这种现象的原因可能有两个方面：一是整合的拷贝数过大，导致基因甲基化而失活；二是可能有的基因整合位点因靠近异染色体区而失活。在染色体 DNA 的序列中，目前发现存在两种消除位点效应的序列：位点控制区（locus control regions，LCRs）和核基质附着区（matrix attachment regions，MARs）。

LCRs 是超敏感位点，也是组织特异性和普通转录调控序列的结合位点。如果 LCRs 与目标基因同时整合到受体基因组，目标基因的表达水平将不受整合位点的影响。试验研究发现，LCRs 一方面具有增强子的功能；另一方面能使一些沉默基因变得活跃。

MARs 是 DNA 与核骨架发生特异性结合的序列，它在基因中的位置并不固定，有时位于侧翼，有时位于编码区，不同基因的 MARs 序列不同。大多数 MARs 以单拷贝形式存在，含数百个碱基，其中 A－T 含量较高。MARs 一般与拓扑异构酶、组蛋白或其他蛋白质因子结合，而不与转录因子结合。MARs 的一个重要特点是不诱导外源基因的瞬时表达，而是激活已稳定整合的基因进行表达。最近的研究表明，MARs 是一种重要的顺式调控因子（Cis－acting），它可限定 DNA 环的大小，使之成为相对独立的表达调控单元；MARs 通过与核基质的相互作用，控制染色质的松弛与关闭，进而调节基因的复制和转录，它还可能是 DNA 复制的潜在起始位点。因此，外源基因的两侧连接 LCRs 或 MARs 可稳定整合后的表达活性。

（3）内含子。内含子对外源基因的表达会产生影响，根据其作用性质，可分为内含增强子（intronic enhancer）和普通内含子（generic intron）。内含增强子位于基因启动子附近，它是DNA酶超敏感位点，去除内含增强子将对基因的表达活性产生明显影响。绝大多数内含子的影响是组织特异性的，并且内含增强子有正反两种调节功能，有的能明显促进基因表达，有的明显抑制外源基因的表达（Oskouian et al.，1997）。普通内含子能促进基因表达，Choi等（1991）把免疫球蛋白基因的内含子插入无内含子的氯霉素转移酶的基因（CAT）中，小鼠体内CAT mRNA的含量增加10倍。Brinster等（1988）在大鼠生长激素和启动子之间插入内含子，基因的表达水平也增加了10～100倍。普通内含子对基因表达水平的影响可能与它们参与RNA的加工有关，如靠近基因3′端的内含子参与RNA的聚腺苷酸化。

（4）基因开关。外源基因在机体内表达可导致转基因动物复杂的生理变化，这使得研究基因的功能非常困难。为控制外源基因的表达，必须采用使外源基因能够适时、准确开闭的技术。目前，常用的有反义RNA技术、特异位点整合技术、转基因切除技术和诱导表达技术。反义RNA技术是应用核苷酸碱基配对原理，由人工合成或生物合成的RNA与目标基因转录出的RNA配对，中和目标RNA的生物活性，使目标基因无法表达。特异位点整合可使外源基因整合在某个特殊位点以研究目标基因调控规律。转基因切除技术是把毒性蛋白基因导入机体，通过诱导这些蛋白的表达，杀死某一类或某一种功能细胞以研究机体的生理变化特点。诱导表达是把目标基因和转录诱导因子基因同时导入机体基因组中，通过调节转录诱导因子的表达来控制目标基因的活性。

4. 转基因技术在奶牛生产中的应用

（1）改善乳品质。转基因技术的兴起为乳成分修饰带来新的机遇，可根据不同目的对乳成分进行调整。

α-乳白蛋白主要参与乳糖的合成，但是大多数成年人的肠道都没有消化乳糖的乳糖酶，所以乳糖不耐症的发生非常普遍，使得许多人只能望乳兴叹。Jost等（1999）研制的转基因鼠能够分泌一种乳糖酶可以使乳糖的含量降低。Vilotte等（2000）研制的表达针对α-乳白蛋白mRNA的反义RNA的转基因鼠，乳糖浓度已经有所降低。β-乳球蛋白是牛乳中一个主要的过敏源，而且它是一个紧密的球状结构，易造成消化困难，所以β-乳球蛋白是引起食品加工和牛乳营养价值方面许多问题的原因。Gong等（2006）利用同源重组的方法，已经获得以成纤维细胞为供体细胞的β-乳球蛋白基因失活的转基因克隆牛，Yu等（2011）成功获得β-乳球蛋白敲除转基因克隆奶牛，这种耐受变异的纯和动物的乳的过敏源性有望大大降低。因此，这些研究工作对于消除过敏蛋白和降低乳糖浓度是很有作用的。

牛乳中酪蛋白过大限制了其吸收及一些加工特性。Brophy等（2003）利用奶牛成纤维细胞，并在其中加入了两种额外的β-酪蛋白基因和κ-酪蛋白基因，培育的转基因奶牛，乳中β-酪蛋白含量提高了20%，κ-酪蛋白的含量增加了1倍，乳中总的蛋白含量也有所增加。κ-酪蛋白包裹于酪蛋白的表面，由于转基因牛乳中κ-酪蛋白比例增加1倍，使得酪蛋白表面积增加，这样使转基因乳中的酪蛋白微粒直径明显变小。这些将有利于一些副产品的加工，如乳酪的制备，酪蛋白变小也将更容易消化吸收，牛乳热稳定性也将增加。

利用转基因技术引入硬脂酰辅酶A去饱和酶，就可以改进牛乳中脂质的组成以提高牛乳的品质。这个设想已经在转基因羊中得到了证实。2004年，Reh等培育出了乳中表达硬脂酰辅酶A去饱和酶基因的转基因山羊，具有这种特性的乳将有助于心血管病人的康复。Kao等（2006）也获得了乳腺表达$\Omega-3$去饱和酶基因的转基因鼠，并且其分泌的乳汁中富含亚油酸。

（2）增加奶牛对疾病的抗性。乳腺感染是影响反刍动物泌乳的主要困扰之一，还必须严格控制乳的污染和一些来源于细菌或是其衍生物对乳造成的污染，以阻止胃肠道疾病的发生。可以利用转基因技术使乳汁中分泌一些具有抗菌活性的蛋白质，以对这些病原进行抑制。

Castilla等（1998）研制的转基因鼠能够分泌重组单克隆抗体，这种单克隆抗体可以直接作用于引起脑炎的冠状病毒。饮用这种乳的幼犬，可以抵抗病毒的感染。这表明，含有重组单克隆抗体的乳制品可以保护有机体免受一些疾病的感染，尤其是胃肠道疾病。Wall 等（2005）已经成功研制了能够分泌溶菌酶的转基因奶牛，乳中含有活性很强的抗菌肽，能够分泌这种乳的牛对金黄色葡萄球菌引起的乳腺炎有高度的抗性。来源于那些牛的乳，对周围环境中细菌的自发性感染也有很高的抵抗能力。我国已经研制成功分泌人乳溶菌酶和人乳铁蛋白的羊和牛。这两个蛋白有很广泛的抗菌活性，它们可能对降低乳腺炎的发生频率、延缓乳的腐败有一定作用，也可能保护动物和人来抵御消化道感染。

(3) 在乳中生产药用蛋白。目前，乳是生产重组转基因蛋白最成熟的体系。动物乳腺具有广泛的外源基因表达能力，能够进行正确的翻译后修饰和加工，可以生产多种具有完备功能活性的蛋白质和多肽。多年来，乳中表达重组蛋白已经得到了广泛的研究和应用。2009 年 2 月 6 日，美国食品和药物管理局（FDA）发布了第 1 个批准生产的 ATryn（人类抗凝血酶Ⅲ），ATryn 是一种来源于山羊乳汁中的治疗性蛋白质。每年从转基因山羊中获得的 ATryn 的数量等同于每年从人类获得 90 000 mL 血液样本。其他药用蛋白产生于牛、山羊、兔子的乳汁中，目前正处于临床试验的不同阶段。这些成功的例子强调了工程乳腺腺体衍生品的重要性和安全性，并使从转基因动物的乳汁中获得重组蛋白变成了一个可行的生产平台。利用乳作为药物生产的一个来源，已经到达了一个标志性的阶段。两个人类蛋白、抗凝血酶Ⅲ和蛋白 C 抑制因子已经被欧盟药品审评局（EMEA）认可。

不过，在乳中表达药用蛋白也有一定的限制性，结构复杂、活性高的重组蛋白很难在乳中表达。例如，许多抗体还有胶原和纤维蛋白原，虽然构型和糖基化都正确，但由于形成了许多亚单位，所以很难表达。同时，由于乳中含有大量蛋白，一些重组蛋白可能被酪蛋白微粒结合或是与乳脂融合到一起，这样从乳中纯化重组蛋白也是比较困难的。另外，认定一个化学合成的药物需要 10～15 年，而蛋白的形式更加复杂，所以必须特别谨慎地检测它们的结构，确保它们与天然构象非常相似或是接近。

九、嵌合体

嵌合体（chimera）是指由基因型不同的细胞构成的复合体。嵌合体一词起源于希腊神话，是指狮头、羊身、龙尾的怪物。由此引申到生物学上，把在同一个体中由基因型不同的细胞或组织互相接触，且各自独立并存（混合存在）的状态，称为嵌合体。在动物学领域通常称这种现象为镶嵌体（mosaic）。但是，在现代遗传学和胚胎学领域中将镶嵌体定义为：在由一个受精卵发育而成的个体中，因基因失活类型不同或体细胞突变而产生的遗传表现性状不同的细胞群所组成的复合个体。将嵌合体定义为：由 2 个或 2 个以上的受精卵发育而成的复合体。两者有明确的区别。

嵌合体在发育生物学、细胞生理学和细胞遗传学的研究中具有重要作用，而且可用于免疫反应或作为疾病模型动物，开展以治疗遗传疾病为目的的研究。同时，在创造出自然条件下完全不能发育的异种间杂种等方面，嵌合体也是极为有效的手段。

1. 嵌合体的制作方法

根据使用胚胎的发育阶段，哺乳动物嵌合体个体的制作方法大致分为两种，即着床前早期胚胎嵌合体制作和着床后早期胚胎嵌合体的制作。嵌合体胚胎和嵌合体动物的制作根据胚胎的发育阶段又分为卵裂球聚合法（aggregation of blastomere）和细胞注入法（microinjection of cell）两种。

(1) 着床前早期胚胎嵌合体制作方法。

① 聚合法。聚合法是把早期胚胎细胞团或卵裂球聚合在一起，从而制备嵌合体的方法。目前已被广泛用于各种实验动物。聚合法又分为早期胚胎聚合法、早期胚胎卵裂球聚合法和共培养聚合法 3 种。

a. 早期胚胎聚合法。取两枚来自不同种属的裸胚移入液体石蜡覆盖的胚联结液小滴（植物凝集素A，PHA）中，用显微玻璃针轻轻拨在一起，若将两个胚胎垂直重叠则更易融合。然后在5% CO_2、37.5 ℃、饱和湿度条件下培养10～20 min，使其充分融合。最后将融合胚轻轻移入20%PBSS中洗涤2次，继续培养5～10 h后，移植入同期发情的受体输卵管或子宫角中。

b. 早期胚胎卵裂球聚合法。早期胚胎卵裂球聚合法是把8细胞期至桑葚胚期的胚胎去掉透明带后，将胚胎细胞卵裂球离散，从双方胚胎细胞球中各取一部分细胞（通常2～4个细胞）放入一方动物的透明带内，用PHA培养使之聚合，然后进行体内或体外培养发育到囊胚后，再移植到该种动物的受体子宫中，从而获得嵌合体的方法。这种方法之所以使用桑葚胚之前的胚胎，是因为这个时期的胚胎尚未发生致密化，即尚无完善的细胞间连接复合体出现，容易分离胚胎卵裂球。对致密化后的胚胎，须经酶处理，破坏细胞间的连接，使其松动，才能使卵裂球彼此分开。

c. 共培养聚合法。该法是将胚胎细胞与目的聚合细胞在一起共同培养制备嵌合体的方法，主要用于大量细胞（如ES细胞等）与胚胎细胞的聚合，即制备浓度为（1～10）×10^5 个/mL聚合细胞悬浮培养液，制作成微滴，每个微滴放入10～15枚去除透明带的胚胎共同培养2～4 h，使之聚合。

② 注入法。注入法是通过显微操作将一些细胞（通常5～15个细胞）注入发育胚胎的卵黄周间隙或囊胚腔内制备嵌合体的方法。注射用的细胞可以用卵裂球，可以用发育后期的胚胎细胞，也可以用畸胎瘤细胞和胚胎干细胞。若注入的细胞并入内细胞团并参与形成胚组织或器官，就形成了嵌合体。

该方法是指在哺乳动物的受精卵分裂并分化成为两种明显不同的组织即内细胞团（ICM）和滋养层细胞（Tr）后，将目的细胞或细胞团注入由Tr细胞完全包围ICM并形成内腔（胚囊腔）时的胚胎中，即注入囊胚腔或ICM内，以获得嵌合体个体。

（2）着床后胚胎嵌合体制作方法。使用着床后胚胎培育嵌合体的方法有体内法和体外法两种。

① 体内法。该法是用剖宫术从子宫外部直接把目的细胞及组织注入或植入着床胚胎中，培育出嵌合体个体。因为只能使用一次子宫，不能反复进行，所以较少采用这种方法培育嵌合体个体。采用该方法时，要在着床部位从内膜一侧距内腹膜侧约1/4处，用直径为20～30 μm的灌注吸管对着胎盘将细胞或组织注入胎儿体内。此时，注入色素可以检查注入是否成功。

② 体外法。该方法是用外科手术法取出着床胚胎，在显微镜下用固定吸管固定住胚胎，然后用注射吸管将目的细胞或组织注入胚胎中。对小鼠、大鼠进行实际操作时，用7.5～8.5日龄的原肠期胚胎。这种方式与体内法相比，处理程序明确，实施时极为有效，但目前该方法取得成功的报道仅限于小鼠。

2. 嵌合体标记

嵌合体标记（markers of chimera）也可称嵌合体分析（analysis of chimeras），是嵌合体制作的关键一步。不论是试验获得的嵌合体还是自然产生的嵌合体，都需要采用标记识别方法来证实是否是真正的嵌合体。作为标记物应具备以下条件。

① 能被固定在细胞内，绝对不能跑到细胞外。

② 使细胞内的原有物质可以在细胞间移动，并对其他细胞毫无影响。

③ 能稳定地存在于被标记的细胞及其分裂增殖的所有细胞内。

④ 能通过发育广泛地存在于机体的内外组织。

⑤ 容易识别，不需很多的手段和烦琐的处理即能从外观和组织学上加以识别。

⑥ 在发育生物学中处于中性的物质，即不影响细胞淘汰、细胞混合和融合等发育过程。

迄今所用的嵌合体标记大致分为人工标记（活体染色色素）和遗传标记两种。

（1）人工标记。实验发育生物学最初利用的最典型的标记物是活体染色色素和油滴。此外，使用的标记物还有0.1～0.2 μm的有孔珠状物、放射性物质（主要是3H-脱氧胸腺嘧啶核苷）、荧光胶质金、黑色素颗粒、辣根过氧化物酶等，这类标记物多用于蛙类嵌合体的鉴别，哺乳动物中较少用。

（2）遗传标记。遗传标记能稳定地继承遗传上的差异，把嵌合体在嵌合前两个胚胎本身所具有的特性作为标记来进行鉴别，是最适宜的标记方法。如由遗传所决定的黑色素以及通过生物化学（活性酶）、染色体、细胞学、组织学、组织化学、免疫组织化学等方法能够鉴别的物质等。目前常用的方法有以下几种。

① 色素分析法。这是最简单的直观分析法，一般选择肤色、毛色有差异的动物的胚胎来制作嵌合体。此法的缺点是不能判断只有内脏器官发生嵌合的嵌合体。

② 生物化学法。主要通过测定嵌合体血液或组织中的特定酶（同工酶），如磷酸葡萄糖异构酶（GPI）、磷酸葡萄糖变位酶（PGM－1）、6－磷酸葡萄糖脱氢酶（6－PGDH）等，也可以根据细胞抗原、血清运铁蛋白和白蛋白类型来确定是否有亲缘关系，以鉴定是否是嵌合体。

③ 形态学方法。通过细胞学、组织形态学及核型、染色体数目、性染色体特征对嵌合体做出鉴定。

④ 组织化学方法。主要是通过免疫组织化学方法进行鉴定。如用磷酸葡萄糖异构酶－1B 抗体（GPI－1B 的抗体）进行组织器官鉴定，就能确定器官组织中嵌合的程度和细胞的分布。随着分子生物学的发展，可采用 DNA 克隆探针来进行嵌合体的鉴别，这将是一种快速准确的方法。目前使用最多的是色素法和同位素标记等遗传标记方法。

3. 嵌合体动物应用前景

（1）发育及细胞生物学方面。

① 研究胚胎分化规律。胚胎嵌合技术是研究分析哺乳动物发生机制的重要手段之一。将基因型不同的胚胎细胞嵌合在一起，根据其在嵌合体组织或器官中的分布及存活率情况，研究胚胎早期分化的规律。同时，通过嵌合胚胎内细胞团以外的细胞，可以研究各类胚细胞核的全能性及其正常分化能力。

② 研究性分化机理。利用嵌合体可以研究性别分化及其规律，以及参与性分化的细胞，如用于进行 X 染色体失活规律及其作用、性腺功能不全基因的作用、基因表达机制等方面的研究。

③ 孤雄生殖。铃木达行等（1998）通过聚合从日本红牛获取的卵母细胞的孤雄生殖二倍体胚胎和用荷斯坦母牛卵母细胞进行体外受精的胚胎，获得 2 死 1 活共 3 头嵌合体犊牛。

（2）免疫学与医学方面。

① 用于免疫功能的分析防御机理。通过分析嵌合体中白细胞的免疫应答，可揭示正常个体的防御机理。

② 建立遗传病动物模型。人类大多数遗传疾病都可以利用嵌合体技术建立特定的动物模型，然后通过对动物模型进行治疗研究以获得有效的治疗方法。

（3）基因表达机制研究。将基因型明显不同的 2 组或 3 组（依需要而定）卵裂球相聚合，以各卵裂球（细胞）特异性抗血清或 DNA 克隆探针为标记，通过分析发育过程中这些细胞的排序与相互间分化能力的关系，可阐明各细胞间的遗传信息与发育的关系，以及在分化后的组织、器官中的位置。

（4）挽救单亲纯合致死胚胎的研究。迄今为止，已有孤雌生殖犊牛出生的报道，但是这种概率非常低。因为不管是雄性还是雌性基因组都不能维持个体发育到生命晚期。

十、干细胞

胚胎干细胞（embryonic stem cells，ES）是一种从早期胚胎内细胞团或原始生殖细胞经分离、体外培养、克隆等手段得到的具有发育全能性的细胞。

ES 主要来源于囊胚的内细胞团（ICM）、早期胚胎的种细胞（EG）或胎儿的原始生殖细胞

(PGCs)。哺乳动物胚胎在囊胚期之前，其卵裂球具有全能性，即在一定的条件下，单个卵裂球能发育成完整的后代。当胚胎发育到囊胚期时发生第1次细胞分化，胚胎细胞分化为滋养外胚层和ICM。前者以后仅分化为胎盘的滋养层，后者是发育多能性细胞，即将ICM细胞注入另一胚胎的囊胚腔中，ICM可分化为胎儿组织中任何一种类型的细胞。

与普通细胞相比，胚胎干细胞的体积较小，细胞核大，核质比高，核仁明显，体外培养时呈扁平而紧密的多细胞克隆状生长。ES具有发育的全能性和多能性以及不断增殖的能力。胚胎干细胞的表面存在阶段特异性胚胎抗原（SSEA），不同种动物抗原的种类不同，如人胚胎干细胞含有较高的SSEA-3和SSEA-4，而小鼠的ES仅存在SSEA-1。人ES表面还含有肿瘤排斥抗原-1-60和TRA-1-81。

1. 胚胎干细胞分离培养的基本程序

根据所用材料的来源，ES的分离培养方法分为两种：ICM和PGCs。分离培养的目标是使具有发育多能性细胞大量繁殖而不发生分化。

ES建系的原理是将早期胚胎（囊胚）或者是用外科手术法得到的ICM、PGCs与分化抑制液共同培养，使之增殖而又保持未分化状态，从而使ES或者PGCs能够大量克隆。

(1) 培养体系的选择。

① 饲养层培养体系。常用的饲养层由小鼠成纤维细胞无限系（STO）或小鼠原始胚胎成纤维细胞（PMEF）制备而成。将STO或PMEF经过丝裂霉素C等有丝分裂抑制剂处理后，与早期胚胎或PGCs共同培养，就可以分离出ES。STO和PMEF可以分泌成纤维细胞生长因子（FGF）、分化白血病抑制因子（LIF），这些因子有助于ES增殖，而且能抑制细胞的凋亡和分化。此外，也可以将绵羊、山羊的输卵管或子宫上皮、牛的颗粒细胞、子宫成纤维细胞等作为分化抑制培养基。

② 条件培养体系。这种体系的培养液来源于某些细胞培养一段时间后回收的液体。常用来生产条件培养液的细胞有豚鼠肝细胞、人膀胱癌细胞和小鼠EC细胞。这些细胞在生长过程中既能分泌分化抑制因子LIF，且能产生IGF-Ⅱ等生长促进因子，能使ES维持不分化状态并不断增殖。

③ 添加分化抑制因子的培养体系。这种方法是在常规培养液中添加LIF等分化抑制因子，对ES进行培养分离。此种方法简单，又能避免饲养层细胞的干扰和丝裂霉素C对胚胎细胞的毒害作用。

(2) 早期胚胎ICM及胎儿PGCs的选择和分离。

① 以早期胚胎为材料。一般选取牛囊胚（7～8 d）作为建立胚胎干细胞系的材料。目前，获得ICM的方法有两种：免疫外科手术法和机械剥离法。前者是用特异抗体和补体处理囊胚，溶解滋养层细胞，保留ICM。后者是用微针切割或毛细管反复吹打以除去滋养层细胞，分离出ICM。

② 以胎儿生殖脊为材料。取29～35 d的牛胎儿生殖脊，将获得的胎儿生殖脊经酶消化后，可直接在分化抑制培养体系中培养，也可用密度梯度离心法富集PGCs，再放入分化抑制培养体系中进行培养。

(3) 胚胎干细胞的保存。分离得到ES以后，为克服长期培养对遗传物质的有害影响，须采取一定方法维持ES的未分化状态。目前，保存ES的方法有两种：一是常规保存，即通过不断更换分化抑制培养液，以传代培养方式维持ES的不分化状态，牛类ES每18～24 h增1倍；二是冷冻保存，即通过超低温冷冻保存使细胞的代谢活动完全停止，达到长期保存的目的。ES的冷冻方法与普通细胞相同，只需在培养液中加入10%的DMSO就可在液氮中长期保存，解冻后ES的功能和形态可维持原来的状态。

2. 诱导多能干细胞(IPS细胞)

日本京都大学Yamanaka（山中伸弥）教授筛选出了4个在胚胎干细胞或肿瘤细胞中高表达的基

因转录因子（Oct4、Sox2、Klf4、c-Myc），并利用逆转录病毒载体将这些因子转染到小鼠成纤维细胞中。通过这些因子在受体细胞内过量表达，诱导成纤维细胞分化，使成体细胞重编程为多能干细胞，并将其定义为诱导多能干细胞（induced pluripotent stem cells，IPS）。IPS 的主要特征表现为：能够形成 ES 样的集落，胞核较大，核质比高，碱性磷酸酶（AP）染色呈阳性，表达内源性 Oct4、Sox2 和 Nanog，端粒酶活性提高，能在裸鼠体内形成畸胎瘤等。经基因芯片分析，IPS 的基因表达谱与 ES 相类似，而与诱导之前的受体细胞明显不同。在小鼠嵌合试验中，对胎儿进行切片染色，证明 IPS 在生殖系中嵌合成功。迄今为止，小鼠、人、猕猴、大鼠、猪等物种都已建立了 IPS 系，而且通过四倍体囊胚嵌合技术，证实了小鼠 IPS 能发育成为完整的小鼠个体。不过要将 IPS 技术应用于生产实践，还存在如诱导效率低和致瘤性等尚待解决的问题。

（1）诱导 IPS 产生的技术手段。

① 采用载体诱导。最初为了使导入的外源基因能在受体细胞内持续表达，保证 IPS 诱导的成功，采用了能高效整合的反转录病毒和慢病毒为载体。但是，病毒载体在受体细胞基因组中高效随机地整合也使得到的 IPS 具有很高的致瘤性。为了解决这一问题，又改用基因整合能力低的腺病毒作为载体进行诱导，虽然诱导效率明显降低，但最终成功得到了没有病毒整合的 IPS。采用普通质粒作为外源因子的导入载体，也成功诱导得到了 IPS（图 5-27）。但是与前者类似，诱导所用的时间更长，且效率很低。上述这些降低病毒副作用的方法，使 IPS 技术向临床应用迈进了一大步。

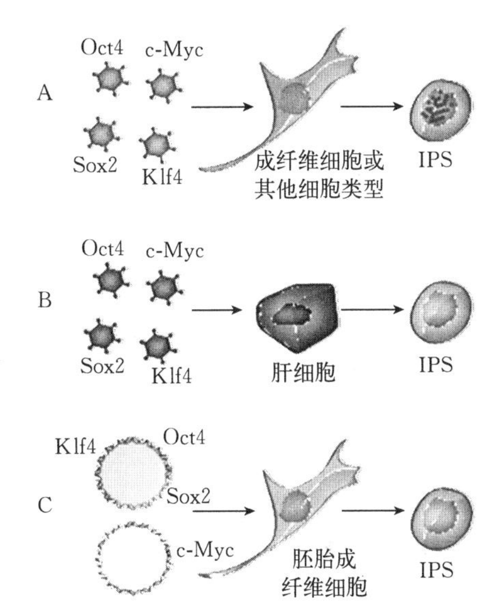

图 5-27　IPS 诱导策略

A. 逆转录病毒或慢病毒转染　B. 腺病毒转染　C. 质粒转染

（引自 Lowry WE，Plath K.，2008. *Nature*）

② 采用小分子化合物诱导。最初 IPS 诱导的效率只有 0.01%左右。为了提高诱导效率，在诱导过程中培养基中添加小分子化合物，如 2-丙基戊酸（VPA）、5-氮杂胞苷（5-AZA）、G9a 组蛋白甲基化转移酶抑制剂（BIX01294）、钙通道激动剂（BayK8644）等，能促进受体细胞的重编程，显著提高 IPS 的诱导效率。添加小分子化合物的诱导方法，使一些低效率的诱导技术，如蛋白质因子诱导 IPS 的克隆形成率明显提高。小分子化合物诱导剂的出现，对 IPS 技术走向临床应用起到了显著的推动作用。目前，越来越多的小分子化合物被发掘出来，维生素 C 促进 IPS 形成就是一例。

③ 采用蛋白质分子诱导。为了避免病毒和外源基因对得到的 IPS 产生影响，可直接采用上述 4 个转录因子的蛋白质对受体细胞进行诱导。但是，由于蛋白质在细胞内不稳定，不能持续作用，因此需要对受体细胞进行多次蛋白处理。

④ 采用 siRNA 诱导。与小分子化合物诱导相类似，在 4 因子诱导的基础上，加入对 RNA 翻译水平起特定调控作用的 siRNA 也同样能提高 IPS 的诱导效率，如 *p53* 基因的 siRNA、*Utf1* 基因的 cDNA、Wnt3a 等。研究发现，它们均可以通过影响与细胞分化和多能性维持相关的一些信号通路，从而促进诱导过程中受体细胞的重编程，提高 IPS 诱导效率，或替代某些诱导因子的使用。

（2）IPS 诱导培养体系。

① 受体细胞的选择。IPS 技术虽然在不同物种的多种细胞上都取得了成功，但是不同的受体细胞、不同的细胞状态及其传代代数，对于诱导效率，甚至诱导是否能取得成功都有一定影响。因此，在试验之初须准备符合要求的受体细胞。最初，以成纤维细胞为受体细胞进行 IPS 诱导，虽然最终都得到了 IPS，但是以 PGCs 为受体细胞进行 IPS 诱导的诱导效率明显要高一些。这可能是由于 PGCs

增殖活力强，并且甲基化程度较低，易于重编程。随后，利用牛胎儿成纤维细胞为受体细胞进行诱导获得了牛 IPS，利用牛睾丸细胞作为受体也成功获得了 IPS。当然，在小鼠和人多种细胞类型，如肝细胞、胃表皮细胞、胰腺β细胞，甚至成熟的 B 淋巴细胞作为受体细胞进行 IPS 诱导也都取得了成功。这充分说明了 IPS 技术的普遍适用性，也证明了各类体细胞都具有被重编程为多能性细胞的潜能。研究发现，不同类型细胞来源的 IPS 具有不同的特点，如肝细胞和胃上皮细胞来源的 IPS 其基因组不易被病毒整合，具有较低的致瘤性，更适合于医学研究的需要。由于取材和培养简便，原代成纤维细胞仍然是 IPS 诱导中最常用的受体细胞。同时，为了确保受体细胞的增殖活力，尽可能使用低代（3～5 代）的原代细胞进行诱导。

② 诱导培养条件。

a. 外源转录因子诱导。IPS 诱导的起始是将外源基因或者外源基因的表达产物导入受体细胞内，使其在受体细胞内启动早期胚胎基因组的转录表达。所用的外源基因以 OSKM（4 个转录因子）为主，同时增加 Nanog 和 line28 将有助于提高诱导效率。常规的操作是通过病毒载体携带外源基因转染受体细胞，转染时间为 24～48 h，可进行第 2 次转染以提高转染效率。为了保证转染效率，病毒的滴度要求达到（1～5）$\times10^6$ TU/mL 以上，病毒转染的当天为诱导 0 d。转染后撤去病毒液，用新鲜的受体细胞培养液继续培养 24～72 h。然后将转染的细胞铺于 MEF 或 SNL 细胞饲养层上，在六孔板上细胞的密度为每孔 5×10^4 个细胞。生长 24 h 后，换上 ES 培养液继续培养。

b. 诱导后受体细胞的培养。由于诱导 IPS 的过程较长，所以在外源因子导入细胞后，对被诱导的受体细胞进行长期的体外培养至关重要。将导入外源基因或其表达产物后的受体细胞接于饲养层后，翌日换成相应的 ES 培养液，之后每隔 24～48 h 换培养液，直至 ES 样克隆出现。

c. IPS 的传代培养。当原代的 IPS 克隆长到 100～200 μm 时，需要对 IPS 克隆进行传代，接种到新的饲养层上进行增殖培养。早期传代时，主要采用机械法，将克隆单个挑取，分别消化，再接种到铺有饲养层细胞的 96 孔板中。等继代克隆传至 5～6 代之后，便可以采用Ⅳ型胶原酶消化法对其进行传代培养。从 96 孔板开始，依次逐渐放大扩增直到接种在 60 mm 培养皿上。在得到足够细胞量之后将其分别冻存，这样可以保证 IPS 遗传背景的一致性。

3. 前景展望

ES 的分离由于需要损坏早期胚胎，因此受到法律和伦理道德的约束。近年来，应用几种转录因子诱导体细胞转变为诱导型多能干细胞（IPS）获得成功，这种 IPS 与 ES 在形态、增殖、基因表达和体内外分化等方面基本一致。IPS 研究成果在干细胞和发育生物学研究领域中无疑具有里程碑意义，其在短时间内取得了一系列突破。可以预见，IPS 必将应用于临床，解决人类面临的各种疾患等，IPS 技术的诞生将干细胞研究推进到了一个新的高度，极大地丰富了干细胞的研究内容。

目前，牛还没有成功分离出 ES，而牛 IPS 可替代 ES，由于 IPS 可在体外长期稳定地传代培养，是转基因技术中理想的种子细胞。IPS 用作基因打靶受体细胞，在转基因动物的生产上有着广阔的应用前景，在农业生产和医学研究中起重要作用。最近，牛的 IPS 已建立（尚未有通过牛 IPS 形成嵌合体牛或转基因牛的报道），不久的将来，应用牛 IPS 来构建基因打靶和提高转基因牛的效率，必将极大地促进奶牛新品种培育及乳腺反应器的发展进程，为提高产奶量、改良乳品质以及提高奶牛对疾病的抗性带来新的机遇。

（高建明、李子义、蒋林树）

主要参考文献

Howard D Tyler，M E Ensminger，2007. 奶牛科学［M］. 4 版 . 张沅，王雅春，张胜利，译 . 北京：中国农业大学出版社 .

窦忠英，樊敬庄，张志民，等，1987. 奶牛胚胎切割移植试验报告［J］. 西北农业大学学报，15(3)：19-24.
冯建忠，李毓华，李树静，等，2001. 奶牛冷冻胚胎分割移植效果探讨［J］. 中国畜牧杂志，37（4）：26.
高建明，2003. 动物繁殖学［M］. 北京：中央广播电视大学出版社.
高建明，王艳东，范亚欣，等，2001. 牛卵巢黄体状况与腔前卵泡采集数量的关系［J］. 中国兽医学报，21(2) 181-183.
高建明，吴学清，高立云，等，2001. 牛卵巢黄体类型与卵泡生长发育关系的组织学研究［J］. 北京农学院学报，16（2）：45-49.
高建明，张中文，万善霞，等，2004. 牛次级卵泡和三级卵泡前期生长发育的组织学研究［J］. 中国畜牧杂志，40（6）：35-36.
高立云，高建明，吴学清，等，2002. 牛卵巢内卵泡及卵母细胞生长发育的组织学研究［J］. 黑龙江畜牧兽医（6）：5-6.
侯放量，2005. 牛繁殖与改良新技术［M］. 北京：中国农业出版社.
李碧春，陈国宏，吴信生，等，2006. 牛体外受精胚胎衍生干细胞能力影响因素的研究［J］. 畜牧兽医学报，37（9）：928-932.
李松，窦忠英，华进联，等，2002. 影响牛胚胎干细胞分离克隆因素的研究［J］. 生物技术通报，158(3)：34-39.
桑润滋，2006. 动物繁殖技术［M］. 2 版. 北京：中国农业出版社.
邰发红，许国军，王新华，2009. 奶牛 X 性控冻精应用效果试验［J］. 畜牧兽医杂志（2）：35.
谭丽玲，吴德国，廖和模，等，1990. 奶牛胚胎分割试验研究［J］. 畜牧兽医学报，21（3）：193-198.
王锋，王元兴，2003. 牛羊繁殖学［M］. 北京：中国农业大学出版社.
王加启，2006. 现代奶牛养殖科学［M］. 北京：中国农业出版社.
岳文斌，2003. 动物繁殖新技术［M］. 北京：中国农业出版社.
张嘉保，田见晖，2011. 动物繁殖理论与生物技术［M］. 北京：中国农业出版社.
张涌，钱菊汾，王建辰. 1987. 小鼠胚胎分割方法及同卵双生试验［J］. 西北农林科技大学学报（自然科学版），15（2）：10-16.
朱士恩，2006. 动物生殖生理学［M］. 北京：中国农业出版社.
朱士恩，2009. 家畜繁殖学［M］. 5 版. 北京：中国农业出版社.
Amit M，Carpenter M K，Inokuma M S，et al，2000. Clonally derived human embryonic stem cell lines maintain pluripotency and proliferative potential for prolonged periods of culture [J]. Dev Biol，227(2)：271-278.
Brophy B，Smolenski G，Wheeler T，et al，2003. Cloned transgenic cattle produce milk with higher levels of beta-casein and kappa-casein [J]. Nat Biotechnol，21（2）：157-162.
Cao H，Yang P，Pu Y，et al，2012. Characterization of bovine induced pluripotent stem cells by lentiviral transduction of reprogramming factor fusion proteins [J]. International Journal of Biological Sciences，8（4）：498-511.
Chen D Y，Li J S，Han Z M，et al，2003. Somatic cell bovine cloning：Effect of donor cell and recipients [J]. Chinese Science Bulletin，48(6)：549-554.
Cherny R A，Stokes T M，Merei J，et al，1994. Strategies for the isolation and characterization of bovine embryonic stem cells [J]. Reprod Fert Dev，6（5）：569-575.
Cibelli J B，Stice S L，Kane J J，et al，1997. Production of germline chimeric bovine fetuses from transgenic embryonic stem cells [J]. Theriogenology，47（1）：241.
Han X，Han J，Ding F，et al，2011. Generation of induced pluripotent stem cells from bovine embryonic fibroblast cells [J]. Cell research，21（10）：1509-1512.
He X Y，Zheng Y M，Lan J，et al，2011. Recombinant adenovirus-mediated human telomerase reverse transcriptase gene can stimulate cell proliferation and maintain primitive characteristics in bovine mammary gland epithelial cells [J]. Dev Growth Differ，53（3）：312-322.
Kato Y，Tani T，Sotomaru Y，et al，1998. Eight calves cloned from somatic cells of single adult [J]. Science，282（5396）：2095-2098.
Koopman P，Gubbay J，Vivian N，et al，1991. Male development of chromosomally female mice transgenic for Sry [J]. Nature，351（6322）：117-121.
Lavoir M C，Rumph N，Moens A，et al，1997. Development of bovine nuclear transfer embryos made with oogonia [J].

Biology of reproduction, 56 (1): 194 - 199.

Lee C K, Scales N, Newton G, et al, 1998. Isolation and initial characterization of primordial germ cell (PGC) - derived cells from goat, rabbit and rats [J]. Theriogenology, 49 (1): 388.

Lowry W E, Plath K, 2008. The many ways to make an IPS cell [J]. Nature Biotechnology, 26(11): 1246 - 1248.

Mitalipova M, Beyhan Z, First N L, 2001. Pluripotency of bovine embryonic cell line derived from precompacting embryos [J]. Cloning, 3 (2): 59 - 67.

Moens A, Chesné P, Delhaise F, et al, 1996. Assessment of nuclear totipotency of fetal bovine diploid germ cells by nuclear transfer [J]. Theriogenology, 46 (5): 871 - 880.

Parnpai R, Minami N, Yamada M, et al, 1998. A suitable passaging technique for the establishment of bovine embryonic stem (ES) - like cell lines [J]. Theriogenology, 49 (1): 240.

Saito S, Sawai K, Ugai H, et al, 2003. Generation of cloned Calves and transgenic chimeric embryos from bovine embryonic stem - like cells [J]. Biochemical and Biophysical Research Communications, 309(1) : 104 - 113.

Sim M, First N L, 1994. Production of calves by transfer of nuclei from cultured inner cell mass cells [J]. Proceedings of the National Academy of Sciences of the United States of America, 91 (13): 6143 - 6147.

Stice S L, Strelchenko N S, Keefer C L, et al, 1996. Pluripotent bovine embryonic cell lines direct embryonic development following nuclear transfer [J]. Biology of Reproduction, 54 (1): 100 - 110.

Takahashi K, Yamanaka S, 2006. Induction of pluripotent stem cells from mouse embryonic and adult fibroblast cultures by defined factors [J]. Cell, 126 (4): 663 - 676.

Talbot N C, Powell A M, Rexroad C E, 1995. In vitro pluripotency of epiblasts derived from bovine blastocysts [J]. Molecular Reproduction and Development, 42 (1): 35 - 52.

Wang S W, Wang S S, Wu D C, et al, 2013. Androgen receptor - mediated apoptosis in bovine testicular induced pluripotent stem cells in response to phthalate esters [J]. Cell death & disease, 4 (11): e907.

White K L, Polejaeva I A, Bunch T D, et al, 1995. Effect of non - serum supplemented media on establishment and maintaince of bovine embryonic stem - like cells [J]. Theriogenology, 43 (1): 350.

Wu X, Ouyang H, Duan B, et al, 2011. Production of cloned transgenic cow expressing omega - 3 fatty acids [J]. Transgenic Res, 21 (3): 537 - 543.

Yang B, Wang J W, Tang B, 2011. Characterization of bioactive recombinant human lysozyme expressed in milk of cloned transgenic cattle [J]. PLos One, 6 (3): e17593.

Yang P H, Wang J W, Gong G C, 2008. Cattle mammary bioreactor generated by a novel procedure of transgenic cloning for large - scale production of functional human lactoferrin [J]. PLos One, 3 (10): e3453.

Young J M, McNeilly A S, 2010. Theca: the forgotten cell of the ovarian follicle [J]. Reproduction, 140(4): 489 - 504.

第六章

奶 牛 消 化

奶牛是反刍动物，采食的饲料先在瘤胃、网胃中进行微生物消化，之后在皱胃和小肠中由消化酶进行消化。奶牛消化系统的构造和功能有着自身显著特征。近年来，瘤胃微生物及其消化功能的研究取得了新突破，相应的研究方法和检测技术不断涌现，保证了奶牛消化研究的持续发展。

第一节 奶牛消化系统结构

奶牛的消化道由口腔、咽、食管、瘤胃、网胃、瓣胃、皱胃、十二指肠、空肠、回肠、盲肠、大肠、肛门等部分构成。胰腺和胆囊分别向小肠中分泌消化酶和胆汁，是奶牛消化系统的重要组成部分。

一、口腔、咽和食管

口腔是消化道的起始部位，包括唇、齿、舌等器官，具有采食、吸吮、吞咽、味觉、唾液分泌等功能。口腔的前端为唇，侧壁为颊，顶壁为硬腭。口腔前端与外界相通，后端与咽相接。

1. 唇

唇（labia）以口轮匝肌为基础，外覆皮肤，内衬黏膜，黏膜深层有唇腺（glandulae labiales），直接开口于黏膜表面。上、下唇在两侧汇合，形成口角，上、下唇的游离缘共同围成口裂。牛唇短厚、坚实、不灵活。

2. 颊

颊（bucca）由颊肌构成，外覆皮肤，内衬黏膜，构成了口腔的两侧壁。颊黏膜上分布有颊乳头（papillae buccales），尖端向后，圆锥状。颊黏膜下及颊肌内有腺体分布，开口于黏膜表面。

3. 硬腭

硬腭（palatum durum）构成固有口腔的顶部，前、后较宽，中间稍窄。硬腭内表面为一层高度角质化的复层扁平上皮，厚而坚实，黏膜内无腺体，黏膜下组织有丰富的静脉层。

4. 舌

牛舌（lingua）长而尖，灵活。成年牛舌长约 30 cm，重约 1.4 kg。分舌尖、舌体和舌根 3 个部分。舌尖为前端游离部分，舌体为附着于口腔底的部分，舌根为附着于舌骨的部分。舌体的背后部有一椭圆形隆起，称为舌圆枕（torus linguae）。牛舌主要由骨骼肌构成，分固有肌和外来肌。固有肌的起止点均在舌内，有横、纵和垂直 3 种走向，收缩时改变舌的形态。外来肌起于舌骨和下颌骨，收缩时改变舌的位置。舌肌之间有大量脂肪团，这些脂肪在饥饿时不被利用。舌黏膜上皮为高度角质化的复层扁平上皮，表面有形态各异的舌乳头，主要有圆锥状乳头、豆状乳头、菌状乳头和轮廓乳头四类。圆锥状乳头主要分布在舌圆枕及其前方的舌背上，高度角质化，其中舌圆枕上的乳头较大，舌背上的乳头较小，主要起机械摩擦作用；豆状乳头主要分布在舌圆枕上，数量较少；菌状乳头散布在舌尖、舌侧缘的圆锥状乳头之间，其中有味蕾；轮廓乳头较大，成排分布在舌圆枕后部两侧，每侧 8～17 个，其中有味蕾。舌根背侧和舌会厌褶两侧黏膜内有大量淋巴组织，称舌扁桃体。舌黏膜内有腺体，开口于黏膜表面，分泌黏性液体。

5. 齿

牛的牙齿（dentes）分门齿和臼齿。门齿位于下颌的前部，由内及外分为 4 对，分别是钳齿、内中间齿、外中间齿和隅齿，门齿对应的上颌部位为一块完整的齿板。门齿有乳齿和永久齿之分，初生犊牛的门齿为乳齿，大约从 2 岁开始更换为永久齿，6～12 个月由内及外更换 1 对，至 4～4.5 岁全部更换为永久齿。牛的上、下颌均有臼齿，左右对称。犊牛无后臼齿，共 20 颗牙齿，齿式为：2×(0/4，0/0，3/3，0/0)＝20；成年牛有 32 颗牙齿，齿式为：2×(0/4，0/0，3/3，3/3)＝32。式中"/"上方代表上颌的牙齿，下方代表下颌牙齿。括号中的四组数字依次为门齿、犬齿（牛无犬齿）、前臼齿和后臼齿。

6. 口腔腺体

牛的口腔腺体（glandulae oris）包括在口腔黏膜及肌肉内的壁内腺（唇腺、颊腺、腭腺、舌腺等）和 3 对大的壁外腺（腮腺、下颌腺和舌下腺）。腮腺是持续活动的唾液腺，产生水样分泌物，体积较小。下颌腺较腮腺大得多，产生混合性的分泌物，仅在牛采食或反刍时分泌，饲料干硬、粗糙时分泌得较多。舌下腺分两部分，后部位于口腔底内、舌的侧面，分泌物经舌系带旁的许多小孔排出；前部较坚实，部分覆盖后部，以一条腺管开口于下颌腺管附近。

7. 咽

咽（pharynx）是消化道、呼吸道的共同通道，位于口腔和鼻腔的后方。呼吸时软腭下垂，空气经咽到喉或鼻腔；吞咽时，软腭提起，关闭鼻咽部，同时会厌翻转盖封喉口，食物由口腔经咽入食管。

8. 食管

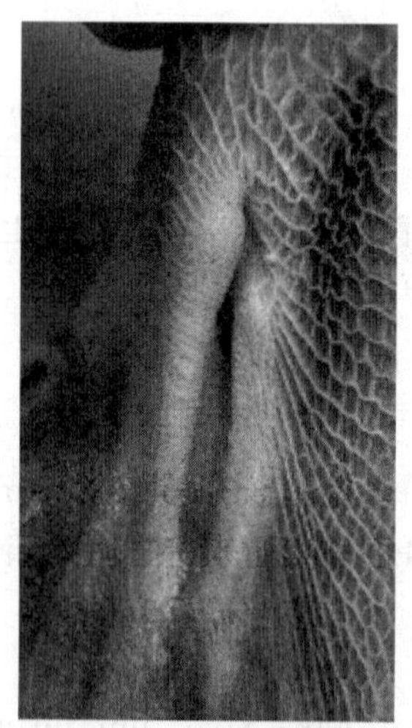

图 6－1 食道沟

食管（esophagus）位于咽和胃之间，是食物的通道，分颈、胸、腹 3 个部分。颈部始于喉和气管的背侧，至颈中部渐移至气管的左侧，经胸前口进入胸腔。胸部位于胸纵隔内，又转至气管背侧继续向后延伸，通过膈的食管裂孔进入腹腔。腹部食管很短，开口于瘤胃的贲门。食管由外向内分为 4 层，分别是浆膜层、肌肉层、黏膜下层和黏膜层。肌肉层可以是横纹肌，也可以是平滑肌，有物种特异性。牛的食管肌肉层直至瘤胃贲门均为横纹肌，进入瘤胃后转变为平滑肌肌肉带，沿瘤胃、网胃交界处，通过瓣胃进入皱胃，称为食道沟（图 6－1）。初生犊牛哺乳时食道沟可闭锁成管状，乳汁直接进入皱胃。食管的黏膜下层较厚，使食管内壁形成皱褶，几乎占据全部管腔。食团通过时，皱褶被拉平，食管内壁变平滑。

二、胃

奶牛有 4 个胃，分别为瘤胃、网胃、瓣胃和皱胃。其中，瘤胃、网胃、瓣胃统称为前胃，它们是微生物发酵的场所，不是真正意义上的胃。牛的前胃均位于食道沟的一侧，可看作是食管的膨大部。

1. 瘤胃

瘤胃（rumen）是体积最大的胃，约占成年牛总胃容积的80%，几乎占据整个左侧腹腔，其下半部还伸到腹腔的右侧。瘤胃前端通过瘤网口与网胃相通，左侧面与脾、膈及左腹壁接触，右侧面与瓣胃、皱胃、肠、肝、胰等接触，后端直达骨盆腔前口，腹侧隔着大网膜与腹腔底壁接触。瘤网口的腹侧和两侧有向内折叠的瘤网胃壁，背侧形成一个穹窿，称为瘤胃前庭，该处与食管相接的孔称为贲门口。瘤胃壁由外向内由4层组织构成，分别是浆膜层、肌肉层、黏膜下层和黏膜层。瘤胃黏膜呈棕黑色或棕黄色，表面为大量密集排列的圆锥状或叶状瘤胃乳头，长约1 cm。肉柱和瘤胃前庭黏膜上无乳头。瘤胃黏膜上皮为复层扁平上皮，黏膜内无腺体和黏膜肌层，固有膜与致密的黏膜下层直接相连。肌组织层发达，分内环行、外纵行或斜行两层平滑肌。浆膜无特殊构造，背囊顶部和脾附着处无浆膜。

2. 网胃

网胃（reticulum）是体积最小的胃，约占总胃容积的5%，呈梨形，前后稍扁，位于瘤胃前下方，与第6～8肋骨相对，前面紧贴膈壁。牛吞入的尖锐金属异物容易滞留在网胃内，在胃壁肌肉收缩时容易刺穿胃壁引起创伤性网胃炎，严重时可穿越膈壁入心包，引起创伤性心包炎。网胃壁的构造与瘤胃相似，不同的是其黏膜上皮呈网格状皱褶，似蜂房。网胃上端经瘤网口与瘤胃相通。瘤网口右侧胃壁上是食道沟，呈螺旋状自贲门向下延伸至网瓣口。网胃经网瓣口与瓣胃相通，网瓣口经常呈闭合状态。

3. 瓣胃

瓣胃（omasum）占胃总容积的7%～8%，呈两侧稍扁的球形，很坚实，位于瘤胃、网胃交界处的右侧，与第7～11肋骨的下半部相对，右侧面隔着小网膜与膈、肝等接触，左侧与瘤胃、网胃、皱胃等相连。瓣胃的凸缘朝向右后上方，称为瓣胃弯；凹缘朝向左前下方，为瓣胃底。瓣胃底上有瓣胃沟，是食道沟的延伸。瓣胃沟与瓣胃叶的游离缘之间形成瓣胃管，向上经较细的瓣胃颈连接网瓣口，与网胃相通，向下经瓣皱口与皱胃相通。瓣胃壁的构造与瘤胃、网胃相似，不同的是其黏膜上皮形成许多大小不等的瓣叶，横切面很像一叠“百叶”，因而瓣胃又称为“百叶胃”。瓣胃叶呈新月形，瓣胃凸缘附着在胃壁上，在瓣胃凹缘游离。按瓣胃叶的宽窄，可分为大、中、小、最小4级，瓣胃叶上有许多乳头状凸起。

4. 皱胃

皱胃（abomasum）功能与单胃动物的胃相似，是唯一能分泌胃液的胃。胃液中含有盐酸、胃蛋白酶、凝乳酶和少量脂肪酶等。皱胃占总胃容积的7%～8%，呈前粗后细的弯曲长囊形，位于网胃和瘤胃腹囊的右侧、瓣胃的腹后侧，与8～12肋骨相对，大部分贴在腹腔底壁上。皱胃前端经瓣皱口与瓣胃相通，后端经幽门与十二指肠相通。皱胃壁由外向内分别由浆膜层、肌肉层、黏膜下层和黏膜层构成。皱胃黏膜光滑、柔软，在底部形成12～14片螺旋形大皱褶。皱胃黏膜为单层柱状上皮，分为贲门腺区、胃底腺区和幽门腺区3个部分。贲门腺区为环绕瓣皱口的一个小区域，色淡；幽门腺区为近十二指肠的一个小区域，色黄；两者之间为胃底腺区，有大皱褶，色灰红。

三、小肠、肝和胰

小肠包括十二指肠、空肠和回肠。肝分泌的胆汁为脂肪消化所必需，胰液则是肠腔消化酶的主要来源。

1. 十二指肠

成年牛十二指肠（duodenum）长约 1 m，位于腹腔前、中部的上方（以最后肋骨后缘最突出点和髋结节做垂直切面，将腹腔分为前、中、后 3 个部分），以短的十二指肠系膜附着于结肠末端的外侧，位置较固定。其前端与皱胃幽门相连，后端自然过渡到空肠。十二指肠末段以十二指肠结肠韧带与降结肠相连，常以此韧带褶的游离缘作为十二指肠与空肠的分界。

2. 空肠

空肠（jejunum）很长，大部分位于右前腹上部、右腹外侧和右腹股沟区。环绕成许多肠圈，以短的空肠系膜悬挂于结肠盘上。其外、腹侧隔着大网膜与腹壁相贴，内侧隔着大网膜与瘤胃腹囊相贴，背侧为大肠，前方为瓣胃和皱胃，后方肠圈因系膜较长而具有游离性，常绕过瘤胃至腹腔左侧。

3. 回肠

回肠（jejunum）起自空肠末端，位于盲肠腹侧，几乎呈直线向前上方延伸至盲肠中段，长约 0.5 m，通过回盲口开口于盲肠。回肠与盲肠之间有一长的三角形回盲褶，或称回盲韧带联结，常以此作为回肠与空肠的分界。

4. 肝

肝（hepar）是分泌胆汁的主要器官，胆汁为脂肪及脂溶性物质消化吸收所必需。另外，肝分解有毒物质的产物及其他代谢物的一部分也经胆汁排出。胆管开口于十二指肠，距皱胃幽门 50～70 cm 处。肝由被膜和实质构成，被膜为浆膜，深层为结缔组织，深入实质形成支架，把实质分成许多小叶。肝小叶的一般构造是：中央为中央静脉，是血液出肝的通道。肝细胞板围绕中央静脉呈放射状排列，细胞板之间的空隙为窦状隙（肝窦），是毛细血管的膨大部，内有库普弗细胞。胆汁由肝细胞分泌，经微胆管汇流至胆管输出，储存于胆囊，经胆管排入十二指肠。

5. 胰

胰（pancreas）（图 6－2）位于腹腔前、中区的上方，第 12 肋骨到 2～4 腰椎间、肝门的正后方。其右叶较长，沿十二指肠向后伸展至肝尾状叶的后方。胰分外分泌部和内分泌部，外分泌部占大部分，属消化腺，分泌的胰液中含有多种消化酶，经胰管排入十二指肠。胰管开口在胆管后方 30～40 cm，距幽门 80～110 cm，开口处有一微小凸起。胰腺为不规则四边形，呈淡至深的黄褐色。

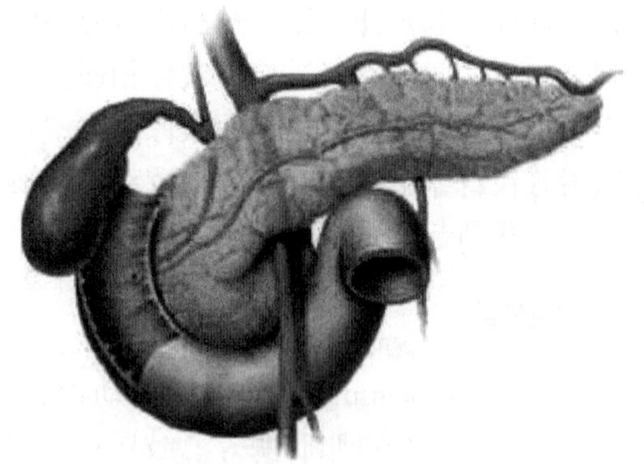

图 6－2 胰

四、大肠和肛门

牛的大肠长 6.4～10 m，位于腹腔右侧骨盆腔，管径较小肠略粗，肠壁无纵肌带和肠袋，分盲肠、结肠和直肠。

1. 盲肠

盲肠（cecum）长 50～70 cm，位于右腹外侧，前端起自回盲口，后端（盲端）沿右腹壁向后延伸至骨盆腔前口右侧。背侧以盲结褶与结肠近袢相连，腹侧以回盲褶与盲肠相连，在回盲口处直接转为结肠。

2. 结肠

结肠（colon）长6～9 m，起始部口径与盲肠相似，向后逐渐变窄，分升结肠、横结肠和降结肠三段。升结肠是最长的一段，其中段盘曲成结肠盘，称为结肠旋袢，旋袢向前的一段称为结肠近袢，向后的一段称为结肠远袢。横结肠很短，位于最后胸椎的腹侧，从肠系膜前动脉的左侧向左急转，悬挂于短的横结肠系膜之下，其背侧为胰腺。降结肠是沿肠系膜前动脉左侧向后行至骨盆腔前口的一段结肠，附着于较长的降结肠系膜下，活动性较大，后部呈S形弯曲，又称乙状结肠。

3. 直肠

直肠（rectum）短而直，约40 cm，位于骨盆腔内，粗细均匀，前3/5被覆腹膜（腹膜部），有直肠系膜附着于盆腔顶壁，其后部为腹膜外部，有疏松结缔组织和肌肉附着于盆腔周壁，常含有较多脂肪。

4. 肛门

直肠壶腹后端变细，形成短而平滑的肛管，以肛直肠线为界与直肠黏膜分开。肛管开口于尾根的下方，即肛门（anus）。肛门外层为皮肤，薄且富含皮脂腺和汗腺；内层为黏膜，形成许多纵褶，填塞于肛管中；中层为肌肉层，主要是肛门内括约肌和外括约肌，前者为平滑肌，后者为横纹肌。

第二节　奶牛消化系统功能

营养物质的消化吸收是一个复杂的过程，奶牛的消化系统需要具备摄食、咀嚼、发酵、肠腔消化、内分泌、外分泌、吸收、运动等多方面的功能才能完成这一过程。口腔主要完成采食和咀嚼功能，瘤胃、网胃是微生物发酵的主要场所，小肠是肠腔消化和营养物质吸收的主要部位，胰腺的外分泌活动提供了肠腔消化所需的主要的消化酶。

一、口腔、咽和食管的消化功能

口腔、咽和食管主要完成摄食、咀嚼、吞咽和唾液分泌4个方面的功能。

1. 摄食

摄食（prehension）是抓住并将食物送至口腔中的过程。牛的唇不灵活，主要依靠舌将食物卷入口腔。

2. 咀嚼

咀嚼（mastication）有两方面作用：一是破碎食物；二是将食物与唾液混合以利于吞咽。牛的咀嚼分采食咀嚼和反刍咀嚼两种类型，采食咀嚼较快，通常是咀嚼3～5次，形成与唾液混合的食团后即行吞咽；反刍咀嚼比较有规律，通常在采食结束后30 min左右开始，每个食团咀嚼40～50 s，吞咽后间歇约5 s，逆呕下一个食团进行咀嚼。食团咀嚼次数减少是牛患病的早期征兆。牛的反刍咀嚼速度约54次/min，较采食咀嚼慢。采食咀嚼次数，精饲料约94次/min，粗饲料约74次/min。日采食9～12 kg粗饲料的牛，每天反刍咀嚼34 000余次，需要消耗大量能量。反刍咀嚼时，大量唾液混入食团，有时牛在咀嚼一个食团的过程中需要吞咽2～3次唾液。

牛连续反刍约 30 min 后进入一段时间的间歇期，称为一个反刍周期，每天有 10～15 个反刍周期。自由放牧采食条件下，牛每天采食 6～8 h，反刍咀嚼 6～8 h。

牛的上颌略宽于下颌，主要通过下颌的侧向运动，将食物在上、下颌牙齿间磨碎。每次咀嚼时，食物位于口腔的一侧。经长期咀嚼摩擦，上颌牙齿外侧缘较尖锐，下颌牙齿的内侧缘较尖锐。

3. 吞咽

吞咽（deglutition）是将食团由口腔经咽、食管送入瘤胃的过程。吞咽的第 1 阶段受意识控制，一旦食物接近口咽部时，吞咽活动不再受意识控制，变为自动的。在受意识控制阶段，经过咀嚼并与唾液充分混合的食物聚集到舌背上面，在舌和硬腭之间挤压成食团。舌内和舌下肌肉强烈收缩，迫使食团向口咽部移动。口咽及附近黏膜中有感受器，受到食团刺激后，神经冲动经三叉、舌咽和迷走神经分支传送到位于第四脑室底部的吞咽中枢，引起一系列反射，完成吞咽动作。

当食物通过舌根时，软腭上提，将口咽闭合，以防止口腔内产生的压力散失，同时呼吸为来自吞咽中枢的神经冲动所抑制。当食物在咽缩肌的作用下迅速通过咽部时，声门在这一重要的瞬间被关闭起来。舌骨和喉在舌肌及舌下肌的收缩下向前牵引，使会厌向后翻转盖住喉口。咽缩肌收缩，将食团通过会厌的上方或一侧向后推送，进入咽的下端。此时，咽及时地舒张，将食物送入食管。吞咽活动以及食团的物理刺激均引起食管的蠕动，将食团推入瘤胃。牛的食管全部为横纹肌，可使食团快速通过食管。食管可以发生逆向蠕动，在反刍时将食团逆呕入口腔。

4. 唾液分泌

非自主性的唾液分泌（salivary secretion）完全受神经控制，来自中枢神经系统和来自口腔及胃部物理感受器反射神经刺激均可促进唾液分泌。唾液的主要作用是润滑食物，方便咀嚼和吞咽。反刍动物的唾液还是中和瘤胃发酵产生挥发性脂肪酸的缓冲液，在瘤胃内环境调节上发挥重要作用。此外，唾液分泌还具有蒸发散热的作用。反刍动物的唾液分泌有一些不同于其他动物的特点：一是分泌量大，成年牛每天的唾液分泌量为 100～200 L，大约是其细胞外液总量的 2 倍；二是腮腺连续自主性分泌唾液，其他腺体则受神经刺激后才分泌，因此牛在无咀嚼活动时仍分泌较多的唾液，在咀嚼时分泌量成倍增加；三是反刍动物唾液为等渗溶液，单胃动物则一般是低渗的，快速分泌时才接近等渗；四是反刍动物唾液中碳酸氢根和磷酸根的浓度较高，不含唾液淀粉酶（表 6－1）。

表 6－1　泌乳母牛采食与休息时的唾液分泌量

项　　目	经产牛	初产牛	SE	*P*
采食分泌速度（mL/min）	225	226	11	0.93
休息分泌速度（mL/min）	114	88	9	0.06
唾液产量（L/d）				
采食	56	49	2	0.02
休息	70	63	6	0.36
反刍	125	115	8	0.44
合计	251	227	8	0.44

二、瘤胃和网胃的消化功能

在牛的 4 个胃中，瘤胃体积最大，网胃体积最小，但两者在功能上是完整的统一体，为微生物发酵提供场所和环境，具备运动、食糜外流、吸收等功能。

1. 瘤胃、网胃的运动

牛的瘤胃、网胃不断发生收缩运动，以搅拌其中的内容物，反刍和非反刍期的运动形式略有不同。

瘤胃、网胃的运动起始于网胃，在非反刍期，网胃发生 2 次连续收缩（双相收缩）。第 1 相收缩较弱，仅收缩掉约一半的容积，并立即放松。第 2 相收缩较强烈，收缩掉几乎全部网胃容积，并将几乎所有网胃内容物排入瘤胃或瓣胃。在网胃第 2 相收缩的高峰，瘤胃开始初级收缩（A 相收缩），由瘤胃腹囊的前上部开始，依次经过瘤胃背囊、后背盲囊、后腹盲囊、腹囊进行收缩。在 A 相收缩完成约 2/3 时，瘤胃开始不依赖网胃收缩的次级收缩（B 相收缩）。B 相收缩通常发生在背侧冠状肌肉柱、后背盲囊和背囊，有时仅背囊发生收缩。通常在 B 相收缩时发生嗳气，但不总是发生。反刍时皱胃每 30～60 s 收缩 1 次，采食时每 35～45 s 收缩 1 次。

在反刍期，网胃两相收缩之后发生第 3 相收缩，在第 3 相收缩时食团逆呕至口腔。瘤胃收缩与非反刍期相同，只是强度较大。网胃的第 3 相收缩时，网胃底向上运动，瘤网胃液冲洗瘤胃贲门部，将刚吞食的饲料向下冲洗。当贲门括约肌松弛、胸内压因吸气而降低时，瘤网胃中密度较低的食糜逆呕至口腔。

2. 食糜外流

瘤网胃中的食糜不断通过网瓣口外流入瓣胃，外流的速度受到多种因素影响。

（1）颗粒大小。食糜颗粒大小影响其从瘤网胃中外流的速度。许多研究表明，密度高于 1.1～1.2 g/L 的小饲料颗粒在瘤网胃中滞留的时间较短。瘤网胃中多数食糜颗粒的密度高于外流密度，缺少高于外流密度食糜颗粒似乎不是影响瘤网胃食糜外流速度的主要因素。大的饲料颗粒漂浮于瘤网胃液的表面，形成“滤垫”，相当一部分小的饲料颗粒附着于滤垫上而不能外流。每天饲喂一次的牛和羊，刚刚采食之后，瘤网胃干物质（DM）的外流速度降低可能与此有关。表 6－2 列出了娟姗公犊 4 个胃中不同细度食糜颗粒风干重所占比例。

表 6－2　30～227 日龄娟姗公犊 4 个胃中不同细度食糜颗粒风干重比例

胃室	食糜颗粒细度（mg/L）				
	>5	5～3	3～2	2～1	<1
瘤胃（%）	2.54	9.55	20.12	35.14	32.65
网胃（%）	2.35	8.50	17.94	33.95	37.26
瓣胃（%）					
上部	0.13	0.83	5.95	25.73	67.36
下部	0.09	0.65	5.88	25.40	67.98
皱胃（%）	0.65	2.48	7.39	24.58	64.70

（2）昼夜节律。每天饲喂 2 次的牛，在 22:00 至翌日 3:00 几乎没有未降解的中性洗涤纤维（NDF）从瘤网胃中流出，而在 3:00～8:00 则有大量的 NDF 流出，这说明瘤网胃食糜的外流存在昼夜节律。

（3）饮水。瘤网胃中的食糜随液相外流，因而可能受饮水的影响。有研究表明，外流食糜的有机物（OM）含量与瘤网胃内容物的 OM 含量高度相关；外流食糜 OM 含量在 18～120 g/kg，饲喂以粗饲料为主的日粮时在 20～70 g/d；从网瓣口采集的食糜的 DM 含量在 3.7%～4.9%。

（4）网胃对外流颗粒的选择作用。从网胃底部吸取的食糜的 DM 含量为 3.4%～3.5%，与网瓣口收集的食糜的 DM 含量（3.5%～3.7%）相近，2 种食糜的原虫含量也相近。对此有一种解释是，网胃黏膜的蜂窝状结构固定了小颗粒的食糜，在网胃收缩时这些食糜经网瓣口排出。有研究表明，向网胃中投入 500 g 塑料包被的铅粒，网胃第 1 和第 2 相收缩的距离从 5 cm 和 9～12 cm 降至 2 cm，收缩的速度从 6 cm/s 降至 2～3 cm/s，密度为 1.03 g/mL 的塑料颗粒的瘤网胃平均滞留时间没有显著变化，密度为 1.44 g/mL 的塑料颗粒平均滞留时间从 16 h 延长到 63 h，粪便中 2 mg/L 以上的颗粒的数量增加了 1 倍。

（5）网胃收缩频率、收缩压和收缩持续时间。牛在采食、反刍和休息时网胃的收缩频率分别为 1.57 次/min、1.16 次/min 和 1.21 次/min，每次两相收缩约排出 90 mL 瘤网胃液和 1.7～3.6 g OM；网胃的收缩压分别约为 9.9 mmHg、9.7 mmHg 和 12.4 mmHg，网胃收缩压每升高 1 mmHg NDF 外流增加量为 0.25～2.5 g；网胃收缩持续时间分别约为 5.3 s、5.2 s 和 6.0 s 时，收缩持续时间每增加 1 s，OM 和 NDF 外流增加量分别为 0.3～0.6 g 和 0.2～0.3 g，日粮中含有精饲料时的 NDF 外流增加量为 0.3～0.5 g。

3. 挥发性脂肪酸（VFA）的吸收

微生物发酵产生 VFA 是反刍动物主要的能量吸收形式，可占其吸收能量的 80%，奶牛每天吸收的 VFA 可达 100 mol。单胃动物大肠微生物发酵也产生 VFA，占吸收能量的比例较小，人约 10%，马、兔等单胃草食家畜为 30%～40%。瘤胃壁通过两种方式吸收 VFA：一种是不依赖碳酸根分泌的被动扩散形式，只能吸收完整的 VFA；另一种是载体转运吸收，可以吸收离子形式的 VFA，同时排出碳酸根。

瘤胃 VFA 吸收途径（图 6-3）：酸性形式的 VFA 经被动扩散（①）吸收。进入瘤胃上皮细胞后，质子迅速解离进入细胞液，通过 Na^+/H^+ 交换（⑥、⑦、⑧）或与 VFA 的代谢物（如酮体和乳酸）结合，通过单羧酸转运蛋白（③）或底侧膜离子通道（⑨）排出细胞外。离子形式 VFA^- 通过离子交换形式吸收（②），吸收的同时瘤胃上皮细胞向瘤胃内排出碳酸根。排出的碳酸根来自血液（④、⑤），进入瘤胃后在碳酸水化酶的作用下中和瘤胃内的质子。

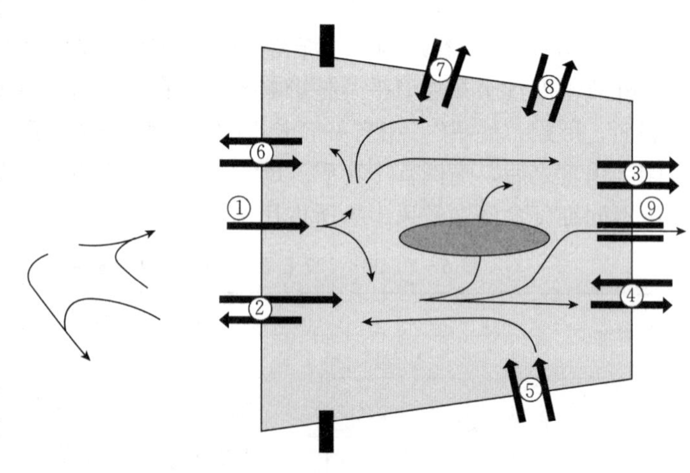

图 6-3　瘤胃 VFA 吸收途径

三、瓣胃的吸收功能

瓣胃叶的运动将食糜颗粒进一步磨碎，瓣胃上皮具有吸收 VFA 等物质的功能，瓣胃和皱胃对食糜流动都具有重要调控作用。

1. 瓣胃的运动

瓣胃有两种运动形式：瓣胃叶运动和瓣胃体运动。瓣胃叶运动一般发生于瘤胃背囊收缩时，对食糜颗粒进行挤压和研磨，同时产生从网胃吸取食糜的负压。瓣胃体的运动形式是强度渐增的持续收缩，将食糜推向皱胃。牛在采食时，瓣胃叶运动强度大、瓣胃体运动强度小，反刍时则相反。

2. 瓣胃的吸收功能

瓣胃在 VFA 吸收中发挥很重要的作用，用 5 月龄荷斯坦犊牛进行的试验表明，以各胃室总 VFA

与 Cr_2O_3 含量（mg/hg DM）比值计算的 VFA 减少比例，瘤胃到网胃减少了 18%，网胃到瓣胃减少了 51%，瓣胃到皱胃减少了 83%（Jonston，1961）。用从牛瘤胃腹囊和瓣胃叶取的组织进行的体外试验表明，瓣胃上皮单位面积 VFA 的吸收速度是瘤胃上皮的 11 倍（表 6-3）。

表 6-3　牛瘤胃和瓣胃上皮单位面积 VFA 的吸收比速度和代谢速度

项　目	瘤胃				瓣胃				SEM	P		
	乙酸	丙酸	丁酸	戊酸	乙酸	丙酸	丁酸	戊酸		胃室	VFA	交互
吸收比速度（%/h）	19.70	23.75	18.63	22.11	18.48	25.79	23.57	22.82	4.05	0.57	0.51	0.86
代谢速度［%/(h·cm^2)］	0.42	0.49	0.34	0.45	3.76	5.25	4.80	4.67	0.52	<0.01	0.45	0.50

3. 瓣胃食糜外流的调控

瓣胃食糜外流有两种形式：一种是数毫升不含固体颗粒的液体被挤出；另一种是 10～20 mL 含有相当数量的细小颗粒的食糜批量外流。前者发生在网胃收缩时，后者发生在网胃双相收缩的间歇期。瓣胃食糜外流速度与颗粒大小有关。对绵羊的研究表明，细度为 1.2 mg/L、0.6 mg/L、0.3 mg/L 的食糜颗粒在瓣胃内的平均滞留时间分别为 3 h、2.3 h 和 2 h。瓣胃食糜外流速度受皱胃充盈度的影响，在皱胃中放入冲水球体，瓣胃叶和瓣胃体的收缩强度明显降低；向瓣胃内灌注瘤胃液，瓣胃的外流速度和网胃收缩的频率及强度均降低。

四、皱胃的消化功能

1. 皱胃的运动

皱胃的收缩运动起始于后端的胃窦部，像所有的平滑肌一样，由带有快波电位的慢波电位峰引起，以逐渐增强的方式向远端扩散。皱胃收缩压迫食糜通过幽门进入十二指肠，或者将食糜向胃体部推送，起到搅拌和延缓食糜外流的作用。

皱胃运动主要受来自肠胃反射和肠胃激素的抑制性控制。十二指肠黏膜内存在物理和化学感受器，对食糜的渗透压、酸度，以及脂肪、氨基酸等产生反应。已知渗透压、酸度等物理感受器可引起肠胃神经反射，抑制皱胃运动。12～18 个碳原子的脂肪能强烈抑制皱胃运动，肠缩胆囊肽（CCK）和胃抑制肽（GIP）参与该抑制过程。蛋白、碳水化合物分解产生的小分子物质提高了食糜的渗透压，通过渗透压感受器抑制皱胃运动，并可能存在其他的抑制信号途径，如 L-色氨酸可以引起 CCK 的分泌。

2. 皱胃的分泌

皱胃具有外分泌和内分泌功能。牛的皱胃贲门黏膜区域较小，主要分泌黏液；胃体黏膜内有复合的管状腺体，分泌盐酸（壁细胞或泌酸细胞）和胃蛋白酶原（颈细胞）；幽门黏膜分泌黏液和胃蛋白酶原，该区域还有分泌胃泌素（gastrin）的细胞，受到刺激后向血液中分泌胃泌素。牛的皱胃前部、贲门黏膜之前有一较大的区域，其上皮为复层鳞状上皮（stratified squamous epithelium），分泌碳酸根和黏液。壁细胞还分泌一种称为“内部因子”（intrinsic factor）的黏蛋白，与盐酸分泌密切相关，能与维生素 B_{12} 形成复合体，促进维生素 B_{12} 在回肠的吸收。胃蛋白酶原以颗粒形式储存在壁主细胞中，受到刺激后分泌，在 $pH<5$ 时发生自催化，转变为胃蛋白酶。自催化的最适 pH 为 1.8～3.5。

壁细胞分泌盐酸的浓度约为 150 mmol/L，每分泌 1 L 胃液大约消耗 6.27 kJ 的能量。壁细胞分泌的盐酸中的 H^+ 来自血浆中二氧化碳在水合酶催化下产生的碳酸，Cl^- 则来自壁细胞中 HCO_3^- 与血浆 Cl^- 的交换。采食后，大量盐酸分泌引起的血浆碱化称为“碱潮”(alkaline tide)。

乙酰胆碱、胃泌素和组胺刺激胃酸的分泌。乙酰胆碱直接刺激壁细胞分泌盐酸，或通过刺激胃泌素分泌间接刺激盐酸分泌。胃泌素在胆碱能神经刺激下分泌，蛋白质的分解产物及氨基酸也刺激其分泌。一些与组胺受体结合的受体阻断剂抑制胃酸的分泌，因而组胺可能参与胃酸分泌的刺激。胃液 pH<2，盐酸直接作用于壁细胞抑制胃酸分泌，同时抑制胃泌素的分泌。小肠食糜酸度升高、渗透压升高，以及其中的脂肪均通过肠胃反射或/和肠胃激素抑制胃液分泌。

3. 皱胃的吸收

皱胃的复层鳞状上皮能够吸收 VFA、Na^+ 和 Cl^-，但皱胃并非营养物质的重要吸收部位。因胃液与血液间有很高的 H^+浓度差，胃黏膜具有很强的屏障作用，以至于在相当高的渗透压差下，即使水也很难通过这一屏障被动扩散。脂溶性物质能够较容易地穿越胃黏膜屏障，进入黏膜细胞。如弱酸性的阿司匹林，在胃液中为酸性形式，溶解度很低而呈脂溶性。随脂肪扩散进入黏膜细胞后重新解离呈离子形式。此类物质引起的黏膜细胞质酸化，产生毒性，导致组胺分泌，严重时引起黏膜出血或出血性溃疡。

五、小肠的消化功能

小肠通过蠕动、分泌黏液进行肠腔消化和吸收。

1. 小肠蠕动

小肠通过蠕动将食糜与胰液充分混合以进行肠腔消化，使食糜与小肠黏膜充分接触以利于吸收，并通过蠕动将食糜向后输送。小肠运动的最大频率受自发电位波的控制，只有那些带有快波电位的自发电位波才会引起肠道的蠕动。小肠蠕动的方向为离口端，蠕动的强度随着传播而减弱。当一次蠕动不能传播至整个小肠时，后段小肠可以产生自发的电位波引起蠕动，在小肠的后段发生较多的短距离区段性蠕动收缩。由于这一原因，回肠食糜的流速慢于空肠。液相食糜通过小肠的速度较快。

抑制胃排空是防止小肠食糜过量的主要机制，小肠本身的自发性蠕动受到神经和激素的调节。神经调节包括内部神经调节和外部神经调节两部分，一段肠道内食糜存积引起的张力升高刺激前段肠道蠕动和抑制后段肠道蠕动，加快食糜向后输送。中枢神经通过内脏神经干作用于小肠，主要起刺激性作用。胃泌素和 CCK 能够刺激空肠的蠕动，肠泌素（secretin）则抑制空肠的蠕动。

2. 小肠分泌

小肠分泌大量的黏液，还具有分泌肠胃激素（如肠泌素）的内分泌功能。

3. 小肠吸收

小肠对多数物质通过专门的载体蛋白进行转运吸收，以避免一些有毒有害物质吸收进入体内，水、电解质等物质可以通过被动扩散吸收进入体内。

六、胰腺和胆囊的分泌功能

1. 胰腺分泌功能

胰腺具有内分泌和外分泌功能。胰岛素和胰高血糖素是胰腺的两种内分泌激素，具有重要的代谢调节作用，由仅占胰腺总体积约 1.8%的内分泌细胞所分泌。胰腺的外分泌功能是向十二指肠分泌大量的胰液，其中含有 HCO_3^- 和消化酶，具有中和皱胃排出食糜中的酸和为小肠中的肠腔消化提供多种消化酶两方面的作用。

胰的外分泌腺体由腺泡和导管构成，腺泡细胞中含有酶原颗粒，是胰中数量最多的细胞，约占胰总体积的82%。导管细胞占胰总体积的约3.9%，分泌富含HCO_3^-的胰液，细胞内有很高的碳酸水合酶活性。胰液为等渗溶液，其Na^+、K^+离子浓度与血浆相似，HCO_3^-浓度则可高达150 mg/L。胰液在沿导管外流过程中，与Cl^-发生交换，因此在分泌速度最高时，胰液中HCO_3^-浓度最高，而Cl^-浓度最低。分泌速度最高时，Cl^-浓度可低于20 mg/L。

胃液分泌时，H^+排出而HCO_3^-进入细胞外液；胰液分泌时，HCO_3^-排出而H^+进入细胞外液。两个互逆过程受到精确的控制，胃液分泌引起的细胞外液碱化和肠腔食糜酸化，在食糜到达十二指肠末端时被分泌的胰液中和。

酶原颗粒位于腺泡细胞的顶端，每个酶原颗粒中含有全谱的消化酶。胰蛋白酶以无活性的形式分泌，可通过自催化转变为活性形式，小肠黏膜中的肠激酶可以加快这一转化。腺泡细胞内含有胰蛋白酶抑制因子，抑制其转化为活性形式。胰脂肪酶以非活性形式分泌，胆汁的存在促进其转化为活性形式。胰淀粉酶则以活性形式分泌。

胰腺酶、电解质、水的分泌受到自律神经和肠胃激素的控制，胆碱能神经冲动刺激胰腺的分泌。迷走神经直接分布到胰腺；胃底部受到张力时，通过肠胃反射刺激胰腺分泌活动。产生的胆碱能神经冲动刺激胰腺分泌消化酶，对电解质和水的分泌刺激较小。十二指肠食糜酸度过高，引起肠泌素的分泌，促进胰腺分泌HCO_3^-和水；CCK受十二指肠内蛋白和脂肪的刺激而分泌，促进胰腺分泌消化酶。

奶牛每天胰液分泌量为3～7 L。

2. 胆囊分泌功能

胆汁的主要作用是提供胆酸盐，促进脂肪的消化吸收。此外，胆汁还是一些内源代谢物和药物的排出途径，也起到了中和十二指肠食糜的作用。胆汁是连续分泌的，储存于胆囊中，需要时排入十二指肠。胆囊壁可以吸收胆汁中的水和电解质，使胆汁浓缩，反刍动物的胆囊仅重吸收少量的水。最初分泌的胆酸盐主要是胆酸和鹅脱氧胆酸，在肝中由胆固醇合成，与牛磺酸或甘氨酸结合后排出。分泌进入肠腔的胆酸盐可以被重吸收，在肠道微生物作用下转变为脱氧胆酸和石胆酸。

七、大肠的消化功能

大肠的主要功能是微生物发酵、水和电解质的吸收、形成粪便与排出，具有一定的营养物质吸收功能。大肠有一些特殊的运动形式，以混合食糜和延缓食糜的流动。食糜由牛的回肠首先进入结肠，然后由结肠的蠕动将食糜推入直肠。结肠可以发生定位内吸收缩（stationary hustral contraction），是在一段肠管上发生的由两端向中心部位的双向收缩，起到混合食糜的作用，并延缓食糜的外排。结肠末端和直肠上有自主神经分布，粪便的排出可以受意识的控制。排粪时，结肠末端和直肠发生强烈的离口端蠕动，同时肛门括约肌松弛，使粪便排出。

第三节 奶牛消化系统的发育

初生犊牛的前胃机能很不完善，但后端消化道具有较完善的消化功能。在出生的前4周主要依靠后消化道获得营养，食物则以哺乳为主，属单胃型消化。之后，随着前胃功能的不断完善，才转为主要依靠植物性饲料获得营养。初生犊牛具有完整吸收免疫球蛋白的能力，但只能维持很短的时间，可视为小肠功能发育尚不健全的阶段。

一、前胃的发育

牛胃的4个部分相对容积和机能随年龄增长而发生很大变化（表6-4）。初生犊牛的瘤胃很小，只有皱胃的一半左右，而且结构很不完善，瘤胃黏膜乳头短小且软，微生物区系还未建立，没有消化功能，这时牛的消化机能与单胃动物相似，主要靠皱胃和小肠进行消化。初生犊牛靠母乳供给营养，乳汁的消化由皱胃和小肠完成。幼龄犊牛的小肠内还没有淀粉酶，这时消化淀粉的能力较差，当采食淀粉过多时，易引起腹泻。

表 6-4 牛胃容积随着年龄增长发生的变化

生长时间	瘤胃和网胃	瓣胃	皱胃
出生时	1.2	0.2	3.5
21 日龄	3	—	4.5
3 月龄	10～15	0.5	6.0
6 月龄	36	2.0	10.0
12 月龄	68	8.5	12.0
成年	50～200	7～18	8～20

犊牛开始采食固体饲料后，瘤胃和网胃发育很快，而皱胃的相对容积逐渐变小（绝对容积增大），瓣胃的发育较慢，达到相对成熟体积所需的时间比瘤胃或网胃要长。到 3 月龄时，瘤胃的容积显著增加，比出生时增加了约 10 倍，瘤胃黏膜乳头也逐渐增大和变硬，建立了较完善的微生物区系（表 6-5）。3～6 月龄时已能较好地消化植物性饲料。随着牛胃的生长发育，瘤胃乳头的发育慢慢完善，精饲料明显促进瘤胃乳头的发育。

表 6-5 牛瘤胃微生物随年龄增长的变化

月龄	纤毛虫（$\times10^4$ 个/mL）	微生物总数（$\times10^8$ 个/g）
1	0	—
3	65.9	380
6	73.8	440
12	84.3	530

植物性饲料能促进瘤胃的生长，进而增强了犊牛对植物性饲料的消化能力。如果犊牛只喂全乳，至 12 周龄时，第 1 个胃和第 2 个胃的总容积不足 2 L，瘤胃乳头的长度为 0.46 m；而喂全乳加精饲料和干草的犊牛，至 12 周龄时，前两胃的总容积达 11 L，乳头长度为 2.46 mm。粗纤维的消化率，只喂全乳的犊牛只有 15%，而全乳加干草的犊牛高达 50%。因此，在实践中应对犊牛提前饲喂植物性饲料，不但能节约喂乳量，而且有利于消化器官的发育。

犊牛瘤胃和网胃的相对生长速度以 8 周龄以前为最快（表 6-6），达到相对成熟需 12 周龄，甚至 6 月龄以上，这可能与饲养方式有关。网胃在 16 周龄以前，其相对容积一直在增加。

表 6-6 牛胃各室重量的百分比（%）

牛胃	周龄						
	0	4	8	12	16	20～26	34～38
瘤胃和网胃	38	52	60	64	67	64	64
瓣胃	13	12	13	14	18	22	25
皱胃	49	36	27	22	15	14	11

随着牛胃的生长发育，胃组织和内容物占整个消化道的百分比也相应发生变化。成年牛各胃内容物的百分比，瘤胃和网胃中为 70%左右，瓣胃和皱胃中为 3%～5%。15 周龄犊牛各胃室内容物的百

分比已与成年牛的比例相似。饲喂不同类型的粗饲料日粮时，牛胃组织和内容物重量占整个消化道的百分比见表 6－7。

表 6－7　牛胃组织和内容物重量占整个消化道的百分比(%)

牛别	计算基础	瘤、网胃	瓣胃	皱胃	小肠	大肠	资料来源
犊牛（液体饲料）	组织鲜重	14.5	13.5		54.6	17.4	Kesler 等（1951）
犊牛（12 周龄）	组织鲜重	19.0	11.4		69.5（肠全部）		Tamate 等（1962）
犊牛（10～13 周龄）	组织鲜重	31	7	7	39	16	Hodgson(1973)
喂铡草	湿内容物	77	3	3	8	9[1]	
喂草颗粒饲料	组织鲜重	28	9	8	39	16	
	湿内容物	63	4	8	13	12[2]	
去势牛（250～400 kg）	组织鲜重	36.4	13.9	12.0	14.8	9.2	Tulloh(1966)
母牛，成牛	干内容物	60.8	4.8	4.3	20.8	13.2	
母牛，成牛	组织鲜重	42.8	15.9	7.3	25.3	12.4	Carnegie 等（1960）

随着牛胃的生长发育，瘤胃乳头的发育慢慢完善，不同精饲料明显促进瘤胃乳头的发育。

二、肠道闭锁现象

母牛血液中的抗体不能通过胎盘血液进入犊牛体内，初生犊牛对病原微生物几乎没有免疫能力。母牛初乳中含有大量抗体，犊牛依靠从初乳中吸收抗体获得被动免疫能力。初生犊牛小肠黏膜吸收细胞可以通过内吞作用完整地将免疫球蛋白吸收进入体内。基本过程是：初乳中的免疫球蛋白在吸收细胞刷状缘聚集，达到一定数量后，刷状缘细胞膜将免疫球蛋白内吞进入吸收细胞。在细胞内，内吞囊泡与溶酶体融合形成新的囊泡，并逐渐移动至细胞的底侧膜，在此与细胞膜融合，将免疫球蛋白释放进入体内环境。此过程有部分免疫球蛋白被溶酶体酶分解。

犊牛通过内吞吸收免疫球蛋白获得免疫功能，但在出生后这种功能逐渐减弱，大约 24 h 后消失，称为肠道闭锁。

第四节　营养物质的消化吸收

饲料首先在牛胃内进行微生物发酵降解，由于瘤胃的容积最大，是微生物发酵的主要场所，习惯上将在牛胃内的微生物发酵称为瘤胃发酵。发酵后的食糜进入小肠，经自身分泌消化酶的消化吸收，在大肠内进一步经微生物降解和消化吸收后排出体外。

一、瘤胃发酵与吸收

瘤胃微生物具有强大的发酵分解能力，能够有效分解除木质素外的所有饲料中的碳水化合物、蛋白质和其他营养物质。微生物不能有效分解释放脂肪中的能量，饲料脂肪在瘤胃内的主要变化是不饱和脂肪酸被加氢饱和。

1. 碳水化合物的瘤胃发酵

植物性饲料中的碳水化合物可分为三类，即储存性多糖、结构性多糖和寡聚糖。储存性多糖是植物体中的能量储存物质，在代谢需要的时候能够很快为植物体所动员，主要存在于植物的籽实中。储存性多糖主要包括淀粉和果聚糖。结构性多糖在植物体中起到支撑骨架的作用，包括纤维素、果胶多聚糖、多聚半乳糖醛酸、鼠李糖聚半乳糖醛酸Ⅰ(RG－Ⅰ)、木糖葡萄糖、胼胝质（$\alpha-1$，$3-\beta$-葡聚糖)、木质素等。寡聚糖的相对分子质量较小，在植物体内通常以糖复合物中糖基的形式存在。

(1) 碳水化合物瘤胃发酵终产物。碳水化合物瘤胃发酵的终产物主要是一些2～6个碳原子的脂肪酸，由于相对分子质量小，具有挥发性，称为挥发性脂肪酸（VFA）。VFA包括乙酸、丙酸、丁酸、异丁酸、戊酸、异戊酸、正己酸等，其中乙酸、丙酸、丁酸是主要的VFA，这3种酸约占总VFA的95%。日粮构成对乙酸、丙酸、丁酸比例有明显影响，精饲料在瘤胃中发酵产生的VFA总量较多，但乙酸/丙酸较低；粗饲料则相反，发酵产生的乙酸量较高（表6－8)。

表6－8 不同日粮瘤胃发酵的VFA总量及其比例

项目	谷物[1]	粗饲料[2]	糖蜜[3]
试验牛数	4	3	4
瘤胃 pH	6.1	7.1	6.6
总 VFA(mg/L)	157	82	132
VFA 物质的量浓度（%）			
乙酸	44.9	76.2	49.7
丙酸	42.7	15.2	21.3
丁酸	5.8	7.4	25.7
异丁酸	1.3	0.4	0.3
戊酸	2.2	0.2	2.8
异戊酸	2.0	0.3	0.2
己酸	0.7		0.7

注：[1]熟玉米片（40%）和碾压燕麦（40%）。

[2]低质干草。

[3]80%的糖蜜和15%的干草。

(2) 影响VFA吸收的部位与影响因素。大部分VFA在前胃被吸收，随食糜进入小肠的数量很少(约5%)。前胃的VFA吸收受血液VFA浓度以及胃液pH、渗透压等因素的影响。静脉注射VFA使血液VFA的水平升高，瘤胃吸收VFA受到抑制；瘤胃液pH降低，VFA吸收速度呈增加趋势(表6－9)；在pH相同的条件下，高精饲料日粮的渗透压高，VFA吸收速度也较高（表6－10)。

表6－9 瘤胃pH对VFA吸收速度的影响

瘤胃 pH	吸收速度（mL/min)		
	乙酸	丙酸	丁酸
5.36	52.6	116.0	202.7
5.46	68.5	100.8	160.5
平均	60.6	108.4	181.6
6.51	44.7	68.2	96.4
6.57	52.2	55.6	60.4
平均	48.5	61.9	78.4

注：牛喂干草日粮，注入酸调整pH。

表 6-10　日粮对 VFA 吸收速度的影响

日粮	pH	吸收速度（mL/min）		
		乙酸	丙酸	丁酸
干草	5.32	54.0	87.7	135.3
高精饲料	5.34	77.7	106.5	157.0

(3) 淀粉的瘤胃降解。淀粉分为直链淀粉和支链淀粉。直链淀粉是 $\alpha-1-4$ 连接的葡萄糖残基链，每条链有数百个葡萄糖残基。直链淀粉在液体中呈螺旋状空间结构，每个螺旋上有 6 个葡萄糖残基，直链淀粉遇碘变蓝的化学性质与其在液体中的空间结构有关。α-淀粉酶可以随机地打断直链淀粉的葡萄糖残基链，产物是称为麦芽糊精的寡聚葡萄糖。β-淀粉酶从直链淀粉的非还原性末端依次切下两个葡萄糖单位，其降解直链淀粉的产物为麦芽糖。直链淀粉中有少量的 $\alpha-1-6$ 侧链连接，因此 β-淀粉酶只能降解直链淀粉约 70%。支链淀粉的相对分子质量比直链淀粉大得多。其直链部分的葡萄糖残基与直链淀粉相同，由 $\alpha-1-4$ 糖苷键连接，每条直链的长度为 20～25 个葡萄糖残基，两条直链通过 $\alpha-1-6$ 糖苷键连接起来。支链淀粉中的直链有三类：无支链连接、有支链连接、有支链连接且有还原性末端。β-淀粉酶只能降解约 50%的支链淀粉，产生麦芽糖，剩余的部分即是 β-限制性糊精。

植物体中的淀粉以颗粒状存在，淀粉颗粒外部通常包被一层蛋白质基质。在一般的植物淀粉中，直链淀粉的含量为 25%～27%，在一些直链淀粉含量高的玉米品种中可达 40%～80%，糯玉米中的含量约为 1%，大米、木薯中的含量为 17%。

降解淀粉的瘤胃细菌主要有嗜淀粉拟杆菌（*Ruminobacter amyloplius* 或 *bacteriods amylophilus*）、居瘤胃拟杆菌（*Prevotella ruminicola* 或 *Bacteroids ruminicola*）、牛链球菌（Streptococcus *bovis*）、溶淀粉琥珀酸单胞菌（*Succinimonas amylolytica*）、反刍兽新月形单胞菌（*Selenomonas ruminantium*）、溶纤维丁酸弧菌（*Butyrivibrio fibrisolvens*）和反刍动物真杆菌（*Eubacterium ruminantium*）、梭状芽孢杆菌（*Clostridium* spp.）等。将支链淀粉降解成葡萄糖需要葡糖淀粉酶、糊精葡聚糖水解酶（支链淀粉酶、糊精酶）、异淀粉酶和葡萄糖苷酶。瘤胃原虫和真菌对于淀粉的降解不是必需的，大的纤毛虫可以吞食淀粉颗粒，之后逐渐分解。原虫在淀粉降解中的作用可能是减缓淀粉的降解速度。

过瘤胃淀粉的数量与淀粉种类和加工程度有关，变化很大，为 3%～50%。不同来源的分离淀粉颗粒，无论用体外法还是体内法测定的降解率均有较大差别，一般随支链淀粉含量的增加降解速度会加快。淀粉颗粒外的蛋白质基质层和胚乳细胞壁的结构是造成不同来源淀粉降解速度差别的主要因素。小麦、大麦淀粉颗粒的蛋白质基质层可以被多种蛋白降解菌所降解，不是微生物降解淀粉的主要障碍，而玉米、高粱的蛋白质基质层不容易被瘤胃细菌降解，目前发现只有瘤胃真菌能将其破坏。

(4) 果聚糖的瘤胃降解。果聚糖是果糖的聚合物，一般不超过 20 个果聚糖残基。直链果聚糖分子中果糖通过 $\beta-2,6$ 糖苷键连接，支链果聚糖中有 $\beta-2,1$ 糖苷键连接的残基。果聚糖链的末端通常是一个 $\alpha-1,2$ 糖苷键连接的吡喃葡萄糖，这样在果聚糖的非还原性末端形成了一分子蔗糖。

果聚糖在瘤胃中可以迅速而完全地被降解，参与降解的微生物包括细菌和全毛虫及内毛虫。果聚糖的降解需要 3 种酶，分别是果聚糖内切酶、呋喃果聚糖酶和果聚糖外切酶。

(5) 植物细胞壁成分的瘤胃降解。植物细胞壁的结构大致分为 3 层，即细胞板、初生壁和次生壁。细胞板中含有果胶多聚糖、多聚半乳糖醛酸、RG-Ⅰ、木糖葡萄糖和胼胝质（$\alpha-1,3-\beta$-葡聚糖）。初生壁有两种类型，大多数被子植物属Ⅰ型初生壁，禾本科及相近科植物属Ⅱ型初生壁。Ⅰ型初生壁主要由纤维素和木糖葡聚糖组成，含有纤维素、木糖葡聚糖、果胶多聚糖和异二酪氨酸联结的伸展蛋白 3 种网状结构。Ⅱ型初生壁中，阿拉伯木聚糖是仅次于纤维素的多糖，纤维素（木糖葡聚糖）-阿拉伯木聚糖网组成了Ⅱ型约70%的初生壁。次生壁沉积的过程中伴随木质化，其主要成分是纤维素、葡萄糖醛酸木聚糖和木质素。木质素是几种苯丙烯醇的聚合物，虽然在反刍动物营养学中将其放在碳水化合物中讨论，但实际上不属于碳水化合物。

瘤胃细菌、真菌、原虫均参与植物细胞壁成分的降解，约80%的降解活性来自细菌和真菌。瘤胃中主要的纤维分解菌包括琥珀酸拟杆菌（*Fibrobacter succinogenes*）、白色瘤胃球菌（*Ruminococcus albus*）、黄化瘤胃球菌（*R. flavefaciens*）和溶纤维丁酸弧菌（*Butyrivibrio fibrisolvens*）等，可以降解纤维的真菌有 *Neocallimatix frontalis*、*N. patriciarum*、*Piromyces comg/Lunis*、*Orpinomyces bovis* 等，双毛虫属和真双毛虫属中的一些原虫也可以吞食纤维素。真菌产生的降解酶种类较多，其降解底物的范围因此较细菌广。瘤胃细菌和真菌在降解细胞壁成分时与被降解的饲料颗粒紧密结合，这一过程称为附着。

2. 蛋白质的瘤胃代谢

饲料蛋白质进入瘤胃后，一部分被瘤胃微生物降解，另一部分未被降解直接进入瘤胃后消化道（皱胃和小肠）进行消化吸收，未降解饲料蛋白称为非降解蛋白（UDP）或过瘤胃蛋白。饲料蛋白瘤胃降解的终产物是氨和挥发性脂肪酸（VFA），进入瘤胃的蛋白质首先被降解为多肽，之后依次降解为寡肽、二肽和氨基酸。氨基酸脱氨基产生氨，碳链最终转化为挥发性脂肪酸。微生物优先利用多肽而不是氨基酸来合成菌体蛋白，抑制多肽的水解可以促进菌体蛋白的合成并减少饲料蛋白氮转变为氨造成的损失。多肽在瘤胃中主要被降解为二肽的氨基肽酶。因此，用乙酸酐或其他类似的酸酐处理蛋白可有效地降低其在瘤胃中的降解。

（1）蛋白质的降解。纤毛虫和细菌均可以降解蛋白质。纤毛虫主要降解蛋白质颗粒并吞噬大量细菌。无纤毛虫时，细菌蛋白的周转速度为0.3%～2.7%/h，有纤毛虫时提高到2.4%～3.7%/h。从瘤胃中分离出的细菌30%～50%有蛋白降解活性。大多数细菌类型有降解蛋白的菌株，但三类主要的纤维分解菌可能没有（琥珀酸拟杆菌、白色瘤胃球菌、黄化瘤胃球菌）。通过蛋白酶抑制因子可以鉴别蛋白降解酶的类型。氯汞安息香酸（PCMB）可抑制56%～78%的瘤胃细菌蛋白酶活性，因而细菌的蛋白酶主要是胱氨酸蛋白酶类。其他蛋白酶类型包括苯甲基磺酰氟（PMSF）敏感型蛋白酶（占总活性的0～41%）、金属蛋白酶（9%～30%）和天冬氨酸蛋白酶（2%～15%）。

（2）多肽的降解。瘤胃内蛋白降解菌及一些非蛋白分解菌均具有降解多肽的能力。以居瘤胃拟杆菌的降解能力最强。多肽的降解有两种机制：一是先降解为二肽，瘤胃液中的一些微生物降解多肽时从肽链中一次脱去两个氨基酸，也就是脱去了一个二肽。二肽进一步被二肽酶降解为氨基酸。二是有一些瘤胃细菌分泌氨基肽酶，可以将单个氨基酸从肽链上切下来。居瘤胃拟杆菌是瘤胃中大多数情况下的优势菌，其对多肽的降解遵循二肽酶规律，因此多数情况下多肽的降解以先降解为二肽为主，但当其他细菌如链球菌处于优势时，多肽可能主要是被直接降解为氨基酸。原虫在多肽降解中的作用不清楚，已发现原虫存在时亮-氨肽酶的活性较高，并能摄取一部分二肽，对减少二肽在瘤胃液中的集聚有一定作用。

（3）氨基酸的降解。氨基酸主要存在于微生物的细胞当中，瘤胃液中游离的氨基酸很少。不同氨基酸的降解速度不同。在生理浓度范围内，对动物来说必需氨基酸中，赖氨酸、苯丙氨酸、亮氨酸和异亮氨酸的降解速度为0.2～0.3 mmol/h，精氨酸、苏氨酸为0.5～0.9 mmol/h，缬氨酸、蛋氨酸为0.1～0.14 mmol/h。非必需氨基酸的降解速度至少与必需氨基酸一样快。蛋氨酸是降解速度最慢的氨基酸，以至于不需要对其进行保护。降解氨基酸的细菌有两类：第一类在瘤胃中数量大，但脱氨活性低；第二类数量少，但脱氨活性高（表6-11）。第二类细菌对莫能菌素敏感、能分解糖类、其生长对降解氨基酸有依赖性。不同细菌利用的氨基酸种类不同，因此不同动物、不同日粮条件下瘤胃氨基酸的代谢情况不同。纤毛虫能大量降解氨基酸。混合瘤胃纤毛虫的脱氨活性是混合瘤胃细菌的3倍。正常绵羊的瘤胃氨浓度是去纤毛虫绵羊的2倍。纤毛虫主要对谷氨酸、天冬氨酸、瓜氨酸、精氨酸和鸟氨酸有脱氨作用。

表 6－11　降解氨基酸的两类细菌

类型	第 1 类（数量大，活性低）	第 2 类（数量少，活性高）
细菌	溶纤维丁酸弧菌 埃氏巨球形菌 栖瘤胃普雷沃菌属 反刍兽月形单胞菌属 牛链球菌	嗜氨梭菌 黏质梭菌 消化链球菌属 厌氧菌
数量	$>10^9$ 个/mL	10^7 个/mL
脱氨活性	每毫克蛋白 10～20 nmol NH_3/min	每毫克蛋白 300 nmol NH_3/min
莫能菌素敏感性	多数有抗性	敏感

瘤胃是一个厌氧系统，需要不断地降低还原势。通常是通过生成甲烷达到这一目的。NAD^+ 是支链氨基酸脱氨时的电子受体，因此瘤胃中 $NADH/NAD^+$ 的比例是影响支链氨基酸的重要因子。当甲烷产生受到抑制，$NADH/NAD^+$ 比例升高时，支链氨基酸的降解也被抑制。二苯基碘盐（diaryliodonium）类化合物［如二苯基磺酰氯（diphenyleneiodonium chloride）］能够抑制氨基酸的降解。联氨（肼）及其类似物也有抑制作用，但有毒性，不能在生产中应用。

（4）影响蛋白质瘤胃降解的因素。

① 蛋白质的性质。蛋白质的溶解度，蛋白质的二、三级结构，蛋白质的交联程度等性质，影响其瘤胃降解率。单宁、福尔马林和热处理可以改变蛋白质的这些性质，从而改变瘤胃降解率。根据蛋白质瘤胃降解率的高低，可将饲料分为低降解率饲料（＜50％），如血粉、肉粉、羽毛粉、鱼粉、干燥的苜蓿、玉米蛋白、高粱等；中等降解率饲料（40％～70％），如肉骨粉、啤酒糟、亚麻饼、棉籽饼、豆饼等；高降解率饲料（＞70％），如小麦麸、菜籽饼、花生饼、葵花饼、青贮苜蓿等。通常用血包被蛋白质，增加过瘤胃蛋白的数量，即利用了血红蛋白瘤胃降解率低的特点。

② 日粮类型。喂青草时瘤胃中的蛋白降解活性是喂干草时的 9 倍，原因是青草能刺激蛋白降解菌的生长并且自身含有降解蛋白质的酶。喂高精饲料日粮时的蛋白降解活性也较高。

③ 饲料蛋白质在瘤胃的滞留时间。饲料在瘤胃的滞留时间可影响蛋白质的降解。滞留时间短，则降解程度低。滞留时间受饲料采食量和环境温度等的影响。采食量大，蛋白质在瘤胃滞留时间短，则降解程度低。温度降低，食糜流量加快，缩短了滞留时间，使降解程度降低。

④ 瘤胃 pH。瘤胃 pH 通过改变微生物活性和蛋白质溶解性而影响蛋白质的降解。另外，蛋白质的水解和氨基酸的脱氨基作用本身也受到瘤胃 pH 的影响。瘤胃 pH 通常为 6～8，混合瘤胃蛋白降解菌的最适蛋白降解活性 pH 范围较广，为 5.5～7.0。

⑤ 瘤胃氨浓度。瘤胃氨浓度较低时，谷蛋白的降解率较低；而当瘤胃氨浓度较高时，谷蛋白的降解率较高。这是由于微生物生长需要一定浓度的氨，最佳氨的浓度为 0.35～29 mg/dL。较高浓度的氨可保持扩散潜能，促使氨能穿透整个微生物生境，到达并接触栖居在瘤胃内较偏远角落里的纤维分解菌。

⑥ 饲料的加工处理。饲料的各种物理和化学处理均可改变蛋白质在瘤胃的降解率，如加热、甲醛处理、包被等。用甲醛适当调制饲料可减少蛋白质的瘤胃降解，增加过瘤胃蛋白。热喷处理饼粕可降低干物质消失率，提高了进入小肠内氨基酸总量。

（5）菌体蛋白的合成及其作用。 瘤胃微生物可以利用氨、氨基酸和肽合成蛋白质，对某些纤维分解菌来说氨是唯一的氮源。氨是瘤胃微生物蛋白质合成最主要的 N 源，^{15}N 标记研究表明，45％～100％的瘤胃微生物氮来自氨。多数瘤胃细菌可在氨为唯一的氮源条件下生长，且氨对多种细菌的生长是必需的。纤毛虫也可以从头合成某些氨基酸。菌体蛋白（MCP）是反刍动物所需蛋白质的主要来源，MCP 占进入小肠氨基酸氮的 60%～85%。在瘤胃氮源充足时，MCP 的产量取决于可消化有机物质或能量水平；当瘤胃缺乏氨时，日粮氮水平对 MCP 的合成有影响。瘤胃微生物将低质饲料蛋白质转化为优质的 MCP 对动物是有利的，但将优质的饲料蛋白质转化为 MCP 则可能使蛋白质的利用率降低。

瘤胃微生物可以利用氨为氮源合成 MCP 的特点，使得在反刍动物日粮中可以添加非蛋白氮（NPN）代替一部分蛋白质，常用的非蛋白氮有尿素、碳酸铵、硫酸铵、双缩脲、磷酸脲等，它们的共同特点是在瘤胃中能够分解产生氨，并且在瘤胃中的分解产物无毒。硝酸铵由于在瘤胃中可以产生有毒的亚硝酸根而不能作为非蛋白氮使用。

饲料蛋白质在瘤胃中降解产生的氨，一部分用于 MCP 的合成，另一部分通过瘤胃壁进入血液循环，在肝中合成尿素，成为体内尿素池的组成部分。体内的尿素除从尿中排出外，一部分随血液进入瘤胃，在尿酶的作用下分解产生氨，又成为瘤胃氨池的组成部分，这一循环的过程称为瘤胃尿素循环。当瘤胃中氨的浓度高时，瘤胃中氨的流出量大于尿素的流入量；而当瘤胃中氨浓度较低时，流入量大于流出量。因此，瘤胃尿素循环具有调节进入后段消化道氮流量的作用。同时，由于瘤胃尿素循环的存在，使得饲料蛋白质的消化率测定结果受日粮蛋白质水平的影响。

瘤胃中有大量尿酶，产生尿酶的微生物主要是细菌。由于饥饿或抗生素处理的原虫和真菌无尿酶活性，它们自身可能不产生尿酶。产生尿酶的细菌分严格厌氧菌和条件厌氧菌两类。严格厌氧菌在瘤胃中的数量大，产生尿酶的活性低；条件厌氧菌的数量少，但产生尿酶的活性高，且这类细菌与瘤胃壁上的尿素分解菌很相似。尿酶的活性受氨的抑制，可被尿素激活。

除受日粮提供的可利用氮源及能量的影响外，MCP 的合成还受瘤胃外流速度的影响。瘤胃外流速度是指每小时从瘤胃中流出内容物占瘤胃内容物总量的比例。理论上，当瘤胃外流速度与微生物的繁殖速度相等时，微生物的产量和能量利用率最高。由于很多瘤胃微生物附着在饲料颗粒上，通常其外流速度小于繁殖速度，提高瘤胃外流速度一般可以提高 MCP 产量。

3. 其他饲料营养物质的瘤胃代谢

进入瘤胃的脂类物质经微生物作用，在数量和质量上发生了很大变化。一是部分脂类被水解成低级脂肪酸和甘油，甘油又可被发酵产生丙酸。二是饲料中不饱和脂肪酸在瘤胃中被微生物氢化，转变成饱和脂肪酸，这种氢化作用的速度与饱和度有关，不饱和程度较高者，氢化速度也较快。另外，饲料中脂肪酸在瘤胃还可发生异构化作用。三是微生物可合成奇数长链脂肪酸和支链脂肪酸。瘤胃壁组织也利用中、长链脂肪酸形成酮体，并释放到血液中。未被瘤胃降解的那部分脂肪称过瘤胃脂肪。在牛日粮中脂肪含量过高（>5%）会使采食量和纤维消化率下降。油脂不利于纤维消化可能是由于：①油脂包裹纤维，阻止了微生物与纤维接触；②油脂对瘤胃微生物的毒性作用，影响了微生物的活力和区系结构；③长链脂肪酸与瘤胃中的阳离子形成不溶复合物，影响微生物活动需要的阳离子浓度，或因离子浓度的改变而影响瘤胃环境的 pH。在日粮中添加保护脂肪可在较大程度上消除油脂对瘤胃发酵的不良影响。纤毛虫通常与 30%～40%发生于瘤胃的脂解作用有关，并能氢化不饱和脂肪酸。进入小肠的微生物脂肪大约 75%是纤毛虫脂肪，因而纤毛虫在脂肪代谢中有重要作用。

瘤胃微生物能够合成 B 族维生素和维生素 K，因此在维生素中的一些辅助因子（如维生素 B_{12} 中的 Co 离子）供应充足时，反刍动物通常不会出现这些维生素缺乏症。

二、后消化道的消化吸收

反刍动物从皱胃开始的消化过程在本质上与单胃动物相同，是依靠动物自身消化酶消化的过程。

皱胃分泌盐酸、胃蛋白酶、凝乳酶和一种称为内部因子的黏蛋白。盐酸是激活胃蛋白酶所必需的。胃蛋白酶将食糜中的蛋白质分解为蛋白际、蛋白胨和多肽。凝乳酶对犊牛特别重要，该酶将牛乳中的蛋白质凝固，而蛋白质的凝固对于进一步消化吸收是必要的。内部因子可以与维生素 B_{12}结合，形成可以与回肠受体结合的复合体。

小肠是营养物质消化吸收的主要部位，其消化酶来自胰液和小肠分泌的消化酶。小肠的消化分为肠腔和肠黏膜表面两个部分，肠腔中的消化酶与食糜混合在一起，肠黏膜表面的消化酶附着在小肠吸收细胞的表面。

小肠黏膜吸收细胞通常只能吸收一些小分子物质，但初生犊牛可以吸收大分子物质，从而使初乳中的免疫蛋白能够直接进入犊牛的血液循环。对大分子物质的吸收是通过吸收细胞刷状缘的吞噬作用完成的。吞噬体在细胞内与溶酶体结合，结合后的吞噬-溶酶体向细胞底部移动，并在底部与侧壁融合，将其中的大分子物质排入体内环境。在吞噬-溶酶体移动的过程中，一部分大分子物质被分解。成年奶牛有时有少量外源大分子物质进入体内环境，这些大分子物质是通过吸收细胞间隙进入体内的。

1. 小肠消化

（1）碳水化合物。胰淀粉酶和肠淀粉酶只能分解淀粉和糖原等 $\alpha-1,4$ 糖苷键，不能分解 β 糖苷键联结的纤维素和其他多糖。分解的产物是 $\alpha-1,4$ 糖苷键联结的二糖或三糖（麦芽糖或麦芽三糖）和含有 $\alpha-1$，4、$\alpha-1,6$ 糖苷键的寡聚糖（糊精），因此肠腔消化不产生任何单糖。肠腔消化产生的寡糖很快被吸收细胞表面的消化酶分解为单糖并吸收，吸收细胞只能吸收单糖。乳糖及其他碳水化合物小肠吸收的限速步骤是肠腔消化或吸收过程，乳糖的表面消化速度较慢。

（2）蛋白质。分解蛋白质的胰液酶有胰蛋白酶、糜蛋白酶和弹性蛋白酶，属内切酶；羧肽酶 A 和羧肽酶 B 属外切酶。胰液蛋白酶将蛋白质和胃蛋白酶消化的产物分解为氨基酸和寡肽，6 个氨基酸以内的寡肽不能被胰液酶进一步分解。小肠黏膜吸收细胞可以吸收氨基酸和 3 个及小于 3 个氨基酸的寡肽，多于 3 个氨基酸的寡肽被肠黏膜表面的寡肽酶分解为氨基酸、二肽或三肽。大约 85%的二肽酶活性存在于吸收细胞内，进入细胞内的约 90%的二肽和三肽被胞内酶分解为氨基酸，剩余的 10%进入体内，但体组织一般不能利用这些寡肽。

（3）脂肪。食糜中的脂肪主要是甘油三酯。脂肪在皱胃中形成乳糜颗粒，缓慢地进入十二指肠。十二指肠的脂肪含量影响皱胃排空，这一机制使得脂肪在小肠中有充分的时间被消化。脂肪在小肠中的消化需要胰液和胆汁。胰液中的脂肪酶从乳糜颗粒的外部开始将甘油三酯分解为单甘油酯和 2 分子脂肪酸，这两类产物的极性基团可与水结合，非极性基团与脂肪结合。胆汁酸的作用是使脂肪分解的产物以微团的形式融入水中，然后被小肠吸收细胞所吸收，并在细胞内重新合成甘油三酯，然后与胆固醇、胆固醇酯、磷脂和少量的蛋白结合成乳糜微粒转运到体内。

2. 大肠消化

大肠内的消化类似于瘤胃，也是依靠细菌和纤毛虫，酶的作用小得多，并且来自小肠的消化酶在大肠中仍起到消化作用。大肠内的微生物也能产生 B 族维生素和维生素 K，并被大肠吸收。微生物消化过程产生的气体从肛门排出，少量有毒物质随粪便排出，少部分被吸收后经肝解毒。大肠的一个重要作用是重吸收食糜中的水分。

第五节　瘤胃微生物及研究方法

瘤胃内有大量微生物，是微生物发酵的主要场所。牛通过唾液分泌、分解产物吸收、食糜外流、瘤胃运动及瘤胃上皮分泌等机制维持瘤胃内环境的相对稳定，为微生物发酵创造条件。瘤胃微生物的研究方法，包括经典传统的计数培养法、分子生态学法和瘤胃微生物文库的构建等方法。

一、瘤胃微生物

瘤胃内栖息着复杂、多样的各种微生物，包括瘤胃细菌、厌氧真菌、瘤胃原虫以及少数噬菌体。初生犊牛瘤胃内无微生物，出生后从环境中接触到各种微生物，经过反复的选择、适应、定殖，微生物在瘤胃内形成特定的区系，与宿主之间形成共生关系。一方面，宿主为微生物提供生长环境；另一方面，瘤胃微生物帮助消化宿主自身不能消化的植物物质。

1. 瘤胃细菌

瘤胃中细菌数为 10^{10}～10^{11}个/mL，70%黏附在饲料颗粒上，30%在瘤胃内自由流动，少数黏附在瘤胃黏膜层上或黏附在其他细菌或原虫体上。按其功能，瘤胃细菌可分为纤维素分解菌、半纤维素分解菌、淀粉分解菌、糖分解菌、利用酸菌、蛋白分解菌、产氨菌、产甲烷菌、脂肪分解菌、维生素合成菌等。一种细菌往往兼有多种功能。

2. 厌氧真菌

20 世纪 70 年代末才发现这类微生物是瘤胃微生物区系内一个重要组成部分，其中最重要的一类厌氧真菌是藻红真菌属的真菌。厌氧真菌的功能在于它是首先侵袭植物纤维结构的瘤胃微生物，它从内部使木质纤维强度降低，使其易于在反刍时破碎，这样就为瘤胃纤维分解菌在这些碎粒上栖息、繁殖创造了条件。

3. 瘤胃原虫

在瘤胃微生物中原虫数为 10^5～10^6 个/mL，有 30 种以上的原虫，主要属于纤毛虫纲，少数属于鞭毛虫纲，均为专性厌氧微生物。饲料类型不同，瘤胃中原虫的种类和数量也不一样。牛采食以纤维性饲料为主的饲料时，瘤胃内原虫浓度低（$<10^5$ 个/mL）。可是，采食淀粉和可溶性糖含量高的饲料时，每毫升胃液内原虫浓度高达 4×10^6 个/mL。原虫可以利用纤维素，但主要是发酵食糜中的淀粉和可溶性糖。原虫将这些营养物质同化后，在体内以聚糊精形式储存，从而降低瘤胃液中淀粉和可溶性糖的浓度，控制瘤胃中挥发性脂肪酸的生成，达到维持 pH 稳定的目的，这是原虫在反刍动物营养方面的正效应。然而，原虫在营养方面也存在负效应：首先，由于原虫大量吞食瘤胃内厌氧细菌和真菌，使饲料中纤维物质的利用率降低；其次，由于原虫在瘤胃滞留时间长，大部分原虫由于自溶而死亡，很少能进入皱胃和小肠作为微生物蛋白为宿主所利用。Leng(1987) 认为，对于采食低质饲草为主的反刍动物，驱除原虫可提高进入小肠的氨基酸数量，提高其采食量和生产性能。目前，对驱除原虫的看法不一致。

4. 瘤胃微生物之间的关系

瘤胃微生物之间存在着相互制约、相互依存的共生关系。从瘤胃细菌之间的相互作用看，在瘤胃内一类细菌是发酵饲料中的主要养分，而另一类细菌则是发酵前一类细菌产生的产物。如瘤胃中同时存在多种纤维素分解菌和其他菌类，直接协同参与纤维素分解过程。同时，还有其他许多细菌，虽然不直接分解纤维素，但能够发酵纤维素降解的代谢产物，从而有助于纤维素的继续分解。此外，纤维分解菌的生长与繁殖所需的简单含氮物也是靠其他微生物的代谢产物所提供的。瘤胃内菌群之间的这种协同作用，使瘤胃内营养物质的消化代谢得以正常进行。

在瘤胃中，细菌与原虫之间存在拮抗和协同两种关系。当瘤胃中原虫完全消失时，细菌数量明显增加；接种原虫后，细菌数减少，可能是由于原虫的生长与细菌对食物的竞争和细菌作为食物被原虫吞食的结果。原虫每分钟约可吞食 1%的瘤胃细菌。虽然原虫的生长繁殖有赖于瘤胃细菌，但原虫也有刺激细菌繁殖的作用。以瘤胃微生物分解纤维素的能力为例，在原虫和细菌单独存在条件下，原虫的纤维素消化率为6.9%，细菌为38.1%；二者混合培养时，纤维素消化率提高到65.2%，远远超过原虫和细菌分别培养时两者的总和（45%）；甚至原虫经高温高压消毒杀灭后加入细菌培养中，也可使纤维素消化率提高至55.6%。由此可见，原虫体内含有不被高温高压破坏的、能促进细菌生长繁殖的刺激素。

5. 瘤胃微生物生长

瘤胃微生物数量处于动态平衡状态，不断产生，同时不断排出。从理论上讲，当瘤胃微生物的外流速度与微生物的繁殖速度一致时，微生物的产量最高，而且微生物的能量利用率也最高。在一定范围内，微生物的产量随着瘤胃稀释率的增加而增加。瘤胃中碳水化合物经发酵后，产生ATP（三磷酸腺苷），对微生物的维持和生长具有重要作用。在生产实践中，常用饲料可消化有机物质或能量含量来估算微生物蛋白产量。

充足的瘤胃氮源供给，才能保证瘤胃微生物的最佳生长。硫也是保证瘤胃微生物最佳生长的重要成分。瘤胃微生物的含硫氨基酸在比例上比较稳定，所以瘤胃微生物需要的硫可以由其与氮的比例来表示，N∶S为（12～15）∶1。

日粮类型与瘤胃微生物种类和发酵类型相适应。当组成日粮的饲料改变时，瘤胃微生物的种类和数量也随之改变。如日粮由粗饲料型突然变为精饲料型，乳酸发酵菌不能很快活跃起来将乳酸转为丙酸，乳酸就会积蓄起来，使瘤胃pH下降。乳酸通过瘤胃进入血液，使血液pH降低，以致发生“乳酸中毒”，严重时可危及生命。因此，日粮的变更要逐步过渡，应避免突然改变日粮。此外，瘤胃内环境条件变化也影响瘤胃微生物生长。

二、瘤胃微生物的栖息环境

1. 瘤胃内容物的干物质含量

瘤胃内容物含干物质10%～15%，含水分85%～90%。牛采食时摄入的精饲料大部分沉入瘤胃底部或进入网胃。草料的颗粒较粗，主要分布于瘤胃背囊。Euans等（1973）研究，奶牛在每天喂干草3 kg、5 kg或7 kg的情况下，不同部位的内容物干物质含量仍有明显差异：顶部或背囊为12.7%，腹囊为4.5%，网胃为4.9%。饲养水平相同时，对同一部位的干物质含量也有一定影响。

2. 瘤胃水平衡

瘤胃内容物的水分来源除饲料水和饮水外，还有唾液和瘤胃壁透入的水。以喂干草、体重530 kg的母牛为例，24 h流入瘤胃的唾液量超过100 L，瘤胃液平均50 L，24 h流出量为150～170 L。白天流入量略高于夜间流入量。通常将每小时离开瘤胃的流量占瘤胃液容积的比例称为稀释率。喂颗粒饲料的牛平均流量为每小时18%瘤胃液体容积，即9 L/h。泌乳牛流量比干乳牛高30%～50%。以体重50 kg的绵羊为例说明瘤胃水平衡情况。瘤胃液约占反刍动物机体总水量的15%，而每天以唾液形式进入瘤胃的水分占机体总水量的30%，同时瘤胃液又以占机体总水量30%左右的比例进入瓣胃，经过瓣胃的水分60%～70%被吸收。此外，瘤胃内水分还通过强烈的双向扩散作用与血液交流，其量可超过瘤胃液10倍之多。瘤胃可以看作体内的蓄水库和水的转运站。在生产实践中，如能通过调控瘤胃水平衡来提高瘤胃稀释率，则可提高瘤胃微生物蛋白进入小肠的数量。

3. 瘤胃温度

瘤胃正常温度为39～41 ℃。与肛温相比，瘤胃温度易受饲料、饮水等因素影响。采食易发酵饲料，可使瘤胃温度高达41 ℃；饮水时，瘤胃温度降低，当饮用25 ℃的水时，会使瘤胃温度下降5～10 ℃，经 2 h 后才能恢复到瘤胃正常温度。瘤胃部位不同，温度也有差异，一般腹侧温度高于背侧温度。

4. 内容物相对密度

瘤胃内容物的相对密度平均为 1.038(1.022～1.055)。放牧牛为 0.80～1.01。瘤胃内容物的颗粒越大则相对密度越小，颗粒越小则相对密度越大。

5. 瘤胃 pH

瘤胃 pH 为 5.0～7.5，低于 6.5 对纤维素消化不利。瘤胃 pH 易受日粮性质、采食后测定时间和环境温度的影响。喂低质草料时，瘤胃 pH 较高。喂苜蓿和压扁的玉米时，瘤胃 pH 降至 5.2～5.5。大量喂淀粉或可溶性碳水化合物可使瘤胃 pH 降低。采食青贮饲料时，pH 通常降低。饲后 2～6 h，瘤胃 pH 降低。瘤胃背囊和网胃内 pH 较瘤胃其他部位略高。

6. 渗透压

一般情况下，瘤胃内渗透压比较稳定，平均为 260～340 mOsmol/kg。饲喂前瘤胃内渗透压一般比血液中渗透压低，而喂后数小时转变为高于血液，然后又渐渐转变为饲喂前水平。饮水可导致瘤胃渗透压下降，数小时后恢复正常。高渗透压对瘤胃功能有影响，当达到 350～380 mOsmol/kg 时，可使反刍停止。体外试验表明，达到 400 mOsmol/kg，纤维素消化率下降。

7. 缓冲能力

瘤胃 pH 在 6.8～7.8 时具有良好的缓冲能力，超出这个范围则缓冲能力显著降低。缓冲能力的差变与碳酸氢盐、磷酸盐、挥发性脂肪酸的浓度有关。在通常瘤胃 pH 范围内，重要的缓冲物为碳酸氢盐和磷酸盐。饲料粉碎后对缓冲能力的影响很小。饮水对缓冲能力的影响主要是因为稀释了瘤胃液。对绝食的牛，碳酸氢盐比磷酸盐更重要。当 $pH<6$ 时，对于发酵来说，磷酸盐相对比较重要。

8. 氧化还原电位

瘤胃内经常活动的菌群主要是厌氧菌群，使瘤胃内氧化还原电位保持在－450～－250 mv。负值表示还原作用较强，瘤胃处于厌氧状态；正值表示氧化作用强或瘤胃处于需氧状态。在瘤胃气体中，二氧化碳占 50%～70%，甲烷占 20%～45%，还有少量的氢、氮、硫化氢等，几乎没有氧的存在。有时瘤胃气体中含 0.5%～1%的氧气，主要是随饲料和饮水带入的。不过，少量好氧菌能利用瘤胃内的氧，使瘤胃内仍能保持很好的厌氧条件和还原状态，保证厌氧微生物连续生存和发挥作用。

9. 表面张力

通常瘤胃液的表面张力为 $(5\sim6)\times10^{-4}$ N/cm^2。饮水和表面活性剂（如洗涤剂、硅、脂肪）可降低瘤胃液的表面张力。表面张力和黏度都增高时会产生气泡，造成瘤胃的气泡臌气。饲喂饲料和小颗粒饲料时，可使瘤胃内容物黏度增高，表面张力增加，在 pH 5.5～5.8 和 pH 7.5～7.8 时黏度最大。

三、瘤胃细菌的培养计数、分类和保藏方法

瘤胃内细菌种类很多，但多为厌氧菌。Hungate(1966) 根据细菌分解功能的不同将瘤胃细菌分成 11 类，即纤维素分解菌、半纤维素分解菌、淀粉分解菌、利用糖的细菌、利用酸的细菌、蛋白质分解菌、产氨细菌、产甲烷菌、脂肪分解菌、尿素分解菌和维生素合成菌。根据形态大致可分为球菌、链状球菌、短杆菌、长杆菌、链状杆菌、卵形杆菌、尖端杆菌、弧菌和螺旋菌等。

1. 瘤胃细菌的培养计数

(1) 试剂。

① 盐溶液 A。3.0 g K_2HPO_4，用水溶解并定容到 1 000 mL。

② 盐溶液 B。3.0 g KH_2PO_4，6.0 g $(NH_4)_2SO_4$，6.0 g NaCl，0.6 g $MgSO_4 \cdot 7H_2O$，0.2 g $CaCl_2 \cdot 2H_2O$，用水溶解并定容到 1 000 mL。

③ 盐溶液 C。6.0 g K_2HPO_4，用水溶解并定容到 1 000 mL。

④ 盐溶液 D。6.0 g KH_2PO_4，6.0 g $(NH_4)_2SO_4$，12.0 g NaCl，2.5 g $MgSO_4 \cdot 7H_2O$，1.6 g $CaCl_2 \cdot 2H_2O$，用水溶解并定容到 1 000 mL。

⑤ 厌氧稀释液。3.8 mL 盐溶液 C，3.8 mL 盐溶液 D，5 mL 8% Na_2CO_3，1 mL 0.1%刃天青，用水溶解并定容到 1 000 mL。

⑥ 微量元素溶液。300 g H_3BO_3，100 g $ZnSO_4 \cdot 7H_2O$，30 g $MnCl_2 \cdot 4H_2O$，20 g $CoCl_2 \cdot 6H_2O$，30 g $Na_2MoO_4 \cdot 2H_2O$，10 g Na_2SeO_3，20 g $NiCl_2$，10 g $CuCl_2 \cdot 2H_2O$，150 g $FeCl_2 \cdot 4H_2O$，将上述试剂溶于 100 mL 的 0.25 mol/L 盐酸溶液中，用水定容到 1 000 mL。

⑦ VFA 混合溶液。17.0 mL 乙酸，6.0 mL 丙酸，4.0 mL 丁酸，1.0 mL 正戊酸，1.0 mL 异戊酸，1.0 mL 异丁酸，用水溶解并定容到 1 000 mL。

澄清瘤胃液：经 4 层纱布过滤后的瘤胃液于 10 000×g、4 ℃下离心 30 min，上清液冷冻保存。

⑧ 完全耗竭瘤胃液。在发酵瓶中加入 35 mL 盐溶液 C、35 mL 盐溶液 D 和 300 mL 蒸馏水，通入 CO_2 15 min 后，加入 2 mL 2.5%（W/V）半胱氨酸，再通入 CO_2 除氧 5 min，盖上瓶塞，若需要储存此溶液，应高压蒸汽灭菌后再保存。

将经 4 层纱布过滤后的瘤胃液 300 mL 添加到装有上述溶液的发酵瓶中，使瘤胃液含量达到 40%，通入 CO_2。用 1.0 mol/L Na_2CO_3 调节 pH 至 6.8，盖上瓶塞，培养 3～5 d，每次通入 CO_2 后，均用 1.0 mol/L Na_2CO_3 调节 pH。瘤胃液培养结束后，在 10 000×g，4 ℃下离心 30 min，上清液冷冻保存。

⑨ 淀粉分解菌培养基。将 15.0 mL 盐溶液 A，15.0 mL 盐溶液 B，30 mL 完全耗竭瘤胃液，1 mL 0.01%刃天青，0.5 g 可溶性淀粉，0.05 g 盐酸半胱氨酸，0.6 g $NaHCO_3$，0.1 mL 微量元素溶液，用水溶解并定容到 1 000 mL。

⑩ 纤维分解菌培养基。将 15.0 mL 盐溶液 A，15.0 mL 盐溶液 B，30 mL 完全耗竭瘤胃液，1 mL 0.01%刃天青，0.2 g 球磨纤维素，0.8 g $NaHCO_3$，0.05 g 盐酸半胱氨酸，0.05 g 胰酶解酪蛋白，0.05 g 酵母浸提物，0.1 mL 微量元素溶液，0.31 mL VFA 混合液，1 mg 氯化血红素，用水溶解并定容到 1 000 mL。

⑪ 蛋白分解菌培养基。将 15.0 mL 盐溶液 A，15.0 mL 盐溶液 B，30 mL 完全耗竭瘤胃液，1 mL 0.01%刃天青，1.00 g 可溶性酪蛋白，0.05 g 盐酸半胱氨酸，0.6 g $NaHCO_3$，0.1 mL 微量元素溶液，0.05 g 酵母浸提物，0.05 g 可溶性淀粉，0.05 g 葡萄糖，0.05 g 麦芽糖，0.05 g 木聚糖，用水溶解并定容到 1 000 mL。

⑫ 总细菌培养基。将 15 mL 盐溶液 A，15 mL 盐溶液 B，30 mL 离心澄清瘤胃液，0.05 g 盐酸半胱氨酸，0.8 g $NaHCO_3$，0.1 mL 微量元素溶液，0.31 mL VFA 混合液，1.00 g 可溶性酪蛋白，0.05 g 纤维二糖，0.05 g 葡萄糖，0.2 mL 70%乳酸钠，0.05 g 胰酶解酪蛋白，0.05 g 可溶性淀粉，0.05 g 麦芽糖，0.05 g 木聚糖，0.05 g 果胶，用水溶解并定容到 1 000 mL。

⑬ 储存培养基。将 20 mL 盐溶液 C、20 mL 盐溶液 D、300 mL 甘油、300 mL 蒸馏水混合摇匀，即为储存培养基（McSweendy et al.，2005）。

MRS 培养基：将 1%蛋白胨，1%牛肉膏，0.5%酵母膏，2%葡萄糖，0.2%柠檬酸二铵，0.2% K_2HPO_4，0.5% $CH_3COONa \cdot 3H_2O$，0.058% $MgSO_4 \cdot 7H_2O$，0.025% $MnSO_4 \cdot 4H_2O$，0.1% 吐

温-80，加入2%琼脂，调节pH 6.2～6.4，121 ℃高压蒸汽灭菌15 min，即为MRS固体培养基。

⑭ 革兰氏染色液。

a. 结晶紫染液。将2.5 g结晶紫研细后，加入25.0 mL 95%乙醇溶解；将1.0 g草酸铵溶于100.0 mL蒸馏水；将上述两液混合即成。

b. 卢哥氏碘液。将1.0 g I_2和2.0 g KI溶于300 mL蒸馏水中。也可以先将KI溶解在部分蒸馏水中，把I_2溶解在此KI溶液中，然后加入其余的蒸馏水。

c. 番红染色液。2.0 g番红溶于100 mL蒸馏水。

⑮ TE(pH 8.0)。10 mmol/L Tris-HCl(pH 8.0)，1 mmol/L EDTA(pH 8.0)（在150 mL水中加入2 mL 1 mol/L Tris-HCl和0.4 mL 0.5 mol/L EDTA），加水定容至200 mL，0.1 MPa，121.5 ℃高压蒸汽灭菌30 min备用。

（2）仪器材料。恒温培养箱、恒温水浴锅、CO_2气瓶、高压蒸汽灭菌锅、压盖器、天平、显微镜测微尺、超净工作台。

（3）操作步骤。

① 厌氧培养基的制备。所有热稳定性培养基溶液，需要水浴沸腾5 min去除溶解氧。加入刃天青后，将过铜氧柱的CO_2持续通入培养基中，当培养基颜色变红时，添加盐酸半胱氨酸，还原溶液中残余的氧气；当培养基颜色变成加入刃天青之前的颜色时，快速分装到事先经通入CO_2除氧的小瓶中，盖上胶塞，压实铝盖，121 ℃高压蒸汽灭菌，制备好的厌氧培养基（图6-4）在4 ℃冰箱内保存备用。

② 瘤胃细菌样品的采集和处理。早晨饲喂后2～3 h，在瘤胃上、中、下不同部位取瘤胃液混合后，经4层纱布过滤，取大约150 mL，10 000×*g*离心10 min，弃去上清液。沉淀用50 mL TE洗涤，重新形成悬浊液，用于瘤胃液微生物分析样品。

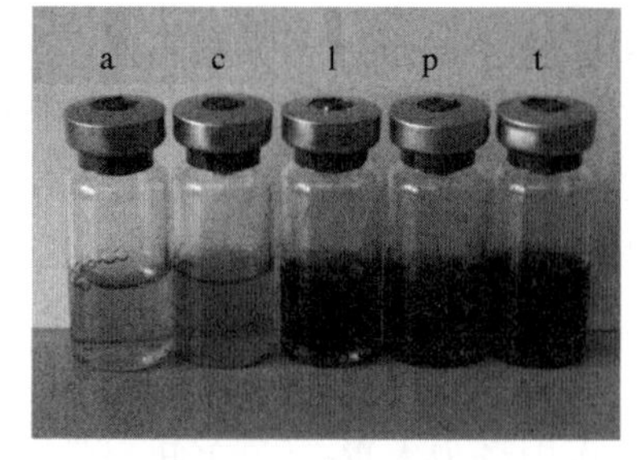

图6-4 制备好的厌氧培养基

a. 淀粉分解菌培养基 c. 纤维分解菌培养基
l. MRS培养基 p. 蛋白分解菌培养基
t. 总细菌培养基

另取混合瘤胃液食糜约50 g，350×*g*下低速离心15 min，将上清液转入另一离心管，上清液在10 000×*g*离心20 min，弃上清液，沉淀用50 mL TE洗涤，重新形成悬浊液作为联合部分微生物分析样品。

食糜经过低速离心的沉淀部分，用25 mL厌氧稀释液和3.75 mL吐温-80浸泡，冰浴静置2.5 h。然后再经过350×*g*离心15 min，保留上清液。将此上清液在10 000×*g*下离心20 min，弃去上清液，沉淀用50 mL TE洗涤，重新形成悬浊液，作为固相瘤胃微生物分析样品。

③ 瘤胃细菌的培养。瘤胃细菌的培养必须在厌氧条件下进行，可接种于装有厌氧培养基的厌氧管或厌氧装置中进行培养，也可以在厌氧培养箱中进行接种和培养。培养温度为39 ℃。厌氧菌的培养方法很多，如厌氧箱法、厌氧袋法、厌氧罐法。下面介绍一种更简便的滚管培养法。

取采集的瘤胃固、液两相混合滤液10 mL加入40 mL 1%的吐温-80后装入一封口袋，向封口袋里连续通入CO_2，以保持厌氧状态。将经过吐温-80 1∶4稀释的瘤胃液进行10倍梯度稀释。在无氧无菌条件下，用无菌注射器吸取0.5 mL混合液样品，加入装有经除氧灭菌的4.5 mL稀释液瓶中，用振荡器将其混合均匀，即制成0.2×10^{-1}稀释液。用无菌注射器吸取0.5 mL 0.2×10^{-1}稀释液至另一装有4.5 mL稀释液的瓶中，制成0.2×10^{-2}稀释液。依此进行10倍梯度稀释。

④ 接种。从4 ℃冰箱中取出已准备好的培养基，在121 ℃高温下将其融化并待温度适宜时（大约60 ℃）开始接种。选择3个合适的稀释度进行接种，每个稀释度设3～5个重复，每管用灭菌注射

器接种 0.1 mL 或 0.2 mL。将接种液与培养基充分混合后立即放到冰水中迅速滚动，使培养基能在管壁上均匀分布凝固。然后放到 39 ℃的培养箱中培养，培养 5～10 d 后，待管壁形成清晰可见的菌落后（图 6-5），即可进行计数。

图 6-5　接　种

⑤ 菌落计数。

a. 直接计数法。根据两项原则选择稀释度：一是选择菌落数为 30～100 CFU/mL 的稀释度；二是在同一稀释度下，不同滚管间菌落数比较均匀的。选择合适的稀释度后，进行菌落计数，计算原则如下（GB/T 4789.2—2003）。

若平均菌落数在 30～300 CFU/mL 的稀释度，平均菌落数乘以稀释倍数为实际菌落数；若有两个稀释度，其生长的菌落数均在 30～300 CFU/mL，则视两者菌落数之比来决定。若其比值小于或等于 2，其平均数乘以稀释倍数为实际菌落数；若大于 2，则以其中较小的菌落数计算。若所有稀释度的平均菌落数均不介于 30～300 CFU/mL，则以最接近 30 CFU/mL 或 300 CFU/mL 的平均菌落数乘以稀释倍数计算。

b. MPN 计数法。最大或然数（most probable number，MPN）计数法又称稀释培养计数法，适用于测定在一个混杂的微生物群落中虽不占优势，但却具有特殊生理功能的类群。其特点是利用待测微生物特殊生理功能的选择性来摆脱其他微生物类群的干扰，并通过该生理功能的表现来判断该类群微生物的存在和丰度。缺点是结果较粗放，只有在因某种原因不能使用平板计数时采用。MPN 计数法精确性高于直接计数法（McSweeney et al.，2001）。

将瘤胃微生物样品进行一系列稀释，稀释的原则是将 1 mL 的稀释液接种到新鲜培养基中没有或极少出现生长繁殖为止。根据没有生长的最低稀释度与出现生长的最高稀释度，采用最大或然数理论，计算出样品单位体积中细菌数的近似值。例如，瘤胃微生物样品经多次 10 倍稀释后，一定量菌液中细菌可以极少或无菌，然后每个稀释度取 3～5 个重复接种于适宜的液体培养基中。培养后，将有菌液生长的最后 3 个稀释度（即临界级数）中出现细菌生长的管数作为数量指标，由最大或然数表（表 6-12）上查出近似值，再乘以数量指标第 1 位数的稀释倍数，即为原样液中的含菌数。

2. 瘤胃细菌分类

(1) 镜检分类法。经显微镜观察细菌的形态、大小及革兰氏染色特性，可把瘤胃细菌分成不同的类群（表 6-13）。

① 形态观察。在油镜下观察细菌形态，可分成杆状、球形状、弧形状等。

② 细菌大小。使用显微镜测微尺测定菌体大小。显微镜测微尺包括目镜测微尺和镜台测微尺，需两者配合使用。目镜测微尺是在目镜的焦面上装有有刻度的镜片而成的，其每格值为 0.1 mg/L，镜台测微尺为一特制的载玻片，其中央有刻度，每格的值为 0.01 mg/L。测微尺使用步骤如下。

a. 把目镜的上透镜旋下，将目镜测微尺的刻度朝下轻轻地装入目镜的隔板上，把镜台测微尺置于载物台上，刻度朝上。

b. 选择合适放大倍数的物镜观察，对准焦距，视野中看清镜台测微尺的刻度后，转动目镜，使目镜测微尺与镜台测微尺的刻度平行，移动推动器，使两尺重叠，再使两尺的“0”刻度完全重合。

c. 定位后，向右寻找两尺完全重合的刻度，计算“0”刻度到重合刻度之间目镜测微尺的格数和镜台测微尺的格数。

d. 移去镜台测微尺，换上待测标本片，用校正好的目镜测微尺在同样放大倍数下测量细菌大小。

表 6-12 最大或然数表，lg MPN 表（10 倍稀释，每个稀释度 5 个重复）

阳性试管数			MPN（相当于第1稀释管 1 mL）	lg MPN	阳性试管数			MPN（相当于第1稀释管 1 mL）	lg MPN
第 1 稀释管	第 2 稀释管	第 3 稀释管			第 1 稀释管	第 2 稀释管	第 3 稀释管		
0	0	0	0	—	5	0	0	2.3	0.362
0	1	0	0.18	0.255～1	5	0	1	3.1	0.491
1	0	0	0.20	0.301～1	5	1	0	3.3	0.519
1	1	0	0.40	0.602～1	5	1	1	4.6	0.663
2	0	0	0.45	0.653～1	5	2	0	4.9	0.690
2	0	1	0.68	0.833～1	5	2	1	7.0	0.845
2	1	0	0.68	0.833～1	5	2	2	9.5	0.978
2	2	0	0.93	0.968～1	5	3	0	7.9	0.898
3	0	0	0.78	0.892～1	5	3	1	11.0	1.041
3	0	1	1.10	0.041	5	3	2	14.0	1.146
3	1	0	1.10	0.041	5	4	0	13.0	1.114
3	2	0	1.40	0.146	5	4	1	17.0	1.230
4	0	0	1.30	0.114	5	4	2	22.0	1.342
4	0	1	1.70	0.230	5	4	3	28.0	1.447
4	1	0	1.70	0.230	5	5	0	24.0	1.380
4	1	1	2.10	0.322	5	5	1	35.0	1.544
4	2	0	2.20	0.342	5	5	2	54.0	1.732
4	2	1	2.60	0.415	5	5	3	92.0	1.964
4	3	0	2.70	0.431	5	5	4	160.0	2.204
5	0	0	2.30	0.362	5	5	5	>180.0	>2.255

③ 革兰氏染色特性。菌体通过革兰氏染色后，观察菌体颜色，蓝紫色为革兰氏阳性，粉红色为革兰氏阴性。染色步骤如下。

a. 涂片。滴 1 滴蒸馏水于载玻片上，取一环菌均匀涂布。

b. 晾干。涂片自然晾干或者在酒精灯火焰上方温火烘干。

c. 固定。手执载玻片一端，让菌膜朝上，通过火焰 2～3 次固定（以不烫手为宜）。

d. 染色。将载玻片置于废液缸的搁架上，滴加适量（盖满细菌涂面）的结晶紫染色液，染色 1～3 min。

e. 水洗。倾去染色液，用水小心地冲洗。

f. 媒染。滴加卢哥氏碘液，媒染 1～3 min。

g. 水洗。用水洗去碘液。

h. 脱色。将载玻片倾斜，连续滴加 95%乙醇脱色 20～25 s，至流出液无色，立即水洗。

i. 复染。滴加番红染色液复染 1～2 min。

j. 水洗。用水洗去载玻片上的番红染色液。

k. 晾干。将染好的载玻片放在空气中晾干或者用吸水纸吸干。

l. 镜检。分别用低倍镜、高倍镜和油镜观察，并判断菌体的革兰氏染色反应性。

(2) 选择性培养分类法。选择性培养分类法是用选择性培养基有选择性地培养瘤胃微生物的方法。根据培养基底物的不同和降解底物偏好，可将瘤胃细菌分成淀粉分解菌、蛋白分解菌和纤维分解菌。

表 6－13　瘤胃细菌形态特征分类表

菌群	革兰氏染色性	形 态	大小（μm）	菌形
1	—	球菌	0.3～1.0	
2	不定	球菌	1～1.7	
3	不定	链状球菌	1～1.7	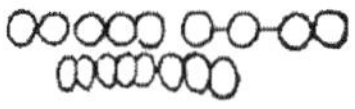
4	+	球菌	0.5～1.1	
5	+	链状球菌	0.5～1.1	
6	—	曲玉样杆菌	0.75～1.1	
7	—	弧菌（小型）	(0.2～0.4)×(0.8～4)	
8	—	弧菌（中型）	(0.4～0.7)×(1.7～4.5)	
9	—	弧菌（大型）	(0.7～1.5)×(2.6～7)	
10	—	螺旋菌（小型）	(0.3～0.5)×(2～3)	
11	—	螺旋菌（中型）	(0.2～0.35)×(3～8)	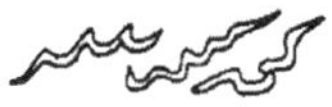
12	—	螺旋菌（大型）	(0.3～0.5)×(3～10)	
13	—	杆菌（小型）	(0.35～0.7)×(0.9～2)	
14	—	杆菌（中型）	(0.7～0.9)×(1.2～3)	
15	—	杆菌（大型）	(0.9～1.7)×(1.8～4.5)	
16	—	卵形杆菌	(0.75～1.5)×(1.5～2.5)	
17	—	尖端性杆菌	(0.6～1.3)×(1～2.7)	
18	—	尖端性二连杆菌	(0.3～1.1)×(1.1～1.8)	
19	+	杆菌（小型）	(0.45～0.65)×(0.65～1.2)	
20	+	杆菌（中型）	(0.45～0.76)×(1.2～2.1)	
21	—	细长杆菌	(0.2～0.3)×(2～8)	
22	不定	有孢子杆菌	(0.6～1.2)×(1.5～4)	
23	+	链状杆菌	(0.3～0.7)×(1～3)	

采集新鲜瘤胃液，梯度稀释后，将稀释瘤胃液接种于选择性培养基（淀粉分解菌培养基、蛋白分解菌培养基和纤维分解菌培养基）中，39 ℃厌氧培养 5～10 d，待管壁出现清晰可见的菌落后，在无菌条件下用无菌环挑取单菌落涂片，经过革兰氏染色后进行显微镜观察。

常见淀粉分解菌、蛋白分解菌和纤维分解菌分类见表 6－14。

3. 瘤胃细菌保存

瘤胃细菌能在－70 ℃的厌氧稀释液中保存至少几年，如果使用专门的厌氧培养基则保存效果更好。

厌氧操作下添加 3 mL 储存培养基到 10 mL 玻璃试管中，盖上丁基胶塞，121 ℃，高压蒸汽灭菌 20 min。保存时，须接种处于生长对数期的微生物培养物，接种 4 mL 培养物到含有储存培养基的玻璃试管中，盖上胶塞迅速置于－70 ℃冷冻保存。

表 6-14 瘤胃淀粉分解菌、蛋白分解菌和纤维分解菌分类表

分类	菌名	形状	大小（μm）	鞭毛	革兰氏染色	厌氧类型
淀粉分解菌	牛链球菌（*Streptococcus bovis*）	圆形或卵圆形	直径 0.9～1.0	无	阳性	兼性厌氧或严格厌氧或耐氧
淀粉分解菌（蛋白分解菌）	嗜淀粉瘤胃杆菌（*Ruminobacter amylophilus*）	卵球形或圆端长杆状、不规则弧形	长 1.0～3.0，直径 1.0	无	阴性	严格厌氧
淀粉分解菌（蛋白分解菌）	普雷沃氏菌（*Prevotella*）	多型性杆状或球状	长 0.8～3.0，直径 0.5～1.0	无	阴性	严格厌氧
淀粉分解菌	溶淀粉琥珀酸单胞菌（*Succinimonas amylolytica*）	圆头直杆或卵圆形	长 1.0～3.0，直径 1.0～1.5	端生鞭毛	阴性	严格厌氧
淀粉分解菌（乳酸利用菌）	反刍兽新月形单胞菌（*Selenomonas ruminantium*）	似新月形或半月形	长 3.0～6.0，直径 0.9～1.1	侧生多鞭毛	阴性	严格厌氧或耐少量氧
淀粉分解菌	双歧杆菌（*Bifidobacterium*）	杆状，分叉呈 Y 形或 V 形	—	无	阳性	严格厌氧
纤维分解菌	瘤胃球菌（*Ruminococcus*）	球形	直径 0.7～1.5	无	阳性	严格厌氧
纤维分解菌	产琥珀酸丝状杆菌（*Fibrobacter succinogenes*）	杆状、球状或卵状	长 1.0～2.0，直径 0.3～0.4	无	阴性	严格厌氧
纤维分解菌（蛋白分解菌）	溶纤维丁酸弧菌（*Butyrivibrio fibrisolvens*）	弧状杆菌	长 2.0～5.0，直径 0.4～0.6	端生鞭毛	阳性	严格厌氧
纤维分解菌	梭菌（*Clostridium*）	杆状	长 3.0～6.0，直径 0.8	周鞭毛	阴性	严格厌氧

四、瘤胃真菌的培养计数和保存方法

真菌类（fungi）是有核、缺乏光合成色素、能进行有性的或无性繁殖的生物群。更多情况下，它由线状的分支营养体构成，形成孢子。细胞壁的主要成分包含几丁质或纤维素，但也有例外，如酵母菌，是以单细胞为主体的菌类。

瘤胃真菌可分泌多种降解纤维素的酶，有很强的穿透能力和降解纤维素的能力，可以降解无法被细菌和纤毛虫降解的木质素纤维物质（郭冬生等，2006）。研究瘤胃真菌不仅可以提高草食动物对粗纤维的利用率，而且对开发功能基因生产酶制剂也具有重要意义。但瘤胃真菌生长条件复杂，培养难度较大。

1. 试剂

（1）澄清瘤胃液。经 4 层灭菌纱布过滤后的新鲜瘤胃液在 25 000×*g*，4 ℃下离心 30 min，上清液冷冻保存。

（2）盐溶液。

① 盐溶液 A。3.0 g K_2HPO_4，用蒸馏水溶解并定容到 1 000 mL。

② 盐溶液 B。3.0 g KH_2PO_4，6.0 g $(NH_4)_2SO_4$，6.0 g NaCl，0.6 g $MgSO_4 \cdot 7H_2O$，0.2 g $CaCl_2 \cdot 2H_2O$，用蒸馏水溶解并定容到 1 000 mL。

（3）麦秸培养基。

① 150 mL 盐溶液 A，150 mL 盐溶液 B，300 mL 澄清瘤胃液，6 g $NaHCO_3$，10 g 酪蛋白，2.5 g 酵母提取物，0.3 mL 0.1%刃天青，用蒸馏水溶解并定容到 1 000 mL。

② 以上培养基溶液加热到 60 ℃，保持搅拌 1 h，持续通入经过过铜氧柱的 CO_2 去除氧气。

③ 当培养基颜色从蓝色变成淡红色时，添加 0.5 g 盐酸半胱氨酸，还原去除溶液中残余的氧气。

④ 当培养基无色时，快速分装到事先通入经 CO_2 除氧的小瓶中，每瓶 5 mL，小瓶中事先称取了 0.05 g 麦秸作为碳源，盖上胶塞，压实铝盖，于 115 ℃高压蒸汽灭菌 20 min，即为麦秸培养基。

⑤ 将氯霉素在无菌无氧条件下制备成 125 mg/L 液体，然后用无菌注射器注射 0.1 mL 氯霉素液到麦秸培养基中，使培养基中氯霉素的最终浓度达到 0.025 mg/mL。

（4）10%无菌甘油。10 g 甘油，100 mL 双蒸水，通入 CO_2 除氧 10 min，分装到小瓶中，每瓶 1 mL，盖上丁基胶塞，115 ℃高压蒸汽灭菌 20 min。

（5）真菌琼脂培养基。

① 150 mL 盐溶液 A，150 mL 盐溶液 B，300 mL 澄清瘤胃液，6 g $NaHCO_3$，10 g 酪蛋白，2.5 g 酵母提取物，4.5 g 葡萄糖，18 g 琼脂，0.3 mL 0.1%刃天青，蒸馏水溶解并定容到 1 000 mL。

② 以上培养基溶液加热到 60 ℃，保持搅拌 1 h，持续通入经过过铜氧柱的 CO_2 去除氧气。

③ 当培养基颜色从蓝色变成淡红色时，添加 0.5 g 盐酸半胱氨酸，还原去除溶液中残余的氧气。

④ 当培养基无色时，快速分装到事先通入 CO_2 除氧的小瓶中，每瓶 2 mL，盖上胶塞，压实铝盖，于 115 ℃高压蒸汽灭菌 20 min，即为真菌琼脂培养基。

⑤ 将氯霉素在无菌无氧条件下制备成 125 mg/L 液体，然后用无菌注射器注射 0.1 mL 氯霉素液到真菌琼脂培养基中，使培养基中氯霉素的最终浓度达到 0.025 mg/mL。

（6）纤维二糖培养基。

① 150 mL 盐溶液 A，150 mL 盐溶液 B，300 mL 澄清瘤胃液，6 g $NaHCO_3$，10 g 酪蛋白，2.5 g 酵母提取物，0.3 mL 0.1%刃天青，蒸馏水溶解并定容到 1 000 mL。

② 以上培养基溶液加热到 60 ℃，保持搅拌 1 h，持续通入经过过铜氧柱的 CO_2 去除氧气。

③ 当培养基颜色从蓝色变成淡红色时，添加 0.5 g 盐酸半胱氨酸，还原去除溶液中残余的氧气。

④ 当培养基无色时，快速分装到事先通入 CO_2 除氧的小瓶中，每瓶 5 mL，小瓶中事先称取了 0.05 g 纤维二糖作为碳源，盖上胶塞，压实铝盖，于 115 ℃高压蒸汽灭菌 20 min，即为纤维二糖培养基。

⑤ 将氯霉素在无菌无氧条件下制备成 125 mg/L 液体，然后用无菌注射器注射 0.1 mL 氯霉素液到纤维二糖培养基中，使培养基中氯霉素的最终浓度达到 0.025 mg/mL。

2. 仪器

恒温培养箱、恒温水浴锅、CO_2 气瓶、高压蒸汽灭菌锅、天平、压盖器、显微镜、超净工作台。

3. 步骤

（1）真菌继代培养。

① 将含真菌的瘤胃内容物接种到事先预热到 39 ℃的麦秸培养基中，39 ℃进行增菌培养 3 d。

② 将麦秸培养基琼脂融化后冷却到 50 ℃左右。

③ 将 0.5 mL 麦秸培养基增菌培养后的菌液接种到真菌琼脂培养基中，使用滚管法将菌液与真菌琼脂培养基充分混合后均匀分布在管壁上。39 ℃培养 2 d 后观察管壁生长的菌落。

④ 在无菌无氧条件下（厌氧培养箱中操作）打开真菌琼脂培养基，挑取单菌落接种到纤维二糖培养基中。39 ℃培养 3 d。

⑤ 取 0.5 mL 纤维二糖培养基培养后的菌液接种到真菌琼脂培养基中，使用滚管法将菌液与真菌琼脂培养基充分混合后均匀分布在管壁上。

⑥ 反复操作④～⑤步骤，直到分出单个纯的真菌菌落。

⑦ 继代培养。每隔 2 周，用无菌枪将 0.5 mL 麦秸培养基培养的菌液接种到另一瓶新鲜麦秸培养基中培养。

(2) 真菌计数。真菌一般使用最大或然数计数法进行计数。

MPN 计数是将待测样品做一系列稀释，一直稀释到将少量（如 1 mL）的稀释液接种到新鲜培养基中没有或极少出现生长繁殖为止。根据没有生长的最低稀释度与出现生长的最高稀释度，采用最大或然数理论，可以计算出样品单位体积中细菌数的近似值。具体地说，菌液经多次 10 倍稀释后，一定量菌液中细菌可以极少或无菌，然后每个稀释度取 3～5 个重复接种于适宜的液体培养基中。培养后，将有菌液生长的最后 3 个稀释度（即临界级数）中出现细菌生长的管数作为数量指标，由最大或然数表（表 6-12）上查出近似值，再乘以数量指标第 1 位数的稀释倍数，即为原样液中的真菌数。

(3) 真菌保存。将在麦秸培养基中培养 48 h 的新鲜培养物用接种环厌氧接种于无菌甘油中，盖上丁基胶塞，压上铝盖，置于液氮罐中，可深度低温保存 10 年（Yarlett et al.，1986）。

(4) 真菌复苏。深度低温保存真菌的复苏步骤如下。

① 菌种复苏前，先将装有灭菌麦秸培养基的小瓶置于 39 ℃水浴中预热至少 1 h。

② 氯霉素无菌无氧条件下制备成 125 mg/L 液体，然后用无菌注射器注射 0.1 mL 氯霉素液到麦秸培养基小瓶中，使培养基中氯霉素的最终浓度达到 0.025 mg/mL。

③ 将保存菌种从液氮中取出置于室温下，一旦甘油融化，无菌无氧条件下用接种环将保存菌接种到预热的麦秸培养基中，盖上胶塞，39 ℃下静置培养。

④ 每天通过观察培养基的混浊度来判断复苏情况，24～48 h 后会观察到麦秸因为菌种发酵产气而被气体顶起，复苏培养 3～5 d 后可进行继代培养。

4. 注意事项

① 配制好的厌氧培养基可在 4 ℃冰箱储存，使用前仔细观察培养基颜色，出现变色的培养基应及时剔除。

② MPN 计数法中，菌液稀释度的选择要合适，其原则是最低稀释度的所有重复都应有菌生长，而最高稀释度的所有重复无菌生长。

③ 每次继代培养前，须随机抽取 10%样品于显微镜下观测真菌形态，保证培养物的纯度。

④ 真菌琼脂培养基中添加的氯霉素须在无菌无氧条件下制备成液体，然后用无菌注射器注射到灭过菌并冷却的培养基中，否则氯霉素经过高压蒸汽灭菌后会失效。

⑤ 尽管 Yarlett 等（1986）发明了低温冷冻保存的方法来保存厌氧菌，然而实验室操作时常需要进行继代培养来维持菌种的活性。根据 Milne 等（1989）的研究，厌氧菌菌落在葡萄糖培养基中可以存活 5 d，在麦秸培养基中可以存活 15 d。因此，建议每隔 2 周进行一次继代培养（Milne et al.，1989）。在麦秸培养基中真菌发酵产生的气体会将麦秸推动到液面。随着发酵时间的延长，培养物生长将达到一个相对稳定的时期，然后漂浮在液面的麦秆开始沉降到培养瓶的底部。继代培养的最佳时间就是在麦秸被顶到液面、还没有开始下沉时。这时是培养物活跃生长期，接近生长稳定期，含有较高浓度的游离孢子（10^3个/mL）或者是成核菌体（Lowe et al.，1987）。

五、瘤胃原虫的培养计数、分类和保藏

在反刍动物瘤胃中有 30 种以上的原虫（Makkar and Mcsweeney，2005）是专性厌氧微生物。瘤胃原虫直接影响饲料中碳水化合物、含氮物质、矿物质和维生素的消化及利用，对于反刍动物瘤胃消化代谢体系具有不可替代的作用。但原虫吞噬细菌对细菌数目的影响很大，会导致微生物氮的产量降低（赵广永和冯仰廉，1993）。

1. 试剂

(1) 染色液。

① 染色液 MFS(methylgreen - formalin - sodium chloride)。将 100 mL 35%福尔马林、8.0 g NaCl、0.6 g 甲基绿加入 900 mL 蒸馏水中。

② 磷酸缓冲液。5 g NaCl、1.3 g 无水乙酸钠、0.3 g KH_2PO_4、10 gK_2HPO_4、0.1 g $MgSO_4 \cdot 7H_2O$，用 1 000 mL 蒸馏水溶解，调节 pH 6.9～7.2。

③ 卢哥氏碘液。1.0 g I_2、2.0 g KI 溶于 300 mL 蒸馏水。也可以先将 KI 溶解在少量蒸馏水中，再将 I_2 溶解在 KI 溶液中，然后加入其余的蒸馏水即成。

④ 亚甲基蓝染色液。0.5 g 亚甲基蓝溶解在 30 mL 95%乙醇中，再加 100 mL 0.01%KOH 溶液。

(2) 基础溶液。

① 盐溶液 A。3.0 g K_2HPO_4，用蒸馏水溶解并定容到 1 000 mL。

② 盐溶液 B。3.0 g KH_2PO_4，6.0 g$(NH_4)_2SO_4$，6.0 g NaCl，0.6 g $MgSO_4 \cdot 7H_2O$，0.2 g $CaCl_2 \cdot 2H_2O$，用蒸馏水溶解并定容到 1 000 mL。

③ 盐溶液 M。2.0 g KH_2PO_4，6.0 g NaCl，0.2 g $MgSO_4 \cdot 7H_2O$，0.26 g $CaCl_2 \cdot 2H_2O$，用蒸馏水溶解并定容到 1 000 mL。

④ 澄清瘤胃液。新鲜瘤胃液 2 层纱布过滤后，10 000×g，离心 10 min 得上清液。

⑤ 3%盐酸半胱氨酸。30 g 盐酸半胱氨酸溶解在 1 000 mL 蒸馏水中，厌氧条件下分装，每份 26 mL，121 ℃高压蒸汽灭菌 30 min 后储存。

(3) 厌氧稀释液(ADS)。45 mL 盐溶液 A，45 mL 盐溶液 B，0.3 mL 0.1%刃天青，197 mL 蒸馏水，加热上述溶液，沸腾去除水中溶解的氧气，同时通入 CO_2 排出氧气。当溶液从蓝色变为淡粉色，添加 5.0 mL 3%盐酸半胱氨酸，7.5 mL 12% NaCl。将制备好的稀释液按照每管 9 mL 分装到试管中，盖上丁基胶塞，121 ℃高压蒸汽灭菌 20 min。

(4) 原虫培养液。50 mL 盐溶液 M，5 mL 1.5%乙酸钠，10 mL 澄清瘤胃液，8.3 mL 6%$NaHCO_3$，26.0 mL 3%盐酸半胱氨酸，0.3 mL 0.1%刃天青，蒸馏水 26 mL。分装到试管中，每管 5 mL，盖上丁基胶塞，121 ℃高压蒸汽灭菌 20 min 后，−20 ℃冷冻保存。

(5) 小麦和草料悬浊液配制。粉碎小麦 15 g，粉碎草料 10 g，此悬浊液通入 CO_2 15～20 min，厌氧分装到试管中，每管 3 mL，盖上丁基胶塞，121 ℃高压蒸汽灭菌 20 min 后，−20 ℃冷冻保存。

2. 仪器

恒温培养箱、恒温水浴锅、CO_2 气瓶、高压蒸汽灭菌锅、压盖器、天平、显微镜、超净工作台。

3. 操作步骤

(1) 瘤胃原虫样品采集和保存。一般在试验动物采食后 2 h，自瘤胃取样。但也可根据试验安排定时取样。试验结果须注明样品采集条件。

采样时从瘤胃内上、中、下不同部位采集瘤胃液 200 mL 和瘤胃固相食糜 200 g，在通入 CO_2 条件下混匀 1 min，用 2 层纱布过滤，取滤液 10 mL，加入 20 mL 染色液 MFS，轻轻摇匀，室温下保存备用。

(2) 瘤胃原虫计数。将瘤胃液原虫样品用染色液 MFS 染色后至少放置 4 h（过夜染色效果更佳）进行计数。原虫被固定染色后能保持数周，但应尽快计数，以防止原虫发生自溶。

用计数板计数。轻轻摇动经过染色处理的样品液，混匀，吸取 0.5 mL 样品，从盖上盖玻片的计数板一侧的玻璃槽添加，直到“H”形玻璃槽均填满瘤胃原虫样品液，静置 10 min 让原虫细胞充分沉降。注意不要在计数区内产生气泡。如果细胞浓度过大，在计数前用磷酸缓冲液稀释（每格 7～8

个原虫细胞为最适浓度)，注意记录稀释倍数。用 100×显微镜观察计数。

图 6-6 为计数板，规格为深 0.5 mm，每个大方格面积为 1 mm，大方格中有 25 个中方格，每个中方格又被分为 16 个小方格，计数过程中，可采用四角和中间 5 个中方格计数。计数过程中采用计上不计下、计左不计右的原则次序计数。

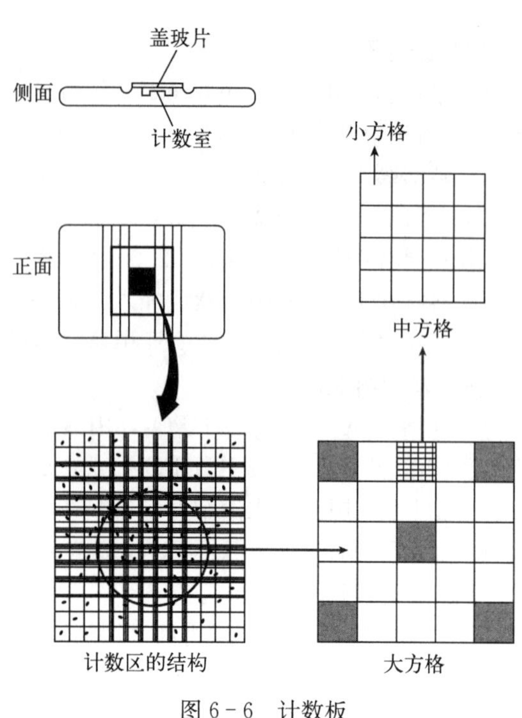

图 6-6 计数板

计算公式（沈萍，2000)：每毫升或每克瘤胃液样品中所含原虫数=5 个中方格内总数/5×25×(1/0.5)×10^3×稀释度。

(3) 原虫鉴定。

① 原虫亚科和属的鉴定。通过形态学观察可对瘤胃原虫鉴定到亚科或属的水平。瘤胃原虫的前毛虫属（*Epidinium*)、头毛虫属（*Ophryoscolex*)（图 6-7a)、等纤毛虫属（*Isotricha*)（图 6-7b)、厚毛虫属（*Dasytricha*）和内纤毛虫属（*Entodinium*)（图 6-7c）通过 100×放大便能鉴别出来，但是对于区分双毛虫亚科（Diplodiniiae）则需要更大的放大倍数 450×才能进行鉴别。原虫的基本结构见图 6-8，瘤胃原虫主要属的鉴别和特征见表 6-15。另外，也可通过以下步骤利用原虫的体征进行原虫亚科/属的分类检索（器官部位参照图 6-8)。

a. 等纤毛虫属（*Isotricha*)。纤毛长在细胞周身，纤毛与虫体纵向中轴线平行排列，虫体长度为 100 μm。

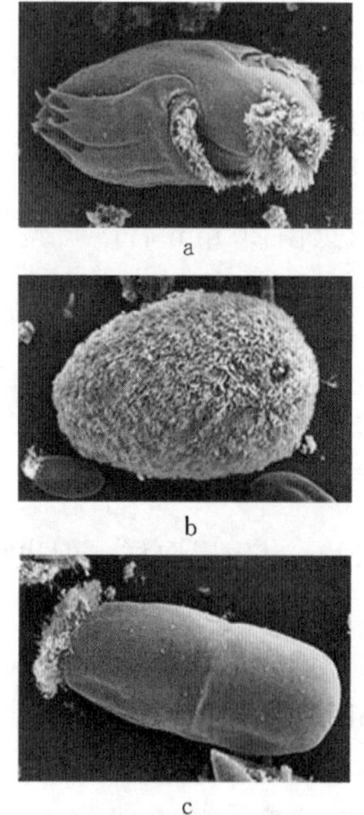

图 6-7 原虫电镜照片（2 400×)

a. 头毛虫属（*Ophryoscolex*)

b. 等纤毛虫属（*Isotricha*)

c. 内纤毛虫属（*Entodinium*)

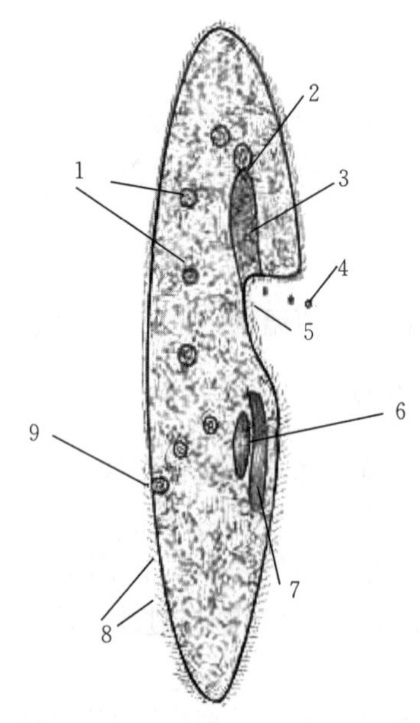

图 6-8 原虫的基本结构

1. 收缩泡 2. 胞口 3. 口腔 4. 食物 5. 沟口 6. 小核 7. 大核 8. 纤毛 9. 肛门

b. 原毛虫属（*Dasytricha*）。纤毛长在细胞周身，纤毛沿着虫体纵向中轴线螺旋排列，原虫长度为 50～70 μm。

c. 内纤毛虫属（*Entodinium*）。纤毛长在虫体前端，纤毛位于身体前埠器周围，只有一个收缩空泡，大核位于身体内靠背侧壁，微核位于大核的腹部侧。

d. 双毛虫亚科（Diplodiniinae）。纤毛长在虫体前端，在 2 处不同的地方长有纤毛，第 2 处纤毛或者背侧纤毛与前端纤毛在同一水平面，具有囊盖，具有 2 个或者更多收缩空泡，身体长度为 50～350 μm，微核在大核和背侧壁之间，具有骨片。

e. 前毛虫属（*Epidinium*）。第 2 处纤毛或者背侧纤毛位于细胞体后端，细胞细长，长宽比≥2。

f. 头毛虫属（*Ophryoscolex*）。背侧纤毛包围了虫体的 3/4，只有后端 1/4 没有纤毛。

表 6－15　瘤胃原虫主要属的鉴别和特征

原虫属名	纤毛的位置和状态	长度（μm）	收缩空泡	骨片	参考形状
等纤毛虫属（*Isotricha*）	周身纤毛，纤毛与虫体纵向中轴平行排列	100	1	无	
原毛虫属（*Dasytricha*）	周身纤毛，纤毛沿着虫体纵向中轴线螺旋排列	50～70	1	无	
内纤毛虫属（*Entodinium*）	纤毛长在虫体前端，纤毛位于身体前埠器周围	20～80	1	无	
双毛虫亚科（Diplodiniinae）	纤毛长在虫体前端，两处纤毛同一水平面	50～350	≥2	有	
前毛虫属（*Epidinium*）	两处纤毛，前端和背侧各一处纤毛，细胞细长，长宽比≥2	80～150	≥2	有，3	
头毛虫属（*Ophryoscolex*）	两处纤毛，前端一处纤毛，背侧纤毛包围了虫体的 3/4，只留后端 1/4 没有纤毛	140～190	≥2	有，3	

② 原虫种类鉴定。原虫鉴定到种需要使用更高的放大倍数，450×进行观察，同时使用不同菌株对照观察。染色时，亚甲基蓝通常用于细胞核染色，卢哥氏碘液用于骨片染色。染色过程如下。

亚甲基蓝染色：取浸泡在 50%福尔马林溶液中的瘤胃内容物，用一层纱布过滤大的杂质，在

1 mL过滤液中滴加 2～3 滴亚甲基蓝溶液。染色 4～6 h 后可置于显微镜下观察。在载玻片上滴加 1 滴染色的瘤胃液，盖上盖玻片置于显微镜下，使用 450×或者 1 000×油镜进行观察。亚甲基蓝将大核和微核染成深蓝色。记录细胞的长度和宽度、大核的长度和尾刺的长度。

卢哥氏碘液染色：取 1 mL 过滤瘤胃液，滴加 0.5 mL 卢哥氏碘液，浸染 15～30 min，检查是否具有骨片，骨片将被染成橘黄色或者褐色。

原虫种的鉴定标准主要有以下几点。

a. 细胞是否覆盖纤毛或者纤毛只有一处或者多处。

b. 纤毛位置和数量。

c. 细胞的形状和大小以及长宽比例。

e. 是否具有骨片，骨片的位置、大小和数量。

f. 收缩空泡的数量和位置。

g. 是否有尾刺，但是尾刺不是可靠的特征。

(4) 原虫分离。

① 原虫稀释和接种。瘤胃液使用厌氧稀释液（ADS）在厌氧条件下稀释 10～100 倍，稀释液试管在通入 CO_2 情况下 39 ℃水浴。取 0.01 mL 瘤胃稀释液滴加在载玻片上置于 100×显微镜下观察，用巴斯德吸管在另一个载玻片上滴加 1 滴 ADS，用毛细管吸取单个细胞原虫转移到滴加有 ADS 的载玻片上。显微镜观察只有单个细胞时，使用毛细管吸取单细胞转移到原虫培养基试管中。如果不是单个细胞就用 ADS 滴加第 2 个载玻片，用毛细管再次进行转移，如此反复操作直至提取到单个细胞。在分离种类时，建议多接种几管，单细胞接种若干管，2～3 个细胞接种若干管。

② 原虫培养。原虫培养是将分离的单细胞原虫接种到瘤胃原虫培养液中，39 ℃下厌氧培养。培养液储存过程中，每隔 3～4 d 需要转移 5 mL 瘤胃原虫培养液到新的培养液试管中，每次可从储存液中转移 2 管。

原虫每天需饲喂磨碎的小麦和草料底物。小麦和草料底物悬浊液在使用前均需要在 39 ℃水浴中预热。每天添加 0.1 mL 底物悬浊液于原虫培养试管中，以保持原虫培养液底物数量。操作时须持续通入 CO_2，保证厌氧环境。

(5) 原虫保存和复苏。

① 原虫保存。瘤胃原虫可深度低温保存。将瘤胃液与冷冻保护剂（5%二甲基亚砜）1∶1 混合均匀，25 ℃保持 5 min。然后，以 7～10 ℃/min 的速度降温至细胞外形成冰晶，再以 1.2～2.5 ℃/min 速度降温到－30 ℃。1 年后菌种复活时的复活率可达 59%～100%。

② 原虫复苏。原虫复苏时，将冷冻菌种取出立刻放进 39 ℃水浴中回温，添加 8 mL 盐溶液 M 培养复苏。

4. 注意事项

(1) 原虫分离、接种、继代培养整个操作过程中，时间应尽可能短，保证无菌和厌氧状态。

(2) 原虫计数平板有别于细菌计数板，其计数室体积比细菌计数板大，便于原虫进入计数室中。

(3) 原虫样本加入 MFS 染色液后能保存 10 周左右。

(4) 原虫用染色液 MFS 染色过夜后，染色效果更佳。

六、瘤胃微生物分子生态学研究样品的采集与处理

瘤胃微生物分子生态学研究方法（Research methods of Rumen Microbial Molecular Ecology）是通过提取瘤胃微生物总 DNA，利用核酸探针技术、16S rRNA 文库技术、遗传指纹技术和实时定量 PCR 技术等分子生物学技术研究瘤胃微生物及其相互作用规律的科学，主要研究瘤胃微生物区系组

成、结构、功能、适应性发展及其分子机制等微生物生态学基础理论问题。微生物分子生态学使传统微生物生态学研究领域由自然界中可培养微生物种群扩展到微生物世界的全部生命形式（包括可培养、不可培养、难培养的微生物及其自然界中环境基因组等），从微生物细胞水平上的生态学研究深入到分子水平探讨各种生态学现象。

1. 采集有代表性的瘤胃微生物样品

获取有代表性的瘤胃微生物样品是瘤胃微生物分子生态学研究方法的关键一步。瘤胃微生物按照栖居于不同生态位的特性，可分为三大种群。

（1）瘤胃壁上的微生物。瘤胃壁上的微生物是指附贴于瘤胃上皮细胞表面的微生物，位于易进氧的宿主组织和厌氧的瘤胃环境之间，这些微生物菌群形成了一个接口。瘤胃壁上的微生物菌群虽然只占瘤胃微生物总数的1%左右，但在瘤胃发挥正常功能的过程中却发挥重要作用：①分解死亡的瘤胃上皮细胞，将细胞的蛋白质废料转化为有用的营养物质；②有较高的蛋白质水解能力；③具有尿酶活性，将尿素转化成氨；④含有兼性厌氧菌，可利用瘤胃壁扩散的氧和瘤胃内容物中的氧，保证瘤胃内的严格厌氧环境。

（2）瘤胃液中的微生物。瘤胃液中的微生物是指瘤胃内容物过滤后进入液体中的微生物，也称液相微生物，是最容易获得、被研究最多的瘤胃微生物菌群。

（3）附着于饲料颗粒上的微生物。也称固相微生物，是瘤胃中降解粗饲料和淀粉的主要菌群。这些微生物可长时间地附着、作用于饲料食团，直到其附着的饲料颗粒被降解成很小的颗粒时才随着这些小颗粒通过网胃、瓣胃进入后消化道。

下列因素影响瘤胃微生物群落的组成和分布，对相关试验结果具有重要影响。因此，在试验采样时必须充分考虑到：

动物因素：包括不同品种的动物；同一品种、不同发育阶段的动物和动物个体之间的差异。

饲养条件：包括预试期日粮、正试期日粮和采食方式（自由采食或者限饲）的变化。

样品采集时间：于饲喂体系相关规定的时间点采样。

样品采集位点：不同位点的采样存在差异，相同位点的采集样品也可能存在差异。所以，采样时要选择瘤胃的腹前、腹后、背前、背后以及中间随机各取两份样品混合。

2. 采样方法

（1）瘤胃液相微生物样品的采集与处理。

① 带有瘤胃瘘管动物的液体样品用真空泵经瘘管从瘤胃中多点抽取；不带瘤胃瘘管动物的液体样品可用带有真空泵的长管从动物口腔经食管插入瘤胃，从不同深度抽取瘤胃液至灭菌的器皿中；人工瘤胃则用一次性注射器从采样口吸取瘤胃液。

② 将多点采集的瘤胃液抽取至灭菌的器皿中。

③ 用4层灭菌纱布过滤，滤液放入灭菌的器皿中。

④ 迅速运至超净工作台，混匀后，分装至50 mL灭菌离心管中。

⑤ 800×g，离心10 min，取上清液，去除沉渣。

⑥ 10 000×g，离心10 min，弃上清液，取沉淀。

⑦ 用生理盐水洗涤沉淀数次，直到颜色发白为止。

⑧ 20 000×g，离心10 min，弃上清液，取沉淀。

⑨ 用生理盐水悬浮沉淀，使得细胞的浓度为10^7～10^8个/mL。

⑩ 分装至5 mL灭菌离心管中，每管装4 mL，－80 ℃保存。

（2）瘤胃固相微生物样品的采集与处理。

① 戴无菌长臂手套，通过瘘管从瘤胃中多点采集瘤胃内容物置灭菌容器中，密封；人工瘤胃，

直接从人工瘤胃器皿中将固相物质取出。

② 将瘤胃内容物在摇床中（150 r/min）混匀。

③ 4 层灭菌纱布过滤。

④ 取固体内容物 100 g，用 200 mL 生理盐水分数次洗涤。

⑤ 洗涤液用 4 层灭菌纱布过滤，收集滤液。

⑥ 3 500 r/min，离心 10 min，弃上清液。

⑦ 用生理盐水洗涤沉淀数次，直到颜色发白为止。

⑧ 20 000×g，离心 10 min，弃上清液，取沉淀。

⑨ 用生理盐水悬浮沉淀。

⑩ 分装至 5 mL 灭菌离心管中，每管装 4 mL，－80 ℃保存。

(3) 瘤胃液相和固相微生物样品的混合。将液相微生物与固相微生物处理好的样品溶液取等量混匀，即为瘤胃微生物样品，－80 ℃保存。

4. 注意事项

（1）带有瘤胃瘘管的试验动物，可以通过瘘管多点采集瘤胃固相和液相内容物，并且可以根据试验设计，在不同时间点重复采样。不带有瘤胃瘘管的试验动物，可以通过食管采集瘤胃内容物。但是采集的样品偏液相，而且采集位点有限，因此无法保证采集样品是否具有全面的代表性。并且，这种采样方式对动物损害较大，不宜多次重复采样。

（2）采集样品所用器材、试剂及纱布均要高温灭菌。

（3）采集样品过程尽可能在无菌状态下操作，或在酒精灯火焰边进行试验操作。

（4）根据后续试验的要求，可以适当调整对液相与固相微生物样品的前处理。

七、瘤胃微生物 DNA 提取方法

在瘤胃微生物生态学研究中采用了免培养（culture - independent）技术。免培养技术绕过微生物分离、培养、纯化这些步骤，直接在核酸水平上分析和开发未培养微生物资源，不但能了解不可培养的原因，而且能获得蕴藏在这些未培养微生物中的巨大基因资源。

在免培养技术研究中，能否从环境混合微生物中获得高质量的 DNA 非常关键。目前，提取不同环境微生物 DNA 的方法大都是化学方法与物理方法相结合。球磨法提取率高、产物代表性较好，适宜于瘤胃微生物分子生态学和环境基因组学操作，是目前运用最为广泛的瘤胃微生物总 DNA 提取方法。球磨法提取的 DNA 片段长度一般在 20 kb 左右，可用于瘤胃微生物生态学常规分析，如 PCR 扩增定量、16S rDNA 文库建立、DGGE 和 RFLP 电泳分析等。

1. 原理

球磨法（ball milling method）利用超声波破碎细胞和微型玻璃球（d=150 μm）振荡破碎 DNA 至 20 kb 左右，经纯化，备用。

2. 试剂

(1) 0.9%生理盐水。

(2) CTAB 抽提液(pH 8.0)。100 mmol/L Tris - HCl(pH 8.0)；100 mmol/L EDTA(pH 8.0)；100 mmol/L PBS；1.5 mol/L NaCl；1% CTAB，调 pH 至 8.0；0.1 MPa，121.5 ℃高压蒸汽灭菌 30 min备用。

(3) 1 mol/L Tris - HCl (pH 8.0)。60.56 g Tris 碱，400 mL 去离子水，pH 调至 8.0，定容至

500 mL，0.1 MPa，121.5 ℃高压蒸汽灭菌 30 min 备用。

(4) 0.5 mol/L EDTA (pH 8.0)。400 mL 去离子水，93.05 g EDTA · Na_2 · $2H_2O$，剧烈搅拌，pH 调至 8.0，定容至 500 mL，0.1 MPa，121.5 ℃高压蒸汽灭菌 30 min 备用。

(5) 10% SDS。200 mL 去离子水，25 g 电泳级 SDS，加热至 68 ℃助溶，pH 调至 7.2，定容至 250 mL，室温保存，无须高压蒸汽灭菌。

(6) 蛋白酶 K (每毫升水溶液 20 mg)。反应浓度 50 μg/mL。

(7) TE (pH 8.0)。10 mmol/L Tris-HCl(pH 8.0)，1 mmol/L EDTA(pH 8.0)（在 150 mL 水中加入 2 mL 1 mol/L Tris-HCl 和 0.4 mL 0.5 mol/L EDTA），加水定容至 200 mL，0.1 MPa，121.5 ℃高压蒸汽灭菌 30 min 备用。

(8) 50×TAE 缓冲液。在 800 mL 水中加入 242 g Tris 碱，57.1 mL 冰乙酸，100 mL 0.5 mol/L EDTA(pH 8.0)，加热溶解，然后定容至 1 L，即 50×TAE 缓冲液。0.1 MPa，121.5 ℃高压蒸汽灭菌 30 min 备用。使用时取 50 mL 加 2 450 mL 超纯水配制成 1 倍 TAE。

(9) 10 mg/mL 溴化乙锭(EB)。在 100 mL 水中加入 1 g EB，磁力搅拌数小时以确保其完全溶解，然后用铝箔包裹容器或转移至棕色瓶中，保存于室温，有毒。

(10) 其他试剂，包括 70%乙醇。 10 mol/L 乙酸铵；酚、氯仿、异戊醇，其比例为 25∶24∶1；无水乙醇；DNA 纯化试剂盒（TaKaRa）；玻璃球（d=150 μm，Sigma）；电泳用琼脂糖（agarose，Sigma）。

3. 仪器

细胞破碎仪、珠磨式组织研磨器、凝胶成像系统、三恒电泳仪、水平平板电泳槽、紫外可见分光光度计、高压蒸汽灭菌锅、纯水系统、漩涡混合器、低温冷冻离心机、−80 ℃超低温冰箱、pH 计、超声波破碎仪、制冰机、微量移液器。

4. 操作步骤

(1) 酶解。 将采集的样品解冻后，在漩涡混合器上振荡 1～2 min。取 3 mL 转移至 5 mL 灭菌离心管中，置超声波破碎仪处理（30～40 W，超声 3 s，间隔 4 s，超声 3～4 次）。

取均质后的样品 500 μL，加 0.5 g 玻璃球（d=150 μm）和 920 μL CTAB 抽提液，75 μL 10% SDS，5 μL 蛋白酶 K 在 37 ℃温浴 1 h。在液氮中快速冷冻 3 min，然后迅速置于 65 ℃水槽中温浴 2 min，反复冻融 2 次。

(2) 提纯。 在珠磨式组织研磨器上进行破碎，48 m/s，2 min。3 000 r/min，离心 5 min，取上清液，上清液中加入 260 μL 10 mol/L 乙酸铵，混匀，置冰上 5 min。4 ℃，16 000×g 离心 10 min。

将上清液转移到 1.5 mL 的离心管中，再用酚、氯仿、异戊醇，比例为 25∶24∶1 抽提 2 次，12 000×g，4 ℃，离心 5 min。取上清液，然后放置于灭菌离心管，再加 1 倍体积的异丙醇，混合均匀，置冰上30～60 min。4 ℃，16 000×g 离心 10 min，弃上清液。用 70%乙醇洗涤核酸沉淀，晾干，加 200 μL TE 溶解。

(3) 测定。 用紫外可见分光光度计测定其浓度值（μg/mL）以及 260 nm/280 nm 的吸光度比值（约 1.8）。

5. 注意事项

(1) 经过前处理的瘤胃液样品中还含有杂质，放置一段时间后会有沉淀，包括泥土、纤维残渣等。样品不均匀，提取 DNA 的质量也有所不同，这对后续试验影响很大。因此，在提取 DNA 之前，需要将瘤胃液样品充分均质化，尽量使瘤胃液中微生物分布均匀。

(2) 均质过程中，瘤胃液经过超声波处理后，大的杂质块减少，使附着在杂质上的微生物脱落下来，分散在瘤胃液中，可以提高瘤胃液中微生物的破碎率。但是，超声波的功率不能过大，超声时间也不能过长，以防止将瘤胃液中部分微生物提前破碎，导致部分片段断裂。

（3）由于瘤胃微生物包括细菌、古细菌、真菌和原虫等多种微生物，细胞成分变化很大，如果需要建大片段文库（片段大于 40 kb 以上），则易采用包埋法进行更大片段 DNA 的提取。可选用大片段试剂盒对 DNA 进行纯化，一般纯化率在 85%左右。纯化后 DNA 的 OD_{260}/OD_{280} 均在 1.70～1.90。

八、瘤胃微生物的实时定量 PCR 技术

随着聚合酶链式反应（polymerase chain reaction，PCR）技术的进步和对瘤胃微生物的深入了解，实时定量 PCR(real - time quantitative PCR，RT - PCR）技术已成为瘤胃微生物定量的常用技术之一。实时定量 PCR 技术，也称为动力学 PCR 技术，是在传统 PCR 技术基础上发展起来的一种新技术。该技术是在 PCR 反应体系中加入荧光标记物质，利用荧光信号积累实时监测整个 PCR 进程，最后通过标准曲线比较产物积累的速度（时间）来间接对未知模板进行定量分析的方法。

1. 方法原理

PCR 是指在 DNA 聚合酶催化下，以母链 DNA 为模板，以特定引物为延伸点，通过变性、退火、延伸等步骤，体外复制出与母链模板 DNA 互补的子链 DNA 的过程，是一项体外合成放大技术，能快速特异地在体外扩增任何目的 DNA。

PCR 反应的动力学公式为：

$$C_n = C_o(1+E)^n$$

式中，C_o 和 C_n 分别为初始模板和 n 次循环的拷贝数；n 为循环数；E 为扩增效率（$0 \leqslant E \leqslant 1$）。理想状态下（即每个循环中所有模板均与引物结合并得到扩增）$E=1$。只有在线性区段 E 值才为定值，这样才能通过检测拷贝数 C_n 定量 C_o。但由于终点不能保证在线性区段，所以重复性不好，实时定量 PCR 检测技术（每个循环检测一次）解决了这个问题。

在 RT - PCR 反应体系中加入荧光标记物后，模板（指被扩增或检测的样品）扩增产物的量与荧光信号的强弱成正比，即每个模板的 C_t 值（C_t 值的含义：每个反应管内的荧光信号到达设定的域值时所经历的循环数），与该模板的起始拷贝数的对数存在线性关系，起始拷贝数越大，C_t 值越小。这样，利用已知起始拷贝数的标准品可做出标准曲线，因此只要获得未知模板的 C_t 值，即可从标准曲线上计算出未知模板的起始拷贝数。

RT - PCR 所使用的荧光标记方法有荧光染料法和荧光探针法。

（1）荧光染料法。荧光染料法是在 PCR 反应体系中，加入过量的特异性荧光染料 SYBR Green 等，这类特异性荧光染料只能与双链 DNA 结合而不能与单链 DNA 结合。当 SYBR Green 等特异性荧光染料与双链 DNA 结合后，发射荧光信号，而未结合的 SYBR Green 等染料分子不会发射任何荧光信号，从而保证荧光信号的增加与 PCR 产物的增加完全同步。

（2）荧光探针法。荧光探针法是 PCR 扩增时，在加入一对引物的同时加入一个特异性的荧光探针，如 TaqMan 探针。该探针为一寡核苷酸，两端分别标记一个报告荧光基团和一个淬灭荧光基团。探针完整时，报告基团发射的荧光信号被淬灭基团吸收；PCR 扩增时，Taq 酶的 5′- 3′外切酶活性将探针酶切降解，使报告荧光基团和淬灭荧光基团分离，从而荧光监测系统可接收到荧光信号，即每扩增一条 DNA 链，就有一个荧光分子形成，实现了荧光信号的累积与 PCR 产物形成完全同步。

2. 试剂和培养基

（1）1 mol/L KCl。100 mL 水加 1.86 g KCl。

（2）2 mol/L $MgCl_2$。 90 mL 去离子水中溶解 19 g $MgCl_2$，加去离子水至总体积 100 mL，121 ℃灭菌，或 0.22 μm 滤膜过滤除菌。

（3）2 mol/L 葡萄糖。 90 mL 去离子水溶解 18 g 葡萄糖，完全溶解后，加水至 100 mL，0.22 μm 滤膜过滤除菌。

（4）50 mg/mL 5-溴-4-氯-3-吲哚-β-D-半乳糖苷（X-gal）。将 100 mg X-gal 溶于 2 mL 二甲基甲酰胺中，配成 50 mg/mL 的溶液，分装于 1.5 mL 离心管中，用锡箔包裹，于 20 ℃暗处保存。

（5）24 mg/mL 异丙基硫代半乳糖苷（IPTG）。将 1.2 g IPTG 溶于 50 mL 去离子水中，用 0.22 μm 滤膜过滤除菌，分装成 1 mL 的小份，于−20 ℃保存。

（6）氨苄青霉素(Amp)。用灭菌蒸馏水配制浓度为 100 mg/mL 的储存液，0.22 μm 滤膜过滤除菌，用 1.5 mL 离心管分装。

（7）LB 固体培养基。 称取 10 g 胰蛋白胨，5 g 酵母提取物，10 g NaCl，加水溶解，用 5 mol/L NaOH 调 pH 至 7.0，定容至 1 000 mL，0.1 MPa，121 ℃高压蒸汽灭菌 30 min，培养基温度冷却至 50 ℃左右时，加氨苄青霉素（Amp）至终浓度 100 μg/mL。添加 1.5%（15 g/L）琼脂即为 LB 固体培养基。

（8）SOC 培养基。 20 g 胰蛋白胨，5 g 酵母提取物，0.5 g NaCl，2.5 mL 1 mol/L KCl，加水溶解，用 NaOH 调 pH 至 7.0，定容至 1 000 mL，0.1 MPa，121 ℃高压蒸汽灭菌 30 min，再加入 1 mL 2 mol/L Mg^{2+} 储液（过滤除菌），1 mL 2 mol/L 葡萄糖（过滤除菌）。

（9）其他。 质粒提取试剂盒（TaKaRa 公司）、胶回收试剂盒（TaKaRa 公司）、PMD18-T 载体(TaKaRa 公司)、DL2000 Marker(TaKaRa 公司)、SYBR Green I 试剂盒、96 孔板。

3. 仪器

生化培养箱、柜式恒温摇床、漩涡混合器、荧光定量 PCR 仪（PE 7500）、凝胶成像系统、三恒电泳仪、水平平板电泳槽、pH 计、制冰机、微量移液器。

4. 操作步骤

（1）瘤胃微生物目标 PCR 产物扩增。 PCR 反应体系：2.5 μL 10×PCR Buffer，1 μL dNTP (10 mmol/L)，1 μL 引物 F(10 μmol/L)，1 μL 引物 R(10 μmol/L)，300 ng 模板，1.6 μL $MgCl_2$ (25 mmol/L)，2 IU *Taq*DNA 聚合酶，过氧化氢定容至 20 μL。

PCR 反应条件：95 ℃预变性 4 min；95 ℃变性 30 s，*Tm* 复性 1 min，72 ℃延伸 1 min，35 循环；72 ℃延伸 7 min。

（2）扩增产物纯化。 用 TaKaRa 公司生产的 Agarose Gel DNA 纯化试剂盒进行 PCR 产物的回收，具体操作按试剂盒说明书。

（3）纯化产物与载体连接。

① 用纯化后的 5 个菌的 PCR 产物，与 pMD18-T 载体连接。

② 反应体系为 pMD18-T Vector 1 μL，插入片段 DNA(0.1～0.3 pmol)1～2 μL，dH_2O 5 μL，连接体系溶液 5 μL 16 ℃反应 30 min。

③ 全量（10 μL）加入 100 μL DH5α 感受态细胞（冰上解冻）中，冰中放置 30 min；42 ℃加热 45 s 后，再在冰中放置 1 min。

④ 加入 890 μLSOC 培养基，37 ℃振荡培养 1 h；短暂离心，弃部分上清液，用余下上清液吹散细菌沉淀。

⑤ 菌液均匀涂布在含有 X-gal、IPTG、Amp 的 LB 琼脂平板培养基上培养，形成单菌落。计数白色、蓝色菌落。

⑥ 从每个平板上随机挑选白色菌落，用 PCR 确认载体中插入片段的长度大小。

(4) 质粒 DNA 提取。

① 分别从每个平板培养基上随机挑选单菌落白斑 10 个接种至 1～4 mL 的含 Amp 的 LB 液体培养基中，37 ℃培养 18 h，挑取阳性克隆。

② 用 MiniBEST Plasmid Purification Kit(TaKaRa 公司) 提取。

(5) 阳性克隆 PCR 检测。用目标菌种的引物进行 PCR 扩增检测，阳性克隆菌液加 50%甘油，−70 ℃保存。

(6) 瘤胃细菌阳性克隆测序与比对。阳性克隆提取质粒后，进行测序，并在 GenBank 上利用 BLAST 进行序列的同源性分析，如果相似性大于 99%，说明此段序列在本种范围内具有保守性，适合于作为本种内通用引物设计的候选区域，进而制作标准曲线用以确切定量。

(7) 质粒浓度换算。在波长 260 nm 紫外线下，吸光度 *OD* 值等于 1 时相当于双链 DNA 浓度为 50 μg/mL，DNA 的 OD_{260}/OD_{280} 紫外线吸收值的比值为 1.8，以此计算出质粒的浓度并判断质粒的纯度。质粒样品浓度（μg/mL）$=OD_{260}\times 50$。根据质粒的相对分子质量将质粒样品换算为拷贝数浓度：

$$拷贝数浓度（拷贝/mL）=（质量/相对分子质量）\times 6.02\times 10^{23}。$$

已知 pMD18 - T 载体长 2 692 bp，插入的片断长 A bp，每个碱基对的平均相对分子质量是 660，因此该质粒的相对分子质量为：660×(2 692＋A)。换算出拷贝数，然后对其进行呈 10^{-1} 倍梯度稀释，作为标准样品。

(8) 标准曲线制定。

① 实时定量标准品反应条件与反应参数。标准品 RT - PCR 反应体系见表 6 - 16。反应条件如图 6 - 9 所示。

表 6 - 16 RT - PCR 反应体系

组　　成	混合样体积（μL）	最终浓度
2×SYBR Master Mix[a]	$10\times n$[b]	1×
引物 F(10 μmol/L)	$0.6\times n$	300 nmol/L
引物 R(10 μmol/L)	$0.6\times n$	300 nmol/L
模板	$1\times n$	
ddH_2O	$7.8\times n$	
总体积	20	

注：a. Mg^{2+} 的终浓度为 3 nmol/L。
　　b. *n* 表示所有样品的体积数＋1。

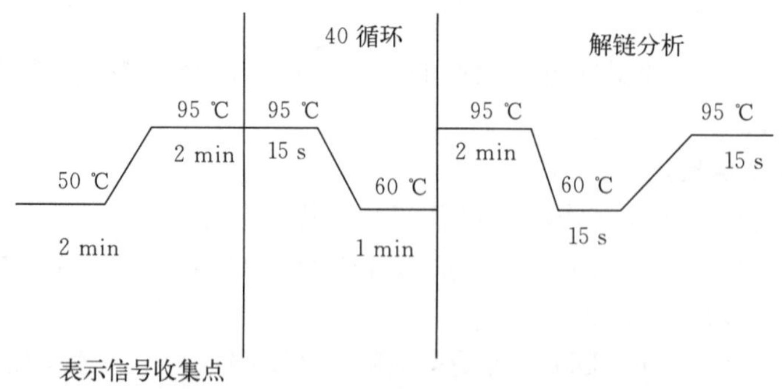

图 6 - 9 RT - PCR 反应条件示意图

② 实时定量标准曲线制备。标准品呈 8 个稀释梯度，每个梯度 3 个平行样，与样品在同一块板上进行定量（具体步骤见操作步骤）。定量结果以 C_t 值为纵坐标，拷贝数的对数值为横坐标绘制标准曲线（图 6 - 10）。回归方程为：$y=-kx+b$。一般情况下斜率 k 只要在 −3.6～−3.0 即可满足荧光定量 PCR 对扩增效率的要求：$k=-3.3$，$r>0.97$ 时最理想。实时定量的熔解曲线唯一，表明无特

异性条带与引物二聚体产生。

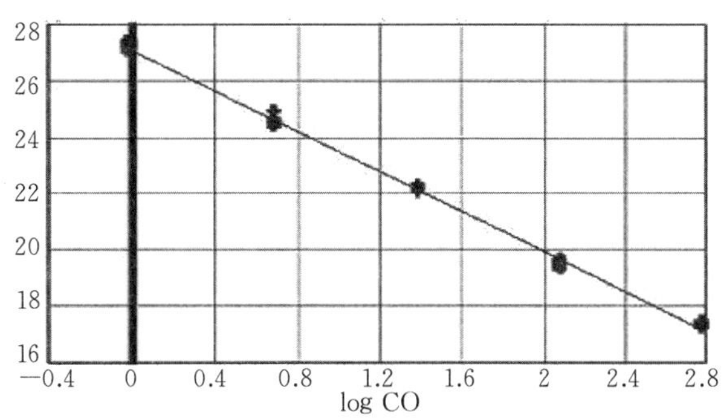

图 6－10　荧光定量 PCR 标准曲线

（9）实时定量检测。

① 制备标准品反应体系（表 6－16）与样品反应体系（表 6－17）。

表 6－17　样品反应体系

组成	混合样体积（μL）
2×SYBR Master Mix[a]	10×*n*[b]
引物 F(10 μmol/L)	0.6×*n*
引物 R(10 μmol/L)	0.6×*n*
模板	—
ddH_2O	(To 20)×*n*
总体积	20

注：a. Mg^{2+}的终浓度为 3 nmol/L。
　　b. *n* 表示所有样品的体积数＋1。

② 将混合样在振荡器上振荡混匀，低速离心去除泡沫。

③ 将标准品混合样与样品混合样分装至 96 孔板中，每孔分装量与模板量的总和为 20 μL，每个标准梯度样与样品均有 3 个平行样。

④ 然后再将模板量加入 96 孔板中。

⑤ 用热封膜将 96 孔板密封。

⑥ 将 96 孔板，3 000 r/min，离心 10 min。

⑦ 将 96 孔板置于 ABI7500 定量仪中，按反应条件运行程序。

⑧ 在退火时收集荧光信号，反应最后收集熔解荧光信号，从标准品扩增曲线（图 6－11）和未知样品扩增曲线（图 6－12）得到 C_t 值、DNA 标准品、已知拷贝数，绘制标准曲线。从标准曲线上求得未知样品浓度。

5. 注意事项

（1）DNA 样品的 $OD_{260/280}$值为 1.6～2.0，DNA 模板量为 0.1～1 μg。

（2）一般采用质粒作为标准品，将标准品稀释 5 个梯度以上。标准品的 C_t 值在 18～30（图 6－12），覆盖全部样品浓度区间。标准品的性质决定了最终结果的性质。DNA 标准品、已知拷贝数，得到未知样品拷贝数；已知标准品的浓度（ng/μL），得到未知样品的浓度；未知拷贝数或浓度，已知稀释倍数，得到未知样品之间的相关倍数。

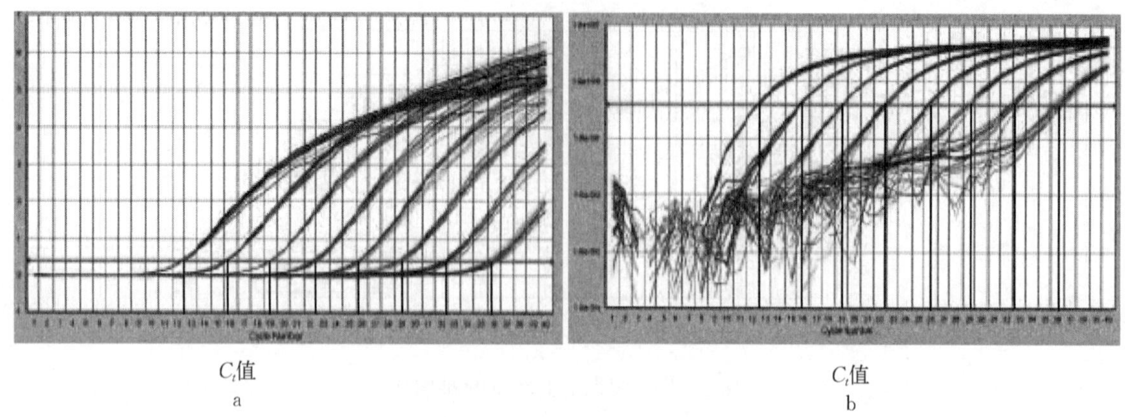

图 6－11　标准品扩增曲线图

a. 线性图谱　b. 对数图谱

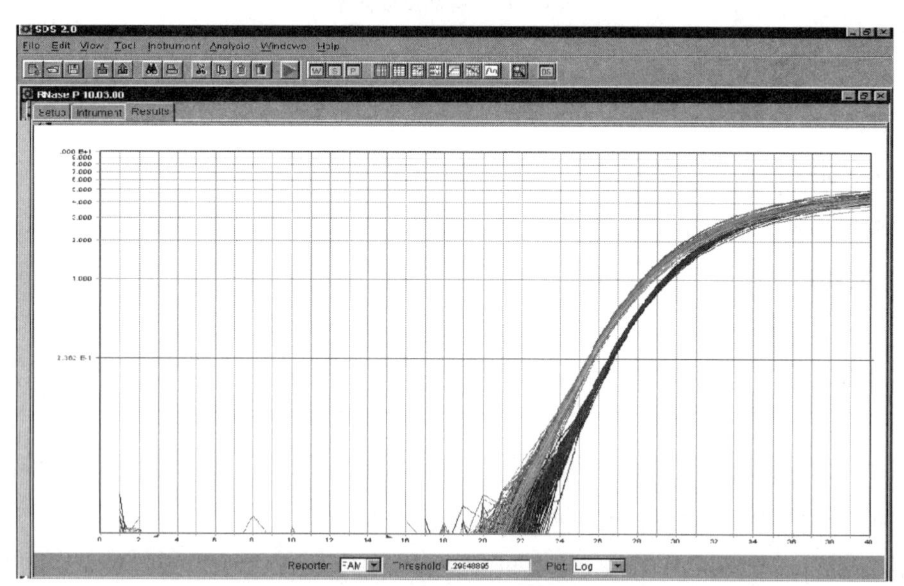

图 6－12　未知样品扩增曲线图

标准品要求有 5 个稀释样度以上，而且 PCR 效率一致，且接近 100%。

(3) 扩增效率 (E)＝$[10^{(-1/斜率)}]^{-1}$，或者做标准曲线，直接确定 E。

PCR 扩增效率误差范围允许值±10%，如 90%～110%，最佳为 95%～105%。

(4) 定量 PCR 中样本（包括对照及标准品）一般需要 3 个重复。一般重复间允许的差异小于 0.5C_t（理想的状态小于 0.25C_t）。

(5) 扩增子设计遵循以下原则。扩增子长度为 75～200 bp，片段越短扩增效率越高，但如果片段小于 75 bp，扩增子很难与可能存在的引物二聚体区分；可能的话，尽量避免形成二级结构。推荐使用软件如 mfold(http: //www. bioinfo. rpi. edu/applications/mfold/) 来预测扩增子在退火温度条件下是否形成二级结构。避免模板有长的（>4）单碱基重复，GC 含量为 50%～60%。

(6) 上样预混液漩涡振荡至少 5 s 以上；定量必须有空白对照；加样过程中，防止液滴飞溅；选择较大加样体积（5 μL 以上）；及时更换枪头。

(7) 操作过程中避免污染。用稀释的漂白剂或净化剂抹擦工作台；在配有紫外灯的超净室、罩式或台式超净工作台中准备样品，理想的条件是样品准备与 PCR 扩增分别在不同的区域进行，注意避免质粒或扩增子污染样品准备区，绝不要将扩增后产物带入指定洁净区。在样品准备和配制反应液过程中勤换手套，勤用稀释的漂白剂清洁移液器。只使用PCR级的水和PCR专用试剂进行PCR试验，用带旋盖的EP管稀释和配制反应液。

（8）瘤胃微生物实时定量PCR常用引物（Tajima et al.，2001）见表6-18。

表6-18　瘤胃微生物实时定量PCR常用引物

目标菌（菌株）	引物	*Tm*（℃）	产物大小（bp）
脂解厌氧弧杆菌 （*Anaerovibrio lipolytica*）	上游 AGACACGGCCCAAACTCCTACG 下游 TCCTCCTTGACCCATTTCCTGA	60	157
产琥珀酸丝状杆菌 （*Fibrobacter succinogene*）	上游 GGCGGGATTGAATGTACCTTGAGA 下游 TCCGCCTGCCCCTGAACTATC	60	204
黄色瘤胃球菌 （*Ruminococcus flavefaciens*）	上游 GATGCCGCGTGGAGGAAGAAG 下游 CATTTCACCGCTACACCAGGAA	60	286
白色瘤胃球菌 （*Ruminococcus albus*）	上游 GTTTTAGGATTGTAAACCTCTGTCTT 下游 CCTAATATCTACGCATTTCACCGC	63	270
溶纤维丁酸弧菌 （*Butyrivibrio fibrisolven*）	上游 TAACATGAGAGTTTGATCCTGGCTC 下游 CGTTACTCACCCGTCCGC	60	136
栖瘤胃普雷沃氏菌 （*Prevotella ruminicola*）	上游 GGTTATCTTGAGTGAGTT 下游 CTGATGGCAACTAAAGAA	53	485
布氏普雷沃氏菌 （*Prevotella bryantii*）	上游 ACTGCAGCGCGAACTGTCAGA 下游 ACCTTACGGTGGCAGTGTCTC	68	540
易北河普雷沃氏菌 （*Prevotella albensis* ）	上游 CAGACGGCATCAGACGAGGAG 下游 ATGCAGCACCTTCACAGGAGC	68	861
牛链球菌 （*Streptococcus bovis*）	上游 CTAATACCGCATAACAGCAT 下游 AGAAACTTCCTATCTCTAGG	57	869
布氏密螺旋菌体 （*Treponema bryantii* strain）	上游 AGTCGAGCGGTAAGATTG 下游 CAAAGCGTTTCTCTCACT	57	421
反刍兽真细菌 （*Eubacterium ruminantium*）	上游 GCTTCTGAAGAATCATTTGAAG 下游 TCGTGCCTCAGTGTCAGTGT	57	671
溶糊精琥珀酸弧菌 （*Succinivibrio dextrinosolvens*）	上游 TGGGAAGCTACCTGATAGAG 下游 CCTTCAGAGAGGTTCTCACT	57	854
反刍兽新月形单胞菌 （*Selenomonas ruminantium*）	上游 TGCTAATACCGAATGTTG 下游 TCCTGCACTCAAGAAAGA	53	513

6. 实例

以定量黄色瘤胃球菌为例。

（1）黄色瘤胃球菌的PCR产物检测用特异性引物扩增瘤胃DNA获得黄色瘤胃球菌的PCR产物，经电泳检测结果如图6-13，条带清晰、大小约为286 bp，符合试验要求。割胶纯化后，与载体连接、转化、克隆。

（2）黄色瘤胃球菌定量标准品制备过程。

① 蓝白斑筛选。将纯化后的目标片段的PCR产物与载体pMD18-T连接，转化至感受态细胞，在含抗生素的LB固体培养基上培养克隆，进行蓝白斑筛选重组子，选择阳性克隆，用以制备标准样品即质粒DNA（图6-14）。

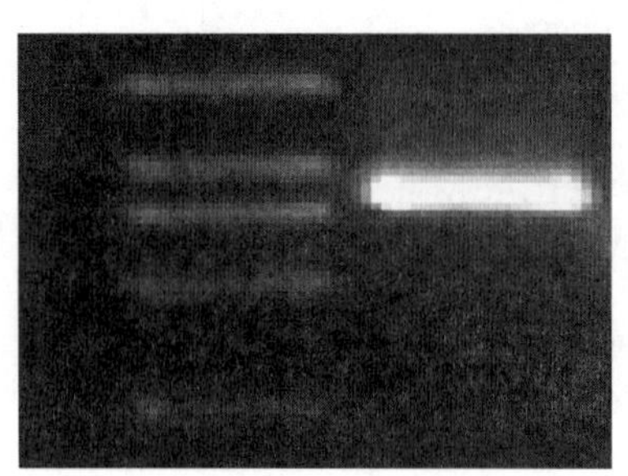

图6-13 PCR产物扩增电泳图

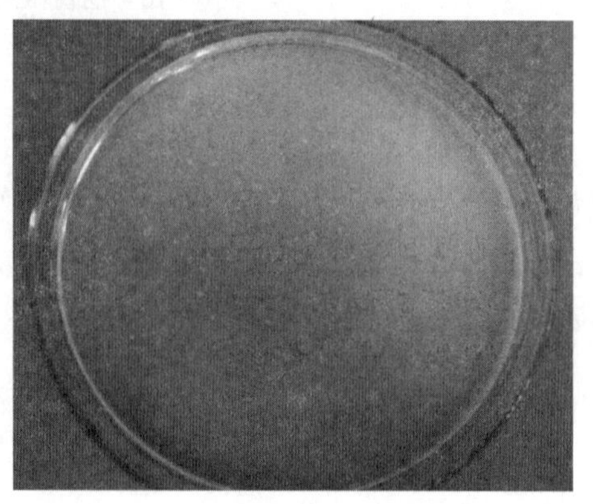

图6-14 PCR产物与载体pMD18-T连接转化后蓝白斑筛选

② 质粒DNA提取。提取阳性克隆质粒DNA，电泳检测（图6-15）。PCR检测挑选出已连接上目的片段的质粒，测定吸光度值，计算出质粒浓度，换算出拷贝数，然后进行10^{-1}倍梯度稀释。

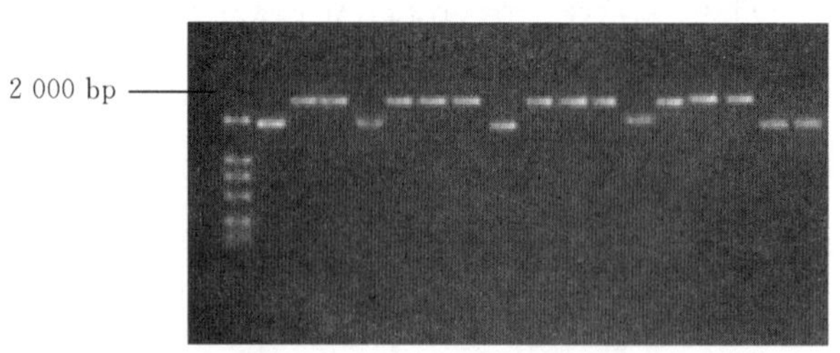

图6-15 黄色瘤胃球菌质粒DNA提取电泳图

③ 阳性克隆测序与比对。挑选阳性克隆进行测序（图6-16），在GenBank上利用BLAST进行序列的同源性分析（图6-17）。结果表明，所测序列与原菌株相似性大于99%。因此，此段序列仍可作为原定引物的设计区。此外，本段DNA序列与另外几株菌的相似性也大于98%，说明此段序列在本种范围内具有保守性，适合于作为本种内通用引物设计的候选区域。由于引物设计区都在此段克隆区域内，所以可将此克隆质粒浓度转换成拷贝数，进而制作标准曲线用以确切定量。

（3）黄色瘤胃球菌标准曲线的制作。以插入黄色瘤胃球菌16S rDNA片段的质粒作为模板，进行实时定量PCR扩增，制作标准曲线（图6-18）。结果显示，模板中16S rDNA拷贝数从1 100到11 000 000，均得到了扩增，而且具有良好的重复性（表6-19），达到了制作标准曲线的要求。在本研究的检测体系中，1 μL的模板有1 100拷贝的靶基因时就能检测到，并根据标准曲线进行定量。

以C_t值为纵坐标，基因拷贝数的对数值为横坐标，二者的回归方程为：$y=-3.112x+42.243$（$r=0.984$），C_t值从14.39到27.96个循环。

（4）瘤胃样品中黄色瘤胃球菌的定量过程。

① 瘤胃样品中黄色瘤胃球菌扩增效率检测。随机选取两个样品呈2^{-1}梯度稀释4个样品，采用实时定量PCR反应体系与反应参数，进行随机扩增检测，见图6-19。从图6-19中可看出，呈梯度浓度模板的情况下，扩增循环也呈梯度形，说明扩增效率一致。

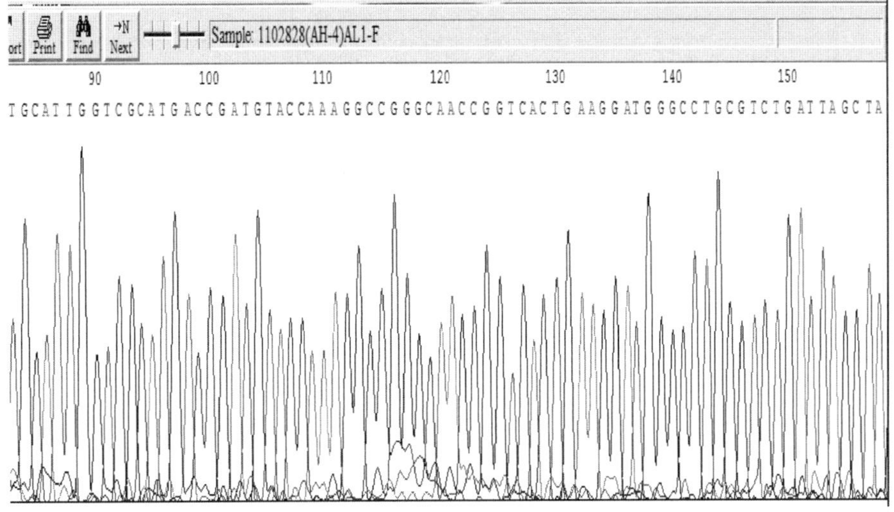

图 6-16　测序结果图

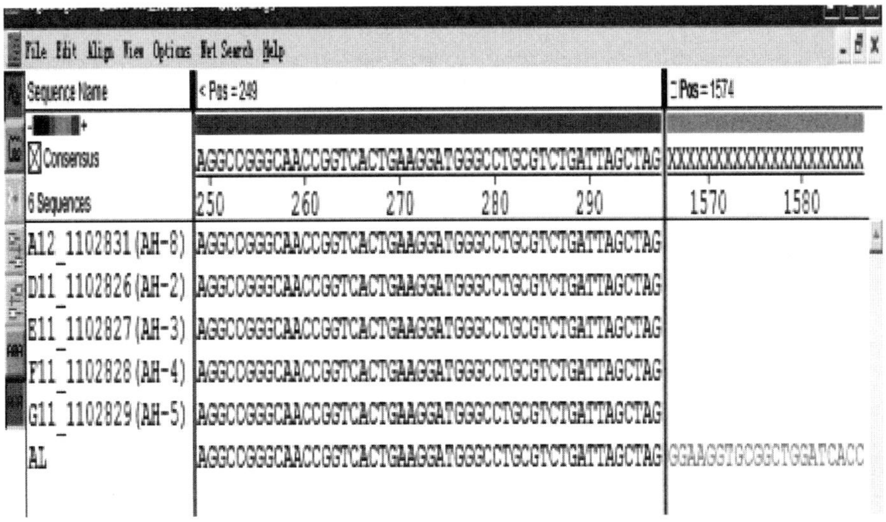

Sequence Name	< Pos = 249	Pos = 1574
Consensus	AGGCCGGGCAACCGGTCACTGAAGGATGGGCCTGCGTCTGATTAGCTAG	XXXXXXXXXXXXXXXXXXXXX
6 Sequences	250　260　270　280　290	1570　1580
A12_1102831(AH-8)	AGGCCGGGCAACCGGTCACTGAAGGATGGGCCTGCGTCTGATTAGCTAG	
D11_1102826(AH-2)	AGGCCGGGCAACCGGTCACTGAAGGATGGGCCTGCGTCTGATTAGCTAG	
E11_1102827(AH-3)	AGGCCGGGCAACCGGTCACTGAAGGATGGGCCTGCGTCTGATTAGCTAG	
F11_1102828(AH-4)	AGGCCGGGCAACCGGTCACTGAAGGATGGGCCTGCGTCTGATTAGCTAG	
G11_1102829(AH-5)	AGGCCGGGCAACCGGTCACTGAAGGATGGGCCTGCGTCTGATTAGCTAG	
AL	AGGCCGGGCAACCGGTCACTGAAGGATGGGCCTGCGTCTGATTAGCTAG	GGAAGGTGCGGCTGGATCACC

图 6-17　序列比对结果图

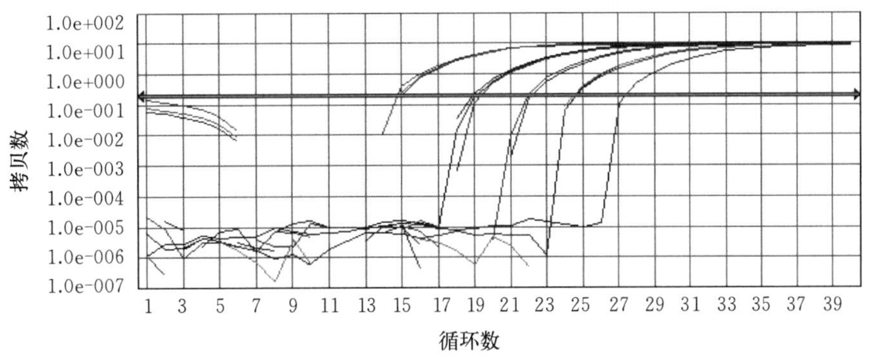

图 6-18　黄色瘤胃球菌标准扩增图

表 6-19　黄色瘤胃球菌标准拷贝数所对应的 C_t 值

C_t 值	拷贝数				
	11 000 000	1 100 000	110 000	11 000	1 100
重复 1	14.37	19.81	22.06	25.06	28.15
重复 2	14.43	19.78	22.78	25.3	27.67
重复 3	14.37	20	22.12	25.6	28.08
平均值	14.39±0.03	19.86±0.11	22.32±0.39	25.32±0.27	27.96±0.25

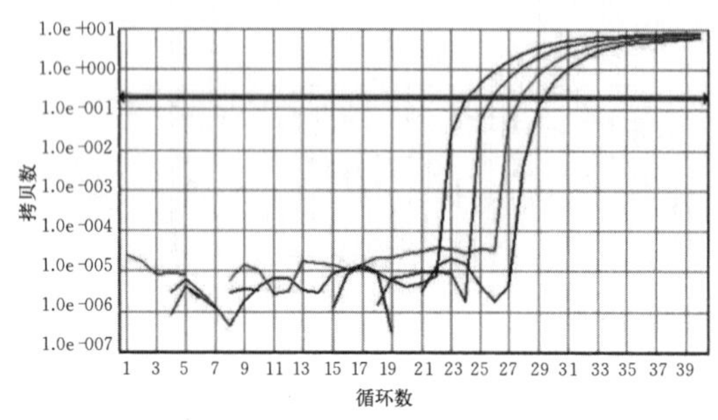

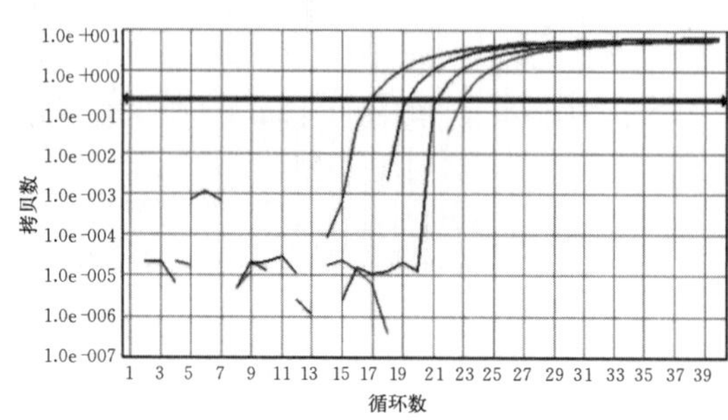

图 6-19　扩增效率实时定量 PCR 检测图

② 瘤胃样品中黄色瘤胃球菌的定量。瘤胃微生物样品中黄色瘤胃球菌扩增曲线与熔解曲线见图 6-20、图 6-21，从这两个图可看出，C_t 值在 22～31 个循环，曲线为 S 形。熔解曲线唯一，表明无特异性条带与引物二聚体产生。图 6-22 中为 SDS 软件自动生成样品中黄色瘤胃球菌定量结果，资料结果以 Excel 表的形式导出。

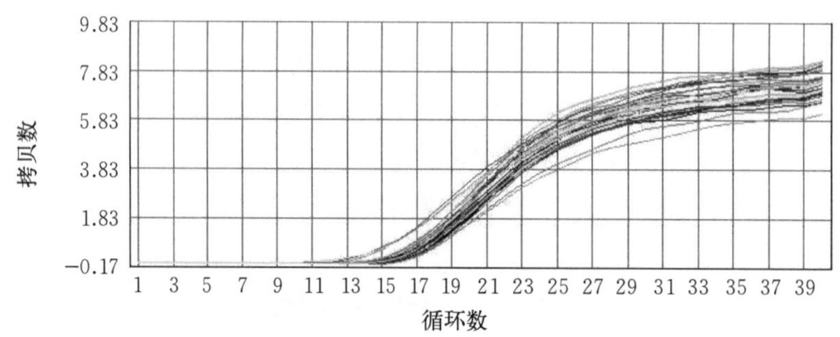

图 6-20　瘤胃样品中黄色瘤胃球菌定时定量 PCR 检测图

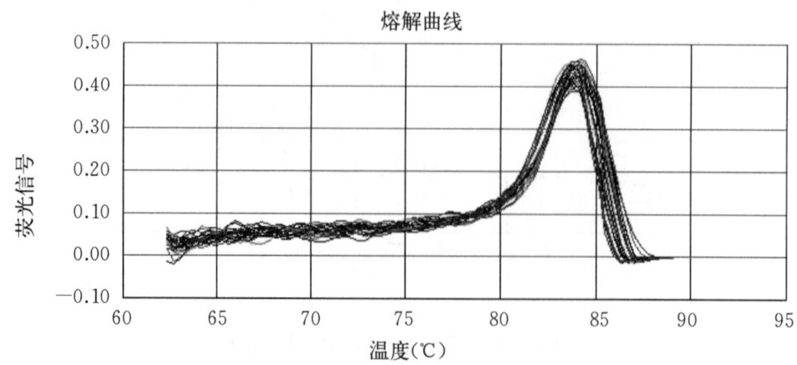

图 6-21　瘤胃样品中黄色瘤胃球菌定时定量 PCR 扩增产物熔解曲线

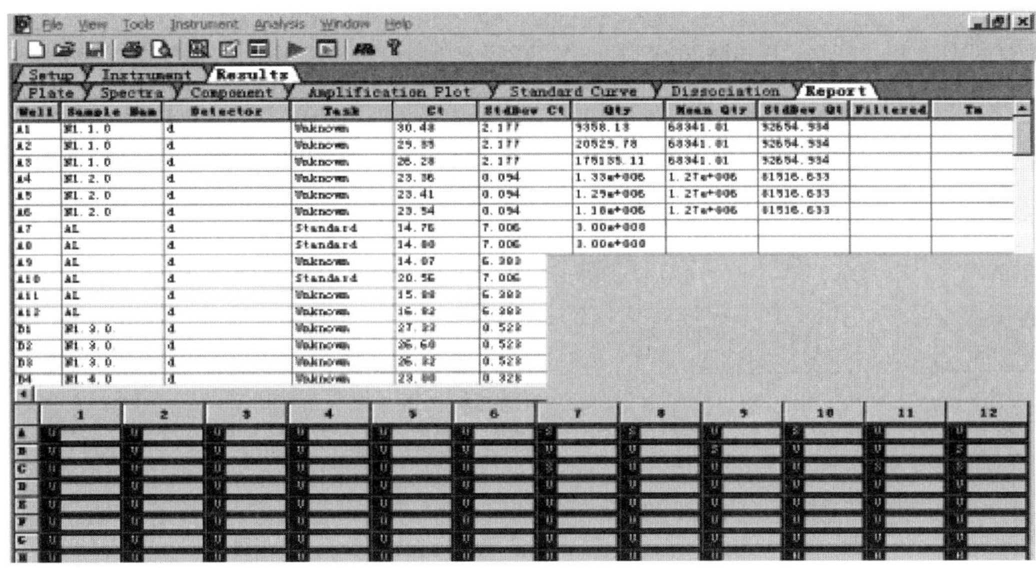

图 6-22　瘤胃样品中黄色瘤胃球菌定量结果

九、瘤胃微生物 16S rDNA 文库构建

复杂环境基因组总 DNA 是各种微生物基因组的混合物，由于组成复杂，难以直接进行研究，因此通常是通过研究其基因组中的生物标记物"biomarker"来研究环境中微生物的多样性的。16S rDNA 是目前微生物生态学研究中已经广泛使用的生物标记物"biomarker"。这是因为：核糖体 RNA 是蛋白质合成必需的，广泛存在于所有的原核生物中，并且结构和功能都是保守的；16S rDNA 的序列中包括可变区和高变区，因此既可以利用保守区域来设计引物，又可以利用高变区来进行序列间的比对；它们的序列变化比较缓慢而且在原核生物中不发生水平转移，因此 16S rDNA 之间序列的差异可以反映不同生物之间的进化关系（Oslen et al.，1986）。

在 GeneBank(http：//www. ncbi. nlm. nih. gov/）和 RDPⅡ（ribosomal database project Ⅱ，http：//rdp. cme. msu. edu/html/）数据库中已经录入了大量不同生物的 16S rDNA 序列，知道 16S rDNA的序列信息以后，就可以在上述数据库中进行序列比对，找到这些序列相应微生物的系统发育地位。同样，用 PCR 扩增的方法把环境中所有的 16S rDNA 收集到一起，然后用克隆建库的方法，把每一个 16S rDNA 分子放到文库中的每一个克隆里，再通过测序比对，就可以知道每一个克隆中带有 16S rDNA 分子属于哪一种微生物，整个文库测序比对得到的结果反映了环境中微生物的组成。

1. 试剂

Taq DNA 聚合酶（promega)、小牛肠碱性磷酸酶（TaKaRa 公司)、X-gal(TaKaRa 公司)、T4 DNA 连接酶（TaKaRa 公司)、pGEM-T Easy Vector 载体（promega)、PCR 产物纯化试剂盒（TaKaRa 公司)、割胶回收试剂盒（TaKaRa 公司)。

2. 菌株与载体

(1）大肠杆菌（*Escherichia coli*）DH5α 感受态细胞（－80 ℃冰箱保存，TaKaRa 公司)。

(2）pGEM-T Easy Vector 载体（promega)。

3. 培养基

LB固体培养基：称取10 g胰蛋白胨，5 g酵母提取物，10 g NaCl，加水溶解，用5 mol/L NaOH调pH至7.0，定容至1 000 mL，0.1 MPa，121 ℃高压蒸汽灭菌30 min，培养基温度冷却至50 ℃左右时，加氨苄青霉素至终浓度100 μg/mL。添加1.5%（15 g/L）琼脂即为LB固体培养基。

4. 仪器

常温冰箱（−20 ℃、4 ℃）、−80 ℃超低温冰箱、低温冷冻离心机、超纯水机、紫外可见分光度计、脉冲凝胶电泳仪、Gene Pulser电转化仪、三恒电泳仪、水平平板电泳槽、凝胶成像分析系统、全套微量加样器、实时定量PCR仪（Bio-RAD）、高压蒸汽灭菌锅、LP115 pH计、制冰机、漩涡混合器。

5. 通用引物

古菌、细菌与真菌PCR扩增通用引物见表6-20。

表6-20 古菌、细菌与真菌PCR扩增通用引物

引物	序 列	参考文献
古菌		
025eF	5′-CTG GTT GAT CCT GCC AG-3′	AchenbachL，1995
1492R	5′-GGT TAC CTT GTT ACG ACT-3′	AchenbachL，1995
D30	5′-ATT CCG GTT GAT CCT GC-3′	Arahal，1996
D33	5′-TCG CGC CTG CGC CCC GT-3′	Arahal，1996
Met83F	5′ACK GCT CAG TAA CAC-3′	Wright，2003
Met86F	5′-GCT CAG TAA CAC GTG G-3′	Wright，2003
Met1340R	5′-CGG TGT GTG CAA GGA G-3′	Wright，2003
Ar1000	5′-AGT CAG GCA ACG AG CGA GA-3′	Weisburg，1991
Ar1500	5′-GGT TAC CTT GTT ACG ACT T-3′	Weisburg，1991
细菌		
27f	5′-AGA GTT TGA TCM TGG CTC AG-3′	Lane，1991
519f	5′-CAG CMG CCG CGG TAA TWC-3′	
519r	5′-GWA TTT TAC CGC GGC KGC TG-3′	
926r	5′-CCG TCA ATT CMT TTR AGT TT-3′	
926f	5′-AAA CTY AAA KGA ATT GAC GG-3′	
1492r	5′-TAC GGY TAC CTT GTT ACG ACT T-3′	
1525r	5′-AAG GAG GTG WTC CAR CC-3′	
真菌		
nu-SSU-0817f	5′-TTA GCA TGG AAT AAT RRA ATA GGA-3′	Borneman，2000
nu-SSU-1196r	5′-TCT GGA CCT GGT GAG TTT CC-3′	
nu-SSU-1536r	5′-ATT GCA ATG CYC TAT CCC CA-3′	

6. 操作步骤

(1) PCR 扩增 16S rDNA。

① 细菌 16S rDNA PCR 反应体系与反应条件。PCR 反应体系：2.5 μL 10×PCR Buffer，2.5 μL dNTP(10 mmol/L)，1 μL 上游引物（10 μmol/L），1 μL 下游引物（10 μmol/L），300 ng 模板，2.5 μL $MgCl_2$(25 mmol/L)，1 IU *Taq*DNA 聚合酶，ddH_2O 定容至 25 μL。

PCR 反应条件：94 ℃预变性 3 min；94 ℃变性 40 s，54 ℃复性 50 s，72 ℃延伸 1 min，15 循环；72 ℃延伸 7 min。

② 古菌 16S rDNA PCR 反应体系与反应条件。PCR 反应体系：2.5 μL 10×PCR Buffer，2.5 μL dNTP(10 mmol/L)，1 μL 上游引物（10 μmol/L），1 μL 下游引物（10 μmol/L），300 ng 模板，2.5 μL $MgCl_2$(25 mmol/L)，2.5 IU *Taq*DNA 聚合酶，ddH_2O 定容至 25 μL。

PCR 反应条件：95 ℃预变性 4 min；95 ℃变性 40 s，55 ℃复性 1 min，72 ℃延伸 2 min，15 循环；72 ℃延伸 4 min。

③ 真菌 16S rDNA PCR 反应体系与条件。PCR 反应体系：2.5 μL 10×PCR Buffer，2.5 μL dNTP(10 mmol/L)，1 μL 上游引物（10 μmol/L），1 μL 下游引物（10 μmol/L），300 ng 模板，2.5 μL $MgCl_2$(25 mmol/L)，1 IU *Taq*DNA 聚合酶，ddH_2O 定容至 25 μL。

PCR 反应条件：94 ℃预变性 5 min；94 ℃变性 1 min，60 ℃复性 1 min，72 ℃延伸 2 min，15 循环；72 ℃延伸 10 min。

(2) PCR 扩增产物的纯化。用 PCR 产物纯化试剂盒纯化，具体操作步骤参照说明书。

(3) 连接。短暂离心 pGEM-T Easy Vector 载体，使内容物汇集到管底。在 200 μL PCR 管中加入 1 μL pGEM-T Easy Vector 载体，1 μL T4 连接酶，5 μL 连接酶缓冲液，2 μL 纯化后的 PCR 产物，2 μL 无菌水，轻弹混匀，置于 4 ℃孵育 12 h。

(4) 转化。

① 每个连接反应准备 5 个 LB/Amp/IPTG/X-Gal 平板，涂板前将平板平衡至室温。

② 离心使连接反应产物汇集到管底，取 2 μL 连接反应产物加到置于冰上的 1.5 mL 离心管中。

③ 将冻存的 *E. coli* DH5α 高效率感受态细胞从−80 ℃冰箱中取出，放置在冰上直至融化，轻轻振动离心管使之混匀。

④ 向步骤②准备的每个离心管中加入 50 μL 感受态细胞。轻轻振动离心管混匀，冰浴 20 min。在精确的 42 ℃水浴中热击 60 s（不要振动，不要超过 90 s）。迅速将离心管移到冰浴中，使细胞冷却 2 min。

⑤ 每管连接反应转化细胞中加入平衡至室温的 500 μL SOC 培养基。在 37 ℃振荡培养（150 r/min）1 h。

⑥ 将每个转化培养基 100 μL 涂到一个 LB、Amp、IPTG、X-Gal 平板上，共 5 个平板。将平板于 37 ℃过夜培养（12～16 h）。37 ℃过夜培养后将平板储存于 4 ℃环境中。

⑦ SOB 培养基。20 g Bacto 胰蛋白胨，5 g Bacto 酵母提取物，10 mL 1 mol/L 氯化钠溶液，2.5 mL 1 mol/L 氯化钾溶液加水定容至 980 mL，调 pH 至 7.0 高压蒸汽灭菌。

⑧ SOC 培养基。980 mL SOB 培养基中加入 2 mol/L $MgSO_4$/$MgCl_2$ 溶液（含 1 mol/L $MgSO_4 \cdot 7H_2O$+1 mol/L $MgCl_2 \cdot 2H_2O$，过滤除菌）和 2 mol/L 葡萄糖溶液（过滤除菌）各 10 mL。

(5) 阳性克隆检测。过夜培养（12～16 h）后，平板上长出若干单菌落，菌落呈现白色或浅蓝色。

菌落 PCR 方法检测：

pGEM-T Easy Vector 载体两端的两段序列作为引物：

上游引物（T7）：5′-TAA TAC GAC TCA CTA TAG GG-3′；

下游引物（SP6）：5′-GAT TTA GGT GAC ACT ATA G-3′。

PCR 反应体系：2.5 μL 10×PCR Buffer，2.5 μL dNTP(10 mmol/L)，1 μL 上游引物（10 μmol/L），1 μL 下游引物（10 μmol/L），300 ng 模板，2.5 μL $MgCl_2$(25 mmol/L)，1 IU *Taq*DNA 聚合酶，ddH_2O 定容至 25 μL。

PCR 反应条件：95 ℃预变性 5 min；94 ℃变性 1 min，55 ℃复性 45 s，72 ℃延伸 2 min，30 循环；72 ℃延伸 5 min。

(6) 克隆测序。 选取约 100 个阳性克隆送基因测序公司进行基因测序。

7. 结果分析

(1) 16S rDNA 的 PCR 反应结果。 瘤胃微生物 16S rDNA 的 PCR 反应结果见图 6－23，产物为单一条带，条带清晰，符合后续试验要求。

(2) 构建系统发育树及分析。 将所得到的序列与 GenBank/EMBL/DDBJ/RDPII 数据库用 Blastal 软件在网上分析，挑出相似性最高的序列，用 CLUSTAL X 进行序列的多重比对，将不能参与建树的序列剔除。设置参数为 Gap－opening penalty＝15.0；Gap－extension penalty＝6.66，转换至 Phylip3.6，Bootstrap value 设为 1 000，结果用 Treeview3.2 输出。将序列相似性达到 97%以上的 16S rDNA 克隆子定义为同一个操作分类单位（Operational taxonomic units，OTU），建立系统发育树。从系统发育树中可以看出，文库克隆在多个种属均有分布，表明样品取样和分析具有代表性；根据各个克隆的位置，可以初步判断该克隆序列代表微生物的种属关系。

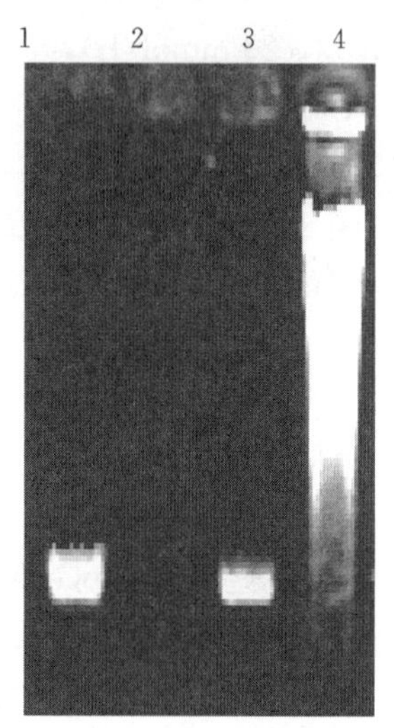

图 6－23 瘤胃微生物 16S rDNA 的 PCR 产物电泳图

1. 瘤胃 DNA PCR 2. 阴性对照 3. 阳性对照 4. 粗提瘤胃混合微生物总 DNA

8. 注意事项

(1) 在 16S rDNA PCR 扩增的过程中很容易产生各种误差（包括嵌合体、突变和杂合体等）(Wintzingerode et al.，1997)。试验证明，减少 PCR 扩增的循环数（不超过 25 个循环）和延长延伸的时间（不少于 2 min）有助于减少 PCR 过程产生的假象（Hongoh et al.，2003)。建议在首轮 16S rDNA PCR 扩增后，再进行一轮“Reconditioning PCR”，可以有效减少 PCR 产物中的杂合体（Thompson et al.，2002)。

(2) PCR 产物连接时，加入的 Buffer 需要先剧烈振荡，然后再加入反应体系中。

(3) 在进行“蓝白斑筛选”时，4 ℃放置 2～3 h，会使蓝白斑的差别更明显。

(4) 为了保证克隆的纯度，建议进行“蓝白斑筛选”时，挑出的每一个白菌落都经过一次平板纯化以后再进行下一步试验。

(5) PCR 验证阳性克隆时，菌要少挑一些，否则会抑制 PCR 反应。

第六节 瘤胃检测技术

反刍动物所采食的饲料在瘤胃微生物和瘤胃液的消化作用下转化为可吸收的营养物质，该营养物质的质和量直接关系到饲料转化率。本节重点介绍饲料养分的瘤胃降解率测定（尼龙袋法)、瘤胃液 pH 测定、瘤胃甲烷产气量测定、瘤胃酶活性测定、瘤胃脂肪酸测定、瘤胃氨态氮测定、瘤胃灌注技术等常用的瘤胃检测技术。

一、瘤胃降解率测定（尼龙袋法）

尼龙袋法（degradation in rumen nylon bag method）是评定瘤胃动态降解率和有效降解率最为普遍的方法。Van Der Wath(1948）首次在瘤胃内用尼龙袋培养少量饲料样品来估测瘤胃降解率，Orskov和 McDonald(1979）在其基础上加以完善，首次提出了采用数学非线性回归拟合方法来对获得的各时间点降解率数值进行瘤胃食糜流通速度影响因素的权重处理，进而将降解率数值改为瘤胃有效蛋白质降解率（EPD），并沿用至今。该方法操作相对简单、耗费低，不仅被用来测定蛋白质降解率，同时也被用来测定饲料干物质、有机物、中性洗涤纤维和淀粉在瘤胃中的降解率，国际上已将该方法作为评定饲料蛋白质瘤胃降解率的一种常规方法。

1. 原理

尼龙袋法是在瘤胃内用尼龙袋发酵降解少量饲料样本，培养一定时间后，根据袋内饲料样本某养分的减少，计算其在瘤胃中相应时间点的消失率，再根据各时间点的消失率来计算有效降解率。

2. 材料

(1) 瘘管动物。 选择体重在 350 kg 以上装有瘤胃瘘管的健康牛只，按 1.3 倍维持营养需要水平进行饲喂。奶牛瘘管手术后至少恢复一个月才可进行试验。

(2) 被测样本。 将饲料在自然状态下风干或 65 ℃烘干，粉碎并通过 2.5 mm 孔筛，放入磨口瓶内备用。

(3) 尼龙袋。 选择孔径为 50 μm 的尼龙过滤布，裁成 17 cm×13 cm 的长方块，对折，用涤纶线双道缝制，制成长×宽为 12 cm×8 cm 的尼龙袋，散边用烙铁烫平。

3. 操作步骤

(1) 放袋。 准确称取精饲料 10～15 g 或粗饲料 2～5 g，放入若干个尼龙袋内，袋口用尼龙绳扎紧，然后每 2 个袋或 4 个袋紧紧绑在一根长约 50 cm 的半软塑料管上（图 6-24）。于晨饲后 2 h，借助一木棍通过瘘管将尼龙袋送入瘤胃腹囊处，管的另一端挂在瘘管塞上，每头牛最多放 6 根管，共 12 个或 24 个尼龙袋。

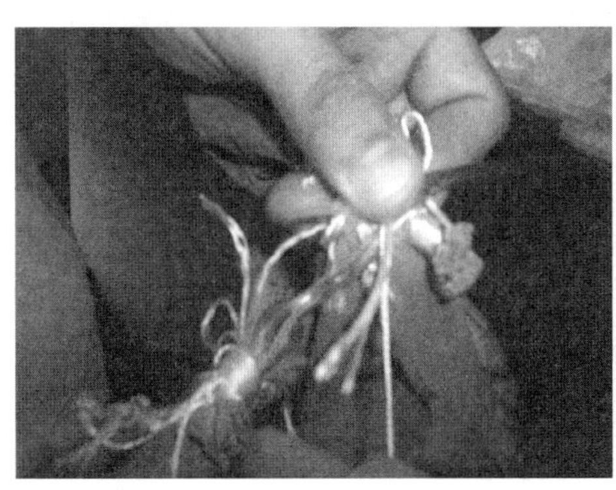
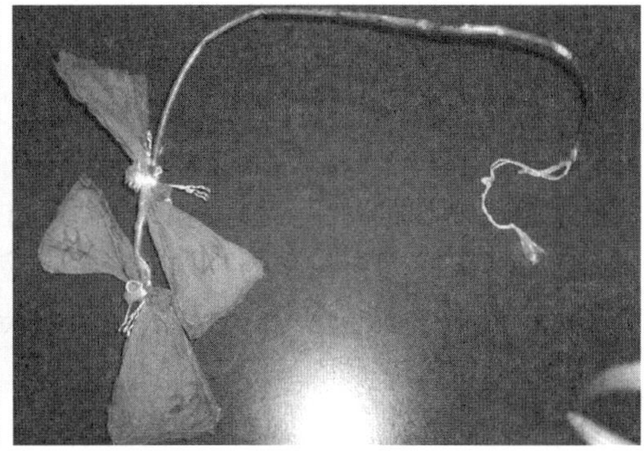

图 6-24　绑紧尼龙袋

(2) 放置时间设定。 尼龙袋在瘤胃的停留时间：精饲料一般为 2 h、6 h、12 h、24 h、36 h、48 h，粗饲料为 6 h、12 h、24 h、36 h、48 h、72 h。即在放袋后的每个时间点各取出一根管。

(3) 冲洗。 按规定时间取出的尼龙袋连同塑料管一起放入洗衣机内（中等速度洗）冲洗 8 min，中间换水一次。如无洗衣机，可用手洗。冲洗时，用手轻轻抚动袋子，不要搓洗，直至水清为止。

（4）测定残渣的蛋白及其他养分含量。将尼龙袋冲洗后，放入 65 ℃烘箱内，烘至恒重（约需 48 h）。将每头牛同一时间点的袋内残渣混合均匀作为待测样品，测定其蛋白质或其他养分的含量。

4. 结果分析

瘤胃内饲料蛋白质降解率按式（6－1）计算：

$$Deg(t)=a+b\times(1-e^{-ct}) \tag{6-1}$$

式中，$Deg(t)$ 为 t 时刻的蛋白质降解率；a 为理论上瞬时消失的蛋白质部分；b 为最终降解的蛋白质部分；c 为 b 的降解常数；t 为饲料在瘤胃内停留时间（h）。

根据最小二乘法非线性回归分析法的原理，分别将每种被测饲料的 a、b、c 解出（建议用 SAS 程序）。也可用作图法分别估算出 a、b、c 值（图 6－25）。即先将实测的每个时间点降解率画出曲线，第 1 个时间点对应的截距便是 a，到达平稳降解率为$a+b$，$(a+b)-a=b$；选择曲线拐点处实测的降解率 $Deg(t)$，则可求出 c。

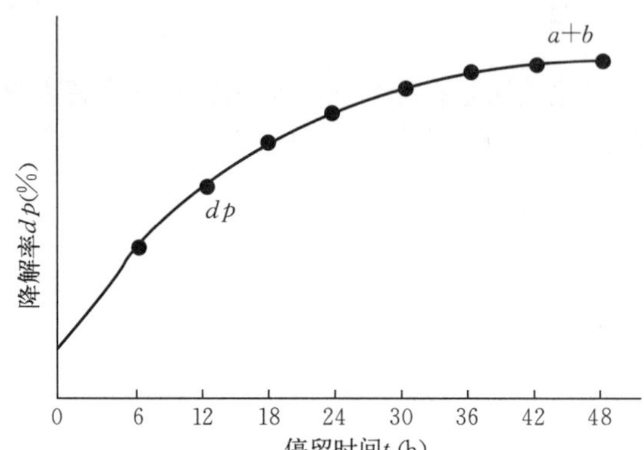

图 6－25 作图法估算 a、b、c 值

5. 注意事项

（1）尼龙袋应尽量固定于半软塑料管上，然后通过尼龙绳将半软塑料管绑紧在瘘管塞上，以防脱落。如发现脱落，应及时从瘘管中出取出，以防堵塞。

（2）尼龙袋法不仅可测定蛋白质的降解率，还可用来测定瘤胃干物质（DM）、有机物（OM）、中性洗涤纤维（NDF）和淀粉的降解率。

（3）制作尼龙袋的尼龙布的孔径要求能保持饲料样本不外流，并能允许瘤胃微生物进入袋内。

（4）由于尼龙袋法只是发酵降解少量的饲料样品，被测饲料不会影响瘤胃正常发酵，且袋内环境同瘤胃的内环境一致，饲料养分的降解率能反映瘤胃正常发酵功能。

二、瘤胃液 pH 测定

瘤胃液 pH(the rumen pH value) 在一定程度上反映了瘤胃消化代谢状况。特别是实时动态监测瘤胃液 pH 能有效地监控瘤胃发酵功能。

1. 原理

瘤胃液 pH 测定有 pH 计法、实时动态 pH 计监测法。pH 计由参比电极，玻璃电极和电流计组成。以参比电极和玻璃电极所组成的原电池测量溶液的氢离子活度，在恒定温度下，电池的电位随待测溶液的氢离子活度变化而变化，信号通过电流计转换为 pH。

2. 材料

（1）pH 为 6.87 的标准缓冲液。称取磷酸二氢钾（KH_2PO_4）3.398 g 和磷酸氢二钠（Na_2HPO_4）3.530 g（120～130 ℃烘 2 h），用双蒸水溶解并定容至 1 L。

（2）pH 为 4.01 的标准缓冲液。称取在 105 ℃烘过的苯二甲酸氢钾（$KHC_8H_4O_4$）10.21 g，用双蒸水溶解并定容至 1 L。

（3）0.1 mol/L HCl 溶液。饱和 KCl 溶液、pH 计、洗瓶、烧杯、滤纸、实时动态 pH 计（图 6－26）。

3. 操作步骤

（1）pH 计测定法。

① 取样。通过瘤胃瘘管采集不同位点（上、中、下）瘤胃液约 100 mL，混合待测。

② 用蒸馏水冲洗两次电极，用滤纸轻轻吸干电极上的水分。

③ 将电极浸入盛有瘤胃液的烧杯中，轻轻摇动电极，按下读数开关。

④ 指针所指的数值或液晶屏幕显示的数值即为瘤胃液 pH，待数值稳定（pH 在 10 s 内变化小于 0.01）后读数，即为最终测定的瘤胃液 pH。

⑤ 测量完毕，关闭电源，用蒸馏水冲洗电极后用滤纸轻轻吸干电极上的水分，将玻璃电极浸泡在饱和氯化钾溶液中。

（2）实时动态 pH 计监测法。 瘤胃液 pH 的实时动态监测法是指将带有玻璃电极和参比电极的 pH 探测棒（图 6－26a），由试验动物瘤胃瘘管插入，置于瘤胃内部，将其固定于瘤胃瘘管塞子上，连续采集 pH 的动态并实时记录（如 SUPCON 无纸记录仪，图 6－26b），或使用相应的软件直接获取瘤胃液 pH 实时动态变化曲线。

4. 结果分析

瘤胃液 pH 正常为 6.2～6.8。当 pH 低于 6.2 时，瘤胃中纤维素分解菌的生长繁殖就会受到抑制，其分解纤维素的能力下降，会造成反刍动物对粗饲料的消化率的下降。但瘤胃液 pH 的下降，可加快瘤胃上皮细胞对挥发性脂肪酸的吸收速度。因此，通过监测瘤胃液 pH 的动态曲线可间接了解反刍动物瘤胃内发酵过程的变化。

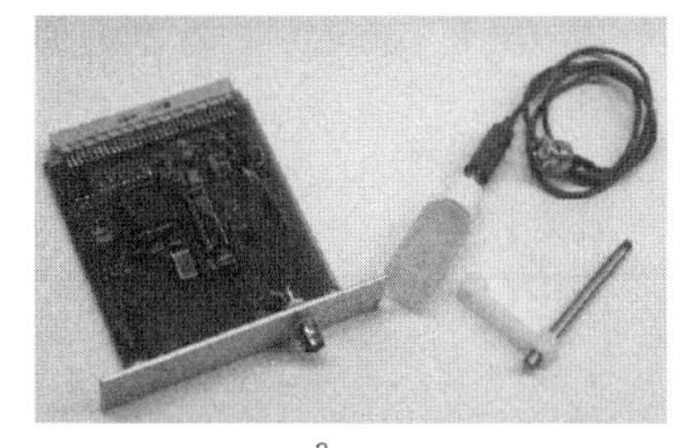
a

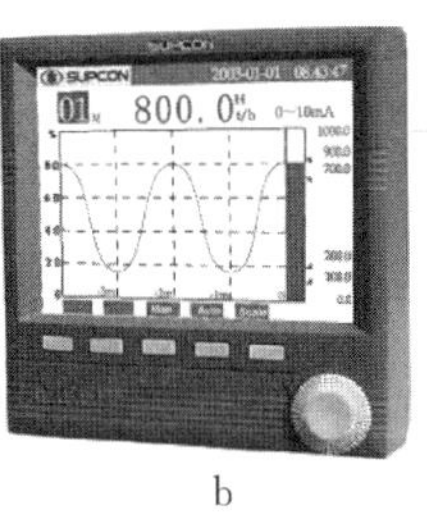

b

图 6－26 实时动态 pH 计
a. pH 探测棒 b. SUPCON 无纸记录仪

5. 注意事项

（1）pH 计在使用前应用 pH 标准缓冲溶液进行校准。

（2）pH 计电极不宜暴露在空气中 30 min 以上，使用结束后应立即浸泡于饱和氯化钾溶液中。

（3）瘤胃液中的 CO_2 对瘤胃液 pH 有很大影响。瘤胃液采集后，应立即进行测定；否则，部分 CO_2 释放后，可造成瘤胃液 pH 的检测误差。

（4）在进行实时动态瘤胃液 pH 测定时，应注意将 pH 探测棒固定于瘤胃瘘管塞子上，防止脱落掉入瘤胃内，影响数据采集结果和对试验动物消化道造成伤害。

三、瘤胃甲烷产气量测定

甲烷是瘤胃碳水化合物发酵不可避免的产物。通常，反刍动物产生甲烷损失的能量占总能量的 2%～12%。通过日粮调控、瘤胃 pH 的调控、添加脂肪酸和添加甲烷抑制剂等对甲烷的生成均具有一定的抑制作用。控制甲烷产气量对提高饲料转化率和环境保护具有重要意义。

测定反刍动物甲烷产气量的方法有呼吸代谢室测定法、示踪物测定法、间接测定法、质量平衡法以及微气候学测定法等。六氟化硫（SF_6）示踪法测定甲烷产气量的方法。

1. 原理

六氟化硫（SF_6）的凝固点为－63.8 ℃。在此温度下，SF_6 气体常压下即可直接转变为固体，利用这一性质，可以将 SF_6 以固体形式装入渗透管内，这种渗透管的渗透压与瘤胃渗透压是一致的。将 SF_6 渗透管置入瘤胃，使其以较低的速度稳定释放 SF_6。SF_6 气体的物理特性与甲烷气相似，并在反刍动物的呼吸过程中随甲烷气体一起排出。尽管 SF_6 与甲烷的稀释程度随动物数量和周围空气运动的变化而变化，但由于 SF_6 和甲烷是同时被排出，且在同一点用同一个采样器采集，所以可以认为甲烷和 SF_6 被空气稀释的程度相同。因此，只要测得 SF_6 的排放速率和 SF_6 与甲烷的浓度，即可计算出甲烷的产气速率和产气量。

2. 器材

液氮、SF_6 气体、氮气、SF_6 渗透管、两个 100 mL 的玻璃注射器、毛细管、恒温水浴锅、气相色谱仪（FID 检测器、ECD 检测器）、甲烷收样装置（图 6－27）。

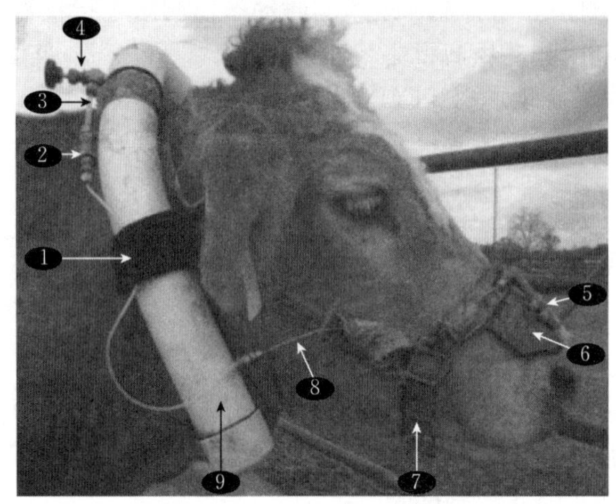

图 6－27　甲烷收集装置

1. 收集管固定物　2. 收集管快速连接部　3. 关闭部和收集部聚乙烯连接管
4. 关闭阀门　5. 气体过滤器　6. 保护器　7. 笼头
8. 笼头与毛细管连接部　9. 收集管

3. 操作步骤

（1）SF_6 渗透管的准备。

① SF_6 渗透管由中空的铜柱构成，开口端的外面连接接头套管，装有聚四氟乙烯垫和烧结玻璃料垫。聚四氟乙烯垫的厚度和类型决定渗透率。安装前彻底清洗铜管。

② 称重渗透管后将渗透管置入液氮内（浸泡），用两个 100 mL 的玻璃注射器每次分别抽取 60 mL的 SF_6 经三通阀迅速注射到渗透管内，直至渗透管内充满 SF_6。当 SF_6 充溢完成后，迅速盖上聚四氟乙烯垫、烧结玻璃料垫和接头套管螺母，并用螺丝刀拧紧螺帽。SF_6 装备完成后，立即称重渗透管。

（2）样品收集。

① 第 1 天，将已知稳定释放率的渗透管通过口腔食道置入瘤胃，并安装笼头，同时测定动物每天的采食和饮水情况，使试验动物适应所安装的笼头。

② 第 3 天，检测动物健康状况，确保 SF_6 可测（收集口鼻周围的气体），并称重动物，记录采食量。

③ 第 4 天，提前抽空集气罐并于 7:00 开始采样。同时观察动物收气部位（口鼻部）笼头的固定情况，如果发生偏移应及时调整。每隔 1 h 测定集气罐内的压力，以检测集气罐的收气情况和收气装置的稳定性。准备好另一个集气罐，24 h 收气结束后定时替换。同时，测定试验动物饲养环境中 SF_6

和甲烷的浓度，并记录开始收气的时间。

④ 第 5 天，24 h 后将已经抽空的集气罐替换后连接在收气装置上。测定并记录集气罐使用后终压（压力约为 0.5 atm*），然后将集气罐充入高纯氮气稀释，使集气罐终压达到 1.2 atm。对集气罐内的甲烷和 SF_6 气体进行浓度分析。集气罐内的气体可保存 10 d。

(3) 渗透率的测定。将渗透管置入玻璃容器内，置于 39 ℃恒温水浴锅内，同时玻璃容器内须持续充入清洁的氮气。为测定 SF_6 释放率，应每隔 5 d 定时称重各管。一般 5～6 周获得一个理想的释放率。

(4) 甲烷与 SF_6 浓度分析。

① 甲烷浓度分析。采用气相色谱仪（FID 检测器）测定。

色谱参考条件：检测器温度 250 ℃，进样口温度 120 ℃，色谱柱温 60 ℃，载气 N_2，柱流量 2 mL/min，进样量 1 mL，外标法定量。

② SF_6 浓度分析。采用气相色谱仪（ECD 检测器）测定。

色谱参考条件：检测器温度 300 ℃，进样口温度 100 ℃，色谱柱温为 60 ℃，载气 N_2，柱流量 1 mL/min，进样量 1 mL。外标法定量。

4. 结果分析

(1) 甲烷产气速率根据式（6-2）计算。

$$R_{CH_4}=\frac{R_{SF_6}}{6.518}\times\frac{[CH_4]}{[SF_6]}\times 1\,000 \tag{6-2}$$

式中，R_{CH_4} 为反刍动物甲烷产气速率（L/d）；R_{SF_6} 为 SF_6 的排放速率（mg/d）；6.518 为 SF_6 的密度（kg/m^3）；$[CH_4]$ 为采样气体中 CH_4 的浓度（mL/m^3）；$[SF_6]$ 为采样气体中 SF_6 的浓度（$\mu L/m^3$）。

(2) 甲烷产气量根据式（6-3）计算。

$$Q_{CH_4}=R_{CH_4}\times T \tag{6-3}$$

式中，Q_{CH_4} 为甲烷产气量（L）；R_{CH_4} 为反刍动物甲烷排放速率（L/d）；T 为排放时间（d）。

5. 注意事项

(1) SF_6 是温室效应气体，为防止大量 SF_6 气体释放到大气中须小心管理。

(2) 笼头可调节大小。笼头是关键部件，因为收气装置的入口是否能够固定对于样本是否能够成功收集非常重要。每次收样结束后用真空泵反复抽提集气罐（图 6-27 中收集管），以确保下次使用不受集气罐内原有气体的影响。

(3) 从动物瘤胃内取出的渗透管可反复利用，聚四氟乙烯垫也可以反复使用。

四、瘤胃酶活性测定

反刍动物在长期进化过程中，获得了瘤胃这一独特的消化系统，从而能借助瘤胃内栖居的微生物发酵，利用粗纤维和非蛋白氮（NPN）。反刍动物摄入的饲料 40%～80%的干物质、60%～95%的粗纤维在瘤胃中降解消化。可见，瘤胃发酵和酶解在反刍动物营养中占有举足轻重的地位。奶牛瘤胃内栖居着庞大的微生物群体，这些微生物能够分泌各种水解酶，如纤维素酶、蛋白酶、脲酶、脂肪酶等。

---

* atm 为非法定计量单位。1 atm=1.013 25×10^5 Pa。——编者注

1. 纤维素酶活性测定

瘤胃纤维素酶（rumen cellulase）是多种酶复合体总称，包括外切葡聚糖酶和内切葡聚糖酶、纤维糊精酶和β-葡萄糖苷酶等。瘤胃内纤维素在这些酶的协同作用下被降解。具体测定某一种单一纤维素酶均须采用不同的酶底物：

外切葡聚糖酶（exo-1,4-β-D-glucanase，简称CBH或Cl），又称纤维二糖水解酶（cellobiohydrolase），广泛存在于丝状真菌中，通过将短链的非还原性末端纤维二糖残基逐个切下降解晶体纤维素，测定时以微晶（粉末）纤维素作为底物。

内切葡聚糖酶（endo-1,4-β-D-glucanase，简称EG或Cx），又称羧甲基纤维素酶，纤维素分解菌均能产生此酶。这类酶作用于纤维素内部的非结晶区，从高分子内部任意切开β-1,4-糖苷键，产生带有非还原性末端的小分子纤维素，测定时以羧甲基纤维素钠（CMC）为底物。

β-葡萄糖苷酶（β-glucosidase，EC3.2.1.21，简称BG），又称纤维二糖酶，此酶广泛存在于微生物中，将纤维二糖水解成葡萄糖，测定时以水杨苷为底物。

总纤维素酶活性则可代表上述3种酶的协同活性，测定时以球磨滤纸做底物，故又称滤纸纤维素酶（FPase）。

（1）原理。瘤胃纤维素酶在一定的温度和pH条件下，将纤维素类底物（微晶纤维素、羧甲基纤维素钠、球磨滤纸、水杨苷、木聚糖）水解，释放出还原糖。在碱性、煮沸条件下，释放的还原糖将3,5-二硝基水杨酸中的硝基还原成橙黄色的氨基化合物，其颜色的深浅与还原糖含量成正比。通过在波长540 nm处测定其吸光度，可得到还原糖生成量，计算出酶的活性。

（2）试剂。

① 0.2 mol/L磷酸缓冲溶液。

甲液：称取磷酸氢二钠（$Na_2HPO_4 \cdot 12H_2O$）71.64 g，用蒸馏水溶解定容至1 L。

乙液：称取磷酸二氢钠（$NaH_2PO_4 \cdot 2H_2O$）31.21 g，用蒸馏水溶解定容至1 L。

取123 mL甲液、877 mL乙液混合均匀，配制成1 000 mL 0.2 mol/L的磷酸缓冲溶液，调节pH至6.0，备用。

② 1%球磨滤纸底物溶液。称取1.000 g滤纸（whatman cat No 1001 090），放入200 mL的磨口锥形瓶中，加入100 mL磷酸缓冲溶液及若干玻璃小球，放入65 ℃水浴摇床中高速摇磨3昼夜（72 h）成均匀浆状。

③ 1%羧甲基纤维素钠（CMC-Na）、水杨苷、木聚糖底物溶液。分别称取1 g羧甲基纤维素钠、水杨苷和木聚糖（精确至1 mg），分置于100 mL容量瓶中，各加入80 mL磷酸缓冲液，水浴加热溶解。冷却后用磷酸缓冲溶液定容（现用现配）。

④ 3,5-二硝基水杨酸（DNS）试剂。

甲液：称取6.9 g结晶苯酚溶于15.2 mL 10%氢氧化钠溶液中，用蒸馏水稀释至69 mL，加无水亚硫酸钠6.9 g，45 ℃水浴加热溶解。

乙液：取酒石酸钾钠255 g溶于300 mL 10%氢氧化钠溶液中，再加入880 mL 1% 3,5-二硝基水杨酸溶液，45 ℃水浴加热溶解。

将甲液倒入乙液，冷却后混匀呈黄棕色，过滤，储于棕色试剂瓶中，避光保存，室温下储存7 d后可使用，有效期6个月。

⑤ 1%葡萄糖和木糖标准储备溶液。称取预先于（103±2）℃下干燥至恒重的葡萄糖和木糖1.000 g，用蒸馏水溶解定容至100 mL。

⑥ 葡萄糖和木糖标准溶液。分别吸取1%葡萄糖和木糖标准储备溶液1.0 mL、2.0 mL、3.0 mL、4.0 mL、5.0 mL、6.0 mL分置于50 mL容量瓶中，加蒸馏水至刻度，摇匀，制成200 μg/mL、400 μg/mL、600 μg/mL、800 μg/mL、1 000 μg/mL、1 200 μg/mL的溶液系列。

⑦ 仪器。pH 计、水浴摇床、分光光度计、超声波破碎仪。

(3) 操作步骤。

① 试样的制备。将瘤胃液经 4 层纱布过滤，于 3 000×g 离心 10 min（温度 4～6 ℃），取 20 mL 上清液进行超声波破碎处理，所得破碎液作为待测样品。

② 标准曲线。按表 6－21 绘制标准曲线，分别吸取葡萄糖或木糖标准溶液系列、磷酸缓冲溶液和 DNS 试剂于各管中，混匀。

表 6－21　瘤胃纤维素酶活性测定标准曲线绘制参考值

管 号	葡萄糖或木糖标准溶液		磷酸缓冲溶液（mL）	DNS 试剂吸取量（mL）
	浓度（μg/mL）	吸取量（mL）		
0	0	0.50	1.5	3.0
1	200	0.50	1.5	3.0
2	400	0.50	1.5	3.0
3	600	0.50	1.5	3.0
4	800	0.50	1.5	3.0
5	1 000	0.50	1.5	3.0
6	1 200	0.50	1.5	3.0

将各管置于沸水浴中反应 7 min，取出，迅速冷却至室温，准确加入蒸馏水 10 mL，混匀。用比色杯，以空白管（对照液）调仪器零点，在分光光度计波长 540 nm 测定吸光度。以葡萄糖或木糖的量为横坐标，以吸光度为纵坐标，绘制标准曲线。对每个新配制的 DNS 试剂绘制新的标准曲线。

③ 试样的测定。

a. 取 3 支 18 mm×180 mm 试管（1 支空白管，2 支样品管），分别向 3 支试管中加入试样 1.00 mL。

b. 在（40±0.2)℃水浴预热 5 min。同时，将测定底物（1%羧甲基纤维素钠溶液、1%球磨滤纸溶液、1%水杨苷溶液、1%木聚糖溶液）置同一温度水浴中预热 5 min。

c. 分别向 2 支样品管中加入 1.00 mL 相应底物溶液，向空白管中加入 3.0 mL DNS 试剂，电磁振荡 3 s，再置同一温度水浴中开始计时，反应 60 min，取出。

d. 迅速向 2 支样品管中加入 3.0 mL DNS 试剂，向空白管中加入 1.0 mL 相应底物溶液，电磁振荡 3 s 摇匀。

e. 将 3 支试管同时放入沸水浴中，待水浴中的水重新沸腾时开始计时，反应 7 min，取出，迅速冷却至室温。

f. 向 3 支试管中各加入 10 mL 蒸馏水，振荡 3 s 混匀。

g. 以空白管（对照液）调仪器零点，在分光光度计波长 540 nm 下，用 10 mg/L 比色杯，分别测 2 支样品管中样液的吸光度，取平均值。

h. 通过查标准曲线或用线性回归方程求出还原糖的含量。

(4) 结果分析。

① 酶活性定义。在（40±0.2)℃、pH 6.0 条件下，在 1 min 内水解纤维素类底物，产生相当于 1 μg 的还原糖的酶量，为 1 个酶活单位，以国际单位［μg/(min·mL)］表示。

② 酶活性计算。按照式（6－4）计算样品的各纤维素酶的活性：

$$X_1=\frac{A\times N}{V\times 60} \tag{6-4}$$

式中，X_1 为各纤维素酶活性［μg/(min·mL)］；A 为根据吸光度在标准曲线上查得（或从回归方程计算出）的还原糖生成量（μg）；N 为稀释倍数；V 为试液量（mL）；60 为反应时间（min）。

(5) 注意事项。纤维素酶既可能来源于胞外，也可能来源于胞内。所以，测定时样品需在 4 ℃下超声波破碎，以释放胞内酶，提高测定准确性。

2. 蛋白酶活性测定

瘤胃蛋白酶（rumen proteinase）由瘤胃微生物分泌。从瘤胃液分离出的细菌 30%～50%均具有降解胞外蛋白质的酶活性。目前，嗜淀粉瘤胃杆菌是所分离到的具有最高蛋白质降解活性的细菌之一。瘤胃中数量最多的蛋白质降解菌是栖瘤胃普雷沃氏菌。据估计，该菌的数量约占瘤胃细菌中的 60%。通过测定瘤胃蛋白酶活性（the rumen proteinase activity）可衡量不同日粮条件下瘤胃微生物对饲料蛋白质的降解程度，进而为合理配合日粮提供依据。

(1) 原理。瘤胃蛋白酶在一定的温度和 pH 范围内，水解酪素底物产生含有酚基的氨基酸（如酪氨酸、色氨酸），在碱性条件下可将福林酚（folin）试剂还原，生成钼蓝与钨蓝，其颜色的深浅与酚基氨基酸含量成正比。通过在 680 nm 波长测定其吸光度，得到酶解产生的酚基氨基酸的量，计算出蛋白酶活力。

(2) 试剂。

① 稀福林酚试剂。于 2 000 mL 磨口回流装置中加入 100 g 钨酸钠（$Na_2WO_4 \cdot 2H_2O$）、25 g 钼酸钠（$Na_2MoO_4 \cdot 2H_2O$）、700 mL 蒸馏水、50 mL 85%磷酸、100 mL 浓盐酸。小火沸腾回流 10 h，取下回流冷却器，在通风橱中加入 50 g 硫酸锂（Li_2SO_4）、50 mL 蒸馏水和数滴浓溴水（99%），再微沸 15 min，以除去多余的溴（冷后仍有绿色须再加溴水，再煮沸除去过量的溴），冷却后加蒸馏水定容至 1 L，混匀、过滤。试剂应呈金黄色，储存于棕色瓶内作为原福林酚试剂。使用时，原福林酚试剂与蒸馏水按 1∶2(V/V) 混匀，制成稀福林酚试剂。

② 1 mol/L 盐酸溶液。取 85 mL 浓盐酸，加蒸馏水稀释并定容至 1 L。

③ 0.1 mol/L 盐酸溶液。取 100 mL 1 mol/L 盐酸溶液，用蒸馏水定容至 1 L。

④ 0.4 mol/L 碳酸钠溶液。称取无水 Na_2CO_3 42.4 g，用蒸馏水溶解并定容至 1 L。

⑤ 磷酸盐缓冲溶液（pH 7.5）。称取 6.02 g $Na_2HPO_4 \cdot 12H_2O$ 和 0.5 g $NaH_2PO_4 \cdot 2H_2O$，用蒸馏水溶解并定容至 1 L，调节 pH 至 7.5。

⑥ 0.4 mol/L 三氯乙酸（Cl_3COOH）溶液。称取 65.4 g 三氯乙酸，用蒸馏水溶解并定容至 1 L。

⑦ 1.0%酪素标准储备溶液。称取 1.000 g 酪素，先用少量 0.5 mol/L 氢氧化钠溶液湿润后，再加入约 80 mL 磷酸缓冲溶液，在沸水浴中边加热边搅拌直至完全溶解。冷却后转入 100 mL 容量瓶中，用磷酸缓冲液定容。此溶液在 4 ℃冰箱储存，有效期 3 d。

⑧ 1 mg/mL L-酪氨酸标准储备溶液。精确称取 0.100 0 g 预先于 105 ℃干燥至恒重的 L-酪氨酸标准品，用 20 mL 1 mol/L 盐酸溶解后，再用蒸馏水定容至 100 mL。

⑨ 100 μg/mL L-酪氨酸标准溶液。取 10.0 mL 1 mg/mL 酪氨酸标准储备溶液于 100 mL 容量瓶中，用 0.1 mol/L 盐酸定容。

(3) 仪器。磨口回流装置、pH 计、烘箱、分光光度计、超声波破碎仪。

(4) 操作步骤。

① 试样的制备。将瘤胃液经 4 层纱布过滤，然后于 3 000×g 离心 10 min（离心温度 4～6 ℃）。收集上清液作为待测试样。

② 标准曲线绘制。

a. 吸取 100 μg/mL L-酪氨酸标准溶液 0 mL、1.0 mL、2.0 mL、3.0 mL、4.0 mL、5.0 mL、6.0 mL，分别于 7 支 10 mL 容量瓶中，用蒸馏水定容至刻度，摇匀，即浓度分别为 0 μg/mL、10 μg/mL、20 μg/mL、30 μg/mL、40 μg/mL、50 μg/mL、60 μg/mL L-酪氨酸标准工作溶液。

b. 吸取 L-酪氨酸标准工作溶液 1.0 mL 分别置于 7 支试管中，加入 5.0 mL 0.4 mol/L 碳酸钠溶液和 1.0 mL 稀福林酚试剂，进行编号（表 6-22），每管 3 个平行。

表 6-22　瘤胃蛋白酶活性测定标准曲线绘制参考值

管　号	L-酪氨酸标准工作溶液		0.4 mol/L 碳酸钠溶液（mL）	稀福林酚试剂（mL）
	浓度（μg/mL）	吸取量（mL）		
0	0	1.0	5.0	1.0
1	10	1.0	5.0	1.0
2	20	1.0	5.0	1.0
3	30	1.0	5.0	1.0
4	40	1.0	5.0	1.0
5	50	1.0	5.0	1.0
6	60	1.0	5.0	1.0

c. 将各管同时置于 40 ℃水浴，反应 20 min，取出，迅速冷却至室温。以空白管（0 号管）调仪器零点，在 680 nm 处用分光光度计测定吸光度。

d. 以酪氨酸量（μg）为横坐标，以吸光度值为纵坐标，绘制标准曲线，获得线性回归方程。

对每个新配制的稀福林酚试剂制作新的标准曲线。

③ 试样的测定。

a. 取 3 支 15 mm×150 mm 试管（1 支空白管，2 支样品管），分别向 3 支试管中加入 1.00 mL 待测试液。

b. 将 3 支试管放入（40±0.2）℃水浴中预热 5 min，同时将测定底物（1%酪素标准储备液）置同一温度水浴中预热 5 min。

c. 分别向 2 支样品管中加入 1.0 mL 1%酪素标准储备液，准确计时，反应 10 min，取出，迅速、准确地向 3 支试管中加入 2 mL 沉淀试剂，于空白管中加入 1.0 mL 1%酪氨酸溶液，摇匀。

d. 将 3 支试管继续置（40±0.2）℃水浴中放置 10 min，取出，迅速冷却至室温，过滤。

e. 3 支试管中反应液用滤纸过滤。另取 3 支试管（1 支空白管，2 支样品管）分别吸取 1.0 mL 滤液置于另外 3 支试管（1 支空白管，2 支样品管）中，各加入 5.0 mL 0.4 mol/L 碳酸钠溶液，1.0 mL 稀福林酚试剂，摇匀。置（40±0.2）℃水浴中反应 20 min。取出，迅速冷却至室温。

f. 以空白管（对照）调仪器零点，用 10 mg/L 比色皿在波长 680 nm 用分光光度计分别测 2 支样品管中样液的吸光度，取平均值。

g. 通过查标准曲线或用线性回归方程求出生成的酪氨酸（μg）。

（5）结果分析。

① 酶活性定义。在（40±0.2）℃、pH 7.0 条件下，1 min 内水解酪蛋白底物，产生相当于 1 μg 酚类化合物（由酪氨酸等同物表示）的量，为 1 个蛋白酶酶活性单位 IU [μg/(min·mL)]。

② 酶活性计算。按照式（6-5）计算样品蛋白酶活性。

$$X_1 = \frac{A \times m \times 4 \times N}{V \times 10} \tag{6-5}$$

式中，X_1 为蛋白酶活性（IU）；A 为试样的吸光度；m 为酪氨酸的含量（μg）；4 为酶反应体系总体积（mL）；N 为稀释倍数；V 为参与反应的酶量（试液）（mL）；10 为反应时间（min）。

（6）注意事项。样品待测前应通过超声破碎，释放出完整细胞中的蛋白酶。

3. 脲酶活性测定

脲酶又称尿素酶（urease），系统命名为酰胺水解酶（urea amidohydrolase），编号为 EC 3.5.1.5。脲酶在反刍动物的氮素循环中起着重要作用，能催化尿素水解产生氨和氨基甲酸酯，氨基甲酸酯进一步水解成 CO_2 和 NH_3，再将无机氮转化为微生物蛋白质，是宿主动物蛋白质的重要来源。

(1) 原理。瘤胃内的脲酶经分离、纯化、培养，利用脲酶可将尿素分解生成氨，再用分光光度法测定氨的生成量，然后计算脲酶活性。

(2) 试剂。

① 50 mmol/L 尿素缓冲溶液。称取 0.3 g 尿素，用去离子水溶解并定容至 100 mL。

② 酚-硝普钠溶液。称取 10 g 苯酚和 50 mg 硝普钠，用去离子水溶解并定容至 1 L。放入棕色瓶内，4 ℃可保存 1 个月。

③ 碱性次氯酸钠溶液。将 5 g NaOH 和 8.4 mL NaClO 溶液，用去离子水溶解并定容至 1 L。放入棕色瓶内，4 ℃可保存 1 个月。

④ 10 mmol/L NH_4Cl 标准溶液。称取 0.534 9 g NH_4Cl，用去离子水溶解并定容至 1 L。

⑤ 50 mmol/L HEPES 缓冲溶液（pH 7.5）。称取 1.19 g HEPES，去离子水溶解并定容至 100 mL，用 NaOH 调节 pH 至 7.5。

⑥ LB 固体培养基。称取 10 g 胰蛋白胨、5 g 酵母提取物、10 g NaCl，加水溶解，用 5 mol/L NaOH 调节 pH 至 7.0，用水定容至 1 000 mL，0.1 MPa，121 ℃高压蒸汽灭菌 30 min，培养基温度冷却至 50 ℃左右时，加氨苄青霉素至终浓度 100 μg/mL。添加 1.5%（15 g/L）琼脂即为 LB 固体培养基。

(3) 仪器。分光光度计、超声波破碎仪。

(4) 测定步骤。

① 酶液的制备。

a. 瘤胃脲酶经分离、培养、纯化后，取脲酶阳性克隆，加入 1.5 mL LB 固体培养基，37 ℃过夜培养。

b. 离心（12 000×g，20 min，4 ℃），沉淀用 50 mmol/L HEPES 缓冲溶液清洗 2 次，收集菌体。

c. 用 1 mL 50 mmol/L HEPES 缓冲溶液将菌体重悬，冰上超声波破碎（40%强度，3 次，每次 30 s）。

d. 离心（12 000×g，20 min，4 ℃），收集上清液作为酶液，可冷冻保存。

e. 利用 Bradford 试剂盒测定酶液蛋白质含量（根据试剂盒提供的方法进行操作）。

② 脲酶活性的测定。

a. 将上清液（0.1～0.5 mL）加入尿素缓冲溶液中，使终体积为 1 mL，37 ℃温育 20 min。

b. 加入 1.5 mL 酚-硝普钠溶液和 1.5 mL 碱性次氯酸钠溶液，均匀混合。

c. 37 ℃温育 30 min，用分光光度计在 625 nm 测定吸光值。

d. 利用煮沸后的上清液作为空白对照。从标准工作曲线查得氨含量。

③ 标准曲线绘制。

a. 1 mmol/L NH_4Cl 标准工作溶液：将 10 mmol/L NH_4Cl 标准溶液用水稀释 10 倍。

b. 按表 6-23 梯度稀释 NH_4Cl 标准工作溶液。

表 6-23 梯度稀释 NH_4Cl 标准工作溶液表

管号	1 mmol NH_4Cl 标准工作液	10 mmol/L NH_4Cl 标准工作液（μL）	ddH_2O（μL）
0	0	0	1 000
1	10	10	990
2	20	20	980
3	40	40	960
4	60	60	940
5	80	80	920
6	100	100	900
7	200	200	800

将每管加入 1.5 mL 酚-硝普钠溶液和 1.5 mL 碱性次氯酸钠溶液，均匀混合。37 ℃温育 30 min，用分光光度计在 625 nm 测定吸光值，绘制标准曲线。

（5）结果分析。脲酶活性定义：每毫克酶蛋白每分钟产生的氨的纳摩尔数［nmol/(min·mg)］。结果按公式（6－6）计算脲酶活性 X（IU）：

$$X=\frac{N}{t\times m} \tag{6-6}$$

式中，X 为脲酶活性；N 为测得的氨浓度（nmol）；t 为培育时间（min）；m 为酶蛋白重量（mg）。

（6）注意事项。

① 酚-硝普钠溶液和碱性次氯酸钠溶液最好现用现配。

② 瘤胃中有游离的氨存在，该法不能直接测定瘤胃脲酶活性。

4. 脂肪酶活性测定

脂肪酶（lipase）能分解脂肪，生成游离的脂肪酸，被动物或瘤胃微生物吸收利用。

（1）原理。瘤胃内的脂肪酶经分离、纯化、培养，利用脂肪酶可将对硝基苯棕榈酸酯（p－NPP）转化为对硝基苯酚（p－NP），用分光光度法测定对硝基苯酚生成量，计算脂肪酶活性。

（2）试剂。

① 8 mmol/L p－NPP 溶液。将 0.029 7 g 对硝基苯棕榈酸酯溶于 1 mL 乙醇，加入 9 mL 水。

② 1 mmol/L p－NP 标准溶液。将 0.013 9 g 对硝基苯酚溶于 1 mL 乙醇，加入 9 mL 水。

③ 50 mmol/L Tris－HCl。6.06 g Tris 碱（sigma）溶于 2.1 mL 浓盐酸，用水定容至 1 L，用浓盐酸调节 pH 至 8.0。

（3）仪器。分光光度计、超声波破碎仪。

（4）测定步骤。

① 标准工作曲线。将 1 mmol/L p－NP 标准溶液按表 6－24 梯度稀释成 p－NP 标准工作溶液，用分光光度计测定 405 nm 波长下吸光值，绘制标准曲线。

表 6－24　梯度稀释 p－NP 标准工作溶液表

管号	1 mmol p－NP 标准溶液	1 mmol/L p－NP 标准工作液（μL）	ddH_2O（μL）
0	0	0	1 000
1	10	10	990
2	20	20	980
3	40	40	960
4	60	60	940
5	80	80	920
6	100	100	900
7	200	200	800

② 脂肪酶液。

a. 瘤胃脂肪酶经分离、培养、纯化后，挑取脂肪酶阳性克隆，加入 50 mL LB 固体培养基中，37 ℃过夜培养。

b. 10 000×g，4 ℃，离心 5 min，弃上清液。

c. 用 50 mmol/L Tris－HCl(pH 8.0)（含 10 mmol/L$CaCl_2$）清洗 2 次后，再用 4 mL 将菌体

重悬。

d. 冰上超声破碎（30%强度，超声 4 s，间隔 4 s，总共 10 min）。

e. 将超声后菌液离心（12 000×*g*，20 min，4 ℃），收集上清液作为酶液，于−80 ℃中保存。

f. 用 Bradford 试剂盒测定酶液蛋白质含量（根据试剂盒提供的方法进行操作）。

③ 脂肪酶活性测定。

a. 取 20 μL 脂肪酶液加入 880 μL 50 mmol/L Tris－HCl(pH 8.0）缓冲液中，25 ℃孵育 5 min。

b. 加入 100 μL 8 mmol/L p－NPP 溶液，25 ℃继续孵育 5 min。

c. 加入 0.5 mL 3 mol/L HCl 终止反应。

d. 低速离心后取出 800 μL 上清液，加入 1 mL 2 mol/L NaOH 溶液中。

e. 用分光光度计测定 405 nm 波长下吸光值。

f. 利用煮沸后的上清液作为空白对照。从标准曲线查得对硝基苯酚（p－NP）含量。

（5）结果分析。脂肪酶活性定义：1 IU 相当于 1 mg 酶蛋白 1 min 释放 1 μmol p－NP。

五、瘤胃脂肪酸测定

脂肪是动物所必需的营养成分，脂肪酸是脂肪的主要组成。脂肪酸可分为饱和脂肪酸和不饱和脂肪酸，不饱和脂肪酸又可分为单不饱和脂肪酸和多不饱和脂肪酸。而那些小分子的脂肪酸，主要是 C_1～C_5 脂肪酸总称为挥发性脂肪酸（volatile fatty acids，VFA）。共轭亚油酸（CLA）是一类不饱和脂肪酸的总称，即 18 碳二烯酸空间和位置异构体，其中主要功能性异构体为 cis9，trans11 CLA 和 trans10，cis12 CLA。CLA 具有多种生物学功能，如抗癌、调节脂肪代谢、抗动脉硬化、抗糖尿病和提高免疫力等。人类膳食中 CLA 主要来源于反刍动物乳产品及肉制品。

1. 瘤胃挥发性脂肪酸测定

乙酸、丙酸、异丁酸、戊酸、异戊酸等广泛存在于自然界中，其共同特点是具有较强的挥发性，总称为挥发性脂肪酸。VFA 在动物科学和食品科学上具有十分重要的意义，特别是在反刍动物营养代谢研究中占有重要地位。

（1）原理。挥发性脂肪酸在强酸性条件下形成游离有机酸，用气相色谱分离，FID 检测器检测，外标法定量。

（2）试剂。

① 乙酸、丙酸、异丁酸、丁酸、异戊酸、戊酸均为色谱纯。

② 25%（*W*/*V*）偏磷酸。将 25 g 偏磷酸溶于 100 mL 水中。

③ 挥发性脂肪酸标准储备溶液。准确称取 0.975 8 g 乙酸、0.370 4 g 丙酸、0.132 2 g 异丁酸、0.264 3 g 丁酸、0.127 7 g 异戊酸、0.127 7 g 戊酸于 200 mL 容量瓶中，用水定容，则该标准储备溶液中含有乙酸 81.25 mmol/L、丙酸 25.00 mmol/L、异丁酸 7.50 mmol/L、丁酸 15.0 mmol/L、异戊酸 6.25 mmol/L、戊酸 6.25 mmol/L。

（3）仪器。离心机（离心力应大于 10 000×*g*）、涡流混合器、微量移液器、气相色谱仪（FID 检测器）。

（4）操作步骤。

① 瘤胃液样品。将瘤胃液用 4 层纱布过滤，取 5 mL 滤液，在 10 000×*g* 离心 10 min，移取 1.5 mL上清液至离心管中，加 0.15 mL 25%偏磷酸，用涡流混合器摇匀，静置 30 min，在 10 000×*g* 下离心 15 min，取上清液供气相色谱仪测定。

② 标准溶液。移取 1.5 mL 挥发性脂肪酸标准储备溶液于离心管中，加 0.15 mL 25%偏磷酸，用涡流混合器振荡摇匀，供气相色谱仪测定。

③ 气相色谱测定参考条件。

色谱柱：DB-FFAP(15 m×0.32 mg/L 毛细管柱，膜厚 0.25 μm)。

柱温：100 ℃，升温 2 ℃/min 至 120 ℃，保持 10 min。

气化室温度为 250 ℃，检测器温度为 280 ℃。

恒压：21.8 kPa。

样品进样量 2 μL，分流比 50∶1。

(5) 结果分析。测定结果见图 6-28。

瘤胃液中第 i 种挥发性脂肪酸的含量 C_i 按式（6-7）计算：

$$C_i=\frac{A_i\times C_s\times V}{m\times A_s} \tag{6-7}$$

式中，C_i 为样品中第 i 种挥发性脂肪酸的含量（mg/L 或 mg/kg）；A_i 为样品中第 i 种挥发性脂肪酸的峰面积；A_s 为标准工作液中第 i 种挥发性脂肪酸的峰面积；C_s 为标准工作液中第 i 种挥发性脂肪酸的含量（mg/L）；V 为试样体积（mL）；m 为样品重量（g）。

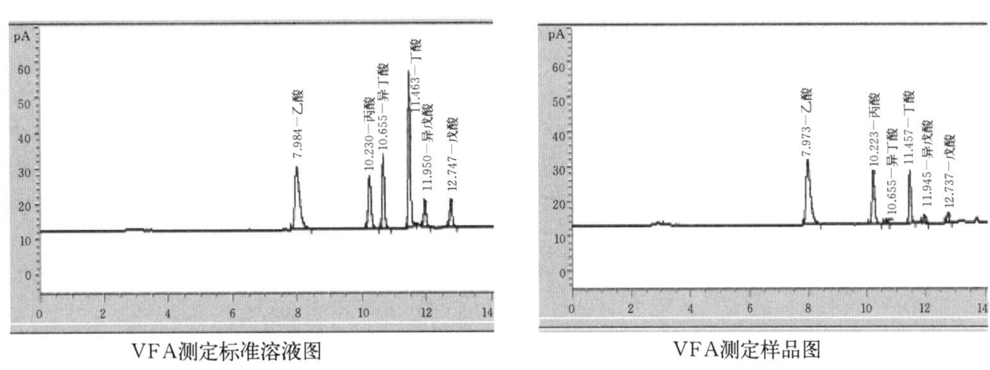

VFA测定标准溶液图　　　VFA测定样品图

图 6-28　挥发性脂肪酸色谱图

2. 瘤胃脂肪酸测定

(1) 原理。样品经有机溶剂提取粗脂肪后，先后经碱皂化和酸酯化处理生成脂肪酸甲酯，经正己烷萃取，用气相色谱柱分离，氢火焰离子化检测器检测，外标法定量。

(2) 试剂。

① 无水硫酸钠、正己烷、异丙醇 [$(CH_3)_2CHOH$]、氯乙酰（CH_3COCl）。

② 2%氢氧化钠甲醇溶液。称 2.0 g 氢氧化钠溶于 100 mL 无水甲醇中，混合均匀。现用现配。

③ 10%盐酸甲醇溶液。取 10 mL 氯乙酰（CH_3COCl）缓慢注入 100 mL 无水甲醇中，混合均匀。现用现配氯乙酰倒入甲醇时，应小心操作以防外溅，在通风橱中操作。

④ 66.7 g/L 硫酸钠溶液。称取 6.67 g 无水硫酸钠溶于 100 mL 水中。

⑤ 正己烷-异丙醇混合液（3∶2）。将 3 体积正己烷和 2 体积异丙醇混合均匀。

⑥ 脂肪酸标准储备溶液。称取各脂肪酸甲酯标准品 10.0 mg 分别置于 10 mL 棕色容量瓶中，用正己烷溶解定容，混匀。各脂肪酸标准储备溶液浓度均为 1 mg/mL。−20 ℃保存，有效期 6 个月。

⑦ 脂肪酸混合标准工作溶液。准确吸取各脂肪酸标准储备溶液 1 mL 分别置于 10 mL 棕色容量瓶中，用正己烷溶解定容，混匀。此混合标准工作溶液中各脂肪酸的浓度均为 100 μg/mL。−20 ℃保存，有效期 3 个月。

(3) 仪器。冷冻离心机（工作温度可在 0～8 ℃调节，离心力应大于 2 500×g）；气相色谱仪（带 FID 检测器）；色谱柱（100%聚甲基硅氧烷涂层毛细管柱，100 m×0.25 mg/L，膜厚 0.25 μm）；分析天平（感量 0.000 1 g）；10 mL 带盖离心管；控温水浴锅：40～90 ℃，精度±0.5 ℃；带盖耐高温试管；漩涡混合器。

(4) 操作步骤。

① 瘤胃液试样。准确移取 3.0 mL 经 4 层灭菌纱布过滤的瘤胃液样品于 10 mL 带盖离心管中，加入5 mL正己烷-异丙醇（3∶2）混合液，涡旋振荡 2 min。加入 2 mL 硫酸钠溶液，涡旋振荡 2 min 后，于 4 ℃，2 500×g 离心 10 min。将上层正己烷相移至带盖耐高温试管中，用氮气吹干，加入 0.5 mL 正己烷和 1 mL 甲醇及 2 mL 氢氧化钠甲醇溶液，拧紧试管盖，摇匀，于 50 ℃水浴皂化 30 min。冷却至室温后，加入 2 mL 盐酸甲醇溶液，于 90 ℃水浴酯化 2.0 h。冷却后，加入 2 mL 水，分别用 2 mL 正己烷浸提 3 次，合并正己烷层至 10 mL 容量瓶中，用正己烷定容。加入约 0.5 g 无水硫酸钠涡旋振荡 30 s，静置，取上清液作为待测试液。

② 气相色谱参考条件。

色谱柱：HP－88(100 m×0.25 mg/L，膜厚 0.25 μm)。

升温程序：120 ℃维持 10 min，然后以 3.2 ℃/min 升温至 230 ℃，维持 35 min。

进样口温度：250 ℃。

检测器温度：300 ℃。

载气：氮气。

恒压：190 kPa。

分流比：1∶50。

进样量：2 μL。

测定时先进标准工作溶液，待仪器稳定后，进行样品测定。

(5) 结果分析。试样中第 i 种脂肪酸含量按公式（6－8）计算：

$$X_i = \frac{A_i \times C_i \times V}{A_s \times m} \tag{6-8}$$

式中，X_i 为试样中第 i 种脂肪酸的含量（mg/kg 或 mg/L）；A_i 为试液中第 i 种脂肪酸峰面积；A_s 为混合脂肪酸标准溶液中第 i 种脂肪酸峰面积；C_i 为混合脂肪酸标准溶液中第 i 种脂肪酸含量（μg/mL）；V 为试液体积（mL）；m 为所取样品体积（mL）或重量（g）。

(6) 注意事项。

① 在水浴过程中，要不时轻微摇晃试管并注意试管是否漏气，保证酯化完全。

② 有机层的转移须尽量完全。

③ 测定结果用平行测定的算术平均值表示，保留 3 位有效数字。

④ 在重复性条件下获得的 2 次独立测定结果的绝对差值不得超过算术平均值的 10%。

⑤ 试验中可加入 $C_{17:0}$ 或 $C_{19:0}$ 脂肪酸作为内标，计算回收率，以检查分析过程中可能出现的问题。

六、瘤胃氨态氮测定

瘤胃氨态氮（NH_3－N）是瘤胃发酵的产物之一。瘤胃 NH_3－N 浓度与微生物蛋白质合成及日粮中蛋白质在瘤胃中的降解程度有关。通过测定瘤胃 NH_3－N 浓度可以间接反映瘤胃微生物分解饲料粗蛋白质产生 NH_3－N 和利用 NH_3－N 合成微生物体蛋白质的平衡情况。瘤胃 NH_3－N 浓度为 5～30 mg/dL，如果超出此范围就间接说明瘤胃 NH_3－N 利用处于失衡状态。

1. 原理

瘤胃氨态氮与次氯酸钠及苯酚在亚硝基铁氰化钠催化下反应生成蓝色靛酚 A(Berthelot 反应)。通过测定蓝色靛酚 A 的吸光值计算样品 NH_3－N 浓度。

2. 试剂

（1）A 液（苯酚显色剂）。称取 0.1 g 亚硝基铁氰化钠、20 g 苯酚（C_6H_5OH），蒸馏水定容至 2 L，溶液放入棕色瓶中 2～10 ℃避光保存，保质期 6 个月。

（2）B 液（次氯酸盐试剂）。称取 10 g NaOH、75.7 g $Na_2HPO_4 \cdot 7H_2O$ 溶于蒸馏水中，待冷却后，加 100 mL 次氯酸钠（含氯 5.25%）混匀后定容至 2 L，溶液使用滤纸过滤后 2～10 ℃避光保存，保质期 6 个月。

（3）氨标准储备溶液。准确称取 1.004 5 g NH_4Cl 溶于适量蒸馏水中，用稀盐酸调节 pH 至 2.0，用蒸馏水定容至 1 L，得到含氨浓度为 32 mg/dL 的标准储备溶液。

3. 仪器

紫外分光光度计、恒温水浴锅。

4. 操作步骤

（1）样品制备。通过瘤胃瘘管不同部位均匀选取 3～4 个位点，取约 100 mL 瘤胃液，经 4 层精细纱布过滤，取滤液 10 mL，4 ℃保存，尽快测定。如需长期保存，须另加 0.1 mL 7.2 mol/L 硫酸，再进行冻存（−20 ℃）。

（2）标准曲线绘制。用蒸馏水稀释氨标准储备溶液，得到 NH_3 浓度分别为 32 dL、16 dL、8 dL、4 dL、2 dL、1 dL 和 0 mg/dL 的系列标准工作溶液。取系列标准工作溶液各 40 μL 至贴好标签的试管中，依次加入 2.5 mL A 液（苯酚显色剂）、2.0 mL B 液（次氯酸盐试剂）。注意加入每种试剂后均要混匀。将样品放置 37 ℃水浴中 30 min。

用紫外分光光度计在波长 550 nm 处测定吸光值。用 NH_3 标准工作液浓度和测定的吸光度作为横、纵坐标，绘制标准曲线（图 6－29）。

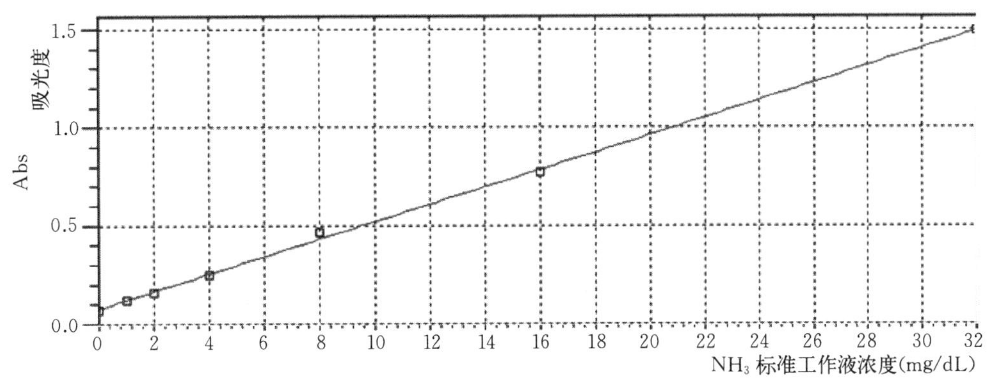

图 6－29　氨氮标准曲线（r=0.999 32）

（3）样品的测定。

① 取经 4 层灭菌纱布过滤的瘤胃液 6 mL 于 10 mL 离心管中。

② 12 000×g 离心 20 min，取出上清液 40 μL 至贴好标签的试管中。

③ 分别吸取 A 液 2.5 mL、B 液 2.0 mL 加入每个样品试管（注意加入每种试剂后都要漩涡振荡均匀）。

④ 将样品放置 37 ℃水浴中显色 30 min。

⑤ 使用紫外分光光度计，在波长 550 nm 处测定样品吸光值，若吸光值太高，须将样品用蒸馏水按一定比例稀释后再测定。

5. 结果分析

瘤胃液中 NH_3-N 浓度根据式（6－9）计算：

$$X=C\times f \tag{6-9}$$

式中，X 为瘤胃液中 NH_3-N 浓度（mg/dL）；C 为由标准曲线得出的溶液中 NH_3-N 的浓度（mg/dL）；f 为稀释倍数。

6. 注意事项

（1）瘤胃液采集时须采取不同部位的瘤胃液，尽量使所取样品具有代表性。

（2）所采取瘤胃液样品尽快进行预处理或加入 25％偏磷酸进行固氮后冷冻保存。

七、瘤胃灌注技术

瘤胃灌注技术（ruminal infusion technique）是指不喂反刍动物饲料，根据动物的营养需要，向动物瘤胃中灌注 VFA 和缓冲液，向皱胃中灌注蛋白质及其他营养物质，维持动物正常生理状态的技术。灌注营养的动物由于没有瘤胃发酵过程，不采食任何饲料，使复杂的瘤胃系统变为简单的模型，为精确研究反刍动物的营养需要以及瘤胃上皮细胞对各种营养成分的吸收提供了方便。

1. 原理

根据不同的试验目的选择采样时间及测定指标。利用瘤胃灌注技术研究乙酸、丙酸和丁酸等 VFA 在瘤胃中的吸收情况。精确测定灌入瘤胃的 VFA 数量，借助液体标记技术测定流入后部消化道的 VFA 数量，然后根据灌入量和流出量求得通过上皮细胞吸收的数量。

2. 材料

（1）试验动物。装有瘤胃瘘管的绵羊或奶牛（图 6－30）。做完安装瘘管手术后至少恢复两周才能用于试验。在恢复过程中最好用优质饲料催肥一段时间。

（2）灌注设备。

① 蠕动泵。多通道可调节蠕动泵（图 6－31）是灌注的动力，可根据灌注精确度的要求选择不同精度的蠕动泵。对各通道的流速差异进行调试和调节，尽量保证各灌注通道流速一致。

② 灌注管道。在开始灌注试验前，应认真检查灌注管道的畅通性，在试验过程中应及时更换破损的灌注管道。灌注管道材质和内径、外径的选择应依据灌注的液体性状和期望的流速而定。就灌注 VFA 液而言，应当选择具备耐酸性能的灌注管道。

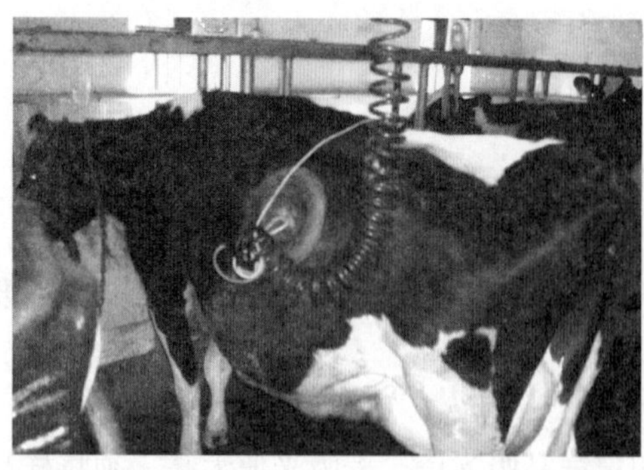

图 6－30 灌注试验奶牛

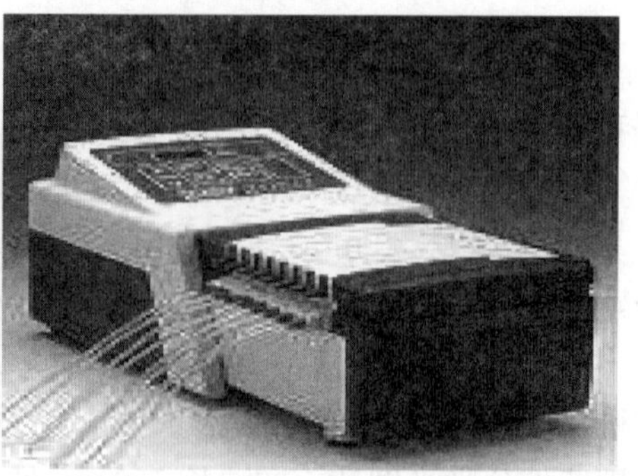

图 6－31 多通道可调节蠕动泵

③ 灌注瓶。选择 2～4 L 宜于清洗的容器作为灌注瓶，装入灌注缓冲液，进行灌注。建议选用玻璃材质容器。

④ 电子秤。选择 4～5 kg 量程的电子秤（感量 0.01 g），用于实时观察灌注畅通与否。即灌注畅通时秤上的液体重量值匀速降低，如秤的读数停止降低则说明灌注出现故障，应及时排查。

（3）灌注液。

① 储备缓冲溶液。将 730 g $NaHCO_3$、380 g $KHCO_3$、70 g NaCl 溶于 8 820 g 水中，总重量 10 000 g，现用现配。

② VFA 储备溶液。将 4 853 g 乙酸、1 840 g 丙酸、877 g 丁酸、180 g $CaCO_3$ 溶于 2 250 g 水中，总重量 10 000 g；乙酸、丙酸、丁酸摩比为 65∶25∶10，溶液的能量浓度为 11.66 kJ/g，现用现配。

3. 操作步骤

（1）灌注液体积的计算。灌入动物体内的水分最终要从尿中排出，而动物的排泄能力是一定的，所以灌注的数量不能超过一定限度。根据试验结果，灌入瘤胃的溶液不应超过 700 g/kg $BW^{0.75}$，否则可能导致动物死亡。

（2）调节蠕动泵流量。使预订量的灌注液在 1 h 内持续灌入动物体内。

（3）灌注。将试验动物移入代谢笼，连接灌注管道，开始灌注。灌注适应期至少为 1 周，如果采用完全灌注，则须等到 1 周后瘤胃排空，瘤胃内无发酵时才可以灌注，并随时抽取瘤胃液，测定 pH，应在 6～7，若低于 6，应适量增加缓冲液，以防止动物酸中毒。进行完全灌注时，如果灌注溶液的配制符合要求，动物一般不饮水。若动物大量饮水，则有可能是因为灌注溶液的浓度太高，需要稀释灌注溶液，若不及时停止灌注或稀释，有可能导致动物死亡。

（4）灌注结束。将动物移入圈内，开始饲以少量饲料，以后逐渐增加，瘤胃内可自动建立起完善的微生物体系，不必接种瘤胃液。

4. 结果分析

通过瘤胃灌注技术可精确测定瘤胃上皮细胞吸收 VFA 的数量。VAF 瘤胃上皮细胞吸收率按式（6－10）计算：

$$\text{VFA 吸收率}=[(V_0-V_D)/V_0]\times 100\% \qquad (6-10)$$

式中，V_0 为灌入瘤胃的 VFA 数量（mmol/L）；V_D 为流出瘤胃的 VFA 数量（mmol/L）。

5. 注意事项

（1）注意观察试验动物瘤胃 pH 的变化。发现瘤胃 pH 较低时（低于 6.0）要立即停止 VFA 的灌注，取少量储备缓冲液用温水稀释，缓缓注入瘤胃以中和瘤胃液中多余的 VFA，并随时检查瘤胃液 pH，直至稳定为止。

（2）随时检查蠕动泵工作状态，及时更换老化和堵塞的灌注管道。灌注所需的储备液应现用现配。

（王中华、王加启）

主要参考文献

陈耀星，2009. 畜禽解剖学［M］. 北京：中国农业出版社.

董常生，2001. 家畜解剖学［M］. 北京：中国农业出版社.

冯仰廉，2004. 反刍动物营养学［M］. 北京：科学出版社.

冯仰廉，方有生，莫放，等，2004. 奶牛饲养标准［M］. 北京：中国农业出版社.

冯仰廉，王加启，杨红建，等，2004. 肉牛饲养标准［M］. 北京：中国农业出版社.

郭冬生，彭小兰，夏维福，2006. 瘤胃真菌及其所分泌酶类的相关研究［J］. 饲料博览（3）：13－15.

郝正里，1989. 反刍动物营养学［M］. 兰州：甘肃农业大学出版社.

李恒鑫，2005. 瘤胃原虫营养研究进展［J］. 中国饲料（16）：7－9.

李树聪，2005. 不同精粗比日粮奶牛氮素代谢及限制性氨基酸的研究［D］. 北京：中国农业科学院研究生院.

卢德勋，谢崇文，1991. 现代反刍动物营养研究方法和技术［M］. 北京：农业出版社.

么学博，杨红建，谢春元，等，2007. 反刍动物常用饲料蛋白质和氨基酸瘤胃降解特性和小肠消化率评定研究［J］. 动物营养学报，19（3）：225－231.

沈萍，2007. 微生物学实验［M］. 4版. 北京：高等教育出版社.

温辛 C J G，戴斯 K M，1970. 牛解剖学基础［M］. 北京：农业出版社.

熊文中，冯仰廉，1989. 酶解法评定反刍动物饲料干物质和蛋白质降解率的研究［J］. 中国畜牧杂志（4）：5－9.

姚文，朱伟云，韩正康，等，2004. 应用变性梯度凝胶电泳和16S rDNA序列分析山羊瘤胃细菌多样性的研究［J］. 中国农业科学，37(9)：1374－1378.

岳群，杨红建，谢春元，等，2007. 应用移动尼龙袋法和三步法评定反刍家畜常用饲料的蛋白质小肠消化率［J］. 中国农业大学学报，12(6)：62－66.

张鋆，2003. 荧光实时定量PCR技术初探［J］. 生命科学趋势，1(4)：1－28.

赵广永，冯仰廉，1993. 绵羊瘤胃水平衡、瘤胃发酵与微生物蛋白质合成［J］. 动物营养学报，5（2）：62－63.

赵广永，冯仰廉，1997. 不同浓度的缓冲液对灌注营养绵羊瘤胃液渗透压与pH值的影响［J］. 动物营养学报，9(1)：21－26.

赵玉华，王加启，2006. 利用实时定量PCR对瘤胃甲酸甲烷杆菌定量方法的建立与应用［J］. 中国农业科学，39(1)：161－169.

朱伟云，姚文，毛胜勇，2003. 变性梯度凝胶电泳法研究断奶仔猪粪样细菌区系变化［J］. 微生物学报，43（4）：503－508.

Abe M，Iriki T，Tobe N，et al，1981. Sequestration of holotrich protozoa in the reticulo－rumen of cattle［J］. Applied and Environmental Microbiology，41(3)：758－765.

Acinas S G，Sarma－Rupavtarm R，Klepac－Ceraj V，et al，2005. PCR－induced sequence artifacts and bias：insights from comparison of two 16S rRNA clone libraries constructed from the same sample［J］. Applied and Environmental Microbiology，71(12)：8966－8969.

Aderson K L，Nagaraja T G，Morrill J L，et al，1987. Ruminal microbial development in conventionally or early－weaned calves［J］. Journal of Animal Science，64(4)：1215－1226.

Arahal D R，Dewhirst F E，Paster B J，et al，1996. Phylogenetic analyses of some extremely halophilic archaea isolated from Dead Sea water，determined on the basis of their 16S rRNA sequences［J］. Applied and Environmental Microbiology，62(10)：3779－3786.

Aschenbach J R，Bilk S，Tadesse G，et al，2009. Bicarbonate－dependent and bicarbonate－independent mechanisms contribute to nondiffusive uptake of acetate in the ruminal epithelium of sheep［J］. Am J Physiol Gastrointest Liver Physiol，296(5)：G1098－G1107.

Avgustin G，Wright F，Flint H J，1994. Genetic diversity and phylogenetic relationships among strains of Prevotella (Bacteroides) ruminicola from the rumen［J］. International Journal of Systematic and Evolutionary Microbiology，44(2)：246－255.

Becker R B，Marshall S P，Dix Arnold P T，1963. Anatomy，development，and functions of the bovine omasum［J］. Journal of Dairy Science（46）：835－839.

Bensadoun A，Paladines O L，Reid J T，1962. Effect of level of intake and physical form of the diet on plasma glucose concentration and volatile fatty acid absorption in ruminants［J］. Journal of Dairy Science，45(10)：1203－1210.

Bhagwat A M，De Baets B，Steen A，et al，2012. Prediction of ruminal volatile fatty acid proportions of lactating dairy cows based on milk odd－and branched－chain fatty acid profiles：New models，better predictions［J］. Journal of Dairy Science，95(7)：3926－3937.

Boyne A W, Eadie J M, Raitt K, 1957. The development and testing of a method of counting rumen ciliate protozoa [J]. Journal of general microbiology, 17 (2): 414 - 423.

Brown R E, Davis C L, Staubus J R, et al, 1960. Production and absorption of volatile fatty acids in the perfused rumen [J]. Journal of Dairy Science, 43(12): 1788 - 1795.

Burton K A, Smith M W, 1977. Endocytosis and immunoglobulin transport across the small intestine of the new - born pig [J]. The Journal of Physiol, 270(2): 473 - 488.

Dijkstra J, Boer H, Bruchem J V, et al, 1993. Absorption of volatile fatty acids from the rumen of lactating dairy cows as influenced by volatile fatty acid concentration, pH and rumen liquid volume [J]. Br. J. Nutr, 69(2): 385 - 396.

Erdman R A, 1988. Dietary buffering requirements of the lactating dairy cow: a review [J]. Journal of Dairy Science (12): 3246 - 3266.

Hungate R E, 1966. The rumen and its microbes [M]. New York: Academic Press.

Huntington G B, Reynolds P J, 1983. Net volatile fatty acid absorption in nonlactating holstein cows [J]. Journal of Dairy Science, 66(1): 86 - 92.

Larue R, Yu Z, Parisi V A, et al, 2005. Novel microbial diversity adherent to plant biomass in the herbivore gastrointestinal tract, as revealed by ribosomal intergenic spacer analysis and rrs gene sequencing [J]. Environmental microbiology, 7 (4): 530 - 543.

López S, Hovell F D, Dijkstra J, et al, 2003. Effects of volatile fatty acid supply on their absorption and on water kinetics in the rumen of sheep sustained by intragastric Infusions [J]. J Anim Sci, 81(10): 2609 - 2616.

Lowe S E, Theodorou M K, Trinci A P, 1987. Growth and fermentation of an anaerobic rumen fungus on various carbon sources and effect of temperature on development [J]. Applied and environmental microbiology, 53 (6): 1210 - 1215.

Lueders T, Friedrich M W, 2003. Evaluation of PCR amplification bias by terminal restriction fragment length polymorphism analysis of small - subunit rRNA and mcrA genes by using defined template mixtures of methanogenic pure cultures and soil DNA extracts [J]. Applied and Environmental Microbiology, 69(1): 320 - 326.

Lupien P J, Sauer F, Hatina G V, 1962. Effects of removing the rumen, reticulum, omasum, and proximal third of the abomasum on digestion and blood changes in calves [J]. J Dairy Sci, 45(2): 210 - 217.

Macleod N A, Corrigal W, Sitton R A, et al, 1982. Intragastric infusion of nutrients in cattle [J]. British Journal of Nutrition, 47(3): 547 - 552.

Maekawa M, Beauchemin K A, Christensen D A, 2002. Chewing activity, saliva production, and ruminal pH of primiparous and multiparous lactating dairy cows [J]. J Dairy Sci, 85(5): 1176 - 1182.

Makkar H D P S, Mcsweeney C S, 2005. Methods in Gut Microbial Ecology for Ruminants [M]. Dordrecht: Springer.

Mayer F, Coughlan M P, Mori Y, et al, 1987. Macromolecular organisms of the cellulolytic enzyme complex of *Clostridium thermocellum* as revealed by electron microscopy [J]. Applied and Environmental Microbiology, 53(12): 2785 - 2792.

McEwan N R, Abecia L, Regensbogenova M, et al, 2005. Rumen microbial population dynamics in response to photoperiod [J]. Letters in Applied Microbiology, 41(1): 97 - 101.

McSweeney C S, Palmer B, Bunch R, et al, 2001. Effect of the tropical forage calliandra on microbial protein synthesis and ecology in the rumen [J]. Journal of applied microbiology, 90 (1): 78 - 88.

Milne A, Theodorou M K, Jordan M G C, et al, 1989. Survival of anaerobic fungi in faeces, in saliva, and in pure culture [J]. Experimental mycology, 13(1): 27 - 37.

Miron J, Ben - Ghedalia D, Morrison M, 2001. Invited review: adhesion mechanisms of rumen cellulolytic bacteria [J]. Journal of Dairy Science, 84 (6): 1294 - 1309.

Moeseneder M M, Ameta J M, Muyzer G, et al, 1999. Optimization of terminal - restriction fragment length polymorphism analysis for complex marine bacterio - plankton communities and comparison with denaturing gradient gel electrophoresis [J]. Applied and Environmental Microbiology, 65(8): 3518 - 3525.

Nsabimana E, Kisidayova S, Macheboeuf D, et al, 2003. Two - step freezing procedure for cryopreservation of rumen ciliates, an effective tool for creation of a frozen rumen protozoa bank [J]. Applied and environmental microbiology,

69 (7): 3826 - 3832.

Olsen G J, Lane D J, Giovannoni S J, et al, 1986. Microbial ecology and evolution: a ribosomal RNA approach [J]. Annual Review of Microbiology, 40(40): 337 - 365.

Orpin C G, Joblin K N, 1997. The rumen anaerobic fungi [M]. 2nd ed. New York: Chapman and Hall.

Orskov E R, McDonald I, 1979. The estimation of protein degradability in the rumen from incubation measurements weighted according to rate of passage [J]. Journal of Agriculture Science, 92(2): 449 - 503.

Penner G B, Taniguchi M, Guan L L, et al, 2009. Effect of dietary forage to concentrate ratio on volatile fatty acid absorption and the expression of genes related to volatile fatty acid absorption and metabolism in ruminal tissue [J]. J Dairy Sci, 92(6): 2767 - 2781.

Pereira M A, Roest K, Stams A J M, et al, 2002. Molecular monitoring of microbial diversity in expanded granular sludge bed (EGSB) reactors treating oleic acid [J]. Fems Microbiology Ecology, 41(2): 95 - 103.

Porteous L A, Seidler R J, Watrud L S, 2003. An improved method for purifying DNA from soil for polymerase chain reaction amplification and molecular ecology applications [J]. Molecular Ecology, 6(8): 787 - 791.

Qiu X, Wu L, Huang H, et al, 2001. Evaluation of PCR - generated chimeras, mutations, and heteroduplexes with 16S rRNA gene - based cloning [J]. Applied and Environmental Microbiology, 67(2): 880 - 887.

Regensbogenovq M, Pristas P, Javorsky P, et al, 2004. Assessment of ciliates in the sheep rumen by DGGE [J]. Letters in Applied Microbiology, 39(2): 144 - 147.

Resende Júnior J C, Pereira M N, Boer H, et al, 2006. Comparison of techniques to determine the clearance of ruminal volatile fatty acids [J]. J Dairy Sci, 89(8): 3096 - 3106.

Sipos R, Szekely A J, Palatinszky M, et al, 2007. Effect of primer mismatch, annealing temperature and PCR cycle number on 16S rRNA gene - targetting bacterial community analysis [J]. FEMS Microbiology Ecology, 60 (2): 341 - 350.

Skillman L C, Toovey A F, William A J, et al, 2006. Development and validation of a real - time PCR method to quantify rumen protozoa and examination of variability between Entodinium populations in sheep offered a hay - based Diet [J]. Applied and Environmental Microbiology, 72(1): 200 - 206.

Stahl D A, Flesher B, Mansfield H R, et al, 1988. Use of phylogenetically based hybridization probes for studies of ruminal microbial ecology [J]. Applied and Environmental Microbiology, 54(5): 1079 - 1084.

Stensig T, Weisbjerg M R, Hvelplund T, 1998. Evaluation of different methods for the determination of digestion and passage rates of fibre in the rumen of dairy cows [J]. Acta Agricultura Scandinavica, Section A - Animal Science, 48 (3): 141 - 154.

Storm A C, Kristensen N B, 2010. Effects of particle size and dry matter content of a total mixed ration on intraruminal equilibration and net portal flux of volatile fatty acids in lactating dairy cows [J]. J Dairy Sci, 93(9): 4223 - 4238.

Storm A C, Kristensen N B, Hanigan M D, 2012. A model of ruminal volatile fatty acid absorption kinetics and rumen epithelial blood flow in lactating Holstein cows [J]. J Dairy Sci, 95(6): 2919 - 2934.

Sutton J D, McGilliard A D, Jacobson N L, 1962. Technique for determining the ability of the reticulo - rumen of young calves to absorb volatile fatty acids at controlled pH1 [J]. J Dairy Sci, 45(11): 1357 - 1362.

Sylvester J T, Karnati S K, Yu Z, et al, 2004. Development of an assay to quantify rumen ciliate protozoal biomass in cows using real - time PCR [J]. The Journal of Nutrition, 134(12): 3378 - 3384.

Tajima K, Aminov Ri, Nagamine T, 2001. Diet - Dependent Shifts in the Bacterial Population of the Rumen Revealed with Real - Time PCR [J]. Applied and Environmental Microbiology, 67(6): 2766 - 2774.

Tajima K, Aminov Ri, Ogata K, et al, 1999. Rumen bacterial diversity as determined by sequence analysis of 16s rDNA libraries [J]. FEMS Microbiology Ecology, 29(2): 159 - 169.

Tamate H, McGilliard A D, Jacobson N L, et al, 1962. Effect of various dietaries on the anatomical development of the stomach in the calf [J]. J Dairy Sci, 45(3): 408 - 420.

Tamminga S, Vuuren A M V, Koelen C J V D, et al, 1990. Ruminal behaviour of structural carbohydrates, non - structural carbohydrates and crude protein from concentrate ingredients in dairy cows [J]. Netherlands Journal of Agricultural Science (38): 513 - 526.

Tao R C，Aspland J M，1975. Effect of energy sources on plasma insulin and nitrogen metabolism in sheep totally nourished by infusion [J]. Journal of Animal Science，41(6)：1653 - 1659.

Thompson J R，Marcelino L A，Polz M F，2002. Heteroduplexes in mixed - template amplifications：formation，consequence and elimination by 'reconditioning PCR' [J]. Nucleic Acids Research，30(9)：2083 - 2088.

Thorlacius S O，Lodge G A，1973. Absorption of steam - volatile fatty acids from the rumen of the cow as influenced by diet，buffers，and pH [J]. Canadian Journal of Animal Science，53 (2)：279 - 288.

Walker D J，Egan A R，Nader C J，et al，1975. Rumen microbial protein synthesis and proportions of microbial and non - microbial Nitrogen. Aust J Agric Res [J]. Australian Journal of Agriculture Research，26(4)：699 - 708.

Wang W Y，Thomsom J A，1990. Nucleotide sequence of the celA gene encoding a cellodextrinase of ruminococcus flavefaciens FD - 1 [J]. Molecular Genetics and Genomics，222(2 - 3)：265 - 269.

Wild J，Szybalki W，2004. Copy - control pBAC/oriV vectors for genomic cloning [J]. Methods in Molecular Biology (267)：145 - 154.

Williams Y J，Walker G P，Doyle P T，et al，2005. Rumen fermentation characteristics of dairy cows gazing different allowances of Persian clover - or perennial ryegrass - dominant swards in spring [J]. Australian Journal of Experimental Agriculture，45(6)：665 - 675.

Yarlett N，Orpin C G，Munn E A，et al，1986. Hydrogenosomes in the rumen fungus Neocallimastix patriciarum [J]. Biochemical journal，236 (3)：729 - 739.

第七章

奶　牛　泌　乳

奶牛业是世界公认的节能、经济、高效型产业。1头良种奶牛1年能为人类提供上千吨营养丰富的纯天然食品。如此强大的泌乳能力，无疑与其发达的乳腺组织密不可分。因此，深入了解奶牛泌乳器官、乳腺组织结构与发育过程、泌乳机能变化及原理对提高产奶量具有重要意义。

第一节　乳腺解剖学与组织学

在乳腺生物学研究中，结构与功能或者说解剖学与生理学从来都是密不可分的。早在1840年，Astley Cooper就完成了乳房的大体解剖学研究，为现代乳腺生物学和解剖学研究提供了坚实的基础。有关奶牛乳腺解剖学与组织学的研究通常分为胚期发育和胚后发育两部分。

一、乳腺胚期发育的解剖学与组织学

多细胞动物早期胚胎分为3个细胞层：外胚层（ectoderm）、中胚层（mesoderm）、内胚层（endoderm），是各种组织和器官分化的来源。乳腺起源于外胚层和中胚层，乳腺发育的第1个形态学特征就是外胚层或者表皮局部增厚。

乳腺组织功能发育的细胞分化阶段发生在胚胎发育早期。这一过程依次分为乳带（mammary band）、乳斑（mammary streak）、乳线（mammary line）、乳嵴（mammary crest）、乳丘（mammary hillock）和乳蕾（mammary bud）。乳蕾的形成标志着胚胎已发育成为成熟胎儿。

1. 乳蕾的形成

当牛胚胎生长到32 d时（此时胚胎长约1 cm），乳带开始出现。乳带由外胚层细胞构成，呈宽阔带状结构，环绕着胚胎躯干周围，可进一步发育形成乳斑。在胎龄到第4～5周时（此时胚胎长1.4～1.7 cm），乳斑进一步分化形成乳线。乳线由外胚层细胞构成，呈稍凸起的窄嵴状结构，依存于由密集的、源于中胚层的间质细胞形成的带状结构上。随着胚胎的发育生长，乳线逐渐开始延伸，直到乳带区的最边缘。此后，乳线开始变短，外胚层细胞开始分裂、生长进入间质细胞层。随后，乳嵴慢慢出现在乳腺最终形成的区域。进入间质细胞层的外胚层细胞继续生长、分裂，直到其在横截面上形成半球状时，即为乳丘出现。在胎龄到第6周左右（此时胚胎长约2.1 cm），当外胚层细胞继续生长形成球状结构时，乳蕾形成。需要说明的是，在牛腹股沟两侧各有两个乳蕾，最终形成前后乳区。

乳蕾的形成是整个乳腺发育过程的关键阶段。在乳蕾期前，雌、雄性乳腺发育是一样的；进入乳蕾期后，它们之间的差异开始显现，主要表现在：①雌性乳蕾呈卵形，雄性乳蕾呈球形；②雌性乳蕾比雄性的容量稍小；③雌性乳蕾形成的乳凹比雄性的浅；④雌性乳头末端很尖，而雄性乳头末端呈扁平状。

2. 初级乳芽和次级乳芽

乳蕾的形成表明牛胚胎已发育为成熟胎儿。当胎龄到 60 d 左右时（此时胎牛长约 8 cm），乳蕾周围的间质层细胞快速增殖，使乳蕾逐渐突起；而在与乳蕾关联的间质区域中，血管业已开始形成；同时，乳蕾逐渐内陷侵入间质细胞层，将其向周围慢慢挤压。在胎龄 80 d 左右时，乳蕾终于通过细胞增殖形成初级乳芽（primary sprout）。初级乳芽在形成初期，呈坚硬的核状（由大量细胞聚集而成），但其细胞增殖速度非常迅速，在短时间内，就会比初始状态扩大很多倍。最终，在胎龄 100 d 左右时（此时胎牛长约 19 cm），初级乳芽中心的上皮细胞层开始出现凋亡，逐渐形成中空的管腔，这一过程称为初级乳芽的成管作用（canalization of the primary sprout）。成管作用首先会向初级乳芽近端（靠近牛躯干）行进，最终形成乳腺乳池（gland cistern）；在胎龄 130 d 左右时，会在初级乳芽远端形成乳头乳池（teat cistern）和乳头管（streak canal）。值得注意的是，乳头管的形成先是乳头顶端开始内陷，随后表皮细胞逐渐呈角质化和皮肤样，管腔慢慢出现，最后形成角蛋白内衬的乳头管，这标志着乳头发育良好。

初级乳芽继续增殖、分支，在胎龄 13～14 周时形成次级乳芽（secondary sprout）。次级乳芽初始时同样呈硬核状，最终通过成管作用发育成乳腺导管，以形成乳腺叶，并将乳池中的乳排出体外。虽然次级乳芽发生了成管作用，但在其分支末端仍呈硬核状，细胞还在增殖和分支。此外，胚胎期还可见少量三级乳芽分支。图 7－1 为雌性胎牛长约 32 cm 时乳腺原基示意图。

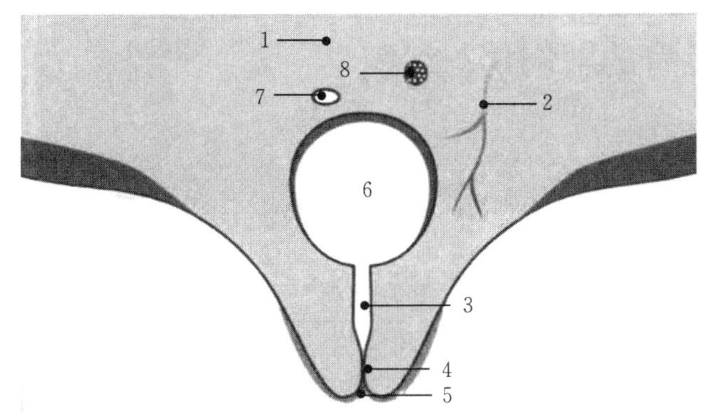

图 7－1　雌性胎牛长约 32 cm 时乳腺原基

1. 间质　2. 血管　3. 乳头乳池　4. 乳头管　5. 表皮层　6. 乳腺乳池　7. 次级乳芽　8. 结缔组织束

（引自 Lawrence et al.，2002）

3. 脂肪垫

乳腺胚胎生长分化过程中，外胚层分化为上皮细胞层，中胚层则分化为结缔组织，如弹性纤维、脂肪组织和血管等。在胎龄 2～3 月时，乳房外廓开始成形，脂肪垫（fat pad）开始发育。脂肪垫的大小和后续发育对乳腺实质的最终发育及功能分化至关重要。可以说，限制脂肪垫的发育就能限制乳腺实质的生后发育。某种程度上，早期乳腺发育特征就是一层脂肪细胞包围着乳蕾，随即乳腺上皮细胞进行分化。在胚胎发育早期，雌性脂肪垫要比雄性发达得多，尤其是牛、山羊和绵羊等物种。这是因为，雄性乳腺的位置靠近阴囊区域，导致其脂肪垫没有足够的增殖空间，故在其发育初始阶段就不得不终止。

乳腺脂肪垫不仅仅是一个惰性载体，还具有很多不可代替的功能，在乳腺发育过程中扮演着全面而重要的角色。首先，脂肪垫不但直接介导激素对乳腺上皮细胞的调控，还是一些重要生长因子，如胰岛素样生长因子Ⅰ(insulin－like growth factor Ⅰ，IGF－Ⅰ)、IGF－Ⅱ、成纤维细胞生长因子 7(fibroblast growth factor 7，FGF－7）、肝细胞生长因子（hepatocyte growth factor，HGF）等的合成位点。此外，还存在一些乳腺基质衍生出的调节因子，如*Wnt*基因家族、神经鞘分化因子（heregulin）、表皮形态发生素（epimorphin）等。这些因子协同作用，共同调控乳腺组织的生长发育和形态形成。其次，脂肪垫参与乳腺的正常机能活动，如乳合成和分泌。导管系统散布在脂肪垫上，为妊娠期和泌乳期乳腺腺泡腔膨胀提供必需空间。脂蛋白脂肪酶可能主要来自脂肪垫上的脂肪细胞，而不是乳腺上皮细胞。乳腺脂肪垫还是乳汁合成过程中脂质的重要来源，尽管所占比例有限。最后，乳腺脂肪垫还是细胞外基质（extracellular matrix，ECM）的重要来源。除乳腺上皮细胞合成部分ECM成分外，大部分ECM成分在脂肪垫合成并构成基底膜。Ⅰ型、Ⅲ型、Ⅳ型胶原，以及纤维结合素和黏蛋白在脂肪垫的表达都已经得到证实。

4. 中悬韧带

中悬韧带（median suspensory ligament）是奶牛乳房的主要支持结构，由弹性纤维和结缔组织形成，发源于中胚层。胎牛长8～12 cm时，间质层细胞开始发育成结缔组织元件（connective tissue components），其呈纤维束状，垂直正交于乳房基底部。同时，血管系统和淋巴系统也逐渐开始形成。也有资料表明，成纤维细胞产生的弹性蛋白和胶原组成了韧带（ligament）。当胎牛长12～13 cm时，结缔组织细胞逐渐生成没有分泌功能的结缔组织和脂肪。在胎牛长约60 cm时，即妊娠6个月左右，胎牛体上的中悬韧带开始形成。随着乳腺的发育，脂肪垫逐渐变大，中悬韧带也越来越显著。

二、乳腺胚后发育的解剖学与组织学

1. 奶牛乳房的大体解剖学

（1）乳房悬挂系统。母牛的乳房位于腹股沟，前为脐，向后伸展，介于两后肢间。母牛乳房包含4个分开的乳区，呈四方形排列。左右乳房间隔清楚，因其中间有一明显的沟，即乳沟（mammary groove）；而前后乳区在外表则无明显界限，仅有一较薄的间隔。从解剖学上看，奶牛乳房结构与其他反刍动物基本类似，主要由悬挂系统、腺泡和导管、乳池和乳头、血管系统、淋巴系统、神经系统等构成。

奶牛的乳房是一个相当大且发达的器官，乳房净重达15～30 kg。荷斯坦牛在泌乳期内乳房平均重量可轻易达到50 kg以上。假如没有一个强有力的悬挂系统来支持，乳腺组织就会由于乳汁和血液重量的压迫而崩解。奶牛乳房悬挂系统包括一系列强健的悬韧带和腱等组织（图7－2）。

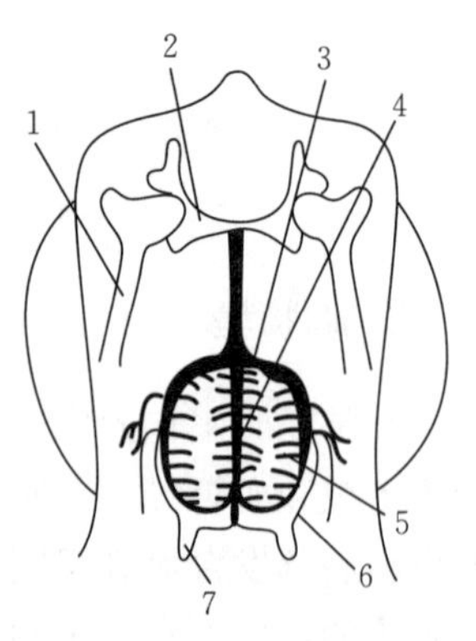

图7－2 奶牛乳房悬挂系统
1. 股骨 2. 骨盆 3. 侧悬韧带 4. 中悬韧带 5. 结缔组织 6. 皮肤 7. 乳头

中悬韧带是奶牛乳房悬挂系统中最主要的部分，由两条黄色弹性结缔组织组成，起自腹壁，凭借着大量薄板（lamellae）附着于左右两半乳房内侧。中悬韧带弹力强度很高，可以有一定程度的拉伸。中悬韧带处于乳房的中心，以保证整个悬挂系统的平衡。在泌乳期时，可使充满乳汁的乳房充分向外扩张，增大乳房容积。侧悬韧带（lateral suspensory ligament）是乳房悬挂系统的重要组成部分，它起源于骨盆下腱（subpelvic tendon），主要由纤维组织和少量弹性组织组成，因此伸展度没有中悬韧带好。侧悬韧带包绕着整个乳房，在乳房底部的中间处与中悬韧带相连。另外，从中悬韧带和侧悬韧带分出大量薄板，形成多层的中空网状结构，既可分层支持乳房，又不妨碍乳房内的血液循环。结缔组织使皮肤附着于乳房上，并使乳房附着于腹壁上。紧张而富有弹性的皮肤对乳房可起到一定的悬托作用，但对乳房的支持作用不大，主要是保护乳腺不受损伤和病菌侵害。

（2）腺泡和导管。 从功能解剖学角度看，奶牛乳腺由实质和间质组成。乳腺的实质具有合成、分泌和排乳的功能，其基本结构单位是乳腺叶，乳腺叶的基本单位是乳腺小叶，每个乳腺小叶都含有大量的腺泡和发达的导管系统，它们是乳腺完成泌乳活动的根本保证。

① 腺泡。腺泡（alveolus）由单层乳腺上皮细胞围成，中间的空腔为腺泡腔（alveolus lumen），并与终末乳导管相连接。腺泡是乳腺泌乳的基本单位，可以将血液内的营养物质转变为乳。腺泡间的乳腺间质中散布着发达的毛细血管网和丰富的淋巴网，为腺泡输送营养和合成乳所需的各种物质，同时带走代谢产物。此外，腺泡表面包绕着一层肌上皮细胞，能在血液催产素的作用下收缩，压缩腺泡，将腺泡腔内的乳汁注入导管系统（图 7－3）。

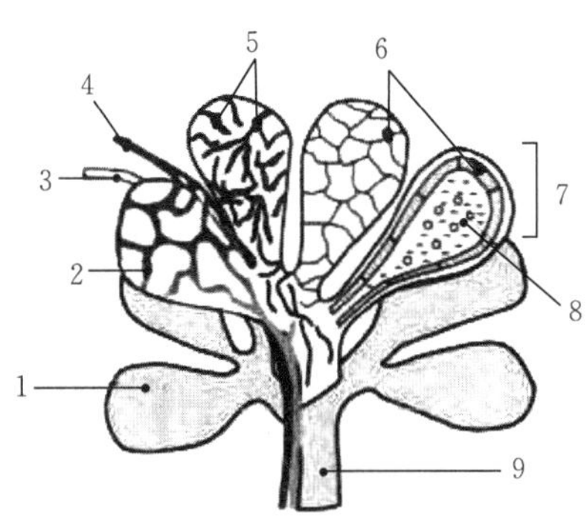

图 7－3 腺泡表面和内部解剖示意图

1. 腺泡 2. 毛细血管 3. 微静脉 4. 微动脉 5. 肌上皮细胞 6. 乳腺上皮细胞 7. 腺泡切面 8. 乳汁 9. 乳导管

腺泡数量决定乳腺的泌乳能力，腺泡越多，泌乳能力越强。泌乳期乳腺脂肪垫上就分布着大量腺泡，平均一个乳腺小叶中要包含 150～220 个腺泡。一般情况下，腺泡并不同时进行泌乳活动，而是彼此轮流交替分泌乳汁。小叶和腺泡的数目因乳腺发育程度、奶牛所处时期和营养状况不同而异，如营养状况良好或妊娠乳腺，其腺泡和小叶就丰富，导管分支多，乳房丰满。

② 导管系统。奶牛乳房拥有一个分支复杂、数量庞大的导管系统（ductal system），以及时将腺泡分泌的乳汁运输到乳池中储存或经乳头排出。导管系统包括乳腺叶间导管（interlobar ducts）、乳腺叶内导管（intralobar ducts）、小叶间导管（interlobular ducts）、小叶内导管（intralobular ducts）和终末导管（图 7－4）。乳腺导管的发育过程一直处于动态变化中，即一边扩展延伸，一边生长分支，在导管延伸的过程中，不断地有新的细胞加入进来，形成新的导管，最后形成整个导管系统。在乳腺导管外覆盖着具有收缩性的肌上皮细胞，有利于乳汁的流动和排出。

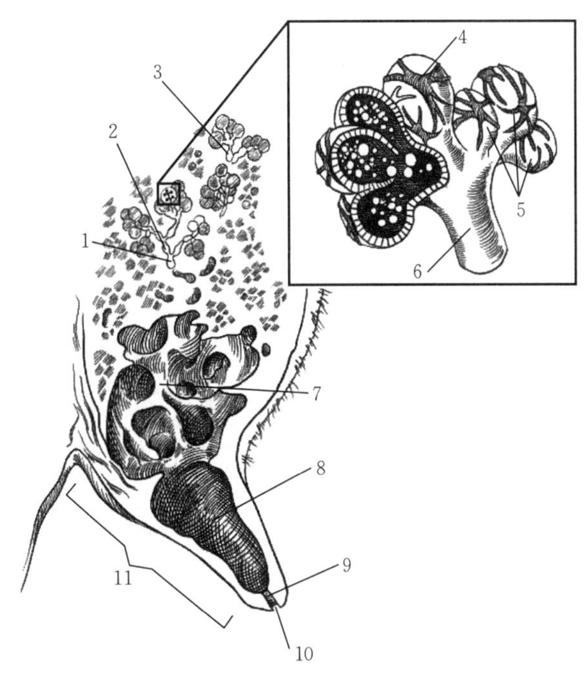

图 7－4 奶牛乳腺分泌组织解剖示意图

1. 乳腺叶间导管 2. 乳腺叶内导管 3. 小叶间导管 4. 肌上皮细胞 5. 腺泡 6. 小叶内导管 7. 乳腺乳池 8. 乳头乳池 9. 乳头管 10. 乳头孔 11. 乳头

奶牛乳腺导管延伸和分支的基本结构是终末导管小叶单位（terminal ductule lobular unit，TDLU），TDLU 内的上皮组织被松散的小叶内结缔组织包围，TDLU 外则覆盖着厚厚的小叶间结缔组织鞘，每个 TDLU 是一个相对独立的发育和功能单元，相当于啮齿类动物乳腺中的终末乳芽（terminal end bud，TEB），最终会在妊娠期发育成腺泡簇。但也有学者将奶牛乳腺导管扩张的基本结构称为终末导管单元（terminal ductal unit，TDU），而将人乳腺中的类似结构称为 TDLU。

(3) 乳池和乳头。乳池和乳头在奶牛泌乳活动中发挥重要作用，具有储存乳汁和排出乳汁的作用。

① 乳池。乳池位于乳导管和乳头中间，是乳腺中储存乳汁的地方，通常分为乳腺乳池（gland cistern）和乳头乳池（teat cistern）。从容量上看，乳腺乳池较大，乳头乳池较小，二者相互连通（图 7-4、图 7-5）。反刍动物，如牛和羊的乳池一般都很发达，储存空间很大。奶牛乳腺乳池的容积为 100～400 mL，乳头乳池的容积为 30～45 mL。

乳汁不仅储存在乳池中，在分泌组织（腺泡）中也有相当比例的储存量，分别称之为乳池乳（cisternal milk）和腺泡乳（alveolar milk）。随着乳腺生理状态的不同，乳汁在乳池和腺泡中的储存比例及乳成分也不尽相同。

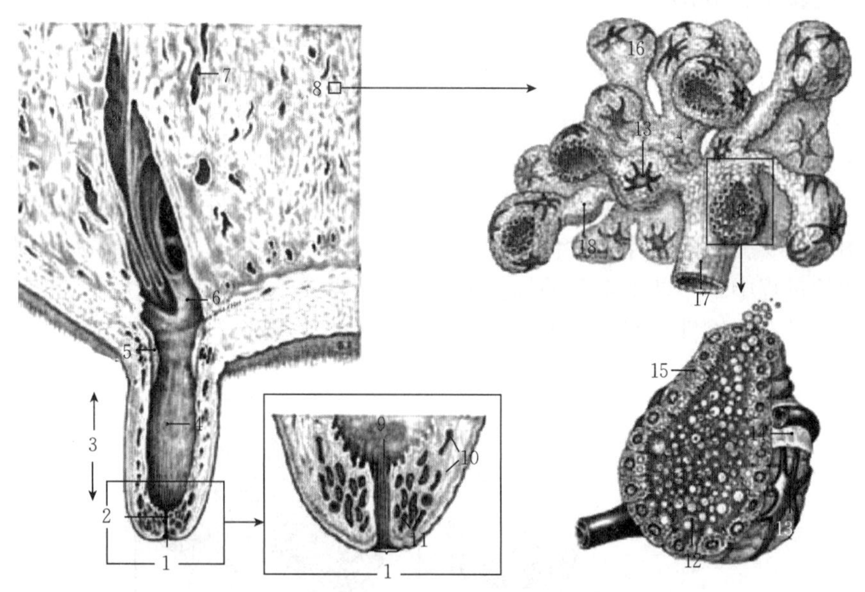

图 7-5 奶牛乳腺分泌组织

1. 乳头孔 2. 乳头管 3. 乳头 4. 乳头乳池 5. 环状褶皱 6. 乳腺乳池 7. 乳导管 8. 乳腺叶 9. 黏膜襞 10. 乳头静脉丛 11. 乳头括约肌 12. 脂滴 13. 肌上皮细胞 14. 基底膜 15. 乳腺上皮细胞 16. 腺泡 17. 小叶间导管 18. 小叶内导管

② 乳头。乳头（teat）的功能是将腺体内的乳汁排到体外。奶牛乳头处没有毛发，周围有散在的汗腺（sweat gland）和皮脂腺（sebaceous gland），皮脂腺的分泌物可起到保护皮肤、润滑乳头及幼体口唇的作用。通常奶牛每个乳腺都只有 1 个乳头。然而，大约 50%的奶牛会出现超数乳头。Brka 等（2002）报道，179～793 头西门塔尔牛和 37～460 头瑞士褐牛中，超数乳头发生率分别为 44.3%和 31.2%。乳头的大小和形状与乳房的大小、形状和泌乳量等无关。

每个乳腺有 1 个乳头管（streak canal）和 1 个乳头乳池。奶牛乳头管长 0.65～1.3 cm，一端连接于乳头乳池，一端开口于乳头顶端的乳头孔（teat orifice），由其周围的括约肌控制开放和关闭，奶牛排乳的速度就取决于乳头管的大小和括约肌的紧缩度。乳头管有两个主要作用：一是控制排乳；二是防止细菌等外来物质对腺体的侵害。此外，在乳头管底部（靠近乳头乳池处），还有弗斯登堡静脉环（furstenberg's rosette）的存在。这是一个由数条黏膜组成的黏膜襞结构，能够抵御外来病原菌的侵袭，还可防止乳汁溢出（图 7－6）。

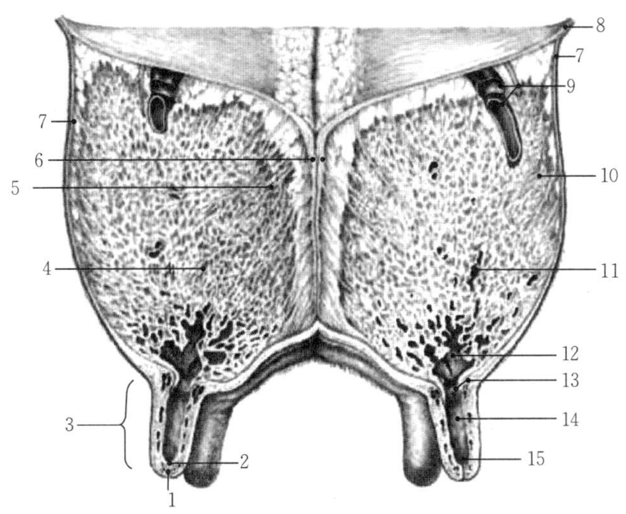

图 7－6　奶牛乳房右前乳区解剖示意图

1. 乳头孔　2. 乳头管　3. 乳头　4. 右前乳区　5. 薄板　6. 中悬韧带　7. 侧悬韧带　8. 腹膜　9. 前乳动脉、静脉和生殖股神经前分支　10. 乳腺叶　11. 乳导管　12. 乳腺乳池　13. 环状褶皱　14. 乳头乳池　15. 费斯登堡静脉环

乳头乳池与乳腺乳池相连接，在其底部有一环状褶皱（annular fold）作为二者的分界线。乳头乳池能容纳 30～45 mL 的乳汁，且其存储量依赖于乳头的大小。乳头乳池是乳汁排出前蓄积的地方，在泌乳过程中，乳头乳池会连续不断地排空、蓄满，直到排乳结束。

(4) 血管系统。乳腺上皮细胞从血液中吸取养分合成乳汁，乳汁中所有物质的前体都来自血液。奶牛乳腺中的血管系统包括动脉系统和静脉系统，其中静脉系统要比动脉系统发达，以使血液可以缓慢地流过乳腺。充足的血液供应与乳腺的泌乳量密切相关。据统计，泌乳期奶牛乳腺血液总量为机体总血量的 8%，非泌乳期也能达到 7.4%。

奶牛乳房的动脉血供应十分丰富，血液离开心脏后，经腹主动脉（abdominal aorta）流向躯体后部，在阴部附近到达髂总动脉（common iliac arteries）。髂总动脉分为内外两支，即髂内动脉（internal iliac arteries）和髂外动脉（external iliac arteries）。髂外动脉分支为后腹上动脉（caudal epigastric arteries）和阴部外动脉（external pudendal arteries）。阴部外动脉经腹股沟环（inguinal ring）钻入腹壁，从左右两侧进入乳房，形成直径约为 1 cm 的乳房动脉（mammary arteries），随即分为前、后两支，即前乳房动脉（cranial mammary arteries）和后乳房动脉（caudal mammary arteries）。这些动脉经多次分支，最终形成毛细血管网，为腺泡供血。此外，奶牛乳腺中还有会阴动脉（perineal artery）给乳房少量供血。会阴动脉来自髂内动脉，只供应后乳区。在腹股沟环下方，动脉分支会形成 S 形弯曲，这种结构使泌乳期乳房在膨胀时不会对血管造成挤压损伤。通常乳房左右半区间的血液供应相对独立，互相不连通，但也有极少的例外。

奶牛乳房的静脉系统与动脉系统呈反向并行，左右两侧各有 3 条主要的静脉分支将血液送离腺体。第 1 条是阴部外静脉（external pudic veins），其直径为 2～3 cm，由前乳房静脉（cranial mammary viens）和后乳房静脉（caudal mammary viens）汇合而成，与阴部外动脉并行，经腹股沟环，最终与腔静脉（caval vein）汇合，将血液运回心脏。第 2 条是腹皮下静脉（subcutaneous abdominal veins），又称乳静脉（milk veins），直径为 1～2.5 cm，出现于乳房前缘，这些静脉分支沿腹壁皮下向前伸展，经乳井进入胸腔，最后汇入前腔静脉返回心脏。第 3 条是会阴静脉（perineal veins），其直径约为0.5 cm，与会阴动脉并行，经耻骨弓进入体腔，其运血量较少，约占总血流量的 10%（图 7－7）。值得注意的是，左右两侧前、后乳房静脉相互吻合，在乳房基部形成一个静脉环（venous circle)，许多细小的静脉分支都加入其中。静脉环的存在使母牛在卧下时避免对静脉回流的挤压，减少对泌乳的影响。

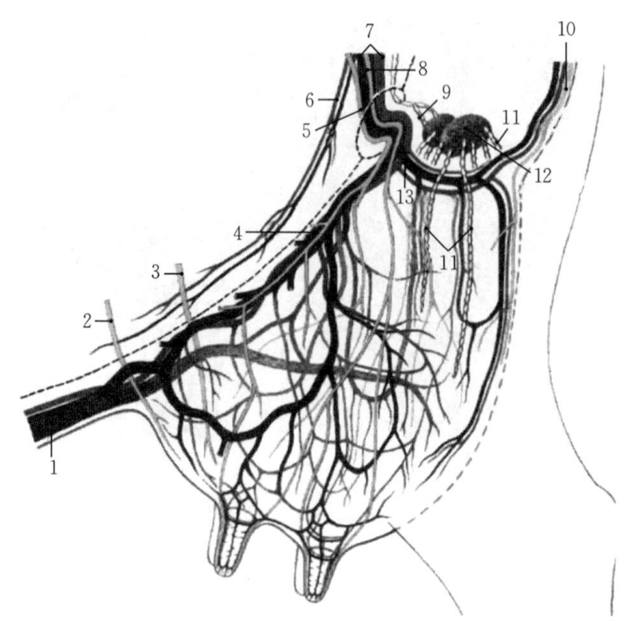

图 7－7　奶牛左侧乳房血管系统、淋巴系统和神经系统解剖示意图

1. 腹皮下静脉　2. 髂腹下神经　3. 髂腹股沟神经　4. 前乳房动（静）脉　5. 生殖股神经前分支　6. 后腹上动脉　7. 阴部外动（静）脉　8. 生殖股神经后分支　9. 输出淋巴管　10. 阴部神经乳腺分支　11. 输入淋巴管　12. 乳房淋巴结　13. 后乳房动（静）脉

（5）淋巴系统。奶牛乳房具有发达的淋巴系统（lymphatics system），每个腺泡周围都分布着大量的毛细淋巴管，其结构类似于毛细血管，但没有基底膜，因此更具渗透性。毛细淋巴管在乳腺小叶间逐级汇成较大的淋巴管，最终单方向地将淋巴液运回静脉系统。因此，淋巴系统常被看作静脉回流的辅助系统。此外，淋巴系统还可将消化道吸收的脂肪和脂溶性维生素（如维生素 K）转运至细胞，并作为机体免疫系统的组成部分抵御外源物的侵害。

奶牛乳房淋巴系统由 1～3 个腹股沟浅淋巴结（superficial inguinal lymph nodes）组成，也称乳房淋巴结（mammary lymph nodes）。通常位于乳房基部后上方皮下，在两后腿间可用手触摸到。乳房淋巴结两侧分别连接着输入淋巴管（afferent lymphatic）和输出淋巴管（efferent lymphatic），单向地将乳房内淋巴回流最终汇入髂内淋巴结（iliofemoral lymph nodes）。淋巴管内瓣膜可以有效地防止淋巴液倒流，保证其单向流动。

通常，淋巴回流速率都比较慢，主要受淋巴形成速率的影响。泌乳活动可显著提升淋巴回流速率。干乳期奶牛每天乳腺淋巴回流速率为 14～240 mL/h，而泌乳期奶牛则急剧上升为 1 300 mL/h，奶牛乳腺每生产 1 单位的乳汁就有 1.6 单位的淋巴离开乳房。

（6）神经系统。奶牛乳房的神经系统包括感觉神经（sensory nerve）和交感神经（sympathetic nerve），没有副交感神经（parasympathetic nerve）。感觉神经主要分布于乳头和皮肤，其周围散布着大量的感受器（sensory receptor），这对于启动乳汁释放反射（milk ejection reflex）神经通路至关重要。交感神经主要分布于乳腺叶、血管、乳池和导管周围的结缔组织中，其内有大量压力敏感型神经元，通过支配平滑肌的收缩来调节乳腺分泌活动。此外，乳房内没有直接支配腺泡的神经系统。

奶牛乳腺的神经支配主要分为以下两部分：前半部乳区的皮肤和乳头以及乳房基底部前半区由髂腹下神经（iliohypogastric nerve）、髂腹股沟神经（ilioinguinal nerve）和生殖股神经前分支（cranial branch of genitofemoral nerve）支配；后半部乳区的皮肤和乳头由生殖股神经后分支（caudal branch of genitofemoral nerve）和阴部神经乳腺分支（mammary branch of pudendal nerve）支配。生殖股神经前、后分支穿过腹股沟环，进入乳房（图 7-8）。这些神经又分为若干细小分支，直接或间接调控乳房正常生理活动。

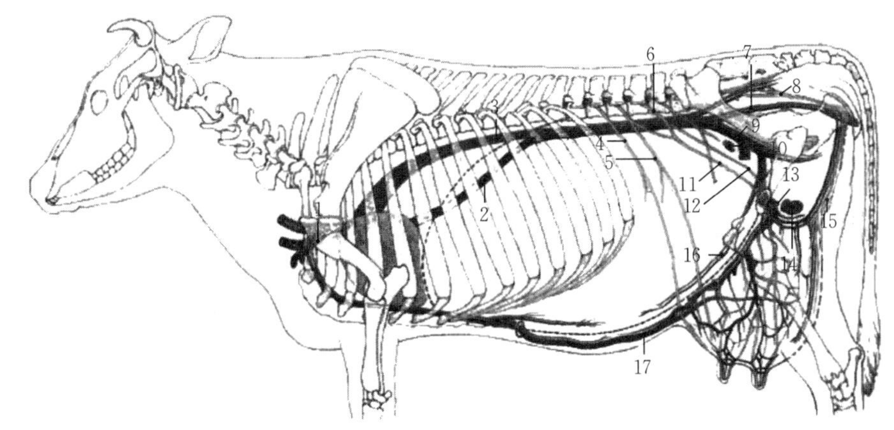

图 7-8　奶牛左侧血管系统、淋巴系统和神经系统解剖示意图

1. 前腔静脉　2. 腔静脉　3. 腹主动脉　4. 髂腹下神经　5. 髂腹股沟神经　6. 生殖股神经　7. 髂内动脉　8. 阴部神经　9. 髂外动脉　10. 髂内淋巴结　11. 生殖股神经前分支　12. 生殖股神经后分支　13. 阴部外动（静）脉　14. 乳房淋巴结　15. 阴部神经乳脉分支　16. 后腹上动脉　17. 腹皮下静脉

值得注意的是，与其他组织相比，乳房内的神经分布相对较稀疏，这是因为乳腺的生长发育和泌乳等过程主要由激素来调节，神经调节的比重非常小。例如，腺泡周围的肌上皮细胞就不受神经支配，而是受血液中催产素调节。

2. 奶牛乳腺的组织学发育

奶牛乳腺是一个具有重要经济价值的器官，其生长发育和泌乳生理功能密切相关。乳腺由实质和间质组成。乳腺的实质具有合成、分泌和排乳的功能，其基本结构单位是乳腺叶，而乳腺叶的基本单位是乳腺小叶，每个乳腺小叶都含有大量腺泡。乳腺的间质主要包括脂肪垫、脂肪组织、纤维结缔组织、血管、淋巴管、神经等，起着保护和支持腺体组织的作用。某种程度上，可以认为乳腺就是由侵入乳腺脂肪垫的实质构成的。

乳腺发育的组织学过程和机制一直都是乳腺生物学的研究热点和重点。尽管小鼠始终作为泌乳生物学主要的模式生物，但越来越多的研究证实，以啮齿类乳腺为研究对象的试验结果，不能总是直接推断到人类或反刍动物的相关研究中。这是因为乳腺的组织结构和调节机制有种属特异性，大量关于奶牛乳腺发育的研究证实了乳腺发育的多样性。

（1）青春期乳腺组织结构。当小母牛长到青春期 360 d 时，电镜下可见奶牛乳腺内大部分为脂肪组织和结缔组织，脂肪垫上散布着许多发育不完全的 TDLU，其内的上皮组织都被松散的小叶内结缔组织包围，其外则覆盖着厚厚的小叶间结缔组织鞘（图 7-9a）。青春期 420 d 时，导管系统迅速增长膨胀，多个终末导管集结在一起，成为中有空腔的一簇，同时外面包围一层结缔组织，表明TDLU 已开始逐步发育完全。此时，乳腺的间质增长也很快，腺体内仍存在大量脂肪和结缔组织，乳导管逐渐延伸变厚、分支增多（图 7-9b）。TDLU 是奶牛乳腺导管延伸和分支的基本单位，每一个 TDLU 都是一个相对独立的发育和功能单元。细胞增殖也通过 TDLU 来完成，而不是像啮齿类那样发生在 TEB 末端。电镜下，青春期乳腺导管和腺泡上皮细胞较少，主要为不规则的脂肪和结缔组织。腺泡上皮细胞多为锥形，顶部有微绒毛，呈典型分泌细胞特征。同时，胞质内可见少量内质网和高尔基体（图 7-9c）。导管上皮细胞多数呈立方形，胞质内细胞器相对较少，核呈椭圆形，染色较淡。青春期肌上皮细胞呈梭形，胞体较小，核呈椭圆形，核的长径与导管的长轴平行（图 7－9 d）。需要注意的是，在 3 月龄荷斯坦小母牛乳腺内并未发现肌上皮细胞，而小鼠乳腺在青春早期就有肌上皮细胞出现，这也有力地证明了乳腺发育的种属特异性。

此外，小母牛乳房净重与其年龄增长成正比例线性关系。一般情况下，乳房净重以每月 0.27 kg 的速度增加，这样的速度要一直保持到 30 月龄左右。当然，这种比例关系一方面取决于奶牛机体总重；另一方面与乳房中脂肪积累情况相关。

（2）妊娠期乳腺组织结构。妊娠开始后，奶牛乳腺生长速度逐渐加快，到妊娠晚期达到顶峰，此时也是胎牛发育最快的时期，因此妊娠期通常认为是乳腺组织发育最快的时期。如果说导管系统的分支扩张是青春期乳腺发育的特征，那么腺泡的充分发育就是妊娠期乳腺发育的典型标志。随妊娠的进展，激素的分泌水平同步增加，乳腺生长不断加快，导管分出许多侧支，乳腺小叶明显扩大，坚实的腺泡渐渐出现腺泡腔，腺泡和导管的体积不断增大，大部分脂肪垫被腺上皮组织取代。同时，腺泡周围的血管和神经纤维也不断增加。到妊娠晚期，乳腺已基本发育成为一个完全分化的成体器官。

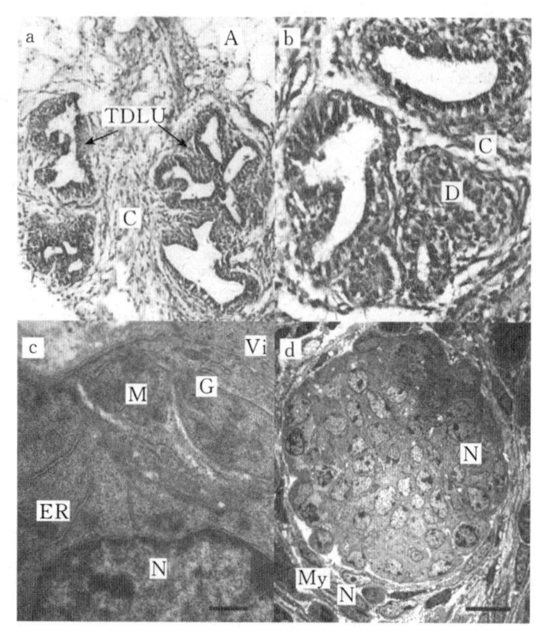

图 7－9 青春期奶牛乳腺显微和超微结构
a. 青春期 360 d，200× b. 青春期 420 d，400×
c. 青春期 360 d，Bar＝2 μm d. 青春期 420 d，Bar＝5 μm
A. 脂肪组织 C. 结缔组织 D. 导管 TDLU. 终末导管小叶单位 N. 核 G. 高尔基体 M. 线粒体 ER. 粗面内质网
Vi. 微绒毛 My. 肌上皮细胞

光镜观察下，妊娠 60 d 奶牛乳腺内导管系统和腺泡迅速生长发育。导管分支大量增殖，腺泡芽大量形成，乳腺上皮细胞快速增殖和分化，小叶内和小叶间的脂肪及结缔组织均明显减少，小叶间隔变薄（图 7－10a）。妊娠 180 d，腺上皮细胞继续以较快的速度增殖，乳腺脂肪垫上分布着许多大小不一、形态各异的腺泡，腺泡腔逐步扩大但未完全形成。此时，小叶体积更大，小叶间结缔组织很薄（图 7－10b）。妊娠 260 d，乳腺小叶进一步增大，小叶间和腺叶间的结缔组织隔膜都伸长和变薄。脂肪垫散布着大量腺泡。绝大部分腺泡已发育完全，具备泌乳功能，腺泡腔内含有大量分泌物，腺泡也因此而扩张（图 7－10c、图 7－10 d）。电镜观察下，妊娠 60 d 乳腺内，腺泡上皮细胞变大，染色质较均匀，顶部有较多微绒毛，细胞分泌特征明显。相邻细胞之间有连接复合体，表明细胞间相互作用逐步加强。胞质内可见丰富的游离核糖体，较多的粗面内质网、高尔基体和线粒体等细胞器（图 7－11a）。妊娠 180 d，腺泡和导管的体积不断增大，肌上皮细胞呈不连续状包围其外（图 7－11b）。腺泡腔出现且逐步扩大，腔内可见一些分泌颗粒和脂滴。乳腺上皮细胞多呈立方形，核型规律，核仁明显，其游离面有很多微绒毛，细胞分泌性增强。细胞质内有大量核糖体，高尔基复合体的扁平囊扩张，粗面内质网也逐渐发达，线粒体数量较多（图 7－11c）。妊娠 260 d，大部分腺泡分化完全，上皮细胞中的粗面内质网和高尔基体急剧增大，线粒体增多，核型也变得不规则。腺腔内可见许多大小不一的分泌颗粒和脂滴，随着这些上皮细胞分泌物的累积，腺泡腔逐渐膨胀饱满，细胞开始具备分泌功能（图 7－11d）。

乳腺产奶量主要决定于乳腺上皮细胞数量。乳腺上皮细胞的增殖主要发生在妊娠期，在雌激素的作用下，乳腺上皮细胞数量呈几何级数增长。据统计，产后 10 d 奶牛乳腺总 DNA 比产前 10 d 增加 65%。可以说，乳腺妊娠期发育决定着乳腺上皮细胞的数量，进而决定着奶牛后继泌乳能力。值得注意的是，孕酮在整个妊娠期高水平表达，因其须维持奶牛妊娠；而雌激素表达则在妊娠中后期显示升高。因此，在妊娠期前半段时间里，乳腺发育主要为导管系统延伸和腺泡结构的形成；在妊娠后半段时间，导管系统虽然也在生长，但乳腺发育主要为腺泡分化。

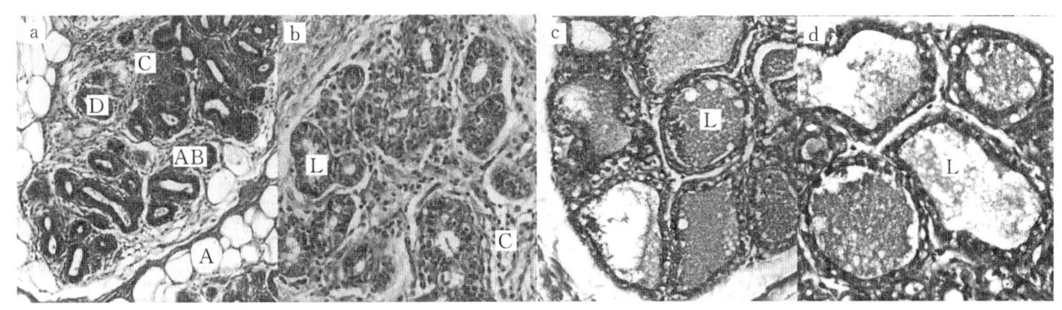

图 7-10　妊娠期奶牛乳腺显微结构

a. 妊娠期 60 d(100×)　b. 妊娠期 180 d(200×)　c. 妊娠期 260 d(200×)　d. 妊娠期 260 d(400×)

A. 脂肪组织　AB. 腺泡芽　C. 结缔组织　D. 导管　L. 腺泡腔

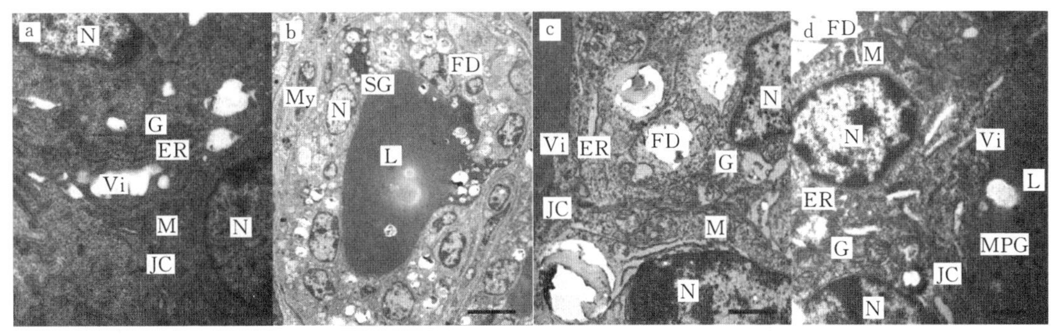

图 7-11　妊娠期奶牛乳腺结构

a. 妊娠期 60 d(Bar=2 μm)　b. 妊娠期 180 d(Bar=10 μm)　c. 妊娠期 180 d(Bar=2 μm)　d. 妊娠期 260 d(Bar=1 μm)

N. 核　M. 线粒体　ER. 粗面内质网　Vi. 微绒毛　G. 高尔基体　V. 血管　JC. 连接复合体　My. 肌上皮细胞

L. 腺泡腔　FD. 脂滴　MPG. 乳蛋白颗粒　SG. 分泌颗粒

(3) 泌乳期乳腺组织结构。传统观点认为，反刍动物乳腺发育到分娩时已经完成，如绵羊。然而，越来越多的研究证明，这种观点是片面的。奶牛乳房净重和总 DNA 量在分娩后仍在增加，一直持续到泌乳早期，这表明其乳腺发育到泌乳早期才逐步完成。需要注意的是，泌乳持续不仅与分泌细胞数量相关，还取决于分泌细胞的活力。从分娩后到泌乳高峰期，奶牛产奶量取决于单个分泌细胞的分泌能力而不是分泌细胞的增殖；泌乳高峰期后，则与乳腺上皮细胞凋亡情况息息相关。据统计，泌乳期奶牛乳腺上皮细胞增殖速率仅为每 24 h 0.3%。即便如此，这种增殖速率也可满足整个泌乳期分泌细胞的需求量，可见泌乳持续不仅与分泌细胞数量相关，还取决于分泌细胞的活力。

泌乳期乳腺已发育完全，成熟的腺泡结构一直保持到泌乳期结束。光镜下，泌乳期奶牛乳腺内布满大量腺泡，小叶内导管也很明显，腺泡间结缔组织很少（图 7-12a）。腺泡多而大，腺泡腔内充满大量分泌物（图 7-12b）。在同一个乳腺小叶中，因腺泡分泌活动不完全一致，因此可以看到腺泡结构的形状也不尽相同（图 7-12c）。电镜下，乳腺上皮细胞细胞核的体积变小，顶部有大量微绒毛，乳腺上皮细胞分泌特征非常明显，与分泌相关的细胞器高度发达，细胞代谢和分泌活动旺盛（图 7-12d）。腺体的大部分都是充盈的腺泡腔，腺泡腔内蓄积大量酪蛋白微团、乳蛋白颗粒、脂滴颗粒等分泌物。由于乳腺上皮细胞分泌活性不同，其超微结构也不一样。有的处于分泌状态，其细胞质内布满分泌结构，如脂滴和分泌小泡；有的由于细胞内合成产物释放到腺泡腔，细胞质内分泌结构减少。

细胞质内可见大量的线粒体，呈棒形，嵴密，它们为细胞分泌活动提供能量（图 7-12e）。此外，相邻细胞之间有紧密的连接复合体，表明细胞间相互作用密切（图 7-12f）。肌上皮细胞扁平膨胀，包围在腺泡和导管外，其细胞质中富集大量肌动蛋白和肌球蛋白，收缩可带动腺泡和导管排出乳汁。

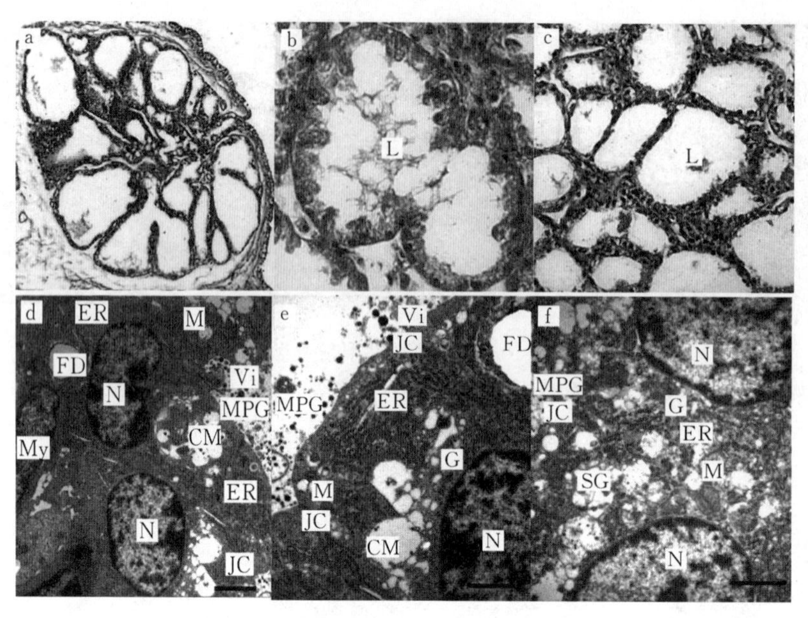

图 7-12 泌乳期奶牛乳腺显微和超微结构

a. 泌乳期 7 d，100× b. 泌乳期 60 d，400× c. 泌乳期 280 d，200× d. 泌乳期 7 d，Bar=5 μm
e. 泌乳期 60 d，Bar=2 μm f. 泌乳期 280 d，Bar=2 μm
L. 腺泡腔 CM. 酪蛋白微团 FD. 脂滴 G. 高尔基体 JC. 连接复合体 M. 线粒体 N. 核
My. 肌上皮细胞 MPG. 乳蛋白颗粒 ER. 粗面内质网 Vi. 微绒毛

(4) 退化期乳腺组织结构。乳汁排出停止后（如断奶），乳腺组织结构迅速发生改变，乳腺发育进入退化期。退化初期牛乳主要成分也会出现一些变化，说明在退化期乳汁合成和分泌的机制与泌乳期有所不同。例如，乳糖浓度会迅速下降，表明乳糖合成及相关水转运机制在断奶后随即下调；然而与之相反，总蛋白浓度却逐步升高，这一方面是因为分泌出的水分重吸收造成乳腺总体积下降；另一方面与乳汁中乳铁蛋白、血清白蛋白及免疫球蛋白含量增多有关。

断奶后 48 d 内，奶牛乳腺上皮细胞超微结构就发生相应的改变。对中国荷斯坦牛退化期乳腺组织结构研究发现，光镜下，退化 3 d 奶牛乳腺并没有大的形态学变化，只是腺泡腔略有缩小，间或可见少量凋亡细胞的碎片。值得注意的是，腺泡腔容积减少直接导致后续几天中腺体内乳汁流量的降低。同时，腺泡周围的结缔组织和脂肪组织有所增多（图 7-13a）。退化 30 d，腺泡结构虽然仍在，但大部分已经开始萎缩塌陷。腺泡和腺泡腔都远远小于泌乳期。乳腺上皮细胞体积逐渐缩小，排列杂乱无序且数量锐减。脂肪组织和结缔组织明显增多，乳腺间质大量增加（图 7-13b）。电镜观察下，退化 3 d 乳腺内，乳腺上皮细胞出现凋亡早期征兆，细胞质内脂滴颗粒数量减少但体积明显增大，形成空泡物质，致使细胞核变小畸形，腺泡周围开始出现纤维结缔组织。细胞顶部可见少量微绒毛，细胞质内的细胞器数量都呈下降趋势，尤其是涉及乳合成和分泌的粗面内质网、线粒体、高尔基体和分泌小泡，其数量逐渐减少。此外，相邻细胞间可见连接复合体，但密度较低，表明其完整性逐步降低，细胞间连接逐渐打开，细胞间相互作用减弱（图 7-13c）。退化 30 d，腺泡腔逐渐缩小，腺泡周围的结缔组织和脂肪组织明显增多，可见脂滴颗粒相互融合形成更为明显的大空泡物质。结缔组织和脂肪组织大量增多，乳腺退化基本完全，恢复到妊娠前的状态。乳腺上皮细胞内仍保持少量完整的线粒体和核糖体，以维持细胞正常的代谢功能（图 7-13d）。重塑后的乳腺与妊娠前性发育成熟的乳腺非常相似，但比未产过犊牛的母牛的腺体分化更完全。

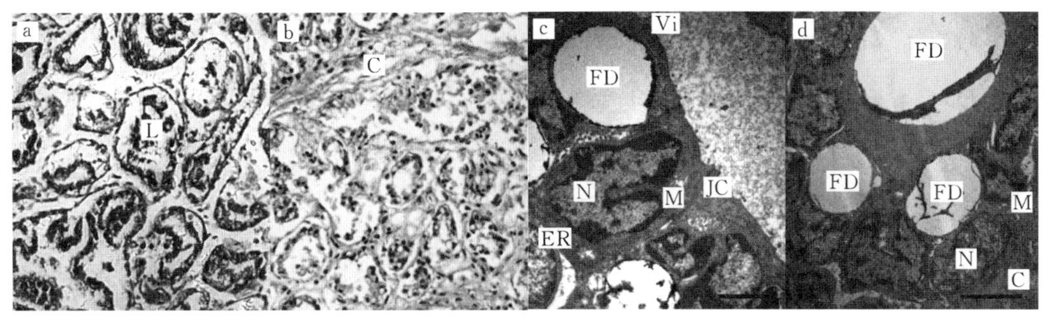

图 7－13　退化期奶牛乳腺显微和超微结构

a. 退化 3 d，400×　b. 退化 30 d，200×　c. 退化 3 d，Bar＝2 μm　d. 退化 30 d，Bar＝5 μm

C. 结缔组织　L. 腺泡腔　FD. 脂滴　JC. 连接复合体　M. 线粒体　N. 核　ER. 粗面内质网　Vi. 微绒毛

当奶牛完成一个泌乳期之后，会需要一段时间恢复和提高自身体质，这既是妊娠期胎牛健康发育的重要保障，又是为提高后续泌乳能力准备物质基础，这段时间通常称为干乳期。干乳期为 45～75 d，平均为 60 d，通常以奶牛的个体情况来决定。国外有报道认为，最佳干乳期为 45～50 d，如果少于 40 d，则后续产奶量会明显下降。

第二节　乳腺泌乳生理学

乳腺是特殊的外分泌腺，乳汁是乳腺生理活动分泌的产物，含有初生幼仔生长发育所必需的营养物质，是哺育初生后代的理想食物。

牛乳营养丰富，含有人体所需的全部氨基酸，丰富的矿物质、维生素、乳蛋白、乳脂肪等成分，一直被认为是人类膳食中完美的食品之一。了解乳成分合成的生物化学、乳汁分泌过程、奶牛哺乳期等知识，有利于最大限度地提高牛奶的产量和质量。同时，也使乳品生产者有机会改变乳的构成，以满足人们对更多功能性营养的需求和健康需要。

一、泌乳过程

乳腺组织的分泌细胞，以血液中各种营养物质为原料，在细胞中利用这些物质合成乳糖、乳蛋白和乳脂，并分别分泌到腺泡腔中混合成乳汁，这一过程称为乳汁的分泌（milk secretion）。腺胞腔中的乳汁，通过乳腺组织的管道系统，逐级汇集起来，最后经乳腺导管和乳头管流向体外，这一过程称作排乳（milk excretion）。乳汁分泌和排乳这两个性质不同而又相互联系的过程合称泌乳（lactation）。从产后乳汁开始分泌到下一次产犊前干乳期结束为一个泌乳周期，产奶量在一个泌乳周期中呈现规律性变化。根据奶牛的不同生理特性，一般将整个泌乳周期划分为 5 个阶段（图 7－14、图 7－15），即泌乳初期、泌乳盛期、泌乳中期、泌乳后期、干乳期。分娩至产后 20 d 称泌乳初期，此期处于能量负平衡状态，易发生脂肪肝、酮病等代谢紊乱性疾病。从产后 20～150 d 是泌乳高峰，称泌乳盛期，特点是乳房已经软化，体内催产素的分泌量逐渐增加，食欲完全恢复正常，饲料采食量增加，乳腺机能活动日益旺盛，产奶量迅速增加至峰值。峰值产奶量决定整个泌乳期产量，峰值产奶量增加 1 kg，全期产奶量增加 200～300 kg。群体中头胎牛的高峰产奶量相当于经产牛的 75%；干乳期饲养、奶牛体况、产后失重影响峰值产奶量。产后 150～210 d，称泌乳中期，但就产奶量来说，中期较早期略有所下降。干乳前 3 个多月，称泌乳后期，特点是奶牛同时处于妊娠后期，胎儿生长发育很快，要消耗大量营养物质，以供胎儿生长发育的需要，胎盘及黄体分泌激素量增加，抑制脑垂体分泌生乳激素，因而产奶量急剧下降。产前2～3周（干乳早期）到产后2～3周（泌乳初期）统称为围生期，也称为过渡期，是奶牛泌乳和繁殖周期中最为关键的时期，奶牛干物质采食量下降，处于能量负平衡状态，代谢疾病多发，是进行物质能量代谢营养调控的主要时期。

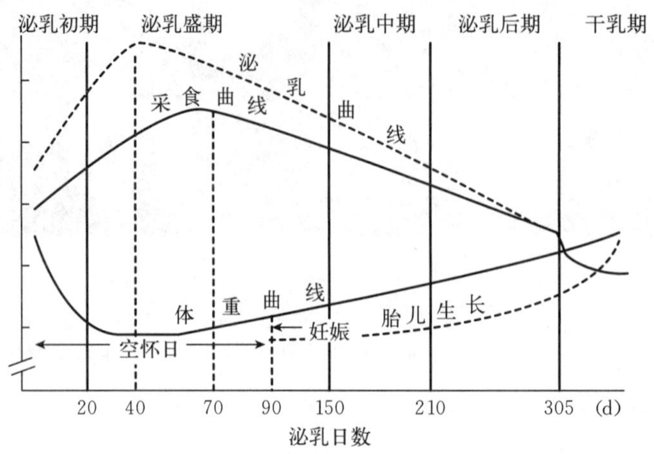

图7-14 奶牛泌乳曲线、采食曲线和体重曲线

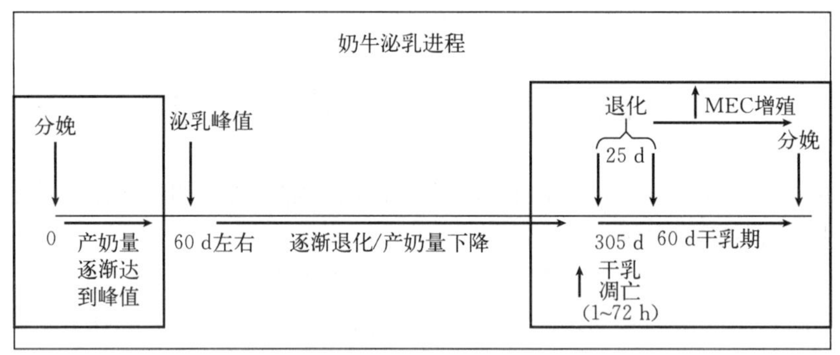

图7-15 奶牛泌乳进程

实际上，奶牛妊娠中后期乳成分就开始合成，即生乳第1阶段分泌性分化，分娩后乳汁大量分泌，即生乳第2阶段分泌激活。在随后的泌乳期，产后腺体首先经历进一步生长导致产后6～8周达到泌乳高峰。随后，腺体将要从结构、细胞更新、功能性等方面开始退化即泌乳维持阶段，这样完成一个循环即泌乳周期，随后另一个循环重新开始，即再次进入妊娠期和泌乳期。

泌乳期间乳汁的分泌和维持是通过神经-激素途径调节的。催乳素、生长激素、胰岛素、糖皮质激素、甲状腺激素、催产素、胰岛素样生长因子、瘦素（leptin）等都被认为是与泌乳有关的重要调控因素。泌乳发生过程与激素、生长因子和局部组织调节因子的量密切相关，但因为缺少合成、分泌、储存乳汁的适合的体外研究系统，所以很难判断一种特异转运活动是否由一种特殊分子决定。孤立的细胞、细胞器或组织虽然可以合成和分泌特殊乳成分（如酪蛋白、α-乳白蛋白或乳糖），但只适于研究特定的生化调节途径，而不适于研究泌乳的整体调节。

二、泌乳机理

1. 泌乳的准备——乳腺组织发育和功能分化

分娩时，乳汁的生成需要大量生理性变化相互协调，如乳房腺泡的适当发育、腺泡分泌细胞适时的生化和结构分化、供应所需物质的代谢调整、有规律的挤乳或吮吸都是必要的。泌乳的成功需要至少3种不同事件：①产前的腺上皮细胞增殖；②腺上皮细胞功能分化；③乳成分的合成和分泌。

每一次妊娠和泌乳的周期循环都发生显著的形态学变化，乳腺上皮细胞都经历增殖、侵入、分化和退化 4 个阶段。妊娠阶段乳腺上皮细胞开始增殖，侵入周围的细胞外基质（extracellular matrix，ECM）形成小叶腺泡样结构；到妊娠后期分娩前，乳腺上皮细胞停止增殖发育，进而发生功能分化至能够表达、合成并分泌乳成分的阶段；整个分泌阶段乳腺上皮细胞功能相对稳定，持续表达乳蛋白；随着泌乳进行，乳腺上皮细胞进入终末分化阶段，然后开始凋亡，数量减少，出现退化，组织重塑。

为了支持乳的合成与分泌，排列在乳腺腺泡周围的上皮细胞还须经历超微结构重塑（图 7－16）。腺泡上皮细胞极化，标志着细胞处于完全分化状态，核基底外侧移动，粗面内质网和高尔基体发育，以及大脂滴和小脂滴的形成都在这之前发生。向完全分泌状态的转变过程伴随着圆形细胞核和已发育粗面内质网所处的基底区域与致密高尔基体、空泡和分泌囊泡分布的顶端区域的隔离。一旦腺泡上皮细胞极化，围绕细胞顶端部分的紧密连接复合物就形成紧密的屏障——血乳屏障。分泌细胞通过氨基酸转运蛋白、葡萄糖转运蛋白等分子调控着细胞基底侧对乳合成前体的吸收，以及乳成分自细胞顶端分泌到腺泡腔。乳的合成与分泌主要受催乳素（PRL）、糖皮质激素（GC）和孕酮的调控。

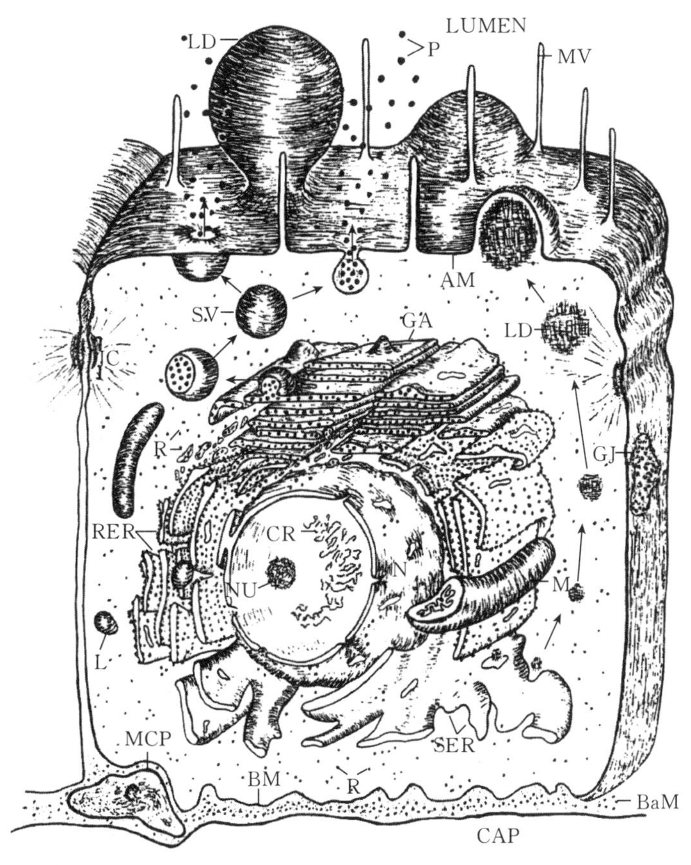

图 7－16 完全分化的分泌性乳腺上皮细胞

AM. 顶侧质膜 BM. 基底侧质膜 BaM. 基膜 CAP. 毛细血管 CR. 染色体 GA. 高尔基体 GJ. 间隙连接 JC. 连接复合体 L. 溶酶体 LD. 脂滴（脂质小球） M. 线粒体 MCP. 肌上皮细胞 MV. 微绒毛 N. 核 NU. 核仁 P. 蛋白质（酪蛋白微团） R. 核糖体（游离和结合） RER. 粗面内质网 SER. 滑面内质网 SV. 分泌囊泡

2. 乳汁的分泌

乳汁分泌包括生乳和泌乳维持两个过程，主要通过神经-激素途径进行调节。

(1) 生乳。生乳（lactogenesis）是指乳腺由非泌乳状态向泌乳状态转变的功能性变化过程，即乳腺从有活力的生长组织变成一种几乎停止生长而分泌大量乳汁的组织。同时，乳腺上皮细胞由未分化状态，经过一系列细胞学变化转变为分化状态。这一过程通常出现在妊娠后期和分娩前后。生乳过程不是某种单一激素作用的结果，而是许多激素共同作用的结果。例如，妊娠期乳腺虽然逐渐发育完善，但雌激素及孕酮对乳腺上皮细胞上的催乳素受体有抑制作用，并且缺少糖皮质激素的协助，所以催乳素并不能启动泌乳。

反刍动物的生乳分为两个阶段：第 1 阶段发生在妊娠后期，乳腺开始分泌少量乳汁特有成分，如酪蛋白等，称为分泌分化阶段；第 2 个阶段是指伴随着分娩的发生，乳腺开始大量分泌乳汁，称为分泌激活阶段。

第 1 阶段：腺泡上皮细胞的功能分化。乳腺腺泡合成和分泌少量的乳汁，乳汁分泌需要分泌细胞的生物化学分化。然而，细胞也需要有一定的结构用以合成、包装、分泌乳汁成分。妊娠早、中期的腺泡上皮细胞有较规律的核型，细胞胞质弥散，很少能看到多聚核糖体，有一些游离核糖体簇集，少量粗面内质网，不发达的高尔基体通常十分靠近核，还有一些孤立的线粒体，以及广泛分散的囊泡。个别细胞常有大的脂滴（尤其在妊娠末期），与形状不规则的核占据了大部分细胞。腺泡出现不久，腺泡腔积累液体，增加的液体里含有来自血清的蛋白。这些分泌物形成富含免疫球蛋白的初乳，这可能是某些物种后代存活必需的。到了妊娠后期，腺泡上皮细胞中的粗面内质网和高尔基体急剧增大，线粒体增多，核型也变得不规则。不同分化程度的腺泡上皮细胞具有不同的特点：初级分化程度的腺泡上皮细胞缺少极性，核质比大，有大的脂质小滴，但是几乎没有胞质空泡；中等程度分化的腺泡上皮细胞核质比较小，存在一些顶端空泡，细胞核由中间向基底移位；完全分化的腺泡上皮细胞定位在基底，有大量核上空泡和顶端脂质小滴，球形核，核质比小。

第 2 阶段：腺泡上皮细胞的全乳分泌。

第 2 阶段通常比第 1 阶段时间短。其间，伴随分娩的临近或发生。血液中孕酮浓度下降，同时催乳素和糖皮质激素浓度升高，乳腺开始分泌全乳。牛分娩前 0～4 d 进入生乳第 2 阶段，一直延续到产后若干日。初乳合成和免疫球蛋白进入乳汁发生在第 1 阶段，乳糖的合成则要到第 2 阶段才开始。

乳糖的合成是生乳的关键步骤。分娩相关的激素变化（孕酮浓度的下降及糖皮质激素和催乳素浓度的升高）诱导了 α-乳白蛋白基因的转录。α-乳白蛋白与半乳糖基转移酶在高尔基体中发生相互作用合成乳糖。乳糖的合成使水分渗入高尔基体和分泌小泡，这个过程保证了大量乳汁的分泌，也是生乳第 2 阶段的最典型标志。与此同时，乳汁其他成分的合成也在加快。

分娩的来临意味着腺泡上皮细胞结构分化和紧密连接的形成。随着孕酮浓度的下降，血液中糖皮质激素浓度的升高可能尤为重要。这通常出现在分娩之后，细胞间成分的细胞外运输明显减少，形成了有效的血-乳屏障以至于血液成分向乳中的转运和乳中成分向血液中的转运都被最小化。上皮细胞分化的初始阶段实际上可能通过利用这些未成熟的“渗漏”紧密连接而被间接控制。特别是少量乳蛋白或其他成分被合成、分泌进入腺泡腔，这些特异乳成分中的一部分出现在血液，如 β-乳球蛋白（β-lactoglobulin，β-LG）和乳糖。此外，在随后的临产期，血液 α-乳白蛋白浓度在分娩后达到峰值，但随即迅速降低。这种急促的降低被认为表明了这一时期上皮细胞的快速成熟。

泌乳期，测定血液乳成分变化可以间接监测乳房发育。例如，整个泌乳期，每天挤乳 2 次比挤乳 3 次的牛血液 α-乳白蛋白浓度更大。此外，阻断紧密连接会造成更多乳成分进入血液。

（2）泌乳维持。生乳后，乳腺能在相当长的一段时间内持续进行泌乳活动，这就是泌乳的维持阶段。随着泌乳进程的发展，泌乳细胞的数量和活性决定着泌乳的持久性。泌乳前几周增加挤乳频率能增加产奶量，即使恢复低频率挤乳，整个泌乳期的产奶量也增加近 8%。泌乳早期高频率挤乳导致产奶量增加显然与乳腺细胞分泌活性增强有关。相反，妊娠进程、低频率挤乳和炎症则可能增加乳腺上皮细胞凋亡，因此调控乳腺细胞更新是促进泌乳持久的关键。乳腺细胞增殖和细胞凋亡失衡导致的乳腺细胞数量的变化是泌乳高峰后产奶量下降的主要原因。与泌乳的持久性相关，伴随泌乳进程的产奶量下降主要受乳腺细胞死亡速率的影响。

泌乳的维持除了要求有相对稳定的环境、充分的饲料供应、有规律的吮乳或挤乳、适宜的管理外，还依赖于多种激素的整合和神经系统的综合调控。如果乳腺没有频繁的排空动作，即使激素水平很高也不能使泌乳持续下去，这说明泌乳的维持不是单纯由激素调控的，吮吸动作或乳腺排空也是维持泌乳所必需的。幼畜吸吮乳头时，冲动传入丘脑，反射性引起催产素和催乳素的分泌。此外，产后早期哺乳能提高奶牛血中的催乳素及催产素的浓度，特别是哺乳开始的 3 min 内这两种激素的分泌量是最高的。因此，分娩后提早哺乳不仅能使乳汁提前分泌，还能相应地增加产奶量。

3. 排乳

排乳即乳汁的排放，是神经-激素共同作用的结果。排乳涉及多种影响乳汁生成的机制，包括局部抑制成分的去除、局部血流的调节，甚至腺泡的物理因素等。排乳频率与乳汁分泌局部调节密切相关。排乳时腺泡腔中乳汁排出的物理机制称为射乳。刺激乳腺尤其是乳头，可促使垂体后叶分泌催产素，催产素经血液流经到乳腺引起环绕腺泡的肌上皮细胞收缩，使得腺泡腔中乳汁从腺泡排出，进入导管流出腺体，最终完成物理排乳。乳汁在腺泡上皮细胞内形成后，连续分泌入腺泡腔。当乳汁充满腺泡腔和细小乳腺导管时，依靠腺泡腔周围的肌上皮和输乳管平滑肌的反射性收缩，将乳汁周期性地转移到乳腺导管和乳池内（图 7－17）。犊牛吮吸或挤乳时，最先排出的是乳池乳。当乳头括约肌开放时，乳池乳只需依靠本身的重力作用就可顺利排出。腺泡腔和导管内的乳必须由排乳反射作用才会排出，这些乳称为反射乳。

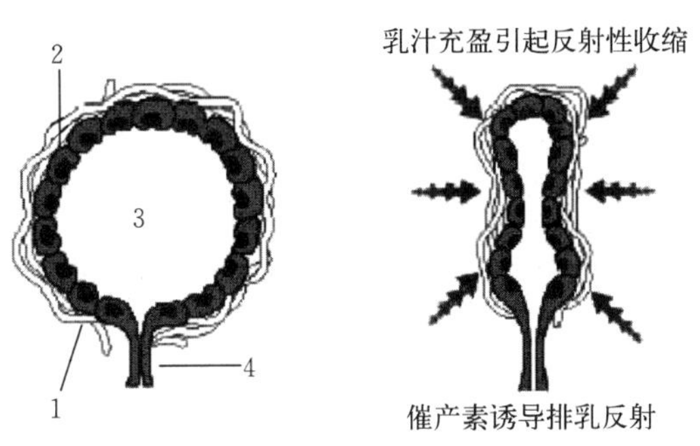

图 7－17　分泌性腺泡排乳示意图

1. 肌上皮细胞　2. 腺泡上皮细胞　3. 腔　4. 细小导管

值得注意的是，在两次挤乳或哺乳之间，乳汁的分泌并不均衡。刚排完乳后的乳房，内压下降，乳汁的生成和分泌增强。随着乳导管及乳池的充盈，内压又将升高，压迫腺泡上皮细胞，使泌乳速度减慢或停止。即使有适宜的激素环境，若不经常排空乳腺，乳汁合成也不能维持（Annen et al.，2004）。因此，吮吸或排乳是维持泌乳必不可少的，有规律地哺乳或挤乳是必要的。

4. 干乳期

奶牛是唯一在连续泌乳期间存在间歇期的乳用动物。连续泌乳时，两次泌乳期之间的干乳期是产奶量最大化的必要条件。缺少干乳期，后继的产奶量大约要减少 20%。因此，干乳期不仅是必要的而且是有益的。有几个假设可能解释了干乳期的必要性：①补给体内储存；②更新乳腺组织；③使分娩时的内分泌环境达到最佳条件。

奶牛整个干乳期的乳腺退化程度比其他物种低。当泌乳活动从高峰明显下降时，乳腺就开始渐进性回缩。在泌乳后期和干乳前，乳腺中已经有大部分腺小叶丧失正常功能。在干乳期或仔畜断奶时，乳腺内压增大，细胞体积逐渐缩小，分泌腔逐渐消失，终末导管萎缩，最后腺小叶退化到只具有少数分支的小管。腺组织被结缔组织和脂肪组织所代替，乳汁合成停止，乳腺逐渐退化和萎缩。残留乳汁缓慢被吸收。残留的乳汁蓄积物可抑制与合成乳汁有关的酶的活性，或使有关的激素水平下降，促进乳腺的退化，最后泌乳活动完全停止。随着奶牛乳腺退化，干乳期奶牛乳腺分泌物成分也发生相应变化（表 7－1）。

表 7－1　干乳期奶牛乳腺分泌物成分变化

乳成分	剧烈退化	平稳退化	重新发育，初乳形成
乳糖	下降	低	增加（末期）
乳蛋白	下降	低	增加
乳脂	下降	低	增加
乳房血流量	下降	低	增加
颗粒性白细胞	增加	高	低
乳铁蛋白	增加	高	低
免疫球蛋白	增加	高	增加

在干乳晚期，乳腺继续生长，腺泡上皮细胞正在为催乳发生做准备。妊娠期和泌乳期的重叠部分是奶牛排干乳汁，准备分娩的时期。如果没有另一次妊娠刺激，腺体将逐渐转变成类似性成熟但未交配时期的结构。然而，奶牛产奶量随成功泌乳的次数增加。这表明随着每一次泌乳循环，乳房发育将逐渐成熟。奶牛在泌乳后不久妊娠，结果在泌乳后期乳腺具有了生长和连续泌乳的双重功能。

5. 基因组表达变化

奶牛泌乳受各种环境条件和管理手段的影响（营养、挤乳频率、光照时间、乳房健康、激素和局部效应）。因此，了解乳腺如何对这些影响因素做出应答，就可能找到促进奶牛生乳的方法。近年来，通过高通量测序、基因芯片、生物信息学分析等手段了解奶牛泌乳乳腺上皮细胞中潜在的分子机制已取得显著成果，并且随着牛基因组序列的公布将会得到进一步发展。基因表达谱分析提供了关于泌乳初始时乳腺中分子事件的信息，表明乳合成相关基因及细胞增殖相关基因表达受到同步调控。奶牛分娩前后，由妊娠状态向泌乳初始转化的过程中，大量乳合成相关基因被激活，表达上调，而细胞增殖相关基因表达受到抑制。Finucane 等（2008）分析了分娩前 5 d 和产后 10 d 牛乳腺组织中 23 000 个基因转录本，在两个时期共筛选出 389 个表达显著变化的转录本（1.6%）。其中，105 个上调，284 个下调。基因本体论（gene ontology）分析表明，大多数上调基因与运输活性、脂代谢、糖代谢以及细胞信号因子等相关；大多数下调基因与细胞周期和细胞增殖、DNA 复制和染色体组建，以及蛋白和 RNA 降解等有关。Connor 等（2007）通过高通量基因芯片技术获得了类固醇激素应答条件下乳腺全面基因表达的数据。在获得的 100 个雌激素应答基因中，大多数是新发现的雌激素靶向基因，这些基因变化与促进乳腺上皮细胞增殖，加快实质细胞外基质更新，以及增加脂肪垫细胞外基质沉积有关。

此外，表观遗传学（染色体非序列遗传化学变化，如影响基因表达的 DNA 甲基化和组蛋白修饰）调控乳腺功能的潜力正在显现。目前，推断大部分无法解释的奶牛表型改变是由于表观遗传学调控决定的。表观遗传学标记的遗传性也提高了改变后代泌乳特性的可能性。了解乳腺上皮细胞（细胞信号途径和表观遗传学机制）对外部刺激的应答，将是研发出用以最大化细胞活性进而最大化奶牛产奶量的新技术的前提。

三、泌乳调节

乳汁的生成与分泌都是通过神经系统与内分泌系统共同调节来实现的。

1. 神经系统对奶牛泌乳的调节作用

神经系统对奶牛泌乳的调节主要体现在排乳过程。排乳是由条件反射和非条件反射组成的复杂过程，而条件反射对奶牛的泌乳又起到直接和主导作用。按摩、挤乳或犊牛吸吮时，可使乳头、乳房皮肤上的感受器官和神经器官受到刺激，通过传入精索外神经上传至脊髓，再沿脊髓-丘脑束传至丘脑，在丘脑每一侧分成背支和腹支，汇合于下丘脑后部，最后到达室旁核和视上核，构成排乳反射的基本中枢。大脑皮层神经中枢通过丘脑下部将信号传导到脑下垂体，垂体后叶即神经垂体分泌催产素经血液循环进入乳房，流到乳腺腺泡和乳管的肌上皮细胞，促使乳腺腺泡周围的肌上皮细胞反射性收缩，使乳腺腺泡内压增强，乳由乳腺腺泡流到乳管，最后流到乳池，大量排出乳汁。不良的条件刺激影响奶牛正常泌乳，降低产奶量。

排乳反射十分迅速，挤乳或哺乳刺激乳房不到 1 min，就可引起牛的排乳反射。挤乳时，首先要经 5 s 的潜伏期，乳汁才从大乳腺导管和乳池内排出，这是一种神经节段反射。再经过 20～25 s，反射引起垂体后叶释放催产素，使腺泡和终末乳腺导管周围的肌上皮细胞收缩，引起排乳。催产素在循环血液中的半衰期仅 3 min，在血中很快被破坏和稀释，从而使排乳效应很快减弱，4～7 min 后完全消失。因此，每次挤乳在适当刺激（如按摩）之后应迅速开始，这种作用过后，产生排乳抑制现象，很难将乳挤出，会使产奶量下降。

奶牛在泌乳期间，泌乳是连续不断的。刚挤完乳时，乳房内压低，对乳分泌的刺激最大，乳分泌最旺盛。随着乳分泌的进行，储存于乳池、乳腺导管、末梢小管和乳腺腺泡腔中的液体不断增加，乳房内压不断升高，使乳分泌逐渐变慢，这时如不挤乳，内压增高会刺激交感神经，降低乳腺外周的血流量。血流量下降就会导致泌乳相关的激素和泌乳所需的营养物质减少，最后乳汁分泌将会停止。如果挤乳，排出乳房内积存的乳汁，使乳房内压下降，乳的分泌便重新加快，这实际上是一种泌乳反馈过程。每次挤乳均应挤净，如排乳不完全，导致乳汁遗留在导管系统内也会导致奶牛兴奋不安，内啡肽释放增加，使乳腺血管收缩。内啡肽能抑制垂体催产素的释放，导致产奶量下降，甚至停乳并易引起乳房疾病。

奶牛的哺乳行为和给奶牛挤乳的动作可能触发泌乳维持相关激素的释放，特别是催乳素的释放。来自乳头的神经冲动能抑制下丘脑中催乳素释放抑制因子（prolactin release inhibiting factor，PIF）的分泌，引起促肾上腺皮质激素释放因子（corticotropin releasing factor，CRF）的释放，使垂体前叶催乳素和促肾上腺皮质激素分泌增加，从而诱导乳的分泌。

在实际生产中，应该特别重视对奶牛实行良好的条件刺激，如固定的挤乳员、熟练的挤乳技术、安静的环境、挤乳过程中喂给饲料、挤乳时间的相对稳定等，以促使奶牛正常泌乳。外界环境刺激通过视觉、嗅觉、触觉等，均可建立各种促进或抑制排乳的条件反射。排乳反射过程中的各个环节，如挤乳时间、地点、设备、操作程序、挤乳员的出现等，都能作为条件刺激物形成条件反射而引起奶牛排乳。相反，异常刺激，如喧扰、陌生人、新挤乳员、不正确的挤乳，以及疼痛、不安和恐惧的情绪等不良应激都能抑制排乳，使产奶量下降。因此，建立正常的操作规程与制度，对排乳至关重要。

2. 内分泌系统对奶牛泌乳的调节作用

奶牛乳腺生物学研究领域中，内分泌系统一直被认为是主要的调节因素。整个泌乳过程主要涉及 3 类激素：第 1 类是生殖激素，负责协调生殖系统与乳腺同步发育，如雌激素、孕激素、催乳素、催产素等；第 2 类为代谢激素，主要调控对营养摄取或环境压力的代谢应答，如生长激素、皮质醇、甲状腺激素、胰岛素等；第 3 类称为乳腺激素，包括生长激素、催乳素、甲状旁腺激素相关蛋白、瘦素等。近年来，发现各种局部合成的自分泌和旁分泌因子介导大量激素作用，如胰岛素样生长因子-Ⅰ（IGF-Ⅰ）、胰岛素样生长因子-Ⅱ（IGF-Ⅱ）、瘦素。此外，乳腺上皮细胞分化过程中细胞-细胞外基质相互作用对于激素和生长因子激活泌乳信号途径也有重要作用。

（1）内分泌系统对乳腺生长和形态发育的调节。1958 年之前，研究妊娠期乳腺发育的内分泌调节长期以来都是围绕着雌激素、孕酮和生长激素进行的。大量证实了类固醇激素的作用，如雌激素刺激乳腺导管生长，与孕酮联合刺激小叶腺泡发育，但是作用效果依赖于催乳素和/或生长激素。此外，催乳素、糖皮质激素和雌激素联合使用能够促使小叶腺泡系统发育形成具有良好泌乳功能的乳腺。在牛妊娠期乳腺发育的同时，雌激素和孕酮分泌量增加，而外源催乳素单独处理刺激奶牛乳的合成，都有力地支持了这一观点。这些早期试验结果证实了催乳素的调节能力，也表明乳腺结构和功能之间存在密切联系。

1958 年以后，关注点开始扩展到局部调节。随着组织器官或细胞的体外培养体系发展起来，能够直接评估激素对乳腺生长和功能的影响。有充分的证据表明孕酮联合雌激素诱导小叶腺泡发育。已经发现雌激素增加孕酮受体数量，因此两者之间很可能存在协同机制。Hovey 等（2002）重点介绍了外源雌激素刺激乳腺上皮细胞增殖并且恢复卵巢切除的后备牛的乳腺导管发育。然而，雌激素的作用显然需要垂体激素存在或与其协同作用。在切除垂体的动物（不能分泌催乳素和生长激素），雌激素或孕酮都不能刺激乳腺生长。因为牛正常妊娠期血液中催乳素浓度并未持续升高，体外牛乳腺外植体或细胞培养体系中也检测不到明显的增殖应答，因此催乳素分泌对于乳腺妊娠期生长可能是重要的，但不大可能是催乳素推动了妊娠期乳腺生长。

生长激素与乳腺发育密切相关。Forsyth(1989）用一系列内分泌敲除/替代试验证实雌激素和生长激素是刺激乳腺导管生长的必要激素。外源生长激素刺激后备牛乳腺发育再次印证了这一结论。雌激素和生长激素有促进乳腺发育的作用，目前普遍认为这些内分泌信号通过各种自分泌-旁分泌机制被局部介导，不仅影响血液中生长因子，还刺激乳腺间质细胞分泌生长因子，导致乳腺上皮细胞生长。其中之一是 IGF－Ⅰ，与乳腺发育广泛关联的主要生长因子。IGF 及其受体、结合蛋白的乳腺表达已经有报道。在牛中，IGF 显然也受生长激素、雌激素和来自增殖上皮细胞的正向反馈刺激调控。青春期牛乳腺脂肪垫表达大量雌激素受体，而 IGF－Ⅰ同步表达，再次表明雌激素通过受体诱导间质细胞表达 IGF－Ⅰ，以雌激素应答型旁分泌方式刺激实质发育。

实际上，除了 IGF－Ⅰ，许多生长因子都与刺激乳腺发育有关。例如，EGF 家族成员包括 EGF、TGF－α 和 amphiregulin，所有成员都能结合 EGF 受体，大多数 EGF 受体介导分裂活性的相关信息。乳腺上皮细胞和间质细胞的 EGF 受体对于正常乳腺导管生长都是必不可少的。已经在牛乳腺、肾和唾液腺组织提取液中检测到 EGF 活性，而成年和犊牛血液以及初乳、常乳中检测不到 EGF 活性（低于 2 ng/mL）。体内注射 hEGF（人源 EGF）能直接刺激临近青春期的后备牛乳腺生长，在体外 hEGF 和 TGF－α 都是牛乳腺上皮细胞的直接分裂原，但 TGF－α 显然是两者中更有效的，表明牛乳腺中主要是 TGF－α 负责激活 EGF 受体介导其活性，而雌激素和孕酮的促乳腺发育作用一定程度上是通过增加局部 TGF－α 生成和上皮 EGF 受体水平实现的。

IGF－Ⅰ和 EGF 在体外都具有促乳腺发育活性，是胶原凝胶培养时用于诱导牛乳腺上皮细胞生长的主要添加物。牛乳腺上皮细胞早期体外培养体系局限于贴壁培养（塑料材质培养皿），因此仅能二维生长。当原代牛乳腺上皮细胞包埋在Ⅰ型胶原凝胶时，它们呈现出三维生长，显著增强增殖和形态学分化，证实了生长因子 IGF－Ⅰ和 EGF 对于乳腺生长调控的潜在重要性。随后，也发现垂体分泌的催乳素和生长激素对于牛乳腺上皮细胞增殖没有直接影响，因此必须通过另一种类型细胞，如肝细胞（内分泌）或成纤维细胞（旁分泌）来影响乳腺生长。许多研究都已证实，乳腺依赖于内分泌、自分泌和旁分泌信号的精密平衡，从胚胎发育到性成熟再到随后每一次妊娠期和泌乳期，推动适宜的结构和功能改变。

（2）内分泌系统对生乳和产奶量及乳成分的调节作用。

① 内分泌激素对生乳的调节。在泌乳生物学领域复杂的机制是常态而不是个例，与生乳相关的结构和功能的调节涉及多个系统和大量局部因子。生乳以垂体、卵巢和乳腺三者之间的相互作用为基础，一方面有赖于催乳素的相对水平；另一方面有赖于雌激素、孕酮和有助于乳腺生长的其他因素之

间的动态平衡。在奶牛由妊娠末期逐渐进入泌乳早期的生乳过程中，奶牛机体的内分泌调节系统和对营养物质的需要都在经历着急剧的变化。反刍动物妊娠期间，血液中孕激素、雌激素、肾上腺皮质类固醇激素和胎盘催乳素的含量较高，很多动物催乳素水平变化不大。而到了邻近分娩时血浆胰岛素下降，生长激素增加。分娩时血浆甲状腺素下降50%，然后又开始增加。雌激素和孕酮受体属于激素结合的转录因子，需要入核激活靶基因表达。雌激素在妊娠后期浓度升高，产犊时迅速下降，进入泌乳期仅表达ERα，而ERβ表达缺失。孕酮含量在产犊前2 d迅速下降，奶牛泌乳乳腺孕酮受体水平下调，并保持低水平，一直持续至干乳期第4周。3种孕酮受体PB-A、PB-B和PB-C主要在未妊娠后备牛表达，进入泌乳期后仅B型孕酮受体继续表达，且基本没有阳性染色细胞，但胞质内染色明显增强。由胎盘分泌的促进乳腺发育的胎盘催乳素以及保持母畜妊娠状态的孕酮将不再起作用。糖皮质激素和催乳素在产犊当日增加，分娩后翌日回到分娩前水平。

除了血液中激素水平的变化外，在此阶段酶的变化表现为乙酰辅酶A羧化酶、脂肪酸合成酶以及泌乳相关的其他酶的合成增多，并且其他合成乳汁所必需物质的摄取转运系统也明显活跃。这些改变都是由胎儿释放的肾上腺皮质激素激发胎盘分离引起的。在这些激素的共同作用下，随着激素水平的改变，妊娠中后期乳腺即开始分泌乳成分（如酪蛋白），但在分娩后才能分泌大量乳汁。任何变化单独发生都不会引起泌乳反射。

奶牛产犊前，乳房中积聚大量组织液，血管也充血扩张，乳房明显膨大，但乳汁却很少。分娩时，黄体溶解，胎盘膜破裂，类固醇激素减少，孕酮突然停止分泌，催乳素增加，可能是触发生乳第2阶段分泌激活的生理因素。尽管在临产前乳腺已经能够分泌一些特定乳成分，但分娩前后催乳性激素的迅速释放对于泌乳的全面启动仍起着最主要的作用。相对于第1阶段的有条不紊，这一阶段发生得更加迅速，血液中孕酮浓度下降，同时催乳素和糖皮质激素浓度急剧升高，启动了第2阶段典型标志即乳糖和乳脂的分泌，乳腺开始分泌全乳。孕酮参与乳生成的调控机制见图7-18，雌激素和孕酮的协同关系仅限于生长调节，因为孕酮浓度在分娩前降至基线水平。孕酮实际上被证明是生乳的潜在抑制剂，但是它的作用方式显然与两种主要生乳激素——催乳素和糖皮质激素有关。例如，孕酮能够抑制催乳素，增加乳腺组织中自身受体表达的能力。此外，孕酮可阻断奶腺组织中的糖皮质激素受体，反过来抑制糖皮质激素的生乳能力。其他相关证据进一步表明孕酮抑制乳生成的关键作用。例如，妊娠期注射孕酮阻止了乳糖、α-乳白蛋白和酪蛋白合成的正常启动。此外，妊娠期切除卵巢去除孕酮，泌乳正常启动，但如果同时去除肾上腺和垂体前叶，则不能启动生乳。孕酮抑制催乳素受体和β-酪蛋白mRNA水平，而催乳素和糖皮质激素作用正相反。乳腺特有的几种乳蛋白基因启动子区域都存在催乳素和糖皮质激素反应元件。同样，乳腺上皮细胞培养时，添加催乳素和糖皮质激素能够诱导特异乳蛋白mRNA和蛋白表达，证实这些激素对于生乳的重要性，并且提供了更多它们在乳蛋白基因表达调控过程中作用机制的详细信息。这些结果支持生乳是增强正向调节（如催乳素和糖皮质激素）与削弱负向调控（如孕酮）协同的综合效应。

垂体分泌的催乳素和生长激素是代谢的激导型调节子，调整代谢以适应特殊的生理状态。在乳腺中，催乳素和生长激素的特异作用也随物种的不同而发生变化。在牛中，催乳素是乳生成（细胞完全分化和启动泌乳）必不可少的，生长激素是乳分泌（维持泌乳）必不可少的。此外，类似催乳素，正常妊娠时，血液中生长激素浓度变化不大，好像生长激素分泌并不促使正常乳腺发育。施加生长激素，干乳期妊娠晚期母牛并没有明显的初始泌乳的解剖学特征，也不能促使体外培养的牛乳腺组织泌乳。因此，推断生长激素不是牛初始泌乳的主角。

催乳素是乳腺上皮功能分化的决定因素，也是被研究得最彻底最广泛的乳腺上皮功能相关激素，在牛中也获得了大量试验数据。大量早期内分泌经典研究提示，催乳素是良好的催乳激素，催乳素、胰岛素和皮质醇是体外诱导乳蛋白分泌必需的。催乳素对于包括牛在内的几个物种临产时的泌乳启动极其重要，实际上对于牛，启动泌乳是催乳素唯一被证实的功能。例如，在母牛分娩前几小时有一个催乳素分泌高峰，用溴隐亭（bromocriptine）阻断催乳素分泌峰，明显减少随后的产奶量，并且外源

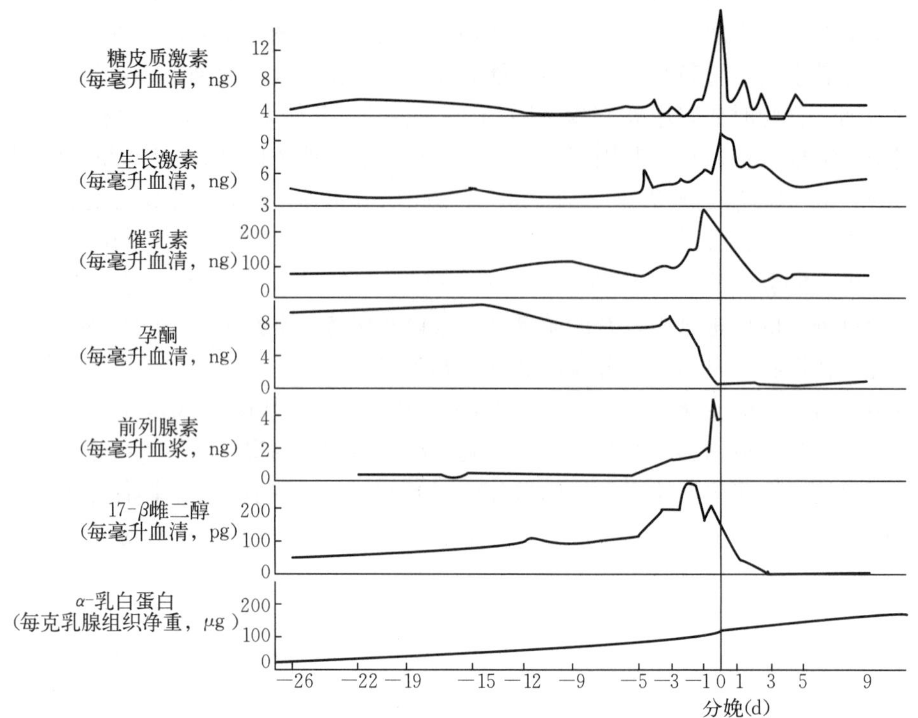

图 7-18　奶牛泌乳阶段血液激素浓度、围生期血清和血浆中 α-乳白蛋白及几种相关激素浓度变化

催乳素能够逆转溴隐亭的效果。随后体外培养牛的乳腺外植体时，添加催乳素启动乳成分的合成和分泌。因此，催乳素对于乳腺上皮组织显然有直接作用，同时作为激导型调节子也可能有间接作用。已证实牛乳腺组织产生催乳素，因此它在牛乳腺中也可能具有自分泌作用。

虽然催乳素也被认为是维持稳定泌乳必不可少的，但是从来没有充分的证据证实。例如，随着泌乳进程，牛血液中催乳素浓度仅与产奶量略微相关，添加催乳素对产奶量无影响。此外，溴隐亭和低温环境明显减少催乳素分泌量但不抑制牛的产奶量。奇怪的是，泌乳早期对牛乳头施加挤乳刺激快速释放催乳素，但随泌乳进程催乳素释放速度下降。

血液中催乳素水平分娩前激增，与乳生成的第 2 阶段一致。如果缺少这种激增，乳腺上皮细胞分化程度很低，随后的泌乳也受到抑制。另外，全面细胞学分析证实，围生期催乳素分泌对于乳腺超微结构完全分化是必不可少的。催乳素也与乳蛋白表达密切相关，如酪蛋白和 α-乳白蛋白。所有这些结果显然是通过催乳素受体（PRLR）直接介导的。有意义的是，生乳第 1 阶段 PRLR 数量增加并且与细胞器的出现有关；短暂的平台期后，受体数量在第 2 阶段再次增加。PRLR 定位在乳腺上皮细胞质膜，能够被催乳素调控（正向和负向）。利用抗体使 PRLR 失活，可阻断催乳素诱导乳蛋白合成。

糖皮质激素和催乳素对牛乳腺上皮细胞基因表达的调控作用不同，在临近分娩时和泌乳过程中，糖皮质激素经常与催乳素协同作用。一般来说，妊娠期大部分时间血液中糖皮质激素浓度保持低水平，临产前伴随着犊牛的分娩，糖皮质激素浓度达到峰值。血液中糖皮质激素与一种蛋白皮质醇结合球蛋白（corticosteroid binding globulin，CBG）结合，使糖皮质激素失活。在临产期，CBG 下降，游离糖皮质激素明显增加，这可能解释了糖皮质激素的催乳活性。后来，证实了糖皮质激素结合到乳腺组织的特异受体，以一种不同步的方式调控 α-乳白蛋白和 β-酪蛋白分泌。切除妊娠期动物肾上腺去除糖皮质激素会显著抑制随后的生乳和泌乳。整个泌乳期，给予牛挤乳刺激都诱发糖皮质激素释放。在山羊和牛，伴随着泌乳发生，乳腺组织对糖皮质激素的吸收和结合能力增强，并与乳腺组织摄取葡萄糖量呈正相关。但是，其分子机制及与其他诱导乳腺上皮细胞变化的激素如何相关还不清楚。

② 内分泌激素对产奶量和乳成分的调节作用。产奶量主要是由乳腺分泌上皮细胞数量决定的。

相对于催乳素、糖皮质激素发挥启动泌乳的生乳作用，胰岛素和生长激素主要在营养调控方面发挥维乳作用。

当回顾过去几十年，总结影响乳品工业的激素或生长因子，生长激素一定是被放在名单首位。显然，牛生长激素（BST）的使用增加了泌乳奶牛的产奶量和产奶效率。注射 BST 后，当天就能提高产奶量，1 周内达到最大。连续的处理维持高水平的产奶量，而一旦中止处理，产奶量很快降低到对照水平。产奶量的剂量依赖反应曲线符合双曲线模式，当 BST 使用浓度约为 40 mg/d 时，达到最大反应。BST 通常每天可增加产奶量 4～6 kg，产奶量提高 10%～15%。对 BST 使用剂量的反应程度取决于奶牛的生物学差异、泌乳阶段和管理因素。

BST 除了对奶牛代谢平衡以及营养分配方面有调节作用外，对泌乳期乳腺上皮细胞损失和更新过程也有重要作用。在泌乳期，乳腺上皮细胞数量逐渐下降，是泌乳后期产奶量降低的主要原因。泌乳期增殖乳腺上皮细胞与死亡细胞数量比率变化将影响泌乳的持久性。这种组织内上皮细胞的减少与乳腺上皮细胞减少不相关。然而，凋亡引起的细胞持续死亡导致细胞数量净减少（整个泌乳期约减少 50%）。与凋亡引起乳腺上皮细胞数量减少同步的是细胞更新程度。整个泌乳期，新细胞数量约达到初始细胞数量的 50%。到泌乳末期，乳腺中大多数细胞是分娩后出现的。泌乳期加快细胞更新或抑制凋亡可以作为增强持续泌乳能力的方法。事实上，泌乳中期给荷斯坦牛使用牛生长激素，能显著提高产奶量，而同时特异核抗原 Ki－67 表达阳性的乳腺上皮细胞比例从 0.5%增加到 1.6%。牛生长激素显然增加了泌乳乳腺上皮细胞更新的速率。乳腺上皮细胞凋亡和增殖的分子调节信息将为建立调整乳腺细胞动态平衡方法提供理论基础。

内分泌激素的浓度变化对乳蛋白率有较大的影响作用。在内分泌激素影响乳蛋白率的研究中，重点在胰岛素对乳蛋白率的影响。虽然具体的作用机理还不是很清楚，但现在可知胰岛素浓度增加能提高乳蛋白率。它虽然降低氨基酸的浓度，但是能极大地提高乳腺血流速度，而满足乳腺对氨基酸的需要。血流的速度和血液中氨基酸的浓度是影响乳腺对氨基酸吸收的重要因素，Bequette 等（2000）用胰岛素加氨基酸注射，能使乳蛋白合成量提高 10%～21%。Hanigan 等（1998）和 Bequette 等（2001）试验证实胰岛素通过作用于血流速度或/和氨基酸转运来调节氨基酸的供应。另外，它能引起胰岛素样生长因子的改变，对乳蛋白合成也有正向促进作用。McGuire 等（1995a）注射胰岛素导致类胰岛素生长因子（IGFs）系统发生变化，IGF－Ⅰ、IGF－Ⅱ和 IGFBP 都有相应的升高趋势，这也是乳蛋白产量增加的原因。Petitclerc 等（2000）提出胰岛素可以直接对乳腺上皮细胞增殖或乳腺细胞的氨基酸转运系统起作用。例如，胰岛素对酪蛋白基因表达和氨基酸转移到乳中具有正向调控作用，或者间接通过 IGF－Ⅰ的增加及 IGFBP 水平的变化起作用，也可能通过调节肝释放 IGFs 的量起作用，生长激素也参与这一调节过程。泌乳早期，胰岛素和牛生长激素相互作用，有助于乳蛋白合成。

胰岛素具有增加组织对葡萄糖的利用、促进细胞内蛋白质合成的作用，因此对葡萄糖产生轻微的负调作用；另外，一些激素和化学药品的作用也能改变乳蛋白率，如生长激素、阿托品等，主要是通过胰岛素的改变而起作用。在另一些试验中，胰岛素没有提高乳蛋白率，在反刍动物中可能是血糖浓度偏低的原因，导致不能高效率地利用胰岛素。

③ 细胞外基质与乳腺上皮细胞。决定细胞命运的细胞外微环境包括激素/生长因子和细胞外基质两方面。尽管以往的研究集中在内分泌调控，但大量研究表明，细胞外基质对于乳腺生长和功能有着重要作用。有关细胞外基质对乳腺上皮细胞影响的数据大多数来自实验用动物，在奶牛中相关研究刚刚起步，尚未有系统的证据。

观察发现，原代培养的牛乳腺上皮细胞合成特定蛋白质的能力逐渐下降，甚至在泌乳激素存在的情况下也是如此。后来进一步发现，细胞外基质相互作用对于乳腺上皮细胞生长和分化即使不是必不可少的，乳蛋白 β-酪蛋白的分泌也依赖于细胞与特异基膜复合物的相互作用。最引人瞩目的证据是，利用胶原凝胶体外培养乳腺上皮细胞获得成功。这个系统克服了许多缺点，模型最主要的优点是乳腺上皮细胞能生长成三维导管结构，乳腺上皮细胞超微结构和功能分化方面出现了基膜、顶端微绒毛及极化现象。同时，细胞对催乳素的反应性升高，乳蛋白合成增加。对于奶牛乳腺，这个系统提供了经济、有效的方法，利用这种方法可以在分子水平更好地增强对乳腺生长和生乳的理解。

特异的细胞外基质成分除了作为细胞锚定平台参与细胞内外双向信号转导，其与细胞的机械力也是决定细胞命运的重要因素。许多研究已证实，即使是很小的机械力也可直接影响细胞的分化，而降低基质与细胞的机械力可使细胞保持在多能状态，表明机械环境具有与化学生长因子一样重要的作用甚至有可能更重要，因为体内细胞只在一段短时间内分泌生长因子，而机械力则一直在影响着每个细胞。此前，已有人指出底物成分和硬度影响乳腺上皮细胞生长分化。另外，已经证明小鼠乳腺基膜的主要成分层黏连蛋白（laminin，LN）是维持磷酸化 STAT5 活性水平、促使乳蛋白表达的必要条件。LN 及其黏连蛋白受体已知是形态发生的效应子。抗体阻断 $\beta-4$ 或 $\beta-1$ 整联蛋白功能抑制腺泡分化，作用效果包括干扰形态发生、抑制细胞生长和诱导凋亡。另外，纤连蛋白（fibronectin，FN）与上皮细胞增殖存在关联，完整的乳腺上皮细胞体内 FN 及其细胞表面受体 $\alpha5\beta1$ -整联蛋白表达、定位与细胞生长时期有关，表明 FN 在乳腺分支形态发生时有重要作用。

细胞-细胞外基质相互作用是维持乳腺上皮细胞泌乳的必要条件，包括合理的激素和生长因子水平、适宜的细胞外基质（通过细胞-细胞外基质锚定平台——黏附复合物诱导大量信号转导分子级联激活），以及细胞外基质与细胞间的机械力作用。作为不同发育时期的主要细胞外基质成分，FN 和 LN 的表达变化或比例在一定程度上决定着细胞微环境的机械力强度，预示乳腺上皮细胞将要经历形态发育时的生长增殖、妊娠期和围生期的功能分化或泌乳时的生长停滞。上述结果主要来自小鼠或人的乳腺上皮细胞，需要在奶牛开展相关确证，阐明更多时间和空间上的调节细节，以便更好地模拟体内微环境，构建出理想的体外三维奶牛乳腺功能调控模型。

第三节 乳腺研究技术

长期以来对泌乳生物学的研究，主要集中在乳腺基础研究和应用研究上。随着科学技术的飞速发展，家畜泌乳生物学的研究方法和手段也不断进步。研究重点也从营养与乳腺发育、功能和健康之间的关系逐渐向泌乳前体物和代谢支持、乳腺营养物质的吸收和代谢、乳成分的调控，以及基因、营养和内分泌系统之间的相互作用等方面延伸。研究对象从以小鼠为主向以奶牛、奶山羊等乳用经济动物为主过渡，因为这些乳用经济动物可以为人类提供富含营养物质和生物活性物质的乳品。

奶牛有“人类的乳母”之称，与人类的生存和发展密不可分。奶牛的乳房是经过人工选择高度特化的牛乳生产器官。研究泌乳生物学及乳腺功能调控，目的在于揭示乳腺的发育、泌乳及退化规律，阐明泌乳生物学及泌乳调节的机理，从而在保证奶牛健康的基础上，合理提高产奶量和乳质量。为深入研究奶牛乳腺发育与泌乳生物学，解决乳腺研究的细胞模型和动物模型是取得研究创新和学术突破的重要前提。特别是基因敲除模式动物和乳腺干细胞的研究，必将对乳腺发育与泌乳生物学发展产生深刻的影响和巨大的推动作用。随着后基因组时代的到来，基因组学（genomics）、转录组学（transcriptomics）、蛋白质组学（proteomics）、脂组学（lipidomics）、糖组学（glycomics）、代谢（物）组学（metabolomics）、相互作用组学（interactomics）、表型组学（phenomics）等组学（omics）理论和技术不断向动物分子营养学渗透，使传统动物营养学焕发了勃勃生机。

一、乳腺组织活体取样方法

1. 乳腺组织活体取样方法研究进展

奶牛乳腺组织是一个高度分化的分泌器官。体外采集乳腺组织样品是研究奶牛机体实际情况下乳腺生长发育、乳汁生成与分泌、营养物质代谢、乳房局部免疫等方面的基础。乳腺组织是一个高弹性和血管丰富的组织，因此要在奶牛无损伤条件下获得新鲜的乳腺组织具有一定困难，若取样方法不当，会导致乳腺大量出血，进而引发乳腺炎，影响奶牛后期的生产性能。

多年来，乳腺组织活体取样方法层出不穷，归纳起来主要有手术取样和取样器取样两种基本方法，由于手术取样对乳腺的创伤及其后期乳房的护理存在一定难度，因此取样器取样越来越受到重视。1962 年，Platanow 和 Blobel 借鉴了食道取样钳，直接通过乳头管进行乳腺组织取样，但这种方法显然只能获取乳池附近的组织，有一定的局限性。Stelwagen 和 Grieve(1990) 应用活检穿刺针进行乳腺组织取样，只在皮肤上留下 1 cm 左右的创口，可惜此法取样量只有几毫克，只能用于乳成分的定量分析。1964 年，Hibbitt 详细阐述了牛乳腺组织活体取样操作步骤，试验采用了一种锋利的金属套管，取样量充足，但此法导致 12 头奶牛中的两头感染了乳腺炎，且术后 18 d 产奶量才恢复正常，大大超过一般试验的周期预算，限制了其应用范围。1986 年，Byatt 和 Bremel 成功地对妊娠期奶牛实施了乳腺组织活体取样，但未表明该法是否适用于泌乳期奶牛。1984 年，Knight 和 Pesser 首次应用常规麻醉剂对羊进行乳腺组织活体取样，结果取样效果良好，术后 72 h 后产奶量就恢复了正常。但由于奶牛体重远大于羊，使用麻醉剂后处理很不方便，所以应用起来非常困难。Raptopoulos 和 Weaver(1984) 对肉用公牛进行脂肪组织活体取样时，使用了静脉镇静剂——甲苯噻嗪（xylazine)，同样达到了麻醉效果。随后，Knight 等（1992）参考了他们的方法，应用甲苯噻嗪对泌乳期荷斯坦牛进行局部麻醉，术后 48 h 产奶量恢复正常。1996 年，Farr 等报道了一种改良的奶牛乳腺组织活体取样方法，该法是用甲苯噻嗪作为镇静剂；乳腺组织切取则采用了一种可旋转的不锈钢套管，上面带有可伸缩的刀片，由慢速电动马达带动。术后恢复迅速，每头牛只需 15 min，取样位置愈合良好，没有发生乳腺炎。此外，除去少量牛术后出血，产奶量和乳成分受影响较小，术后 3.5 d 产奶量恢复正常，术后 6.5 d 乳成分含量恢复正常。大量研究表明，该法可靠、有效，至今仍被广泛应用。

2. 乳腺组织活体取样基本步骤

（1）术前准备。

① 实验动物。乳腺组织活体取样须选择乳房发育良好、无乳腺炎的健康奶牛。选好奶牛后，在保定架中保定，保持乳房清洁，无创伤。一般在挤乳后取样。

② 实验器具与药品。取样器具包括取样器、镊子、止血钳、手术刀、纱布等。这些都需要 121 ℃高压蒸汽灭菌 20 min 以上。此外，还需要剃毛刀、米歇尔式止血针、液氮罐和冷冻管、一次性消毒手套等耗材。

取样常用药品有盐酸甲苯噻嗪、2%盐酸普鲁卡因、注射用青霉素钠、新洁尔灭、碘酒和酒精棉球等。

③ 手术人员。取样前，手术人员需用新洁尔灭消毒液将双手洗净消毒，然后佩戴一次性消毒手套。

（2）手术步骤。

① 麻醉。手术牛保定好后，术前尾静脉注射盐酸甲苯噻嗪 [35～45 μg/kgBW]，在牛乳房后乳区正后方上 1/3 处剃毛，用新洁尔灭消毒后清水洗净，接着用碘酒由内向外消毒 3 次（面积约 10 cm^2），再用医用乙醇擦拭，最后在术部皮下注射 2%盐酸普鲁卡因溶液 3 mL，进行局部麻醉。

② 取样。用消毒手术刀在术部中间点皮肤和皮下筋膜划开 1～2 cm 的切口，注意尽量避开较大的血管。将取样器安装在慢速电动机上，从切口插入乳房，开动电动机，当切割到样品后，伸出可伸缩刀刃，保持电动旋转 3～4 s 后抽出取样器，取出的样品放在纱布上并立即转入带编号的冷冻样品管中，液氮保存。样品大小一般约为 70 mm×4 mm。

③ 缝合。取样后，用 3 cm×5 cm 大小的止血纱布堵住术口，将切口皮肤表面对齐后，在切口处

用米歇尔式止血针缝合（14 mm×3 mm），在表面涂上碘油膏，不必注射抗生素，7 d 后拆除缝合线。

（3）术后护理。术部周围区域用新洁尔灭消毒，并用清水冲洗干净，注意不要洗到伤口。术后2～3 h开始挤乳，先人工从乳头处挤出血凝块，再用机器挤乳。人工挤乳一般持续到术后 4～7 d，具体视奶牛恢复情况而定，主要观察乳中是否有血凝块。此外，当第 1 次挤乳后，需自两后乳区乳头注射 200 mg 青霉素钠，连续 2～3 d，每天 1 次。

二、乳腺上皮细胞培养技术

1. 乳腺上皮细胞培养和乳腺上皮细胞系研究概况

将动物组织或细胞分散成单个细胞，模拟机体内的生长环境，使其在体外环境继续生长增殖的过程，称之为细胞培养（cell culture）。体外培养可分为原代培养（primary culture）和传代培养（subculture）。原代培养是指从体内取出组织细胞开始培养到第 1 次进行传代之前的时期，是一个特征性的、必然的生长阶段。细胞或组织完成了从体内环境到体外环境的过渡和适应过程，恢复了分裂增殖与生长发育的能力，这样的细胞称为原代细胞（primary cell）。

乳腺上皮细胞培养是构建细胞模型系统的基础。培养原代或传代的乳腺细胞有两个目的：一是研究乳腺生长、发育及泌乳的细胞或分子生物学机制；二是验证乳腺组织特异性表达载体构建的合理性和有效性。两方面的研究都离不开有效的细胞培养方法，以及对体外培养细胞形态及行为规律的认识。

（1）乳腺上皮细胞培养研究。乳腺上皮细胞的研究起步较早，Lasfargues 等（1957）首先利用胶原酶消化法将乳腺细胞或乳腺细胞团从乳腺组织中分离出来，第 1 次实现了乳腺细胞的直接培养。1961 年，Ebner 等采取同样方法首次长期培养了牛乳腺细胞，开始培养时乳腺上皮细胞的比例很大，而且与成纤维细胞等结缔组织细胞形成类似乳腺组织的二维空间结构，但随着传代的进行，乳腺上皮细胞逐渐被生长较快的成纤维细胞取代。为了克服上述成纤维细胞过度增殖的问题，McGrath 等（1985）将含乳腺上皮细胞的胶原酶消化液进行密度梯度离心，以除去消化液中的成纤维细胞、脂肪颗粒、细胞碎片、DNA 纤维等成分。Medina 等（1999）利用选择性培养液促进乳腺上皮细胞生长，抑制基质细胞的增殖。Danielson 等（1984）在建立小鼠乳腺细胞系 COMMA－1D 过程中，利用胰酶/EDTA(trypsin/EDTA) 溶液多次处理乳腺上皮细胞单层，消化掉不断增殖的成纤维细胞。由于乳腺上皮细胞或内皮细胞比成纤维细胞的贴壁更为牢固，所以胰腺/EDTA 轻微消化去除的主要是成纤维细胞，但这种方法也很难完全将成纤维细胞去除，须结合其他筛选方法。Gaffney 等（1982）从人初乳中分离乳腺上皮细胞，建立了传代细胞系 HBL－100，这为体外分离培养乳腺上皮细胞提供了便利条件。

原代乳腺上皮细胞培养大都采用组织块接种培养法、胶原酶消化法、乳汁分离法、机械法与胶原酶消化法组合、其他方法组合等。组织块接种培养法操作过程简单，但细胞从组织块长出所需时间较长，成纤维细胞等结缔组织细胞最先长出，含乳腺上皮细胞丰富的细胞单层随后出现。该方法比较适合于小型动物，如小鼠的乳腺上皮细胞培养，因其乳腺组织数量有限，用其他方法损失材料过多。近年来，胶原酶消化法用得较多，这种方法可得到较纯净的乳腺上皮细胞，但细胞损失量较大。乳汁分离法是通过离心收集细胞后从中提取乳腺上皮细胞，经过体外诱导培养获得乳腺上皮细胞的方法。从乳汁中分离培养奶牛乳腺上皮细胞，方法简便，无成纤维细胞污染，乳腺上皮细胞纯度高。2006 年，崔立莉等从乳汁中分离出奶牛乳腺上皮细胞，细胞形态以鹅卵石状和多角形为主。对分离培养的乳腺上皮细胞进行接种存活率、细胞生长曲线和细胞群体倍增时间的生物学性状检测，以及特异性分泌蛋白 β-酪蛋白的检测，初步建立了奶牛乳腺上皮细胞的体外培养体系。机械法与胶原酶消化法组合近年来报道也比较多，因此针对不同乳腺组织应选择合适的乳腺上皮细胞培养方法，以获得良好的培养效果。

(2) 乳腺上皮细胞系研究。原代培养物开始第1次传代培养后的细胞，即称为细胞系。从寿命期限上考虑，细胞系分有限细胞系和无限细胞系两种。有限细胞系多属二倍体细胞系，正常情况下具有有限生命期，是正常组织细胞分离培养传代后得到的。无限细胞系多由肿瘤组织培养建成，可无限传代。由于有限细胞系指正常的二倍体细胞，在合适的环境条件下诱导可恢复原组织细胞的分化功能，是体外细胞水平上研究原组织功能生理特性的理想材料，又常称为原组织的体外细胞模型。一个具有乳蛋白分泌功能的乳腺上皮细胞系的建立具有重要意义，这样的细胞系不仅可以提供一个泌乳系统的模型，而且可以为不同批次的研究提供一致的材料，甚至可以用转基因的乳腺上皮细胞系建立乳腺生物反应器的细胞模型，生产医疗上价值极大的药用蛋白。

为在细胞水平上对泌乳机制进行深入研究，许多乳腺上皮细胞系被建立起来。最早建立的是人乳腺上皮细胞系，为通过SV40转化人初乳中原代培养的乳腺上皮细胞而得到的。这种细胞系的建立是出于肿瘤研究的需要，并没有用于泌乳机制的研究。Ebner等（1961）第1次在体外成功地培养了牛乳腺上皮细胞。Schmid等（1983）首先利用乳腺上皮细胞单细胞克隆的方法建立了牛乳腺上皮细胞系BMGE＋HM、BMGE＋H和EMGE－H。Danielson等（1984）建立了小鼠乳腺上皮细胞系COMMA－ID。Gibson等（1991）建立了牛PS－BME－C乳腺上皮细胞克隆及PS－BME－L6和PS－BME－L7。Huynh等（1991）利用SV40病毒温度敏感突变株的T抗原基因转染牛原代乳腺腺泡样细胞建立了MAC－T细胞系。Zavizion等（1995）对MAC－T细胞系进行亚克隆得到CU－1、CU－2、CU－3三种细胞克隆，并于1996年建立了牛乳腺上皮细胞系BME－UV。Ilan等（1998）建立了羊乳腺上皮细胞系NISH，该细胞系在体外能形成类似体内乳腺的各种立体结构。Pantschenko等（2000）建立了羊乳腺上皮细胞系，该细胞系的细胞形态为典型的上皮型，能表达多种角蛋白，在塑料皿上能形成腔样结构和腺泡样结构，在胶原基质上则可形成导管样结构。

许多建立的乳腺上皮细胞系已经被广泛地应用于实验室研究，它方便了乳蛋白基因表达及调控、细胞形态学及乳腺生物反应器的研究工作，为进一步探索各种因素对乳腺发育及泌乳过程的影响奠定了基础。但是，由于目前乳腺上皮细胞的体外培养比较困难，一些转化的乳腺上皮细胞系往往失去部分生物学功能，有泌乳功能的细胞系还仅用于实验室研究，没有形成商品化，所以能够用于检测基因构建的细胞系并不多，这也成为一个亟待解决的问题。

2. 奶牛乳腺上皮细胞的原代培养与乳腺上皮细胞系的建立

目前，实验室中的原代乳腺上皮细胞培养大都采用胶原酶消化法和组织块接种培养法。2008年，作者采用胶原酶消化法成功分离培养了奶牛乳腺上皮细胞。2009年，用组织块接种培养法也成功地获得了原代培养的奶牛乳腺上皮细胞，培养效果良好。采用细胞角蛋白18免疫荧光染色法，鉴定两种方法培养的奶牛乳腺上皮细胞，结果均为阳性，表明这两种方法都能获得均一的奶牛乳腺上皮细胞，避免了成纤维细胞的干扰。

同时，对乳腺上皮细胞进行了纯化，通过对细胞接种存活率、群体倍增时间、生长曲线、形态学等生物学性状的检测，建立并鉴定了正常培养的奶牛乳腺上皮细胞系。此外，通过细胞的冻存和复苏实现了细胞系的维持。复苏后的细胞仍然保持旺盛的增殖活力，可以进一步传代培养。

奶牛乳腺上皮细胞系的建立，为乳蛋白基因表达调控机制的研究及乳腺表达载体的检测提供了有利条件。有泌乳功能的乳腺上皮细胞系，既可用来研究乳蛋白基因表达及乳汁分泌机制，又可作为研究干乳期细胞凋亡及乳腺退化的宝贵材料，同时还可作为乳腺特异性表达载体的检测系统，评价乳腺特异性表达载体的有效性及合理性，进一步作为乳腺生物反应器的细胞模型，生产有价值的生物活性蛋白。

3. 奶牛乳腺腺泡的构建

在二维平台上培养奶牛乳腺上皮细胞易操作、费用低、应用广泛，因此多用来在体外研究乳腺的泌乳功能和调控。但乳腺上皮细胞一旦被分离出来放到二维（平面）条件去培养，很快就会失去组织特异性功能。例如，在二维培养时，催乳素虽然可以激活 STAT5，但是这种 STAT5 的激活是瞬时的，不能诱导乳蛋白的表达。而乳腺腺泡作为最小的泌乳功能单位则不同，腺泡结构不但可以使催乳素受体暴露于基底侧，而且还可持续激活 STAT5。这种利用催乳素激活 STAT5 的结构表明腺泡结构对乳腺上皮细胞内染色体重组和 β-酪蛋白转录是必需的。因此，体外培养的乳腺腺泡将逐渐取代乳腺上皮细胞，成为体外研究乳腺泌乳功能调控的新平台。

（1）乳腺腺泡的构建。早在 1987 年，Wiens 等将非妊娠、妊娠、泌乳以及退化期小鼠乳腺上皮细胞与脂肪细胞进行共培养，乳腺上皮细胞聚集成簇，在泌乳激素（催乳素、胰岛素）的作用下产生和分泌大量的 α-酪蛋白、β-酪蛋白以及 α-乳白蛋白。而在没有脂肪细胞的细胞培养皿中培养的乳腺上皮细胞观察不到这样的现象。此外，在存在脂肪细胞但没有泌乳激素条件下培养的乳腺上皮细胞也观察不到这样的现象。研究发现，无论泌乳激素存在与否，在脂肪细胞存在的时候，持续培养乳腺上皮细胞均会形成分支导管系统。在没有泌乳激素存在的条件下，导管上皮细胞不能产生酪蛋白。但是，其一旦放在具有泌乳激素的条件下，会立刻合成酪蛋白。超微结构研究显示，在乳腺上皮细胞和脂肪细胞共培养时会形成基膜，这是最早体外构建乳腺腺泡模型的雏形。

随着富含高比例层黏连蛋白、胶原蛋白以及细胞因子的小鼠肉瘤提取物（engelbreth - holm - swarm，EHS）商品化产品的出现，体外构建乳腺腺泡模型的研究逐渐开展起来。1994 年，Hurley 等将妊娠中期的小鼠乳腺上皮细胞在含有 EHS 基质的培养基中进行培养，乳腺上皮细胞形成带有空腔的腺泡样结构，细胞之间连接紧密。形成腺泡结构的乳腺上皮细胞具有分泌极性，可以向腺泡腔中分泌酪蛋白和乳铁传递蛋白。这个试验的成功为体外研究乳蛋白的分泌调控机理提供了很好的模型，并得到广泛应用。1995 年，Blatchford 等将 ^{35}S 标记的亮氨酸添加到培养基中，应用体外培养的小鼠乳腺腺泡模型研究乳蛋白的分泌方式，发现乳腺上皮细胞存在顶浆分泌和基底侧分泌两种方式。1998 年，Blatchford 等又用小鼠乳腺腺泡模型研究泌乳反馈抑制因子（feedback inhibitor of lactation，FIL）的特性，发现在这个模型中 FIL 不能抑制乳蛋白分泌，这是因为腺泡模型中紧密的胞间连接阻止了 FIL 与腺泡腔侧乳腺腺泡上皮细胞表面 FIL 受体的相互作用。1999 年，Blatchford 等证实，在 EHS 基质上乳腺腺泡模型的形成是由于位于细胞团中心的细胞选择性凋亡所致。在乳腺腺泡形成的过程中，与乳腺细胞凋亡相关的胰岛素样生长因子结合蛋白 5（IGFBP5）表达升高。2004 年，Dontu 等以小鼠乳腺腺泡模型为基础，在体外成功构建了人类乳腺腺泡模型，并以此研究 Notch 信号促进乳腺细胞增殖的作用。2006 年，Liu 等也用培养的人类乳腺腺泡模型研究 Hedgehog 信号促进乳腺细胞自我更新的作用。

（2）奶牛乳腺腺泡体外构建方法。虽然以小鼠和人类乳腺上皮细胞为基础构建乳腺腺泡模型的技术已经相对成熟，并可以此模型为载体在体外进行乳腺泌乳功能的调控研究，但是奶牛作为最主要的乳用经济动物，其乳腺腺泡模型的体外构建和功能调控研究还少有报道。李庆章课题组成功地在体外培养构建了奶牛乳腺腺泡模型，并对乳腺腺泡的结构功能进行了鉴定。

他们首先将 EHS 基质放在 4 ℃条件下融解，进行铺板。EHS 基质在 4 ℃条件下呈液态，温度升高会迅速转变为凝胶，所以在铺板的过程中 EHS 基质胶要在冰上保存，细胞培养板也要在冰上预冷。将铺好 EHS 基质的细胞培养板放入细胞培养箱中 37 ℃孵育 30 min，使基质形成凝胶。用含有胰蛋白酶的消化液处理原代培养的妊娠 120 d 的荷斯坦牛乳腺上皮细胞，离心收集沉淀，即为乳腺上皮细胞；然后将其悬浮于悬浮培养基中，保证分散均匀。用培养基将细胞悬液稀释到合适比例后，加入细胞培养板，在细胞培养箱中进行培养。体外培养 15 d，荷斯坦牛乳腺腺泡结构发育成熟。将培养 15 d 的奶牛乳腺腺泡经 DAPI 染色后，采用激光扫描共聚焦显微镜进行逐层扫描，结果如图 7 - 19 所示。图 7 - 19 为在 EHS 基质上培养构建的奶牛乳腺腺泡，经激光扫描共聚焦显微镜进行逐层扫描后获得的连续光切片（从中央到底部）。

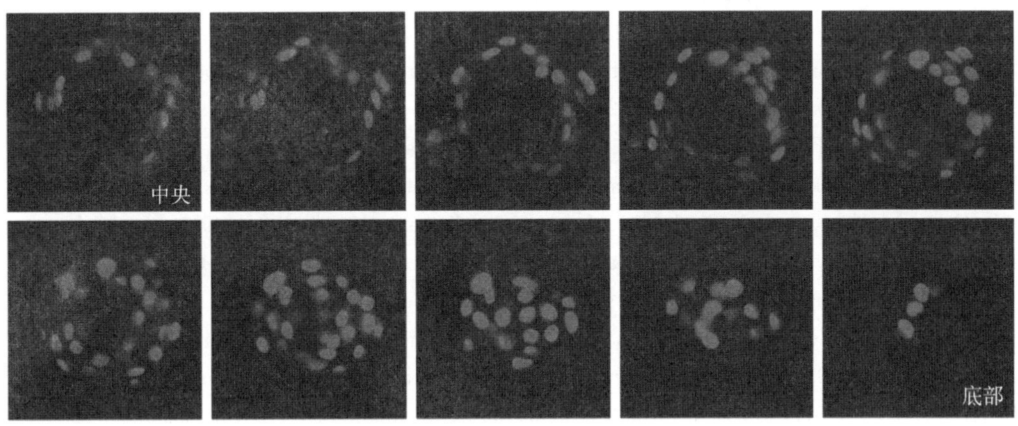

图 7-19　激光共聚焦显微镜扫描的体外荷斯坦牛乳腺腺泡的细胞核

(3) 体外培养的荷斯坦牛乳腺腺泡 β-酪蛋白合成能力检测。为检测体外构建的荷斯坦牛乳腺腺泡在发育成熟后是否具有合成和分泌乳蛋白的能力，该研究小组采用间接免疫荧光方法检测体外构建的荷斯坦牛乳腺腺泡中 β-酪蛋白的合成与分泌。结果显示，体外构建的荷斯坦牛乳腺腺泡可以合成 β-酪蛋白，并以正确的极性分泌到腺泡腔中。表明体外构建的荷斯坦牛乳腺腺泡具有与体内乳腺腺泡相同的结构与功能，可以作为新的在体外研究乳成分合成与分泌的泌乳模型。

（李庆章、曲波）

主要参考文献

陈建晖，2008. 奶牛乳腺上皮细胞系的建立 [D]. 哈尔滨：东北农业大学.

陈建晖，佟慧丽，李庆章，等，2009. 奶牛乳腺上皮细胞系的建立 [J]. 畜牧兽医学报，40(5)：743-747.

崔立莉，卜登攀，王加启，等，2006. 奶牛乳腺上皮细胞体外培养体系的建立 [J]. 新疆农业科学，43(5)：394-398.

多曙光，吴应积，罗奋华，等，2006. 牛乳腺上皮细胞的分离培养及其生物学特性 [J]. 动物学研究，27 (3)：299-305.

郭和以，沈和湘，林大诚，等，1989. 家畜解剖学 [M]. 北京：农业出版社.

侯晓明，2009. 奶牛乳腺发育及泌乳重要功能基因的筛选 [D]. 哈尔滨：东北农业大学.

李登元，1995. 乳牛学 [M]. 台北：台湾商务印书馆.

李庆章，高学军，曲波，等，2011. 奶山羊乳腺发育与泌乳生物学 [M]. 北京：科学出版社.

李庆章，高学军，赵锋，2009. 乳腺发育与泌乳生物学 [M]. 北京：科学出版社.

李胜利，2008. 中国奶牛养殖产业发展现状及趋势 [J]. 中国畜牧杂志 (10)：45-49.

林叶，2011. 奶牛乳腺腺泡模型的体外构建以及乳腺腺泡对必需氨基酸的摄取与转化 [D]. 哈尔滨：东北农业大学.

曲波，2011. 中国荷斯坦奶牛乳腺生后发育与泌乳机能分化的组织学研究 [D]. 哈尔滨：东北农业大学.

沈维军，杨永新，王加启，等，2012. 高体细胞数低乳糖含量时牛乳清蛋白组分变化的研究 [J]. 畜牧兽医学报，43 (5)：755-760.

王加启，于建国，2006. 现代奶牛养殖科学 [M]. 北京：中国农业出版社.

王加启，于建国，2011. 反刍动物营养学研究方法 [M]. 北京：现代教育出版社.

杨建国，徐荣兴，丰春燕，2011. 以科学发展理念促进奶牛业的健康发展 [J]. 养殖与饲料 (2)：74-76.

杨永新，王加启，卜登攀，等，2013. 牛乳重要营养品质特征的研究进展 [J]. 食品科学 (1)：328-332.

张瑞华，张克春，2011. 浅谈我国奶业的现代化之路 [J]. 上海畜牧兽医通讯 (2)：71-73.

Ailhaud G，Grimaldi P，Neagrel R，1992. Cellular and molecular aspects of adipose tissue development [J]. Ann Rev Nutr (12)：207-233.

Akers M R，Bauman D E，Capuco A V，et al，1981. Prolactin regulation of milk secretion and biochemical differentiation of mammary epithelial cells in periparturient cows [J]. Endocrinology，109(1)：23-30.

Akers R M, 1990. Lactation physiology: A ruminant animal perspective [J]. Protoplasma, 159(2-3): 96-111.

Akers R M, 2002. Lactation and the mammary gland [M]. Iowa: Wiley-Blackwell Press.

Akers R M, 2006. Major advances associated with hormone and growth factor regulation of mammary growth and lactation in dairy cows [J]. J Dairy Sci, 89(4): 1222-1234.

Akers R M, Beal W E, McFadden T B, et al, 1990. Morphometric analysis of involuting bovine mammary tissue after 21 or 42 days on non-suckling [J]. J Anim Sci Nov, 68 (11): 3604-3613.

Akers R M, Capuco A V, Keys J E, 2006. Mammary histology and alveolar cell differentiation during late gestation and early lactation in mammary tissue of beef and dairy heifers [J]. Livestock Science, 105(1-3): 44-49.

Anderson R R, 1975. Mammary gland growth in sheep [J]. J Anim Sci (41): 118-123.

Anderson S M, Rudolph M C, McManaman J L, et al, 2007. Key stages in mammary gland development. Secretory activation in the mammary gland: it's not just about milk protein synthesis [J]. Breast Cancer Res, 9 (1): 204-218.

Aslam M, Hurley W L, 1997. Proteolysis of milk proteins during involution of the bovine mammary gland [J]. J Dairy Sci, 80 (9): 2004-2010.

Baldi A, Cheli F, Pinotti L, et al, 2008. Nutrition in mammary gland health and lactation: advances over eight biology of lactation in farm animals meetings [J]. J Anim Sci, 86 (Suppl 13): 3-9.

Bannister L H, Berry M M, Collins P, et al, 1995. Gray' s anatomy [M]. New York: Churchill Livingstone.

Bauman D E, Currie W B, 1980. Partitioning of nutrients during pregnancy and lactation: a review of mechanisms involving homeostasis and homeorhesis [J]. J Dairy Sci, 63 (9): 1514-1529.

Bauman D E, Mather I H, Wall R J, et al, 2006. Major advances associated with the biosynthesis of milk [J]. J Dairy Sci, 89(4): 1235-1243.

Bequette B J, Hanigan M D, Calder A G, et al, 2000. Amino acid exchange by the mammary gland of lactating goats when histidine limits milk production [J]. J Dairy Sci, 83(4): 765-775.

Bequette B J, Kyle C E, Crompton L A, et al, 2001. Insulin regulates milk production and mammary gland and hind-leg amino acid fluxes and blood flow in lactating goats [J]. J Dairy Sci, 84(1): 241-255.

Berry S D, McFadden T B, Pearson R E, et al, 2001. A local increase in the mammary IGF-1: IGFBP-3 ratio mediates the mammogenic effects of estrogen and growth hormone [J]. Domest Anim Endocrinol, 21 (1): 39-53.

Blatchford D R, Hendry K A, Turner M D, et al, 1995. Vectorial secretion by constitutive and regulated secretory pathways in mammary epithelial cells [J]. Epithelial Cell Biol, 4 (1): 8-16.

Blatchford D R, Hendry K A, Wilde C J, 1998. Autocrine regulation of protein secretion in mouse mammary epithelial cells [J]. Biochem Biophys Res Commun, 248 (3): 761-766.

Blatchford D R, Quarrie L H, Tonner E, et al, 1999. Influence of microenvironment on mammary epithelial cell survival in primary culture [J]. J Cell Physiol, 181 (2): 304-311.

Brka M, Reinsch N, Kalm E, 2002. Frequency and heritability of supernumerary teats in German simmental and German Brown Swiss cows [J]. Journal of Dairy Science, 85 (7): 1881-1886.

Byatt J C, Bremel R D, 1986. Lactogenic effect of bovine placental lactogen on prenant rabbit but not pregnant heifer mammary gland explants [J]. Journal of Dairy Science, 69(8): 2066-2071.

Byatt J C, Eppard P J, Veenhuizen J J, et al, 1994. Stimulation of mammogenesis and lactogenesis by recombinant bovine placental lactogen in steroid-primed dairy heifers [J]. J Endocrinology, 140(1): 33-43.

Capuco A V, Ellis S E, Hale S A, et al, 2003. Lactation persistency: insights from mammary cell proliferation studies [J]. J Anim Sci, 81 (Suppl 3): 18-31.

Capuco A V, Ellis S, Wood D L, et al, 2002. Postnatal mammary ductal growth: three-dimensional imaging of cell proliferation, effects of estrogen treatment, and expression of steroid receptors in prepubertal calves [J]. Tissue Cell, 34 (3): 143-154.

Capuco A V, Wood D L, Baldwin R, et al, 2001. Mammary cell number, proliferation, and apoptosis during a bovine lactation: relation to milk production and effect of bST [J]. J Dairy Sci, 84 (10): 2177-2187.

Collier R J, Bauman D E, Hays R L, 1977. Lactogenesis in explant cultures of mammary tissue from pregnant cows [J]. Endocrinology, 100(4): 1192-1200.

Collier R J, McGrath M F, Byatt J C, et al, 1993. Regulation of bovine mammary growth by peptide hormones: involvement of receptors, growth factors and binding proteins [J]. Livestock Production Science, 35(1-2): 21-33.

Connor E E, Meyer M J, Li R W, et al, 2007. Regulation of gene expression in the bovine mammary gland by ovarian steroids [J]. J Dairy Sci, 90 (Suppl 1): E55-65.

Cowie A T, 1969. Variations in the yield and composition of the milk during lactation in the rabbit and the galactopoietic effect of prolactin [J]. J Endocrinol, 44(3): 437-450.

Cowie A T, Forsyth I A, Hart I C, 1980. Hormonal control of lactation [M]. Berlin: Springer-Verlag.

Currie W B, 1992. Structure and functions of domestic animals [M]. New York: CRC Press.

Danielson K G, Oborn C J, Durban E M, et al, 1984. Epithelial mouse mammary cell line exhibiting normal morphogenesis in vivo and functional differentiation in vitro [J]. Proc Natl Acad Sci USA, 81 (12): 3756-3760.

Debnath J, Walker S J, Brugge J S, 2003. Akt activation disrupts mammary acinar architecture and enhances proliferation in an mTOR-dependent manner [J]. J Cell Biol (163): 315-326.

Djiane J, Durand P, 1977. Prolactin-progesterone antagonism in self regulation of prolactin receptors in the mammary gland [J]. Nature (266): 641-643.

Djonov V, Andres A C, Ziemiecki A, 2001. Vascular remodelling during the normal and malignant life cycle of the mammary gland [J]. Microsc Res Tech, 52(2): 182-189.

Dontu G, Jackson KW, McNicholas E, et al, 2004. Role of Notch signaling in cell-fate determination of human mammary stem/progenitor cells [J]. Breast Cancer Res, 6 (6): R605-615.

Ebner K E, Hoover C R, Hageman E C, et al, 1961. Cultivation and properties of bovine mammary cell cultures [J]. Exp Cell Res (23): 373-385.

Edgerton L A, Hafs H D, 1973. Serum luteinizing hormone, prolactin, glucocorticoid, and progestins in dairy cows from calving to gestation [J]. J Dairy Sci, 56(4): 451-458.

Emerman J T, Vogl A W, 1986. Cell size and shape changes in the myoepithelium of the mammary gland during differentiation [J]. Anat Rec, 216(3): 405-415.

Farr V C, Stelwagen K, Cate L R, et al, 1996. An improved method for the routine biopsy of bovine mammary tissue [J]. J Dairy Sci, 79 (4): 543-549.

Fata J E, Werb Z, Bissell M J, 2004. Regulation of mammary gland branching morphogenesis by the extracellular matrix and its remodeling enzymes [J]. Breast Cancer Res, 6(1): 1-11.

Finucane K A, McFadden T B, Bond J P, et al, 2008. Onset of lactation in the bovine mammary gland: gene expression profiling indicates a strong inhibition of gene expression in cell proliferation [J]. Funct Integr Genomics, 8 (3): 251-264.

Folley S J, 1952. Lactation in Marshall' s Physiology of Reproduction [M]. 3nd ed. London: Longmans, Green & Co.

Folley S J, 1956. The Physiology and Biochemistry of Lactation [M]. Edinburgh: Oliver and Boyd.

Forsyth I A, 1989. Growth factors in mammary gland function [J]. J Reprod Fertil, 85 (2): 759-770.

Forsyth I A, 1996. The insulin-like growth factor and epidermal growth factor families in mammary cell growth in ruminants: action and interaction with hormones [J]. J Dairy Sci, 79 (6): 1085-1096.

Frandson R D, Wilke W L, Fails A D, 2009. Anatomy and physiology of farm animals [M]. 7nd ed. Iowa: John Wiley and Sons Press.

Franz S, Floek M, Hofmann-Parisot M, 2009. Ultrasonography of the bovine udder and teat [J]. Vet Clin North Am Food Anim Pract, 25 (3): 669-685.

Furth P A, Bar-Peled U, Li M, 1997. Apoptosis and mammary gland involution: reviewing the process [J]. Apoptosis, 2 (1): 19-24.

Gaffney E V, 1982. A cell line (HBL-100) established from human breast milk [J]. Cell Tissue Res, 227 (3): 563-568.

Gibson C A, Vega J R, Baumrucker C R, et al, 1991. Establishment and characterization of bovine mammary epithelial cell lines [J]. In Vitro Cell Dev Biol, 27A (7): 585-594.

Gorewit R C, Tucker H A, 1976. Glucocorticoid binding in mammary tissue slices of cattle in various reproductive states

[J]. J Dairy Sci, 59(11): 1890 - 1896.

Griinari J M, Mcguire M A, Dwyer D A, et al, 1997. The role of insulin in the regulation of milk protein synthesis in dairy cows [J]. J Dairy Sci (80): 2361 - 2371.

Haslam S Z, Shyamala G, 1979. Progesterone receptors in normal mammary glands of mice: characterization and relationship to development [J]. Endocrinology, 105(3): 786 - 795.

Hassan L R, 1994. Histological and chemical studies on the activity of the mammary gland in buffalo and successive stages of season of lactation [D]. Egypt: Thesis Fac Agric Cairo Univ.

Holland M S, Holland R E, 2005. The cellular perspective on mammary gland development: stem/progenitor cells and beyond [J]. J Dairy Sci, 88(Suppl 1): E1 - 8.

Holst B D, Hurley W L, Nelson D R, 1987. Involution of the bovine mammary gland: histological and ultrastructural changes [J]. J Dairy Sci, 70 (5): 935 - 944.

Hou X, Li Q, Huang T, 2010. Microarray analysis of gene expression profiles in the bovine mammary gland during lactation [J]. Sci China Ser C, 53 (2): 248 - 256.

Hovey R C, McFadden T B, Akers R M, 1999. Regulation of mammary gland growth and morphogenesis by the mammary fat pad: a species comparison [J]. J Mammary Gland Biol Neoplasia, 4 (1): 53 - 68.

Hovey R C, Trott J F, Vonderhaar B K, 2002. Establishing a framework for the functional mammary gland: from endocrinology to morphology [J]. J Mammary Gland Biol Neoplasia, 7 (1): 17 - 38.

Howlett A R, Bailey N, Damsky C, et al, 1995. Cellular growth and survival are mediated by β1 integrins in normal human breast epithelium but not in breast carcinoma [J]. J Cell Sci (108): 1945 - 1957.

Hunziker W, Kraehenbuhl J P, 1998. Epithelial transcytosis of immunoglobulins [J]. J Mammary Gland Biol Neoplasia, 3 (3): 287 - 302.

Hurley W L, 1989. Mammary gland function during involution [J]. J Dairy Sci, 72(6): 1637 - 1646.

Hurley W L, Blatchford D R, Hendry K A, et al, 1994. Extracellular matrix and mouse mammary cell function: comparison of substrata in culture [J]. In Vitro Cell Dev Biol Anim, 30A (8): 529 - 538.

Hurley W L, Theil P K, 2011. Perspectives on immunoglobulins in colostrum and milk [J]. Nutrients, 3 (4): 442 - 474.

Huynh H T, Robitaille G, Turner J D, 1991. Establishment of Bovine Mammary Epithelial Cell (MAC - T): An in vitro Model for Bovine Lactation [J]. Exp Cell Res, 197 (2): 191 - 199.

Ilan N, Barash I, Gootwine E, et al, 1998. Establishment and initial characterization of the ovine mammary epithelial cell line NISH [J]. In Vitro Cell Dev Biol Anim, 34 (4): 326 - 332.

Ingalls W G, Convey E M, Hafs H D, 1973. Bovine serum LH, GH, and prolactin during late pregnancy, parturition and early lactation [J]. Proc Soc Exp Biol Med, 143(1): 161 - 164.

Jalakas M, Saks P, Klaassen M, 2000. Suspensory apparatus of the bovine udder in the estonian black and white holstein breed: increased milk production (udder mass) induced changes in the pelvic structure [J]. Anat Histol Embryol, 29 (1): 51 - 61.

Ji F, Hurley W L, Kim S W, 2006. Characterization of mammary gland development in pregnant gilts [J]. J Anim Sci, 84 (3): 579 - 587.

Juergens W G, Stockdale F E, Topper Y J, et al, 1965. Hormone - dependent differentiation of mammary gland in vitro [J]. Proc Natl Acad Sci, 54(2): 629 - 634.

Kass L, Erler J T, Dembo M, et al, 2007. Mammary epithelial cell: Influence of extracellular matrix composition and organization during development and tumorigenesis [J]. Cell Bio, 39(11): 1987 - 1994.

Keys J E, Capuco A V, Akers R M, et al, 1989. Comparative study of mammary gland development and differentiation between beef and dairy heifers [J]. Domest Anim Endocrinol, 6 (4): 311 - 319.

Klaus D B, Robert E H, Christoph K W, et al, 2010. Bovine anatomy [M]. London: Manson Publishing.

Klein D, Flöck M, Khol J L, et al, 2005. Ultrasonographic measurement of the bovine teat: breed differences, and the significance of the measurements for udder health [J]. J Dairy Res, 72 (3): 296 - 302.

Knight C H, Hillerton J E, Teverson R M, et al, 1992. Biopsy of the bovine mammary gland [J]. Br Vet J, 148 (2): 129 - 132.

Knight C H, Hirst D, Dewhurst R J, 1994. Milk accumulation and distribution in the bovine udder during the interval between milkings [J]. J Dairy Res, 61 (2): 167 - 177.

Knight C H, Wilde C J, 1987. Mammary growth during lactation: implications for increasing milk yield [J]. J Dairy Sci, 70 (9): 1991 - 2000.

Kumar R, Vadlamudi R K, Adam L, 2000. Apoptosis in mammary gland and cancer [J]. Endocr Relat Cancer, 7 (4): 257 - 269.

Lasfargues E Y, 1957. Cultivation and behavior in vitro of the normal mammary epithelium of the adult mouse . Ⅱ. Observations on the secretory activity [J]. Anat Rec, 13(3): 553 - 562.

Lawrence T L J, Fowler V R, 2002. Growth of farm animals [M]. 2nd ed. New York: CABI Press.

Li D, Zhou J, Chowdhury F, et al, 2011. Role of mechanical factors in fate decisions of stem cells [J]. Regen Med, 6 (2): 229 - 240.

Li M, Liu X, Robinson G, et al, 1997. Mammary - derived signals activate programmed cell death during the first stage of mammary gland involution [J]. Proc Natl Acad Sci, 94(7): 3425 - 3430.

Linzell J L, Peaker M, 1971. The permeability of mammary ducts [J]. J Physiol, 216(3): 701 - 716.

Liu S, Dontu G, Mantle I D, et al, 2006. Hedgehog signaling and Bmi - 1 regulate self - renewal of normal and malignant human mammary stem cells [J]. Cancer Res, 66 (12): 6063 - 6071.

Liu T M, Davis J W, 1967. Induction of lactation by ovariectomy of pregnant rats [J]. Endocrinology, 80 (6): 1043 - 1050.

Lu P F, Sternlicht M D, Werb Z, 2006. Comparative mechanisms of branching morphogenesis in diverse systems [J]. J Mammary Gland Biol Neoplasia, 11 (3 - 4): 213 - 228.

Mabjeesh S J, Kyle C E, MacRae J C, et al, 2002. Vascular sources of amino acids for milk protein synthesis in goats at two stages of lactation [J]. J Dairy Sci, 85(4): 919 - 929.

Mackle T R, Dwyer D A, Ingvartsen K L, et al, 1999. Effects of insulin and amino acids on milk protein concentration and yield from dairy cows [J]. J Dairy Sci, 82(7): 1512 - 1524.

Malven P V, Head H H, Collier R J, 1987. Secretion and mammary gland uptake of prolactin in dairy cows during lactogenesis [J]. J Dairy Sci, 70(11): 2241 - 2253.

Manrico M, Antonio G, Maria C Z, et al, 2004. Reversible transdifferentiation of secretory epithelial cells into adipocytes in the mammary gland [J]. PNAS, 101 (48): 16801 - 16806.

Marnet P G, Komara M, 2008. Management systems with extended milking intervals in ruminants: Regulation of production and quality of milk [J]. J Anim Sci, 86 (13 Suppl): 47 - 56.

Maunsell F P, Morin D E, Constable P D, et al, 1998. Effects of mastitis on the volume and composition of colostrum produced by Holstein cows [J]. J Dairy Sci, 81 (5): 1291 - 1299.

McGrath M, Palmer S, Nandi S, 1985. Differential response of normal rat mammary epithelial cells to mammogenic hormones and EGF [J]. J Cell Physiol, 125 (2): 182 - 191.

McGuire M A, Dwyer D A, Harrell R J, et al, 1995. Insulin regulates circulating insulin - like growth factors and some of their binding proteins in lactating cows [J]. Am J Physiol, 269(4 Pt 1): E723 - 730.

McGuire M A, Griinari J M, Dwyer D A, et al, 1995. Role of insulin in the regulation of mammary synthesis of fat and protein [J]. J Dairy Sci, 78(4): 816 - 824.

Medina D, Smith G H, 1999. Chemical carcinogen - induced tumorigenesis in parous, involuted mouse mammary glands [J]. J Natl Cancer Inst, 91 (11): 967 - 969.

Metcalf J A, Sutton J D, Cockburn J E, et al, 1991. The influence of insulin and amino acid supply on amino acid uptake by the lactating bovine mammary gland [J]. J Dairy Sci, 74(10): 3412 - 3420.

Miller N, Delbecchi L, Petitclerc D, et al, 2006. Effect of stage of lactation and parity on mammary gland cell renewal [J]. J Dairy Sci, 89(12): 4669 - 4677.

Mol J A, Van Garderen E, Rutteman G R, et al, 1996. New insights in the molecular mechanism of progestin - induced proliferation of mammary epithelium: induction of the local biosynthesis of growth(GH) in the mammary glands of dogs, cats and humans [J]. J Seroid Biochem Mol Biol, 57 (1 - 2): 67 - 71.

Molento C F M, Block E, Cue R I, et al, 2002. Effects of insulin, recombinant bovine somatotropin(rbST) and their interaction on DMI and milk fat production in dairy cows [J]. J Dairy Sci, 97(2-3): 173-182.

Motyl T, Gajkowska B, Zarzyńska J, et al, 2006. Apoptosis and autophagy in mammary gland remodeling and breast cancer chemotherapy [J]. J Physiol Pharmacol, 57(Suppl 7): 17-32.

Muthuswamy S K, Li D, Lelievre S, et al, 2001. ErbB2, but not ErbB1, reinitiates proliferation and induces luminal repopulation in epithelial acini [J]. Nat Cell Biol, 3(9): 785-792.

Nelson C M, Bissell M J, 2006. Of extracellular matrix, scaffolds, and signaling: Tissue architecture regulates development, homeostasis, and cancer [J]. Annu Rev Cell Dev Biol (22): 287-309.

Neville M C, McFadden T B, Forsyth I, 2002. Hormonal regulation of mammary differentiation and milk secretion [J]. J Mammary Gland Biol Neoplasia, 7 (1): 49-66.

Neville M C, Medina D, Monks J, et al, 1998. The mammary fat pad [J]. J Mammary Gland Biol Neoplasia, 3(2): 109-116.

Nguyen D A, Neville M C, 1998. Tight Junction Regulation in the Mammary Gland [J]. J Anim Sci, 3 (3): 223-246.

Nickerson S C, 1989. Immunological aspects of mammary involution [J]. J Dairy Sci, 72(6): 1665-1678.

Nishimura T, 2003. Expression of potential lymphocyte trafficking mediator molecules in the mammary gland [J]. Vet Res, 34(1): 3-10.

Nishiwaka S, Moore R C, Nonomura N, et al, 1994. Progesterone and EGF inhibit mouse mammary gland prolactin receptor and beta-casein gene expression [J]. Am J Physiol, 267 (5 pt 1): C1467-1472.

Noble M S, Hurley W L, 1999. Effects of secretion removal on bovine mammary gland function following an extended milk stasis [J]. J Dairy Sci, 82 (8): 1723-1730.

Oppong E N, Canacoo E A, 1982. Supernumerary teats in Ghanaian livestock: Ⅱ. Cattle [J]. Beitr Trop Landwirtsch Veterinarmed, 20 (3): 303-307.

Ordon J R, Bernfield M R, 1980. The basal lamina of the postnatal mammary epithelium contains glycosaminoglycans in a precise ultrastructural organization [J]. Dev Biol, 74(1): 118-135.

Ossowski L, Biegel D, Reich E, 1979. Mammary plasminogen activator: Correlation with involution, hormonal modulation and comparison between normal and neoplastic tissue [J]. Cell, 16(4): 929-940.

Oxender W D, Askew E W, Benson J D, et al, 1971. Biopsy of liver, adipose tissue and mammary gland of lactating cows [J]. J Dairy Sci, 54(2): 286-288.

Oxender W D, Hafs H D, Edgerton L A, 1972. Sreum growth hormone, LH and prolactin in the pregnant cow [J]. J Anim Sci, 35(1): 51-55.

Pantschenko A G, Woodcock-Mitchell J, Bushmich S L, et al, 2000. Establishment and characterization of caprine mammary epithelial cell line (CMEC) [J]. In Vitro Cell Dev Biol Anim, 36 (1): 26-37.

Poh Y C, Chowdhury F, Tanaka T S, et al, 2010. Embryonic stem sells do not stiffen on rigid substrates [J]. Biophys J, 99 (2): L19-L21.

Prosser C G, McLaren R D, 1997. Effect of atropine on milk protein yield by dairy cows with different β-lactoglobulin phenotypes [J]. J Dairy Sci, 80(7): 1281-1287.

Purup S, Sejrsen K, Foldager J, et al, 1993. Effect of exogenous bovine growth hormone and ovariectomy on prepubertal mammary growth, serum hormones and acute in vitro proliferative response of mammary explants from Holstein heifers [J]. J Endocrinology, 139 (1): 19-26.

Radnor C J, 1972. Myoepithelium in the prelactating and lactating mammary glands of the rat [J]. J Anat, 112 (Pt 3): 337-353.

Raptopoulos D, Weaver B M, 1984. Observations following intravenous xylazine administration in steers [J]. Vet Rec, 114(23): 567-569.

Ruan W, Monaco M E, Kleinberg D L, 2005. Progesterone stimulates mammary gland ductal morphogenesis by synergizing with and enhancing insulin-like growth factor-I action [J]. Endocrinology, 146 (3): 1170-1178.

Sakai T, Larsen M, Yamada K M, 2003. Fibronectin requirement in branching morphogenesis [J]. Nature, 423 (6492): 876-881.

Sanford H B, Karlin N J, 2005. Myoepithelial Cells: Autocrine and Paracrine Suppressors of Breast Cancer Progression [J]. J Mammary Gland Biol Neoplasia, 10 (3): 249 - 260.

Schlenz I, Kuzbari R, Gruber H, et al, 2000. The sensitivity of the nipple - areola complex: an anatomic study [J]. Plast Reconstr Surg, 105(3): 905 - 909.

Sharma R, Kansal V K, 1999. Characteristics of transport systems of L - alanine in mouse mammary gland and their regulation by lactogenic hormones: Evidence for two broad spectrum systems [J]. J Dairy Res, 66(3): 385 - 398.

Sharma R, Kansal V K, 2000. Heterogeneity of cationic amino acid transport systems in mouse mammary gland and their regulation by lactogenic hormones [J]. J Dairy Res, 67(1): 21 - 30.

Sheffield L G, 1988. Organization and growth of mammary epithelia in the mammary gland fat pad [J]. J Dairy Sci, 71 (10): 2855 - 2874.

Silberstein G B, 2001. Postnatal mammary gland morphogenesis [J]. Microsc Res Tech, 52 (2): 155 - 162.

Singh K, Erdman R A, Swanson K M, et al, 2010. Epigenetic regulation of milk production in dairy cows [J]. J Mammary Gland Biol Neoplasia, 15 (1): 101 - 112.

Sinowatz F, Schams D, Plath A, et al, 2000. Expression and localization of growth factors during mammary gland development [J]. Adv Exp Med Biol (480): 19 - 25.

Sordillo L M, Nickerson S C, 1988. Morphologic changes in the bovine mammary gland during involution and lactogenesis [J]. Am J Vet Res, 49 (7): 1112 - 1120.

Stefanon B, Colitti M, Gabai G, et al, 2002. Mammary apoptosis and lactation persistency in dairy animals [J]. J Dairy Res, 69 (1): 37 - 52.

Stelwaeen K, Grieve D G, 1990. Effect of plane of nutrition on growth and mammary gland development in Holstein heifers [J]. J Dairy Sci, 73(9): 2333 - 2341.

Sternlicht M D, 2006. Key stages in mammary gland development: The cues that regulate ductal branching morphogenesis [J]. Breast Cancer Research, 8(1): 201 - 209.

Strange R, Friis R R, Bemis L T, et al, 1995. Programmed cell death during mammary gland involution [J]. Methods Cell Biol, 46(1): 355 - 368.

Tesseraud S, Grizard J, Makarski B, et al, 1992. Effect of insulin in conjunction with glucose, amino acids and potassium on net metabolism of glucose and amino acids in the gost mammary gland [J]. J Dairy Res, 59(2): 135 - 149.

Thivierge M C, Petitclerc D, Bernier J F, et al, 2000. External pudic venous reflux into the mammary vein in lactating dairy cows [J]. J Dairy Sci, 83 (10): 2230 - 2238.

Tucker H A, 1987. Quantitative estimates of mammary growth during various physiological states: a review [J]. J Dairy Sci, 70(9): 1958 - 1966.

Tucker H A, 2000. Hormones, mammary growth, and lactation: a 41 - year perspective [J]. J Dairy Sci, 83 (4): 874 - 884.

Vangroenweghe F, Broeck W V D, Ketelaere A De, et al, 2006. Endoscopic examination and tissue sampling of the bovine teat and udder cistern [J]. J Dairy Sci, 89 (5): 1516 - 1524.

Weaver V M, Petersen O W, Wang F, et al, 1997. Reversion of the malignant phenotype of human breast cells in three - dimensional culture and in vivo by integrin blocking antibodies [J]. J Cell Biol, 137(1): 231 - 245.

Wiens D, Park C S, Stockdale F E, 1987. Milk protein expression and ductal morphogenesis in the mammary gland in vitro: hormone - dependent and - independent phases of adipocyte - mammary epithelial cell interaction [J]. Dev Biol, 120 (1): 245 - 258.

Wilde C J, Hurley W L, 1996. Animal models for the study of milk secretion [J]. J Mammary Gland Biol, 1(1): 123 - 134.

Williams C M, Engler A J, Slone R D, et al, 2008. Fibronectin expression modulates mammary epithelial cell proliferation during acinar differentiation [J]. Cancer Res, 68 (9): 3185 - 3192.

Williams J M, Daniel C W, 1983. Mammary ductal elongation: Differentiation of myoepithelium and basal lamina during branching morphogenesis [J]. Dev Biol, 97(2): 274 - 290.

Woodward T L, Mienaltowski A S, Modi R R, et al, 2001. Fibronectin and the $\alpha_5\beta_1$ integrin are under developmental and ovarian steroid regulation in the normal mouse mammary gland [J]. Endocrinology, 142(7): 3214 - 3222.

Woodward T L, Xie J W, Haslam S Z, 1998. The role of mammary stroma in modulating the proliferative response to ovarian hormones in the normal mammary gland [J]. J Mam Gland Biol Neoplasia, 3(2): 117 - 131.

Xu R, Nelson C M, Muschler J L, et al, 2009. Sustained activation of STAT5 is essential for chromatin remodeling and maintenance of mammary - specific function [J]. J Cell Biol, 184 (1): 57 - 66.

Zarzynska J, Motyl T, 2008. Apoptosis and autophagy in involuting bovine mammary gland [J]. J Physiol Pharmacol, 59 Suppl 9(4): 275 - 288.

第八章

奶牛营养需要

营养需要（nutrient requirements）是指动物在适宜的环境条件下，正常、健康生长或达到理想生产成绩对各种营养物质的种类和数量的最低要求，是一个群体平均值。奶牛营养需要是指奶牛从环境中摄取营养物质，用于生长或修复体组织、合成分泌物、调节体内活动、产生生命活动所需的能量等。这些营养物质被称为营养素（nutrient），主要包括碳水化合物、脂肪、蛋白质、维生素、矿物质和水等。营养物质经过消化吸收进入体内，参与复杂的体内代谢活动，维持了生命活动的正常进行，这个过程称为营养（nutrition）。奶牛各种营养物质的需要量要视其年龄、体重、产奶量及不同生理期决定。

第一节　奶牛营养消化生理特征

与所有动物的消化器（apparatus digestorius）一样，奶牛的消化器也是由消化管和消化腺两部分组成的，其主要功能是摄食、消化、吸收和排便。消化器的各项功能保证了机体新陈代谢的正常进行。消化器包括口腔、咽、食道、胃、小肠、大肠和肛门。消化腺是分泌消化液的腺体，包括壁内腺和壁外腺。壁内腺位于消化管内，如肠腺；壁外腺位于消化管外，如大唾液腺、肝和胰，其分泌物通过腺管输入消化管。消化液中有多种消化酶，在消化食物时起着催化的作用。

奶牛的生理消化可分为物理性消化、化学性消化和微生物消化 3 种方式。各消化器官的消化功能各有侧重。

饲料经过口腔的咀嚼、牙齿的磨碎、舌的搅拌、吞咽、胃肠肌肉的活动，将大块的食物逐渐变小。同时，消化液充分与食物混合，推动食团或食糜下移，从口腔推移到肛门，这一消化过程称为机械性消化或物理性消化。由消化腺所分泌的各种消化液，将饲料中大分子营养物质经化学分解变为肠壁可以吸收的小分子，如糖类分解为单糖、蛋白质分解为氨基酸、脂类分解为甘油及脂肪酸等，这一消化过程称为化学性消化。这些小分子物质被小肠吸收进入体内，进入血液和淋巴液完成机体与外界之间的营养交换。饲料经过奶牛瘤胃或肠道后，瘤胃菌群或肠道菌群会对其进行发酵，这种消化过程称为微生物消化。奶牛作为典型的反刍动物有以下消化生理特征。

一、反刍功能

口腔（cavum oris）是消化管的起始，起着采食、咀嚼、尝味、吞咽、吸吮和分泌唾液的作用，是奶牛主要的物理消化器官，对改变饲料粒度起着重要作用。奶牛口腔内有 3 对腺体：腮腺、颌下腺和舌下腺，可分泌大量唾液。其分泌量与奶牛采食和反刍时间有关。反刍咀嚼时间越长，分泌的唾液就越多。若奶牛每天咀嚼 6～8 h，将分泌 100～200 L 唾液。大量唾液可湿润食物，使食物黏合成团，易于吞咽和消化。唾液中含有能够杀灭口腔细菌的蛋白质抗体，可清洗口腔中的细菌和食物残渣，起到保持口腔清洁的作用。

反刍（rumination）是反刍动物消化活动的重要标志和特有的消化功能。奶牛采食后，利用休息时将瘤胃中的食团通过瘤胃的逆蠕动返送到口腔，再咀嚼和吞咽，这一过程称反刍。反刍过程可分为逆呕、再咀嚼、再混唾液和再吞咽 4 个阶段。通过反刍再咀嚼，将食物磨得更细并混入大量唾液，特别有利于纤维饲料的消化，这也是奶牛能够利用大量纤维饲料的重要原因之一。奶牛每天反刍 9～16 次，每次反刍时间为 15～45 min。若奶牛停止反刍，则表明奶牛患有疾病。

二、微生物消化功能

胃（ventriculus）是消化道的膨大部分，奶牛有 4 个胃，分别是瘤胃（rumen）、网胃（reticulum)、瓣胃（omasum）和皱胃（abomasum），其体积比约为 80∶5∶7∶8。食物按顺序流经这 4 个胃室，是微生物消化的主要场所。

1. 瘤胃

瘤胃（rumen）约占 4 个胃总容积的 80%，是一个庞大的中空肌肉组织，能够容纳 120～150 L 的物质，是微生物消化的主要区域。

瘤胃内栖息着复杂、多样的微生物，包括细菌、原虫、真菌和噬菌体等几大类。其中，瘤胃细菌有 200 多种，且数量很大，每毫升瘤胃内容物细菌达 10^{10}～10^{11}个；瘤胃原虫 10^4～10^6 个/mL，分属 25 个属；厌氧真菌游动孢子 10^3～10^5 个/mL，5 个属；噬菌体颗粒可达 10^7～10^9 个/mL。大量的细菌、原虫和真菌都能分泌纤维降解酶，将纤维降解为乙酸、丙酸和丁酸等可被吸收的 VFA，VFA 的含量直接影响瘤胃 pH，这要靠大量呈碱性的唾液来调节，维持 pH 在 5.5～7.5，保证瘤胃微生物的发酵功能。瘤胃微生物发酵会产生一定热量，所以瘤胃内温度一般略高于体温，维持在 38.5～40 ℃。

瘤胃黏膜表面是瘤胃乳头，担负着吸收挥发性脂肪酸、矿物质和水等的职责。乳头的大小、数量、分布与日粮精粗比、饲喂习惯等有关。若要更改奶牛日粮，应逐渐更换，以使瘤胃乳头有一个适应过程。这一过程通常需要 2～4 周。瘤胃乳头的生长与饲料发酵产生的某种酸有关。日粮乙酸和丁酸的比例提高会增加瘤胃上皮细胞的血流量，刺激瘤胃上皮细胞增殖。长期饲喂高精饲料容易造成奶牛瘤胃酸中毒，导致瘤胃乳头异常甚至脱落。

2. 网胃

奶牛的网胃（reticulum）在 4 个胃中最小。网胃内有蜂巢状组织，所以也称蜂巢胃。位于瘤胃前部，实际上瘤胃和网胃并不完全分开，因此饲料颗粒可以自由地在两者之间移动。网胃的主要功能如同筛子，若奶牛采食时误将铁钉等金属物品吞入胃时，金属物品留存于网胃。由于网胃壁肌肉的强力收缩，误食的金属物品常常会刺穿胃壁，引起创伤性网胃炎。

3. 瓣胃

瓣胃（omasum）前通网胃，后接皱胃，由于其黏膜面向内凹陷形成许多大小不等的叶瓣，故又称重瓣胃，可容纳 15 L 的食糜。其主要功能是吸收饲料中的水分和挤压磨碎饲料。奶牛瓣胃 pH 为 5.5 左右。

4. 皱胃

皱胃（abomasum）是奶牛唯一具有分泌功能的胃，容积约 20 L，具有真正意义上的化学性消化功能，因此也被称为真胃。皱胃黏膜内的腺体分为 3 个区域：贲门腺区、幽门腺区和胃底腺区，可分泌大量胃液，包括盐酸、胃蛋白酶和凝乳酶等消化酶以及大量黏液，呈酸性，奶牛皱胃的 pH 为

1.05～1.32。这些分泌物主要对前3个胃消化的食物初级代谢物进行进一步的化学性消化。皱胃分泌的消化液使食糜变湿。消化液内含有酶，能消化部分蛋白质，基本上不消化脂肪、纤维素或淀粉。

出生3周内的犊牛，皱胃是主要消化器官，占整个胃容积的60%。当犊牛开始采食饲料时，瘤胃迅速生长。犊牛出生时前3个胃很小且柔软无力，瘤胃微生物区系还没有形成，几乎不具备消化功能，只能被动吸收营养物质。食管沟起自贲门，沿瘤胃前庭向后延伸到网瓣口。幼年犊牛在吮吸乳汁或流体食物时，可以反射性地引起食管沟的唇状肌肉蜷缩，使食管沟闭合成管状，使乳和流体食物能够直接进入皱胃，这一过程称为食管沟反射（oesophageal groove reflex）。

三、肠道的双重消化吸收功能

奶牛的肠道可分为小肠和大肠两部分，具有消化和吸收的双重功能。

1. 小肠及腺体

奶牛的小肠（small intestine）上端与皱胃相通，下端与大肠相连，全长为27～49 m（平均约40 m）。小肠分为3段：十二指肠（duodenum）、空肠（jejunum）和回肠（ileum），是化学性消化和营养物质吸收的重要场所。小肠的消化腺很发达，有壁内腺和壁外腺两类。壁外腺有肝和胰，可分泌胆汁和胰液，由导管通入十二指肠内。消化腺的分泌物含有多种酶，可消化各种营养物质。小肠消化是胃消化的延续。胃内酸性食糜进入小肠后，经胰液、胆汁和小肠液的化学性消化及小肠运动的机械性消化后，营养物质由复杂变为简单，大分子变为小分子，消化过程基本完成，并被小肠黏膜吸收。

肝是奶牛体内最大的腺体。肝可以分泌胆汁；解毒和参与体内防卫体系；合成血浆蛋白、脂蛋白、胆固醇、胆盐和糖原等；储存铁、糖原和维生素等。胎儿期，肝还是造血器官。

奶牛的胰含有多种消化酶，对蛋白质、脂肪和糖类的消化有重要作用。此外，胰内有胰岛，可分泌胰岛素和胰高血糖素。

2. 大肠和肛门

奶牛的大肠（large intestine）起自回肠末端至肛门（anus）止，全长为6.4～10 m。大肠消化是靠细菌和纤毛虫等微生物的作用，将纤维素发酵产生低级脂肪酸和二氧化碳、甲烷、氮、氢等。低级脂肪酸由大肠吸收，气体则大部分通过肛门排出体外。大肠内的细菌也能合成B族维生素、维生素K等，并与水分等养分一同被大肠吸收，残渣以粪排出体外。

奶牛的粪经肛门排出。正常的奶牛每天排粪12～18次。奶牛每天的排泄次数和排泄量与日粮的性质、采食量、环境温湿度和泌乳量等因素有关。例如，奶牛采食青绿多汁饲料时比采食干草排泄次数多。

四、嗳气现象

在瘤胃微生物发酵过程中，会不断产生大量的气体，由口腔排出。这是一种反射动作，称为嗳气（eructation）。奶牛一昼夜能够产生600～1 300 L气体。其中，二氧化碳占50%～75%，甲烷占20%～45%。此外，还含有极少量的氢、氮和硫化氢等气体。这些气体有1/4被吸收到血液后经肺排出，微生物能够利用一小部分，其余靠嗳气排出，是营养和能量的一种损失，且对环境有污染。

第二节　奶牛能量需要

能量需要是奶牛的最基本的需要。奶牛的能量需要是用于维持、泌乳、生长、妊娠等过程的能量总和。奶牛通过采食和消化获得各种能量需要。

一、基本概念

1. 总能

总能（gross energy，GE）是指饲料中的有机物完全氧化燃烧生成二氧化碳、水和其他氧化物时释放的全部能量。饲料的总能取决于饲料中碳水化合物、脂肪和蛋白质等营养物质的含量。三大营养物质的平均能量分别为：碳水化合物 17.5 kJ/g，蛋白质 23.64 kJ/g，脂肪 39.54 kJ/g。

2. 消化能

消化能（digestible energy，DE）是饲料中可消化营养物质所含的能量，即动物摄入饲料的总能与粪能之差：

$$DE=GE-FE$$

按上式计算的消化能称为表观消化能（apparent digestible energy，ADE）。式中，FE(energy in feces，FE）为粪中残余养分所含的能量，称为粪能。

3. 代谢能

代谢能（metabolizable energy，ME）是饲料消化能减去尿能（energy in urine，UE）和消化道产生的可燃气体的能量（energy in gaseous products of digestion，E_g）后剩余的能量：

$$ME=DE-(UE+E_g)=GE-FE-UE-E_g$$

尿能是尿中有机物所含的能量，主要来源于蛋白质的代谢产物，如尿素、肌酐、肌酸等。奶牛的尿氮主要来自尿素。消化道气体的能量来自奶牛消化道微生物发酵产生的气体，主要是甲烷。这些气体经肛门、口腔和鼻孔排出。奶牛消化道（主要是瘤胃）微生物发酵产生的气体量大，含能量可达饲料 GE 的 3%～10%。

饲料代谢能可分为表观代谢能（AME）和真代谢能（TME）。

表观代谢能中的尿能除来自饲料营养物质吸收后在体内代谢分解的产物外，还有部分来自体内蛋白质动员分解的产物，后者称为内源氮，所含能量称为内源尿能（urinary energy from endogenous origin products，UeE）。

计算公式如下：

$$\begin{aligned}AME&=ADE-(UE+E_g)\\&=(GE-FE)-(UE+E_g)\\&=GE-(FE+UE+E_g)\end{aligned}$$

$$TME=TDE-[(UE-UeE)+E_g]$$

TME 反映饲料的营养价值比 AME 准确，但其测定更麻烦，所以实践中常用 AME。

4. 净能

净能（net energy，NE）是饲料中用于动物维持生命和生产产品的能量，即饲料的代谢能扣去饲料在体内的热增耗（heat increment，HI）后剩余的那部分能量。

$$NE=ME-HI=GE-DE-UE-E_g-HI$$

HI 的来源有：

① 消化过程产热。例如，咀嚼饲料、营养物质的主动吸收和将饲料残余部分排出体外时的产热。

② 营养物质代谢产热。

③ 与营养物质代谢相关的器官肌肉活动所产生的热量。

④ 肝排泄做功产热。

⑤ 饲料在胃肠道发酵产热（heat of fermentation，HF）。

在冷应激环境中，热增耗是有益的，可用于维持体温。但在炎热的条件下，热增耗会成为奶牛的负担，必须适时地将其散失，以防体温升高；在散失热增耗的同时，也需要消耗一定的能量。

按照净能在体内的作用，可分为维持净能（net energy for maintenance，NE_m）和生产净能（net energy for production，NE_p）。NE_m 指饲料能量用于维持生命活动、适度随意运动和维持体温恒定部分。NE_m 能量最终以热的形式散失掉。NE_p 是指饲料能量用于沉积到产品中的部分，也包括用于使役做功的能量。奶牛生产净能包括增重净能、产奶净能等。

二、能量需要

奶牛的能量需要是用于维持、泌乳、生长、妊娠等过程的能量总和。由于牛的瘤胃产生大量的甲烷气体，并且 DE 转化为 ME 及 ME 转化为 NE 的效率均受到饲料类型的影响，牛饲养标准中的能量营养通常采用净能体系。

1. 基础代谢与绝食代谢

代谢能用于驱动各种生命活动，相当一部分以机体产热形式散失。部分机体产热是维持生命存在所必要的，通常将动物在空腹、适温环境、绝对安静及放松状态下的能量消耗作为最低能量消耗，称为基础代谢。除人之外，很难让其他动物处于基础代谢状态，至少不可能让饥饿的动物安静和放松，因而对动物一般测定绝食代谢，即让动物绝食一段时间，测定空腹时的机体产热量。此时一般限制但很难避免动物运动。反刍动物消化道排空需要很长时间，完全排空比较困难，一般以绝食后瘤胃甲烷产量基本稳定为判断空腹的标准，通常绝食 120 h 才能达到。动物在空腹时的随意运动被认为是必要的，绝食加随意运动的能量需要称为维持能量需要。

2. 维持能量需要

奶牛的维持能量需要包括绝食产热、运动能量消耗和维持体温能量消耗 3 部分。

(1) 绝食产热。生长牛（犊牛、青年牛）的绝食产热明显高于成年牛，成年公牛高于成年母牛。表 8-1 为牛绝食产热量部分测定结果；绝食产热量以每天每千克代谢体重或空代谢体重产生的千焦（kJ）数表示。

表 8-1　牛绝食产热量部分测定结果

资料来源	测定结果 [kJ/(d·kg)]	测定牛只	备注
冯仰廉等，1985—1989	$293\times W^{0.75}$	奶牛	
蒋永清，1989	$1\,160\times W^{0.53}$	青年牛	
英国 ARC，1980	$530\times C\times(W/1.08)^{0.67}$	成年牛	C 为常数，公牛 1.15，其他 1.0
英国 ARC，1980	$530\times W^{0.67}$	青年牛	
美国 NRC，2001	$305\times W^{0.75}$	空怀干奶牛	
金承范等，1988	$293\times W^{0.75}$	延边黄牛	

（续）

资料来源	测定结果 [kJ/(d·kg)]	测定牛只	备注
胡令浩等，2001	$302\times W^{0.75}$	牦牛，2～3岁	海拔 2 261 m
胡令浩等，2001	$303\times W^{0.75}$	牦牛，2～3岁	海拔 4 274 m
胡令浩等，2001	$235\times W^{0.75}$	黄牛	海拔 2 261 m
胡令浩等，2001	$374\times W^{0.75}$	黄牛	海拔 4 274 m
胡令浩等，2001	$351\times W^{0.75}$	生长牦牛，1岁	海拔 2 261 m
胡令浩等，2001	$376\times W^{0.75}$	生长牦牛，1岁	海拔 4 274 m
胡令浩等，2001	$292\times W^{0.75}$	生长黄牛，1岁	海拔 2 261 m
胡令浩等，2001	$516\times W^{0.75}$	生长黄牛，1岁	海拔 4 274 m

注：W 为体重，单位为千克（kg）；$W/1.08$ 为空腹体重，体重除以 1.08；绝食产热单位为千焦/天（kJ/d）。

（2）运动能量消耗。奶牛在站立、行走、体位变换过程中均会增加运动能量消耗，英国农业研究委员会（ARC）（1980）对奶牛的运动能量消耗测定结果为：水平移动时每千克体重的运动能量消耗 2.6 J/m；垂直移动时每千克体重的运动能量消耗 28 J/m；站立时每千克体重的运动能量消耗 10 kJ/d；身体位置改变时每千克体重的运动能量消耗 260 kJ。韩兴泰等（1988）的研究结果表明，在海拔 3 300 m 的平坦草场上，以 1 m/s 和 1.5 m/s 的速度行走，生长牦牛每千克体重的能量消耗分别为 1.93 J/m 和2.35 J/m，生长黄牛每千克体重的能量消耗分别为 1.48 J/m 和 1.75 J/m。蒋永清等（1989）用呼吸面具法测定了中国荷斯坦牛水平行走的维持能量消耗，结果见表 8－2。

表 8－2 中国荷斯坦牛水平行走的维持能量消耗（kJ/d）

行走距离（km）	行走速度（m/s）	
	1	1.5
1	$364W^{0.75}$	$368W^{0.75}$
2	$372W^{0.75}$	$377W^{0.75}$
3	$381W^{0.75}$	$385W^{0.75}$
4	$393W^{0.75}$	$397W^{0.75}$
5	$406W^{0.75}$	$418W^{0.75}$

（3）维持体温能量消耗。气温处于等热区范围内，动物机体依靠物理调节即可维持体温，不需要额外产热。等热区的上限和下限温度称为临界温度，无论超过上限临界温度还是低于下限临界温度，动物均需要增加产热量以维持正常体温。低温条件下，动物的散热量增加，需要额外产热来阻止体温下降。牛的下限临界温度受年龄、体重、品种、饲养水平等因素的影响，产后第 3 天的犊牛临界温度为 13 ℃，20 日龄降低到 8 ℃；海福特、荷斯坦牛犊牛临界温度为 8 ℃。体重 500 kg 的 2 岁去势牛，维持饲养时的临界温度为6 ℃，绝食时为 18 ℃。在低温条件下，用犊牛和母牛进行的试验表明，温度每下降 1 ℃产热量平均提高（2.51±0.84）kJ/kg$W^{0.75}$。

高温时，动物通过汗液分泌、增加呼吸次数等加大蒸发散热量，使机体产热量增加。有研究表明，31～32 ℃与 18～21 ℃比较，泌乳母牛每产 4.18 MJ 乳要多消耗 27％的消化能，即平均每升高 1 ℃要多消耗 3％的维持能量。体重 400 kg 的娟姗牛，15 ℃时的蒸发热损失占总热损失的 18％，而 35 ℃时会升高到 84％。婆罗门牛比欧洲野牛的蒸发热要低，从而代谢率较低。婆罗门牛在 35 ℃时达最大蒸发量，而欧洲野牛在 27 ℃便达到最大蒸发量。呼吸速度能表明动物的散热情况，当母牛的呼吸速度每分钟超过 80 次时则表明气温很高，每分钟 20 次则表明接近或低于临界温度。婆罗门牛在高温时的呼吸次数要低于欧洲野牛，38 ℃下婆罗门牛从呼吸道蒸发损失热为 12％，而短角牛却达到 24％。

(4) 维持能量需要推荐量。我国《奶牛饲养标准》(2007，第3版) 结合我国奶牛饲养制度，推荐了奶牛的维持能量需要量。

① 乳用成年母牛。绝食产热加20%的舍饲自由活动量为维持能量需要。第1和第2泌乳期奶牛生长发育尚未停止，为计算方便，在维持的基础上分别增加20%和10%的能量需要。放牧牛的维持能量需要参考表8-2，低温下增加的维持能量消耗以18℃为基准，每下降1℃增加2.5 kJ/kg$W^{0.75}$。乳用成年母牛绝食产热为：293 kJ/kg$W^{0.75}$。

② 乳用生长牛。乳用生长牛的绝食产热采用530 kJ/kg$W^{0.67}$，在此基础上增加10%的自由活动能量需要即为维持能量需要。

3. 生长能量需要

生长所需的净能即沉积到体组织中的能量，是日增重与单位增重能量含量的乘积。体组织中的能量不像乳中的能量那样可以直接测量，沉积到体组织中的能量通常通过呼吸测热、碳氮平衡、屠宰测定等方法得到。单位增重沉积的能量与牛的品种、性别、年龄、增重速度等有关。

我国《奶牛饲养标准》(2007，第3版) 推荐的生长牛增重的能量需要为：

增重的能量沉积 (MJ) $=[4.184\times\Delta W\times(1.5+0.0045W)]/(1-0.30\times\Delta W)$

式中，ΔW 为日增重 (kg)；W 为体重 (kg)。

4. 泌乳能量需要

奶牛泌乳能量需要即分泌到乳中的能量，是产奶量与单位产奶量能量含量的乘积。生产中经常测定奶牛的乳成分，但一般不测定能量含量，我国奶牛饲养标准科研协作组 (1987) 对我国不同地区的475个乳样的成分分析和测热，得出以下回归式：

泌乳能量需要量 (kJ/kg) = 750.00 + 387.98 × 乳脂 (%) + 163.97 × 乳蛋白 (%) + 55.02 × 乳糖 (%)

泌乳能量需要量 (kJ/kg) = 1 433.65 + 415.30 × 乳脂 (%)

泌乳能量需要量 (kJ/kg) = −166.19 + 249.16 × 乳总干物质 (%)

泌乳能量需要量 (kJ/kg) = 638.94 + 415.09 × 乳脂 (%) + 91.92 × 乳无脂干物质 (%)

5. 妊娠能量需要

妊娠奶牛的净能需要量即沉积在胎儿体内和子宫中的能量。胎儿的增重主要在分娩前的3个月，日增重可达200 g以上，妊娠前期的日增重仅几十克。表8-3是英国ARC(1980) 给出的奶牛不同妊娠天数胎儿和子宫沉积成分。

表8-3　奶牛不同妊娠天数胎儿及子宫沉积成分

项目	妊娠天数 (d)					
	141	169	197	225	253	281
胎儿沉积成分						
总重 (kg)	1.76	4.16	8.56	15.64	26.06	40.00
蛋白质 (kg)	0.17	0.46	1.09	2.27	4.28	7.40
脂肪 (kg)	0.011	0.051	0.150	0.390	0.846	1.600
灰分 (kg)	0.040	0.180	0.255	0.533	1.001	1.720
能量 (MJ)	4.9	12.2	28.5	61.7	124.1	233.8
钙 (g)	7.3	23.0	62.7	147	302	560
磷 (g)	5.4	15.4	39.4	88	176	320

（续）

项目	妊娠天数（d）					
	141	169	197	225	253	281
镁（g）	0.3	0.9	2.5	5.9	12	22
钾（g）	3	7	15	30	52	84
钠（g）	4	10	21	38	62	96
氯（g）	3	7	15	27	43	68
子宫沉积成分						
总重（kg）	11.0	17.7	26.7	38.7	53.9	72.8
蛋白质（kg）	0.59	1.10	2.01	3.53	5.94	9.47
脂肪（kg）	0.086	0.14	0.26	0.51	0.98	1.79
灰分（kg）	0.10	0.21	0.39	0.71	1.23	2.01
能量（MJ）	18	31	54	95	167	288
钙（g）	29	58	110	200	346	566
磷（g）	17	35	67	121	209	342
镁（g）	1.2	2.4	4.5	8.1	14	23
钾（g）	6	12	23	42	72	118
钠（g）	8	16	29	53	92	151
氯（g）	6	13	24	44	96	125

（1）我国《奶牛饲养标准》（2007，第 3 版）根据牛妊娠能量利用率低的特点，按每兆卡*妊娠沉积能量（胎儿＋子宫）约需要 4.87 Mcal 泌乳净能计算妊娠能量需要。根据胎儿生长发育情况，即从妊娠第6 个月开始胎儿能量沉积才明显增加，推荐妊娠第 6 个月、第 7 个月、第 8 个月、第 9 个月每天在维持基础上增加 1.00 Mcal、1.70 Mcal、3.00 Mcal 和 5.00 Mcal 泌乳净能满足妊娠需要。

（2）我国《肉牛饲养标准》（2000）根据 78 头妊娠母牛饲养试验结果，推荐了不同妊娠天数每千克胎增重（胎儿＋子宫增重）能量需要（按维持净能）的估算公式：NE_m(MJ/d)＝0.197 69t－11.761 12，胎儿增重按下式估算：胎儿增重（kg/d）＝(0.008 79t－0.854 54)×(0.143 9＋0.000 355 8W)。式中，t 为妊娠天数；W 为母牛体重（kg）。

（3）英国 ARC(1990、1993）给出的妊娠母牛每天胎儿及子宫的能量沉积量计算公式为：能量沉积量（MJ/d）＝$0.025W_C(E_t\times 0.020\ 1e^{-0.000\ 057\ 6t})$。式中，$W_C$ 为犊牛初生重。按 W_C(kg)＝$(W_m^{0.73}-28.89)/2.064$ 估计，式中，W_m 为母牛成年体重；E_t 为妊娠子宫在妊娠 t 天后沉积的总能量（MJ），按 $\lg(E_t)=151.665-151.64e^{-0.000\ 057\ 6t}$估算。

（4）美国国家科学研究委员会（NRC）（2000）根据荷斯坦牛妊娠母牛屠宰测定获得的参数，假定犊牛初生重 45 kg、ME 转化为胎儿及子宫沉积净能的效率为 0.14 计算妊娠的 ME 需要量：ME(Mcal/d)＝[（0.003 18×D－0.035 2）×(CBW/45)]/0.14。式中，D 为妊娠天数（190～279 d）；CBW 为犊牛初生重（kg）。以泌乳净能（NE_l）表示妊娠能量需要，ME 转化为 NE_l 的效率采用 0.64，则由上式得到妊娠的 NE_l 需要量为：NE_l(Mcal/d)＝[(0.003 18×D－0.035 2)×(CBW/45)]/0.64。

6. 泌乳奶牛体重变化的能量需要

泌乳奶牛在泌乳前期通常出现能量负平衡，动用部分体内储存能量用于产奶，出现体重下降。在泌乳中后期能量正平衡后，多余的能量在体内沉积，体重增加。根据比较屠宰试验结果，成年奶牛每

* 卡为非法定计量单位。1 cal＝4.184 J。——编者注

千克体重变化的能量含量平均为 6 Mcal，泌乳期间减重提供能量的泌乳转化率为 0.82，即每千克减重可提供 4.92 Mcal 泌乳净能，满足生产 6.56 kg 标准乳的能量需要。泌乳期间代谢能转化为生长净能的效率较高，与泌乳相近，每千克增重约需要相当于生产 8 kg 标准乳的能量。

7. 能量体系

简单地说，能量体系是奶牛饲养标准中采用的饲料能量营养价值和奶牛能量需要量表示方法。各国奶牛饲养标准中的能量体系可分为净能体系和代谢能体系两大类，多数国家采用净能体系，只有英国等少数国家采用代谢能体系。采用净能体系需要将饲料的能量营养价值评定到净能，奶牛的能量需要评定比较简单，如沉积到体组织中的能量即是生长净能需要。采用代谢能体系只需要将饲料的能量营养价值评定到代谢能，但牛的能量需要评定较复杂，如沉积到体组织中的能量需要处于代谢能转化为沉积能的效率才能得到生长的代谢能需要量。由于代谢能转化为维持、生长、泌乳、妊娠净能的效率不同，为了简化计算，各净能体系采用了不同的处理方法，通常根据代谢能转化为维持和泌乳净能的效率近似的特点，将两者合并。主要的净能体系有：

（1）泌乳净能体系。我国《奶牛饲养标准》（2007，第 3 版）以泌乳净能表示奶牛的各项能量需要量，增重净能乘以系数换算为泌乳净能，换算系数的回归公式为：增重净能换算泌乳净能系数＝$-0.5322+0.3254\ln(W)$。式中，W 为体重（kg）。饲料能值以泌乳净能表示，为在生产中更加直观地反应饲料的能量营养价值，将饲料的泌乳净能含量转换为奶牛能量单位（NND），即将每千克饲料的泌乳净能含量除以 1 kg 4%标准乳的能量含量（3 138 kJ）。如每千克玉米干物质中的 NND 含量为 2.58 个，即每千克玉米干物质的泌乳净能含量可满足分泌 2.58 kg 4%标准乳的能量需要。

（2）综合净能体系。我国《肉牛饲养标准》（2000）采用综合净能体系。饲料的综合净能值是其代谢能值与维持净能和增重净能综合转化效率（k_{mf}）的乘积。k_{mf}与用于维持和增重的代谢能比例有关，当比例固定后可由代谢能转化为维持净能的效率（k_m）及转化为增重净能的效率（k_f）推算，而代谢能用于维持和增重的比例显然与饲养水平有关，饲养水平（APL）的定义为 $(NE_m+NE_g)/(NE_m)$。在特定饲养水平下，k_{mf}与 k_m 和 k_f 存在以下关系：$k_{mf}=k_m\times k_f\times APL/[k_f+(APL-1)\times k_m]$。生长牛的日增重多在 1.2～1.4 kg，此时的饲养水平约为 1.5，因此饲料的综合净能值采用 $APL=1.5$时的 k_{mf}计算方法。牛在 $APL=1.5$ 时的综合净能需要量为其维持能量需要与生长能量需要之和，在 APL 大于或小于 1.5 时则不是，我国《肉牛饲养标准》（2000）对不同体重和日增重的肉牛综合净能需要采用校正系数的方法进行校正（表 8-4）。同样，为在生产中方便直观地反映饲料能值，我国《肉牛饲养标准》（2000）同时采用肉牛能量单位（RND）表示饲料能值，即每千克饲料的综合净能含量除以 1 kg 标准玉米的综合净能含量（9.13 MJ/kgDM）。如每千克麸皮的 RND 为 0.73 个，即每千克麸皮的综合净能含量为 1 kg 标准玉米干物质的 0.73 倍。法国、荷兰、瑞士等国的肉牛饲养标准也采用综合净能体系。

表 8-4　不同体重和日增重的肉牛综合净能需要采用的校正系数（kg）

体重	日增重											
	0	0.3	0.4	0.5	0.6	0.7	0.8	0.9	1.0	1.1	1.2	1.3
150～200	0.850	0.960	0.965	0.970	0.975	0.978	0.988	1.000	1.020	1.040	1.060	1.080
225	0.864	0.974	0.979	0.984	0.989	0.992	1.002	1.014	1.034	1.054	1.074	1.094
250	0.877	0.987	0.992	0.997	1.002	1.005	1.016	1.027	1.047	1.067	1.087	1.107
275	0.891	1.001	1.006	1.011	1.016	1.019	1.029	1.041	1.061	1.081	1.101	1.121
300	0.904	1.014	1.019	1.024	1.029	1.032	1.042	1.054	1.074	1.094	1.114	1.134
325	0.910	1.020	1.025	1.030	1.035	1.038	1.048	1.060	1.080	1.100	1.120	1.140
350	0.915	1.025	1.030	1.035	1.040	1.043	1.053	1.065	1.085	1.105	1.125	1.145

（续）

体重	日增重											
	0	0.3	0.4	0.5	0.6	0.7	0.8	0.9	1.0	1.1	1.2	1.3
375	0.921	1.031	1.036	1.041	1.046	1.049	1.059	1.071	1.091	1.111	1.131	1.151
400	0.927	1.037	1.042	1.047	1.052	1.055	1.065	1.077	1.097	1.117	1.137	1.157
425	0.930	1.040	1.045	1.050	1.055	1.058	1.068	1.088	1.100	1.120	1.140	1.160
450	0.932	1.042	1.047	1.052	1.057	1.060	1.070	1.082	1.102	1.122	1.142	1.162
475	0.935	1.045	1.050	1.055	1.060	1.063	1.073	1.085	1.105	1.125	1.145	1.165
500	0.937	1.047	1.052	1.057	1.062	1.065	1.075	1.087	1.107	1.127	1.147	1.167

(3) 净能体系。NRC奶牛饲养标准（2001）中，奶牛的维持、泌乳能量需要用泌乳净能表示，同时保留总可消化养分（TDN），生长的能量需要则以生长净能表示。与此相对应，饲料的能量含量也分别用泌乳和生长净能表示。NRC肉牛饲养标准（2000）用维持净能表示维持的能量需要，用生长净能表示生长的能量需要，饲料的能值也分别给出维持和生长净能的含量。

第三节　奶牛营养需要

泌乳是奶牛的重要生理机能，为哺育犊牛、繁衍种族所必需。奶牛经过长期选育和精心饲养，产奶量大大超过了哺育犊牛的需要。奶牛摄取的营养物质来自采食的饲料。

一、干物质采食量

采食量（intake）通常是指奶牛24 h内采食饲料的重量。采食是动物摄取营养物质的基本途径。采食量是衡量奶牛摄入营养物质数量的尺度。奶牛有“为能而食”的本能，能够根据饲料能量浓度调节采食量。与此同时，又受到消化道容积的限制。奶牛的采食是一种复杂的活动，包括觅食、识别、定位感知、食入和咀嚼、吞咽等一系列过程。

1. 干物质采食量

干物质采食量（dry matter intake，DMI）是指奶牛采食量除去水分后的重量，在奶牛营养中具有非常重要的意义，是确定日粮中各种营养物质浓度的前提。为了防止营养物质供给不足或过量，提高营养物质利用率，保证奶牛的健康，必须准确地估计奶牛的干物质采食量。尤其是奶牛产犊后，产奶量在40～60 d达到泌乳高峰，而干物质采食量在65～80 d才达到高峰，如果对干物质采食量估计不准确，则可能会加剧这一阶段奶牛能量的负平衡。

奶牛采食量可分为随意采食量（voluntary feed intake，VFI）和实际采食量。奶牛的随意采食量是指单个奶牛或单个牛群在自由接触饲料的情况下，一定时间内采食饲料的重量，是动物的本能。而生产实践中，由于饲喂条件不同，奶牛会有一个实际采食量。实际采食量会围绕随意采食量上下波动。

2. 干物质采食量的决定因素

影响奶牛采食量的因素很多，主要包括动物因素、饲料因素、环境因素、饲喂技术等。动物因素包括遗传、品系、生理阶段、健康状况、疲劳程度、感觉系统、后天的学习等；饲料因素包括适口性、能量水平、饲料蛋白质和氨基酸水平；从体内调节机制来划分，影响干物质采食量的因素大体分为两大类：物理调节和化学调节。

(1) 物理调节。奶牛可以通过胃肠道紧张度、体内温度变化等来调节采食量。

胃肠道紧张度是最重要的物理机械特性，是确定奶牛每次采食量大小的重要因素之一。如果胃的压力增加，就会抑制饥饿（hunger）收缩，并降低食欲（appetite）。饥饿是指动物在一段时间内未采食而消化道内食物已排空时的生理状态。饱（satiety）是指动物采食后，消化道已充满食物时的生理状态。食欲是指动物想进食的欲望，通常由一些内在因素（生理或心理因素）刺激或抑制动物的食欲。

热稳衡理论（thermostatic regulation）阐明了动物体温和采食量之间的关系。该理论认为，奶牛采食是为了维持机体正常的体温，停止采食是为了防止体温过高。

(2) 化学调节。该理论认为，奶牛通过消化道食糜成分和吸收的营养物质的浓度变化来调节采食量。挥发性脂肪酸、激素、氨基酸、pH、渗透压等都能够调控奶牛采食量。

① 挥发性脂肪酸。挥发性脂肪酸是奶牛的主要能量物质。血液中的挥发性脂肪酸参与采食量的调节。乙酸和丙酸能够直接或间接地调节采食量。挥发性脂肪酸含量高可使奶牛产生饱感。

② 激素。参与奶牛采食量调节的激素有生长激素、甲状腺激素、胆囊收缩素、性激素和胰岛素等。

此外，氨基酸、pH 和渗透压等化学物质在一定程度上也参与调节采食量。这些化学物质的受体存在于大脑和消化道的不同部位。

能量浓度较低时，若奶牛采食粗饲料，采食量会随着能量浓度的增加而增加，这时物理调节机制作用很大。能量浓度超过一定阈值时，采食量随能量浓度的增加而降低，这时物理调节停止，以化学调节为主。

3. 干物质采食量的预测

在实际生产中，通常用干物质采食量（DMI）占奶牛体重的百分比来表示干物质采食量预测值。

泌乳初期：$DMI=2.0\%\sim3.0\%W$

泌乳盛期：$DMI=2.5\%\sim4.0\%W$

泌乳中期：$DMI=2.5\%\sim3.5\%W$

泌乳后期：$DMI=2.5\%\sim3.0\%W$

干奶期：$DMI=2.0\%\sim2.5\%W$

后备期：$DMI=1.5\%\sim2.5\%W$

式中，W 为奶牛体重（kg）。

我国《奶牛饲养标准》（2007，第 3 版）：根据我国奶牛以玉米青贮和羊草为主要青粗饲料的特点，针对不同日粮结构，提出以下两个 DMI 预测公式。

对精粗比约为 60∶40 的偏精料型日粮：$DMI=0.062W^{0.75}+0.4FCM$

对精粗比约为 45∶55 的偏粗料型日粮：$DMI=0.062W^{0.75}+0.45FCM$

式中，DMI 为干物质进食量（kg/d）；FCM 为 4%乳脂率标准乳产量（kg/d）。

二、蛋白质需要

1. 蛋白质的营养生理作用

蛋白质（protein）是由氨基酸组成，是构成细胞、骨骼、肌肉、血液、抗体、激素、酶、乳汁、毛及各种组织器官的主要组成成分，对奶牛的生长、发育、繁殖以及各种器官的修复都是必需的，是生命活动必需的基础营养物质，起着不可替代的作用。

氨基酸是合成蛋白质的前体物质。蛋白质中常见氨基酸有 20 余种。其中，丙氨酸（Ala，A）、缬氨酸（Val，V）、亮氨酸（Leu，L）、异亮氨酸（Ile，I）、苯丙氨酸（Phe，F）、色氨酸（Trp，

W)、蛋氨酸（Met，M）、脯氨酸（Pro，P）是非极性氨基酸；甘氨酸（Gly，G）、丝氨酸（Ser，S）苏氨酸（Thr，T）、半胱氨酸（Cys，C）、酪氨酸（Tyr，Y）、天冬氨酸（Asn，N）、谷氨酸（Glu，Q）是不带电荷极性氨基酸；组氨酸（His，H）、赖氨酸（Lys，K）、精氨酸（Arg，R）是带正电荷极性氨基酸；天冬氨酸（Asp，D）、谷氨酸（Glu，E）是带负电荷极性氨基酸。

动物必需氨基酸有：Met、Trp、Lys、Val、Leu、Ile、Phe、Thr、His 和 Arg 10 种。生糖氨基酸包括 Ala、Cys、Gly、Ser、Thr、Asp、Asn、Met、Val、Arg、Glu、Gln、Pro 和 His，生酮氨基酸包括 Leu 和 Lys，生糖兼生酮氨基酸包括 Trp、Phe、Tyr 和 Ile。

功能性氨基酸是指在营养物质代谢过程中起重要作用的活性氨基酸，由具有特殊功能的蛋白氨基酸、非蛋白氨基酸和氨基酸衍生物组成，包括 γ-氨基丁酸、精氨酸、谷氨酰胺、亮氨酸、色氨酸和蛋氨酸的衍生物等。

支链氨基酸（branched-chain amino acids，BCAA）包括 Leu、Val 和 Ile 3 种。BCAA 在动物体内不能由其他物质合成或转换，它的合成仅限于在植物和微生物中进行。Leu 是生酮氨基酸，Ile 是生糖兼生酮氨基酸，Val 是生糖氨基酸。生酮氨基酸按照脂肪途径进行代谢，生糖氨基酸氧化脱氢后按照葡萄糖途径进行代谢。通过生酮和生糖作用，BCAA 与三羧酸循环相互联系，实现机体内蛋白质、糖类和脂肪这三大营养物质之间的互相转化。BCAA 作为动物的必需氨基酸，具有增强免疫力、调节奶牛泌乳、调节激素代谢、影响蛋白质的合成和分解等特殊的营养生理作用。

2. 奶牛对蛋白质的需要量

奶牛生长、发育、繁殖和泌乳都需要蛋白质的参与。不同时期对蛋白质需要量是不同的。

（1）维持蛋白质需要。奶牛维持的粗蛋白质需要量（g）一般为 $5.0\times W^{0.75}\sim5.6\times W^{0.75}$ [W 为奶牛体重（kg）]。

（2）生长蛋白质需要。生长牛的蛋白质需要量主要取决于蛋白质沉积量。由于影响奶牛体蛋白沉积量的因素很多，可依据下面的公式估计：

增重的蛋白质沉积（g/d）$=\Delta W\times(170.22-0.1731\times W+0.00017\times W^2)\times(1.12-0.1258\times\Delta W)$

式中，ΔW 为奶牛日增重（g）；W 为奶牛体重（kg）。

（3）妊娠蛋白质需要。妊娠蛋白质需要按奶牛妊娠各阶段胎儿所沉积的蛋白质量进行计算，小肠可消化蛋白质用于体蛋白质沉积利用率。

我国《奶牛饲养标准》（2007，第 3 版）：日粮可消化粗蛋白质的妊娠转化率采用 0.65，小肠可消化粗蛋白质的转化率采用 0.75，按此计算妊娠 6～9 个月的妊娠蛋白质需要量见表 8-5。

表 8-5　我国《奶牛饲养标准》（2007，第 3 版）妊娠蛋白质需要推荐量（g/d）

项目	妊娠月			
	6	7	8	9
可消化粗蛋白质	50	84	132	194
小肠可消化蛋白质	43	73	115	169

（4）泌乳蛋白质需要。泌乳蛋白质需要量取决于乳中蛋白质的含量。国内的奶牛产奶氮平衡试验结果表明，产 1 kg 标准乳需要粗蛋白质 85 g、可消化粗蛋白质 55 g、小肠消化粗蛋白质 47.5 g。

三、脂类需要

1. 脂类物质的营养生理作用

（1）供能储能的作用。脂类是奶牛体内重要的能源物质。脂类物质是含能最高的营养物质，生理条件下脂类物质含能分别约为蛋白质和碳水化合物的 2.25 倍。奶牛饲料通过添加脂类，能够提高产奶量和乳脂含量。奶牛摄入的能量超过需要量时，多余的能量主要以脂肪的形式储存在体内。犊牛颈部、肩部和腹部有一种特殊的脂肪组织，称为褐色脂肪（brown fat）。

（2）脂类在体内物质合成中的作用。脂类参与奶牛体组织构成、细胞膜构成，参与细胞内某些代谢调节物质的合成等。

（3）脂类在动物营养生理中的其他作用。

① 作为脂溶性营养素的溶剂。脂类物质是脂溶性维生素等的溶剂。

② 脂类具有保护作用。奶牛皮肤中脂类具有抵抗微生物侵袭、保护机体的作用。皮下脂肪具有良好的绝热作用，在冷环境中能够防止体热散失过快。

③ 脂类是代谢水的重要来源。每克脂肪氧化比蛋白质产生的水多 1.5 倍，比碳水化合物多产生水 67%～83%。

④ 脂类是奶牛必需脂肪酸的来源。必需脂肪酸（essential fatty acids，EFA）是指所有体内不能合成，必须由饲料提供或通过体内特定前体物合成，对机体正常机能和健康具有重要保护作用的脂肪酸。一般认为 α-亚麻油酸、亚油酸和花生四烯酸等都是 EFA。

2. 脂类对乳脂含量的影响

乳中的脂类称为乳脂（milk fat）。乳脂的主要成分是甘油三酯，约占 99%，呈小球状，称为乳脂肪球（milk fat globle），平均直径为 3～4 μm。乳脂中的脂肪酸组成与动物体脂中的脂肪有很大差别。乙酸和丁酸是合成乳脂的前体物质。正常饲养条件下，奶牛不会发生 EFA 缺乏症。

在饲养奶牛过程中，往往通过添加脂类来提高日粮能量水平。脂肪补充饲料在奶牛生产中应用较普遍，特别是高产奶牛的泌乳初期，能量代谢往往处于负平衡，日粮中补充脂类可以使能量代谢呈正平衡，使泌乳高峰提前出现，增加产奶量，减少代谢病。同时，泌乳奶牛日粮中使用脂类可减少低乳脂综合征的出现。高产奶牛需要饲喂大量的谷物饲料以满足能量需要，但当谷物饲料喂量超过日粮干物质的 60%时，瘤胃发酵类型会发生改变，乙酸产量降低，乳脂率下降，产生所谓的低乳脂综合征。补充适宜水平的脂类，不再需要饲喂大量淀粉，奶牛便可食入所需的能量。

3. 脂类需要量

奶牛饲料脂类含量最高为 10%左右。饲料脂类含量的提高会干扰瘤胃的正常功能，大大降低奶牛的采食量。乳脂肪是牛乳的主要营养成分，也是衡量牛乳品质优劣的重要指标之一。日粮中的脂肪酸直接提供母牛乳脂肪酸的 50%左右，这些脂肪酸几乎全属于长链脂肪酸。乳脂肪中的短链脂肪酸并非直接来源于日粮，而是在乳腺分泌细胞中由乙酸盐和羟基丁酸盐合成。乙酸盐和羟基丁酸盐都来源于瘤胃中植物性碳水化合物发酵而形成的乙酸和丁酸。

饲喂奶牛补充脂类时应当注意以下 3 点：

（1）脂类补充量要适当。奶牛日粮中脂类的含量最多不能超过日粮干物质的 7%。补充量一般为 3%～4%。奶牛脂类需要量取决于乳脂合成量。若一头奶牛日产鲜乳 36 kg、乳脂率为 3.5%，1 d 的乳脂量为 1.27 kg，若保持奶牛的正常状况和持续生产水平，日粮中就应该添加 1.27 kg 脂类。

（2）饲喂不同来源和类型的脂类。生产中不要只用一种脂类。棉籽 1 d 喂量超过 3～6 kg 时会出现棉酚中毒，导致内脏出血和机能降低。

（3）液态油脂不适用于泌乳牛。液态油脂一般不直接用于泌乳牛。添加脂类时要考虑组成日粮的粗饲料种类，注意脂类与粗饲料的相互作用。例如，苜蓿与棉籽有很好的协同作用，苜蓿能加快棉籽中脂类的消化。

四、碳水化合物需要

碳水化合物（carbohydrate）可以直接为奶牛机体提供能量，也可以转变为糖原和脂肪储存于体内。碳水化合物对乳汁形成和对奶牛的生理功能的维持起着关键性作用。奶牛对碳水化合物的消化和吸收以形成挥发性脂肪酸为主，以形成葡萄糖为辅，消化的部位以瘤胃为主，以小肠、盲肠和结肠为辅。

饲料中的碳水化合物包括粗纤维（crude fiber，CF）和无氮浸出物（nitrogen free extract，NFE）两大类物质。

1. 粗纤维

（1）粗纤维的生理作用。粗纤维是奶牛维持瘤胃的正常功能和奶牛健康的一种必需营养物质，是奶牛能量和乳脂肪成分的来源；能够促进反刍，使瘤胃内环境处于良好的状态；提高干物质摄入量、提高产奶量和保证牛奶营养成分。

粗纤维要有一定硬度，能够刺激瘤胃壁，促进瘤胃蠕动和正常反刍，保证瘤胃内细菌微生物正常繁殖和发酵，维持瘤胃环境的 pH 为 6～7。

（2）粗纤维需要量。饲料中的粗纤维包括纤维素、半纤维素、木质素等。奶牛日粮中要求至少有 15%～17%的粗纤维。高产奶牛日粮中要求粗纤维含量超过 17%，干乳期和妊娠末期奶牛日粮中的粗纤维含量为 20%～22%。

（3）中性洗涤纤维。由于粗纤维不能反映饲料的精确信息，Van Soest(1976）提出了用中性洗涤纤维（neutral detergent fiber，NDF）、酸性洗涤纤维（acid detergent fiber，ADF）、酸性洗涤木质素（acid detergent lignim，ADL）作为评定饲料中纤维类物质的指标。在实际生产中，奶牛日粮的 NDF 应在 28%～35%最为理想。

2. 无氮浸出物

（1）无氮浸出物的生理作用。无氮浸出物主要包括糖类等。尽管无氮浸出物需要量还没有具体指标，但无氮浸出物是一类重要的能量供给物质。葡萄糖是奶牛代谢活动快速应变需能的最有效的营养物质，是大脑神经系统、肌肉、脂肪组织、胎儿生长发育以及乳腺等代谢的唯一能源，是动物代谢活动中供能最有效的营养物质，是唯一能通过血浆和细胞在全身循环的一种碳水化合物。葡萄糖供应不足，牛易发酮病。奶牛产奶期体内 50%～85%的葡萄糖用于乳糖合成。高产奶牛平均每天大约需要 1.2 kg 葡萄糖用于乳腺合成乳糖。由于乳成分相对稳定，而血糖浓度对体内渗透压具有调节作用，因此血糖进入乳腺中的量必然会限制产奶量。

淀粉和中性洗涤纤维是奶牛瘤胃内发酵降解产生葡萄糖和挥发性脂肪酸的主要底物。淀粉在瘤胃内的发酵速度比 NDF 更快。但如果饲料中粗纤维水平太低，淀粉迅速发酵，能大量产酸，降低瘤胃液 pH，抑制粗纤维分解菌活性，严重时就会导致瘤酸中毒。因此，适宜的饲料纤维水平对消除大量采食精饲料所引起的采食量下降、粗纤维消化率降低，防止瘤胃酸中毒、黏膜溃疡和蹄病有一定效果。

（2）无氮浸出物需要量。无氮浸出物是不含氮的一类浸出物，又称可溶性碳水化合物。植物性饲料中含有较多的无氮浸出物。包括单糖（如葡萄糖）、双糖（如蔗糖）及某些多糖（如淀粉、戊糖、果胶）等。目前，无氮浸出物需要量没有具体指标。

五、矿物元素需要

1. 矿物元素的生理功能

矿物元素是动物营养中的一大类无机营养物质。

奶牛体内存在的矿物元素，是动物生理过程和体内代谢必不可少的。这类元素在体内具有重要的营养生理功能：

（1）以离子形式维持体内电解质平衡和酸碱平衡，如 Na^{+}、K^{+}、Cl^{-} 等。

（2）参与体组织的结构组成，如钙、磷、镁以及相应的盐是骨和牙齿的主要组成部分。

（3）激素的组成（如碘），参与体内的代谢调节等。

（4）酶（参与辅酶或辅基的组成）的组成部分（如锌、锰、铜、硒等）和激活剂（如镁、氯等）参与体内物质代谢。必需矿物元素和有毒有害元素对奶牛而言是相对的。某些元素在饲料中含量较低时是必需矿物元素，在含量过高的情况下则可能是有毒有害元素。

按照动物体内含量或需要不同，矿物元素分为常量元素和微量元素两类。

2. 常量元素需要量

常量元素一般是指在动物体内含量高于0.01%的元素，主要包括钙、磷、钾、钠、氯、镁、硫7种元素。

（1）钙。骨骼发育、神经传导、信息传递、肌肉兴奋、心肌收缩和血液凝固等生命活动都需要钙的参与。钙的排出有4条路径，分别是粪、尿、汗、乳。生长期奶牛缺乏钙，常容易出现佝偻病、软骨病等。

① 泌乳牛钙需要量。钙 [g/(d·头)]=[0.054×W（kg）+1.22×标准乳（kg）+0.007 8×1.23×W（kg）]÷0.38

头胎母牛钙需要量：

钙 [g/(d·头)]=[1.2×0.015 4×W（kg）+1.22×标准乳（kg）+0.007 8×1.23×W（kg）] ÷0.38

二胎母牛钙需要量：

钙 [g/(d·头)]=[1.1×0.015 4×W（kg）+1.22×标准乳（kg）+0.007 8×1.23×W（kg）] ÷0.38

② 生长母牛对钙的需要量。

体重90～250 kg的生长母牛：钙 [g/(d·头)]=8.00+0.036 7×W（kg）+0.008 48×ΔW（kg）

体重250～400 kg的生长母牛：钙 [g/(d·头)]=1.34+0.018 4×W（kg）+0.007 1×ΔW（kg）

体重高于400 kg的生长母牛：钙 [g/(d·头)]=25.4+0.000 92×W（kg）+0.003 6×ΔW（kg）

③ 干乳母牛对钙的需要量。

钙 [g/(d·头)]=[0.015 4×W（kg）+0.078×胎儿增重（kg）] ÷0.38

④ 公牛对钙的需要量。

钙 [g/(d·头)]=0.015 4×W（kg）÷0.38

式中，ΔW 为奶牛日增重；W 为奶牛体重。

（2）磷。磷不足，会影响生长速度和饲料转化率，导致食欲减退、发情异常、胎儿发育受阻、产奶量减少；磷过量时，容易引起骨骼生长发育异常，严重时可能会导致尿结石等症状。奶牛日粮的磷水平为0.38%。

① 泌乳牛对磷的需要量。

磷 [g/(d·头)]=[0.014 3×W（kg）+0.99×标准乳（kg）+0.004 7×1.23×W（kg）] ÷0.5

头胎母牛磷需要量：

磷 [g/(d·头)]=[1.2×0.043×W（kg）+0.99×标准乳（kg）+0.004 7×1.23×W（kg）] ÷0.5

二胎母牛磷需要量：

磷 [g/(d·头)]=[1.1×0.043×W（kg）+0.99×标准乳（kg）+0.004 7×1.23×W（kg）] ÷0.5

② 生长母牛对磷的需要量。

体重90～250 kg的生长母牛：

磷 [g/(d·头)]=0.884+0.05×W（kg）+0.004 86×ΔW（kg）

体重 250～400 kg 的生长母牛：

磷 [g/(d・头)]=7.27+0.021 5×W (kg)+0.006 02×ΔW (kg)

体重大于 400 kg 的生长母牛：

磷 [g/(d・头)]=13.5+0.002 07×W (kg)+0.008 29×ΔW (kg)

③ 干乳母牛对磷的需要量。

磷 [g/(d・头)]=[0.014 3×W (kg)+0.004 7×胎儿增重 (kg)] ÷0.5

④ 公牛对磷的需要量。

磷 [g/(d・头)]=0.012 5×W (kg)÷0.5

式中，ΔW 为奶牛日增重；W 为奶牛体重。

(3) 钾、钠和氯。钾、钠和氯参与维持体内酸碱平衡、维持神经和肌肉兴奋性、共同维持细胞内的渗透压和保持细胞容积，三者为酶提供有利于发挥作用的环境或作为酶的活化因子。钠对传导神经冲动和营养物质的吸收起重要作用。

实际生产中，若高产奶牛大量使用玉米青贮等饲料时可能出现缺钾症。这 3 种元素中缺乏任何一种均可使奶牛表现出食欲差、生长慢、失重、生产力下降和饲料转化率低等症状，同时将导致血浆中含量和尿中含量降低。当奶牛缺钾时，主要表现为生长受阻、肌肉软弱、异食癖、过敏症等症状。

泌乳牛钾的最低需要量为日粮干物质的 0.9%。高产奶牛（产奶 30～60 kg）则为 1%，但当热应激时，钾的需要量增加，约为日粮干物质的 1.2%。泌乳牛按日粮干物质采食量的 0.46%或按配合饲料（或精料补充料）的 1%计算，即可满足需要。一般泌乳牛每天喂 15 g 食盐；日产奶量在20 kg以上的奶牛喂 30 g 食盐就足够了。非泌乳牛按日粮干物质采食量的 0.25%～0.3%计算，即可满足需要。泌乳牛食盐的最大耐受水平为日粮干物质的 4%；生长母牛最大耐受水平为 9%。已经证明，高水平的食盐可使乳房肿胀加剧，不利于饲养管理。

(4) 镁。牛乳中含有大量镁，约为 0.015%，故镁的需要量随产奶量的提高而增加。母牛镁的维持需要量为 2～2.5 g/(d・头)，每产 1 kg 牛乳应另加 0.12 g。按日粮干物质计算，一般约为 0.2%。但在泌乳初期和日产奶量大于 35 kg 的高产奶牛，其对镁的需要量则为 0.25%～0.3%。在这种情况下，日粮中添加 0.5%～0.8%的氯化镁是适宜的。犊牛日粮中镁添加量为每千克体重 12～16 mg。

(5) 硫。硫分布于奶牛全身每个细胞中，是硫胺素和含硫氨基酸的重要成分。常规的奶牛饲料中，泌乳牛硫的需要量约为日粮干物质的 0.2%；泌乳早期牛为 0.25%；犊牛为 0.29%；干乳牛和其他生长牛为 0.16%。

高产奶牛日粮中添加硫酸钠、硫酸钙、硫酸钾和硫酸镁时能够维持其最适的硫平衡。保持泌乳牛最大饲料进食量的氮硫比为 (10～12)∶1。奶牛日粮中缺硫会使采食量和消化率下降，增重缓慢，产奶量下降和毛皮生长速率减慢。硫水平过高也可降低采食量，并给泌尿系统造成过重的负担，且干扰硒和铜的代谢。

3. 微量元素需要

微量元素一般是指在动物体内含量低于 0.01%的元素，目前查明必需的微量元素有铁、铜、锰、锌、碘、硒、钴、钼、氟、铬、硼等元素。铝、钒、镍、锡、砷、铅、锂、溴等元素在动物体内的含量非常低，在实际生产中几乎不出现缺乏症，但可能是奶牛必需的微量元素。

(1) 铁。铁是血红蛋白、肌红蛋白、细胞色素和多种酶系统的必需成分。铁的主要功能是作为氧的载体保证体组织内氧的正常输送。奶牛缺铁后，主要表现为营养性贫血症，产奶量下降。幼龄牛缺铁后，生长速度下降，皮肤苍白。

一般日粮干物质中铁含量为 50～100 mg/kg 就能满足奶牛需要，犊牛和生长牛为 100 mg/kg，泌乳牛为 50 mg/kg。犊牛出生后仅喂给初乳和全乳，不补饲粗饲料或犊牛料，几周后即可发生缺铁性贫血，使生长速度和饲料转化率下降。加喂含铁量 40 mg/kg 的犊牛料可预防犊牛贫血，但日增重1 kg以上则犊牛料中含铁量要达 80～100 mg/kg。在应激条件下，其需要量可提高到 90～160 mg/kg。

成年牛采食大量优质粗精料，一般很少缺铁。必要时可用硫酸亚铁、氯化亚铁、硫酸铁等补充于犊牛料或成年母牛料中。但奶牛对铁的最大耐受水平为 1 000 mg/kg。铁中毒多表现为腹泻、体温过高、代谢性酸中毒、饲料采食量和增重下降等症状。

（2）铜。红细胞的生成、骨骼的构成、被毛色素的沉积等都需要铜的参与。奶牛缺铜，主要表现为营养性贫血、被毛粗糙、毛色变浅。严重缺铜时，还可能导致严重下痢、骨骼异常、老牛“对侧步”等病理问题和发情率低或延迟、难产、子宫恢复难等繁殖问题。按照奶牛干物质采食量计算，奶牛对铜的需要量为 10～12 mg/kg，在应激状态下应增加到 30～50 mg/kg。

（3）锰。锰的主要功能是维持大量酶的活性，对骨骼、牙齿的形成具有重要作用。奶牛对锰的需要量为 40 mg/kg，在应激条件下可达 90～140 mg/kg，在生产条件下母牛为 40～60 mg/kg；0～6 月龄犊牛最佳量为 30～40 mg/kg。日粮中若缺锰可用硫酸锰、碳酸锰、氯化锰和氧化锰补充。近年已有氨基酸螯合锰，利用率更高，可以用于高产奶牛的日粮中。

（4）锌。奶牛的肌肉、皮毛、肝、精液、前列腺和牛乳中都有锌分布。锌是核酸代谢、蛋白质合成、糖代谢等百余种酶系的组成成分，与奶牛肌肉生长、被毛生长、组织修复和繁殖机能密切相关。

奶牛缺锌时，产奶量和乳质下降，犊牛生长发育受阻，采食量下降，蹄肿胀，呈鳞片状损伤，被毛易脱落，皮肤角质化。妊娠期的奶牛缺锌，容易导致犊牛免疫力下降。锌的维持需要量为：43.1 μg/kg BW，乳中锌含量为 3.7 mg/kg。

（5）碘。碘是合成甲状腺素的关键物质。缺碘时，奶牛代谢降低，甲状腺肿大，发育受阻。按照奶牛干物质采食量计算，泌乳牛碘需要量为 0.65 mg/kg，干乳牛为 0.4 mg/kg，犊牛和后备牛为 0.25 mg/kg。

（6）硒。硒在奶牛体内分布广泛，是谷胱甘肽过氧化物酶的主要成分。硒和维生素 E 具有相似的抗氧化作用，可分解组织脂类氧化所产生的过氧化物，保护细胞膜免受自由基的损害。奶牛缺硒后，将会引发白肌病、肝坏死、生长迟缓、繁殖力下降等。奶牛硒需要量为 0.1～0.3 mg/kg。

（7）钴。钴是维生素 B_{12} 的重要成分。奶牛瘤胃微生物可以利用钴合成维生素 B_{12}。因此，当奶牛缺乏钴时，容易出现维生素 B_{12} 缺乏，主要表现为营养不良、生长停滞、消瘦、贫血等。由于奶牛体内储存的钴不能为瘤胃微生物所用，所以必须持续补充钴。按照干物质采食量计算，每天补给量以 0.1 mg/kg 为宜，奶牛对钴的最大耐受量为 10 mg/kg。

六、维生素需要

维生素（vitamin）是一类动物代谢所必需且需要量极少的有机化合物，动物体内一般不能合成或合成量有限，必须由饲料提供，或提供其前体物质。维生素主要包括脂溶性维生素和水溶性维生素两大类。奶牛瘤胃可以合成机体所需的 B 族维生素和维生素 K。

1. 脂溶性维生素需要

脂溶性维生素包括维生素 A、维生素 D、维生素 E 和维生素 K。

（1）维生素 A。维生素 A 是含有 β-白芷酮环的不饱和一元醇，包括视黄醇、视黄醛和视黄酸 3 种衍生物。维生素 A 与视觉、上皮组织、繁殖、骨骼的生长发育等都有关系。处于妊娠期的奶牛对维生素 A 的需要比生长牛一般高 2～3 倍。维生素 A 只存在于动物体内。因此，多数情况下，在高精料日粮、高玉米青贮日粮、低质粗料日粮、饲养条件恶劣和免疫机能下降的情况下，都需要额外补充维生素 A。在不考虑基础日粮的前提下，按体重计算，后备母牛对维生素 A 的需要量为 24 μg/kg，成年奶牛对维生素 A 的需要量为 33 μg/kg。以日粮干物质为基础表示，犊牛的维生素 A 需要量为 1 140 μg/kg，生长牛为 600 μg/kg，干乳牛和泌乳牛为 1 200 μg/kg，维生素 A 的安全摄入上限为

19 800 μg/kg。

(2) 维生素 D。维生素 D 有维生素 D_2（麦角固醇）和维生素 D_3（胆钙化醇）两种活性形式。小肠是吸收维生素 D 的主要场所。维生素 D 最基本的功能是促进肠道钙和磷的吸收，提高血液钙和磷的水平，促进骨的钙化。成年母牛维生素 D 的需要量比一般生长动物高 1～1.5 倍。

(3) 维生素 E。维生素 E 又称生育酚，是一组化学结构近似的酚类化合物。缺乏维生素 E 时犊牛出现白肌病，奶牛表现为肌营养不良。维生素 E 几乎是无毒的，奶牛能耐受数倍于需要量的剂量。成年母牛维生素 E 需要量比生长动物高 2 倍左右。

(4) 维生素 K。维生素 K，也称凝血酶维生素。现在已知有多种具有维生素 K 活性的萘醌化合物。天然存在的维生素 K 活性物质有叶绿醌（维生素 K_1）和甲基萘醌（维生素 K_2）。维生素 K 耐热，但对光照、强酸、碱和辐射不稳定。维生素 K 主要参与凝血活动。缺乏维生素 K，凝血时间延长。奶牛瘤胃微生物能够合成足够需要的维生素 K。

2. 水溶性维生素需要

水溶性维生素包括 B 族维生素（硫胺素、核黄素、泛酸、氯化胆碱、烟酸、生物素、肌醇、叶酸、维生素 B_{12}）、维生素 C 等。

(1) 硫胺素（维生素 B_1）。硫胺素是几种能量代谢途径中一种重要的辅酶，在神经和大脑机能中发挥作用。硫胺素来源于谷物、谷物副产品、大豆粕以及啤酒酵母。瘤胃微生物合成硫胺素的量等于或超过从日粮中摄取的量。

瘤胃功能正常的健康奶牛一般不会出现硫胺素缺乏症。尽管瘤胃会破坏掉饲料中 48%的硫胺素，但饲料中结合的硫胺素和瘤胃合成的硫胺素仍能满足或超过奶牛的代谢需要。当饲料结合的或瘤胃异常发酵过程中产生的硫胺素酶，破坏了硫胺素或产生阻止硫胺素相关反应的硫胺素拮抗物，就会导致硫胺素缺乏。蕨类植物和一些生鱼中含有硫胺素酶。饲喂含硫酸盐较高的饲料或者遇到一些可使瘤胃 pH 迅速下降的因素，都可能会引起硫胺素缺乏。

(2) 核黄素（维生素 B_2）。核黄素是与中间代谢相关的几个酶系的组成成分。已经确定奶牛饲料中不须添加核黄素。饲料中的核黄素几乎 100%在瘤胃中被破坏，所以组织的需要是通过微生物合成来满足的。

(3) 泛酸（维生素 B_3）。泛酸是辅酶 A 的一个组成成分，是脂肪酸氧化、氨基酸分解以及乙酰胆碱合成等代谢过程中关键反应所必需的。瘤胃微生物合成的泛酸比饲料中泛酸含量多 20～30 倍，因此饲料中不需要添加泛酸。

(4) 氯化胆碱（维生素 B_4）。饲料中的天然胆碱主要以磷脂形式出现。天然胆碱和饲料中补充的氯化胆碱都能够被瘤胃微生物大量降解。瘤胃微生物降解胆碱产生乙醛和三甲胺。三甲胺的甲基碳最终被降解生成甲烷。由于瘤胃的降解作用，在饲料中添加未被保护的胆碱是没有益处的。全乳中胆碱含量变化很大（43～285 mg/L），以磷脂形式存在的胆碱浓度为 25 mg/L。过瘤胃灌注氯化胆碱或饲料添加过瘤胃保护胆碱，都可促进胆碱向牛乳中分泌。这表明分泌到乳中的胆碱量可作为评价过瘤胃补充胆碱效果的一个定性指标。

大多数奶牛胆碱缺乏的典型症状是出现脂肪肝。犊牛胆碱缺乏症状为肌肉无力、肝出现脂肪浸润以及肾出血。目前，还不能确定泌乳牛对胆碱的需要量。作为反刍动物，由于瘤胃对日粮胆碱的破坏作用很严重，奶牛已经适应了肠道几乎没有可吸收胆碱的状况。犊牛的胆碱需要量为 1 000 mg/kg（以干物质计）。

(5) 烟酸（维生素 B_5）。烟酸是吡啶-3-羧酸及其活性酰胺衍生物的总称。烟酸的功能是作为吡啶核苷酸电子载体 NADⅠ和 NADPⅡ的一种辅酶。因而，烟酸在线粒体呼吸链和碳水化合物、脂类以及氨基酸的代谢中起着非常重要的作用。

瘤胃可以合成一定数量的烟酸，日粮添加烟酸有 17%～30%可到达小肠。在瘤胃和网胃的烟酰胺被迅速转化为烟酸。烟酸具有抗脂解的作用，奶牛日粮中添加烟酸能够防止和治疗脂肪肝与酮病，并且在泌乳初期的奶牛日粮中添加烟酸，还可提高产奶量。

（6）生物素（维生素 B_7）。生物素是参与羧化反应的许多酶的辅助因子。它在瘤胃中不会被大量代谢分解掉，增加日粮中生物素的含量，可使血清和牛乳中生物素含量升高。日粮中长期添加生物素可明显改善奶牛蹄部健康，并且泌乳早期添加生物素还可提高产奶量。

（7）肌醇（环己六醇）。肌醇是脂类代谢和转运过程中的重要营养物，是磷脂的组成成分，具有亲脂活性。肌醇作为植酸的一部分存在于饲料中。植酸在瘤胃中可被降解，因而成年奶牛不会出现肌醇缺乏症。

（8）叶酸（维生素 B_{11}）。叶酸以辅酶形式参与生化代谢中一碳单位的转移。蛋氨酸也可作为甲基供体，因而添加叶酸可以节省蛋氨酸。但瘤胃微生物能大量降解添加的叶酸，因此通常给奶牛以注射的方式来添加叶酸。对于成年奶牛来说，饲料来源的叶酸和微生物合成的叶酸就可满足机体对叶酸的需要。而还未完全建立瘤胃区系的犊牛，有可能会出现叶酸缺乏症。

（9）维生素 B_{12}。维生素 B_{12} 是两种主要酶的辅助因子，即丙酸转化为琥珀酸时必需的甲基丙二酰辅酶 A 变位酶，以及催化甲基从 5-甲基四氢叶酸转向高半胱氨酸以形成蛋氨酸和四氢叶酸的四氢叶酸甲基转移酶。在植物中未发现维生素 B_{12} 的存在。微生物合成是维生素 B_{12} 的唯一天然来源。只要饲料中钴含量充足，瘤胃微生物就能合成奶牛所需要的全部维生素 B_{12}。

当日粮中缺乏动物性蛋白质饲料时，犊牛可发生维生素 B_{12} 缺乏症，这表明维生素 B_{12} 是奶牛必需的一种营养素。生产上建议奶牛维生素 B_{12} 的需要量为 0.34～0.68 μg/kg BW。对于成年奶牛，维生素 B_{12} 因其在丙酸代谢和甲硫氨酸合成中的作用而显得更为重要。研究表明，当给奶牛饲喂高谷物饲料时，维生素 B_{12} 不足与低乳脂综合征有关。

（10）维生素 C。维生素 C 又称抗坏血酸，是一种水溶性细胞抗氧化剂，在奶牛机体细胞中由古洛糖酸合成而来。抗坏血酸还参与调节类固醇的合成，在分泌类固醇的细胞中，抗坏血酸的浓度很高。犊牛在大约 3 周龄后才能合成抗坏血酸。因此，不认为维生素 C 是大于 3 周龄的健康牛必不可少的营养素。

七、水分需要

水是生命之源，是奶牛最重要的营养物质。奶牛体内含水量占体重的 56%～81%。

1. 水的生理作用

（1）水是一种理想的溶剂。奶牛所需的营养物质，如糖类、脂类、蛋白质、水溶性维生素、矿物质等，都需要溶于水中才可以被吸收利用；机体组织代谢产生的废物只有溶于水，才能排出体外。

（2）水可以调节体温。水的比热大［4.2×10^3 J/(kg·℃)］、导热性好、蒸发热高，故水可储蓄热能、传递热能、蒸发热能，有利于体温的调节。

（3）水是奶牛机体细胞的主要组成成分。水可以和机体细胞内的蛋白质相结合，使细胞保持一定的形态、结构和硬度。

（4）水是一切化学反应的介质。机体的很多生化反应都在水环境中进行。机体中的水参与各种氧化还原反应、水解反应、水合反应、有机物合成及细胞呼吸等过程。

（5）水是一种良好的润滑剂。奶牛关节囊、体腔内和各个器官之间的组织液中的水，均可减少骨组织间、器官间的摩擦，起到润滑的作用。

（6）运输。水分的存在，使奶牛机体的营养物质与不可利用物质得以运输、交换。

（7）水影响奶牛健康。奶牛饮水是间断的，失水是连续的。因此，维持机体水分的充足就显得尤为重要了。目前，生产上一般都采取自由饮水的方式。缺水将导致奶牛机体出现干渴、消化机能减弱、食欲丧失、皮肤干裂等，抵抗力下降。机体失水10%，将导致严重的代谢紊乱；失水20%以上，将导致奶牛死亡。

2. 水的来源

奶牛获取水的途径有3条：饮水、代谢水和饲料水。

(1) 饮水。奶牛水分的来源60%～80%源于饮水。水源充足、水质良好是奶牛高产的前提条件。通常情况下，奶牛需水量与干物质采食量呈一定的比例关系。成年奶牛每天饮水70～120 L。奶牛的饮用水水质应符合《生活饮用水卫生标准》(GB 5749)。

(2) 代谢水。代谢水是指糖类、脂类和蛋白质等有机物在机体内氧化分解所产生的水。蛋白质的平均含氢量是7%，但是因为其代谢产物尿素（或尿酸）中的氢不能氧化产生水。因此，蛋白质分解产生的水少于糖类和脂类。

(3) 饲料水。不同的饲料含水量差异较大，豆粕含水量为10%～12%，青干草为10%～15%，啤酒糟为64%～76%，青贮玉米为70%，青绿多汁饲料为75%～85%。

在饮水缺乏的情况下，饲料水能够缓解缺水对机体造成的一些不良影响。

3. 水的流失

奶牛水分损失的途径包括泌乳、排粪、排尿、呼吸、唾液和肺部蒸发。泌乳牛通过泌乳损失的水分占总摄入水分的25%～35%，大肠排粪的水分损失占30%～35%，肾排尿的水分损失占15%～20%，呼吸排汗、唾液和肺部蒸发损失占18%左右。

肾排尿、呼吸排汗和大肠排粪是水流失的主要途径。水的排出主要通过肾排尿量来调节。奶牛体液和消化道中的水合成奶牛体内的总水。奶牛总水量经常保持一个较为恒定的值。

牛粪含水量高达80%。粪中含水量也受饲料性质的影响，如奶牛采食高纤维饲料，粪中的水分会有所增加。

4. 奶牛需水量

奶牛需水量受奶牛体型、气候、日粮组成、生长速度、产奶量、生理状况等多种因素的影响。通常情况下，大体型奶牛的饮水量高于小体型奶牛，产奶牛高于干乳牛。炎热的夏季奶牛饮水量会大幅增加。日粮中盐、碳酸氢钠和蛋白质含量过高会增加水的摄入，钠的摄入量每天增加1 g，饮水量就增加0.5 kg/d。奶牛生长速度越快，需水量也越多。奶牛的饮水量与其产奶量呈正相关。非泌乳牛每天饮水量达26 L，泌乳牛每产1 kg乳汁需4～5 kg水。

第四节　奶牛饲养标准及需要量

一、饲养标准

1. 饲养标准的制定

饲养标准（feeding standard）揭示了动物体营养代谢与生活环境之间的规律，高度概括了饲养客观事实，根据动物种类、性别、年龄、生理状态、饲养目的与水平以及饲喂过程中的经验，科学地规定一只动物每天应该给予的能量和各种营养物质的数量。饲养标准的应用，引导了饲料配方技术的普及与推广，从而推进了养殖业发展。

从20世纪中叶起，一些国家陆续制定了奶牛饲养标准或营养需要量。我国2004年也制定了《奶牛饲养标准》。饲养标准或营养需要量的制定和应用，可在提高动物饲料转化率、节约饲料成本的基础上，使养殖动物发挥最佳生产潜力。随着科技发展和研究的不断深入，饲料标准将会更加全面、更加完善。

目前所采用的奶牛营养需要系统一般都有 3 个要素：第一，评估生命维持和产出（乳、肉、胎儿生长）所需要的能量、蛋白质、矿物质、维生素和水；第二，评估用于奶牛饲养的饲料营养价值；第三，提供能评估奶牛对饲料应答的预测方程。

制定饲养标准时，首先需要通过消化试验与平衡试验取得相关饲料的消化与利用方面的数据。饲料的可消化营养物质的总能量为蛋白质、脂肪和碳水化合物的能量之和，并分别求得消化能、代谢能和产品能。一般可以将营养需要量概括为维持需要量和生产需要量。

2. 饲养标准与实际生产的关系

理论上讲，配制奶牛日粮时按照饲养标准或营养需要量来为奶牛提供营养成分，可以充分发挥奶牛的生产潜力，使日粮营养成分合理、有效地产生作用，减少不必要的浪费，从而降低生产成本。但是，实际生产中使用饲养标准的人员专业水平不同，对饲养标准的理解程度不同，在运用中总是或多或少地存在一些认识上的偏差。尽管饲养标准是具有学术权威的专门机构根据大量动物营养需要的研究成果和在生产实践中积累的大量数据，进行综合整理而成的动物营养需要量或供给量的规定值。但动物品种、年龄、性别、饲养标准条件、环境状况和管理水平等任何条件的改变均可能改变营养需要和营养物质利用性。因此，在实际生产应用中存在一些问题，突出地表现为简单地将几种原料拼凑起来满足饲养标准中规定的各种营养物质的数值，事实上这是不够的，也影响饲养标准的精确性和适用性。另外的问题就是经济效益和生产性能之间的矛盾问题。生产者追求的是最佳经济效益，而非最佳生产性能。标准中所列的生产性能，不见得是取得最佳经济效益时的生产性能。生产者看重的是投入产出比，而饲养标准中的数值是指获得某一最佳生产性能时的最低需要量。显然，最佳生产性能并不一定会产生最佳经济效益。

实际应用中，饲养标准的静态性与营养物质的变化性之间也存在着矛盾。生产过程中追求最佳生产性能，也不能完全按照饲养标准来配制饲料，因为饲养标准中的数值是指特定条件的静态值。而这些条件并不是一成不变的，也就是说，动物对各种营养物质的需要是连续不断变化的，饲养标准应该是动态的。同时，饲养标准还存在着滞后性。一个标准几年甚至十几年才修订一次，难以反映当前最新动物营养与饲料科研成果及养殖业发展水平，在一定程度上总是落后于时代的。因此，应该及时引入新的营养指标体系并建立动态的营养需要系统，构建新的饲料成分及营养价值表（库），使现代信息技术和优化技术相结合。

二、饲养标准的需要量及表达方式

1. 按每头动物每天需要量表示

需要量（requirement）明确给出了每头动物每天对各种营养物质所需要的绝对数量，适用于动物生产者用来估计饲料供给或对动物进行严格计量限饲。现行的反刍动物饲养标准一般以这种方式表达对各种营养物质的确切需要量。非反刍动物，特别是猪的饲养标准也采用这种表示方法。如 NRC（1998）中规定体重为 20～50 kg 阶段的生长猪，每天每头需要 DE 26.4 MJ，钙 11.13 g，总磷 9.28 g，维生素 A 2 412 IU。

2. 按单位日粮中营养物质浓度表示

按体重或代谢体重表示。此表示法在析因法估计营养需要或动态调整营养需要或营养供给中比较常用。按维持需要量加生长或生产需要量来制定营养定额的“标准”中也采用这种表达方式。标准中表达维持需要常用这种方式，例如，产奶牛用于维持的粗蛋白质需要量是 $4.6\ g \cdot W^{-0.75}$，钙、磷、食盐的维特需要量分别是每 100 kg 体重 6 g、4.5 g、3 g。

3. 按生产力表示

此表示法即动物生产单位产品（肉、乳、蛋等）所需要的营养物质数量。例如，奶牛每产 1 kg 标准乳需要粗蛋白质 58 g。

反刍动物饲养标准还可有其他表示方法，如 NRC 牛的饲养标准中，能量常列出可消化总养分（TDN），我国《奶牛饲养标准》中能量指标列出了奶牛能量单位（NND）。

三、我国《奶牛饲养标准》营养需要

我国《奶牛饲养标准》在能量体系上使用奶牛能量单位（NND）和产奶净能；在蛋白质需要量上采用可消化粗蛋白质和小肠可消化粗蛋白质；在维生素的供给上列出了胡萝卜素和维生素 A 的需要。表 8－6 给出了成年母牛的维持需要。表 8－7 给出了奶牛每产 1 kg 乳的营养需要。表 8－8 是母牛妊娠最后 4 个月的营养需要。表 8－9 给出了生长母牛的营养需要。表 8－10 是生长公牛的营养需要。

表 8－6　成年母牛的维持需要

体重（kg）	日粮干物质（kg）	奶牛能量单位（NND）	产奶净能		可消化粗蛋白质（g）	小肠可消化粗蛋白质（g）	钙（g）	磷（g）	胡萝卜素（mg）	维生素 A（IU）
			（Mcal）	（MJ）						
350	5.02	9.17	6.88	28.79	243	202	21	16	37	15 000
400	5.55	10.13	7.60	31.8	268	224	24	18	42	17 000
450	6.06	11.07	8.30	34.73	293	244	28	20	48	19 000
500	6.56	11.97	8.98	37.57	317	264	30	22	53	21 000
550	7.04	12.88	9.65	40.38	341	284	33	25	58	23 000
600	7.52	13.73	10.30	43.1	364	303	36	27	64	26 000
650	7.98	14.59	10.94	45.77	386	322	39	30	69	28 000
700	8.44	15.43	11.57	48.41	408	340	42	32	74	30 000
750	9.89	16.24	12.18	50.96	430	358	45	34	79	32 000

注：1. 对第 1 个泌乳期的维持需要按上表基础加 20%，第 2 个泌乳期增加 10%。

2. 如第 1 个泌乳期的年龄和体重过小，应按生长牛的需要计算实际增重的营养需要。

3. 放牧运动时，须在上表基础上增加能量需要量，按正文中的说明计算。

4. 在环境温度低的情况下，维持能量消耗增加，须在上表基础上增加需要量，按正文说明计算。

5. 泌乳期间，体重每增加 2 kg 须增加 8 NND 和 325 g 可消化粗蛋白质，每减少 1 kg 须扣除 6.56 NND 和 250 g 可消化粗蛋白质。

表 8－7　奶牛每产 1 kg 乳的营养需要

［引自《奶牛饲养标准》（NY/T 34—2004）］

乳脂率（%）	日粮干物质（kg）	奶牛能量单位（NND）	产奶净能		可消化粗蛋白质（g）	小肠可消化粗蛋白质（g）	钙（g）	磷（g）
			（Mcal）	（MJ）				
2.5	0.31～0.35	0.80	0.60	2.51	49	42	3.6	2.4
3.0	0.34～0.38	0.87	0.65	2.72	51	44	3.9	2.6
3.5	0.37～0.41	0.93	0.7	2.93	53	46	4.2	2.8

（续）

乳脂率（%）	日粮干物质（kg）	奶牛能量单位（NND）	产奶净能		可消化粗蛋白质（g）	小肠可消化粗蛋白质（g）	钙（g）	磷（g）
			（Mcal）	（MJ）				
4.0	0.4～0.45	1.00	0.75	3.14	55	47	4.5	3
4.5	0.43～0.49	1.06	0.80	3.35	57	49	4.8	3.2
5.0	0.46～0.52	1.13	0.84	3.52	59	51	5.1	3.4
5.5	0.49～0.55	1.19	0.89	3.72	61	53	5.4	3.6

表 8-8　母牛妊娠最后 4 个月的营养需要

体重（kg）	怀孕月份	日粮干物质（kg）	奶牛能量单位（NND）	产奶净能		可消化粗蛋白质（g）	小肠可消化粗蛋白质（g）	钙（g）	磷（g）	胡萝卜素（mg）	维生素 A（IU）
				（Mcal）	（MJ）						
350	6	5.78	10.51	7.88	32.97	293	245	27	18	67	27
	7	6.28	11.44	8.58	35.9	327	275	31	20		
	8	7.23	13.17	9.88	41.34	375	317	37	22		
	9	8.7	15.84	11.84	49.54	437	370	45	25		
400	6	6.3	11.47	8.6	35.99	318	267	30	20	76	30
	7	6.81	12.4	9.3	38.92	352	297	34	22		
	8	7.76	14.13	10.6	44.36	400	339	40	24		
	9	9.22	16.8	12.6	52.72	462	392	48	27		
450	6	6.81	12.4	9.3	38.92	343	287	33	22	86	34
	7	7.32	13.33	10	41.84	377	317	37	24		
	8	8.27	15.07	11.3	47.28	425	359	43	26		
	9	9.73	17.73	13.3	55.65	487	412	51	29		
500	6	7.31	13.32	9.99	41.8	367	307	36	25	95	38
	7	7.82	14.52	10.69	44.73	401	337	40	27		
	8	8.78	15.99	11.99	50.17	449	379	46	29		
	9	10.24	18.66	13.99	58.54	511	432	54	32		
550	6	7.8	14.2	10.65	44.56	391	327	39	27	105	42
	7	8.31	15.13	11.35	47.49	425	357	43	29		
	8	9.26	16.87	13.65	52.93	473	399	49	31		
	9	10.72	19.53	14.65	61.3	535	452	57	34		
600	6	8.27	15.07	11.3	47.28	414	346	42	29	114	46
	7	8.78	16	12	50.21	448	376	46	31		
	8	9.73	17.73	13.3	55.65	496	418	52	33		
	9	11.2	20.4	15.3	64.02	558	471	60	36		
650	6	8.74	15.92	11.94	49.96	436	365	45	31	124	50
	7	9.25	16.85	12.64	52.89	470	395	49	33		
	8	10.21	18.59	13.94	58.33	518	437	55	35		
	9	11.67	21.25	15.94	66.7	580	490	63	38		

（续）

体重（kg）	怀孕月份	日粮干物质（kg）	奶牛能量单位（NND）	产奶净能		可消化粗蛋白质（g）	小肠可消化粗蛋白质（g）	钙（g）	磷（g）	胡萝卜素（mg）	维生素 A（IU）
				（Mcal）	（MJ）						
700	6	9.22	16.76	12.57	52.6	458	383	48	34	133	53
	7	9.71	17.69	13.27	55.53	492	413	52	36		
	8	10.67	19.43	14.57	60.97	540	455	58	38		
	9	12.13	22.09	16.57	69.33	602	508	66	41		
750	6	9.65	17.57	13.13	55.15	480	401	51	36	143	57
	7	10.16	18.51	13.88	58.08	514	431	55	38		
	8	11.11	20.24	15.18	63.52	562	473	61	40		
	9	12.58	22.91	17.18	71.89	624	526	69	43		

表 8-9　生长母牛的营养需要

体重（kg）	日增重（g）	日粮干物质（kg）	奶牛能量单位（NND）	产奶净能（Mcal）	产奶净能（MJ）	可消化粗蛋白质（g）	小肠可消化粗蛋白质（g）	钙（g）	磷（g）	胡萝卜素（mg）	维生素 A（kIU）
40	0	—	2.20	1.65	6.90	41	—	2	2	4.0	1.6
	200	—	2.67	2.00	8.37	92	—	6	4	4.1	1.6
	300	—	2.93	2.20	9.21	117	—	8	5	4.2	1.7
	400	—	3.23	2.42	10.13	141	—	11	6	4.3	1.7
	500	—	3.52	2.64	11.05	164	—	12	7	4.4	1.8
	600	—	3.84	2.86	12.05	188	—	14	8	4.5	1.8
	700	—	4.19	3.14	13.14	210	—	16	10	4.6	1.8
	800	—	4.56	3.42	14.31	231	—	18	11	4.7	1.9
50	0	—	2.56	1.92	8.04	49	—	3	3	5.0	2.0
	300	—	3.32	2.49	10.42	124	—	9	5	5.3	2.1
	400	—	3.60	2.70	11.30	148	—	11	6	5.4	2.2
	500	—	3.92	2.94	12.31	172	—	13	8	5.5	2.2
	600	—	4.24	3.18	13.31	194	—	15	9	5.6	2.2
	700	—	4.60	3.45	14.44	216	—	17	10	5.7	2.3
	800	—	4.99	3.74	15.65	238	—	19	11	5.8	2.3
60	0	—	2.89	2.17	9.08	56	—	4	3	6.0	2.4
	300	—	3.67	2.75	11.51	131	—	10	5	6.3	2.5
	400	—	3.96	2.97	12.43	154	—	12	6	6.4	2.6
	500	—	4.28	3.21	13.44	178	—	14	8	6.5	2.6
	600	—	4.63	3.47	14.52	199	—	16	9	6.6	2.6
	700	—	4.99	3.74	15.65	221	—	18	10	6.7	2.7
	800	—	5.37	4.03	16.87	243	—	20	11	6.8	2.7

（续）

体重（kg）	日增重（g）	日粮干物质（kg）	奶牛能量单位（NND）	产奶净能（Mcal）	产奶净能（MJ）	可消化粗蛋白质（g）	小肠可消化粗蛋白质（g）	钙（g）	磷（g）	胡萝卜素（mg）	维生素 A（kIU）
	0	1.22	3.21	2.41	10.09	63	—	4	4	7.0	2.8
	300	1.67	4.01	3.01	12.60	142	—	10	6	7.9	3.2
	400	1.85	4.32	3.24	13.56	168	—	12	7	8.1	3.2
70	500	2.03	4.64	3.48	14.56	193	—	14	8	8.3	3.3
	600	2.21	4.99	3.74	15.56	215	—	16	10	8.4	3.4
	700	2.39	5.36	4.02	16.82	239	—	18	11	8.5	3.4
	800	3.61	5.76	4.32	18.08	262	—	20	12	8.6	3.4
	0	1.35	3.51	2.63	11.01	70	—	5	4	8.0	3.2
	300	1.80	4.32	3.24	13.56	149	—	11	6	9.0	3.6
	400	1.98	4.64	3.48	14.57	174	—	13	7	9.1	3.6
80	500	2.16	4.96	3.72	15.57	198	—	15	8	9.2	3.7
	600	2.34	5.32	3.99	16.70	222	—	17	10	9.3	3.7
	700	2.57	5.71	4.28	17.91	245	—	19	11	9.4	3.8
	800	2.79	6.12	4.59	19.21	268	—	21	12	9.5	3.8
	0	1.45	3.80	2.85	11.93	76	—	6	5	9.0	3.6
	300	1.84	4.64	3.48	14.57	154	—	12	7	9.5	3.8
	400	2.12	4.96	3.72	15.57	179	—	14	8	9.7	3.9
90	500	2.30	5.29	3.97	16.62	203	—	16	9	9.9	4.0
	600	2.48	5.65	4.24	17.75	226	—	18	11	10.1	4.0
	700	2.70	6.06	4.54	19.00	249	—	20	12	10.3	4.1
	800	2.93	6.48	4.86	20.34	272	—	22	13	10.5	4.2
	0	1.62	4.08	3.06	12.81	82	—	6	5	10.0	4.0
	300	2.07	4.93	3.70	15.49	173	—	13	7	10.5	4.2
	400	2.25	5.27	3.95	16.53	202	—	14	8	10.7	4.3
100	500	2.43	5.61	4.21	17.62	231	—	16	9	11.0	4.4
	600	2.66	5.99	4.49	18.79	258	—	18	11	11.2	4.4
	700	2.84	6.39	4.79	20.05	285	—	20	12	11.4	4.5
	800	3.11	6.81	5.11	21.39	311	—	22	13	11.6	4.6
	0	1.89	4.73	3.55	14.86	97	82	8	6	12.5	5.0
	300	2.39	5.64	4.23	17.70	186	164	14	7	13.0	5.2
	400	2.57	5.96	4.47	18.71	215	190	16	8	13.2	5.3
	500	2.79	6.35	4.76	19.92	243	215	18	10	13.4	5.4
125	600	3.02	6.75	5.06	21.18	268	239	20	11	13.6	5.4
	700	3.24	7.17	5.38	22.51	295	264	22	12	13.8	5.5
	800	3.51	7.63	5.72	23.94	322	288	24	13	14.0	5.6
	900	3.74	8.12	6.09	25.48	347	311	26	14	14.2	5.7
	1 000	4.05	8.67	6.50	27.20	370	332	28	16	14.4	5.8

（续）

体重（kg）	日增重（g）	日粮干物质（kg）	奶牛能量单位（NND）	产奶净能（Mcal）	产奶净能（MJ）	可消化粗蛋白质（g）	小肠可消化粗蛋白质（g）	钙（g）	磷（g）	胡萝卜素（mg）	维生素A（kIU）
150	0	2.21	5.35	4.01	16.78	111	94	9	8	15.0	6.0
	300	2.70	6.31	4.73	19.80	202	175	15	9	15.7	6.3
	400	2.88	6.67	5.00	20.92	226	200	17	10	16.0	6.4
	500	3.11	7.05	5.29	22.14	254	225	19	11	16.3	6.5
	600	3.33	7.47	5.60	23.44	279	248	21	12	16.6	6.6
	700	3.60	7.92	5.94	24.86	305	272	23	13	17.0	6.8
	800	3.83	8.40	6.30	26.36	331	296	25	14	17.3	6.9
	900	4.10	8.92	6.69	28.00	356	319	27	16	17.6	7.0
	1 000	4.41	9.49	7.12	29.80	378	339	29	17	18.0	7.2
175	0	2.48	5.93	4.45	18.62	125	106	11	9	17.5	7.0
	300	3.02	7.05	5.29	22.14	210	184	17	10	18.2	7.3
	400	3.20	7.48	5.61	23.48	238	210	19	11	18.5	7.4
	500	3.42	7.95	5.96	24.94	266	235	22	12	18.8	7.5
	600	3.65	8.43	6.32	26.45	290	257	23	13	19.1	7.6
	700	3.92	8.96	6.72	28.12	316	281	25	14	19.4	7.8
	800	4.19	9.53	7.15	29.92	341	304	27	15	19.7	7.9
	900	4.50	10.15	7.61	31.85	365	326	29	16	20.0	8.0
	1 000	4.82	10.81	8.11	33.94	387	346	31	17	20.3	8.1
200	0	2.70	6.48	4.86	20.34	160	133	12	10	20.0	8.0
	300	3.29	7.65	5.74	24.02	244	210	18	11	21.0	8.4
	400	3.51	8.11	6.08	25.44	271	235	20	12	21.5	8.6
	500	3.74	8.59	6.44	26.95	297	259	22	13	22.0	8.8
	600	3.96	9.11	6.83	28.58	322	282	24	14	22.5	9.0
	700	4.23	9.67	7.25	30.34	347	305	26	15	23.0	9.2
	800	4.55	10.25	7.69	32.18	372	327	28	16	23.5	9.4
	900	4.86	10.91	8.18	34.23	396	349	30	17	24.0	9.6
	1 000	5.81	11.60	8.70	36.41	417	368	32	18	24.5	9.8
250	0	3.20	7.53	5.65	23.64	189	157	15	13	25.0	10.0
	300	3.83	8.83	6.62	27.70	270	231	21	14	26.5	10.6
	400	4.05	9.31	6.98	29.21	296	255	23	15	27.0	10.8
	500	4.32	9.83	7.37	30.84	323	279	25	16	27.5	11.0
	600	4.59	10.40	7.80	32.64	345	300	27	17	28.0	11.2
	700	4.86	11.01	8.26	34.56	370	323	29	18	28.5	11.4
	800	5.18	11.65	8.74	36.57	394	345	31	19	29.0	11.6
	900	5.54	12.37	9.28	38.83	417	365	33	20	29.5	11.8
	1 000	5.90	13.13	9.83	41.13	437	385	35	21	30.0	12.0

（续）

体重（kg）	日增重（g）	日粮干物质（kg）	奶牛能量单位（NND）	产奶净能（Mcal）	产奶净能（MJ）	可消化粗蛋白质（g）	小肠可消化粗蛋白质（g）	钙（g）	磷（g）	胡萝卜素（mg）	维生素A（kIU）
	0	3.69	8.51	6.38	26.70	216	180	18	15	30.0	12.0
	300	4.37	10.08	7.56	31.64	295	253	24	16	31.5	12.6
	400	4.59	10.68	8.01	33.52	321	276	26	17	32.0	12.8
	500	4.91	11.31	8.48	35.49	346	299	28	18	32.5	13.0
300	600	5.18	11.99	8.99	37.62	368	320	30	19	33.0	13.2
	700	5.49	12.72	9.54	39.92	392	342	32	20	33.5	13.4
	800	5.85	13.51	10.13	42.39	415	362	34	21	34.0	13.6
	900	6.21	14.36	10.77	45.07	348	383	36	22	34.5	13.8
	1 000	6.62	15.29	11.47	48.00	458	402	38	23	35.0	14.0
	0	4.14	9.43	7.07	29.59	243	202	21	18	35.0	14.0
	300	4.86	11.11	8.33	34.86	321	273	27	19	36.8	14.7
	400	5.13	11.76	8.82	36.91	345	296	29	20	37.4	15.0
	500	5.45	12.44	9.33	39.04	369	318	31	21	38.0	15.2
350	600	5.76	13.17	9.88	41.34	392	338	33	22	38.6	15.4
	700	6.08	13.96	10.47	43.81	415	360	35	23	39.2	15.7
	800	6.39	14.83	11.12	46.53	442	381	37	24	39.8	15.9
	900	6.84	15.75	11.81	49.42	460	401	39	25	40.4	16.1
	1 000	7.29	16.75	12.56	52.56	480	419	41	26	41.0	16.4
	0	4.55	10.32	7.74	32.39	268	224	24	20	40.0	16.0
	300	5.36	12.28	9.21	38.54	344	294	30	21	42.0	16.8
	400	5.63	13.03	9.77	40.88	368	316	32	22	43.0	17.2
	500	5.94	13.81	10.36	43.35	393	338	34	23	44.0	17.6
400	600	6.30	14.65	10.99	45.99	415	359	36	24	45.0	18.0
	700	6.66	15.57	11.68	48.87	438	380	38	25	46.0	18.4
	800	7.07	16.56	12.42	51.97	460	400	40	26	47.0	18.8
	900	7.47	17.64	13.24	55.40	482	420	42	27	48.0	19.2
	1 000	7.97	18.80	14.10	59.00	501	437	44	28	49.0	19.6
	0	5.00	11.16	8.37	35.03	293	244	27	23	45.0	18.0
	300	5.80	13.25	9.94	41.59	368	313	33	24	48.0	19.2
	400	6.10	14.04	10.53	44.06	393	335	35	25	49.0	19.6
	500	6.50	14.88	11.16	46.70	417	355	37	26	50.0	20.0
450	600	6.80	15.80	11.85	49.59	439	377	39	27	51.0	20.4
	700	7.20	16.79	12.58	52.64	461	398	41	28	52.0	20.8
	800	7.70	17.84	13.38	55.99	484	419	43	29	53.0	21.2
	900	8.10	18.99	14.24	59.59	505	439	45	30	54.0	21.6
	1 000	8.60	20.23	15.17	63.48	524	456	47	31	55.0	22.0

（续）

体重（kg）	日增重（g）	日粮干物质（kg）	奶牛能量单位（NND）	产奶净能（Mcal）	产奶净能（MJ）	可消化粗蛋白质（g）	小肠可消化粗蛋白质（g）	钙（g）	磷（g）	胡萝卜素（mg）	维生素 A（kIU）
500	0	5.40	11.97	8.98	37.58	317	264	30	25	50.0	20.0
	300	6.30	14.37	10.78	45.11	392	333	36	26	53.0	21.2
	400	6.60	15.27	11.45	47.91	417	355	38	27	54.0	21.6
	500	7.00	16.24	12.18	50.97	441	377	40	28	55.0	22.0
	600	7.30	17.27	12.95	54.19	463	397	42	29	56.0	22.4
	700	7.80	18.39	13.79	57.70	485	418	44	30	57.0	22.8
	800	8.20	19.61	14.71	61.55	507	438	46	31	58.0	23.2
	900	8.70	20.91	15.68	65.61	529	458	48	32	59.0	23.6
	1 000	9.30	22.33	16.75	70.09	548	476	50	33	60.0	24.0
550	0	5.80	12.77	9.58	40.09	341	284	33	28	55.0	22.0
	300	6.80	15.31	11.48	48.04	417	354	39	29	58.0	23.0
	400	7.10	16.27	12.20	51.05	441	376	41	30	59.0	23.6
	500	7.50	17.29	12.97	54.27	465	397	43	31	60.0	24.0
	600	7.90	18.40	13.80	57.74	487	418	45	32	61.0	24.4
	700	8.30	19.57	14.68	61.43	510	439	47	33	62.0	24.8
	800	8.80	20.85	15.64	65.44	533	460	49	34	63.0	25.2
	900	9.30	22.25	16.69	69.84	554	480	51	35	64.0	25.6
	1 000	9.90	23.76	17.82	74.56	573	496	53	36	65.0	26.0
600	0	6.20	13.53	10.15	42.47	364	303	36	30	60.0	24.0
	300	7.20	16.39	12.29	51.43	441	374	42	31	66.0	26.4
	400	7.60	17.48	13.11	54.86	465	396	44	32	67.0	26.8
	500	8.00	18.64	13.98	58.50	489	418	46	33	68.0	27.2
	600	8.40	19.88	14.91	62.39	512	439	48	34	69.0	27.6
	700	8.90	21.23	15.92	66.61	535	459	50	35	70.0	28.0
	800	9.40	22.67	17.00	71.13	557	480	52	36	71.0	28.4
	900	9.90	24.24	18.18	76.07	580	501	54	37	72.0	28.8
	1 000	10.50	25.93	19.45	81.38	599	518	56	38	73.0	29.2

表 8-10 生长公牛的营养需要

［引自《奶牛饲养标准》（NY/T 34—2004）］

体重（kg）	日增重（g）	日粮干物质（kg）	奶牛能量单位（NND）	产奶净能（Mcal）	产奶净能（MJ）	可消化粗蛋白质（g）	小肠可消化粗蛋白质（g）	钙（g）	磷（g）	胡萝卜素（mg）	维生素 A（kIU）
40	0	—	2.20	1.65	6.91	41	—	2	2	4.0	1.6
	200	—	2.63	1.97	8.25	92	—	6	4	4.1	1.6
	300	—	2.87	2.15	9.00	117	—	8	5	4.2	1.7
	400	—	3.12	2.34	9.80	141	—	11	6	4.3	1.7
	500	—	3.39	2.54	10.63	164	—	12	7	4.4	1.8
	600	—	3.68	2.76	11.55	188	—	14	8	4.5	1.8
	700	—	3.99	2.99	12.52	210	—	16	10	4.6	1.8
	800	—	4.32	3.24	13.56	231	—	18	11	4.7	1.9

（续）

体重（kg）	日增重（g）	日粮干物质（kg）	奶牛能量单位（NND）	产奶净能（Mcal）	产奶净能（MJ）	可消化粗蛋白质（g）	小肠可消化粗蛋白质（g）	钙（g）	磷（g）	胡萝卜素（mg）	维生素 A（kIU）
50	0	—	2.56	1.92	8.04	49	—	3	3	5.0	2.0
	300	—	3.24	2.43	10.17	124	—	9	5	5.3	2.1
	400	—	3.51	2.63	11.01	148	—	11	6	5.4	2.2
	500	—	3.77	2.83	11.85	172	—	13	8	5.5	2.2
	600	—	4.08	3.06	12.81	194	—	15	9	5.6	2.2
	700	—	4.40	3.30	13.81	216	—	17	10	5.7	2.3
	800	—	4.73	3.55	14.86	238	—	19	11	5.8	2.3
60	0	—	2.89	2.17	9.08	56	—	4	4	7.0	2.8
	300	—	3.60	2.70	11.30	131	—	10	6	7.9	3.2
	400	—	3.85	2.89	12.10	154	—	12	7	8.1	3.2
	500	—	4.15	3.11	13.02	178	—	14	8	8.3	3.3
	600	—	4.45	3.34	13.98	199	—	16	10	8.4	3.4
	700	—	4.77	3.58	14.98	221	—	18	11	8.5	3.4
	800	—	5.13	3.85	16.11	243	—	20	12	8.6	3.4
70	0	1.2	3.21	2.41	10.09	63	—	4	4	7.0	3.2
	300	1.6	3.93	2.95	12.35	142	—	10	6	7.9	3.4
	400	1.8	4.20	3.15	13.18	168	—	12	7	8.1	3.6
	500	1.9	4.49	3.37	14.11	193	—	14	8	8.3	3.7
	600	2.1	4.81	3.61	15.11	215	—	16	10	8.4	3.7
	700	2.3	5.15	3.86	16.16	239	—	18	11	8.5	3.8
	800	2.5	5.51	4.13	17.28	262	—	20	12	8.6	3.8
80	0	1.4	3.51	2.63	11.01	70	—	5	4	8.0	3.2
	300	1.8	4.24	3.18	13.31	149	—	11	6	9.0	3.6
	400	1.9	4.52	3.39	14.19	174	—	13	7	9.1	3.6
	500	2.1	4.81	3.61	15.11	198	—	15	8	9.2	3.7
	600	2.3	5.13	3.85	16.11	222	—	17	9	9.3	3.7
	700	2.4	5.48	4.11	17.20	245	—	19	11	9.4	3.8
	800	2.7	5.85	4.39	18.37	268	—	21	12	9.5	3.8
90	0	1.5	3.80	2.85	11.93	76	—	6	5	9.0	3.6
	300	1.9	4.56	3.42	14.31	154	—	12	7	9.5	3.8
	400	2.1	4.84	3.63	15.19	179	—	14	8	9.7	3.9
	500	2.2	5.15	3.86	16.16	203	—	16	9	9.9	4.0
	600	2.4	5.47	4.10	17.16	226	—	18	11	10.1	4.0
	700	2.6	5.83	4.37	18.29	249	—	20	12	10.3	4.1
	800	2.8	6.20	4.65	19.46	272	—	22	13	10.5	4.2

（续）

体重（kg）	日增重（g）	日粮干物质（kg）	奶牛能量单位（NND）	产奶净能（Mcal）	产奶净能（MJ）	可消化粗蛋白质（g）	小肠可消化粗蛋白质（g）	钙（g）	磷（g）	胡萝卜素（mg）	维生素 A（kIU）
100	0	1.6	4.08	3.06	12.81	82	—	6	5	10.0	4.0
	300	2.0	4.85	3.64	15.23	173	—	13	7	10.5	4.2
	400	2.2	5.15	3.86	16.16	202	—	14	8	10.7	4.3
	500	2.3	5.45	4.09	17.12	231	—	16	9	11.0	4.4
	600	2.5	5.79	4.34	18.16	258	—	18	11	11.2	4.4
	700	2.7	6.16	4.62	19.34	285	—	20	12	11.4	4.5
	800	2.9	6.55	4.91	20.55	311	—	22	13	11.6	4.6
125	0	1.9	4.73	3.55	14.86	97	82	8	6	12.5	5.0
	300	2.3	5.55	4.16	17.41	186	164	14	7	13.0	5.2
	400	2.5	5.87	4.40	18.41	215	190	16	8	13.2	5.3
	500	2.7	6.19	4.64	19.42	243	215	18	10	13.4	5.4
	600	2.9	6.55	4.91	20.55	268	239	20	11	13.6	5.4
	700	3.1	6.93	5.20	21.76	295	264	22	12	13.8	5.5
	800	3.3	7.33	5.50	23.02	322	288	24	13	14.0	5.6
	900	3.6	7.79	5.84	24.44	347	311	26	14	14.2	5.7
	1 000	3.8	8.28	6.21	25.99	370	332	28	16	14.4	5.8
150	0	2.2	5.35	4.01	16.78	111	94	9	8	15.0	6.0
	300	2.7	6.21	4.66	19.50	202	175	15	9	15.7	6.3
	400	2.8	6.53	4.90	20.51	226	200	17	10	16.0	6.4
	500	3.0	6.88	5.16	21.59	254	225	19	11	16.3	6.5
	600	3.2	7.25	5.44	22.77	279	248	21	12	16.6	6.6
	700	3.4	7.67	5.75	24.06	305	272	23	13	17.0	6.8
	800	3.7	8.09	6.07	25.40	331	296	25	14	17.3	6.9
	900	3.9	8.56	6.42	26.87	356	319	27	16	17.6	7.0
	1 000	4.2	9.08	6.81	28.50	378	339	29	17	18.0	7.2
175	0	2.5	5.93	4.45	18.62	125	106	11	9	17.5	7.0
	300	2.9	6.95	5.21	21.80	210	184	17	10	18.2	7.3
	400	3.2	7.32	5.49	22.98	238	210	19	11	18.5	7.4
	500	3.6	7.75	5.81	24.31	266	235	22	12	18.8	7.5
	600	3.8	8.17	6.13	25.65	290	257	23	13	19.1	7.6
	700	3.8	8.65	6.49	27.16	316	281	25	14	19.4	7.7
	800	4.0	9.17	6.88	28.79	341	304	27	15	19.7	7.8
	900	4.3	9.72	7.29	30.51	365	326	29	16	20.0	7.9
	1 000	4.6	10.32	7.74	32.39	387	346	31	17	20.3	8.0

（续）

体重（kg）	日增重（g）	日粮干物质（kg）	奶牛能量单位（NND）	产奶净能（Mcal）	产奶净能（MJ）	可消化粗蛋白质（g）	小肠可消化粗蛋白质（g）	钙（g）	磷（g）	胡萝卜素（mg）	维生素 A（kIU）
200	0	2.7	6.48	4.86	20.34	160	133	12	10	20.0	8.0
	300	3.2	7.53	5.65	23.64	244	210	18	11	21.0	8.4
	400	3.4	7.95	5.96	24.94	271	235	20	12	21.5	8.6
	500	3.6	8.37	6.28	26.28	297	259	22	13	22.0	8.8
	600	3.8	8.84	6.63	27.74	322	282	24	14	22.5	9.0
	700	4.1	9.35	7.01	29.33	347	305	26	15	23.0	9.2
	800	4.4	9.88	7.41	31.01	372	327	28	16	23.5	9.4
	900	4.6	10.47	7.85	32.85	396	349	30	17	24.0	9.6
	1 000	5.0	11.09	8.32	34.82	417	368	32	18	24.5	9.8
250	0	3.2	7.53	5.65	23.64	189	157	15	13	25.0	10.0
	300	3.8	8.69	6.52	27.28	270	231	21	14	26.5	10.6
	400	4.0	9.13	6.85	28.67	296	255	23	15	27.0	10.8
	500	4.2	9.60	7.20	30.13	323	279	25	16	27.5	11.0
	600	4.5	10.12	7.59	31.76	345	300	27	17	28.0	11.2
	700	4.7	10.67	8.00	33.48	370	323	29	18	28.5	11.4
	800	5.0	11.24	8.43	35.28	394	345	31	19	29.0	11.6
	900	5.3	11.89	8.92	37.33	417	365	33	20	29.5	11.8
	1 000	5.6	12.57	9.43	39.46	437	385	35	21	30.0	12.0
300	0	3.7	8.51	6.38	26.70	216	180	18	15	30.0	12.0
	300	4.3	9.92	7.44	31.13	295	253	24	16	31.5	12.6
	400	4.5	10.47	7.85	32.85	321	276	26	17	32.0	12.8
	500	4.8	11.03	8.27	34.61	346	299	28	18	32.5	13.0
	600	5.0	11.64	8.73	36.53	368	320	30	19	33.0	13.2
	700	5.3	12.29	9.22	38.85	392	342	32	20	33.5	13.4
	800	5.6	13.01	9.76	40.84	415	362	34	21	34.0	13.6
	900	5.9	13.77	10.33	43.23	438	383	36	22	34.5	13.8
	1 000	6.3	14.61	10.96	45.86	458	402	38	23	35.0	14.0
350	0	4.1	9.43	7.07	29.59	243	202	21	18	35.0	14.0
	300	4.8	10.93	8.20	34.31	321	273	27	19	36.8	14.7
	400	5.0	11.53	8.65	36.20	345	296	29	20	37.4	15.0
	500	5.3	12.13	9.10	38.08	369	318	31	21	38.0	15.2
	600	5.6	12.80	9.60	40.17	392	338	33	22	38.6	15.4
	700	5.9	13.51	10.13	42.39	415	360	35	23	39.2	15.7
	800	6.2	14.29	10.72	44.86	442	381	37	24	39.8	15.9
	900	6.6	15.12	11.34	47.45	460	401	39	25	40.4	16.1
	1 000	7.0	16.01	12.01	50.25	480	419	41	26	41.0	16.4

（续）

体重（kg）	日增重（g）	日粮干物质（kg）	奶牛能量单位（NND）	产奶净能（Mcal）	产奶净能（MJ）	可消化粗蛋白质（g）	小肠可消化粗蛋白质（g）	钙（g）	磷（g）	胡萝卜素（mg）	维生素A（kIU）
400	0	4.5	10.32	7.74	32.39	268	224	24	20	40.0	16.0
	300	5.3	12.08	9.05	37.91	344	294	30	21	42.0	16.8
	400	5.5	12.76	9.57	40.05	368	316	32	22	43.0	17.2
	500	5.8	13.47	10.10	42.26	393	338	34	23	44.0	17.6
	600	6.1	14.23	10.67	44.65	415	359	36	24	45.0	18.0
	700	6.4	15.05	11.29	47.24	438	380	38	25	46.0	18.4
	800	6.8	15.93	11.95	50.00	460	400	40	26	47.0	18.8
	900	7.2	16.91	12.68	53.06	482	420	42	27	48.0	19.2
	1 000	7.6	17.95	13.46	56.32	501	437	44	28	49.0	19.6
450	0	5.0	11.16	8.37	35.03	293	244	27	23	45.0	18.0
	300	5.7	13.04	9.78	40.92	368	313	33	24	48.0	19.2
	400	6.0	13.75	10.31	43.14	393	335	35	25	49.0	19.6
	500	6.3	14.51	10.88	45.53	417	355	37	26	50.0	20.0
	600	6.7	15.33	11.50	48.10	439	377	39	27	51.0	20.4
	700	7.0	16.21	12.16	50.88	461	398	41	28	52.0	20.8
	800	7.4	17.17	12.88	53.89	484	419	43	29	53.0	21.2
	900	7.8	18.20	13.65	57.12	505	439	45	30	54.0	21.6
	1 000	8.2	19.32	14.49	60.63	524	456	47	31	55.0	22.0
500	0	5.4	11.97	8.98	37.58	317	264	30	25	50.0	20.0
	300	6.2	14.13	10.60	44.36	392	333	36	26	53.0	21.2
	400	6.5	14.93	11.20	46.87	417	355	38	27	54.0	21.6
	500	6.8	15.81	11.86	49.63	441	377	40	28	55.0	22.0
	600	7.1	16.73	12.55	52.51	463	397	42	29	56.0	22.4
	700	7.6	17.75	13.31	55.69	485	418	44	30	57.0	22.8
	800	8.0	18.85	14.14	59.17	507	438	46	31	58.0	23.2
	900	8.4	20.01	15.01	62.81	529	458	48	32	59.0	23.6
	1 000	8.9	21.29	15.97	66.82	548	476	50	33	60.0	24.0
550	0	5.8	12.77	9.58	40.09	341	284	33	28	55.0	22.0
	300	6.7	15.04	11.28	47.20	417	354	39	29	58.0	23.0
	400	6.9	15.92	11.94	49.96	441	376	41	30	59.0	23.6
	500	7.3	16.84	12.63	52.85	465	397	43	31	60.0	24.0
	600	7.7	17.84	13.38	55.99	487	418	45	32	61.0	24.4
	700	8.1	18.89	14.17	59.29	510	439	47	33	62.0	24.8
	800	8.5	20.04	15.03	62.89	533	460	49	34	63.0	25.2
	900	8.9	21.31	15.98	66.87	554	480	51	35	64.0	25.6
	1 000	9.5	22.67	17.00	71.13	573	496	53	36	65.0	26.0

（续）

体重（kg）	日增重（g）	日粮干物质（kg）	奶牛能量单位（NND）	产奶净能（Mcal）	产奶净能（MJ）	可消化粗蛋白质（g）	小肠可消化粗蛋白质（g）	钙（g）	磷（g）	胡萝卜素（mg）	维生素A（kIU）
600	0	6.2	13.53	10.15	42.47	364	303	36	30	60.0	24.0
	300	7.1	16.11	12.08	50.55	441	374	42	31	66.0	26.4
	400	7.4	17.08	12.81	53.60	465	396	44	32	67.0	26.8
	500	7.8	18.13	13.60	56.91	489	418	46	33	68.0	27.2
	600	8.2	19.24	14.43	60.38	512	439	48	34	69.0	27.6
	700	8.6	20.45	15.34	64.19	535	459	50	35	70.0	28.0
	800	9.0	21.76	16.32	68.29	557	480	52	36	71.0	28.4
	900	9.5	23.17	17.38	72.72	580	501	54	37	72.0	28.8
	1 000	10.1	24.69	18.52	77.49	599	518	56	38	73.0	29.2

四、国外奶牛饲养标准营养需要

目前，国际上用于奶牛营养需要或饲养的标准包括英国AFRC发布的《反刍动物能量和蛋白质需要量》(1993)、美国NRC发布的《奶牛营养需要》(2001，第7版)、法国INRA发布的《反刍动物营养推荐量和饲料成分表》（1989)、澳大利亚动物生产委员会（Animal Production Committee Working Party，Standing Committee on Agriculture）的《反刍动物营养需要量》(2007）等。另外，还有一些学校、研究机构提出的计算机系统，例如，Cornell和CPM Dairy、PC Dairy和CamDairy。这些系统为解读奶牛营养学的最近进展提供了宝贵资料。表8-11列出了体重为600 kg、产奶量为35 kg/d、每升乳脂肪含量为4%、体重无变化的奶牛的养分需要量的估计值。

表8-11　NRC（1989)、**ARC**（1980）/**AFRC**（1993)、**INRA**（1989）**和CamDairy**（4.1版，2000）**公布的体重为600 kg、产奶量为35 kg/d、每升乳脂肪含量为4%、体重无变化奶牛的养分需要量比较**

项　目	NRC	ARC/AFRC	INRA	CamDairy
能量摄入				
泌乳的饲料单位			20.4	
净能摄入量［MJ(Mcal）/d]	153(36.5)	151(35.9)	145(34.4)	
代谢能摄入量［MJ(Mcal）/d]	251(59.8)	247(58.8)	237(56.3)	269(64)[1]
蛋白质				
粗蛋白质（%，以日粮干物质计）	18	—		16.5
摄入的未降解蛋白质（%，以日粮干物质计）	6.3	—		6.48
摄入的可消化蛋白质（%，以日粮干物质计）	10.4	—		10.02
可降解的日粮蛋白质（g/d）	62.3	—		60.7
可代谢蛋白质（g/d）	—	1 931		—
小肠中的可代谢蛋白质（g/d）			2 075	
被吸收的蛋白质（g/d）	3 541			—

（续）

项 目	NRC	ARC/AFRC	INRA	CamDairy
纤维				
粗纤维（%，以日粮干物质计）	15	—		—
酸性洗涤纤维（%，以日粮干物质计）	19	—		—
中性洗涤纤维（%，以日粮干物质计）	25	—		30(20%eNDF 最小值）
非结构性碳水化合物的最小值（g/kg）	—	—		200（最小值）
乙醚浸提物（%，以日粮干物质计）	3	—		5.5（最大值）
矿物质和微量元素				
钙（%，以日粮干物质计）	0.6	0.34	0.7～0.73	0.496
磷（%，以日粮干物质计）	0.38	0.31	0.37～0.39	0.35
镁（%，以日粮干物质计）	0.20	0.17	0.15～0.20	0.25
钾（%，以日粮干物质计）	0.90	0.74	70 mg/kg（每天每千克体重需要量）	0.90
钠（%，以日粮干物质计）	0.18	0.16	0.17	0.18
氯（%，以日粮干物质计）	0.25	0.33		0.25
硫（%，以日粮干物质计）	0.20		0.20	0.20
铁（mg/kg，以日粮干物质计）	50	—		50
钴（mg/kg，以日粮干物质计）	0.10	0.11	0.1	0.1
铜（mg/kg，以日粮干物质计）	10	8～11	10	10
锰（mg/kg，以日粮干物质计）	40	20～25	50	40
锌（mg/kg，以日粮干物质计）	40	25～31	50	40
碘（mg/kg，以日粮干物质计）	0.6	0.5	0.2	0.6
硒（mg/kg，以日粮干物质计）	0.3	0.03	0.1	0.3
维生素				
维生素 A(IU/kg，以日粮干物质计)	3 190	800	3 200	3 190
维生素 D(IU/kg，以日粮干物质计)	990	8	1 000	990
维生素 E(IU/kg，以日粮干物质计)	15.4	15～28	15	15.4

注：[1]为了提高与高生产量相关的代谢活动，允许用于生产的能量高出10%。

表 8－12 为小型品种（成年体重 450 kg）未配种青年母牛每日营养需要量。表 8－13 大型品种（成年体重 650 kg）未配种青年母牛每日营养需要量。表 8－14 小型品种（成年体重 450 kg）妊娠青年母牛每日营养需要量。表 8－15 大型品种（成年体重 650 kg）妊娠青年母牛每日营养需要量。

表 8－12 小型品种（成年体重 450 kg）未配种青年母牛每日营养需要量（以 DM 为基础）

（引自 NRC，2001）

BW (kg)	ADG (kg/d)	DMI (kg/d)	TDN (%)	NE_m (Mcal/d)	NE_g (Mcal/d)	ME (Mcal/d)	RDP (g/d)	RUP (g/d)	RDP (%)	RUP (%)	CP[a] (%)	Ca (g/d)	P (g/d)
100	0.3	3.0	56.5	2.64	0.47	6.0	255	110	8.6	3.7	12.4	14	7
	0.4	3.0	58.6	2.64	0.64	6.4	270	143	9.0	4.7	13.7	18	8
	0.5	3.1	60.7	2.64	0.82	6.7	284	175	9.3	5.7	15.0	21	10
	0.6	3.1	62.9	2.64	1.00	7.0	298	207	9.6	6.7	16.3	25	11
	0.7	3.1	65.2	2.64	1.19	7.3	310	239	10.0	7.7	17.7	28	12
	0.8	3.1	67.7	2.64	1.37	7.6	323	270	10.4	8.7	19.0	31	13

（续）

BW (kg)	ADG (kg/d)	DMI (kg/d)	TDN (%)	NE_m (Mcal/d)	NE_g (Mcal/d)	ME (Mcal/d)	RDP (g/d)	RUP (g/d)	RDP (%)	RUP (%)	CP[a] (%)	Ca (g/d)	P (g/d)
150	0.3	4.0	56.5	3.57	0.63	8.2	346	95	8.6	2.4	11.0	15	8
	0.4	4.1	58.6	3.57	0.87	8.7	366	124	9.0	3.0	12.0	19	10
	0.5	4.1	60.7	3.57	1.11	9.1	385	152	9.3	3.7	12.9	22	11
	0.6	4.2	62.9	3.57	1.36	9.5	403	180	9.6	4.3	13.9	25	12
	0.7	4.2	65.3	3.57	1.61	9.9	421	207	10.0	4.9	14.9	28	13
	0.8	4.2	67.7	3.57	1.86	10.3	437	234	10.4	5.5	15.9	31	14
200	0.3	5.0	56.5	4.44	0.79	10.2	429	81	8.6	1.6	10.3	17	10
	0.4	5.1	58.6	4.44	1.08	10.7	454	106	9.0	2.1	11.1	20	11
	0.5	5.1	60.7	4.44	1.38	11.3	478	131	9.3	2.6	11.8	23	12
	0.6	5.2	62.9	4.44	1.68	11.8	500	156	9.6	3.0	12.6	26	13
	0.7	5.2	65.3	4.44	1.99	12.3	522	179	10.0	3.4	13.4	29	14
	0.8	5.2	67.7	4.44	2.31	12.8	543	202	10.4	3.9	14.2	32	15
250	0.3	5.9	56.5	5.24	0.93	12.0	508	69	8.6	1.2	9.8	19	11
	0.4	6.0	58.6	5.24	1.28	12.7	537	91	9.0	1.5	10.5	21	12
	0.5	6.1	60.7	5.24	1.63	13.4	565	113	9.3	1.9	11.1	24	13
	0.6	6.1	62.9	5.24	1.99	14.0	592	135	9.6	2.2	11.8	27	14
	0.7	6.2	65.3	5.24	2.36	14.6	617	155	10.0	2.5	12.5	30	15
	0.8	6.2	67.7	5.24	2.73	15.2	642	175	10.4	2.8	13.2	32	16
300	0.3	6.7	56.5	6.01	1.07	13.8	582	58	8.6	0.9	9.5	20	12
	0.4	6.9	58.6	6.01	1.46	14.6	616	79	9.0	1.1	10.1	23	13
	0.5	7.0	60.7	6.01	1.87	15.3	648	98	9.3	1.4	10.7	26	14
	0.6	7.0	62.9	6.01	2.28	16.0	678	117	9.6	1.7	11.3	28	15
	0.7	7.1	65.3	6.01	2.70	16.7	707	135	10.0	1.9	11.9	31	16
	0.8	7.1	67.7	6.01	3.13	17.4	736	151	10.4	2.1	12.5	34	17

注：[a] 只有饲粮 RDP 和 RVP 达到完全平衡，二者之和才能满足所需的粗蛋白质。

表 8-13　大型品种（成年体重 650 kg）**未配种青年母牛每日营养需要量**（以 DM 为基础）

（引自 NRC，2001）

BW (kg)	ADG (kg/d)	DMI (kg/d)	TDN (%)	NE_m (Mcal/d)	NE_g (Mcal/d)	ME (Mcal/d)	RDP (g/d)	RUP (g/d)	RDP (%)	RUP (%)	CP[a] (%)	Ca (g/d)	P (g/d)
150	0.5	4.1	58.4	3.57	0.84	8.6	364	167	8.9	4.1	13.0	23	11
	0.6	4.1	60.0	3.57	1.03	9.0	379	199	9.2	4.8	14.0	26	12
	0.7	4.2	61.7	3.57	1.22	9.3	393	230	9.4	5.5	14.9	30	13
	0.8	4.2	63.4	3.57	1.41	9.6	407	261	9.7	6.2	15.9	33	15
	0.9	4.2	65.3	3.57	1.61	9.9	421	292	10.0	6.9	16.9	37	16
	1.0	4.2	67.2	3.57	1.80	10.3	434	322	10.3	7.6	17.9	40	17
	1.1	4.2	69.2	3.57	2.00	10.6	446	352	10.6	8.3	18.9	43	18

（续）

BW (kg)	ADG (kg/d)	DMI (kg/d)	TDN (%)	NE_m (Mcal/d)	NE_g (Mcal/d)	ME (Mcal/d)	RDP (g/d)	RUP (g/d)	RDP (%)	RUP (%)	CP[a] (%)	Ca (g/d)	P (g/d)
	0.5	5.1	58.4	4	1.05	10.7	452	148	8.9	2.9	11.9	24	12
	0.6	5.1	60.0	3.57	1.28	11.1	470	177	9.2	3.4	12.6	27	13
	0.7	5.2	61.7	3.57	1.51	11.5	488	205	9.4	4.0	13.4	30	14
200	0.8	5.2	63.4	3.57	1.75	11.9	505	233	9.7	4.5	14.2	34	15
	0.9	5.2	65.3	3.57	1.99	12.3	522	260	10.0	5.0	15.0	37	17
	1.0	5.2	67.2		2.24	12.7	538	287	10.3	5.5	15.8	40	18
	1.1	5.2	69.2	3.57	2.49	13.1	554	314	10.6	6.0	16.6	43	19
	0.5	6.0	58.4	5.24	1.24	12.6	534	131	8.9	2.2	11.1	25	13
	0.6	6.1	60.0	5.24	1.51	13.1	556	156	9.2	2.6	11.8	28	14
	0.7	6.1	61.7	5.24	1.79	13.6	577	182	9.4	3.0	12.4	31	15
250	0.8	6.2	63.4	5.24	2.07	14.1	597	207	9.7	3.4	13.1	34	16
	0.9	6.2	65.3	5.24	2.36	14.6	617	232	10.0	3.7	13.7	37	17
	1.0	6.2	67.2	5.24	2.65	15.0	636	256	10.3	4.1	14.4	40	18
	1.1	6.2	69.2	5.24	2.94	15.5	655	280	10.6	4.5	15.1	43	19
	0.5	6.9	58.4	6.01	1.42	14.5	612	114	8.9	1.7	10.6	27	14
	0.6	6.9	60.0	6.01	1.73	15.1	637	138	9.2	2.0	11.2	30	15
	0.7	7.0	61.7	6.01	2.05	15.6	661	161	9.4	2.3	11.7	33	16
300	0.8	7.1	63.4	6.01	2.38	16.2	685	183	9.7	2.6	12.3	35	17
	0.9	7.1	65.3	6.01	2.70	16.7	707	205	10.0	2.9	12.9	38	18
	1.0	7.1	67.2	6.01	3.03	17.2	729	227	10.3	3.2	13.5	41	19
	1.1	7.1	69.2	6.01	3.37	17.7	751	248	10.6	3.5	14.1	44	20
	0.5	7.7	58.4	6.75	1.59	16.2	687	99	8.9	1.3	10.2	28	15
	0.6	7.8	60.0	6.75	1.94	16.9	715	121	9.2	1.5	10.7	31	16
	0.7	7.9	61.7	6.75	2.30	17.6	742	141	9.4	1.8	11.2	34	17
350	0.8	7.9	63.4	6.75	2.67	18.2	769	162	9.7	2.0	11.7	37	18
	0.9	8.0	65.3	6.75	3.03	18.8	794	181	10.0	2.3	12.3	40	19
	1.0	8.0	67.2	6.75	3.41	19.4	819	200	10.3	2.5	12.8	42	20
	1.1	8.0	69.2	6.75	3.78	19.9	843	218	10.6	2.7	13.3	45	21
	0.5	8.5	58.4	7.46	1.76	18.0	760	86	8.9	1.0	9.9	30	16
	0.6	8.6	60.0	7.46	2.15	18.7	791	105	9.2	1.2	10.4	33	17
	0.7	8.7	61.7	7.46	2.55	19.4	821	124	9.4	1.4	10.9	35	18
400	0.8	8.8	63.4	7.46	2.95	20.1	850	142	9.7	1.6	11.3	38	19
	0.9	8.8	65.3	7.46	3.35	20.7	878	159	10.0	1.8	11.8	41	20
	1.0	8.8	67.2	7.46	3.76	21.4	905	176	10.3	2.0	12.3	44	21
	1.1	8.8	69.2	7.46	4.18	22.0	931	192	10.6	2.2	12.8	46	22

注：[a]只有饲粮 RDP 和 RVP 达到完全平衡，二者之和才能满足所需的粗蛋白质。

表 8-14　小型品种（成年体重 450 kg）**妊娠青年母牛每日营养需要量**（以 DM 为基础）

（引自 NRC，2001）

BW (kg)	ADG (kg/d)	DMI (kg/d)	TDN (%)	NE_m (Mcal/d)	NE_g (Mcal/d)	ME (Mcal/d)	RDP (g/d)	RUP (g/d)	RDP (%)	RUP (%)	CP (%)	Ca (g/d)	P (g/d)
300	0.3	7.7	56.5	5.42	0.96	15.7	663	291	8.6	3.8	12.4	36	19
	0.4	7.7	58.6	5.42	1.32	16.4	693	310	9.0	4.0	13.0	39	20
	0.5	7.7	60.8	5.42	1.68	17.0	721	329	9.3	4.2	13.5	41	21
	0.6	7.7	63.1	5.42	2.06	17.7	748	346	9.7	4.5	14.1	44	22
	0.7	7.7	65.5	5.42	2.44	18.3	774	364	10.0	4.7	14.7	47	23
	0.8	7.7	68.1	5.42	2.82	18.9	798	380	10.4	5.0	15.4	49	24
	0.9	7.6	70.9	5.42	3.21	19.4	822	395	10.8	5.2	16.1	52	24
350	0.3	8.6	56.2	6.18	1.10	17.5	739	282	8.6	3.3	11.9	38	20
	0.4	8.7	58.3	6.18	1.50	18.3	773	299	8.9	3.4	12.4	40	21
	0.5	8.7	60.5	6.18	1.92	19.0	805	315	9.3	3.6	12.9	43	22
	0.6	8.7	62.8	6.18	2.35	19.8	836	330	9.6	3.8	13.4	46	23
	0.7	8.7	65.3	6.18	2.78	20.4	865	345	10.0	4.0	14.0	48	24
	0.8	8.6	67.8	6.18	3.22	21.1	893	358	10.4	4.2	14.5	51	25
	0.9	8.5	70.6	6.18	3.66	21.8	921	371	10.8	4.3	15.1	53	25
400	0.3	9.5	56.0	6.91	1.23	19.2	813	275	8.6	2.9	11.5	40	21
	0.4	9.6	58.1	6.91	1.68	20.1	851	291	8.9	3.0	11.9	42	22
	0.5	9.6	60.3	6.91	2.15	21.0	887	305	9.2	3.2	12.4	45	23
	0.6	9.6	62.6	6.91	2.62	21.8	921	319	9.6	3.3	12.9	47	24
	0.7	9.6	65.0	6.91	3.11	22.5	953	331	9.9	3.5	13.4	50	25
	0.8	9.5	67.6	6.91	3.60	23.3	985	342	10.3	3.6	13.9	52	26
	0.9	9.4	70.3	6.91	4.09	24.0	1 015	352	10.8	3.7	14.5	55	26
450	0.3	10.4	55.8	7.62	1.35	20.9	884	273	8.5	2.6	11.2	41	22
	0.4	10.5	57.9	7.62	1.85	21.9	926	288	8.9	2.8	11.6	44	23
	0.5	10.5	60.1	7.62	2.37	22.8	965	301	9.2	2.9	12.1	46	24
	0.6	10.5	62.4	7.62	2.89	23.7	1 003	313	9.5	3.0	12.5	49	25
	0.7	10.5	64.8	7.62	3.42	24.5	1 038	324	9.9	3.1	13.0	51	26
	0.8	10.4	67.4	7.62	3.96	25.4	1 073	333	10.3	3.2	13.5	54	27
	0.9	10.3	70.1	7.62	4.51	26.1	1 106	341	10.7	3.3	14.0	56	28

表 8-15　大型品种（成年体重 650 kg）**妊娠青年母牛每日营养需要量**（以 DM 为基础）

（引自 NRC，2001）

BW (kg)	ADG (kg/d)	DMI (kg/d)	TDN (%)	NE_m (Mcal/d)	NE_g (Mcal/d)	ME (Mcal/d)	RDP (g/d)	RUP (g/d)	RDP (%)	RUP (%)	CP (%)	Ca (g/d)	P (g/d)
450	0.5	10.5	59.3	7.49	1.77	22.5	951	402	9.1	3.8	12.9	47	25
	0.6	10.5	61.1	7.49	2.16	23.2	981	418	9.3	4.0	13.3	50	25
	0.7	10.5	62.9	7.49	2.55	23.9	1 010	433	9.6	4.1	13.7	53	26
	0.8	10.5	64.8	7.49	2.96	24.5	1 038	448	9.9	4.3	14.2	55	27
	0.9	10.4	66.8	7.49	3.37	25.2	1 066	462	10.2	4.4	14.7	58	28
	1.0	10.4	68.9	7.49	3.78	25.8	1 092	475	10.5	4.6	15.1	61	29
	1.1	10.3	71.2	7.49	4.19	26.4	1 118	488	10.9	4.8	15.6	63	30

（续）

BW (kg)	ADG (kg/d)	DMI (kg/d)	TDN (%)	NE_m (Mcal/d)	NE_g (Mcal/d)	ME (Mcal/d)	RDP (g/d)	RUP (g/d)	RDP (%)	RUP (%)	CP (%)	Ca (g/d)	P (g/d)
500	0.5	11.3	59.0	8.17	1.93	24.2	1 024	391	9.0	3.4	12.5	49	26
	0.6	11.4	60.8	8.17	2.36	25.0	1 057	405	9.3	3.6	12.9	52	27
	0.7	11.4	62.6	8.17	2.79	25.7	1 088	419	9.6	3.7	13.3	54	27
	0.8	11.3	64.5	8.17	3.23	26.4	1 119	432	9.9	3.8	13.7	57	28
	0.9	11.3	66.5	8.17	3.67	27.2	1 149	444	10.2	3.9	14.1	59	29
	1.0	11.2	68.6	8.17	4.13	27.8	1 177	455	10.5	4.1	14.5	62	30
	1.1	11.1	70.8	8.17	4.58	28.5	1 206	465	10.8	4.2	15.0	65	31
550	0.5	12.2	58.8	8.84	2.09	25.9	1 094	382	9.0	3.1	12.1	51	27
	0.6	12.2	60.5	8.84	2.55	26.7	1 130	395	9.3	3.2	12.5	53	28
	0.7	12.2	62.3	8.84	3.02	27.5	1 164	407	9.5	3.3	12.9	56	29
	0.8	12.2	64.2	8.84	3.49	28.3	1 197	418	9.8	3.4	13.3	58	29
	0.9	12.1	66.2	8.84	3.98	29.1	1 229	428	10.1	3.5	13.7	61	30
	1.0	12.1	68.3	8.84	4.46	29.8	1 260	437	10.4	3.6	14.1	64	31
	1.1	12.0	70.5	8.84	4.95	30.5	1 291	445	10.8	3.7	14.5	66	32
600	0.5	13.0	58.6	9.50	2.24	27.5	1 163	375	9.0	2.9	11.8	53	28
	0.6	13.0	60.3	9.50	2.74	28.4	1 202	387	9.2	3.0	12.2	55	29
	0.7	13.0	62.1	9.50	3.24	29.3	1 238	397	9.5	3.0	12.5	58	30
	0.8	13.0	64.0	9.50	3.75	30.1	1 274	407	9.8	3.1	12.9	60	30
	0.9	13.0	66.0	9.50	4.27	30.9	1 308	416	10.1	3.2	13.3	63	31
	1.0	12.9	68.0	9.50	4.79	31.7	1 342	423	10.4	3.3	13.7	65	32
	1.1	12.8	70.2	9.50	5.32	32.5	1 374	430	10.7	3.4	14.1	68	33
650	0.5	13.8	58.4	10.14	2.39	29.1	1 231	371	8.9	2.7	11.6	54	29
	0.6	13.8	60.1	10.14	2.92	30.1	1 272	382	9.2	2.8	12.0	57	30
	0.7	13.8	61.9	10.14	3.46	31.0	1 311	392	9.5	2.8	12.3	59	31
	0.8	13.8	63.8	10.14	4.00	31.9	1 349	400	9.8	2.9	12.7	62	31
	0.9	13.8	65.8	10.14	4.56	32.7	1 385	408	10.1	3.0	13.0	64	32
	1.0	13.7	67.8	10.14	5.11	33.6	1 421	414	10.4	3.0	13.4	67	33
	1.1	13.6	70.0	10.14	5.68	34.4	1 456	418	10.7	3.1	13.8	69	34

（宋丽华、王典、于建国、杜洪、屠焰）

主要参考文献

陈杰，2005. 家畜生理学［M］. 4 版 . 北京：中国农业出版社 .

王根林，2006. 养牛学［M］. 2 版 . 北京：中国农业出版社 .

吴晋强，杨凤，2010. 动物营养学［M］. 3 版 . 北京：中国农业出版社 .

颜培实，李如治，2011. 家畜环境卫生学［M］. 4 版 . 北京：中国农业出版社 .

周顺伍，1999. 动物生物化学［M］. 3 版 . 北京：中国农业出版社 .

G • 沃尔什，2006. 蛋白质生物化学与生物技术［M］. 王恒樑，谭天伟，苏国富，等，译 . 北京：化学工业出版社 .

McDonald P，1998. Animal Nutrition［M］. 4nd ed. Longman Scientific & Technical.

Smith L W，Goering H K，Gordon C H，1972. Relationships of forage compositions with rates of cell wall digestion and indigestibility of cell walls [J]. Journal of Dairy Science，55(8)：1140 - 1147.

Van S P J，Wine R H，1967. Use of detergent in the analysis of fibrous feed. Ⅳ：Determination of plant cell wall constituents [J]. Journal of the association of official analytical chemists，50：50 - 55.

Van Soest P J，Fox D G，Sniffen C J，et al，1992. A net carbohydrate and protein system for evaluating cattle diets：Ⅲ. Carbohydrate and protein availability [J]. J Anim Sci，70(11)：3578 - 3596.

第九章

奶　牛　饲　料

第一节　饲料种类与营养价值

奶牛的饲料种类繁多，大体上可以分为粗饲料、精饲料、矿物质饲料、饲料添加剂几大类。不同种类饲料，其营养特点和营养价值各不相同。

一、粗饲料

粗饲料（crude feed）一般是指体积大、可消化养分低、干物质中粗纤维含量大于或等于18%的一类饲料。粗饲料是奶牛的基础饲料和重要营养来源，用优质的粗饲料饲喂奶牛，通常可满足奶牛营养需要的70%或更多。粗饲料中的中性洗涤纤维（NDF）在瘤胃中发酵生成挥发性脂肪酸（VFA），为奶牛提供能量，参与机体代谢，维持乳脂率。粗饲料能够有效地刺激反刍动物咀嚼，促进唾液分泌，改善瘤胃pH，提高纤维利用率，维持正常的瘤胃功能。大多数非粗饲料来源的NDF在维持乳脂率和瘤胃pH方面的效果明显不如粗饲料来源的NDF。非粗饲料来源的NDF维持瘤胃pH、促进肠道纤维消化和刺激咀嚼活动的平均有效性只有粗饲料来源的NDF的1/2(NRC，2001)。因此，奶牛需要足够的粗饲料来维持正常的乳脂率和瘤胃环境。

奶牛的粗饲料主要包括牧草、干草、稿秕饲料、青贮饲料、嫩枝叶、糟渣类饲料、农副产品类饲料（壳、荚、秸、秧、藤）等。

1. 牧草

广义的牧草（forage grass）是指一切可供饲用的细茎草本植物，狭义的牧草是指人工栽培的豆科牧草和禾本科牧草。豆科牧草主要包括苜蓿、草木樨、三叶草、紫云英、沙打旺等。禾本科牧草主要包括黑麦草、无芒雀麦、羊草、苏丹草、象草等。这些牧草在营养成分上具有以下共同特点。

(1) 水分含量较高。一般为75%～90%，干物质和能值含量较低。但含有较多的酶类、激素、有机酸和未知因子，有助于动物的消化和吸收，其中的未知因子还可增加牛乳中的共轭亚油酸含量(Kay et al.，2005)。

(2) 蛋白质含量丰富。按干物质计，禾本科牧草的粗蛋白质含量为13%～15%，豆科牧草可达18%～24%。氨基酸组成好，赖氨酸、色氨酸含量较多，可补充谷实类饲料中赖氨酸的不足。牧草蛋白质中氨化物（游离氨基酸、酰胺、硝酸盐等）占总氮的30%～60%，氨化物中游离氨基酸占60%～70%，这些物质可被反刍动物瘤胃微生物转化为菌体蛋白质。随植物的生长和纤维素含量的增加，氨化物含量逐渐减少。

(3) 矿物质含量丰富。其占鲜重的1.5%～2.5%，占干物质重的6%～15%。豆科牧草含钙较多，是优质的钙源。牧草中的维生素含量较为丰富，尤其胡萝卜素含量较高，每千克干物质可达50～80 mg，豆科牧草高于禾本科。正常采食条件下，其胡萝卜素可满足动物的需要量。B族维生素、维生素E、维生素C、维生素K、烟酸含量较多，但维生素B_6和维生素D含量较少。

(4) 多汁性、柔软性和适口性较好。奶牛可以大量采食。但对高产奶牛，只饲喂牧草饲料，还不能满足能量需要，应补充能量饲料、蛋白质饲料和矿物质饲料等。Bargo等（2003）的试验发现，与只饲喂牧草相比，补充10 kg/d的精饲料使奶牛干物质采食量、产奶量、乳蛋白率分别增加了24%、22%和4%，但降低了6%的乳脂率。在Kolver和Muller(1998）的研究中，与饲喂全混合日粮相比，只饲喂高质量牧草（黑麦草、鸭茅草、三叶草）使奶牛干物质采食量减少了4.4 kg/d，产奶量减少了14.5 kg/d，研究结论认为对于饲喂牧草的奶牛，代谢能是产奶量的第一限制性因素。

影响牧草营养价值的因素有很多，主要有牧草种类、土壤肥料、植物的生长阶段。一般豆科牧草的营养价值高于禾本科。牧草中矿物质含量很大程度上受土壤中相应的矿物元素含量与活性的影响；生长在钙、磷缺乏的泥炭土和沼泽土壤中的植物，其钙、磷含量较少。生长在东北缺硒地区的牧草普遍存在着缺硒现象。地区性缺乏某种元素或含量过多，往往导致该地区家畜的营养缺乏症或中毒症；施肥可显著影响牧草中各种营养成分的含量。氮肥量施放适当，可增加牧草中粗蛋白质含量，使其生长旺盛，茎叶颜色浓绿，同时增加胡萝卜素含量；在幼嫩时期，牧草水分和蛋白质含量较多，干物质和纤维物质含量较低，营养价值较高。随着植物生长期的增加，水分含量逐渐减少，干物质中粗蛋白质含量也随之下降，而纤维物质含量逐渐增加，营养价值下降。一般来说，植物抽穗或开花之前，纤维含量较低；植物不同部位的营养成分差别很大。例如，苜蓿上部茎叶中的蛋白质含量高于下部茎叶，而纤维含量则低于下部茎叶。无论什么部位，茎中蛋白质含量少，纤维含量高，叶中则相反。因此，叶占全株比例越大，牧草的营养价值就越高。

2. 干草

干草（hay）是将牧草及禾谷类作物在未结籽实前刈割，经干燥调制成的能够长期保存的一类饲料。这类饲料因由青绿植物制成，干制后仍然保留一定的青绿颜色。干草含水量应在15%以下，以防止霉变。优质干草质地柔软，有芳香味，适口性好。

干草主要有豆科、禾本科植物以及部分野干草，其中豆科干草主要包括苜蓿、三叶草、红豆草、紫云英等；禾本科干草主要包括鸭茅草、雀麦草、苏丹草、黑麦草、梯牧草、百慕大草、象草等。国外在奶牛饲养中还会利用燕麦、大麦、小麦或者黑麦等谷物干草。几种常见干草的养分含量见表9-1。

表9-1　几种常见干草的养分含量（%，以干物质计）

饲料名称	成熟期	CP	NDF	ADF	Ca	P	Mg	K
苜蓿	孕蕾期	21	40	30	1.4	0.30	0.34	2.5
	早花期	19	44	34	1.2	0.28	0.32	2.4
雀麦草	营养期	19	51	31	0.6	0.30	0.26	2.0
	早穗期	15	56	38	0.5	0.26	0.25	2.0
小型谷物干草	抽穗期	11	60	40	0.5	0.25	0.23	1.0
	蜡熟期	10	65	43	0.5	0.25	0.23	1.0

豆科干草比禾本科干草含有更多的蛋白质、钙和胡萝卜素，且颜色青绿，质地柔软，有芳香味，适口性好。两种类型的干草在瘤胃中的降解特性与各自的收割阶段和饲草种类有关。总的来说，豆科干草所含的蛋白质在瘤胃中的降解速度和降解率较高，有利于瘤胃微生物蛋白的合成，对于纤维在瘤

胃中的消化，两种来源的干草之间并无显著差异。West 等（1997）对比了苜蓿干草和百慕大（又称狗牙根）干草对奶牛营养物质消化和生产性能的影响。结果显示，苜蓿干草降低了日粮纤维全消化道的表观消化率，但提高了动物的采食量和产奶量。

牧草的成熟阶段或收割阶段会影响其消化率、产量和饲用价值。牧草成熟后，蛋白质含量降低，纤维和木质素的含量提高，饲喂此种干草可降低奶牛的产奶量。随着木质素含量的提高，粗饲料有机物质和 NDF 的利用率均成比例降低。Kawas 等（1991）通过饲喂高产奶牛（产奶量大于 36 kg/d）4 种不同成熟阶段的苜蓿干草发现，随着苜蓿成熟度的提高，标准乳的产量显著降低，通过对数据进行回归分析得出，苜蓿每成熟 1 d，NDF 含量增加 0.86%，标准乳产量下降 0.39 kg/d。在 Alhadhrami 和 Huber(1992) 的研究中，苜蓿干草的 ADF 含量由 26%增加至 38%（成熟度增加），产奶量由 30.0 kg/d 降至 27.6 kg/d。因此，制备干草必须选择合适的收割期（表 9－2）。成熟阶段也影响干草中维生素的含量。胡萝卜素和 B 族维生素的含量随牧草成熟度上升而降低。但干草中的维生素 D 含量，却因阳光的照射而显著增加，这是由于植物体内所含的麦角固醇在紫外线作用下合成了维生素 D 的缘故。此外，收割时间也影响牧草的营养价值。Brito 等（2009）报道，下午收割的苜蓿相比于上午其非结构性碳水化合物含量提高了，饲喂奶牛则提高了动物的干物质采食量、微生物蛋白合成量、产奶量以及乳脂率。

表 9－2　干草收割适期

饲草	收割适期
苜蓿	1/10 开花或顶端开始长出新芽
红三叶	早期开花至 1/2 开花期
草木樨	开花开始
豇豆草	1/2 豆荚充分成熟
大豆草	1/2 豆荚充分成熟
白三叶	盛花期
禾本科草	抽穗至开花期
苏丹草	开始出穗
禾本科-豆科混合干草	参考上述各豆科干草收割适期，即以豆科收割期为准

3. 稿秕饲料

稿秕饲料（release the blighted feed）是农作物籽实成熟和收获以后剩余的副产品。主要包括秸秆和秕壳两大部分。籽实收获后的茎秆和秸叶称为秸秆，籽实脱粒时产生的颖壳、荚皮与外皮等物则为秕壳。

秸秆一般分为禾本科与豆科两大类。前者包括玉米秸、稻草、麦秸、燕麦秸等，后者包括大豆秸、豌豆秸等。这些饲料的营养成分见表 9－3。植物成熟后，木质化程度和纤维含量高，营养已转移到籽实中，茎秆中的有效营养物质，如蛋白质、维生素、矿物质含量低，生产中应限制饲喂。有研究发现，日粮中添加 40%的麦秸使奶牛每天的干物质采食量降低了 3.3 kg，产奶量降低了 3.1 kg（Haddad et al.，1998）。通过补充其他营养，秸秆可作为干乳母牛、初孕牛或育成牛的饲料。在犊牛的开食料中也可添加些秸秆饲料以增加干物质采食量和日增重。

对于秕壳类饲料，除了大豆皮，其余与秸秆一样，成熟的后阶段木质化程度较高，营养价值很低（表 9－3）。

表 9-3　几种常见稿秕类饲料的营养成分

饲料名称	DM（%）	NE_l（μJ/kg DM）	CP（%）	ADF（%）	NDF（%）	EE（%）	灰分（%）	Ca（%）	P（%）
玉米秸	80	4.86	5	44	70	1.3	7	0.35	0.19
小麦秸	91	3.30	3	58	81	1.8	8	0.16	0.05
大麦秸	90	3.46	4	52	78	1.9	7	0.33	0.08
燕麦秸	91	3.87	4	48	73	2.3	8	0.24	0.07
黑麦秸	89	3.54	4	55	71	1.5	6	0.24	0.09
稻草	91	3.13	9	55	72	1.4	12	0.25	0.08
大豆秸	88	3.30	5	54	70	1.4	6	1.59	0.06
豌豆秸	89	4.04	7	49	72	1.5	4	0.60	0.15
大豆皮	90	6.51	13	46	62	2.6	5	0.56	0.17
燕麦皮	93	3.13	4	40	75	1.5	7	0.16	0.15
棉籽壳	90	3.63	5	68	87	1.9	3	0.15	0.08
花生壳	91	1.48	7	65	74	1.5	5	0.2	0.07
稻壳	92	0.66	3	70	81	0.9	20	0.14	0.07
葵花籽壳	90	3.13	4	63	73	2.2	3	0.00	0.11

4. 青贮饲料

青贮饲料（silage ensilage）是将新鲜的青绿饲料装入缺少空气的密闭容器或设施（窖、池、塔、袋）中，利用厌氧微生物的发酵作用或加入添加剂，达到保存青绿饲料的目的。青贮饲料属于粗饲料范畴，在奶牛养殖中具有重要地位。因为青贮饲料不仅保持了原有青绿饲料的营养特性，减少了营养物质的损失，还在青贮过程中产生了大量芳香族化合物，使饲料具有酸香味，柔软多汁，颜色黄绿，改善了适口性，提高了利用率，而且制作青贮饲料方法简便、经济、实惠，可长期保存而不会发霉变质。

与原植物相比，青贮饲料中碳水化合物含量减少，主要是可溶性糖被微生物发酵耗用，淀粉、纤维素等多糖物质损失较少。粗蛋白质方面，总含氮量类似，但青贮饲料中蛋白氮含量下降，非蛋白氮（氨、氨基酸）含量增加。青贮饲料为反刍动物提供了大量的非蛋白氮。青贮过程中矿物质与维生素的损失与青贮汁液的流出密切相关。高水分青贮时，钙、磷、镁等矿物质的损失可达 20%以上。胡萝卜素在青贮过程中活性略有降低，但损失较少。青贮过程改变了饲料的颜色，使叶绿素转为褐色的脱镁叶绿素。不同原料制成的青贮饲料其水分含量为 45%～75%。

生产实践中，青贮饲料主要包括青贮玉米（含无穗玉米）、青贮大麦、青贮燕麦、青贮黑麦草、青贮青草等，其中以全株玉米青贮价值最高。

青贮玉米是饲料中良好的能量来源，也是单位土地上生产净能最多的饲料，具有适口性好、浪费少、适于机械饲喂等特点。在不添加任何青贮添加剂的情况下，只要青贮条件好，青贮玉米就能够长久储存。国内常用的玉米青贮包括全株玉米青贮和玉米秸青贮。对于前者，当玉米达到营养物质含量顶峰（籽实乳熟至蜡熟期）并且适于青贮时进行刈割，营养物质产量是成熟后玉米籽实的 1.5 倍。刈割的全株玉米青贮可保存超过 90%的营养物质。玉米收获籽实后对玉米秸进行青贮，一般玉米秸青贮中含有全株玉米 30%左右的营养物质。

一些禾本科或豆科牧草也可进行青贮，如猫尾草、牛茅草、苜蓿、三叶草等。但直接收割的牧草含水量一般超过 70%。水分含量越高，保证储存效果所需的 pH 越低。此时青贮不仅难以保证青贮效果，还会导致大量蛋白质降解，产生不良气味，液体渗漏也会造成过多的营养物质损失。因此，牧草应晾晒后再青贮。然而，即便储存良好的牧草青贮，其适口性也不如玉米青贮，但蛋白质和胡萝卜素含量较高。因此，饲喂禾本科或豆科牧草青贮时所需的蛋白质补充料相对较少。

燕麦、大麦作物制作青贮，一般在结穗初期收割，可获得较高的粗蛋白质含量，但能量含量及适口性不如玉米青贮。

5. 糟渣类饲料

糟渣干物质中粗纤维含量大于或等于18%者属于粗饲料；干物质中粗蛋白质含量小于20%、粗纤维含量小于18%者属于能量饲料；干物质中粗蛋白质含量大于或等于20%、粗纤维含量小于18%者属于蛋白质补充料，如啤酒渣、饴糖渣、豆腐渣等。

6. 农副产品类饲料

农副产品类饲料（agricultral hyproduct）主要指农作物收获后的副产品。其中，干物质中粗纤维含量大于或等于18%者属于粗饲料，如藤、蔓、秸、秧、荚、壳等；干物质中粗纤维含量小于18%、粗蛋白质含量小于20%者，属于能量饲料；干物质中粗纤维含量小于18%、粗蛋白质含量大于或等于20%者，属于蛋白质补充料。

二、精饲料

精饲料（concentrated feed）是指能量含量高和粗纤维含量低（小于18%）的饲料。谷物、饼粕、面粉加工的副产品都是精饲料。

虽然粗饲料是奶牛的基础性饲料，但其体积大，吸水性强，有强烈的填充胃肠道的作用，易使奶牛产生饱感，能值低，日粮中含量较高时，易降低奶牛的采食量和泌乳量。为了提高奶牛每天能量的采食量或提高日粮中的能量浓度，日粮中必须加入一定比例的精饲料。

1. 谷实类饲料

谷实类饲料（grains feeds）主要来源于禾本科植物的籽实，在饲料中所占的比例非常大，可占到奶牛和育肥期肉牛日粮的40%～70%。主要包括玉米、高粱、大麦、小麦、燕麦、黑麦和稻谷等，其营养成分见表9-4。

表9-4 谷实类饲料营养成分

饲料名称	DM（%）	NE_l（MJ/kg DM）	CP（%）	ADF（%）	NDF（%）	NFC（%）	EE（%）	灰分（%）	Ca（%）	P（%）
玉米	88	7.50	9	3	9	75.7	4.3	2	0.02	0.30
小麦	89	7.50	14	4	12	69.7	2.3	2	0.05	0.43
大麦	89	7.17	12	7	20	62.9	2.1	3	0.06	0.38
燕麦	89	6.43	13	15	28	50.0	5.0	4	0.05	0.41
黑麦	89	7.00	12	9	19	65.3	1.7	2	0.07	0.39
高粱	89	7.00	11	6	15	68.9	3.1	2	0.04	0.32
稻谷	89	6.67	8	12	16	69.1	1.9	5	0.07	0.32

谷实类饲料干物质中非纤维性碳水化合物（NFC）含量一般超过60%（除燕麦外），主要为淀粉，NDF含量一般在20%以下（除燕麦外），消化率、可利用能量均高于其他饲料。玉米和小麦NDF含量在15%以下，有效能含量高。而燕麦因NDF含量较高，有效能含量相对较低。

谷实类饲料的粗蛋白质含量中等，一般在10%左右，含氮物中85%～90%为真蛋白质，但蛋白品质较差，氨基酸组成不平衡，赖氨酸含量不足，蛋氨酸也较少；玉米籽实中色氨酸和麦类籽实中苏氨酸含量低也是突出特点。因此，谷实类饲料中蛋白质和氨基酸含量均不能满足奶牛的营养需要，需要与蛋白质饲料配合使用。

谷实类饲料钙少磷多，但磷主要是植酸磷。微量元素方面，小麦中含锰较多，玉米中含钴较多，大麦中含锌较多。一般维生素 B_1、盐酸、维生素 E 较丰富，除黄玉米外，均缺乏维生素 D 和维生素 A。

（1）玉米。玉米（maize corn）含丰富的 NFC（主要为淀粉），NDF 含量较低，易消化，有效能值高，是奶牛日粮常用和占比例最高的一种谷实。玉米中蛋白质含量约 9%、粗纤维 2%、粗脂肪 4%、淀粉 60%、粗灰分 1.4%。玉米蛋白质中赖氨酸、蛋氨酸、色氨酸等必需氨基酸含量相对贫乏，在配制以玉米为主要能量饲料的全价配合饲料时，必须平衡日粮中的氨基酸组成。玉米中钙含量约为 0.02%，磷含量相对较高，但植酸磷占到了 50%～60%，对单胃动物来说利用率较低。黄玉米中含有丰富的维生素 A 原（平均 2.0 mg/kg）和维生素 E(20 mg/kg)，但缺乏维生素 D 和维生素 K，水溶性维生素中维生素 B_1 较多，维生素 B_2 含量低。黄玉米中含有较多的色素，主要为胡萝卜素、叶黄素和玉米黄素等。

在国外，一般将玉米与玉米芯一起饲喂，虽然这种饲料的能量含量较玉米低 10%，但 NDF 含量可达 26%，可替代部分粗饲料，有助于奶牛的健康和保持一定的含脂率。用 9.7%玉米芯替代部分玉米不影响奶牛的干物质采食量、产奶量和乳蛋白产量，但提高了乳脂率；同样比例替代部分玉米青贮不影响奶牛的采食量和泌乳性能，但降低了反刍时间，表明玉米芯在刺激奶牛咀嚼活动方面可能不如玉米青贮。

（2）高粱。高粱（sorghum）是禾本科一年生草本植物，品种较多。高粱的有效能水平与品种和壳含量有关。饲用高粱的质量标准（一级）：粗蛋白质≥9.0%，粗纤维<2.0%，粗灰分<2.0%。去皮的高粱营养成分与玉米相似，能值略低于玉米。高粱蛋白质品质与玉米蛋白质相似，缺乏赖氨酸、蛋氨酸和精氨酸。高粱中钙少磷多，胡萝卜素很少，B 族维生素含量与玉米相似，但色素含量低，无着色功能。高粱的种皮部分含有单宁，具有苦涩味，对饲料适口性、营养物质消化率均有明显影响。单宁含量因品种而异，颜色越深的高粱单宁含量越高。

（3）大麦。大麦（barley）是喂奶牛很好的饲料。大麦 NFC 含量约为 63%，粗蛋白质含量约为 12%，略高于玉米，赖氨酸、蛋氨酸、色氨酸含量高，品质较玉米好。大麦种子有一层颖苞，NDF 含量较高，约为 20%。脂肪含量较低，总营养价值不如玉米，但大麦在瘤胃中的消化率要高于玉米。Yang 等（1997）对比研究了蒸汽碾压的大麦、无壳大麦、玉米在奶牛生产中的饲喂价值。结果显示，大麦的淀粉瘤胃消化率（68.6%）、挥发性脂肪酸浓度（91.3 mmol/L）、微生物蛋白产量（286 g/d）均高于无壳大麦（46.7%、82.5 mmol/L、235 g/d）和玉米（35.3%、78.4 mmol/L、237 g/d），无壳大麦的有机物质、淀粉、氮的全消化道消化率低于其他两者，但三者在干物质采食量、产奶量和乳成分方面无显著差异。大麦胡萝卜素和维生素 D 含量不足，硫氨酸含量多，核黄素含量少，烟酸含量丰富。钙磷含量比玉米高，铁含量丰富。

（4）小麦。小麦（wheat）多用于人类食用，其营养价值与玉米相似。小麦粗蛋白质含量约为 14%，高于玉米及其他大多数谷物籽实，但必需氨基酸含量较低，尤其是赖氨酸。矿物元素含量方面同玉米一样，钙少磷多，且磷主要是植酸磷。小麦富含 B 族维生素和微生物素 E，缺乏维生素 A、维生素 D 和维生素 C。

（5）燕麦。燕麦的麦壳占的比重较大，占整个籽实重的 1/3，故 NDF 含量较高，约为 28%。淀粉含量 33%～43%，较其他谷实类少。燕麦的粗蛋白质含量和大麦相似，约为 13%，氨基酸组成不理想，但较玉米好。粗脂肪含量较高，高的可达 5.2%以上，是谷实类饲料中最高者，且多为不饱和脂肪酸。利用燕麦时需要进行粉碎或压片，才能达到最佳效果。Gozho 和 Mutsvangwa(2008) 评价了谷物来源（大麦、玉米、小麦、燕麦）对奶牛瘤胃发酵、微生物蛋白合成和泌乳性能的影响，结果显示，各谷物在瘤胃发酵方面无显著差异，但燕麦组的微生物蛋白合成量低于大麦，燕麦和小麦组的奶牛生产性能低于玉米和大麦。

2. 糠麸类饲料

糠麸类饲料（bran feed）是谷物籽实加工的副产品，主要由种皮、糊粉层和少量的胚 3 部分组成。产品主要有小麦麸、大麦麸、米糠、高粱糠、玉米麸等。这些产品对人类食用价值不大，均用作奶牛的饲料。一般说来，蛋白质含量为 11%～17%，粗灰分含量 3%～9%，比籽实高。钙磷比例不平衡，磷含量高（约为 1%），但多以植酸磷形式存在。B 族维生素含量丰富，尤其维生素 B_1。物理结构疏松，可作为载体、稀释剂和吸附剂。糠麸有吸水性，容易发霉、变质，尤其是米糠，含脂肪多，容易酸败。

(1) 小麦麸。小麦麸俗称麸皮，是小麦加工成面粉过程中的副产品。麸皮的营养价值因加工工艺的不同，差别甚大。小麦的出粉率越高，麦麸的 NDF 含量越高，一般达 45%以上。粗蛋白质含量约为 17%，居豆科籽实与禾本科籽实之间。赖氨酸含量较高约为 0.67%，蛋氨酸含量较低，约为 0.11%。含钙 0.1%～0.2%，含磷 0.9%～1.4%，钙少磷多，钙磷比例不平衡，饲喂麸皮时必须补钙。麸皮质地疏松，容积大，适口性好，有轻泻作用，是母牛产前产后的好饲料。

(2) 米糠。米糠是稻谷加工成大米时分离出的种皮、糊粉层和胚的混合物。米糠中不包括稻壳。米糠的营养价值受大米加工程度的影响，加工精米越白，胚乳中的物质进入米糠中的越多，米糠的能值越高。一般每 100 kg 稻谷出米糠 6～8 kg。米糠的产奶净能为 7.75 MJ/kg，为糠麸类饲料最高者。米糠的粗蛋白质约为 14%，粗脂肪含量约为 14%，高于稻谷，但粗脂肪中不饱和脂肪酸含量较高，容易酸败，不易储存。与麦麸相似，米糠中钙少磷多，且主要为植酸磷。富含 B 族维生素，而缺少维生素 A、维生素 C 和维生素 D。微量元素中铁和锰含量丰富。日粮中米糠用量不宜过高，否则使奶牛生长过肥，体脂和乳脂变黄变软，影响奶牛的生长发育和泌乳机能。

(3) 其他糠麸。主要包括高粱糠（麸）、玉米糠和小米糠。高粱糠主要是高粱种子的外皮，含蛋白质约为 10.3%。含单宁较多，适口性差。玉米糠是玉米加工过程中的副产品，约含粗蛋白质 11%，NDF 51%，能值与麸皮相似，约为 6.43 MJ/kg。小米糠是小米加工过程中分离出来的种皮。小米糠产量低，质量也不稳定。

3. 饼粕类饲料

饼粕类饲料（oil cake feedstuff）是油料籽实（大豆、棉籽、油菜籽、花生等）提取油脂后的副产品。其中，以压榨法取油后的副产品统称为饼，用溶剂浸提取油后的副产品统称为粕。饼粕类饲料的营养价值因原料种类以及加工工艺不同而异。一般饼的油脂含量较高，为 5%～7%，粕含油脂较少，约为 1%，因此饼的能值高于粕。但饼类饲料中蛋白质含量低于粕类。

(1) 大豆饼（粕）**。**大豆饼（粕）是大豆取油后的副产品，是高产奶牛最常用的一种蛋白质补充饲料。因大豆榨油加工方法不一，其营养价值也存在差异。一般含蛋白质为 40%～50%，氨基酸组成较合理；赖氨酸高达 2.5%左右，高于其他饼粕类饲料；蛋氨酸含量相对不足，为 0.5%～0.7%；含有含量相对较高的异亮氨酸、色氨酸和苏氨酸。这些特点与玉米有较好的配伍性，可弥补玉米氨基酸组成上的缺点。大豆饼（粕）蛋白质的可利用性好，动物对粗蛋白质的消化率可达 90%。钾磷含量较高，但磷多为植酸磷。大豆饼（粕）中含有抗胰蛋白酶和尿素酶，影响蛋白质的消化利用，适当加热可以去除这些有害因子，但加热过度会使赖氨酸、精氨酸以及亮氨酸遭到破坏，降低蛋白质的品质。

(2) 棉籽饼（粕）**。**棉籽脱壳后压榨或浸提油脂后的残渣。因品种和加工工艺不同，蛋白质含量变化较大，一般为 22%～44%，且品质不如豆饼，但价格较低，是奶牛的一种低廉的蛋白质补充饲料，可与部分豆饼混合搭配饲喂。与其他饼粕类饲料一样，棉籽饼（粕）加热程度会影响蛋白质的利用，加热过度会破坏 10%～35%的赖氨酸。棉籽饼（粕）中存在对动物有毒物质和抗营养因子，主要为棉酚。棉酚易与赖氨酸的氨基结合而降低赖氨酸的利用率，进入动物体内则会与许多功能蛋白、酶以及铁离子结合而导致动物贫血、生产力下降等。相比于单胃动物，棉酚对反刍动物影响较小，但对犊牛和妊娠母牛应限量使用。使用棉籽饼（粕）喂牛时，用量不宜超过精饲料的一半，且最好与谷实类饲料搭配使用，否则会影响适口性，降低产奶量。

(3) 花生饼（粕）。花生饼分带壳与去壳两种，我国市场上所见的花生饼（粕），多为去壳后榨油，粗纤维含量小于7%。因品种、提油方法以及脱壳程度不同，花生饼（粕）中的蛋白质含量也存在差异，一般为38%～43%；赖氨酸含量为1.5%～2.1%；蛋氨酸含量较少，为0.4%～0.7%，其营养价值仅次于豆饼。花生饼（粕）略有甜味，适口性好，但具有通便作用，饲喂量过多，会引起奶牛腹泻。用花生饼（粕）饲喂奶牛，牛奶煮沸时有臭味，还可使黄油软化。花生饼（粕）易受潮变质，产生黄曲霉毒素，引起奶牛中毒；黄曲霉毒素可在牛乳中残留，即使蒸煮也无法去除其毒性，进而传给人类，有致癌作用。因此，最好饲喂新鲜花生饼（粕）。

(4) 其他饼粕类饲料。饼粕类饲料还有菜籽饼、葵花籽饼、亚麻仁饼等，主要用作蛋白质补充料。菜籽饼蛋白质含量为34%～38%，赖氨酸丰富，是一种较好的蛋白质饲料，但其中含有硫葡萄糖苷，在芥子酶作用下水解产生异硫氰酸盐和噁唑烷硫酮等有害物质，适口性差，可引起奶牛中毒，应限量饲喂，否则会使牛乳和奶油均带有苦味，故不宜饲喂犊牛和妊娠母牛。带壳的葵花籽饼蛋白质含量较低，仅为17%；脱壳的葵花籽饼粗蛋白质含量为25%～44%，是较好的蛋白质饲料。但饲喂过多，可使黄油和体脂软化。亚麻籽饼粗蛋白质含量为34%～38%。亚麻籽饼中含有黏性物质，可吸水膨胀，增加饲料的瘤胃滞留时间，提高饲料转化率。但饲喂过量易使体脂软化，最好同其他蛋白质饲料混合饲喂。

三、矿物质饲料

矿物质饲料（mineral feed）是指富含动物所需矿物元素的可饲天然矿产及化工生产的无机盐类。根据在动物体内的含量不同，可将矿物元素分为常量元素和微量元素。本部分着重介绍常量元素，微量元素见营养性添加剂部分。

常量元素是指动物体内含量在0.01%以上的元素，动物日粮中须补充的常量元素主要有钙、磷、镁、钾、钠、氯和硫，生产中以钙磷和钠氯的补充最为普遍。

1. 钙、磷补充料

植物体中的磷主要以植酸磷形式存在，且钙、磷含量均低于动物体需要，因此动物饲料中须补充钙、磷料，常用钙、磷补充料及钙、磷含量见表9-5。

表9-5 常用钙、磷补充料及钙、磷含量

钙、磷补充料	钙（%）	磷（%）	钙、磷补充料	钙（%）	磷（%）
脱氟磷酸盐	>32	>18	蒸汽处理骨粉	30.71	12.96
磷酸二氢钙	15.90	24.58	磷酸三钙	38.76	20.0
无水磷酸氢钙	29.6	22.77	煮骨粉	24.53	10.95
二水磷酸氢钙	23.29	18.0	贝壳粉	32～35	—
骨制沉淀磷酸钙	28.77	11.35	蛋壳粉	30～40	0.1～0.4
蒸汽骨粉（脱脂）	33.59	14.88	过磷酸钙	26.45	17.12
碳酸钙	40	—	石粉	35.84	0.01

钙和磷在饲料的实际配合中，一般会同时补充，而在动物的某些特殊生理时期，如幼龄动物快速

生长期和动物高产期，缺钙容易引起骨骼发育障碍等病理问题，如高产奶牛缺钙易发生产后瘫痪，因此需要额外补充钙源。常用的钙补充料有碳酸钙、贝壳粉和蛋壳粉等。

2. 钠、氯补充料

食盐是最经济实惠的钠、氯补充料，在生产中也最为常用。食盐中含钠 39%，含氯 60%，其不仅可以维持机体体液渗透压，还可促进动物食欲。植物性饲料中食盐含量较低，不能满足动物体的需求，尤其在奶牛日粮中须补充部分食盐，添加量一般为 0.5%～1%。

3. 其他矿物元素补充料

奶牛在初春放牧时须补充镁，镁补充料中最常用的为硫酸镁和氧化镁。反刍动物饲料中使用非蛋白氮时，须补充硫，常用硫补充料有蛋氨酸、硫酸盐及硫。常用钾补充料有碘化钾和碘酸钾，氯化钾作为补充料仅限于美国。

四、饲料添加剂

为了保护饲料中的营养物质，减少饲料储存期间营养物质的损失，满足畜禽等动物的营养需要，提高饲料转化率，调节机体代谢，促进动物生长发育，防治疫病，增加畜产品数量并改善品质等，在配合饲料中常加入某些微量成分，这些物质统称为饲料添加剂。一般可分为营养性添加剂和非营养性添加剂。前者包括维生素添加剂、微量元素添加剂和氨基酸添加剂。后者包括生长促进剂（抗生素类、激素类、酶制剂类、益生素类）、饲料保存剂（青贮饲料添加剂、粗饲料调制剂、抗氧化剂、防霉剂）、其他添加剂（调味剂、缓冲剂、着色剂、黏合剂、中草药添加剂）。饲料添加剂在饲料中用量甚微，但作用显著，添加过量一般会出现不良效应甚至中毒，在使用时应加以注意。

饲料添加剂可改善畜禽健康状况，提高生产性能和饲料转化率，因而被广泛使用。但随着经济发展和人们健康意识的增强，消费者对食品质量提出了较高要求，食物来源和安全性也成为关注焦点。因此，使用饲料添加剂需要满足一些基本条件：长期使用不应对畜禽产生不良影响；在畜产品中残留量不超过规定标准，不影响畜产品质量和人体健康；在饲料与动物机体中具有较好的稳定性；不影响饲料的适口性；在生产中具有确实的经济效果；不污染环境，有利于畜牧业可持续发展。

1. 营养性添加剂

（1）维生素添加剂。维生素是维持动物正常生理功能必不可少的一类低分子化合物，也是维持动物生命所必需的微量营养成分。维生素包括脂溶性维生素和水溶性维生素，前者包括维生素 A、维生素 D、维生素 E 和维生素 K 等，后者包括 B 族维生素和维生素 C 等。对于成年反刍动物，一般只需补充维生素 A、维生素 D、维生素 E，因为瘤胃内可合成足量的 B 族维生素和维生素 K；但对于幼年反刍动物，则需要补充 B 族维生素和维生素 K。

维生素 A 不稳定，易受许多因素影响而失活，所以商品形式为稳定化处理过的维生素 A 醋酸酯或棕榈酸酯。常见的粉剂每克含维生素 A 为 250～650 kIU。

维生素 D_3 性质较稳定，但受热或与碳酸钙、氧化物直接接触则容易较快失效。饲料化的维生素 D_3，以微粒胶囊形式较好。商品添加剂中，也有将维生素 A 和维生素 D_3 混在一起的，一般含500 kIU维生素 A 和 100 kIU 维生素 D_3。

维生素 E 中文名为生育酚，其商品形式一般为 α-生育酚醋酸酯或乙酸酯。维生素 E 本身也是一种抗氧化剂，它以本身的氧化来延缓其他化合物的氧化。因此，在加工维生素 E 制剂过程中须加抗氧化剂作为稳定剂。

正常情况下，瘤胃微生物能合成足够的维生素 K，但当奶牛采食发霉的草木樨时，会导致维生素 K

缺乏。常用的维生素 K_3 添加剂为亚硫酸氢钠甲萘醌。

生产实践中极少见到维生素的严重缺乏症，较多的是维生素不足而出现的非特异状况，如生长缓慢、生产水平下降、抗病力减弱等。因此，饲料工业中维生素的添加主要不是用于治疗某种维生素缺乏症，而是作为饲料中营养的补充来提高动物的抗病或抗应激能力，或是用于提高畜产品的产量和质量。

（2）微量元素添加剂。全价平衡日粮中常需要补充的微量元素有铁、铜、锌、锰、钴、硒、碘等。添加形式多为其无机盐类（硫酸盐、碳酸盐）、氯化物或氧化物。各种化合物的有效利用率差别较大。例如，氧化铁、碳酸铁的利用率差，硫酸亚铁的相对利用率较好。但总的来说，添加这类物质多存在难吸收和生化功能差的缺点。近年来，微量元素的有机酸盐和螯合物以其生物学效价高和抗营养能力强而受到重视。氨基酸螯合物具有易吸收，抗干扰，无环境污染，接近天然形态，稳定性适宜等特点。与无机盐相比，在化学和生化上具有质的区别。无机盐中的微量元素成离子态，进入小肠因pH 较高，易以沉淀析出，难以吸收利用。氨基酸螯合物可通过瘤胃，有较强的抗分解作用，并呈中性，在小肠中可被溶解吸收，同时稳定性适宜，在消化道中容易将微量元素释放，有利于一些消化酶的激活。但氨基酸螯合物因质量不稳定和价格高等问题，使其在生产上大范围使用受到限制。确定微量元素添加剂原料时，应注意微量元素化合物及其活性成分的含量以及可利用性。常用微量元素添加剂及其元素含量见表 9-6。

表 9-6 常用微量元素添加剂及其元素含量

元素	添加剂	元素含量（%）	元素	添加剂	元素含量（%）
铁	七水硫酸亚铁	20.1	锰	五水硫酸锰	22.8
	一水硫酸亚铁	32.9		一水硫酸锰	32.5
	碳酸亚铁	41.7		氧化锰	77.4
铜	五水硫酸铜	25.5		碳酸锰	47.8
	一水硫酸铜	35.8	硒	亚硒酸钠	45.6
	碳酸铜	51.4		硒酸钠	41.77
锌	七水硫酸锌	22.75	碘	碘化钾	76.45
	一水硫酸锌	36.45		碘化钙	65.1
	碳酸锌	52.15	钴	七水硫酸钴	20.97
	氧化锌	80.3		碳酸钴	49.04

由于奶牛采食的饲料品种较多，有粗饲料、青贮饲料、青绿饲料、糟渣类饲料等，国内牛场日粮中一般不补加微量元素，也未发现异常情况。但对于一些特殊地区，如黑龙江至四川、青海之间一条幅度宽窄不同的地带，查明为缺硒地区，该地区内所产的饲料内硒含量严重不足，饲喂奶牛时应补加微量元素添加剂。

（3）氨基酸添加剂。奶牛生产中最关键的几种限制性氨基酸分别为赖氨酸、蛋氨酸、精氨酸、色氨酸和胱氨酸。其中，赖氨酸和蛋氨酸是我国应用较多的氨基酸添加剂。

目前，饲料用赖氨酸为 L-赖氨酸盐酸盐形式。其外观为白色或浅褐色结晶粉末，无味或稍带特殊气味，易溶于水，难溶于乙醇和乙醚。L-赖氨酸盐酸盐含 L-赖氨酸 79.24%。在赖氨酸供应受限的日粮中，补加 L-赖氨酸盐酸盐可提高产奶量和产奶效率。

饲料用蛋氨酸有 3 种，分别为 DL-蛋氨酸、羟基蛋氨酸钙、N-羟甲基蛋氨酸钙。DL-蛋氨酸又称甲硫氨酸，白色片状或粉末状晶体，具有微弱的含硫特殊气味，易溶于水，是生产中用得较多的蛋氨酸添加剂。羟基蛋氨酸钙为白色至浅褐色粉末或颗粒，带有硫化物特殊气味，溶于水。其作用和功能与蛋氨酸相同，且更适用于反刍动物。一般蛋氨酸会在瘤胃微生物作用下脱氨基失效，而羟基蛋氨酸钙只提供碳架，不仅不发生脱氨基作用，还在瘤胃中氨的作用下转化为蛋氨酸。其生物活性为DL-蛋氨酸的86%。N-羟甲基蛋氨酸钙，又称保护性氨基酸，含蛋氨酸67.6%，为可自由流动的白色粉末，对瘤胃的降解具有抵抗作用，主要用于反刍动物。在奶牛日粮中添加，可提高产奶量和乳蛋白率，改善乳脂率，减少肝代谢负荷，延长产奶期。日粮中补加蛋氨酸的效果受日粮组成、蛋氨酸种类、动物种类及泌乳阶段的影响，对于以苜蓿青贮、玉米青贮、焙烤大豆为基础的日粮，蛋氨酸是限制性氨基酸，补充过瘤胃蛋氨酸提高了乳蛋白产量和乳蛋白率，但不影响产奶量；以苜蓿干草为基础日粮时，日粮中添加30 g/d的N-羟甲基蛋氨酸钙提高了泌乳早期奶牛产奶量、乳脂产量和乳脂率，不影响乳蛋白率，但对于泌乳中期的奶牛，添加15 g/d的N-羟甲基蛋氨酸钙反而降低了干物质采食量和产奶量。

此外，还有一些商品化的精氨酸和色氨酸添加剂。

2. 非营养性添加剂

（1）生长促进剂。生长促进剂（growth promoter）主要是保证动物健康，促进动物生长，提高动物生产性能，改善饲料转化率。主要包括酶制剂、益生素。但激素类在我国被禁止用于饲喂奶牛。

① 酶制剂。酶（enzymes）是生物体内代谢的催化剂，种类多，作用选择性专一。饲料用酶制剂多为帮助消化的酶类，包括蛋白酶、淀粉酶、纤维素酶、糖类分解酶等单一酶制剂和复合酶制剂。其目的是补充内源酶不足，促进饲料的消化和利用。反刍动物饲养中用得较多的是纤维素分解酶类。加拿大Beauchemin课题组围绕纤维素酶的利用进行了一系列研究。结果发现，日粮中添加纤维素酶在部分研究中能够提高饲料消化率和产奶量，但在一些研究中则没有效果，研究结论认为纤维素酶的作用效果会受其类型、稳定性、添加水平、添加方式以及日粮组成的影响，生产中还要根据这些因素合理地使用酶制剂，以使其发挥最大的功效（Yang et al.，2000）。

② 益生素。益生素（probiotics）是指可以直接饲喂动物并通过调节动物肠道微生态平衡达到预防疾病、促进动物生长和提高饲料转化率的活性微生物或其培养物。可用作益生素的微生物种类很多。我国农业部2008年公布的可用于奶牛养殖的微生物添加剂有15种（表9-7）。

表9-7　饲用微生物添加剂

中文名称	中文名称	中文名称
地衣芽孢杆菌	乳酸肠球菌	戊糖片球菌
枯草芽孢杆菌	嗜酸乳杆菌	产朊假丝酵母
双歧杆菌	干酪乳杆菌	酿酒酵母
粪肠球菌	乳酸乳杆菌	沼泽红假单胞菌
屎肠球菌	植物乳杆菌	乳酸片球菌

益生素的主要作用机理是进入动物消化道后大量繁殖，抑制有害菌的繁殖，促使乳酸菌等有益菌的繁殖，保持肠道正常微生物区系的平衡，增强免疫作用，提高宿主动物健康水平，进而提高动物生产水平和饲料转化率。益生素不会使动物产生耐药性，无残留，不易交叉感染，是一种有望替代抗生素的绿色添加剂。近年来，人们发现向饲料中添加短链糖类物质（低聚糖、寡糖等），可起到与益生素类似的作用，这类物质不能被畜禽自身吸收利用，也不能被肠道大部分有害菌利用，只能被肠道有益菌选择吸收，进而促使有益菌增殖。这类物质又被称为化学益生素。

关于益生素的应用国内外已做了较多研究，但效果不稳定。影响益生素作用效果的因素很多，包括益生素种类、使用剂量、动物年龄与生理状态、日粮组成等。

（2）饲料保存剂。

① 抗氧化剂。抗氧化剂（antioxidant）是防止饲料中的脂肪和某些维生素氧化变质、提高饲料

稳定性和延长储存期的一类物质。常用的抗氧化剂有乙氧喹、二丁基羟基甲苯、丁羟基苯乙醚、没食子酸酯及维生素类抗氧化剂（维生素 E 和维生素 C）。抗氧化剂的用量很少，添加量一般为 0.01%～0.05%。为了充分发挥作用，应确保其在饲料中的均匀度。

② 防霉剂。防霉剂（Fungicide）是一种抑制真菌繁殖、防止饲料发霉变质的有机化合物。防霉剂使用于水分含量较高或储存于高温、高湿条件下的饲料。最常用的防霉剂为丙酸、丙酸钙和丙酸钠。生产中可将防霉剂与抗氧化剂组合使用，以使防霉系统更加完善。

③ 青贮饲料添加剂。使用青贮饲料添加剂的主要目的是保证乳酸菌在发酵中占优势，防止青贮饲料霉烂，提高青贮饲料的营养价值。青贮饲料添加剂可分为三类。

a. 青贮抑制剂。抑制饲料中有害微生物的活动，防止饲料腐败和霉变，如防腐剂（甲醛、亚硫酸与焦亚硫酸钠等）、有机酸（甲酸、乙酸等）和无机酸（硫酸、盐酸与磷酸等）。

b. 发酵促进剂。促进乳酸发酵，抑制有害菌活动，达到保鲜储存的目的，如接种菌体、添加糖蜜与酶制剂等。

c. 营养改进剂。添加后可提高饲料的营养价值，如尿素、氨水、微量元素等。

（3）其他添加剂。随着对饲料添加剂研究开发的重视，除前述的各种添加剂外，目前市场上还有调味剂、缓冲剂、着色剂、中草药添加剂、流散剂、黏合剂等饲料添加剂。反刍动物养殖业中用得较多的是调味剂与缓冲剂。

① 调味剂。又称风味剂、增香剂，主要用于改善饲料的适口性，增进动物的食欲，提高采食量。调味剂按口味可分为酸、甜、苦、辣、咸。一般商品调味剂主要是调节饲料甜度。按来源不同，可分为天然调味剂和人工调味剂，前者由植物花梗、叶、种子及动物的分泌物等加工提取而成，如甜叶菊糖；后者主要包括人工合成的各种氨基酸及各种香型脂类、醇类等。牛对砂糖、柠檬酸、香兰素很喜爱。

② 缓冲剂。为了满足奶牛尤其高产奶牛的能量需要，缓解泌乳早期的能量负平衡，生产中通常采用提高精饲料饲喂量的方法。提高精饲料饲喂量，一定程度上可提高微生物蛋白产量和产奶量。然而，日粮精饲料含量过高，会显著降低瘤胃 pH。较低的瘤胃 pH 会降低奶牛的食欲和瘤胃动力，减少纤维分解菌的数量，降低奶牛的干物质采食量、纤维降解率和微生物蛋白产量，严重时还会引起瘤胃酸中毒、亚瘤胃酸中毒以及蹄叶炎等代谢疾病。因此，维持正常的瘤胃 pH，对保证奶牛健康和提高饲料转化率具有重要作用。饲料中添加缓冲剂，可弥补内源缓冲能力的不足，提高瘤胃 pH，预防酸中毒，改善奶牛的生产性能。最常用的缓冲剂是碳酸氢钠，还有氧化镁、磷酸氢钙等。

添加缓冲剂对奶牛的采食量、乳脂率、发酵类型、氮代谢及犊牛生长发育均有影响。Harrison 等（1989）报道，混合草青贮（鸭茅草、黑麦草、三叶草）基础日粮中添加 1.2%碳酸氢钠提高了泌乳中期奶牛的乳脂率和校正产奶量，降低了干物质采食量。碳酸氢钠提高乳脂率的效用在泌乳早期高精料低纤维日粮的饲喂条件下更加明显。一般来说，对于含 40%～60%精饲料的日粮，添加 1.2%～1.5%的碳酸氢钠可以缓解乳脂率的降低。碳酸氢钠的添加效果还受日粮粗饲料来源的影响，相比于苜蓿青贮，玉米青贮基础日粮中添加碳酸氢钠对奶牛生产性能的改善更加显著。饲喂高纤维日粮时不必使用缓冲剂。

第二节　饲料加工与调制

饲料加工调制不仅能延长饲料的保存期，而且改善了饲料适口性、可消化性和营养价值，提高了奶牛的采食量和生产性能。特别是对于占粗饲料绝大多数的低质粗饲料，如秸秆、秕壳、荚壳、笋壳等更应进行加工调制，使其适口性、可消化性和养分平衡性得到改善。若不做处理和加工调制直接饲喂给动物，其有效利用率较低，往往难以达到应有的饲喂效果。因此，对奶牛饲料进行科学合理的预处理和加工调制，就显得非常重要。

一、粗饲料加工处理

1. 青饲料干制

青饲料水分含量较高，容易滋生细菌和霉菌发生霉烂腐败，因此需要及时刈割，并在自然和人工条件下，迅速脱水干燥，至水分含量为14%～17%，进而达到长期保存的目的。常用的干制方法有田间晒制法、草架干燥法、人工干燥法等。

（1）田间晒制法。田间晒制是最简单、最普通的方法。牧草收割后，薄层平铺地面，暴晒6～7 h，间隔一定时间，翻动一遍，待水分含量降至50%左右时，将草搂成松散草堆。风干，直至干草水分含量达到14%～17%，储存。使用此方法应及时关注天气，以防雨淋。多雨季节不适合使用田间晒制法。

在晒制过程中应格外小心，以防青绿饲料叶子掉落。豆科牧草的叶子较禾本科小，且依附的茎相对粗，叶子干燥快，更容易脱落。叶子占了苜蓿植株50%的重量，包含了植株70%的蛋白质和90%的胡萝卜素。在晒制干草过程中，禾本科牧草由于叶子的掉落营养损失可达2%～5%，豆科干草的营养损失可达3%～39%。

（2）草架干燥法。首先搭造若干草架（独木架、棚架、长架等）。将青草蓬松地堆放在木架上晾晒，呈屋脊形，厚度不要超过80 cm，离地面应有30 cm，保证空气流通，外层须有一定坡度，以便排水。此法晒制干草，养分损失比田间晒制减少5%～10%。

（3）人工干燥法。前两种方法晒制干草，营养物质的损失一般较大，干物质损失多达鲜草重的25%。采用人工快速干燥则可使营养物质损失减少到鲜草重的5%～10%，因此此法发展迅速，可大规模工厂化生产。人工干燥法一般包括常温通风干燥、低温烘干法和高温快速干燥法3种。

① 常温通风干燥法。该法是利用高速风力，将半干青草的水迅速风干。一般是将青草在自然条件下预干，使水分含量降至35%～40%，然后疏松地堆放在管道或草库中，利用鼓风机中的冷风将青草中的水分带走。此法调制的干草，比田间晒制的干草颜色绿、含叶多、胡萝卜素含量高。

② 低温烘干法。利用加热的空气将青草水分烘干，干燥温度若为50～70 ℃，需5～6 h；若为120～150 ℃，5～30 min即可干燥。

③ 高温快速干燥法。该法是利用高温气流，将切短成2～3 cm的青草在数分钟甚至数秒内使水分含量降到10%左右。利用此方法可使青草的营养物质保存90%～95%。

干草可再进行加工以便于储存或运输。例如，将干草制成草粉、压成草粒或者打成各种形状和体积的草捆。McCormick等（2011）研究了存放位置对雀麦草营养成分和奶牛饲喂效果的影响，发现相比于室内存放，室外存放使草捆干物质和能量的损失分别增加了9.9%和5.8%，产奶量减少了2 kg/d。

青干饲料品质的好坏，决定了营养价值的高低和家畜的营养物质摄入量。实践证明，青干饲料的颜色、气味、含叶量等外观，与适口性及营养价值存在密切的联系。通过这些外观特征可评定青干饲料的饲用价值。一般来说，青干饲料的绿色程度越高，胡萝卜素和其他营养成分保留得越多；干草含叶量越高，营养价值以及消化率越高。通过外观对青干饲料品质进行评定虽然简单，但不够准确。确定青干饲料营养价值较精确的方法是进行化学成分分析，但当样品较多时，这种方法显得费时费力。

2. 青贮

饲料青贮（feed silage）是将新鲜的青绿饲料装入缺少空气的密闭容器或设施（窖、塔、壕、袋）中，利用厌氧微生物的发酵作用或加入添加剂，达到保存青绿饲料的目的。

饲料青贮本质上是在厌氧环境中，利用乳酸菌大量繁殖，将饲料中可溶性糖转变为乳酸，饲料

pH 降低到 4.2 以下，进而抑制饲料中的腐败菌、霉菌以及乳酸菌的活动，达到长期保存饲料的目的。青贮发酵分为 3 个阶段：第 1 阶段从装窖到窖内无氧，此阶段植物细胞尚未死亡，仍在进行呼吸，使有机物进行氧化分解，好氧微生物（腐败菌、霉菌、乙酸菌等）的活动消耗青贮饲料的营养物质，并耗尽饲料间的氧气，为厌氧菌的生长提供了必要条件；第 2 阶段，乳酸菌生长繁殖，产生大量以乳酸为主的有机酸，使原料 pH 下降，直至降到 3.8～4.2；第 3 阶段，较强的酸性环境，使包括乳酸菌在内的所有微生物都停止活动，从而青贮饲料得以长时间保存。整个过程需 3～4 周。青贮饲料制作方法主要包括以下步骤。

（1）选择青贮器。制作青贮饲料的容器种类很多，主要有青贮塔、青贮窖、袋装青贮等。

① 青贮塔一般为砖砌圆筒形，内径数米，高 10～20 m。青贮塔占地面积小，容量大，有利于装填及压实，经久耐用，储存饲料营养物质损失少，但造价较高，设施比较复杂，一般大型农牧场采用较多。

② 青贮窖是农户采用的主要形式，分为地下式和半地下式两种。前者适用于地下水位较低、土质较好的地区；后者则相反。青贮窖的形状有长方形、圆形、马蹄形等，以长方形居多。窖底应在地下水位 0.5 m 以上，四角要做成圆角，以便于排出空气，四周用砖或石砌成，水泥抹面，不透气、不漏水，内壁光滑且有斜度，应底小口大，以免倒塌。青贮窖应避开叉道口、粪场、垃圾堆等。

③ 袋装青贮是在密闭的塑料袋中进行青贮的一种方法。选用无毒的筒式塑料薄膜，单层厚度为 0.9～1 mm，周长 2 m，剪成 2～2.5 m 长为宜，用封口机制成不透气的袋子。青贮时先装袋的两底角，填实压紧。然后层层装填，层层用手压紧。避免人站入袋内踩压，以免压破塑料袋。或者用青贮袋装机装袋。袋装青贮原料广泛，投资少，灵活，方法简单，适宜在农户养殖中推广。

（2）收割。青贮原料适时收割，不仅可从单位面积上获得最大营养物质产量，而且水分和糖分适宜，易于制成优质的青贮饲料。常见青贮原料适宜收割期见表 9-8。

表 9-8　常见青贮原料适宜收割期

青贮原料	适宜收割期
全株玉米	蜡熟至黄熟期，遇霜后可在乳熟期收割
玉米秸	摘穗后尽快收割，一般玉米秆下部有 1～2 片叶枯黄时或保持一半以上叶片为绿色
高粱	籽粒变硬后收割
豆科牧草及野草	现蕾期至开花初期
禾本科牧草	孕穗至抽穗初期
甘薯藤	霜前或收薯前 1～2 d
马铃薯茎叶	收薯前 1～2 d

（3）切短。青贮原料必须切短，以便压实排出青贮容器内的空气，抑制好氧微生物的活动，同时汁液也能渗出润湿秸秆的表面，加快乳酸菌的发酵，且有利于家畜采食、提高消化率。玉米、高粱等青贮原料的切短长度一般为 1～3 cm，切得过短则有利于装填，但可能会引起牛的反刍问题，并且可能导致乳脂下降；过长则会降低牛的采食量和采食时的能量消耗。对于玉米青贮和苜蓿半干青贮，大于 1.9 cm 的部分适宜占到 10%～25%。

（4）调节含糖量。糖是乳酸菌繁殖的营养剂。若原料中糖分含量较低，乳酸发酵过程会中断，有害菌大量繁殖，造成饲料营养物质的损失和青贮的失败。因此，应使青贮原料呈正糖差，即饲料的实际含糖量大于青贮时所需的最低糖量。饲料青贮最低所需含糖量为 1.7 倍的饲料缓冲度（%）。饲料缓冲度是指中和 100 g 全干饲料并使 pH 达到 4.2 时所需的乳酸量。实践发现，具有正青贮糖差的原料有玉米、高粱、禾本科牧草、甘薯藤等。这些饲料由于含糖充分，可及时发酵产生乳酸，青贮较为容易；具有负糖差的原料有苜蓿、三叶草、大豆、马铃薯茎叶等，这些原料因其含糖少，不能发酵产生足够的乳酸，易于霉变和产生不良气味；豆科牧草含碱和蛋白质较高，对乳酸起中和作用。对这类饲料进行青贮时，最好与禾本科作物秸秆进行混合青贮。例如，可将大豆或苜蓿与玉米、高粱等进行混合青贮。

(5) 调节水分。水分含量是决定青贮质量的重要因素之一。水分含量过低，青贮时难以踩紧压实，致使好氧有害菌大量繁殖，造成饲料发霉腐败；水分含量过高易压实结块，同时植物细胞汁液被挤出造成营养物质流失。青贮原料水分含量以60%～70%为宜。对于含水量高的原料，如鲜割的禾本科或豆科牧草（含水量达75%～80%），可使用预制或晾晒处理、添加干草或稻草、与玉米或高粱混合、添加谷物干燥防腐剂等方法，以调整使其达到理想水分含量再青贮。任何湿的青贮原料都可以在入窖的时候通过混入干草或稻草降低水分含量，但预制和晾晒通常是降低牧草青贮水分含量的首选方法，因加入干草或稻草会降低青贮的能量含量和消化率。若原料水分不够，如收割时谷物过熟和太干或过度凋萎，这时可将原料制成干草或切短压实制成半干青贮，也可在填料过程中加水或与含水量较高的其他原料进行混合青贮。

(6) 装填。切短的青贮原料应立即装填入窖。装填的时间越短越好，以缩短饲料原料在空气中的暴露时间，避免杂菌繁殖和营养物质损失。装填过程中要逐层（15～20 cm厚）平摊压实，注意四周边缘和窖角的压实。压实的作用是排出空气，为青贮创造厌氧乳酸菌发酵的条件。青贮原料装填越紧实，窖内空气排出越彻底，青贮的质量就越好。装料要高出窖沿60 cm以上，窑顶堆成馒头形或屋脊形，以利于排水。

(7) 密封和管理。青贮原料装填完后，应立即严密封窖，以防止漏水和透气。若进入空气和雨水，则会引起腐败菌、霉菌生长繁殖，导致青贮失败。一般在原料上覆盖塑料薄膜，用沙袋、土（厚30～50 cm）、石头将塑料膜压紧，或压以重物，如用轮胎、石板等物，使其不透气、不漏水。青贮窖封严后，在四周约1 m处挖排水沟，以防雨水浸入。最好在青贮窖周围设置围栏，以防人畜践踏，踩坏覆盖物。随时修复顶部裂缝或沉坑。

青贮饲料质量一般按下列标准进行评定（表9-9）。

表9-9　青贮饲料质量评定标准

等级	颜色	气味	酸味	结构	pH	乳酸含量（%）
优良	青绿色或黄绿色，有光泽，近于原色	芳香酒酸味	浓	湿润，茎叶花保持原状，容易分离	4.0～4.2	1.2～1.5
中等	黄褐色或暗褐色	有刺鼻酸味、香味淡	中等	茎叶花部分保持原状，柔软，水分稍多	4.6～4.8	0.5～0.6
劣等	黑色、褐色或暗墨绿色	具有特殊刺鼻腐臭味或霉味	淡	腐烂污泥状，黏滑或干燥或黏结成块，无结构	5.5～6.0	0.1～0.2

以上为常规的青贮方法，此外还有半干青贮。半干青贮又称低水分青贮。适合于豆科牧草青贮，其基本原理是将豆科牧草晾晒至含水量为40%～50%时，切短成2～3 cm，装填入窖。由于原料含水量低，积压严，植物细胞的渗透压可达5.5～6.0 MPa，造成对微生物不利的生理干燥，使微生物生长繁殖受抑制，营养物质的氧化损失减少。半干青贮的干物质含量比青贮饲料高，兼具干草和青贮饲料的特征。半干青贮的切短、装填、密封管理同一般青贮方法。

3. 秸秆的加工处理

对于秸秆饲料的加工处理，有以下方法。

（1）物理加工。

① 切短和粉碎。各种秸秆经过切短或粉碎处理后，便于动物咀嚼，减少能耗，提高动物的采食量，降低饲喂过程中的饲料浪费，并有利于与其他饲料进行配合。切短和粉碎增加了瘤胃消化酶与饲料的总接触面积，可提高饲料消化率。但秸秆切短或粉碎得过细，会减少奶牛的反刍时间和饲料在瘤胃的滞留时间，降低瘤胃 pH 和饲料营养物质的消化率。秸秆粉碎后，还会改变瘤胃发酵类型，降低乙酸/丙酸比，进而导致乳脂率下降。一般可将秸秆适当地切短，但不提倡粉碎。

② 揉丝。较适用于玉米秸秆的加工。玉米秸秆收获后，通过揉丝机将其压扁并切成细丝，切丝后揉搓，使之成为柔软的丝状物，其质地松软，提高了适口性、采食量和消化率。秸秆揉搓是当前秸秆利用中比较理想的加工方法。

③ 浸泡和蒸煮。秸秆饲料浸泡后质地柔软，可提高适口性、采食量，改善消化率。蒸煮可使秸秆中的化学键断裂，但处理效果根据处理条件不同而异。适当的蒸煮可提高饲料消化率。但强度过大会使饲料干物质损失，消化率下降。降低温度，同时增加处理时间，可获得较佳的处理效果。

④ 膨化和热喷。膨化处理是在高压水蒸气处理后突然降压以破坏饲料的纤维结构。膨化处理可使木质素低分子化，进而在一定程度上提高饲料消化率。膨化对粗饲料的利用有一定效果，但成本较高，尚未在国内推广普及。热喷是将粉碎后的秸秆投入压力罐内，经短时间压力蒸汽处理，然后喷放，以改变物理结构。热喷可使饲料木质素溶化，纤维结晶度降低，饲料颗粒变小，总面积增加，进而提高家畜的采食量和消化率。

（2）化学处理。

① 碱处理。利用氢氧化钠、氢氧化钙等化学试剂对秸秆进行处理。碱的氢氧根离子可以使饲料纤维内部的氢键结合变弱，破坏和削弱纤维素与木质素间的联系，引起纤维素膨胀，进而促进瘤胃微生物对纤维部分的降解。此外，氢氧根离子还可使木质素形成可溶性羟化木质素。

氢氧化钠的处理方法：将秸秆切成 2～3 cm，将 2%～8%浓度的氢氧化钠溶液均匀地喷洒于秸秆上，使之浸润，之后用清水洗去余碱，饲喂给动物。这种方法可大大提高秸秆消化率，但浪费水，且水洗过程中易造成营养物质流失和环境污染。氢氧化钠处理不能改善秸秆的适口性，但可显著改善秸秆消化率、促进消化道食糜排空，提高秸秆采食量。

氢氧化钙的处理方法：在 100 kg 切短的秸秆中加入3 kg氢氧化钙，再加水 200～250 L，浸泡 1～2 d，处理后不须水洗，即可饲喂动物。国外倾向于用氢氧化钙加尿素共同处理秸秆，相比于只用氢氧化钙处理，饲喂该法处理后的秸秆更能提高动物的采食量和饲料消化率。

② 氨化处理。将切碎的秸秆装入窖内，通入氨气或喷洒氨水等密封保存 1 周以上。取用前揭开覆盖物，1～2 d 后（待氨味消失）便可饲喂动物。氨化的原理：秸秆中的有机物与氨发生氨解反应，破坏了木质素与纤维素、半纤维素间的结合键，并形成铵盐，为瘤胃微生物的生长提供了氮源，促进了饲料的降解。此外，氨溶于水形成氢氧化铵，对粗饲料也有碱化作用。

通常，氨化处理可提高秸秆的消化率。氨化处理的效果受原料、氨源、含水量、处理温度和时间等多种因素的影响。目前，我国使用的氨源有液氨、氨水、碳铵及尿素等，国内以尿素为多。但液氨处理需要一定设备，适合集约化饲养。

（3）微贮处理。微贮处理是指给秸秆接种某种菌种，在适当的温度下密封储存发酵，菌种能产生降解酶，可分解秸秆中的粗纤维及木质素，进而提高饲料消化率。微贮饲料成本低，含有丰富的有机酸，适口性好，改善了营养价值。制作方法：按照产品说明复活菌种配制菌液。将秸秆切短至 3～5 cm，装入窖中，每 20～25 cm 为一层，均匀地喷洒菌液，压实，直至高出窖顶 40 cm 左右，充分压实后，最后封口。封口前也可在顶层撒些食盐，以防霉烂变质。一般窖内储存 1 个月后开窖取用。根据微贮饲料的外部特征，鉴定其品质。优质微贮饲料呈橄榄绿色，稻麦秸则呈金黄褐色，具有醇香、果香味和弱酸味，拿到手里松散且质地柔软湿润。

二、精饲料加工处理

1. 能量饲料的加工调制

玉米、大麦、高粱等能量饲料（energy feed），其谷物外层的种皮阻碍了瘤胃微生物和消化酶对其的降解和消化。为了改善适口性和提高消化率，需要对谷物进行加工处理。奶牛常用的谷物加工有破碎、粉碎、压扁及蒸汽压片等方式。破碎和粉碎均为利用机器或设备将谷物打碎的方法，区别在于产物的粒度不同，前者为块状小颗粒，后者为粉状颗粒。压扁是指通过滚筒轧制机将谷物压成片状。蒸汽压片是通过蒸汽热加工使谷物膨胀、软化，然后再用反向旋转轧辊产生的机械压力剥离压裂这些已膨胀的谷物，将谷物加工成规定密度的薄片。各种处理方法均能提高谷物消化率、适口性及奶牛的泌乳性能等，但改善程度与加工方法、谷物种类有关。

（1）玉米。压扁或破碎可使整粒玉米的消化率提高25%。细粉碎玉米淀粉的瘤胃有效降解率为60%～65%，远高于破碎玉米。但细粉碎会降低玉米NDF的消化，这使得其整粒消化率与压扁或破碎相似。相比于破碎和压扁，细粉碎玉米可使高产奶牛（35 kg/d）产奶量提高3.5%～6%。蒸汽压片处理干玉米的淀粉消化率高于粉碎或压扁。用蒸汽压片玉米替代干粉碎玉米，可使产奶量提高4.5%，不影响乳脂率，趋于提高乳蛋白产量。

（2）高粱。奶牛对整粒高粱的消化率和利用率非常差，饲喂后约有50%不消化而排出体外。饲喂干压扁高粱，奶牛的产奶量略低于饲喂粉碎或蒸汽压片的玉米，与饲喂干压扁玉米相似。在奶牛泌乳早期和中期两个阶段，对比研究高粱和玉米（粉碎、滚压）对奶牛生产性能的影响，结果表明，高粱在维持奶牛的采食量和泌乳性能方面均与玉米相似，但淀粉的全消化道表观消化率低于玉米。蒸汽压片高粱的淀粉消化率高于干压扁高粱。蒸汽压片高粱的DM和OM消化率比干压扁高粱基础饲料高约8%，泌乳净能值高约13%。高粱经蒸汽压片处理，淀粉消化率可提高约27%，饲喂蒸汽压片高粱，产奶量和饲料转化率比饲喂干压扁高粱提高约10%，且和玉米在影响奶牛的采食量、泌乳性能、淀粉消化率方面完全无差异。

（3）小麦。小麦可采用粗磨、压扁或粉碎的方式进行加工。相比于玉米，小麦在瘤胃中的可消化性较高，其干物质和淀粉的瘤胃有效降解率分别为80%和94%。有报道，整粒小麦的尼龙袋干物质消化率低，将麦粒粉碎后，颗粒的大小对干物质消化率的影响不大。麦类不宜粉碎过细，否则会降低适口性，还易在胃肠中形成黏性面团状物，降低消化率，但将占饲料33%的细粉碎小麦饲喂给产奶量适中的奶牛（约30 kg/d），并没有任何不良影响。关于不同形式的小麦对奶牛泌乳性能的影响仍须进一步研究。

2. 蛋白质饲料的加工调制

优质植物蛋白质饲料在瘤胃中的降解速度很快，大豆和花生饼粕在瘤胃24 h的消失率达90%以上，造成蛋白质的浪费。对蛋白质饲料进行保护处理（过瘤胃蛋白质保护），避免其在瘤胃内发酵降解，而直接进入小肠被吸收利用，是提高蛋白质饲料转化率和反刍动物生产性能的有效途径。目前，常用的过瘤胃蛋白质保护方法有：甲醛、单宁、氢氧化钠、丙酸、乙醇处理等化学方法；干热、热压、培炒等热处理方法；蛋白质包被、化合物包被、聚合物包被等物理方法以及糖加热复合保护处理。

（1）物理方法。全血、乳清蛋白等富含白蛋白的物质均可对饲料蛋白质起到保护作用，白蛋白可以在饲料颗粒外形成一层保护膜，这层膜可以有效地阻止瘤胃微生物的作用，使被保护物质的降解速度减慢，这层膜对小肠蛋白消化酶很敏感，因此在小肠易于分解放出所保护的物质。用30%的鲜血包被豆粕，蒸后烘干，可使干物质和粗蛋白质在瘤胃中降解率大幅度下降。用1.5 L/kg牛鲜血包被豆粕使其瘤胃有效降解率降至28.0%。全血包被的保护机制在于减少了蛋白质饲料的（如豆粕）的瘤胃可降解部分的比例，即降低了蛋白质的瘤胃可降解性。另外，将蛋白质饲料加工成颗粒状或压成饼状，可使饲料蛋白质较快地通过瘤胃。

(2) 热处理方法。热处理可提高优质蛋白质的过瘤胃率。热处理豆粕降低了蛋白质的溶解性、瘤胃氨氮水平以及原位消失率，增加了过瘤胃蛋白量，与未处理的大豆相比，饲喂奶牛热处理的大豆蛋白，产奶量增加 4 kg/d，但降低了乳蛋白率。热处理蛋白质的过瘤胃效果与蛋白质来源、加热温度及加热时间有关。110 ℃ 2 h 和 120 ℃ 20 min 加热处理均不影响豆粕的过瘤胃效果，而且提高了全脂大豆蛋白质的瘤胃降解率，但降低了油菜粕的瘤胃降解率。提高温度、延长加热时间可有效降低全脂大豆蛋白质的瘤胃降解率，但温度过高会显著影响小肠对蛋白质的消化，建议对于全脂大豆以 140 ℃ 4 h 处理为宜。生产中还可将加热与其他方法结合使用。将 1%的木糖或 5%木质素磺酸钙分别添加到已提前加入 10%水的豆粕中，之后依次通过 95～100 ℃ 5 min，90～95 ℃ 45 min 的加热处理，可使豆粕蛋白质的体外降解速度由 9.4%/h 降至 2.7%/h，瘤胃降解率由 70.6%降至 40.6%；将处理后的豆粕饲喂奶牛，则使蛋白质的瘤胃降解率由 70.6%降至 55.8%，过瘤胃蛋白量由 130 g/d 增加至207 g/d。

(3) 化学方法。化学方法是利用化学试剂与蛋白质相互作用，将蛋白质的功能团保护起来免遭瘤胃中酶及微生物的降解作用，在后消化道的酸性环境中又能可逆地分解释放出蛋白质。目前，常用的化学试剂主要有 NaOH、甲醛和单宁。用 NaOH 处理大豆粕和菜籽粕时，当用量占干物质的 2%时对保护蛋白质有效，3%时效果最佳。泌乳试验表明，用占干物质 3%的 NaOH 处理大豆粕能提高氮的沉积量、产奶量、蛋白质饲料转化率。用 5%的 NaOH 保护豆粕时，无明显作用。

甲醛处理蛋白质饲料应用较广。甲醛可使蛋白质变性，在 pH 5～7 的环境中，变性的蛋白质难以被瘤胃微生物降解。在皱胃中由于 pH 下降，变性的蛋白质可被蛋白酶分解。多数研究表明，利用甲醛处理蛋白质饲料能显著降低蛋白质的瘤胃降解率。反刍家畜最大限度利用氮的适宜甲醛用量为每 100 g 豆粕 0.35～0.50 g。对于油菜粕，每 100 g CP 1～2 g 的甲醛用量较好，过高则会显著降低油菜粕在小肠中的降解率。由于甲醛具有毒性，且容易在家畜体内残留，对于泌乳牛还会提高乳中的甲醛浓度，影响乳品质，生产中应谨慎使用。

单宁是多羟基酚类化合物，能够与蛋白质通过氢键形成复合物。该复合物在 pH 3.5～8.0 时稳定，在 pH 低于 3.5 或高于 8.0 的条件下分解（皱胃的 pH 为 2.5～3，小肠的 pH 为 7.5～8.5），进而易于反刍家畜的利用。Driedger 和 Hatfield(1972) 用 10%的单宁酸溶液（含单宁 5%）处理豆粕使豆粕的体外瘤胃降解率降低了 90%，同时提高了山羊对日粮氮的利用率和沉积率。甲醛虽可保护饲料中的蛋白质，但会抑制小肠消化酶的活性和分泌量，进而对饲料其他成分的消化造成不同程度的影响。增加日粮中单宁的含量，显著降低淀粉酶和胰蛋白酶的活性，以及有机物质和细胞壁成分的消化率。关于单宁在处理蛋白质饲料中的适宜用量仍须进一步研究。

3. 油脂饲料的保护

由于脂肪能量密度高，具有额外热增效应和额外代谢效应。日粮中添加脂肪，会显著提高其能量水平，增加动物体能量摄入，这对于泌乳高峰期常处于能量负平衡而导致体重下降过多的高产奶牛，具有非常重要的意义。但是，直接添加脂肪会抑制瘤胃微生物活动，改变瘤胃发酵类型，降低纤维素的消化率（Sutton et al.，1983），保护油脂可有效避免上述弊端。用一些瘤胃难降解的物质包被于油脂表面，使其躲过瘤胃发酵，从而达到保护目的。目前较成熟的为甲醛-蛋白质复合物包被。据报道，用甲醛酪蛋白包被葵花籽使进入十二指肠中的亚油酸含量由 11%增加至 57%，包被不饱和脂肪酸则使进入血液、牛乳以及体脂中的不饱和脂肪酸含量由 2%～5%增加至 20%～30%，用甲醛酪蛋白包被亚麻籽油和椰子油降低了日粮添加油脂对饲料营养物质瘤胃消化的负面影响。

另外，对油脂进行皂化反应生成的脂肪酸钙（钙皂），是一种新型能量饲料添加剂，它在瘤胃液中溶解度较小，很难被瘤胃微生物作用而降解，而在小肠中分解为脂肪酸和钙离子被机体吸收。据报道，棕榈油钙皂在瘤胃中的氢化率相比于棕榈油降低了31%，且在小肠中更容易消化。但更多研究发现，钙盐对脂肪酸的保护效果变异较大，当油脂中亚油酸含量较高时，保护效果较差。De Veth等（2005）对比了甲醛和钙盐保护的共轭亚油酸对乳脂的影响，结果发现，相比于对照组，甲醛和钙盐保护组可使乳中共轭亚油酸的含量分别增加7.0%和3.2%，表明甲醛保护的效果优于钙盐，但两者都低于皱胃灌注共轭亚油酸组的20%，这说明甲醛和钙盐对脂肪的保护效果远低于期望值，仍须进一步研究。

三、预混料的加工

预混料（pre mixed feed）是添加剂预混合饲料的简称，是将单种或多种微量组分（矿物元素、维生素、合成氨基酸、某些药物添加剂及其他添加剂）与载体按要求配比，均匀混合后制成的中间型饲料产品。生产预混料的目的在于使微量组分添加剂经过稀释扩大后，其有效成分均匀分散到配合饲料中，因此原料和载体（或稀释剂）的正确选择是制备优质预混料的先决条件。

1. 原料的选择

选择维生素原料时主要考虑其稳定性和生物学利用性，同时兼顾成本、气候、环境等的影响。微量元素有无机和有机螯合物两类，选择时应平衡好生物学利用率、稳定性和成本间的关系。尽管有机螯合物的生物学利用率和稳定性高于无机螯合物，但成本太高，目前国内仍以无机螯合物为主。常用微量元素原料是以硫酸盐化合物形式存在的，稳定性好，但含有大量结晶水，会增加预混料中的水分含量，引起结块和流散，选择时一般要进行干燥预处理，除去部分结晶水，保证产品水分不超标。对于某些特殊的微量元素，如铬，多用其有机螯合物。选择药物饲料添加剂时，应根据高效、低毒、低残留的原则，严禁使用国家违禁药物。

2. 载体的选择

载体在预混料中占有较大比例，与预混料的均匀度和稳定性密切相关，也是引起预混料变色、吸潮、结块、氧化、适口性变差的重要原因之一。因此，为保证预混料的质量必须选择合适的载体。一般须考虑载体的粒度、容重、流动性、pH、结构和表面特性等方面。

选择维生素预混料载体时，应选择含水量少、容重与维生素原料接近、黏着性较好、pH接近中性、化学性质稳定的载体。常选用的有玉米淀粉、乳糖、脱脂米糠和麸皮等。其中，脱脂米糠容重适中，表面多孔，承载能力较好，一旦混合完成，不易发生分离，是维生素添加剂预混合饲料的首选载体。麸皮的承载能力仅次于脱脂米糠，且稳定性较好，来源广，也常用作载体，但其脂肪含量高，容易氧化酸败，破坏养分。载体脂肪含量一般应控制在6%～8%。

微量元素预混料的载体要求化学性稳定、流动性好，且不与原料发生化学反应。常用的载体有轻质碳酸钙（石粉）、沸石粉、硅藻土等。国内主要以轻质碳酸钙作载体。研究发现，沸石粉和石粉容易造成Fe^{2+}和维生素B_1等活性成分的损失，故生产中应慎重使用。

复合预混料的载体应对维生素、微量元素和药物均有好的承载能力。在实际生产中，往往根据维生素、微量元素和药物等分别选用不同的载体和稀释剂，分别混合后再混合在一起。虽然复合预混料中含有与脱脂米糠容重差异较大的微量元素，但由于脱脂米糠表面粗糙的特性，可以防止微量元素在后续加工工艺中的分级，因此被优选为复合预混料的载体。研究证实，以脱脂米糠作为载体，预混料质量的稳定性要优于以石粉、沸石粉等作为载体的。

3. 配料与混合

配料的准确性直接影响预混料的质量、成本和安全性。正确选择称量设备和配料方法是确保配料准确的关键。目前，配料主要有人工配料、自动配料和微量配料秤配料 3 种方法。原料的混合是预混料生产中最为重要的工序之一，是保证预混料混合均匀性的关键。混合时，首先选择正确的投料顺序，一般为载体、微量成分、载体。其次减少粉尘、消除静电、防止饲料分级。控制粉尘时，应在每一个投料口、打包口、卸料处进行独立吸风除尘，边除尘、边回收。如果采用集中除尘，回收料要单独存放，特殊处理。再次根据混合机类型确定合适的充盈度和混合时间。最后是尽量减少微量组分在机械输送中的残留和污染。

四、全混合日粮

全混合日粮（total mixed ration，TMR）是指根据奶牛的营养需要和饲养目的，将切短粗饲料与精饲料以及矿物质、维生素等各种添加剂在搅拌喂料车内充分混合而得到的一种营养平衡的奶牛全价日粮。

1. TMR 饲喂的特点

TMR 的兴起主要在于能够准确控制奶牛日粮中精饲料与粗饲料的饲喂比例。采取 TMR 饲喂，最大的优点在于能够保证奶牛采食每一口，都是营养全价的日粮，能够更精确地调控日粮营养水平，避免奶牛由于精饲料和粗饲料单独饲喂而造成精饲料采食过多，粗饲料采食不足，进而导致瘤胃机能障碍。简化了饲养程序，便于机械化饲喂，与规模化的奶牛饲养方式相适应。TMR 技术将粗饲料切短后与精饲料混合，物理空间上产生了互补作用，增加奶牛的采食量，缓解奶牛泌乳早期的能量负平衡。粗饲料、精饲料和其他饲料均匀混合后，被奶牛采食，减少了瘤胃 pH 波动，为瘤胃微生物创造了一个良好的生存环境，促进微生物的生长、繁殖，提高微生物的活性和蛋白质的合成率。应用 TMR 技术便于控制日粮的营养水平，如产奶量降低，可通过提高日粮粗饲料比例，控制奶牛能量进食水平，防止低产奶牛出现肥胖症。对于适口性不佳但价格低廉的饲料或工业副产品，可通过 TMR 与玉米青贮等混合而得以改善，并降低了饲养成本。

然而采用 TMR 饲喂，也存在一些缺点。例如，需要购买 TMR 设备，成本较高；奶牛必须进行分群饲喂，频繁分群增加了牛场工作量等，因此对于小型奶牛场，TMR 饲喂可能不适合。

2. TMR 加工配制方法

（1）TMR 日粮营养指标的确定。为了科学配制 TMR 日粮，首先对牛进行分群，根据牛群和饲养标准确定 TMR 日粮营养指标。定期对牛的体况、产奶量、乳成分进行检测。根据营养需要相似的原则将奶牛分成一群。对于大型牛场，可根据泌乳阶段将母牛分成早期、中期、后期、干乳早期、干乳后期牛群。对处于泌乳早期的奶牛，不管产量高低，都应该以提高干物质采食量为主。对于泌乳中期奶牛中产奶量相对较高或很瘦的奶牛应该归入早期牛群。奶牛场相对较小时，可根据产奶量分为高产、低产和干乳牛群。一般泌乳早期和产奶量高的牛群分入高产牛群，中后期牛分入低产牛群。

（2）原料营养成分测定。由于产地、收购期及调制方法不同，即使同一原料，其营养成分也有较大差异，因此需要经常对原料进行化学成分测定，以便根据实测结果精确配制 TMR。

需要对日粮的水分进行测定，一般 TMR 水分含量以 35%～50%为宜，水分过低会降低日粮的混合效果，太高则会影响奶牛干物质的采食量。

（3）选择 TMR 搅拌机容积。对于 TMR 搅拌机容积的选择，应根据奶牛场的建筑结构、喂料道的宽窄、牛舍入口、牛群大小、奶牛干物质采食量、日粮容重、饲喂频次等因素来确定合适的 TMR 容量。

（4）制订投料顺序和混合时间。为了防止精粗饲料组分在混合、运输或饲喂过程中分离，需要制订科学的投料顺序和混合时间。投料顺序一般为干草、精饲料和青贮饲料。混合时间：对于转轴式全混合日粮混合机通常在投料完毕后再搅拌 5～6 min。采用混合喂料车投料，要控制车速和放料速度，以保证 TMR 投料均匀。

第三节 饲料营养价值评定与质量安全

一、饲料营养价值评定

反刍动物消化系统能够借助于微生物来利用饲料的营养成分。饲料中的碳水化合物和蛋白质经过瘤胃微生物作用，到达小肠时主要由微生物蛋白和碳水化合物、非降解饲料蛋白和碳水化合物以及少量内源营养物质三部分组成。反刍动物通过碳水化合物在瘤胃中发酵和可降解蛋白质在瘤胃中合成菌体蛋白供反刍动物所需要的蛋白质或氨基酸以及能量。因此，对反刍动物饲料营养价值的评定重点应放在饲料在瘤胃的降解量和在小肠中可消化养分的利用率。

正确评定饲料营养价值并合理利用饲料资源，会大幅度降低奶牛的饲养成本，提高奶牛的健康水平和向人类提供优质奶源。

1. 饲料消化率的评定

饲料消化率（digestibility of feed）是指饲料中可消化养分占食入饲料养分的百分比。饲料消化率是评定营养价值的重要的指标之一。目前，评定饲料消化率的方法主要有体内法（in vivo）、半体内法（in situ）和体外法（in vitro）。

(1) 体内法（in vivo）。体内法是测定饲料营养价值的最准确、最直观的标准方法。体内消化率试验是通过动物饲养试验来完成的，大致可以分为两种：全收粪法和指示剂法。

① 全收粪法。此法是一种比较传统的体内消化率测定法。全收粪法测得的消化率结果比较准确，但该方法收集粪样时既费时又费力，通常测定固体饲料的养分消化率时基本采用指示剂法代替全收粪法，但在测定液体饲料中的养分消化率时，国内外几乎全部用的是全收粪法。全收粪法主要包括两个阶段：适应期和收集期。适应期主要目的：一是确保实验动物适应试验环境的改变（粪便收集器或收粪袋等）；二是适应试验用饲料和排空前摄入饲料的残余。收集期是待实验动物适应新的环境后，分别收集每个实验动物的饲料摄入量、剩余和粪便的排出量。然后对摄入饲料、剩余饲料及排出粪等样品进行分析。

适应期时间的长短要根据饲料品种来确定。一般来说，实验动物需要 6～8 d 来习惯试验环境及饲料变化并排空肠道内之前摄入饲料的残余，经过 10～14 d 后吸收率才能达到最高。但是，如果实验动物已习惯了之前饲喂的饲料，则只需要 7 d 就可以达到最高吸收水平。评定的饲料是秸秆时，应将适应期延长到 14 d。

关于饲喂次数，动物对饲喂次数的反应很大程度上依赖于饲料的质量。一般每天早、晚各饲喂一次，既可以相对维持粪便量的稳定，又可以大大减少劳动投入。

通常收集时间为 5～14 d，持续时间越长得到的结果越准确。尽管收集时间延长可以提高数据的准确度，但相应也增加了饲养成本、试验周期、动物健康状况和周围环境变化等各种因素的影响。在粪便收集期间，要求每天定时、定量饲喂，否则消化率和吸收率都会产生明显偏差。如果实验动物是羊，所有收集期内收集到的粪便都可以作为样品进行检测；如果实验动物是牛，通常是取总粪便量的10%或是每天定量取样。

实验动物通常雄性动物比雌性更适用，这是因为其粪、尿易于分开采集。消化率试验所用的收集设备通常是底部有空洞的笼子或是可以使粪和尿分离的不渗漏材料制成的集粪袋。在代谢笼内进行消化试验其最大的弊端在于收集粪、尿分离较难。因此，在设计时，代谢笼的长度不能超过实验动物的体长，以确保其在笼内不能转身。相比较而言，用集粪袋进行消化试验便于粪、尿分开采集，其既可用于舍饲圈养动物，还适用于放牧的动物。

② 指示剂法。此法是一种比较简便的方法。其原理是：假定指示剂通过家畜消化道后能完全从

粪中排出（即完全不被吸收），从而通过饲料与粪中养分与指示剂含量的变化即可计算出养分的消化率。指示剂可以是饲料中的天然成分，称作内源指示剂；也可以是额外加入的化学物质，称作外源指示剂。例如，木质素这类不被动物消化的天然成分就可以直接作为内源指示剂使用，还有酸性洗涤纤维、二氧化硅、酸性不可溶灰分、氧化铬和小颗粒状的聚酰胺等。理想的指示剂应具备以下特点：必须是完全不溶解的；不受消化道内的微生物影响；必须是与被标记物的物理性状相似或紧密结合的；在被消化的样品中的测定方法必须是独特和敏感的，并且不能被其他分析方法干扰。

饲料中添加最普遍的外源指示剂是三氧化二铬，其非常难溶，是动物不消化的，且在饲料主要天然成分中不含有该物质。粪便组分的日变化和指示剂的不完全回收是三氧化二铬法应用时最主要的限制性因素。三氧化二铬提取的日变化大约占总变化量的 10%。粪便中三氧化二铬的回收率 76%～119%（平均 98%）影响因素是多方面的，主要包括饲料组分（如饲料配方中粗纤维的含量）、饲养水平、饲喂时间、饲料的物理结构和饲喂次数等。

内源指示剂主要是饲料中不可消化的组分，用以监测饲料中其他组分的消化过程，并在消化率试验中被广泛应用。木质素作为一种内源性指示剂已经被广泛应用于动物消化试验。但是，至于木质素是否能被消化还是一个有争议的问题。木质素不能被完全回收的可能的原因，包括原始木质素的酚性单体的异化；由可溶解的木质素与碳水化合物的混合物通过瘤胃或肠道的表面消化形成的聚合物没有从粪便的纤维性食物残渣中回收；分析方法中所用的试剂使粪便中的木质素碎片部分破裂；在每次试验过程中，凭经验判定饲料和粪便中发生化学的或物理的变化的自然物质是木质素。因此，利用木质素作为指示剂时，不仅应该注意它的不完全回收性，而且还要选择合适的分析方法并综合考虑其他因素对试验数据可靠性的影响。

（2）半体内法（in situ）。半体内法又称尼龙袋法。尼龙袋技术在测定蛋白质饲料在瘤胃中的降解率时被广泛使用，用尼龙袋法测定瘤胃内饲料营养物质降解率的最大优点是，将反刍动物饲料营养价值的评定及营养需要的研究真正与瘤胃内微生物活动挂钩，充分体现了反刍动物的生物学特性。尼龙袋法最早由 Sauer 提出并以猪为实验动物评定小肠蛋白消化率。用这种方法测青粗饲料和能量、蛋白质饲料瘤胃培养 16 h 饲料残渣的小肠消化率，该方法重演率非常好，而且与体内法存在良好的相关性，能提供更多、更清晰的有关饲料营养物质在动物体内动态变化的信息，对饲料采食量和消化率有相对精确的预测。尼龙袋法局限性在于：①饲料样品仅仅装在袋中，投放在瘤胃中；②测定的是样品中颗粒小到能通过袋孔眼那部分的数量，样品未经咀嚼与反刍，不是分解到最简单的化学成分；③受到日粮结构与饲养水平等因素的影响；④尼龙袋内饲料样品在瘤胃中会受到瘤胃内容物或微生物的污染。样品的制备方法、水洗和干燥过程、饲料颗粒损失程度和性质、培养位点和次序、宿主动物品种和日粮、尼龙袋尺寸、编织方法和孔径大小、黏附微生物的清除程度等均会影响试验结果。这些因素妨碍不同试验间结果的比较，要求在应用此法时，需要根据试验目的、设计标准和试验条件加以说明，在解释结果时对操作过程进行细致描述，以便正确应用与分析试验结果。

（3）体外法（in vitro）。体外法是在体外模拟消化道环境测定饲料消化率的方法，包括酶解法、粪液法、溶解度法、产气法等。

① 酶解法。酶解法就是在体外模拟动物消化道酶谱和水解条件测定饲料消化率的方法。瘤胃液-胃蛋白酶两阶段消化法最具代表性，在欧美一些国家应用较广，是评定反刍动物饲料体内消化率最常见的方法。与其他技术仅模拟瘤胃消化不同，此法同时模拟肠道消化，因而可预测多种饲料的消化率。Krishnamoorthy 等（1983）采用牛链球菌（streptococcus）中提取的蛋白酶作为测定蛋白质消化率的酶类，用这种离体消化法测得的不溶性氮和体内法测得的结果存在一定的相关关系（$R^2=0.61$）。此外，其他来源的蛋白酶和纤维素酶也可以用来测定牧草的消化率或降解率，如枯草杆菌蛋白酶、木瓜蛋白酶、菠萝蛋白酶和蛋白酶。使用酶解法也可采用一级反应方程来动态描述饲料的降解过程。Calsamiglia 等（1995）在两步法基础上提出了三步法测试饲料非降解部分在小肠的消化率。在经过瘤胃内滞留 16 h 后，用盐酸-胃蛋白酶消化，再通过缓冲液磷酸盐-胰酶进行 24 h 的消化。结果显示，

用三步法与体内法测的十二指肠的蛋白消化高度相关（$R^2=0.83$）。这个技术适用于各种饲料。由于微生物区系和酶对影响消化率和消化程度的因素非常敏感，如日粮的组成直接影响瘤胃液微生物的种类和活性，因此不同来源的瘤胃液是饲料消化率测定值发生变化的重要原因。这就要求体外法必须有好的重复性，且需要用体内法获得的数据进行校正。体外法比体内法具有更多优势，表现在成本低、耗时少、试验条件较易控制，其试验结果与活体消化试验结果存在着强的直线相关。

② 粪液法。Balfe(1985) 最早发现羊粪液可以消化滤纸，后来她用 Tilley 等（1963）提出的两步离体消化法，用粪液代替瘤胃液测定了 4 种牧草的消化率，其结果和体内法测定的结果相关系数高达 0.93。Puw(1986) 则证明牛粪液也可进行牧草体外消化率的测定。Pilling 等（1997）在研究中发现，动物大肠内容物和排泄物中含有许多种瘤胃微生物，如瘤胃乳酸杆菌（lactobacillus)、反刍真细菌（eubacterium)、瘤胃球菌（ruminococcus)、牛链球菌（streptococcus）和梭杆菌（fusobacterium）等，这些瘤胃微生物很可能逃避消化酶的作用而存活下来，并在动物大肠中缓慢发酵食物残渣中的不溶性纤维成分得以生长和繁殖。这是利用新鲜牛粪或羊粪作菌源测定饲草体外消化率的基本原理。尽管有关日粮对粪液中细菌活性的报道结果很不一致，但大多数研究者认为，日粮对粪液活性的影响远小于对瘤胃液活性的影响（El Shaer et al.，1987；Aiple et al.，1992；Akhter，1994)。因此，这种方法更适合于大批量饲料的消化率测定，特别是对于放牧的家畜更具优势。

③ 溶解度法。溶解度法是根据饲料在缓冲液中的溶解度评定饲料蛋白质降解率的方法。法国 PDI 体系就是采用这种方法估测常用饲料的瘤胃可降解蛋白，并通过回归公式计算饲料非降解蛋白的小肠真消化率。常用的缓冲溶液有热蒸馏水、硼酸-磷酸盐溶液、70%乙醇、Burrough 缓冲液、McDougal 人工唾液、NaCl 溶液和蒸煮过的瘤胃液等。由于同一种蛋白质在不同溶剂中的溶解度不同，受溶剂的化学组成、离子浓度、温度和 pH 的影响，使得溶剂的选择非常困难。溶解度法不能很好地反映饲料蛋白质在瘤胃内的降解情况，应用受到一定程度的限制。

④ 产气法。产气法是根据饲料样品和瘤胃液一起培养 24 h 的产气量测定有机物质消化率的方法，此法还可用于单个饲料或混合饲料的代谢能值的测定。产气法和尼龙袋法一样可获得动力学数据，但不是测定日粮成分的消失率，而是测定发酵产生的气体数量，主要是 CO_2、CH_4、H_2 的生成量。与尼龙袋法相比，产气法对动物依赖性小，且自动化程度高，减少了劳动力的投入。由于通常假定产气量与底物消化率成正比，从而与饲料营养价值呈线性正相关，实际上这种假设通常是不准确的。因为产气量依赖于底物组成、微生物种群及微生物生长时对己糖的利用。如高丙酸产量的日粮，其产气量低于高乙酸和丁酸产量的日粮，高蛋白饲料中的氨可通过与挥发性脂肪酸反应而降低气体生成量。所有这些因素均会影响底物发酵过程中气体的生成量。为了保持瘤胃液内纤维素酶和淀粉酶比例稳定，一定要尽可能地保持饲喂次数和饲料组成稳定。同时，为确保所提供的瘤胃液稳定，最好使用标准饲料样对产气量进行检查和校正。单凭产气数据来估测底物的降解率，不是很理想。因此，用产气量指标时，最好同时测定饲料的底物消失量、挥发性脂肪酸和微生物蛋白产量，综合考虑才能对饲料的营养价值做出合理的评定。

2. 饲料能值评定

(1) 能量体系。奶牛饲料能量的评定以总能、消化能、代谢能及产奶净能为主。主要通过能源系统的需求来确定动物对能量的需求，需要确定和估计饲料中的能值。近年来，对能量系统进行了更为系统的研究，发现消化能、代谢能系统出现了一些不足和缺陷，已经逐渐不适合对反刍动物继续进行研究，所以新净能体系的建立已成为必然。

消化能是饲料可消化养分真正被机体利用吸收的能量，即动物摄入饲料的总能与粪能之差。测定消化能比较简单，从吸收的总能量中减去机体不可利用的那部分能量。由于简单易行，也用作衡量反刍动物的营养需要量或者饲料能值的评定。但是，消化能没有考虑气体能量和动物的热增耗，这部分损失被忽略不计了，所以消化能的测定方法准确度较低。

相对于消化能，代谢能是更为科学合理的指标，能较准确地反映饲料中能量可被畜禽有效利用的程度。饲料代谢能＝饲料消化能—尿能—胃肠道气体能。尿能是指饲料被消化吸收后蛋白质的代谢产物（如尿素、肌酸等）中含有的能量。胃肠道气体能是指由淀粉在体内发酵产生的甲烷等气体中含有的能量，而尿能和胃肠道气体能不再能被机体利用，代谢能实际代表了生理有用能，目前被广泛用作牛、猪、禽的能量指标。代谢能考虑了尿能和气体能损失，比消化能体系更准确，但是仍没有考虑到体增热造成的能量损失。

体增热是指绝食动物在采食饲料后的短时间内，体内产热高于绝食代谢产热的那部分热量。代谢能减去体增热即得净能，也即是在动物体内沉积的那部分能量，所以净能是更科学的能量指标。饲料净能＝饲料代谢能—食后增热，净能又分为维持净能、产奶净能、产肉净能、生长净能等。

世界各国所采用的能量体系不尽相同，但很多国家已开始采用产奶净能体系。例如，美国、加拿大、法国、荷兰等。中国奶牛净能体系是根据我国的实际情况建立的。《奶牛饲养标准》中的 1 个奶牛能量单位（NND），相当于 1 kg 含乳脂 4％的标准乳的能量，即 3.135 MJ 产奶净能。

（2）净能体系。

① 净能体系的优势。净能不仅能反映维持动物正常活动和适应环境条件变化的需要，而且还可以提供动物蛋白质和脂肪沉积的动力，为动物的繁殖生理活动提供能量。净能体系的最大优点是在代谢能体系的前提下考虑了体增热造成的能量损失。净能体系相对复杂，因为任何一种饲料被用作动物生产的目的都不同，所以其净能值也不尽相同。用代谢能或者消化能配制日粮时，其结果偏差较大。利用一些常规饲料对各种能量体系进行比较，结果表明，其他两种体系基本都高估了蛋白质以及纤维饲料的有效能值，其根本原因在于这两种能量体系都没有考虑体增热以及过量蛋白质排出造成的尿能损失。当饲料中纤维含量较高时，由于瘤胃降解能力有限，有一部分纤维无法被降解，从而转变为体增热的形式排出体外，造成了无形的能量损失。另外，蛋白质含量较高的日粮在反刍动物肠道内比较容易被消化吸收，体增热的散失相对较少。净能与产品紧密相关，可根据生产的需要直接估计饲料的用量，反之也可。随着应用原料的开发和日粮配制的复杂化，净能体系较其他体系的优势就更为显著。净能体系是唯一能使动物能量需要与日粮能量值在同一水平线上得以表达并与所含饲料组成成分无关联的体系。净能系统可提供最接近于真实的动物维持需要和生产利用的能值。因此，利用净能体系，配方师可通过平衡饲料中的精粗比以及组成成分，调整出最适合反刍动物的日粮，从而创造出最大的经济效益。

② 净能体系的应用难题。当前对于反刍动物的净能体系研究还不够系统化，在饲料配合和反刍动物饲养过程中的应用遇到了许多难题，包括饲料成分的净能数据不健全、每种营养成分的净能含量受很多因素（牛种、生理阶段、能量消化率等）的影响、净能体系中的热增耗部分难以准确测定。饲料能量利用率的问题同样受其他方面因素的影响。要使净能体系更好地运用于实际生产当中，饲料能值的测定方法还需要进一步改进，充实和完善净能的概念使净能体系能够更具有操作性从而正确地指导生产实践。

③ 净能值的测定。反刍动物的净能值测定比较复杂，首先需要大量的实验动物和专业设备，要投入大量的物力、财力才能完成。由于难以直接测定动物日粮的净能值，因此可以通过代谢能、消化能的测定建立回归方程来估测净能值，这种方法的准确率很高。营养物质消化率测定的准确度决定了反刍动物净能值预测的准确程度，也与代谢能和消化能的含量有直接关系，同时上述条件也受反刍动物饲养水平、体重水平和不同生长阶段的影响。用回归的方法推导饲料能量的预测模型中粗养分或体外参数作为饲料能量影响因子的情况比较多。用一种饲料建立的回归模型不适用于该模型以外的同类饲料。所以在建立模型时，要对所用的饲料样品进行详细说明，进而提高回归模型的预测准确性、实用性和有效性。在建立的回归模型当中，预测值的标准误、预测因子的相关系数、粗养分化学分析值、体外消化率等要在一个可接受的误差范围之内。

3. 饲料蛋白质评定

粗蛋白质（CP）的营养价值是指饲料蛋白质被畜体消化吸收后，能满足畜体内新陈代谢和生产产品对氨基酸需要的程度。所以，蛋白质营养价值的评定和消化生理紧密相关。饲料CP进入瘤胃后被分为瘤胃非降解蛋白（UDP）和降解蛋白（RDP）两部分，瘤胃微生物可以利用RDP合成微生物蛋白（MCP）；UDP、MCP和内源蛋白3部分流入小肠，组成小肠代谢蛋白（MP），MP在小肠被消化吸收后，为动物提供氨基酸（AA）。

饲料蛋白质营养价值评定体系主要有：

（1）传统的饲料蛋白质营养价值评定体系。长期以来，对反刍动物蛋白质营养价值的评定是使用粗蛋白质（CP）体系或可消化蛋白质（DCP）体系和蛋白质的生物学价值体系。

① 粗蛋白质体系。该体系是以化学分析法为基础进行评定的，以日粮中氮的含量乘以6.25得到饲料中CP的含量。该体系并没有结合动物的消化生理特点说明动物对饲料的消化利用情况。该体系不能区分真蛋白和非蛋白氮的营养价值。

② 可消化蛋白质体系。该体系是以反刍动物瘤胃降解率为基础的。该体系把饲料的营养组成成分和动物的消化生理结合起来，对饲料蛋白质营养价值进行评定，是很大的进步。对单胃动物有其合理性，但对反刍动物而言，饲料在瘤胃中被降解即意味着被消化。其主要问题是无法将瘤胃非降解蛋白和微生物蛋白区分开，更突出的是如何评价非蛋白氮（NPN）的问题。当日粮中含有NPN时，其本身消化率接近100%，同时会生成一些不能消化的微生物蛋白，并且在瘤胃中降解的NPN的利用率也是一个问题。

③ 蛋白质的生物学价值体系。该体系表示吸收的蛋白质转化为组织蛋白质的效率，即存留氮量与吸收氮量之比。计算公式为：$BV=(NR+MFN+EUN)/(ADN+MFN)\times100\%$。式中，$BV$为蛋白质的生物学价值；$NR$为沉积氮；$MFN$为粪代谢氮；$EUN$为内源尿氮；$ADN$为表观可消化氮；$EUN$和$MFN$为饲喂无氮日粮时，尿中和粪中所排出的氮量。蛋白质$BV$的提出对动物营养具有重要意义，使动物营养进入了氨基酸时代。氨基酸越平衡，BV就越高，就越能满足动物的需要，这在配制单胃动物饲料时极为重要。但对于反刍动物，由于成年动物瘤胃可合成各种必需氨基酸，这意味着对于非反刍动物BV为零的饲料蛋白质，对反刍动物的BV可能会很高。尤其当NPN可代替反刍动物日粮中的一部分氮时，以BV作为评定的方法将使问题复杂化。同时，由于尿素可通过唾液或直接扩散回到瘤胃形成氮的再循环，使得反刍动物尿氮不一定代表代谢损失，粪氮也不仅代表消化损失，内源氮也因此出了问题，这使得BV的计算困难重重。

（2）新蛋白评定体系。鉴于传统蛋白质评定体系的缺点和不足，自20世纪70年代以来，很多国家根据本国的情况，相继提出了自己的反刍动物蛋白质评定新体系。新蛋白评定体系以小肠蛋白质为基础，包括UDP和MCP。重点是估测瘤胃中菌体蛋白的合成数量和效率、饲料蛋白质进入小肠数量的评定，以及这些蛋白质在小肠中的消化率。新蛋白评定体系与DCP体系的共同点很少，提出新蛋白评定体系的所有学者都认为必须分别评定微生物和宿主动物对蛋白质的需要量，并且认为日粮蛋白质在瘤胃内的降解程度是新蛋白评定体系重要的基本参数之一，因为蛋白质的降解率既影响到瘤胃微生物对氮的利用率，同时对进入小肠中的蛋白质数量有很大的影响。

目前，已提出的新蛋白评定体系有：

① 英国的降解和非降解蛋白（RDP-UDP）体系。在所有新蛋白评定体系中，以英国的RDP-UDP体系影响最广。该体系将日粮中的瘤胃降解氮划分为快速降解蛋白（QDP）和慢速降解蛋白（SDP）两部分，用尼龙袋法测定日粮氮的降解率，并用Orskov等（1979）的模型计算出有效降解率。该体系反映了蛋白质在瘤胃中的消化代谢过程，将其分为降解蛋白和非降解蛋白，而且考虑到了微生物蛋白的合成及其合成效率。它强调饲料中RDP对瘤胃微生物的可利用性和UDP在皱胃及小肠中的可消化性。在RDP-UDP体系中，反刍动物对蛋白质的需要量不再简单地以粗蛋白质表示，

而是区分为 RDP 和 UDP 两个部分。例如，干乳期的牛对蛋白质的需要主要是对 RDP 的需要，而产奶期的牛对 UDP 需要更高些，这样评定不仅可以节省生产成本，而且有利于提高生产性能。该体系克服了粗蛋白质体系的缺点，但也存在测定方法上的不足。在该体系中，分别用尼龙袋法和瘤胃微生物标记物法测定瘤胃降解蛋白和微生物蛋白。尼龙袋法能够测定蛋白质饲料在瘤胃中的降解率，能够将其分为快速降解部分、慢速降解部分和不可降解部分，根据蛋白质的降解率，可以计算非降解饲料蛋白。但由于尼龙袋的规格和动物的饲养管理难以标准化，同时无法区分非蛋白氮和真蛋白，导致结果会有较大的误差。瘤胃微生物标记物法主要有二氨基庚二酸法（diaminopimelic acid，DAPA）、十二指肠核酸法（ribonucleic acid，RNA）和同位素示踪法（^{35}S、^{15}N、^{32}P）。DAPA 存在于瘤胃细菌细胞壁上，含量相对稳定，但瘤胃原虫中不含 DAPA，同时饲料和瘤胃上皮细胞中的 DAPA 被广泛降解，造成测定结果代表性较差。与 DAPA 法相比，RNA 法的代表性较强，该方法是假定饲料和内源上皮细胞上的 RNA 被广泛降解，瘤胃微生物中都含有 RNA，且含量比较稳定，但是饲料的 RNA 未必完全降解。同位素示踪法的优点是准确，但容易造成环境污染。上述 3 种方法都需要装有瘤胃瘘管和十二指肠瘘管的动物，操作复杂，费用较高，也不符合动物福利的有关规定和发展趋势，不易大范围推广使用。

② 法国的小肠可消化蛋白质体系或 PDI 体系。法国国家农业科学研究院（INRA）（1978）建议，饲料蛋白质的价值用两个参数表示，即 PDIN 和 PDIE。PDIN 为当所有降解蛋白全部合成微生物蛋白时小肠可消化蛋白质的最大数量，PDIE 表示所有可发酵能量全部用于微生物蛋白合成时的最大蛋白质产量。当 PDIN 小于 PDIE 时，可用尿素或 NPN 来增加 PDIN，使其与 PDIE 相等；当 PDIN 大于 PDIE 时，则应减少可降解氮源，或添加适量的瘤胃可发酵碳水化合物。小肠可消化蛋白（PDI）包括两部分：瘤胃中未降解的日粮蛋白质在小肠中被消化的部分（PDIA）和瘤胃微生物蛋白在小肠中被消化的部分（PDIM）。PDIA 含量是根据粗蛋白质的含量 CP 及其在瘤胃中的降解率（dg）和未降解的饲料蛋白在小肠中的真消化率（ddp）进行计算的，公式为 $\text{PDIA}=CP\times(1-dg)\times ddp$。PDIM 含量按照以下几个参数计算：每千克可消化有机物可以合成 135 g 微生物粗蛋白，微生物粗蛋白的真蛋白含量为 80%，微生物真蛋白在小肠中的消化率为 70%，饲料降解氮转化为微生物氮的效率为 100%。

③ 美国的可代谢蛋白体系。代谢蛋白（metabolisable protein）体系是由美国 Burroughs(1971) 年提出的，代谢蛋白是指瘤胃日粮非降解蛋白和微生物蛋白在小肠中被吸收的量，与小肠可消化蛋白质的概念相同。代谢蛋白体系包括以下观念。

a. 瘤胃可降解蛋白转化为微生物蛋白的效率为 100%，吸收蛋白质的 40%在代谢中损失掉。他们在 1975 年计算了饲料的代谢蛋白值，其中维持的代谢蛋白需要量为 $0.0125\times70\,W^{0.734}$。

b. Burroughs(1971)、Burroughs 等（1975）提出了尿素发酵潜力（urea fermentation potential，UFP）的概念，用以表示日粮中尿素能被利用的量，UFP 表示每千克日粮干物质中所能利用的尿素量（g），其计算公式为 $UFP=(1.044TDN-\beta)/2.8$，式中 1.044 为每 10 g TDN 能产生 1.044 g 瘤胃微生物氨基酸蛋白质；β 为采食 1 kg 饲料的降解蛋白克数；2.8 为尿素的蛋白质当量。Satter 等（1974）研究发现，只有当瘤胃中 NH_3-N 浓度小于 50 mg/L 时，非蛋白氮才能被反刍动物有效利用，如果瘤胃中 NH_3-N 浓度大于这个值时，非蛋白氮对反刍动物是没有任何意义的。

④ 德国的小肠可利用粗蛋白质体系。小肠中可利用粗蛋白质（uCP）包括瘤胃微生物合成的蛋白质和饲料中的非降解蛋白两部分，分别用尼龙袋法和微生物标记物法测定，然后相加得出小肠中的可利用粗蛋白质的总量。该体系不仅存在分开测定 UDP 和 MCP 的问题，同样存在方法上的缺点和不足。在反刍动物大部分的新蛋白质评定体系中，包括德国的小肠可利用粗蛋白质体系，是分别测定 MCP 和 UDP，然后将两部分相加求出小肠中的总的蛋白质数量，但动物利用蛋白质的过程是不分 MCP 和 UDP 的，因此人为地将其分为两部分不仅没有必要，而且会给试验带来不必要的麻烦。UDP 利用尼龙袋法测定，而 MCP 则是利用微生物标记物法测定。尼龙袋法和微生物标记物法都会造

成方法上的误差，因此不易大范围推广使用。德国学者总结了装有瘘管的532个测定十二指肠粗蛋白质流量的奶牛试验的结果，提出了测定小肠中总蛋白质的量比分别测定MCP和UDP更准确而且简单。Zhao等（2002）利用改进的Tilley和Terry(1963）体外降解法，测定了饲料的uCP，结果表明，体外培养24 h(X，g/kg）的uCP与用回归法计算的uCP(Y，g/kg）相关关系密切：$Y=0.85X+18.0$($R^2=0.84$，$P<0.001$)，该体外培养技术可用于测定单一饲料或混合饲料的可利用粗蛋白质的量。Zhao和Lebzien(2002）对小肠可利用粗蛋白质体系进行了发展和完善，将UDP和MCP作为一个指标来测定，避免了人为分开测定的麻烦和方法上的误差。

⑤ 中国的小肠可消化蛋白质体系。中国的小肠可消化蛋白质体系将到达小肠中的可消化粗蛋白质分为饲料非降解蛋白和微生物蛋白两部分，并分别用可发酵有机物（DOM）、奶牛能量单位（NND）和肉牛能量单位（RND）评定微生物蛋白的合成效率，其数值分别为144 gMCP/kgDOM、40 gMCP/NND和95 gMCP/RND。冯仰廉等（1987）提出了瘤胃能氮平衡（RENB）原则，能氮平衡原则是畜禽日粮配制和动物营养中的最基本的原则，也是充分利用资源，减少浪费，提高经济效率的前提。即：$RENB=144DOM-900RDP=40NND-900RDP=95RND-900RDP$。当RENB=0，平衡良好；RENB>0，能量多余，须补充可降解氮；RENB<0，能量不足，须补充可利用能。

⑥ 其他蛋白质评定体。除了以上体系外，具有代表性的还有瑞士的小肠可吸收蛋白质体系（API体系）、北欧的小肠可吸收氨基酸（AAT）体系和瘤胃蛋白质平衡（PBV）体系、荷兰的小肠可消化蛋白质体系等。这些体系各有优点和不足之处，需要互相补充和完善，使之更接近于生产实践，更符合动物消化生理特点。

4. CNCPS体系

Weende体系根据化学成分分析将饲料成分分为粗蛋白质、粗脂肪、粗灰分、粗纤维、无氮浸出物和水分6大营养成分来比较评定饲料的营养价值。尽管此体系是饲料营养价值评定的基础，但仅根据化学成分分析并不能说明反刍动物对饲料的消化利用情况，因而不能较好地反映饲料的营养价值。VanSoest体系在评定粗饲料营养价值方面较Weende体系有了长足的进步。并在Weende体系分析方法的基础上，对粗纤维和无氮浸出物这两个指标进行了修正和重新划分，不仅给出了饲料中各类粗养分的测定值，而且给出饲料某种具体营养成分的含量。但是，Weende体系和VanSoest体系都属于静态的表观指标，都没有和动物发生联系，使用过程中存在一定的局限性。应用尼龙袋法可以测定饲料在反刍动物瘤胃中的降解率，但仅可粗略地将饲料的营养成分分为快速降解部分、慢速降解部分和不可降解部分，来比较饲料的可利用性。

美国康奈尔大学动物营养学者于20世纪90年代提出了康奈尔净碳水化合物-蛋白质体系（CNCPS)。CNCPS体系是一个基于瘤胃降解特征的饲料评定体系。通过准确的化学分析方法对饲料组分含量做出分析，利用体外法等方法评定组分的瘤胃降解速率，结合瘤胃微生物生长的机理模型、消化道流通速度模型、动物消化生理模型等，预测得到饲料组分的瘤胃降解量、过瘤胃量、瘤胃微生物产量和小肠可利用量等，在此过程中还综合考虑了瘤胃氮缺乏、pH变化对瘤胃消化的影响，对饲料的生物学价值和动物生产性能做出了有效、准确的预测。

（1）CNCPS体系对饲料组分的剖分方法。CNCPS体系将饲料的碳水化合物分为4个部分：CA为糖类，在瘤胃中可快速降解；CB1为淀粉，为中速降解部分；CB2是可利用的细胞壁，为缓慢降解部分；CC部分是不可利用的细胞壁。碳水化合物的不可消化纤维为木质素。

CNCPS体系将蛋白质分为3部分：非蛋白氮（NPN)、真蛋白质和不可利用蛋白质（Van et al.，1981)，这3部分分别被描述为PA(NPN)、PB（真蛋白）和PC（结合蛋白质）（Pichard et al.，1977)。真蛋白质又被进一步分为PB1、PB2和PB3三部分。PA和PB1在缓冲液中可溶解，PB1在瘤胃中可快速降解，PC含有与木质素结合的蛋白质、单宁蛋白质复合物和其他高度抵抗微生物和哺乳类酶类的成分，在酸性洗涤剂中不能被溶解（ADFIP)，在瘤胃中不能被瘤胃细菌降解，在瘤胃后消化道也不能被消化。PB3在中性洗涤剂中不溶解（NDFIP），但可在酸性洗涤剂中溶解，由于PB3与细胞壁结合在一起，因而在瘤胃中可缓慢降解，其中大部分可逃脱瘤胃降解。缓冲液不溶蛋白质减去中性洗涤不溶粗蛋白质，剩余部分为PB2。部分PB2在瘤胃中可被发酵，部分流入后肠道中。

（2）CNCPS评定饲料组分的研究进展。近年来，随着蛋白饲料资源的紧张和人们环保意识的增强，反刍动物日粮的研究成了人们关注的热点。CNCPS对饲料中的糖类及蛋白分类方法，有利于对饲料的营养价值进行全面评定，因此在美国和加拿大等发达国家已经广泛应用。但是，能否适合中国反刍动物的生产实践，国内近年来也进行了较多研究。郭冬生等（2010）应用CNCPS的原理和方法测定了17种单一饲料样品CNCPS组分，指出CNCPS能把饲料成分的化学组分和反刍动物特殊的瘤胃消化系统结合起来，真实地反映动物对饲料的利用率，与Weende体系分析方法和尼龙袋法相比更为简单准确，认为CNCPS可以应用于反刍动物饲料营养价值的评定。曲永利等（2009）应用CNCPS提出的蛋白与糖类分类方法，对黑龙江省西部地区15种典型奶牛饲料进行测定，指出CNCPS测定指标较多，能够结合奶牛特殊的消化生理结构，全面反映饲料的营养成分，对饲料的评定更精确。雷冬至等（2010）利用CNCPS对内蒙古某公司奶源基地牧场使用的全混合日粮及饲料原料的营养成分进行分析，找出了限制奶牛生产性能的因素，通过调整日粮不仅节约了饲料，而且奶牛的产奶量也有明显的提高。王燕等（2009）发现CNCPS区分了非蛋白氮（NPN）、真蛋白氮（TCP）、糖类和淀粉的组分，能全面科学地反映饲料营养水平。李威等（2008）通过试验，将CNCPS测定的结果与NRC营养指标进行了对比，发现CNCPS有很强的利用价值。

（3）CNCPS配制日粮的研究进展。CNCPS是根据糖类组分与蛋白质组分配制反刍动物日粮的一种方法。在生产实践中饲料蛋白在瘤胃内降解过多，会减少在后部小肠中的供应，反之亦然。这样不仅浪费饲料，而且还会严重影响动物的生产性能。该体系可以平衡日粮中各种氨基酸的供给，使瘤胃中能氮水平与小肠内氨基酸的供给达到最好的平衡状态，并且可以提供适合动物生理需求的营养，有利于提高现有营养物质利用率，最大地发挥动物的生产性能。同时，还有利于在饲养过程中准确预测动物采食量、饲料转化率和日增重等生产性能指标。刘瑞军等（2011）利用CNCPS对泌乳期的荷斯坦牛日粮进行优化，结果发现，现经过优化的日粮对奶牛生产性能有很大的提高，不仅可以改善奶牛体质，而且能够增加产奶量，对乳中干物质也有明显的改善效果，可以为实际生产增加效益。

（4）CNCPS的研究趋向。我国饲料资源丰富多样，饲料样品中的常规营养成分，如粗蛋白质（CP）、粗脂肪（EE）和干物质（DM）等，国内不同地区测定方法并不统一，可能会造成结果的不一致。同时，数据库的不完善也是影响结果的一个重要方面，在欧美等其他发达国家和地区已经有了相对完整的饲料数据库，但目前我国还没有一个完整的数据库，所以急需一个统一的方法建立起可靠完整的数据库，因此在今后相当长的一段时间，将有相当数量的研究集中在利用CNCPS评定我国饲料品质方面。

CNCPS模型中的另一个非常重要的衡量指标就是考虑动物的品种，我国目前使用的品种较多，如奶牛就有荷斯坦牛、西门塔尔牛、娟姗牛、新疆褐牛和草原红牛等多个品种。这些品种间能否使用相同的模型数据库，有没有必要再建立自己的模型数据库，还需要进一步研究。

CNCPS突破了传统的静态模式，建立了反刍动物瘤胃动态发酵模型，把饲料消化吸收及流通速度与蛋白质和糖类的利用率结合起来，并运用计算机分析系统使结果更加具有科学性，越来越多地被应用于反刍动物日粮的营养价值及生产性能的测定。随着CNCPS的分类及其根据实际生产情况的不断完善，其将在反刍动物生产中发挥更大的作用。

二、饲料质量安全

饲料质量安全（feed quality and safety）是指饲料产品在加工、运输及饲喂动物后转化为养殖动物源产品的过程中，对动物健康、生产性能、生态环境等不会产生负面影响的特性。

1. 饲料质量安全现状

（1）世界饲料质量安全现状。近年来，由饲料质量安全问题引发的动物性食品安全问题的事件此起彼伏。在国际社会上，20 世纪 80 年代末期以来，疯牛病的暴发给世界畜牧业的发展带来了灾难性的危害。由于滥用动物性饲料，疯牛病在欧美和日本出现，造成了巨大的经济损失，也给当地食用牛肉的居民埋下了安全隐患，致使当地的养牛业一蹶不振。1999 年，比利时等国家发生二噁英污染肉、蛋、乳事件，欧盟的畜产品贸易蒙受高达 10 亿美元的经济损失。饲料不安全，一旦造成中毒事件，影响极其恶劣，在饲料的进出口贸易中还有可能引发农产品贸易争端，引发严重的社会问题。

（2）中国饲料质量安全现状。饲料产品是动物的食物，也就是人类的间接食物，与人们的健康息息相关。近年来，我国的动物性食品安全事件也时有发生，如三聚氰胺事件等，为人们敲响了警钟，这些事件真实地反映出饲料质量安全现状。当今饲料生产中的质量安全管理问题成为所有饲料生产企业所面临的重要问题。所幸，越来越多的饲料生产者已经意识到饲料质量安全问题，他们采取原料监控、升级加工工艺等措施，提升企业的社会责任感，这使得生产安全的畜禽产品成为可能。

我国政府对饲料质量安全十分重视。特别是近年来，农业农村部为加强饲料产品质量安全监督管理，保障动物食品的质量安全，每年都组织国家饲料质量监测机构和省市饲料质检机构对全国饲料进行质量安全监测。20 多年来我国饲料产品质量稳步提升。为了确保饲料和动物性食品的安全，近年来饲料质量安全监测范围加大，在检测项目方面包括违禁药物添加、饲料添加剂的使用、饲料卫生指标等。农业部在 2007 年 6 月发布饲料三聚氰胺检测标准。截至 2008 年 10 月 28 日，饲料三聚氰胺检测合格率达到了 97%以上。

虽然我国的饲料安全工作不断加强，饲料产品的质量水平不断提高，但是从目前来看，我国的饲料质量安全问题还远没有解决。饲料产品在生产、流通和使用中仍存在着严重的质量安全隐患；饲料质量安全仍然受到各种人为因素以及非人为因素的严重威胁。

2. 发达国家饲料质量安全监管模式

欧盟各国、美国等发达国家在经济高速发展时期，政府就开始高度重视食品安全，并通过加强立法、完善法制、严格执法等加快包括饲料在内的食品安全管理体系建设。因此，发达国家在饲料、食品质量安全监管上起步较早；在经过不断地发展和完善后，欧美等发达国家逐渐形成了成效显著的饲料安全管理体系，该体系由 4 部分组成：一是饲料安全监管法律法规体系；二是饲料安全监管技术标准体系；三是饲料安全组织管理体系；四是饲料安全实施支撑体系。在这一体系中，法律法规是基础，技术标准是依据，组织管理是主体，实施支撑是保障。

（1）美国饲料质量安全监管体系。

① 美国饲料安全监管法律法规体系。美国饲料安全监管法律法规主要以法律（acts）、规则（regulations）、指导文件（guidance to industry）或指南（guide）3 种形式存在。其中，法律和规则是饲料生产经营者必须遵守的强制性法规条款，而指导文件或指南不具有法律约束性，仅供饲料企业和监管者在贯彻实施法规时参考使用。联邦、州和地方三级在饲料安全监管方面，包括规定饲料安全标准及其加工设施要求方面，发挥着相互补充、相互依靠的作用。这些法律法规包括《联邦食品、药品和化妆品法》《饮食补充剂保健与教育法》《营养标签和教育法》和《紧急状态家禽饲料补偿法（1998）》《食品、饲料企业许可证法规》等针对性极强的专门性法规，以及《堪萨斯州商品饲料法》《宾夕法尼亚州商业饲料法》《华盛顿商业饲料法》等各州政府制定的适用于本地区的商品饲料法和饲料法等。此外，美国还成立了由各州饲料监管机构组成的饲料控制委员会，主要负责协调各州饲料工业的监管以及为饲料法律法规的制定提供建议，确定全联邦统一的饲料原料命名和使用原则，推荐统一的饲料标签格式。

② 美国饲料安全监管组织管理体系。美国饲料安全组织体系和联合监管制度已成熟，能够将政

府的安全监管职能与企业的饲料安全保障体系紧密结合，做到了“分工明确、权责并重、疏而不漏”。美国负责饲料安全的主要监管机构包括美国农业部（USDA）下属的动植物卫生检验署（A-PHIS）、食品安全检验署（FSIS），以及美国卫生部（DHHS）下设的食品与药品管理局（FDA）。农业部是饲料监管的主要行政执法部门，承担饲料安全监管的主要责任；APHIS负责肉骨粉、血粉等动物副产品的进口安全管理和进口审批；FSIS负责制定并执行国家残留检测计划，肉类及家禽产品安全检验和管理，并被授权监督执行联邦食用动物食品安全法规，而联邦各州农业部直接负责本州的非加药饲料安全监管任务；FDA总体负责联邦加药饲料生产的执照申请、生产、使用安全的监管。美国联邦政府饲料监管部门、州政府监管部门，以及其他与饲料工业相关的执法部门组成了美国官方饲料控制协会，负责建立实施统一、公正的法规标准及实施政策的机制，规范联邦各州饲料的生产和销售，最终达到安全、有效地使用饲料的目标。

③ 美国饲料安全监管技术标准体系。在饲料安全环节的监控上，美国主要通过在饲料生产行业全面推行危害分析与关键控制点体系（HACCP）来实现。通过HACCP，对影响饲料安全与卫生的关键点加以严格控制，确保所有进入使用环节的饲料安全可靠。目前，HACCP已被美国食品、饲料管理部门和生产商所普遍采纳，作为建立质量保证体系的依据。此外，美国制定有沙门氏菌控制计划，完整的饲料卫生、加工、处理、运输质量控制标准，由农业部兽药中心（CVM）组织人员负责采样检测，基本保证了生产出的饲料符合微生物学上的“清洁”标准。美国饲料安全标准与国际食品法典委员会（CAC）、世界卫生组织（WHO）、联合国粮食及农业组织（FAO）和国际兽医局（OIE）等国际组织制定的标准衔接紧密，以适应国际市场的要求。

④ 美国饲料安全监管实施保障体系。美国对饲料安全之所以保持强大的监管力度，关键在于有完善的、经费有保障的质检机构，有健全的标准体系作为保障和依托。美国FDA的兽药中心、FDA实验室以及美国农业部在联邦建立的监测机构，共同为美国政府制定实施监管饲料法规提供了强有力的技术支持（吕小文等，2007）。农业部和FDA的专职检察官，具体监管饲料工业安全，监管重点包括产品标签、毒素、饲料中兽药的使用情况、药物交叉污染、饲料产品成分、生产安全、良好生产规范（GMP）实施情况、饲料生产设备、疯牛病安全隐患管理等。FDA研究中心和分支机构遍布全国各地；2004年，FDA的工作人员为10 691名，包括分布在全国157个城市的特区和当地办公室中工作的1 100名检查及监察人员。FDA兽药中心负责兽药，家禽的用药、饲料，宠物食品，兽用医药和器械管理，以及防止“疯牛病”和抵抗来自肉食动物的抗生素耐药性风险。

（2）欧盟饲料安全监管体系。

① 欧盟饲料安全监管法律法规体系。欧盟食品安全管理运作机制主要是通过立法制定各种管理措施、方法和标准，并进行严格的控制与监督，使法律得以执行，从而达到实现食品安全、保护人类健康与环境的目的。截至目前，欧盟已经制定了13类173个有关食品安全的法规标准，其中包括31个条例、128个指令和14个决定，其法律法规的数量和内容在不断增加和完善中（顿玉慧等，2009）。目前，欧盟已形成了食品安全、动物健康、动物福利和植物健康等方面的法律体系，包括食品立法、兽医问题、植物检疫立法以及动物营养。现在，欧盟饲料安全监管法律法规体系的核心是保证消费者和畜禽的健康，并且在一定程度上控制饲料产品对环境的危害。

② 欧盟饲料安全监管组织管理体系。欧盟已经形成了精简高效的饲料安全监管组织管理体系。欧洲食品安全局、各成员国食品安全局及其设立的检测机构监督各项饲料法律法规的执行。欧盟制定法律法规的机构包括欧洲委员会、欧洲议会、欧盟理事会（部长理事会）和经济与社会委员会。其中，欧洲委员会下设的健康与消费者保护最高理事会，欧洲议会下设的环境、公共卫生和食品安全委员会，以及欧盟理事会下设的职业、社会政策、健康和消费者事务部负责饲料安全法律法规的制定和监督。其中，欧洲委员会健康与消费者保护最高理事会的食品和饲料安全部门，负责饲料相关事务；欧洲议会环境、公共卫生和食品安全委员会，监督欧盟食品安全和公共卫生事务；欧盟理事会职业、社会政策、健康和消费者事务部，负责制定饲料法律法规。欧洲食品安全局是欧盟饲料安全监管组织

管理体系的核心，“从田间到餐桌”负责监测整个食物链的安全。各成员国的食品安全局构成了欧盟食品安全快速报警体系，负责处理食品安全危机的防范与补救。

③ 欧盟饲料安全监管技术标准体系。包括欧盟指令和技术标准。凡涉及产品安全、工业安全、人体健康、消费者权益保护的标准，通常以指令的形式发布。属于指令范围内的产品（如食用农产品、加工食品、饲料），必须满足指令的要求才能在市场销售，达不到要求的不许流通。目前，欧盟拥有技术标准 10 多万个，其中涉及农产品的占 1/4。在农产品农药残留限量控制方面，欧盟共制定农药残留限量标准 17 000 多项。欧盟在制定有关标准时，一方面，立足于本地区的实际情况，保证其地区和成员国的根本利益；另一方面，充分考虑与有关国际组织的合作，尽可能遵循世界贸易组织卫生和植物卫生检疫协议（SPS），借鉴国际食品法典委员会（CAC）、世界动物卫生组织（OIE）、世界卫生组织（WHO）和联合国粮食及农业组织（FAO）等规定和要求，有些甚至是直接引用。

④ 欧盟饲料安全监管实施保障体系。欧盟及其成员国借助对食物链的综合管理，来保障饲料安全管理目标能够实现。欧盟制定了各种指令，对农业投入品进行严格管理，禁止使用抗生素，禁止将抗生素作为促进增长的活性剂。在饲料方面，把动物和公众健康以及一定程度上的环境保护，作为饲料法规的主要目标；对饲料原料、复合饲料、用于特定营养目标的饲料以及饲料添加剂的授权、销售和标识进行管理；对动物饲料生产企业实施审批和注册管理。对于畜禽等动物性产品的生产，要求正确使用兽药产品、饲料和饲料添加剂。

3. 转基因产品作为食品和饲料的安全性研究

近年来，转基因产品（transgenic products）作为食品和饲料以其独有的优势在世界粮食和饲料资源中扮演了越来越重要的角色。目前，世界上转基因作物的种类主要有玉米、大豆、棉花和油菜，约占全部转基因作物的 86%。国外研究转基因作物对饲料安全的影响有很多，主要是转基因作物的安全性和营养性的评估，重点关注其安全性。在转基因作物食用安全问题上，目前没有获得一致的观点。

由于转基因食品（饲料）应用于生产和消费的时间较短，安全性和可靠性都有待进一步研究，其可能导致的一些遗传和营养成分的非预期改变，可能对人类健康产生危害。欧洲食品安全局（EFSA）转基因生物体（GMO）科学小组 2008 年发布了转基因作物对食品和饲料的安全性和营养性评估报告，转基因作物的风险主要包括对人和动物的健康（毒性、过敏性等）以及对环境的影响（生物多样性、基因漂移、除草剂抗性等），报告指出测试转基因作物及其衍生的食品和饲料的安全性，应考虑到转基因作物从分子、成分、表征农艺性状等都可能与常规作物存在差异。除了插入基因的性状，还应观察是否有潜在的意料外的效果和存在的不确定性。一般来说，测试计划中主要通过 90 d 的啮齿动物喂食研究，来评价转基因作物的整体安全性。此外，除了这些针对转基因植物源性食品和饲料进入市场前的安全及营养评价外，进入市场后的不断监测也是必不可少的。Van 等（2004）研究了基于转基因植物性食品和饲料的安全性与基因转移的关联性，介绍了基因横向传递即水平基因转移（HGT），又称侧向基因转移（LGT）。对 HGT 机制及其演化作用进行了阐述，指出含有标记基因的转基因作物可能带来的风险。水平基因转移审查与商业化种植或进入市场的转基因作物中的抗生素抗性标记基因的安全性相关，目前欧洲食品安全局（EFSA）对此的审查没能够获得一致的观点，已发表的声明虽然承认了科学不确定性，但认为转基因作物中的抗生素抗性标记基因“不可能”造成健康和环境风险。不过 EFSA 中少数科学家不同意此观点，认为抗生素抗性标记基因由植物转入微生物中具有可能性，动物和人类食用了含有某抗生素抗性标记基因的转基因植物体后，可能会通过位于胃肠道的微生物而获取该基因，这是基因水平转移的一个热点。Kleter 等（2002）研究了转基因动物源性食品和饲料的安全评估注意事项，其认为目前通过评估转基因动物和动物产品的安全性已经获得的经验还较少，有必要对目前进行的相关试验继续进行审查研究，以获取更多的信息，包括测试参数、食品/饲料加工、非预期的影响（激素水平的失调和自然变异）、合适的测试模型以及专家的协同研究。一些重要性状的遗传修改可以被视为“兽药”，如重组牛生长激素，因此这些与兽药对应的药物安全性的评估值得重视。

由于对转基因产品作为饲料的安全性存在顾虑，国外研究关注快速、大通量识别原料来源的检测方法的建立。这类方法可以防止饲料掺杂造假。De la Roza - Delgado 等（2007）研究了利用近红外漫反射技术检查饲料中动物源成分，作为控制食品和饲料安全的一项手段，谱区为 1 112～2 500 nm，光谱数据库样品集被用来建立各种模型，目的是判别光谱是动物源还是植物源，最好的判别模型是使用偏最小二乘法（PLS）的判别分析技术，利用独立的验证集对判别模型进行验证。结果证明，近红外漫反射技术是一项大通量并极具价值的甄别禁用动物源性成分的技术。Casazza 等（2011）研究了基于快速 PCR 法（TBP）建立的识别复杂混合物中微量植物物种的方法。该方法的效率很高，几乎能够识别混合物中任何植物物种，可以确保产品的真实性，抵制掺假事件，是控制食品和饲料安全的可靠技术。该方法依赖于内含子（特异的 DNA 多态性）在植物 β-微管蛋白基因家族中的存在，通过一个简单 PCR 反应，使用 β-微管蛋白外显子侧翼内含子序列的变性通用引物，扩增模式的一个特点是获得每个分析植物物种信息，使其能提供进行物种鉴别足够的信息。目前，该方法已经实际应用于喂养奶牛的商业饲料安全评价。

4. 饲料微生物的研究

饲料微生物（microbial feed）的研究主要包括饲料受微生物污染的状况调查（如沙门氏菌、肉毒梭菌）和防控方法，还有抗菌剂和益生菌的研究等。

根据“从农场到餐桌”食品安全理念，饲料安全是保证食品安全的第 1 步，Vlachou 等（2004）对希腊境内的饲料及原料中部分卫生指标进行了评估，包括细菌总数、酵母菌和霉菌数、沙门氏菌、黄曲霉毒素和水分（n=302）。结果显示，饲料中细菌总数很高，玉蜀黍谷物霉菌和酵母菌数量很大，黄曲霉毒素超标率 3.8%，沙门氏菌阳性 1.4%，研究认为希腊应推广建立 HACCP 并结合 GAP 管理程序进行管理。Okelo 等（2006）研究了为消除嗜温细菌的饲料热处理过程中挤压条件的优化，用单螺杆挤出机来处理饲料，用嗜热性脂肪芽孢杆菌 12980 人工接种饲料。初步试验表明，在中度挤出强度条件下，可以从饲料中清除鼠伤寒沙门氏菌，并研究了 3 个挤压变量对杀菌的影响。3 个挤压变量分别为挤出机出桶温度（T）、糊状饲料水分含量（MC）和饲料在挤出机桶的平均保留时间（Rt）。

益生菌是一种通过改善肠道微生物平衡从而对宿主施加有益影响的微生物添加物，Bernardeau 等（2002）研究了乳酸杆菌益生菌对促进断奶后的瑞士小鼠生长的安全性和有效性，通过毒理学研究和养殖试验证明乳酸杆菌促生长益生菌是安全有效的。

欧盟过去和现在针对益生菌饲料添加剂的法律包括对目标动物、消费者、工人和环境的安全评估。Anadon 等（2006）介绍了欧盟对增强动物营养的益生菌的管理和安全评估，目前在欧盟动物饲料中使用的微生物添加物主要是革兰氏阳性菌株，如芽孢杆菌属、肠球菌属、乳酸杆菌属、片球菌属、片球菌属、链球菌属、酵母菌株属于酿酒酵母和克鲁维物种。大多数菌属显然是安全的，但是某些微生物可能会产生问题，尤其是肠球菌，可能会传递抗生素抗性标记基因，部分芽孢杆菌属会产生肠毒素和呕吐毒素。

5. 饲料中的毒素

（1）饲料中植物毒素。植物中天然有害物质有氢氰酸、游离棉酚、可可碱、硫代葡糖酸盐类、莨菪烷生物碱、吡咯齐定生物碱类、蓖麻蛋白、长叶薄荷中皂苷类、暴露的山毛榉坚果和麻风树。动物饲料中植物毒素包括由植物产生的以及植物感染细菌后产生的一些有毒化学物质。动物食用这些毒素将影响自身的健康，并将危害人类食物的安全。

（2）真菌毒素。真菌毒素（mycotoxins）包括镰刀菌和霉菌及其产生的毒素。镰刀菌是研究最多的植物病原真菌，其易感染玉米、小麦、大麦和其他谷物食品及饲料，减少粮食产量和降低其质量，造成全球性的重大经济损失。镰刀菌产生的毒素，如蛇形菌素、脱氧瓜蒌镰菌醇、瓜蒌镰菌醇、T-

2毒素、玉米赤霉烯酮、伏马菌素、镰菌素、白僵菌素、念珠菌毒素和层出镰孢菌素，在饲料中感染居主导地位。镰刀菌在土壤中普遍存在，如串珠镰刀菌、尖孢镰刀菌、三线镰刀菌和雪腐镰刀菌等，在田间生长、成熟和收获阶段感染谷物后进而产生伏马菌素、单端孢霉烯族化合物和玉米赤霉烯酮。植物在收获前就可能感染霉菌毒素，在收获后的储存和加工成食品及饲料的过程也可能感染霉菌毒素。可以将感染过程分为两类：田间真菌和储藏真菌。因此，必须制定综合措施来预防真菌，减少霉菌毒素的污染。将措施分为3步：第1步，感染真菌前的预防措施；第2步，真菌已经侵入植物或谷物并产生霉菌毒素；第3步，当农产品已被霉菌毒素严重污染时，采取的应对措施。应制订食品安全风险分析控制系统，找出确保食品安全的关键控制点，建立临界限值。控制的重点是前两个步骤，因为一旦毒素大量存在，现有的方法很难将其彻底脱除。Dixon等（2008）介绍了利用蒙脱石对饲料中黄曲霉毒素的吸附研究，研究的目的是加快饲料中黄曲霉毒素吸附剂的应用，减少动物受黄曲霉毒素毒害的风险。研究涉及评估蒙脱石性能的几种方法，包括X线衍射法对蒙脱石的鉴定、蒙脱石对黄曲霉毒素吸附的Langmuir等温线、傅立叶变换红外法测定结构组成、阳离子交换容量、激光衍射法测定粒度大小。文献提到粒度大小对吸附性的影响很大，有机物含量会影响蒙脱石对黄曲霉毒素的吸附。此外，pH和铝的影响知之甚少，需要进一步研究。欧洲饲料样品中真菌毒素主要有脱氧瓜蒌镰菌醇、玉米赤霉烯酮和T-2毒素，而亚洲和太平洋地区则主要是脱氧瓜蒌镰菌醇、玉米赤霉烯酮、伏马毒素和黄曲霉毒素。

（瞿明仁、屠焰）

主要参考文献

刁其玉，2003. 奶牛规模养殖技术［M］. 北京：中国农业科学技术出版社.

冯仰廉，周建民，张晓明，等，1987. 我国奶牛饲料产奶净能值测算方法的研究［J］. 中国畜牧杂志（1）：6-7.

郭冬生，2004. 反刍动物蛋白质评定体系研究进展［J］. 中国饲料（2）：5-7.

靳玲品，李艳玲，屠焰，等，2013. 应用康奈尔净碳水化合物-蛋白质体系评定我国北方奶牛常用粗饲料的营养价值［J］. 动物营养学报，25(3)：512-526.

李珂，张宏福，王子荣，2007. 用化学分析法预测大豆蛋白类饲料猪消化能值的模型建立［J］. 饲料工业（9）：21-25.

李元晓，赵广永，2006. 反刍动物饲料蛋白质营养价值评定体系研究进展［J］. 中国畜牧杂志，42(1)：61-63.

刘春生，黄红英，2005. 净能体系在猪日粮配制中的研究现状［J］. 饲料工业（23）：18-19.

曲志涛，张永根，于漾，2012. 反刍动物净能体系及其研究进展与应用［J］. 饲料博览（7）：24-27.

谭支良，周传社，M A Shah，等，2005. 日粮不同来源氮和碳水化合物比例对中性洗涤纤维体外降解率的影响［J］. 动物营养学报（1）：29.

屠焰，刁其玉，2009. 新编奶牛饲料配方600例［M］. 北京：化学工业出版社.

王成章，王恬，2003. 饲料学［M］. 北京：中国农业出版社.

王会群，朱魁元，张丽，等，2010. 动物饲养标准概述［J］. 饲料博览（3）：16-18.

王莉，参木友，曲广鹏，2013. 反刍动物体内饲料消化率测定法的研究进展［J］. 西藏科技（2）：47-49.

王小楷，1995. 浅谈饲养标准的运用［J］. 中国饲料（1）：38.

杨承剑，黄兴国，2006. 净能体系的优势及其在猪生产中的作用［J］. 畜牧与饲料科学（6）：43-46.

张宏福，2010. 动物营养参数与饲养标准［M］. 2版. 北京：中国农业出版社.

张吉鹍，2005. 不同方法所建立的饲料能量预测模型的比较研究［J］. 当代畜牧（4）：21-24.

张永根，2012. 粗饲料营养价值评定研究进展［J］. 饲料工业（13）：1-6.

赵金石，2008. 基于CNCPS模型思路的中国肉牛、奶牛营养动态模型的建立与应用［D］. 北京：中国农业大学.

周毓平，1994. 动物营养研究进展［M］. 北京：中国农业科学技术出版社.

朱立鑫，谯仕彦，2009. 猪净能体系及其研究进展［J］. 中国畜牧杂志（15）：61-64.

Aiple K P, Steingass H, Menke K H, 1992. Suitability of a buffered faecal suspension as the inoculum in the Hohenheim gas test [J]. Journal of Animal Physiology and Animal Nutrition, 67(1-5): 57-66.

Blaxter K L, Graham N M, Wainman F W, 1956. Some observations on the digestibility of food by sheep, and on related problems [J]. Br J Nutr, 10(2): 69-91.

Bunting L D, Howard M D, Muntifering R B, et al, 1987. Effect of feeding frequency on forage fiber and nitrogen utilization in sheep [J]. J Anim Sci, 64(4): 1170-1177.

Burroughs J R, 1971. Porcine muscle color as influenced by certain chemical properties [D]. University of Minnesota.

Burroughs W, Nelson D K, Mertens D R, 1975. Protein physiology and its application in the lactating cow: the metabolizable protein feeding standard [J]. Journal of Animal Science, 41(3): 933-944.

Calsamiglia S, Stern M D, 1995. A three-step in vitro procedure for estimating intestinal digestion of protein in ruminants [J]. J Anim Sci, 73(5): 1459-1465.

Cottyn B G, De Boever J L, 1989. In vivo digestibility measurement of straw. Evaluation of straws in ruminant feeding [M]. London: Elsevier applied science.

Davis C L, Byers J H, Luber L E, 1958. An evaluation of the chromic oxide method for determining digestibility [J]. J dairy sci, 41(1): 152-159.

El S H M, Omed H M, Chamberlain A G, et al, 1987. Use of faecal organisms from sheep for the in vitro determination of digestibility [J]. The Journal of Agricultural Science, 109(2): 257-259.

Frydrych Z, 1992. Intestinal digestibility of rumen undegraded protein of various feeds as estimated by the mobile bag technique [J]. Animal feed science and technology, 37(1-2): 161-172.

Krishnamoorthy U, Sniffen C J, Stern M D, et al, 1983. Evaluation of a mathematical model of rumen digestion and an in vitro simulation of rumen proteolysis to estimate the rumen-undegraded nitrogen content of feedstuffs [J]. Br J Nutr, 50(3): 555-568.

Lebzien P, 1996. The German protein evaluation system for ruminants under discussion [J]. Kraftfutter (10): 452-455.

Menke K H, Raab L, Salewski A, et al, 1979. The estimation of the digestibility and metabolizable energy content of ruminant feedingstuffs from the gas production when they are incubated with rumen liquor in vitro [J]. The Journal of Agricultural Science, 93(1): 217-222.

Muntifering R B, 1982. Evaluation of various lignin assays for determining ruminal digestion of roughages by lambs [J]. J Anim Sci, 55(2): 432-438.

Orskov E R, Mcdonald I, 1979. The estimation of protein degrability in the rumen from incubation measurements weighted according to rate of passage [J]. J Agric Sci, 92(2): 499-503.

Pilling A M, Endersby-Wood H J, Jones S A, et al, 1997. In situ hybridization demonstration of albumin mRNA in B6C3F1 murine liver and hepatocellular neoplasms [J]. Vet Pathol, 34(6): 585-591.

Satter L D, Slyter L L, 1974. Effect of ammonia concentration on rumen microbial protein production in vitro [J]. British journal of nutrition, 32(2): 199-208.

Sniffen C J, O'Connor J D, Van Soest P J, et al, 1992. A net carbohydrate and protein system for evaluating cattle diets: Ⅱ. Carbohydrate and protein availability [J]. Journal of Animal Science, 70(11): 3551-3561.

Staples G E, Dinusson W E, 1951. A comparison of the relative accuracy between seven-day and ten-day collection periods in digestion trials [J]. J Anim Sci, 10(1): 244-250.

Tamminga S, Van Straalen W M, Subnel A P J, et al, 1994. The Dutch protein evaluation system: the DVE/OEB-system [J]. Livestock production science, 40(2): 139-155.

Tilley J M A, Terry R A, 1963. A two-stage technique for the in vitro digestion of forage crops [J]. Grass and Forage Science, 18(2): 104-111.

Verite R, Journet M, Jarrige R, 1979. A new system for the protein feeding of ruminants: the PDI system [J]. Livestock Production Science, 6(4): 349-367.

Zhao G Y, Lebzien P, 2002. The estimation of utilizable amino acids(uAA)of feeds for ruminants using an in vitro incubation technique [J]. Journal of animal physiology and animal nutrition, 86(7-8): 246-256.

第十章

奶牛饲养管理

奶牛的饲养管理是成功经营奶牛场的基础，泌乳牛的饲养管理是奶牛场日常工作的关键，充分发挥泌乳牛的遗传潜力及延长其使用年限的关键在于营养管理，当前推行的奶牛散栏式饲养方式及全混合日粮饲喂技术，是在重视奶牛的福祉及营养管理方面的重大突破。培育优良的泌乳牛要从犊牛期抓起，犊牛的培育重点在于使瘤胃充分发育，后备牛培育重点在于个体发育，这是一个系统工程。养牛业是一个知识密集型的产业，养好奶牛需要经验与理论的积累。

第一节　奶牛饲养模式

一、分段饲养

奶牛从出生开始，历经犊牛期、育成期，进入成熟繁殖期，经过多次配种、妊娠、产犊、泌乳、干乳的周期循环，各泌乳期产奶量逐渐上升达到高峰，维持几胎后开始下降，当产奶量降到临界点时，表明该牛已衰老，失去了继续饲养的价值，就要淘汰了。

由于奶牛在不同的生长发育阶段、不同的繁殖生理阶段、不同的泌乳阶段需要相应不同的营养供给量和饲养管理方式，所以通常把奶牛的饲养划分为犊牛、育成牛、初产牛、成年繁殖泌乳牛几个饲养阶段。而每个大阶段又根据需要划分成几个小阶段，按照其特点进行饲养管理。

二、分群饲养

随着市场对牛乳需求的激增和现代科学养殖技术的普及应用，我国奶牛养殖模式已从一家一户小规模分散经营快速转变为规模化、集约化、现代化的经营模式。奶牛饲养专业户、奶牛专业合作社、奶牛养殖小区奶牛饲养量一般都在数百头到千头，大型奶牛场可达万头。这么庞大的数量在日常饲养管理时是以群为单位进行的。分群的原则是发育阶段、生理阶段尽量相近，体格大小尽量接近者分在同群。泌乳期高产奶牛也应单独组群。合理分群是采用全混合日粮（total mixed rations，TMR）饲喂制度的首要前提。每群数量多少则根据圈舍、饲养设备及运动场大小合理划分。通常对哺乳期到断奶期的犊牛、围生期的母牛需要给予特别的关注和照顾，每群不超过 50 头，泌乳母牛每群 100 头左右，而干乳牛和育成牛每群可达 200 头左右。

1. 分群

同一群牛都处于相同的发育和生理阶段，对营养的需求一致，用同样的日粮统一饲喂；同一群牛需要进行的日常工作基本一致，如对哺乳犊牛补饲开食料，由液态代乳饲料向固体代乳饲料的过渡，各个饲养阶段间日粮逐步过渡，定期称重，对进入繁殖期母牛的发情观察和及时配种，临产牛群的接产、助产，泌乳牛群的人工干乳等。各阶段牛群分别有各自的饲养管理侧重点，便于饲养人员的操作和管理人员对全场各环节的掌控。

奶牛的分群是动态变化的。哺乳犊牛断奶后转入断奶犊牛群，继而逐步转入育成牛群、初产母牛群、成年母牛群、淘汰牛群。干乳母牛临产前转入临产母牛群，产犊后转入泌乳母牛群，到泌乳期结束时又再转入干乳母牛群。

牛群是奶牛场饲养管理的基本单位，牛群适时调整、奶牛及时转群是维护牛群最重要的工作。这项工作的依据就是每头牛的记录资料，包括出生日期、初生重、断奶日期、断奶重、各阶段体重、配种日期、确认妊娠日期、干乳日期、预产期、实产日期、下一胎的配种日期等。因此，及时准确地记录每头牛的各项基础数据是管理牛群、管理奶牛场不可或缺的工作。当前计算机已经普及，国内已有多款奶牛场管理计算机软件，只要按要求输入必需的数据或选择项，就可以自动给出相关的参考信息。

全场奶牛根据生理阶段、生产性能进行分群后，每群牛的日粮配方各不相同，分别加工饲喂。通常采用计算机进行 TMR 饲喂技术计算饲喂配方。

2. TMR 饲喂技术

奶牛全混合日粮饲喂技术是利用 TMR 搅拌车（机）将粗饲料、精饲料、矿物质、维生素和其他添加剂充分混合，配制成一种全价饲料（图 10－1），由发料车或直接由移动式 TMR 搅拌车（机）发送（图 10－2）。TMR 饲喂技术是现代奶牛饲养的一项革命性突破，奶牛养殖业发达国家已得到普遍应用，国内的现代化和规模化奶牛养殖场也已陆续开始使用这项技术，并取得了很好的效益。TMR 饲养模式是以营养学的最新知识为依据，可以充分发挥瘤胃机能，提高饲料转化率，并尽可能地利用当地的饲料资源以降低饲料成本。TMR 饲料搅拌机的使用，既可以节省人力资源，又可大大降低饲养人员的劳动强度。

图 10－1 可移动立式 TMR 搅拌车（机）在调制日粮

图 10－2 移动式 TMR 搅拌车（机）正在给牛群发送饲料

（1）TMR 饲喂技术的特点。奶牛在不同生产水平、不同生理时期，对精粗料的喜好不同。由于全混合日粮各组分比例适当，且均匀的混合在一起，奶牛每次摄入的全混合日粮干物质中营养均衡，且精粗料比适宜，瘤胃内可利用碳水化合物与蛋白质的分解利用趋于同步。同时，又避免了奶牛在短时间内过量采食精饲料而引起瘤胃内 pH 突然下降。因而，能维持瘤胃微生物的数量、活力及瘤胃内环境的相对稳定，使发酵、消化、吸收和代谢正常进行，有利于饲料转化率及乳脂率的改善，既可以增加采食量，又可以减少消化疾病，如真胃移位、酮血症、乳热、酸中毒、食欲不振及营养应激等发生的可能性。

（2）应用 TMR 饲喂技术。

① TMR 的配制要求所有原料配比准确。青贮饲料、青绿饲料、干草需要专用机械设备切短或揉碎。为此，可使用专用的 TMR 搅拌车（机）搅拌混合，再分送到饲槽。

② TMR搅拌车（机）混合均匀。混合添料顺序一般是先粗后精，按照干草、青贮饲料、糟渣类饲料、精饲料顺序加入。采用边加料边切碎边混合的方式，物料全部添加再混合3～6 min，避免过度混合。并保证物料含水率在40%～50%。

③ 料槽管理。记录每天每群的采食情况、奶牛食欲、剩料量等，以便及时发现问题；每次饲喂前应保证有3%～5%的剩料量，还要注意TMR日粮在饲槽中的一致性（采食前与采食后），每天保持饲料新鲜。

三、拴养

不管是分段饲养还是分群饲养都可采用拴养模式。拴养是分散饲养奶牛的养殖方式，包括拴系饲养、散放饲养和散栏饲养3种。

1. 拴系饲养

该模式是一种传统的奶牛饲养模式（图10-3）。拴系式饲养时，需要修建比较完善的奶牛舍，每头牛都有固定的床位，牛床前设饲槽，用颈枷拴住奶牛。一般都在牛床上挤乳，并在舍外设置运动场。拴系饲养多采用分食制，即将青贮饲料、干草、块根类饲料、糟渣类饲料和精饲料分别喂给奶牛。其优点是管理细致，奶牛有较好的休息环境和采食位置，相互干扰小，能获得较高的单产。其缺点是：①劳动生产率低。此模式必须辅助相应的人工劳动，机械可操作性差，在缺乏机械设备的牛舍内，喂料、挤乳、清粪等日常管理工作需要人工完成，劳动强度大，生产效率低，一个饲养员只能管理10～15头奶牛。②环境条件差。拴系饲养时，奶牛的休息区与采食区不分，由于奶牛喜欢在采食时排泄，容易造成牛床污染，影响舍内环境和奶牛休息。由于机械操作受到一定的限制，人工往往难以按时清理舍内粪污，容易造成舍内环境污染。为清扫和冲洗方便，拴系牛床一般均采用混凝土地面，而混凝土地面容易造成奶牛机体损伤，并且在一定程度上妨碍奶牛活动，不利于生产性能发挥，影响奶牛的健康和使用寿命。③采食条件不理想。高产奶牛易发生干物质进食量不足，从而导致产后失重恢复期延长。产奶量上升缓慢甚至下降，随之出现繁殖障碍和代谢病等；分食制也容易发生某种饲料进食过多而导致营养失衡。由于饲料投放准确度难以保证，会造成某一种或几种饲料的浪费。

图10-3 拴系饲养

2. 散放饲养

散放饲养是国外推行过的一种饲养模式（图10-4），我国也有过试点。这种模式牛舍内设有固定的牛床，奶牛不用上颈枷或拴系，可以自由进出牛舍，在运动场上自由采食青贮饲料、多汁饲料和干草，定时分批到挤乳厅去挤乳，在挤乳的同时补喂精饲料。其优点是牛舍设备简单，建设费用较低，仅供奶牛休息和避风，防日晒雨淋，舍内铺以厚垫草，平时不清粪，只需添加新垫草，定期用推土机清除。劳动强度相对较小，每个饲养员养牛数可提高到30～40头。散放饲养时，牛乳清洁卫生，

图10-4 散放饲养

质量较高，而且挤乳设备利用率也较高。但也有明显的缺点，管理粗放，牛只不易吃到均匀的饲料，影响产奶量。舍内环境较差，冬季青贮饲料放在室外易冻结，影响采食。

3. 散栏饲养

散栏饲养是一种改进的散放式饲养模式（图 10－5）。按照奶牛生态学和奶牛生物学特性建造的奶牛场，综合了拴系和散放饲养的优点。牛舍内有明确的功能分区，采食、躺卧、排泄、活动、饮水等分开设置。有专用的挤乳厅和设舍外运动场。一般采用机械送料、清粪，且强调牛能自由活动，因此可以节省劳动力、提高生产效率。

图 10－5　散栏饲养

第二节　饲养组织

一、个体饲养

这里的“个体饲养”是指在奶牛专业村或入住奶牛养殖小区的奶牛养殖户，奶牛所有权及经营管理权都归各个奶牛养殖户。专业村或奶牛养殖小区建有奶站，统一挤乳，统一向乳品加工企业交售。国家畜牧兽医部门、乳品加工企业、饲料加工企业提供配种、防疫、质量控制，以及饲料、饲养等相关技术服务。

个体饲养这种生产组织形式的缺点是奶牛所有权及经营管理权过度分散，无法形成统一的决策，单靠奶站这一环节解决不了根本问题。牛源参差不齐，饲养管理模式五花八门。先进的饲养管理技术和设备无法应用，牛群质量提高缓慢，牛乳质量无保证，养殖户收益低下。

二、合作饲养

依据自 2007 年 7 月 1 日起施行的《中华人民共和国农民专业合作社法》，我国奶农纷纷组建成立奶牛养殖专业合作社，将原属于一家一户的奶牛折价入股，由合作社统一经营管理，进入了合作饲养的模式。合作饲养有较完善的规章制度和国家及技术部门的大力扶持，牛群结构和质量得以迅速提高，逐步具备了引进使用先进设施和设备的条件，现代化养殖技术得以实施。合作饲养是优化资源组合、提高养殖效益、保障牛乳质量、增加奶农收入，从而取代个体饲养的可行途径。

三、农场

农场或牧场是一个含义非常广泛的名词，这里所谓的农场组织形式，是特指严格依照《中华人民共和国公司法》组建的和根据养殖业特点按企业方式经营管理的奶牛养殖场。包括独立的奶牛养殖场和大型乳品加工企业下设的奶源基地场、示范牧场等。这类牧场一般都经详细论证，有明确的目标、规划设计，有较强的技术力量和资金投入。所以，通常规模较大，设计先进，布局合理，采用先进的饲养管理理念和机器设备，牛群整齐，结构合理，制度严格，管理规范，大多作为高端乳品的奶源基地，是我国奶牛业今后发展的方向。

第三节　泌乳牛的饲养管理

一、泌乳牛的饲养

奶牛泌乳期（the cows in lactation period）是指从奶牛分娩后开始泌乳到停止泌乳的这一段时间。母牛分娩后在甲状腺素、催乳素和生长激素的作用下开始泌乳，直到干乳期，大约是 305 d。泌乳期内奶牛的产奶量不是恒定不变的，而是呈现出规律性的变化。为了便于奶牛的饲养管理，根据奶牛产后的生理状态、营养物质代谢规律和泌乳量的变化规律将整个泌乳期分为新产期、泌乳前期、泌乳中期和泌乳后期 4 个阶段。

1. 泌乳期奶牛生理变化规律

奶牛在一个泌乳周期内主要关注 4 个方面的变化：泌乳量、干物质采食量、乳蛋白和乳脂肪、体重变化。图 10－6 显示了泌乳量和 DMI 随泌乳天数的变化曲线。

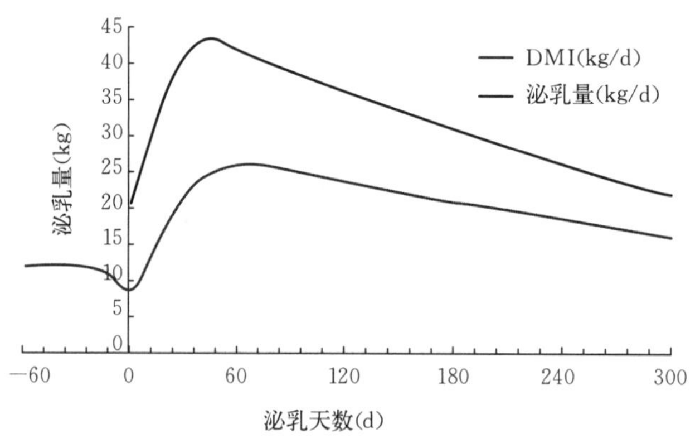

图 10－6　泌乳量和 DMI 随泌乳天数的变化曲线

(1) 泌乳曲线。奶牛产犊后 3～6 周泌乳量逐渐上升，然后逐渐减少。荷斯坦牛产后 20～70 d 达到泌乳高峰期，初产牛泌乳峰值一般出现在产犊后 40～70 d，经产牛泌乳峰值出现在产后 20～50 d。峰值过后，经产牛产奶量每月下降 9%，初产牛产奶量每月下降 6%。如果降幅高于此值，表明高峰持续力差、能量负平衡严重；如果降幅低于此值，表明奶牛高峰产奶量还有提高空间。

成年奶牛的泌乳峰值乘以 200 即相当于该奶牛整个泌乳期可能达到的泌乳总量；而初产牛泌乳峰值应达到经产牛峰值的 75%。低于 75%，表明育成牛饲养不成功；高于 75%，表明育成牛的饲养很成功，而成年牛的饲养存在问题。

(2) 干物质采食量。奶牛产犊后干物质采食量（dry matter intake，DMI）逐渐上升，采食高峰滞后于泌乳高峰。初产牛采食高峰出现在产后 60～70 d，经产牛采食高峰出现在产后约 30 d。实践中应尽量减少采食高峰延迟的时间，这样可降低产后代谢疾患、减少体重损失、提高繁殖能力。

(3) 乳蛋白和乳脂肪。荷斯坦牛乳脂率（milk fat percentage）的正常值为 3.60%～3.70%。泌乳初期奶牛由于采食受限，动用体脂，造成大量 NEFA 进入血液，用于合成乳脂，乳脂率高于正常值。但如果乳脂率高于 5.0%以上，说明泌乳初期奶牛动用了过多体脂；如果低于 3.50%，可能是日粮 NDF 过低、粗料过细、精料过高所致。

荷斯坦牛乳蛋白率（milk protein content）的正常值为 3.15%～3.20%。如果过低，可能有以下原因：可发酵碳水化合物水平过低造成微生物蛋白合成不足和氨基酸合成乳蛋白不足，奶牛 DMI 低，日粮蛋白质供应不足或氨基酸不平衡，日粮内加入了大量的油脂或过瘤胃脂肪。

(4) 体重变化。体重的变化可反映奶牛机体的能量状况及盈亏情况。高产奶牛在泌乳初期损失更多的体重以支持较高的产奶量。体况评分是一种简便、实用、有效的手段，可用来检测奶牛体况或膘情。体况评分采用5分制。实际上，泌乳初期体况分的下降差值比体况分本身更重要，下降超过0.75分会严重影响采食性能，进而影响生产性能和繁殖性能。

2. 泌乳阶段的营养需要和饲养管理

(1) 新产期。新产期母牛（new perinatal cows）是指产犊至产犊后14 d。母牛分娩后，在神经刺激和激素的调节下开始泌乳，采食未恢复正常，机体能量代谢处于负平衡状态，易发生各种代谢疾病和消化障碍。因此，此期饲养管理的重点是在高能量日粮的情况下，确保产后牛健康地进入产奶高峰。奶牛产完犊后，可喂给温热的麸皮盐水汤（即麸皮1～2 kg，盐100～150 g，加上温水，以补充分娩时体内水分的损耗）和优质的青草或青干草（让其自由采食）以及适量的混合精料。当母牛的食欲和消化好转后则逐渐增加混合精料，生产潜力大、产奶量高、食欲旺盛的母牛可适当多给，相反则少给。如果母牛产犊后乳房没有水肿，身体健康，在产犊后的第1天便可喂给多汁料和少量精料补充料，翌日根据母牛食欲增加精饲料0.5～1 kg，母牛产后一般2～3 d就恢复旺盛食欲，以后每天继续增加1.0 kg左右，1周后可增加到足量。生产潜力大、泌乳量较高、食欲旺盛的多加，反之则少加。如果精饲料增加过快，最容易发生的现象是突然停食。对于分娩后1周，日产奶量达到30 kg的高产牛，精饲料的增加更应该慎之又慎。另外，还要注意观察牛的排便情况。如有软便或停食现象，则要停止增加精饲料，试着采取减少精饲料的增喂量等应变措施。

① 新产期的营养需要。新产期母牛的营养需要详见表10－1。

表10－1 不同阶段奶牛养分浓度的推荐值

项　目	干乳前期	干乳后期	新产期	泌乳前期	泌乳中期	泌乳后期
NEL（MJ/kg）	5.53	5.99	8.79	6.91	6.28	5.69
CP（%，以DM计）	13	16	18.0	17.0	15.5	14.1
RDP（%，以CP计）	68	68	60	62	65	68
RUP（%，以CP计）	32	32	40	38	35	32
NDF（%，以DM计）	40	35	30	28	30	32
NDFD（%，以NDF计）	35	45	50	50	45	40
ADF（%，以DM计）	30	25	21	18	21	24
ADL（%，以DM计）	5	4	3	3	4	4
peNDF（%，以DM计）	30	26	22	21	22	24
NFC（%，以DM计）	30	34	38	40	36	32
RDNFC（%，以DM计）	24	29	28	30	27	25
淀粉（%，以DM计）	16	19	27	28	25	22
Sugar（%，以DM计）	4	6	6	6	4	2
EE（%，以DM计）	3	3	4	6	5	3
Ca（%，以DM计）	0.44	0.48	0.79	0.60	0.61	0.62
ACa（%，以DM计）	0.20	0.21	0.35	0.32	0.30	0.30
P（%，以DM计）	0.22	0.26	0.42	0.38	0.35	0.32
AP（%，以DM计）	0.16	0.18	0.29	0.26	0.24	0.22

新产牛的日粮配制应介于围生期日粮和高产日粮之间。提供优质粗饲料，确保日粮中 NDF 含量，避免淀粉含量过高而引起瘤胃酸中毒。提高日粮能量浓度，限制脂肪的添加量，不能超过 4%，改善日粮的适口性促进采食。日粮 CP 为 16%～18%，其中 RUP 为 36%～40%。日粮中可添加 60～120 g 酵母培养物以促使纤维分解菌的增殖，烟酸 6～12 g 以降低酮病的发生。

② 新产期的饲养管理。包括：

a. 监控饲料采食情况。

b. 监控新产牛体温。产犊后 1 周内监测新产牛体温，尤其是胎衣不下的母牛。体温<39 ℃，正常；体温>39 ℃，表明子宫感染。

c. 监听瘤胃运动情况。用听诊器监听瘤胃运动情况。正常情况下，瘤胃运动 1～2 次/min。

d. 观察子宫排出物的气味和颜色。

e. 酮病检测。采集乳样或尿样检测酮体值，以此评估奶牛机体的能量状况。乳酮体值低于 0.3 mg%，正常；高于 0.7 mg%，可能患酮血症。

(2) 泌乳前期。 泌乳前期（early lactation）一般为产犊后 14～100 d，此期的泌乳量占泌乳期产量的 40%～50%。在催乳素、生长激素等激素的作用下，泌乳量迅速增加，于 20～70 d 时达到泌乳峰值；泌乳量牵引着采食量的增加，但采食量的增加滞后于泌乳量，于 50～100 d 达到采食高峰。此阶段奶牛需要动用机体储备以满足泌乳需要，能量处于负平衡，体况下降。

泌乳前期结束的时间主要依据 DMI 峰值和能量负平衡的结束时间，一般在产犊后 70～100 d 变化。这与养殖场的管理密切相关。

这一阶段是整个泌乳期中产奶量最高的阶段。因此，此阶段饲养管理的好坏，直接关系到整个泌乳期产奶量的高低。高峰期产奶量若每天降低 1 kg，整个泌乳期将少产 200 kg 乳。可见，延长产奶高峰期时间及提高产奶高峰期产量对生产的重要性。一般产犊 2 周左右的母牛胃肠机能已得到恢复，乳腺机能的活动也日趋旺盛，产奶量不断增加而进入泌乳盛期。在此期间，产奶量增加较快，而奶牛干物质采食量增加较慢，最大采食量一般在产后 8～22 周。因此，泌乳高峰期间仅用采食的能量无论如何也满足不了奶牛维持和产乳的双重需要，这样能量负平衡就成了突出问题。母牛需要动用体内积蓄的能量来满足需要，包括使用脂肪、肝、肌肉、骨骼等组织中的能量来产乳，奶牛体重下降。一般母牛体重平均日减 500～700 g，个别情况可减少 2～2.5 kg。每减少 1 kg 体重，约可生产 6.86 kg 标准乳。在此期间，精饲料补充应注意合适的时间和合理的方法，有助于较好地维持母牛体重和为持续高产创造条件，在一定程度上，还可防止酮血病。研究表明，母牛体重过度降低与其繁殖性能是正相关的，体重下降越多，其产犊间隔及再配种间隔越长。所以，在产乳期，及早、合理地饲喂平衡日粮的奶牛既能更好地发挥生产潜力，又可缩短产犊间隔。

产奶量逐渐增加期间，在日粮供给上，应给予奶牛充足的优质粗饲料（青贮饲料、苜蓿、优质干草等），在此基础上，应按母牛的产奶量逐渐增加精饲料。精饲料中应适当增加一定量的脂肪、蛋白质，同时补充一定量的钙、磷等矿物质。一般基础精饲料每天每头牛 1～3 kg，另外根据产奶量再添加精饲料，通常是产 2.5～3 kg 乳增加 1 kg 精饲料；且随着母牛产奶量的上升而继续增加，直到增加精饲料而产奶量不再上升后，才将多余的精饲料降下来。降料要比加料慢些，逐渐降至与实际产奶量相适应。此阶段，在快速增加精饲料的同时，应严防精饲料增加太快引起奶牛酸中毒、酮病、乳脂率下降等问题出现。

对于产奶牛而言，乳脂率、乳蛋白和产奶量之间关系密切。同一牛群中，一般产奶量越高的牛，乳脂率、乳蛋白较低；不同牛群中，由于受粗饲料、日粮、添加剂、品种等因素的影响，乳脂率、乳蛋白不同。奶牛日粮粗饲料摄入量越充足，乳脂率相对越高；日粮中添加缓冲剂（1%～2%碳酸氢钠和 0.3%～0.5%氧化镁）等也可改善乳成分。同时，可调节奶牛机体阴阳离子的平衡。

① 泌乳前期的营养需要。泌乳前期母牛的营养需要详见表 10-1。日粮 CP 为 16%～17%，其中 RDP 为 62%，RUP 为 38%，确保赖氨酸和蛋氨酸的平衡（Lys∶Met=3∶1）。适当提高日粮内淀粉

和可溶性糖的水平，可提高奶牛的采食量，为瘤胃微生物提供充足的可利用能量，但不能超过35%（DM），否则会影响NDF的消化率。

② 泌乳前期的饲养管理。

a. 监控饲料采食情况。奶牛在产犊后10～12周，必须达到日粮最高DMI；泌乳高峰时，奶牛日粮DMI应达到其体重的4%。成年牛每增加0.45 kg的DMI，产奶量增加0.9～1.1 kg。青年牛产奶量增加幅度低于此范围，用于生长、增重。通过提高饲料的能量，提供优质的长粗饲料，增加饲喂次数，允许奶牛在任何时间都能接近饲槽、采食到饲草料，增加饲槽等措施达到提高DMI的目的。

b. 体失重。体况分的下降不能超过1分。

c. 适时配种。一般奶牛产后30～45 d，生殖器官已逐步恢复，开始有发情表现，此时可进行直肠检查，产后60 d左右进行配种。

d. 乳房的护理（详见二、乳房护理）。

e. 饮水。水质清洁，冬季水温控制在15～16 ℃。

(3) 泌乳中期。泌乳中期（mid lactation）一般在100～200 d，此期泌乳量占泌乳期产奶量的30%左右。由于胎儿发育，胎盘和黄体分泌的激素增多，抑制了脑垂体分泌的催乳素，奶牛泌乳量逐渐下降，经产牛产奶量每月下降9%，初产牛产奶量每月下降6%。如果产奶量、乳蛋白率和乳脂率迅速下降，表明日粮营养含量不足。此阶段采食量高峰可支撑着产奶量的高峰，奶牛的能量正平衡，不存在体失重，奶牛每日增重0.25～0.5 kg。

① 泌乳中期的营养需要。泌乳中期母牛的营养需要详见表10-1。泌乳中期，产奶量开始比较稳定，有时也称之为泌乳平稳期。此时，母牛的泌乳高峰期刚刚过去，但干物质摄入量开始进入高峰期，这样就出现了摄入高于产奶和维持需要，体内能量处于正平衡，故体重开始恢复。泌乳中期产奶量由高峰期后开始逐渐降低，此时应按母牛体重和泌乳量合理饲养，母牛所获养分除满足维持和产奶需要外，还要用多余的营养来恢复泌乳高峰期失去的体重。根据母牛的膘情，凡是在泌乳早期体重消耗较多或瘦弱的奶牛，应适当多喂些，使母牛能尽快恢复，一般保持母牛中等膘情即可。此阶段每产3 kg乳给1 kg精饲料；每产2.5～3 kg常乳给1 kg鲜啤酒糟（或豆腐渣）。

② 泌乳中期的饲养管理。

a. 优化DMI，控制体况。泌乳中期适宜BCS为2.5～3.0，此阶段营养调控的目标主要是补偿泌乳前期损失的体膘。

b. 关注产奶量的下降、乳蛋白率、乳脂率、脂蛋比、乳尿素氮（MUN）。产奶量的下降幅度6%～9%；荷斯坦牛乳蛋白率正常值3.15%～3.20%；乳脂率正常值3.60%～3.70%；荷斯坦牛脂蛋比正常值1.14～1.18；MUN正常值12～16 mg/dL。

c. 生长激素。如果奶牛能量正平衡，可注射细菌合成的特异性的纯生长激素。研究表明，生长激素在调控蛋白质和脂肪合成方面具有很好的作用，可提高产奶量、DMI。

(4) 泌乳后期。泌乳后期（late lactation）为200 d至干乳这段时间。母牛进入妊娠后期，胎儿迅速发育，进一步抑制脑垂体分泌催乳素，泌乳量下降，母牛体重增加（每天增加0.45～0.68 kg）。此期，奶牛以控制体况为主。泌乳后期产奶量较少，但奶牛已进入妊娠中后期，此时应注意饲料的营养搭配和适口性。此阶段，奶牛对营养的需要包括维持、泌乳、修补体组织、胎儿生长和妊娠沉积养分5个方面。且体重的增加量高于泌乳中期，一般每天增重500～750 g，相当于产3～5 kg标准乳的养分需要；同时泌乳高峰期失去的体重，要尽量在泌乳中、后期恢复；尤其在停乳前的1个月左右更应该补料，这时虽然由于胎盘激素和黄体激素的作用，产奶量已显著下降，本应减少营养，但母牛在此时已到妊娠后期，胎儿正在迅速生长发育，需要较多的营养物质，故母牛对养分的需要量在增加；而且此阶段母牛恢复体重的代谢能转化为体重的效率高于干乳期。如果这一阶段奶牛体膘膘度变化较大，则最好分群饲养，以便根据体膘进行饲喂，尽量使母牛在干乳前就恢复到应有的体况。这在经济上、饲料的有效利用上，乃至对母牛的健康和持续高产等方面都是有利的。泌乳后期的奶牛日粮应单独配制，为这些奶牛单独配制日粮有几方面作用：一是帮助奶牛达到恰当的体脂储存；二是通过减少饲喂一些不必要的价格昂贵的饲料，如过瘤胃蛋白和脂肪饲料来节省饲料开支；三是增加粗饲料比例将能确保奶牛瘤胃健康，从而保证奶牛健康。泌乳中、后期，原则上实行以乳定料技术，根据产奶量的下降逐渐减少精饲料的喂给，其给料原则见表 10-2。

表 10-2　产奶中后期以乳定料方案

产奶量（kg）	乳料比	饲喂量（kg）
>40	2.5∶1	16
35	2.6∶1	13.5
30	2.7∶1	11.0
25	2.9∶1	8.5
20	3.0∶1	6.5
15	4.0∶1	3.8

① 泌乳后期母牛的营养需要。泌乳后期母牛的营养需要详见表 10-1。此阶段可适当提高日粮粗饲料比例，降低日粮 CP 含量至 14%，降低 RUP 含量。去除日粮中的脂肪和添加剂，如烟酸、生物素。

② 泌乳后期的饲养管理。此阶段饲养管理的重点是控制奶牛体况，使其在干乳时 BCS 为 3.25～3.75。

3. 泌乳牛日粮配制

产奶期是奶牛一生中最重要的阶段，母牛自分娩后开始产奶到干乳为止，这一段时间为奶牛的一个泌乳周期。由于各泌乳阶段的生理特点和饲养要求不同，在饲养管理上一般也有所区别，以便充分发挥母牛的产奶潜力，提高产奶性能。

奶牛日粮的供给应该按照一定的饲养标准合理地供给奶牛所需要的营养物质，才能达到高产奶量低成本的目标，并在取得养殖效益的同时保证奶牛的体况良好。否则，将破坏奶牛的正常生理机能，影响营养物质的转化和利用，导致代谢失调，产生各种疾病，降低经济效益。《奶牛饲养标准》是奶牛日粮供给的技术指南，是提高奶牛生产水平的依据。我国在 2004 年出版了修订的第二版《奶牛营养需要》，阐述了奶牛的营养需要和饲料供给方案，可作为配制饲料的依据。

从 1994 年以来，NRC 已经颁布了 7 版奶牛营养需要标准，第 7 版于 2001 年发布，该版的营养需要量标准反映了奶牛生产和奶牛科学发生的新变化，包括营养物质利用的管理和环境因素，并且提供了不同阶段和水平下奶牛的营养物质需要量，提供了解决当前奶牛生产领域中存在问题的方法和技术。新版奶牛营养需要量的最大特点是使用计算机模型来估计营养需要量。计算机模型是唯一能够将影响动物生产的众多因素考虑在内的方法，便于使用者根据实际情况下的诸多因素来确定奶牛的营养需要量。

由于我国公布的《中国饲料成分及营养价值表》中缺少 NRC 标准中的成分，直接引用 NRC 标准目前比较困难。

在制作饲料配方时，首先要确定应用哪个养分标准来作为配合的基础。在我国需要按照自己的饲料成分表、养殖的具体情况进行选择。其次要确定在配合过程中是否用计算机软件。下面以产奶量为 35～45 kg/d 的荷斯坦牛为例：

① DMI。可以通过公式或者奶牛场制订好的系统来预测采食量。对于体重和产奶量水平都相同

的牛来说，公式预测的DMI或许会有1～3 kg的差异。

② 计算日粮中粗饲料的量。可用最简单的方法，即以F－NDF（粗饲料提供的NDF总量）占体重的百分比进行计算。一般是采用体重的1%，根据粗饲料质量的不同可将这个范围上下调整。采食茂盛且纤维含量低的牧草的牛，其F－NDF采食量或许会高达体重的1.3%～1.5%。

③ 日粮碳水化合物水平。以占日粮干物质的比例计，ADF要达到19%～21%，NDF达到27%～32%（其中，来自草料的NDF应占这个总值的70%～80%）；NFC达到37%～42%。

④ 日粮蛋白质水平。RDP应占总代谢蛋白的65%，RUP占35%。

⑤ 来自微生物蛋白的MP。应该高于瘤胃不可降解蛋白所提供的代谢蛋白。

⑥ 日粮脂肪水平。日粮总脂肪不应该超过日粮干物质总量的5%～6%。由植物脂肪和其他瘤胃活性脂肪提供的脂肪最大量为日粮总干物质的1.5%～2%。如果需要额外的脂肪，可以使用过瘤胃脂肪。

⑦ 日粮能量水平。在正常干物质采食量水平下，需要日粮的ME达到6.7～7.1 MJ/kg来满足奶牛的需求。这会根据所使用的专门ME系统的不同而有轻微差异。

二、乳房护理

乳房是奶牛将食入的营养物质转化为牛乳的重要器官，乳房的发育好坏和健康状况对奶牛的产奶量、利用年限及牛乳品质影响极大。因此，乳房护理在奶牛饲养中是一项非常重要的工作。

1. 奶牛乳房结构和泌乳生理

奶牛乳房位于牛体后躯腹部，基部紧贴腹壁。其中央悬韧带、外侧悬韧带和皮肤及皮下组织起支撑固定乳房的作用。

乳房内部由中央悬韧带分成左右两半，每半又被一层薄膜分为前后两半，这样整个乳房由前后左右4个各自具有独立泌乳和集乳系统的乳区组成。每个乳区下端各有一乳头，乳头最下部是乳头管，外面为一层光滑柔韧的皮肤，分布有丰富的血管和神经，由乳头括约肌控制开闭。放乳时括约肌开放，平时闭合，防止乳汁流出及细菌经乳头侵入。

一个发育良好的乳房，拥有20亿个以上乳腺泡。来自心脏的动脉血将携带的营养物质经分布在乳腺泡周围的毛细血管传递给产乳细胞，转化为牛乳，然后又经毛细血管汇入各级静脉血管，流回心脏，周而复始。据测算，奶牛每生产1 kg乳，约有500 kg血液流过乳腺。若日产20 kg牛乳，则流过乳房的血液总量约有10 t。

奶牛乳腺的发育是渐进的和具有周期变化的。在育成期阶段乳腺发育比较缓慢，到初情期逐渐加快，妊娠后进入快速发育阶段。乳腺腺体发育受多种激素（雌激素、孕激素和催乳素等）、神经及营养等因素的调节，所以必须经历分娩，乳腺才能得到充分发育。母牛分娩时，垂体分泌大量催乳素，腺泡开始分泌初乳，以后催乳素维持一定水平，乳腺开始正常分泌活动。乳腺发育与卵巢的正常发育和妊娠周期性变化密切相关。母牛经过276～365 d泌乳活动后，乳房处于“疲劳”状态，腺泡体积逐渐缩小，分泌腔逐渐消失，细小导管萎缩，泌乳量开始大幅度下降，低产牛往往自行停止泌乳，高产牛尚可维持低水平泌乳，若母牛已正常配种妊娠，时间也到了妊娠后期，胎儿进入快速发育增重阶段。此时必须及时干乳，否则乳腺得不到充分的休息和恢复，必将影响下胎产奶量，同时影响胎儿的发育。

试验表明，母牛干乳后的前15 d，乳腺泡的主要部分退化和消失，同时细小导管大量减少，干乳后1个月，随着催乳素的消失，孕激素、雌激素作用的增强，乳腺泡又渐渐重新增生，泌乳上皮细胞大量增加，进入下一泌乳周期的准备期。这个过程大约需50 d。因此，在下胎分娩前45～60 d必须进行干乳。

在良好的饲养管理条件下，每经一个泌乳周期，乳腺发育都会有所增强，经 6～8 个周期，乳腺得到最大发育，产奶量达到高峰。然后随着年龄增加，乳腺和身体各器官机能减退，产奶量逐年下降。

乳汁的生成是不间断的，刚挤完乳时，分泌速度最快。当乳汁充满乳泡腔和乳腺导管时就须将乳挤出，否则乳的分泌就会停止，进而重新被血液吸收。通过犊牛的顶撞吸吮，人工擦洗乳房时挤压乳头或挤乳机乳杯脉动负压的刺激，引起奶牛一系列条件反射，乳腺泡体积收缩，乳汁被挤压经乳腺导管进入乳池，乳头括约肌松弛，乳头管开放排出乳汁。排乳一般在刺激后 45～60 s 即可发生，维持时间为7～8 min。所以，按时挤乳、适当加快挤乳速度对提高产奶量有很大作用。

2. 促进乳房发育、注重乳房保健

青年母牛在第 1 次妊娠后，乳房开始快速发育。对初配母牛实施按摩乳房可加强乳房血液循环，促进乳房发育，增加乳腺泡数量，提高将来的泌乳能力，同时还可使初产牛性情温驯，便于管理。按摩方法：妊娠后 3 个月开始，每天按摩 5～6 min，如用热敷按摩效果更好。但是，到临产前半个月要停止按摩，否则易形成漏乳。如果乳房上有附乳头，将影响挤乳卫生，妨碍机器挤乳，所以应在犊牛阶段尽早剪除。

奶牛休息和反刍时大多取卧姿，乳房和乳头直接接触地面。若卧处有泥泞粪污，就会污染乳房，而泌乳期母牛乳头管经常处于开放状态，容易因致病菌侵入引发细菌性乳腺炎。因此，预防细菌性乳腺炎的首要措施就是搞好环境卫生，及时清理粪便，定期消毒圈舍，保持牛床、运动场的干燥。对泌乳期奶牛每次挤乳前后都要严格按规程对乳房、乳头进行清洗擦拭和消毒（具体方法见本节挤乳部分），保证挤乳设备特别是乳杯的清洁及与乳头适配。要避免环境原因使母牛乳房受伤，提高挤乳员的操作技术，并勤于观察乳房是否正常，发现异常及时诊治。

在具备条件的奶牛场要开展奶牛生产性能测定（dairy herd Improve - ment，DHI），暂时不具备 DHI 测定条件的奶牛场应定期进行牛乳体细胞数（somatic cell content，SCC）监测。体细胞数指每毫升牛乳中白细胞的数量。当奶牛乳房受到病菌侵袭或乳房损伤时，乳腺分泌大量白细胞将细菌包围吞噬。随着炎症的加剧，体细胞数量急剧增加；炎症消失后，体细胞数量随之减少。因此，体细胞数可作为反映乳房健康程度的指标。正常情况下，奶牛体细胞数为：第 1 胎≤15 万个/mL；第 2 胎≤25 万个/mL；第 3 胎≤30 万个/mL。按国际规定，对个体牛以 50 万个/mL 体细胞数定为乳腺炎基准界限。超过50 万个/mL，即使没有乳腺炎临床症状，也要将其判定为隐性乳腺炎，需要及时给予治疗。

由于奶牛每个泌乳周期都历经产犊、泌乳、配种、进入泌乳高峰、降乳、干乳、胎儿快速发育、再一次产犊，每个阶段都有很大变化，每个阶段对营养的需求和转化利用特点也不同，因此必须按不同生理阶段和生产水平的需要提供营养物质及配制日粮（详见本节泌乳牛的饲养管理部分）。否则，极易发生营养代谢性乳腺炎，乳房水肿。尤其在实施干乳的前 2～3 d 和临近产犊，乳房会发生肿胀，极易感染病菌，所以必须严格按照干乳的程序和步骤进行（详见第四节干乳期和围生期母牛的饲养管理）。

三、挤乳

1. 挤乳方式

挤乳方式分为手工挤乳和机械挤乳。

（1）手工挤乳。

优点：挤乳柔和，能够直接感知奶牛变化，调整挤乳频率，减少对奶牛的刺激。可以随时挤乳，对环境依赖程度小。

缺点：牛乳与外界环境接触较多，牛乳卫生难以管控，受到挤乳人员限制，挤乳效率低，牛乳不能得到及时制冷，导致微生物繁殖。

(2) 机械挤乳。

优点：挤乳效率高，牛乳与外界接触较少，牛乳卫生能够得到很好的控制。

缺点：需要特定的挤乳环境，挤乳部件较多，增加了清洗难度，不为个体牛随时调节挤乳频率。

随着科技的发展，机械挤乳也向着仿生化发展，使机械挤乳越来越接近犊牛的吮吸动作，减少对奶牛的刺激，提高产奶量。机械挤乳设备依据组成结构分为两类：管道式挤乳机和提桶式挤乳机。

图 10-7 定位式管道挤乳机

① 管道式挤乳机。管道式挤乳机（milking pipeline machine）是目前普遍使用的挤乳设备，包括定位式管道挤乳机、鱼骨式挤乳机和转盘式挤乳机（图 10-7 至图 10-9）。

管道式挤乳机的特点是挤乳方便、快捷，牛乳从牛体挤出后直接进入密闭管路内，与外界环境接触较少，减少牛乳被二次污染的环节，保证了牛乳的质量。

图 10-8 鱼骨式挤乳机

图 10-9 转盘式挤乳机

② 提桶式挤乳机。提桶式挤乳机（pail type milking machine）是手工挤乳到机械挤乳过渡阶段的替代产品（图 10-10），相对于手工挤乳，提桶式挤乳机节省人工，提高了挤乳效率。但相对于管道式挤乳机，奶牛不能连续挤乳，牛乳与外界环境有接触，设备清洗存在卫生死角，但比较适合家庭使用。

图 10-10 提桶式挤乳机

2. 挤乳

挤乳过程是牛乳生产过程的重要环节，挤乳要遵循一个原则：尽量让奶牛舒服。奶牛舒服，就能很好地配合挤乳，提高产奶量。

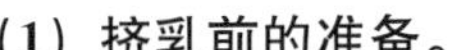

(1) 挤乳前的准备。

① 挤乳人员。挤乳人员必须穿消毒的工作服和防滑靴子，走消毒通道进入挤乳厅。手可用 0.03%高锰酸钾、75%乙醇消毒。挤乳员禁止在挤乳厅吸烟，禁止酒后上岗，禁止对奶牛粗暴地叫喊、殴打。要善待奶牛。

② 奶牛。奶牛进厅前保证牛体卫生清洁，在挤乳厅入口使用生石灰对牛蹄进行消毒。准备好清

洗牛乳房用的温水（35 ℃左右）。准备好毛巾或纸巾。按药浴标准浓度配比浴药。

挤乳前、后对奶牛乳头进行药浴消毒。要选择不回流的药浴杯，防止药浴用药反复使用，造成药浴用药污染，降低药浴效果；防止交叉使用药浴，以免乳房疾病的蔓延。药浴时要对奶牛 4 个乳头分别进行药浴。每个乳头药浴 15 s 以上。

药浴后要用纸巾、毛巾（确保一牛一巾）对牛体乳房进行擦拭。先用毛巾的前 2 个角擦拭前 2 个乳头；毛巾的后 2 个角擦拭后 2 个乳头。再用纸巾擦拭前 2 个乳头（图 10－11）；将纸巾折叠擦拭后 2 个乳头。最后用纸巾对乳头中间的基部擦拭。

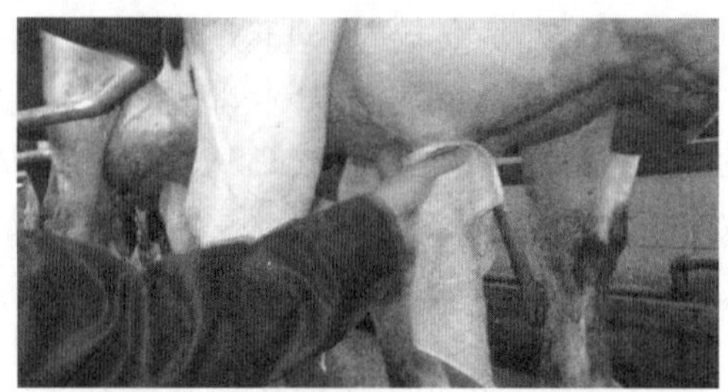

图 10－11　毛巾的前 2 个角擦拭 2 个乳头

（2）赶牛。

① 赶牛前查看记录。赶牛人员在赶牛前要查看病牛用药记录，防止将用药牛或未经检测合格的奶牛赶入正常牛群，造成牛乳不合格。

② 赶牛时间。必须在挤乳前 5 min 将奶牛赶到挤乳厅，过早赶牛会导致上一批牛没有完成挤乳等待时间过长，过晚赶牛会导致挤乳断空，造成挤乳时间延长。

③ 分群赶牛。每次赶牛应该尽量以牛群为单位，防止两个牛群一同驱赶，造成牛群的混乱。将牛群分为高、中、低产牛，按先挤高产、后挤中产、最后挤低产牛的顺序挤乳。

④ 文明赶牛。赶牛要注意速度，避免过快赶牛。赶牛时禁止殴打奶牛，要文明赶牛。使牛群按规定路线进入挤乳厅，对于突发问题应及时解决。

（3）验乳。验乳检测合格后才能挤乳。验乳有两种方法：一种是在挤乳前使用前 3 把乳进行乳腺炎检查，对显性乳腺炎的奶要进行隔离；另一种是当奶站牛乳出现不合格时，要对现场所有奶牛进行检测（如抗生素、乙醇、理化等）。

（4）挤乳。检查真空度合格后，将挤乳杯迅速按在乳头上。挤乳过程中检查挤乳杯是否漏气，漏气影响真空压力。控制挤乳时间，不要过度挤乳。挤乳杯脱落后立即用清水冲洗。挤乳过程中如有落杯现象，将挤乳杯重新清洗后再次上杯，挤乳过程中如果有突发情况应及时停止挤乳。脱杯时不要硬拉，应让其缓慢地随着真空度降低自然脱落。

（5）放牛。待每排挤乳机的奶牛全部挤乳结束后，按秩序统一放牛，严禁未挤完乳就放牛。要注意放牛回牛舍时，不要让奶牛立即趴窝，奶牛要站立 15 min 左右，使奶牛乳头孔能够充分闭合，以防止乳腺炎的发生。

（6）洗杯。当最后一批牛挤乳结束后，将挤乳杯放在乳杯座上清洗。

3. 挤乳厅的管理

挤乳厅一般建在养殖场（小区）的上风处或中部侧面，距离牛舍 50～100 m，有专用的运输通道，不可与污道交叉。既便于集中挤乳，又减少污染，奶牛在去挤乳厅的路上可以适当运动，避免运乳车直接进入生产区。

挤乳厅包括挤乳大厅、待挤区、设备室、储乳间、休息室、办公室等。挤乳厅应有牛乳收集、储存、冷却和运输等配套设备。

储乳设备要定期清洗，一般要经水洗、碱洗、水洗、酸洗、水洗 5 个步骤。经检验合格后方可再用。检验包括物理检验（无明显乳垢、无油腻感、无异味、设备表面保持干燥等）、化学检验（酸碱度等）和微生物学检验（细菌总数、大肠菌群、霉菌、酵母菌等）。

挤乳设备最好选择具有牛乳计量功能，如玻璃容量瓶式挤乳机械和电子计量式挤乳机械。要根据挤乳厅设备的特点及要求，定期对设备进行维护保养，并填写记录。储乳罐的制冷温度要做详细记录。

四、生乳储存、运输与卫生

1. 生乳储存

(1) 储存器具。生乳储存器具应选用食品级不锈钢。食品级不锈钢是指符合《不锈钢食具容器卫生标准》(GB 9684—1988) 规定的不锈钢材料。

牛乳储罐要有良好的保温性能，防止牛乳在储存过程中因温度变化导致牛乳出现酸败现象。牛乳初始温度为4℃，环境温度在21～25℃，额定容量不变时，生乳的平均温升速度每24 h不超过1℃。

牛乳储罐可分为卧式、立式。一般设计为圆形或椭圆形。储罐容积一般分为3 t罐、6 t罐。但储罐的容积要大于需要储存乳量最大值，一般储存罐容积不大于需存储乳量的600%。

牛乳储罐应设计自动清洗系统，储罐上方应设计有喷淋头。喷淋头应能喷淋储罐内所有角落。在储罐最下方有出口。即便有自动清洗，储罐也应该有人工清洗设计，在储罐上方应有足够大的入口，使清洗人员能够顺利进出，方便人工清洗。

牛乳储罐有自动制冷系统、温控探头和温控仪，随时显示所存储牛乳的温度。储存罐配备液位仪可随时计算储存罐内牛乳数量。

为防止牛乳中脂肪与蛋白出现分层现象，制冷罐中应该配备自动搅拌系统。该系统在制冷罐制冷时，自动开始工作，防止牛乳因制冷不均匀导致结冰现象。在制冷结束后，每30 min开启1次，每次工作5 min，防止牛乳脂肪上浮。确保柔和搅动原料乳至冷却，转速为43 r/min。

储罐顶部需要配备通风口，通风口的主要作用为储罐清洗后能够通风，减少牛乳异味的产生，在牛乳装车过程中，防止储罐内与外界大气压不平衡造成储罐损坏。

(2) 生乳储存环境。牛乳具有很强的吸附性，因此生乳的储存环境要求很严格。

① 储罐存放地点应该设置独立的制冷间，制冷间内严禁存放其他物品，特别是带有刺激性气味的物品。

② 避免灰尘、粉尘较多的环境。

③ 与牛舍保持距离。制冷间的设置应该与牛舍至少保持10 m距离，并设置在牛舍的上风向，减少牛舍异味对牛乳的影响。

④ 人员生活区与牛乳生产区必须分开。人员宿舍与制冷间至少保持30 m距离，保证人员的正常休息，同时保证牛乳质量不受人为因素影响。

⑤ 方便牛乳拉运。牛乳的储存地点，应该为交通方便，周边地面硬化，能够保证运输乳车正常驶入，使雨季、雪天等恶劣天气能够保证牛乳正常拉运。

(3) 生乳储存时间。生乳虽然在4℃的低温环境内储存，但一些细菌、嗜冷菌等仍然可以存活、繁殖，因此生乳的储存时间越短越好。考虑到实际生产环境因素，从挤乳开始计算，牛乳运输到工厂的时间不应该超过24 h。如果超时，牛乳中微生物会有大幅度增加。

(4) 生乳储存记录。生乳的储存记录应该包括挤乳开始、结束时间，制冷开始时间，制冷结束时间，当日储存乳量，制冷所用时间，制冷间是否存在异常，牛乳运输车牌号，牛乳装车时间，牛乳去向，记录人员、运输人员签字等，通过完善记录项目使各项数据能够溯源。生乳储存记录要求每天填写，并存档半年以上。

(5) 储存监控。生乳作为食品原料，安全至关重要。牛乳的生产环境较为复杂，因此牛乳的储存环境应安装监控系统，以防恶意事故发生。监控设备应覆盖制冷间所有范围，重点为制冷罐的入口、出口、通风口，定时录像。

要求有专人对监控信息进行查看，并对监控设备进行检修，保证设备正常工作。

2. 生乳运输

(1) 运输罐。运输罐 (transport tank) 用食品级不锈钢板制作，罐体外部需做保温层以防止鲜乳变质，罐内部要求光洁、无锐角，一般需要在每个乳舱内加上清洗装置（cip）。鲜乳运输车罐体组成：整体来讲分 3 层，罐体内胆，材质为 304/2B 食品级不锈钢，板厚度在 3～4 mm；中间部分为聚氨酯发泡保温，厚度为 80 mm；罐体最外部为 2 mm 厚 304 不锈钢板。内胆部分有清洗装置，清洗杆（或清洗球），清洗管（Φ38 mm），4 个或多个旋转清洗喷头，外接水管，稍加压力即可自动清洗罐体内胆。

运输罐的结构形式一般为卧式，容量为 300～100 000 L。运输罐的保温性能要好，牛乳初始温度为 4 ℃，环境温度在 21～25 ℃，额定容量不变时，生乳平均温升速度每 24 h 不超过 1 ℃。

运输罐清洗系统包括自动清洗和人工清洗。要求灵活、通用，可单独进行酸洗、碱洗、热水冲洗等工序，不仅能有效地将设备清洗干净，而且还能控制微生物生长。

（2）生乳运输车辆和驾驶人员。

依据乳量选择运输罐和专业液体运输车。

运输车驾驶员驾龄必须在 5 年以上，持有特种车辆驾驶许可证。驾驶人员应遵守各项交通规则制度，杜绝不良的驾驶习惯。

（3）运输时间。随着运输时间的增加，牛乳的温度会不断上升，牛乳在运输罐中不断晃动也会加快温度上升，应尽量减少运输时间。生乳运输时间尽量控制在 12 h 以内。

（4）生乳运输监控。牛乳运输过程一直为牛乳管控过程的盲点，也是牛乳各项掺假的重点管控环节，因此牛乳运输过程中的监控非常必要。

牛乳运输环节的监控可以采用 GPS 定位仪方式，GPS 定位仪监控方式灵活、方便，可以在乳车上安装，方便对运输环节监控。要求有专人每天对乳车运输过程中的监控信息进行查看。重点查看乳车发车时间、路程时间、到达工厂时间、乳车有无中途停车现象，确保在线率，对于故障乳车及时进行排查。

（5）生乳运输记录。根据国家要求，奶站必须配备生乳交接单，交接单内容包括运输车牌号、牛乳去向、乳量、运输时间、乳车铅封号、交接人员签字等，确保生乳交接环节可控，使各项数据具有可追溯性。

3. 生乳储存、运输的卫生

（1）储存、运输设备清洗。必须定期清洗罐装牛乳的储存运输设备。可以采用自动清洗和人工清洗，并检验合格。

① 清洗方法。目前多用 CIP 清洗方法对制冷、储存设备进行清洗。并结合手工清洗，使设备保持良好的卫生条件。

② 清洗剂。清洗剂多选用酸、碱清洗液。酸性清洗液采用硝酸，碱性清洗液多选用氢氧化钠。针对不同的污垢，采取不同的清洗措施。

③ 清洗时间及频次。清洗要求，在每次牛乳离开储存、运输设备立即进行清洗。时间不超过 1 h，因为时间过长，残留的牛乳会给清洗带来困难，造成清洗不彻底。牛乳储存、运输设备的清洗频次根据使用的频次而定，一般应每天清洗 1 次。

④ 清洗工具。部分牛乳储存、运输设备的部件需要人工进行清洗时，应该选择塑料材质的毛刷，禁止使用金属材质毛刷进行清洗。

（2）检验方法。

① 微生物检验。用酒精棉球将手和镊子擦拭 3 次，进行彻底消毒。用无菌镊子取润湿涂抹纸（面积 5 cm×5 cm）2 张，平铺在被检测物品的表面（有效面积 50 cm^2）约 30 s，然后将此涂抹纸置于 50 mL 灭菌盐水瓶中，充分振荡 20 次，制成原液。不能及时检测的，应暂时置于冰箱中，于 4 h 内检测。

菌落总数和大肠菌群的检测根据污染程度自行决定稀释度，检测步骤与牛乳检测方法相同。执行

《食品安全国家标准　食品微生物学检验　菌落总数测定》(GB 4789.2—2010)。菌落总数报告为 CFU/cm^2，大肠菌群报告为每 100 cm^2 MPN。试验结果菌落总数报告≤50 CFU/cm^2。

② 感官检测。在现场条件下，感官检测要求设备无肉眼可见杂质，无残留的乳沫、乳水。用手触摸设备表面应该无油腻感，表面光滑，感觉是设备材质本身的质感。设备内部应无任何异味。设备表面保持干燥等。设备沉淀物及特点见表 10-3。

表 10-3　设备沉淀物及特点

沉积物的种类	特点描述
脂肪	表面油腻
蛋白质	蓝色的带状物
乳石	白色至黄色的沉积物
铁锈	红色至褐色或者黑色
细菌	红色至粉红色/紫色的色斑
橡胶碎片	黑色或者变黑的残余物

③ pH 试纸检测。在清洗结束后对设备残留水进行 pH 试纸检测，确保设备无酸碱残留。

第四节　干乳期和围生期母牛的饲养管理

若牛乳从乳腺被不断地挤出，牛乳的分泌会持续不断地进行。虽然牛乳分泌的速度下降，但若奶牛反复受到下乳反射刺激也会不断分泌牛乳。当牛乳不再从乳房被挤出时，乳房分泌组织开始萎缩，即开始干乳过程。

一、干乳期的分段与饲养管理

1. 干乳期的目标

奶牛经历泌乳后期后进入干乳期（the dry period of lactation），干乳期是奶牛停止繁重的泌乳生产、修复乳腺和恢复体力，为下一个泌乳期做准备所必需的。缺少干乳期，随后到来的泌乳期产奶量约减少 20%。理想的干乳期是 40～70 d，干乳期太短（小于 40 d）会影响下一个泌乳期的产奶量，但干乳期太长（大于 70 d）会提高代谢疾病的发生率、饲养成本增加且降低下一个泌乳期的产奶量。

应在干乳期调整日粮，使奶牛瘤胃上皮和微生物区系逐渐适应产后的高能日粮；控制奶牛体况，最大限度降低产后的营养代谢疾患。

2. 干乳期的分段

干乳期一般分为干乳前期和干乳后期。

干乳前期（before the dry period）主要让奶牛乳腺停乳、恢复，此阶段至少需要 30 d。干乳后期与围生前期重合，主要进行乳腺再生、初乳形成，通过调整日粮，使瘤胃逐步适应产后高精料型日粮，此阶段需要 21 d。

3. 干乳前期的饲养管理

距离停乳 7 d 时，调整饲养方案，减少精饲料用量，同时改自由饮水为定时定量饮水。减少挤乳次数，适当增加母牛运动时间。干乳时，将乳房擦洗干净，按摩，彻底挤净乳房中的乳，然后用 1%

的碘伏浸泡乳头，再向每个乳头内分别注入油剂抗生素（配制方法：取食用花生油 40 mL，经加热灭菌，冷却后拌入青霉素 320 万 U、链霉素 200 万 U，由乳头孔向每个乳区各注入 10 mL）或注射其他干乳针。注完药后再用 1%碘伏浸泡乳头。

以上操作结束后，要注意观察母牛乳房的变化。正常情况下，前 2～3 d 乳房明显肿胀，3～5 d 后积乳渐渐被吸收，7～10 d 后乳房体积明显减小，乳房内部组织松软。这时母牛停止泌乳，停乳成功。

干乳过程中，奶牛乳房会发炎和肿胀，容易感染疾病，应特别注意保持乳房清洁卫生。保持牛舍清洁干燥，勤换垫草，防止母牛躺卧在泥污和粪尿中。

4. 干乳后期的饲养管理

干乳后期与围生前期重合，其饲养管理详见围生期。

二、围生期奶牛的营养管理

围生期（the perinatal period）包括干乳后期、分娩和围生后期 3 个阶段，通常是指奶牛分娩前 14～21 d 至分娩后 14～21 d。其中，产前 14～21 d 为围生前期，产后 14～21 d 为围生后期。围生期奶牛饲养的情况直接关系着奶牛自身的健康、整个泌乳期的产奶量和繁殖性能，以及犊牛的健康和生产性能的发挥。在奶牛生产实践中，常见的各种代谢障碍均与围生期饲养不当有着直接或间接的关系。

1. 围生期奶牛的生理特点

经过干乳后期、分娩和泌乳初期 3 个阶段，奶牛内分泌状态发生明显改变，给奶牛带来极大的应激。

（1）内分泌变化。随着奶牛从妊娠末期进入泌乳初期，血浆胰岛素水平下降，生长激素水平升高，而分娩时两种激素水平都会发生急剧波动。血浆中甲状腺素（T_4）浓度在妊娠末期逐渐增高，分娩时下降约 50%，然后开始上升；3，5，3′-三碘甲腺原氨酸（T_3）变化规律与 T_4 类似，但不如 T_4 明显。血浆中雌激素水平，主要是胎盘分泌的孕酮，在妊娠末期会有所升高，但分娩时会立即下降，血浆孕酮浓度在干乳期较高以利于维持妊娠，而在分娩前两天又迅速下降。糖皮质激素和催乳素浓度在分娩当天上升，翌日又降到分娩前水平。

（2）体脂动员。围生期奶牛由于生理变化导致采食量下降，在产犊前 1 周采食量下降可达 10%～30%。围生前期采食量下降，围生后期大量泌乳及围生期内分泌状态的改变，影响了奶牛的代谢，将大量的非酯化脂肪酸（NEFA）释放进入血液。围生期内这些 NEFA 被用于合成乳脂（高达 40%以上）。骨骼肌也可利用一些 NEFA 作为能源，从而减少了对葡萄糖的需求。但奶牛肝不具备完全利用 NEFA 合成脂肪再送入血液的能力。因此，大量 NEFA 在肝积聚，肝将 NEFA 以甘油三酯形式储存于血液中，或者是生糖物质供应量不足以将脂肪酸 α-氧化产物分解代谢掉，其最终结果是引发脂肪肝或酮血症。体况越胖的奶牛其产犊前后的采食量下降幅度越大，动用体脂越多，因此体况超标的干乳牛患酮病或产褥热的风险更高。

（3）乳腺变化。乳腺在干乳期要经受一次退化过程。当泌乳活动从高峰期开始明显下降时，乳腺开始渐进性地回缩。在泌乳后期和干乳期，乳腺中的大部分乳腺小叶丧失了正常功能。在干乳期，乳腺内压增大，细胞体积逐渐缩小，分泌腔逐渐消失，终末导管萎缩，最后乳腺小叶退化到只有少数分支的小管。乳腺组织被结缔组织和脂肪代替，乳汁合成停止，乳腺逐渐退化和萎缩，残留乳汁缓慢被吸收。残留的乳汁抑制了合成乳汁相关的酶，或使有关的激素水平下降，促进乳腺的退化，最后泌乳活动完全停止。

干乳后期（围生前期），乳腺开始生长，乳腺细胞为催乳做准备。干乳期能促进乳腺分泌上皮细胞的更新，损伤的乳腺组织在干乳期得到再生，当进入下一个泌乳期时，乳腺细胞就能更充分地泌乳。

（4）瘤胃适应性变化。随着干乳期的开始和结束，尤其是围生期前后，奶牛日粮结构变化很大，这必然导致瘤胃发生一系列动态变化。研究表明，日粮类型影响瘤胃黏膜的发育。瘤胃发酵产生的丙酸和丁酸是导致瘤胃黏膜结构及功能变化的关键因素。Dirksen 等研究了围生期奶牛瘤胃黏膜的变化，发现高精料日粮转变为高纤维日粮时，增加纤维分解菌的数量，瘤胃黏膜吸收表面积下降；而当产犊前 14 d 再过渡到高能量日粮时，瘤胃乳头开始伸长，经过 4～5 周的时间，瘤胃黏膜可达到最大的吸收能力。同时，瘤胃微生物区系也在逐步适应于高精料日粮的过渡，淀粉分解菌和乳酸利用菌的数量增加。为此，围生期奶牛饲养在瘤胃功能调控方面，必须实现两个目标：一是促进瘤胃内代谢乳酸细菌种类的生长；二是促进瘤胃上皮的生长，使其对营养物质的吸收最大化。

（5）免疫应激。在围生期，奶牛的免疫力下降。中性粒细胞和淋巴细胞的功能受到抑制，血浆中免疫系统其他成分的浓度降低。免疫功能受到抑制的原因尚不清楚，可能与奶牛的营养和生理状况有关。

① 围生期奶牛的干物质采食量下降，维生素 A、维生素 E 和其他免疫功能必需的营养成分摄入量减少。其中，维生素 E 对淋巴细胞和中性白细胞的生理活动有直接的影响。

② 雌激素和糖皮质激素是免疫抑制因子，临近分娩时它们在血浆中的浓度上升，随后才逐渐恢复到正常范围。

2. 围生期奶牛的营养

根据围生期奶牛生理特点，围生前期、后期的饲养目标不同。

产前 14～21 d 的饲养目标是：使瘤胃逐步适应产后高精料型日粮；保持正能量平衡；增强骨钙的动用能力，保持正常的血钙水平；促进奶牛的免疫功能；尽量减缓奶牛在产前 1 周内 DMI 下降幅度。

产后 14～21 d 的饲养目标是：尽可能提高奶牛 DMI；降低奶牛各种代谢疾患；将奶牛减重控制在适宜范围内。

干乳期、围生期及泌乳期奶牛营养素浓度详见表 10－1。

（1）瘤胃可发酵碳水化合物。瘤胃可发酵碳水化合物（NFC）水平在产犊前为 34%～36%（DM 基础），产犊后为 36%～40%（DM 基础）。其中，淀粉在干乳前期为 14%～18%，干乳后期（围生前期）为 18%～21%。

（2）日粮蛋白质。干乳前期日粮 CP 水平为 13%，围生前期为 16%。围生后期日粮中 CP 水平相应提高，达到 18%～18.5%。在干乳期瘤胃降解蛋白（RDP）应占日粮 CP 的 68%；围生后期应降低 RDP 的比例，为 60%～65%。可代谢蛋白（MP）在干乳前期为 850～1 000 g/d，干乳后期（围生前期）应达到 1 000～1 200 g/d。

（3）日粮纤维。日粮 NDF 在围生前期、后期应分别达到 30%～35%和 28%～32%。围生期奶牛日粮 ADF 以 20%～25%为宜。日粮 NDF 至少 75%来源于粗饲料。日粮物理有效纤维（peNDF）水平对围生期奶牛日粮营养素平衡也是一个十分重要的指标。

（4）日粮矿物质。保持矿物质的平衡是围生期奶牛矿物质适宜营养三大技术之一，尤其是对大于 4 胎的奶牛尤为重要。保持矿物质平衡的重点是平衡日粮 Ca、P 水平，控制较低的日粮 K、Na 水平。一个较理想的围生期奶牛矿物元素指标如下：Ca，0.30%～0.45%；P，0.26%～0.30%；Mg，0.30%～0.40%；Na，尽量接近 0.1%；K，尽量接近 0.6%；S，0.2%～0.3%。

如果使用阴离子盐，矿物元素调整为：Ca，0.8%～0.9%；P，0.4%～0.5。

(5) 日粮维生素。干乳期、泌乳期维生素的一般推荐量见表 10-4。

表 10-4　不同阶段奶牛维生素的推荐量

项　　目	干乳前期	干乳后期	泌乳前期	泌乳中后期
维生素 A(IU/d)	67 000	67 000～100 000	100 000	67 000
维生素 D(IU/d)	18 000	30 000～40 000	18 000～30 000	18 000
维生素 E(IU/d)	1 000～2 000	1 000～4 000	1 000～2 000	500～1 000
生物素（mg/d）	0	200	200	0
烟酸（g/d）	0	6～12	6～12	0

(6) 营养调控剂。

① 阴离子盐。阴离子盐日粮一般在产前使用，可促进骨钙动用，提高维生素 D 和副甲状腺功能，避免产后瘫痪和胎衣不下，降低乳房水肿、乳腺炎等的严重程度。实践中常用的阴离子盐有硫酸镁、硫酸钙、氯化镁、氯化钙、硫酸铵、氯化铵、盐酸处理饲料。使日粮阴阳离子差（DCAD）降低到－150～－100 mmol/kg 即可达到上述效果。

正常尿液 pH 为 8.0 左右，使用阴离子盐后尿液 pH 降低至 6.0～6.5 比较理想。低于 5.0 时会引起肾损伤及骨钙过度动用，影响健康。所以，实践中需要用尿液 pH 检测阴离子盐的效果。一般是采食阴离子盐后连续 3 d，晨饲后 3 h 连续采集 3 d 尿液检测阴离子盐使用效果。由于多数阴离子盐适口性差，会降低采食量，因此阴离子盐的应用受到一定限制。目前有改进型的阴离子盐，避免了适口性的问题。

阴离子盐使用时，一定要调节日粮 K、Ca、P、Mg、S 的含量到一定范围，否则不会有理想的效果。

② 丙二醇和丙酸钙。用于提高血糖水平，防止和缓解酮病。每天添加量分别为 220 g 和 120 g。

③ 瘤胃素。可预防围生期奶牛因过肥和其他因素引起的代谢疾患。每天添加量为 200～400 mg。

④ 酵母培养。可缓解围生牛日粮突变应激，用于促进围生期奶牛 DMI 的提高和瘤胃分解菌的繁殖，提高饲料纤维物质的利用率。每天添加量为 60～150 g。

⑤ 保护性胆碱。保护性胆碱有利于肝的脂肪代谢，促进围生期奶牛肝中极低密度蛋白的合成，可预防代谢疾患。每天添加量为 45～70 g。

(7) 产后灌服。产后灌服混合液体，可帮助奶牛迅速恢复健康，防止代谢疾病发生。有两种形式的灌服混合液体：一是小剂量产后灌服液，氯化钙或者丙二醇 50 g，用温水溶解至 500 mL；二是大剂量灌服液，丙酸钙 454 g、丙二醇 300 mL、酵母培养物 113 g、氯化钾 113 g、硫酸镁 113 g、食盐 45 g，温水溶解至 30～40 L，然后用灌注泵缓慢地灌到奶牛瘤胃内。

3. 围生期奶牛的饲养管理

(1) 干物质采食量和奶牛体况。围生期奶牛饲养管理的重要任务是优化奶牛的干物质采食量（DMI）和体况。

DMI 对围生期奶牛的营养非常重要。要使围生期和泌乳前期牛的 DMI 最大化，才能有益于奶牛的健康、生产和繁殖。高产奶牛在产前 2～3 周，DMI 约占体重的 2.0%；产前 1 周，DMI 逐渐降到体重的 1.5%左右；产后 1 周，约占体重的 2.5%；产后 4 周，约占体重的 2.9%；产后 6 周，约占体重的 3.4%。

为达到上述目标可采取以下调控措施：

① 提高日粮的适口性，注意使用优质饲料原料，禁止使用各种霉变和含抗营养因子的饲料。

② 提前 10 d 少量使用产犊后的饲草和精料补充料，尽可能减少产后牛换料应激，做好两个阶段的衔接过渡。

③ 保证提供营养素平衡的日粮。

体况分的损失可以间接反映采食量的大小。干乳期奶牛理想的体况分是 3.0～3.5，不应过肥（>3.75 分）或过瘦（<2.5 分）。奶牛产后体况分损失最多为 0.75 分，如果超过 1 分，表明采食量受到很大程度的抑制，代谢疾病、产奶量和生产表现均欠佳，需要及时调整现行饲养管理技术措施。

(2) 降低换料应激。奶牛从泌乳后期、干乳期、围生期、泌乳初期短短的 90 d 内，要依次从泌乳料换到干乳料、围生料，再换到泌乳料，换料次数多达 3 次，造成奶牛的换料应激。以下几个措施有助于降低应激：

① 尽量将干乳前期和干乳后期（围生前期）的日粮在原料（除矿物元素）种类和用量上接近，也要与泌乳日粮尽量接近。从产前 21 d 开始，将干乳前期料喂量 3～4 kg/d，经 5～7 d，逐渐换为 5～7 kg/d 的干乳后期料。

② 干乳前期料和后期料可以使用同一种日粮。

(3) 畜舍。围生前期、后期奶牛应小群饲养，牛舍清洁、干燥，保证奶牛足够的采食空间、活动空间，避免牛舍过于拥挤。做好舒适度管理，降低一切外在可能的管理和环境应激，包括热应激、疲劳应激等。

分娩时产房干净、通风，垫料用干燥、干净、柔软的秸秆，不要用锯末屑。

第五节　育成牛的饲养管理

断奶犊牛逐渐开始采食粗饲料，瘤胃发育逐渐完全，到 3 月龄时进入育成牛阶段。育成牛阶段一般指从 3 月龄到产头胎前 2 个月。

饲养人员往往忽视此阶段的饲养，主要原因是小母牛还不能盈利。饲喂不足、畜舍不足以及卫生条件差将使小母牛不能正常发育，造成生长缓慢、饲养期延长、头胎产仔时间推迟、难产率增加，结果增加饲养成本，影响其终身的产奶潜力。

一、育成牛饲养目标及分段

育成牛阶段的饲养目标是保持小母牛适度生长，促进乳腺发育，使其在 13～15 月龄配种，22～24 月龄产犊。一定程度保障育成牛健康，适时配种及生产，在保证健康的基础上，适当缩短饲养周期和降低饲养成本。

按照育成牛发育特点，一般将其分为 4 个阶段。

(1) 过渡阶段。3～6 月龄，保证犊牛充分生长，着重瘤胃发育。

(2) 小育成阶段。7 月龄至受孕（13～15 月龄），着重乳腺的发育。

(3) 大育成阶段。受孕至产犊前 2 个月，着重自身协调生长和胎儿发育。

(4) 待产阶段产犊前 2 个月，着重胎儿和乳腺的快速生长。

二、育成牛的营养需求

育成牛的饲喂侧重在如何饲喂含有足够能量、蛋白质、矿物质和维生素的经济日粮以获得理想的生长速度。育成牛生长阶段不同，其对营养的要求随之发生变化。表 10－5 列出了育成牛不同阶段日粮的推荐营养物质含量。

表 10-5 育成牛日粮的推荐营养物质含量（DM 基础）

营养物质	过渡日粮	小育成日粮	大育成日粮	待产日粮
ME(MJ/kg)	2.05	2.27	1.80	1.59(NE_l)
CP（%）	16	14	13	15
TDN（%）	67	65	65	70
NDF（%）	30	32	33	35
EE（%）	2	2	2	3
Ca（%）	0.41	0.41	0.37	0.48
P（%）	0.25	0.23	0.18	0.26

过渡阶段是衔接犊牛阶段和育成牛阶段的纽带。此期育成牛对营养要求较高但瘤胃容积有限，需要重视瘤胃的发育和微生物的生长，因此日粮中一定要含有谷物、蛋白质饲料，NDF 含量为 30%～35%，低质粗饲料一般不作为此期的日粮成分。

小育成阶段是奶牛乳腺发育的重要时期。乳腺细胞的增殖速度是身体发育的 3 倍。确保这一时期的日粮养分平衡，对乳腺发育和身体发育至关重要。一般推荐，ME 为 9.2～9.6 MJ/kg，CP 为 14%～15%。如果能量相对过剩，蛋白质相对缺乏（<13%），则会抑制乳腺细胞的发育和增殖，影响成年奶牛的泌乳性能。随小母牛长大，日粮中精饲料比例相应减少，中性洗涤纤维含量增加。低质粗饲料需要补充足够的精饲料和矿物质饲喂给此期的母牛。

妊娠期间需要平衡母牛自身生长和胎儿发育，因而需要注重日粮养分平衡。高能日粮可以促进胎儿发育良好，产犊时小母牛发育充分。然而，日粮中能量和蛋白质含量过高会导致脂肪沉积，骨骼和肌肉生长发育受阻。肥胖导致难产率提高，产后代谢病发生率较高。妊娠期可以限制优质粗饲料的采食。

妊娠后期胎儿接近线性生长。胎儿组织在妊娠 190 d 时可占到子宫干重的 45%，270 d 时则达到 80%。再者，妊娠后期乳房明显增大，乳腺发育速度使体重增加的 3 倍。乳腺导管细胞开始成熟并形成能够分泌牛乳的腺泡结构。因此，日粮除满足母牛自身生长外，还须提供胎儿额外的矿物质、维生素。

三、育成牛的饲养管理

1. 牛舍条件

3～6 月龄小牛的疾病传播和相互吮吸习惯逐渐减少，此阶段小牛可以分组饲养。单栏饲养转入小群饲养时会引起应激反应，包括饮水、采食的竞争等。群体应以 5～15 头为宜，每头小牛有 4～6 m^2 的活动面积。此外，垫料要求干净、干燥。畜舍要相对封闭以维持体温，且保证通风良好、没有穿堂风，采食和饮水方便。

6～24 月龄小牛的畜舍有多种选择，如畜床垫料拴系式畜舍、自由式畜舍、修建在放牧草场附近带有遮阳棚的畜栏、自动清理式畜舍等。应当根据这一时期小母牛对管理、空间的特殊要求设计畜舍。畜舍应该在饲槽空间、休息场所等方面满足小母牛的需要，而且畜舍应该便于饲喂、便于畜床垫料的铺设、便于粪便清理、便于驱赶和固定奶牛。

2. 保证生长速度

生长速度的快慢决定了需要多长时间小母牛能达到性成熟，也就是决定母牛产第 1 胎时的年龄。一般小母牛体重达到其成熟体重的 40%～50%时达到性成熟阶段，体重达到成熟体重的 50%～60%

时可以配种（13～15 月龄），产头胎时的体重应当达到其成熟体重的 80%～85%（22～24 月龄）。

环境及饲养条件影响奶牛的生长速度。热带地区的牛增重缓慢（0.1～0.4 kg/d），一般到 36 月龄产头胎。而寒带地区尤其是强化饲养条件下，牛理想的日增重和理想的产头胎年龄因品种不同而不同（表 10－6）。

表 10－6 奶牛品种对小母牛生长各阶段体重以及总的理想生长率的影响

品种	初生重（kg）	配种		产犊		平均日增重（kg）	成年体重（kg）
		体重（kg）	月龄	体重（kg）	月龄		
荷斯坦牛	40～50	360～400	14～16	544～620	23～25	0.74	650～725
瑞士褐牛							
更赛牛	35～40	275～310	13～15	450～500	22～24	0.60	525～580
爱尔夏牛							
泽西牛	25～30	225～260	13～15	360～425	22～24	0.50	425～500

小型奶牛理想生长速度为 0.5 kg/d，理想的产头胎的年龄为 22 月龄。大型奶牛理想的生长速度为 0.75 kg/d，理想的产头胎的年龄为 23～25 月龄。

3. 生长率评价

实践中可用生长曲线监测各个时期小母牛的生长和发育情况。将小母牛的体高和体重与标准曲线（当地奶牛体高体重的平均值）进行比较，以确定小母牛某一时期的饲养和其他管理措施是否恰当、充足。

（1）胸围、体高、体重。胸围、体高和体重数据用于判断发育是否合适。体高反映母牛骨架发育情况，体重可以由体高和胸围计算得到，反映母牛各器官、肌肉、脂肪组织发育状况。不同月龄荷斯坦牛的目标体高和体重范围见表 10－7。

表 10－7 不同月龄荷斯坦牛的目标体高和体重范围

月龄	6	9	12	15	18	21	24
体高（cm）	103 ～104	111～114	118～122	123～128	127～132	130～135	132～137
体重（kg）	170～177	240～255	305～327	365～400	430～480	490～555	550～630

（2）体况分。体况分也可以用于评价母牛饲喂和管理情况。这一指标主要用于测量、评价体内脂肪组织沉积储备情况，可判断能量和蛋白质的平衡度。荷斯坦牛育成牛各时期理想的体况分见表 10－8。

表 10－8 荷斯坦牛育成牛各时期理想的体况分

月龄	3	6	9	12	15	18	21	24
体况分	2.2	2.3	2.4	2.8	2.9	3.2	3.4	3.5

（3）体重、体高。

① 小母牛处于下列情况时测量体高、体重：出生时、断奶时、将犊牛从单独畜栏迁移到分组畜栏内饲养时、断角时、进行配种需要固定奶牛时、临产前圈养在单独产房内时。

② 一次测量法。这种测量方法不是对某一头母牛在不同时期做多次测量，而是在某一时间对整个畜群中所有母牛进行统一测量。显然，每组中母牛数量越多测量结果越准确。

无论使用哪一种测量方法，测量后得到的数据都可以画成一条生长曲线并与标准生长曲线做比较。

第六节 犊牛的饲养管理

犊牛（calves）培育是奶牛养殖中最重要和最关键的时期之一，该阶段的饲养管理水平至少可决定犊牛在成年后10%～20%的产奶量。精细的饲养管理和优质初乳可降低犊牛死亡率，增强免疫力，延长奶牛使用年限。

犊牛阶段培育的目标是将健康的犊牛转入小母牛生长阶段，主要体现在：①犊牛成功获得被动免疫，降低下痢、呼吸道等疾病的发病率；②促进瘤胃发育；③提高犊牛日增重。

一、初乳

母源抗体不能通过胎盘运输到未出生的犊牛体内，刚出生的犊牛血液中没有免疫球蛋白（Ig），对病原微生物无抵抗能力。初生犊牛可通过初乳获得抗体，建立自身的免疫系统，抵抗疾病入侵。犊牛断奶前的死亡率与出生第1天没有成功建立被动免疫有关。

初乳（colostrum）是奶牛分娩后最开始挤出的浓稠、奶油状、黄色的牛乳。严格来说，分娩后第1次挤出的乳才能称为初乳。分娩后第2次至第8次（即分娩后4 d）挤出的乳称为过渡乳。初乳富含免疫球蛋白IgG(IgG_1和IgG_2)、IgM和IgA，相对含量分别为85%～90%、5%和7%，初乳、常乳和代乳粉的组成详见表10-9。

表10-9 初乳、常乳和代乳粉的组成

项目	第1次挤乳	第2次挤乳	第2天挤乳	第3天挤乳	常乳	代乳粉
密度（g/mL）	1.056	1.040	1.034	1.033	1.032	—
总固形物（%）	23.9	17.9	14.0	13.6	12.9	12.5
脂肪（%）	6.7	5.4	4.1	4.3	4.0	2.5
非脂固形物（%）	16.7	12.2	9.6	9.5	8.8	11.25
蛋白质（%）	14.0	8.4	4.6	4.1	3.1	2.8
乳糖（%）	2.7	3.9	4.5	4.7	5.0	变值
免疫球蛋白（%）	6.0	4.2	1.0	—	—	0

1. 初乳质量和卫生

（1）初乳质量。初乳质量和免疫球蛋白的浓度受日粮营养成分影响较小，受奶牛的品种、生理状态影响较大。初乳产量随奶牛年龄的增加线性下降。荷斯坦牛初乳Ig为20～100 g/L，平均48.2 g/L；娟姗牛初乳Ig含量为28.4～114.7 g/L，平均65.8 g/L。正常体况奶牛（3.0～3.5）的初乳IgG含量高于瘦牛（<2.5），健康奶牛初乳中IgG含量高于亚健康的奶牛，3胎和4胎奶牛的初乳中IgG含量高于其他胎次奶牛。

牛奶中Ig的含量变异很大，其中IgG的浓度可判断初乳质量。初乳仅可用于测定IgG含量。如果IgG>50 g/L，为优质初乳；IgG为25～50 g/L，为合格初乳；IgG<25 g/L，为低质初乳。

（2）初乳卫生。虽然初乳对初生犊牛至关重要，但也可使犊牛感染病原微生物。初乳中的微生物可能来自母体乳腺；挤乳、保存、饲喂过程中受到污染；初乳保存过程中微生物增殖。目前，从初乳中分离出的病原微生物有沙门氏菌（*Salmonella* spp.）、大肠杆菌（*Escherichia coli*）、副结核杆菌（*Mycobacterium avium* ssp. *Paratuberculosis*，MAP）、支原体（*Mycoplasma* spp.）、白血病病毒。初乳中微生物含量越高，肠道吸收的Ig降低，进而导致被动免疫失败。因此，建议初乳中菌落总数（total plate counts，TPC）应低于100 000 CFU/mL。

减少初乳中病原微生物的方法包括热处理法、巴氏消毒、紫外线消毒。

巴氏消毒是其中一种降低初乳中病原微生物的方法。但是，巴氏消毒初乳存在3个问题：一是巴氏消毒温度为62.5～73℃，造成初乳中Ig变性；二是巴氏消毒乳降低了犊牛血清中IgG、乳铁蛋白的浓度，破坏中性粒细胞的功能；三是造成初乳黏度增加，无法饲喂给犊牛。

目前，常用的方法是将初乳60℃加热处理60 min，可在巴氏消毒设备中进行。与新鲜初乳相比，初乳热处理减少了细菌的数量，但不影响IgG的浓度、初乳黏度，提高了犊牛血清IgG的浓度，降低了犊牛断奶前疾病的发生率。

紫外线消毒的效果与热处理法相同，在杀灭病原菌的同时，极大地保留了初乳中的Ig，但需要专门的紫外线消毒设备。

2. 初乳饲喂时间、饲喂量、饲喂次数

第1次饲喂初乳的时间越早越好。第1次初乳应在1 h内饲喂2 L，6 h以内再补饲2 L。另一种方法是1 h内饲喂3.8 L，12 h后再饲喂2 L。产后12 h内犊牛应饲喂4 L初乳（占体重的10%），第1天应饲喂5.5 L。

饲喂4 L初乳的犊牛其生长速度和成年后产奶量比饲喂2 L的犊牛高10% ～ 20%。犊牛自愿喝初乳一般是2 L左右，可采用初乳灌服瓶将初乳直接灌服到犊牛胃内，以保证犊牛充分获得被动免疫。判断犊牛是否获得被动免疫的指标是24～48 h犊牛血清中IgG≥10 mg/mL或者血清总蛋白≥5.2 g/dL。至少检测5头犊牛。

犊牛出生6 h后肠道对大分子物质的吸收迅速降低，如IgG，24 h后肠道对其几乎没有吸收能力。再者，肠道上皮细胞的IgG接受器数量有限，因此高质量初乳至关重要。

3. 初乳保存

剩余的优质初乳应保存以备后续使用。将初乳装入塑料袋，每袋2 L，－20℃冻存，可保存1年；冷藏，可保存1个月。解冻时须注意水温，以避免破坏Ig。初乳饲喂温度35～40℃。另外一种方法是将初乳放入塑料桶进行发酵制成酸初乳。由于pH低于4，可在室温下保存。使用时将酸初乳和温水按照2∶1的比例调和饲喂，也可在饲喂前加入30～60 mL碳酸氢钠以增加其适口性。

4. 初乳补充剂

若奶牛患产褥热或者初乳质量很差时，可以购买初乳补充剂。初乳补充剂是从乳清、免疫刺激后产生的初乳中提取出来的含有特定浓度的Ig的产品，但是不等同于奶牛初乳。

二、哺乳犊牛的饲养

1. 饲养场地

犊牛最大的威胁是来自母牛和其他犊牛的病原体感染，因此犊牛一出生或母牛舔干犊牛后(3 h内)应立即转移，要求环境清洁、干燥、无风，温度为16～24℃。

哺乳犊牛采用单栏饲养，常用的饲养地包括犊牛舍、犊牛岛和犊牛笼。犊牛舍的数量要比产犊高峰期所需数量多25%，保证通风良好，排水通畅，以降低犊牛患呼吸道疾病和传染性疾病的概率。犊牛舍如果用铁丝网隔开，往往会造成犊牛相互接触，不易控制传染性疾病。这种情况下，可以每次使用时隔开一间，或者用双层铁丝网隔开，间隔15 cm，防止互相接触。犊牛岛或犊牛笼可防止犊牛互相接触，常在寒冷地区使用。

单栏饲养虽避免了犊牛之间疾病的互相传播，但也减少了犊牛之间的社会交流，对犊牛有一定的应激；当犊牛断奶后转入小群饲养时，需要更多的时间适应群体生活，会引起应激，不利于犊牛生

长。在饲养环境和通风优良、疾病较少的牧场可尝试犊牛的小群饲养，每群 15～25 头，每头平均 3～6 m^2，可降低应激，一定程度上可促进犊牛生长。

2. 常乳和代乳粉饲喂

（1）常乳和代乳粉。犊牛出生后先饲喂初乳，2～3 d 后饲喂常乳或代乳粉。常乳的蛋白质和脂肪含量高于代乳粉（表 10－9）。就成本而言，常乳最高，其次是代乳粉，酸初乳最低。考虑到常乳中的副结核病（Johne's disease），代乳粉具有以下几个优势：零感染风险，保证矿物质和维生素，可添加抗生素、球虫抑制药，配方可更好地满足犊牛营养需要。

若使用代乳粉，要求粗蛋白质含量高于 20%，脂肪含量至少 10%，寒冷天气或存在应激时，脂肪含量应提高至 15%～20%。

（2）饲喂方法。

① 早晚各饲喂 2～3 L（体重的 8%～10%）常乳，中午不饲喂以鼓励犊牛采食开食料。提供充足、干净的水。

② 康奈尔大学和伊利诺伊大学的科学家们推荐一种犊牛强化饲喂的快速发育方案，使犊牛在断奶前每天增重 1.0～1.5 kg。该方案使用的是人工调制的代乳粉，其中 CP 含量 26%～28%，脂肪 15%～20%（根据环境应激调整）。每天饲喂 1.0～1.5 kg 代乳粉，溶于 45 ℃温水中，使得代乳液的固形物含量为 14%～17%，分 3～4 次饲喂；或者使用自动代乳液制作设备，供犊牛自由吮吸代乳液，并采用耳标识别系统，计算机自动识别牛号，自动记录每只犊牛每天的饮用量。此外，开食料的 CP 含量为 20%～22%。

需要注意的是，无论哪种方案，均需要固定饲喂时间和饲喂量，这样可有效鼓励犊牛采食开食料，促进瘤胃发育。犊牛抬头吮吸可促进食管沟反射，有利于犊牛的健康和发育。

3. 开食料

（1）开食料的营养标准。出生后 4 d 即可开始饲喂开食料或谷物混合饲料，不宜饲喂发酵速度慢的粗饲料，如干草。

开食料富含可发酵碳水化合物，可生成大量 VFA，刺激瘤胃乳头发育。开食料富含能量、蛋白质、维生素和矿物质等营养物质，可促进犊牛生长。犊牛开食料的一般营养物质规格见表 10－10。开食料的纤维来自干草或谷物，如燕麦、大麦、大豆皮。

表 10－10　犊牛开食料的一般营养物质规格（DM 基础）

营养物质	含量	营养物质	含量
ME(MJ/kg)	13.73	S（%）	0.20
CP（%）	20～22	Fe(mg/kg)	50
TDN（%）	>80	Cu(mg/kg)	10
NDF（%）	12～15	Zn(mg/kg)	40
EE（%）	3	Mn(mg/kg)	40
Ca（%）	0.70	I(mg/kg)	0.25
P（%）	0.45	Co(mg/kg)	0.10
Mg（%）	0.10	Se(mg/kg)	0.30
K（%）	0.65	维生素 A(IU/kg)	8 000
Na（%）	0.15	维生素 D(IU/kg)	1 200
Cl（%）	0.20	维生素 E(IU/kg)	100

(2) 开食料的物理特性。开食料的形状对犊牛瘤胃的发育并无大的影响，而对采食量的影响很大。生产实践显示，颗粒开食料的采食量比粉状开食料高 20%。但要防止开食料的颗粒过大、过硬。

颗粒开食料中淀粉的来源影响犊牛生长和瘤胃发育。相同数量的淀粉，玉米的效果最好，其次是小麦，大麦和燕麦次之。玉米的加工方法（整粒、蒸汽压片、粉碎）不影响犊牛的采食量和生产性能，但若粉碎过细，造成细粉增加，将降低犊牛开食料的采食量和日增重，引起瘤胃角化不全。颗粒开食料粒径>1 190 μm 的含量至少为 75%时，瘤胃角化不全的发病率最低。此外，糖蜜可以黏附颗粒开食料制作过程中的细粉，建议添加量为 5%。添加量为 12%时，虽然促进瘤胃发育，但是降低犊牛的采食量和日增重，同时出现颗粒开食料松软等问题。

(3) 开食料的饲喂方法。保证料桶或料槽清洁，24 h 内均有开食料，供犊牛自由采食。料桶或饲槽上需要安装防雨雪装置，防止雨雪淋湿开食料，导致开食料发霉变质。

4. 饮水

犊牛 4 日龄开始供应水，水质要求新鲜、清洁。冬季时，水温应保持在 15～25 ℃。

饮水量越多，开食料采食量越多，有利于瘤胃发育和犊牛生长。尤其是热应激时，需要保证充足的饮水。

5. 断奶

(1) 断奶时间。断奶前，犊牛应能够采食足够的精饲料和粗饲料以补充能量，确保断奶后犊牛健康成长。断奶后犊牛由葡萄糖供能转变为瘤胃降解产生的挥发性脂肪酸（VFA）供能。所以，要确保断奶前瘤胃机能正常。判断瘤胃功能是否正常的标准是瘤胃的形状和充盈情况。

断奶时间应以采食开食料的重量来确定，而不是以犊牛日龄和体重作为断奶的标准。犊牛连续 3 d采食开食料达到 0.90 kg 时可以断奶。

(2) 断奶犊牛的饲养。断奶对犊牛来说是一种应激。断奶期间不要让犊牛受其他应激影响。断奶 1 周后转移犊牛。给犊牛提供易消化的食物、新鲜的饮水以及干燥舒适的垫床。周围环境的每种变化都会对犊牛产生应激，降低犊牛采食量和免疫力。

断奶犊牛一般采用小群饲养，以 5～15 头为宜，每头犊牛占地面积 4～6 m^2。

6. 粗饲料饲喂时间

犊牛断奶后继续饲喂开食料推荐使用含纤维的开食料。谷物来源的纤维（如燕麦、大麦、大豆皮等）可刺激瘤胃乳头和肌层的发育。过早供应干草给犊牛自由采食会减缓瘤胃的发育，供应干草的时间应以采食开食料的重量来确定，犊牛连续 3 d 采食开食料达到 1.4 kg（小品种）或 2～2.3 kg（大品种）后可以开始供应粗饲料。高水分草料（>60%）、牧草、玉米青贮不能饲喂给 3 月龄以下的犊牛。

有些营养学家提倡，犊牛出生 1 周后就开始提供优质干草，以便让犊牛习惯采食粗饲料。但粗饲料的采食量不宜过高，否则会抑制发育。总之，过早采食大量粗饲料会抑制瘤胃发育，减缓犊牛的生长，4～8周后可大量采食粗饲料，这是犊牛饲养者已经达到的共识。

断乳犊牛逐渐开始采食粗饲料，瘤胃发育逐渐完全，到 3 月龄时进入育成牛阶段。

第七节　种公牛的饲养管理

现在奶牛的配种基本上都是采用冷冻精液人工授精，种公牛（bull）的饲养主要集中在规模较大，具备选育条件的奶牛场、育种场和以生产冷冻精液为目的的公牛站。对于种公牛除了体型外貌、高产性能、对环境的适应性及遗传力稳定性等由基因决定的性状外，公牛身体发育好坏、健康程度、利用年限、产出精液的品质和数量主要取决于饲养管理（表 10-11）。

表 10-11 后备公牛生长发育指标

年龄	体高（cm）	体斜长（cm）	胸围（cm）	体重（kg）
初生				40
4 月龄				150
5 月龄				175
6 月龄	108	123	130	200
12 月龄	127	150	163	375
18 月龄	140	170	188	525
24 月龄	147	185	205	670
成年	161	209	240	1 050

一、公牛的生殖生理特点

正常饲养条件下，公牛犊在 5 月龄左右生精小管内开始有成熟精子出现，7～8 月龄育成公牛可采集到精液，9 月龄可排出有受精能力的精子即进入初情期，因品种和个体的差异，一般 10～18 月龄达到性成熟，具有了正常生殖能力。育种场为尽早采精开始后裔测定，需要使育成公牛 12～14 月龄体重达到 400 kg 以上。

二、种公牛的饲养管理

为保证种公犊健康发育，哺乳期不得少于 4 个月，哺乳量不低于 600 kg。具体为：1 月龄日喂全乳 7～8 kg；2 月龄日喂全乳 6 kg+脱脂乳 3～4 kg；3 月龄日喂全乳 4～5 kg+脱脂乳 10 kg；4～6 月龄逐渐减少全乳和脱脂乳喂量，同时逐渐增加混合精料及优质青干草喂量；到 6 月末每天混合精料量达到 6 kg 左右，青干草 5 kg 左右即可完全断奶。

断奶后的育成公牛及时穿鼻戴环，以不锈钢环为好。为便于精细管理，进入单栏圈舍饲养，围栏面积 30～45 m^2，以保证其足够的活动量。日粮精粗比 5.5∶4.5～5.0∶5.0。粗饲料以优质青干草和干苜蓿组成，少用或不用青贮等体积大、营养浓度低的饲料，以免形成“草包肚”，影响繁殖机能及采精配种。为了促进公牛睾丸发育，日粮中必须保证足够的蛋白质含量。对开始采精的育成公牛还应经常进行睾丸按摩，每次 5～10 min，同时擦洗清洁阴囊皮肤，既可以提高精液品质又可使公牛性情温驯。每周采精一次，可促进精子生成、保持精子活力。

在犊牛阶段，公、母犊对营养需要没有区别。进入育成期，生长公牛的维持需要量仍然与生长母牛相同。但生长公牛增重的能量利用率比母牛稍高，故生长公牛增重的能量需要大约是生长母牛的 90%。与此相反，生长公牛（包括成年公牛）体成分中蛋白质比例高于母牛，因而生长公牛增重的蛋白质需要量高于生长母牛，大约是生长母牛的 110%。下面给出生长公牛及成年种公牛每天营养需要量作为计算日粮配方参考（表 10-12 至表 10-14）。

种公牛饲料的全价性可保证种公牛生殖器官正常发育和正常生产。全价性日粮中蛋白质不足会造成精子质量低劣，能量缺乏会引起睾丸及附睾器官发育不足，导致性欲降低和影响精子生成。维生素 A 缺乏及锰、锌、铁缺乏或过量都会造成生殖道上皮变性、退化，性欲降低，精子异常；而钙、磷不足会使精子发育不全和活力不强。所以，种公牛日粮中必须合理添加微量元素及维生素 A、维生素 E。

表 10-12　生长公牛每天营养需要量

阶段	月龄	期末体重（kg）	NE_l（MJ）	DM（kg）	可消化蛋白质（g）	Ca（g）	P（g）
犊牛哺乳期	0	38～40					
	1	55～60	12.81～13.98	0.5～1.0	194～199	15～16	9～10
	2	75～80	15.11～16.11	2.1～2.3	215～222	16～17	9～10
犊牛期	3	100～105	18.29～19.34	2.6～2.8	249～285	20～21	12～13
	4	125～130	23.02～24.4	3.3～3.6	322～347	24～26	13～14
	5	150～155	25.4～26.87	3.7～3.9	331～356	25～27	14～16
	6	180～185	32.39～32.85	4.5～4.7	387～396	30～31	17～18
育成期	7～12	360～370	39.46～45.86	5.6～6.6	437～460	35～39	21～25
	13～18	540～550	60.63～66.82	8.0～9.0	524～548	47～50	31～33
青年期	19～24	720～750	77.50～80.50	9.5～10.0	600～620	54～56	37～38

表 10-13　成年种公牛每天营养需要量表

体重（kg）	DM（kg）	NE_l（MJ）	DCP（g）	Ca（g）	P（g）	胡萝卜素（mg）	维生素 A（kIU）
800	11.37	59.79	602	45	34	85	34
1 000	13.44	70.64	711	53	40	106	42
1 200	15.42	81.05	816	61	46	127	51
1 400	17.31	90.97	916	69	52	148	59

表 10-14　各阶段精料补充料营养成分指标（以干物质计）

阶段	CP（%）	NE_l（MJ/kg）	Ca（%）	P（%）	食盐（%）
犊牛（0～2 月龄）	16～18	6.28～7.12	0.60～0.80	0.35～0.50	1.0～1.5
犊牛（3～6 月龄）	18～20	7.95～8.79	0.90～1.10	0.50～0.70	1.1～1.2
育成牛（7～17 月龄）	16～18	7.95～8.79	0.60～0.80	0.30～0.50	1.1～1.7
青年公牛（18～24 月龄）	16～18	7.53～9.23	0.50～0.70	0.80～1.00	0.9～1.1
成年公牛	16～18	5.73～6.68	0.20～0.40	0.80～1.00	1.3～1.5

环境温度特别是高温对种公牛生长及生精机能影响极大，可造成公牛生长缓慢，性欲下降，精子密度减少、活力降低；而严寒环境同样会使公牛生长发育受阻，冻伤阴囊，抑制射精反射。所以，需要根据不同地区及季节采取措施，把舍温控制在 15～20 ℃。

适当运动可促进种公牛健康，防止肢蹄疾病，提高精子活力。种公牛每天可运动 3 h，上下午各 1.5 h。此外，每天应刷拭牛体，包皮、尾巴、头顶和蹄叉等处均应刷拭干净。刷拭后，按摩睾丸 5～10 min。

要随时根据采得精液的数量和质量调整采精频率及日粮配方。理想型中国荷斯坦种公牛见图 10-12。

图 10-12　理想型中国荷斯坦种公牛

第八节 奶牛场的经营管理

奶牛场的科学经营管理是提高产奶量、保证经济效益的关键。

一、提高产奶量技术

1. 影响产奶量的因素

(1) 管理。牛群的产奶量常有忽高忽低的情况，这是管理问题。管理者必须研究牛群的配合饲料、饮水和其他有关问题，经常对比产奶量的变化，找出原因，稳定生产。个体牛也有忽上忽下的情况，奶牛生病、受热、受惊、角斗、抢食、挤乳不当、从干乳到产奶日粮的过渡不合理、饲料突然转换等都会降低产奶量。要从产奶量检查管理，以管理促进产奶量提高。

(2) 季节和气温。季节和气温影响产奶量。奶牛产奶要求有适宜的环境和季节温度，我国大部分地区，冬季和早春比较适合产奶，荷斯坦牛最适宜的温度是 10～16 ℃，气温超过 26 ℃，采食量下降，产奶量自然也就下降了。对于耐热的娟姗牛，气温超过 29～32 ℃时，产奶量才下降。

(3) 配种日期。延长干乳期可增加产奶量。产后配种日期的迟早（以 85 d 为标准）也会影响产奶量，少于 85 d 就会减产，多于 85 d 就可增产。但如能严格地控制 365 d 左右的产犊间隔，即产后 85 d 授精，干乳期为 60 d，那么产奶量的增减变化就很小了。前乳区与后乳区的挤乳量有些差异，一般来说，前乳区约产 40%的乳，后乳区产 60%的乳。

(4) 营养。奶牛的饲料营养对产奶量起着至关重要作用。牛乳中的成分都是从饲料中转化而来的。奶牛在妊娠期间要给予必要的营养，使其储存足够的能量、蛋白质、矿物质等营养，以备产奶时利用。产奶阶段按其产奶量、乳成分以及体重科学合理地进行饲养，这是提高产奶量的关键。

要根据产奶量给予平衡日粮或全价的配合饲料。如果饲料配合不当，既影响牛群或个体牛产奶量，也浪费饲料，降低了养牛的经济效益。

如果饲养水平低于奶牛或奶牛群的产奶水平。在营养不充分的情况下，奶牛利用营养的顺序是维持生命、生长或泌乳、繁殖后代。当然在营养不足时让奶牛选择，首先要维持生命，然后才是产奶哺育犊牛。高产奶牛最易发生繁殖障碍，就是因为产奶消耗营养特别是消耗能量过多所致。

如果饲养水平高于产奶水平，则造成饲料浪费。牛喂得过肥，易引起难产，以致母牛、犊牛死亡。还容易导致泌乳早期胃口不佳，影响产奶量。

解决的方法就是精确地测定牛群平均产奶量，以此作为制订合理日粮的依据。

我国农村养奶牛比较粗放，粗饲料只有秸秆，精饲料则是玉米、棉籽饼，喂得不科学，经过合理搭配或喂以配合饲料后，产奶量有明显的提高。又如一些国有农场，青贮饲料、干草准备不够，结果在夏季粗饲料吃完了，只得将正在生长的青玉米割来喂牛，由于饲料突然变化，青玉米的水分含量大，营养不够，造成产奶量下降。改喂青贮饲料加干草及混合精料后，产奶量恢复正常。

(5) 日挤乳次数。一般每天挤乳 2～3 次。在国外由于人工费用高，故多采用 2 次挤乳。在我国普遍实行 3 次挤乳，3 次挤乳比 2 次挤乳可多产奶 10%～25%。如果日挤乳 4 次，产奶量少有提高，高产牛可行，但如果母牛健康状况差时，以挤乳 3 次为好。

(6) 年龄。奶牛年龄对产奶量影响很大。初产犊时奶牛乳腺与体躯正在发育，所以产奶量低。到了 6 岁左右，发育成熟，产奶量最高。到了 15～16 岁，奶牛机体衰老，机能减退，产奶量又下降了。不同年龄奶牛产奶量折算为成年当量的系数见表 10 - 15。

(7) 品种因素。品种不同，其遗传性也不一样，产奶量自然也就不同。普通牛中荷斯坦牛产奶量最高。大群平均 305 d 产奶量都在 7 000 kg 左右。根据美国奶牛改良协会资料，5 个主要乳用品种母牛牛乳营养成分平均含量和 305 d 成年当量产奶量见表 10 - 16，产奶量以荷斯坦牛最高。

表 10－15　荷斯坦牛在不同年龄产奶量折算为成年当量的系数

1岁6月：1.515	4岁0月：1.077	8岁0月：1.018
1岁9月：1.446	4岁3月：1.056	9岁0月：1.054
2岁0月：1.377	4岁6月：1.035	10岁0月：1.090
2岁3月：1.326	4岁9月：1.026	11岁0月：1.138
2岁6月：1.275	5岁0月：1.017	12岁0月：1.192
2岁9月：1.239	5岁3月：1.011	13岁0月：1.252
3岁0月：1.203	5岁6月：1.006	14岁0月：1.306
3岁3月：1.167	5岁9月：1.003	15岁0月：1.348
3岁6月：1.131	6岁0月：1.000	16岁0月：1.378
3岁9月：1.104	7岁0月：1.006	

表 10－16　5个主要乳用品种母牛牛乳营养成分平均含量和 305 d 成年当量产奶量

品种	脂肪（%）	无脂固体（%）	蛋白质（%）	乳糖（%）	灰分（%）	产奶量［每天挤乳2次，305 d，成年当量（kg）］
娟姗牛	4.9	9.2	3.8	4.7	0.77	4 489
更赛牛	4.6	9.0	3.6	4.8	0.75	4 720
爱尔夏牛	3.9	8.5	3.3	4.6	0.72	5 256
瑞士褐牛	4.0	9.0	3.5	4.8	0.72	5 814
荷斯坦牛	3.7	8.5	3.1	4.6	0.73	6 906

2. 提高我国奶牛生产水平的措施

（1）调整种植结构，提高优质青粗饲料供应能力。人均耕地面积少、饲料用粮不足是我国畜牧业将长期面临的问题。提高畜产品产量必须考虑现有耕地资源的承受能力，应大力发展土地资源利用效率高的畜产品生产。奶牛生产对饲料资源的占用量与奶牛的单产水平有关，单产水平越高则饲料转化率越高。因此，努力提高奶牛的单产水平是我国奶牛业始终坚持的发展方向。调整种植结构，发展与奶牛业结合的牧草、饲料作物的生产对于奶牛业的健康发展具有重要意义。

长期受二元结构种植习惯的影响，我国农区的优质青粗饲料生产能力不足，奶牛的粗饲料主要依靠农作物秸秆，制约了奶牛单产水平的提高，并导致了代谢病发病率提高、牛乳的乳脂率偏低。发展农区牧草、饲料作物种植，用于奶牛生产可以提高单位耕地面积的饲料营养物质产量，有利于提高耕地的利用效率。在增加奶牛优质青粗饲料供应能力方面，应积极研究推广适于不同地区种植的牧草饲料作物和种植技术，研究推广与奶牛生产结合的三元结构种植模式，建立健全牧草饲料作物良种繁育技术体系。

（2）健全奶牛良种繁育体系。实施奶牛群体遗传改良计划，建立高产奶牛核心群，开展奶牛生产性能测定和种公牛遗传评估，加快实行奶牛良种登记、标识管理制度。加强对奶牛改良工作的指导，推广人工授精、胚胎移植等繁育技术，不断提高奶牛单产水平，改善生乳质量。

① 构建高产奶牛核心群。以种牛引进、遗传资源开发利用、基础设施建设为重点，加强奶牛源良种场建设，选育高产奶牛核心群，提高核心养殖场的生产水平和供种能力。

② 提升种公牛站生产经营能力。加大种公牛站设施改造和先进生产设备配备力度，健全种公牛遗传评定和后裔测定体系，加快推进种公牛站改制，成为自主经营、自负盈亏的经济实体，提高种公牛自主培育能力和优质冻精供应能力。

③ 健全生产性能测定体系。加强奶牛生产性能测定中心、奶牛改良中心基础设施建设和仪器设

备更新，完善有关奶牛生产性能测定、品种登记和改良的技术及管理标准，奠定奶牛品种改良的技术基础，加强对奶牛改良工作的指导。

④ 完善优质冻精推广体系。加强奶牛配种站点液氮罐、液氮运输车、改良配种器材配置以及配套基础设施建设，开展人工授精技术人员培训，进一步完善奶牛优质冻精推广体系

(3) 加强奶牛饲养管理技术的普及工作。近年来，我国农村奶牛饲养业发展很快。但由于缺少奶牛饲养管理技术，造成奶牛的产奶量多在3 000～4 000 kg。可通过技术培训，提高农户的饲养管理技术。养殖小区饲养既有利于奶牛科学饲养技术的推广，又便于生产的管理和乳源质量的控制，是发展农区奶牛业的好模式。加强奶牛饲料营养、兽医卫生服务体系建设，为广大奶农提供技术产品和技术服务，也是普及奶牛饲养管理技术应重视的一个重要环节。

(4) 发展乳源生产基地。以奶牛养殖大县为依托，带动乳源基地发展，构建稳定的乳源生产集群。加强标准化规模养殖场（小区）建设和优质饲草料基地建设，加快推进乳源基地生产方式转变。发展奶农专业合作社，提高奶农组织化程度和生产经营能力。推动龙头企业建设自有乳源基地和学生饮用乳乳源基地。

① 提高奶牛养殖大县综合生产能力。以奶牛养殖大县为依托，发展标准化规模养殖，规范品种使用，提高防疫服务能力，加强环境保护，从源头上保证生乳质量安全。

② 发展奶牛标准化规模养殖场（小区）。加强养殖场和养殖小区牛舍、水、电、道路等基础设施建设，粪污处理、疫病防控、饲草料储存（或青贮）等配套设施建设，配置全混合日粮（TMR）饲养、挤乳、良种繁育、生乳质量检测等设备，推进规模化奶牛养殖场良好农业规范（GAP）认证，提高标准化生产水平。

③ 建立优质饲草料生产基地。建立奶牛青绿饲料生产基地，示范推广全株玉米青贮，鼓励发展专业性青贮饲料生产经营企业和大户，为奶牛养殖提供充足的青绿饲料资源。充分利用中低产地、退耕地、秋冬闲地等土地资源，大力发展苜蓿等高产优质牧草种植。在有条件的地区发展人工饲草地。

④ 发展奶农专业合作社。合理安排资金，扶持奶农专业合作社发展，发挥其为奶农提供服务和维护奶农利益等方面的作用。继续推进科技入户，开展实用技术培训，提高奶农素质。

(5) 完善乳品质量安全监管体系。规范生乳收购站建设，改善基础设施条件，推行标准化、规范化经营。完善乳品质量安全标准体系，建立健全检验检测和监管体系，提高执法能力，严厉打击违禁添加行为，保障乳品质量安全。

① 建设标准化生乳收购站。支持乳制品企业、奶农专业合作社、奶牛养殖场对个体和流动生乳收购站点进行改造、合并或重组，加大生乳收购站挤乳设备、专用生乳运输车等设施设备的更新改造力度。推进生乳收购站标准化管理，配备必要的检验检测仪器设备和监控设备。

② 完善生乳质量监测体系。建立国家生乳质量安全中心，健全由国家、区域、省和县四级检测机构组成的检验检测体系，提高检测能力。实施生乳质量安全监测计划，开展质量安全监测和风险评估，严厉打击生乳收购环节添加违禁物的行为。建立全国生乳收购站监督管理信息系统，初步建立生乳第三方检测制度。

③ 提高乳制品企业质量安全管理水平。乳制品加工企业根据原料检测、生产过程动态检测、产品出厂检测的需要，配置在线检测、快速检测及其他先进检验设备。对乳制品生产实施全程标准化管理和质量控制，实行《乳制品企业良好生产规范》（GB 12693），婴幼儿奶粉生产企业实施危害分析与关键控制点（HACCP）（GB/T 27342）管理。

④ 完善乳制品质量安全监管制度。建立和完善乳制品检验制度、产品质量可追溯及责任追究制度、问题产品召回和退市制度、食品质量安全申诉投诉处理制度。加强乳品质量安全风险评估，完善国家乳品质量安全标准体系。加强乳制品工业企业诚信体系建设。全面清理乳制品添加剂和违禁添加物，严厉打击乳制品加工中添加违禁物的行为。

(6) 提升乳制品加工与流通能力。全面落实乳制品工业产业政策，严格行业准入制度，提升装备

水平，加强冷链体系建设，形成资源配置合理、技术水平先进、产品结构优化、市场应对得力的现代乳制品加工与流通产业体系。

(7) 加快奶业科技研发与推广应用。进一步提高奶业科技研发和应用水平，不断完善现代奶牛产业技术体系建设，加强奶业技术服务平台与推广体系建设。相关部门、大专院校、科研院所和企业，依托国家科技计划和重大工程项目，联合开展奶业领域的重大科技研发活动，加快奶业科技进步。扩大奶牛科技推广服务实施范围，大力推广科学饲养等先进适用技术。扶持奶农专业合作组织，加强生乳收购、人员培训、疫病防治、良种繁育等社会化服务。

(8) 加强奶牛疫病防控。坚持生产发展和防疫保护并重的方针，加强奶牛疫病防控，健全奶牛布鲁氏菌病、结核病和口蹄疫等传染病的扑杀制度，积极开展奶牛疫病净化工作，提高奶牛疫病扑杀补贴。强化定期监测和重大传染病强制免疫，建立奶牛免疫档案。指导奶牛养殖户实施科学的防疫措施，建立完善的消毒防疫制度。加强乳腺炎、蹄病等常见病的防治，通过转变饲养方式、推广新疫苗和兽药等措施，降低奶牛常见病的发病率。

3. 提高产奶量技术

纯种荷斯坦牛具有很高的产奶潜力，即使对一些产奶量中等的奶牛，如给予良好的饲养、合适的营养，也能达到高产和良好效益的目的。但如果营养供给和饲养方法不当，奶牛的产奶量往往不高，效益就不好。

一般认为，奶牛产前 30 d 至产后 70 d 之间的饲养，是决定奶牛高产性能能否充分发挥的关键时期。只有抓好这个时期的饲养管理，保持奶牛健康，并在以后的产奶阶段满足牛的营养需要，就可以达到预期的生产目标，实现奶牛高产稳产。

(1) 满足奶牛干物质采食量。为了确保奶牛能采食到足够的营养，要求奶牛产前 1 个月内每天干物质采食量达到体重的 2%，产前半个月达 2.5%，产后 70 d 达 4%。要达到此标准，必须采取以下措施：

① 使用优质干草。如果日粮由中性洗涤纤维（NDF）（达到 28%）、酸性洗涤纤维（SDF）（达 20%）、净能大于 1.76 NND/kg 的优质干草组成，就能有效刺激唾液分泌和反刍，减少奶牛慢性酸中毒，保证奶牛稳产、高产、健康。

② 减少日粮中的含水量。使奶牛日粮的干物质含量达 50%～75%，偏湿的饲料在瘤胃中的发酵时间延长，易表现出酸性过强和日粮中的蛋白质降解过快。日粮中的干物质含量低于 50%时，每增加 1%的水分，干物质采食量将下降体重的 0.02%。因此，要控制日粮的含水量不超过 50%。

③ 控制精饲料的用量。使精饲料的用量（包括糟渣）在日粮干物质中所占比例不超过 65%，粗精干物质比最好为 45∶55 或 50∶50。

④ 合理使用优质粗饲料。因为头胎、二胎奶牛的采食时间长，为满足奶牛生长、产奶的营养需要，应勤添优质粗饲料，确保这些牛随时都可采食草料。

⑤ 日粮的粗纤维含量不低于 15%，且含有 1/3 的长纤维。饲喂青贮玉米用量不高于 15 kg，黑麦草或类似的青绿饲料用量可根据奶牛的需要不限量供应，胡萝卜的用量控制在 10 kg 左右。

⑥ 实现奶牛活动区夜间照明，以利于奶牛昼夜均可采食。

⑦ 根据产奶量和产犊后泌乳所处的阶段进行分群饲养，有条件的应采用全混合日粮。

(2) 科学配制日粮。

① 日粮中应使用由乳熟后期至蜡熟前期带穗的玉米秸制成的青贮玉米。全株玉米干物质含量介于35%～40%，玉米籽粒占总重量的 40%以上。青贮玉米的长度为 1.25 cm 左右。其中，4 cm 长的占 15%～20%，以促进反刍、咀嚼、唾液分泌。

② 使用由碳酸氢钠等组成的添加剂，添加量为日粮干物质的 0.75%～0.82%。

③ 给日粮补充脂肪。对于产犊后 5 周内的泌乳牛，日粮中的脂肪含量不宜超过 5%～6%。在日

产标准乳达 35 kg 以上时，为有利于纤维素的分解，日粮脂肪含量应保持在 7.5%，低于此值时，可添加全棉籽、膨化大豆或过瘤胃脂肪酸盐。在添加脂肪时，钙、镁的含量都应提高，其幅度为 1%和 0.3%，以防止因形成不溶解的脂肪酸钙和镁盐，导致钙、镁的缺乏。

④ 供给适量的蛋白质。日粮的粗蛋白质水平在产前 1 个月为 13.5%，产前半个月为 14.5%，产后 1 个月内为 19%，泌乳高峰为 17%，中后期为 15%。日粮可消化蛋白质（DCP）是粗蛋白质（CP）的 60%～65%，非降解蛋白（UIP）为粗蛋白质（CP）的 35%～40%。对于高产奶牛应添加过瘤胃蛋白，也可添加赖氨酸、蛋氨酸等。日产 34 kg 标准乳（脂肪含量 4%）的奶牛应在饲料中加入 0.5 kg 的动物蛋白质（如鱼粉）。再则，对于以青贮玉米或玉米为主的高产奶牛日粮，应控制玉米副产品的用量，也不应把玉米副产品作为 UIP 的补充物质而大量使用。

⑤ 合理使用矿物质、维生素。日粮中的 Ca、P 含量应高于标准 20%和 5%；使用由维生素 A、维生素 D、维生素 E、烟酸和碘、钴、锌、铜、硒、硫、锰等组成的复合添加剂；对于有乳热症病史的成母牛，应使用由氯化铵、硫酸铵和硫酸镁组成的阴离子盐。

（3）根据分析数据采取管理措施。

① 补饲蛋白质或能量。根据每月测定的产奶量，判断产奶高峰是否出现在产后 8～10 周，产奶高峰过后，泌乳量下降幅度是否每天不高于 0.2%，高胎次母牛不高于 0.3%，高遗传力的奶牛达到产奶高峰较迟，但高峰期产奶量较高，持续的时间也较长。如果不能达到以上要求，则应提高日粮中的蛋白质含量或能量。

② 控制乳蛋白与乳脂的比率。牛乳中乳蛋白与乳脂含量的比率应为 0.85～0.88。比率升高意味着乳脂率低，可能是日粮中的脂肪不足，或粗纤维尤其是有效纤维总量不足，应增加优质干草的用量；比率下降则是乳蛋白率低，可能是日粮中脂肪含量太高、粗蛋白质含量低或非降解蛋白太少。

③ 改变饲料结构或调整饲养方式。改变饲料结构或调整饲养方式时，乳脂和乳蛋白含量有一定幅度的变化，但乳糖含量基本不变。

④ 减少酸中毒的可能性。应采用先粗后精再粗的饲养方式，并限制大麦等快速发酵饲料的用量。

⑤ 粪便 pH 应高于 6.0。当 pH 小于 6.0 时，可能是过量的淀粉通过瘤胃，并在小肠中发酵。此时，应降低结构性碳水化合物饲料在日粮中的比例。

⑥ 瘤胃 pH 应大于 6.0。否则，影响饲料中纤维素的消化和菌体蛋白的合成，并有酸中毒的隐患，降低采食量。应采取降低精饲料的用量或提高优质干草的用量等措施。

（4）综合管理措施。保证奶牛有充足卫生的饮水，提供足够大的自由运动场，每天坚持给奶牛刷拭 2 次，保护乳房，科学挤乳，给奶牛铺垫褥草，一年两次护蹄，防止产科病，及时配种，经常消毒等管理措施，对发挥奶牛产奶潜力，保证奶牛高产稳产有促进作用。

4. 其他提高产奶量的技术

（1）修蹄。每年冬春给奶牛修 1 次蹄，当年产奶量可增加 200 kg。

（2）夜间放牧。奶牛在夜间放牧，每头奶牛每天产奶量可增加 300 g。

（3）增加光照。奶牛的光照时间由原来的 9～12 h 延长到 16 h，在同样的饲养条件下，奶牛体重可比原来增加 10%，产奶量也相应提高。

（4）喂向日葵籽。在奶牛饲料中添加适量的向日葵籽，可增加产奶量。

（5）喂碳酸氢钠。在奶牛泌乳期，每天给每头奶牛加喂碳酸氢钠 100 g，产奶高峰提前，产奶量提高。

（6）增喂氮、硫。将尿素、芒硝配制成溶液，按每吨青贮饲料加 5 kg 尿素和 0.50 kg 芒硝的比例，均匀地撒在待青贮的大麦、青玉米饲料上，可使青绿饲料中粗蛋白质的含量增加 4.90%，胡萝卜素增加 37%，产奶量增加 10%。

二、改善乳品质技术

改善牛乳成分、生产高品质的鲜乳是提高奶牛生产经济效益的关键。我国荷斯坦牛的乳脂率不高，大多在3.5%以下，许多牛场或专业户牛乳的乳脂率降到3.0%以下。由于牛乳乳脂率达不到收购标准，使奶牛户的经济受损严重。

1. 饲料中碳水化合物与乳品质的关系

乳脂是牛乳成分中重要的成分之一，其含量受饲料中淀粉和纤维的相对制约。碳水化合物不仅是能量物质，还是合成牛乳中各种成分的碳架。饲喂易发酵的碳水化合物时，虽然乳蛋白质和产奶量稍有增加，但是乳脂率下降。每天多次饲喂或在喂精饲料前饲喂粗饲料，可防止乳脂率下降。

淀粉能增强奶牛瘤胃发酵，降低pH，促进丙酸的生成。丙酸是糖原的前体物质，也是作用胰腺分泌胰岛素的物质。作为脂肪前体物的乙酸和β-羟基丁酸等在乳腺中合成脂肪组织，因而血清中的脂肪前体物乙酸影响脂肪产量的50%～75%。

苜蓿青贮的切割长度由9.5 cm减到4.8 cm，乳脂含量便可从3.8%降到3.0%，因苜蓿切短可缩短咀嚼时间，这样就使丙酸和胰岛素含量相应增加。这两种物质的增多，常可导致乳中蛋白质含量的增加。粗纤维在奶牛的瘤胃中可发酵产生乙酸和丁酸，与奶牛的乳脂率有着密切的关系。产奶量5 000 kg以上的奶牛，每天应饲喂4～5 kg切割长度为4～5 cm的优质干草或压制的草块。在牧地放牧或是改喂青绿饲料时，可预先加喂优质干草2～3 kg，直到生长的青草中纤维素的含量不少于20%～22%为止。同时，必须保证母牛的自由运动。在饲喂全青贮日粮的情况下，可考虑添加一些长干草（1.8～2.7 kg），饲喂精饲料尽量做到少量多次，先粗后精，增加饲喂次数，绝对避免一次摄入大量的精饲料。在奶牛生产中，粗饲料任意采食，精饲料则按需要补充。用牧草饲喂奶牛时，应避免将牧草铡得过碎。牧草切割的长度应在8 cm以上，20%～25%的牧草长度应在10 cm以上，青贮用的牧草可长一些。日粮中酸性洗涤纤维（ADF）的含量变化，可使乳脂含量变化达76%。如果固定粗饲料，调整浓缩饲料，其中中性洗涤纤维（NDF）量的改变，可使乳脂含量变化达50%。浓缩饲料用量由56%提高到66%（干物质中）可使乳脂含量变化29%，如果浓缩饲料的配合量低于55%（ADF为22%～25%），乳脂含量就不受影响。超过55%时，则每减少1%ADF，乳脂含量可相应减少0.18%。

不同品种的精饲料，其纤维含量对乳脂含量的影响也不同。棉籽饼和玉米影响较大，甜菜浆和食品渣影响较小，小麦和大麦发酵速度大于玉米，所以易于降低乳中的脂肪量。易发酵的碳水化合物（谷物）能增加乳中的蛋白质。每天给奶牛饲喂谷物4 kg，乳中的蛋白质含量可以从3.1%增加到3.2%。

2. 饲料中蛋白质与乳品质的关系

饲料中含量蛋白质不足，会严重影响乳中蛋白质和脂肪的含量。即使在日粮中一般的营养充足而只是蛋白质含量不足时，乳脂含量也会降低。在日粮中增加25%～30%可消化蛋白质，与低蛋白饲养组相比，泌乳期内产奶量平均提高9%～10%，乳蛋白含量提高14%，乳脂肪含量提高10%。但提高饲料蛋白质含量要有限度，过多则无效。奶牛饲料中粗蛋白质含量从10%增加到18%时，即可提高奶牛的采食量，提高其消化率。由低纤维饲料造成的低乳脂，可通过提高饲料中蛋白质含量来改善，其效果反而比用高纤维饲料显著。饲料中粗蛋白质含量从15.4%增加到20.7%，能使泌乳初期的乳脂含量从3.56%增加到4.16%，并使产奶量和乳中蛋白质都有增加。

奶牛皱胃灌注酪蛋白或蛋氨酸、赖氨酸及缬氨酸等混合氨基酸，能够持续提高奶牛合成乳蛋白的量，蛋氨酸还能够提高乳脂含量。在用脂肪代替碳水化合物提高奶牛日粮能量浓度时，因为脂肪在奶牛瘤胃内不能够充分发酵供给微生物生长所需要的能量，导致微生物蛋白质合成减少，所以此时必须使日粮含有较多的非降解蛋白（UIP）。当奶牛日粮含脂肪多于3%时，每兆焦净能就应该多喂17 g非降解蛋白，才能维持正常的乳蛋白水平。奶牛在泌乳期处于能量负平衡时对蛋白质的需要量增加，这时日粮能量的利用和体脂的动员都需要蛋白质。此时，不仅要考虑日粮的蛋白质水平，更要考虑蛋白质的降解率，并且可以利用降解率的高低调控体组织动员的程度。

3. 饲料中脂肪与乳品质的关系

饲料中脂肪对乳脂有正负两方面的影响。脂肪的正作用是指其对饲料热量的提高，以及能为乳脂直接提供脂肪酸。脂肪的副作用是降低消化率，及其不饱和脂肪酸在瘤胃内与氢结合促进丙酸的生成，并能降低乳脂含量。乳脂的一半是由饲料所供给的，油脂能直接作为乳脂的原料，可提高乳脂率，但也有降低乳蛋白、无脂固形物含量的副作用。能量代谢如果是正的，乳脂合成就不会动用体脂肪，所以在泌乳期乳脂的绝大部分来源于饲料中的脂肪。奶牛日粮中添加脂肪，可提高产奶量和乳脂率。例如，饲喂保护脂肪和全油菜籽通常可使乳脂率提高0.1%～0.2%。同时，也不同程度地抑制瘤胃微生物（主要是纤维素分解和甲烷合成微生物）的活动，从而改变挥发性脂肪酸的比率。日粮中含脂肪5%～6%，奶牛对营养物质的利用率最高，但每头牛每天用量不能超过450 g。普通饲料中的脂肪含量约为3%，对这种饲料添加3%的油菜籽或3%的保护脂肪酸是最适宜的。避免用含脂肪高的日粮，或添加过多脂肪，应把日粮中总脂肪水平保持在7%以下。奶牛泌乳初期每天饲喂0.45 kg椰油脂肪酸钙，便可使产奶量增加4%。大豆油或整粒大豆可以降低乳蛋白。3.8%的花生油可以使乳脂从4.14%提高到4.20%，乳蛋白从3.25%降到3.18%。红花油作为保护油脂每天饲喂0.6 kg，可使乳脂从4%提高到6%。日粮添加不饱和脂肪酸钙明显减少了乳脂中$C_{16:0}$饱和脂肪酸比例，增加了$C_{18:0}$、顺式$C_{18:1}$与反式$C_{18:1}$脂肪酸比例；随日粮脂肪酸钙皂不饱和程度的增加，乳脂中$C_{18:2}$与$C_{18:3}$脂肪酸的比例呈直线增加。奶牛日粮添加过瘤胃保护的红花油与亚麻籽油，明显增加了乳脂中$C_{18:2}$与$C_{18:3}$脂肪酸的比例。给奶牛日粮补饲0.41 kg/d的大豆油，明显降低了乳脂中$C_{14:0}$、$C_{16:0}$与$C_{12:0}$脂肪酸比例，提高了$C_{18:1}$、$C_{18:2}$与$C_{18:3}$脂肪酸的比例。对油籽做进一步加工（如加热或用甲醛处理蛋白保护）可提高多不饱和脂肪酸转移至乳中的效率。给奶牛每天补饲550 g挤压的菜籽与亚麻籽，结果明显降低了乳脂中短链与中链不饱和脂肪酸（碳原子不大于17）比例及胆固醇含量，提高了$C_{18:1}$、$C_{18:2}$与CLA脂肪酸的比例。给奶牛分别饲喂含有大豆粕、全脂挤压大豆或全脂挤压棉籽的日粮，结果与大豆粕组相比，全脂挤压大豆或全脂挤压棉籽组奶牛校正产奶量明显提高，乳脂率与乳蛋白含量有降低趋势，乳与乳酪中结合亚油酸含量均明显提高。

4. 饲料中无机盐与乳品质的关系

当奶牛瘤胃的酸碱度保持在正常范围内时，乙酸的形成较丙酸更容易些。由于乙酸增多，奶牛的采食量、产奶量和乳脂率都将得到提高。高水分谷物和玉米青贮等易发酵饲料加碱化剂，也可取得理想效果。但干草和鲜草青贮等含酸性洗涤纤维占20%以上的饲料，加碱化剂就无效果。常用的碱化剂多为碳酸氢钠，因为阴离子对碱化剂的效果有冲淡作用，所以使用氯化物和硫酸盐类碱化剂时，用量要限制到最低。碳酸氢钾的碱化效果和碳酸氢钠一样，只是售价较高。氧化镁和碳酸氢钠以1∶2的比例制成混合剂，其碱化效果尤佳。用碳酸钙和膨润土作碱化剂不起作用。沸石虽可提高瘤胃的酸碱度，也能减少乳脂和乳蛋白含量。

5. 其他饲料添加物

（1）碳酸氢钠和氧化镁。碳酸氢钠和氧化镁可维持奶牛瘤胃内的正常pH水平、促进纤维分解菌的增殖、增加乙酸的生成量、改善乙酸和丙酸的比率（即A∶P）、提高乳脂率、提高瘤胃的排空速度、增强瘤胃微生物的增殖活性、促进菌体蛋白的合成。成母牛可按每头每天200 g左右添加，也可按精饲料量的1.0%～1.5%或饲喂饲料总量（按干物质折算）的0.5%～1.0%添加。在下述条件下可在日粮中添加碳酸氢钠和氧化镁：乳蛋白、无脂固形物正常水平，乳脂率异常低下；泌乳初期特别是易发生食滞时；青贮玉米饲喂量每头每天超过20 kg；精饲料喂量过多；青绿饲料铡得过长或过短进行饲喂；粗纤维总量低于日粮总量（按干物质折算）的17%，其中酸性洗涤纤维低于粗纤维总量的21%。氧化镁在奶牛瘤胃内的作用弱于碳酸氢钠。镁能够促进乳腺细胞分泌乙酸，使乳脂率提高。单独添加其效果不显著，与碳酸氢钠并用效果较佳。每头每天添加55～110 g。使用时与碳酸氢钠并用，碳酸氢钠与氧化镁之比以2∶1为宜。

（2）蛋氨酸产品。蛋氨酸可促进纤维分解菌的增殖，使乙酸的生成量增加；增强肝的功能，改善脂肪代谢，提高乳脂率；可作为蛋白质的原料，提高乳蛋白水平。按蛋氨酸计算，每头每天添加15 g为宜。在低乳脂、低无脂固形物时；泌乳初期的奶牛；精饲料喂量过多或日粮中纤维素含量不足时，均可添加。

（3）酵母及乳酸菌制品。添加活性菌及其发酵物，可促进奶牛瘤胃微生物的增殖，改善肠道微生物区系，提高产奶量。添加量视其种类和制品的不同而定。在高产奶牛或精饲料饲喂过多时采用。

（4）烟酸。烟酸属于B族维生素，奶牛可从饲料中摄取，瘤胃内微生物也能合成。对高产奶牛在饲料中添加烟酸是必要的，可提高乳脂率或产奶量，但只是在开始阶段有作用。补饲烟酸还可以减少因喂含整棉籽日粮引起的乳蛋白水平下降。当日粮含15%的整棉籽时，进入十二指肠的微生物氮减少，而烟酸通过改善微生物的合成效率或增加微生物生长需要的能量，可以明显地增加微生物蛋白质的合成量。这时补饲烟酸不仅增加微生物氮供应量，还会提高纤维的消化率。其效果：可预防酮病；可促进瘤胃内菌体蛋白的合成；可提高产奶量、乳脂率和乳蛋白水平。每头奶牛的适宜添加量为每天6 g。一般应用于泌乳初期日产奶量38 kg以上的经产奶牛、泌乳初期日产奶量27 kg以上的初产奶牛、酮病多发的牛群和日粮添加油脂的奶牛。

（5）乙酸钠。乙酸是合成乳脂的主要成分，粗纤维在瘤胃中酶解产生乙酸。所以，饲喂粗料型日粮的奶牛其乳脂率较高。然而，对高产奶牛来说，为了保证一定的能量，粗饲料的进食受到限制，此时添加乙酸钠可起到提高乳脂率的作用。另外，乙酸钠还可促进和改善有机体电解质的平衡，有刺激肝、肾和肠黏膜的功能。昼夜添加量的范围可以很大，每头牛为200～1 000 g，泌乳母牛每100 kg活重按50 g计，每千克产奶量再加15～20 g，乳脂率可提高0.2%～0.3%，产奶量提高17%。若日粮中精饲料成分超过总营养物质数量的50%～60%时，添加乙酸钠应当不少于300～500 g。在牧场放牧或者加喂青绿饲料时，饲喂乙酸钠必须提前两周开始。假如放牧地上的饲料按干物质计，粗纤维含量若不能超出20%，那么可持续加喂乙酸钠。双乙酸钠同时含有乙酸钠和乙酸的成分，经试验表明，其饲喂效果优于乙酸钠。

（6）抗氧化剂。控制乳与乳制品发生自动氧化的措施包括向奶牛日粮添加抗氧化剂（维生素E或硒），或者向乳与乳制品中直接添加抗氧化剂。通过日粮添加或肌内注射维生素E和（或）硒的方法均可使乳中α-生育酚含量增加，能有效控制乳的氧化味。

三、经营成本核算

1. 奶牛场的经营成本

奶牛生产的主要目的是组织各种资源产出一定数量合格的牛乳，并提供商品肉牛，为奶牛场创造价值。为产品的产出而投入的价值称为投入；而生产的产品所创造的价值称为产值。经营得体，一年或一个生产周期的产值应大于投入，即从所得的产值中扣除成本后，应获得较多的盈余。只有这样生产才得以维持并不断扩大再生产。

成本是指组织和开展生产过程所带来的各项经费开支。各项经费开支，分现金开支和非现金开支。现金开支是为进行生产购买资源投入时发生的，如购入奶牛、饲料、药品、用具等所支付的费用。非现金开支或隐含的开支目，如原有的畜舍、不计报酬的家庭劳力、利息、折旧费等。现金开支和非现金开支的总和，是构成奶牛养殖场（户）经营的总成本，只有总成本才能充分如实地表述从事奶牛经营所投入的成本。

盈利是对养牛场（户）的生产投入、技术和经营管理的一种报偿，是销售收入减去销售成本、税金之后的余额。

一般情况下成本费用的计算和核算步骤如下。

（1）核算步骤。

① 核算员于每月 1 日以前准备好各饲养组的费用计算表和日成本核算表，并将本月的计划总产奶量、总产值、总成本、日成本、千克成本、总利润等数字分别填入日成本核算表，同时将固定开支和配种费、水电费、物品费等填入费用计算表。

② 核算员每天上班后持准备好的日成本核算表和费用计算表，分别到饲养组了解畜群变动、各种饲料的消耗量，并经资料员核对填入表中；再到乳品处理室了解各组牛产奶量情况，填入相关表中。

③ 根据各种数据资料，先计算出日费用合计，再根据成本核算表中的项目逐项计算，最后计算出各群组饲养日成本和牛乳的单位成本。

④ 已核算出的日成本核算表，认真进行复核后，填写日成本核算报告表。

（2）计算方法。

① 牛群饲养日成本和主产品单位成本的计算公式。

牛群饲养日成本＝该牛群饲养费用÷该牛群饲养日数

主产品单位成本＝(该牛群饲养费用－副产品价值)÷该牛群产品总产量

② 按各龄母牛群组分别计算的方法。

a. 成母牛组。

总产值＝总产奶量×牛乳千克收购价

计划总成本＝计划总产奶量×计划千克牛乳成本

实际总成本＝固定开支＋各种饲料费用＋其他费用

产房转入的费用＝分娩母牛在产房产犊期间消耗的费用

计划日成本＝根据计划总饲养费用和当年的生产条件计算确定

实际日成本＝实际总成本÷饲养日

实际千克成本＝(实际总成本－副产品价值)÷实际总产奶量

计划总利润＝(牛乳千克收购价－千克计划价)×计划总产奶量
＝计划总产值－计划总成本

实际总利润＝完成总产值－实际总成本

固定开支＝计划总产奶量（kg)×每千克牛乳分摊的（工资＋福利＋燃料和动力＋维修＋共同生产＋管理费）

饲料费＝饲料消耗量×每千克饲料价格

兽药费＝当日实际消耗的药物费

配种费、水电费和物品费，因每月末结算一次，将上月实际费用平均摊入当月各天中。

b. 产房组。产房组只核算分娩母牛饲养日成本情况，产奶量、产值、利润等均由所在饲养组核算。

c. 青年母牛和育成母牛组。

计划总成本＝饲养日×计划日成本

固定开支＝饲养日×(平均分摊给青年母牛和育成母牛的工资及福利费、燃料和动力费、固定资产折旧、固定资产修理费、共同生产费和企业管理费)

d. 犊牛组。

计划总成本＝饲养日×计划日成本

固定开支＝饲养日×（平均分摊给犊牛组的工资和福利、燃料和动力费、固定资产折旧费、固定资产修理费、共同生产费和企业管理费）

2. 搞好淘汰奶牛和小公牛的利用，提高养殖效益

（1）淘汰奶牛的利用。一般来说，淘汰奶牛主要用来育肥生产牛肉。淘汰奶牛用于育肥，进行牛肉生产，所产牛肉与役用牛、肉牛等育肥所产的牛肉没有很大差异，可以作为牛肉的重要来源。

① 用于育肥的淘汰奶牛的选择。奶牛养殖场（户）中，凡是屡配不孕的成年奶牛、产奶量低或乳质量不好的奶牛、乳房发生病变和损毁的奶牛以及年龄偏大停用的奶牛，均是奶牛生产中要淘汰的奶牛。这些淘汰奶牛虽然不能进行牛乳生产，但可用于育肥，进行牛肉生产。在利用淘汰奶牛开展育肥生产牛肉的过程中，要选择的淘汰奶牛应健康无病，尤其是没有传染性疾病。

② 淘汰奶牛育肥的饲养。将淘汰奶牛集中饲养，进行育肥，在开始育肥饲养前，每头牛按每千克体重注射 0.02 mL 的阿维菌素，以驱除牛体内的线虫和体外寄生虫；也可以每头牛按每千克体重喂服 15 mg 左旋咪唑或敌百虫进行驱虫，以保证育肥效果。淘汰奶牛一般采取短期育肥的方法，饲养 3～4 个月，可分为过渡期、抓膘期和增膘期 3 个时期。

a. 过渡期。对淘汰奶牛进行育肥，要尽快使淘汰奶牛由产奶饲养迅速转换到育肥饲养，由产奶的散放饲养转到集中拴栏饲养，饲料逐渐由奶牛饲料过渡到肉牛育肥饲料。在淘汰奶牛逐渐适应新环境的同时，逐步减少其自由活动，但要保证其足够的饮水，过渡期一般为 10～15 d。淘汰奶牛的粗饲料主要是青贮玉米秸秆、微贮秸秆和氨化秸秆，粗饲料自由采食。精饲料：玉米面 47%、麦麸 37%、豆饼 4%、棉饼 6%、骨粉 2%、尿素 2%、食盐 1%，微量元素和维生素添加剂 1%。精饲料按体重的 0.8%供给，每天每头牛至少 2 kg。饲喂的方法是先粗后精，边吃边拌，吃完再添，直到牛吃饱为止。

b. 抓膘期。淘汰奶牛特别是产奶牛在产奶过程中，体内营养代谢大都处于负平衡，所以为提高产肉性能，就要在促进牛体增膘上下工夫，抓膘期一般为 60～80 d。淘汰奶牛在这一阶段，要适当降低粗饲料的供应，提高精饲料的比例。粗饲料可按每天每头 20 kg 青贮玉米秸秆和 5 kg 干玉米秸秆供给。精饲料：玉米面 58%、麦麸 29%、棉籽饼 10%、骨粉 0.5%、贝壳粉 0.5%、食盐 1%，微量元素和维生素添加剂 1%。精饲料按体重的 1.1%供给，每天每头牛至少 5 kg。草料每天分早、中、晚 3 次喂饲，每次饲喂后 2 h 饮水。

c. 增膘期。淘汰奶牛在经过抓膘期的催肥和弥补体营养的基础上，为提高产肉率和所产牛肉的质量，特别是肌间脂肪的沉积，须进一步增肥增膘，增膘期一般 30～45 d。这一时期精饲料的喂量应进一步增加，最高可占整个日粮总量的 70%～80%。粗饲料用酒糟、青贮玉米秸秆或优质的干草，青贮玉米秸秆 10～15 kg 和 3 kg 干秸秆。精饲料：玉米面 65%、麦麸 22%、棉籽饼 10%、骨粉 0.5%、贝壳粉 0.5%、食盐 1%，微量元素和维生素添加剂 1%。精饲料按牛体重的 1.7%供给，每天每头牛至少 7 kg。草料每天分早、中、晚 3 次喂饲，每次饲喂后 2 h 饮水。

③ 淘汰奶牛育肥的管理。淘汰奶牛育肥的各个时期，都要供给充足饮水，并且根据季节调整水温。冬季供给 20 ℃左右的温水，白天饮水 3 次。夏季供给常温水，白天饮水 5 次。饲喂草料时要掌握好饲喂顺序，即先喂草后喂料，喂料后饮水。粗饲料搭配要做到多样化，秸秆要揉碎切短。淘汰奶牛育肥要一牛一拴、一牛一绳，以限制其运动并饲养在较暗的圈舍内，减少运动避免能量消耗，提高饲料转化率，保证催肥增膘效果。每天刷拭牛体 2～3 次，保持牛体清洁，可促进血液循环，增强抵抗力。保持圈舍冬暖夏凉，空气流通。经常清扫栏、槽及场地，保持舍内清洁干燥。每批牛出栏后都要彻底清扫、消毒一次。

（2）小公牛的利用。在奶牛繁养中，因为先进的配种技术可采用良种冷冻精液或“冻胚”移植，

所以一般奶牛场采取“见母就留，见公就杀”的方式生产。作为奶牛场的小公牛可充分开发利用，如生产血清和生化制品等。小公牛血清可专供医药卫生、生物制品、医疗科研等部门进行细胞、病毒、疫苗等作培养基使用。小公牛内脏胸腺可制成胸腺肽，是当今治疗肝癌的重要药品；用小公牛肝制成“肝黄金”，又是当今最贵重的营养食疗佳品。小公牛皮可制作高档皮制品，如皮衣、皮鞋等。此外，小公牛肉、小公牛排和牛脑、牛心等，也是上等的菜肴，为大菜馆、饭店所青睐。小公牛全身都是宝，很有开发利用价值。

小公牛初生重大，在满足营养需要的条件下，体重在性成熟前增长很快，即在 12 个月龄以前的增重速度快。因此，在生产小牛肉方面比肉牛品种更有优势，将小公牛育肥肉用是合理利用这一资源的最佳途径。在奶业发达的国家，高档牛肉生产主要集中在小公牛肉生产上，小公牛肉生产的很大部分是用荷斯坦小公牛在全乳或代乳料饲喂的条件下，经少于 20 周龄的育肥而生产的牛肉。小公牛的培育方式主要有以下 4 种。

① 鲍布小牛肉（bob veal）。犊牛的屠宰年龄小于 4 周龄，有的甚至是小公牛出生 2～3 d 就屠宰，活重少于 57 kg（胴体重为 31 kg），其瘦肉颜色呈淡粉红色，肉质极嫩。

② 小白牛肉（milk - fed veal 或者 white veal）。我国把用全乳、脱脂乳或人工代用乳培养的犊牛所产的肉定义为“小白牛肉”。小白牛肉的肉质软嫩，味道鲜美，肉呈白色或稍带浅粉色，营养价值很高，蛋白质含量比一般的牛肉高，脂肪含量却低于普通牛肉，人体所需的氨基酸和维生素齐全，又容易消化吸收，属于高档牛肉。用于生产小白牛肉的小公牛饲养期为 100 d，体重 100 kg 左右。

③ 小牛肉（grain - fed veal）。小牛肉是指犊牛出生后 6～8 个月、育肥至 250～350 kg 时屠宰的牛肉。前 6 周以牛乳为基础饲喂，然后喂以全谷物和高蛋白日粮育肥。小牛肉呈鲜浅红色、有光泽、纹理细、肌纤维柔软、肉质嫩、多汁、易咀嚼、有浓郁的肉香味。

④ 乳公牛育肥。乳公牛育肥又称架子牛育肥，是指 1 岁左右的荷斯坦牛公牛经 5～6 个月的育肥饲养，体重达 500 kg 左右出栏的牛。

四、DHI 管理系统

奶牛生产性能测定（dairy herd improvement，DHI）又称奶牛群体改良，是通过对奶牛泌乳性能及乳成分的收集与测定，给出 DHI 报告，为牛场管理牛群提供科学的方法和手段，同时为育种工作提供完整而准确的数据资料。

1. DHI 推广应用的意义

DHI 是适用于奶牛生产的一项应用型技术，克服了过去依据奶牛体型、体况（膘情）和兽医学检查等方法在评定奶牛生产性能与生理或病理状态时的主观性、滞后性等缺陷，通过客观测定牛乳成分、体细胞含量与分类、综合生产性能等指标，应用计算机程序的系统分析与评定，更科学地预测和判断奶牛生产性能、生理状态和健康状态，从而使牛场管理者做到：

（1）通过调节奶牛饲料日粮的营养成分、营养水平和饲养管理方法，改善牛体质，提高产奶量和牛乳营养含量。

（2）监测奶牛健康状况，实现牛乳腺炎、消化与代谢紊乱等高产奶牛常见疾病的早期预防和控制，维持产奶牛最佳生理与生产状态。

（3）预测奶牛产奶潜力，淘汰低产牛，辅助牛的选种。

应用 DHI 提高了奶牛群体品质，极大地改善了牛群的健康状态，减少了乳腺炎等奶牛常见疾病的发病率，使奶牛的产奶量和牛乳的质量得到大幅度提高，并为奶牛的辅助选种提供了重要依据。该系统科学性强、易于操作、计算机管理。我国最近几年在一些大的乳业公司已经开始推广应用 DHI，并取得了良好的效果。

2. DHI 测试系统

DHI 测试系统由专门的测试中心来完成，牛场可自愿加入，双方达成协议后即可开展。DHI 报告应反映牛只及牛群配种繁殖、生产性能、饲养管理、乳房保健、疾病防治等信息，牛场管理者利用 DHI 报告能够科学地对牛群进行饲养管理，发挥牛群的生产潜力，提高经济效益。

DHI 测试对象为具有一定规模（20 头以上母牛）且愿运用这一先进管理技术来进行管理的奶牛场。采样对象为所有泌乳牛（不含 15 d 之内新产牛，但包括手工挤乳的患乳腺炎的牛），测定间隔时间为 1 个月 1 次（21～35 d/次），参加测定后不应间断，否则影响数据的准确性。

DHI 的工作程序：

（1）采样。测试中心将派专职采样员定期（原则上每月 1 次）到各牛场收集乳样。采样用特制的加有防腐剂的采样瓶对参加 DHI 的每头产奶牛每月取样 1 次。所取乳样总量约为 40 mL。每天 3 次挤乳者，早、中、晚的比例为 4∶3∶3；每天 2 次挤乳者，早晚的比例为 6∶4。

（2）收集资料。新加入 DHI 测试系统的奶牛场，应填写专业表格，包括奶牛的系谱、胎次、产犊日期、干乳日期、淘汰日期等牛群饲养管理的基础数据；已进入 DHI 测试系统的牛场每月只需把繁殖报表、产奶量报表交付测试中心。

（3）乳样分析。测试中心负责对乳样进行乳成分和体细胞检测，乳成分包括乳蛋白率、乳脂率、乳糖率、乳干物质、乳糖率等含量。

（4）数据处理及形成报告。将奶牛场的基础资料输入计算机，建立牛群档案，并与测试结果一起经过牛群管理软件（dairy champ）和其他有关软件进行数据加工处理形成 DHI 报告。另外，还可根据奶牛场需要提供 305 d 产奶量排名报告；不同牛群生产性能比较报告；体细胞总结报告；典型牛只泌乳曲线报告；DHI 报告分析与咨询。

一般在牛场乳样到达测试中心后的 3～5 d，DHI 报告可以完成。如果奶牛场有传真机或互联网，则可在测试完成的当天或翌日获得 DHI 报告，用以指导生产。

3. DHI 数据指标在生产中的应用

根据奶牛生产性能测定体系基础测试结果和基础资料，并根据奶牛的生理特点及生物统计模型统计推断形成的 DHI 报告，报告多达几十项指标。通过这些指标可以更清楚地掌握当前牛群的性能表现，管理者可以从其中发现生产经营中存在的问题。

（1）泌乳天数（DMI）。泌乳天数指产犊至测乳日的泌乳天数。通过此信息指标可以得知牛群整体及个体所处的泌乳阶段。在全年配种均衡的情况下，牛群的平均泌乳天数应该为 150～170 d。如果 DHI 报告提供的这一信息显著高于这一指标，说明牛场在繁殖方面存在问题，应该加以改进或对牛群进行调整。对于长期不孕牛应该采取淘汰或特殊的治疗方法，保证牛群各牛只泌乳阶段有一个合理高效的比例结构。牛群的平均泌乳天数维持在 150～170 d，才能实现牛群全年产奶量维持均衡。

（2）胎次。胎次是衡量泌乳牛群组成结构是否合理的一个重要指标。一般情况下，牛群合理的平均胎次为 3～3.5 胎，处于此状态的成母牛群能充分发挥其优良的遗传性能，具有较高的产奶能力，养殖效益高，有利于维持牛场后备牛群与成母牛的结构合理。通过调整牛群胎次比例结构，可提高牛群产奶量和经济效益。

（3）乳脂率和乳蛋白率。乳脂率和乳蛋白率是衡量牛乳质量、按质定价的重要指标，乳脂率和乳蛋白率的高低主要受遗传和饲养管理两方面因素的影响。因此，DHI 报告提供的乳脂率和乳蛋白率数据对牛场选择公牛精液、促进牛群遗传性能提高、做好选配选育工作具有指导作用。另外，乳脂率和乳蛋白率下降可能是由饲料配比不当、日粮成分不平衡、饲料加工不合理、奶牛患代谢病等因素引起的。例如，如果泌乳早期乳蛋白率过低，可能存在干乳期日粮配合不合理、产犊时膘情太差、泌乳早期饲料中蛋白不足、可消化蛋白和不可消化蛋白比例不平衡、日粮中可溶性蛋白或非蛋白氮含量过高等问题。

(4) 脂肪蛋白比。脂肪蛋白比是指牛乳中脂肪率与蛋白率的比值。一般脂肪蛋白比值应为1.12～1.36，如果乳脂率太低，可能是瘤胃功能不佳，存在代谢性疾病；日粮组成或精粗料物理性加工有问题。如果奶牛产后100 d内乳蛋白率太低，可能存在的问题：干乳牛日粮不合理，造成产犊时膘情太差；泌乳早期精饲料喂量不足，蛋白含量低；日粮蛋白中过瘤胃蛋白含量低。产后120 d以内牛群平均脂肪蛋白比如果太高，可能是日粮蛋白中过瘤胃蛋白不足；如脂肪蛋白比太低，可能是日粮组成中精饲料太多，缺乏粗纤维。

(5) 校正乳。DHI报告中提供的校正乳是依据实际泌乳天数和乳脂率校正为150 d、乳脂率为3.5%的日产奶量。可用于不同泌乳阶段奶牛泌乳水平的比较，也可用于不同牛群之间生产性能的比较。例如，001号牛和002号牛在某月的产奶量相同，但计算得出的校正乳数值001号比002号高20 kg，这就说明001号牛的产奶性能高于002号牛。可以为牛群的改良、选育提供参考数据。

(6) 体细胞数（SCC）。体细胞数是指每毫升乳中所含巨噬细胞、淋巴细胞、中性白细胞、脱落上皮细胞等的总数。乳中体细胞数的多少是衡量乳房健康程度和奶牛保健状况的重要指标，是牧场饲养管理工作中的一个指导性数据。乳中体细胞数增加也会导致泌乳性能、乳汁质量下降、乳汁成分及乳品风味变化。

理想的牛乳体细胞数为：第1胎≤15万个/mL、第2胎≤25万个/mL、第3胎≤30万个/mL。

SCC升高与许多因素有关。一般情况下，泌乳早期的奶牛体细胞数高于泌乳中期；SCC随胎次的升高而增加；寒冷或低温季节的SCC要低于高温季节；应激会导致SCC升高；乳腺炎会导致SCC显著升高。

对于体细胞数较高的牛群，应检查挤乳设备的消毒效果，挤乳设备的真空度及真空稳定性，乳衬性能及使用时间，牛床、运动场等环境卫生，牛体卫生、挤乳操作卫生。

(7) 产奶损失。产奶损失是指乳房受细菌感染而造成的泌乳损失。DHI报告为牧场提供了详细的每头牛因乳房感染而造成的产奶损失和牛群平均产奶损失，为牛场计算由于乳腺感染所造成的具体经济损失提供了方法。产奶损失与体细胞数的关系及计算公式见表10-17。

表10-17 产奶损失与体细胞数的关系及计算公式

体细胞数（SCC）（万个）	产奶损失（X）
SCC＜15	X=0
15≤SCC＜25	X=1.5×产奶量/98.5
25≤SCC＜40	X=3.5×产奶量/96.5
40≤SCC＜110	X=7.5×产奶量/92.5
110≤SCC＜300	X=12.5×产奶量/87.5
SCC＞300	X=17.5×产奶量/82.5

(8) 305 d产奶量。如果泌乳天数不足305 d，则为预计产量；如果是305 d，该数据为实际产奶量。连续测乳3次即可得到305 d的预测产奶量。通过此指标可了解不同个体及群体的生产性能，可以分析得出饲养管理水平对奶牛生产性能的影响。例如，某一头牛在某月的泌乳量显著低于所预测的泌乳量，则说明饲养管理等方面的某些因素影响了奶牛生产性能的充分发挥；相反，则说明本阶段的饲养管理水平有所提高。此指标也可以反映该牛场整体饲养管理水平的发展变化。

(9) 峰值乳量与峰值日。峰值乳量是指一个泌乳期的最高日产奶量，是使总产奶量提高的动力。正常情况下，在产后约50 d产奶高峰出现，而采食高峰约在产后90 d出现，牛在泌乳早期体重下降，直到采食高峰到达之后，才开始恢复。如果希望产奶量提高，则必须注意峰值乳量。

峰值日表示产奶峰值日发生在产后的多少天。一般牛在产后4～6周达到产奶高峰。

如果产奶高峰提前到达，产奶量很快下降，应从补充微量元素、加强疾病防治方面入手。如果产后正常达到产奶高峰，但持续力较差，达到高峰后很快又下降，说明产后日粮配合有问题。如果达到产奶高峰很晚，说明奶牛饲养不当或分娩时体况太差。

（10）干乳期时间。干乳期时间是指具体的干乳期持续的时间。如果干乳期时间过长，则说明牛群在繁殖方面存在问题。如果干乳期时间过短，则说明牛场存在影响奶牛及时干乳的管理和非管理问题，干乳期时间过短还将会影响到下胎次的产奶量。

（11）泌乳天数。泌乳天数指奶牛在本胎次中的实际泌乳天数，可反映牛群在过去一段时间的繁殖状况。泌乳期太长说明牛群存在繁殖等一系列问题，可能是配种技术问题，也可能是饲养管理问题，还可能是一些非直接原因所致。

（12）泌乳持续力。根据个体牛只测定日产奶量与前次测定日产奶量，可计算个体牛只的泌乳持续力（泌乳持续力＝测试日产奶量/前次测试日产奶量×100%）。用于比较个体牛只的生产持续能力。泌乳持续力随着胎次和泌乳阶段不同而变化，一般头胎牛产奶量下降的幅度比二胎以上的牛要小。

影响泌乳持续力的两大因素是遗传和营养。泌乳持续力高，可能预示着前期的生产性能表现不充分，应补足前期的营养不良。泌乳持续力低，表明目前饲养配方可能没有满足奶牛产奶需要，或者乳房受感染、挤乳程序、挤乳设备等其他方面存在问题。

4. 奶牛 DHI 中应注意的问题

（1）数据采集不齐全。奶牛生产性能测定首先需要收集待测奶牛的系谱、胎次、产犊日期、干乳日期、淘汰日期等牛群基础数据，而待测的奶牛场特别是小区在数据收集整理方面，普遍存在系谱、胎次、干乳日期等数据记录不全或完全没有记录等情况，少数牛场只有牛只本身的出生日期，有的仅有父亲的牛号。牛号编制不规范，每月新测定的牛头胎牛普遍缺少相应的档案资料，数据收集不全给数据的录入和报告的分析造成较多困难。

（2）操作不规范。由于对 DHI 认识不足和对测定报告重视不够，采样员不按规定采乳样，使测定结果无法指导生产。有的在采乳样时不摇匀，降低了测定结果的准确性。

（3）服务不到位。不能针对牛场报告中反映的问题进行深入细致的调查、研究采取有效解决措施，改进效果不明显或根本就没有改进。

（4）送样时间不规范。有时一天送几千份乳样，有时连续几天都没有乳样。乳样多时测定结果积压成堆，测定报告都难以及时出来，延误牛场及时改良。

（5）测定结果中反映出的问题。主要是乳脂率低、体细胞数超标（50 万个）、隐性乳腺炎的低限指标的产奶牛比例较高。规模牛场在 20%以上，小区在 40%以上，个别小区甚至高达 100%。产犊间隔普遍在 450 d 左右，有的在 500 d 以上反映出繁殖病较多。

（6）体细胞数高的原因分析。除了牛场卫生环境条件不合格外，挤乳机械程序操作不规范也是一重要原因，如调试挤乳的真空压力（40～50 kPa）不在正常范围，过高或过低，在不按产奶量分群、分批挤乳情况下，产奶量低的牛先挤完，产奶量高的后挤完，产奶量低的牛会一直吸。由于真空度过高会引起乳头空翻转，开口处变硬常造成乳房损伤；另外乳杯安装不当或真空状态下卸乳杯常造成乳腺池和乳头池间内部的嫩肉被吸下，使乳头管的通道阻塞引发乳腺炎。真空度过低乳挤不尽，乳房中过多的余乳也容易发生乳腺炎，清洗乳房、药浴乳头不规范易传染乳腺炎。有乳腺炎的牛也上挤乳机挤乳，既降低了乳的质量又增加了传染乳腺炎的机会。有些牛只本身带有炎症，如子宫内膜炎、蹄叶炎或其他炎症等，因而造成血中、乳中体细胞数量增高。

（7）造成繁殖病的原因分析。主要是产犊时的卫生状况、分娩时处理不当和产后护理跟不上，特别是营养和管理跟不上。母牛的子宫不能在产后两个月内尽快复位，子宫内膜炎发病率较高，影响了发情配种。另外，子宫炎、卵巢囊肿、肢蹄病、乳腺炎、真胃移位、乳热症、胎衣滞留以及跛行，包括蹄叶炎、腐蹄病和趾间纤维乳头瘤等均影响繁殖力。患子宫炎、卵巢囊肿、胎衣滞留、乏情以及流产的奶牛产犊间隔延长都在 400 d 以上。患酮病的母牛产后至首次配种的间隔时间延长。

5. 对应措施

(1) 制定优惠政策。对于首次加入 DHI 测试的牛场应该有一定的优惠政策，以利于 DHI 的推广。政府或乳品加工企业对 DHI 测试中心的支持或资助，有利于提高我国奶牛群体遗传水平和乳品质量与安全。

(2) 加大培训力度。加大培训力度，提高业务人员的业务水平，定期对牛场管理者进行知识更新培训，提高牛场技术人员水平，使其能够及时反馈牛场存在的问题，正确解读 DHI 报告，了解并掌握 DHI 报告的应用方法，真正根据报告反馈信息指导生产、改进牛场管理，实现 DHI 的价值。

(3) 加强对 DHI 宣传。加强对 DHI 的宣传，提高牛场对 DHI 的认识度，让奶牛场真正认识到 DHI 带来的经济效益。建立 DHI 示范牛场，树立典型，让不了解这一技术的牛场真正看到开展 DHI 为牛场带来的效益，加大宣传。随着人们生活水平的提高，以及对牛乳质量安全要求的提高，鲜乳指标包括体细胞数及其他微生物指标将会纳入鲜乳计价体系。DHI 作为奶业发展的必备措施，将会在牛场生产管理中发挥更大作用。

五、计算机数字化管理

随着养牛业生产技术的不断发展，计算机数字化管理技术在牛场管理中所起的作用越来越重要。

1. 计算机数字化管理技术在牛场生产管理中的应用

奶牛场计算机数字化生产管理软件包括生产管理信息系统和生产管理决策系统。

(1) 生产管理信息系统。该系统包括奶牛生产信息库、育种管理库、生产管理库及规范化饲养库等若干个相互独立的子系统。

① 奶牛生产信息库。在该库中设有奶牛个体记录、产奶量与乳质量（群体情况）、奶牛个体情况、牛群保健数据等栏目，包括日报表和月报表，可以提供个体牛在泌乳期间乳质量变化，使有关生产技术人员及时了解乳质量、牛群情况，并提供 DHI 报告。通过 DHI 报告分析结果，可以了解奶牛场的整体生产情况，反映和提示牛群中的异常问题，对许多生产环节起到有效地分析与指导作用，对存在的问题可及时采取对策，改进饲养管理措施，在生产上起到监控作用，对奶牛场的稳产、高产具有重要意义。

② 育种管理库。设有奶牛系谱档案管理、奶牛育种数据、后裔测定信息、奶牛繁殖数据等栏目。通过分析可以了解奶牛个体的生产性能，是培育高产奶牛群的有效手段。

③ 生产管理库。包括牛群日记、产奶记录、饲料消耗记录、生产情况月报等栏目。通过分析可以了解奶牛繁殖业绩、饲料消耗，确定饲料采购计划及采购量。

④ 规范化饲养库。设有高产奶牛饲养管理规范、阶段饲养操作规程、典型日粮配方等栏目。根据当日产奶情况进行分析，提供监测信息，可以直接用线性规划程序来优化和设计奶牛饲料配方，计算饲料配方的营养价值，根据奶牛饲养标准和每头奶牛的具体体重、产奶量、乳脂率、产奶阶段等情况，计算个体日粮的饲喂量，并可对饲喂的营养是否符合营养标准进行验证评定。

同时，该系统还具有信息查询、数据输入与更新、计算与分析、输出打印等功能。

(2) 生产管理决策支持系统。该系统设有信息查询库、生产分析模块、生产预测模块、生产决策模块等。其中，生产分析模块包括生产函数建立、数据的统计、生产消长趋势图形分析、生产诊断等子模块；生产预测模块包括奶牛发展规模、牛群结构、产奶量等的预测；生产决策模块包括生产区划布局、牛群结构优化、牛群周转、牛群发展规模、饲料配方、经济分析等决策过程。该系统的核心在于构造和选择奶牛生产管理决策支持系统的任务和所要进行的决策要求，模型系统主要包括分析判断模型、生产函数模型、综合平衡模型、经济分析模型、预测模型和决策模型等。

2. 计算机数字化管理技术在奶牛育种管理中的应用

一些先进国家，应用计算机技术预测母牛发情或分娩，记录各种生理数据，提高其生产性能。1968年，美国育种服务组织开发了一个遗传配种服务程序（GMS），有20多个国家100多万头奶牛使用了该程序。Henderson提出的最佳线性无偏预测法数学模型受到各国育种学家的重视，并开始在种公牛选种中应用。目前在欧美各国，最佳线性无偏预测法在奶牛育种工作中已达到了系统化和规范化，成为现代统计遗传学与计算机相结合的典范。以最佳线性无偏预测法为基础的方差组分估计（VCCE）方法，已被公认为最精确的遗传参数估计方法，在家畜育种和数量遗传学中广为应用。

3. 计算机数字化管理技术在奶牛场信息管理中的应用

计算机和信息网络技术使奶牛生产进入了一个新时代。通过Internet网，奶牛场可迅速传递和获取各种信息，从而有效指导生产，提高决策水平。我国在这方面虽然起步较晚，但近年来发展很快，目前已有一些专门化的信息网站，通过网络，企业不仅可以对本企业的产品进行全面详尽地宣传，而且可以对企业本身进行全方位的宣传，这种宣传可以不受时间、空间、信息量和经费的限制。国外的一些大型奶牛企业和协会一般都有自己的网站，我国的一些奶牛企业和专业服务企业近年来也开始建立自己的网站。同时，企业还可以通过内部网实现各个部门之间信息的快速交流，从而提高工作效率。此外，计算机技术在饲料配方制订、牛舍建筑设计与环境控制、人事管理、物资管理、市场信息管理以及牛场的自动化管理（自动清粪、自动给料）等方面都发挥了重要的作用。

4. 网络管理平台的搭建

网络管理平台的搭建实现了规模化牛群异地管理、管理资料和技术资料远程传输、信息资源网络共享等功能，将现代化信息技术成功运用于奶牛场和规模化奶牛养殖企业，改变传统的奶牛养殖模式。网络数据库的建立可以实现网络数据的互动交换和自动处理，进一步加强了网络的管理功能和智能化水平。局域网站和对外网站的建立实现了内部信息的及时交流和对外技术信息的及时对接，实现了网络与国际的对接。TMR工艺和配方软件的有机结合，使奶牛饲养更加精准。分群饲养日粮配方具有较强的针对性，TMR具有较强的精确性、均衡性和稳定性，Rational配方软件设计的可靠性，三者有机结合，形成了一套新型的饲养模式，将现代先进的养殖理念和管理理念融为一体，形成优势互补，提高了牛群的生产表现和健康状况，提高了饲料转化率，减少了劳动力成本，企业实现了较好的利润回报。

第九节　奶牛场奶牛疾病监控与防疫

奶牛场奶牛疾病监控与防疫是关系奶牛健康、牛场发展和牛乳质量的重大环节，牛场管理者必须抓好该环节。日常工作包括奶牛场兽医卫生管理、奶牛疾病的系统监控、不同时期奶牛疾病监控、奶牛传染病的防治等。

一、奶牛场兽医卫生管理

奶牛场的卫生管理状况，直接影响奶牛的生长发育与健康状况以及牛场的生产效益，须做好以下日常消毒工作。

1. 环境消毒

牛舍周围环境及运动场每周用2%氢氧化钠或撒生石灰消毒1次，产房、围产圈、犊牛舍或有疫情时要每天消毒1次。场周围、场内污水池、下水道等每月用漂白粉消毒1次。在大门口和牛舍入口设消毒池，使用2%氢氧化钠溶液消毒，原则上每天更换1次。不同类型的消毒剂交叉使用，有疫情流行时针对病原特性使用消毒剂。

2. 人员消毒

在紧急防疫期间，应禁止外来人员进入生产区参观。其他时间须进入生产区时必须经过严格消毒，穿隔离衣和一次性隔离鞋套，在消毒间经紫外线灯照射10 min以上方可入内，并严格遵守牛场卫生防疫制度。饲养人员应定期体检，如患人兽共患病时，不得进入生产区，并及时在场外就医治疗。入场穿工作服，保持工作服洁净并定期消毒。进出牛场宜进行喷雾消毒和洗手消毒，可用0.2%～0.3%过氧乙酸药液或其他有效药药液消毒。

3. 用具消毒

定期对饲喂用具、料槽、饲料床、TMR搅拌车等进行消毒，可用0.1%新洁尔灭或0.2%～0.5%过氧乙酸消毒。饮水槽至少1周清刷1次，保持饮水清洁，常用高锰酸钾消毒。日常用具，如兽医用具、助产用具、配种用具、挤乳设备和乳罐等在使用前后均应进行彻底清洗和消毒。入场的车辆，应对整个车体进行药物喷洒，然后再通过消毒池。

4. 带牛环境消毒

定期用0.1%新洁尔灭、0.3%过氧乙酸或0.1%次氯酸钠等进行带牛环境消毒。消毒时应避免消毒剂污染牛。

5. 牛体消毒

挤乳、助产、配种、注射及其他任何与奶牛有接触的操作，操作前，应先将牛有关部位进行消毒。特别是配种与注射时，若不遵循无菌操作的原则或消毒不严格，易导致子宫与注射部位的感染。

6. 生产区设施清洁与消毒

每年春秋两季用0.1%～0.3%过氧乙酸或1.5%～2%氢氧化钠对牛舍、牛圈进行1次全面消毒，牛床和采食槽每月消毒1～2次。

7. 牛粪便处理

牛粪采取堆积发酵处理，牛粪便堆积处，每周用2%～4%氢氧化钠消毒一次。对奶牛排泄物、流产胎儿、胎衣、死亡奶牛尸体等做无害化处理。

二、奶牛疾病系统监控

奶牛疾病系统监控是由奶牛疾病的数字化监控系统完成的。监控人员将奶牛的生理生化指标和临床表现输入计算机，通过计算机软件分析输入的信息与奶牛生理功能或疾病资料的关系，并形成分析报告。

1. 活动量自动监测

活动量监测可以准确记录奶牛躺卧时间规律，反映奶牛的健康状况。奶牛通常每天有8～10 h处于躺卧状态，躺卧时间过短或过长，表示奶牛处于异常状态，应引起注意。

目前，奶牛活动量自动监测技术在国外已广泛应用，如以色列、瑞典、德国等国家有国际知名的奶牛活动量自动监测设备，在奶牛饲养管理与疾病监控方面发挥了巨大作用。活动量自动监测系统主要由固定在牛腿上的计步器和固定在挤乳厅里的感应器组成。计步器使用的传感器通常有加速度传感器和振动传感器，加速度传感器是利用奶牛行走时产生的加速度会在某点出现峰值，利用测定出的峰值采集牛活动量信息；振动传感器是利用平衡锤在奶牛行走时上下振动、平衡被破坏，使一个触点出现通断动作，由电子计数器记录奶牛的活动量检测。

每次挤乳时计步器与感应器自动发生感应，然后感应器自动识别奶牛的编号，计步器上记录的奶牛活动量信息自动传输到计算机数据库。通过计算机软件将这段时间的活动量数据与数据库中的历史数据和标准参数进行比对。如果该牛活动量升高或降低幅度大于预先设定的参数值，就会被系统自动筛选出来，列入疑似奶牛。活动量异常的临床意义包括：

(1) 判断正常发情与异常发情牛。奶牛发情时表现为兴奋不安，活动量明显增加。产后奶牛第1次发情的时间延迟，表明产后奶牛的营养情况差和子宫恢复不良。妊娠母牛流产后再次发情，其活动量增加。如果有些牛在发情期每隔 8～10 d 有一个高活动量峰，这种牛多数情况下是患有卵泡囊肿，患牛表现为发情周期变短，发情期延长，无规律地频繁发情，但屡配不孕。

(2) 发现患病的牛。当奶牛活动量突然降低时，要首先考虑该牛是否有疾病发生。兽医需要检查低活动量的牛，判断其是否患病并及时给予治疗。长期没有高活动量的牛，多为长期不发情或发情征状不明显、发情持续时间短的牛，这种情况多见于高产牛。若不发情牛在牛群中的比例升高，表明牛群的整体营养水平和卵巢生理功能差。消化道疾病和肢蹄病是奶牛的常见疾病，奶牛患该类病后都会出现低活动量现象。奶牛患有肢蹄病时，其起卧次数、采食、饮水和社交活动都会减少，活动量显著降低。其他疾病若导致奶牛出现全身症状，如体温升高、精神沉郁、饮食欲下降，其活动量也减少。相反，若病牛兴奋不安，则活动量明显增加，但这种牛在一定时间段会交替出现活动量增加与减少的现象。

2. 产奶量与牛乳成分检测

在挤乳机器上安装产奶量与牛乳电阻检测仪等检测仪器，记录检测每头奶牛每天产奶量和牛乳的成分变化，将此信息输入计算机，通过计算机软件处理后将分析的相关资料报告牛场管理者与技术员，使其了解每一头牛的健康状况，并及时做出相应的处理。产奶量、体细胞数、乳脂率、乳蛋白率等指标，反映奶牛的营养与健康状况。例如，测定最近 24 h 的产奶量与牛乳导电性，若连续 2 次出现导电性高且产奶量低，表明该奶牛可能患有乳腺炎。本月与上月比较，某头奶牛产奶水平显著提高或下降，是牛场管理水平的标志。产奶量明显下降，预示该奶牛可能受到应激刺激，如发病、肢蹄病或饲料供给问题等。

乳脂率低可见于瘤胃功能不良（酸中毒）、代谢紊乱或饲料营养不平衡。如果产后 100 d 乳蛋白率很低，可见干奶期乳牛日粮营养不平衡、产犊时膘情差、泌乳早期碳水化合物缺乏、日粮中蛋白含量低、日粮中可溶性蛋白或非蛋白氮含量高、可消化蛋白与不可消化蛋白的比例不平衡等。乳脂率与乳蛋白率之比，反映奶牛饲喂不同饲料和不同泌乳阶段奶牛的乳汁中脂肪与蛋白的比例变化。高脂低蛋白，可能是日粮中添加了脂肪，或日粮中蛋白不足，或可降解的蛋白不足；如果蛋白含量高于脂肪，可能是由于日粮中太多的谷物精饲料，或日粮中缺乏纤维。

三、不同时期奶牛疾病的监控

1. 围生期奶牛疾病的监控

围生期是奶牛养殖的关键阶段，又是奶牛最虚弱、最容易生病的阶段。因饲养管理不当可引起许多疾病，如产后瘫痪、子宫炎、乳腺炎、胎衣不下、真胃变位等。因此，应坚持预防为主的观念，精心饲养照料，为奶牛创造舒适、安静、无应激、能自由饮水和采食的饲养环境，并做好疾病的预防和治疗工作。饲养员与技术员齐心协力，时刻观察奶牛的行为变化，对异常个体及时进行诊断和处理。

(1) 围生期的体况与保健。在围生前期，须精心饲养管理，保证牛舍卫生，清除危害奶牛健康的因素。围生前期须保持良好的体况，按5分制评分标准，奶牛体况应为3.0～3.5分。先在产前2个月进行体况评分，据此分群饲养；然后在产前3周再次进行体况评分和重新分群饲养。体况<2.5分的奶牛，易发生胎儿营养不良和产力不足，不利于产后能量负平衡的恢复。特别是第1次妊娠的青年牛，一定要加强营养，避免过瘦。围生期体况>3.5分的牛，脂肪肝、酮病、真胃变位的发病率增加，配种、受孕的难度加大，须降低饲料能量浓度和精饲料饲喂量，消除肥胖。注意观察奶牛的采食量与瘤胃充盈度，优化日粮配方，增加干物质采食量，补足矿物质和维生素等营养物质，特别是应补足维生素A、维生素D、维生素E。定期浴蹄、修蹄，保证肢蹄健康。

(2) 规范接产操作。接产前，保证产房卫生、干净，及时更换垫草，定时消毒。保证每头牛有9 m×2 m的卧床面积，自由采食和饮水，加强通风。减少应激，创造一个安静舒适的产犊环境。接产时，做好接产器械设备的消毒工作，接产员戴长臂手套，严格消毒；对接产牛的后躯进行严格消毒，对产道必须使用润滑剂。接产过程中准确把握助产时机，尽量让牛自然分娩，迫不得已时才进行助产。羊膜破裂，露出牛蹄20 min后仍无进展时，再适时助产。产道完全开张（内径为四指以上）后，若产力不足，可注射正常剂量的催产素（缩宫素）。产后检测产道拉伤情况。对产道拉伤牛，使用洁净的清水冲洗后再用消毒剂冲洗，采取外科处理与局部用药，用可吸收缝线闭合产道伤口。对头胎牛、难产、助产、双胎牛、产道拉伤牛进行镇痛、抗感染治疗，防止继发性疾病，皮下注射或肌内注射非甾体类镇痛药物。

(3) 加强产后护理。从分娩开始，做好围生后期的体温监测和行为观察。第1周每天测体温2次，第2～3周每天测1次。体温38.4～39.0 ℃，为正常。如果体温<38.4 ℃或39.0～39.5 ℃，需要关注奶牛采食和反刍行为有无异常，阴门排泄物与乳汁理化性质有无变化；如果体温>39.5 ℃为发热，需要进行治疗。对发热的牛，首先考虑有无子宫炎，其次是有无乳腺炎与产道伤口感染。产后千方百计促进采食，提高抵抗力，促进恢复健康，提高产奶量。

对感染性炎症的治疗，需要科学用药。通过实验室检查和药敏试验，确定致病菌，选择对其敏感的抗生素，同时配合使用消炎药。但因糖皮质激素副作用大，应禁止使用地塞米松等糖皮质激素类药物。可使用对环氧酶-2高选择性的非甾体类解热镇痛抗炎药（NSAIDs），副作用小。禁止使用国家规定的禁用药物。

(4) 全面预防和及时诊治产后奶牛的常见病。临床检查的重点是观察牛的眼神、耳朵活动、饮食欲、瘤胃充盈度、反刍情况、粪便多少、运动步数和子宫排出物。利用听诊器及时听诊皱胃，尽早诊断皱胃变位。按要求做好实验室检测工作。检测血液钙离子水平与乳汁体细胞数，及时诊断低钙血症和乳腺炎。定期检测酮病，围生后期至少测定3次。利用计算机系统分析围生后期的产奶量与乳汁成分，绘制和分析泌乳曲线。对异常个体，及时查找原因并采取相应的措施。产后奶牛常见病防治要点如下：

① 胎衣不下。预防胎衣不下需要从多方面考虑。例如，防止应激、精心饲养、防止太瘦（体况<2.5分）、补充维生素A、维生素E和碘等。围生期每天每头牛补充维生素E 1 000 IU，可降低胎衣不下的发病率。其次，低血钙使子宫收缩力下降，对产后牛（特别是经产牛）科学补钙，可保证子宫正常收缩，促进胎衣排出。流产和死胎的牛，胎衣不下发病率高，须尽早实行药物治疗。产后2 d内，肌内注射催产素（缩宫素），正常剂量多次注射；2 d后注射前列腺素，促进胎衣和恶露的排出。

② 子宫炎。促进胎衣排出，是预防子宫炎的第一步。临床上要及时诊断、及早发现子宫炎，每天监测体温1～2次，体温高于39.5 ℃为发热，有50%～60%的新产牛在产后1周内发热，其中有2/3的发热牛患有子宫炎。因此，通过监测体温可以及早发现子宫炎。但也有一些患子宫炎的牛不发热，需要通过观察子宫排出物来诊断。治疗子宫炎，须全身治疗和局部治疗相结合，敏感抗生素和非

甾体类抗炎药配伍应用，预防子宫炎转变为子宫内膜炎。

③ 产后瘫痪。产后瘫痪主要由低血钙引起，亚临床型产后瘫痪发病率高，危害大。对于经产牛、特别是高胎次的高产牛、有产后瘫痪发病史的牛，产后易发生低钙血症。检测血液钙离子水平，特别对亚临床型低血钙的牛，开始无明显的临床症状，易被忽视。产犊后立即补钙，以口服钙剂为主；对出现症状的牛，及时静脉内输钙剂。糖皮质类激素易导致低钾型产后瘫痪，应禁止使用。

④ 乳腺炎。做好环境卫生与乳头消毒工作，是预防乳腺炎的关键。产后须时刻观察乳房和乳汁的变化，对临床表现异常的牛，取乳样化验，检测体细胞数和做细菌分离培养，对感染牛确定致病菌，选择敏感的抗生素尽早治疗。轻度与中度乳腺炎，以局部治疗为主；中度乳腺炎，须全身治疗与局部治疗相结合。敏感抗生素和非甾体类消炎药联合应用。

2. 犊牛疾病的监控

犊牛通过初乳吸收免疫球蛋白，即母源抗体，是犊牛抵抗病原体感染的主要机制。肠道吸收母源抗体的最佳时间是出生后 24 h 内，而且吸收率呈递减趋势。若出生后超过 24 h 吸乳，犊牛将无法获得母源抗体。犊牛出生后 3 d 内未能提供到位的看护，是犊牛感染诸多疾病的首要原因。据统计，约 50%的犊牛死亡损失是未能及时吃初乳所致。初生犊牛饲喂初乳强调两个时间，即出生后 1～1.5 h 饲喂犊牛体重 10%的初乳，1 h 时后再饲喂一次 8%～10%体重的初乳（荷斯坦牛犊牛 4 L 左右，娟姗牛犊牛 3 L 左右）。

犊牛期是牛发病率较高的时期，尤其是出生后的前几周，主要原因是犊牛抵抗力差。此期间的犊牛易患脐部感染、消化道和呼吸道感染，如脐部脓肿、腹泻、肺炎等疾病。在断奶前有 24%的犊牛发生消化系统疾病（如腹泻），12%的犊牛发生呼吸系统疾病（如肺炎）。犊牛腹泻多见于 1 月龄内，发病犊牛很快出现严重的脱水症状，如不能得到及时治疗，存活率很低。呼吸系统疾病多发生在犊牛处于应激状态时，尤其是在寒冷季节和断奶前后发病率高。

(1) 犊牛腹泻。犊牛腹泻不是一种疾病，而是多种疾病的一种临床表现，对犊牛的健康成长造成了严重危害。犊牛腹泻的原因很多，可分为两大类：非感染性因素与感染性因素，但多由非感染性因素引起，感染性腹泻常继发于非感染性因素导致的腹泻。因此，在控制感染性犊牛腹泻时，必须考虑非感染性因素，否则难以取得良好的治疗效果。非感染性因素主要为饲养管理不当（如犊牛饮食性腹泻），感染性因素包括细菌、病毒、寄生虫等病原体感染（如犊牛大肠杆菌病、犊牛病毒性腹泻、犊牛隐孢子虫病）。据报道，世界范围内的奶牛场犊牛腹泻发病率为 20%～100%。对于奶牛场，犊牛腹泻发病率的高低反映了牛场对犊牛饲养管理的好坏。

① 非感染性腹泻。主要与饲养管理不当有关。例如，妊娠后期母牛的营养不足，不能满足其能量及蛋白的需要量；同时，因摄入的维生素 A、维生素 E 和微量元素不足，均可严重影响犊牛的体质与初乳的产量和质量。产犊环境和犊牛饲养环境恶劣，泥泞、肮脏、青年牛和成母牛同圈、应激等环境因素易使犊牛接触感染性病原，继而引发腹泻。犊牛舍至少应每 3 d 消毒 1 次，保持舍内清洁卫生；随时清除垫板上的粪便，勤换垫料，使犊牛趴卧在干燥、清洁、舒适的牛床上。

天气恶劣时，须对犊牛加强护理。犊牛腹泻的暴发多与恶劣天气有关，此时需要对犊牛出生与生长的环境加以控制，保持环境干燥、干净、温湿度适宜。做好犊牛舍的通风换气工作，保证每头犊牛每小时 50 m^3 以上的通风量。

初乳质量差、饲喂量不足、饲喂时间不当等是导致犊牛腹泻的常见因素。对于部分犊牛腹泻的病原，初乳饲喂管理可有效降低其感染率与犊牛腹泻的发病率。初乳的饲喂应及时，犊牛出生后 1～1.5 h 饲喂优质初乳，饲喂量保证达到体重的 10%，初乳中 IgG 含量达 50 mg/mL 以上，尽量饲喂经产牛初乳。

确保犊牛饮水充足。如发现犊牛粪便呈黑绿色，则是一般性缺水，若粪便干、硬、黑，表明缺水严重。在治疗腹泻期间，更要保证有足够的水供应。若在出生期后的几天内仍然喂初乳，则应加兑20%左右的温水。饮水、牛乳的温度与体温相当。

任何常规饲喂习惯的变化，均可导致犊牛腹泻。如饲喂时间间隔延长，犊牛可能因过度饥饿而采食过量的牛乳，导致犊牛消化不良，排出灰白色稀软粪便（主要为流经肠道未被充分消化吸收的牛乳）。

不喂凉乳、变质乳或乳腺炎乳；注意乳具卫生，给犊牛喂乳的用具每次用完后要及时清洗、定期消毒；注意饲槽卫生，每次饲喂后应认真清理饲槽，保证犊牛不吃腐败变质饲料，至少每周给饲槽消毒1次；犊牛饲喂要定时定量，哺乳期一般每天饲喂3次，喂量占体重的8%～10%；要及时开食、补饲，给哺乳期犊牛尽早喂一定量的干草和精饲料，既可促进瘤胃发育，又可预防犊牛舔食污物或异物，也有预防犊牛腹泻的作用。

在规模化牛场，哺乳期犊牛应用独立的犊牛岛单独饲养，断奶后犊牛按月龄段分群饲养。高床犊牛岛单独饲养的犊牛，病原污染机会较少，可有效降低犊牛腹泻的发病率。

牛场技术员与饲养员要有很强的责任心，严格按照饲喂规程喂养，要仔细观察每头犊牛的精神、食欲、粪便情况，随时调整喂乳量，及时发现病牛，及时采取相应措施进行治疗。

② 感染性腹泻。细菌、病毒和原虫是犊牛腹泻最常见的病原，这些病原体多来自母体或成年牛。自繁自养新生犊牛发病与母源抗体不足有关，应提高饲喂初乳的数量与质量；新引进犊牛发病，与母源抗体种类不全或不足有关，应停止引进。

一般情况下，病犊牛同时感染多种病原，可从粪样或病死犊牛的小肠分离到细菌、病毒或原虫，但其中部分微生物也可在健康犊牛或成年体内分离到，仅是在机体抵抗力下降时发生感染。实验室诊断有助于防控疾病和制订治疗方案。采集病犊牛和健康犊牛的粪便样品，送交实验室分离致病菌、病毒和寄生虫等病原体。如有病犊死亡，应取其肝、脾及肠系膜淋巴结和肠内容物送检。对分离的细菌，需要做药敏试验，以确定使用何种抗生素。病毒和原虫感染的病牛，用抗生素治疗无效，但抗生素可预防或治疗继发细菌感染。

预防犊牛感染性腹泻，除需要做好卫生防疫工作外，也要从饲养管理、初乳饲喂、做好环境管理等多方面考虑。

③ 治疗原则。对于已经出现腹泻的病犊牛，要及时隔离治疗，若延误病情，治愈率低。犊牛在腹泻状态下，每天体重下降5%～10%。治疗的原则除消除病因、控制感染和加强饲养管理外，补液是极为重要的措施。补液可恢复体液的正常容积和成分，纠正酸中毒。补充体液的途径有静脉注射、腹腔注射和口服，对于不能口服的犊牛应采用静脉或腹腔输液的方法。补液的原则是缺多少补多少，采用注射的方法补液时，剂量（葡萄糖氯化钠溶液或复方氯化钠溶液）一般是每天50～80 mL/kg（体重），液体的温度应与体温相近。但不可以仅补给电解质，其不能给犊牛提供足够的能量来抵抗疾病和保证体重增加，应是在保证每天喂乳量的基础上补充电解质。

（2）肺炎。犊牛肺炎是犊牛阶段的常见病，是导致1～5月龄犊牛死亡的常见原因之一。尽管犊牛肺炎死亡率较低（约3%），但其感染率高（50%以上），常影响到奶牛的生产性能。引起该病的因素很多，治疗难度大，需要认真制订监控方案。

引起肺炎的病原多为非特异性病原体，种类繁多。例如，巴氏杆菌、嗜血杆菌、呼吸道合胞体病毒、副流感病毒、传染性鼻气管炎、支原体、肺蠕虫等。在应激状态下机体抵抗力下降，病原体趁机侵入体内并导致感染发病。因此，牛场肺炎未暴发之前，就存在许多致病因素。例如，混群饲养不合理（不同来源的犊牛，不同日龄的犊牛，犊牛与成年牛、免疫和未免疫的牛、病牛和健康牛混群饲养）、运输应激（同一养殖场内或不同养殖场之间的牛群流动）、养殖方式的改变（散养变圈养、放牧变圈养）、牛舍的设计不合理（饲槽差、有贼风、通风差）、营养不全（吃乳不足、矿物质和维生素缺乏）、母源抗体少（浓度低、持续时间短、覆盖的病原种类少）、饲料种类或成分的改变、断奶、去势、去角或患有其他疾病（腹泻、脐带炎、喉气管炎）等，这些因素均是犊牛肺炎的诱因，需要事先制订科学计划以防控该病。

犊牛患肺炎后轻者会影响后期的生产性能，重者导致死亡。预防犊牛肺炎需要从多方面着手。例如，增加初乳摄入量，吃初乳越多，犊牛抵抗力越强；加强环境卫生，禁止除犊牛饲养人员以外的任何人员进入犊牛圈舍，保持犊牛圈舍相对安静，做好圈舍及运动场的卫生工作，勤换垫草，保证圈舍干燥与清洁，至少每周对圈舍彻底消毒一次；降低密度，加强通风；冬天做好防寒与通风工作，科学解决保温与通风的矛盾，运动场的上风处应设挡风墙；夏天保证有足够的饮水，做好防暑降温工作；减少各种应激反应，加强饲养管理，使其科学、合理、有效；对犊牛的常见病早诊断、早治疗；做好牛鼻气管炎、巴氏杆菌病的疫苗接种工作。

(3) 脐带炎。脐带炎是犊牛出生后由于脐带断端遭受细菌感染而引起的化脓性坏疽性炎症，为犊牛常发病。出生后犊牛（包括成年牛）的关节炎与其他部位的细菌感染，大多与出生后脐带感染有关。初生犊牛脐带的处理方法是用5%碘伏消毒后，在离脐孔 5～8 cm 处结扎脐带或用夹子夹住脐带并剪断，再用5%碘伏将断端浸泡 1 min。犊牛脐带未能及时消毒处理，导致脐部细菌感染发炎，细菌进而侵入关节腔。另外，乳腺炎乳汁或被细菌污染乳汁也是引起犊牛细菌感染的重要因素。

正常情况下，犊牛脐带在产后 7～14 d 干枯、坏死、脱落，脐孔由结缔组织形成瘢痕和上皮封闭。由于牛的脐血管与脐孔周围组织联系不紧密，当脐带剪断后，血管易回缩而被羊膜包住，然而脐带断端常因消毒不彻底而导致细菌感染，使脐带发炎、化脓、坏疽。

预防犊牛脐带炎的方法是做好脐带的消毒与处理工作；保持环境清洁、干燥；每牛一栏，防止互相吸吮。牛栏的高度要超过牛的体高。一般 1.0～1.2 m。犊牛卧床应清洁干燥，褥草应及时更换，运动场应勤消毒，定期用1%～2%氢氧化钠消毒。

发现犊牛有脐带炎时，要及时治疗，消除炎症，对形成脓肿的病例，需要切开引流，防止炎症的蔓延和细菌转移。

3. 其他时期奶牛疾病的监控

(1) 后备牛。要保证后备牛生活环境干净、干燥、不拥挤，冬季做好通风工作，多运动，定期驱虫，减少各种应激刺激。另外，部分后备牛有舔乳头嗜好，需要及时采用鼻环限制。防止头胎牛发生乳腺炎，禁止饲喂霉变饲料，防止个别牛乳腺早发育导致瞎乳区等。

(2) 泌乳牛。做好乳台与挤乳操作管理，挤乳程序标准化，并每月进行培训、问题总结；保证挤乳员稳定，做好人员储备工作等，确保团队的可持续性；做好挤乳设备的日常清洗消毒工作，定期维护。做好新产牛的饲养管理与护理，监测奶牛食欲、产奶量、体温、活动量等。

该阶段牛因经过产犊应激，机体抵抗力最差，需要在产后第一时间内采取预防性护理措施，及时补充能量、钙剂和维生素等；做好乳房保健与子宫护理，随时检查泌乳牛血液指标与乳汁指标，确保能随时调整日粮营养平衡。

(3) 干乳期。干乳期是奶牛得以调整的一个恢复阶段，需要做好干乳牛的驱虫、修蹄工作，根据预产期、体况、头胎、经产等指标分群，特别瘦或者胖的牛需要单独饲喂、护理。如果该类牛的比例增多，则需要从营养配方角度加以改善。干乳期一般为 60 d。没有到达干乳期（泌乳后期）的牛尽可能挤乳而不干乳，防止超长的干乳期导致奶牛过肥或发生代谢性疾病。适度运动，可促进子宫、腹部、腿部等部位的肌肉机能，减少产后疾病。做好乳房的保健与护理工作。

四、奶牛传染病的防治

传染病的特点是在一定时间内某一牛场或牛群有部分牛相继发病，严重的，可见大部分牛发病（暴发）。发病常有季节性，病牛体温升高，白细胞增多或减少，精神沉郁，或兴奋与沉郁交替出现。剖检病死牛，脏器多有特征性病变，如脏器出血、坏死等。实验室检查，在无菌的组织（肝、脾、淋巴结等）内检测到病原体，或在体内查到病原体的特异性抗体。防治传染病需要采取多项措施，一般包括检疫、隔离和免疫。科学合理的饲养管理与牛舍设计，是做好传染病防治工作的基础和关键。

(1) 检疫。检疫是指采用各种诊断方法对奶牛及其产品进行疫病检查。对检出的病牛进行相应处理，采取防止疫病发生、传播的综合性措施。包括产地检疫、国境检疫、交通检疫、市场检疫和屠宰检疫等。在奶牛场，春秋两季做好结核病等的检疫，是牛场防疫的首要工作。技术员和饲养员时刻注意观察牛只的情况，及时发现异常牛并进行科学合理的处理。

(2) 隔离与封锁。隔离是对患病牛和可疑感染病牛的单独饲养、治疗观察，以控制传染源，防止疫情扩散。若发生危害大的烈性传染病，除隔离病畜外，还要采取划区封锁的措施，以防疫病向安全区传播或安全区易感牛进入疫区。

牛场一旦发生疫病，应及时发现、诊断和上报疫情；迅速隔离病牛并做相应的治疗或处理，对环境进行彻底消毒；对可疑感染病畜，进行隔离观察；对假定健康的动物，紧急免疫接种或药物预防。按规定科学、合理处理病死牛和淘汰牛。对危害性大的疫病（如口蹄疫），采取封锁、扑灭等综合性措施。兽医应了解周围饲养场和周边地区的疫情并做好防护工作，防止外来疫病的侵入。

对病毒性疾病常常用高免血清、痊愈血清（或全血）、单克隆抗体、干扰素等生物制品治疗，抑制病毒的繁殖与扩散；部分中草药（如大青叶、板蓝根）和化学药物（如三氮唑核苷、金刚烷胺）可以抑制病毒的繁殖，提高机体免疫力；对细菌性传疾病，常用抗生素治疗，但应掌握抗生素的适应证，勿滥用，并注意抗生素耐药问题与牛乳残留问题；短期用药、几种药物联合应用，可减少细菌对抗生素的耐药性。

(3) 免疫接种。依据本场、本地的疫情，对烈性传染病、常见传染病需要定期预防接种。免疫接种的疫苗有多种，如灭活苗、弱毒苗、类毒素（破伤风类毒素）和基因工程疫苗等，依据传染病的种类、发病时间等资料制订周密的预防接种计划（免疫程序）。在接种前，对牛进行详细检查，特别是对体温、饮食、精神、健康情况、是否妊娠等进行观察。接种后，应加强饲养管理，适当增加精饲料和维生素的比例，提高营养浓度，可减弱免疫接种后的反应。

免疫接种时常出现局部或全身反应，若症状轻微，属于正常反应；若免疫接种后出现呼吸困难、骚动不安、眼睑肿胀、发热等症状，属于变态反应或过敏反应，应注射肾上腺素和地塞米松；若免疫接种后牛发病，属于牛带毒、在该病的潜伏期或野毒过强。疫苗的质量差，或使用方法不当（如剂量过大、接种途径错误、频繁接种）、机体免疫力差等，常导致免疫失败。同时给动物接种两种以上的疫苗时，这些疫苗可分别刺激机体产生多种抗体，或在短时间内多次重复接种疫苗，机体产生抗体的能力减弱，免疫效果差。

(4) 建立合理的免疫程序。目前，国际上还没有一个可供统一使用的疫（菌）苗免疫程序，疫苗厂家提供的为建议免疫程序，需要根据本场的情况加以改进。通过加强饲养管理和防疫工作，定期杀虫、灭鼠，粪便做无害化处理，可有效控制疫病的发生。牛群免疫、检疫时必须做到100%的免疫率和100%的抗体合格率，否则须进行补免。并对检出的患病奶牛及时进行处理。

五、加强饲养管理和健全牛场规章制度

对不同阶段奶牛采取不同的饲养管理方法，按照生长发育与生产能力饲喂不同的全价饲料，按照岗位特点制定不同岗位的工作任务、责任制与规章制度，是做好奶牛疾病监控工作的关键。

第十节　奶牛生产区划和生产管理模式

一、我国奶牛优势区域布局规划

奶牛业是农业的重要组成部分，奶牛业发展水平是一个国家畜牧业现代化程度的重要标志。为更好地发挥全国奶牛优势区域的带动作用，稳步推进我国奶牛业的持续健康发展。2003 年，农业部组织制定并实施了《奶牛优势区域发展规划（2003—2007）》，北京、天津、上海、河北、山西、内蒙古、黑龙江 7 个奶牛优势区域把奶牛业摆上重要位置，加大政策和资金引导扶持力度，生产迅速发展，成效十分显著，优势区域基本形成。

2009 年，农业部制定了《全国奶牛优势区域布局规划（2008—2015）》。根据市场、资源、基础和加工优势区域布局原则，选择北京、上海、天津郊区；东北的黑龙江、辽宁和内蒙古；华北的河北、山西、河南、山东；西北的新疆、陕西和宁夏 13 个省（自治区、直辖市）4 个奶牛生产优势区域，共 313 个奶牛养殖基地县（团场）。优势区域的建设重点是：奶牛良种繁育、奶源基地建设、生鲜乳质量标准和检测、奶业预警信息体系建设等。优势区域的主推技术是：奶牛群体改良技术、高效繁殖技术、标准化规模饲养技术、青贮和优质牧草生产加工技术、奶牛疫病防治技术、生鲜乳质量控制技术和奶牛小区（场）经营管理技术。

2015 年，优势区域奶牛存栏量 1 700 万头，年均增长率 5%，占全国奶牛存栏总量的 49.5%；牛乳产量 54 000 kt，年均增长率 8%，占全国的 83%。成年母牛单产达到 5 900 kg。优势区域抓住国内市场乳品消费增长，以品种改良、标准化规模生产、乳品加工技术改造升级为主导，推动产业发展上规模、上水平，创立了一大批名牌产品。优势区域的发展壮大，为其他地区的奶业生产与乳制品加工业发展提供了典型经验。

2016 年，农业部、国家发展和改革委员会、工业和信息化部、商务部、国家食品药品监督管理总局五部门联合发布《全国奶业发展规划（2016—2020）》，该文件是发展我国奶业的纲领性文件。按照突出质量安全、利益联结、市场主导、绿色发展的原则，巩固、发展、提高优势区域的乳畜品种质量，加强优质饲草料生产，优化调整乳制品结构，加快奶酪等干乳制品生产发展，加快优势区域的发展。

1. 京津沪奶牛优势区

（1）基本情况。本区域包括北京、上海、天津 3 市的 17 个县（场）。区域特点是乳品消费市场大，加工能力强，牛群良种化程度高，部分农场的奶牛单产水平达到 8 000 kg 以上。但环境保护压力大，饲草饲料资源紧缺。

（2）主攻方向。巩固和发展规模化、标准化养殖，进一步完善良种繁育、标准化饲养和科学管理体系，培育高产奶牛核心群，提高奶牛育种选育水平，提高饲料转化率，实施粪污无害化处理和资源化利用。

（3）发展目标。稳定现有奶牛数量，提高奶牛单产水平，到 2015 年奶牛平均单产水平，从现在的 6 500 kg 提高到 7 500 kg 以上；基本实现机械化挤乳和规模化养殖；加快奶业产加销一体化进程，率先实现奶业现代化，保障城市市场供给。

2. 东北奶牛优势区

（1）基本情况。本区域包括黑龙江、辽宁和内蒙古 3 省（自治区）的 117 个县（场）。区域特点是饲草饲料资源丰富，气候适宜，饲养成本低，奶牛群体基数大，但单产水平不高，分散饲养比重较大，与产品主销区运距较远。

(2) 主攻方向。 重点发展奶牛大户（家庭牧场）、规范化养殖小区、适度规模的奶牛场，同时建设一批高标准的现代化奶牛场，尽快改变分散、粗放饲养比重大的不利局面，通过政策、技术、服务等综合手段，引导奶业生产尽快实现规模化、标准化和专业化，不断提高奶业效益和市场竞争力。

(3) 发展目标。 稳定奶牛增长数量，着力提高奶牛单产水平。到 2015 年，奶牛存栏量达到 730 万头，年均递增 5%；牛乳产量达到 27 000 kt，年均递增 8%；平均单产提高到 6 300 kg。

3. 华北奶牛优势区

(1) 基本情况。 本区域包括河北、山西、河南、山东 4 省的 111 个县（场）。区域特点是地理位置优越，饲草饲料资源丰富，加工基础好，但奶牛品种杂，单产水平低，奶牛改良与扩群任务比较繁重。

(2) 主攻方向。 重点发展专业化养殖场和规模化小区，扩大养殖规模，提高集约化程度；加快奶牛改良步伐，尽快提高奶牛单产水平；探索资源综合利用新模式，充分利用农业资源和加工业基础，形成种养加一体化产业体系。

(3) 发展目标。 到 2015 年，奶牛存栏量达到 540 万头，年均递增 7%；牛乳产量达到 17 000 kt，年均递增 10%；平均单产从现在的 3 700 kg 提高到 5 500 kg。

4. 西北奶牛优势区

(1) 基本情况。 本区域包括新疆、陕西、宁夏 3 省（自治区）的 68 个县（团场）。区域特点是奶牛养殖和牛乳消费历史悠久，但牛乳商品率偏低，奶牛品种杂，荷斯坦牛数量少，养殖技术落后，单产水平低。

(2) 主攻方向。 重点发展奶牛养殖小区、适度规模奶牛场；着力改良品种，大幅提高单产水平；扩大优质饲草饲料种植面积，大力推广舍饲、半舍饲养殖，提高饲养管理水平。

(3) 发展目标。 发展特色奶业，大幅提高奶牛单产水平。到 2015 年，奶牛存栏量达到 390 万头，年均递增 5%；牛乳产量达到 8 000 kt，年均递增 9%；平均单产从现在的 1 400 kg 提高到3 300 kg。

二、我国奶牛生产管理模式

我国奶牛生产管理模式按区域特点可分为京津沪区域、东北、华北、西北和南方地区奶牛生产管理模式以及我国台湾奶牛生产管理模式。

1. 京津沪区域奶牛生产管理模式

(1) 北方大城市（北京）区域奶牛生产管理模式。 在北京区域规模化奶牛养殖的实践中，总结出以 EDTM 为核心的高产奶牛饲养管理模式，也就是以奶牛环境（environment）、数字化管理（data）、全混合日粮（TMR）饲养调控技术和奶牛生产全过程的标准化管理体系（management），也称作三维模式。通过以 EDTM 为核心的高产奶牛饲养管理模式的实施，重点牛场单产已达到 10 t 以上。

EDTM 模式总结归纳了奶牛生产不同领域的关键技术：把奶牛场选址、饲养工艺、牧场规划、奶牛行为、气候条件、挤乳工艺、综合保健等，归纳为奶牛环境的领域；把以 DHI 为核心的体况评分、发育评价、软件开发、网络建设、智能管理、报表体系纳入数字化管理的领域；全混合日粮饲养调控技术以全混合日粮为核心，包括饲料的品控技术、日粮调控技术、粗饲料的应用和奶牛的分群管理；为了保证以上关键技术的实施和应用，必须有标准化过程管理，可称为员工管理或者岗位管理，包括员工培训、标准制定、规范应用等。以上即为以 EDTM 为核心的生产技术体系，也就是 10 t 奶牛生产的技术核心。

奶牛的生存环境，应遵循环境与自然和谐，让奶牛在自然条件下，“站着采食，卧着反刍，愉快地接受挤乳”。奶牛在这种环境中生活感觉到快乐，能最大限度地满足其生物学需要。在奶牛场的建设上，最重要的是尊重奶牛的行为，同时要根据当地气候条件进行牛场建设。重视牛蹄的保健，坚持干乳牛修蹄，坚持常年浴蹄，这都属于奶牛环境方面的工作。

关于数字化管理，可以用DHI原始的分析报告，通过编制的DHI分析软件总结理想的奶牛生产数字。每个牧场都与这些理想数字进行对比，从而发现管理上的问题，及时调整饲养方案。

全混合日粮饲养调控技术这几年在国内飞速发展。奶牛实现全混合日粮饲养，每头奶牛均可得到营养均衡的日粮。从源头上入手，所有饲料全部集中统一采购，通过样品检测、来料抽样化验、合同洽谈，到追溯问题的处理，建立各个阶段的分析、化验、追溯的档案制度，从源头上控制饲料的质量，也是控制牛乳质量、食品安全的基础。同时，讲究优质粗饲料和短纤维饲料的搭配，在不同季节对不同的牛群进行饲养方案的调整、日粮的评价，牛场进行定期的测定、日粮制作，每个牛场每周进行全混合日粮的样品测定，及时发现并解决问题，这样能够保证牛群饲养的稳定。

奶牛饲养的关键技术包括繁殖、挤乳工艺等，所有的技术实施保障体系需要员工的岗位规范，建立贯穿生产全过程的技术管理工作标准化体系，通过标准化体系的贯彻来提高员工素质，规范企业行为。

(2) 南方大城市（上海）**区域奶牛生产管理模式。**综合分析上海奶牛养殖现状、发展优势和制约发展的瓶颈，根据国家和上海奶业发展的总体规划要求。总结出我国南方大城市郊区现代化奶牛业发展模式，即质量效益型奶牛生产管理模式：“南方大城市郊区根据城市发展的要求，应用集成现代先进技术，坚持少养精养，以追求经济效益为目标，探索了‘优质、高产、高效’现代化奶牛发展模式。严格控制奶牛头数，以高产成母牛为主要养殖对象，集成现代饲养管理技术体系，既保证了大城市消费群体对高品质鲜乳的消费需要，又避免了过多养殖给城市带来的生态压力。”该模式有以下4大技术特点：

① 建立面向全国的优秀奶牛遗传种质资源的供应基地。通过优秀种公牛的筛选、培育，并充分运用DHI系统建立核心母牛群，结合奶牛育种生物技术、性别控制技术，加大优秀奶牛种质的推广，使上海成为我国奶牛遗传种质重要的供应基地。

② 集成小环境调控和营养调控技术，克服高温、高湿对奶牛的应激。南方高温、高湿环境条件给奶牛的健康和生产性能都带来严重的负面影响，通过对奶牛小环境的调控及相关管理技术的集成，有效减缓热应激对奶牛的危害。

根据南方地区青粗饲料资源缺乏、品质差的特点，筛选出适宜南方地区种植的紫花苜蓿和玉米品种，研制牧草半干青贮技术。

③ 建立安全、优质原料乳生产基地和原料乳质量保证体系。通过中心实验室检测平台建设、建立大群高产奶牛疾病预防和监控体系，通过各类标准的认证，建立安全、优质原料乳生产基地和原料乳质量保证体系，有效地保证了南方大城市消费市场对原料乳的需求。

④ 智能化、信息化管理技术的集成与运用。积极推进奶牛TMR饲喂工艺，充分运用计算机管理软件，对散放式牛群实行在线管理，公司所辖牧场运用牧业资源管理信息系统（HERP）对原料乳质量和牛只进行管理，提高示范区牧场的数据信息化管理效率。

通过奶牛综合饲养技术培训和推广，促进了上海奶牛业发展和产量提高，上海奶牛平均单产近8 000 kg，促进了南方奶牛业的发展，取得了显著的社会效益和生态效益。

2. 东北地区奶牛生产管理模式

该区域包括黑龙江、辽宁和内蒙古3省（自治区）。该区域处于公认的奶牛、玉米生产带，饲草饲料资源丰富，气候适宜，饲养成本低，奶牛群体基数大。全国奶牛养殖第一、二大省均在该区域，是国家重要的奶源基地。

内蒙古创建的牧场园区以及“奶联社”模式，都有长足发展。黑龙江则以农垦奶牛生产模式为主。

3. 华北地区奶牛生产管理模式

该区域包括河北、山东、山西、河南4省。华北奶业产区奶源基地建设模式基本是以奶牛小区为主，奶牛小区、规模牛场、农户散养三者并存。

4. 西北地区奶牛生产管理模式

西北地区是我国国土面积最大的地区，包括陕西省、甘肃省、青海省、宁夏回族自治区和新疆维吾尔自治区，西北奶牛饲养分农区饲养模式、半农半牧区饲养模式和规模化饲养模式。

5. 南方地区奶牛生产管理模式

南方18个省级行政区奶牛规模化养殖程度较高，实行了奶牛生态养殖、高端乳品加工和销售一体化的生产模式，而且大部分生产的是巴氏鲜乳。

6. 我国台湾奶牛生产管理模式

我国台湾的奶牛场均属家庭牧场的经营模式，奶牛场的生产管理和劳动力主要靠家庭成员来完成。现在有的家庭牧场把分散的农场主集中起来成立合作组织，提供一系列专业化服务，提高市场的抗风险能力，争取利益最大化。

三、国外奶牛生产管理模式

国外奶牛生产管理模式主要是一体化经营，即生产、加工和运销一体化。把分散的奶牛经营者联合起来，形成整体的经济利益共同体，把原料乳和乳制品推向市场，克服奶农单独面对市场时面临的风险。国外奶牛生产经营管理模式呈现区域化、规模化、科学化、市场化、加工型和实行配额制生产等特点。

国外奶牛生产一体化经营管理模式下的组织有多种类型，大体可归纳为合作社、专业协会和企业集团3种类型，即美国、澳大利亚、荷兰、丹麦等国的合作社型，日本、加拿大、丹麦和澳大利亚等国的专业协会型以及美国等国的企业集团型。

不管哪种组织形式，为奶农提供奶牛产前、产中、产后全方位技术服务和教育培训是其共同之处与工作重点。

1. 美国奶牛生产管理模式

丰富的土地资源和良好的气候条件，造就了发达的美国奶业。美国是世界产奶大国，2015年美国牛奶总产量94 634 kt，居世界第一。泌乳牛存栏数931.7万头，占全世界的3.3%，奶牛主要分布在西部和东北部地区。

(1) 奶牛场拥有自己的饲草饲料用地。种植玉米、苜蓿等作物，制作全株玉米青贮和苜蓿青贮，基本可以保证自身的需求，部分奶牛场的苜蓿和玉米还可以外销。这为奶牛场的稳定经营提供了充分的保障。同时，充裕的土地也为奶牛粪污消纳提供了良好的条件，奶牛场粪污经过干湿分离后，水可用于冲刷牛舍和灌溉，固体经过干燥后用于还田，实现了生态良性循环的和谐统一。

(2) 奶业生产水平高。奶牛场采用TMR饲喂系统。奶业生产的产业链，从饲草饲料种植到收割，从牛舍建造到奶牛养殖、再到粪污处理，从挤乳到乳的冷却、运输，从原料乳的加工到销售，所有这些环节都实现了机械化、一体化。人均饲养奶牛达100头以上，2015年泌乳牛单产10 157.1 kg。

(3) 牛场以家庭为主，进行公司化运作。家庭农场所有者是家庭成员，但是牛场的日常经营是公司化管理，实行总经理负责制。家庭成员根据在牛场的具体职位实行薪水制度。

牛场的管理者既是奶牛场的拥有者，也是最基本的劳动力。这种家庭牛场规模都不大，2016 年美国有 41 809 个奶牛场，平均规模近 200 头。

(4) 完善的社会服务体系。

① 合作组织。牛场主几乎全都参加或入股特定的生产合作社或行业协会。合作组织把分散的农场主集中起来，为他们提供一系列专业化服务，提高他们在市场中的抗风险能力，为他们争取最大的利益。牛场主绝大多数都是靠组织化的办法形成利益共同体，一方面维护自身权益，另一方面约束自身行为。有些合作社则直接创办加工企业，实行产加销一体化，奶农的利益得到了更好的保障。合作组织的发展为美国奶业的发展提供了有力的保障。

② 美国农业部、州、县设有技术推广部门。推广内容由各州州立大学的奶牛科学系的推广教授拟订，州县两级的推广部门是具体的实施和推广机构。州县两级推广部门只能做公益性的推广活动，严禁经商。牛乳的质量安全由联邦 FDA 直接负责督查。第三方检测由政府认证的私人公司承担，接受社会、舆论和政府的监督，一旦发生质量风险将被取消认证资格。新设备和新技术的推广工作基本由私人公司承担。全国和各州的展销会及研讨会同样由私人公司主办，政府和协会以参展商的身份参与其中。

美国荷斯坦协会主要负责荷斯坦牛的品种登记、体尺外貌测定，并发证书，为牛场提供 DHI 测定服务，发布各公司种公牛后裔测定成绩。美国娟姗牛协会、短角牛协会同样从事类似工作。

2. 欧洲奶牛生产管理模式

传统久远而又现代化的欧洲奶牛业，其生产管理模式基本上属于家庭牛场，规模不大，一般成母牛饲养量为 50～70 头，荷兰共有 200 多万头奶牛，但 250 头以上规模的牛场只有 20 个。这些国家的奶牛服务体系非常健全。社会化、专业化的社会服务体系和科研机构与奶牛生产完美地结合成一个有机整体，为奶牛场生产效率的提高和技术的进步提供了坚实基础。欧洲奶牛生产管理模式的特点：

(1) 土地资源与奶牛养殖配比率高。每个奶牛场都拥有相当数量的土地，实行种养结合、农牧配套的管理模式，奶牛场有自己的人工草场和青饲料地，平均每头奶牛有 1 hm^2 左右的饲料用地。如荷兰某牛场，只有 80 多头成母牛，却拥有 100 hm^2 土地；德国巴伐利亚洲的 Betriebs 农场除有一个新建的牛场外，还拥有 350 hm^2 的土地，其中 200 hm^2 是森林，40 hm^2 是鱼塘，其他全部是草场和饲料地。所有奶牛场的粗饲料基本自给，合理地解决了奶牛养殖与饲料用地的问题。

(2) 设施完善，设备精良。欧盟制定了《动物福利法》，命令废止拴系饲养，奶牛基本上全部舍内散栏饲养。这种工艺方式要求设施完善、牛舍结构与工艺流程和配套设备要高度协调一致，这对牛场的设计提出了更高的要求。在挤乳设备上，欧洲全部实现了机械化挤乳，最先进的牛场已使用机器人全自动挤乳。奶牛的饲喂系统全部采用 TMR 全混合日粮、全天自由采食；牛舍内全部采用散栏、卧床、机械清粪系统、化粪池集中处理粪便、机械自动刷拭牛体、分群饲养等技术工艺；哺乳犊牛全部采用移动式犊牛栏和代乳料饲喂。每个牛场配备有多种专用的饲料机械，饲料混合搅拌车、叉车、拖拉机、装载机等，加上先进合理的工艺流程设计，使劳动生产率大幅度提高。

(3) 牛乳生产配额管理。政府宏观配额管理，协会及奶农组织确定牛乳保护价；奶牛业社会化服务体系完善，社会化、专业化程度高。为了保护基础产业，欧盟各国对牛乳生产实行配额制管理。根据牛场规模确定全年的生产总量，以此来控制和调剂全国的牛乳生产，从而减少生产的盲目性和随意性，保护奶农的利益和基础产业的稳定性。同时，政府对牛乳收购实行最低价格保护，在保护价之上的价格调整则由奶农组织与乳品加工厂根据市场变化共同协商确定。

3. 日本奶牛生产管理模式

日本奶牛生产管理模式属于家庭牧场。近 50 年由传统小规模养殖向现代化、规模化牧场转型。在推进奶牛规模化养殖的进程中，经历了奶牛存栏量不断增加、饲养农户不断减少、每户经营的规模不断扩大的变化过程。

北海道是日本奶牛养殖业的聚集区，牛乳产量占全国总产量的50%左右，每户平均饲养头数为100头左右。近年来，单产超过9 000 kg的奶牛场很多，最高的达14 000 kg，个体单产最高达27 000 kg。北海道的生乳质量是全世界最好的。生乳细菌数3万CFU/mL以下的占99.7%，1万CFU/mL以下的占98.7%；体细胞数30万个/mL以下的占98.8%；乳脂率平均4.0%、无脂总固体率平均8.7%。

奶牛产奶量的提高，主要是通过牛种改良、先进的饲养管理、充足的精饲料、优良的青贮饲料和青干草，以及粗饲料的加工技术改良和加工保存等技术的发展实现的。日本的奶牛场实行种养结合的养殖模式，既解决了奶牛粗饲料的自给问题，又解决了粪污还田问题，形成了养殖业和种植业之间的良性循环。

牛场的粪污处理费用完全是国家、地方补贴或无息贷款。这对提高牛场建设粪污处理设施的积极性有很大的推动作用。

4. 以色列奶牛生产管理模式

以色列位于亚洲西部，是亚洲、非洲、欧洲三大洲结合处，气候炎热干旱，缺乏水源，也缺乏苜蓿草资源和玉米青贮，主要采用的粗饲料为全株小麦青贮，还有一些副产品，如糠麸、棉籽饼和饲料添加原料。全混合日粮粗精比35∶65，奶牛平均单产2011年突破12 t，2012年为11.76 t。乳脂率3.62%，乳蛋白3.20%。

以色列牧场有3种类型：一是莫沙夫（家庭）奶牛场，共有776个，平均规模为50～60头，1 d挤乳2次。二是基布兹（合作社）奶牛场，共有163个，每个牧场平均规模为300多头，成母牛每天挤乳2～3次。三是学校实验奶牛场共有15个，主要为学校教学试验用。

以色列实行原料乳生产配额制，目的是要有效地控制牧场的经营。完不成配额第1年警告，第2年再完不成配额，部分配额将要转让。

以色列奶业服务体系健全，管理精细，建立很多合作、创新的管理模式：

（1）奶业组织机构，合作紧密，资源、数据共享。以色列奶业组织机构包括政府机构、奶业协会和奶农机构（兽医中心、育种协会、公牛站等）组成。奶业协会主要负责牛乳质量和奶牛保健。实验室进行牛乳质量、乳腺检查和培训，为非营利的机构。奶业组织机构数据共享。

（2）兽医中心社会化服务，保证奶牛健康和提高生乳质量。兽医中心是奶农机构的一部分，由奶农来运作，又服务奶农。兽医中心的服务内容包括：照顾好病牛，保健兽医每周1～2次到奶牛场，做保健卫生和预防；控制疾病，帮助奶农实现最高产量目标；牛群的保健；避免用药；临床诊断。

兽医中心人员分工不分家，技术和资源共享，相互交流、相互协调，通过交流和情况分析解决牧场问题。

兽医的主要工作：产后5～10 d，恶露排不干净的牛，兽医必须对其进行处理；产后50～90 d不发情的牛，兽医必须给其检查，40 d后要进行妊娠检查；体况评分（胎次评分）：包括新产牛（5～12 d）、泌乳牛（40～80 d）、干乳期三次评分。

（3）TMR饲喂中心运作方式。以色列有22个TMR饲喂中心，为全国奶牛场配送TMR饲料。以色列最大的TMR饲喂中心占地面积150 hm^2，有6台容积40 m^3的固定式搅拌车、3台容积40 m^3的自走式搅拌车，能提供200多个饲料配方、60多个常用配方，控制中心采用饲料软件控制。控制中心所有设备都与系统连接，无线网实时传送配方数据，操作工严格执行，精准的日粮就是这样生产出来的。

该中心客户分为3类：第1类，小牛场开着拖拉机自己去采购TMR，这样牛场就不用购买设备来自行生产，可以节约时间和精力用于牛场管理；第2类，有的开着大卡车到该中心购买高质量的饲料原料；第3类，该中心将成品TMR采用带有高级计算机和传送带的运输车运送到客户牛舍，现场称重现场结算。

(4) 原料乳质量控制第三方检测机构。以色列原料乳质量控制第三方检测机构是奶业协会原乳检测和 DHI 实验室，是全国唯一具有原料乳质量检测资质的第三方机构。原料乳质量检测由原乳检测和 DHI 实验室完成。

(5) 牛粪处理新模式，牧场联盟建立牛粪无害化处理有机肥中心。以色列作为环保政策十分严格的国家，牛粪无害化处理是一个十分重要的问题。由牧场联盟建立的牛粪无害化处理有机肥中心处理牛粪。该中心投资 500 万欧元，其中 250 万欧元由政府补贴，其余资金由 20 个会员牧场联盟筹集。主要对会员牧场的 8 000 头牛产生的牛粪进行处理。与其他国家粪污处理不一样，该中心处理牛粪由牧场支付 8 美元/t 的处理费用。处理完毕后，按 16 美元/m^3 出售。上述价格是按会员制结算价，非会员将支付更多的处理费和有机肥使用费。

5. 澳大利亚奶牛生产管理模式

澳大利亚的气候条件和自然资源比较适合于奶牛养殖，澳大利亚奶牛饲养方式主要是草场放牧，在正常的气候条件下，奶牛饲料的 75%来自牧草。澳大利亚绝大多数奶牛场经营模式属于家庭牧场，合作牧场占 15%（也是家庭联合所有）。较大规模的牧场饲养量在千头左右。

澳大利亚的奶农是奶业的主体，乳品加工行业是多元化的，牧场主所有的合作公司也经营乳品加工，占牛乳加工总量的 55%，如最大的乳品企业 MG 就有 2 695 个牧场股东。奶业行业组织、服务部门、研究机构都得到奶农的支持。澳大利亚有 7 500 多家牧场，其组织化、结构化、一体化程度非常高，协调性好，在国内和国际市场上的影响力和话语权较大，能够有效保护自身的权利。

6. 新西兰奶牛生产管理模式

新西兰具有得天独厚的草地资源，畜牧业生产用地接近国土面积的一半。奶业生产主要基于先进、高效和低成本的放牧生产体系。在新西兰，对奶业生产效率的评价是以每公顷草地生产的乳固体来衡量的，牧草的科技含量直接影响着奶业的发展。奶牛饲养一般采取季节性放牧和划区轮牧方式，平均单产 3.8 t，但生产成本低，干物质含量高，乳脂肪和乳蛋白两项合计含量在 8.3%以上。

新西兰牛乳生产呈现出很强的季节性，每年 7 月到翌年 5 月初是挤乳季节。为了让奶牛产犊与牧草生长的季节性相吻合，一般在秋冬季节配种，平均妊娠 283 d，翌年集中在春夏季节的 82 d 内产犊。由于原料乳供应的季节性，在供应淡季时加工设备开工不足。

新西兰乳品加工行业以牧场主拥有的合作企业为主体。新西兰是全球主要乳制品出口国，超过 93%的原料乳被加工成干乳制品用于出口，国内消费仅占很小一部分。

（金海、宋丽华、蒋林树、王光文、薛树媛、王典）

主要参考文献

莫放，2003. 养牛生产学 [M]. 北京：中国农业大学出版社.

邱怀，2002. 现代乳牛学 [M]. 北京：中国农业出版社.

王福兆，2004. 乳牛学 [M]. 3 版. 北京：科学技术文献出版社.

王福兆，2008. 怎样提高养奶牛效益 [M]. 北京：金盾出版社.

王占赫，陈俊杰，2007. 奶牛饲养管理与疾病防治技术问答 [M]. 北京：中国农业出版社.

王中华，2003. 高产奶牛饲养技术指南 [M]. 北京：中国农业大学出版社.

徐明，2012. 奶牛营养工程技术的基础与应用 [M]. 北京：中国农业出版社.

Chew B P，Erb R E，Fessler J F，et al，1979. Effects of ovariectomy during pregnancy and of prematurely induced parturition on progesterone，estrogens，and calving traits [J]. J Dairy Sci，62(4)：557 - 566.

Donahue M，Godden S M，Bey R，et al，2012. Heat treatment of colostrum on commercial dairy farms decreases colostrums microbial counts while maintaining colostrums immunoglobulin G concentrations [J]. J. Dairy Sci，95(5)：2697 - 2702.

Godden S M，Smolenski D J，Donahue M，et al，2012. Heat - treated colostrum and reduced morbidity in preweaned dairy calves：Results of a randomized trail and examination of mechanisms of effectiveness [J]. J Dairy Sci，95 (7)：4029 - 4040.

Kunz P L，Blum J W，Hart I C，et al，1985. Effects of different energy intakes before and after calving on food intake，performance and blood hormones and metabolites in dairy cows [J]. Anim Prod (40)：219 - 231.

Mike Hutjens，2008. Feeding guide [M]. 3nd ed. WI：Hoard' s Dairyman.

Quigley：J D Ⅲ，Kost C J，Wolfe T M，2002. Absorption of protein and IgG in calves fed a colostrum supplement or replacer [J]. J Dairy Sci，85(5)：1243 - 1248.

第十一章

奶 牛 场 建 设

奶牛场建设涉及选址、场区布局、各种牛舍的工艺设计及其配套工程设施、牛场的粪污处理与利用等内容。规划设计一个科学、布局合理、各方面配套设施完备的奶牛场，对保证今后良好的运行十分重要。奶牛场建设必须符合环境保护、土地资源合理利用的要求。

第一节　奶牛场建设选址与场区布局

一、牛场选址

场址选择是奶牛场建设可行性研究的主要内容，也是规划建设面对的首要问题。选址时，必须综合考虑自然环境、社会经济、牛群的生理和行为需求、卫生防疫条件、饲养管理、生产流通和场区发展等因素，并科学地、因地制宜地处理好相互之间的关系。

1. 场地要求

奶牛场最好建在地势平坦、干燥、向阳背风、空气流通、地下水位低、易于排水的地方。土质最好是沙性土壤，透水透气性好。场区需要设置2%～5%的排水坡度，用于排水、防涝。如果在山区建场，宜选在向阳缓坡地带，坡度小于15%，平行等高线布置，切忌在山顶、坡底谷地或风口等地段建奶牛场。

2. 运输要求

奶牛每天采食的饲料量和粪便量都很大，一个400头成母牛场，1 d约需25 t饲料并产生30 t粪污；同时要确保所产的鲜乳质量，且能及时供应市场需要，这些都要求运输距离越短越好。场区通行的道路，应满足最小道路宽度和转弯半径的要求。

3. 安全、防疫要求

奶牛场离城市过近，城市的某些病源会直接威胁奶牛安全，增加防疫工作难度；反之，牛场对城市又存在“畜产公害”问题，特别是牛场的臭气、粉尘等会随气流扩散（图11-1），影响城市的环境

图11-1　奶牛场臭气、粉尘等随气流扩散示意

卫生。奶牛的某些传染病为人兽共患病，所以场址距交通干线、居民点应保持不小于 500 m 的安全、防疫距离，并应建在居民点的下风向。场址标高应高于储粪池和污水处理等设施，并将场区建在其上风向。

4. 用水用电要求

每头成母牛每天需要 100～300 L 饮用水，饮用水系统须满足每天饮水总量的需要。同时，还需要考虑清洁卫生用水和消防用水，因此场址附近必须有充足的水源并能保证良好的水质。

需要满足奶牛场内加热、照明、泵、车辆等用电。另外，需要配备备用发电机组以便在断电时使用。

5. 自然气候条件

气候状况不仅影响建筑规划、布局和设计，而且会影响建筑朝向、防寒与遮阳设施的设置，与牛场防暑、防寒日程安排等也十分密切。因此，选址时，须收集拟建地区与建筑设计有关的气候气象资料和常年气象变化、灾害性天气情况等，如平均气温，绝对最高气温、最低气温，土壤冻结深度，降水量与积雪深度，最大风力，常年主导风向、风向频率，日照情况等。

防风带有助于改变冬天的风向和抵御暴雪。可以充分利用现有树木、建筑、小山坡、干草堆等的防风作用，但同时需要注意不能阻碍通风和排水。

6. 土地面积要求

建场时，应遵循珍惜和合理利用土地的原则，不得占用基本农田，尽量利用荒地和劣地建场。奶牛场土地征用面积可按照成母牛的存栏量加以确定。100～400 头成母牛的规模场，占地面积一般可按 16～18 m^2/头计算。规模较小的奶牛场，每头牛的占地面积应相应增加；规模较大的奶牛场，每头牛的占地面积可酌情减少。同时，还应考虑匹配一定的土地面积满足制作青贮饲料的饲料作物种植和粪肥消纳的需要，一般可按 1 头牛 1 334 m^2 饲料地、每 667 m^2 土地可以消纳鲜粪肥 1.5～2 t/年计算。

二、牛场场区布局与功能分区

在选定的场地上，根据地形、地势和当地主导风向，对不同功能区、建筑群、人流、物流、道路、绿化等内容进行规划。根据场区规划方案和工艺设计要求，合理安排每栋建筑物和每种设施的位置及朝向。

1. 场区布局要求

奶牛场场区布局，应考虑人的工作条件和生活环境，保证牛群不受污染源的影响。

（1）生活管理区和生产辅助区应位于场区常年主导风向的上风处和地势较高处。隔离区位于场区常年主导风向的下风处和地势较低处（图 11－2）。地势与主导风向不是同一个方向，按防疫要求又不好处理时，则应以风向为主。地势的矛盾可以通过挖沟设障等工程设施和利用偏角（与主导风向垂直的两个偏角）等措施来解决。

（2）生产区与生活管理区、辅助生产区应设置围墙或树篱严格分开，在生产区入口处设置第 2 道更衣消毒室和车辆消毒设施。这些设施一端的出入口开在生活管理区内，另一端的出入口开在生产区内。生产区内与场外运输、物品交流较为频繁的有关设施，如挤乳厅乳品处理间、人工授精室、家畜装车台、销售展示厅等，必须布置在靠近场外道路的地方。挤乳厅布置在邻近牛舍的生产区外面，并通过围墙、林带与之隔开，乳罐车不用进入生产区，这种布局对场区防疫有利。

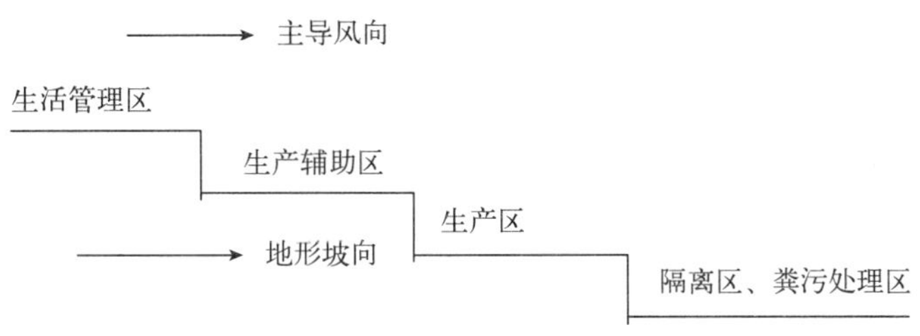

图 11-2　按地势、风向的分区规划图

(3) 生产辅助区的设施要紧靠生产区。对于饲料仓库，则要求卸料口开在生产辅助区内，取料口开在生产区内，杜绝外来车辆进入生产区，保证生产区内外运料车互不交叉使用。青贮饲料、干草、块根等多汁饲料及垫草等大宗物料的储存场地，应按照储用合一的原则，布置在靠近牛舍的边缘地带，储存场地应排水良好，便于机械化装卸、粉碎加工和运输。干草棚常设置于下风处，与周围建筑物的距离符合国家现行的防火规范要求。

(4) 生活管理区应在靠近场区大门内侧集中布置。

(5) 隔离区与生产区之间应设置适当的卫生间距和绿化隔离带。区内的粪污处理设施与其他设施保持适当的卫生间距，与生产区有专用道路相连，与场区外有专用大门和道路相通。

2. 功能分区

奶牛场功能分区是否合理，各区建筑物布置是否得当，不仅直接影响基建投资、经营管理、生产的组织、劳动生产率和经济效益，而且影响场区小气候状况和兽医卫生水平。在奶牛场的建设和规划设计中，必须按照奶牛场各个部门功能的不同，合理进行规划布局。

(1) 生活管理区。生活管理区包括办公室、接待室、会议室、技术资料室、监控室、化验室、场内人员淋浴消毒更衣室、食堂、值班宿舍、厕所、传达室、围墙、大门，以及外来人员更衣消毒室和车辆消毒设施等。其中，办公室、人员淋浴、消毒、更衣室等，宜靠近场部大门，以利于对外联系及防疫。

(2) 生产区。奶牛场的主体部分是生产区，生产区的主体是牛舍。牛舍包括成母牛舍、产房（分娩牛舍）、育成牛舍、青年牛舍、犊牛舍、隔离牛舍等，其次是挤乳厅、附属建筑等。奶牛场的主要生产建筑，应根据其相互关系，结合现场条件，考虑光照、风向等环境因素，进行合理布置。其中，成母牛舍常成为奶牛场的主要建筑群，数量最多。因犊牛容易感染疫病，犊牛舍要设在生产区的上风向。隔离牛舍是病原微生物相对集中的场所，须设在生产区的下风向，并离其他牛舍有一定的距离。

(3) 生产辅助区。生产辅助区主要由饲料库、兽医室、饲料加工车间，以及供水、供电、供热、维修、仓库等建筑设施组成。饲料库与饲料加工间应靠近场部大门，并有直接道路对外联系。兽医室要与人工授精室靠近，但不宜合建。奶牛场应有足够的面积用来建干草堆场和饲料储放场等，在青贮饲料储存季节，还要有一定的加工场地。青贮窖造价低，物料装卸方便，各牛场普遍采用，但其占地面积较大。青贮塔储存质量好，损失少，用地省，但造价较高。青贮塔有钢筋混凝土整体式结构、混凝土板装配式及镀锌钢板装配式结构等。一般饲料库占全场面积25%～30%，用于工程防疫的设施及给排水设施占全场面积3%～5%，生活、锅炉等建筑用地占全场面积的6%～8%。生产辅助区与生产区有道路相连，但要注意保持适当的隔离距离和配置必要的工程防疫设施。

(4) 隔离区与粪污处理区。隔离区与粪污处理区主要有兽医室、隔离畜禽舍、畜禽尸体解剖室、畜禽病尸高压灭菌或焚烧处理设备、粪便和污水储存及处理设施。这些设施通常是排菌集中的场所，须设在生产区的下风向，并距牛舍有一定的距离。

3. 奶牛场工程防疫设施

在奶牛生产过程中，采用工程防疫设施，有利于奶牛场的安全生产，有利于场区防疫和环境净化。以工程技术手段做好阻隔、切断致病菌毒侵袭动植物的途径，防止交叉感染，称为工程防疫。工程防疫的主要内容包括利用合理的场区功能分区，顺畅的生产功能联系，良好的建筑设施布局，完备的雨水、污水分流排放系统，完善的绿化隔离等。

（1）防疫隔离。奶牛场应有明确的场界，按照缓冲区、场区、牛舍实施三级防疫隔离。场区内各功能区之间应保持 50 m 以上距离。无法满足时，应设置围墙、防疫沟、种植树木等加以隔离。不同生理阶段的牛群，可实施分区饲养。场区内引种用隔离舍、病牛舍、尸体解剖室、病死牛处理间等设施应设在场区常年下风向处，距离生产区的距离不应小于 100 m，并设置绿化隔离带。

规模较大的场区，四周应建较高的围墙或坚固的防疫沟，以防止场外人员及其他动物进入场区。为了更有效地切断外界的污染因素，必要时可往沟内放水。但这种防疫沟造价较高，也很费工。最好采用密封墙，以防止野生动物进入。在场内各区域间，也可设较小的防疫沟或围墙，或结合绿化培植隔离林带。不同年龄的牛群，最好不集中在一个区域内，并留有足够的卫生防疫距离（100～200 m）。场区周围栽种具有杀菌功能的树木，如银杏、桉树、柏树等，既能起到防护林的作用，又可以绿化环境、改善牛场的小气候。场内各区域间，应修筑沟渠疏导地面雨水，阻隔流水穿越畜禽舍，防止交叉污染。

（2）防疫设施。在对外的大门及各区域入口处、各牛舍的入口处，应设相应的消毒设施（图 11-3），如车辆消毒池、人的脚踏消毒槽或喷雾消毒室、更衣换鞋间等。车辆消毒池的进出口处应设 10%的坡度，宽度应与大门同宽，长不小于 4 000 mm，深不少于 300 mm，以淹没车轮胎外圈橡胶为宜，消毒池应有防渗漏措施，底部设置排水孔。人员消毒通道或消毒室内应配置紫外线照射装置、消毒池、消毒湿槽或高压喷雾消毒设施。同时，应强调安全时间（3～5 min），通过式（不停留）的紫外线杀菌灯照射达不到安全目的，应安装定时通过指示器严格控制消毒时间。场内应设置淋浴更衣室、衣帽消毒室、兽医室、隔离舍、装卸台、尸体解剖室、病死畜禽处理间等设施。

图 11-3　场区消毒池与人员消毒室

牛舍内工程防疫设施包括牛舍的地面、墙壁、顶棚，应便于清洗，并能耐受酸、碱等消毒药液的清洗消毒，安装的设备基础、脚垫等应牢固、便于清洗、不留清理死角等。

（3）道路设置。场区内施行净污分道，梳状布置，防止交叉；内外分道，直线布置，防止迂回。严格控制外部车辆进入场区，挤乳厅、饲料配送等必须有场外车辆出入的区域，设计时尽可能靠近场区出入口，避免这些车辆进入生产区腹地。

（4）机具装备。组织通风气流流向，设置导流装置，创造净污分区的场区大环境和舍内净化环境；设置有关配套的机具设备，以便为舍内外定期进行防疫消毒，舍内安装微生物净化装置，如臭氧发生器、空间电场装置和饮水免疫喷雾消毒等药品施放装置。

(5) 粪污处理场地。堆粪场地标高与污道末端形成较大的落差，防止粪堆充盈向污道反向延伸，污染生产场区，造成恶劣环境。污水走地下管道，由始端到末端以1%、2%、3%三级倾斜的坡度流向污水池，坚持做好污水发酵再行利用，达标排放。

对奶牛场的所有工程防疫设施，必须建立严格的管理制度给予保证。工程防疫能否做好，需要从工程设计、施工投产及日常管理自始至终给予切实的关注、重视和贯彻落实。

第二节　牛舍工艺及建筑设计

一、奶牛生产模式的选择

不同的饲养模式，对奶牛的产奶量、生产寿命、繁殖指数、产犊间隔期等都会产生较大的影响。由于奶牛饲养方式不同，奶牛场设计也相应地有所区别。受牧场条件和气候的影响，我国现有奶牛场主要有拴系饲养模式、散放饲养模式和散栏饲养模式3种。

1. 拴系饲养模式

这是一种传统的奶牛饲养模式。拴系饲养，需要修建比较完善的奶牛舍，每头牛都有固定的床位，牛床前设食槽，用颈枷拴住奶牛。一般都在牛床上挤乳，并在舍外设置运动场。

为清扫和冲洗方便，拴系牛床一般均采用混凝土地面，而混凝土地面容易造成奶牛机体损伤。拴系饲养时，奶牛的休息区与采食区不分开。奶牛喜欢在采食时排泄，容易造成牛床污染，影响舍内环境和奶牛休息。

2. 散放饲养模式

这种模式牛舍内设有固定的牛床，奶牛不用上颈枷或拴系，可以自由进出牛舍，在运动场上自由采食，定时分批到挤乳厅挤乳。其优点是牛舍设备简单，建设费用较低，舍内铺以厚垫草，平时不清粪，只需添加新垫草，定期用推土机清除。劳动强度相对较小，每个饲养员养牛数可提高到30～40头。但管理粗放，舍内环境较差。

3. 散栏饲养模式

散栏饲养是按照奶牛生态学和奶牛生物学特性，进一步完善了奶牛场的建筑和生产工艺，使奶牛场生产由传统的手工生产方式转变为机械化工厂生产方式，综合了拴系和散放饲养的优点，越来越多的规模牛场选用这种模式。其特点是牛舍内有明确的功能分区，采食、躺卧、排泄、活动、饮水等分开设置。有专用的挤乳厅，也可以设舍外运动场。卧栏牛床尺寸一般为(100～110)cm×(210～220)cm，牛可在栏内站立和躺卧，但不能转身，以使粪便能直接排入粪沟。牛舍内有专门的采食区，每头奶牛有一个80 cm左右的采食位置，饮水可通过饲槽旁安装的自动饮水器（每6～8头奶牛共用一个）或牛舍内饮水槽满足。一般采用机械送料、清粪，且强调牛能自由活动，因此可以节省劳动力、提高生产力。这种模式中的牛床设计是否合理对舍内环境、奶牛生产性能和健康有很大影响。

二、生产工艺参数的确定

生产工艺参数（表11-1）是现代奶牛场生产能力、技术水平、饲料消耗以及相应设置的重要根据，也是生产指标和定额管理标准。奶牛生产工艺参数主要包括牛群的划分及饲养日数、配种方式、公母比例、利用年限、生产性能指标、饲料定额等。

表11-1　奶牛场主要生产工艺参数（♂公牛参数，♀母牛参数）

指　标	参　数	指　标	参　数
一、工艺指标		四、饲料定额［kg/（头·年）］	
1. 性成熟月龄	6～12	（一）犊牛（体重160～280 kg）	
2. 适配年龄	♂2～2.5，♀1.5～2	1. 混合精料	400
3. 发情周期（d）	19～23	2. 青绿饲料、青贮饲料、青干草	450
4. 发情持续时间	1～2	3. 块根块茎类饲料	200
5. 产后第1次发情天数	20～30	（二）1岁以下幼牛（体重160～280 kg）	
6. 情期受胎率（%）	60～65	1. 混合精料	365
7. 年产胎数	1	2. 青绿饲料、青贮饲料、青干草	5 100
8. 每胎产仔数	1	3. 块根块茎类饲料	2 150
9. 泌乳期天数	300	（三）1岁以上青年牛（体重240～450 kg）	
10. 干乳期天数	60	1. 混合精料	365
11. 公母比例（自然交配）	1∶（30～40）	2. 青绿饲料、青贮饲料、青干草	6 600
12. 奶牛利用年限	8～10	3. 块根块茎类饲料	2 600
13. 犊牛饲养日数（1～60日龄）	60	（四）体重500～600 kg泌乳牛（产奶量5 000 kg）	
14. 育成牛饲养日数（7～18月龄）	365	1. 混合精料	1 100
15. 青年牛饲养日数（19～34月龄）	488	2. 青绿饲料、青贮饲料、青干草	12 900
16. 成年母牛年淘汰率（%）	8～10	3. 块根块茎类饲料	7 300
二、生产性能		（五）体重500～600 kg泌乳牛（产奶量4 000 kg）	
（一）0～18月龄体重（kg/头，中等水平）		1. 混合精料	1 100
1. 初生重	♂38，♀36	2. 青绿饲料、青贮饲料、青干草	12 900
2. 6月龄体重	♂190，♀170	3. 块根块茎类饲料	5 700
3. 12月龄体重	♂340，♀275	（六）体重450～500 kg泌乳牛（产奶量3 000 kg）	
4. 18月龄体重	♂460，♀370	1. 混合精料	900
（二）奶牛中等生产水平300 d泌乳量（kg）		2. 青绿饲料、青贮饲料、青干草	11 700
1. 第1胎	3 000～4 000	3. 块根块茎类饲料	3 500
2. 第2胎	4 000～5 000	（七）体重400 kg泌乳牛（产奶量2 000 kg）	
3. 第3胎	5 000～6 000	1. 混合精料	400
三、犊牛喂乳量［kg/（头·d），30日龄后补饲］		2. 青绿饲料、青贮饲料、青干草	9 900
1. 1～30日龄	5渐增至8	3. 块根块茎类饲料	2 150
2. 31～60日龄	8渐减至6	（八）种公牛（900～1 000 kg体重）	
3. 61～90日龄	5渐减至4	1. 混合精料	2 800
4. 91～120日龄	4渐减至3	2. 青绿饲料、青贮饲料、青干草	6 600
5. 121～150日龄	2	3. 块根块茎类饲料	1 300

三、牛舍工艺设计

1. 成母牛舍及布置

成母牛舍是奶牛场最重要的组成部分之一，对环境的要求相对也较高。成母牛舍在奶牛场中占的比例最大，而且直接关系到奶牛的健康和生产水平。

成母牛舍布置根据奶牛场规模和地形条件确定，奶牛场牛舍布置主要有单列式、双列式和多列式等形式（图 11－4）。每栋牛舍独立成为一个单元，有利于防疫隔离。布置时应避免饲料、牛乳运输道路与粪道交叉。各成母牛舍之间的间距一般大于 30 m，成母牛舍与犊牛舍的距离要求大于 60 m。运动场最好设置在牛舍南侧，场地要宽敞（20 m^2/头），场内设置凉棚、饮水池，水池周围地面须硬化，其余可为土质场地，但须排水良好，须定期更换表土。运动场四周可种树冠大的乔木，夏日遮阳，但冬季不能遮挡光线。

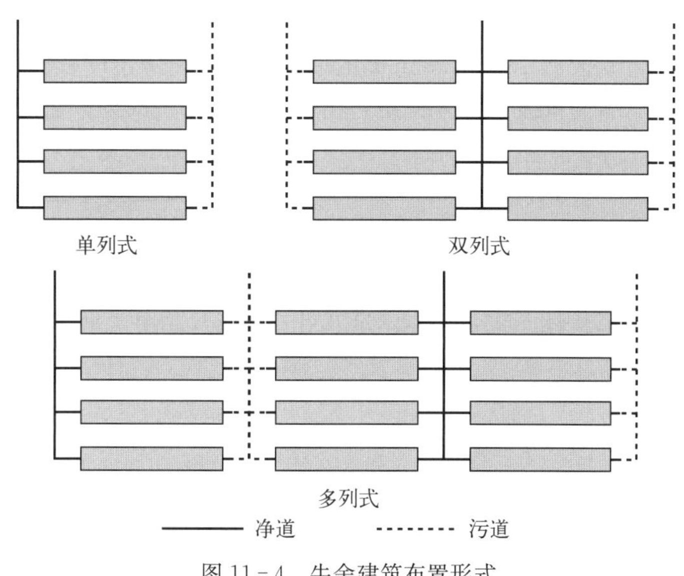

图 11－4　牛舍建筑布置形式

（1）单列式。单列式牛舍的净道（饲料道）与污道（粪便道）分别设置在牛舍的两侧，分工明确、不会产生交叉。但会使道路和工程管线线路过长。这种布局适于小规模场和小于 25 头奶牛的小型牛舍。如饲养头数过多，牛舍需要很长，对运送饲料、挤乳、清粪等都不利。单列式牛舍内每头牛占的建筑面积较大，一般要比双列式多占 6%～10%。但这种牛舍的跨度较小、造价低、通风好、散热快，适用于做成开放式建筑。

（2）双列式。双列式是牛舍最常用的布置方式，其优点是既能保证场区净污分流明确，又能缩短道路和工程管线的长度。如采用集中挤乳时，容易组织奶牛到挤乳厅去的行走路线。双列式布置时，应尽量避免净污道交叉。

双列式牛舍内设置有二排牛床，分成左右两排，建筑跨度 12 m 左右，能满足自然通风的要求。一般一幢牛舍容纳 100 头左右的奶牛。按奶牛在牛舍的排向其又分为：

① 对尾式。牛舍中间为清粪通道，两边各有一条饲料通道。其优点是挤乳、清粪都可集中在牛舍中间，合用一条通道，占地面积较小，操作比较方便。还便于饲养员及时发现奶牛生殖器官疾病。两列奶牛的头部都对着墙，可减少牛呼吸道疾病的传染。

② 对头式。牛舍中间为饲料通道，两边各有一条清粪通道。其优点是便于奶牛出入，饲料运送线路较短，便于实现饲喂的机械化，也易于观察奶牛进食情况。其缺点是奶牛的尾部对墙，粪便容易

污及墙面，给舍内卫生工作带来不便。可做 1.5 m 左右高的水泥墙裙，便于冲洗。

(3) 多列式。多列式牛舍布置适于大型牛场使用。此种布置方式需要重点解决场区道路的净污分流，避免因线路交叉而引起互相污染。采用这种布置形式时，挤乳厅宜设在奶牛舍的一侧，这样有利于牛场的防疫，缩短挤乳时的行走路线。

多列式牛舍也有对头式与对尾式之分，适用于大型牛舍。由于建筑跨度较大，墙面面积相应减少，比较经济，该排列形式在寒冷地区有利于保温，以及方便集中使用机械设备等。由于这种牛舍跨度较宽，自然通风效果较差。

2. 产房（分娩牛舍）

产房是奶牛产犊的专用牛舍，包含产房和保育间。为了保持全年产奶的均衡，奶牛产犊应分散在全年进行。产房床位数占牧场成母牛床位数的 10%～13%，设计要求较高。奶牛产科疾病较多，而且产期抵抗力差，要求牛舍冬季保温好，夏季通风好，舍内要易于进行清洗和严格消毒。产房要求有较好的照明条件（200 lx）。

产房和保育间既有分隔，又有联系，是产房的两大部分，既便于犊牛出生后的马上隔离，又便于饲喂初乳。为便于消毒，产房要有 1.3～1.5 m 高的墙裙。大的产房还设有单独的难产室，供个别精神紧张和难产牛只的需要。保育间要求阳光充足，相对湿度 70%～80%，建筑质量要求较高。

(1) 产床。产床常排成单列、双列对尾式，牛床长 2.2～2.4 m，宽 1.4～1.5 m，以便接产操作，通常在产床上铺设稻草等垫料并勤换垫草。

(2) 产栏。待产母牛可以在通栏中饲养，每头牛占地面积 8 m^2，但每个产栏最好不要超过 30 头牛；对于每头分娩奶牛，可以在产栏中设置 10 m^2 的单栏（最小尺寸要求：长 3 m、宽 3 m、高 1.3 m）。产栏地面要防滑，并设置独立的排尿系统；如果条件允许，可以在垫草下面铺设 30 cm 厚的细沙以防滑和增加产栏的舒适度。

3. 犊牛舍

犊牛采用舍饲时，一般按月龄分群饲养。0.5～2 月龄可在单栏中饲养（图 11－5），采用单栏饲养时，最好能够让其能够相互看见和听见。栏与栏之间的隔墙应该为敞开式或半敞开式，竖杆间距 8～10 cm，为清洗方便，底部 20 cm 可做成实体隔栏。犊牛栏尺寸见表 11－2，栏底可离地 15～30 cm，最好制成活动式犊牛栏，以便可推到舍外进行日光浴，并便于舍内清扫。犊牛进入前，要对犊牛栏彻底消毒，并铺设足够的垫草，每天清除污草。表 11－3 为犊牛栏饲喂和饮水设备空间尺寸要求。

图 11－5 犊牛单栏饲养舍

表 11－2 犊牛栏尺寸

体重（kg）	60 以下	60 以上
建议面积（m^2）	1.70	2.00
犊牛栏最小面积（m^2）	1.20	1.40
犊牛栏最小长度（m）	1.20	1.40
犊牛栏最小宽度（m）	1.00	1.00
犊牛栏最小侧面高度（m）	1.00	1.10

表 11 - 3　犊牛栏饲喂和饮水设备空间尺寸要求

体重（kg）	60 以下	60 以上
饲喂孔宽（m）	0.19	0.20
饲喂孔高（m）	0.28	0.30
饲喂器皿最小容积（L）	6.0	6.0
饲喂器皿上沿口离地高度（m）	0.45	0.50
奶瓶乳头离地高度（m）	0.70	0.80
草架底部离地高度（m）	0.80	0.90

很多奶牛场将 2 月龄以内的犊牛放在犊牛岛内饲养。犊牛岛可以是活动的，也可以是固定的（图 11 - 6）。犊牛岛本身应具备良好的保温和隔热性能。犊牛岛内部铺设厚垫草，外面设置运动场；运动场上设置乳头式乳桶（喂乳和喝水）和喂饲容器。犊牛岛表面色泽应鲜艳，以阻挡夏季阳光辐射，最好能够在犊牛岛的实体部分开设可调节大小的通风口，降低犊牛岛内温度。犊牛岛可以放置在硬化地面上（如混凝土地面和铺设沥青地面），方便污水和尿液导出；或者放置在排水条件良好的土地或草地上，但需要每 2 个月挪动一次位置；如果自然条件比较恶劣，可将犊牛岛放置在简易棚舍内。表 11 - 4 是犊牛岛及其运动场相关尺寸。

a

b

图 11 - 6　犊牛岛

a. 活动型　b. 固定型

表 11 - 4　犊牛岛及其运动场相关尺寸

项　　目	犊牛岛		项　　目	运动场	
体重（kg）	60 以下	60 以上		60 以下	60 以上
建议面积（m^2）	1.70	2.00	最小面积（m^2）	1.20	1.20
最小面积（m^2）	1.20	1.40	最小长度（m）	1.20	1.20
最小长度（m）	1.20	1.40	最小宽度（m）	1.00	1.00
最小宽度（m）	1.00	1.00	最小高度（m）	1.10	1.10
地面到顶棚的最小高度（m）	1.10	1.25			

2 月龄之后犊牛最好采用群栏饲养。近年来，一些规模较大的奶牛场，因产犊季节相对集中，或同期产犊数量较多，犊牛一出生后直接采用舍饲群养（图 11 - 7）。群养时，舍内和舍外均要有适当的活动场地。犊牛通栏布置也有单排栏、双排栏等，最好采用 3 条通道，把饲料通道和清粪通道分开。中间饲料通道宽以 90～120 cm 为宜。清粪道兼供犊牛出入运动场，以 140～150 cm 为宜。可实

现机械操作，将犊牛用颈枷固定，自动哺乳机在钢轨上自动行走（定时定量喂乳），哺乳结束时采食饲料约 30 min 后松开颈枷，让犊牛自由吃草、饮水、休息、活动。群栏大小按每群饲养量决定，每群2～3头，3.0 m^2/头；每群 4～5 头，1.8～2.5 m^2/头；围栏高 1.2 m。5 头以上的饲养面积可再适当减小一些。

图 11－7　犊牛舍饲群养

4. 青年牛舍和育成牛舍

6～12 月龄的青年牛，可在通栏中饲养，青年牛的饲养管理比犊牛粗放，主要的培育目标为体重符合发育、适时配种标准，适时配种（一般首次配种时体重约为成年牛的 70%）。育成牛根据牛场情况，可单栏或群栏饲养，妊娠 5～6 月前修蹄，可在产前 2～3 d 转入产房。这两类牛由于体型尚未完全发育成熟并且在牛床上没有挤乳操作过程，故牛床可小于成母牛床，因此青年牛舍和育成牛舍比成母牛舍稍小，通常采用单列或双列对头式饲养。舍内设施除没有挤乳设备以外，其余都与成母牛舍大致相同。每头牛占 4～5 m^2，牛床、饲槽和粪沟大小比成母牛舍的稍小或采用成母牛舍的底限。尽可能在舍外喂粗饲料、饮水，所以运动场设置饲槽、水槽。每头牛饮水槽宽 60～70 cm，在设置运动场时，考虑牛只不会同时饮水，故水槽长度对半计算即可；若两面均可饮水，则每一牛位的饮水槽长度可供 3～4 头牛使用。运动场面积标准为 9 m^2/头。

5. 病牛舍

病牛舍与成母牛舍相同，是对已经发现有病的奶牛进行观察、诊断、治疗的牛舍，牛舍的出入口处均应设消毒池。

四、牛舍建筑设计

1. 牛舍建筑设计原则和依据

（1）设计原则。奶牛舍建筑设计时，应遵循以下原则：

① 满足奶牛的生物学特性和行为习性要求。

② 符合奶牛生产工艺要求。

③ 有利于各种技术措施的实施和应用。

④ 符合经济要求。

⑤ 符合总体规划要求和建筑美观要求。

（2）设计依据。奶牛舍建筑设计的主要依据包括：

① 奶牛生长生活空间需求。这是决定牛舍建筑空间大小最主要的依据，可结合饲养方式、饲养面积，设备尺寸和必要的操作使用空间，食槽、水槽宽度，通道设置，以及内部设施高度加以确定

（表 11－5 至表 11－7）。内部设施高度应视建筑高度、门窗高度、内外高差、设备高度而定。

表 11－5　牛床尺寸参数

牛的类别	拴系式饲养			牛的类别	散栏式饲养		
	长度（m）	宽度（m）	坡度（%）		长度（m）	宽度（m）	坡度（%）
种公牛	2.2	1.5	1.0～1.5	大牛种	2.1～2.2	1.22～1.27	1.0～4.0
成母牛	1.7～1.9	1.1～1.3	1.0～1.5	中牛种	2.0～2.1	1.12～1.22	1.0～4.0
临产母牛	2.2	1.5	1.0～1.5	小牛种	1.8～2.0	1.02～1.12	1.0～4.0
围产奶牛	3.0	2.0	1.0～1.5	青年牛	1.8～2.0	1.0～1.15	1.0～4.0
青年牛	1.6～1.8	1.0～1.1	1.0～1.5	8～18 月龄	1.6～1.8	0.9～1.0	1.0～3.0
育成牛	1.5～1.6	0.8	1.0～1.5	5～7 月龄	0.75	1.5	1.0～2.0
犊牛	1.2～1.5	0.5	1.0～1.5	1.5～4 月龄	0.65	1.4	1.0～2.0

表 11－6　采食宽度要求

饲养方式	采食宽度（cm/头）
拴系饲养：3～6 月龄	30～50
青年牛	60～100
泌乳牛	110～125
散放饲养：成母牛	50～60

表 11－7　通道宽度标准

用途	使用工具及操作特点	宽度（m）
饲喂方式	用手工或推车饲喂精饲料、粗饲料、青饲料	1.2～1.4
清粪及管理	手推车清粪，放乳桶，放洗乳房的水桶等	1.4～1.8

② 气候条件和环境要求。进行牛舍设计时，需要依据奶牛对温度、湿度、光照、空气质量、气流、噪声等环境参数的要求（表 11－8、表 11－9），选择合适的建筑形式和环境控制方式，进行保温、隔热、加温、通风、降温、采光、加湿除湿、除尘、隔声等环境设计。

表 11－8　牛舍环境参数要求

畜舍类型	温度（℃）	相对湿度（%）	噪声允许强度（dB）	微生物允许含量（千个/m^3）	尘埃允许含量（mg/m^3）	有害气体允许浓度		
						CO_2（%）	NH_3（mg/m^3）	SO_2（mg/m^3）
1. 成母牛舍、1 岁以上青年牛舍								
拴系或散放饲养	10（8～12）	70（50～85）	70	＜70		0.25	26	6
散放厚垫草饲养	6（5～8）	70（55～85）	70	＜70		0.25	26	6
2. 产房	16（14～18）	70（50～85）	70	＜50		0.15	13	3
3. 0～20 日龄犊牛预防室	18（16～20）	70（50～80）	70	＜20		0.15	13	3
4. 犊牛舍								
20～60 日龄	17（16～18）	70（50～85）	70	＜50		0.15	13	3
60～120 日龄	15（12～18）	70（50～85）	70	＜40		0.25	20	6
5. 4～12 月龄幼牛舍	12（8～16）	75（50～85）	70	＜70		0.25	26	6
6. 1 岁以上小公牛及小母牛舍	12（8～16）	70（50～85）	70	＜70		0.25	26	6

③ 地形和地质条件。地形、地质条件对奶牛场场区的总体布局、建筑结构的形式、构件布置等有很大影响。在进行牛舍建筑设计时，需要清楚地知道并加以合理利用，才能确保建筑结构的坚固，节省建筑投资。

表 11-9 牛舍通风量要求

畜舍类别	换气量［m^3/(h·kg)］			换气量［m^3/(h·头)］			气流速度（m/s）		
	冬季	过渡期	夏季	冬季	过渡期	夏季	冬季	过渡期	夏季
成母牛舍：拴养或散养	0.17	0.35	0.70				0.3～0.4	0.5	0.8～1.0
散养，厚垫草	0.17	0.35	0.70				0.3～0.4	0.5	0.8～1.0
产房	0.17	0.35	0.70				0.2	0.3	0.5
0～20 日龄犊牛预防室，犊牛舍				20	30～40	80	0.1	0.2	0.3～0.5
21～60 日龄				20	40～50	100～120	0.1	0.2	0.3～0.5
61～120 日龄				20～25	40～50	100～120	0.2	0.3	<1.0
4～12 月龄				60	120	250	0.3	0.5	1.0～1.2
1 岁以上青年牛舍	0.17	0.35	0.70				0.3	0.5	0.8～1.0

④ 建筑模数。在牛舍建筑设计时，需要根据建筑模数要求对跨度、长度做适当调整。这样才能使牛舍的构（配）件能与工业与民用建筑常用的构（配）件通用，提高建筑的通用化和装配化程度，降低施工难度及投资。

2. 牛舍建筑类型

在选择牛舍建筑时，应根据不同类型建筑的特点，结合当地的气候特点、经济状况及建筑习惯全面考虑，不要一味求新和上档次。牛舍建筑形式按其封闭程度可分为开放式舍、半开放式舍和有窗式密闭舍 3 种。

（1）开放式舍。开放式舍是一种利用自然环境因素的节能型牛舍建筑（图 11-8）。开放式舍的一面（正面）或四面无墙。前者也称前开放式舍（棚），敞开部分朝南，冬季可保证阳光照入舍内，而在夏季阳光只照到屋顶，有墙部分则在冬季起挡风作用；四面敞开称凉棚。开放式舍只起到遮阳、遮雨及部分挡风作用。其优点是用材少、施工易、造价低。开放式舍多建于我国夏季温度高、湿度大、冬季也不太冷的华北以南地区。

（2）半开放式舍。半开放式舍是指三面有墙，一面（正面）或二面侧墙上部敞开，下部仅有 600～1 000 mm高外墙的牛舍。牛舍开放部分在冬天或夏天可加铁丝网、塑料网或卷帘遮拦形成可封闭的牛舍。这种可封闭的半开放式舍通风也以自然通风为主，必要时辅以机械通风；能利用自然光照，具有防热容易、保温难、基建投资运行费用少的特点。

（3）有窗式密闭舍。有窗式密闭舍是指通过墙体、屋顶、门窗等围护结构形成全封闭状态的牛舍（图 11-9），具有较好的保温隔热能力，便于人工控制舍内环境。

图 11-8 开放式舍

图 11-9 有窗式密闭舍

3. 牛舍建筑的地域

我国幅员辽阔，地形复杂，各地气候悬殊。牛舍须与不同的气候条件相适应。炎热地区需要通风、遮阳、隔热、降温；寒冷地区需要保温防寒；沿海地区台风强大、多雨，须注意防风防潮。这些在牛舍建筑上都有所反映。我国畜牧建筑的地域可分为七大建筑气候区。

（1）Ⅰ区。本区包括黑龙江、吉林、辽宁和内蒙古。牛舍建筑重点考虑防寒与保温、防风沙、防冻。

① 防寒与保温。东北、内蒙古地区寒冷期长，建筑必须考虑防寒和保温问题。为减少热损耗，在平面布置和空间处理上应尽量减小建筑物外围墙面的面积，在保证舍内空气状况良好的条件下，应适当降低舍内高度。南墙不直接受寒风袭击，且吸收太阳辐射热，热工性能要求低于北墙，两者可分别处理。外墙可采用保温的墙体结构（如空心墙、填充墙）或用热工性能较高的材料和保温砂浆砌筑，以提高保温性能。屋顶构造应防范融雪期间水的渗透，以及因檐口结冰柱可能产生的影响。直接迎受冬季盛行风的外墙墙面上开设的门窗，可考虑采用双层窗，窗缝必须封闭严密，外门需要有防风保温设施，如设门斗或采用双道门，迎受冬季盛行风的墙面尽量不要开设为牛出入的大门。

② 防风沙。本区西部春季多风沙，对设置外窗的窗扇，四周可加密封条（如木盖条或绒毡衬垫等），以防止沙尘入舍。

③ 防冻。本区冻土深度为 1～3 m，在基础设计上须加注意，一般须增加基础埋深或采取其他基础防冻措施。外墙、内墙、南墙、北墙附近的土壤冻深各有不同，墙基埋深可结合具体情况分别对待。本区冰冻时期较长，一般冬季半年时间不要进行牛舍施工。必须施工时，要着重考虑低温条件下的各种技术措施，并注意建筑基地和运输道路上的冰冻及翻浆情况。

（2）Ⅱ区。本区包括北京、河北、山东、山西、甘肃、陕西、宁夏及青海、河南北部。注意防寒保温与防暑，重点考虑防风沙、防碱。

① 防寒保温与防暑。本区冬季寒冷期长，夏季较短，春秋期很短，进行牛舍建筑设计时，既要做好防寒保温，同时应兼顾夏季的通风降温。外墙的热工性能相当于 25～37 cm 厚的实砖砌墙，冬季南向外墙受寒风影响较少，而日照长，太阳辐射强，热工性能要求低于北墙，二者可以分别处理。外门可根据情况加设门斗，一般西北向的外门可在冬季临时加筑风障，以利于防寒。考虑到牛舍的跨度一般较大，且舍内多为双列式布置，加之牛比较怕热，故牛舍高度可适当提高，以利于夏季通风降温。

② 防风沙。本区春季多风沙，应注意防范，其措施同Ⅰ区。

③ 防碱。本区多碱土，对墙基有腐蚀作用，应采取措施防御。此外，西北地区渭河河谷及河南的西北部一般为大孔性黄土层，有湿陷性，须加以防范。本区冻土各地差异较大，其幅度为 0.2～1.4 m，须酌情分别采取措施。

（3）Ⅲ区。本区包括上海、江苏、浙江、安徽等省份和江西的大部分、福建北部和湖南、湖北的东部。

① 通风、隔热、遮阳。牛舍构造要有利于夏季的自然通风。一般均应有直接对外的通风口，必要时采用机械通风，屋顶应注意隔热设计，以防直接辐射热的作用。西墙也应有隔热措施并少开门窗，以减少夏季西晒的影响。如受条件限制不能避免西向时，应采取垂直绿化和遮阳措施，或加厚墙身，筑空心墙，避免太阳辐射侵入舍内而导致舍内过热现象。

② 避雨防潮。屋顶构造能适应本区雨季长、雨量较大的特点。屋顶须进行严密有效的防水处理，瓦顶坡度一般不小于 25%，并设置防水卷材。外墙要能防雨水渗透，外门宜设雨篷以挡雨水，墙基需有防潮层，舍内地面需高出舍外地面 30～45 cm。由于地下水位较高，不宜考虑地下建筑，地下管道也应有较严密的防水措施。

③ 防风、防雷。在沿海大风地区，应注意减少建筑物的受风面积，建筑物的短轴与大风方向垂

直，长轴与大风方向平行。对门、窗、天窗或易受风吹折损的舍外部件，在构造上应加固。对开放式或半开放式牛舍，尤其应注意强大气流的直接冲击或由于强大气流引起吸力的作用。防止舍顶被风掀掉。由于本区多雨多雷，牛舍应有防雷设施。

（4）Ⅳ区。本区包括广东、台湾等省份，以及广西和云南的南部。

① 通风、隔热、遮阳。宜采用开敞舍，并应着重组织通风，对采用封闭式建筑的，外墙宜采用隔热性能好的空心墙或各种类型的轻质隔热墙，西墙隔热尤为重要；门窗要设腰头（亮子），或做落地长窗，但必须设护栏，以防牛误撞而损坏。一般牛舍应设有直接对外的通风口，必要时用机械通风，向阳门窗均应设遮阳设施。

② 避雨、防潮、防风、防雷。其办法同Ⅲ区。此外，由于本区气候温热潮湿，蚊、蝇、白蚁极易繁殖，故在牛场环境卫生及牛舍建筑材料的处理上均应注意。

（5）Ⅴ区。本区包括四川、重庆、云南、贵州和湖北的西部，以及陕西、甘肃在秦岭以南的地区。

① 通风、隔热、降温。四川盆地夏季闷热，冬季阴湿，牛舍宜采用开放式，并利用对开门窗、腰头窗或落地长窗等组织自然通风，屋顶及西向外墙应注意隔热设计，以降低夏季舍内温度，云贵高原夏季无酷热，隔热要求不高，但须适当通风以防潮。

② 采光。四川盆地和贵州山地终年多阴云，日光照度小，需要考虑适当的人工补光。

③ 防潮、防雷。本地区各地相对湿度均较大，雷击日数较多，牛舍等建筑应注意防潮与防雷。

（6）Ⅵ区。本区包括西藏和青海大部分、四川的西北部及新疆的南部高原地区。

① 保温防寒。除藏南个别冬季较暖的地区外，多为严寒地区，建筑物的围护结构须满足保温的热工性能要求，外墙的保温性能一般相当于37～49 cm厚的实砌砖墙。面向冬、春盛行风的外墙，尽可能不开或少开门窗。牛舍高度宜稍低，向阳墙面宜开启面积较大的窗户，多争取冬季日照，调节舍内温度。

② 遮阳。本区夏季气温较低，但太阳辐射强烈，舍内常较舍外阴凉，故向阳门窗宜设遮阳设施，在日常管理中也应注意遮阳。

③ 防风沙、防雷击、防山洪等自然灾害。本区属风沙、雷击、山洪等自然灾害多发地区，因此在选择场址及进行设计时也应多加注意。

（7）Ⅶ区。包括新疆和青海的柴达木盆地，以及甘肃的一小部分地区。

① 防寒保温、隔热遮阳。本区位于欧亚大陆中心，距海洋甚远，四周高山环绕，地形闭塞，因而所形成的气候条件较为复杂。天山北部突出的问题是保温防寒；天山南部则兼有防寒保温、隔热通风的问题；而吐鲁番盆地夏季极端酷热，以“火州”著称，该地区的突出问题则为隔热、降温和遮阳。因此，在牛舍设计上须根据各分区的不同特点进行设计。天山以北地区牛舍的围护结构必须满足冬半年长期保温的热工要求，外墙的保温性能相当于49～62 cm厚的砖墙；天山以南地区，则要求外墙保温性能相当于37 cm厚的实砌砖墙；而吐鲁番地区夏季室外温度很高，云量少，辐射强烈，一般建筑不宜利用通风来降温，而宜隔绝室外热空气和太阳辐射的侵入，当地多行构筑土坯墙或土拱墙隔热。

② 防冰雪、防风沙、克服泛碱。本区北部冰冻、降雪期较长，且积雪较深，屋顶构造须有排除积雪的设施，以免积成雪檐、冰柱。本区大部分地区冬春多风沙，在门窗构造上应有防御设施。此外，本区局部地区有碱土，应注意克服泛碱现象。

五、奶牛场配套工程

1. 道路

奶牛场道路包括与外部交通道路联系的场外干道和场区内部道路。场外干道担负着全场的货物和人员的运输任务，其路面最小宽度应能保证两辆中型运输车辆顺利错车，应为 6.0～7.0 m。场内道路的功能不仅是运输，同时也具有卫生防疫作用，因此道路规划设计要满足分流与分工、绿化防疫等要求。

道路按功能分为人员出入、运输饲料用的清洁道（净道）和运输粪污、病死牛的污物道（污道），有些场还设供牛转群和装车外运的专用通道。按道路担负的作用分为主要道路、次要道路和支道。

清洁道是场区的主干道，路面最小宽度要保证饲料运输车辆的通行，单车道宽度 3.5 m，双车道 6.0 m，宜用水泥混凝土路面，也可选用整齐石块或条石路面，路面横坡 1.0%～1.5%，纵坡 0.3%～8.0%。污道宽度 3.0～3.5 m，路面宜用水泥混凝土路面，也可用碎石、砾石、石灰渣土路面，但这类路面横坡坡度 2.0%～4.0%，纵坡坡度 0.3%～8.0%。与牛舍、饲料库、产品库、兽医室、储粪场等连接的次要干道与支道，宽度一般为 2.0～3.5 m。

2. 防护设施

奶牛场场区分界要明确。规模较大的场区，四周应建较高的围墙或坚固的防疫沟，以防止场外人员及其他动物进入场区。为了更有效地切断外界的污染因素，必要时可往沟内放水。但这种防疫沟造价较高，也很费工。应该指出，用刺网隔离是不能达到安全目的的，最好采用密封墙，以防止野生动物侵入。

在场内各区域间，也可设较小的防疫沟或围墙，或结合绿化培植隔离林带。不同年龄的牛群，最好不集中在一个区域内，并应使它们之间留有足够的卫生防疫距离（100～200 m）。

在对外的大门及各区域入口处、各畜舍的入口处，应设相应的消毒设施，如车辆消毒池、人的脚踏消毒槽或喷雾消毒室、更衣换鞋间等。车辆消毒池长应为通过车辆长度的 1.3～1.5 倍。装设紫外线杀菌灯，应强调安全时间（3～5 min），通过式（不停留）的紫外线杀菌灯照射达不到安全目的，因此有些畜牧场安装有定时通过指示器（定时打成铃声）的设备。

3. 给排水工程

（1）给水工程。

① 给水系统组成。给水系统由取水、净水、输配水 3 部分组成，包括水源、水处理设施与设备、输水管道、配水管道。大部分奶牛场的建设位置均远离城镇，不能利用城镇给水系统，所以都需要独立的水源，一般是自己打井和建设水泵房、水处理车间、水塔、输配水管道等。

② 用水量。包括生活用水、生产用水及消防和灌溉等其他用水。

a. 生活用水。指平均每个职工每天所消耗的水，包括饮用、洗衣、洗澡及卫生用水，其水质要求较高。用水量因生活水平、卫生设备、季节等的不同而不同，一般可按每人每天 40～60 L 计算。

b. 生产用水。包括奶牛饮用、饲料调制、牛舍清洁、饲槽与用具刷洗等所消耗的水。不同类别奶牛的每日需水量参见表 11－10，奶牛放牧需水量见表 11－11。采用水冲清粪系统时清粪耗水量大，一般按生产用水 120%计算。新建场不宜提倡水冲清粪方式。

表 11－10　不同类别奶牛的每日需水量［L/（d·头）］

类别	需水量	类别	需水量
泌乳牛	80～100	犊牛	20～30
公牛及后备牛	40～60	肉牛	45

表 11－11　奶牛放牧需水量［L/（d·头）］

家畜种类	在场旁草地放牧	在草原上放牧	
		夏季	冬季
牛	30～60	30～60	25～35

c. 其他用水。其他用水包括消防、灌溉、不可预见等用水。消防用水是一种突发用水，可利用场内外的江河湖塘等水，也可停止其他用水，保证消防。绿地灌溉用水可以利用经过处理后的污水，在管道计算时也可不考虑。不可预见用水包括给水系统损失、新建项目用水等，可按总用水量的10%～15%考虑。

d. 总用水量。即为上述用水量总和，但用水量并非是均衡的，在每个季度、每天的各个时间内都有变化。夏季用水量远比冬季多；上班后清洁牛舍与牛体时用水量骤增，夜间用水量很少。因此，在计算牛场用水量及设计给水设施时，必须按单位时间内最大用水量来计算。

③ 水质标准。水质标准中目前尚无畜用标准，可以按《生活饮用水卫生标准》（GB 5749—2006）执行。

（2）排水工程。排水系统应由排水管网、污水处理站、出水口组成。排水量要考虑牛场规模、当地降水强度、生活污水等因素。排水方式分为分流与合流两种，即雨水、生产与生活污水分别采用两个独立系统。生产与生活污水采用暗埋管渠，将污水集中排到场区的粪污处理站；专设雨水排水管渠，不要将雨水排入需要专门处理的粪污系统中。

4. 采暖工程

奶牛场的采暖工程主要用于犊牛、挤乳厅和工作人员的办公与生活需要，特别寒冷的地区，须考虑挤乳厅冬季防冻供暖需要。育成、成母牛舍一般尽量利用自体产热、提高围护结构热阻、合理提高饲养密度等方法来增加保温能力和产热量，除严寒地区外，尽量避免采暖。但是，产房与犊牛舍均需要稳定、安全的供暖保证。

采暖系统分为集中供暖、分散供暖和局部供暖。集中供暖系统一般以热水为热媒，由集中锅炉房、热水输送管道、散热设备组成，全场形成一个完整的系统。分散供暖是指每个需要采暖的建筑或设施自行设置供暖设备，如热风炉、空气加热器和暖风机。集中供暖能保证全场供暖均衡、安全和方便管理，但投资大。

5. 电力电信工程

电力工程是奶牛场不可缺少的基础设施。随着经济和技术的发展，信息在经济与社会各领域中的作用越来越重要，电信工程也成为现代畜牧场的必需设施。电力电信工程规划就是设置经济、安全、稳定、可靠的供配电系统和快捷、顺畅的通信系统，保证其正常生产运营以及与外界市场的紧密联系。

（1）供电系统。由电源、输电线路、配电线路、用电设备构成。规划主要内容包括用电负荷估算、电源与电压选择、变配电所的容量与设置、输配电线路布置。

（2）电信工程。电信工程是根据生产与经营需要配置的电话、电视和网络等。

（3）监控系统。奶牛场的防疫要求较高，一般应该设置自动监控系统，使外来人员在办公楼的监控屏幕前就可以了解生产区的情况。

6. 绿化工程

搞好奶牛场绿化，不仅可以调节小气候，减弱噪声，净化空气，起到防疫和防火等作用，而且可以美化环境。绿化应根据本地区气候、土壤和环境功能等条件，选择适合当地生长的树木、花草进行，场区绿化率不低于20%。

绿化包括场界周边林带、住宅和生产管理区隔离林带、道路绿化带、牛舍周围和运动场的绿化等。绿化的林木可根据当地气候和绿化的区域进行选择。例如，牛场周边可种植乔木和灌木混合林、道路两旁种植高大的常青树种、牛舍周围应选择落叶乔木进行绿化、运动场种植遮阳的果树类都是很好的选择。

7. 粪污处理与利用工程

粪污处理工程设施是现代化奶牛场建设必不可少的项目，从建场伊始就要统筹考虑。设计或运行一个良好的粪污处理系统，必须对粪便的性质及其收集、转移、储存及施肥等方面的问题加以全面的分析研究。

奶牛场粪污包括排泄物、生产废弃物和职工生活污水。估算粪便与污水的体积是粪污规划设计中的重要一步。计算奶牛的粪便与污水，需要考虑奶牛场牛群结构及数量、牛舍清粪方式及输送方式、挤乳厅冲洗用水以及青贮窖渗水。奶牛场其他污水量（主要指生活）估算可按照目前城镇居民污水排放量的方法计算。

按照荷斯坦牛的标准，每头体重为450 kg的奶牛每天产生34～45 L(31～59 kg）的粪便。新鲜粪便，即粪尿混合物，是含固率在12%～14%的固体物质。实际粪便量和新鲜粪便中的固体含量很大程度上也取决于所喂的饲料。奶牛每日排泄量见表11－12。

表11－12　奶牛每日排泄量

生产阶段	体重（kg）	每日排泄量		含水率（%）
		（kg）	（L）	
后备牛	68	6	5.7	88
	113	10	9	88
	340	30	28.3	88
泌乳牛	450	48	48	88
	635	67	68	88
干乳牛	450	37	1.30	88
	635	52	1.83	88

第三节　奶牛场设施装备

不论采取何种饲养模式，奶牛场都需要配置饲喂栏枷、卧栏、饲喂设备、饮水设备、清粪设备、挤乳设备、环境调控设备、青贮设施，还可在舍内安装奶牛擦痒机、精饲料补给器，甚至自动挤乳器等。针对牛舍的防疫问题，奶牛场设施装备还包括消毒机等消毒设施。

一、饲喂栏枷

奶牛饲喂栏枷主要包括颈枷和颈杠两大类（图11－10）。

1. 自锁式颈枷

自锁式颈枷可实现定位饲喂，尤其适合TMR饲喂，避免奶牛抢食而造成体况不均；而且方便对牛群或个体奶牛进行治疗、免疫接种、发情检查、配种、定胎探查等工作，提高工作效率，降低技术人员劳动强度。

自锁式颈枷根据不同的牛体大小，分为成年牛颈枷、青年牛颈枷、育成牛颈枷及犊牛颈枷等。自锁式颈枷包括颈枷主体支架、动杆、操作杆等部分（图11－11）。动杆上设置锁定结构，当操作杆在未锁定位置时，动杆在配重重力作用下倾斜倒下，奶牛可自由进出颈枷进行采食；当操作杆在锁定位

a

b

图 11-10 奶牛饲喂栏枷

a. 颈枷 b. 颈杠

置时，奶牛进入颈枷采食后，动杆被锁定，以便于对奶牛采食时间进行控制、实施牛体检查治疗等工作。

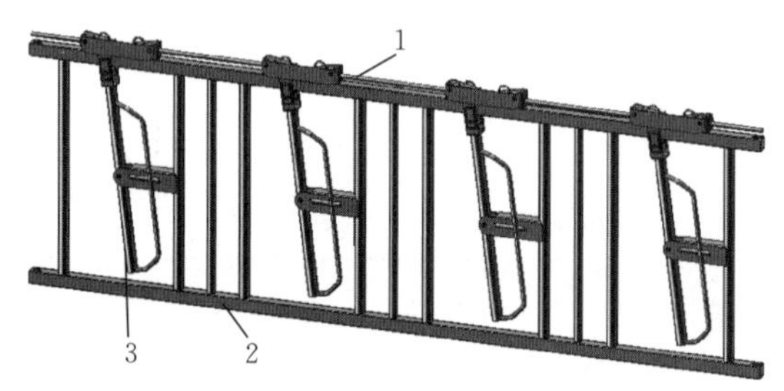

图 11-11 自锁式颈枷示意图

1. 操作杆 2. 颈枷主体支架 3. 动杆

自锁式颈枷基本结构参数包括颈枷高度、牛位宽度、自锁宽度（即动杆锁定时与颈枷主体支架立柱的间距）。自锁式颈枷主要结构参数经验值见表 11-13。

表 11-13 自锁式颈枷主要结构参数经验值

奶牛月龄	奶牛类别		牛位宽度(mm)	颈枷高度(mm)	自锁宽度(mm)	挡墙高度(mm)
≥24	泌乳牛		1 200、1 000、800、750、660	960	195	500
19～24	青年牛		660、600	930	178	450
15～18	育成牛	大育成牛	600	900	165	400
11～14		育成牛	600	840	157	400
7～10		小育成牛	500	840	137	350
3～6	犊牛		400	710	114	300

2. 双开自锁式颈枷

双开自锁式颈枷（图 11-12）在生产中也有使用。该颈枷的动杆在非锁定状态下依靠重力作用可自动打开，且更符合牛颈部形状，奶牛不必扭转头部也能顺利进出，采食的舒适性更好，能有效防止卡牛。

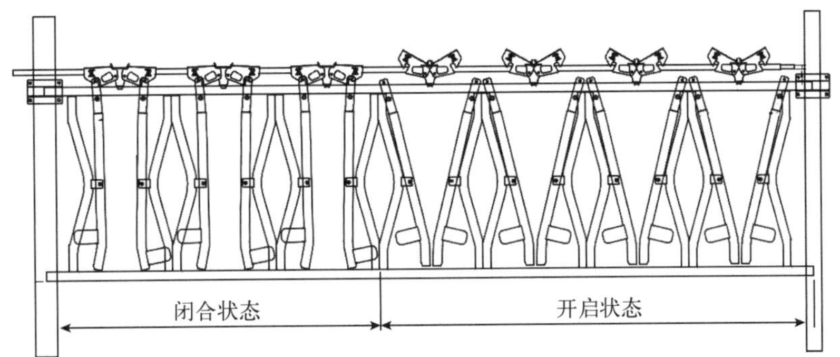

图 11-12　双开自锁式颈枷示意图

二、卧床

卧床是牛舍内专为奶牛休息设立的福利场所，能够为奶牛提供清洁、干燥、舒适的休息环境。卧床由隔栏、颈轨、挡胸板（管）、卧床立柱、支撑横杆等部件组成。按照组合方式，有对头双列卧床和单列卧床。按照冲起空间，可分为前冲式和侧冲式卧床；按照隔栏形式，分为蘑菇式、前撑式、后撑式及环形卧床。本书重点介绍前冲对头式环形卧床（图 11-13）。

好的卧床既能确保奶牛卧下时乳房接触的卧床表面清洁干燥，又能保证足够的舒适度和较高的着床率。奶牛躺卧所需的空间与品种、体重有关（表 11-14）。如体重 650 kg 的奶牛需要长约 170 cm 的体位空间，同时需要长 45 cm 的头部空间，因此卧床的长度应至少 215 cm，才能保证奶牛舒适地躺卧休息。另外，卧床的长度还要考虑前冲空间，有以下两种情况：①对于前方封闭的卧床，卧床的长度要在基础长度上再增加 25～55 cm，以满足奶牛起立过程中头部前冲的需要；②卧床前方开敞时，如对头双列或单列卧床，则有足够空间允许奶牛头部前冲。对头卧栏的卧床长度为敞开式单列卧床长度的 2 倍。

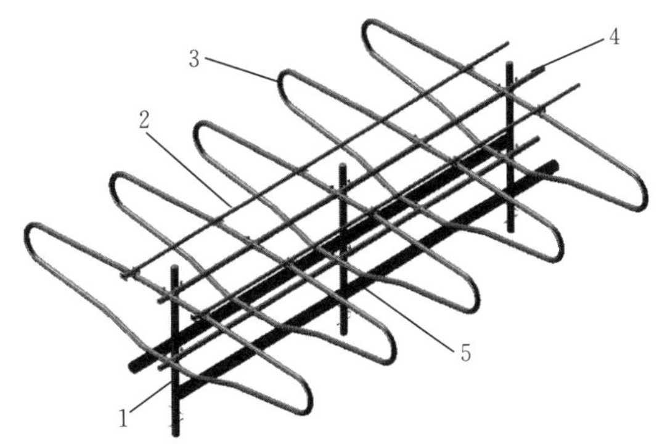

图 11-13　前冲对头式环形卧床
1. 卧床立柱　2. 颈轨　3. 隔栏
4. 支撑横杆　5. 挡胸板（管）

表 11-14　卧床技术参数经验值（mm）

卧床类型	月龄	牛位宽	挡颈杆位置	双卧床宽度	卧床高度	栏架缩进量	卧床挡墙
成母牛	≥24	1 200	1 700～1 800	4 500～5 000	1 350～1 400	300～350	200
青年牛	16 ～24	1 100	1 600～1 700	4 200～4 500	1 250～1 350	250～300	200
大育成牛	12 ～16	1 000	1 500～1 600	4 000～4 500	1 150～1 200	200～250	200
小育成牛	9～12	900	1 400～1 500	3 800～4 500	1 100～1 150	200～250	200
大犊牛	6 ～9	700	1 300～1 400	3 500～4 500	950～1 000	150～200	150

隔栏要保持一定的缩进量，即隔栏末端到卧床后沿要保持一定的水平距离（取值 150～350 mm），避免在通道中行走的奶牛不小心碰到而受伤；隔栏上杆用于避免奶牛在卧栏内转身，其高度一般距奶牛行走通道地面 1.2～1.4 m；隔栏下管后部距卧床表面的高度以避免奶牛臀部发生损伤为宜；隔栏宽度根据不同月龄的奶牛需要，一般其宽度在 700～1 200 mm。

牛床的基础和垫料有较好的柔软性及吸潮性，同时尽量保持清洁。柔软的床面对奶牛的乳房、膝盖、臀部、胸部及肩胛骨等突出部位起保护作用，有效降低乳房和肢体损伤。在选择垫料时，还要综合权衡垫料价格、使用损耗、牛舍清粪工艺和后续粪污处理等。

牛床基础一般为夯土和混凝土，基于奶牛站卧行为的趋坡性，床面从卧床后沿向前沿设 4%的向上坡度。卧床挡墙高度主要考虑可有效防止清粪通道粪污漫上卧床和方便奶牛进入卧栏时抬腿，一般设为距通道地面 150～250 mm。

常用的卧床垫料有稻草、麦秸、锯末、木屑、沙子、橡胶垫等。有些奶牛场对牛粪进行固液分离，分离出的固体部分经过干燥杀菌处理后，也可以用作卧床垫料。目前，国际上较为新型的卧床垫料是在柔软的橡胶材料内部填充碎硬质海绵或橡胶屑，舒适性更好，并且易于清洁（图 11－14）。

图 11－14 散栏饲养模式中的卧床

三、饲喂设施设备

奶牛饲喂分为传统饲喂技术、TMR 饲喂技术和精确饲喂技术等，不同饲喂技术须配套相应的设备。奶牛的饲喂设施设备包括饲料的装运、输送、分配设备以及饲料通道等设施。

1. 传统饲喂设备

传统的奶牛饲喂是将精饲料、粗饲料分别饲喂。传统饲喂设备有手推车、拖拉机、翻斗式饲料搅拌车以及精饲料自动补饲装置等。传统饲喂设备投资较少，操作简单，但生产效率相对较低。

2. TMR 饲喂设备

TMR 饲喂技术是根据不同生长发育及泌乳阶段奶牛的营养需求制订配方，将粗饲料、精饲料、矿物质、维生素以及其他添加剂充分混合得到的一种营养相对均衡的日粮。与此饲喂技术相配套的 TMR 饲喂设备，既解决了高强度的搅拌工作，又解决了运输和喂料问题。与传统饲喂方式相比，TMR 饲喂技术更能适应散栏饲养，精粗饲料混合均匀，有利于改善饲料适口性，增加奶牛的干物质采食量，避免挑食，简化饲养程序，有助于提高生产效率，促进饲喂机械化、自动化、规模化和专业化生产。但该技术无法实现针对性的个体饲喂。

TMR 饲喂设备按喂料形式可分为固定式和移动式，移动式又包含自走式和牵引式两种；按搅拌方式可分为卧式大拨草轮结构、卧式绞龙结构、立式锥螺旋结构、水平回转刮板结构形式。牵引式TMR饲喂车（图11-15）由拖拉机牵引，物料混合及输送的动力来自拖拉机动力输出轴和液压控制系统。送料时，边行走边进行物料混合，至牛舍时通过侧面粉料斗将料抛撒到饲槽中，搅拌、饲喂连续完成。此设备适合通道较宽的牛舍（通道宽度大于2.5 m）。固定式TMR饲喂车（图11-16）需要有后续设备来完成喂料，多用于通道较窄的牛舍（通道宽度小于2.5 m）或牛舍结构限制设备出入的情况。卧式绞龙结构容易完成小批量物料的混合，但对长草适应性差，容易出现缠轴及过挤压倾向。立式锥螺旋结构对长草的适应性好、切碎能力强，箱内无剩料，维修方便。

图11-15 牵引式TMR饲喂车

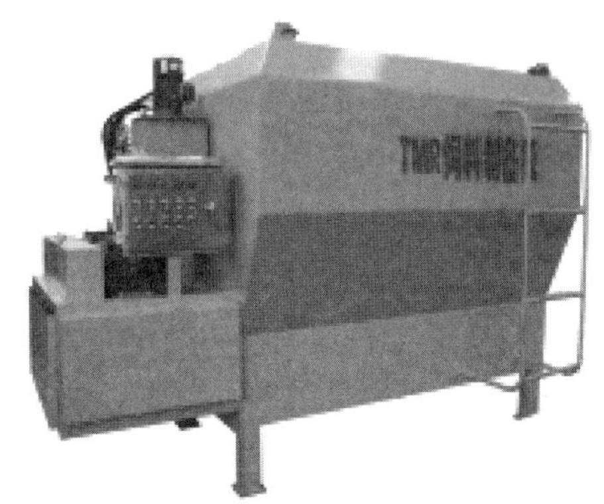

图11-16 固定式TMR饲喂车

采用TMR饲喂技术时，应根据牛群规模与分群特点，选择相适应的饲喂设备。选取设备时，主要考虑投料量、饲料混合均匀度、混合时间、饲草料切碎长度，以及所应用的日粮类型、牛舍出入口、饲喂通道宽窄、高度等。

3. 精确饲喂设备

为克服TMR饲喂技术无法满足个体化差异要求，精确饲喂技术与设备在一些牛场得到应用。通过采集奶牛个体信息（如无线射频识别），根据奶牛个体基础日粮的采食量、产奶量及营养需要量，计算出奶牛补饲混合精料的组成和饲喂量。控制信号输出至供料执行机构，完成奶牛的精确饲喂。根据工作方式，精确饲喂设备有固定式和移动式2种。固定式精确饲喂设备多用于散栏饲养模式，移动式精确饲喂设备主要用于拴系饲养模式。

（1）固定式精确饲喂设备。固定式精确饲喂设备即精饲料自动补饲设备，主要由奶牛自动识别系统、控制系统、供料机构及护栏组成（图11-17）。其计量方式属于容积式计量，利用螺旋输送器两个相邻叶片之间的空腔来计算物料体积。饲喂时，通过控制螺旋的转数和转速，获得较为准确的所需物料体积。工作过程如下：奶牛自动识别系统读入奶牛个体信息，控制系统自动检索牛只信息，确定是否需要补料；若牛只需要补料，则控制系统自动分析、计算牛只补饲配方及补饲量，并向供料机构输出发布补料指令；供料机构完成配料、混合，并将精饲料投放给所需牛只，并将补料信息反馈至控制系统。

图11-17 精饲料自动补饲设备

（2）移动式精确饲喂设备。主要指饲喂机器人（图11-18），其组成与固定式精确饲喂设备类似，不同之处在于前者还有行走机构和用于自动定位的位置传感器。其工作过程是：饲喂机器人从上位机下载饲喂数据，在料箱中加满饲料后开始沿轨道行走，当行走至预定位置时，控制系统启动无线射频识别装置，确定奶牛个体信息，从数据库中提取对应奶牛的饲喂数据，并通过供料机构完成精饲料定量供给。

挤乳厅、运动场凉棚内，有时也配备饲喂设备。挤乳厅主要配置精饲料补给设备，运动场则主要配置干草料饲喂架。

图 11－18　饲喂机器人

4. 犊牛自动饲喂器

自然状态下，犊牛靠母牛哺乳可整天随时获得充足的采食。但生产中，犊牛都是通过人工饲喂的，采食次数一般控制在每天 2～3 次。为了让犊牛表达自然的采食行为，固定式犊牛自动喂料器（图 11－19）能根据犊牛的生长发育状况提供自动准确的饲喂方式和喂料量。当犊牛进入喂料区域，系统根据设定的饲喂计划，通过识别犊牛个体，决定其是否能饮用及饮用量。一旦被确认，则立刻准备新鲜牛乳并达到预先设定温度后允许犊牛饮用，从而确保了一天中任何时候正确的牛乳供应及合理的乳温与品质。该设备可通过逐渐减少牛乳摄入量促进其主动增加粗饲料摄入，加快犊牛学会反刍行为来实现温和断奶，因而犊牛更加健康。喂料器还配备了显示屏作业手柄，设置了一系列功能按钮，具有快速查找和修改信息、获取犊牛管理概况、生成每头犊牛的牛乳摄入量图表和报告、方便喂料程序选择（仅饲喂鲜牛乳或代乳粉或者两者混合等）、灵活调节乳温等功能。

图 11－19　固定式犊牛自动喂料器及其显示屏作业手柄

固定式犊牛自动喂料器不但可以实现人性化的饲喂，能自动清洁，每个喂料器可服务 30～50 头牛。同时，固定式犊牛自动喂料器也是培养今后使用自动喂料机器人、挤乳机器人的最好方式，有助于奶牛习惯于各种自动化作业设备和机器噪声。

与犊牛自动喂料器配套的精饲料饲喂器，能促使犊牛很快地学会采食精饲料，更好地刺激犊牛瘤胃的生长发育。

5. 智能化小型上料和推料设备

自动上料机器人（图 11－20）可以让奶牛全天候采食新鲜的饲料，能够精确地喂牛。该设备由料仓、立式搅拌机螺旋钻，以及饲料配料混合控制系统、上料控制系统、定位导航系统、充电适配器、防撞击保险杠、紧急停止和暂停按钮等组成，每个机器人可服务 250～300 头牛。该设备通过导航设定需要的线路，为多个牛舍定向上料，适合于狭窄通道作业；通过计量传感器、分布传感器以及高度传感器等，自行控制不同牛只的加料量、加料高度和加料次数；可很好地保持饲料的新鲜度，防止饲料干燥，寒冷季节还可以对饲料稍做加热处理；采用自行充电，具有清洁、节能、灵活、防撞击、减少饲料残留等优点。可保持饲喂过程的一致性，能让低等级牛也获得全面均衡的营养。

自动推料机（图 11－21）是配合 TMR 等饲喂设备一次投料、抛撒面积大、饲料远离饲喂栏而设计的一款产品。该设备可自动地沿着饲喂通道移动，从而顺着饲喂栏将饲料推进饲喂槽。这种设备小巧灵活，适合在饲喂通道比较窄的牛舍作业，因安装有碰撞检测器，在碰到障碍物时能快速停下。与上述自动上料机器人一样，该设备也可以全天候作业，并且可以自动巡航、自行充电，具有稳定性好、操作灵活、节能、安全等优点。

图 11－20　自动上料机器人

图 11－21　自动推料机

四、饮水设备

充足的饮水是奶牛高产和健康的保证。牛舍饮水设备包括输送管路和自动饮水器（碗）或水槽。在舍饲散养、散栏系统中，很难保证水槽和饮水器不受粪尿及（牛嘴）饲料残留物的污染，因而需要定期对水槽和饮水器进行清洁，并可以通过设计来减小污染程度。夏季应增加清洗频率，为防止高温对饮水温度、水质产生影响，可在水槽上方设遮阳棚。表 11－15 为舍内饮水器及水槽安装高度和数量参考值。

表 11－15　舍内饮水器及水槽安装高度和数量参考值

奶牛体重（kg）	100	200	300	400	500	600	700
饮水器安装高度（m）	0.5	0.5	0.6	0.6	0.7	0.7	0.7
每只饮水器服务奶牛数（头）	10	10	8	8	6	6	6
水槽安装高度（m）	0.4	0.4	0.4	0.4	0.5	0.5	0.5
每米水槽服务奶牛数（头）	20	17	13	12	11	10	10
安装平台离水槽沿的距离（m）	0.4	0.4	0.4	0.4	0.5	0.5	0.5
安装平台高度（m）	0.15	0.15	0.15	0.2	0.2	0.2	0.2

1. 饮水碗

图 11-22 饮水碗

饮水碗（图 11-22）是最常见的自动饮水器，适用于拴系式饲养。最好能够为每头奶牛提供一个饮水碗，这样如果饮水器受到损坏，奶牛就可以从相邻牛只的碗内喝水。单栏饲养时，每栏至少有 2 个。碗的开口面积至少 0.06 m^2，圆形开口直径约为 30 cm。奶牛最喜欢开口较大、扁平的饮水器，深度应足够使奶牛在饮水时嘴部浸入 3～4 cm。饮水器的最小流量为 10 L/min，设计容量应能满足 20%的奶牛同时饮水。

饮水碗最大的缺点在于地域局限性，寒冷地区冬季因气温较低，水碗出水嘴甚至整条供水管路都有可能上冻，造成饮水系统瘫痪。虽然可使用加热线圈来缓解这一问题，但造价偏高，生产中推广有一定难度。此外，这种饮水系统的接口较多，易发生漏水、生锈、结冰胀裂等现象。

2. 饮水槽

与饮水碗相比，奶牛更喜欢选择饮水槽饮水。在舍饲散养条件下，最好用饮水槽代替饮水器。通常情况下，每一组群的奶牛应设置 2 个水槽，这样对位次关系较低的奶牛较为有利。每个饮水槽应能够容纳 200～300 L 水，最小流量为 10 L/min；如果设计流量为 15～20 L/min，允许容积减小到 100 L；深 0.2～0.3 m。将饮水槽安装在牛床的一端并与牛床隔开，或者是采食通道上；并且要保证奶牛在饮水时，不影响其他奶牛从通道通过。为减少奶牛在饮水时造成的污染，可将饮水槽、饮水器安装在平台上。

近年来，电加热不锈钢饮水槽得到了广泛应用，由电加热温控系统、盛水槽体、支撑固定架、给排水管和浮子等组成。这种饮水槽便于清洁，能自动上水，且能通过温控设备进行水温控制。为避免直接使用 220 V 交流电发生潜在的漏电危险，目前已有采用 24 V 交流电的饮水槽。电加热不锈钢饮水槽可根据实际需要安装于牛舍内外。

3. 浮球式自动保温饮水水箱

图 11-23 浮球式自动保温饮水水箱

浮球式自动保温饮水水箱是一种带浮球的密封水箱，自动上水，奶牛饮水时顶开浮球即可露出水面饮水（图 11-23）。水箱外壁经低密度聚乙烯高温滚塑成型，夹层内部填充发泡聚氨酯保温材料以达到保温效果，无须电加热，在−30～28 ℃下可保持内部水温在 3～10 ℃。水箱顶部的浮球内注入了发泡聚氨酯保温材料，从而有助于冬季保温防冻、避免夏季阳光直射，同时能防止异物落入。

五、舍内清粪设施设备

1. 清粪通道与粪沟

清粪通道应根据清粪工艺的不同进行具体设计。牛舍内的清粪通道同时也可作为奶牛进出的通道和挤乳员操作的通道。清粪通道的宽度要能够满足清粪工具的往返；如果在舍内挤乳，还要满足挤乳工具的通行和停放，而不致被牛粪等溅污。通道路面要大于 1%横向坡度（坡向粪沟），路面上要设置防滑凹槽以防止奶牛滑倒。

一般在牛床和通道之间设置排粪明沟。明沟宽度为 32～35 cm、深度为 5～8 cm（考虑采用铁锹放进沟内进行清理）。粪沟过深会使奶牛伤蹄子，沟底应有 1%～3%的纵向排水坡度。在沟内也可装置机械传动刮粪板，沟面采用铸铁缝隙盖板，其粪沟宽度和深度根据具体情况而定。另外，近年来还出现设置漏缝地板的奶牛舍，奶牛在走动时将牛粪踩入设置于地板下方的粪沟内，然后由刮粪板刮出。

2. 清粪形式及设备

牛舍的清粪形式有机械清粪、水冲清粪、人工清粪。机械清粪多用于现代化的专业牛场，可以提高劳动生产率，降低人工费，但设备投入费较多。水冲清粪的耗水量很大，粪污收集之后，处理难度较大，我国的奶牛场不宜采用此法。人工清粪劳动强度较大，但设备投入低，我国现有奶牛场多采用此法。机械清粪中采用的主要设备有连杆刮板式，适于单列牛床；环形链刮板式，适于双列牛床；双翼形推粪板式，适于舍饲散栏饲养牛舍。

（1）水冲清粪设备。水冲式清粪工艺是欧美等发达国家 20 世纪 70 年代初发展起来的。该工艺需要充足的水量、配套的污水处理系统、水位提升装置、合适的牛舍坡度、输送粪污用的泵和管路等，是指用从高压泵或高水位池体中通过管路来的冲洗水将牛舍内粪污进行收集输送，当牧场所处地域气温较高，使用此工艺能同时降低牛舍温度。与之配套的设备包括冲洗阀、冲洗泵、冲洗管路以及控制系统等（图 11-24）。水冲式清粪工艺需要的人力较少、劳动强度小、能频繁冲洗，可保证牛舍清洁和奶牛卫生，但这种工艺需要大量冲洗用水，会大大提高后续污水处理基建投资及动力消耗。

a

b

图 11-24　水冲式清粪工艺

a. 地设喷管　b. 地面冲洗阀

（2）刮板清粪设备。采用水泥实体地面与机械刮板相结合的清粪方式是目前奶牛场应用最为普遍的清粪方式（图 11-25）。机械刮板系统包括驱动电机、链条、机械刮板等。电机通过链条带动 2 套刮板形成一个闭合环路（图 11-26），一套刮板前进清粪时，另一套则后退回位，环路四周有转角轮定位、变向。该系统能做到 24 h 清粪，没有噪声，对牛群的行走、饲喂、休息不造成任何影响，运

a

b

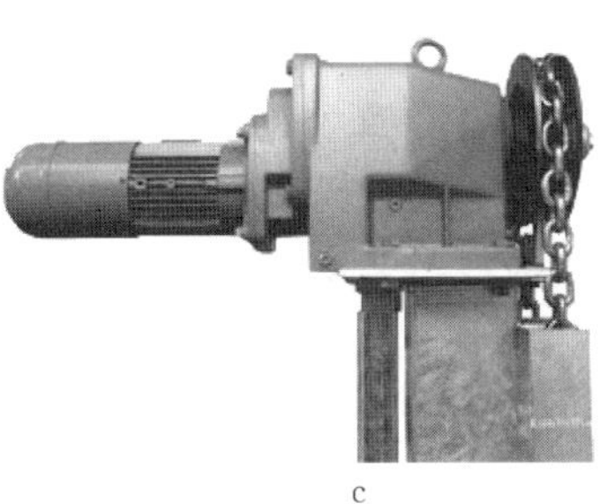

c

图 11-25　刮板清粪

a. 清粪刮板-安装　b. 清粪刮板-使用中　c. 清粪刮板-驱动电机

行、维护成本低。但对牛舍地面和粪沟的施工质量要求相对较高，若牛舍长度与其功率、有效行程匹配不合理，不利于牛舍卫生，寒冷季节还容易造成结冰而使系统无法正常运行。

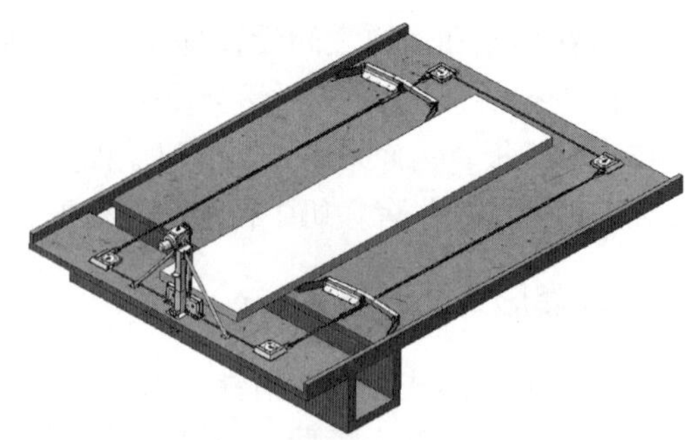
图 11－26　刮板清粪环路

(3) 漏粪地板及配套清粪设备。牛舍地面若采用漏缝地板，奶牛一旦排泄粪污可随即漏到下方粪池中，有利于牛蹄干燥和牛舍清洁（图 11－27）。采用漏缝地板的下方粪池有 2 种情形，一是为深粪坑，其深度可达2 m以上，长年不清粪，定期搅拌防止结块，用肥季节直接用粪罐车抽取后施入农田；二是采用浅粪坑，通过刮板系统清除地板下的粪污。近年来，配合漏缝地板清洁的清粪机器人可有效清除地面积粪（图 11－28）。根据预先设定的程序，通过GPS定位仪来完成一定路线的清粪工作，具有动物友好性、维修费用低、无障碍等优点，但初期安装成本较高。

图 11－27　漏缝地板

图 11－28　清粪机器人

六、挤乳设备

一般牛场都有独立的挤乳厅及其挤乳设备。近年来，欧美国家快速推广应用的牛舍自动挤乳系统，即挤乳机器人。荷兰在 1992 年就推出了第一台挤乳机器人，2010 年又推出了集自动清洗、自动挤乳、自动进行乳房保健、自动获取奶牛生产信息、牛乳自动检测等功能于一体的适合于牛舍、流动牧场应用的最新全自动挤乳机器人（图 11－29）。通常，一台挤乳机器人可服务 50～70 头奶牛。配备该设备后，奶牛每天完全可以依照自身的需要进行不定时、无次数限制的挤乳，大大提高了奶牛的福利水平，保障了乳房健康和乳品质量安全。

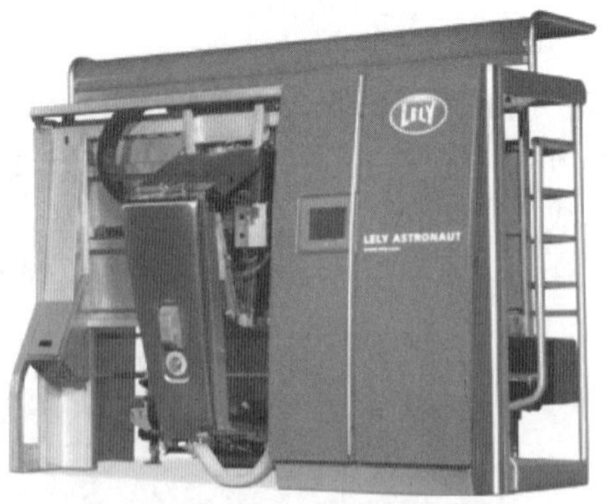

图 11－29　全自动挤乳机器人

七、环境调控设备

牛舍环境调控设备主要针对奶牛夏季防暑降温、冬季防寒保温、牛舍通风及采光等方面。合理的牛舍环境调控是有效利用饲料、最大限度提高奶牛生产性能的重要措施之一。

1. 夏季降温设备

(1) 喷淋降温系统。在牛舍粪沟或牛床上方，设喷头或钻孔水管，定时或不定时为牛淋浴。采用喷淋降温系统不需要较高的压力，可直接将喷头安装在自来水系统中。为获得更好的降温效果，可选择特制高压喷头，雾滴直径应达到 100 μm 以上。这种系统在密闭式或开放式牛舍中均可使用。通常，淋在牛表皮上的水需要经过一定的时间才能全部蒸发，因此系统运行宜采用间歇喷淋，具体喷淋和间隔时间应根据温度和湿度状况加以确定。使用喷淋降温系统时，应注意避免溅到牛卧床和饲槽内；运行时应尽量避免地面积水或汇流。实际生产中，配合风机通风，可获得更好的降温效果（图 11－30）。

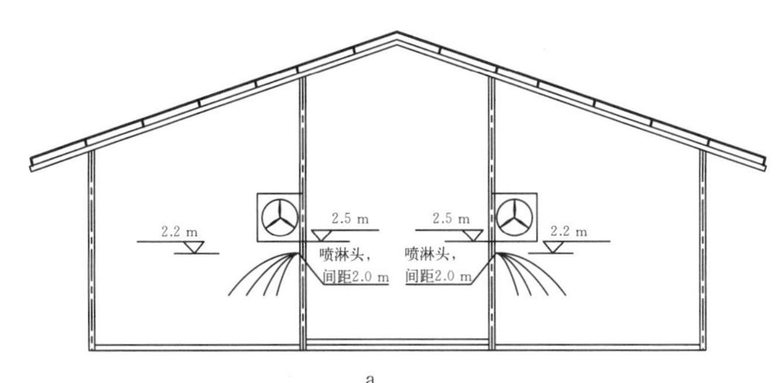

a

b

图 11－30　喷淋＋风机降温系统

a. 系统示意图　b. 系统工作图

(2) 湿帘风机降温系统。湿帘风机降温系统由湿帘、风机循环水路和控制装置组成。湿帘可以用麻布、刨花或专用蜂窝状纸等吸水、透风材料制作。系统具有设备简单、成本低廉、能耗低、降温均衡、产冷风量大、运行可靠、安装方便等优点，是生产中最常用的降温技术，适合于密闭式或可封闭开放式牛舍中使用（图 11－31）。在开放式牛舍，采用湿帘风机降温系统可使温度降低 5～13 ℃。

图 11－31　牛舍湿帘风机降温系统

2. 充气膜保温墙

充气膜保温墙（图 11－32）是以空气为介质的保温、隔热产品，主要由充气膜、固定支撑件、风机、控制箱等组成。通过对充气膜充气使其膨胀形成一面墙，以使牛舍具有良好的保温效果。同时，可通过控制充气量调节充气膜升降高度，对舍内通风口面积和风量进行调节。由于充气膜主要采用聚乙烯透光材料，因而可使牛舍获得良好的透光效果。

图 11-32 充气膜保温墙

3. 电动卷帘系统

电动卷帘系统由电动卷膜器、爬升支架、爬升杆、卷膜轴、控制箱、卷膜布及附属部件组成，一般分为上卷开启式和下卷开启式两种（图 11-33）。上卷开启式卷帘系统是通过控制箱来控制电动卷膜器在爬升杆上的上升/下降，同时卷膜器通过轴头带动下卷膜轴放开/缠绕幕布做往复运动，从而实现电动卷帘的开启/闭合；下卷开启式卷帘系统则将幕布从上往下卷，通过钢丝绳和导向轮实现向上拉升封闭，通过电动卷膜器实现向下打开。电动卷帘系统可通过卷帘升降高度对牛舍温度、通风量进行调节。

a

b

图 11-33 电动卷帘系统

a. 上卷开启式 b. 下卷开启式

4. 光照调控设备

牛舍采光可通过牛舍墙体、门窗、屋顶等敞开部分以及设置屋顶采光带获得自然采光，或者通过安装照明设备获得人工补光。牛舍内使用的照明设备选择应综合考虑动物福利、耐用性、防尘防潮性等因素。对于跨度不超过 24 m 的牛舍，只需在舍中央安装一排灯具即能满足使用要求，较普通照明设备有更低的日常运行成本和维护费用。

八、消毒设施设备

奶牛场消毒是指采用物理、化学及生物方法杀灭环境、物体表面的病原微生物，防止外源病原体带入牛群，减少环境中病原微生物数量，切断疫病传播途径，进而保证奶牛的健康和生产。奶牛场消毒的主要对象是进入奶牛场生产区的人员、交通工具、牛舍环境、挤乳厅、挤乳设备、饮水设备，以及奶牛乳房、乳头等。消毒设施包括场区和生产区出入口消毒池、蹄浴池、人员消毒通道、淋浴室、病死牛处理设施，以及专用消毒工作服、帽、胶鞋等。常用的消毒设备有紫外线消毒灯、弥雾机、高压清洗机、超声波消毒机等。

1. 消毒设施

（1）出入口消毒池。根据奶牛养殖场的饲养规模，在生产区入口应建车辆消毒池，一般尺寸为：长 4.5 m，宽 3.5 m，深 0.1～0.3 m。人行过道消毒池尺寸为：长 2.8 m，宽 1.0～1.4 m，深 0.05 m。池底要有坡度，并设排水孔。

（2）蹄浴池。由于奶牛的蹄部经常接触粪尿等污染物，容易感染细菌，有条件的奶牛场可以在奶牛挤乳完毕返回牛舍的过程中进行蹄浴以减少和治疗蹄病，而不设蹄浴池的奶牛场也要进行类似的消毒工作。蹄浴池设置在奶牛返回通道上，奶牛场可根据实际需要每周进行 1～2 次蹄浴。在设计时应注意：①由于返回通道上设置了蹄浴池，放慢了奶牛返回牛舍的速度，因而蹄浴池要尽可能远离挤乳台以减小对其影响。②蹄浴池与返回通道同宽，深 15 cm，要求至少能盛 10 cm 深的液体。最小长度 220 cm，两端设置相应坡度（图 11－34）。③为避免大量的牛蹄污物落入蹄浴池内，污染消毒液，可以在蹄浴前让牛只通过清水池。

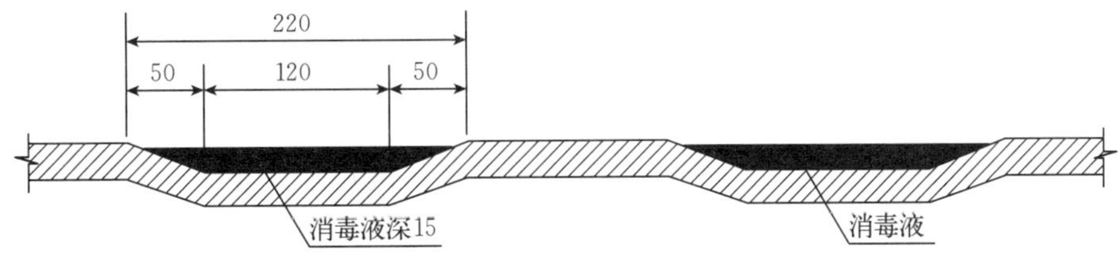

图 11－34　蹄浴池（单位：cm）

2. 常用消毒设备

(1) 紫外线消毒灯。进入牛场人员必须消毒后方可进入。生产区的出入口除了要设置消毒池外，还要设紫外线消毒间。按规定，紫外线消毒间内悬吊式紫外线消毒灯的数量为每立方米空间不少于 1.5 W，吊装高度距离地面 1.8～2.2 m，连续照射时间不少于 30 min（无可见光进入室内）。紫外线消毒主要用于空气消毒，不适合人员体表消毒。进入牛场人员在紫外线消毒间更换衣、帽及胶靴后进入专门消毒鞋底的消毒通道。

(2) 弥雾机、高压清洗机。弥雾机和高压清洗机均被用来对牛舍内部及挤乳厅进行消毒。弥雾机是利用风机产生的高速气流将粗雾滴进一步破碎化为 75～100 μm 的雾滴，并吹送到远方。其特点是雾滴细小、飘散性好、分布均匀、覆盖面积大，大大提高了雾滴附着面积，可实现对牛舍地面、卧床等的有效消毒；高压清洗机是通过高压泵产生高压水来冲洗物体表面。在每次挤乳结束后，可在高压水中添加杀毒剂为挤乳厅进行消毒。

(3) 超声波消毒机。超声波消毒机一般由溶液箱、雾化箱、电气箱、液位控制系统，以及雾化溶液与工作溶液隔离系统等组成。此种设备可对适当的溶液通过超声波雾化的方式在空气当中进行喷洒，因此可实现对奶牛舍的杀菌、消毒、净化空气等多方面用途。

九、运动场

适当的运动对奶牛而言是必不可少的。运动场多设在栋舍间的空余地带，四周用栅栏围起来，将牛只散放或拴系其内（图 11－35）。运动场的大小应根据牛群规模和体型大小来确定，一般为牛舍面

图 11－35　舒适的运动场

积的 2～3 倍，即成母牛 20 m^2/头、青年牛 15 m^2/头左右。运动场以三合土地面为宜，地面要防滑并要方便清洁，排水坡度 1.5%～2%。运动场可根据需要设立凉棚、饲槽、水槽、干草架等设施和设备。运动场栏杆不能对牛体产生伤害，并保证牛只不会逃走。

第四节　牛舍环境及其调控技术

营造温馨和谐、环境卫生的牛舍，是保证奶牛健康、提高产奶量的重要措施。家畜生产性能受遗传和环境两方面因素的影响，而奶牛泌乳量的遗传力只有 0.2～0.3，因此奶牛生产性能受环境因素的影响更大。随着奶牛饲养规模的扩大和集约化程度的提高，牛舍小环境对奶牛健康和生产性能的影响越来越突出。牛舍小环境涉及空气温度、空气湿度、舍内气流、光照、空气质量等因素。这些因素既可以单独对奶牛产生影响，又可以相互作用，对奶牛产生综合影响。

一、牛舍小环境

1. 空气温度

空气温度是影响奶牛健康和生产力的重要因素。牛舍空气温度的高低取决于舍内热量来源的多少和舍内热量散失的多少：热量来源增加、散失减少，牛舍气温升高；反之，热量来源减少、散失增加，牛舍气温降低。

（1）牛舍内热量来源。牛舍内热量来源主要包括牛体的产热、太阳辐射热和采暖。10～15 ℃下，640 kg 体重奶牛的产热量相当于 670 W 的加热器。冬季牛体产热是舍内热量的主要来源。夏季则需要加大通风换气量，及时将牛体产热排到舍外，避免造成牛舍温度的升高。夏季来自太阳辐射的热量对牛舍温度的影响较大，应采取必要的措施减少对奶牛的影响；冬季太阳辐射减弱，在寒冷地区可以采用温室型牛舍来提高温度。但一般情况下，除了产房和犊牛舍外，其他牛舍原则上不用采暖。

（2）牛舍内散热途径。牛舍内热量散失途径主要包括牛舍外围护结构散热、牛舍内地面水分蒸发散热和牛舍通风换气的散热。牛舍外围护结构散热主要受外围护结构的保温隔热能力、面积及牛舍内外温差的影响，保温隔热能力越差、面积越大、牛舍内外温差越大，通过外围护结构的散热就越多；牛舍内地面水分蒸发散热量与排泄区面积和水槽面积成正比；而牛舍通风换气的散热量主要受通风量大小和牛舍内外温差的影响，通风量越大牛舍内外温差越大，通风换气的散热量就越大。

（3）不同牛舍建筑形式对牛舍温度的影响。开放式牛舍和半开放式牛舍的舍温与外界气温的差异较小，并随季节、昼夜和天气的变化而上下波动，其变化规律与外界气温基本一致。密闭式牛舍，舍温受外界气温的影响较小。夏季，如果牛舍屋顶或天棚的隔热性能良好，可减轻太阳辐射热的影响，避免牛舍温度升高；隔热性能差的牛舍，则牛舍温度为外界气温所左右。冬季，如果牛舍外围护结构的保温性能良好，牛舍仍然可以依靠牛体的产热维持比较适宜的环境温度；若牛舍外围护结构的保温性能不良，牛舍温度则会显著受舍外气温的影响。

由于牛体的散热，温暖潮湿的空气上升，使牛舍上部温度低、下部温度高。正常情况下，牛舍内垂直温差一般以不超过 2.5～3 ℃为宜。就水平方向而言，牛舍空气温度由中心向四周递降，靠近门、窗、墙等部位的温度较低。在寒冷季节，舍内的水平温差不应超过 3 ℃。实际生产中为减小舍内温差，在设计牛舍时，可通过加强墙体等围护结构的保温隔热设计，减少门、窗等缝隙的冷风渗透等加以实现。

（4）温度对奶牛的影响。温度对奶牛的影响与品种、年龄、体重、生理阶段、饲养水平、地面类型（有无垫草）、空气湿度、气流速度等因素有关。体型大的品种，临界温度低；壮年和体重大的个体，临界温度低；妊娠母牛，临界温度低；产奶量和饲养水平越高的奶牛，临界温度越低；在有床垫和垫草的情况下，奶牛的临界温度低；冬季时空气越潮湿、气流速度越高，临界温度越高。成母牛的适宜温度范围和生产环境界限见表11-16。

表11-16　成母牛的适宜温度范围和生产环境界限

品种或阶段	适温范围（℃）	生产环境界限		备注
		低温（℃）	高温（℃）	
荷斯坦牛	0～20	−13	27	低温：相对湿度不高于70%、风速不大于0.25 m/s
娟姗牛	5～24	−5	29	高温：相对湿度不高于80%、风速不大于1 m/s
哺乳犊牛	13～25	5	30～32	高温：相对湿度不高于80%、风速不大于1 m/s
育成牛	4～20	−10	32	高温：相对湿度不高于80%、风速不大于1 m/s

高产奶牛的代谢率较高，对高温的反应较低产奶牛敏感。据报道，在−11～5 ℃，气温每下降10 ℃，产奶量减少0.44 kg；而在−20～−11 ℃，则每下降10 ℃，产奶量减少1.55 kg。

2. 空气湿度

（1）影响牛舍空气湿度的因素。由于牛的皮肤、呼吸道以及排泄物、潮湿地面和垫料等的水分蒸发，牛舍内的湿度一般高于舍外，特别是冬季或通风不良时，牛舍内的湿度会更高。通常，牛舍中的水汽有70%～75%来自牛体自身，10%～15%由暴露水面和潮湿表面蒸发产生，通过通风换气带入的水汽占10%～15%。例如，650 kg体重的奶牛，每天能够产生约17 kg的水汽。因而冬季牛舍的除湿相对比较困难。

（2）牛舍湿度的变化。非采暖牛舍的舍内湿度不仅高于舍外，且分布不均。当密闭性较好或通风不良时，牛舍下部因牛体、地面等的水分蒸发，并随热压不断上升而聚集在牛舍上部，导致牛舍上部湿度高于其他部位。若牛舍的保温隔热性能较差，则舍内温度日差大，空气潮湿时很易达到露点，造成牛舍内表面结露现象。对于通风良好的封闭舍或半开放、开放牛舍，舍内湿度则主要受舍外湿度的支配。

（3）湿度对奶牛的影响。适宜温度下，湿度的高低对奶牛健康和生产力影响不大。当温度过高或过低时，过高的空气湿度不但对牛的生产性能有显著影响，而且对牛舍散热及牛舍外围护结构使用寿命产生影响。高湿环境会造成病原微生物和寄生虫大量滋生，并导致饲料、垫草发霉变质，对奶牛健康不利。潮湿的空气会增加牛体的辐射散热和传导散热，使牛体感觉到的有效温度更低，加剧低温对奶牛生产性能的影响。对于荷斯坦牛，当气温为29 ℃、相对湿度为40%时，产奶量可下降8%，在同等温度条件下，相对湿度为90%时，产奶量则下降31%。低湿可缓解高温或低温的不良影响，但如果相对湿度低于40%，则容易造成皮肤和暴露黏膜干裂，呼吸道黏膜受损，奶牛易患皮肤和呼吸道疾病。

奶牛舍适宜相对湿度为50%～80%。但在多雨潮湿地区，要保持牛舍内空气相对干燥比较困难。在牛舍设计和日常管理中，可通过以下途径来减少高湿的影响：①将奶牛场场址尽可能选在地势干燥、排水良好的地区；②为防止土壤中水分沿墙上升，应在墙身或墙脚交界处铺设防潮层；③注意牛舍的保温，围护结构的热阻要满足防止结露的最低热阻值，同时使舍内温度经常保持在露点以上；④牛舍内的粪尿和污水应及时清除，经常更换污湿帘料；⑤保持正常的通风换气；⑥尽量减小排泄区面积；⑦加强管理，避免饮水器漏水或处于长流水的状态。

3. 舍内气流

在没有机械通风的条件下，牛舍内的气流变化不大。舍内外空气可通过门、窗、进风口及缝隙进行自然交换，从而形成空气的内外水平流动。

适宜的气流速度，应当随季节的变化而变化：寒冷季节，舍内气流速度以0.1～0.2 m/s为宜，不应超过0.25 m/s；至于夏季，则应尽量加大气流，以促进机体散热。一般认为，夏季舍内气流速度大于 0.7 m/s 时，就可以在牛体周围形成较为舒适的气流，但当风速大于 1.5 m/s 时，对牛体的散热效果已不十分明显。炎热地区的夏季应进行强制通风，但最大风速不应超过 2.5 m/s。

贼风是冬季密闭舍内通过窗户、门或墙体的缝隙进入舍内的一种气流。这种气流温度低且速度快，容易引起奶牛关节炎、神经炎、肌肉炎等疾病或导致奶牛冻伤，对奶牛健康和生产造成不利影响。因此，入冬应该封门、封窗、抹墙、设置挡风障，以尽可能避免贼风的产生。

奶牛冬季饲养在运动场或开放式牛舍，冷风会增加奶牛的热损耗，降低其生产性能。在布置防风设施时，要考虑牛场所在地冬季的主导风向。

4. 光照

牛舍光照条件不仅影响奶牛的健康和生产力，而且影响管理人员的工作条件和工作效率。保证牛舍内有适宜的光照，可通过自然采光和人工照明相结合得以实现。一般来说，开放舍、半开放舍的光照主要依靠自然采光；完全密闭舍的光照则完全依靠人工照明。

光照对产奶量的影响不大。但在冬季舍饲条件下，奶牛白天到运动场活动，有助于提高代谢率和血液循环，促进钙磷吸收，应该有益于奶牛的健康和生产。对于冬季全舍饲的奶牛，应补充较强的人工光照以减少光照不足带来的问题。

5. 牛舍空气质量

对于相对封闭的牛舍，由于奶牛自身的新陈代谢作用，以及分发饲料、更换垫草等，加之牛舍内温度高、湿度大，为微生物的生长、繁殖及有机物的分解、发酵创造了条件，因此牛舍空气质量较为恶劣，微生物、有害气体以及其他恶臭物质的数量、种类多且成分复杂。

（1）牛舍内有害气体的产生。牛舍内的有害气体主要来自奶牛的呼吸、排泄粪尿、垫料、饲料等有机物的分解。体重 600 kg、日产奶 30 kg 的奶牛，每小时能够产生 CO_2 约 200 L，冬季密闭、通风不良的牛舍，CO_2 的浓度在早晨可达 5 000～10 000 mg/m^3。牛在嗳气时会排出 CO_2、CH_4 等气体，排泄过程中也会直接排出有害气体和恶臭气味。

此外，奶牛饲料中的水分含量较高，夏季高温也易导致饲料的发酵、霉变，产生有害气体和恶臭。奶牛的垫料受到粪尿的污染后，在厌氧的条件下也会产生有害气体。

（2）牛舍空气中的微粒和微生物。牛舍内的微粒大部分来自清扫牛舍、分发饲料、更换垫草、通风、清粪等饲养管理操作，以及奶牛的活动、咳嗽、哞叫等，会使牛舍空气中的微粒增多。粉状饲料、干草会产生大量微粒；采用 TMR 后，牛舍空气中微粒的数量会大幅度减少。

由于牛舍内的空气温暖、潮湿，又含有大量的有机微粒，为微生物的生存和繁殖提供了良好的条件，特别是通风不畅的冬季，舍内空气中微生物的数量更是显著高于舍外大气的，且会含有一定数量的病原微生物。一般生产条件下，奶牛舍每升空气中含细菌 121～2 530 个，而在用扫帚干扫墙壁或地面时，则可使细菌数增加至 16 000 个。若舍内有奶牛受到感染而带有某种病原微生物，则可通过喷嚏、咳嗽等途径将这些病原散布于空气中，并传染给其他奶牛。结核病、肺炎、流行性感冒、口蹄疫等都是通过气源传播的。

二、牛舍夏季环境调控

在影响奶牛的外界环境因素中，环境温度对奶牛的影响最大。奶牛属于耐寒而不耐热的动物，高温不但会降低奶牛的采食量、泌乳量，还会降低公牛的精液品质和母牛的受胎率。因此，做好夏季的防暑降温工作是保证奶牛高效生产的关键环节。

1. 牛舍外围护结构隔热设计

炎热地区牛舍内过热的原因包括：过高的大气温度、强烈的太阳辐射及奶牛在舍内产生的热。做好牛舍外围护结构隔热设计可以防止或削弱高温与太阳辐射对舍温的影响。

(1) 舍顶隔热。在炎热地区，由于强烈的太阳辐射和高温，舍顶表面温度可达 60～70 ℃。因此，必须对舍顶采取必要的隔热措施。舍顶隔热措施包括：

① 选用导热系数小的材料。常用于舍顶和天棚的隔热材料有聚苯乙烯泡沫塑料、聚氨酯板、挤塑板、锯末、加气混凝土屋面板、玻璃纤维、珍珠岩、炉渣、矿渣等。

② 确定合理结构。当一种材料不能保证有效的隔热时，可以从结构上综合几种材料的特点而形成良好的隔热，即多层结构舍顶。其原则是在表面的最下层铺设导热系数小的材料，其上为蓄热系数较大的材料，再上为导热系数大的材料。但是，这种结构只适用于夏热冬暖地区。在夏热冬冷的北方，则应将上层导热系数大的材料换成导热系数小的材料。

③ 充分利用空气的隔热特性。由于空气具有较小的导热系数，常用作隔热材料。这种结构的特点是将舍顶修成双层，中间空气可以流通，减少了辐射和对流传热量。实体舍顶和通风舍顶隔热效果的比较见表 11－17。

表 11－17　实体舍顶和通风舍顶隔热效果的比较

舍顶做法		舍外气温（℃）		综合气温（℃）		结构热阻 [（m^2·K）/W]	内表面温度（℃）	
		最高	平均	最高	平均		最高	平均
实体舍顶	25 mm 黏土方砖 20 mm 水泥砂浆 100 mm 钢筋混凝土板	34.0	29.5	62.9	38.1	0.135	37.6	30.8
通风舍顶	25 mm 黏土方砖 18 mm 通风空气间层 100 mm 钢筋混凝土板	34.0	29.5	62.9	38.1	0.11	26.2	24.7

④ 采用浅色、光滑外表面，增强舍面反射，以减少太阳辐射热。

(2) 墙壁隔热。在炎热地区，牛舍多采用开放舍或半开放舍，墙壁的隔热没有实际意义。但在夏热冬冷地区，必须兼顾冬季保温，故墙壁必须具备适宜的隔热要求，既要有利于冬季保温，又要有利于夏季防暑。如现行的组装式牛舍，冬季组装成保温封闭舍，夏季可拆卸成半开放舍，冬夏两用。

2. 牛舍通风

通风是牛舍夏季降温的重要手段之一。若舍外温度低于舍内温度，通风能驱散舍内热能，从而不致导致舍温过高。自然通风牛舍建筑中的地窗、天窗、通风屋脊、屋顶风管等，都是加强牛舍通风的有效措施。舍外有风时，设置的地窗加大了通风面积，并形成“扫地风”“穿堂风”。无风天气，舍内通风量取决于进排风口的面积、进排风口之间的垂直距离和舍内外温差。因此，设天窗、通风屋脊或屋顶风管作为排气口，窗和地窗作为进气口，这可以加大进、排风口之间的垂直距离，从而增加了通风量。在冬冷夏热地区，宜采用屋顶风管，管内设翻板调节阀，以便冬季控制风量或关闭风管。地窗应做保温窗，冬季关严以利于防寒。应当指出，夏季炎热地区，舍内外温差很小，中午前后，舍外气温甚至高于舍内，因此加强通风的目的主要不在于降低舍温，而在于促进畜体蒸发和对流散热。

3. 遮阳与绿化

遮阳是指阻挡阳光直接射进舍内的措施。绿化是指种草种树，覆盖裸露地面以缓和太阳辐射。

(1) 遮阳。太阳辐射不仅来自太阳的直射，而且来自散射和反射（图 11－36）。

在生产中，既可以在窗户上设置遮阳板防止直射阳光进入牛舍内，也可以设置凉棚以减少奶牛的辐射热负荷。对于牛舍南侧的窗户，可以在其上方加一水平遮阳设施以遮挡由窗口上方来的阳光，其太阳辐射透过系数（遮阳后和未遮阳前所透进太阳辐射热量的百分比）约为 35%；对于牛舍东侧、西侧的窗户，可以用垂直遮阳设施，其太阳辐射透过系数为17%。因此，在牛舍设计过程中，以长轴东西向配置、避免窗户面积过大，都可以防止太阳辐射热侵入舍内。此外，加宽挑檐、挂竹帘、搭凉棚以及植树和棚架攀缘植物等均是行之有效的遮阳措施。

近几年，遮阳网在奶牛舍外运动场的应用越来越广泛。这在一定程度上不仅解决了遮阳与夏季通风的矛盾，冬季时拆除遮阳网还解决了遮阳与冬季采光的矛盾。但是，在遮阳网架设时支架的高度要达到3.5 m以上，并保证遮阳网的平整，以提高其综合降温效果。

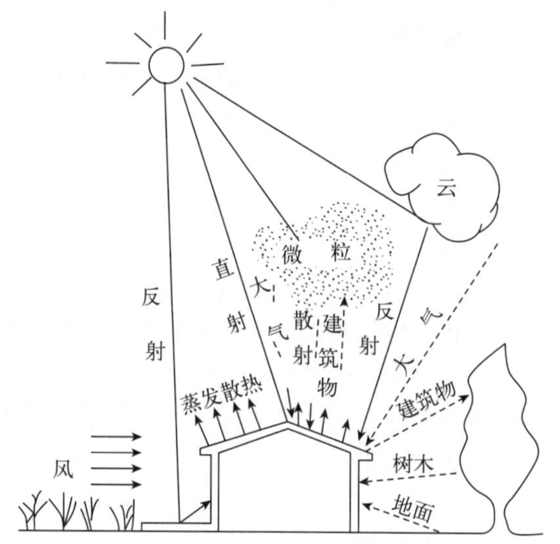

图11-36 建筑物与环境之间的辐射热传递
——短波辐射 ----长波辐射

借助凉棚一般可使奶牛得到的辐射热负荷减少30%～50%。在凉棚的设置过程中，应注意以下几点：选择隔热性好、反射性强的材料建造凉棚（波纹状金属板由于成本低、耐久力强和维护简单，是最常见的遮阳材料）。最有效的遮阳屋顶是铝制的或涂成白色的镀锌金属屋顶，反射太阳辐射效果好，不同遮阳材料的遮阳效力见表11-18；凉棚以长轴东西向配置为宜；棚下地面应大于凉棚投影面积，一般东西走向的凉棚，东西两端应各长出6 m，北侧应延伸2.5 m；地面力求平坦但稍有坡度以利于排水；高度以3.5 m为宜，潮湿多云地区宜较低，干燥地区可较高；若跨度不大，凉棚的棚顶应为单坡式，且南低北高，顶部刷白色、底部刷黑色较为合理。

表11-18 不同遮阳材料的遮阳效力

材 料	描 述	遮阳效力
干草	15 cm厚	1.203
木材	未上漆	1.060
镀锌钢板	上部白色，下部自然色	1.053
铝	上部白色，下部自然色	1.049
涂橡胶的尼龙	双面白色	1.037
铝	标准	1.000
镀锌铁板	标准	0.992
石棉板	自然色	0.956
遮阳网	90%实心	0.839
遮阳网	80%实心	0.819
板条木材	5 cm板，5 cm空隙	0.589

（2）绿化。绿化除具有净化空气、防风、改善小气候状况、美化环境等作用外，还具有缓和太阳辐射、降低环境温度的重要意义。

牛场绿化的地带包括场界周边、场内各个区之间的隔离带、场内外道路两旁、运动场的周围及场内的空地。在不同位置应种植不同的树种。在场界周边和场内各个区之间的隔离带应种植乔木和灌木混合林带，属于乔木的大叶杨、旱柳、垂柳、钻天杨、榆树以及常绿针叶树等；属于灌木的河柳、柽柳、紫穗槐、刺榆等。道路两旁的绿化常用树冠整齐的树种，如槐树、杏树、唐槭等。运动场的周围应选择枝叶开阔、生长势强、冬季落叶后枝条稀少的树种，如北京杨、加拿大杨、辽杨、槐、枫及唐槭等。但是，在靠近牛舍的采光地段，不应种植枝叶过密、过于高大的树种，以免影响牛舍的自然采光。

4. 牛舍降温技术措施

(1) 湿帘风机降温。 湿帘风机降温一般由湿帘、风机循环水路和控制装置组成，湿帘由蜂窝状纸等吸水、透风材料制作而成。

一般情况下，湿帘厚度以 100～300 mm 为宜。在湿帘风机降温系统中，风机的计算可参照“畜舍通风控制”部分进行，湿帘设计则需要确定其面积和厚度。

湿帘的总面积根据下式计算：

$$F_{湿帘}=\frac{L}{3600v} \tag{11-1}$$

式中，$F_{湿帘}$为湿帘的总面积（m^2）；L 为畜舍夏季所需的最大通风量（m^3/h）；v 为空气通过湿帘时的流速（即湿帘的正面速度或称为迎风速度）（m/s）。

一般湿帘的正面速度取值为 $v=1.0\sim1.5$ m/s。潮湿地区取较小值，干燥地区取较大值。

可根据湿帘的实际高度和宽度，拼成所需的面积。每侧湿帘可拼成一块，或根据墙的结构制成数块，然后用上、回水管路连成一个统一的系统。与系统配套的水箱容积按每平方米湿帘 30 L 计算，正常情况下 1.5 m^3 即能满足要求。

(2) 喷雾降温。 喷雾降温是用高压水泵通过喷头将水喷成直径小于 100 μm 的雾粒。雾粒在舍内飘浮时吸收空气的热量而汽化，使舍温降低。采取喷雾降温时，水温越低，降温效果越好；空气越干燥，降温效果也越好。但喷雾能使空气湿度提高，故在湿热天气和地区不宜使用。喷雾量 60～100 g/min，喷雾锥角大于 70°，雾粒直径小于 100 μm，喷雾压力 265 kPa。该系统的优点是投资较低，安装简便，使用灵活，使用范围广，不仅适用于密闭式牛舍，也适用于开放式牛舍，自然通风与机械通风均可使用，在水箱中添加消毒药物后，还可对牛舍进行消毒。实际使用中最好与扰动风机配合使用，以进一步提高降温效果。

(3) 喷淋降温。 在牛舍颈枷或牛床上方，设喷头或钻孔水管，定时或不定时为牛淋浴。系统中，喷头的喷淋直径约 3 m。水温低时，水可直接从牛体及舍内空气中吸收热量。同时，水分蒸发可加强机体蒸发散热，从而达到降温的目的。与喷雾降温不同，喷淋降温不需要较高的压力，可直接将降温喷头安装在自来水系统中，因此成本较低，在密闭式或开放式牛舍中均可使用。淋在牛表皮上的水一般经过 1 h 左右才能全部蒸发掉，因此系统运行应间歇进行。使用喷淋降温系统时，应注意避免打湿躺卧区和采食区，不应造成地面积水或汇流。生产中，使用喷淋降温系统一般都与机械通风相结合，以获得更好的降温效果。

(4) 湿帘冷风机。 湿帘冷风机是一种湿帘与风机一体化的降温设备，由湿帘、轴流风机、水循环系统以及机壳等组成（图 11-37）。风机运行时向外排风，使湿帘围成的箱体内形成负压，外部空气在吸的过程中通过湿帘被加湿降温。湿帘冷风机使用灵活，但在开放式牛舍中往往不能获得预期的降温效果，湿帘冷风机的设备投资费用较大。

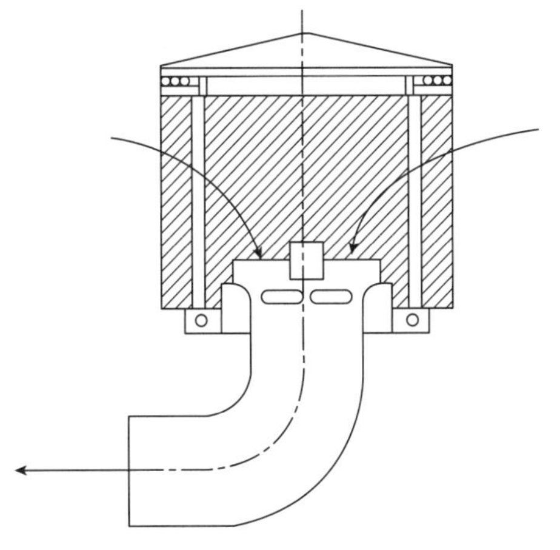

图 11-37　湿帘冷风机

(5) 洗浴池。 美国佛罗里达州的很多奶牛场都配有洗浴池。从午夜到中午每头牛待在池中的平均时间为 18 min，中午到午夜为 12 min，奶牛进出洗浴池后可使体温降低 0.5～1.1 ℃。如果将洗浴池和遮阳设施联合使用，降温效果更加显著。

(6) 地能利用装置。 利用地下恒温层，用某种设备使外界空气与该处地层换热，冬季可供暖，夏季可降温。需要注意的是，为保证土壤与空气间有足够和稳定的温差及换热面积，地道通风降温系统中地道必须有足够的深度和长度，深度通常为3.0～4.5 m，因此工程量很大，投资较高。如能利用人防工程、废矿井或天然洞穴等现成的地道，会使投资大大下降。这种降温方法不会增加湿度，比较适合于潮湿地区使用。

三、牛舍冬季保温

我国东北、西北、华北等寒冷地区，由于冬季气温低，持续时间长，在设计、修建牛舍时必须重视牛舍的防寒保温工作。对于青年牛舍、育成牛舍和成母牛舍等不同牛舍，只要设计合理，施工质量达标，靠牛体自身发散的体热，完全可以保证适宜的温度。只有犊牛舍和产房需要采暖以保证犊牛所要求的适宜温度。

1. 牛舍外围护结构保温设计

加强牛舍外围护结构的保温设计与施工，提高牛舍的保温能力，比奶牛大量消耗饲料能量以维持体温或通过采暖以维持牛舍温度更为经济、更加有效。在牛舍外围护结构中，失热最多的是屋顶、天棚，其次是墙体、地面。

（1）屋顶、天棚的保温。为提高牛舍屋顶和天棚的保温能力，必须选择导热系数小的保温材料，如聚苯乙烯泡沫塑料、聚氨酯板、珍珠岩、玻璃纤维、炉渣等。设置天棚可在屋顶与牛舍空间之间形成一个相对静止的空气缓冲层，由于空气良好的绝热特性［空气在标准状态下的导热系数为0.024 W/(m·K)］，可大大提高屋顶的保温能力。天棚上可铺设一定厚度的保温材料，以提高屋顶热阻值。

屋顶、天棚必须严密、不透气，否则会破坏缓冲层空气的稳定性，而且水汽容易侵入，使保温层受潮或在屋顶处挂霜、结冰，从而使屋顶导热性加大，保温性能降低，而且对建筑物也有一定的破坏作用。此外，对于易受潮的保温材料，应该用聚乙烯薄膜包上，以保证其保温特性，既实用又经济，施工也方便。

（2）墙体的保温。为提高牛舍墙壁的保温能力，可选择导热系数小的材料，确定合理的隔热结构，提高施工质量等。如采用空心砖替代普通红砖，可使墙的热阻值提高41%；用加气混凝土块，则可提高6倍以上；利用空心墙体或在空心内充填隔热材料，墙的热阻值会进一步提高。透气、变潮都可导致墙体对流和传导失热增加，降低保温隔热效果。目前，国外广泛采用的典型隔热墙总厚度不到12 cm，但总热阻值可达3.81(m^2·K)/W。这种墙的外侧为波形铝板，内侧为防水胶合板(10 mm)；在防水胶合板的里面贴一层0.1 mm的聚乙烯防水层，铝板与胶合板间充以100 mm的玻璃棉。该墙体具有导热系数小、不透气、保温隔热好等特点，经过防水处理，克服了吸水和透气的缺陷。新型经济的保温材料，如全塑复合板、夹层保温复合板等，除了具有较好的保温隔热特性外，还有一定的防腐、防燃、防潮、防虫功能，比较适合于周围非承重结构墙体材料。此外，由聚苯板及无纺布作基本材料，经防水强化处理的复合聚苯板，其导热系数为0.033～0.037 W/(m·K)，可用于组装式拱形屋面和侧墙材料。

近几年，在寒冷地区新建的牛舍，多采用彩钢板中间夹聚乙烯泡沫塑料板做牛舍的屋顶和墙体。一般情况下，聚乙烯泡沫塑料板的厚度为10 cm，按其导热系数为0.05 W/(m·K) 计算，热阻值为2.0(m^2·K)/W。但实际应用发现，彩钢保温板牛舍的保温性能并不理想，这可能与聚乙烯泡沫塑料板的容重不够、导热系数达不到设计要求、施工时接缝不严密导致屋顶和墙体漏风，以及使用过程中老鼠在苯板中打洞和絮窝导致部分墙体就剩下两层彩钢板、墙体下沉不均匀导致墙体裂缝等有关。

牛舍地面靠近外墙的四周边缘散热量最多。可在基础墙外侧、地面以下0.6 m范围内加设刚性保温板，使下部基础墙更加温暖，减少出现霜冻的危险。

（3）牛舍地面的保温设计。牛舍地面多为水泥地面。为了减少牛体趴卧时的散热，在牛床上铺设塑料、橡胶等保温性能良好的床垫及垫草，可以减少奶牛趴卧时的散热，并提高奶牛的舒适性。奶牛在 1 d 内有 50%的时间趴窝在牛床上，中间起立 12～14 次，整个牛群起立后，牛舍温度可升高 1～2 ℃。在奶牛的卧床部分，可以在水泥地面下铺设 5～10 cm 厚的聚苯乙烯泡沫板保温层来提高地面的保温和蓄热能力（图 11－38）。

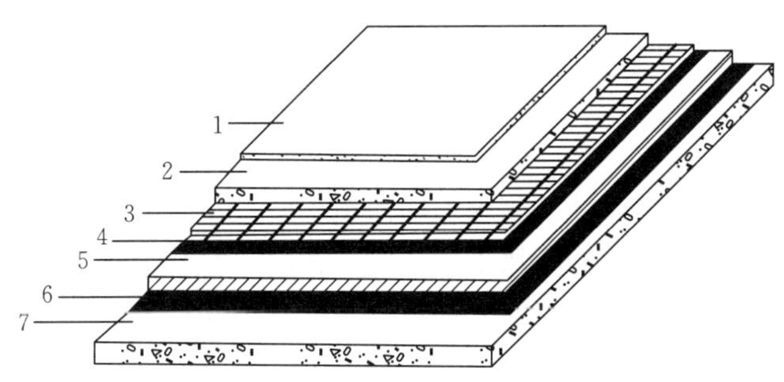

图 11－38　保温卧床的结构

1. 水泥找平层　2. 10 cm 混凝土　3. 铁丝网覆盖及沙床层　4. 塑料薄膜防潮层　5. 5～10 cm 聚苯乙烯泡沫板保温层　6. 塑料薄膜防潮层　7. 混凝土硬底层

2. 牛舍建筑防寒措施

（1）选择有利于保温的牛舍形式和朝向。 应根据当地冬季的寒冷程度和牛的饲养阶段选择牛舍的形式。如严寒地区宜选择有窗密闭式牛舍；冬冷夏热地区可选用半开放式或开放式牛舍，冬季时用塑料膜或阳光板封闭成密闭舍，并注意利用温室效应提高舍温，同时注意加强通风换气。成年奶牛耐寒不耐热，应选择夏季便于防暑、冬季便于防寒的牛舍形式，如半开放式或开放式，并注意设置保温排气管以便于冬季保温与通风。

牛舍朝向不仅影响采光，且与冷风侵袭有关。寒冷地区由于冬春季多偏西或偏北风，故在实践中牛舍应坐北朝南。为了减少冬季时的冷风渗透，宜选择牛舍的侧墙与冬季主风向平行或呈 0～45°角的朝向；而牛舍的侧墙与夏季主风向呈 30～45°角，舍内的涡风区小、通风均匀，有利于防暑，排污效果也好。

（2）门窗的保温设计。 门窗的热阻值较小，单层木窗的热阻值为 0.172(m² · K)/W，仅约为 24 cm厚、内粉刷砖墙热阻值［0.499(m² · K)/W］的 1/3。即使目前常用的单框双玻塑钢窗的热阻值也仅为 0.45(m² · K) /W。同时，门窗缝隙会造成冬季的冷风渗透，外门开启失热量也很大。因此，在寒冷地区，应在满足通风和采光的条件下，尽量少设门窗。北侧和西侧冬季迎风，应尽量不设门，必须设门时应加门斗，北侧窗面积也应酌情减少，一般可按南窗面积的 1/4～1/2 设置。南侧窗采用立式，北侧窗采用卧式。必要时，牛舍的窗户也可采用双层窗或单框双层玻璃窗。入冬前，用塑料膜封好窗户也可减少冷风渗透，起到很好的保温作用。

（3）减少外围护结构面积。 以防寒为主的地区，牛舍不宜过高，以减少外墙面积和舍内空间。有吊顶、大跨度的成母牛舍，可高一些。牛舍的跨度与外墙面积有关，相同面积和高度的牛舍，跨度越大，外墙面积越小，越有利于牛舍保温。但加大跨度不利于牛舍的自然通风和自然采光，一般可通过设置屋顶采光带、屋顶排气管加以解决。

（4）加强防寒管理。

① 铺设垫草。在奶牛的卧床上铺设稻草、稻壳、粉碎的秸秆等垫料，可以减少牛体及牛舍的散热，有利于提高舍温，同时可以起到很好的防潮作用。

② 做好防潮工作。水的导热系数为干空气的 24 倍，潮湿空气、地面、墙壁、天棚等的导热系数会比干燥状态下增加若干倍，从而降低牛舍外围护的保温隔热性能，在寒冷地区加强防潮设计尤为重要。及时清除粪尿，减少清洗用水，也可以减少舍内的水分蒸发。

③ 控制气流。控制气流，防止冷空气直接吹袭到奶牛趴卧区，可以起到防寒的作用。试验证明，

冬季时舍内气流由 0.1 m/s 增大到 0.8 m/s，相当于舍温降低了 6 ℃。加强牛舍入冬前的维修保养，包括封门、封窗，设置挡风障、粉刷、抹墙等，均有利于降低舍内气流和牛舍的防寒保温。

④ 利用温室效应。入冬前用塑料膜、阳光板等透明材料封闭或覆盖开放舍和半开放舍，利用温室效应提高牛舍温度。

⑤ 提高饮水温度。冬季奶牛饮用 15～20 ℃温水可提高产奶量，提高饲料转化率。

3. 牛舍采暖

在牛舍外围护结构符合热工学设计的要求，确保施工质量，并采取相应防寒措施的前提下，对成母牛舍基本上可以有效利用牛体自身的产热维持需要的舍温。但对于犊牛舍和产房，在寒冷地区或寒冷季节，还需要进行适当的采暖。根据需要可进行集中采暖和局部采暖。

四、牛舍通风

10 ℃时，一头成年奶牛每天以水汽的形式呼出大约 15 kg 的水，产生 1 000 W 的热量。一头奶牛 24 h 产生的热量大体上相当于 3.785 4 L 丙烷所含有的热量。除此之外，奶牛还会不断地产生二氧化碳、有害气体、微生物和灰尘等有害物质。为保持牛舍内适宜的空气环境状况，需要对牛舍进行通风。

1. 牛舍通风方式

牛舍通风有两种方式：一为自然通风，利用进、排风口（如门、窗等），依靠风压和热压为动力的通风；二为机械通风，依靠机械动力实行强制通风。无论采用何种通风方式，都必须能够根据外界天气条件的变化和舍内奶牛的需求，对通风换气量、气流速度和气流分布进行有效控制。

(1) 自然通风。自然通风是利用牛舍的门窗、敞开部分、外围护结构的缝隙或专用进排气口（管）所实现的舍内外空气交换的一种通风方式。不需要任何机械设备，是一种最经济的通风方式。

通常，夏季舍内外温差小，自然通风效果很差。为避免牛舍温度的升高，就需要依靠机械通风来驱散舍内的热量、加速牛体周围空气的流动、促进对流散热和蒸发散热。

(2) 机械通风。炎热的夏天为了给奶牛创造适宜的环境条件，保证其健康和生产力的充分发挥，必须辅以机械通风，尤其是大型牛舍必须通过机械通风来实现舍内环境的控制。

机械通风也称强制通风。为了使机械通风系统能够正常运转，真正起到控制舍内空气环境的作用，必须要求牛舍有良好的隔热性能。机械通风可分为负压通风、正压通风和联合通风 3 种方式。

① 负压通风。也称排气式通风或排风，是利用风机将舍内污浊空气抽出。这种通风方式比较简单，投资少，管理费用较低。

② 正压通风。也称进气式通风或送风，是指通过风机将舍外新鲜空气强制送入舍内，使舍内气压升高，舍内污浊空气经风口或风管自然排出的换气方式。其优点在于可对进入的空气进行各种处理，保证舍内有适宜的温湿状况和清洁的空气环境。正压通风方式较复杂，造价高。

③ 联合通风。联合通风也称混合式通风，是一种负压通风和正压通风同时使用的通风方式，因可保持舍内外压差接近于零，故又称为等压通风。联合通风由于风机台数多，设备投资大，因而在牛舍中很少应用。无论是何种通风方式，通风设计的任务都是要保证牛舍的通风量，并合理组织气流，使之分布均匀。机械通风对牛舍外围护结构的保温能力和牛舍的密闭性要求较高，特别是寒冷地区，在设计和使用过程中尤其要给予足够的重视。

2. 通风换气量

合理的通风换气量是组织牛舍通风换气最基本的依据。适宜的通风换气必须能够保证牛舍适宜的温湿环境和良好的空气卫生状况。通风换气系统的主要任务在于排出牛舍内产生的过多水汽和热能，其次是排出舍内产生的有害气体与臭味，所以通风换气量的确定，主要根据舍内产生的二氧化碳、水汽和热能进行计算。

(1) 根据牛舍内二氧化碳计算通风量。二氧化碳代表着空气的污浊程度。根据舍内奶牛产生的二氧化碳总量，求出 1 h 须由舍外导入多少新鲜空气，可将舍内聚积的二氧化碳冲淡至《畜禽场环境质量标准》中规定的 2 946 mg/m，其公式为：

$$L=\frac{1.2\times mK}{C_1-C_2} \tag{11-2}$$

式中，L 为牛舍所需通风换气量（m^3/h）；K 为每头牛二氧化碳的产量［mg/（h・头）］；m 为舍内牛的头数（头）；1.2 为附加系数，考虑舍内微生物活动产生的及其他来源的二氧化碳；C_1 为牛舍空气中二氧化碳允许含量（2 946 mg/m^3）；C_2 为舍外大气中二氧化碳含量（589 mg/m^3）。

根据二氧化碳算得的通风量，往往不足以排出牛舍内产生的水汽，故只适用于温暖、干燥地区。在潮湿地区，尤其是寒冷地区应根据水汽和热量来计算通风量。

(2) 根据舍内水汽含量计算通风量。体重 635 kg 的奶牛，每天能够产生 17 kg 的水汽，并且地面上奶牛的粪尿、水槽的水面及其他潮湿物体也不断地蒸发水分。这些水汽如不排出就会导致牛舍空气潮湿。因此，必须依靠通风换气系统不断将水汽排出。用水汽计算通风换气量的依据，就是通过由舍外导入比较干燥的新鲜空气，以置换舍内的潮湿空气，根据舍内外空气中所含水分之差而求得排出舍内所产的水汽所需的通风换气量。其公式：

$$L=\frac{Q}{q_1-q_2} \tag{11-3}$$

式中，L 为排出舍内产生的水汽每小时需由舍外导入的新鲜空气量（m^3/h）；Q 为奶牛在舍内产生的水汽量及潮湿物体蒸发的水汽量（g/h）；q_1 为舍内空气温度保持适宜范围时所含的水汽量（g/m^3）；q_2 为舍外大气中所含的水汽量（g/m^3）。

用水汽算得的通风换气量，一般大于用二氧化碳算得的通风换气量，故在潮湿、寒冷地区用水汽计算通风换气量较为合理。

(3) 根据热能计算通风换气量。牛在呼出二氧化碳、排出水汽的同时，还在不断地向外散发热能。因此，在夏季为了防止牛舍温度过高，必须通过通风将过多的热量驱散；而在冬季则需有效地利用这些热能维持舍内适宜温度，以保证不断地将舍内产生的水汽、有害气体、灰尘等排出，这就是根据热量计算通风量的理论依据。其公式：

$$Q=\Delta t(0.24L+\sum KF)+W \tag{11-4}$$

式中，Q 为牛产生的可感热（J/h）；Δt 为舍内外空气温差（℃）；L 为通风换气量（m^3/h）；0.24 为空气的热容量［$J/(m^3\cdot℃)$］；$\sum KF$ 为通过外围护结构散失的总热量［$J/(h\cdot℃)$］；K 为外围护结构的总传热系数［$J/(m^3\cdot h\cdot℃)$］；F 为外围护结构的面积（m^2）；$\sum$ 为总和符号；W 为由地面及其他潮湿物体表面蒸发水分所消耗的热能，按奶牛产生水汽总量的 10%～25%计算。

将公式 11－4 加以变化可求通风换气量，即：

$$L=\frac{Q-\Delta t\sum KF-W}{0.24\Delta t} \tag{11-5}$$

由此看出，根据热能计算通风换气量，实际是根据舍内的余热计算通风换气量，这个通风量只能用于排出多余的热能，保证牛舍的温度不低于要求的温度，但不能保证在冬季排出多余的水汽和有害气体。

但用热平衡计算的方法来衡量畜舍保温性能的好坏、所确定的通风换气量是否能得到保证以及是否需要补充热源等，都具有重要意义。因此，用热量计算通风换气量是对其他方法确定的通风换气量的补充和对所确定通风换气量能否得到保证的检验。

（4）根据通风换气参数计算通风换气量。通风换气参数为大型牛舍机械通风系统的设计提供了方便。表 11-19 给出了一些通风换气量的技术指标，供参考。

表 11-19 牛舍通风换气参数

牛舍类别	换气量［m^3/(h·kg)］			换气量［m^3/(h·头)］			气流速度（m/s）		
	冬季	过渡季	夏季	冬季	过渡季	夏季	冬季	过渡季	夏季
成母牛舍	0.17	0.35	0.70				0.3～0.4		0.8～1.0
产房	0.17	0.35	0.70				0.2	0.3	0.5
0～20 日龄犊牛预防室				20	30～40	80			
21～60 日龄犊牛舍				20	40～50	100～120	0.1	0.2	0.305
61～120 日龄犊牛舍				20～50	40～50	100～120	0.2	0.3	<1.0
4～12 月龄牛舍				60	120	250	0.3	0.5	1.0～1.2
1 岁以上青年牛舍	0.17	0.35	0.70				0.3	0.5	0.8～1.0

3. 开放式牛舍的通风管理

（1）基本要求。开放式牛舍的通风系统应满足以下基本要求：

① 根据外界天气的变化和奶牛的需求，通过开关卷帘、窗户、通风门、进排气口（管）等，能够对通风量进行调节和控制。

② 通风换气系统应具有一定的灵活性，以更好地满足一年四季对通风换气的需求。夏季为帮助奶牛驱散来自机体的大量产热，并将来自舍内外环境的热量排到舍外，牛舍的通风换气系统必须具有较高的风速和通风量，避免舍温升高。冬季，即使外界气温在零下二三十度，牛舍的通风换气系统也必须进行持续的、低通风量的空气交换，目的是引进舍外新鲜、干燥的空气，排出舍内潮湿、污浊的空气。

③ 牛舍必须具有良好的保温隔热能力，并具有严密的结构以减少非设计的换气。依靠自然换气的牛舍必须有足够的、合适的固定通风口（管）。

（2）通风组织。开放式牛舍的自然通风组织方式有 3 种：一是仅利用侧墙开口进行通风；二是利用侧墙开口与屋脊开口进行通风；三是利用侧墙开口与排气管进行通风。为有效地组织通风，牛舍通风口应能根据风和温度的变化进行调节。

4. 可封闭牛舍的通风管理

与开放式牛舍相比，可封闭牛舍要求墙壁、天棚或屋顶具有较好的隔热能力。根据通风口位置，这类牛舍的通风方式可以分为侧墙通风、侧墙加屋脊通风以及侧墙加排气管（或烟囱）通风。侧墙上可安装卷帘或采用上下滑拉的大窗，根据不同季节室外气候环境状况，通过卷帘/窗户启闭进行牛舍温度、湿度、通风的调节，既有助于牛舍环境的改善，也可最大限度地节能。夏季时为了充足地通风，必须保持侧墙开口最大限度地打开。冬季则在保证换气需要的前提下尽量使卷帘关闭，并与侧墙之间有很好的贴合。

不同季节和气候条件下可封闭牛舍进行以下通风管理：

① 寒冷的冬天。在两侧侧墙的顶端，按牛舍跨度的 1/120 设置连续的侧墙开口（例如，30 m 宽的牛舍，每侧侧墙的上端要求 25 cm 的净开口）。也可以采用侧墙开口与屋脊开口的组合，或者侧墙开口与排气管开口的组合（每 100 m^2 的地面面积需要设置 1 m^2 的排气管或屋脊开口。）

② 春季或秋季天气。开放的屋脊和排气管或山墙上部的开口。为了保持舍内空气新鲜，减少牛体高度的贼风，对侧墙开口和山墙开口或门进行调节。当牛舍温度超过 4.4 ℃，这些牛舍在冬季时通

风口常常是打开得不够充分。

③ 夏季。需要增加牛体高度的侧墙和山墙开口。此时，奶牛舍应该成为宽敞、开放的遮阳棚。

五、牛舍光照调控

光照不仅影响奶牛的健康和生产力，而且影响管理人员的工作条件和工作效率。牛场的光照通常采用自然采光和人工照明。根据奶牛场的不同区域、不同时间对光照的要求（表 11－20），合理设计采光窗的位置、数量、形式和面积，选择适宜的人工光源并进行合理的布置。

表 11－20　牛舍照度要求参考值（lx）

牛舍功能区	工作照明	指向照明	夜间照明
饲喂通道	100	25	5
饲喂区（舍饲拴系系统）	100	25	5
休息区	100	25	5
待挤区	100	—	—
挤乳厅和乳品储藏室	200	—	—
犊牛栏和处理间	200	25	5
服务性用房	100	—	—

注：指向照明和夜间照明在夜间使用，变化幅度不得超过 50%。

牛舍中不仅应保持适宜的光照度，还应根据年龄、生产方向以及生产过程等确定合理的光照时间：泌乳牛舍 16～18 h；种公牛舍 16 h；育成和后备牛舍 14～18 h。

开放式、半开放式和有窗牛舍主要靠自然采光，人工照明主要用于补充自然光照的不足。

1. 自然采光

自然采光是让太阳光通过牛舍的敞开部分或窗户进入舍内以达到照明的目的。舍内得到自然光照的多少，主要受牛舍朝向、采光面积、入射角、透光角、窗玻璃、舍内反光面及舍外环境等因素的影响。

（1）牛舍朝向。牛舍的朝向对牛舍的采光和牛舍的温度有很大影响。我国处于北纬 20°～50°，太阳高度角冬季小、夏季大。对南向牛舍而言，冬季时阳光射入舍内较深，牛舍可接受较多的太阳辐射热及紫外线，对提高舍温、改善室内空气质量比较有利；夏季时则进入舍内的太阳辐射较少，从而可减轻太阳辐射热对牛舍温度造成的影响，即南向牛舍容易做到冬暖夏凉。此外，我国大部分地区，夏季盛行东南风，冬季以东北风或西北风为主，南向牛舍可避开冬季冷风吹袭，有利于夏季自然通风。若采用东西向牛舍，夏季强烈的太阳西晒和冬季遭受北风的吹袭，对牛舍温度有很大影响。因此，从南方到北方，采用南向牛舍比较理想。各地可结合当地的自然条件，综合考虑采光、通风、防暑和防寒的要求，调整南向牛舍向东或向西适当偏转。

（2）采光面积。窗户的数量、位置、大小、形状以及窗间墙的宽度，都会影响牛舍的总采光面积和采光效果。一般情况下，进入舍内的光线与采光面积成正比，采光面积越大，采光效果越好。但是，采光面积不仅与冬天的保温和夏天的防辐射热相矛盾，还与夏季通风有密切关系。所以，应综合各方面因素合理确定采光面积。在生产中通常用“采光系数”来衡量与设计牛舍的采光面积，即窗户面积的大小。采光系数指窗户的有效采光面积与牛舍地面面积之比，一般用 1∶X 表示。泌乳牛舍的采光系数为 1∶12，犊牛舍的采光系数为 1∶（10～14）。

（3）入射角。入射角是指牛舍地面中央一点到窗户上缘外侧（或屋檐）所引直线与地面水平线之间的夹角（图 11－39 中的 α）。入射角越大，越有利于采光。为确保夏季不应有直射的阳光进入舍内，冬季则尽可能使阳光照到舍内更深的部位，可通过合理设计窗户上缘和屋檐的高度来实现。窗户上缘或屋檐越高，越有利于光线进入；窗户上缘或屋檐越低，越不利于光线进入。一般情况下，牛舍入射角不应小于 25°。

（4）透光角。透光角又称开角，是指牛舍地面中央一点向窗户上缘（或屋檐）和下缘引出两条直线所形成的夹角（图 11－39 中的 β）。如窗外有树或其他建筑物，则窗户下缘引线位置改成大树或建筑物的最高点。透光角越大，越有利于光线进入。为保证舍内的适宜光照度，透光角一般不应小于 5°。从透光角来看，立式窗户比卧式窗户的采光效果好，但立式窗户散热较多，不利于冬季保温。因此，寒冷地区可选择南墙设置立式窗、北墙设置卧式窗的做法。实践中，可通过提高屋檐和窗户上缘高度、适当降低窗台高度、将窗台修成向舍内倾斜状等，来增大透光角，改善舍内采光效果。一般牛舍窗台高度取 1.2 m 左右。

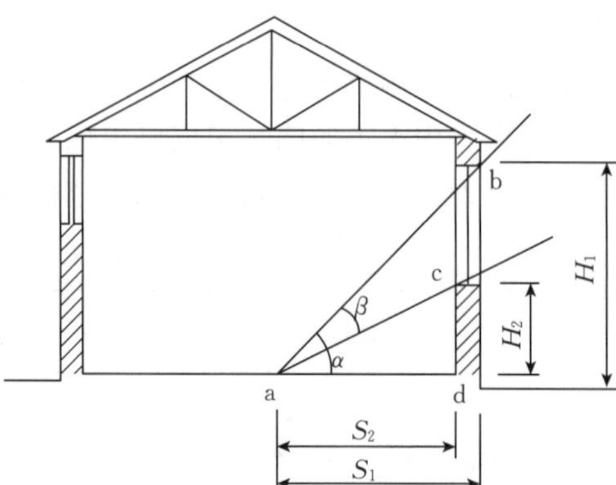

图 11－39 窗口入射角和透光角

a. 牛舍中央一点 b. 窗户上缘
c. 窗户下缘 d. 建筑物下缘
α. 入射角 β. 透光角

（5）窗玻璃。一般玻璃可以阻止大部分紫外线，脏污的玻璃可以阻止 15%～50%的可见光，上霜的玻璃可以阻止 80%的可见光。将奶牛放到运动场上接受一定的光照，可避免光照不足带来的危害。

（6）舍内反光面。舍内物体反光率的高低，对舍内采光也有影响。不同颜色墙面的反射率不同，如白色喷浆墙面 85%，黄色表面 40%，灰色表面 35%，深色表面 20%，砖墙 40%。墙壁和天棚的表面光滑、清洁、粉刷成白色，有利于提高牛舍内的光照度。

（7）舍外环境。牛舍附近如果有高大的建筑物或大树，就会遮挡太阳的直射光和散射光，影响舍内的光照条件。舍外地面的反射能力对舍内采光也有影响，如裸露土壤反射率 10%～30%，草地 25%，新雪覆盖地面 70%～90%。

2. 人工照明

人工照明一般以白炽灯和荧光灯作为光源，来代替或补充自然采光，满足奶牛和生产管理对光照的需求。光源的种类、灯的高度、灯的分布、灯罩和灯的质量与清洁度等都会影响人工照明的效果。

（1）光源的种类。白炽灯或荧光灯都可以作为牛舍内人工照明的光源。荧光灯耗电量比白炽灯少（表 11－21），光线比较柔和，不刺激眼睛，但设备投资较高，且须在一定温度下（21.0～26.7 ℃）才能获得最高的光照效率，温度过低不易启亮。

表 11－21 白炽灯与荧光灯灯泡光通量的比较

耗电量（W）	光通量（lm）		耗电量（W）	光通量（lm）	
	白炽灯	荧光灯		白炽灯	荧光灯
15	125		75	—	4 000～5 000
25	225	500～700	100	1 600	
40	430	800～1 000	150	2 500	
50	655	2 000～2 500	200	3 500	10 000～12 000
60	810				

（2）灯的高度。灯的高度直接影响地面的光照度。一般灯的高度为 2～2.4 m。为在地面获得 10 lx 的光照度，每平方米牛舍应设置 2.7 W 的光源，白炽灯的高度可按表 11－22 设置。

表 11-22　为获得 10 lx 光照度，白炽灯的适宜高度

白炽灯大小（W）	安装高度（有灯伞）（m）	安装高度（无灯伞）（m）
15	1.1	0.7
25	1.4	0.9
40	2.0	1.4
60	3.1	2.1

（3）灯的分布。为使舍内光照度比较均匀，应适当降低灯的功率，增加舍内灯的数量。使用白炽灯，以 40～60 W 为宜，不可过大。灯与灯之间的距离，一般取灯高度的 1.5 倍。如果装设 2 排以上的灯，则应交替排列；靠墙的灯，与墙之间保持一定距离，约为灯间距的一半。

（4）灯罩。应采用平形或伞形灯罩，可使光照度增加 50%。对于上部敞开的圆锥形灯罩，由于反光效果较差，且易导致光线局限在太小的范围内，应避免使用。不加灯罩的灯所发出的光线，约有 30%被墙、顶棚、各种设备等吸收。反光罩以直径 25～30 cm 的平形或伞形反光灯罩为宜。

（5）灯的质量与清洁度。灯的质量差要减少 30%的光照度，脏污的灯泡光照度也要减少 30%。

（6）人工照明的设计。根据牛舍光照标准和每平方米舍内面积设 1 W 光源可提供的光照度（表 11-23），计算牛舍所需光源总瓦数，再根据各种灯具的特性确定灯具种类。一般按 3 m 设置灯的间距，或按工作的照明要求布置灯具。各排灯具平行或交叉设置，布置方案确定后，即可算出所需灯具盏数。

$$\text{光源总瓦数}=\frac{\text{牛舍适宜光照度}}{1\ \text{m}^2\ \text{地面设 1 W 光源提供的光照度}}\times\text{牛舍总面积} \qquad (11-6)$$

表 11-23　每平方米舍内面积设 1 W 光源可提供的光照度

光源种类	白炽灯	荧光灯	卤钨灯	自镇流高压水银灯
1 m^2 地面设 1 W 光源提供的光照度（lx）	3.5～5.0	12.0～17.0	5.0～7.0	8.0～10.0

六、牛舍空气质量及污染控制

由于奶牛自身的新陈代谢作用以及分发饲料、更换垫草等，牛舍内微生物、有害气体以及其他恶臭物质的含量更是显著高于舍外。必须采取综合措施以减少舍内污染物的浓度，保证奶牛舍空气的质量，为奶牛的健康和生产水平的提高创造条件。

1. 牛舍空气中的有害气体

有害气体是指对人、奶牛的健康产生不良影响，影响工作效率的气体。牛舍内有害气体包括二氧化碳、氨气、硫化氢、一氧化碳、甲烷、酰胺、硫醇、甲胺、乙胺、乙醇、丁醇、丙酮、2-丁酮、丁二酮、粪臭素和吲哚等，这些有害物质极大地危害奶牛的健康，降低生产性能。

恶臭物质除了奶牛粪尿、垫料和饲料等分解产生的有害气体外，还有牛体自身产生的一些物质，如皮脂腺和汗腺的分泌物、奶牛的外激素以及黏附在体表的污物等。在牛舍内，产生最多、危害最大的有害气体主要有二氧化碳、氨、硫化氢、恶臭物质等。

（1）牛舍内有害气体的产生。牛舍内的有害气体主要来自奶牛的呼吸、排泄及粪尿、垫料、饲料等有机物的分解。奶牛在呼吸过程中会排出大量二氧化碳，牛在嗳气过程中会排出二氧化碳、甲烷等气体。

奶牛的饲料中水分含量较高，夏季时牛舍内的高温也易导致饲料发酵、霉变，产生有害气体和恶臭。奶牛的垫料受到粪尿污染后，在厌氧条件下也会产生有害气体。

恶臭物质除了奶牛粪尿、垫料和饲料等分解产生的有害气体外，还有牛体自身产生的一些物质，如皮脂腺和汗腺的分泌物、奶牛的外激素以及黏附在体表的污物等。在牛舍内，产生最多、危害最大的有害气体主要有二氧化碳、氨、硫化氢、恶臭物质等。

(2) 有害气体的危害。

① 二氧化碳。二氧化碳为无色、无臭、略呈酸味的气体。大气中二氧化碳的正常含量为0.03%(0.02%～0.04%)。

二氧化碳本身无毒性，但高浓度的二氧化碳可使空气中氧的含量下降而造成缺氧，引起慢性中毒。奶牛长期处于这种缺氧环境中，会表现出精神萎靡，食欲减退，增重较慢，体质、生产力、抗病力均下降，特别易感染结核等传染病。

实际上，牛舍空气中的二氧化碳一般很少能够达到引起奶牛中毒或慢性中毒的浓度，但二氧化碳浓度可以表明牛舍空气的污浊程度。因此，二氧化碳浓度通常被作为监测和评估空气污染程度的指标。

② 氨。氨是无色、具有刺激性臭味的气体。牛舍内的氨多由粪、尿、饲料、垫草等含氮有机物经酶或微生物分解产生。氨的比重虽然较轻，但因其产自粪尿等废弃物，且氨极易溶于水，因此牛舍下部的浓度较高，从而给奶牛造成很大危害。牛舍空气中，氨的浓度一般在10 mg/m^3以下，但在一些通风不良、卫生管理差的牛舍中，氨的浓度可达20～50 mg/m^3。

奶牛吸入氨时，首先吸附于鼻、咽喉、气管、支气管等黏膜及眼结膜上，引起疼痛、咳嗽、流泪，发生气管炎、支气管炎及结膜炎等。氨还可刺激三叉神经末梢，引起呼吸中枢和血管中枢反射性兴奋。氨被吸入肺部，通过肺泡上皮进入血液，与血红蛋白结合，破坏血液输氧功能，引起肺水肿和中枢神经兴奋。高浓度的氨可使直接接触部位受碱性化学灼伤，组织呈溶解性坏死，还能引起中枢神经系统麻痹、中毒性肝病和心肌损伤。

此外，饲养管理人员在舍内工作，高浓度的氨刺激眼结膜，灼痛和流泪，并引起咳嗽。

③ 硫化氢。硫化氢是一种无色、易挥发、带有臭鸡蛋气味的有毒气体。牛舍中的硫化氢由含硫有机物分解而来，主要来自粪便，尤其当给予奶牛含蛋白质较高的日粮或奶牛消化道机能紊乱时，可从肠道排出大量硫化氢。

硫化氢很容易溶到奶牛的黏膜上，刺激黏膜，引起眼炎、角膜混浊、鼻炎、气管炎、肺水肿等。硫化氢随空气经肺泡壁吸收进入血液循环，能与氧化型细胞色素氧化酶中的三价铁结合，干扰细胞氧化过程，导致组织缺氧。高浓度硫化氢可使奶牛呼吸中枢麻痹，窒息死亡。

④ 恶臭物质。恶臭物质是指刺激人的嗅觉，使人产生厌恶感，并对人和动物产生有害作用的一类物质。牛场的恶臭来自粪便、污水、垫料、饲料等的腐败分解产物，牛的新鲜粪便、消化道排出的气体、皮脂腺和汗腺的分泌物、牛的外激素、黏附在体表的污物等也会散发出特有的难闻气味。

牛场恶臭的成分及其性质非常复杂，有些成分并无臭味甚至有芳香味，但对动物有刺激性和毒性。恶臭可引发血压、脉搏变化，还可导致嗅觉疲劳，甚至引起嗅觉丧失、头痛、头晕、失眠、烦躁、抑郁等症状。

牛场恶臭物质是多种成分的复合物，不是单一臭气成分的简单叠加，而是各种成分相互作用及各种气体相抵、相加、相互促进而反应的结果。因此，测定各种臭气的浓度十分困难。所以，对恶臭的评价主要根据恶臭对人嗅觉的刺激程度来衡量（即恶臭强度）。恶臭强度不仅取决于其浓度，也取决于其嗅阈值。相同浓度的臭气，阈值越低，臭味越强。目前，我国对恶臭强度采用6级评估法（表11-24）。因嗅觉是人的主观感觉，不同的人对相同臭气的嗅阈值可能会不同，因此评估时须考虑可能产生的误差。

表 11-24　恶臭强度的表示方法

级　别	强　度	说　明
0	无	无任何异味
1	微弱	一般人难以察觉，但嗅觉敏感的人可以察觉
2	弱	一般人刚能察觉
3	明显	能明显察觉
4	强	有很显著的臭味
5	很强	有很强烈的恶臭异味

(3) 消除牛舍内有害气体的措施。消除舍内有害气体，是现代奶牛生产中改善牛舍空气环境的一项非常重要的措施。由于牛舍内的有害气体来源于多个途径，应采取以下综合措施来消除牛舍内的有害气体：

① 应根据牛舍的实际情况，选择合适的除粪装置和排水系统。

② 设计好牛舍地面和粪尿沟的坡度，保证粪尿及时排到舍外。

③ 加强牛舍的卫生管理，及时清除粪尿污水，避免粪尿在舍内腐败分解产生有害气体和恶臭。

④ 注意牛舍的防潮，因为氨和硫化氢都易溶于水，当舍内湿度过大时，氨和硫化氢被吸附在墙壁和天棚上，并随水分渗入建筑材料中；当舍内温度上升时，这些有害气体又挥发出来，污染环境。因此，注意牛舍的防湿和保温是减少有害气体的辅助措施。

⑤ 合理组织通风换气，及时排出牛舍内的有害气体。

⑥ 铺设垫料。垫料可以吸收一定量的有害气体。垫料吸收有害气体的能力与垫料的种类和数量有关。一般麦秸、稻草、稻壳或干草等对有害气体均有较好的吸收能力。

2. 牛舍空气中的微粒和微生物

(1) 微粒来源与危害。牛舍内的微粒来自清扫牛舍、分发饲料、更换垫草、通风、清粪等饲养管理操作，以及奶牛的活动、咳嗽等。牛舍内有患病或带菌的牛只，病原体通过微粒可使疾病很快蔓延。

空气中的微粒一般以“粒/m^3”或“mg/m^3”表示。畜舍内微粒的粒径一般在 1 000 μm 以下，小于 5 μm 者居多。通常情况下其含量为 10^3～10^6 粒/m^3。

评估空气中微粒的卫生学指标有：①总悬浮颗粒物（TSP），即粒径为 0.1～100 μm 的微粒，是评估大气质量的常用指标。②可吸入颗粒物（PM 10），即粒径不超过 10 μm 的微粒。这类颗粒物可以被人和奶牛吸入呼吸道，与人和奶牛健康的关系更为密切，更能反映出大气质量与人畜健康的关系。

微粒可对奶牛产生直接或间接的危害。微粒落入眼睛可引起灰尘性结膜炎或其他眼病；落于皮肤表面可与皮肤分泌物混合，刺激皮肤发痒，引起皮炎；进入呼吸道后，可刺激呼吸道黏膜引起呼吸道炎症：5～10 μm 的尘粒有 60%～80%被上呼吸道阻留，小于 5 μm 者可进入肺深部，0.4 μm 者可自由进入肺泡。

(2) 微生物来源与危害。牛舍内空气温暖、潮湿、含有大量微粒，为微生物的生存和繁殖提供了良好的条件，特别是通风不畅的冬季，舍内空气中微生物的数量更是显著高于舍外大气。由于这些微生物必须以微粒作为载体，所以空气中微生物的数量与微粒的多少有直接关系。一切能使空气中微粒增多的因素，都有可能使微生物的数量增多。据测定，奶牛舍在一般生产条件下，每升空气中含细菌 121～2 530 个，用扫帚干扫墙壁或地面时，可使细菌数达到 16 000 个。如果舍内有奶牛受到感染而带有某种病原微生物，可以通过喷嚏、咳嗽等途径将这些病原微生物散布于空气中，并传染给其他奶牛。例如，结核病、肺炎、流行性感冒、口蹄疫等都是通过气源传播的。

(3) 牛舍空气中微粒和微生物的控制。

① 微粒控制。牛舍内微粒主要由饲养管理工作引起，应该尽量减少牛舍空气中微粒的数量。新建牛场选址时，要远离产生微粒较多的工厂，如水泥厂、磷肥厂等；在牛场周围种植防护林带，可以减少外界微粒的侵入，场内道路两旁的空地上种植牧草和饲料作物，可以减少场内尘土飞扬；饲料加工车间、粉料和草料堆放场所应与牛舍保持一定距离，并设防尘设施；使用颗粒饲料、TMR 可减少粉尘的产生；分发饲料、干草或更换垫料时，动作要轻，清扫地面、翻动或更换垫草最好趁奶牛不在舍内时进行；刷拭牛体尽量在舍外进行，禁止干扫地面；保证良好的通风换气，及时排出舍内的微粒；采用机械通风时，可在进气口安装空气过滤器。

② 微生物控制。减少牛舍空气中微生物的措施包括：选择奶牛场场址时，应远离医院、兽医院、屠宰场、皮毛加工厂等传染源；牛场一般应有河流、林带等天然屏障，或在奶牛场周围设置防疫沟、防护墙、人工林带等人工屏障，防止犬、猫等随意进入场区。此外，场内各分区之间也应设置防疫墙、林带等完善的隔离设施；场区大门和各个区的大门，都应该设置行人和车辆的消毒池，并保证消毒效果；奶牛场建成后，应对全场和牛舍进行彻底消毒后才可进牛；饲养人员进入牛舍前必须更换工作服、鞋、帽等，并通过装有紫外线的通道；严禁场外车辆进入生产区，运送牛乳的罐车、运送饲料的车辆必须经严格消毒后由专用通道进入相关区域；外来人员不得随意进入生产区，进场人员须经过消毒和隔离后方可进入；新引入的奶牛必须在隔离舍隔离和检疫，确保安全后方能并入本场牛群；建立严格的防疫制度，对牛群进行定期免疫接种和检疫，定期对牛舍进行消毒；空气中的微生物可以被水汽吸附而沉降，因此对发生口蹄疫的牛舍，向空气中喷雾，可以使空气中的口蹄疫病毒量显著下降；保证牛舍通风性能良好，使舍内空气经常保持新鲜，有条件的在进气管上安装空气过滤器；做好牛舍的防潮工作和除尘工作，干燥和清新的空气不利于微生物的生长和繁殖；及时清除牛舍内的粪尿和污湿帘草，并对病牛的粪便和垫草进行生物发酵处理（腐熟堆肥法）或焚烧，以切断病原菌的传播途径。

3. 牛舍空气环境质量标准

我国 1999 年颁布的《畜禽场环境质量标准》(NY/T 388—1999)，对牛场空气环境质量做出了明确规定，对缓冲区、场区和牛舍内都制定了具体的空气环境质量标准。

大气中微粒的含量，可用重量法和密度法计量。重量法即以每立方米空气中微粒的重量表示，其单位为毫克/米^3 (mg/m^3)。密度法即以每立方米空气中微粒的颗粒数表示，单位为粒/米^3。我国《畜禽场环境质量标准》对于微粒的评估有 2 项指标，即可吸入颗粒物（PM 10）和总悬浮颗粒物（TSP），牛舍空气环境质量标准见表 11－25。

表 11－25 牛舍空气环境质量标准

序号	项目	缓冲区	场区	舍内
1	氨气（mg/m^3）	2	5	20
2	硫化氢（mg/m^3）	1	2	8
3	二氧化碳（mg/m^3）	380	750	2 946
4	恶臭（稀释倍数）	40	50	70
5	PM 10（mg/m^3）	0.5	1	2
6	TSP（mg/m^3）	1	2	4

注：1. 场区：规模化畜禽场围栏或院墙以内、舍内以外的区域。

2. 缓冲区：畜禽场外围，沿场院向外 500 m 以内的区域内。

3. 恶臭用三点比较式嗅袋法进行测定。

4. PM 10：空气动力学当量直径≤10 μm 的微粒。

5. TSP：空气动力学当量直径≤100 μm 的微粒。

6. 表中数据皆为日测值。

第五节　牛场粪污处理与利用

一、奶牛生产污染源及其特点

奶牛生产过程中产生的污染源主要是牛粪尿、生产污水和臭气。

1. 牛粪尿

（1）牛粪尿的产生数量。粪尿是奶牛的代谢产物，是奶牛生产废弃物中数量最多、危害最为严重的污染源。奶牛每天排出的粪尿量一般相当于体重的5%～8%。目前，中国尚没有国家权威部门发布整套的奶牛场粪污排泄系数。按照荷斯坦牛标准，每头体重为450 kg的奶牛每天生产34～45 L(31～59 kg)的粪便。新鲜粪尿混合物的含固率在12%～14%。实际粪便量和新鲜粪便中的固体含量很大程度上也取决于所喂的饲料，随品种、生产类型、体重、性别、季节、饮水量等的不同，奶牛日排放的粪尿量也有所不同。一般情况下，奶牛年龄、体重与粪尿的产生量关系见表11-26。

表11-26　奶牛年龄、体重与粪尿的产生量关系

生产阶段	体重（kg）	每日排泄量		含水率（%）
		粪（kg）	尿（L）	
后备牛	68	6	5.7	88
	113	10	9	88
	340	30	28.3	88
泌乳牛	450	48	48	88
	635	67	68	88
干乳牛	450	37	1.30	88
	635	52	1.83	88

（2）牛粪颗粒尺寸分布。奶牛的食物以青绿饲料为主，粪便中长粗纤维物质含量较多，与肉牛、家禽相比，其粪便的颗粒尺寸相对较大，详见表11-27。

表11-27　不同畜禽粪便颗粒尺寸分布对照表

畜禽种类	样品数量	颗粒直径（mm）					
		>1.0	1.0～0.5	0.5～0.25	0.25～0.105	0.105～0.053	<0.053
奶牛	3	41.8	7.1	7.2	3.9	2.0	38.0
肉牛	3	30.7	9.0	6.7	6.1	3.6	43.9
家禽	3	23.6	11.6	16.3	8.3	4.8	35.6

（3）牛粪尿组分。不同生理阶段的奶牛，其粪尿组分一般会略有差异，如泌乳牛的牛粪含水率较高，犊牛的牛粪含水率较低。正常的奶牛尿液呈碱性，其pH一般在7.2～8.2。牛粪尿组成见表11-28。

表11-28　牛粪尿组成

项目	成分						pH
	水分（%）	有机物（%）	总氮（%）	可溶性氮（%）	磷（%）	钾（%）	
牛粪	80.0	18.0	0.3	0.05	0.20	0.10	7.2～8.2
牛尿	92.5	3.00	1.00	—	0.10	1.50	7.2～8.2

奶牛粪便中，除含有大量有机物、氮、磷、钾及其他微量元素等植物必需的营养元素外，还含有各种生物酶（来自畜禽消化道、植物性饲料和肠道微生物）和微生物，以及病原微生物和寄生虫等。新鲜粪便一般不能直接作为肥料施用，其原因是粪中有机质经土壤微生物降解后，会产生热量、氨和硫化氢等，从而对植物根系产生不利影响。

（4）牛粪尿污染物含量。牛粪尿污染物含量可参考农业部《畜禽场沼气项目开发指南》中列出的化学组分和浓度（表 11－29）。

表 11－29　牛粪尿的化学组分和浓度

项目	成分				
	BOD（mg/L）	TSS（mg/L）	TS（mg/L）	P_2O_5（g/kg）	K_2O（g/kg）
牛粪	24 500	120 000	9 430	0.44	0.15
牛尿	4 000	5 000	8 340	0.004	1.89

2. 生产污水

牛场生产污水主要有牛舍冲洗水、挤乳厅地面冲洗水和设备清洗水及青贮窖渗水等。不同清粪方式的牛场在不同季节所产生的废水量也有很大差别。另外，牛场污水产生量还与粪便收集冲洗工艺、生产管理有很大关系。

一般情况下，舍内干清粪、舍外冲洗粪沟的工艺，在计算废水产生量时须结合牛场粪沟个数、日冲洗次数、每条粪沟冲洗需水量等确定牛场日产污水量；舍内地面水冲清粪的工艺，须综合考虑牛舍清粪通道长度、坡度、清粪通道数量、日冲洗次数，确定牛场日产污水量。

同样，不同条件下废水的水质也有很大差异。废水中的污染物浓度与清粪方式、生产管理关系密切。

3. 臭气

奶牛场臭气主要来自饲料蛋白质的代谢产物，以及粪便在一定环境下的分解，也来自粪便或污水处理过程。近年来，随着对温室气体组成、气候变化认识的提高，人们对牛场气体产生、释放和如何控制其排放都十分关注。可产生臭味的含硫饲料原料主要有：①含硫氨基酸，包括甲硫氨酸、胱氨酸和半胱氨酸等；②含硫矿物质，包括硫酸铜、硫酸镁、硫酸锰、硫酸亚铁、硫酸锌等；③含硫抗菌剂，主要为磺胺剂。均有可能产生硫化氢等其他硫化物及硫酸类物质而成为臭气源。饲料中含硫原料越多，粪便中排出的硫越多。

二、奶牛场污染源控制的相关规定

1. 我国养殖业污染控制相关规定

1987 年，我国颁布的《粪便无害化卫生标准》（GB 7959—1987）中规定：本标准适用于全国城乡垃圾、粪便无害化处理效果的卫生评价和为建设垃圾、粪便处理建筑物提供卫生设计参数。并明确指出，这里的粪便是指人体排泄物，未涉及养殖业粪便的无害化处理。

1999 年，国家环境保护总局下发了《国家环境保护总局关于加强农村生态环境保护工作的若干意见》，将畜禽养殖业环境管理作为农村环境保护的重中之重。要求各级环境保护部门要加强畜禽养殖污染防治的监督，抓紧制定相关的法规和标准，严格控制养殖废物的排放。对于新建、扩建或改建的具有一定规模的养殖场，必须按照《建设项目环境保护管理条例》的规定，督促建设单位认真执行环境影响评价制度和“三同时”制度；对于“三河”“三湖”等国家和地方明确划定的重点流域和重点地区，以及大中城市周围中等以上规模的集约化养殖场，必须进行限期治理，到 2002 年底前建成污水处理设施或畜禽粪便综合利用设施，并采取有力措施控制沿海地区直接排海污染和防止地下水污染。

2001 年，国家环境保护总局令第 9 号令颁布的《畜禽养殖业污染物排放标准》（GB 18596—2001)，将养殖业污染防治正式纳入法制化轨道。该标准明确了集约化畜禽养殖业不同规模的水污染物、恶臭气体的最高允许日均排放浓度、最高允许排水量，以及养殖业废渣无害化环境应达到的标准。并要求畜禽养殖业的污水经治理后，必须符合此标准的规定后方可向环境中排放，地方政府已制定排放标准时应执行地方的排放标准。从设定的排放限值看，我国的标准开始跟国际接轨（表 11-30）。

表 11-30　我国和其他一些国家制定的养殖业污水排放标准

国家	ρ（五日生化需氧量，BOD_5）(mg/L)	ρ（重铬酸盐指数，COD_{Cr}）(mg/L)	ρ（贮水系数，SS）(mg/L)	pH	ρ（NH_3-N）(mg/L)	ρ（TP）(mg/L)	大肠杆菌量（CFU/mL）
日本	≤160	≤200		5.8～8.6	≤120		≤3×10^6
德国	≤30	≤170			≤50		≤16
英国	≤20	≤30			≤30		
新加坡	≤250						≤5
韩国	≤150	≤150					
中国	≤150	≤400	≤200		≤80	≤8	≤10 000

在 2001 年发布的《畜禽养殖业污染防治技术规范》(HJ/T 81—2001）中，第 5.3 项规定了“畜禽粪便的贮存设施应采取有效的防渗处理工艺，防止畜禽粪便污染地下水”。第 6.2.2 项规定了“田间储存池的总容积不得低于当地农林作物生产用肥的最大间隔时间内畜禽养殖场排放污水的总量”。第 6.3 项规定了“对没有充足土地消纳污水的畜禽养殖场，经过生物发酵后，可浓缩制成商品液体有机肥料”。

2005 年 7 月 21 日发布的《农田灌溉水质标准》(GB 5084—2005）中规定了农田灌溉用水水质基本控制项目标准值和农田灌溉用水水质选择性控制项目标准值，详见表 11-31 和表 11-32。

表 11-31　农田灌溉用水水质基本控制项目标准值

序号	项目类别	作物种类		
		水作	旱作	蔬菜
1	五日生化需氧量（mg/L）	≤60	≤100	≤40[a]，≤15[b]
2	化学需氧量（mg/L）	≤150	≤100	≤100[a]，≤60[b]
3	悬浮物（mg/L）	≤80	≤100	≤60[a]，≤15[b]
4	阴离子表面活性剂（mg/L）	≤5	≤8	≤5
5	水温（℃）	≤35		
6	pH	5.5～8.5		
7	全盐量（mg/L）	≤1 000[c]（非盐碱土地区），≤2 000[c]（盐碱土地区）		
8	氯化物（mg/L）	≤350		
9	硫化物（mg/L）	≤1		
10	总汞（mg/L）	≤0.001		
11	镉（mg/L）	≤0.01		
12	总砷（mg/L）	≤0.05	≤0.1	≤0.05

（续）

序号	项目类别	作物种类		
		水作	旱作	蔬菜
13	铬（六价）(mg/L)		≤0.1	
14	铅（mg/L）		≤0.2	
15	粪大肠菌群数（个/100 mL）	≤4 000	≤4 000	≤2 000[a]，≤1 000[b]
16	蛔虫卵数（个/L）	≤2		≤2[a]，≤1[b]

注：a. 加工、烹调及去皮蔬菜。

b. 生食类蔬菜、瓜类和草本水果。

c. 具有一定的水利灌排设施，能保证一定的排水和地下水径流条件的地区，或有一定淡水资源能满足冲洗土体中盐分的地区，农田灌溉水质全盐量指标可以适当放宽。

表 11-32 农田灌溉用水水质选择性控制项目标准值

序号	项目类别	作物种类		
		水作	旱作	蔬菜
1	铜（mg/L）	≤0.5	≤1	
2	锌（mg/L）		≤2	
3	硒（mg/L）		≤0.02	
4	氟化物（mg/L）		≤2（一般地区），≤3（高氟区）	
5	氰化物（mg/L）		≤0.5	
6	石油类（mg/L）	≤5	≤10	≤1
7	挥发酚（mg/L）		≤1	
8	苯（mg/L）		≤2.5	
9	三氯乙醛（mg/L）	≤1	≤0.5	≤0.5
10	丙烯醛（mg/L）		≤0.5	
11	硼（mg/L）		≤1[a]（对硼敏感的作物），≤2[b]（对硼耐受性较强的作物），≤3[c]（对硼耐受性强的作物）	

注：a. 对硼敏感的作物，如黄瓜、豆类、马铃薯、笋瓜、韭菜、洋葱、柑橘等。

b. 对硼耐受性较强的作物，如小麦、玉米、青椒、小白菜、葱等。

c. 对硼耐受性强的作物，如水稻、萝卜、油菜、甘蓝等。

2006 年，国家把防治畜禽养殖污染作为重大工程纳入“十一五农村小康环保行动计划”，并斥巨资扶持畜禽粪便资源化利用，以改善农村环境。2006 年 7 月 10 日发布的《畜禽场环境质量及卫生控制规范》（NY/T 1167—2006）中规定了畜禽场生态环境质量及卫生指标、空气环境质量及卫生指标、土壤环境质量及卫生指标、饮用水质量及卫生指标和相应的畜禽场质量及卫生控制措施。同日发布的《畜禽粪便无害化处理技术规范》（NY/T 1168—2006）中规定了畜禽粪便无害化处理设施的选址、场区布局、处理技术、卫生学控制指标及污染物检测和污染防治的技术要求。

2009 年，发布的《畜禽养殖业污染治理工程技术规范》（HJ 497—2009）中规定了集约化畜禽养殖场（区）污染治理工程设计、施工、验收和运行维护的技术要求。此规范适用于集约化畜禽养殖场（区）的新建、改建和扩建污染治理工程从设计、施工到验收、运行的全过程管理和已建污染治理工程的运行管理，可作为环境影响评价、设计、施工、环境保护验收及建成后运行与管理的技术依据。

鉴于农业源的污染物面广量大，尤其是畜禽养殖在农业污染源中所占比例较大，长期以来人们忽视了对畜禽养殖粪污治理这一现状，2013 年 10 月 8 日，国务院常务会议审议通过了《畜禽规模养殖污染防治条例（草案）》（以下简称《草案》）。《草案》指出，随着我国畜禽养殖量不断扩大，养殖污染已成为农业农村环境污染的主要来源。运用法律手段，促进养殖污染防治，对推动畜牧业转型升级、有效预防禽流感等公共卫生事件发生、保障人民群众身体健康，具有重要意义。要求强化激励措施，鼓励规模化、标准化养殖，统筹养殖生产布局与农村环境保护，严格落实养殖者污染防治责任，扶持养殖废弃物综合利用和无害化处理，使畜禽养殖污染明显改善，保护生态环境，促进畜牧业持续、健康发展。

2. 发达国家及地区相关规定

越来越多的国家和地区开始重视“消除畜牧公害，防治畜牧污染”，尤其是发达国家，已经把设立畜牧污染防治法规作为防治畜牧污染的主要途径。

（1）美国。养殖业与农业污染曾经导致美国3/4的河道和溪流、1/2的湖泊污染，畜禽养殖业污染治理成为美国环境政策关注的焦点。因此，美国制定了一系列严格细致的法律、法规来改善防治畜禽养殖业带来的环境污染，其法律、法规及其要点见表11－33。

表11－33 美国畜禽养殖污染防治相关法律、法规及其要点

法律法规名称	内容要点
《清洁水法》（CWA）	1977年实施，1987年修订，将集约型的大型养殖场看作点污染源，同时制定了非点源性污染防治规划，由各州自行监督实施《大型养殖场污染许可制度》
《2002年农场安全与农村投资法案》	对实施生态环境保护措施的农牧民提供经济和技术扶持，根据经营土地上所采用的环保措施的多少以及这些措施的应用范围大小，奖励实施环保措施的农牧民，以便达到最高环保标准
《CSP计划》	对农场主或牧场主的补贴分为3档，合同期为5～10年，最高年补贴额为5万～45万美元
《水污染法》	侧重于养殖场建设管理，规定： a. 1 000头（只）或超过1 000头（只）的工厂化养殖场，如1 000头肉牛、700头奶牛、2 500头体重25 kg以上的猪、12 000只绵羊或山羊、55 000只火鸡、118 000只蛋鸡或29 000只肉鸡，必须得到许可才能建场 b. 1 000头（只）以下300头（只）以上的养殖场，其污染水无论排入自身储粪池，还是排入流经本场的水体，均须得到许可 c. 300头（只）以内的养殖场，若无特殊情况，可不经审批 美国对养殖场造成污染后的惩罚相当严格，采用每天罚美金100元以上，直至污染排除为止
《动物排泄物标准》	要求大型养殖场在2009年前必须完成氮管理计划
《2008年农场法案》	要求项目60%的资金支出用于解决养殖业造成的水土资源污染问题

（2）欧盟。自欧盟成立以来，一直致力于改善农业生产环境，促进农业持续发展，不断增加控制养殖业污染的政策，并将其列于欧盟宏观战略政策范围内，以确保政策的生命力。表11－34为欧洲一些国家对畜禽粪便的储存和施用的相关规定。表11－35为欧洲一些国家针对畜禽养殖污染防治的法律、法规及其要点。

表11－34 欧洲一些国家对畜禽粪便的储存和施用的相关规定

国家	最少储存时间（月）	对储存池加盖的规定	是否需要改善气味的依据	最多畜禽存栏量或最多粪便储存量（N含量）	秋季粪浆施用规定
英国	4	有规定	有人投诉	250 kg/（年·hm^2）	允许
法国	4～6	无规定	距离不符合规定，有人投诉	170 kg/（年·hm^2）	允许
德国	6	无规定	有人投诉	3头牛/hm^2	禁止
荷兰	6	有规定	距离不符合规定，有人投诉	110 kg/（年·hm^2）	禁止
芬兰	12	无规定	有人投诉	2.53头牛/hm^2	允许

（续）

国家	最少储存时间（月）	对储存池加盖的规定	是否需要改善气味的依据	最多畜禽存栏量或最多粪便储存量（N 含量）	秋季粪浆施用规定
挪威	8～10	无规定	有人投诉	2.5 头牛/hm^2	限制
瑞典	8～10	有规定	距离不符合规定，有人投诉	2.5 头牛/hm^2	限制
丹麦	6～9	有规定	距离不符合规定，有人投诉	2.3 头牛/hm^2	禁止
意大利	4～6	无规定	有人投诉	170～500 kg/(年·hm^2)	允许

表 11－35　欧洲一些国家针对畜禽养殖污染防治的法律、法规及其要点

国家	法律、法规名称	要点
欧盟	《农村发展战略指南》（2007—2013 年）	经过批准的项目和计划所需资金主要由欧洲农业发展基金提供，其中农业环保支付金额占全部农村发展项目/措施支付额的 22%
	《欧共体硝酸盐控制标准》	每年 10 月至翌年 2 月禁止在田间放牧或将粪便排入农田
德国	《粪便法》	畜禽粪便不经处理不得排入地下水源或地面，畜禽排泄量与当地农田面积相适应，每公顷土地家畜的最大允许饲养量不得超过规定数量
	《肥料法》	规定了回用粪便于农田的标准
挪威	《水污染法》	规定在封冻和雪覆盖的土地上禁止倾倒任何畜禽粪肥，禁止畜禽粪便污水排入河流
丹麦	《环保法》	确定畜禽最高密度指标，施入裸露土地的粪肥必须在 12 h 内施入土壤中，在冻土或被雪覆盖的土地上不得施用粪便，每个农场的储粪能力要达到 9 个月的产粪量
	《规划法》	养殖不同动物的农场执行不同的标准，包括农场与邻居的距离、动物粪便、农场污物的收集处理方案、农场中耕地最小面积、施用动物粪便的种植作物的品种等
法国	《农业污染控制计划》	限制养殖规模和养殖特定区域，禁止在土地上直接喷洒猪粪，对于采取环保措施降低氮化物、硝酸盐等污染物排放的，给予一定的公共资助。农业经营单位的生产经营活动达到合同规定的环境标准，政府给予相应补贴
荷兰	《污染者付费计划》	按照粪便的排放量征税，征收标准为每公顷土地平均产生粪便低于 125 kg 的免税，125～200 kg 的每千克征收 0.25 盾，超过 200 kg 的每千克征收 0.5 盾。如果农场主将粪便出售给用户而使每公顷土地产生的粪便低于 125 kg 或者将粪便出口的，其税率可以降至 0.15 盾
英国	《污染控制法规》	粪便储存设施距离水源至少 100 m，有 4 个月的储存能力，应有防渗结构。养殖场远离大城市，与农业生产紧密结合
	《水资源保护法》	未经批准将有毒有害或固体粪便排入任何受控水体是违法的
	《伏耕法》	1. 粪便施用量不得超过每年每公顷 250 kg 氮肥总量 2. 收获后在冬季闲置的庄稼地不得施用粪肥 3. 鼓励在秋、冬季闲置的土地上种植覆盖作物 4. 不得在秋季施用化学氮肥，即使秋季种植谷物也是如此
芬兰	《水资源保护法》	该立法侧重于养殖场粪便设施的检测，规定新建养殖场在动工前 3 个月必须提出关于养殖场的规模、储粪池大小及粪肥的去向即利用粪肥的土地面积等申报，得到检测批准方可施工建场

（3）日本。20 世纪 70 年代日本发生了严重的“畜产公害”，此后便先后制定了 7 个有关法律，与畜牧业直接相关的有 1970 年公布的《废弃物处理及清除法》《防止水质污染法》《恶臭防止法》。与畜牧业间接相关的有《湖泊水质安全特别措施法》《河川法》《肥料管理法》。为了促进有机肥施用又提出了《化肥限量使用法》等。表 11－36 为日本针对畜禽养殖污染防治的法律、法规及其要点。

表 11-36　日本针对畜禽养殖污染防治的法律、法规及其要点

<table>
<tr><th>法律法规</th><th>要　点</th></tr>
<tr><td>《废弃物处理及清除法》</td><td>在城市规划地域内畜禽粪尿及其他废物必须经过处理，处理的方法和措施有：
a. 发酵处理（包括堆肥）
b. 干燥或焚烧：干燥法包括使用吸收水分调整剂和加热处理
c. 化学处理：加硫酸、石灰氮、硫化铁等化学药剂的处理
d. 分离尿：常指用离心机分离尿和污水
e. 设施处理：有活性污泥法、散水滤床法、嫌气性消化法等</td></tr>
<tr><td>《防止水质污染法》</td><td>1. 养殖场污水的排放标准：
<table>
<tr><th colspan="2">项目</th><th>数值</th></tr>
<tr><td rowspan="2">pH</td><td>排往河流、湖泊时</td><td>5.8～8.6</td></tr>
<tr><td>排往海域时</td><td>5.0～9.0</td></tr>
<tr><td rowspan="2">BOD</td><td>日平均值</td><td>120 mg/L</td></tr>
<tr><td>最大限值</td><td>160 mg/L</td></tr>
<tr><td rowspan="2">COD</td><td>日平均值</td><td>120 mg/L</td></tr>
<tr><td>最大限值</td><td>160 mg/L</td></tr>
<tr><td rowspan="2">SS</td><td>日平均值</td><td>150 mg/L</td></tr>
<tr><td>最大限值</td><td>200 mg/L</td></tr>
<tr><td>大肠杆菌数</td><td>日平均值</td><td>300 cm^3</td></tr>
<tr><td rowspan="2">N(1985 年 7 月补充)</td><td>日平均值</td><td>60 mg/L</td></tr>
<tr><td>最大限值</td><td>129 mg/L</td></tr>
<tr><td rowspan="2">P(1985 年 7 月补充)</td><td>日平均值</td><td>8 mg/L</td></tr>
<tr><td>最大限值</td><td>160 mg/L</td></tr>
</table>
2. 一个养殖场养猪超过 2 000 头、牛超过 80 头、马超过 2 000 匹时，由畜舍排出的污水必须经过净化，并符合法定标准。在大中城市及公共用水区域，猪舍面积在 50 m^2 以上、牛棚面积在 20 m^2 以上、马厩面积在 50 m^2 以上必须向当地政府申请设置特定设施，以取得许可。对于月排水量在 50 m^3 的养殖场，排出污染物的允许限度按排水标准执行。新建大中型养殖场一个饲养点饲养的家畜，猪超过 50 头、牛超过 20 头、马超过 50 匹时，必须得到当地政府的许可</td></tr>
<tr><td>《恶臭防止法》</td><td>家畜粪尿所产生的腐臭气，如硫化氢（H_2S）、氨气（NH_3）、甲基硫醇（CH_3-SH）、甲基胺（CH_3-NH_2）等，不得超过工业废气浓度，不得影响居民生活，否则勒令停产。1989 年又在公布的 8 种恶臭物质的基础上新补了正丁酸等 4 种恶臭物质</td></tr>
</table>

三、奶牛场粪污处理和利用

奶牛场完整的粪污处理系统涉及牛舍的粪污清除收集、场内输送、储存、后续处理和利用等环节。粪污清除、收集环节主要跟舍内清粪方式有关，而不同清粪方式下收集到的粪污物理性质有所不同，对后续粪污处理有一定影响。我国奶牛场的清粪方式主要有人工清粪、刮板清粪、铲车刮粪、水冲清粪，个别牛场采用漏缝地板加粪坑清粪系统，近年来还出现了机器人清粪。

1. 舍内清粪方式

(1) 人工清粪。人工清粪是指人利用铁锨、笤帚、铲板等清粪工具对牛舍内的粪便进行清扫收集，然后将收集的粪便输送至粪污处理区。人工清粪的优点是所需工具简单、投资少、操作简单灵活。缺点是劳动强度大、工作效率低，仅适用于小规模牧场。

（2）刮板清粪。近年来兴起的刮板清粪系统（图 11－40），可以实现全部自动化，且清理时间、次数均可以设定，节省了劳动力，而且运行时间不受奶牛挤乳时间的限制，任何时候均可清理，真正做到了一天 24 h 清粪，保证了舍内环境的清洁和卫生。符合大型规模化奶牛养殖的要求。

图 11－40　刮板清粪系统实景图

刮板清粪系统包括 4 部分：刮板、驱动、减速器以及缆绳/链条。刮板、驱动的设置和牛舍长度以及刮板设备有直接关系。一般情况下，一个驱动可以带动两个粪道的刮板，牛舍清粪通道长度在 120 m 以内，可以考虑每个粪道只设置一个刮粪板，当然也可以考虑设置 2 个，不同的刮板数量对应不同的驱动以及缆绳装置，如果清粪通道长度在 120～200 m，每个清粪通道需要设置 2 个刮板才能保证刮板系统的正常运行。现有刮板系统最长的刮粪行程只能达到 200 m，因此牛舍长度超过 200 m 的须设置 2 个粪沟。刮板系统所需动力很少，小的驱动只有 0.55 kW，最大的驱动也只有 1.5 kW。图 11－41 所示的牛舍总长 162 m，共 4 个清粪通道，粪沟设在清粪通道的端头，该牛舍的刮板系统共设置 2 个驱动，每个驱动控制 2 个清粪通道的刮板，而在每个清粪通道上设置 2 个刮粪板，每个刮板的行程为 81 m。

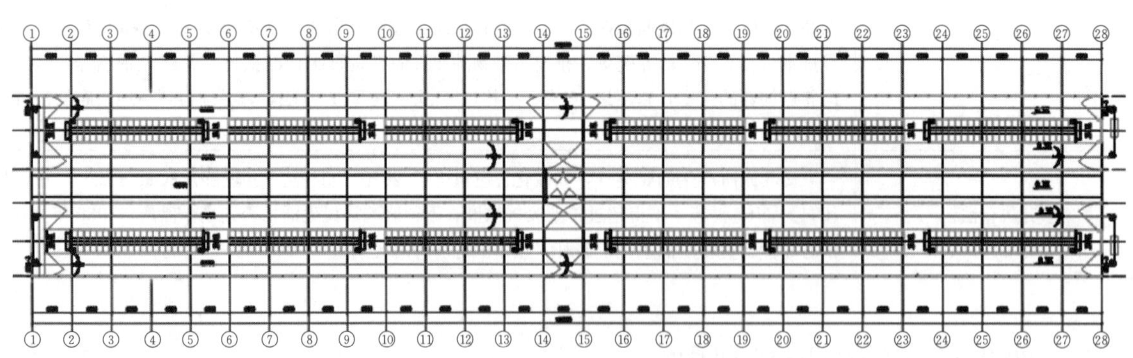

图 11－41　刮板工作示意图

刮板清粪系统也有一定的缺点。如刮板推力不够，不能清理结冰太厚的地面，寒冷地区冬季一旦牛舍清粪不及时，结冰较厚以后，整个系统将不能再使用，必须将冰块清理后，刮板才可以正常运行。因此，北方地区自然通风牛舍在冬季温度低于 0 ℃时，就需要增加刮粪板的运行次数，防止地面结冰过厚。在极端寒冷的情况下，刮板系统须停止运行，使用备用的机械设备进行清理。此外，由于粪尿腐蚀以及环境恶劣等因素的影响，刮粪板的维修率较高。

（3）铲车刮粪。奶牛场为了减少清粪系统的机械投入，采用拖拉机安装刮板，其工作原理与刮板清粪系统相似，不同之处在于以拖拉机提供动力，便于维修和运行，节省了人力，提高了工作效率，而且这种方式不仅可以清理舍内的粪，还可以清理运动场上的粪便。为减轻清粪过程中车斗对牛舍地面的破坏，利用废旧轮胎在车斗与地面接触部分增加一层保护垫层，并可定期更换。这种清粪方式的不足之处主要是清粪时拖拉机在舍内行走，噪声大、体积大，工作时产生尾气，对牛群有较大的干扰。且作业时间只能安排在挤乳间隙或将牛赶出牛舍后进行，也无法实现粪尿的独立收集。

（4）水冲清粪。水冲清粪主要是通过使用大量冲洗水来对牛舍粪道、挤乳厅地面及待挤厅地面进行清洗。水冲系统需要的人力少、效率高，可以保证牛舍的清洁和奶牛的卫生。根据形式，可分为冲洗水塔＋简易冲洗管方式、冲洗水塔＋地面冲洗阀方式、水塔冲洗系统、冲洗阀水冲系统等。

① 冲洗水塔＋简易冲洗管方式（图 11－42）。结构简单、造价低，但其冲洗力度较小，所需冲洗水量更大，且冲洗时由于冲洗水流出水方向不能与地面实现更好的衔接，冲洗后地面清洁度相对较差。

图 11－42 冲洗水塔＋简易冲洗管方式

② 冲洗水塔＋地面冲洗阀方式。要求冲洗水塔的容积不宜小于该组冲洗阀一次冲水的水量，水塔高度一般不宜小于 6 m。水塔系统设有上水管道和出水管道，上水、出水管道各设置有控制支管启闭的气动阀。上水管道连接水塔补水泵，出水管道连接牛舍或待挤厅地面冲洗阀。冲洗时，出水管道上的气动阀开启，水塔内的水依靠重力通过各地面冲洗阀瞬间释放到清粪通道，来达到冲洗粪污的目的。这种水冲清粪工艺的优点为冲洗力度大，牛舍地面清洁度高，能保证牛舍的清洁和奶牛卫生，粪污容易输送，劳动强度小，后期维护费用低。缺点是耗水量大，冲洗水要求有及时、足够的补给，前期工程投资费用较大，适合气温较高的地区。

③ 水塔冲洗系统。不需要配置大功率冲洗泵，运行费用相对较低，维修费用较低等优点，比较适合场区面积较大的奶牛场，但是如果要实现多个水塔的供水、冲洗自动控制还比较困难，而且在北方冬季寒冷地区必须考虑保温问题，在温度极度寒冷的季节，水塔冲洗将不能再使用，改用机械干清。泵冲洗需要配置大功率的冲洗泵以满足冲洗水量的要求，一般适用于挤乳厅和待挤厅地面的冲洗，泵冲洗、冲洗效率较高，但是由于运行成本较高，一般不太适用于牛舍地面的冲洗。

④ 冲洗阀水冲系统。冲洗阀水冲系统（图 11－43），其冲洗范围广，可以辐射 6 m 宽的冲洗面，特别适合待挤厅地面的冲洗，并且容易实现自动控制。冲洗阀形式主要分为嵌入地面式冲洗阀以及出地面式冲洗阀，嵌入地面形式的冲洗阀不影响奶牛的行走，但是水力损失较大。地面上冲洗阀影响奶牛的行走，必须设置在奶牛不通过的地方，水力损失较小。

图 11－43 冲洗阀水冲系统

水冲清粪工艺对牛舍清粪通道的地面形式、坡度以及卧床高度有一定的要求。清粪通道一般建议选用齿槽状地面形式。综合考虑用水量及奶牛站立的舒适性，一般选用2%的坡度。同时，应保证牛卧床高度不小于冲洗水高度，以免冲洗水漫过卧床。

水冲清粪系统的用水量主要由冲洗宽度及坡度所决定，如表11－37所示。表11－37中的参数是初始流速1.5 m/s，初始水深0.077 m，冲洗时间10 s，总长度45 m的通道所需的水量。为了很好地冲走牛粪，必须根据清粪通道坡度来选择合适的冲洗水量及流速。

表11－37 冲洗参数

道路坡度（%）	每米粪道宽度冲洗水量（m^3）
1.0	2.8
1.5	2.0
2.0	1.6
2.5	1.3
3.0	1.2

从表11－37中可以看出，在坡度为1.5%，宽度为3～3.6 m的一个双列式牛舍，每次冲洗需要用水约15 m^3。如果每天冲洗2～3次，则需30～45 m^3。由于冲洗牛舍地面需要大量的水，近年来回用水冲洗系统已成为大型奶牛场最常用的清粪方式之一。采用回用水可以大大减少冲洗所需的清洁水。当牛群不在牛舍时，可以利用回用水冲洗牛舍通道。

（5）漏缝地板加粪坑清粪系统。采用漏缝地板的牛舍，舍内全部铺设漏缝地板，地板下面为粪污接收池，即粪坑。奶牛排出粪尿后可漏入下面的粪坑中，奶牛走动能促使粪、尿快速漏下。粪坑中的粪污可通过自动刮板运走、用水冲走或依靠重力流走，从而保证牛蹄的干燥和牛舍的清洁。漏缝地板上面还可结合刮板或机器人进行清粪。其优点是牛舍地面能及时实现清洁；缺点是牛舍结构投资大，且储存在下面的污粪易厌氧发酵，产生硫化氢、甲烷等有害气体，导致牛舍有害气体集聚、牛舍过于潮湿等问题。

（6）机器人清粪。机器人清粪工艺能实现牛舍全自动清粪，运行轨迹可预先设置程序，简便的编制机器人在牛舍内的清扫路线，通过GPS定位仪定位实现清粪。其优点是动物友好型、自动化程度高；缺点是初期成本较高，且只适用于漏缝地板。

2. 牛场粪污输送系统

从牛舍清出的粪污需要及时输送到牛场粪污处置区，避免在运输过程中因管理不利而给环境造成污染。常见的粪污输送方式主要有：铲运车或手推车输送、罐车输送、粪沟刮板输送、粪沟水冲输送、管道输送。

（1）铲运车或手推车输送。采用人工清粪工艺的牛舍，清理的新鲜粪便一般含水率较低，可将粪污人工清理到舍端集粪坑，利用铲运车或手推车从牛舍输送到粪污处置区进行处理。该输送方式所用设备简单、投资少、运行费用低，但劳动力成本较高，且输送过程中易对牛场造成污染。

（2）罐车输送。对于日产粪污较少的小规模养殖场，可在牛舍端头设置粪污收集池，收集的粪污经适当稀释后由罐车抽取，并运输至粪污处置区。罐车容积小、运行成本高，只适合输送小规模养殖场产生的液态、半液态粪污。

（3）粪沟刮板输送。采用机械清粪或机器人、漏缝地板加粪坑清粪工艺的牛舍，一般都是将舍内粪污清理到舍端、舍中间或地面下的粪沟内，粪沟内可装设粪沟刮板，通过刮板将粪沟内的粪污输送至粪污处理区。该输送方式适合输送固态、半固态粪污，不消耗外来水，且在输送过程中也不会对牛场产生二次污染，但由于场区粪沟多为密闭式，因此刮板安装、维护不便。

(4) 粪沟水冲输送。牛舍内粪污收集到粪沟后，粪沟内粪污的输送可采用水冲方式进行。牛场场区每道粪沟的起始端设计冲洗管道和冲洗阀，回冲泵将场区液态粪污水抽取至回冲管道，并经由冲洗阀实现对各道粪沟的冲洗，最终将场区各条粪沟内的粪污汇至主粪沟，并输送至粪污处理区。对于地面采用水冲清粪的牛舍，由于其每次冲洗用水量很大，冲洗水流速也较大，因此其冲洗水流至牛舍粪沟后，在惯性的作用下可直接自流至粪污处理区。

(5) 管道输送。管道输送系统不仅节省动力费用，而且不会污染舍外道路，改善了整个场区的卫生环境。因此，这是一种较好的牛场粪污输送方式。管道输送主要有重力输送、水力管道输送以及沟底刮板输送。

① 重力输送。利用液态粪便在重力作用下流动。用作重力输送的管道须满足以下要求：有光滑的内表面、无吸收、节点不漏水、节点处能承受 1.8 Pa 压力。较好的管材有 PVC 管、高强度聚氯乙烯管和有着光滑内壁的焊接管。输送管道的口径取决于粪便的特性。含固量低于 6%的污水，如挤乳厅废水，流动性较好，只需小的管径（DN150 至 DN200）。内表面光滑的较大管径（DN600 至 DN900）适合牛舍干清出的粪便，其固体含量可高达 12%。重力输送系统一般适用于冲洗系统，对于干清系统，由于输送距离较长以及粪便的沉降性能，在输送时容易堵塞，一般不选择此输送系统，同时使用沙卧床的牛舍也不推荐使用此输送方式，因为沙卧床的使用使得粪污中含有大量沙子，很容易堵塞管道。为了防止冻结，重力管道应布置在冻土层以下，在冬天来临之前，确保输送管的末端（进入储存池处）上覆盖有 0.6 m 厚的粪污。冬季大部分牛舍的粪污会部分或者全部冻结，为防止堵塞应考虑利用其他途径运输。

② 水力管道输送。将牛舍内的粪污直接清至端头或者中间的粪沟内，通过回用水对粪沟进行冲洗，在水力的带动下，将粪便输送至粪污处理区。这种输送方式可以有效地将粪便输送至处理区，适用于任何舍内干清粪系统以及含沙牛粪的输送。输送管道的选择同重力输送系统，但是对于含沙牛粪需要考虑沙子的影响，一般舍内粪沟选用“V”形粪沟，底部使用 DE300 mm 的半个 PE 管，然后侧壁混凝土浇筑，开口可以设计成 800～1 000 mm 宽。这种粪沟加速了沟底粪污的流速，使沙子不易沉降到沟底，同时不使用管道，方便日后清理。水力管道输送需要配置大功率的冲洗泵，才能达到很好的冲洗效果。现在国外许多泵体制造商针对奶牛场粪污的特性设计制造了牧场专用泵，由于国内规模化奶牛场起步较晚，这方面还比较欠缺，大多是代理国外的设备。

管道输送系统设计时应注意的事项：任何光滑、耐用、不漏水的材料，如水泥管、砖或混凝土粪沟、塑料管、铸铁管和镀锌钢管等，都可用作输送管道。输送管道要有一定的坡度（一般为 0.5%～1.5%，当地形坡度较大时，管道的坡度还可大些），以使粪污靠自身重力输送到储存池中。

粪污的流动速度对其在管道内的正常输送有直接影响。粪污的最低流速应大于粪便的沉淀速度，以免粪便沉淀堵塞管道。粪便的沉淀速度可按下式计算：

$$v_{ch}=\alpha\sqrt{R} \tag{11-7}$$

式中，v_{ch}为粪便沉淀速度（m/s）；α 为与粪便中固形物含量有关的系数，$\alpha=1.9\sim2.3$；R 为输送管道的水力半径（m）。

输送管道的水力半径 R 可根据下式计算：

$$R=\frac{2A}{L} \tag{11-8}$$

式中，A 为输送管道中粪污的断面积（m^2）；L 为湿周长（即管道断面上被粪污充满的长度）（m）。

粪污的流速也不可太大，流速过大会加剧管道的磨损，降低其使用寿命。对于钢筋混凝土管和石棉水泥管，粪污的最大流速宜≤4 m/s；对于金属和塑料管等内壁较光滑的管道，最大流速宜≤8 m/s。在大中型养殖场中，由于输送距离远，管道总长度很长，仅靠重力输送会要求储存池深度很深，这就使得基建投资增加很多。因此，大中型养殖场场区应在适当区域设置中转池。中转池内安装搅拌机和中转输送泵，粪污搅拌均匀后泵送至粪污处理区。粪污输送过程应强调及时清除，尽可能缩短粪污在舍内或粪沟的停留时间，同时还应尽可能使用密闭式的输送方式，如罐车输送、粪沟输送、管道输送等方式。

3. 牛场粪污储存

受利用时间的限制，粪肥经常需要在场区储存一段时间以便在用肥季节施用。

（1）储存设施设计原则。粪污储存设施应远离各类功能地表水体，距离不得小于 400 m，并应设在养殖场生产及生活管区的常年主导风向的下风向或侧风向处。储存设施应采取有效的防渗处理工艺，防止粪污在存储过程中污染地下水。同时，应防止降水的进入。对于农牧结合的养殖场，储存设施的储存期应综合当地天气条件、作物生长季节、土壤需求等确定。一般情况下，其最小容积不得低于当地农林作物生产用肥最大间隔时间内本养殖场所产生粪污的总容积。储存期过短，会造成储存设施过早充满；储存期过长，会造成储存设施不必要的投资浪费。

（2）储存设施的形式。固态、半固态粪污多露天储存在粪坑、硬化地面上，堆放于带盖储存池或棚式房舍中。无论哪种方式，储存设施周边均应有围墙。露天式存储适合干燥、常年降水量少的地区，但其地面应采取防渗措施，并对渗滤液进行有效管理。带盖储存池或带顶棚的储存棚适合潮湿、常年降水量多的地区。

液态、半液态粪污可储存于地下、半地下或地上储存池中。储存池可采用钢筋混凝土结构，也可采用搪瓷钢板、镀锌钢板等拼装而成。无论采用何种结构，都应做好防渗处理，以免粪污污染地下水。露天式储存池除考虑储存期正常的排污量外，还应考虑一定量的地表径流，并设计 300 mm 的超高。

4. 牛场粪污处理及其利用

合理的使用和管理是粪污处理系统正常运作的关键。在选择粪污处理系统的具体运作时，需要考虑以下因素：奶牛场养殖模式、规模大小，奶牛卧床垫料，所在地的农田耕作措施，周边水源、周边环境以及未来的扩展。

一个完整的粪污处理系统要达到以下处理目标：清洁的设施——保证奶牛健康以及产奶质量的要求，减少奶牛场臭气和粉尘，防止病虫害的滋生；处理与利用时保证安全性，避免土壤、地下水以及地表水的污染；经济性，处理设施、运行成本；环保及可持续性，生物技术及生态工程手段的运用；尽可能地利用农牧结合与土地承载力，实现资源的循环再利用；遵循国家和地方关于环境保护的有关法律法规。

近年来，随着从清粪到后续处理设备、设施的不断研发和技术创新，奶牛场粪污处理设计已有了很大的提高，越来越多的新技术、新设备逐步进入国内的奶牛养殖业，为整个奶牛养殖业的健康持续发展提供了保障。

（1）固液分离。奶牛场粪污收集后进行固液分离，可以加工成有机肥的固体物质。通常采用机械、格栅以及重力的方式进行固液分离。

机械分离采用的固液分离设备大部分是从国外引进。国内的固液分离设备处理量较小，每小时一般只有几十吨，不适用于 3 000 头以上奶牛场，且功率较低，一般在 5 kW 以下，分离后的粪便含水率在 70%以下。国外设备每小时处理量可以达到 200 t 以上，对大型奶牛养殖场比较适用。

除了机械分离以外，如果奶牛场场地足够大，可以考虑设计建设固液分离池的形式对粪污进行分离。固液分离池在美国加利福尼亚州、堪萨斯州等至少 15 个州被应用，但是此技术在国内还没有大规模应用，这与国内土地资源有限以及大规模奶牛场起步比较晚均有一定的关系。

固液分离池（图 11-44）体积较大，一般设计够存放 3 个月以上的粪污量，是集分离和存储于一体的建筑物。该系统适合任何性质的牛粪，包括含沙牛粪，不受含水率的任何影响，因为完全在重力和格栅的作用下将废水和固体分离，所以不需要任何动力，只需要定期清理即可，清理时车辆可以自由进出分离池。该系统简单实用、维修率低，同时可以节省处理粪污的劳动成本。固液分离池的主要原理是通过池体两侧具有一定孔隙率的特制筛网和长久的停留时间，以及一定深度情况下粪污自重压滤的作用达到脱水的目的。该系统可以清除粪便中60%的固体，最后得到的固体还可以作为卧床回用。该系统除了节约粪污处理成本和劳动力外，通过固液分离池还可以产生稳定的粪便，作为宝贵的土壤改良剂。

图11－44　固液分离池

（2）粪-沙分离。沙床对奶牛来说是比较舒适的卧床形式之一，像宁夏、内蒙古等地区沙子比较容易采购，使用沙床可以降低奶牛的饲养成本，所以很多场主选择使用沙子作为牛床垫料。

使用沙床从奶牛舒适、乳房健康的角度来看，是一种好的选择，可是使用沙床会污染牛粪尿，当牛进入和离开牛卧床时，很容易将沙子带出或踢出牛卧床，从而进入粪道，使得牛粪尿中含有大量沙子。

含沙牛粪和“原始”牛粪是两种完全不同的混合物。“原始”牛粪基本上是水和未消化饲料的混合物。粪便是可泵送的，沙子是可以堆积的，但是当粪便和沙子混合时，其结果是变成了既不能泵送，又不容易堆积的混合物。如将含固率15%、密度为993 kg/m^3 的52 kg 牛粪，与含固率95%、密度为1 762 kg/m^3 的25 kg 沙子混合后，其含固率接近40%，密度大约为1 153 kg/m^3。

从流动性上讲，由于沙子不能吸收液体，而饲料可以，所以含固率35%的“原始”牛粪可以堆积，可作为固体进行处理，但含固率35%的含沙牛粪却既不能堆积也不易泵送。所以，含沙牛粪在进入后续处理之前必须先进行分离。

分沙系统可分为非机械式或机械式两种。非机械式分沙系统依靠沉降原理，水作为媒介，根据沙子和牛粪各自特殊的密度和尺寸进行分离。沉沙池是一种非机械式分沙建筑物（图11－45）。沉沙池运行原理：使粪污的流速低于0.3 m/s，停留时间需要1 min，才能让沙子沉淀下来。在该流速下，大量的沙子颗粒和一些粪便固体被沉淀下来。只有设计合理的坡度和足够的长度才能将沙子从牛粪中分离出来。设计合理的沉沙池按照操作规程使用才能取得较好的分沙效果。例如，沙子沉淀后堆积在沉沙池中会降低沉沙池的分离效率，为了使沉沙池发挥作用，就必须定期清理。沉沙池中回收的沙子包含了部分有机质，需要经过晾晒后才能回用。但是，如果分离效果不好，有机质含量过高，则不适合再回用。

图11－45　沉沙池

由于沉沙池完全依靠沙子和牛粪密度的不同进行分离，一般长度较长，占地面积比较大。国外已经专门针对奶牛场含沙牛粪研发出了分沙设备，即粪-沙分离器（图 11-46），并得到了推广使用。粪-沙分离器从粪便和水中分离出沙子，并且沙子还可以回收利用，含沙牛粪通常通过倾斜的螺旋离心机输送至粪-沙分离器，可以得到含水率在 10%～12%、有机质含量低于 2%的沙子，此种沙子完全可以作为卧床垫料进行回用。机械式分沙器可以很好地分离细沙，沙子的回收率可以达到 90%或者更高。从机械分沙器排放出来的粪便可以泵送或者通过重力流运输到后续处理区。

图 11-46　粪-沙分离器

粪-沙分离器虽然占地面积小、效率高，但是与传统的沉沙池相比，有投资较高、运行成本较高等弊端，现在应用较少。

（3）沼气工程。 沼气工程在各个行业均有应用，其原理是废物在厌氧微生物的作用下，使可生物降解的有机物转化为 CH_4、CO_2 和稳定物质的生物化学过程。奶牛粪便即为水和未消化的饲料的混合物，其中含有大量的可降解有机物，是很好的沼气发酵原料之一。沼气工程虽然在国内大中型奶牛场已经被应用，但是由于奶牛粪便的不稳定性，使得沼气工程频频出现问题，至今在大中型奶牛场已建项目中还没有出现产气稳定、运行状况正常的沼气工程。所以，如何综合考虑奶牛场所在地、奶牛饲料种类以及清粪方式等各种因素，合理地设计沼气工程是奶牛场粪污处理重点研究的对象之一。

奶牛场沼气工程的一般流程为：牛舍出来的粪尿和污水进入厌氧消化池，沼气收集净化后发电，发出的电可以奶牛场自用，在当地政策允许的地区也可以进行并网外售，发电余热为沼气池进行加热，保持发酵温度，经过厌氧消化后的沼渣、沼液进行固液分离，固体堆肥，液体进入储存池，一定时间后还田。其工艺流程如图 11-47 所示：

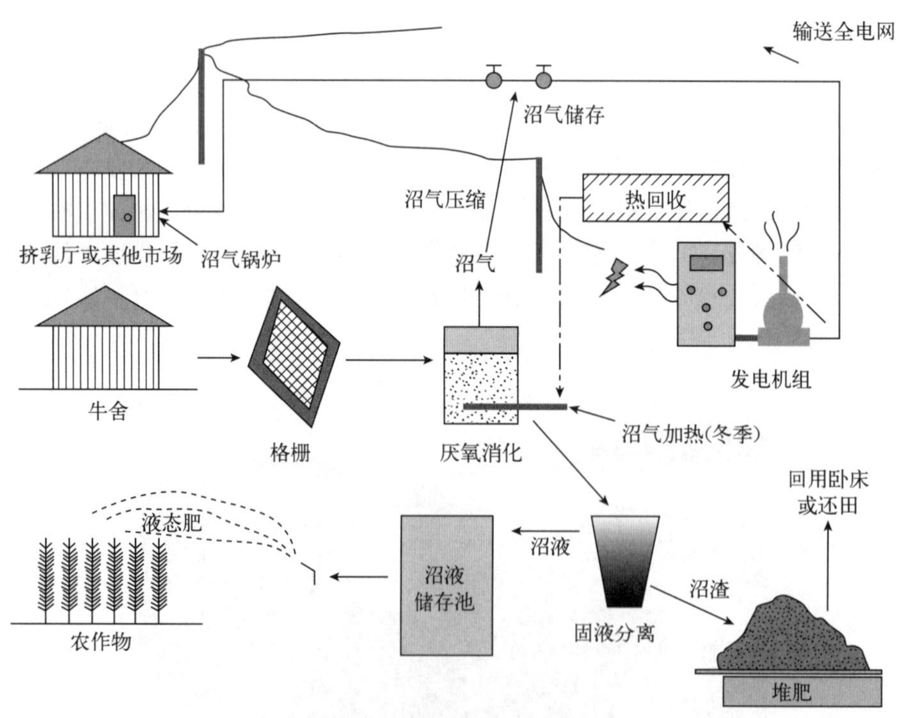

图 11-47　沼气工艺流程图

厌氧发酵过程通常的停留时间为 15～25 d，发酵温度一般为 35 ℃。厌氧发酵后的出水臭味降低，在一定程度上解决了储存和处理大量奶牛场粪便时产生的臭味和蚊蝇滋扰问题。发酵过程并没有显著减少粪便量和养分含量，但是改变了氮的存在形式，更适合作为肥料还田。厌氧发酵的结果是，出水更具流动性、更均匀。

奶牛场沼气工程的核心部分——沼气池形式主要有 3 种：全混式罐体式沼气池、地下或半地下推流式沼气池以及覆膜式沼气池（图 11－48）。

图 11－48　不同形式的沼气池

① 全混式罐体式沼气池。全混式罐体式沼气池主要具有以下特点：占地面积少、不易渗漏，比较适合土地紧张以及地下水位较高的地区；需要周期性地混合搅拌，一般使用搅拌桨或者泵进行搅拌，这是完全混合式厌氧消化罐的重要条件之一；可分批进料处理，保证了停留时间，同时满足了完全混合的要求；沼气产生率高，一般每立方米可产沼气 1.0～1.5 m^3；运行成本高，不停地机械搅拌势必加大了整个工程的运行费用；沼气池可以是钢结构或者混凝土结构，不同的建筑材料造价也不尽相同，投资相对较高。

② 地下或半地下推流式沼气池。地下或半地下推流式沼气池在美国大中型奶牛场使用比较多，占 51%左右，这与美国土地资源丰富有一定的关系。该沼气池具有以下特点：维护较少，分批均匀进料处理，可以保证物料发酵完全；在各种气候条件下均可有效利用，由于使用地下或半地下混凝土池，同时池内盘有加热保温管，使得沼气池受外界的温度影响较小；按 1 头泌乳牛的粪尿停留时间 20 d 计算，需要发酵体积约 1 200 m^3，大中型奶牛场配套的沼气池体积较大，沼气池一般是钢筋混凝土池，同时设计防渗，所以沼气池造价较高；根据地下水位的高低择优选择地下或半地下。

③ 覆膜式沼气池。覆膜式沼气池投资较少，池底、池壁以及池顶均采用 HDPE 膜，相比混凝土造价会降低很多，在一些奶牛场可以利用原有的污水储存池直接改造而成；维护简单，除了进料、出料以及沼气收集装置，基本上不需要其他设备，整个系统维修较少；原料直接进料处理，不需要分批进料，奶牛场每天的粪尿直接进入沼气池；可以处理低固体粪便污水，由于不以产气量为目的，停留时间长，可以处理含固率低于 6%的粪污；停留时间一般能达到 3 个月及以上，由于不能保证中温发酵，同时没有搅拌措施，产气率较低；占地面积较大，没有加热保温措施，所以受外界气温影响较大。在外界温度较低时，整个系统将会在低温的模式下进行发酵。该模式在国内没有应用，与堆肥处理类似。

（4）堆肥处理。此种处理方式为堆肥，生产有机肥，然后还田。堆肥是比较传统的处理方式，以往主要用于加工生产有机肥，将含水率 65%左右的牛粪堆肥发酵，该发酵为有氧过程，本身产生大量热量，使温度达到 49～60 ℃，在此温度下，堆肥发酵 42 d，中间进行 6 次翻抛，平均 7 d 翻抛一次，经过 42 d 的高温发酵后，固体含水率可以降至 30%以下，灭菌率达 90%以上，可以作为有机肥或牛床垫料。这种技术比较成熟，在国内应用较多，但是占地面积较大，图 11－49 为堆肥处理的现场情况。

影响堆肥效率的因素主要有：①含水率。堆肥物料含水率要求 60%～70%，过高会造成厌氧腐解而产生恶臭。②通风供氧。以保持有氧环境和控制物料温度不致过高。③适宜的碳氮比。使

C∶N为（25～30）∶1。④控制温度。通过通风（堆肥设备）或翻堆（自然堆肥）使堆肥温度控制在70 ℃左右，如高于75 ℃则导致“过熟”。

图11-49　堆肥处理的现场情况

传统的堆肥为自然堆肥法，无须设备和耗能，但占地面积大、腐熟慢、效率低；现代堆肥法是根据堆肥原理，利用发酵设备为微生物活动提供必要的条件，可提高效率10倍以上，堆制时间最快可缩短到6 d。

（5）牛粪回用牛床垫料。牛粪经过固液分离后的固体含水率可以降至70%左右，这些分离后的牛粪可以进一步处理后作为牛床垫料进行回用。这样既为奶牛场节约了牛床垫料的投资成本，又可以减少对奶牛场的污染，使奶牛场粪污更稳定、更易处理。使用专门的牛床垫料处理设备将牛粪加工成牛床垫料。如美国的牛床垫料专家EYS公司和德国的FAN公司均生产将分离后的牛粪加工成牛床垫料的设备。该设备工作原理同堆肥发酵，也是经过高温发酵，同时进行消毒杀菌。此设备占地面积少，不受外界环境温度的限制，可以和固液分离设备联合使用，如图11-50所示，但是此设备造价比较高，在国内尚未使用。

图11-50　牛粪回用牛床垫料分离及烘干设备

四、牛场粪污处理配套设施

1. 化粪池

化粪池按照细菌分解类型的不同可分为好氧性化粪池、兼性化粪池和厌氧性化粪池。

（1）好氧性和兼性化粪池。好氧性化粪池由好氧细菌对粪便进行分解，而兼性化粪池则上部由好氧细菌起作用，下部由厌氧细菌起作用。这两种形式都必须供应氧气。按照供应氧气的方法又分为自然充气式化粪池和机械充气式化粪池。

① 自然充气式化粪池。好氧性自然充气式化粪池的深度在1 m左右，兼性则在1.0～2.5 m。它们都靠水上藻类植物的光合作用提供氧气。藻类植物生长的上下限温度为4～35 ℃，最佳温度为20～35 ℃。在最佳温度下，好氧性自然充气式化粪池可在40 d内将BOD值减少93%～98%。自然充气式化粪池不需要任何动力，但它须占很大的面积。为了克服此缺点，可设法减少化粪池中进入液体的有机物含量，或在粪液进入以前进行固液分离，以减少化粪池的容积和面积。

② 机械充气式化粪池。机械充气式化粪池的深度为2～6 m。利用曝气设备提供氧气，使好氧细菌获得充足的氧气，使有机物呈悬浮状态，以便对有机物进行好氧分解。机械充气式化粪池所用的曝气设备可分为压缩空气式和机械充气式两类。压缩空气式的曝气设备包括回转式鼓风机及布气器或扩散器。机械充气式的曝气设备则是安装于化粪池液面的曝气机，常用的是曝气叶轮，其中最常见的是立轴泵型叶轮，安装时常浸入池液中。叶轮可安在架上或用浮桶浮动支持。当叶轮转动时，将液体抛向空中后再行落下，以促进空气中氧气在池中的溶解。

机械充气式化粪池分好氧性和兼性。兼性的深度较大，且采用较小功率的曝气机，此时化粪池底部将进行厌氧分解。由于它比较经济，所以机械充气式化粪池通常采用兼性的。

（2）厌氧性化粪池。厌氧性化粪池的池深一般为3～6 m，不设任何曝气设备，同时由于发酵而形成的水面浮渣层，使自然充气减少到最小限度，所以主要由厌氧细菌进行粪便的分解，并进行沉淀分离。厌氧性化粪池的优点是不需要能量，管理少而节省劳动力，且能适应较高固体含量的粪液；缺点是处理时间长，要求池的容积大，对温度敏感，寒冷时分解作用差，有臭味。

化粪池上部的液体每年卸出1～2次，卸出存量的1/3以上，但应保留至少一半的容量，以保证细菌继续活动。沉淀的污泥6～7年清理一次。

厌氧性化粪池的容量包括最小计容量、粪便容量、稀释容量、25年一遇的24 h暴雨量和安全雨量。奶牛厌氧性化粪池的最小设计容量为每1 000 kg活重56.3～107.4 m^3，厌氧性化粪池的最小设计容量是为了保留应有的细菌数量，炎热地区采用小值，寒冷地区采用大值。厌氧性化粪池的粪便容量按存储时间根据家畜头数和家畜每天排粪量计算求得。容量中的稀释量常取1/2（最小设计容量）。25年一遇的24 h暴雨量可按当地气象资料，化粪池高度应增加一个暴雨量的高度。安全余量一般取为0.6 m。

2. 氧化沟

氧化沟是好氧发酵处理粪污常用设施，一般可建于牛舍附近或舍内漏缝地板的下面。氧化沟处理粪污采用活性污泥法。活性污泥法处理污水，其BOD去除率可达90%以上。氧化沟是一个长的环行沟，沟的端部安有卧式曝气机，曝气机为一带横轴的旋转滚筒，滚筒浸入液面7～10 cm，滚筒旋转时不断打击液面，使空气充入粪液内，使粪液以0.4 m/s左右的速度沿环状沟运动，并使固体部分悬浮和混合，加速好氧性细菌的分解过程。氧化沟处理后的液体部分可施入农田或储存在池中待用。氧化沟也可建在舍外，用来处理水冲清粪后的粪液、挤乳间和加工厂的污水等。氧化沟工作时消耗劳动少，无臭味，要求沟的容量小，但须消耗动力和能量。

3. 沉淀池

粪污中的大部分悬浮固体可通过沉淀去除，从而大大降低生物处理有机物的负荷。沉淀池分平流式和竖流式两种。平流式沉淀池为长条形，池一端接进液管，另一端接排液管。池沿纵向分进液区、沉淀区和排液区。池的进口端底部设有一个或多个储泥斗，储存沉积下来的污泥。沉淀池的进口应保证沿池宽均匀布水，入口流速小于25 mm/s，水的流入点高出积泥区0.5 m，以免冲起积泥。进液区和沉淀区之间设有穿孔壁，壁上有许多小孔，以增加流动阻力和进水的均匀性。排液区上部有一出水挡板，以挡住浮渣，挡板顶部为锯齿形堰口，用于溢出上清液，最后由排液管排出。竖流式沉淀池一般为圆形或方形。池内水流方向与颗粒沉淀方向相反，其截流速度与水流上升速度相等。进入液由中心管的下口流入池中，在挡板作用下向四周扩散，由四周集水槽收集。沉淀池储泥斗倾角为45°～60°。

无论何种沉淀池，沉淀下来的污泥须定期排出。可将沉淀池排空后清除，也可设两个沉淀池轮换使用，空沉淀池作干化床，污泥干燥后再清除。有的沉淀池中还设泥斗、污泥刮板或可移动污泥管（泵）等，随时清除污泥而不中断沉淀持续运行。

4. 污水土地处理系统

牛场污水任意排放会污染环境。但污水含有有机质和氮、磷、钾等元素，如有效利用能增加土壤有机质含量，提高土壤肥力。污水土地处理系统为粪水处理的二级处理环节，主要是利用土壤净化功能来处理污水。该系统包括预处理、水量调节与储存、配水和布水、土地处理田地和植物、排水以及监测等部分。在土壤中，经过20～30 d的腐熟（温度低时则更长一些），污水中的病原微生物基本上死亡。因此，污水进入土地后须留有足够的净化时间。

五、我国奶牛场粪污治理利用存在问题及对策

1. 存在的问题

（1）特大型养殖场农牧脱节、沼液易造成二次环境污染。粪污沼气工程以能源产出为主要目的，

用于提供养殖场内部用能。这部分养殖场面临的主要问题是农牧脱节，由于养殖场规模大，粪污体量大，一般选取沼气发酵作为粪污处理的主要手段，产生的沼气可以发电自用、上网或进一步提纯作为生物天然气，产业路线清晰；然而，发酵后的沼液缺少与土地和农田消纳的有机结合。规模化养殖场得不到足够的土地支持，没有相应配套的耕地对其产排的粪便进行消纳，尤其是规模化养殖场很难展开实施“畜-沼-电-农”一体化运作模式，难以有效地综合利用粪污资源，从生产结构上制约了农牧生产的有机结合。沼液成分十分复杂，浓度较高，且其中有很多微生物生长抑制物，可生化性差。现有大多数沼气工程后续并无沼液处理工艺，而是直接将沼液排放，造成了土壤与水资源的二次污染。

(2) 大中型养殖养殖场沼气处理能力与规模不匹配，项目多是被动式建设。这部分养殖场除了沼液可能造成的二次污染问题外，还存在以下问题：①沼气发酵工艺与前端奶牛养殖粪污收集、清理工艺配合不够。建场起步时没有用心考虑畜禽排泄物治理问题，缺少通盘的规划和设计，治理设施建设不到位、不合理、不达标。②建设资金多数源于政府支持，建设存在一定的盲目性和被动性。③处理能力与规模不匹配。如沼气设施构筑规模与养殖规模相匹配的问题，或缺乏科学合理的技术指导，规模化养殖场的污染物排放量往往大于污染物治理设施的处理能力。

(3) 小型养殖场缺少粪污处理单元和资金支持。这部分场的粪污处理一般没有沼气发酵工艺或没有基本的粪污处理设施。其原因是粪污处理单元并不是整个奶牛场的利润增长环节，养殖场没有动力去进行治理。对于小型养殖场来讲，没有政府的专项资金支持，粪污综合治理投入大周期长，又不能很快给养殖户带来直接的经济效益，多数小型养殖场鉴于经济实力和成本利益的考虑，放弃投入。

除上述问题外，奶牛养殖在面对粪污治理时还存在以下问题：①粪污处理或资源化工程受政府政策影响大，多数养殖场都是为了治理而治理。②粪污处理的主要技术，如沼气发酵等受温度、气候等条件影响很大，寒冷地区沼气工程的运行经常出现冬天不能正常运转等问题。③粪污沼气工程多数是一次性投资项目，大部分工程只有前期投资，缺乏后期运行投资。实际上只有稳定的运营才能保证沼气工程的实际处理效果和可能的经济效益。④土壤-作物体系的消纳能力与粪污和沼液利用之间缺乏相应的施用标准和评价体系。目前，粪污以及沼液的使用还没有形成相应的评价体系与施用标准，粪污或沼液使用可能会对土壤以及作物造成风险，引起土壤与水体污染，引发环境问题；而且长期使用，还可能破坏土壤组分与结构，造成作物减产。

2. 综合治理与利用的对策

(1) 改进清粪工艺的配置与处理方式，推广低能耗、稳定性运营技术。不同规模的奶牛场，其粪污产生量不同，采用的养殖工艺和环境控制方式也不同，相应配套的粪污收集工艺和处理方式也应该有所不同。目前，国内对于粪污收集和处理方式的研究主要集中于某种收集或处理方式怎样运行更好，尚缺乏不同规模奶牛场适宜的收集工艺和配套处理方式的研究。因此，针对小型分散式养殖场，可以采取就地建设容纳池的方法；对于大中型工业园区类型的养殖场，粪污的收集可以通过对园区进行规划，以工业处理模式设计收集管路，采用机械化方式进行粪污的收集。工业化处理模式在工艺运行过程中会有大量能耗，并且后续效果不一定好。因此，可以使用人工湿地的方法替代某些工业化的处理模式，做到污染物的消纳。

(2) 开发新型粪污收集工艺与设施设备。如漏缝地板、清粪机器人、集装箱设备等。为减少粪污收集的能耗及粪污运输过程中的污染问题，可以开发具有初步固液分离或者自洁功能的漏缝地板，使用灵活的小型清粪机器人和粪污集装箱运输装备等新型的粪污收集设施设备。

(3) 开展牛场粪污高效循环利用的创新研究，探索基于养殖规模不同的差异化粪污处理模式。开展粪污经过固液分离后固体部分不同处理方式用作牛场卧床垫料对产奶量、奶牛体况等影响的研究，重点开展固液二次分离技术、固体部分经沼气发酵后沼渣作为奶牛床垫料的研究。开展牛场污水回用模式与水处理工艺技术的研究，研究污水在牛场循环时保障生物安全性技术。对于大型养殖场（年存栏量>500头)，建议采用环保型处理模式，即粪污先经过固液分离装置，固体粪便作为肥料，污水再经过厌氧-好氧处理达标，少量粪便可作为沼气原料实现高效发酵产沼气，可对沼气工艺进行改进(两相工艺、高效反应工艺等)，实现污水高效治理；对于中型养殖企业，可采用能源环保型模式，粪污直接进行沼气发酵，再进行好氧处理；对于小型养殖企业（年存栏量<100头)，可根据实际规模采用设置消纳池，通过简单的污水处理后用于农田。

(4) 提倡农牧结合，科学规划布局，大力开发农牧结合设备。应按照畜禽排泄量和外部消纳量相配套的原则，实现畜牧业和种植业、渔业、农村能源等产业的有机结合和资源循环利用，做好选址和工艺的衔接工作。建场之初就要对养殖场做好科学的场区规划，如从末端粪污治理的角度要考虑前端粪污产生途径，通过雨污分流、减少运动场等方式减少粪污总量和释放源。对于大中型企业，周围无小型养殖户时，可以采用粪水输送系统。小型养殖户进行粪肥施用时，可以用真空罐车；若大面积农业园区进行粪肥施用时，可以用泵吸罐车；在高施肥率的情况下，可以使用灌溉车。对于液态粪肥的施用，可以根据施用的形式采用不同类型的喷洒机。

(5) 推进污水末端高效利用设备研究。粪污的收集与运输装置和模式因不同的养殖形式而异，因此可以首先对该区进行养殖状况调查，对区域进行规划，设置合理的粪污运输系统。对于分散型的小型养殖户，可以就地设置容纳池进行粪污的收集。容纳池的建筑面积要根据产生的粪污进行计算。另外，还要考虑土壤的承载能力与当地农田作物使用养分需求进行用粪污量的计算，通过计算结合污水生产量，进行容纳池的设计。对于大型场区，需要对整个园区进行规划布设，进行排污管道的布设与计算，根据产生的冲洗水量、干湿分离产生的粪便水量以及沼气工程产生的沼液产量进行容纳池的计算。

做好宣传和推广工作，让农民真正了解沼液作为有机肥的优点，首先在周边的种植大户推广使用沼液，使农民尝到使用沼液作为肥料的甜头，这需要当地政府的大力支持。鼓励和扶持农民在自己的田间地头建设沼液储存池，可以极大地降低养殖场的沼液储存压力。做好沼液的运输工作，保障运力，将沼液免费运到农民田间地头的沼液储存池。做好沼液施用与土地、作物之间的评价方法和规范。

(6) 政策方面。

① 突出粪污处理的公益性质。应纳入政府主导的环保公益行业，充分调动养殖场的积极性。当前养殖场进行粪污处理几乎都是被动式的。奶牛养殖业关系国计民生，将粪污的处理建议作为公益性行业对待，进一步从生态环境、节能减排和节地节水等角度，大力扶持粪污综合治理。

② 采用多元化政策扶持方式。因养殖规模体现技术差异化和设备多样性；养殖场应根据当地区域特点创新畜禽排泄物资源化利用机制和发展模式，采用过程控制与末端治理相结合的方式，优先应用“就地结合、就地利用”的“零排放”模式，实现畜禽排泄物全部资源化利用，促进畜牧业与种植业、农村生态建设协调发展；而且还要改变以往只重视建设不重视运营的做法，应体现粪污处理的长期性和稳定性。

③ 建立粪污处理与施用规范。根据养殖规模不同体现不同的设计规范，粪污达标标准应体现养殖规模和工艺的差异性及实际情况。可先通过试验，确定当地土壤-作物系统对粪污及沼液的消纳能力。这要结合土壤的保肥吸肥能力、作物对沼液与粪污的吸收能力、作物种植面积与作物种植结构等因素进行综合评价。根据农用地供肥等级、农用地作物养分需求，进行区域养分需求的评价与分析；通过评价单元的划分评价指标的选取与权重计算以及评价模型进行土壤-作物系统对粪污养分消纳能力的评价。此项工作需要在政府提供相关土地资源数据的基础上，进行实地勘测与实验数据分析，最终得出结论。

（施正香、王朝元、彭英霞、栾冬梅）

主要参考文献

封俊，1992. 禽畜粪便的固液分离方法与设备 [J]. 农业工程学报（4）：90-96.
谷洁，高华，李鸣雷，等，2004. 养殖业废弃物对环境的污染及肥料化资源利用 [J]. 西北农业学报，13(1)：132-135.
国家环境保护总局，2001. 2000 年中国环境状况公报 [J]. 环境保护（7）：3-9.
黄昌澍，1989. 家畜气候学 [M]. 南京：江苏科学技术出版社.
黄冠庆，安立龙，2002. 运用营养调控措施降低动物养殖业环境污染 [J]. 家畜生态，23(4)：29-33.
冀一伦，2005. 实用养牛科学 [M]. 2 版. 北京：中国农业出版社.
兰海娟，蔡永辉，2008. 规模奶牛场粪污处理工艺 [J]. 中国奶牛（6）：55-56.
李保明，施正香，2005. 家畜环境与设施 [M]. 北京：中央广播电视大学出版社.
李保明，施正香，2005. 设施农业工程工艺及建筑设计 [M]. 北京：中国农业出版社.
李艳，朱继红，张振伟，等，2009. 不同生长阶段牛排粪量与尿液 pH 值昼夜变化的研究 [J]. 畜牧与兽医，41(10)：43-44.
李震钟，2000. 畜牧场生产工艺与畜舍设计 [M]. 北京：中国农业出版社.
刘继军，贾永全，2008. 畜牧场规划设计 [M]. 北京：中国农业出版社.
马承伟，苗香雯，2010. 农业生物环境工程 [M]. 北京：中国农业出版社.
彭英霞，王浚峰，高继伟，2012. 畜牧场固液分离及回冲系统简介及设计要点 [J]. 中国沼气，30(5)：38-42.
施正香，王朝元，许云丽，等，2011. 奶牛夏季热环境控制技术研究与应用进展 [J]. 中国畜牧杂志，47(10)：41-46.
史鹏飞，付建伟，王淑梅，等，2010. 规模化奶牛场育成牛产污系数的测定 [J]. 家畜生态学报，31(2)：73-79.
王根林，2002. 养牛学 [M]. 北京：中国农业出版社.
王健梅，2005. 国外如何对待养殖污染 [J]. 中国农业信息（8）：12-13.
王凯军，金冬霞，赵淑霞，等，2004. 畜禽养殖污染防治技术与政策 [M]. 北京：化学工业出版社.
王琳，蔡煜，闫文慧，等，2010. 奶牛粪便排泄系数测定 [J]. 北方环境，22(6)：94-96.
王新谋，1997. 家畜粪便学 [M]. 上海：上海交通大学出版社.
徐伟朴，陈同斌，刘俊良，等，2004. 规模化畜禽养殖对环境的污染及防治策略 [J]. 环境科学（S1)：105-108.
颜培实，李如治，2011. 家畜环境卫生学 [M]. 4 版. 北京：中国农业大学出版社.
杨柏松，关正军，2010. 畜禽粪便固液分离研究 [J]. 农机化研究（2）：223-225.
杨仁全，2009. 工厂化农业生产 [M]. 北京：中国农业出版社.
余瑞先，2000. 欧盟的农业环保措施 [J]. 世界农业，2(11)：11-13.
袁立，王占哲，刘春龙，2011. 国内外牛粪生物质资源利用的现状与趋势 [J]. 中国奶牛（5）：3-9.
张恒，陈丽华，曹孟，2008. 循环经济模式下的畜禽粪便资源化 [J]. 能源与环境（3）：74-76.
张美华，2006. 畜禽养殖污染的环境经济学分析 [D]. 北京：首都师范大学.
张明峰，1996. 部分国家畜牧污染防治法规简介 [J]. 世界农业（6）：45-46.
郑文鑫，方文熙，张德晖，等，2011. 几种常见的畜禽粪便固液分离设备 [J]. 福建农机（4）：37-39.
周望平，2008. 畜禽粪便用于生产饲料的方法概述 [J]. 中国畜禽种业（8）：64-65.
朱海生，栾冬梅，2009. 组合式分娩栏对母猪活动和躺卧的影响 [J]. 农业工程学报，25(11)：236-240.
邹先枚，胡朝阳，王光，等，2008. 奶牛场清粪工艺及相关设备概述 [J]. 中国乳业（7）：60-64.
Davvid Sainsbury，Peter Sainsbury，1979. Livestock Health and Housing [M]. London：Cassell Ltd.
Shortle J S，Abler D G，2001. Environmental Policies for Agricultural Pollution Control [M]. CAB International.

第十二章

奶牛疾病防治

奶牛疾病防治是奶牛健康、养殖和牛乳及乳制品卫生安全的重要保障，本章主要介绍奶牛饲养过程中对奶牛危害大或易发生的疾病的病因、病症、诊断和防治，包括传染病、消化系统疾病、营养代谢疾病、乳房疾病、繁殖障碍疾病、呼吸及循环系统疾病、泌尿器官及神经系统疾病、肢蹄病与眼病、中毒性疾病、寄生虫病与皮肤病和犊牛疾病等。

第一节　传染病

一、牛海绵状脑病

牛海绵状脑病（bovine spongiform encephalopathy，BSE）俗称疯牛病（mad cow disease），是一种由朊病毒引起的慢性、消耗性、致死性传染病，以神经症状、大脑呈海绵状病变为特征。1985 年，英国发生了本病，1992—1993 年发病达到高峰，2 年内发现 30 000 头以上临床疑为 BSE 的病牛。

1. 病因

BSE 病原为朊病毒（prion），是一种没有核酸的、具有传染性的蛋白颗粒。目前朊病毒尚无成功的培养方法。BSE 朊病毒经口感染，随后通过肠道进入牛体内，再侵入末梢神经，经内脏神经到达腰部脊髓，或经迷走神经侵入延髓。

在家畜中牛为 BSE 的宿主。被含痒病样因子的肉、骨粉污染的饲料是主要传染源，可水平或垂直传播。

2. 症状

BSE 的潜伏期为 4～6 年。临床症状多样，病程多为数月至 1 年，最终死亡。

（1）感觉或反应过敏。表现为触、视、听三觉过敏。对颈部触摸、光线的明暗变化以及外部声响过度敏感。

（2）行为异常。表现为不安、恐惧、异常震惊或沉郁；不自主运动，如磨牙、震颤；不愿接触水泥地面或进入畜栏等。

（3）运动异常。病牛步态呈“鹅步”状，共济失调，四肢伸展过度，有时倒地，难以站立。

（4）体重和体况下降，最后消耗衰竭而死。

3. 诊断

BSE 的临床症状通常为行为异常、恐惧和过敏等神经症状，病理组织学变化是牛脑干和延髓灰质神经基质的海绵状病变和大脑神经元细胞空泡病变具有特征性，后者一般呈双侧对称分布，据此可做出初步诊断。

通过蛋白印迹试验（western blot）、酶联免疫吸附试验（ELISA）或免疫组织化学等方法从神经组织中检测致病型朊病毒 PrP^{Sc}（scrapie prion protein），可确诊本病。从朊病毒侵入延髓时的途径看，PrP^{Sc} 首先沉积在迷走神经的起始核即延髓闩部的迷走神经的背侧核，所以常采集延髓闩部作为被检病料。朊病毒不刺激牛产生免疫应答反应，故不能应用血清学方法诊断本病。

4. 防制

尚无预防本病的疫苗和治疗方法。为阻止本病的蔓延，严禁感染牛产品进入食物链，严格限制从疫区购买牛用或动物用饲料，彻底限制使用动物源饲料饲喂牛。

二、口蹄疫

口蹄疫（foot and mouth disease）是由口蹄疫病毒引起的急性、热性、高度接触性传染病。本病的特征是口腔黏膜、蹄部及乳房皮肤发生水疱和溃烂。

1. 病因

病原为口蹄疫病毒（foot and mouth disease virus，FMDV）。FMDV 具有多型性、易变性的特点。病毒的这种特性，给本病的检疫、防疫带来很大困难。口蹄疫病毒主要感染偶蹄兽。家畜以牛易感。病畜是主要传染源，可直接传播和间接传播。

FMDV 为微核糖核酸病毒科中的口蹄疫病毒属成员。FMDV 在病畜的水疱皮内及其淋巴液中含量最高，能在多种细胞内增殖，并产生致细胞病变。犊牛甲状腺细胞最为敏感，并能产生很高的病毒滴度，常用于病毒分离鉴定。

鲜牛乳中的病毒在 37 ℃可生存 12 h，18 ℃生存 6 d，酸乳中的病毒迅速死亡。

2. 症状

成年牛患口蹄疫病时，一般为良性经过，经约 1 周即可痊愈。如果蹄部或乳房出现病变时，则病期可延长至 2～3 周或更久。口蹄疫引起的奶牛坏死性乳腺炎发病率和淘汰率比较高。该病死亡率低，一般不超过 1%～3%，但恶性口蹄疫，病死率高达 20%～50%，主要是由于病毒侵害心肌所致。

口蹄疫潜伏期平均 2～4 d，最长可达 1 周左右。初期体温升高达 40～41 ℃，精神委顿，食欲减退，闭口，流涎，开口有吸吮声；1～2 d 后在唇内面、齿龈、舌面和颊部黏膜出现蚕豆至核桃大的水疱，口温高，此时口角流涎增多，呈白色泡沫状，常常挂满嘴边（图 12-1），采食、反刍完全停止；水疱约经一昼夜破裂，形成浅表的红色糜烂，体温降至正常水平，糜烂逐渐愈合，全身症状逐渐好转。

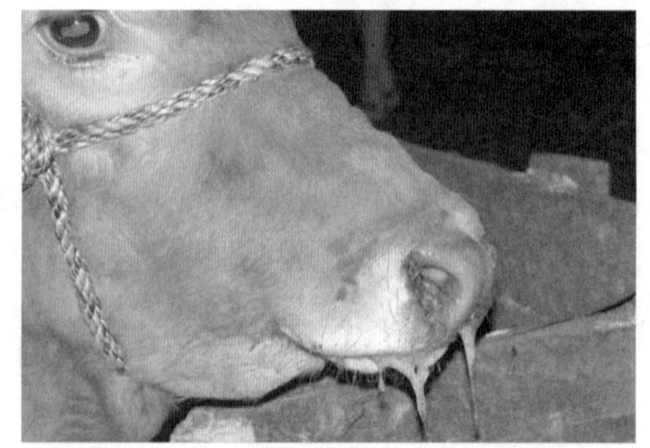

图 12-1 口蹄疫病牛，流涎、鼻孔水疱破溃

如有细菌感染，糜烂加深，发生溃疡，愈合后形成瘢痕。有时并发纤维蛋白性坏死性口膜炎和咽炎及胃肠炎。有时在鼻咽部形成水疱，引起呼吸障碍和咳嗽。在口腔发生水疱的同时或稍后，趾间及蹄冠的柔软皮肤上表现红肿疼痛，迅速出现水疱，并很快破溃，出现糜烂或干燥结成硬痂，然后逐渐愈合。

若病牛衰弱或饲养管理不当，糜烂部位可能发生继发性感染化脓、坏死，病畜站立不稳，行路跛拐，甚至蹄匣脱落。乳头皮肤有时也出现水疱，很快破裂形成红斑（图 12-2），常出现乳腺炎，泌乳量显著减少，有时乳量减少达 75%以上，甚至停乳。

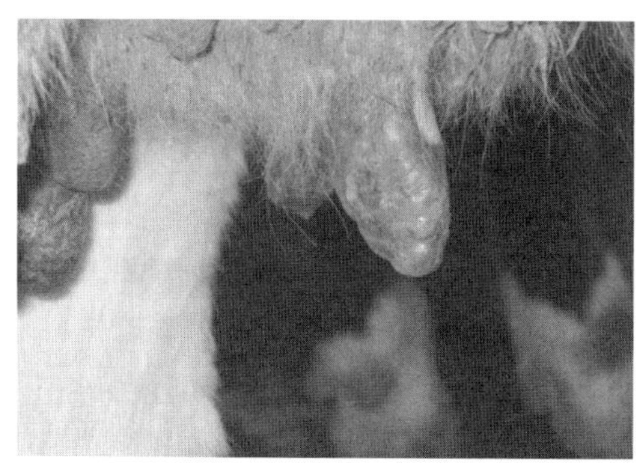

图 12-2　口蹄疫病牛，乳头水疱、糜烂

3. 诊断

根据流行病学、临床症状和病理变化可做出初步诊断，确诊须做病原分离和鉴定。诊断要点：口蹄疫一年四季均可发生，常呈流行性或大流行性，并有一定的周期性，主要侵害多种偶蹄兽，患病动物的口腔和蹄部有特征性的水疱和烂斑，死后剖检可见“虎斑心”和出血性胃肠炎病变。

国际标准诊断方法为间接夹心 ELISA，可将病毒鉴定到血清型。

4. 防制

一旦暴发本病应屠宰病畜，消灭疫源，并采取疫苗注射等防治措施。禁止从有该病的国家输入活畜或动物产品，杜绝疫源的传入。

当口蹄疫暴发时，必须立即上报疫情，确切诊断，划定疫点、疫区和受威胁区，并分别进行封锁和监督，禁止人、动物和物品的流动。在严格封锁的基础上扑杀患病动物及其同群动物，并对其进行无害化处理；对剩余的饲料、饮水、场地，患病动物污染的道路、圈舍、动物产品及其他物品进行全面严格的消毒。当疫点内最后一头患病动物被扑杀以后，3 个月内不出现新病例时，上报上级机关批准，经彻底大消毒以后，可以解除封锁。同时，对疫区内易感畜群须用与当地流行株相同的血清型或亚型的灭活疫苗进行紧急接种。对受威胁区内的健康牛群进行预防接种，以建立免疫带来防止疫情扩展。

三、牛瘟

牛瘟（rinderpest）是由牛瘟病毒引起的偶蹄动物的以下痢、体温升高、白细胞减少为特征的急性传染病。本病传播力强，牛病死率高（25%～50%）。奶牛不分年龄和性别均对本病易感。

1. 病因

牛瘟病毒（rinderpest virus）为副黏病毒科、副黏病毒亚科、麻疹病毒群的负链单股 RNA 病毒。本病原虽只有一个血清型，但致病力和生物学特性因流行毒株不同而异。

病毒在培养细胞上形成多核巨细胞性 CPE，常用敏感的 B95a 细胞系进行病毒分离和定量。牛瘟病毒通过消化道侵入血液和淋巴组织，主要在脾和淋巴结中迅速繁殖，然后传遍全身各组织内。一般在病牛发热前一天出现病毒血症，动物体温越高，血中含毒量越大；约在中等浓度时，可引起宿主的组织变化，出现症状。牛瘟病毒主要破坏上皮细胞，对淋巴细胞具有同样的选择亲和性，并进行破坏。

2. 症状

牛感染后临床症状依次表现为前驱期、黏膜期和下痢期。

(1) 前驱期。通常经 2～9 d 的潜伏期后，病牛突然体温升高，进入前驱期。主要症状可见食欲减退，被毛逆立，动作缓慢，精神沉郁；随后眼睑肿胀，结膜充血，眼泪由水样转变成脓样；鼻黏膜充血及点状出血，随即鼻汁也呈脓样；在口腔、舌、唇、齿龈和咽喉部等部位所有黏膜充血、点状出血以及局灶性溃疡。

(2) 黏膜期。体温升高后的 2～5 d 为黏膜期，以消化道黏膜糜烂为特征。

(3) 下痢期。黏膜出现糜烂后 2～3 d 为下痢期，体温下降，排暗褐色稀便。此后，病畜表现脱水，不能站立，体温明显偏低，数小时后死亡。

体温升高开始后 6～12 d 为死亡高峰。病死率因牛的抵抗力和病毒株不同而异，但疫区本地牛的死亡率约 30%，从外地引进牛时病死率高达 80%～90%。病牛耐过 3 周后病情好转，但痊愈需几周时间。体温升高之前，白细胞开始减少，并持续很长时间。

自然感染牛可见头部和消化道黏膜严重出血、坏死，有假膜以及糜烂等严重病变。尤其是在上呼吸道黏膜和皱胃至直肠的黏膜，明显可见充血、出血、糜烂和溃疡。在小肠淋巴集结中可见淋巴滤泡显著肿胀、出血和坏死等病变。肝因黄疸而成黄褐色。胆囊膨大，其内充满胆汁。脾在病初有时轻微肿胀，但末期萎缩。

3. 诊断

根据流行病学、症状和病理变化可做出初步诊断，当出现发热、流涎、腹泻、口腔坏死、胃肠炎和角膜炎等症状时应怀疑牛瘟，并进一步做实验室确诊。

确诊须做病原分离和鉴定。用 B95a 细胞系进行病毒分离。病原学诊断可以应用中和试验、补体结合试验、琼脂扩散试验、RT-PCR 扩增基因片段、对病理组织材料用荧光抗体法和酶标抗体法检出病毒抗原，也可用中和试验、补体结合试验、间接荧光抗体试验、ELISA、琼脂扩散试验等血清学诊断方法检测抗体。采集发病初和康复后的双份血清检测抗体效价来推断感染与否。在牛瘟流行地区，琼脂扩散试验广泛用于现场临床诊断。在非洲等小奶牛疫流行地区，牛瘟和小奶牛疫的鉴别诊断非常重要，可分别用各自病毒的特异性单克隆抗体通过竞争 ELISA 进行区分。

4. 防制

牛瘟是 A 类传染病。由于该病具有高度传染性和致死性，带毒动物的所有分泌物都有病毒，因此对疫区内活体动物的移动应该严格限制。一旦有牛瘟发生，应该在 24 h 内向上级通报疫情，封锁疫点、疫区，消毒，销毁污染器物并对环境彻底消毒，并对尸体进行无害化处理。对可能发病的牛群进行紧急免疫接种。无牛瘟国家禁止从有牛瘟国家直接或间接进口或者过境运输相关动物和动物产品。我国规定禁止从发生牛瘟的国家和地区进口有关动物和动物产品。进口的动物被检出牛瘟时，阳性动物及其同群动物做全部退回或者做扑杀销毁尸体处理。平时应该加强免疫接种。常用的疫苗有兔化弱毒疫苗、禽化弱毒疫苗等，也有一些新型的基因工程疫苗用于该病的免疫和鉴别诊断。

四、牛病毒性腹泻/黏膜病

牛病毒性腹泻（bovine viral diarrhea）又称黏膜病，是由牛病毒性腹泻病毒 1 型和 2 型引起的以腹泻和整个消化道黏膜坏死、糜烂或溃疡为特征的一种急性、热性传染病。各种年龄的牛对本病毒均易感，病死率可达 90%～100%。但发病率通常不高，约为 5%。

1. 病因

牛病毒性腹泻病毒（bovine viral diarrhea virus，BVDV），又名黏膜病病毒（mucosal disease virus，MDV），是黄病毒科、瘟病毒属的成员。

BVDV 主要分布在血液、精液、脾、骨髓、肠淋巴结、妊娠母畜的胎盘等组织，以及呼吸道、眼、鼻的分泌物中。BVDV 能在胎牛肾、睾丸、脾、肺、皮肤、肌肉、气管、鼻甲、胎羊睾丸、猪肾等细胞培养物中增殖传代，现在常用胎牛肾细胞株进行培养，鼻甲骨细胞也用于增殖该病毒及疫苗制备。

BVDV在感染过程中，病毒首先侵入牛的呼吸道及消化道黏膜上皮细胞进行复制，然后进入血液形成病毒血症，再经血液和淋巴管进入淋巴组织，导致循环系统中的淋巴细胞坏死，继而出现脾、集合淋巴结等淋巴组织损害等特征。上皮细胞因变性和坏死而形成糜烂也是本病的特征。

2. 症状

牛病毒性腹泻潜伏期7～14 d，人工感染2～3 d。临床表现有急性和慢性两种类型。

急性者突然发病，体温升至40～42 ℃，持续4～7 d，有的可第2次升高。随体温升高，白细胞减少，持续1～6 d。继而又有白细胞微量增多，有的可发生第2次白细胞减少。病畜精神沉郁，厌食，鼻、眼有浆液性分泌物，2～3 d内可能有鼻镜及口腔黏膜表面糜烂，舌面上皮坏死，流涎增多，呼气恶臭，齿龈、上腭坏死、溃疡（图12－3）。通常在口腔损害之后常发生严重腹泻，开始水泻，以后带有黏液和血。有些病牛常有蹄叶炎及趾间皮肤糜烂坏死，从而导致跛行。急性病例恢复的少见，通常死于发病后1～2周，少数病程可拖延1个月。

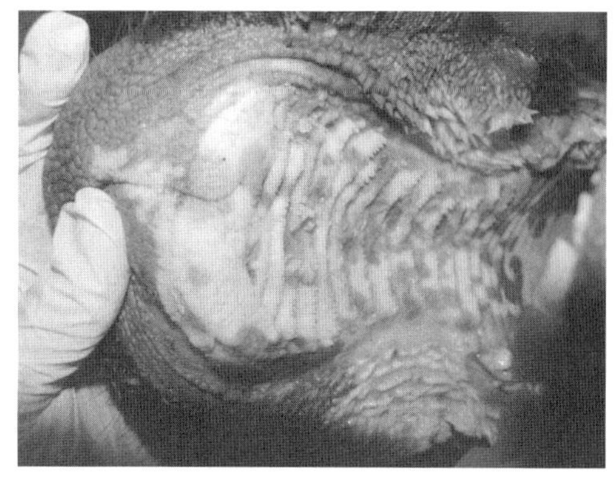

图12－3　病毒性腹泻牛，齿龈、上腭出现坏死、溃疡

慢性病牛很少出现明显的发热，但可能有体温高于正常的波动。常常出现鼻镜糜烂，可连成一片。眼常有浆液性分泌物。在口腔内很少有糜烂，但门齿齿龈通常发红。由于蹄叶炎及趾间皮肤糜烂坏死而致的跛行是最明显的症状。通常皮肤呈皮屑状，在鬐甲、颈部及耳后最明显。淋巴结不肿大。大多数病牛均死于2～6个月内，也有些可拖延到1年以上。

奶牛在受精以及胚胎发育的早期到中期感染BVDV可引起不孕、胚胎死亡、木乃伊胎、弱胎、畸形胎或死产。最常见的缺陷是小脑发育不全。患病犊牛可能只呈现轻度共济失调或完全缺乏协调和站立的能力。持续感染是BVDV感染动物的一种重要的临床类型，也是BVDV在自然环境中长期存在的一种形式。

3. 诊断

组织学检查，可见鳞状上皮细胞呈空泡变性、肿胀、坏死。皱胃黏膜的上皮细胞坏死，腺腔出血并扩张，固有层黏膜下水肿，有白细胞浸润和出血。小肠黏膜的上皮细胞坏死，腺体形成囊腔；淋巴组织生发中心坏死，成熟的淋巴细胞消失，并有出血。

（1）临床诊断。在本病严重暴发流行时，可根据其发病史、临床症状及病理变化做初步诊断，牛病毒性腹泻/黏膜病多数为隐性感染，仅有少数发病，但病死率很高，主要病变是整段消化道黏膜充血、出血、糜烂或溃疡等，其中食道黏膜有大小和形状不等的直线排列的糜烂是特征性病变，最后确诊需依赖于实验室检查。

（2）实验室诊断。可以利用血液、尿、粪便和脏器等病料进行病毒分离。用免疫染色法可以检测细胞培养物中的ncp病毒株。也可用高度敏感、特异的RT-PCR检测BVDV。免疫组化法检测淋巴结、甲状腺、皮肤、脑、皱胃和胎盘组织样本，尤其对耳豁组织中BVDV抗原比较实用。ELISA和胶体金快速检测试纸卡等血清学检测方法也被广泛应用。

4. 防治

平时预防要加强口岸检疫，防止引入带毒牛、羊和猪。国内在进行牛只调拨或交易时，要加强检疫，防止本病的扩大或蔓延。国外主要采用淘汰持续感染动物和疫苗接种，但活疫苗不稳定，且能引起胎儿感染，诱发免疫抑制，灭活疫苗对妊娠奶牛安全，通常须多次免疫。一旦发生本病，对病牛要隔离治疗或急宰。

本病尚无有效的疗法。由于其可以导致整个消化道出现溃疡或坏死，出现饮食困难、腹泻等症状，因此治疗时应该采取补液、解毒和强心、止泻和防止细菌继发感染等措施。

补液、解毒和强心。以选择复方氯化钠液或生理盐水补液为宜，还可输注5%葡萄糖生理盐水，或输一定量的10%低分子右旋糖酐液。通常应用5%碳酸氢钠液300～600 mL，或11.2%乳酸钠，解酸中毒。在补液时，适当选用西地兰、洋地黄毒苷、毒毛旋花苷K等强心剂。

止泻。止泻收敛剂最好用碱式硝酸铋15～30 g，能够形成一层薄膜保护肠壁。

防止细菌继发感染。可使用广谱抗生素，如氨基糖苷类、头孢菌素类，以及抗菌药物，如喹诺酮类和磺胺类等药物。

五、牛白血病

牛白血病（bovine leukemia）是由牛白血病病毒引起的以牛淋巴样细胞恶性增生，进行性恶病质和高度病死率为特征的慢性恶性肿瘤。

1. 病因

病原为牛白血病病毒（bovine leukemia virus，BLV），是反转录病毒科、丁型反转录病毒属成员，病毒粒子呈球形，外包双层囊膜，膜上有11 nm长的纤突。病毒对温度较敏感，60 ℃以上迅速失去感染能力，紫外线照射和反复冻融对病毒有较强的灭活作用。

病牛和带毒牛是本病的主要传染源。牛白血病病毒通过乳汁或血液散播感染，易感动物感染后，出现细胞游离型病毒血症。

2. 症状

（1）地方性流行型白血病。潜伏期不明确，以4～6岁的牛多发，又称为成年型白血病。在未表现出症状之前，对奶牛的生产性能尚无影响，只有出现肿瘤时，才对奶牛产生影响。肿瘤的数量、侵害部位及其生长速度直接影响临床症状的表现及病程的长短。

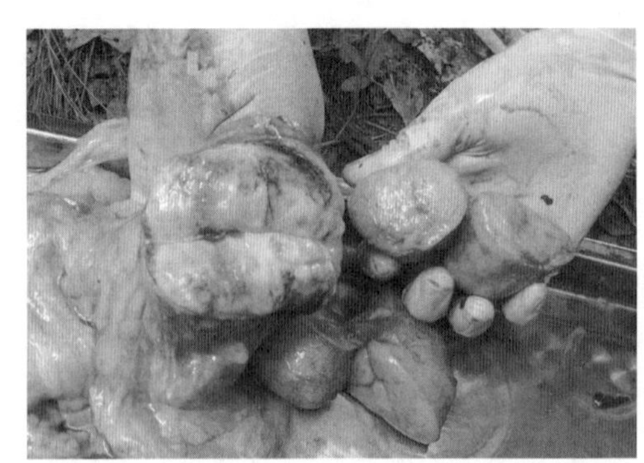

图12-4 地方流行性白血病牛，淋巴结肿大

由于肿瘤部位不同及机械的损伤和压迫作用，病牛表现贫血，食欲不振，前胃弛缓，瘤胃臌胀，心悸亢进，呼吸急促，下痢、血便或泥样粪便且恶臭，尿频或排尿困难而屡屡努责。骨盆腔和后腹部有肿瘤的病牛，起立困难。子宫肿瘤时，奶牛不孕，眼球突出，全身出汗，胸前浮肿。消瘦、贫血、全身淋巴结肿大。腮淋巴结、肩前淋巴结、股前淋巴结、乳房上淋巴结和腰髂淋巴结常肿大（图12-4），被膜紧张，呈均匀灰色，柔软，切面突出。腹股沟和髂淋巴结的增大具有特别诊断意义。脾肿大，脾髓质和皮质界限不清，肝有肿瘤，表面有出血斑，肾有肿瘤，心肌出血，心肌浸润常发生于右心房、右心室和心膈，色灰而增厚。脊髓被膜外壳里有肿瘤结节。皱胃壁由于肿瘤浸润而增厚变硬。肺有时有出血。散发型牛白血病内脏器官出血，全身淋巴结肿大。

（2）散发型白血病。包括犊牛型、胸腺型和皮肤型3种类型。

① 犊牛型白血病。多见于6月龄以内的犊牛。以发热和淋巴结肿大为特征，呼吸困难，体表淋

巴结肿大成对称性，以颈浅、股前、下颌及耳下淋巴结肿大最为明显。病犊发热、心跳增速、可视黏膜苍白、食欲不振、全身出汗、下痢、黄疸和起立困难。

② 胸腺型白血病。以 7 月龄至 24 月龄以内的牛多发。以胸腺的瘤性肿大为特征。胸腺从下颌至中颈部前面触到硬固肿块。由于肿块的压迫，可见颈静脉怒张和颈静脉波动。此外，也有食欲不振、发热、下痢、眼球突出、臌气等症状。

③ 皮肤型白血病。幼龄牛皮肤敏感，躲避接触，发生荨麻疹样皮疹，不久硬固膨隆，以真皮层为主形成肉瘤，淋巴结病灶与其他型相同。成年牛常于颈、背、臀和大腿等处出现肿块，肿块部有的脱毛，有的形成痂皮，痂皮可自然脱落，结节性变化消失。皮肤肥厚、干燥而失去弹性。

3. 诊断

（1）临床诊断。基于触诊发现增大的淋巴结（腮、肩前、股前），在疑有本病的牛直肠检查腹股沟和髂淋巴结增大，具有诊断意义，尸体剖检可以见到各个组织有特征的肿瘤病变。

（2）实验室诊断。由于淋巴细胞增多症经常是发生肿瘤的先驱变化，它的发生率远远超过肿瘤的形式，因此检查血象变化是诊断本病的重要依据，其特征是白细胞总数明显增加，淋巴细胞增加（超过 75%以上），出现成淋巴细胞（即所谓的瘤细胞）。对感染的淋巴结做活组织检查，发现有成淋巴细胞（瘤细胞），可以证明有肿瘤的存在。

确诊须做病原学诊断与血清学诊断。抗体阳性牛采血分离淋巴细胞，接种于 CC81 传代细胞系等进行病毒分离培养，用已知抗血清做荧光抗体试验鉴定分离毒。近年来，用套式 PCR 方法检测个体病牛的病原。检测血清中的抗体是诊断本病的主要方法。琼脂扩散试验检查 g51 抗体是全世界通用的白血病抗体诊断方法。也可用 g51 抗原进行 ELISA 或间接 HA 试验检测抗体，或通过检测乳汁中的抗体来诊断本病。

4. 防制

尚无疫苗可预防本病，对感染牛和发病牛也不进行治疗。

本病尚无有效的疫苗。根据本病的发生呈慢性持续性感染的特点，防治本病应以严格检疫、淘汰阳性牛为中心，包括定期消毒、驱除吸血昆虫，杜绝因注射可能引起的交互传染等在内的综合性措施。无病地区应严格防止引入病牛和带毒牛；引进新牛必须认真检疫，发现阳性牛立即淘汰，但不得出售，阴性牛也必须隔离 3 个月以上方能混群。疫区每年应进行 3～4 次临床血液和血清学检查，不断剔除阳性牛，如感染牛较多或牛群长期处于感染状态，应采取全群扑杀的措施。对检出的阳性牛，如因其他原因暂时不能扑杀时，应隔离饲养，控制利用。欧洲各国通过全国性检疫，检出感染牛，并淘汰，已经成功实施了本病的净化。

六、赤羽病

赤羽病又称阿卡班病，是由赤羽病病毒（akabane virus，AKV）经吸血昆虫媒介传播，引起牛、绵羊和山羊胎儿的感染症，临床特征为奶牛流产、早产、死产以及胎牛先天性关节弯曲和脑积水。

1. 病因

赤羽病病毒为布尼亚病毒科、正布尼病毒属、辛波病毒群成员。病畜和带毒动物是本病的传染源。一般认为，动物处于毒血症时才能成为传染源。本病主要通过吸血昆虫传播，包括蚊、库蠓和螨类。本病的发生有一定的区域性，多见于热带、温热带地区，季节性明显，一般为 8 月到翌年的 3 月高发，呈地方流行性。

2. 症状

本病的显著特征是妊娠牛发生异常分娩。流行初期主要发生流产、早产和死胎，中期常产出肢体异常的胎儿，后期以产出大脑缺损的犊牛为多见。发生早产、死产的胎儿多数出现体型异常，特别是四肢明显弯曲，脊柱侧弯呈S状或向背侧反弓；或者关节不能弯曲而强直伸展；或者后肢可活动，而前肢腕关节不能伸直。可导致多数病例发生难产。即使顺产，新生犊牛也不能站立，妊娠后期多产出无生活能力的犊牛，有的病犊牛双目失明，眼反射消失，角膜混浊或形成溃疡。受感染的孕牛一般不出现体温反应和临床症状，但最近报道个别成年牛感染可导致脑脊髓炎。

3. 诊断

（1）临床诊断。赤羽病的流产胎儿体型异常，产出大脑缺损的犊牛，有的病犊牛双目失明，眼反射消失，角膜混浊或形成溃疡等，这是与布鲁氏菌病、胎儿弯曲菌性流产和地方流行性流产的主要区别。

（2）实验室诊断

① 病原学诊断。通常是从流产的胎儿和死胎中分离病毒。分离病毒时，将胎儿的脑、脑脊液、脊髓、肌肉、胎儿胎盘及肺、肝、脾等混合病料接种于 Vero、HmLu－1 和 BHK_{21} 等细胞。用实验动物也可分离病毒，乳鼠脑内或其他途径接种，可以发生致死性感染。用鸡胚卵黄囊内接种，可使鸡胚发生脑积水、脑缺损、发育不全和关节弯曲等病变，并在脑和肌肉中有较高滴度的病毒。用已知抗血清做病毒中和试验鉴定分离病毒。

② 血清学诊断。用中和试验检测未吃初乳的畸形胎儿血清中的抗体。如果抗体呈阳性，证明胎牛在妊娠过程中已被感染。也可用琼脂扩散试验、补体结合试验、血凝和血凝抑制试验、酶联免疫吸附试验或斑点免疫吸附试验，但中和试验更准确。

4. 防制

本病主要是由吸血昆虫为传播媒介的传染病，因此防治本病首先要加强饲养卫生管理，消灭吸血昆虫及其滋生地。同时，加强进口检疫，以防本病的传入。除上述措施之外，还要制订计划定期进行疫苗接种，日本和澳大利亚用 HmLu－1 细胞培养病毒，用甲醛灭活，添加磷酸铝佐剂制成灭活苗，在流行季节来临之前，给妊娠奶牛和计划配种牛接种两次，免疫效果良好。在日本用低温培养法已培育出弱毒变异株，制成的疫苗较灭活疫苗的免疫效果更好。

本病无特效疗法。因胎儿体型异常引起母畜难产时需要做堕胎手术。

七、恶性卡他热

恶性卡他热是由恶性卡他热病毒引起的牛的急性、热性、致死性传染病。该病以高热、双侧角膜混浊、口鼻部坏死和口腔黏膜溃疡为特征。

1. 病因

恶性卡他热病原为牛恶性卡他热病毒（bovine malignant catarrhal fever virus，MCFV），是疱疹病毒科、疱疹病毒丙亚科、猴病毒属成员。感染动物血液中的病毒含量虽然很高，但因病毒迅速死亡，毒力很快下降。

恶性卡他热在自然情况下主要发生于黄牛和水牛，其中1～4岁的牛较易感，老牛发病者少见。一般认为绵羊无症状带毒是牛群暴发本病的来源。发病牛多与绵羊有接触史，但牛与牛之间不传染。水牛发病必须通过山羊媒介，山羊本身又不表现任何症状。

2. 症状

恶性卡他热报道有几种病型，即最急性型、消化道型、头眼型、慢性型。头眼型被认为是最典型。

（1）最急性型。最初症状有高热稽留，肌肉震颤、寒战，食欲锐减，瘤胃弛缓，泌乳停止，呼吸及心跳加快，鼻镜干热等，呈最急性经过的病例可能在出现症状时很快死亡。

（2）消化道型。口腔黏膜，尤其在唇内面和舌及邻近齿龈处出现假膜，脱落后成为糜烂及溃疡，流大量泡沫样涎。初便秘，后下痢，粪便含有黏膜和血块，有时排尿中混有血液和蛋白质。

（3）头眼型。每一典型病例几乎均具有眼部症状，畏光、流泪、眼睑闭合，继而虹膜睫状体炎和进行性角膜炎，经一段时间后变得完全不透明。有的虹膜发炎、前房积脓、导致失明、口腔流泡沫样涎液（图 12－5）。两眼有纤维素性或化脓性分泌物。头眼型常伴有神经症状，早期为惊厥、瘫痪，头向前伸，预后不良，病程一般为 4～14 d。

图 12－5　恶性卡他热病牛

（4）慢性型。鼻黏膜发炎、充血、肿胀，鼻孔流黏性分泌物。炎症蔓延到额窦，会使头颅上部隆起；如蔓延到牛角骨床，则牛角松离，甚至脱落，体表淋巴结肿大。

头眼型以类白喉性坏死性变化为主，可能由骨膜波及骨组织，特别是鼻甲骨、筛骨和角床的骨组织。喉头气管和支气管黏膜充血，有出血小点，也常覆有假膜。肺充血及水肿，也见有支气管肺炎。

3. 诊断

牛恶性卡他热一年四季均可发生，呈散发，发病率较低，但死亡率高。病牛有与绵羊密切接触史。病牛除眼结膜角膜炎症状外，还有口腔黏膜溃疡、流涎、体表淋巴结肿大、高热稽留等明显的全身症状，有的病畜还有神经症状，据此可以做出初步诊断，确诊须做病原分离和鉴定。猖羚属疱疹病毒 1 型，采外周血液白细胞、淋巴结或其他感染组织的细胞悬液，接种于牛甲状腺原代细胞进行分离，用特异性抗血清进行免疫荧光试验鉴定分离毒。绵羊疱疹病毒 2 型尚无有效的分离培养方法，现用 PCR 方法鉴定病毒。

4. 防制

尚无预防本病的疫苗，也没有治疗本病的方法。预防本病的措施是避免牛接触带毒的绵羊和角马，避免牛和绵羊混合放牧，同时注意畜舍和用具的消毒。

八、牛流行热

牛流行热（bovine ephemeral fever）是由牛流行热病毒引起的急性热性传染病。本病的特征是突然高热，持续 2～3 d 即恢复正常，在发热期伴有流泪、流涎、流鼻汁，呼吸促迫及四肢关节疼痛。

1. 病因

牛流行热病毒为弹状病毒科、暂时热病毒属的负链单股 RNA 病毒。本属中包括本病毒和与其血清学关系密切的阿德莱得河病毒（adelaide river virus）以及贝利玛病毒（berrimah virus）。本病毒能耐反复冻融，但对热敏感，56 ℃10 min，37 ℃18 h 可灭活。

牛是本病最易感的动物，多发于3～5岁牛，犊牛和9岁以上的老龄牛很少发病。病牛是主要传染源。病毒主要存在于病牛高热期血液中，在自然情况下，吸血昆虫作为媒介传播本病。本病一旦发生，传播迅速，传染力强，呈流行性或大流行性，但死亡率低。本病的发生具有明显的季节性和周期性，一般多发生于夏末秋初蚊、蠓滋生旺盛的季节，一次流行之后隔6～8年或3～5年流行一次。

2. 症状

本病又名“三日热”或“暂时热”。潜伏期3～7 d。病牛突然体温升高达39.5～42.5 ℃，经2～3 d后下降，恢复正常。体温升高时，可见食欲废绝，反刍停止，流泪，结膜充血，眼睑水肿。病牛流鼻汁，病初呈线状，后变黏稠。呼吸促迫，严重时张口呼吸。口腔发炎，口流浆液性泡沫样涎。由于四肢关节水肿和疼痛，病牛呆立不动，并呈现跛行。皮温不整，耳和肢端有冷感，有的便秘和腹泻。妊娠奶牛常发生流产、早产或死胎，泌乳量大幅下降或停止泌乳。病程3～4 d，多数病例取良性经过。

主要病变为间质性肺气肿、肺充血和肺水肿。病变多集中在肺的尖叶、心叶和膈叶前缘，肺膨胀，间质明显增宽，可见胶冻样水肿，并有气泡，触摸肺部有捻发音，切面流出大量泡沫样暗紫色液体，有的病例见有暗红色实变区。淋巴结通常肿胀和出血。消化道黏膜充血、出血等卡他性炎症。

3. 诊断

根据流行病学、临床症状、病理变化可做初步诊断。为确诊可采集急性期病牛血液、脑内接种乳鼠、乳仓鼠，或者细胞培养，进行病毒的分离和鉴定，或者采用荧光抗体试验等检测病毒抗原。

4. 防治

尚无特效疗法，常对症治疗，治疗原则：解热、补液和补盐。根据病情可考虑强心、解毒、镇静等。解热药物用复方氨基比林、安乃近等，补液和补盐用林格尔氏液、葡萄糖盐水等，防止肠道出血可选用维生素K等。

在疫区和周边地区每年实施疫苗接种。本病具有明显的季节性，因此必须在流行季节到来之前进行免疫接种，用牛流行热灭活疫苗，颈部皮下注射芽孢杆菌2次，每次4 mL，间隔21 d；6月龄以下的犊牛注射量减半，免疫期为4个月。同时，要加强消毒，扑灭蚊、蠓等吸血昆虫，以切断本病的传播途径。

发生本病时对病牛要及时隔离，对症治疗，如退热、强心、补液等，用抗生素防止继发细菌感染。本病传播迅速，一旦发生本病时，应限制牛群的流动，对未发病的牛应进行紧急预防接种。

九、炭疽

炭疽（anthrax）是由炭疽杆菌引起的多种家畜、野生动物和人的一种急性、热性、败血性传染病。最常见的临床表现是败血症，发病动物以急性死亡为主，脾显著肿大，皮下及浆膜下结缔组织有出血性胶样浸润，血液凝固不良，呈煤焦油样。

1. 病因

炭疽杆菌（*Bacillus anthracis*）是引起炭疽发生的病原菌，为需氧芽孢杆菌属（*Aerobic spore-forming bacillus*）。本属为革兰氏阳性，需氧兼性厌氧，能形成芽孢，除炭疽杆菌外，本菌属还有通常不致病的类炭疽杆菌、枯草杆菌、蜡样杆菌等。

牛是炭疽杆菌最易感动物之一，本病主要经口以消化道感染为主，其次是经呼吸道、皮肤创伤接触，黏膜接触及昆虫叮咬等途径感染。

2. 症状

炭疽病潜伏期 20 d，一般为 1～5 d。根据病程不同，在临床上分为最急性型、急性型、亚急性型和慢性型。

(1) 最急性型。牛很少呈最急性型。个别病牛突然发病，倒地，全身战栗，结膜发绀，呼吸高度困难，在濒死期口腔、鼻腔流血样泡沫，肛门和阴门流凝固不全的血液，最后昏迷而死亡。病程很短，数分钟至数小时。

(2) 急性型。牛多呈急性型。病牛体温升高，可达 40～42 ℃，精神委顿，食欲减退或废绝，常伴有寒战，心悸亢进，脉搏快而细，可视黏膜发绀，并有出血点，呼吸困难；病初便秘，后期腹泻并带有血液，甚至排出大量血块；尿呈暗红色，有时带有血液；妊娠奶牛多数流产；在濒死期，体温迅速下降，高度呼吸困难而窒息死亡。病程一般为 1～2 d。

(3) 亚急性型和慢性型。病牛症状较轻微。表现体温升高，食欲减退，在颈部、胸前、下腹、肩胛部、口腔、直肠黏膜、乳房或外阴部等处出现炎性水肿，初期有热痛，后期转变为无热无痛，最后中心部位发生坏死，即所谓“炭疽痈”，病程为 2～5 d。

死于败血症的牛，尸僵不全，尸体极易腐烂，瘤胃臌气，天然孔有血样带泡沫的液体流出，有的黏稠似煤焦油样，黏膜发紫，布满出血点，血液不易凝固。病理变化可见畜体全身浆膜、皮下、肌间、咽喉及肾周围结缔组织有黄色胶冻样浸润，并有出血点。在浆膜下的疏松结缔组织中，特别是在纵隔、肠系膜、肾周围及咽黏膜等处水肿和出血。脾除最急性型外，显著肿大，增大 2～5 倍，软化如泥状，质地脆易破裂，切面脾髓呈暗红色，脾小梁和脾小体模糊不清，是炭疽病的主要特征。全身淋巴结肿大，切面呈黑红色并有出血点。肝、心脏出血坏死，消化道黏膜有出血性坏死性炎症变化。

3. 诊断

根据病牛的临床表现及流行病学资料，通常可做出疑似诊断。在未排除炭疽前不得剖检死亡动物。可采用微生物和血凝方法进行确诊。如病程急剧、死亡很快，临床诊断有困难，确诊一般依靠死后的细菌学和血清学检查。

(1) 病料采集。疑为炭疽死亡的尸体禁止剖检，可采集下述病料：取末梢血液或组织，在牛耳根外缘末梢静脉处切一小口或切下一小块耳朵，疑似肠炭疽则采集带血粪便；出现炭疽痈的采集水肿液。切口烧烙，用消毒纱布包裹；必要时在严格无菌条件下做局部解剖采集小块脾，切口用 0.2%升汞或 5%石炭酸纱布或棉花堵塞。做涂片，自然干燥后，病料放入密封的容器内。

(2) 镜检。制成涂片，干燥后，立即通过加热或在甲醛固定液中浸泡 10 min，用美蓝染色 30 s，然后用次氯酸盐冲洗，待玻片干燥后，在显微镜下检查紫红色荚膜物质和深蓝色杆菌。发现有大量单在、成对或 2～5 个菌体相连的短链排列，竹节状有荚膜的粗大杆菌，即可确诊。

(3) 分离培养。采集血清、渗出液或组织等病料样品，接种于含 5%～7%的马或羊血琼脂培养基，37 ℃培养过夜，炭疽杆菌菌落呈白色或灰白色，直径 0.3～0.5 cm，不溶血，呈毛玻璃样，用接种环蘸取有黏稠感，有时可见拖尾和成束状生长，尾随着亲本菌落生长，都朝向同一方向，这种特征称为水母头现象。70 ℃加热30 min，杀死非芽孢杆菌后再接种培养，若有可疑菌落，可做噬菌体裂解试验，荚膜形成试验及串珠试验（图 12－6、表 12－1）。

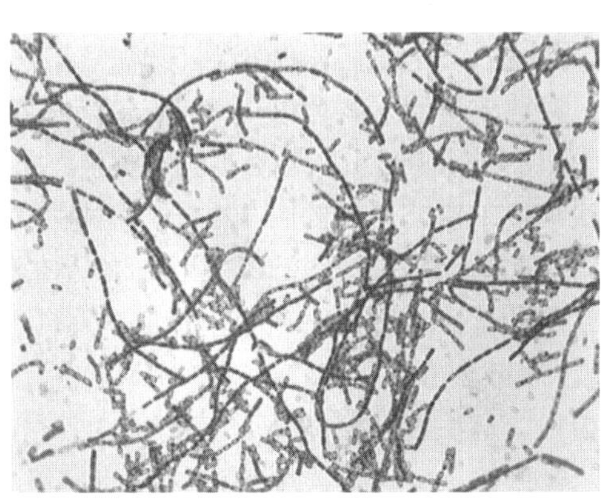
图 12－6　炭疽芽孢杆菌“串珠”样排列

目前，琼脂扩散试验、荧光抗体染色试验和酶联免疫吸附试验等也广泛用于诊断炭疽的免疫学诊断。

表 12-1　炭疽杆菌与类似炭疽杆菌的鉴别

项目	炭疽杆菌	类似炭疽杆菌
菌落	卷发状边缘大菌落	不呈卷发状
肉汤中生长	絮状沉淀，肉汤透明	均匀混浊或有菌膜形成
荚膜	有	无
溶血现象	常不溶血	常溶血
运动力	无	有
明胶穿刺	呈倒松树状生长，液化慢	不呈倒松树状，液化快
串珠试验	形成串珠	不形成串珠
噬菌体裂解试验	裂解	不裂解
环状沉淀试验	强阳性	阴性或弱阳性
对小鼠的致病力	强	无或微弱

4. 防制

非疫区以监测为主，疫区以免疫为主，同时解决好环境污染问题。

（1）动物免疫预防。我国目前使用的无炭疽芽孢苗，每年秋、冬免疫，牛 1 岁以下皮下注射 0.5 mL，1 岁以上皮下注射 1 mL。Ⅱ号炭疽芽孢苗：皮下注射 1 mL，免疫期为 1 年。为避免芽孢苗皮下注射引起动物不良反应，应于注射后第 2～8 天对其加强饲养管理，增加营养，提高自身免疫力。通常只有牛群中已发生炭疽感染时，才进行抗炭疽血清被动免疫。作为预防用注射剂量，至少 20 mL，犊牛至少 10 mL，获得的免疫力可持续 8～12 d。

（2）疫情处理

① 及时上报疫情和送检。发现疑似炭疽病畜后，应立即将其隔离，限制其移动，并立即向当地动物防疫监督机构报告。动物防疫监督机构接到报告后，要及时派员到现场进行核实，包括流行病学调查、临床症状检查、采集病料、实验室诊断等，并根据诊断结果采取相应措施。

② 确诊患病时，划定疫点、疫区、受威胁区，要对疫区依法实施封锁，对受威胁畜群（病畜的同群畜）实施隔离，对疫区及受威胁区内所有的易感动物进行监测、进行紧急免疫接种。

封锁解除。封锁的疫区最后一头染疫动物被扑杀，并经彻底消毒后，对疫区监测 1 个月以上，没有发现新病例；对疫区内经彻底无害化处理、消毒后和对易感动物进行了免疫接种，经动物防疫监督机构检验合格后，由原发布封锁令机关解除封锁。

③ 对病畜全部扑杀后进行无害化处理。炭疽动物尸体应因地制宜，就地焚烧。如须移动尸体，应先用 5%福尔马林消毒尸体表面，然后搬运，并应将原放置尸体的地方和尸体自然孔出血及渗出物用 5%福尔马林浸渍消毒数次，并注意搬运过程避免污染沿途路段。

开放式房屋、厩舍可用 5%福尔马林喷洒消毒 3 次，每次浸渍 2 h。也可用 20%漂白粉液喷雾，200 mL/m^2 作用 2 h。对墙、地面污染严重处，避开易燃品条件下，也可先用酒精喷灯或汽油喷灯地毯式喷烧 1 遍，然后再用 5%福尔马林喷洒消毒 3 遍。消毒完毕应通风换气后再使用。对可密闭房屋及室内橱柜、用具消毒，可采用福尔马林熏蒸，先将门窗关闭，通风孔隙用高黏胶纸封严，工作人员戴专用防毒面具操作，不能让非工作人员进入。泥浆、粪汤处理，可用 20%漂白粉液 1 份（处理物 2 份），作用 2 h；或甲醛溶液 50～100 mL/m^3 比例加入，每天搅拌 1～2 次，消毒 4 d，即可撒到野外或田里，或掩埋处理。

污水按水容量加入甲醛溶液，使最终含甲醛液量达到 5%，处理 10 h；或用 3%过氧乙酸处理 4 h；或用氯胺或液态氯加入污水，于 pH 4.0 时加入有效氯量为 4 mg/L，30 min 可杀灭芽孢，一般加氯后作用 2 h 流放一次。土壤可用 5%甲醛溶液 500 mL/m^2 消毒 3 次，每次 2 h，间隔 1 h。也可用氯胺或 10%漂白粉乳剂浸渍 2 h，处理 2 次，间隔 1 h。也可先用酒精喷灯或柴油喷灯喷烧污染土地表面，然后再用 5%甲醛溶液或漂白粉乳剂浸渍消毒。

耐高温的衣物、工具、器具等可用 121 ℃的高压蒸汽灭菌器灭菌 0.5 h，不耐高温的器物可用甲醛熏蒸，或用 5%甲醛溶液浸渍消毒。运输工具、家具可用 10%漂白粉液或 1%过氧乙酸喷雾或擦拭，作用 1～2 h。凡无使用价值的严重污染物品均可焚毁，彻底消毒。

十、结核病

奶牛结核病（tuberculosis）是由分枝杆菌引发的一种传染性、慢性消耗性疾病。该病病程漫长，潜伏期从 1 周到 2 个月不等。奶牛患该病后免疫系统功能减弱，能引起多种并发症，进而牛机体功能减退，营养物质吸收紊乱，逐渐消瘦；患病奶牛泌乳量减少，流产，造成严重的经济损失。病牛可以通过体液向环境排毒，污染饲料、饮水、空气。这些污染物，可以感染 50 多种哺乳动物及 25 种禽类。更可怕的是，人可以通过接触病牛，或者饮用消毒不完全的牛乳而感染该病。

1. 病因

奶牛是结核分枝杆菌属（*Mycobacterium*）细菌最易感的动物之一。牛分枝杆菌（*M. bovis*）、人结核分枝杆菌（*M. tuberculosis*）（简称结核杆菌）都是奶牛结核病的主要病原；禽分枝杆菌（*M. avium*）也可以感染牛，但以牛结核分枝杆菌为主。

该病一年四季节都可发生，但以秋、冬季节多发。高密度养殖、圈舍潮湿、通风不良、消毒不及时，牛得不到阳光照射，缺乏运动，或者其他原因造成的牛群免疫力低下都是该病发生的诱因。

奶牛是牛分枝杆菌最易感染的动物，该菌也可以感染人、猪及一些野生动物。患病奶牛是本病的主要传染源，它可以通过皮毛、粪便、尿液、乳汁等分泌物向体外排毒。人、健康奶牛或其他动物接触被污染的空气、食物即可感染。

人结核分枝杆菌可以传染牛，有患该病的人传染给牛的报道。鸟分枝杆菌也可以传染牛，有从发病牛身上分离到鸟分枝杆菌的报道。多种野生动物，如野生白尾鹿、牛獾也能传染给牛。

2. 症状

因病菌侵害奶牛身体部位不同、牛的生长时期不同，奶牛结核病所表现出的临床症状也不尽相同。但潜伏期都比较长，短者 10 多天，漫长者达数月。奶牛表现出临床症状时，已发病许久。

(1) 牛肺结核。牛分枝杆菌经呼吸道感染奶牛后，首要侵害牛肺、胸膜等组织器官。病初，病牛没有异常，随后偶发干咳，特别是在天气变凉的清晨、饮水后咳声频发；牛无精神，逐渐消瘦。随着病情的加重，病牛开始湿咳、气喘。此时，被毛蓬乱、结膜苍白，疲劳出汗，食欲减退，常咳出有黏性的脓性分泌物。胸部听诊有摩擦音，体温一般正常，也有发热的现象。

(2) 乳房结核。分枝杆菌感染奶牛乳房后，引发乳房组织病变。初始不热不痛，随着病情的发展，乳房淋巴结开始肿大，在病牛的乳腺位置处会出现大量大小不一的结节，表面呈凹凸不平的弥漫性硬结。随后，病牛泌乳量下降，乳汁稀薄如水，出现混浊、淡黄绿色。再后病牛泌乳停止，乳房萎缩。

(3) 肠结核。肠结核多发生于犊牛。犊牛经消化道感染牛分枝杆菌后，细菌侵害空肠和回肠。临床症状表现为消化不良与障碍、食欲减弱；病牛表现腹痛、消瘦，顽固性腹泻，粪便有腥臭味，病重者粪便为粥样，混有脓汁、黏液、血液。

(4) 生殖器官结核。公牛患该病，附睾、睾丸充血肿大，阴茎前部结节、糜烂。奶牛流产、性欲亢进、发情频繁、屡配不孕。

(5) 脑与脑膜结核。眼球突出，头向后仰，或头颈强直、痉挛。病牛呈现神经症状，运动障碍、偏向一侧，绕圈行走或癫痫样发作。

以上各种病症，有时还并发牛咽、颌下、颈、肩前、腹股沟及股前体表淋巴结肿大，病势恶化可发生全身性结核，粟粒性结核。

用肉眼观察肺或其他患病组织，可见许多散在的白色、灰白色或黄白色、半透明、增生性结核结节，结节从针尖大到鸡蛋大小不等，较坚硬。观察切面，病程较长者，可见干酪样坏死或钙化，坏死组织溶解软化，形成脓肿和空洞（图 12－7）。

胸膜、腹膜和系膜上形成密集的大小如粟粒、豌豆，坚硬圆滑、半透明的"珍珠样"结核结节，即"珍珠病"典型病理变化。

胃肠黏膜上偶见结核结节或溃疡。乳房剖开也可见干酪样物质或其他病灶，其他组织也可见发生结节。

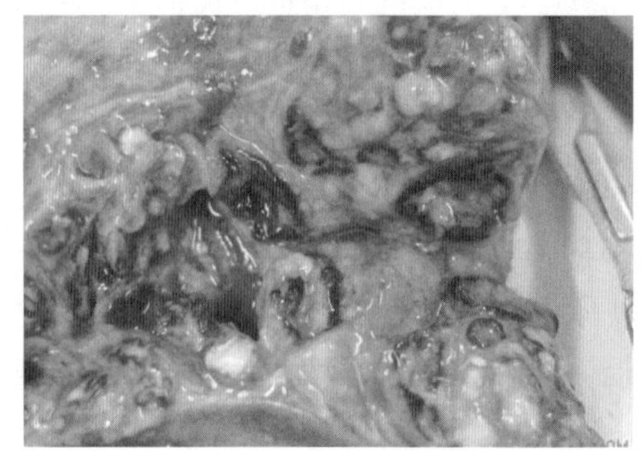

图 12－7　结核病牛的肺部病变

3. 诊断

由于该病的潜伏期长，初始症状不明显，所以该病不易做出正确诊断。因此，只要发现咳嗽、慢性乳腺炎、顽固性下痢、体表淋巴慢性肿胀等临床症状，必须进行结核病检查、诊断。

我国奶牛结核病诊断方法执行的是 2002 年国家标准，即《动物结核病诊断技术》（GB/T 18645—2002）。该方法标准、内容准确、经典，其主要内容是世界动物卫生组织（OIE）推荐使用的方法。但该标准缺少包含 γ-干扰素在内的等先进实验室诊断方法。以下诊断方法是根据该标准，结合国际当前最新诊断方法，针对奶牛而整理的。

(1) 细菌学诊断。

① 奶牛病料的采集和处理。用于细菌学检查的病料主要是淋巴结及发病组织。采取活奶牛病料，不同的结核病采集病料的着重点不同。肺结核主要取其痰；乳房结核取乳；泌尿生殖道结核取尿、精液、子宫分泌物；肠结核检查取粪便。对结核分枝杆菌 PPD 皮内变态反应试验阳性，剖检有明显病理变化时，取病变组织；无病理学病变的动物，从下颚、咽后、支气管、肺（特别是肺门及肺门淋巴结）、纵隔及一些肠系膜的淋巴结采集样品进行检查。采取的过程尽量无菌操作，放入无菌容器后，冷藏运送。

诊断奶房结核时取乳样检查。患病奶牛早晨最后挤出乳样中的菌体较多，一般在早晨采集乳汁进行检验。将乳汁分置 4～6 支离心管中，4 000 r/min 离心 30 min，取上层乳脂和管底的沉淀物做染色镜检、培养和动物试验。

诊断生殖结核时，取精液和子宫分泌物进行细菌学检查，精液须离心。

诊断肠结核时，可采集粪便进行细菌学检查。患肺结核的牛只，有时在粪便中也可检出结核分枝杆菌。

诊断其他组织器官结核时，尽量采集有结节病灶的部位。当出现脓状、干酪状或钙化的病变组织时，直接取病变组织制片、染色镜检，一般可以看到结核分枝杆菌。看不到时，加少量无菌生理盐水，研磨后，分梯度离心后，浓缩上层后检验。

② 染色与镜检。先在玻片上涂布一层薄甘油蛋白（鸡蛋白 20 mL，甘油 20 mL，水杨酸钠 0.4 g，混匀），然后把检测样品均匀涂布其上。如检验样品为乳汁等含脂肪较多的材料，在涂片制成后，可先用二甲苯或乙醚滴加覆盖于涂片之上，经摇动 1～2 min 脱脂后倾去，再滴加 95%乙醇以除去二甲苯，待乙醇挥发后，用 Ziehl-Neelsen 氏抗酸染色法染色、镜检。

③ 分离培养与纯化。取经处理过的病料，涂布或划线于罗杰培养基（固体）上。牛型结核分枝

杆菌生长较其他结核分枝杆菌慢，特别是初次培养更慢。一般 36～37 ℃培养 5～8 周方才长出菌落，菌落湿润、粗糙。培养基中加 1%的丙酮酸钠能促进生长。

④ 动物试验。镜检与分离培养后，如能进一步进行动物试验，则结果更为可靠。动物试验是确诊结核病的重要依据，动物试验是取处理过的病料，接种易感、牛型结核分枝杆菌 PPD 和禽型结核分枝杆菌 PPD 检验呈阴性实验动物，实验动物一般选择豚鼠、家兔。

用处理过的病料 1～3 mL，皮下注射或肌内注射或腹腔注射 2 只以上同种动物，30 d 后进行 PPD 皮内变态反应试验。如果检测实验动物呈阳性，则取实验动物数量的一半进行剖检、病理学观察、细菌培养和涂片镜检；另一半继续观察至 3 个月再剖检观察。如果检测实验动物呈阴性，在 40 d 后剖检一半，观察病理学变化、细菌培养和涂片镜检，另一半继续观察至 3 个月再剖检观察。

（2）免疫学检验。

① 结核分枝杆菌 PPD 皮内变态反应试验。牛出生 20 d 以后就可以进行 PPD 皮内变态反应检疫。我国《动物检疫操作规程》里有详细的操作方法。将牛统一编号后，在颈部一侧中部上 1/3 处，选择正常部分，剪毛（或提前 1 d 剃毛），3 个月以内的犊牛，也可在肩部进行，直径约 10 cm。用卡尺测量注射部位中央皮皱厚度，做好记录。先以 75%乙醇消毒术部，然后皮内注射新稀释的 0.1 mL（含 2 000 IU）的牛型结核分枝杆菌 PPD。皮内注射 72 h 后，仔细观察局部有无热痛、肿胀等炎性反应，并以卡尺测量皮皱厚度，做好详细记录。对疑似反应牛应立即在另一侧以同一批 PPD 同一剂量进行第 2 次皮内注射，再经 72 h 观察反应结果。

对阴性牛和疑似反应牛，于注射后 96 h 和 120 h 再分别观察 1 次，以防个别牛出现较晚的迟发型变态反应。

结果判定：注射部位有明显的炎性反应，皮厚差大于或等于 4.0 mm 的为阳性，注射部位炎性反应不明显，皮厚差小于 4.0 mm 的为疑似，无炎性反应或者皮厚差在 2.0 mm 以下的为阴性。结果为疑似的牛，60 d 后进行复检；其结果仍为疑似时，经 60 d 再复检，如仍为疑似反应，应判为阳性。

检测牛禽结核分枝杆菌病时，用 0.1 mL(25 万 IU）禽结核分枝杆菌 PPD 皮内注射，其他与检测牛结核分枝杆菌相同。

结核菌素皮内变态反应检测的缺陷有：需要两次捕捉动物、劳动强度大、检测效率低、结果判断主观性强、非结核分枝杆菌感染易导致非特异性等。

② IFN－γ 体外释放检测。IFN－γ 体外释放检测是一种细胞免疫检测方法。这种方法我国还没有推荐使用，澳大利亚、爱尔兰、新西兰等国家已经批准为正式的检测牛结核病试验。该方法因只需一次捉牛和采血，操作简单，通量快速，结果客观、可靠，灵敏度与特异性均较高，并且能减少皮肤试验中操作和解释上的主观性而受到全世界的关注。

（3）宰后检测。宰后检测也是畜牧业发达的国家检测牛结核病的主要方法，我国还没有推荐使用。这种方法首先要建立畜群的可追溯体系，在屠宰奶牛时，检测奶牛各器官与组织是否发生病理变化，进一步检测该牛是否感染了牛结核分枝杆菌。并且，通过追溯体系可以准确地找到阳性牛所在牛群，进一步分析与检测该牛群感染情况。美国、澳大利亚、英国均采用这种方法。

4. 防治

疫苗接种是防治传染性疫病的主要方法，但是牛结核疫苗（牛卡介苗，牛 BCG）的保护效果受到学者们的广泛质疑，并且干扰结核的检测，因此世界上只有少数国家使用牛 BCG。我国没有推荐使用该疫苗。

治疗人结核病的药物对奶牛都有效果。但一般情况下牛结核病不治疗，主要采用“监测、检疫、扑杀、消毒和净化”相结合的综合性防治原则；我国农业部制定了《牛结核病防治技术规范》。

患结核病人常常传染给牛，因此每年奶牛场的职员都要定期检查身体。发现患结核病的工作人员，应及时调离岗位，隔离治疗。

从异地引进种牛、奶牛时，必须把结核病作为传染病检测对象。如发现结核检疫皮内变态阳性反应牛，应立即扑杀。呈阴性者隔离饲养 45 d 后再次检验，呈阴性的牛方可混群饲养。

没有发生过牛结核病的奶牛群的每一头牛，每年春、秋各进行 1 次结核病监测。如检出阳性反应牛（包括犊牛群）时，应及时扑杀阳性牛，其他牛按假定健康群处理。初生犊牛，应于 42 日龄时，用牛结核病皮内变态反应试验进行第 1 次监测。100～120 日龄时，进行第 2 次监测。

阳性牛群每 6 个月监测 1 次，发现阳性牛及时扑杀。假定健康牛群连续 2 次以上监测结果均阴性时，可认为是牛结核病净化群。一般情况下，疑似阳性牛也按阳性处理。有重要经济价值的种牛可以采取隔离的方法，45 d 后再次复检。

十一、出血性败血症

出血性败血症（hemorrhagic septicemia）是由多杀性巴氏杆菌引起的牛的一种急性、热性传染病，又称牛巴氏杆菌病，以高热、肺炎、急性胃肠炎和内脏器官广泛出血为特征。本病多见于犊牛。近年来，本病的群发性、交叉感染和混合感染使发病率上升，若诊治不及时可导致死亡率上升。

1. 病因

病原为多杀性巴氏杆菌，菌体为细小、两端钝圆的球杆状或短杆状，大小为（1～1.5）μm×（0.3～0.6）μm，多散在、无鞭毛、无运动性、有荚膜，不形成芽孢，革兰氏染色阴性。

多杀性巴氏杆菌对各种畜禽和野生动物都有致病性，动物不分年龄均易感。发病率约 80%，死亡率约 10%。

病畜、病禽的排泄物、分泌物及带菌动物均是本病重要的传染源。病原菌主要在病牛的肺组织、胸腔渗出液和气管分泌物中，从呼吸道排出体外。急性菌血症时，也可经尿、乳汁排菌。有的病愈后 15 个月甚至 2～3 年还可带菌和排菌。

多杀性巴氏杆菌为牛上呼吸道的常在菌，呼吸道黏膜受损伤，如厩舍通风不良，氨气过多，加之寒冷、潮湿、饲养和卫生环境较差等诱因使机体抵抗力下降时，易发生本病。

另外，本病流行特点为新疫区多以暴发形式，老疫区多为散发或地方流行性发生。据报道，外表健康的牛上呼吸道带菌率为 1.5%～44.3%，发病率为 30%～60%。本病的发生多无明显的季节性，但以冷热交替、天气骤变、闷热、潮湿、多雨的时期多发。

2. 症状

临床中病牛以呼吸道症状为主，有时会伴有腹泻。病牛主要症状为咳嗽、流鼻涕，泡沫样流涎，潜伏期为 2～5 d，初期清亮，后期转成脓性鼻液。病牛体温升高，鼻镜干燥，食欲减退，严重者渐进性消瘦，后不能站立，呼吸困难，衰竭死亡。根据临床症状可将牛出血性败血症分为急性败血型、水肿型和肺炎型。败血型以猝死为特征，而水肿型和肺炎型是在败血型的基础上发展而来的，临床上以肺炎型为主的混合型最为常见。

（1）急性败血型。病牛常突然发病且发病急，表现为体温迅速升高达 41～42 ℃，心跳加快，精神沉郁，食欲减退或废绝，随后开始呈粥样或水样腹泻，并有腹痛，粪中混有黏液或血液，不久体温下降而迅速死亡。病程多为 12～24 h，常来不及查清病因和治疗。急性败血型病例主要是败血症变化，即全身浆膜、黏膜、皮下、肌肉等均有出血点。内脏器官充血，肝及肾实质变性，脾有出血点但不肿胀是巴氏杆菌病的主要特征之一，淋巴结充血、水肿，胸腔内积有大量渗出物。

（2）水肿型。病牛发热，精神沉郁，反刍停止，流涎，流泪，流黏液样鼻汁，下颌和颈部发生炎性水肿，水肿还可蔓延到前胸、舌及周围组织。常伴有咳嗽，呼吸困难。后期倒地，体温下降，最后窒息死亡。病程为数小时至 2 d。在水肿型病例中，颈部、下颌及胸前皮下高度水肿，切开后水肿部结缔组织呈胶样浸润并伴有出血，切面流出深黄色透明液体，胃壁、肠道浆膜和黏膜及心肌等部位有充血和出血点。

(3) 肺炎型。主要是纤维素性胸膜肺炎症状，表现为体温升高，呼吸促迫，继而呼吸困难，严重的头颈前伸，张口呼吸，黏膜发绀；流泡沫样鼻汁，有时带血，后变黏液脓性；咳嗽，胸部听诊有啰音，有时听到摩擦音，叩诊有浊音区，触诊有痛感。病初便秘，后期腹泻，粪中有血，有恶臭味。病程为 3～7 d，病死率高达 80%以上。

肺炎型除具备急性败血型变化外，主要病变是纤维素性胸膜肺炎。胸腔内积有大量浆液性纤维素性渗出物，肺和胸膜覆有一层纤维素膜，心包与胸膜粘连；肺间质水肿，双侧肺前腹侧病变部位质地坚实，切面呈大理石样外观，并见有不同肝变期变化和弥漫性出血现象，不同肝变期还杂有坏死灶或脓肿。病程较长者见有肺充血、水肿，有时还有纤维素性腹膜炎、胃肠卡他性病变，脾几乎无变化。

3. 诊断

根据流行情况、症状及剖检可做出初步诊断。有条件的可做实验室检查进一步确诊。

(1) 微生物学检查。首先采集病料：取病畜的肝、肺、脾、血液、体液、分泌物及局部病灶的渗出液等病料。之后进行镜检：对原始病料涂片进行革兰氏染色，镜检，应为革兰氏阴性两极浓染的球杆菌。用印度墨汁等染料染色，可见清晰的荚膜。分离培养本菌：同时接种鲜血琼脂和麦康凯琼脂培养基，37 ℃培养 24 h，观察细菌的生长情况，菌落特征、溶血性，并染色镜检。最后进行生化试验：多杀性巴氏杆菌在 48 h 内可分解葡萄糖、果糖、半乳糖、蔗糖和甘露糖，产酸不产气。一般不发酵乳糖、鼠李糖、菊糖、水杨苷和肌醇，可产生硫化氢，能形成靛基质，MR 和 V-P 试验均为阴性。接触酶和氧化酶试验均为阳性。溶血性巴氏杆菌不产生靛基质，能发酵乳糖产酸，能发酵葡萄糖、糖原、肌醇、麦芽糖、淀粉；不发酵侧金盏花醇、菊糖和赤藓醇。

(2) 动物试验。常用的实验动物有小鼠和家兔。实验动物死亡后立即剖检，并取心血和实质脏器分离、涂片、染色、镜检，见大量两极浓染的细菌即可确诊。

(3) 血清型或生物型鉴定。可用被动血凝试验、凝集试验鉴定多杀性巴氏杆菌荚膜血清群和血清型。用间接血凝试验测溶血性巴氏杆菌的血清型，根据生化反应鉴定该菌的生物型。

4. 防治

(1) 预防。平时加强饲养管理和清洁卫生，消除疾病诱因，增强抗病能力。对病牛和疑似病牛，应严格隔离。对污染的厩舍和用具用 5%漂白粉或 10%石灰乳消毒。对疫区每年应接种牛出血性败血症氢氧化铝菌苗 1 次，皮下注射或肌内注射。

(2) 治疗。发现病牛立即隔离治疗，由于巴氏杆菌-肺炎型经常会导致肺水肿，因此治疗时应该注意肺水肿的治疗。首先利尿。静脉给予作用快而强的利尿剂，如速尿每千克体重 0.5～1 mg 加入 10%葡萄糖内静脉注射，以减少血容量，减轻心脏负荷，应注意防止或纠正大量利尿时所伴发的低血钾症和低血容量，以及与抗生素的配伍禁忌。另外，强心可静脉注射快速作用的洋地黄类制剂，如洋地黄每千克体重 0.6～1.2 mg，毒毛旋花子苷每千克体重 1.25～3.75 mg。血管扩张剂可采用静脉滴注硝普钠或酚妥拉明以降低肺循环压力，但应注意勿引起低血压。适当给予皮质激素：氢化可的松 0.2～0.5 g/次或地塞米松 5～20 mg/次加入葡萄糖液中静脉滴注可控制肺水肿。另外，在输液过程中要酌情减缓速度，以减轻心脏负担。

治疗可以采用丁胺卡那霉素每千克体重 15 mg，上、下午各颈部肌内注射 1 次，连用 4～5 d。或恩诺沙星、环丙沙星等抗菌药物大剂量静脉注射，每天 2 次。

另外，链霉素、庆大霉素、磺胺类药物都有很好的疗效，一般连用 5～7 d，中途不能停药。对呼吸困难的病例进行输氧，因喉头水肿而吸入性呼吸困难，有窒息危险者可考虑进行气管切开术。

十二、布鲁氏菌病

布鲁氏菌病（Brucellosis）是由布鲁氏菌引起的慢性人兽共患细菌性传染病，是目前世界上流行很广、危害很大的人兽共患病之一，为国家法定人间乙类传染病和动物二类传染病，世界动物卫生组织（OIE）将其列为B类动物疫病。该病现已广泛分布于世界各地，给畜牧业生产和人类身体健康均带来了严重的危害。

1. 病因

布鲁氏菌又名布氏杆菌，属兼性胞内寄生的革兰氏阴性球杆菌。该菌不形成芽孢、有荚膜、无鞭毛，是多种动物和人布鲁氏菌病的病原。

布鲁氏菌主要侵害机体淋巴系统和生殖系统，可经呼吸、消化、生殖系统黏膜及损伤甚至未损伤的皮肤等多种途径传播，通过接触或食入感染动物的分泌物、体液、尸体等发生感染。

布鲁氏菌是全世界很多实验室共同的获得性感染的病原菌，严重威胁着动物饲养、兽医、肉品加工等从业人员的身体健康。

2. 症状

虽然不同动物感染布鲁氏菌发病后的临床表现不尽相同，但母畜都伴有妊娠后不同时期、不同程度的流产，流产母畜产死胎或弱胎，有时伴有胎衣不下、乳腺炎、卵巢炎及子宫内膜炎等；公畜都伴有睾丸炎、附睾炎，精囊内可能有出血点和坏死灶；公母畜均伴有不同程度的关节炎、支气管炎、淋巴结肿大等症状。

牛感染布鲁氏菌病后的潜伏期一般为14～21 d。临床表现不甚明显，缺乏全身特异症状，通常呈阴性经过。妊娠奶牛感染本病的明显症状是流产，流产前阴道黏膜潮红，并有粟粒状红色结节，从阴道中流灰白色、淡褐色、黄红色或黏液脓性分泌物。随后出现分娩预兆，不久即发生流产。流产胎儿多为死胎，有时也产下弱犊，但往往存活不久。胎衣可以正常排出，但大多数胎衣滞留。如胎衣未及时排出，则可能发生慢性子宫内膜炎，流出恶臭分泌物，有些病例分泌物外流1～2周后消失，有的病例因子宫积脓长期不愈而导致不孕。有时有轻微的乳腺炎发生。个别病例会出现关节炎、滑液囊炎。

非妊娠奶牛的子宫在剖检上很少见到明显变化，而妊娠奶牛的子宫和胎膜具有病理变化。在子宫绒毛膜的间隙中，有污灰色或黄色异味的胶状浸出物。绒毛可见化脓性、坏死性炎，因肿胀充血而呈污红色或紫红色。胎膜增厚，有胶样浸润，胎儿和母体胎盘粘连。因感染而死亡的胎儿呈败血性变化，浆膜有出血斑，皮下发生浆液性炎症，脾和淋巴结肿大，肝有坏死灶，脐带可见炎性水肿。

3. 诊断

布鲁氏菌病的诊断方法有临床诊断、细菌学诊断、血清学诊断。

（1）临床诊断。依据临床症状做出初步诊断，确诊须做细菌检查。

（2）细菌学诊断。取流产胎儿肝、脾、淋巴结、胃内容物或胎衣等做细菌分离鉴定；妊娠流产母牛取阴道分泌物等做细菌分离鉴定。

（3）血清学诊断。应用虎红平板凝集试验或全乳环状试验进行初筛，检出阳性样品后应用试管凝集试验或补体结合试验进行诊断。初筛试验一般采用动物布鲁氏菌病虎红平板凝集试验。正式试验用动物布鲁氏菌病试管凝集试验。虎红平板凝集试验主要是利用被检奶牛的血清与虎红平板抗原混合，反应后根据凝集程度判定结果。若出现凝集现象，就可以判断是布鲁氏菌病阳性。如果是阳性，就要通过试管凝集试验进一步确认。试管凝集试验的具体规定标准如下：牛血清1∶100稀释度（含1 000 IU/mL）出现50%（++）凝集现象时，判定为阳性反应；1∶50稀释度（含50 IU/mL）出现50%（++）凝集时，判定为可疑反应。可疑反应的牛，经3～4周后重新采血检验，如仍为可疑反应，则判定为阳性。

4. 防治

（1）治疗。鉴于布鲁氏菌对抗生素敏感，临床上通常采用抗生素结合维生素的方法来治疗该病。例如，硫酸卡那霉素，每千克体重5万U，2次/d；硫酸庆大霉素，每千克体重8 000 U，2次/d；口服维生素C，每千克体重10～15 mg，2次/d。

（2）防控。为了防止病原传播，通常应将患病奶牛全部扑杀，并进行焚烧深埋。但从我国国情考虑，要想彻底控制奶牛布鲁氏菌病，我国仍将坚持预防为主的方针，加强易感动物的防控工作，通过提高免疫密度，加强动物检疫和流通环节的监管及扑杀阳性动物等措施来消灭传染源，阻断传播途径。

接种菌苗是控制布鲁氏菌病的有效措施。这种方法主要适用于疫病高发区。其中，猪布鲁氏菌2号苗对奶牛免疫效果较好。一般犊牛6个月左右接种1次，18个月左右再接种1次，免疫期可达数年之久。

① 认真落实布鲁氏菌病检验检疫和防控程序。我国主要采用非疫区以监测为主；稳定控制区以监测净化为主；控制区和疫区实行监测、扑杀和免疫相结合的综合防治措施。具体措施包括宣传教育与指导、为危险人群免费提供防护用具、动物检疫、病健分群、病畜扑杀和计划免疫等。

② 建立和健全布鲁氏菌病净化程序。对非免疫牲畜发现可疑病例，随时采样，及时检测。病畜和阳性畜及其胎儿、胎衣、排泄物、乳、乳制品等按照相关规定进行无害化处理。对受威胁的畜群实施隔离。对受威胁的易感动物（牛、羊、猪、鹿等）实行监测、扑杀和强制免疫相结合的综合防控措施。对于非疫病高发区，通常于每年春秋两季对奶牛按100%的比例进行普检。对检出阳性奶牛都必须扑杀，然后对牛舍进行消毒，并将相关物品进行焚烧、深埋等无害化处理，确保净化率达到100%。

十三、副结核病

副结核病是由副结核分枝杆菌（*Mycobacterium paratuberculosis*）感染引起的以牛、羊等反刍动物为主的慢性消耗性传染病，可通过病畜传染给人或其他动物。Johne和Frothinghaw于1894年首先发现此病，因此又称约内氏病（Johne's disease）。本病在全球流行广泛，严重影响畜牧业的发展和人类的健康，对养牛业尤其是奶牛饲养业有重大危害。

1. 病因

本菌属革兰氏阳性短杆菌，大小为（0.5～1.5）μm×（0.2～0.5）μm，无荚膜，无鞭毛，不形成芽孢。

本病感染与年龄、品种、感染强度及感染途径有很大关系。主要易感动物是牛、绵羊、山羊、骆驼和鹿。主要引起牛（尤其是奶牛）发病，其中幼年牛最易感，且多在6月龄之内感染，月龄越小，易感性越高。未满1月龄的哺乳期是生后感染的最危险期，而且感染来源是排菌期的奶牛和同居的成年病牛。患病奶牛，包括没有明显症状的患病奶牛，从粪便排出大量病原菌。病原菌对外界环境的抵抗力较强，因此可以存活数月。生前胎盘感染和生后经消化道感染是感染本病原的重要途径；同时，乳汁污染、精液污染及交配等也可以感染本病，因此病牛（包括无症状的病牛）是最重要的传染源。

本病散播较缓慢，各个病例的出现往往间隔较长的时间，因此从表面上看似呈散发性，实际上却是一种地方流行性疾病。

2. 症状

本病的潜伏期长短不一，少则 6 个月，多则 15 年以上。奶牛感染副结核病后，在一定的时期内不出现临床症状，较多是在产犊后体质虚弱时出现临床症状。3～5 岁奶牛发病最多。感染早期，症状是间断性腹泻，体温正常，与其他腹泻疾病在临床症状上不易区分，经对症治疗后可以短期控制症状。但是，当遇到产犊、天气剧变、饲草饲料改变等应激反应情况时，又会马上出现临床症状，经几次反复发作后，变为顽固性腹泻，对药物治疗不再敏感，之后，症状也逐渐加重，常见下颌及胸垂处水肿，粪便为不成形的软便，食欲、精神尚佳，经反复发病后，粪便逐渐变稀，带有气泡、黏液和血凝块，气味恶臭。眼球下陷，有一定的饮欲，食欲减退，不爱吃精饲料，重度消瘦至“皮包骨”，最后不食，不能站立。染疫群体死亡率每年可高达 10%。

病畜的尸体消瘦，剖检可见严重营养不良，皮下脂肪少，病理变化主要在消化道和肠系膜淋巴结。消化道的损害主要集中于空肠、回肠和结肠前段，特别是回肠，肠壁增厚，质地变硬，表现出明显的隆起皱褶，呈脑回样外观，是牛副结核典型特征。

3. 诊断

根据流行病学、典型症状及病理剖检可做出初步诊断。但顽固性腹泻和消瘦现象也可见于其他疾病，如冬痢、沙门氏菌病、内寄生虫、肝脓肿、肾盂肾炎、创伤性网胃炎、铅中毒、营养不良等，因此应通过试验诊断加以区别。

（1）直接镜检法。采用 Ziehl-Neelsen 染色法对病原菌进行染色。油镜下可以观察到，该病原菌被染成红色，其他非抗酸性细菌及细胞质等呈蓝色。杆菌细长略弯曲，端极钝圆，形态常不典型，可呈颗粒状、串球状、短棒状、长丝形等，如发现抗酸染色阳性、成丛的（3 个或更多）小杆菌（长 0.5～1.5 μm）可视为疑似病例。

（2）细菌分离培养法。该病原菌初代分离须在培养基中添加草分枝杆菌素抽提物，一般需要培养 6～8 周，长者可达 6 个月。菌落为干燥、坚硬、表面呈颗粒状、乳酪色或黄色，形似菜花样。Martinson 等应用细菌培养方法检测 204 头奶牛的牛乳样品，结果显示副结核病阳性率高达到 74%。而 Katrina 等通过对健康羊接种副结核分枝杆菌后定期采集血液标本进行细菌培养发现，采用该种方法诊断副结核病的临床实用意义不大，尤其是在临床感染的前期，出现这种现象的可能原因是副结核分枝杆菌在动物体内处于休眠或活的非可培养状态。

（3）变态反应诊断。操作和判定同结核菌素皮内接种试验，将提纯副结核菌素稀释为 0.5 mg/mL，接种于牛颈左侧中部上 1/3 处。用卡尺测量注射处皮肤厚度并记录。注射后 72 h 观察反应。检查注射部位的红、肿、热、痛等炎性变化，并再次测量皮厚和统计注射前后的皮厚差。如注射后局部出现炎性反应，皮厚差＞4 mm，则判为阳性。本法适用于发病前期，不适用于中后期（有明显症状者），在感染后 3～9 月龄反应良好。但至 15～24 月龄反应下降，此时大部分排菌牛及一部分感染牛均呈阴性反应，即许多牛只在疾病末期表现耐受性或无反应状态。

（4）血清学诊断。比较常用的血清学诊断有补体结合反应、酶联免疫吸附试验（ELISA）、琼脂扩散试验、免疫斑点试验。

（5）分子生物学方法。Collins 等依据副结核分枝杆菌的 IS900 序列中的 218 bp 片段，建立了套式 PCR 检测方法，可以检测出粪便中 50 CFU/g 的菌，表明采用该法检测粪便样本具有较高的敏感性。之后，荧光探针 PCR 法、液相芯片（liquid chip）技术等的出现为该病快速诊断提供了可靠的技术支持。

4. 防制

采取定期检疫，不从疫区引进牛。必须引进时，要严格检疫，隔离饲养，确认健康时，方可混群。加强饲养管理，特别对幼龄牛更应注意给予足够的营养，以增强其抗病力。在经常和定期进行临床症状检查的基础上，对所有牛只每年要做 4 次变态反应检查。对有明显临床症状的开放性病牛和细菌学检查阳性的病牛，要及时扑杀处理。但对妊娠后期的奶牛，可在严格隔离的情况下，待产犊牛后 3 d 再进行扑杀处理。对变态反应阳性牛，要集中隔离，分批淘汰。在隔离期间，加强临床检查，有条件时做细菌学检查，发现有临床症状和菌检阳性牛，及时扑杀处理。变态反应阳性奶牛所生的犊牛，以及有明显临床症状和菌检阳性奶牛所生的犊牛，立即与母牛分开，人工喂奶牛初乳 3 d 后，单独组群。人工喂以健康牛乳，长至 1 月龄、3 月龄、6 月龄时各做变态反应检查 1 次，如均为阴性，可按健牛处理。同时，应该对牛场定期消毒，对被病牛污染过的牛舍、栏杆、饲槽、用具、绳索和场地等，要用 5%来苏儿、10%漂白粉、3%甲醛液等消毒液进行喷洒、浸泡或冲洗。

目前，已有预防该病的弱毒苗和灭活苗可用，但是免疫接种后变态反应阳性，无法与自然感染牛区别，影响检疫效果。

本病尚无有效疗法。

十四、气肿疽

气肿疽（clostlydium clzauvoei）俗称黑腿病或鸣疽，是由气肿疽梭菌引起的反刍动物的急性、热性、败血性传染病，呈散发或地方流行性，以败血症及深层肌肉发生气肿坏疽为特征。气肿疽梭菌广泛分布于自然界，遍布世界各地，一旦发病传播迅速，如防治不力，会年复一年的在易感动物中有规律地重复出现。

1. 病因

气肿疽梭菌为芽孢杆菌科、梭菌属、两端钝圆的粗大杆菌。

该菌自然感染主要发生于各种牛。该病常呈散发或地方流行性，有一定的地区性和季节性。

牛的排泄物、分泌物及尸体处理不当，污染土壤，进而污染饲料、水源；特别是在土壤中，芽孢能长期生存，成为持久的传染源。芽孢被牛吞入后进入内含腐败物质的无氧肠腺中出芽繁殖，经淋巴和血液循环到达肌肉和结缔组织，在受损的部位繁殖并引起病变。草场或放牧地被气肿疽梭菌污染后，此病将会年复一年的在易感动物中有规律地重复出现。吸血昆虫的叮咬也可传播该病。

2. 症状

气肿疽潜伏期一般为 2～7 d。黄牛常呈急性经过，体温升高到 42 ℃，呼吸迫促，心跳 90～100 次/min。早期出现跛行，精神沉郁，食欲不振或废绝，眼结膜潮红充血，相继在肌肉多的部位发生肿胀，开始为热痛，后来肿胀，中央变冷而无痛感。局部皮肤干硬、黑红，按压有捻发音，叩之有鼓音。病变发生于腮部、颊部或舌部时，局部组织肿胀有捻发音。患部皮肤干硬呈暗红色，有的形成了坏疽，切开患处流出红色带泡沫的酸臭液体，周围组织水肿，局部淋巴结肿大。肿胀部位多发生在腿的上部和臀部。病重牲畜呼吸困难，脉搏细弱而快。发病的牛无食欲，停止反刍，精神高度沉郁呈昏睡状态，卧地不起，排粪停止，反应迟钝。最后体温降到 35 ℃左右，随即死亡，病程最短的 1 d，最长的 5 d。

病死动物尸体显著膨胀，天然孔流出血样泡沫，肌肉丰满部位（如股、肩、腰等部）有捻发音性肿胀，患部皮肤部分坏死。皮下组织呈红色或金黄色胶样浸润，有的部位杂有出血或小气泡，皮下结缔组织气肿。病部皮下与肌膜有大量黑红色出血点和大量红色浆液浸润。肌肉呈明显气性坏疽和出血性炎症变化，色黑褐，按压有捻发音，肌肉切开时流出暗红或褐色液体，内含气泡，散发酸臭气味。骨骼肌病变很明显，病变可波及一个肌群，或仅限于个别肌肉或其一部分（图 12－8）。如病程较长，患部肌肉组织坏死性病理变化明显。这种捻发音性肿胀，也可偶见于舌肌、喉肌、咽肌、膈肌、肋间肌等。

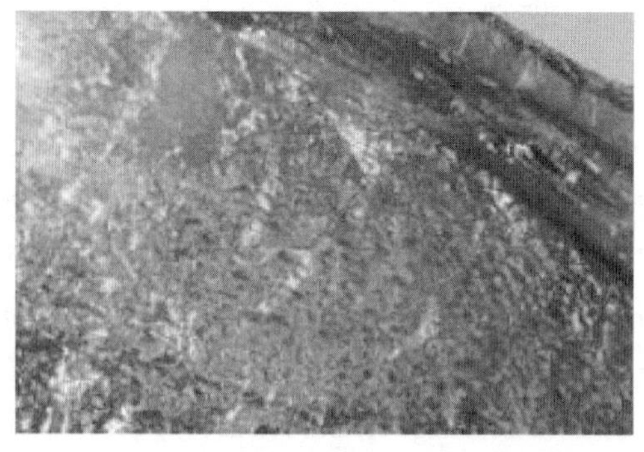

图 12－8　患病奶牛骨骼肌组织呈现暗红色、发干

胸膜腔有红色浆液，心包液增多，心肌色淡、质脆，肺水肿，淋巴结肿大。心脏内外膜有出血斑，心肌变性，色淡而脆；肺小叶间水肿，淋巴结急性肿胀和出血性浆性浸润。脾常无变化或因小气泡胀大，血呈暗红色。肝切面有大小不等的棕色干燥病灶，这种病灶在死后仍继续扩大，由于产气结果，形成多孔的海绵状。肾也有类似变化，胃肠有时有轻微出血性炎症。

3. 诊断

根据流行病学、典型症状及病理剖检可做出初步诊断，但确诊有赖于经典的免疫荧光试验和标准形态学检查。

无菌取肝表面、病变处肌肉水肿液和肝、脾、淋巴结组织触片，用碱性美蓝染色和革兰氏染色进行油镜检查，见有芽孢和两端钝圆、革兰氏阳性的长而大的细菌。无菌取病变部位的肌肉块、肝、脾分别接种于厌氧肉肝汤和普通营养琼脂培养基。37 ℃进行厌氧培养，对有污染菌的培养物，进行移植培养，获得纯培养物。也可将病料接种于豚鼠以获得该菌的纯培养物或进行肝触片染色观察。

目前，用于诊断气肿疽的分子生物学诊断方法主要是 PCR 法。1997 年，Kuhnert 等建立了 PCR 扩增 16S rRNA 检测本病的方法，首次将 PCR 技术引入该病的检测。随后 16～23S rRNA PCR、套式 PCR、荧光定量 PCR 等检测方法陆续建立，这些方法敏感、特异、快速准确，为该病快速诊断提供了手段。

4. 防治

此病不直接传播，而是通过病牛的排泄物把病原体排到土中，健康牛通过吃草而感染，一旦发病要有效的控制是十分困难的，疫苗接种是目前较为可行的预防措施。我国已于 1950 年研制出气肿疽氢氧化铝甲醛灭活苗，每年春、秋两季各皮下注射 5 mL，免疫期 6 个月，可获得很好的免疫保护效果。气肿疽干粉疫苗和气肿疽灭活苗的研制也获得成功。干粉疫苗的保存期长、剂量小、效果好、反应轻、使用方便、易于推广。

疫情发生后，应封锁疫区，禁止疫区内易感动物流通。对发病畜群进行逐头检查，病畜和怀疑病畜就地进行隔离治疗，严禁剥皮或食用病死畜，对受污染的粪、尿、垫草等连同尸体一起深埋或焚烧处理。牲畜饲养场地、污染的草场、厩舍用 20%漂白粉溶液、0.2%升汞、10%氢氧化钠或 3%～5%福尔马林溶液进行彻底消毒，以防形成新的疫源地。对怀疑病畜一律皮下注射抗气肿疽血清 10～20 mL，14～20 d 后皮下注射气肿疽灭活疫苗 5 mL。

治疗本病早期可用抗气肿疽高免血清，静脉注射或腹腔注射抗气肿疽血清 100～200 mL，重症病畜8～12 h后再重复注射 1 次。同时使用大剂量青霉素和庆大霉素等进行全身治疗。在肿胀部位的周围，皮下注射或肌内分点注射加有青霉素 80 万～160 万 U 的 0.25%～0.5%普鲁卡因溶液。同时，每次肌内注射庆大霉素 0.4 g，每天 2 次，连用 5 d；静脉滴注青霉素 400 万 U，每天 1 次，连用 5 d；在治疗的同时，实施强心、补液，以提高疗效。静脉注射 5%碳酸氢钠注射液 500 mL、1%地塞米松注射液3 mL、10%安钠咖注射液 30 mL、5%葡萄糖生理盐水 300 mL，每天 1 次，直至病情解除。

气肿疽梭菌经消化道和伤口感染。对病畜排泄物、分泌物或死亡尸体处理不当，可造成病原散播，病菌可在自然界中形成抵抗力极强的芽孢，污染草场、水源地、土壤等，从而形成长期疫源地，健康家畜舔食被污染的牧草、泥土等经消化道感染。因此，要定期进行圈舍清洁、消毒，保持畜舍清洁卫生、干燥通风；被污染的牧场必须严格消毒，实行人工种草，彻底清除病原后才可从根本上防止本病的发生。

十五、恶性水肿

恶性水肿主要是由腐败梭菌引起的一种经创伤感染的急性传染病。其特征为创伤及其周围急剧的炎性气性水肿，并伴有发热和毒血症。由于外伤或手术等未经严格消毒而感染发病。

1. 病因

恶性水肿的病因主要是腐败梭菌感染所致。腐败梭菌能产生 α、β、γ、δ 4 种毒素，这些毒素可使血管通透性增加，引起组织炎性水肿和坏死，毒素及组织崩解产物可引起致死性毒血症。

该菌广泛存在于土壤、粪便、灰尘等自然环境中，很容易污染饲料、饮水和周围环境，通过创伤和免疫接种等引起感染发病。年龄、性别、品种与发病无关。

2. 症状

患病奶牛最初食欲减退，体温升高，在伤口周围发生炎性水肿，迅速弥散扩大，尤其在皮下疏松结缔组织处更明显。病变部初期坚实、灼热、疼痛，后期变无热、无痛、手压柔软、有捻发音（图 12－9）。切开肿胀部，皮下和肌间结缔组织内有大量淡黄色或红褐色液体浸润并流出，有少数气泡，具有腥臭味。创面呈苍白色，肌肉暗红色。病程发展急剧，多有高热稽留，呼吸困难，脉搏细速，眼结膜充血发绀，偶有腹泻，多在13 d内死亡。奶牛若经分娩感染，则在 25 d 内阴道流出不洁的红褐色恶臭液体，阴道黏膜潮红、增温、会阴水肿，并迅速蔓延至腹下、股部，以致发生运动障碍和前述全身症状。公牛去势感染时，阴囊、腹下发生弥漫性水肿，疝痛，腹壁知觉过敏，也伴有上述全身症状。

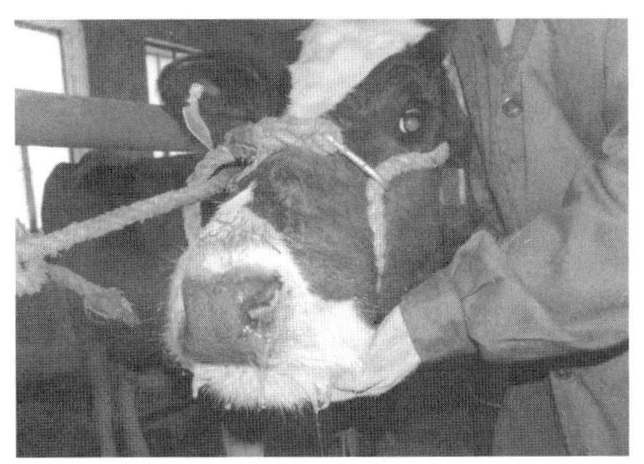

图 12－9　恶性水肿病牛鼻孔流出血样鼻汁

死于恶性水肿的奶牛尸体腐败很快，故应尽早剖检。剖检时可发现局部组织的弥漫性水肿；皮下有污黄色液体浸润，含有腐败酸臭味的气泡；肌肉呈灰白或暗褐色，多含有气泡；脾、淋巴结肿大，偶有气泡；肝、肾浊肿，有灰黄色病灶；腹腔和心包腔积有大量液体。

3. 诊断

据临床诊断特点，结合外伤情况以及病理剖检一般可做出初步诊断。一般对患该病的可疑病畜取气性水肿部位的水肿液或病变组织直接涂片镜检，还可以先做肝被膜触片染色镜检，若发现有长丝状细菌，则具有诊断参考价值。也可用病料乳剂对豚鼠或兔接种后观察其死后病变特点进行确诊。恶性水肿与炭疽、气肿疽在临床上应注意鉴别。

4. 防治

平时应注意防止外伤。外伤（包括分娩和去势等）后严格消毒及正确治疗是防治本病的重要措施。多发地区可注射预防梭菌的多联疫苗。

发现可疑或确诊的病牛，应及时隔离病牛，病牛尸体及排泄物应深埋。对被污染的圈舍和场地、用具，用3%氢氧化钠溶液或20%漂白粉溶液消毒。

早期用青霉素或与链霉素联合应用，并在病灶周围注射。也可磺胺药物与抗生素并用。早期的局部治疗可切开肿胀处，清创使病变部位充分通气，再用1%高锰酸钾或3%过氧化氢溶液冲洗，然后撒入磺胺碘仿合剂等外科防腐消毒剂，并用浸有过氧化氢液的纱布填塞创伤。肿胀部周围注射青霉素进行封闭。机体全身可采用强心、补液、解毒等对症疗法。

十六、沙门氏菌病

沙门氏菌（Salmonella）病是指由各种类型沙门氏菌所引起的人类、家畜以及野生动物不同病变类型的总称。

1. 病因

引起牛沙门氏菌病的主要是都柏林沙门氏菌和鼠伤寒沙门氏菌。二者对犊牛的致病作用及症状表现无明显区别。

病畜和带菌畜是本病的传染源。各年龄的牛羊均可以感染发病，但犊牛和羔羊更为剧烈，发病后传播迅速，往往呈流行性、败血症性。舍饲犊牛比成年牛易感，常发生于出生后10～40 d的犊牛，往往呈流行性。

成年牛感染多无明显临床症状，呈散发性，每个牛群仅有1～2头发病，第1个病例出现后，往往相隔2～3周再出现第2个病例。成年牛患病多为慢性经过，以腹泻、消瘦和流产为主要特征，可通过污染的饲草等感染。

易感牛食入被本菌污染的饲料、饮水，吸入含本菌的飞沫，通过消化道和呼吸道感染。也可通过病畜与健康畜的交配或用病畜精液人工授精而感染。本病往往是其他疾病的继发症或并发症。各种不良因素，如应激、营养不足、长途运输等易诱发本病。

发病不分季节，但夏秋放牧时较多。本病垂直传播，由于牛的体内有本菌的寄生，故当奶牛在分娩或患子宫炎、乳腺炎、酮尿病及产后瘫痪时，机体内抵抗力降低，病菌活化而发生内源性传染，因此很难在畜群中消除，缠绵不愈。

2. 症状

患病犊牛按病程长短可分为急性型和慢性型。

（1）急性型。犊牛出生后2～4周发病。发病迅速，发病初期精神沉郁，体温升高至40.0～41.0 ℃，呈稽留热，食欲减退或停食，结膜潮红，眼结膜炎和鼻炎。脉搏增速，呼吸加快。发病后12 d，出现腹泻，排出黄色或灰黄色恶臭稀便，混有黏液、黏膜碎片或血丝，严重者呈血汤样腹泻。患病犊牛迅速虚弱，眼窝下陷，唇、耳、四肢发凉，不愿走动，喜卧。一般症状出现5～7 d后死亡，死亡率高达50%～70%，一般为5%～10%，症状严重的死亡率可达75%。

急性病犊牛主要呈一般败血性变化，如浆膜与黏膜出血，实质器官变性等。胃肠道呈急性卡他性或出血性炎症。炎症主要位于皱胃和小肠后段。肠系膜淋巴结、肠孤立淋巴滤泡与淋巴集结增生，均呈“髓样肿胀”或“髓样变”。脾肿大、质软，镜下为瘀血和急性脾炎，也可见网状内皮细胞增生与坏死。肝表面可见多少不一的灰黄色或灰白色细小病灶，镜下见肝细胞坏死灶、渗出灶或增生灶（即副伤寒结节）。肾偶见出血点和灰白色小灶。

（2）慢性型。经急性期而不死的犊牛可转为慢性。腹泻呈间歇性，体温时高时低，食欲时有时无，主要呈现支气管炎、肺炎和关节炎症状。病犊牛两侧鼻孔流出浆液性鼻液，后转为脓性鼻液。初期病牛表现为干咳，后变为湿性咳嗽，呼吸困难，关节肿大，以腕关节和跗关节最为明显，少数病犊牛可以恢复，恢复后一般很少带菌。剖检可见脾肿大 1～2 倍，呈樱红色或黑色，膜下有点状或斑状出血；肝变性呈土色，表现有灰黄色小坏死灶；肠、胃发炎，内有纤维性假膜。

成年牛较少发病或仅散发，病变多为急性出血性肠炎。表现为高热（40～41 ℃）昏迷，不食，呼吸困难，心跳加快。多数于发病后 12～24 h 粪便中带有血块，随之下痢，粪便恶臭。下痢开始后体温下降，病牛可于短期内死亡。如病程延长，则病牛消瘦，因腹痛而常以后肢蹬踢腹部；妊娠牛多发生流产，有些病例可能恢复。成年病牛也可取顿挫型经过或隐性经过。

亚急性或慢性时，主要表现为卡他化脓性支气管肺炎、肝炎和关节炎。肺炎主要位于尖叶、心叶和膈叶前下缘，可见到实变和化脓灶，并常有浆液纤维素性胸膜炎。肝炎基本表现为灶状病变，但增生灶较为明显。关节受损时常表现为浆液纤维素性腕关节炎和跗关节炎。成年牛病变和犊牛相似，但急性肠炎较严重，多呈出血性小肠炎，淋巴滤泡“髓样肿胀”更为明显，甚至局部发生纤维素坏死性肠炎。

3. 诊断

根据流行特点、临床症状与剖检的变化，可以初步确诊。如进一步确诊，还要进行细菌学检查，取脾、肠系膜淋巴结和肠内容物做沙门氏菌的分离鉴定。

（1）临床诊断。根据发病季节、流行特点、临床症状与剖检变化，可以初步确诊。

（2）实验室诊断。

病料采集：病死牛、羊的肝、脾、淋巴结、子宫胎膜、流产胎儿的胃肠等。因本菌与其他的肠道菌形状不易区别，直接镜检意义不大。

分离培养：可直接用病料接种选择培养基，也可选用增菌培养基，培养后，再接种于选择培养基。选择培养基一般常用 SS 琼脂，37 ℃，18～24 h 培养后，形成圆形、光滑、湿润、半透明、灰白色、大小不等的菌落。

快速生化鉴定可利用培养后典型的菌落接种于微量生化反应管。单克隆抗体和聚合酶链式反应（PCR）技术可快速诊断本病。

（3）鉴别诊断。犊牛沙门氏菌病因有腹泻症状和肠炎变化，故应与犊牛大肠杆菌病、犊牛球虫病及犊牛双球菌性败血病鉴别。但这 3 种疾病都没有肝的细小增生灶（副伤寒结节）和坏死灶，而各有其特征的病变。

4. 防治

加强饲养管理，严格执行兽医卫生措施。定期进行免疫接种，如肌内注射牛副伤寒氢氧化铝菌苗，1 岁以下每次 1～2 mL，2 岁以上每次 2～5 mL。治疗本病可选用经药敏试验有效的抗生素，如氯霉素、氟氯尼考、土霉素、卡那霉素、链霉素、盐酸环丙沙星等，也可应用磺胺类药物。同时采取对症和支持疗法。

十七、放线菌病

放线菌（actinomycosis）病是一种人兽共患的多菌性、非接触性、化脓性、肉芽肿性的慢性传染病。主要侵害牛，其次为猪、羊，偶见于鹿科动物，以头、颈、颌下和舌的放线菌肿为特征，常伴发头骨疏松性骨炎，在动物疫病病种名录中规定其为三类动物疾病。

1. 病因

放线菌病是由牛放线菌和林氏放线菌引起的亚急性、慢性、非接触性传染病。该病在发病过程中常伴有化脓棒状杆菌和金黄色葡萄球菌的混合感染。

牛放线菌主要侵害骨骼等硬组织，不能运动，菌体呈细丝样分支，在有CO_2的环境中生长良好。林氏放线菌主要侵害头、颈部皮肤及软组织，是一种不运动、不形成芽孢和荚膜的多形态的革兰氏阴性短小杆菌。

放线菌病的病原在自然界分布很广。常存在于土壤、水、禾本科植物（小麦、青稞等）的穗芒上。当牛采食时，混在饲料中的金属硬片或尖硬的稻麦秆刺破口腔和齿龈黏膜而促使病菌侵入组织引起感染。该病一年四季都可发生，无明显季节性，呈散发性，以水平方式传播，潜伏期较长，可达3～18个月。本病在牛的换牙齿期和天气炎热时多见。牛初发病时多为0.5～1岁，2～5岁牛最易患病，重症病牛多发于3岁及成年。

2. 症状

常见病牛上、下颌骨肿大、界线明显（图12-10）。呼吸、吞咽和咀嚼困难，消瘦快，有时皮肤化脓破溃，流出脓汁，形成瘘管，长久不愈。病程长者，经过6～18个月患部可能出现小而坚实的硬块，牵连整个头骨。初期肿部疼痛，晚期无痛觉，头、颈、颌部组织的硬结不热不痛。

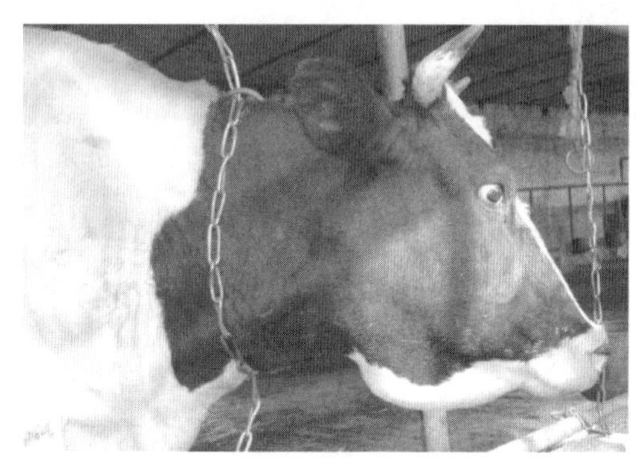

图12-10 放线菌病牛下颌部肿大

若林氏放线菌侵袭软组织引起舌和咽组织发硬时，病牛出现口流黏液，采食、咀嚼、吞咽、呼吸困难为特征症状。严重时，舌肿满口，形如木棍，不及时治疗，可导致死亡，因此该病也被称为“木舌病”。病原侵袭到乳房时，患病部位呈弥漫性肿大或局部硬结，乳汁黏稠混有脓汁。

病原体可在牛机体的受害组织中引起以慢性传染性肉芽肿为形式的炎症过程，在肉芽中心，可见含有放线菌菌丝的化脓灶（脓肿），有时在炎症的发生过程中出现结缔组织显著增生，而不发生化脓。结缔组织增生会发展成为肿瘤样赘生物，即放线菌肿；当舌组织被侵害时，增生组织常突破黏膜而形成溃疡；骨内肉芽增殖时，则破坏骨组织，引起骨骼崩解；由于骨质不断破坏与新生，以致质地疏松，体积增大，外形似蜂窝状，切面常呈白色，光滑，伴有细小脓肿；在口腔黏膜上有时可见溃烂，或有蘑菇状增生物，圆形、质地柔软呈黄褐色；病程长的病例肿块可钙化。另外，在组织内，由于白细胞的游走，化脓菌可繁殖形成脓肿或瘘管，且脓汁内含有硫黄样颗粒。

3. 诊断

（1）临床诊断。口腔黏膜有红色柱状突出黏膜表面的肉芽组织，上端中央有灰白色脓性物（该特征可与口蹄疫、口炎、水疱病相区别）；两颊、上下颌及头部皮下有多个破溃和非破溃的化脓性硬结，有些侵入骨骼。从以上两项的脓汁中可发现肉眼可见的硫黄样颗粒状菌块。根据典型临床症状和病理变化可做出初步诊断，确诊须进一步做实验室诊断。

（2）实验室诊断。

① 病料采集。用无菌注射器自未破溃的脓肿中抽取脓液或在刚切开肿块时收集脓汁，若患病处的瘘管太小，可以直接用刀片刮取瘘管壁上的组织进行检查。

② 镜检。分为无染色压片直接观察和染色检查。

无染色压片直接检查：取少量脓汁放入试管中，加入适量灭菌生理盐水或蒸馏水稀释，充分振荡后再稍沉淀，倾去上清液，再加入少量生理盐水后，倒入洁净培养皿中，将此培养皿放于黑纸片上，找出硫黄样颗粒，放于洁净的载玻片上，加1滴5%～10%氢氧化钾溶液或水，覆以盖玻片。当不加压而直接放于低倍镜下观察时，可见到排列成圆形或弯盘形的颗粒，中央颜色较淡，排列成放射状，边缘透明发亮，类似孢子，此即菌鞘。若将硫黄颗粒压扁后观察，放线菌的菌块较大，呈菊花状，菌丝末端膨大，呈放射状排列，镜检后的标本还可供再染色或再培养。林氏放线菌的菌块很小，肉眼很难看到，压平后放射状菌丝不明显。

染色检查：将病变组织或脓汁中硫黄颗粒压碎置于载玻片上，进行革兰氏染色，镜检可见到程度不同的特征性辐射状菌丝（或典型的菊花状结构），放线菌为革兰氏阳性（林氏放线菌为革兰氏阴性），“V”形或“Y”形分支菌丝，无菌鞘（图 12－11）。

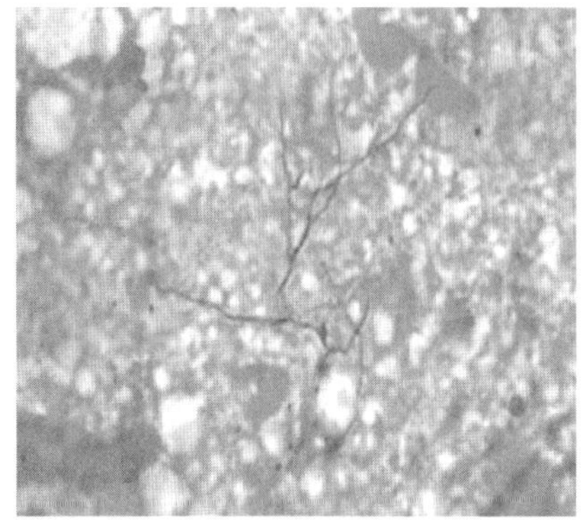

图 12－11 在肺中的牛放线菌为革兰氏阳性辐射状菌丝

③ 分离培养。无菌操作将含有小颗粒的脓液在乳钵内研碎后接种于血清 LB 琼脂和血清 LB 肉汤中各自分别置于 10% CO_2的厌氧和有氧条件下，37 ℃培养 24 h，取菌镜检。

4. 防治

对本病的预防，目前尚无有效的免疫制剂。因此，生产中应注意加强饲养管理，平时饲喂精饲料不宜过多，以粗饲料为主，在补饲前 1 d，用水或 1%碘化钾或食盐溶液喷洒在备用的干秸秆饲草上，使其变得柔软后再饲喂，以避免刺伤口腔黏膜，并且碘化钾可杀灭和抑制该病菌的生长；奶牛常因乳头损伤而引发该病，要消除引起外伤的因素，如清除牛圈周围可引起外伤的尖锐物体（如钉头、铁片、碎玻璃、尖石头等）；对放牧牛群定期进行个体检查，若发现病牛要及时处理，并立即隔离治疗；对污染的畜舍及饲养环境应及时、定期消毒，预防和控制本病的继续发生和蔓延。

对于本病的治疗，临床以手术和药物治疗较为常见，并常综合运用。

① 手术切除。通过外科手术切除肿块，排出脓汁和增生物，若有瘘管形成要连同瘘管彻底摘除。切开后用过氧化氢和生理盐水清洗创腔，将青霉素粉敷于创面上，肌内注射止血药和抗生素，抗生素要连用 3 d 以上。手术治疗时要注意避开大血管，注意术后护理。

② 药物治疗。放线菌对青霉素、红霉素、氯霉素、四环素、林可霉素、磺胺类药物和碘较敏感，所以合理应用抗生素可提高本病的治愈率。

对于软组织和呼吸道、消化道上部的病灶采用内服碘化钾疗法（犊牛 3 g，成年牛 5 g），3 次/d，2 周为 1 个疗程。外部病灶周围每次用青霉素、普鲁卡因，在肿胀部周围分 4 点注射，做局部封闭，2 次/d，2 周为 1 个疗程。上述治疗一般须进行 3～4 个疗程。此外，采用雄黄、蜂蜜各 100 g，调成糊状对患处进行外敷。待形成脓肿，破溃流出脓汁，须用 10%硫酸镁溶液做纱布引流。当脓汁减少，肉芽组织填充创腔时，用松碘油膏做纱布引流，直至痊愈。

十八、牛 A 型魏氏梭菌病

牛 A 型魏氏梭菌病是由牛 A 型魏氏梭菌（又称产气荚膜杆菌）引起的一种急性传染病，临床上以病牛突然死亡，消化道和实质器官出血为特征，又称为猝死症，发病率不高，但死亡率高。

1. 病因

魏氏梭菌（*Clostridium welchii*）病又称产气荚膜杆菌（*Clostridium perfringens*）病。魏氏梭菌是一种直杆状，两端钝圆，（1～1.5）μm×（3～5）μm，单独或成双排列的革兰氏染色阳性菌。该菌是广泛分布于自然界中的条件性致病菌。

将魏氏梭菌按毒素型分类，可分为 A、B、C、D、E 5 个型，每型均产生一种主要毒素和一种或数种次要毒素，并且毒素的类型决定着菌嗜性。

病牛和带菌者是本病主要传染源。A型分布世界各地，它能在土壤、人和动物肠道中生长繁殖，随粪便排出的病原体污染饲料、周围环境、饮水等，经消化道或创伤感染本病。牛不分年龄和品种均可感染魏氏梭菌，牛发病率为7.17%～7.7%，病死率可达到98.3%。6～10周龄犊牛和成年牛对A型菌最易感。本病多发于春、秋和冬季，多因突然转换蛋白质丰富的多汁青绿饲料、在低洼地放牧以及长期在湿度过大的环境中饲养引起发病。

2. 症状

魏氏梭菌患病奶牛急性发病时，无任何症状会突然发病死亡，且多数病牛呈急性发作，病初极度衰竭，精神突然沉郁，呼吸迫促，一般体温正常。发病中期，从口鼻流出大量白色或红色泡沫样液体，精神沉郁，食欲废绝，脉搏增快，有的表现腹痛，结膜发绀，肌肉震颤，心跳快，心律不齐；肺有明显湿啰音。濒死期步态不稳，狂叫倒地，四肢划动，排血便，常于18 h之内死亡。病牛死后腹部立即膨大，舌脱出口外，口腔流出带有红色泡沫的液体，肛门外翻。

病牛猝死，天然孔出血，剖检可见牛皮肤、肌肉有弥散性出血点，脑室微血管出血，延脑、脑桥有小的出血点；心包积液，心内外膜、心肌有出血点，心肌变性呈煮肉样，冠状动脉和后腔大动脉均有出血；肺部有轻微大理石样病变且肿大，色深，气管与支气管内有白色泡沫状液体；十二指肠和空肠呈高度出血性肠炎变化，肠黏膜成片脱落，回肠、空肠呈广泛性出血，黏膜层脱落严重；肠系膜淋巴结显著肿大、出血，有坏死灶；肾色淡，有广泛性出血；膀胱积有红色尿液；心肌有点状出血，严重者呈喷血状；肝伴有褪色性变性，并散在充血斑；胆囊黏膜出血；肾褪色，被膜有点状出血；脾被膜见有出血点。

3. 诊断

(1) 初步诊断。根据病死牛发病急、死亡快，全身出血性病变严重，特别是小肠内容物鲜红色，即灌血肠样，可做出初步诊断，有可能是由魏氏梭菌引起的猝死。

(2) 实验室诊断。

① 病料涂片。取病死牛病变组织内容物划线分离培养，挑取单菌落进行革兰氏染色后镜检，可见有排列成单个或成对的革兰氏阳性大杆菌。

② 小鼠致死试验。小鼠尾部静脉注射含魏氏梭菌毒素的样品或其稀释液，20 min内发病、死亡。可用魏氏梭菌A、B、C、D、E抗毒素血清做毒素中和试验进行鉴别。

③ 豚鼠皮肤蓝斑试验。皮内多点注射魏氏梭菌检样0.05～0.1 mL，经2～3 h后静脉注射10%～25%伊文斯蓝1.0 mL，30 min后观察局部毛细血管渗透性呈亢进状态，一般于1 h后局部呈环状蓝色反应，即判定为阳性。

④ 分子生物学方法。应用聚合酶链式反应对α毒素基因进行扩增，可以检测魏氏梭菌α毒素；通过基因片段经过限制性内切酶分析，特异性非常高，且时间短、准确率高，在扩增后2 h内即可获得结果，其敏感度可达2.95×10^{8}个/g菌，当用套式PCR检测时，细菌的检测限可低至1～6个菌体。Me Femandez等建立多重PCR测定粪便中4不同魏氏梭菌毒素，每克粪便可检出魏氏梭菌2×10^{5}个。

4. 防治

由于魏氏梭菌俗称“猝死症”，发病时几乎来不及治疗，在奶牛饲养过程中，要加强日常管理和卫生措施，定期消毒畜舍和周围环境，冬季要注意牛舍通风和保温。如果牛场内发生魏氏梭菌病，要封存停喂可能受污染的饲料。适当调整饲料配方，增加精饲料和添加剂喂量。当诊断为本病时，对未发病的同群牛一律要立即进行预防。经常用林可霉素、诺氟沙星、环丙沙星等药物大剂量口服，达到预防的目的；用当地分离菌株制成灭活疫苗进行预防接种；尸体要焚烧或深埋处理，彻底消毒畜舍。

十九、牛生殖器弯曲杆菌病

牛生殖器弯曲杆菌病是由胎儿弯曲杆菌引起的牛的一种生殖道传染病，以暂时性不孕、胚胎早期死亡和少数妊娠牛流产为特征。本病主要发生于自然交配的牛群，肠道弯曲杆菌也可引起散发性流产，对畜牧业生产危害较大，因此世界各国已将本病菌列为进出口动物和精液的检疫对象。

1. 病因

胎儿弯曲杆菌（*Campylobactor fetus*）又称胎儿弯曲菌，属弯曲菌属（*Campylobacter*）。该菌属有胎儿弯曲杆菌亚种（*C. Fetus* subsp. *veneralis*）和胎儿弯曲杆菌胎儿亚种（*C. Fetus* subsp. *fetus*）。胎儿弯曲杆菌性病亚种可致牛流产和不育，存在于奶牛阴道黏液、公牛精液和包皮以及流产胎儿的组织及胎盘中；胎儿弯曲杆菌胎儿亚种致绵羊流产和牛的散发性流产。

多数成年奶牛和公牛易感，未成年者稍有抵抗力。病奶牛、康复后的奶牛和带菌的公牛是主要传染源。病菌存在于奶牛生殖道、流产胎盘和胎儿组织中，寄生于公牛的阴茎上皮和包皮的穹窿部。公牛可带菌数月甚至数年。

本病经交配和人工授精而传染，也可由于采食污染的饲料、饮水等而经消化道传染。初次发病牛群，在开始的1～2年内，不孕和流产的发生率升高，以后受胎率逐渐恢复正常。但是，一旦引进新牛群，又可造成新的流行。

2. 症状

公牛感染本病一般没有明显症状，精液正常，但可带菌。奶牛交配感染后，病菌在阴道和子宫颈部繁殖，引起阴道卡他性炎症，表现为阴道黏膜发红，黏液分泌增多。妊娠牛可因阴道卡他性炎和子宫内膜炎导致胚胎早期死亡并被吸收，或发生早期流产而不育。病牛不断地发情，发情周期不规则。6个月后，大多数奶牛可再次受孕，但也有经过8～12个月仍不受孕的。感染牛群的受胎率降低10%～20%，流产都集中在妊娠中期（4～7个月）。

有些被感染的奶牛可继续妊娠，直至胎盘出现较重的病损时才发生胎儿死亡和流产。胎盘水肿、胎儿病变与布鲁氏菌病所见相似。流产多发生在妊娠第5～7个月，流产率为5%～10%。康复牛能获得免疫，对再感染具有一定的抵抗力，即使与带菌公牛交配，仍可受孕。

肉眼可见子宫颈潮红，子宫内有黏液性渗出物。病理组织学变化不显著，多呈轻度弥散性细胞浸润，伴有轻度的表皮脱落。流产胎儿可见皮下组织的胶样浸润，胸水、腹水增多，腹腔脏器表面呈纤维蛋白性粘连，肝浊肿，肺水肿。

3. 诊断

根据暂时性不育、发情周期不规律以及流产等表现做出初步诊断，但与其他生殖道疾病难以区别，因此确诊有赖于实验室检查。

在国际贸易中，指定诊断方法为病原鉴定，无规定诊断方法。

病料样品采集：发生流产时，可采集流产胎儿的胃内容物、肝、肺和胎盘以及母畜阴道分泌物进行检查。发情不规则时，采集发情期的阴道黏液，其病菌的检出率最高。对于公牛可采集精液和包皮洗涤液检查。血清学检查时，可采集病牛的血清或子宫颈阴道黏液，以试管凝集反应检查其中的抗体。

（1）细菌学检查。一般先做涂片染色镜检，若见有弯曲杆菌，可做出初步诊断。确诊需要按照《胎儿弯曲杆菌的分离鉴定方法》（GB/T 18653—2002）进行细菌的分离和鉴定，常用的培养基有半胱氨酸牛心浸膏培养基、鲜血琼脂平板等。为了控制污染，可在每毫升培养基中加入杆菌肽2IU、新霉素 2μg，制霉菌素 300U，或加入 1%的牛胆汁、0.25‰的煌绿。在分离鉴定中，应注意与痰弯曲杆菌牛亚种相区别。它也可能存在于牛的精液或阴道黏液中，其区别点是胎儿弯曲杆菌接触酶试验呈阳性，在三糖铁琼脂上不产生硫化氢，在含 3.5%氯化钠的培养基中不生长，而痰弯曲杆菌牛亚种则与其相反。如有可能可用荧光抗体染色鉴别。胎儿弯曲杆菌生化试验结果见表 12-2。

表 12-2 胎儿弯曲杆菌生化试验结果

菌名	过氧化氢酶试验	硫化氢试验	生长试验					药敏试验		马尿酸钠水解试验	氧化酶试验
			25 ℃	42 ℃	1%甘氨酸	1%胆汁	3.5%氯化钠	萘啶酮酸 30 μg/片	头孢霉素 30 μg/片		
胎儿弯曲杆菌胎儿亚种	+	+	+	—	+	+	—	R	S	—	+
胎儿弯曲杆菌性病亚种	+	—	+	—	—	+	—	R	S	—	+

注："+"阳性反应；"—"阴性反应；"R"颉颃；"S"敏感。

（2）血清学试验。用作抗原的菌株，在各菌株之间，其敏感性可有显著变异，必须认真选择。且某些菌株与流产布鲁氏菌、鸡白痢沙门氏菌以及胎儿滴虫具有血清相关性。

① 试管凝集试验。采集流产牛血清或子宫颈阴道黏液，以试管凝集试验检查其中抗体，血清凝集价达 1∶100 者，可判为阳性。但血清抗体的出现较阴道黏液者迟（前者于感染后 60 d 出现），其维持时间也不如后者长久（后者大约持续 7 个月），故效果不如阴道黏液凝集试验。

② 阴道黏液凝集。以纱布采集子宫颈部黏液，用生理盐水或 0.3%福尔马林磷酸盐缓冲液稀释，离心沉淀，然后去上清液，进行系列稀释，各加等量抗原，37 ℃作用 24～40 h，观察结果。若黏液无血液混杂，则凝集价达 1∶25 者，即可判为阳性。

③ 间接血凝试验。可用耐热性抗原致敏的绵羊红细胞，也可用抗原致敏鞣酸化的绵羊红细胞，按常规操作进行胎儿弯曲杆菌抗体测定。但是，这种试验约有 1%未感染牛的黏液标本出现假阳性。

除此以外，免疫荧光抗体技术、补体结合反应和酶联免疫吸附测定法可用作抗体测定或胎儿弯曲杆菌检查。

4. 防治

目前有效果较好的菌苗，可有效地预防和控制此病，如用胎儿弯曲杆菌性病亚种的无菌提取物或灭活菌苗给犊奶牛接种。

淘汰病种公牛和带菌种公牛，严防本病通过交配传播。牛群暴发本病时，应暂停配种 3 个月，同时用抗生素治疗。流产奶牛，可按子宫内膜炎治疗，向宫腔内投放链霉素或土霉素、宫炎丸等，连续 5 d。

第二节 消化系统疾病

一、食道阻塞

食道阻塞（oesophageal obstruction）又称食管阻塞、食道梗阻，是由于奶牛吞咽物过于粗大和/或咽下机能紊乱所致的一种食道疾病。按其程度，可分为完全阻塞和不全阻塞。按其部位，可分为咽部食道阻塞、颈部食道阻塞和胸部食道阻塞。

1. 病因

堵塞物除日常饲料外，还有马铃薯、甜菜、萝卜等块根块茎，或骨片、木块、胎衣等异物。

(1) 原发性阻塞。常发生在饥饿、抢食、采食受惊等应激状态下或麻醉复苏后。

(2) 继发性阻塞。常伴随于异嗜癖（营养缺乏症）、食道肿瘤，以及食道的炎症、痉挛、麻痹、狭窄、扩张、憩室等疾病。

2. 症状

采食中止，顿然发病；口腔和鼻腔大量流涎；低头伸颈，徘徊不安或晃头缩脖，做吞咽动作；几番吞咽或试以饮水后，随着一阵颈项挛缩和咳嗽发作，唾液从口腔和鼻孔喷涌而出。颈部食道阻塞，可见局限性膨隆，能摸到堵塞物（图 12－12）。发病奶牛常继发瘤胃臌气。确诊依据食道探诊和 X 线检查。

图 12－12　奶牛食道阻塞的触诊检测

3. 治疗

要点是润滑管腔，缓解痉挛，清除堵塞物。首先用镇痛解痉药，并以 1%～2%普鲁卡因溶液混以适量石蜡油或植物油灌入食道。然后依据阻塞部位和堵塞物性状，选用下列方法疏通食道：

(1) 皮下注射新斯的明等拟胆碱药，借助于食道运动而使之疏通。

(2) 胃管推送或胃管连接打气管通过气压推进。

(3) 颈部垫以平板，手掌抵堵塞物下端，向咽部挤压。

(4) 切开食道，取出堵塞物，或者切除食道肿瘤。

二、急性瘤胃臌气

奶牛急性瘤胃臌气（acute ruminal tympany）是由于奶牛前胃神经反应性降低，收缩力减弱，采食的易发酵饲料在瘤胃内菌群作用下迅速酵解，酿生大量气体，引起的瘤胃和网胃急剧臌气。

依病因，有原发性和继发性之分；按病性，可分为泡沫性臌气（frothy bloat）和游离气体性臌气（free gas bloat）。中国南方耕牛发病率占前胃疾病的 15%～20%。夏季放牧牛常成群发生，病死率可达 30%。

1. 病因

(1) 原发性瘤胃臌气。多发于水草茂盛的夏季。中国南方地区，清明到夏至最为常见，通常见于采食大量容易发酵的饲草或饲料，以及由舍饲转为放牧的牛群。尤其是在繁茂草地上放牧的前两三天。

① 奶牛在放牧季节，采食幼嫩牧草，如苜蓿、紫云英、金花菜（野苜蓿）、三叶草、野豌豆等豆科植物，尤其是下午采食过多，更易引起泡沫性臌气。再生草、甘薯蔓、萝卜缨、青草等也是瘤胃臌气的主要致病饲草。

② 奶牛采食堆积发热的青草、雨露浸渍或霜雪冻结的牧草、霉败的干草，以及多汁易发酵的青贮饲料，特别是舍饲的奶牛，突然饲喂过多。

③ 饲料配合或调理不当，谷物类饲料碾磨过细，饲喂过多，饲草不足；玉米、豆饼、花生饼、棉籽饼、酒糟、干麦芽等，未经浸渍和调理；矿物质不足，钙、磷比例失调等，都可成为本病的致病因素。

④ 给奶牛加喂胡萝卜、甘薯、马铃薯、芜菁等多汁块根饲料；开春后，在草场、田梗、路边、山坡上刈草喂牛或放牧误食毒芹、乌头、白藜芦、佩兰、白苏或毛茛科等有毒植物，乃至采食桃、

李、杏、梅等富含氰苷类毒物的幼枝嫩叶。

（2）继发性瘤胃臌气。主要见于前胃弛缓，创伤性网胃腹膜炎，食道阻塞、痉挛和麻痹，迷走神经胸支或腹支受损，纵隔淋巴结结核性肿胀，食道癌，以及前胃粘连等疾病经过中，是瘤胃内气体排出障碍所致。

2. 症状

通常在采食大量易发酵饲料后数小时甚至在采食中突然发病，病情发展急剧。

病初，牛兴奋不安，精神沉郁，食欲废绝，反刍停止；结膜充血，角膜周边血管扩张；回头望腹，不断起卧，表现腹痛。随着病程发展，病牛呆立不动，黏膜发绀，呼吸急促，出汗，皮温不整，步态蹒跚，以致突然死亡。

肚腹迅速膨大，腰旁窝鼓起，腹壁紧张而有弹性，叩诊呈鼓音（图 12－13）。随着瘤胃臌气，膈肌受压迫，呼吸用力而促迫，甚至伸展头颈，张口伸舌呼吸，每分钟达 60 次以上。

心搏亢进，脉搏疾速，脉性强硬，每分钟可达 100 次以上。病的后期，心力衰竭，脉不感手，病情危重。

泡沫性臌气时，病牛常有泡沫状唾液从口腔逆出或喷出。瘤胃穿刺时，只能断断续续地排出少量气体，同时瘤胃液随着胃壁收缩向上涌出，放气困难。

病末，心力衰竭，静脉怒张，口色青紫，呼吸极度困难，神情恐惧。由有毒植物引起的，颜貌忧苦，流涎或吐沫；站立不稳，往往突然倒地抽搐，出现窒息，顿时死亡。

本病的病程短促，重剧病例如不及时采取急救措施，可于数小时内窒息死亡。轻症病例，及时治疗，可以迅速痊愈，预后良好。消胀后又复发的，预后多不良。

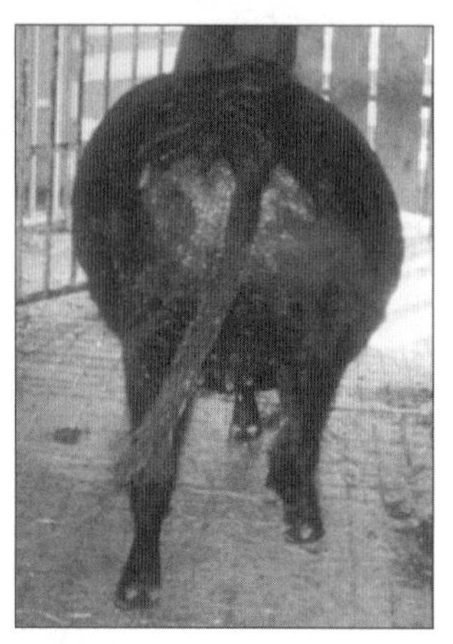

图 12－13　瘤胃急性臌气，腹围增大明显

3. 治疗

治疗原则在于排气消胀，理气止酵，强心输液，健胃消导。

奶牛病初，病情轻者，抬举其头，用草把按摩腹部，促进瘤胃收缩和气体排出。松节油 20～30 mL，鱼石脂 10～15 g，乙醇 30～50 mL，加温水适量，一次内服，可止酵消胀。或使病牛立于斜坡上，保持前高后低姿势，不断牵引其舌，或用木棒涂油让病牛衔在口内，促进气体排出。

重症病例，应行瘤胃穿刺放气。游离气体性臌气，可用稀盐酸 10～30 mL 或鱼石脂 15～25 g，乙醇 100 mL，常水 1 000 mL，或 8%氧化镁溶液 600～1 000 mL，从穿刺针孔注入瘤胃，防腐止酵。用 0.25%普鲁卡因溶液 50～100 mL，青霉素 100 万 U，注入瘤胃内。

泡沫性臌气宜用 2%聚合甲基硅煤油溶液 100 mL，加水稀释后内服。

应用豆油、花生油、菜籽油、香油，300 mL，加温水 500 mL，制成油乳剂，通过胃管投入，或用套管针注入瘤胃内，可降低泡沫的稳定性，迅速消胀。

草原上放牧牛群发生泡沫性臌气时，危急病例，用奶油 500 mL，加水适量灌入瘤胃内。

用液状石蜡 500～1 000 mL，松节油 30～40 mL，加常水适量内服，也有消沫消胀作用。

用药无效时，应立即施行瘤胃切开术，取出其中内容物。若有条件，于排气后接种健康瘤胃液 3～6 L，并将青霉素投入瘤胃内，可提高治疗效果。

在治疗过程中，应注意调整瘤胃内容物的 pH。当 pH 降低时，可用 2%～3%碳酸氢钠溶液进行瘤胃洗涤。也可给予盐类或油类泻剂，促进瘤胃内腐酵物质排出。必要时可用毛果芸香碱 20～50 mg 或新斯的明 10～20 mg，皮下注射，以兴奋前胃神经，增强瘤胃收缩力，促进反刍与嗳气。

4. 预防

注意饲料保管与调制，防止饲料霉败；谷物饲料不宜粉碎过细。不可饥饱无常，更不宜骤然变换饲料；舍饲牛羊群开春变换饲料应逐步进行，以增强其消化功能的适应性。放牧牛群夜间或临放牧前，先饲喂干谷草、羊草、稻草或作物的秸秆。易发酵的牧草，特别是豆科植物，应刈割后饲喂。

奶牛放牧前，可适当饲喂有抗泡沫作用的表面活性物，如豆油、花生油、菜籽油等。

在牧区，可于放牧前饲喂乳化的牛羊脂，效果也很理想。治疗用的聚氧化乙烯、聚氧化丙烯合剂，加少量植物油 20～30 mL，于放牧前灌服，或混在饮水中饮服。

三、慢性瘤胃臌气

奶牛慢性瘤胃臌气（chronic ruminal tympany）不是独立的疾病，而是其食道、前胃、皱胃以及肠道等诸多慢性疾病经过中的一种综合征。

1. 病因

主要起因于奶牛瘤胃运动机能减弱，产生的气体不能完全排出，或嗳气活动发生障碍。

前胃弛缓、创伤性网胃炎、前胃排泄孔阻塞、瘤胃与腹膜粘连、慢性腹膜炎、网胃或瓣胃与膈粘连、创伤性心包炎、瓣胃秘结、慢性皱胃疾病、肠狭窄及慢性肝疾病等，均能引起瘤胃和网胃臌气。

食道狭窄、扩张、肿瘤，纵隔淋巴结结核性肿大，肝棘球蚴病，支气管新生物，以及支配食道的迷走神经损伤，前胃内积沙、结石或毛球阻塞等，可伴发慢性瘤胃臌气。

2. 症状

周期性发作，左腰旁窝凸出，肚腹中等膨胀。病情反复，时而消胀，时而胀大，常于采食或饮水后发作。瘤胃收缩力正常或减弱。病情发展缓慢，往往出现间歇性便秘和下痢。随着病程的延续，病牛显著消瘦，生产性能降低，泌乳量显著减少。

3. 治疗

其根本在于治疗原发病，对症治疗多无效果。

四、瘤胃食滞

瘤胃食滞（impaction of rumen）又称瘤胃积食或瘤胃阻塞，是接纳过多或后送障碍所致的瘤胃急性扩张。其临床特征是，瘤胃运动停滞（stasis），容积增大，充满黏硬内容物，伴有腹痛、脱水和自体中毒等全身症状。

本病是奶牛的一种多发病，舍饲的奶牛尤为常见，发病率占前胃疾病的 12%～18%。多发于早春和晚秋，可导致死亡。

1. 病因

本病按其病因，可分为原发性瘤胃食滞和继发性瘤胃食滞。

(1) 原发性瘤胃食滞。概因贪食，瘤胃接纳过多所致。例如，贪食过量适口性好的青草、苜蓿、紫云英（红花草）、甘薯、胡萝卜、马铃薯等青绿或块根块茎类饲料；由放牧突然变为舍饲，特别是饥饿时采食大量谷草、稻草、豆秸、花生秧、甘薯蔓、羊草乃至棉秆等难以消化的粗饲料；过食豆饼、花生饼、棉籽饼，以及酒糟、豆渣等糟粕类饲料；过食谷类、块根块茎类高糖饲料时，常引起酸过多性瘤胃食滞；过食豆科植物、籽实、尿素等高氮饲料时，常引起碱过多性瘤胃食滞。

（2）继发性瘤胃食滞。概因瘤胃内容物后送障碍所致，见于其他胃肠疾病的经过中，如创伤性网胃腹膜炎、瓣胃秘结、皱胃变位、迷走神经性消化不良、皱胃阻塞、黑斑病甘薯中毒等。

2. 临床表现

（1）初期。病牛神情不安，目光呆滞，拱背站立，回头观腹，后肢踢腹或以角撞腹，有时不断起卧，痛苦呻吟，表现肚腹疼痛。食欲废绝，反刍停止，空嚼，流涎，嗳气，有时作呕或呕吐（图 12-14）。瘤胃蠕动音减弱以致完全消失。触诊瘤胃，内容物黏硬或坚实，用拳按压留浅痕，甚至重压也不留痕。腹部膨胀，肷窝平满或稍显突出。瘤胃背囊有一层气帽，穿刺时可排出少量气体和带有腐败酸臭气味并混有泡沫的液体。腹部听诊，肠音微弱或沉衰。排粪量减少，粪块干硬呈饼状。有的排淡灰色带恶臭的软粪或发生下痢。直肠检查时可见瘤胃扩张，容积增大，其内充满黏硬的内容物，有的内容物松软呈粥状。

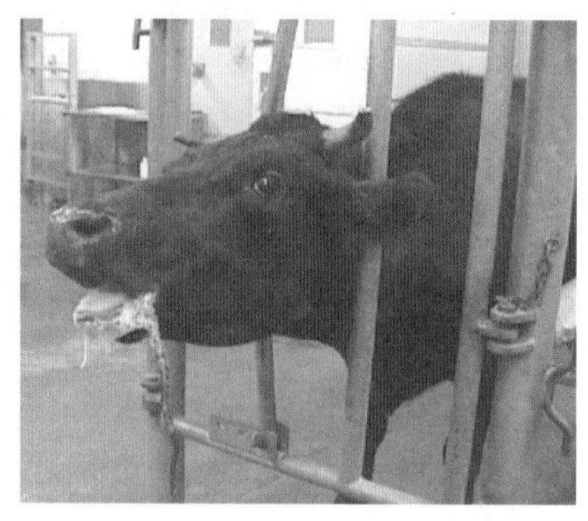

图 12-14　瘤胃食滞病牛，伴有流涎、口吐白沫症状

（2）晚期。病情恶化，肚腹更加膨胀，呼吸促迫，心动亢进，脉搏疾速，皮温不整，四肢、耳根及耳郭冰凉，全身肌颤，眼球下陷，黏膜发绀，运动失调乃至卧地不起，陷入昏迷，或因脱水和自体中毒而陷入虚脱状态。

病症取决于积滞内容物的性质和数量。轻症病例、应激因素引起的，常于短时间内康复。一般病例，及时加以治疗，3～5 d 后也可痊愈。继发性瘤胃食滞，病程较长，持续 7 d 以上的，瘤胃高度弛缓，陷入弛缓性麻痹状态，预后大多不良。

3. 诊断

依据肚腹膨胀，肷窝平满，瘤胃内容物黏硬或坚实，以及呼吸困难、黏膜发绀、肚腹疼痛等症状，可论证诊断为瘤胃食滞。依据过食的生活史或其他胃肠疾病病史，可确定其病因病程类型为原发性瘤胃食滞或继发性瘤胃食滞。依据瘤胃内容物酸碱度（pH）测定，可确定为酸过多性瘤胃食滞或碱过多性瘤胃食滞。在鉴别诊断上，通常考虑以下疾病，鉴别要点如下。

（1）前胃弛缓。食欲减退，反刍减少，触诊瘤胃内容物呈面团样或粥状，无肚腹疼痛表现，全身症状轻微。

（2）急性瘤胃臌气。肚腹膨胀，肷窝凸出，触诊瘤胃壁紧张而有弹性，叩诊呈鼓音或金属性鼓音，呼吸高度困难，伴有窒息危险，且病情发展急剧，泡沫性瘤胃臌气尤甚。

（3）创伤性网胃炎。精神沉郁，头颈伸展，姿势异常，嫌忌运动，触诊网胃区表现疼痛，有周期性瘤胃臌气，应用拟胆碱类药物则病情反而加剧。

（4）皱胃阻塞。瘤胃积液，右下腹部膨隆，而肷窝不平满，直肠检查或右下腹部皱胃区冲击式触诊，感有黏硬的皱胃内容物，病牛表现疼痛。

（5）黑斑病甘薯中毒。大量采食霉烂甘薯所致，伴有瘤胃食滞体征。鉴别要点在于，多为群体大批发生，急性肺气肿以致间质性肺气肿等气喘综合征非常突出，常伴有皮下气肿。

4. 治疗

原则是促进积滞瘤胃内容物的转运和消化，缓解或纠正脱水和自体中毒。

治疗瘤胃食滞，古今中外，惯用下列胃肠消导疗法：

病初时，停止饲喂1～2 d，施行瘤胃按摩，每次5～10 min，隔30 min 1次，或先灌服大量温水，然后按摩；或用酵母粉500～1 000 g，常水3～5 L，一天两次分服。

病情较重时，用硫酸镁或硫酸钠300～500 g，液体石蜡或植物油500～1 000 mL，常水6～10 L，一次灌服。投服泻剂后，用毛果芸香碱0.05～0.2 g，或新斯的明0.01～0.02 g等拟胆碱类药物，皮下注射，以兴奋前胃平滑肌，促进瘤胃内容物运化。有时，先用1%食盐水洗涤瘤胃，再静脉注射促反刍液，即10%氯化钙液100 mL，10%氯化钠液100～200 mL，20%安钠咖注射液10～20 mL，以改善中枢神经系统调节功能，增强心脏活动，促进胃肠蠕动，促进反刍。

病后期，除反复洗涤瘤胃外，还要及时用5%葡萄糖生理盐水2 000～3 000 mL，20%安钠咖注射液10～20 mL，静脉注射，以纠正脱水。或者用5%碳酸氢钠液300～500 mL或11.2%乳酸钠溶液200～300 mL。静脉注射。另用5%硫胺素注射液40～60 mL，肌内注射，以促进丙酮酸氧化脱羧，缓解酸血症。

药物治疗如不见效果，应即进行瘤胃切开术，取出其中的内容物，同时进行瘤胃探查，取出网胃内的金属异物并接种健牛的瘤胃液。

五、创伤性网胃腹膜炎

创伤性网胃腹膜炎（traumatic reticuloperitonitis）是因采食的饲料中混杂钉、针、铁丝等尖锐金属异物，落入网胃，刺损胃壁，甚至穿过胃壁刺损腹膜、肝、脾和胃肠所引起的炎症。

1. 病因

本病的发病条件是饲草饲料中、牛舍内外地面上，散落的各种尖锐金属异物。奶牛采食快，不咀嚼，舌面有后倾的角质乳头，异物可随饲草囫囵吞咽以及有舐食癖，是牛多发本病的内在原因。常见的金属异物有铁钉、铁丝、大头针、图钉、硬币以及碎铁片、玻璃片等。其危害性很大，不但会使网胃损伤，造成网胃穿孔，还可刺损邻近的组织器官，导致急剧的炎性病理变化。曾见淮南奶牛场淘汰3头奶牛的网胃壁中均嵌入饲料粉碎机上销钉2～4根，并已被结缔组织和干酪样物质所包埋，形成慢性创伤性网胃腹膜炎。

本病多见于食欲旺盛、采食迅速的青壮年奶牛。随着工业的发展，发病率显著增高。一般病例均可自然康复，严重病例难免死亡。实际上，在健康奶牛群中，运用金属异物探索器检查，阳性反应率可达80%。误咽的金属异物多数落入网胃底，即使少数进入瘤胃，仍可随同瘤胃内容物运转进入网胃。是否发病，主要取决于腹内压的变化。瘤胃食滞、瘤胃臌气、重剧劳役，或妊娠、分娩及奔跑、跳沟、滑倒、手术保定等情况下，腹内压急剧升高，网胃强烈收缩，是促发本病的重要因素。

2. 症状

病初，通常表现前胃弛缓，食欲减退，瘤胃运动减弱，反刍缓慢，不断嗳气，周期性瘤胃臌气。肠蠕动音减弱，有时发生顽固性便秘，后期下痢，粪有恶臭。奶牛泌乳量减少。由于网胃疼痛，病牛有时突然起卧不安。病情逐渐发展，显现下列各种临床症状：

（1）站立姿势。多数病例弓背站立，头颈伸展，眼睑半闭，两肘外展，保持前高后低姿势，呆立而不愿移动。

（2）运动异常。病牛动作缓慢，迫使运动时，畏惧上下坡、跨沟或急转弯；在砖石、水泥路面上行走，止步不前，神情忧郁。

（3）起卧姿势。病牛经常躺卧，起卧时极为小心，肘部肌肉颤动。时而呻吟或磨牙，有的呈犬坐姿势，显现膈肌被刺损的示病症状。

（4）疼痛反应。由于前胃神经受到损害，引起疼痛反射，背腹部肌肉紧缩，背腰强拘。网胃区叩诊，病牛畏惧、回避、退让、呻吟或抵抗，表现不安。用力压迫胸椎棘突和剑状软骨时，有疼痛表现。

(5) 敏感区所见。网胃敏感区指的是鬐甲部皮肤即第6～8对脊（胸）神经上支分布的区域。用双手将鬐甲部皮肤紧捏成皱襞，病牛即因感疼痛而凹腰。将牛头转向左侧，并将鬐甲后端皮肤捏成皱襞提起，即可在鼻孔近旁听到一种低沉的呻吟声。

(6) 异常动作。有的病例反刍、咀嚼、吞咽动作异常。反刍时先将食团吃力地逆呕到口腔，小心咀嚼；吞咽时伸头缩脖，颜貌忧苦，食团进入食道后，作片刻停顿再继续下咽。整个吞咽动作显得不太顺畅，极不自然。这种现象常见于金属异物刺入网胃前壁，或在食道沟内嵌留时。这样的病牛若用拟胆碱制剂皮下注射，则疼痛不安加剧，上述反刍、咀嚼、吞咽动作异常更为明显。

(7) 全身状态。病畜的体温、呼吸、脉搏一般无显著变化。但在网胃穿孔性腹膜炎时，全身症状重剧，体温上升至39.5～40℃，颈静脉怒张；呼吸浅表急促，心力衰竭，全身战栗，可视黏膜发绀，微血管再充盈时间延长，肢体末梢部冷凉乃至厥冷，突然死于内毒素休克。

(8) 血液学检查。病初白细胞总数可增至（11～16）$\times 10^9$个/L，中性粒细胞增至45%～70%，淋巴细胞减少至30%～45%。两者的比例倒置。但也有白细胞总数减少的。

(9) 伴发局限性腹膜炎。伴发局限性腹膜炎时，中性粒细胞增多。其中，分叶核达40%以上，幼稚型和杆状核占20%左右，核型左移，如无并发病，两三天后白细胞总数即趋于正常。但慢性病例，白细胞总数中度增多，中性粒细胞和单核细胞增加。

(10) 伴发急性弥漫性腹膜炎。伴发急性弥漫性腹膜炎，白细胞总数显著减少，甚至低于4×10^9个/L，而幼稚型和杆状核的绝对数比分叶核还高，呈退化性左移，表明病情重剧。

(11) 病程缓慢。有些病例，由于结缔组织增生或异物被包埋，形成瘢痕而自愈。多数病例呈现慢性前胃弛缓、周期性瘤胃臌气，久治不愈。重剧病例，伴发穿孔性腹膜炎，病情发展急剧，往往于数小时或数天内死亡。有的可能继发肝脓肿、脾脓肿、膈脓肿，乃至局限性或弥漫性腹膜炎，造成腹腔脏器广泛粘连，陷于长期消化不良，逐渐消瘦，进而被淘汰。

3. 诊断

临床症状典型、示病症状明显的病例并不多见，多数伴有迷走神经性消化不良综合征，临床诊断困难。

临床诊断的主要依据：前胃弛缓、瘤胃周期性臌气、迷走神经性消化不良等消化障碍症；慢性病程；站立和运动姿势异常、反刍和吞咽动作异常以及出现网胃疼痛的各种表现。

金属异物探测和X线检查对确定本病的病性并无价值。

4. 防治

(1) 治疗。

① 病的初期。金属异物刺损网胃壁时，应使病牛站立于斜坡上，或具有15～20 cm倾斜的平板上，保持前躯高后躯低的体姿，同时限制饲料日量，尤其是饲草量，降低腹腔脏器对网胃的压力，以利于异物从网胃壁上退出。用青霉素300万U与链霉素5 g，以0.5%普鲁卡因溶液作溶媒，肌内注射；或用磺胺二甲嘧啶，按每千克体重0.15 g剂量内服，每天1次，连续5～7 d。多数病例伴有弥漫性腹膜炎，如能早期确诊，并及时应用广谱抗生素进行治疗，可望治愈。通常用盐酸土霉素或四环素及生理盐水，腹腔注入，每天1次，连续3～5次。

② 手术疗法。施行瘤胃切开术，从网胃壁上摘除异物。如在早期又无并发病，手术后加强护理，疗效在90%以上。

(2) 预防。

① 加强饲养管理，注意饲料调理，防止饲料中夹杂金属异物。

② 村前屋后、作坊、仓库、铁工厂及垃圾堆附近不可放牧。从工厂区附近收刈的饲草、饲料应

注意检查。奶牛养殖场和种牛繁殖场，可应用电磁筛、磁性吸引器清除混杂在饲料中的金属异物。

③ 有条件的养殖场，可用金属异物探测器，对牛群进行定期健康检查。必要时，可应用金属异物摘除器从瘤胃中清除异物。

六、皱胃左方变位

皱胃左方变位（left displaced abomasum，LDA）是皱胃变位的一种常见病型，即皱胃由腹中线偏右的正常位置经瘤胃腹囊与腹腔底壁间潜在空隙移位并嵌留于腹腔左侧壁与瘤胃之间（图 12-15）。

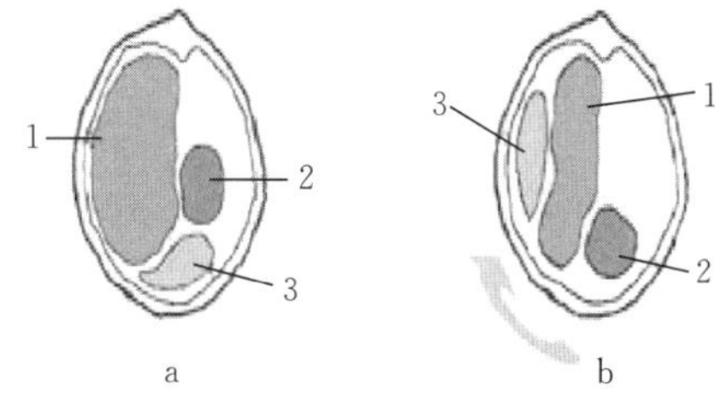

图 12-15　皱胃正常位置与左方变位的横切面示意图

a. 正常位置　b. 左方变位

1. 瘤胃　2. 瓣胃　3. 皱胃

本病几乎只发于奶牛，尤其多发于 4～6 岁的中年奶牛和冬季舍饲期间。常见于泌乳早期，约 80%的确诊病例发现于产后泌乳的前 1 个月之内。

1. 病因

关于 LDA 的病因和发生机理，有以下说法：

（1）皱胃弛缓说。认为胃壁平滑肌弛缓是皱胃发生臌胀和变位（尤其左方变位）的病理学基础。因此，皱胃变位尤其是左方变位的基本病因是各种可引发皱胃弛缓的因素。

优质谷类饲料，如玉米和玉米青贮，是主要的病因学因素。皱胃左方变位最常发生于体格大而产奶量高的奶牛。

西欧和北美奶牛高精料舍饲，LDA 发病率高，而新西兰和澳大利亚奶牛低精料牧饲，LDA 发病率低。这表明，LDA 的发生显然与高精料、低精料舍饲有关，以致曾一度将 LDA 归类为生产性疾病（production disease），命名为产量病（disorder of throughput）。优质谷类饲料据认为可加快瘤胃食糜的后送速度，使进入皱胃内的挥发性脂肪酸浓度剧增而抑制胃壁平滑肌的运动和幽门的开放，导致食物滞留并产生 CO_2（$NaHCO_3+HCl$）以及 CH_4、N_2 等气体，引起皱胃的弛缓、臌胀和变位。

一些产后疾病常使皱胃运动性进一步减弱，是促发 LDA 的潜在因素。如胎衣滞留、子宫内膜炎、乳腺炎、创伤性网胃腹膜炎（反射性皱胃弛缓）、低钙血症、皱胃深层溃疡（肌源性皱胃弛缓）以及迷走神经性消化不良（神经性皱胃弛缓）时，容易发生 LDA。

试验证明，代谢性碱中毒也可引起皱胃弛缓而使排空速度减慢。奶牛体内的酸碱平衡有季节性变化。高产奶牛从夏季开始向偏碱的方向改变，冬季精饲料舍饲期碱性最强，春季开始放牧后，又向偏酸的方向回复。LDA 在冬季舍饲期发生较多，除这一时期产犊较多外，可能还与季节有关。

（2）机械性因素说。认为妊娠子宫随着胎儿的逐渐增大而沉坠，机械性地将瘤胃向上抬高并向前推移，使瘤胃腹囊与腹腔底壁间出现潜在的空隙，皱胃沿此空隙向左方移位，分娩后瘤胃回复下沉，致使移位的皱胃嵌留于瘤胃和左腹壁之间。

LDA 发生的这一机械性因素说应该承认，否则难以阐明 LDA 绝大多数发生于奶牛分娩之后。但作者认为，机械性因素只是 LDA 发生的一个条件。LDA 发生的前提、根本原因或病理学基础还在于各种原因引起的皱胃弛缓、积气和臌胀。

目前一般认为，LDA 的发生发展过程大体如下：

皱胃在上述各种病因单一或复合作用下发生弛缓、积气和臌胀，在妊娠后期沿腹腔底壁与瘤胃腹囊间形成的潜在空隙移向体中线左侧，分娩后瘤胃下沉，将皱胃的大部分嵌留于瘤胃与腹腔左侧壁之间，整个皱胃顺时针方向轻度扭转，胃底部和大弯部首先变位，接着引起幽门和十二指肠变位。其后，皱胃沿左腹壁逐渐向前上方飘移，向上一般可抵达脾和瘤胃背囊的外侧，向前一般可抵达瘤胃前盲囊与网胃之间，个别的则陷入网胃与膈之间（顺时针前方变位）（图 12-16）。皱胃在瘤胃与腹壁间嵌留和挤压的部分，血行不受干扰，只是运动受到一定的限制，造成不全阻塞，仍有少量液体可通过幽门后送，多引起伴有低氯血症和低钾血症的轻度代谢性碱中毒。由于被嵌留皱胃遭到压迫，加之采食量减少，瘤胃的体积逐渐缩小。在病程延久的慢性病例，皱胃黏膜可出现溃疡，皱胃浆膜同网膜、腹壁或瘤胃发生粘连，甚至因溃疡穿孔而突然致死。

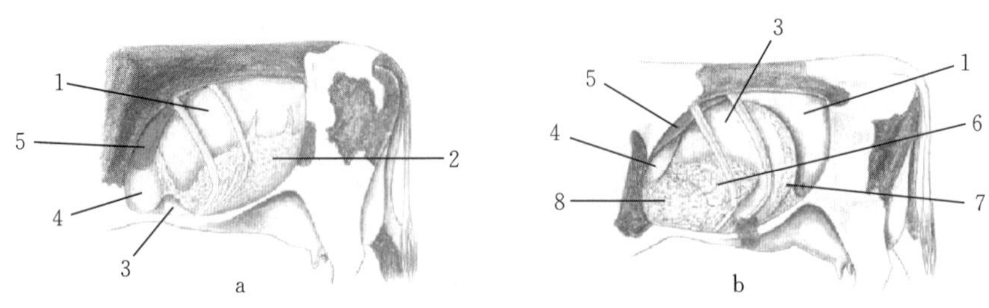

图 12-16 奶牛皱胃左方变位示意图

a. 奶牛腹腔左侧脏器正常位置 b. 皱胃左方变位

1. 瘤胃 2. 浅表大网膜 3. 皱胃 4. 网胃 5. 脾 6. 小网膜 7. 大网模 8. 瓣胃

2. 症状

通常在分娩后数日或1～2周出现症状，食欲减小并偏食，不愿吃精饲料或干草。泌乳量急剧下降或逐渐减少。由于能量代谢负平衡，体重迅速减轻，明显消瘦，并出现继发性酮病，呼出的气体带烂苹果味，尿液检查有酮体。体温、脉搏、呼吸多在正常范围内，主要表现消化障碍。病牛反刍较少、延迟、无力或停止。瘤胃运动弱、短促以致绝止。排粪迟滞或腹泻，有的便秘与腹泻相交替。粪便呈油泥状、糊糊样，潜血检查多为阳性。据统计，慢性病例排粪迟滞的居多，持续腹泻的仅占20%～40%。一般病例不显腹痛。有的牛每当瘤胃强烈收缩时呻吟、踏步、踢腹，有轻微的腹痛不安的表现。皱胃显著臌胀的急性病例，腹痛明显，并发瘤胃臌胀。

本病的示病性体征几乎全部显现于腹部。如不认真检查腹部，反复进行仔细的腹部视、触、听、叩诊，这些有诊断价值的体征常被遗漏而误诊为原发性酮病和/或创伤性网胃腹膜炎。

(1) 视诊腹围。腹围显著缩小，两侧肷窝部塌陷，右侧腹壁膨隆度变小而显得比较平坦，左侧肋弓部后下方、左肷窝的前下方出现局限性凸起，有时凸起部由肋弓后方向上延伸，几乎到达肷窝顶部，该部触诊有气囊样感觉，叩诊发鼓音。

(2) 听诊左侧腹壁。可于第9～12肋骨弓下缘、肩-膝水平线上下听到皱胃音，其音性为带金属音调的流水音或滴落音（叮铃声），出现频度时多时少，多时5 min 2～3次，少时15 min 1次，且与瘤胃运动无关。

(3) 用手掌用力推动叮铃音明显处。可感知局限性震水音。用听叩诊结合的方法，即用手指或叩诊锤叩击肋骨，同时在附近的腹壁上听诊，常能在皱胃嵌留的部位听到一种类似叩击金属管所发出的共鸣音——钢管音。钢管音区域局限，一般出现于左侧肋弓的前后，向前可达第9、10肋骨部，向下抵肩关节膝关节水平线，呈卵圆形或不正形，范围大小不一，直径小的仅为10～12 cm，大的可达35～45 cm，而且时隐时现，大小和形状随皱胃所含气液的多少以及皱胃飘移的位置而发生改变。

(4) 直肠检查。可发现瘤胃比正常更靠近腹正中，触诊右侧腹胁部有空虚感。病程数周、瘤胃体积显著缩小的，可能于瘤胃和左腹壁之间摸到臌胀的皱胃或感有较大的空隙（可容一拳）。

皱胃顺时针前方变位的病牛，钢管音深在而不易发现，左肋弓部不显现上述示病性体征。但在心区后上方、胸腔两侧长时间听诊，可发现特异的叮铃声即皱胃音。开腹探查时在网胃和膈之间可摸到臌胀的皱胃。

(5) 血液检验。可证实低氯血症、碱储偏高、血液浓缩等代谢性碱中毒和脱水指征的轻度改变。

3. 诊断

临床上遇到分娩或流产后显现消化不良、轻度腹痛、酮病综合征的病牛，经前胃弛缓或酮病常规治疗无效或复发的，除注意创伤性网胃腹膜炎外，即应着重怀疑 LDA。然后反复认真地检查腹部，尤其是左腹部，依据下列一套示病体征确立诊断：

视诊左肋弓部后上方的局限性膨隆，触之如气囊，叩之发鼓音；肋弓部后下方冲击式触诊感有震水音；在 9～12 肋间、肩关节水平线上下，运用听叩诊结合法寻找钢管音，并确定钢管音的区域，划定其形状和范围；在圈定的区域内长时间听诊，获取叮铃声；在钢管音区的直下部进行试验性穿刺，取得皱胃液。

在上述腹部示病体征不齐备时，可辅以直肠检查和超声诊断（显示液平）。必要时，应用腹腔内窥镜检查，可在瘤胃左方发现两个裂缝：腹壁与皱胃间的外侧缝；皱胃与瘤胃间的内侧缝。最后实施开腹探查并手术整复，以验证诊断的准确性。

4. 治疗

LDA 有 3 种治疗方法，即滚转复位疗法、保守疗法和手术整复固定疗法。

（1）滚转复位疗法。实施步骤是：饥饿数日并限制饮水，尽量使瘤胃容积变小；病牛左侧横卧，再转成仰卧；以背轴为轴心，先向左滚转 45°，回到正中，然后向右滚转 45°，再回到正中，如此以 90° 的摆幅左右摇晃 3～5 min；突然停止，恢复左侧横卧姿势，稍后转成俯卧，最后站立。经过仰卧状态下的左右反复摇晃，瘤胃内容物向背部下沉，对腹底壁潜在空隙的压力减轻，含大量气体的变位皱胃随着摇晃上升到腹底空隙处，并逐渐移向右侧面复位。此法复位成功率为 70%。

（2）保守疗法。即通过静脉注射钙制剂、皮下注射新斯的明等拟副交感神经药和投服盐类泻剂，以增强胃肠的运动性，消除皱胃弛缓，促进皱胃内气液的排空和复位。

以上这两种疗法的共同缺点是成功率低，对皱胃已发生粘连者无效，且容易再发。

（3）手术整复固定疗法。据文献记载共有 4 条手术径路，即左肷部切口、右肷部切口、两侧肷部同时切口以及腹正中线旁切口。这 4 种径路各有利弊。

① 左肷部切口法。可充分显露皱胃的变位部分，但复位和固定困难。

② 右肷部切口法。皱胃固定方便，但皱胃复位较难，变位部粘连时复位更不可能。

③ 两侧肷部同时切口法。皱胃复位和固定均较容易，但手术损伤大、时间长、费人力、花钱多。

④ 腹正中线旁切口法。要实施全身麻醉和仰卧保定，且术后容易污染，易形成切口疝。

国内建立的 LDA 简易手术整复固定疗法，术式简便易行，效果确实，花费少。自 1984 年以来，治愈 LDA 病牛已逾数百例，无一复发。施术全过程如下：

病牛站立保定，腰旁神经传导麻醉，配合切口局部直线浸润麻醉。左侧腹壁剃毛消毒后，于腰椎横突下方 30 cm、季肋后 6～8 cm 处，做一长 15～20 cm 的垂直切口。打开腹腔后，可在切口处直视变位充气的皱胃。用带有长胶管的针头穿刺皱胃，接上注射器或吸引器抽吸皱胃内积滞的气体和部分液体。此时术者应检查皱胃同周围器官组织有无粘连，如有粘连即行分离。然后，术者牵拉皱胃寻找大网膜并将其引至切口处。用长约 1 m 的肠线，一端在皱胃大弯的大网膜附着部做一褥式缝合并打结，剪去余端；另一端带有缝合针放在腹壁切口外备用。此时，术者实施复位，将皱胃沿左腹壁推送到瘤胃下方的右侧腹底正常位置处。皱胃复位确实无误后，术者右手掌心握着带肠线的前述备用缝合针，紧贴左腹壁伸向右腹底部，令助手在右腹壁下指示皱胃的正常体表投影位置，术者按助手所指部位将缝针向外穿透腹壁，由助手将缝针随带缝线一起拔出腹腔，慢慢拉紧缝线，术者确认皱胃复位固定后，助手用缝合针刺入旁开 1～2 cm 处的皮下再穿出皮肤，引出缝合肠线将其与入针处留线在皮外打结固定并剪去余线。最后，腹腔内注入青、链霉素溶液，按常规方法闭合腹壁切口，术后第 5 天可剪断腹壁固定肠线。术后第 7～9 天拆除皮肤切口缝线。

七、皱胃右方变位

皱胃右方变位（right displaced abomasum，RDA）与 LDA 相对应，是皱胃在右侧腹腔范围内各类型位置改变的统称（图 12－17）。皱胃右方变位，包括皱胃后方变位（AD）、皱胃前方变位、皱胃右方扭转（RTA）、瓣胃皱胃扭转（OAT）等 4 种病理类型。

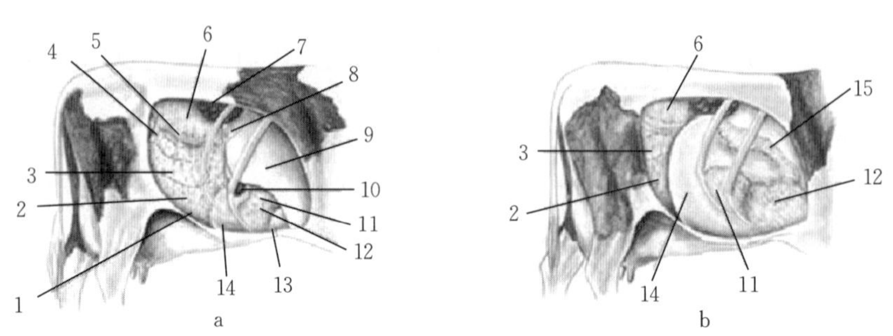

图 12－17　奶牛皱胃右方变位示意图

a. 奶牛腹腔右侧脏器正常位置　b. 皱胃右方变位

1. 浅表大网膜　2. 空肠　3. 盲肠　4. 升结肠近端环　5. 十二指肠降部　6. 降结肠　7. 右肾　8. 肝尾叶尾状　9. 肝右叶　10. 胆囊　11. 小网膜　12. 瓣胃　13. 网胃　14. 皱胃　15. 大网膜

1. 病因

皱胃右方变位的主要病因与 LDA 一样，包括可造成皱胃弛缓的各种因素。但不存在妊娠和分娩所造成的机械性病因。

RDA 与 LDA 一样，主要发生于冬季舍饲奶牛的产后。这表明其病理学基础也是皱胃弛缓和扩张，系谷物高精料饲养、冬季舍饲期运动缺乏和分娩应激等诸因素共同作用的结果。

牛 RDA 在丹麦、瑞典等北欧各国的发生率很高，据认为与冬季舍饲期体内酸碱平衡偏向碱性状态有关，摄食未清洗块根饲料上的大量泥土也具有病因学意义。

皱胃右方变位的发生发展过程一般认为大体如下：在各种因素的复合作用下，皱胃首先发生弛缓，积滞液体和气体，逐渐扩张并向后方移位或前方移位，历时数日至 2 周不等，皱胃继续分泌盐酸、氯化钠，由于排空不畅，液体和电解质不能后送至小肠回收，胃壁日益臌胀和弛缓，导致脱水和代谢性碱中毒，并伴有低氯血症和低钾血症。在此期间，疾病取亚急性经过，皱胃内积滞的液体可多达 35 L，脱水可达体重的 5%～12%，显示高位肠阻塞（麻痹性肠梗阻）的典型变化，与犊牛试验性皱胃右方变位和十二指肠阻塞一样。

在上述皱胃弛缓和/或扩张的基础上，如因跳跃、起卧、滚转、分娩等而使体位或腹压发生剧烈的改变，造成固定皱胃位置的网膜破裂，则皱胃沿逆时针方向做不同弧度的偏转而造成皱胃扭转或瓣胃皱胃扭转，导致幽门口和瓣皱孔或网瓣孔完全闭锁，发生皱胃急性梗阻，进一步积液、积气和臌胀，甚至胃壁出血、坏死乃至破裂，出现更为严重的脱水、低氯血症、低钾血症、代谢性碱中毒，直至循环衰竭，而于短时间内死亡。

2. 症状

皱胃右方变位的临床表现因病理类型不同而不同。临床上只分急性和亚急性两种病程类型。皱胃后方变位，多取亚急性型病程；皱胃右方扭转（RTA）尤其瓣胃皱胃扭转（OAT）即取急性病程；皱胃前方变位，则兼有两种病程类型，即取亚急性或急性病程。

亚急性型皱胃右方变位包括全部皱胃后方变位、大部分皱胃逆时针前方变位以及 RTA 和 OAT 的初期阶段。

大多在产犊后的3～6周逐渐显症，病初与LDA相似，但腹痛比较明显，食欲很快废绝，泌乳大减或停止，瘤胃运动减弱以致消失，有时轻度臌胀，粪便量少色暗呈糊状，体温一般正常，而鼻镜干燥、烦渴贪饮、眼球塌陷等脱水体征发展得比较迅速，心率增加，每分钟可达80～100次，全身症状比较明显。

3 d之后，右腹部明显膨大，右肋弓部后侧尤为明显。运用听叩诊结合的方法，在右肋弓部以致右腹中部可发现较大范围的"钢管音"，冲击式触诊可感有震水声。直肠检查可触到臌胀的皱胃后壁，紧张而有弹性，充满液体和气体，压不留痕（据以区别于皱胃积食），几乎占满腹腔的右下半部。经过10～14 d及时而正确的治疗，可能痊愈，预后慎重。

急性型皱胃右方变位包括RTA尤其是OAT、一部分皱胃逆时针前方变位以及个别发生破裂的皱胃扩张。

在皱胃扩张的病程中，突然发生剧烈的腹痛，表现为后蹄踢腹，两后肢频频交替踏步（treading），呻吟，不安，弓腰缩腹，取蹲伏姿势。全身症状重剧，包括心动过速，每分钟100～140次，可视黏膜苍白，体温低下，腕跗关节以下皮肤发凉，微血管再充盈时间延长，脉搏细弱，眼球塌陷等严重的脱水体征和循环衰竭体征。

消化道症状和腹部体征与亚急性型病例基本一致。不同点在于钢管音区域下部试验性穿刺抽取的pH 2.0～4.0的皱胃液呈红褐色混有血迹，粪便也混血，甚至排出的是柏油样粪。经过3～5 d，病程短急，常在48～96 h死于循环衰竭或皱胃破裂，如不及时手术整复，则康复者为数甚少，预后不良。

血液检验所见，主要包括严重的低氯血症、低钾血症、代谢性碱中毒以及重度的脱水指征。

血气分析显示，血液pH可高达7.528，剩余碱基（BE）+17.5；血氯低下，59 mmol/L；血钾降低，2.8 mmol/L；红细胞比容（PCV）由正常的30%～33%增高到40%～45%；血浆总蛋白（TPP）由正常的65～75 g/L增高到80 g/L以上。

严重的代谢性碱中毒病牛，尿液呈反常的酸性（paradoxical aciduria），据认为是低氯血症和低钾血症的结果，可能还与重度脱水时钠的潴留有一定的关系。

3. 诊断

牛皱胃右方变位的临床表现明显，论证诊断比LDA容易得多。主要依据腹痛、脱水、低氯血症、代谢性碱中毒等临床症状和血液检验所见；右腹部一套3项示病体征，即视诊肋弓后腹中部显著臌胀、叩听诊结合有范围扩大（从第9肋骨至肋弓后腹中部）的钢管音区以及冲击式触诊感震水声；钢管音区下方试验性穿刺可获得皱胃液；直肠检查可摸到积气积液、膨大紧张的皱胃后壁。4种不同病理类型可按以下要点进行区分：

（1）皱胃后方变位。腹痛较轻，病程较长，取亚急性型病程，右腹部一套3项体征齐备，穿刺胃液及所排粪便常不混血，除非后期皱胃破裂，一般不表现休克危象。

（2）皱胃逆时针前方变位。多数取亚急性型病程，临床表现和血液检验所见比后方变位重剧，且因皱胃前置，不具备右腹部一套3项示病体征，直肠检查也摸不到皱胃，如不注意搜索心区后上方的钢管音、皱胃音和震水声，常被漏诊。

（3）RTA和OAT。腹痛剧烈，全身症状重剧，恒取急性型病程，迅速出现循环衰竭体征和休克危象，排柏油样粪，穿刺皱胃液混血。即使有的因胃底部广泛坏死，穿刺的皱胃液pH为6.0～6.5，也容易与皱胃扩张区别。依据右腹部一套3项示病体征和直肠检查结果，不易误认为皱胃前方变位。至于RTA和OAT之间，临床上区分不了，即使开腹探查，也很难摸清。

（4）鉴别诊断。应考虑到显示腹痛并可能在右腹出现钢管音的一些类症，如瘤胃臌胀、腹腔积气、十二指肠和空肠积液积气、盲肠扭转、盲肠弛缓并扩张、子宫扭转并积气等。因此，一旦在右腹壁发现了钢管音，就要首先定位，并确定钢管音区的范围和形状，然后通过直肠检查、阴道检查以及体外穿刺试验等逐个加以排除。

4. 治疗

皱胃右方变位，特别是RTA和OAT，不同于LDA，单纯药物疗法和滚转疗法都不能加以矫正，一经确诊，即应施行开腹整复手术。能站立的病牛在右肷部切开，卧地的病牛在腹正中旁（右）线切口，且以前肷部切口为好，因为便于确定皱胃的解剖位置和整复的方向。

（1）皱胃右方变位和扭转整复术。六柱栏内站立保定，右肷部常规剪、剃毛和消毒。腰旁神经干传导麻醉和切口局部直线浸润麻醉。右肷部第3腰椎横突下15 cm处垂直切口20～25 cm，或右肷部上1/3、季肋后，与肋骨平行切口20～25 cm。

按常规剖腹后，膨满的皱胃即显露于创口下，居于右腹壁和肠袢之间。皱胃露出后，可先用带长胶管的针头穿刺放气减压，并做腹腔隔离缝合，即将腹膜与胃浆膜和肌层沿创缘缝合使腹腔闭合，以免污染。然后，在隔离的皱胃壁上做一浆膜肌层袋口缝合，并于袋口缝合的中部做2～3 cm长的小切口，迅速插入胃导管，同时收紧袋口缝合线，使皱胃内的积液间断性地排出（10～30 L）。积液排尽后，拔出胃导管，缝合皱胃切口，并拆除隔离缝合。最后，伸手于腹腔内，将皱胃推送至正常位置并加以缝合固定。按常规方法闭合腹壁切口。

（2）皱胃右方变位（含前后方变位和皱胃扭转）**整复术。**站立保定，右腰旁肷部向下行腹壁切开。皱胃穿刺放气减压，排出积液。然后伸手入腹腔触诊皱胃的位置和大弯部的朝向，以判断属于哪种病理类型，从而确定整复的具体方案。

① 皱胃后方变位。即单纯皱胃扩张而无扭转，则气液排出减压后，皱胃即自行恢复至正常位置，不必固定。

② 皱胃顺时针前方变位。须将皱胃从网胃与膈肌之间拽回至瓣胃后下方，使大弯部抵腹中线偏右的腹底壁而后加以固定。

③ 皱胃变位于瓣胃上方或后上方，且大弯部朝上，即皱胃扭转。其瓣-皱胃孔处拧转，是RTA；其网-瓣孔处拧转，是OAT。

整复的方法是，用左手的手掌托着皱胃的背部即大弯部，向前下方一直推送至网胃处；然后利用前臂部使瓣胃尽量向腹中线侧挤靠，而将皱胃拽回到瓣胃下方，使大弯部抵腹中线偏右的腹底壁处，恢复正常的位置；最后，通过牵引网膜，使幽门部暴露于腹切口处，实施幽门部网膜腹壁固定术（omentopexy），并按常规方法关腹。

有不少学者主张皱胃减压只排气不排积液。其好处是手术时间大大缩短，腹腔污染的机会减少，整复后皱胃积液经小肠吸收，可使低氯低钾血症和代谢性碱中毒迅速自行缓解而不必施行大量输液。

手术过程中和术后，应大量输注等渗盐水，用量为8～20 L。整复手术的成功率与病程长短有关。早期施行整复，皱胃扩张几乎全部痊愈；RTA治愈率可达75%；OAT也可达35%～50%。

八、皱胃溃疡

皱胃溃疡（abomasal ulcer）包括皱胃黏膜浅表的糜烂和侵及黏膜下深层组织的溃疡，因黏膜局部缺损、坏死或自体消化所形成。各种反刍动物均可发生，常见于奶牛。

1. 病因

（1）原发性皱胃溃疡。一般起因于饲料粗硬、霉烂、腐败、质量不良、饲料突变等所致的消化不良，特别是长途运输、惊恐、拥挤、妊娠、分娩、劳役过度等应激作用。因而本病多见于妊娠分娩的奶牛以及断奶之后的犊牛。

（2）继发性皱胃溃疡。本病常见于皱胃炎、皱胃变位、皱胃淋巴肉瘤，以及血矛线虫病、黏膜病、恶性卡他热、口蹄疫、痘疹和水疱病、病毒性鼻气管炎等疾病的经过中，致皱胃黏膜的出血、糜烂、坏死以致溃疡。

胃溃疡的发生机理还未完全搞清楚。正常情况下，胃黏膜保持着组织的完整性，表面有黏液层被覆，足可防止胃酸和胃蛋白酶的消化。奶牛的皱胃黏膜与大多数其他动物的胃黏膜一样，具有两种类型的组胺受体（histamine receptor），即 H1 和 H2。

Ⅰ型组胺受体（H1）兴奋时，毛细血管扩张，血管通透性增强，血浆渗出，血压下降，胃肠和支气管的平滑肌收缩，苯海拉明和异丙嗪等抗组胺药可阻断之。

Ⅱ型组胺受体（H2）兴奋时，表现为胃酸分泌增多，呋喃硝胺、甲咪硫脲、甲腈咪胍以及丁咪胺等抗组胺药可加以阻断。

黏膜表面缺损是形成糜烂以致溃疡的基础。但黏膜缺损未必导致黏膜糜烂，黏膜糜烂也未必导致溃疡的形成。溃疡形成的基本条件是胃酸分泌增多和黏膜组织抵抗力降低。

皱胃淋巴肉瘤时，皱胃溃疡的形成就是基于胃壁组织的淋巴细胞浸润使黏膜的血液供应发生了障碍。

动物试验显示，胆酸、挥发性脂酸以及阿司匹林等，可使胃酸分泌增多，黏膜对氢离子（H^+）的通透性大大增加，而导致胃溃疡的形成。在这种情况下，胃蛋白酶也随同扩散进入黏膜下各层，引起进一步的损伤和溃疡的纵深发展。

各种原因造成的应激状态，可刺激下丘脑肾上腺皮质系统（hypothalamic-adrenal cortexaxis），使血浆中的皮质类固醇水平增高，成为促进胃液大量分泌的主要因素。结果，胃内酸度升高，保护性黏液分泌减少或缺如，胃蛋白酶在酸性胃液中逐渐浸蚀消化黏膜的缺损部，而导致糜烂和溃疡的形成。

（3）剖检所见。幽门区和胃底部黏膜皱襞上散在有数量不等的糜烂或溃疡。糜烂为数众多，浅表而细小。溃疡大多在胃底部的最下部，少数在胃底部和幽门部的交界处，呈圆形或椭圆形，其长轴通常与皱胃的长轴相平行，边缘整齐，界限明显，直径从 3～5 mm 至 50～60 mm，深度可达黏膜下、肌层、浆膜层。有的发生穿孔，或被网膜围住，在腹腔中形成一个直径 12～15 cm 的大囊腔，填满血液、食糜和坏死的碎屑，发展为慢性局限性腹膜炎；或食糜和血液从穿孔处流入腹膜腔，造成腐败性腹膜炎而于短时间内死于内毒素休克。

2. 症状

取决于溃疡的数量、范围和深度。依据是否并发出血和穿孔，大体分为 4 种病型。

（1）Ⅰ型。糜烂及溃疡型。皱胃内出现多处糜烂或浅表的溃疡；出血轻微或不伴有出血。

此型皱胃溃疡多见于犊牛，无明显的全身症状，除粪便有时能检出潜血外，临床表现同消化不良，生前诊断颇难。但这样的糜烂和溃疡常能自行愈合，预后良好。屠宰时皱胃黏膜面可见瘢痕化的病灶。

（2）Ⅱ型。出血性溃疡及贫血型。皱胃内的溃疡范围广，至少深及黏膜下，损伤了胃壁血管，但未贯通浆膜层。

此型皱胃溃疡是最常见的临床病型，表现为突然厌食，轻度腹痛，心动过速（每分钟 90～100 次），产奶量急剧下降，排柏油样粪以及可视黏膜苍白等失血性贫血的症状。2～5 岁青壮年牛的出血性溃疡，通常是与皱胃淋巴肉瘤无关的良性出血性溃疡（benign bleeding ulcers），出血很急，但经过输血抢救后大多经 4～6 d 即开始康复或转为慢性溃疡阶段而停止出血。

6 岁以上老龄牛的出血性溃疡，很可能是与淋巴肉瘤有关的溃疡（iymphosarcoma-associated ulcers），其临床特点是慢性腹泻和黑粪，持续性出血，溃疡不能愈合，渐进性消瘦，直至死亡。

（3）Ⅲ型。溃疡穿孔及局限性腹膜炎型。临床表现酷似创伤性网胃腹膜炎，包括不规则发热，厌食，反复发作前胃弛缓或臌气以及隐微的腹痛、呻吟、不愿走动、运步拘谨等腹膜炎症状。两者的区分在于腹壁触痛点不同：皱胃溃疡的压痛点在剑状软骨的右侧，而创伤性网胃炎腹膜炎的压痛点在剑状软骨的左侧。

(4) Ⅳ型。溃疡穿孔及弥漫性腹膜炎型。此型最不常见。临床表现为发热，全身肌颤和出汗，呼吸促迫，心动过速，结膜发绀，脉搏细弱以致不感于手，肢体末端厥冷，站立不动或卧地不起，白细胞数急剧减少等败血性休克的体征。腹腔穿刺可获得污秽混浊的褐绿色混血的腹腔液。通常于显症后的 24～48 h 死亡。

3. 诊断

Ⅰ型皱胃溃疡：黏膜局限性糜烂和坏死浅在，不表现特征性临床症状，易误认为一般性消化不良，不易确诊。

Ⅱ型皱胃溃疡：出血严重，依据排柏油样黑粪和明显的出血性贫血体征，不难诊断。但有些病例因继发性幽门痉挛或伴发幽门毛球阻塞（犊牛）而在胃出血后的一定时间（24～48 h）内不见黑粪排出，且直肠检查或右肋弓后腹胁部触叩诊有积液积气而臌胀的皱胃，很容易误诊为皱胃右方变位或扭转，应注意鉴别。

在这种情况下，应重视突然出现的明显乃至重剧的贫血体征，并在胸骨剑突后右侧做皱胃的深部触诊，以发现隐痛和呻吟。该痛点的特征是深压时不痛，而检手抬举时疼痛，与人的阑尾炎反弹性疼痛（rebound pain）相仿。

对表现慢性腹泻，长期排黑粪，渐进消瘦和贫血的Ⅱ型皱胃溃疡病牛，应考虑皱胃淋巴肉瘤的存在，必要时可进行牛白血病病毒（BLV）有关的病原学检验。

Ⅲ型皱胃溃疡：主要表现局限性腹膜炎症状，应注意与网胃腹膜炎区别，鉴别要点如前所述。

Ⅳ型皱胃溃疡：呈急性穿孔性弥漫性腹膜炎表现，症状典型，容易确诊。

4. 治疗

治疗原则是镇静止痛，抗酸制酵，消炎止血。

(1) 病情较轻的Ⅰ型和Ⅱ型病畜。应保持安静，改善饲养，给予富含维生素 A、蛋白质的易消化饲料，如青干草、麸皮、大麦、胡萝卜等，避免刺激和兴奋，减少应激刺激。

① 减轻疼痛和反射性刺激，防止溃疡的发展，应镇静止痛，用安溴注射液 100 mL，静脉注射，或用 2.5%盐酸氯丙嗪溶液 10～20 mL，肌内注射。

② 中和胃酸，防止黏膜受浸蚀，宜用硅酸镁或氧化镁等抗酸剂，使皱胃内容物的 pH 升高，胃蛋白酶的活性丧失。硅酸镁 100 g，逐日投服，连续 3～5 d，氧化镁（日量）每 450 kg 体重 500～800 g。连续 2～4 d 投服，对某些病牛有效；将上述抗酸剂直接注入皱胃，效果更好，但通过腹壁的皱胃注入技术难以掌握。有人提出腹壁上留置一根穿入皱胃的套管的方法，避免重复注入和失误。

③ 制止胃酸分泌，国外兽医临床从 20 世纪 80 年代开始试用各种Ⅰ型组胺受体（H2）阻断剂，如甲腈咪胍、呋喃硝胺等。甲腈咪胍每千克体重 8～16 mg，每天 3 次投服，可明显地减少胃酸分泌。此类药物用量颇大，价格昂贵，除非良种种畜，一般不宜采用。

④ 保护溃疡面，防止出血，促进愈合，犊牛可用亚硝酸铋 3～5 g，于饲喂前 30 min 口服，每天 3 次，持续 3～5 d。

(2) 出血严重的Ⅱ型病畜。应着重制止出血，可应用维生素 K 制剂；1%刚果红溶液 100 mL，静脉注射；也可用氯化钙溶液或葡萄糖酸钙溶液加维生素 C，静脉注射。但最好实施输血疗法，一次输给 2～4 L（犊牛）或 6～8 L（成牛），既可补充血容量，又可有效地制止出血，救治效果良好。

(3) Ⅲ型病畜。应按创伤性网胃腹膜炎实施治疗，应用各种抗生素并限制活动，以免炎症扩散。

(4) Ⅳ型病畜。即使开腹施行胃修补术，也常死于内毒素休克，一般不予救治，即行淘汰。

九、瓣胃秘结

瓣胃秘结（impaction of omasum）是由于前胃弛缓，瓣胃收缩力减弱，内容物充满、干燥所致的瓣胃阻塞和扩张。中兽医称为“百叶干”。本病奶牛较常见。

依据瓣胃内容物的酸碱度，可分为原发性瓣胃秘结和继发性瓣胃秘结两种病型。

1. 病因

（1）原发性瓣胃秘结。奶牛多因长期饲喂麸糠、粉渣、酒糟等含有泥沙的饲料，或受到外界不良因素的刺激和影响，惊恐不安，而导致本病的发生。突然变换饲料，或由放牧转为舍饲，饲料质量过差，缺乏蛋白质、维生素及某些必需微量元素，如铜、铁、钴、硒等；或饲养不正规，饲喂后缺乏饮水，运动不足，消化不良，也能引起本病的发生。

（2）继发性瓣胃秘结。通常伴发于前胃弛缓、皱胃阻塞、皱胃变位、皱胃溃疡、创伤性网胃腹膜炎、腹腔脏器粘连、牛产后血红蛋白尿病、生产瘫痪、牛黑斑病甘薯中毒、牛恶性卡他热、急性肝炎，以及血液原虫病和某些急性热性病经过中，系瓣胃收缩力减弱所致。

2. 症状

（1）初期。病的初期，前胃弛缓，食欲不振或减退，粪便干燥成饼状。瘤胃轻度臌气，瓣胃蠕动音减弱或消失。触诊瓣胃区（右侧第 7～9 肋间中央），病牛退让，表现疼痛。叩诊瓣胃浊音区扩大。精神迟钝，呻吟，奶牛泌乳量下降。

（2）中期。随着病程的进展，全身症状逐渐加重，鼻镜干燥、龟裂，磨牙、虚嚼，精神沉郁，反应减退；呼吸疾速，心搏亢进，脉搏可达 80～100 次/min。食欲、反刍消失。瘤胃收缩力减弱。瓣胃穿刺（右侧第 9 肋间肩关节水平线上）感到阻力加大，瓣胃不显现收缩运动。直肠检查，肛门括约肌痉挛性收缩，直肠内空虚，有黏液和少量暗褐色粪便。

（3）晚期。晚期病例，瓣叶坏死，伴发肠炎和全身败血症，体温上升至 40 ℃左右，病情显著恶化。食欲废绝，排粪停止，或仅排少量黑褐色粥状粪便，附着黏液，具有恶臭。呼吸次数增多，心搏动强盛。脉搏增至 100～140 次/min，脉律不齐，结代或徐缓。尿量减少，呈深黄色，或无尿。尿呈酸性反应，密度大，含大量蛋白、尿蓝母及尿酸盐。微血管再充盈时间延长，皮温不整，末梢部冷凉，结膜发绀，眼球塌陷，显现脱水和自体中毒体征。体质虚弱，神情忧郁，卧地不起，以致死亡。

一般病例，病程较缓，经及时治疗，1～2 周多可痊愈，预后良好。重剧病例，突然发病，病程短急，伴有瓣叶坏死及败血症，3～5 d 后卧地不起，陷入昏迷状态，终至死亡。

3. 诊断

本病的临床表现，与前胃疾病、皱胃疾病乃至某些肠道疾病相同或相似，诊断困难。有些病例，直到死后剖检时才得以发现。因此，临床诊断时，必须对病牛的胃肠道进行全面细致的检查，主要依据食欲减损或废绝，瘤胃蠕动减弱，瓣胃蠕动音低沉或消失，触诊瓣胃敏感性增高，排粪迟滞甚至停止等，做出论证诊断，必要时进行剖腹探查。

酸碱性瓣胃秘结的鉴别，可依据瘤胃内容物 pH 测定结果间接地加以推断。

4. 防治

（1）治疗。治疗原则为增强前胃运动机能，促进瓣胃内容物软化与排出。

病的初期，可用硫酸钠或硫酸镁 400～500 g，水 8～10 L（或液状石蜡 1 000～2 000 mL，或植物油 500～1 000 mL），一次内服。为增强前胃神经兴奋性，促进前胃内容物运转与排出，可同时应用

10%氯化钠溶液 100～200 mL，20%安钠咖注射液 10～20 mL，静脉注射。氨甲酰胆碱、新斯的明、盐酸毛果芸香碱等拟胆碱药，应依据病情选择应用。但妊娠奶牛及心肺功能不全、体质弱的病牛忌用!

近年来，多采取瓣胃冲洗疗法，即施行瘤胃切开术，用胃导管插入网瓣孔冲洗瓣胃。瓣胃孔经冲洗疏通后，病情随即缓和，效果良好。

病牛伴发肠炎或败血症时，应根据全身机能状态，首先用氢化可的松 0.2～0.5 g，生理盐水 40～100 mL，静脉注射。同时用 10%硼葡萄糖酸钙溶液，或撒乌安注射液 100～200 mL，静脉注射。并注意强心补液，以纠正脱水和缓解自体中毒。

(2) 预防。预防要点，尽量防止可导致前胃弛缓的各种不良因素。饲草不宜铡得过短，适当减少坚韧粗硬的纤维饲料，加强运动，并给予充足的饮水。

第三节 营养代谢疾病

一、瘤胃酸中毒

瘤胃酸中毒（rumen acidosis）系瘤胃积食的一种特殊类型，又称急性碳水化合物过食（acute carbonhydrate engorgement）、谷粒过食（grain engorgement）、乳酸酸中毒（lactic acidosis）、消化性酸中毒（digestive acidosis）、酸性消化不良（acid indigestion）或过食豆谷综合征，是由于突然超量采食谷粒等富含可溶性糖类物质，瘤胃内急剧产生、积聚并吸收大量 L,D-乳酸等有毒物质所致的一种急性消化性酸中毒。

奶牛可以群发或者散发急性瘤胃酸中毒。本病在国内外普遍存在，且逐年增多。

1. 病因

本病的实质是乳酸酸中毒或 D 乳酸酸中毒（dunlop，1965）。L,D-乳酸在瘤胃内急剧生成、大量蓄积和吸收是其发病基础。

通常发生于下列时机：为了催乳、增肥而由粗饲料突然变为精饲料；突然变更精饲料的种类或其性状；粗饲料缺乏或品质不良；偷食或偏爱过食精饲料。

所谓精饲料超量是相对的，关键在于其突然性，即突然超量。如果精饲料的增加是逐步的，则日粮中的精饲料比例即使达到 85%以上，甚至在不限量饲喂（full feeding）全精料日粮（all-concentrate rations）的育肥牛，也未必发生急性瘤胃酸中毒。

能造成急性瘤胃酸中毒的物质有：谷粒饲料，如玉米、小麦、大麦、青玉米、燕麦、黑麦、高粱、稻谷；块根块茎类饲料，如饲用甜菜、马铃薯、甘薯、甘蓝；酿造副产品，如酿酒后干谷粒、酒糟；面食品，如生面团、黏豆包；水果类，如葡萄、苹果、梨、桃；糖类及酸类化合物，如淀粉、乳糖、果糖、蜜糖、葡萄糖、乳酸、酪酸、挥发性脂肪酸。

影响谷类饲料致发本病的因素很多，主要在两个方面：一是饲料的种类和性状；二是动物的体况、习惯性和营养状态。

就谷物种类而言，小麦、大麦和玉米的“毒”性最大，而燕麦和高粱的“毒”性最小；就谷物性状而言，原粮的“毒”性最小，压片和碎粒的“毒”性较大，而粉料尤其细粉的“毒”性最大。

用一定量的大麦饲喂试验牛，其压片能造成瘤胃酸中毒，而其原粮则不会。

动物本身的体况，习惯性和营养状态对谷类饲料中毒量和致死量的影响更大。

处于应激状态的动物（如围生期奶牛、热应激状态下）比体态正常的动物对加喂谷类的适应性差，敏感性高。

加工的谷物对奶牛的一般致死量为每千克体重 25～60 g，但初喂该料的奶牛耐受性很差，采食总量仅 10 kg 即可发病，甚至致死；而习惯的奶牛耐受性较强，通常可采食 15～20 kg，即使中毒，病情也轻。

营养不良动物过食谷物比营养良好的动物更易中毒。

2. 症状

急性瘤胃酸中毒的临床症状和疾病经过，因病型不同而不同。

（1）最急性型。精神高度沉郁，极度虚弱，侧卧或不能站立，双目失明，瞳孔散大；体温低下（36.5～38.0 ℃）。重度脱水（体重的 8%～12%）。腹部显著膨胀，瘤胃停滞，内容物稀软或水样，瘤胃液 pH 低于 5.0，可至 pH 4.0，无纤毛虫存活。循环衰竭，心率每分钟 110～130 次，微血管再充盈时间显著延长（超过 5 s，甚至 10 s），通常于暴发后的短时间内（3～5 h）突然死亡。死亡的直接原因概属内毒素休克。

（2）急性型。食欲废绝，精神沉郁，瞳孔轻度散大，反应迟钝。消化道症状典型，磨牙、虚嚼、不反刍，瘤胃膨满不运动，一般触诊感回弹性，冲击式触诊听振荡音，瘤胃液的 pH 在 5.0～6.0，无存活的纤毛虫。排稀软酸臭粪，有的排粪停止。脱水体征明显，中度脱水（体重的 8%～10%），眼窝凹陷，血液黏滞，尿少色浓或无尿。全身症状重剧，体温正常、微热或低下（38.5～39.5 ℃，有的 37.0～38.5 ℃）。脉搏细弱（每分钟百次上下），结膜暗红，微血管再充盈时间延长（3～5 s）。后期出现明显的神经症状，步态蹒跚或卧地不起，头颈侧屈（似生产瘫痪）或后仰（角弓反张），昏睡乃至昏迷。若不救治，多在 24 h 左右死亡。

（3）亚急性型。食欲减退或废绝，瞳孔正常，精神委顿，能行走而无共济失调。轻度脱水（体重的 4%～6%）。全身症状明显，体温正常（38.5～39 ℃），结膜潮红，脉搏加快（每分钟 80 次上下），微血管再充盈时间轻度延长（2～3 s）。瘤胃中等充满，收缩无力，触诊感生面团样或稀软的瘤胃内容物，瘤胃液 pH 5.5～6.5，有一些活动的纤毛虫。常继发或伴发蹄叶炎和瘤胃炎而使病情恶化，病程 24～96 h。

（4）轻微型。呈消化不良体征，表现食欲减退，反刍无力或停止，瘤胃运动减弱，稍显膨满，触诊内容物呈捏粉样硬度，瘤胃液 pH 6.5～7.0，纤毛虫活力几乎正常。脱水体征不明显，全身症状轻微。数日间腹泻，粪灰黄稀软或水样，混有一定量的黏液。多能自愈。

3. 诊断

急性瘤胃酸中毒的论证诊断，依据下列 3 个方面：

（1）病史。多于突然超量摄取谷类等富含可溶性碳水化合物的食物后不久发病。

（2）体征。瘤胃充满稀软内容物，脱水体征明显而腹泻轻微或不显，全身症状重剧而体温并不升高。

（3）检验。血浆 CO_2 结合力可降到 20%以下，血液 pH 极度低下，可达 pH 7.0，血乳酸增多为 4.44～8.88 mmol/L(40～80 mg/dL)，其中出现 D-乳酸 1.11～3.33 mmol/L(10～30 mg/dL)；PCV 可高达 50%～60%；瘤胃内容物稀粥状或液状，pH 5.5～4.0，乳酸含量高达 50～150 mmol/L；乳酸杆菌和巨型球菌等革兰氏阳性菌为优势菌；尿液量少、色暗、密度大，pH 5.0 左右；粪便呈酸性，pH 5.0～6.5。

鉴别诊断对象，主要是瘤胃食滞和生产瘫痪。

与瘤胃食滞的鉴别要点：瘤胃内容物稀软而有振荡音；脱水体征突出，出现得早，发展得快；血、尿、粪、瘤胃液检验，一致显示酸中毒、全身性乳酸酸中毒。

与生产瘫痪的鉴别要点：本病的发生与妊娠和分娩没有直接关系；瘫痪、昏迷等神经症状，出现于重症晚期而不是早期主症；脱水体征明显；酸中毒检验指标的改变突出而且一致；血钙只是偏低，补钙治疗对病程发展没有显著影响，不像生产瘫痪时有立竿见影的救治功效。

4. 防治

(1) 治疗。急性瘤胃酸中毒的治疗原则：彻底清除有毒的瘤胃内容物；及时纠正脱水和酸中毒；逐步恢复胃肠功能。

除个别散发病例外，奶牛的过食性乳酸酸中毒常在畜群中暴发，应对畜群进行普遍检查，依据病程类型和病情的轻重，分别采取下列措施，逐头实施治疗。

① 瘤胃冲洗。国内外当前都推荐作为首要的急救措施，尤其适用于急性型病畜。方法是用双胃管（国外惯用）或内径 25～30 mm 的粗胶管（国内惯用）经口插入瘤胃，排出液状内容物，然后用 1%食盐水或碳酸氢钠水或自来水管水或 1∶5 石灰水反复冲洗，直至瘤胃内容物无酸臭味而呈中性或弱碱性为止。该法疗效卓著，常立竿见影。

② 补液补碱。5%碳酸氢钠液 3～6 L，葡萄糖盐水 2～4 L，给牛一次静脉输注。先超速输注 30 min，以后平速输注。对危重病畜，应首先采用此项措施进行抢救。

③ 灌服制酸药和缓冲剂。氢氧化镁或氧化镁或碳酸氢钠或碳酸盐缓冲合剂（干燥碳酸钠 150 g、碳酸氢钠 250 g、氯化钠 100 g、氯化钾 40 g）250～750 g，常水 5～10 L，牛一次灌服。单用此措施，只对轻症及某些亚急性型病畜有效。

④ 瘤胃切开。彻底冲洗或清除内容物，然后加入少量碎干草。此法耗资费时，且对瘤胃内容物 pH 4.0～4.5 的危重病牛疗效不佳。但适用于过食精饲料的初期。

(2) 预防。随着病因及病理的深入阐明，急性瘤胃酸中毒预防措施的研究也有很大进展，主要在以下 2 个方面。

① 主张日粮构成要相对稳定，强调加喂精饲料要逐步过渡，研究了妊娠期及泌乳期应激状态下的奶牛（羊）饲喂特点，规定了奶畜日粮的精粗比例。

② 精饲料内添加缓冲剂和制酸剂，如碳酸氢钠、氧化镁和碳酸钙等，使瘤胃内容物保持在 pH 5.5 以上。

二、奶牛酮病

奶牛酮病（ketosis in dairy cows）是高产奶牛产犊后 6 周内最常发生的一种以碳水化合物和挥发性脂肪酸代谢紊乱为基础的代谢病。临床上以呈现兴奋、昏睡、血酮增高、血糖降低，以及体重迅速下降、低乳及无乳为特征。

1. 病因

有原发性和继发性之分。任何由于摄入碳水化合物不足或营养不平衡，导致生糖先质缺乏或吸收减少的因素，都可引起原发性酮病。在泌乳前两个月，一些能使食欲下降的疾病，如子宫炎、乳腺炎、创伤性网胃炎、皱胃变位、生产瘫痪、胎衣不下等，都可引起继发性酮病。继发性酮病占酮病总量的 30%～40%。

奶牛摄入的各类型碳水化合物饲料作为葡萄糖而被吸收的很少，主要是通过瘤胃发酵产生乙酸、丙酸和丁酸等挥发性脂肪酸，其中丙酸能转变为草酰乙酸，作为生糖先质提供葡萄糖，其余的葡萄糖则由生糖氨基酸或甘油提供。在泌乳奶牛，所提供的葡萄糖全部用于合成乳糖。1 头每天产奶 27 L 的奶牛，通过泌乳丧失乳糖 122 g；1 头每天产奶 30～40 kg 的奶牛，每天须消耗 210～260 MJ 的能量。奶牛的泌乳高峰在产犊后 4～6 周，而其采食高峰在产犊后 8～10 周（Kelly and Whitaker，1984）。显然，在产犊后的 8 周期间内，奶牛处于缺糖及能量负平衡状态。

高产奶牛产犊后的代谢水平总是很低的。在早期泌乳阶段（至少在产奶前 2 个月），一般都处于能量负平衡状态，从而高产牛群中有 1/4～1/3 的奶牛呈现亚临床酮病，血酮水平超过 10 mg/dL，产奶量下降几千克，容易患传染病和生殖系统疾病。假如持续遭受一些营养或代谢方面的影响，就可发展为临床酮病。

奶牛摄入的碳水化合物，在瘤胃中转变成乙酸和丁酸的，能够生酮；转变为丙酸的，能够生糖（奶牛葡萄糖的主要来源）。这两组有机酸的正常比例约为 4∶1。丙酸转变为草酰乙酸，而草酰乙酸是葡萄糖的先质。乙酸和丁酸则转变为乙酰 COA。假如草酰乙酸缺乏，乙酰 COA 就不能进入三羧酸循环而转变成乙酰乙酸及 β-羟丁酸，即发生酮病。

近年研究发现，奶牛饲喂足够的碳水化合物日粮也可发生酮病，条件是这种日粮缺乏丙酸先质。同样，饲喂富含丁酸先质成分的青贮饲料，特别是玉米青贮，也是致发酮病的一个原因。

酮病通常发生于产犊后几天至几周，主要发生在产犊至泌乳高峰的一段时间内，即正值奶牛对葡萄糖的需要量增高而处于能量负平衡状态期间。临床酮病的发病率在各个牛群之间很不一样，低的1%～2%，高的可达15%或20%。其中，约10%发生于产后1周以内，70%以上发生于1个月以内，但几乎全部都发生在产后6周以内。发病率较高的牛群，一般都是那些饲养很差或产奶量很高的牛群。除泌乳量外，影响发病率的因素还有品种、年龄、胎次、饲养管理等。例如，娟姗奶牛、2～5胎奶牛及妊娠期间肥胖的奶牛，发病率都较高；摄食碳水化合物不足或生糖先质缺乏的牛群；饲喂低能量、低蛋白或高脂肪、高蛋白日粮的牛群，发病率也都较高。日粮维生素 A、钴、维生素 B_{12} 缺乏，青贮饲料过多等，也是影响发病率的因素。

2. 症状

患病初期通常出现酮尿、低乳及厌食症状。这个阶段，心细而有经验的饲养员能从病牛特殊行为及呼吸或泌乳发出的特殊气味发现酮病。泌乳的气味只要把乳头里的乳用力挤出喷射在手掌上就会放出来，酷似醋酮或氯仿的味道。颈部发汗和排尿也可有相似的气味。行为异常是神经症状的表现，最先呈现机敏和不安，往往同时过度流涎，不断舔食，异常咀嚼运动，肩部和腹胁部肌肉抽动。神情淡漠，对刺激（如尖锐的叫唤声、针头的刺痛等）无反应。有些病例，1～2 d 内还可出现机敏和不安症状，重者可围绕牛栏，以共济失调的步伐盲目徘徊，或是不顾障碍物向任何方向猛力冲击，这些过度紧张的神经症状，通常在出现不食以后就变得比较缓和。

奶牛的不食，实际上往往是偏食，对某些饲料（通常是精饲料）一吃而光，只对其他饲料表现拒食。所谓“低乳症”，即产奶量变低，病初只是轻度的，持续几周。采食减少以后，瘤胃空虚，运动减弱，两侧腰旁窝明显塌陷。粪通常坚实，外表覆盖着闪光的黏液，有时呈液状。

乳房往往肿胀，浅表静脉明显扩张。被毛外观粗糙、杂乱，往往伴随采食、饮水减少而呈现皮肤紧裹及弹性丧失。体质良好，甚至肥胖的奶牛，也可发生酮病。高产奶牛往往在早期泌乳中发生酮病之前，就已出现体重减轻。只要采食减少持续几天，病牛就迅速消瘦。

根据发病快慢、症状轻重、病程长短及神经过敏性存在与否可将牛酮病分为神经型和消化型。其实，病的早期，大多数症状是由于神经功能损害所引起，精神抑制和厌食与运动蹒跚和盲目冲击一样，都是中枢神经机能障碍的一些表现，许多症状都与消化道植物神经系统活动紊乱有关。如果采食量减少继续存在，则肝损害将不可能恢复正常，并转变成慢性酮病，厌食、精神抑制以及产奶量再也不能恢复到病前的水平。

临床检验的特征是低糖血症、酮血症和酮尿症。有些奶牛血浆游离脂酸增高。血糖水平由正常的50 mg/dL 下降至 20～40 mg/dL。继发性酮病，血糖水平在 40 mg/dL 以上。血酮水平由正常的10 mg/dL以下升高至 10～100 mg/dL，继发性酮病很少达到 50 mg/dL。尿酮浓度的变动范围很大，测定结果不能真实地反映血酮的实际水平。正常奶牛尿酮浓度通常低于 10 mg/dL，可高至 70 mg/dL，但若为 80～130 mg/dL，则表明存在原发性或继发性酮病。乳中丙酮水平很少变动，由正常的3 mg/dL 增高到平均 40 mg/dL。乳脂百分比增高，亚临床酮病亦然。

血液和瘤胃液挥发性脂酸水平增高，且瘤胃内容物丁酸显著高于乙酸和丙酸。

3. 诊断

根据奶牛高产（高于牛群的年均产奶量）、产后时间（多发生在产后4～6周，最多不超过10周）、减食（开始时多少尚有一定的食欲）、低乳（开始时泌乳量并非突然下降很多），以及神经过敏症状及呼吸气息的特殊气味，可以做出初步诊断。血酮浓度升高、血糖浓度下降及注射葡萄糖立即见效，可以确诊。

但在亚临床酮病，由于见不到明显的临床症状，主要依靠血酮定量测定来诊断。凡血酮水平超过10 mg/dL，即可确定为病牛。有人利用尿酮或乳酮的亚硝基铁氰化钠定性试验，但其准确性差，要么把酮病扩大化，要么造成漏检。

4. 防治

(1) 治疗。用于治疗奶牛酮病的方法很多，但最常用和最有效的方法，可归纳为以下3类。

① 静脉注射葡萄糖。通常为500 mL 40%的溶液，这是提供葡萄糖的最快途径。其缺点是部分葡萄糖从尿中丢失，并且注射稍快时，可激发胰岛素释放，2 h内血糖即回降至正常水平以下。因此，最好以2 000 mL葡萄糖溶液缓慢静脉滴注。只是现场条件下难以实施。

② 激素疗法。多年来一直采用糖皮质激素或ACTH治疗酮病。糖皮质激素的作用在于刺激糖异生而提高血糖水平。ACTH则刺激肾上腺皮质释放糖皮质激素。但重复应用糖皮质激素治疗，可降低肾上腺皮质活性及对疾病的抵抗力。糖皮质激素的应用剂量，建议相当于1 g可的松，肌内注射或静脉注射，如用ACTH，建议200～800 IU，肌内注射。

③ 口服葡萄糖先质。通常应用两种物质。最初应用的是丙酸钠，以后改用价格低、便于管理、味道较好的丙二醇，这两种药物的口服剂量都是125～250 g，每天2次，连续5～10 d。但饲喂或灌服蔗糖或蜜糖没有治疗效果，因为这些物质在瘤胃中转变为挥发性脂肪酸，不像葡萄糖那样能直接被瘤胃吸收。

(2) 预防。要在饲养上做好对高产奶牛酮病的预防工作是困难的，因为很难做到在妊娠后期既不过肥，也不过瘦，在产犊后既要维持高产，又要维持能量平衡。

防治酮病的饲养程序是产犊前取中等能量水平，如以粉碎的玉米和大麦片等为高能饲料，能很快提供可利用的葡萄糖。日粮中蛋白质含量应该适中，仅可占16%。优质干草至少要占日粮的30%。

当大批奶牛早期泌乳时，最好不喂最优质的青贮饲料，而以干草代替。

pH低（<3.8）的青贮饲料适口性很差，而pH高（>4.9）的青贮饲料丁酸含量高。因此，鼓励推广应用混合饲料，每种饲料组分均不超过4 kg。

药物预防，高产奶牛产犊后口服丙酸钠120 g，每天2次，连续10 d；或丙二醇350 mL，每天1次，连续10 d。

三、奶牛妊娠毒血症

妊娠毒血症（pregnancy toxemia in cattle）是因孕畜营养摄入不足，不能满足胎儿生长发育所需能量，体脂大量动员，酮体生成并蓄积所引起的一种亚急性代谢病。其血液生化特征是低糖血症和酮血症，临床特征是神经症状和卧地不起。

1. 病因

奶牛主要病因在于干乳期或妊娠后期过饲高能饲料和过肥。有的奶牛群发病率可达2.5%，病死率为90%。

2. 症状

奶牛常于分娩后数日内发病，并常伴随低钙血症、皱胃变位、消化不良、胎盘停滞及难产等疾病。主要表现为食欲减退或废绝，虚弱无力，卧地不起，出现酮尿，体温、呼吸、脉搏大都正常。有的出现两眼凝视，头部高抬，头颈部肌肉震颤等神经症状。后期，心动过速，陷入昏迷状态。

实验室检查：亚临床病例，血糖浓度低于 30 mg/dL，血钾增高，有酮尿。临床型病牛，血中酮体明显升高，乙酰乙酸浓度可达 16 mg/dL，β-羟丁酸浓度可达 125 mg/dL。临近分娩的，血钙含量降低。

3. 治疗

轻症病例，静脉注射 25%或 50%葡萄糖溶液并配合钙制剂，也可口服丙二醇 500 mL，注射同化类固醇 200～300 mg。剖宫取胎可缓解病情，提高治愈率。重症病例疗效不佳。限制妊娠最后 6 周肥胖奶牛的营养，可防治本病。

4. 防治

注意干乳期或妊娠后期的饲养管理，少喂饲高能饲料，防止过肥。

四、奶牛倒地不起综合征

奶牛倒地不起综合征（downer cow syndrome）是泌乳奶牛临近分娩或分娩后发生的一种以倒地不起为特征的临床病征。

最常发生于产犊后 2～3 d 的高产奶牛。据调查，多数（66.4%）病例与生产瘫痪同时发生，其中代谢性疾病占病例总数的 7%～25%。

1. 病因

奶牛倒地不起综合征病因比较复杂，或为顽固性生产瘫痪不全治愈，或为继发后肢有关肌肉、神经损伤，或为并发某种（些）代谢性疾病。高产奶牛分娩阶段的内环境代谢过程极不稳定，不仅可发生以急性低钙血症为特征的生产瘫痪，而且常伴发低磷酸盐血症、轻度低镁血症和低钾血症。因此，常因生产瘫痪诊疗延误而不能完全治愈，或因存在代谢性并发症而倒地不起。倒地不起超过 6 h，就可能导致后肢有关肌肉、神经的外伤性损伤而使倒地不起复杂化。

倒卧在地面上的体型大的奶牛，由于不能自动翻转，短时间内就可使坐骨区肌肉（如股薄肌、耻骨肌、内收肌等）发生坏死，大腿内侧肌肉、髋关节周围组织和闭孔肌也可发生严重损伤。后肢肌肉损伤常伴有坐骨神经和闭神经的压迫性损伤及四肢浅层神经（如桡神经、腓神经等）的麻痹。部分病例（约 10%）还伴有急性局灶性心肌炎。

目前，多数学者特别关注生产瘫痪经常伴有的低镁血症、低磷酸盐血症和低钾血症。

2. 症状

一般都有生产瘫痪病史。大多经过 2 次钙剂治疗，精神高度抑制及昏迷等特征症状消失，而倒地不起。病牛常反复挣扎而不能起立。通常精神尚可，有一些食欲和饮欲，体温正常，呼吸和心率也少有变化。不食的奶牛，可伴有轻度至中度的酮尿。卧地日久的奶牛，可有明显的蛋白尿。心搏动每分钟超过 100 次的，在反复搬移牛体或再度注射钙剂时可突然引起死亡。

有些病牛，精神状态正常，前肢跪地，后肢半屈曲或向后伸，呈“青蛙腿”姿势，匍匐爬行（creeper cow）（图 12－18）。

有些病牛，常喜侧身躺卧，头弯向后方，人工给予纠正，很快即回复原状。严重病例，一旦侧卧，就出现感觉过敏和四肢强直及搐搦。但也有一种所谓非机敏性倒地不起奶牛（non alert downer），不吃不喝，可能伴有脑部损伤。

有些病例，两后肢前伸，蹄尖直抵肘部，致使大腿内侧和耻骨联合前缘的肌肉遭受压迫，而造成缺血性坏死。倒地不起 18～24 h 的，血清肌酸磷酸激酶高于 500 IU，血清谷草转氨酶高于 1 000 IU。由于反复起卧，还可发生髋关节脱臼及髋关节周围组织损伤。

图 12-18 病牛后腿呈“青蛙腿”姿势

常伴有大肠杆菌性乳腺炎、褥疮性溃疡等并发症。病程超过 1 周，预后大多不良。有的在病后2～3 d死于急性心肌炎。

3. 诊断

奶牛倒地不起综合征病因诊断很困难。要首先确定“倒地不起”与生产瘫痪的关系。然后用腹带吊立牛体，对后肢骨骼、肌肉、神经进行系统检查，包括直肠检查及 X 线检查，并检验血清钙、磷、镁、钾，查找病因。

其血镁浓度偏低，1 mg/dL 左右，侧身躺卧，头后弯，感觉过敏，四肢强直和搐搦，可怀疑为低镁血症；其血磷浓度偏低，3 mg/dL以下，精神、食欲尚佳，单纯钙疗无效，可怀疑为低磷酸盐血症；其血钾浓度偏低，3.5 mmol/L以下，反应机敏，但四肢肌肉无力，前肢跪地“爬行”，可怀疑为低钾血症。最后通过药物治疗，验证诊断。

4. 治疗

根据可疑病因，采用相应疗法。如怀疑低镁血症，可静脉注射 25%硼葡萄糖酸镁溶液 400 mL；怀疑低磷酸盐血症，可皮下注射或静脉注射 20%磷酸二氢钠溶液 300 mL；怀疑低钾血症，则以 10%氯化钾溶液 80～150 mL，加入 2 000～3 000 mL 葡萄糖生理盐水中静脉滴注。以上治疗每天 1 次，必要时重复 1～2 次。

五、生产瘫痪

生产瘫痪（parturient paresis）又称乳热（milk fever），是奶牛在分娩前后突然发生以轻瘫、昏迷和低钙血症为特征的一种代谢病。奶牛比较常见。

本病的发生与年龄、胎次、产奶量及品种等因素有关。青年奶牛很少发病，以 5～9 岁或第 3～7 胎经产奶牛多发，约占病牛总数的 95%。病牛的产奶量均高于平均产奶量，有的达未发病牛的2～3倍。娟姗牛最易感，发病率可达 33%，其次是荷兰牛，草原品种较少发病。产后 72 h 内发病的占 90%以上，分娩前和产后数日或数周发病的极少。

1. 病因

生产瘫痪的病因一般认为与钙吸收减少和/或排泄增多所致的钙代谢急剧失衡有关。

血钙降低是各种奶牛生产瘫痪的共同特征。奶牛在临近分娩尤其泌乳开始时，血钙含量下降，但降低的幅度不大，且能通过调节机制自行恢复至正常水平。如血钙含量显著降低，钙平衡机制失调或延缓，血钙浓度不能恢复到正常水平，即发生生产瘫痪。

正常奶牛血浆（清）钙含量为 8.8～10.4 mg/dL，血钙浓度保持恒定有赖于钙进出血液的速率。

血钙来源：一是肠道吸收的钙；二是动员的骨骼储存钙。肠吸收钙，因动物对钙的需要量和饲料中可利用钙的水平而异。

肠吸收钙和骨钙动员均受甲状旁腺激素、降钙素、维生素 D 及其代谢产物的调节。

血钙去路：随粪和尿液排泄，供应妊娠期间胎儿骨骼和胎盘发育所需，维持泌乳期间乳汁中所含钙量（12 mg/L），保证母畜自身骨骼钙沉积。

妊娠后期，粪和尿液排泄的内源性钙为 10 g/d，胎儿生长需要的钙可达 10 g/d。分娩后，内源性钙随粪尿的排泄保持不变，但初乳分泌的钙达到 30 g/d，远远超过妊娠后期保证胎儿生长所需的钙量。

在产后数小时内，机体对钙的需要量至少增加 2 倍。机体为维持钙的平衡，必须加强肠道对钙的吸收和骨钙的动员，这种适应性的调节是在甲状旁腺和 1，25 -二羟钙化醇的介导下实现的。血钙浓度降低时，刺激甲状旁腺的分泌，促使肾 1，25 -二羟钙化醇合成增多，促进肠钙吸收和骨钙动员增加。骨钙的动员虽然极为迅速，但所动员的钙量仅为 10～20 g，仍不及日需要量的 50%。

生产瘫痪时小肠吸收钙的能力下降。上述适应性调节不能维持钙的平衡，血钙降低，组织中的钙水平也降低，从而影响神经肌肉的正常机能。

除甲状旁腺激素和 1，25 -二羟钙化醇外，可能还有其他因素影响低钙血症应答反应的速度和强度。如前所述，本病很少发生于青年牛，但随年龄和胎次的增加，发病率也增加。随着胎次的增加，产奶量逐渐提高，而骨钙动员能力逐渐降低。

再者，分娩时雌激素分泌增多，也可降低肠道对钙的吸收，抑制骨钙的动员。低镁血症同样可使骨钙的动员减少。

2. 症状

依据血钙降低的程度，可分为 3 个阶段。

第 1 阶段，病牛食欲不振，反应迟钝，嗜睡，体温不高，耳发凉。有的瞳孔散大。

第 2 阶段，后肢僵硬，站立时飞节挺直、不稳，两后肢频频交替负重，肌肉震颤，头部和四肢尤为明显。有的磨牙，表现短时间的兴奋不安，感觉过敏，大量出汗。

第 3 阶段，呈昏睡状态，卧地不起，出现轻瘫。先取伏卧姿势，头颈弯曲抵于胸腹壁，有时挣扎试图站起，然后取侧卧姿势，陷入昏迷状态，瞳孔散大，对光的反应消失。体温低下，心音减弱，心率不快，维持在 60～80 次/min，呼吸缓慢而浅表。鼻镜干燥，前胃弛缓，瘤胃臌气，瘤胃内容物返流，肛门松弛，肛门反射消失，排粪排尿停止。如不及时治疗，往往因瘤胃臌气或吸入瘤胃内容物而死于呼吸衰竭。

产前发病的，则可因子宫收缩无力，分娩阵缩停止，胎儿产出延迟。分娩后，往往因严重的低血钙，发生子宫弛缓、复旧不全以致脱出。

实验室检查，血钙含量低下。正常血清钙含量为 8.8～10.4 mg/dL，临近分娩时略有下降。病牛血钙含量大都低于 6 mg/dL，有的则降至 1 mg/dL。

血清磷含量降低。正常血清磷含量为 4.3～7.7 mg/dL，病牛血清磷低于 3.2 mg/dL。血清镁含量略有升高，但放牧牛的血清镁可能降低。血糖含量升高，可达 160 mg/dL，但伴发酮病的，血糖含量降低。

正常分娩牛和病牛的白细胞象呈现应激和/或肾上腺皮质机能亢进相似的改变，即中性粒细胞减少，嗜酸性粒细胞和淋巴细胞减少。

死后尸体剖检，无特征性病理学改变，有的肝、肾、心脏等实质器官发生脂肪浸润。

3. 诊断

根据分娩前后数日内突然发生轻瘫、昏迷等特征性临床症状，以及钙剂治疗迅速有确实的效果，不难建立诊断。血钙含量低于 6 mg/dL，即可确诊。

奶牛倒地不起综合征、低镁血症、奶牛肥胖综合征等疾病也可呈现与生产瘫痪类似的临床症状，而且这些疾病又常作为生产瘫痪的继发症或并发症，应注意鉴别。

（1）奶牛倒地不起综合征。通常发生于生产瘫痪之后，躺卧时间超过 24 h，钙疗效果不佳，血清磷酸肌酸激酶和门冬氨酸氨基转移酶活性显著升高，剖检可见后肢肌肉和神经出血、变性、缺血性坏死等病变。

（2）低镁血症。发病与妊娠和泌乳无关，不受年龄限制，临床表现为兴奋、感觉过敏及强直性痉挛，血镁含量低于 0.8 mmol/L。

（3）奶牛肥胖综合征。干乳期饲喂过度，以致妊娠后期和分娩时体躯过于肥胖，可并发生产瘫痪和其他围生期疾病，钙疗无效，常兼有严重的酮病。

（4）表现产后卧地不起的疾病还有产后截瘫、产后毒血症及后肢骨折、脱臼等。

4. 防治

（1）治疗。尽早实施补钙是提高治愈率、降低复发率、防止并发症的有效措施。

① 钙疗法。约有 80%的病牛静脉注射 8～10 g 钙后即刻恢复。牛常用 40%硼葡萄糖酸钙 400～600 mL，5～10 min 内注完，或 10%葡萄糖酸钙 800～1 400 mL，或 5%葡萄糖氯化钙 800～1 500 mL 静脉注射。

在钙疗中，钙剂量不足，病牛不能站起而发生奶牛倒地不起综合征等其他疾病，或再度复发。钙剂量过大，可使心率加快，心律失常，甚至造成死亡。为此，注射钙剂时应严密地监听心脏，尤其是在注射最后的 1/3 剂量时。通常是注射到一定剂量时，心跳次数开始减少，然后又逐渐回升至原来的心率，此时表明用量最佳，应停止注射。对原来心率改变不大的，如注射中发现心跳明显加快，心搏动变得有力且开始出现心律不齐时，即应停止注射。

钙疗的良好反应是：嗳气，肌肉震颤尤以腹胁部为明显，并常扩展全身，脉搏减慢，心音增强，鼻镜湿润，排干硬粪便，表面被覆黏液或少量血液，多数病牛 4 h 内可站起。

对注射后 5～8 h 仍不见好转或再度复发的，则应进行全面检查，查无其他原因的，可重复注射钙剂，但最多不超过 3 次。如依然无效或再度复发，即应改用乳房送风等其他疗法。

② 乳房送风。通过向乳房内注入空气，可刺激乳腺末梢神经，提高大脑皮质的兴奋性，从而解除抑制状态。此外，还可提高乳房内压，减少乳房血流量，以制止血钙进一步减少，并通过反射作用使血压回升。

具体方法：缓慢将导乳管插入乳头管直至乳池内，先注入青霉素 400 kU，以防感染，再连接乳房送风器或大容量注射器向乳房注气。充气顺序，一般先下部乳区，后上部乳区。充气不足，无治疗效果，充气过量则易使乳腺泡破裂。通常以用手轻叩呈鼓音为度，然后用宽纱布轻轻扎住乳头，经 1～2 h后解开。一般在注入空气后 30 min 病牛即可恢复。

乳房送风时消毒不严易引起乳腺感染，充气过量会造成乳腺损伤。但此法至今仍不失为一种有价值的治疗方法，注射钙剂无效时尤为适用，配合钙剂效果更佳。

③对症疗法。对伴有低磷血症和低镁血症的，可用 15%磷酸二氢钠 200 mL，15%硫酸镁 200 mL，静脉注射或皮下注射。瘤胃臌气时，应行瘤胃穿刺，并注入制酵剂。

（2）预防。尚无有效的预防方法，下述预防措施有一定作用。

① 在干乳期应避免钙摄入过多，防止镁摄入不足。据报道，在分娩前 1 个月饲以高钙低磷饲料（Ca∶P=3∶1），生产瘫痪的发病率增加，钙日摄取量超过 110 g 时尤为明显，而饲以低钙高磷饲料（Ca∶P=1∶3），则发病率显著降低。

钙日摄入量小于 20 g 时，预防效果最佳。推荐的方法是，在分娩前 1 个月将钙日摄入量控制在 30～40 g，钙磷比例保持在（1.1～1.5）∶1。干乳期饲以低钙日粮，可刺激甲状旁腺激素的分泌，促进肾 1，25-二羟钙化醇的合成，从而提高分娩时骨钙动员和肠钙吸收的能力，防止血钙急剧降低。

② 干乳期奶牛血浆镁浓度应维持在0.85 mmol/L以上。低于该值的即可视为亚临床性低镁血症。北半球放牧的干乳奶牛在春、秋两季易患低镁血症，而南半球多于秋季或冬季发生。至少应在产前4周至产后4周内，每天补喂氯化镁60 g。

③ 使奶牛在分娩前后保持旺盛的食欲尤为重要，最好于分娩前1 d和产后数天内，每天投服150 g氯化钙，以增加钙的摄入。有人建议，产犊前4周在饲料中加氯化钙、硫酸铝、硫酸镁，使饲料变为酸性，以促进饲料中钙的吸收。

④ 在分娩前后应用维生素D及其代谢产物提高钙的吸收，纠正钙的负平衡。产前3～4 d起每天喂饲维生素 D_3 2 000万～3 000万IU，可降低生产瘫痪的发病率，一般用药不超过7 d。也可于分娩前10 d，一次肌内注射维生素 D_3 1 000万IU(250 mg)。产前24 h和5～7 d肌内注射1-羟钙化醇和1，25-二羟钙化醇350～500 mg，也可有效地降低发病率。

⑤ 护理。加强护理，厚垫褥草，防止并发症。侧卧的病牛，应设法让其伏卧，以利于嗳气，防止瘤胃内容物返流而引起吸入性肺炎。每隔数小时改换1次伏卧姿势，每天不得少于5次，以免长期压迫一侧后肢而引起麻痹。对试图站立或站立不稳的病牛，应给予帮扶，以免摔伤。

六、运输搐搦

运输搐搦（transport tetany in ruminants）是指奶牛因运输应激，血钙突发性降低而引起的一种代谢病，以运动失调、卧地不起和昏迷为临床特征。

1. 病因

运输过程中饥饿、拥挤、闷热等应激因素，是引发血钙迅速降低的主要原因。短时间的饥饿、饮水不足可加重低钙血症。徒步驱赶也可引起本病。

2. 症状

运输途中即可发病，但多半是在到达运送地4～5 d内显现临床症状。病初，兴奋不安，磨牙或牙关紧闭，步样蹒跚，运动失调，后肢不全麻痹、僵硬、反射迟钝，体温正常或升高达42 ℃。其后卧地不起，多取侧卧，意识丧失，陷入昏迷状态，冲击式触诊瘤胃可闻震水音。病畜可突然死亡或于1～2 d内死亡。血清钙含量降低，平均为7.28 mg/dL（图12-19）。

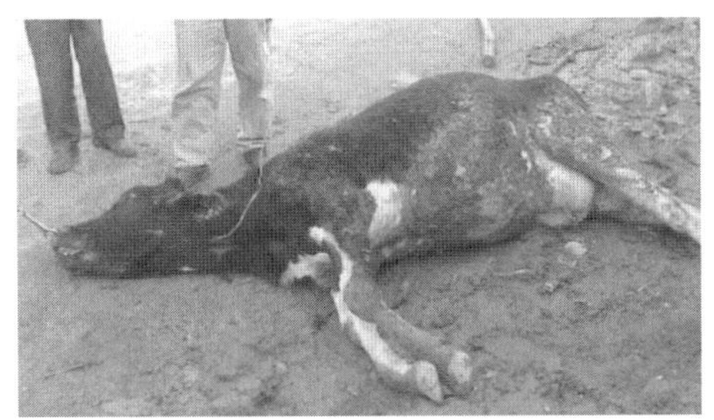

图12-19 运输搐搦病牛卧地不起

3. 治疗

可用5%葡萄糖酸钙液静脉注射300～500 mL。注钙后约有50%的病例好转，昏迷的病牛则多于数小时内死亡。

七、低血镁搐搦

低血镁搐搦（ruminant hypomagnesemic tetany）是低镁血症所致发的一组以感觉过敏、精神兴奋、肌肉强直或阵挛为主要临床特征的急性代谢病。包括青草搐搦或蹒跚（grass tetany or stagger）、麦草中毒（wheat pasture poisoning）、泌乳搐搦（lactation tetany）及全乳搐搦（whole-milk tetany）。奶牛病死率为50%。

1. 病因

主要原因是牧草中镁含量缺乏或存在干扰镁吸收的成分。

(1) 牧草镁含量不足。火成岩、酸性岩、沉积岩，特别是砂岩和页岩的风化土含镁量低；大量施用钾肥或氮肥的土壤，植被含镁量低；禾本科牧草镁含量低于豆科植物，幼嫩牧草低于成熟牧草。幼嫩禾本科牧草干物质含镁量为0.1%～0.2%，而豆科牧草为0.3%～0.7%。

(2) 镁吸收减少。大量施用钾肥的土壤，牧草不仅镁少，而且钾多，可竞争性地抑制肠道对镁的吸收，促进体内镁和钙的排泄。牧草钾与钙和镁的摩尔比为2.2以上时，极易发生青草搐搦。偏重施用氮肥的牧场牧草含氮过多，在瘤胃内产生大量的氨，与磷、镁形成不溶性磷酸铵镁，阻碍镁的吸收。机体对镁的吸收和利用因年龄而异，新生犊牛吸收镁的能力很强，可达50%，至3月龄时明显下降，成年奶牛对镁的吸收率变动很大，为4%～35%。磷、硫酸盐、锰、钠、柠檬酸盐以及脂类也可影响镁的吸收。

(3) 天气因素。据调查，95%的病例是发生在平均气温8～15℃的早春和秋季，降雨、寒冷、大风等恶劣天气可使发病率增加。

2. 症状

因病程类型而不同。

(1) 超急性型。病畜突然扬头吼叫，盲目疾走，随后倒地，呈现强直性痉挛，2～3 h内死亡。

(2) 急性型。病畜惊恐不安，离群独处，停止采食，盲目疾走或狂奔乱跑。行走时前肢高抬(high-stepping action)，四肢僵硬，步态踉跄，常因驱赶而跌倒。倒地后，口吐白沫，牙关紧闭，眼球震颤，瞳孔散大，瞬膜外露，全身肌肉强直，间有阵挛。脉搏疾速，可达150次/min，心悸如捣，心音强盛，远扬2 m之外。体温升高达40.5℃，呼吸加快。

(3) 亚急性型。发病症状同急性型。病畜频频排粪、排尿，头颈回缩，前弓反张，重症有攻击行为。

(4) 慢性型。病初症状不明显，食欲减退，泌乳减少。经数周后，呈现步态强拘，后躯踉跄，头部尤其上唇、腹部及四肢肌肉震颤，感觉过敏，施以微弱的刺激也可引起强烈的反应。后期感觉丧失，陷入瘫痪状态。

3. 诊断

在肥嫩牧地或禾本科青绿作物田间放牧的奶牛，表现兴奋和搐搦等神经症状的，即应怀疑本病。根据血清镁含量降低及镁剂治疗效果显著，可确定诊断。

应注意与牛急性铅中毒、低钙血症、狂犬病及雀稗麦角真菌毒素中毒等具有兴奋、狂暴症状的疾病相鉴别。

实验室检查：突出而固定的示病性改变是低镁血症，血清镁含量低于0.4 mmol/L，大多为0.20～0.28 mmol/L，重者可低于0.04 mmol/L；脑脊液镁含量往往低于0.6 mmol/L，尿镁含量也减少。

常见的伴随改变是低钙血症和高钾血症。由于血镁下降幅度大于血钙，Ca/Mg比值由正常的5.6提高至12.1～17.3。

4. 防治

(1) 治疗。单独应用镁盐或配合钙盐治疗，治愈率可达80%以上。

常用的镁制剂有10%、20%或25%硫酸镁液，及含4%氯化镁的25%葡萄糖液，多采用静脉缓慢注射。

钙盐和镁盐合用时，一般先注射钙剂，成年牛用量为 25%硫酸镁 50～100 mL、10%氯化钙 100～150 mL，以 10%葡萄糖溶液 1 000 mL 稀释。绵羊和犊牛的用量分别为成年牛的 1/10 和 1/7。一般在注射后 6 h，血清镁即恢复至注射前的水平，几乎无一例外的再度发生低血镁性搐搦。

为避免血镁下降过快，可皮下注射 25%硫酸镁 200 mL，或在饲料中加入氯化镁 50 g，连喂 4～7 d。

(2) 防治。为提高牧草镁含量，可于放牧前喷洒镁盐，每 2 周喷洒 1 次。按每公顷 35 kg 硫酸镁的比例，配成 2%的溶液，喷洒牧草。也可于清晨牧草湿润时，喷洒氧化镁粉剂，剂量为每头牛每周 0.5～0.7 kg。

低镁牧地，应尽可能少施钾肥和氮肥，多施镁肥。

由舍饲转为放牧时要逐渐过渡，起初放牧时间不宜过长，每天至少补充 2 kg 干草，并补喂镁盐。

对放牧牛可投服镁丸（含 86%镁、12%铝和 2%铜），其在瘤胃内持续释放低剂量镁可达 35 d。每头牛投服 2 枚即可达到预防目的。

八、佝偻病

佝偻病（rickets）是生长期幼畜骨源性矿物质（钙、磷）代谢障碍及维生素 D 缺乏所致的一种营养性骨病。以骨组织（软骨的骨基质）钙化不全，软骨肥厚，骨骺增大为病理特征。临床表现为顽固性消化紊乱，运动障碍和长骨弯曲、变形。犊牛最为多发。

1. 病因

先天性佝偻病：起因于妊娠母畜体内矿物质（钙、磷）或维生素 D 缺乏，影响胎儿骨组织的正常发育（图 12－20）。

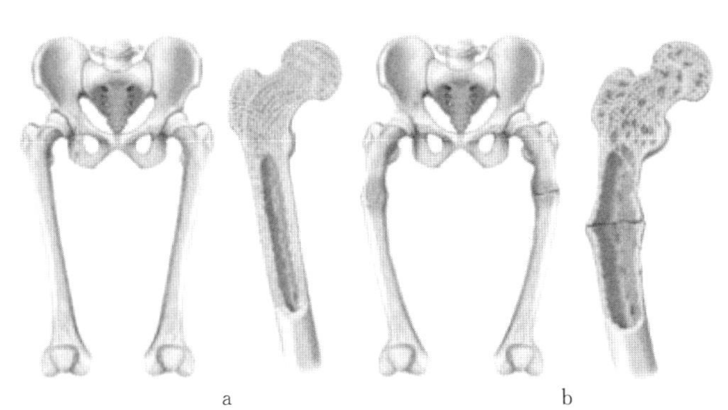

图 12－20　正常动物股骨与佝偻病动物股骨的差异

a. 正常动物股骨　b. 佝偻病动物股骨

后天性佝偻病：主要病因是幼畜断奶后，日粮钙和/或磷含量不足或比例失衡，维生素 D 缺乏，运动缺乏，阳光照射不足。

(1) 日粮钙、磷缺乏或比例失衡。日粮钙、磷缺乏或比例失衡是佝偻病的主要病因。日粮钙、磷含量充足，且比例适当 (1.2～2)∶1，才能被机体吸收利用。单一饲喂缺少钙磷的饲料（马铃薯、甜菜等块根类饲料）或长期饲喂高磷、低钙谷类（高粱、小麦、麦麸、米糠、豆饼等），其中 PO_4^{3-} 离子与 Ca^{2+} 离子结合形成难溶的磷酸钙 [$Ca_3(PO_4)_2$] 复合物排出体外，以致体内的钙大量丧失。相反，长期饲以富含钙的干草类粗饲料时，则引起体内磷的大量丧失。

(2) 饲料和/或动物体维生素 D 缺乏。饲料和/或动物体维生素 D 缺乏是佝偻病的重要病因。维生素 D 主要来源于母乳和饲料（麦角骨化醇），其次是通过阳光照射使皮肤中固有的 7－脱氢胆固醇（维生素 D_3 原）转化为胆骨化醇（维生素 D_3）。

麦角骨化醇（维生素 D_2）和胆骨化醇（维生素 D_3）在体内，通过肝、肾的羟化作用转变成活性的 1，25－二羟维生素 D [即 1，25－二羟胆骨化醇 1，25－(OH) 2－D_3]，以调节钙、磷代谢的生物学效应，促进钙、磷的吸收，促进新生骨骼钙的沉积，动员成骨释钙，调节肾小管对钙、磷的重吸收，从而保持机体钙、磷代谢平衡。

幼畜对维生素 D 缺乏比较敏感，当日粮组成钙、磷失衡，且北方冬季日照较少而维生素 D 不足时，易发生佝偻病。

(3) 患影响钙、磷和维生素D的吸收、利用的疾病，犊牛断奶过早、患胃肠疾病，或肝、肾疾病时，维生素D的转化和重吸收发生障碍，导致体内维生素D不足。

(4) 日粮组成中蛋白（或脂肪）性饲料过多。日粮蛋白（或脂肪）性饲料过多，在体内代谢过程中形成大量酸类，与钙形成不溶性钙盐排出体外，导致机体缺钙。

(5) 甲状旁腺机能代偿性亢进。甲状旁腺机能代偿性亢进，甲状旁腺激素大量分泌，磷经肾排出增加，引起低磷血症而继发佝偻病。

2. 症状

先天性佝偻病：幼畜生后即衰弱无力，经过数天仍不能自行起立。扶助站立时，腰背拱起，四肢不能伸直而向一侧扭转，前肢系关节弯曲，躺卧呈现不自然姿势。

后天性佝偻病：发病缓慢。病初精神不振，行动迟缓，食欲减退，异嗜，消化不良。随病情发展，关节部位肿胀、肥厚，触诊疼痛敏感（主要是掌和跖关节），不愿起立和走动。强迫站立时，拱背屈腿，痛苦呻吟。走动时，步态僵硬。神经肌肉兴奋性增强，出现低血钙性搐搦。

病至后期，骨骼软化、弯曲、变形。面骨膨隆，下颌增厚，鼻骨肿胀，硬腭突出，口腔不能完全闭合，采食和咀嚼困难。肋骨变为平直以致胸廓狭窄，胸骨向前下方膨隆呈鸡胸样。肋骨与肋软骨连接部肿大呈串珠状（念珠状肿）。四肢关节肿大，形态改变。肢骨弯曲，多呈弧形（O形）、外展（X形）、前屈等异常姿势。脊椎骨软化变形，向下方（凹背）、上方（凸背）、侧方（侧弯）弯曲（图12-21）。

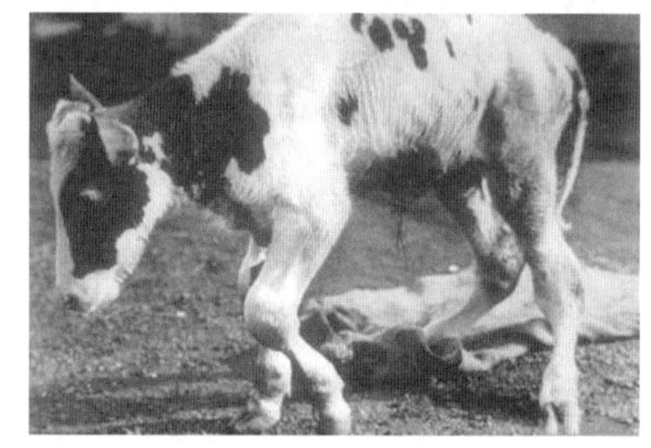

图12-21　发生佝偻病的犊牛

3. 诊断

患佝偻病牛骨骼硬度显著降低，脆性增加，易骨折。

检验可见：血钙、无机磷含量降低，血清碱性磷酸酶活性增高。骨骼中无机物（灰分）与有机物比例由正常的3∶2降至1∶2或1∶3。X线影像显现骨密度减低，骨皮质变薄，长骨端凹陷，骨骺界限增宽，形状不规整，边缘模糊不清（图12-22）。

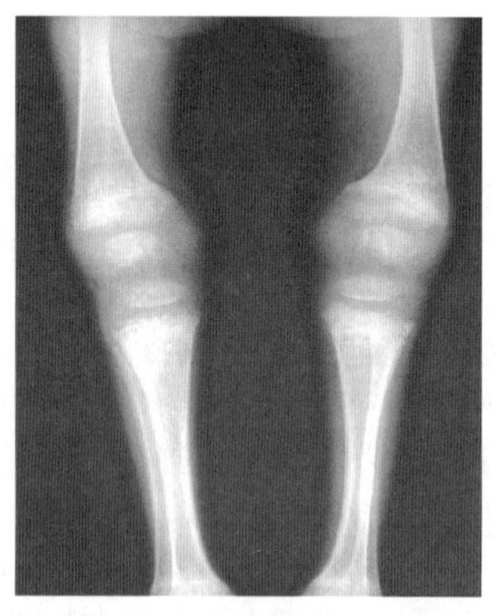

图12-22　佝偻病病畜的X线片

4. 防治

首先要调整日粮中钙、磷的含量及比例，增喂矿物质饲料（骨粉、鱼粉、贝壳粉、钙制剂）。饲料中补加鱼肝油或经紫外线照射过的酵母。将患畜移于光线充足、温暖、清洁、宽敞、通风良好的畜舍，适当进行舍外运动。冬季可进行行紫外线（汞石英灯）照射，每天20～30 min。

对未出现明显骨和关节变形的病畜，应尽早实施药物治疗。

维生素D制剂：维生素D_2 2～5 mL（或80万～100万IU），肌内注射，或维生素D_3 5 000～10 000 IU，每天1次，连用1个月或8万～20万IU 2～3 d 1次，连用2～3周。或骨化醇胶性钙1～4 mL，皮下注射或肌内注射。也可应用浓缩维生素AD（浓缩鱼肝油），犊牛2～4 mL肌内注射，或混于饲料中喂给。

钙制剂：一般均与维生素D配合应用。碳酸钙5～10 g，或磷酸钙2～5 g，或乳酸钙5～10 g，或甘油磷酸钙2～5 g内服。也可应用10%～20%氯化钙液或10%葡萄糖酸钙液20～50 mL，静脉注射。

九、软骨病

软骨病（osteomalacia）是指成年动物发生的一种以骨质进行性脱钙、未钙化的骨基质过剩为病理学特征的慢性代谢性骨质疏松症。临床上以运动障碍和骨骼变形为特征。本病主要发生于牛，有一定的地区性，如土壤严重缺磷的地区，以干旱年份之后尤多。

1. 病因

日粮中磷含量绝对或相对缺乏是奶牛发生软骨病的主要原因。

在成年动物，骨骼中的矿物质总量约占26%，其中钙占总量的38%，磷占17%，钙磷比例约为2∶1。因此，要求日粮中的钙磷比例基本上要与骨骼中的比例相适应。但不同动物对日粮中钙磷比例的要求不尽一致。日粮中合理的钙磷比：黄牛为2.5∶1，泌乳奶牛为0.8∶0.7。日粮中磷缺乏或钙过剩时，这种正常比例关系即发生改变。

草料中的含磷量，不但与土壤含磷量有关，而且受气候因素的影响。在干旱年份，植物茎叶含磷量可减少7%～49%，种子含磷量可减少4%～26%。

我国安徽省淮北地区和山西省晋中东部山区属严重贫磷地区，土壤平均含磷量为0.047%～0.12%，有的甚至在0.002%以下。在这些地区，尤其是干旱年份，常有大批耕牛暴发骨软病。

2. 症状

病初，表现为异嗜为主的消化机能紊乱。病畜舐墙吃土，啃槽嚼布，前胃弛缓，常因异嗜而发生食管阻塞、创伤性网胃炎等继发症。随后，出现运动障碍。表现为腰腿僵硬，拱背站立，运步强拘，一肢或数肢跛行，或各肢交替出现跛行，经常卧地而不愿起立。病情进一步发展，则出现骨骼肿胀变形。四肢关节肿大疼痛，尾椎骨移位变软，肋骨与肋软骨结合部肿胀。发生骨折和肌腱附着部撕脱。额骨穿刺阳性。

尾椎骨X线检查：显示骨密度降低，皮质变薄，髓腔增宽，骨小梁结构紊乱，骨关节变形，椎体移位、萎缩，尾端椎体消失。

临床病理学检查：血清钙含量多无明显变化，多数病牛血清磷含量显著降低。正常牛的血清磷水平是5～7 mg/dL，骨软病时，可下降至2.8～4.3 mg/dL。血清碱性磷酸酶水平显著升高。

3. 诊断

依据异嗜、跛行和骨骼肿大变形，以及尾椎骨X线影像等特征性临床表现，结合流行病学调查和饲料成分分析结果，不难做出诊断。磷制剂治疗有效可作为验证诊断。

类症中应首先考虑到慢性氟中毒，后者具有典型的釉斑齿和骨脆症，饮水中氟含量高，可资区别。

4. 治疗

关键是调整不合理的日粮结构，满足磷的需要。

补充磷剂，病牛每天混饲骨粉250 g，5～7 d为一疗程，轻症病例多可治愈。重症病例，除补饲骨粉外，配合应用无机磷酸盐，如20%磷酸二氢钠液300～500 mL，或3%次磷酸钙液1 000 mL，静脉注射，每天1次，连用3～5 d，多可获得满意疗效。绵羊的用药剂量为牛的1/5。

调整日粮，在骨软病流行区，可增喂麦麸、米糠、豆饼等富磷饲料，减少石粉的添加量（不宜超过2%）。

国外多在牧地施加磷肥以提高牧草磷含量，或饮水中添加磷酸盐，以防治群发性骨软病。

十、脂肪肝综合征

脂肪肝综合征（fatty liver syndrome）是指动物体内脂肪代谢紊乱所引起的以过度肥胖、肝脂肪变性为特征的一种营养代谢病。在牛妊娠毒血症、高脂血症等疾病过程中均可发生脂肪肝，产后肥胖奶牛较多发。

1. 病因

诱发本病的因素包括营养、环境、应激、遗传、有毒物质等。除此之外，促进性成熟的高水平雌激素也可能是该病的诱因。

高能量、低蛋白饲料中大量的碳水化合物可引起肝脂肪蓄积，这与过量的碳水化合物通过糖原异生转化成为脂肪有关。牛羊在妊娠期摄入过量的能量，致使过度肥胖，在产前或产后易导致此病的发生。

任何形式的应激都可能是脂肪肝综合征的诱因。突然应激可增加皮质酮的分泌，皮质类固醇刺激糖原异生，促进脂肪合成。尽管应激会使体重下降，但会使脂肪沉积增加。突然中断饲料或水供给，或因捕捉、雷鸣、惊吓、噪声、高温或寒冷、光照不足等因素可促使脂肪肝和肾综合征的发生。

环境温度高可使能量需要减少，进而脂肪分解减少。热带地区 4—6 月是脂肪肝的高发期，炎热季节发生脂肪肝可能和脂肪沉积量较高有关。

此外，在某些疾病如糖尿病、皱胃左方移位、前胃弛缓、创伤性网胃炎、生产瘫痪、寄生虫病及某些慢性传染病等疾病过程中，可继发脂肪肝。

2. 症状

病牛表现为体躯肥胖、皮下脂肪丰富，尤其是腹下和体两侧，体态丰满，用手不易摸到肋骨，消化不良，容易疲劳，运动时易喘息，反应迟钝，不愿活动，走路摇摆，易发生骨折、关节炎、椎间盘病、膝关节前十字韧带断裂等；有易患心脏病、糖尿病的倾向。血糖浓度升高，容易感染并产生菌血症。高度肥胖者，因心脏冠状动脉及心包周围有大量脂肪，动物表现呼吸困难，稍微运动即气喘吁吁，并产生多种器官病理变化。

明显变化在肝，肝肿大，达正常肝的 2～4 倍，边缘钝圆，呈黄色油腻状，表面有出血点和白色坏死灶，质地变脆，易破碎如泥样，用刀切时，在刀表面上有脂肪滴附着。组织学观察仍可见到肝细胞，但发生重度脂肪变性。肝细胞内充满脂肪空泡、大小不等的出血和血肿，零乱的脂肪空泡干扰了内部结构，有些区域显示小血管破裂和继发性炎症、坏死和增生（图 12-23）。

图 12-23　脂肪肝发病动物（上）与正常动物的肝（下）的比较

3. 诊断

根据病因、发病特点、临床症状、临床病理学检验结果和病理学特征即可做出诊断。

4. 防治

本病以预防为主，针对病因采取防治措施。

（1）合理调整饲料结构，降低能量和蛋白质的比例。通过限饲，减少饲料供给量的 8%～12%；或掺入一定比例的粗纤维（如苜蓿粉）。同时增加蛋白质含量，特别是含硫氨基酸，饲料中蛋白质水平可提高1%～2%。

（2）减少应激因素。保持舍内环境安静，尽量减少噪声和捕捉，控制饲养密度，提供适宜的温度和活动空间，夏季做好通风降温工作，补喂热应激缓解剂，如杆菌肽锌等。

（3）添加某些营养物质。在饲料中供应足够的氯化胆碱(1 kg/t)、叶酸、生物素、核黄素、吡哆醇、泛酸、维生素 E(10 IU/kg)、硒（1 mg/kg)、干酒糟、串状酵母、钴（20 mg/kg)、蛋氨酸(0.5 g/kg)、卵磷脂、维生素 B_{12}（12 μg/kg)、肌醇（900 mg/kg）等，同时做好饲料的保管工作，防止霉变。

十一、维生素缺乏症

维生素缺乏症（vitamin deficiency）是维生素摄入不足或吸收障碍所引起的一种营养缺乏症，维生素A、维生素D、维生素E和胡萝卜素等缺乏都能引起奶牛维生素缺乏疾病。

1. 病因

（1）饲料中维生素含量不足。长期单一喂饲秸秆、干草等维生素含量少的饲料。例如，长期饲喂维生素A含量少的饲料，牛5～18个月，有可能出现以夜盲、干眼病、角膜角化、生长缓慢、繁殖机能障碍及脑和脊髓受压为特征的维生素A缺乏症。犊牛对维生素A含量少的饲料较为敏感，2～3个月即可发病。

（2）饲料加工、储存不当。饲料中胡萝卜素的性质多不稳定，加工不当或储存过久，即可使其氧化破坏。如自然干燥或雨天收割的青草，经日光长时间照射或植物内酶的作用，所含胡萝卜素可损失50%以上。饲料干燥或碾磨时，其中的氧化酶可破坏维生素E；饲料中加入的物质或脂肪增进维生素E的氧化；经丙酸或氢氧化钠处理过的谷物，维生素E含量明显减少；潮湿谷物存放1个月，维生素E含量降低50%，储存6个月，其含量极微。

饲料中维生素 D_3 含量不足，或冬季舍饲期间光照不足，可引起维生素D缺乏，致使肠吸收钙、磷减少，血钙、血磷含量降低，骨中钙、磷沉积不足，乃至骨盐溶解，最后导致成骨作用障碍。在幼畜表现为佝偻病，成年动物发生骨软化症。

饲料中含过量不饱和脂酸，如鱼肝油、亚麻油、豆油、玉米油等脂类物质，常作为添加剂掺入日粮中，其富含的不饱和脂酸酸败时可产生过氧化物，促进维生素E氧化。

（3）饲料中存在干扰维生素代谢的因素。饲料中磷酸盐含量过多可影响维生素A在体内的储存；硝酸盐及亚硝酸盐过多，可促进维生素A和维生素A原分解，并影响维生素A原的转化和吸收；中性脂肪和蛋白质不足，则脂溶性维生素A、维生素D、维生素E和胡萝卜素吸收不完全，参与维生素A转运的血浆蛋白合成减少。

（4）机体对维生素需要量的改变。妊娠、泌乳、生长过快，以及热性病和传染病等都会改变维生素的需要量，若不及时补充都能引发维生素缺乏症。例如，慢性消化不良和肝胆疾病时，胆汁生成减少和排泄障碍，可影响维生素A的吸收。肝机能紊乱，也不利于胡萝卜素的转化和维生素A的储存。

2. 症状

（1）维生素A缺乏症。奶牛突出的临床表现是夜盲、干眼病、失明和惊厥发作。干眼病仅见于犊牛，角膜和结膜干燥，角膜肥厚、混浊，有的流泪，结膜炎，角膜软化，腹泻。

由于脑脊液压力升高，表现步样蹒跚，运动失调。惊厥发作多见于6～8月龄的肉用牛。奶牛不孕，壮牛先天性缺陷。

实验室检查：血浆、肝维生素A含量降低。血浆维生素A正常值为25 μg/dL，低于5 μg/dL可表现临床异常。肝维生素A和胡萝卜素正常含量分别为60 μg/g和4 μg/g以上，临界值分别为2 μg/g

和 0.5 μg/g，低于临界值即可呈现临床症状。测定肝维生素 A 比血清更能准确地评价体内维生素 A 的状态。

脑脊液压力测定：犊牛脑脊液压力正常值为 0.981 kPa，维生素 A 缺乏时升高至 1.96 kPa。

结膜压片检查：无核上皮细胞增多，由正常的 14%～20%增加到 71%～81%。

（2）维生素 D 缺乏症。犊牛表现佝偻病的症状，妊娠奶牛和母羊产弱胎、死胎、畸胎。

（3）维生素 E 缺乏症。依据临床表现、病理改变、防治试验和实验室检查。测定的血液和肝维生素 E 含量可作为评价动物体内维生素 E 状态的可靠指标。

3. 诊断

（1）维生素 A 缺乏症。根据长期缺乏青绿饲料的生活史，夜盲、干眼病、共济失调、麻痹及抽搐等临床表现，维生素 A 治疗有效等，可确诊。应注意与狂犬病、伪狂犬病、李氏杆菌病、病毒性脑炎、低镁血症、急性铅中毒、食盐中毒等类症进行鉴别。

（2）维生素 D 缺乏症。犊牛表现佝偻病的症状。

（3）维生素 E 缺乏症。依据临床表现、病理改变、防治试验和实验室检查。测定的血液和肝维生素 E 含量，可作为评价动物体内维生素 E 状态的可靠指标。

4. 防治

（1）治疗。

① 维生素 A 缺乏症。应用维生素 A 制剂，内服鱼肝油，牛 50～100 mL，每天 1 次，连用数天。肌内注射维生素 A，牛 5 万～10 万 IU，每天 1 次，连用 5～10 d。

② 维生素 D 缺乏症。治疗应用维生素 D 制剂。内服鱼肝油，犊 10～15 mL。浓鱼肝油内服，剂量为每 100 g 体重 0.4～0.6 mL。皮下注射或肌内注射维生素 D_3 胶性钙注射液，牛 2.5 万～10 万 IU。维生素 D_3 液肌内注射，1 500～3 000 IU/kg（体重计）。也可选用 1，25 -二羟钙化醇进行治疗。

③ 维生素 E 缺乏症。内服、皮下或肌内注射维生素 E：犊 0.5～1.5 g。

（2）预防。预防要点在于加强饲养管理。厩舍光线要充足并添加足够的维生素 D，可预防维生素 D 缺乏症；每千克饲料添加维生素 E 10～20 mg，补充维生素 E；保证饲料中含有足够的维生素 A，多喂青绿饲料、优质干草及胡萝卜等，预防维生素 A 缺乏症。

十二、微量元素缺乏症

微量元素缺乏症（element deficiency）是以某种微量元素缺乏为基本特征的一类营养代谢病。奶牛需要的微量元素有很多种，常见能引起疾病的有硒、铜、锌、碘、钴等。

1. 病因

奶牛机体营养必需的微量元素硒、铜、锌、碘、钴等饲料中供给不足是本病发生的主因。奶牛机体疾病和营养代谢失调是本病致病的重要原因。

植物性饲料中的微量元素含量与土壤中含量直接相关。土壤硒含量一般为 0.1～2.0 mg/kg，植物性饲料的适宜含硒量为 0.1 mg/kg。当土壤含硒量低于 0.5 mg/kg 时，植物性饲料含硒量低于 0.05 mg/kg 时，便可引起发病。饲料（干物质）含铜量低于 3 mg/kg，可以引起发病。3～5 mg/kg 为临界值，8～11 mg/kg 为正常值。奶牛采食含锌量低于 80 mg/kg、含钙量低于 0.6%的饲料，可发生角化不全症。奶牛饲料碘的需要量为 0.2～2.0 mg/kg。牛饲料碘含量低于 0.3 mg/kg，可发生碘缺乏症。

2. 症状

(1) 硒缺乏症。以渗出性素质、肌组织变质性病变、肝营养不良、胰腺体积缩小及外分泌部变性坏死、淋巴器官发育受阻及淋巴组织变性、坏死为基本特征。心包腔及胸膜腔、腹膜腔积液。骨骼肌变性、坏死及出血，肌肉色淡，在四肢、臀背部活动较为剧烈的肌群，可见黄白色、灰白色斑块、斑点或条纹状变性、坏死，间有出血性病灶（图 12-24）。

图 12-24　缺硒引起的白肌病

心肌病变。表现为心肌弛缓，心容积增大，呈球形，于心内、外膜及心肌切面上见有黄白色、灰白色点状、斑块或条纹状坏死灶，间有出血。胃肠道平滑肌变性、坏死，十二指肠尤为严重。

硒缺乏症共同性基本症状：包括骨骼肌疾病所致的姿势异常及运动功能障碍；顽固性腹泻或下痢为主症的消化功能紊乱；心肌病所造成的心率加快、心律失常及心功不全。犊牛表现为典型的白肌病症状群。发育受阻，步样强拘，喜卧，站立困难，臀背部肌肉僵硬，消化紊乱，伴有顽固性腹泻。有资料指出，成年奶牛产后胎衣不下也与低硒有关。

(2) 铜缺乏症。

① 运动障碍是本病的主症。病牛两后肢呈“八”字形站立，行走时跗关节屈曲困难，后躯僵硬，蹄尖拖地，后躯摇摆，极易摔倒，急行或转弯时，更加明显。重症做转圈运动，或呈犬坐姿势，后肢麻痹，卧地不起。

运动障碍的病理学基础是细胞色素氧化酶等含铜酶活性降低、磷脂合成减少，神经髓鞘脱失。

② 被毛变化。被毛褪色，由深变淡，黑毛变为棕色、灰白色，常见于眼睛周围，状似戴白框眼镜，故有“铜眼镜”之称（图 12-25）。被毛稀疏，弹性差，粗糙，缺乏光泽。被毛变化的病理学基础是黑色素生成所需含铜酶酪氨酸酶缺乏。

图 12-25　铜缺乏症所致的“铜眼镜”

③ 骨及关节变化。骨骼弯曲，关节肿大，表现僵硬，触之感痛，跛行，四肢易发生骨折。背腰部发硬，起立困难，行动缓慢。其病理学基础在于赖氨酰氧化酶、单胺氧化酶等含铜酶合成减少和活性降低，导致骨胶原的稳定性和强度降低。

④ 贫血。铜，尤其铜蓝蛋白（ceruloplasmin）是造血所需的重要辅助因子。其主要功能是促进铁的吸收、转运和利用。长期缺铜，可引起小细胞低色素性贫血。

(3) 锌缺乏症。基本症状是生长发育缓慢乃至停滞，生产性能减退，繁殖机能异常，骨骼发育障碍，皮肤角化不全，被毛异常，创伤愈合缓慢，免疫功能缺陷以及胚胎畸形。临床上最严重的病变发生在前后两条腿之间，有时可见皮肤皲裂出血（图 12-26）。

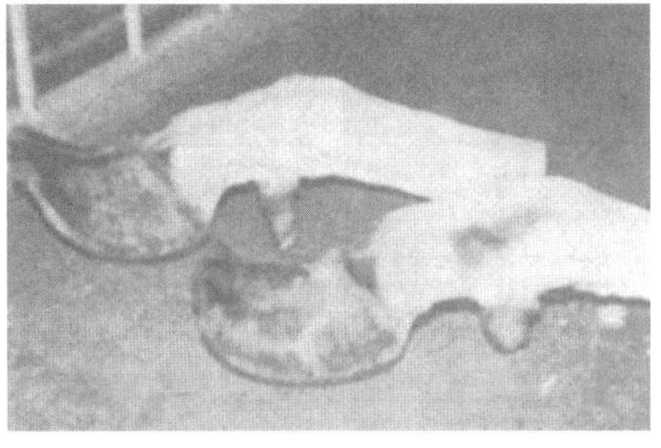

图 12-26　奶牛缺锌所见病变

犊牛食欲减退，增重缓慢，皮肤粗糙、增厚、起皱，乃至出现裂隙，尤以肢体下部、股内侧、阴囊和面部为甚。四肢关节肿胀，步态僵硬，流涎。奶牛繁殖机能低下，产奶量减少，乳房部皮肤角化不全，易患蹄真皮炎。

实验室检查：健康奶牛血清锌含量为 9.0～18.0 μmol/L，当血清锌降至正常水平的一半时，即表现临床异常。严重缺锌时，在 7～8 周内血清锌含量可降至 3.0～4.5 μmol/L，血浆白蛋白含量减少，碱性磷酸酶和淀粉酶活性降低，球蛋白含量增加。

健康牛的毛锌含量为 115～135 mg/kg。锌缺乏时可降至 47～108 mg/kg。组织锌尤其肝锌含量下降。

(4) 碘缺乏症。

① 原发性碘缺乏。主要起因于碘摄入不足。动物体内的碘来自饲料和饮水，而饲料和饮水中碘的含量与土壤密切相关。土壤碘含量低于 0.2～2.5 mg/kg，可视为缺碘。缺碘地区主要分布于内陆高原、山区和半山区，尤其是降水量大的沙土地带。奶牛饲料碘的需要量为 0.2～2.0 mg/kg。牛饲料碘含量低于 0.3 mg/kg，可发生碘缺乏症。

② 继发性碘缺乏。某些化学物质或致甲状腺肿物质，可影响碘的吸收，干扰碘与酪蛋白结合。十字花科植物及籽实副产品，如芜菁、甘蓝、油菜、油菜籽饼、亚麻籽饼，以及黄豆、扁豆、豌豆、花生，含有阻止或降低甲状腺聚碘作用的硫氰酸盐、过氯酸盐、硝酸盐等。

植物致甲状腺肿素（goitin）、硫脲及硫脲嘧啶，可干扰酪氨酸碘化过程。已知对氨基水杨酸、硫脲类、磺胺类、甲硫咪唑、丙硫氧嘧啶等药物具有致甲状腺肿作用。

畜群在富含石灰的土壤和施过石灰的草地放牧或饮用硬水，可由于钙摄入过多干扰肠道对碘的吸收，抑制甲状腺内碘的有机化过程，加速肾的排碘作用，而致发甲状腺肿。

(5) 钴缺乏症。奶牛连续采食低钴牧草 4～6 个月后，逐渐表现症状。初期，反刍减少、无力或虚嚼，瘤胃蠕动减少、减弱，食欲减退；倦怠，易疲劳，逐渐消瘦，体重下降；乳和毛产量明显减少，毛质脆而易折断；出现贫血症状。最终，极度消瘦（图 12－27），虚弱无力，皮肤和黏膜高度苍白，陷入恶病质状态。有的重剧腹泻。

图 12－27 奶牛缺钴所致的牛群消瘦

血液学检查：红细胞（RBC）降至 3.5×10^{12} 个/L 以下，重症病例不足 2.0×10^{12} 个/L，血红蛋白（Hb）在 80 g/L 以下，红细胞比容（PCV）减少。红细胞大小不均，异形红细胞增多，呈小细胞低色素贫血（牛）。

血液生化学检查：碱性磷酸酶活性降低（12～27 IU/L），丙酮酸和谷草转氨酶增加。血清葡萄糖含量降低，维生素 C 和维生素 B_1 含量减少。

血清、组织中钴和维生素 B_{12} 含量降低。正常新鲜肝维生素 B_{12} >0.19 μg/g（湿重），严重缺钴时< 0.11 μg/g；正常血清维生素 B_{12} 为 1.0～3.0 μg/L，低于 0.8 μg/L，指示钴缺乏，达 0.2 μg/L 时，呈现临床症状。血清、尿液中甲基丙二酸（methyl-malonid acid，MMA）和亚胺甲基谷氨酸（formiminoglutamic acid，FIGLU）含量增加。正常血清 MMA 含量低于 2 μmol/L，钴亚临床缺乏时为 2～4 μmol/L，临床缺乏时大于 4 μmol/L。

3. 诊断

(1) 硒缺乏症。依据基本症状群，结合特征性病理变化，参考病史及流行病学特点可以确诊。

对幼龄畜禽不明原因的群发性、顽固性、反复发作的腹泻，应给予特殊注意，进行补硒治疗性诊断。

取心猝死结局的病例，须经病理剖检而确诊。

临床诊断不够明确的，可通过对病牛血液及某些组织的含硒量或血液谷胱甘肽过氧化物酶活性测定，以及土壤、饲料或饲草含硒量测定，进行综合诊断。

(2) 铜缺乏症。铜缺乏常可引起母畜发情异常，不孕，流产。测定肝铜和血铜有助于诊断。但应注意，临床症状可能早在肝铜和血铜有明显变化之前即表现出来。肝铜（干重）含量低于 20 mg/kg，血铜含量低于 0.7 pg/mL（血浆 0.5 pg/mL），可诊断为铜缺乏症。另外，测定血浆铜蓝蛋白活性，可为早期诊断提供重要依据，因其活性下降在出现明显症状之前。

原发性的铜缺乏，影响其他微量元素的吸收（如钼或硫酸盐），出现毛皮粗乱、贫血、生育能力下降、腹泻、骨头发育不良等症状。牛铜缺乏一个明确的指标是一个眼睛周围的变色“铜眼镜”。

(3) 锌缺乏症。

① 依据日粮低锌和/或高钙的生活史。生长缓慢、皮肤角化不全、繁殖机能低下及骨骼异常等临床表现，补锌奏效迅速而确实，可建立诊断。

② 测定血清和组织锌含量有助于确定诊断。饲料中锌及相关元素的分析，可提供病因学诊断的依据。

③ 对临床上表现皮肤角化不全的病例。在诊断上，应注意与疥螨性皮肤病、烟酸缺乏、维生素 A 缺乏及必需脂肪酸缺乏等疾病的皮肤病变相区别。

实验室检查：健康奶牛血清锌含量为 9.0～18.0 μmol/L，当血清锌降至正常水平的一半时，即表现临床异常。严重缺锌时，在 7～8 周内血清锌含量可降至 3.0～4.5 μmol/L，血浆白蛋白含量减少，碱性磷酸酶和淀粉酶活性降低，球蛋白增加。

健康牛的毛锌含量为 115～135 mg/kg。锌缺乏时可降至 47～108 mg/kg。组织锌尤其肝锌下降。

(4) 碘缺乏症。成年奶牛繁殖出现障碍，排卵停止，发情异常，胎儿吸收、流产、死亡。新生畜体小、虚弱，完全或部分脱毛，皮肤干燥，被毛稀少。犊牛甲状腺肿大，压迫喉头，引起呼吸困难，甚至窒息死亡。

实验室检查：健康奶牛血清蛋白结合碘、尿碘及甲状腺碘含量分别为 190～320 nmol/L、(0.89±0.38) μmol/L 和 15.6～39.0 mmol/kg（干重）。碘缺乏时，上述检样碘含量普遍降低。

尸体剖检：甲状腺肿大，一般可比正常增大 10～20 倍。足月生产的犊牛甲状腺重 6.5～11.0 g，13 g 以上即可视为甲状腺肿（图 12-28）。

图 12-28　奶牛缺碘所见的甲状腺肿

(5) 钴缺乏症。诊断依据包括地区性群体性发病；慢性病程、食欲减退、逐渐消瘦和贫血等临床表现；诊断性治疗，即病羊每天在饲料中添加 1 mg 钴，病牛口服钴盐水溶液（5～35 mg/d），5～7 d 后病情缓解，食欲恢复，并出现网织红细胞效应。测定血清、肝钴和维生素 B_{12} 含量降低。

4. 防治

(1) 硒缺乏症。

① 治疗。0.1%亚硒酸钠溶液肌内注射，效果确实。剂量：成年牛 15～20 mL，犊牛 5 mL。可根据病情，间隔 1～3 d 重复注射 1～3 次。配合补给适量维生素 E，疗效更好。

② 预防。在低硒地带饲养的畜禽或饲用由低硒地区运入的饲料、饲草时，必须补硒。

补硒的方法：直接投服硒制剂，将适量硒添加于饲料、饲草、饮水中喂饮；对饲用植物进行植株叶面喷洒，以提高植株及籽实的含硒量；低硒土壤施用硒肥。

当前简便易行的方法是应用硒饲料添加剂，硒的添加量为 0.1～0.2 mg/kg。

在牧区，可应用硒金属颗粒。硒金属颗粒由铁粉 9 g 与元素硒 1 g 压制而成，投入瘤胃中缓释而补硒。试验证明，牛投给 1 粒，可保证 6～12 个月的硒营养需要。

(2) 铜缺乏症。

① 治疗。补铜是根本措施，除非神经系统和心肌已发生严重损害，一般都能完全康复。

治疗一般选用经济实用的硫酸铜口服，牛 4 g，视病情轻重，每周或隔周 1 次。将硫酸铜按 1% 的比例加入食盐内，混入配合料中饲喂也有效。

② 预防。预防性补铜，可依据条件，选用下列措施：根据土壤缺铜程度，每公顷施硫酸铜 5～7 kg，可在几年间保持牧草铜含量，作为补铜饲草基地，这是一项行之有效的方法。每千克饲料的含铜量应为：牛 10 mg。甘氨酸铜液，皮下注射，成年牛 400 mg（含铜 125 mg），犊牛 200 mg（含铜 60 mg），预防作用持续 3～4 个月，也可用于治疗。

(3) 锌缺乏症。

① 治疗。每吨饲料中添加碳酸锌 200 g，相当于每千克饲料加锌 100 mg；或口服碳酸锌，3 月龄犊牛 0.5 g，成年牛 2.0～4.0 g，每周 1 次；或肌内注射碳酸锌，每天 1 次，连用 10 d。补锌后食欲迅速恢复，1～2 周内体重增加，3～5 周内皮肤病变恢复。

② 预防。保证日粮中含有足够的锌，并适当限制钙的水平，使 Ca∶Zn 比维持在 100∶1。牛可自由舔食含锌食盐，每千克盐含锌 2.5～5.0 g。

(4) 碘缺乏症。

① 治疗。补碘是根本防治措施。发病牛内服碘化钾或碘化钠 2～10 g，每天 1 次，连用数天；或内服复碘液（含碘 5%、碘化钾 10%），每天 10～12 滴，20 d 为一疗程，间隔 2～3 个月重复用药。也可喂饲碘盐（20 kg 食盐中加碘化钾 1 g），牛每千克体重 40～100 mg。

② 预防。喂饲十字花科植物时，饲料中碘的含量应比正常需要量增加 4 倍。大剂量碘可使奶牛中毒。犊牛饲料碘含量达到 50 mg/kg 即可表现食欲减退或废绝、体重减轻、皮疹及痉挛等中毒症状。

(5) 钴缺乏症。

① 治疗。病牛钴口服量为每天 10 mg，或每周 2 次，每次 20 mg，或每周 1 次，每次 70 mg。

② 预防。预防的方法有饲料添加、投服钴丸、土壤施肥及改变植被等。对低钴地区的奶牛，每天经饲料补加 0.1～0.3 mg 钴，或让动物自由舔食含钴盐砖（1 g/kg）。土壤表面施钴盐，每公顷需水合硫酸钴 2～3 kg，可使牧地的钴含量至少在 3～4 年维持在正常水平。在缺钴牧场，混播豆科牧草（20%～30%），可有效地防止奶牛的钴缺乏。

第四节　乳房疾病

一、乳房水肿

乳房水肿（breast edema）包括生理性水肿与病理性水肿。生理性水肿见于分娩前几周，初产牛明显，经产牛症状较轻，产后几周可自行消退。

1. 病因

日粮中钠、钾离子含量高、蛋白质水平高，或谷物饲料过多，与围生期乳房水肿有关。心功能不良、后腔静脉或乳静脉血栓致乳房血液回流障碍、低蛋白血症等，可导致乳房水肿。奶牛在妊娠末期运动减少，因此腹下、乳房及后肢的静脉血流滞缓，导致静脉瘀血，毛细静脉管壁渗透性增高，使血液中的水分渗出增多，同时组织液回流静脉也减少，因此发生组织间隙液体潴留，引起乳房水肿；其次，奶牛代谢旺盛，胎儿发育迅速，消耗大量蛋白质，同时血液总量增加，造成血浆蛋白浓度减少，特别是白蛋白的含量降低时，胶体渗透压降低，也造成组织内水分潴留；泌乳期发病多与内分泌、代谢紊乱有关。调查表明，本病与产奶量呈显著正相关。

2. 症状与诊断

多发于高产牛，从分娩前1个月到接近分娩期间突然出现乳房肿胀，从乳头基部和乳池的周围开始，水肿波及乳房全部，后部和底部更为明显（图12-29）。皮肤紧张带有光泽、无热、无痛，指压留痕，乳头变得粗而短，挤乳困难。严重的，水肿波及腹部、胸部、四肢或会阴部。除此之外，还有发生乳房中隔浮肿的。多数病牛从分娩前就表现食欲不振，至分娩后约7 d肿胀达到高峰，乳房膨胀，急剧下垂，使后肢张开站立，奶牛运动困难，易遭受外界损伤；若并发乳腺炎，病情易恶化。经过2～3周后，肿胀逐渐减轻、消退。病理性水肿，若病因持续存在，肿胀持续的时间会很长，甚至持续整个泌乳期。严重的乳房水肿，因重力的作用可导致乳房悬韧带（支持结构）松弛或断裂，乳房下垂易被损伤。

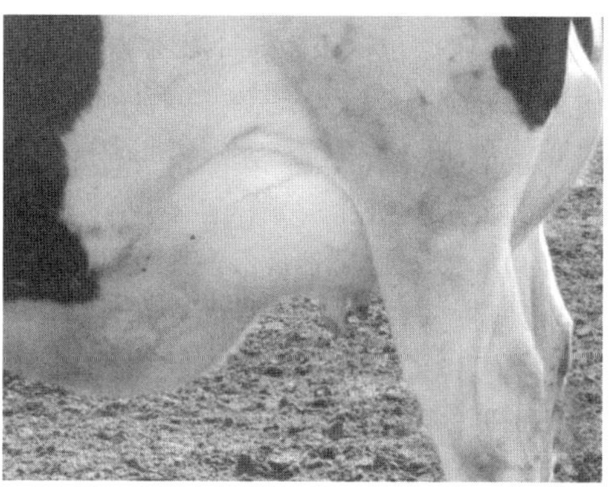

图12-29　乳房水肿与腹下部浮肿

乳房水肿病程长时，水肿部由于结缔组织增生而变硬实，逐渐蔓延到乳腺小叶间结缔组织间质中，使后者增厚，引起腺体萎缩，如整个乳房肿大而硬结时，产奶量显著降低。另外，长时间水肿或严重的水肿，因乳汁不易挤净，易患乳腺炎或漏乳。

临床根据病史和症状即可做出诊断，但应与乳房血肿、乳腺炎、腹壁疝等进行鉴别诊断。乳房水肿时在乳房基部或整个乳房出现可以按压留痕的水肿，且常伴有腹底壁的皮下水肿（浮肿）。

3. 防治

大部分病例产后可逐渐消肿，不须治疗。但若肿胀严重，可导致乳房悬韧带（支持结构）破坏或漏乳，需要进行治疗。为了促使乳房血液循环，促进水肿消退，从分娩几日后就要开始让牛适当运动。同时，适当减少精饲料及多汁饲料的喂量，控制饮水量，增加挤乳次数，每次挤乳时用温水（50～55 ℃）热敷，反复按摩乳房，乳要挤净。病程较长而严重的水肿，应停喂多汁饲料，每次挤乳按摩时间不少于20～30 min。

治疗本病比较有效的方法是给予利尿剂，在分娩后48 h内给予双氢克尿噻、速尿等药物。初次投药时，可并用肾上腺皮质激素，有利于促进浮肿消退，但给予利尿剂可丧失体内水分和钙、钾离子，所以要注意及时观察脱水症状和血钙、血钾情况。慎用地塞米松等皮质激素类药物，以防发生胎衣不下、停乳等异常现象。

另外，对于中隔水肿的病牛，对中隔的病灶可进行穿刺，或切开以排出渗出液，用浸透0.1%呋喃西林的纱布条引流，促使水肿早日消退。为防止细菌感染，要注意消毒处理伤口，肌内注射阿莫西林或头孢噻呋，每天2次。

二、乳腺炎

乳腺炎（mastitis）是指由细菌、真菌、支原体等病原体导致的乳腺炎症，是奶牛的常见病，严重影响奶牛养殖的经济效益。奶牛乳腺炎是一种世界性疾病，在各地牛场均可发生。

1. 病因

病原微生物是引起乳腺炎的直接原因，环境因素、挤乳技术及奶牛本身的身体状况等也与本病的发生有关。

（1）病原微生物。引起奶牛乳腺炎的病原体包括多种病原微生物，如金黄色葡萄球菌、无乳链球菌、停乳链球菌、支原体、真菌、病毒等80多种，分为两大类，即接触性病原体与环境性病原体。接触性病原体定植于乳腺，通过挤乳工或挤乳机传播；环境性病原体存在于奶牛生活的环境中，通常不引起乳腺的感染，但可通过乳头管、乳房创口或挤乳机进入乳腺或乳头乳池并导致乳腺炎。常见的接触性病原体有无乳链球菌、停乳链球菌、金黄色葡萄球菌和支原体等；环境性病原体有大肠杆菌、肺炎克雷伯菌、产气肠杆菌、变形杆菌、假单胞菌、凝固酶阴性葡萄球菌、环境链球菌、真菌、化脓性放线菌、牛棒状杆菌等。

（2）环境因素。主要指饲养管理不当和环境卫生不良。如牛舍不消毒、运动场内粪便堆积不清理、挤乳时不严格执行挤乳操作规程。人工挤乳时不洗手、不消毒或不进行乳头药浴，机器挤乳时乳杯不清洗、不消毒或处理不彻底等，均可使奶牛乳腺炎的发病率升高。

（3）牛体状况。牛体状况较差，主要指乳腺防御机制减弱、抵抗力下降或乳房外伤等。乳腺炎的发生包括微生物侵入、感染和炎症扩散3个阶段。

2. 症状

依据临床表现，本病可分为临床型乳腺炎和隐性乳腺炎。前者根据病程长短和病情严重程度不同，可分为最急性、急性、亚急性和慢性乳腺炎。

（1）临床型乳腺炎。

① 最急性乳腺炎。突然发病，病情发展迅速，多发生于1个乳区，患乳区乳房明显肿大，坚硬，皮肤发紫，疼痛明显，健乳区产奶量剧减，患乳区仅能挤出少量黄水或淡色血水。全身症状显著，体温升高至40 ℃以上，呈稽留热型，精神沉郁，食欲废绝，呼吸增数，心率增数达110～130次/min，粪干、黑，肌肉软弱无力，不愿走动、喜卧地，迅速消瘦。

② 急性乳腺炎。病情较最急性乳腺炎发病缓和，发病后乳房肿大，皮肤发红，疼痛明显，质地硬，乳房内可摸到硬块（图12-30）。触诊有疼痛表现，全身症状较轻，精神略差，体温正常或稍微升高，食欲减退。产奶量下降为正常时的1/3～1/2，有的仅有几把乳，乳汁呈灰白色，稀薄，并混有大小不等的乳块、絮状物，体细胞数增加。

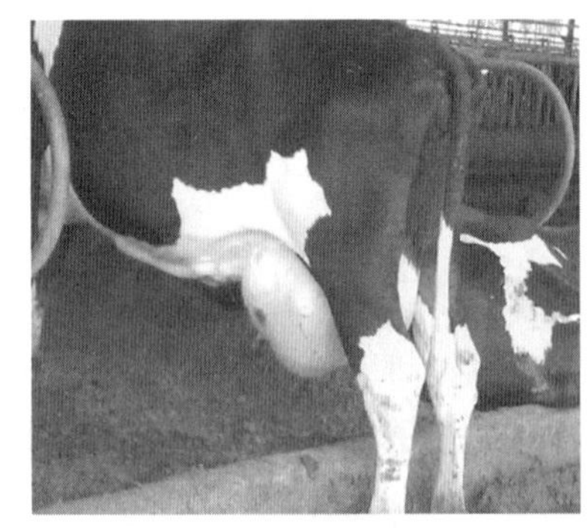

图12-30 急性乳腺炎

③ 亚急性乳腺炎。发病较缓和，介于急性与慢性之间。患乳区红、肿、热、痛不明显；食欲、体温、脉搏等全身反应均不明显；乳汁稍稀薄，色呈灰白色，常于最初几把乳内含絮状物或乳凝块。体细胞数增加，pH偏高，氯化钠含量升高。

④ 慢性乳腺炎。由急性转变而来。反复发生，病程长，发作后又转入正常。产奶量下降，药物反应差，疗效低。前几把乳有絮状物，以后又没有，肉眼观察正常；重者乳异常。放置后乳清上浮或肉眼可见絮状物；乳房有大小不等的肿块。由于反复经乳头管内注射药物，乳头管呈一条绳索样的硬条，挤乳困难。乳头变小，乳区下部有硬块（图12-31）。

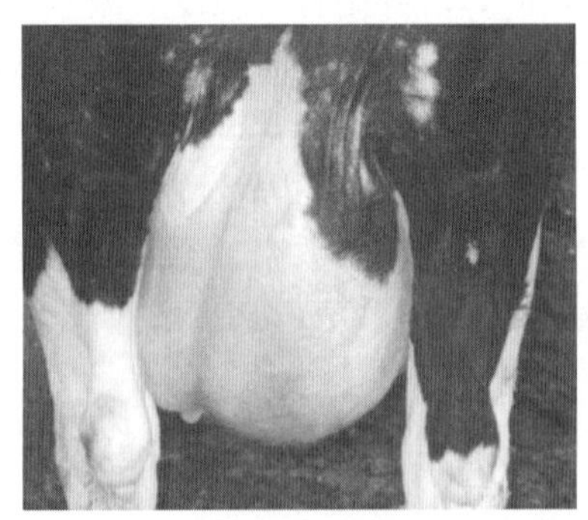

图12-31 慢性乳腺炎

（2）亚临床型乳腺炎。亚临床型乳腺炎又称为隐性乳腺炎，是病变程度最轻的一种乳腺炎，无明显的临床症状，个别牛初期体温轻微升高，乳区肿胀、发热，并出现异常乳汁。但多数牛乳房和乳汁无肉眼可见的异常，仅是乳汁的理化性质、细菌学方面发生了变化，乳汁pH 7.0以上、偏碱性；牛乳内有小片状乳块或絮状物；氯化钠含量在0.14%以上，体细胞数在30万个/mL以上，细菌数和电导率均增高。

3. 诊断

临床型乳腺炎依据临床症状可以做出诊断，亚临床型乳腺炎的诊断还需要依据实验室检查结果。通过细菌分离培养与鉴定，确定致病菌的种类。

（1）临床型乳腺炎。根据乳房的局部变化及乳汁的临床检查即可做出诊断。如乳房红、肿、热、痛，呈面团状或质地变硬；拒绝人工挤乳，乳汁有絮状物，乳汁分泌不畅，产奶量下降或产奶停止，乳汁中出现血液、凝乳块、絮状物等即可做出诊断。

（2）亚临床型乳腺炎。亚临床型乳腺炎无临床症状，乳汁也常无眼观变化，但乳汁的 pH、电导率和乳汁中的体细胞数、氯化钠的含量等都高于正常值，通过实验室检验能做出诊断。主要的检验方法有：乳汁体细胞计数法、加州乳腺炎试验（CMT）、兰州乳腺炎试验（LMT）、十二烷基硫酸钠检验法（改良 CMT）、苛性钠凝乳试验、溴麝香草酚法（BTB）、乳盘试验、Nacase 法、pH 试纸法、过氧化氢玻片法、氯化物硝酸银试验、电子检测仪检测法等。其中，乳汁体细胞计数法、Nacase 法、CMT 法、LMT 法等应用较多，且简单可靠。

4. 治疗

治疗乳腺炎，越早越好，过晚治疗则错过最佳治疗时机；加强饲养管理，做好卫生消毒与挤乳管理，是治疗乳腺炎的基础。治疗奶牛乳腺炎的主要方法有抗生素疗法、中药疗法、生物制剂疗法等。

（1）抗生素疗法。抗生素是防治奶牛乳腺炎的有效药物，特别是在急性和亚急性乳腺炎治疗、控制乳品质量中具有重要作用。

全身应用抗生素，抗生素必须能到达乳腺组织内，并在牛乳中达到有效抑菌浓度。因此，需要一定的剂量、用药频率和连续用药的时间。但由于人们考虑用药成本、乳汁药物残留和废弃抗生素乳等问题，使乳腺炎不能得到最有效的医治。同样，乳腺内局部用药，抗生素需要扩散到整个乳腺组织内并维持一定的抑菌浓度和时间。组织肿胀和细乳腺导管堵塞，可阻止抗生素在乳腺内的扩散活动，降低局部用药的疗效。金黄色葡萄球菌可寄生在细胞内，或形成 L-型菌，可躲避或抵抗抗生素的作用，在乳腺组织内长期存在，导致慢性乳腺炎，不易治愈。因此，治疗乳腺炎需要选择细菌敏感、脂溶性好、蛋白结合率低和电离度低的抗生素。研究资料表明，全身用药，大环内酯类（如红霉素）、氯霉素类（如氟苯尼考）、四环素类（如多西环素）、喹诺酮类（如恩诺沙星）在乳腺内有广泛的分布，磺胺类、青霉素类和头孢类抗生素有中等或有限的分布，氨基糖苷类、多黏菌素 B 有很少的分布。乳池内用药，氨基糖苷类、多黏菌素 B 也很少扩散到乳腺组织内，但其他抗生素有较好的扩散。应用抗生素治疗时，在乳腺炎临床症状改善后还要再持续用药一段时间，达到细菌学治愈。

目前，临床上存在滥用抗生素的现象，耐药菌株越来越多，使得常用药物疗效下降。因此，必须限制抗生素的适应证和用药规程，在药敏试验结果指导下选用敏感抗生素。给药途径有肌内注射或静脉注射、乳池内注入，也可配合普鲁卡因做局部封闭。如果用药 24 h 后见效，继续应用 5 d 以上。严禁频繁更换抗生素。抗生素与非类固醇类抗炎药，如阿司匹林、水杨酸钠、托芬那酸、美洛昔康等联合应用，可提高疗效。对未妊娠的奶牛，可应用一次地塞米松，以快速抑制或减缓炎症反应。

（2）中药疗法。中草药作为天然药物，药物残留问题少。目前，已经在奶牛乳腺炎的防治方面发挥了重要作用。但中草药应与抗生素等西药联合应用，特别是对临床型乳腺炎，效果更好。

（3）生物制剂疗法。本方法可以解决抗生素污染与耐药菌株的产生，有广阔的研发前景。目前，在临床上或对试验牛应用的有溶菌酶制剂、链球菌素、溶葡萄球菌素等。

（4）免疫增强剂的应用。部分中草药或西药有一定的免疫增强作用，如黄芪、维生素 C、左旋咪唑等，对亚临床型乳腺炎有一定的效果。抗生素联合免疫增强剂，可提高对临床型乳腺炎的疗效。

（5）其他辅助疗法。补充钙制剂，如 10%氯化钙注射液、20%葡萄糖酸钙注射液等，可以减少炎性渗出。病情严重、有全身症状者，应补液，如输注复方氯化钠注射液、葡萄糖氯化钠注射液等。最急性或急性乳腺炎的初期做冷敷，中后期用温热疗法或药物刺激疗法，如肿胀部皮肤表面涂擦20%鱼石脂酒精、10%樟脑或冰片酒精等，以刺激局部血液循环，加速炎性净化。为了使排乳彻底，在挤乳前可注射催产素，并增加挤乳的次数。每次挤乳后乳池内注入抗生素。

治疗期间应加强管理，将病牛置于清洁、干燥、安静、舒适的环境中。

5. 预防

(1) 不同病原体引起乳腺炎的特点与防控措施。治疗乳腺炎没有固定的方案，防控措施因牛场、病牛与畜主的具体情况而异，需要多方面的考虑与配合。

① 无乳链球菌多引起亚临床型乳腺炎，以产奶量下降与乳汁中体细胞数增加为主，很少引起乳腺的组织增生、纤维化或脓肿，但它可持续存在，可以自犊牛开始带菌，至分娩时感染，干乳期的牛非常易感。因此，加强挤乳的卫生管理、乳头药浴和干乳期治疗是控制本菌感染的有效措施。

② 停乳链球菌感染，常见到病牛轻度发热，乳腺局部肿胀、温热，触诊呈捏粉样，乳汁出现块状、片状凝块，体细胞数增加。防控措施与无乳链球菌相似，但要特别注意预防损伤乳头。

③ 金黄色葡萄球菌一旦在牛群定植，就很难根除，经蚊蝇叮咬、挤乳员的手和挤乳机传播。细菌可存在于乳腺细胞与乳腺吞噬细胞内，即白细胞对其无杀灭作用。可引起持续性或慢性感染、对抗生素产生耐药性是其特点。L-型细菌在普通培养基上不生长（存在于细胞内），易误诊为没有本菌感染。冻融乳样的细胞，可以提高检出率。

金黄色葡萄球菌可引起急性、亚急性与慢性乳腺炎，也可引起亚临床型乳腺炎。急性病例，病牛发热，精神沉郁，轻度厌食或食欲不振，乳区肿胀、疼痛和温热，乳汁呈米汤样或奶油状或含有脓汁，或稀薄乳汁中含有凝块、絮状沉淀或浓稠的奶油。严重时可引起乳腺坏疽，即坏疽性乳腺炎。乳腺病区颜色由红色变为紫色，继而变为蓝色或蓝黑色。乳腺坏死后，局部变凉，可有液体渗出，全身症状加重，最后可因休克和败血症而死亡。慢性乳腺炎则导致乳腺组织纤维化，乳区变硬，泌乳很少或停止。病牛是主要的传染源。全身治疗与局部治疗，是控制病情和提高治愈率的关键。乳区停乳，隔离、淘汰病牛，特别是淘汰慢性感染病牛，可能是控制奶牛再次发病的良好措施。

④ 支原体性乳腺炎属于地方流行性疾病，病牛多表现为临床型乳腺炎，也可以为亚临床型的，但时常交替出现。药物治疗后症状缓解，但停药后不久再次发病。一旦感染，不易根治。因此，隔离饲养或淘汰病牛，是防控本病的良好措施。

⑤ 乳房链球菌等非无乳链球菌存在于牛场的环境中，多发于泌乳早期与干乳期。乳头皮肤损伤有助于其进入乳腺，消毒不严与操作不规范，可以引起本病的传播。发病乳区发红、肿胀、水肿、有坚实感，可有发热、厌食等全身症状，乳汁稀薄、出现乳块、絮状物。干乳期治疗，其效果好于泌乳期治疗。加强干乳期的防治，是控制本病的有力措施。

⑥ 凝固酶阴性葡萄球菌为体表常在菌，挤乳程序不当、乳头药浴不良、卫生差、乳头皮肤损伤等，导致本病的传播。后备牛也可感染、带菌。主要表现为亚临床型乳腺炎，产奶量下降、体细胞数增加，发病率高。大群发病时，可以实施干乳疗法。

⑦ 化脓性放线菌常引起干乳期或夏季奶牛的乳腺炎，引起严重的乳腺化脓性炎症或脓肿。发病与环境脏、湿、泥泞、蚊蝇叮咬有关。急性炎症时发热、乳区坚实、发炎、水样乳汁并有米粒状或块状物，可因败血症而死。亚急性与慢性乳腺炎，乳房极度坚实，肿大，大部分乳汁有牙膏样或浓稠脓汁，常因黏稠而不能挤出。乳区停止泌乳。最后可形成脓肿，皮肤破溃并流出黏稠的带有米粒样脓块的脓汁。治疗时需要局部与全身应用抗生素，连续用药7～14 d。保持环境清洁、干燥是防治本病的关键。

⑧ 肠杆菌性乳腺炎是指由能发酵乳糖的革兰氏阴性杆菌，如大肠杆菌、克雷伯氏菌、肠杆菌等引起的乳腺炎。环境潮湿、泥泞、卫生消毒措施不当和气温高是导致发病的主要原因。刚干乳或泌乳

早期易感染，且体细胞数少、传染性乳腺炎发病率低的牛群易发生本病。发病后，大量白细胞进入病区乳腺吞噬大肠杆菌，后者释放脂多糖并进一步加重局部炎症反应。临床上多为急性或最急性乳腺炎，全身症状明显，血液白细胞数常减少，核左移；乳汁稀薄，浆液样或水样，局部温热、肿胀、水肿明显，胃肠弛缓、低钙血症、低钾血症，或脱水、衰竭，或休克、死亡。选用敏感抗生素，全身治疗与局部治疗相结合，并做好对症治疗。

⑨ 酵母菌性乳腺炎通常是由念珠菌引起的，细菌污染注乳导管、注射器或反复应用的乳房灌注液并随着操作进入乳腺组织。临床上常见于在治疗其他细菌导致的乳腺炎过程中继发的酵母菌性乳腺炎。因长期使用抗生素导致真菌失去被其他细菌抑制的作用，大量繁殖导致真菌性乳腺炎。乳区弥漫性肿胀，面团样硬度或稍微硬些，有的发热，但一般无内毒素中毒症状。对多种抗生素长期治疗无效，且加用皮质激素类药物后症状加重。停用抗生素后，每天增加挤乳次数（4～5 次），有些牛可以自愈（2～6 周）。酮康唑、特比萘酚、制霉菌素等可以用于乳池内灌注。做好器械消毒，废弃被污染的乳池灌注液，科学应用抗生素，是防控本病的主要措施。

（2）一般防控措施。乳腺炎是一种传染性疾病，其发生不仅与病原菌的侵入、繁殖有关，而且受多种因素影响，诸如环境卫生、饲养管理制度和措施、挤乳人员的操作技术等。

① 加强饲养管理，做好挤乳卫生工作。乳腺炎是由环境、微生物和牛体状况三者共同作用引起的，环境因素不仅能影响病原微生物的生存和侵入，也影响到奶牛机体的抵抗力和对乳腺炎的易感性。因此，保持优良的环境与牛体清洁，减少引起奶牛应激的因素是防治措施的关键。

② 坚持乳头药浴。乳头药浴是控制奶牛乳腺炎的主要措施之一，它在一定程度上可以减少病原体的感染。特别是对消除无乳链球菌、停乳链球菌、金黄色葡萄球菌和化脓棒状杆菌的感染具有重要作用。乳头药浴可分为药浴和喷药两种，喷洒用药可减少药浴杯的污染，但须注意每一部分都要喷到；药浴液要经常更换，防止条件性细菌的污染。在挤乳前和挤乳后均可用氯己定（洗必泰）、碘伏等药物做乳头药浴。

③ 免疫接种。依据当地常见病原体制作疫苗，对预防乳腺炎有一定的作用，但仅靠疫苗不能预防奶牛乳腺炎。

④ 细胞因子。用于乳腺免疫调节的细胞因子主要有白细胞介素、集落刺激因子、干扰素和肿瘤坏死因子等，但其临床应用价值尚须实践验证。

⑤ 干乳期注入抗菌药物。干乳初期，由于乳腺细胞变性和对感染的抵抗力降低，故极易被微生物侵入、感染。干乳期乳池内用药的种类较多，目前有水剂、油剂、加缓释吸收剂及微囊等，临床应用效果明显。

三、乳头损伤

乳头由皮肤、基层和黏膜组成。其中，基层含有肌肉与丰富的血管，黏膜层为纵向排列的复层扁平上皮。乳头管是乳汁自乳头乳池排出牛乳的通道，并有乳头括约肌围绕，是预防病原体进入乳池的关键结构。受损伤后其生理功能受到破坏，病原体侵入的机会增加。

1. 病因

乳房较大并过于下垂，奶牛在起卧时被自己的后蹄踏伤；偶尔可被邻近牛的后蹄踏伤；地面上存在尖锐的物体可能损伤乳头；挤乳过度或长时间使用乳导管等，都会造成乳头损伤。黏膜增生，形成瘢痕或纤维化，导致乳头管闭合不良和管道狭窄。

2. 症状

奶牛乳头部位的皮肤、肌层和黏膜的开放性创伤，多为横裂创，有的乳头出现溃烂，乳头部分断掉、脱落，也有从乳头基部断裂的（图 12－32）。

乳头闭合性损伤，可为急性炎症，乳头部肿胀、疼痛、水肿或出血，乳汁排出不畅。严重的，乳头管黏膜破裂，上皮可能翻入乳头池或外翻至乳头末端。乳头部的反复损伤，可导致乳头组织纤维化，在乳头黏膜或乳头管的损伤部位形成肉芽组织并影响排乳。肉芽组织赘生形成瘤状物或乳头状物并移至乳头池开口处，导致乳头池堵塞和排乳困难。触摸乳头或用手挤乳时，可感到乳池内有块状物滑动。

反复损伤，可导致乳头管溃疡，溃疡灶内充满渗出物与结痂，极易发生乳腺炎。

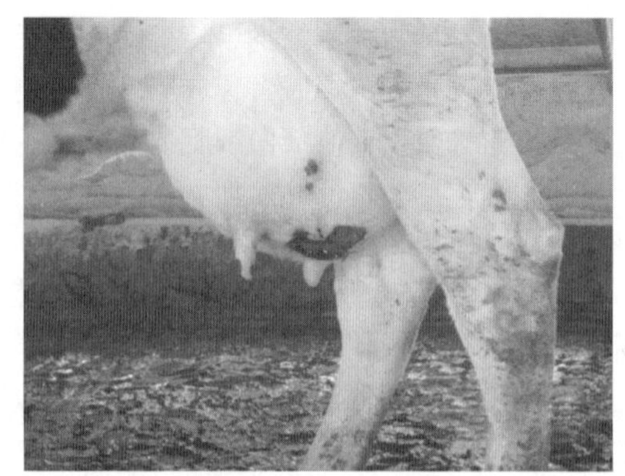

图 12－32　乳头损伤

3. 防治

创伤性乳头损伤，如果外伤仅限于皮肤，常规清洁创口后涂布龙胆紫或撒冰硼散，效果良好。如果乳头皮肤破裂或发生裂伤，应经外科处理后及时缝合。术前用足量的抗生素生理盐水冲洗，采取全身麻醉，侧卧保定，用手术刀或剪子将变性组织或异物除去，陈旧性外伤的创面要修整去掉组织到出血的程度，清除疤痕组织；用 0.5%利多卡因溶液做乳头基部皮下浸润麻醉；用肠钳夹住乳头基部，或用灭菌纱布在乳头基部扎紧止血。缝合时可先将导乳针插入乳头管，然后再缝合损伤的乳头管。乳头管与乳头池全层损伤时，进行 3 层缝合，第 1 层用可吸收线结节缝合黏膜层。缝合结束后用手将乳头管口堵住，稍稍用手做挤乳操作，观察乳汁是否从创口中漏出。第 2 层用可吸收缝线缝合肌层，避免组织内留有死腔。第 3 层进行皮肤结节缝合，皮肤缝合不能将线拉得过紧，否则会引起血液循环障碍，影响愈合。术后用乳导管连续引流牛乳，减少内压，连续引流 96 h 以上，随后每天挤乳 4～5 次。术后 8～10 d 拆线。

对非开放性损伤，可局部用抗菌抗炎药物，并用乳导管挤乳。若乳头管外口增生物翻入乳头管，用小刀切除翻入乳头池内的增生物，但不能损伤乳头管或乳头管括约肌。若因黏膜组织增生、乳头管狭窄导致排乳困难，可用乳头管扩张器（针）或蚊式止血钳扩张乳头管。若呈弥漫性增生，可用小刀（柳叶刀）伸入乳头池做 90°角对切，切除部分增生组织。这种方法可以解决临时的问题，但易复发并使本病变得更加复杂。若增生物呈瘤状漂浮在乳头池内或在乳头池内有游离的漂浮物堵塞乳头池开口，可用蚊式止血钳钳夹、牵引取去。游离的漂浮物，在扩张乳头管后有时可以挤压（人工挤乳）排出体外。术后用保留乳导管挤乳，局部用抗菌抗炎药物。

若形成乳头池瘘，先做乳头池插管，作为手术操作的向导，切除瘘管壁，但要尽量保留组织以便于闭合瘘管。黏膜层单独缝合，肌层和皮肤可以单独缝合，也可分层缝合。术后放置乳池导管。乳池的任何开放性损伤均属于严重的污染创或感染创，均极易发生术后感染或漏乳，需要做好病灶切除、黏膜闭合和术后护理。

对弥漫性乳头池黏膜增生导致排乳困难的病例，可以行乳头池切开术，切除增生的组织并安置硅胶管于乳头池内；或插入乳头池套管，以此管作为排乳通道。

四、瞎乳区与乳池阻塞

瞎乳区是指分娩后乳区表现为充满乳汁，但不能挤出乳汁。

1. 病因

瞎乳区包括先天性与后天获得性瞎乳区。后天获得性的，常见于泌乳前乳头受伤或干乳期乳头受伤，黏膜弥漫性增生导致乳头管、乳头池开口或乳头池顶部堵塞。乳头池顶部膜性堵塞，是新产牛的常见问题。

乳池阻塞的病因复杂，但多与损伤和炎症有关，通常由乳池慢性炎症引起。乳头管狭窄及阻塞多数是由于早期乳头挫伤，挤乳不当，或长时间使用导乳管，使黏膜受到伤害而呈慢性炎症，形成瘢痕、肉芽肿或纤维化，另外黏膜表面的乳头状瘤、纤维瘤等，也可造成乳头管狭窄。除了与黏膜相连的病变外，还可见到游离物阻塞乳头管或乳池。这种游离物称为“奶石”或“漂浮物”。“漂浮物”可能是游离的，也可能附着在黏膜上。当乳头外部受到创伤后引起黏膜脱落，脱落的黏膜可能会附于对侧乳头壁上，引起阀门效应而干扰挤乳，或乳房损伤引起黏膜脱落并在乳头池内漂浮。

2. 症状

部分乳池狭窄，虽然能挤出乳汁，但乳池充乳缓慢，影响挤乳速度。乳头基部或乳池壁上，摸到不移动的硬结样物，插入乳导管可遇到阻碍。局部黏膜脱落会导致间隙性阻塞，手工挤乳时，可感觉到脱落黏膜在拇指与其他手指间“滑动”。

整个乳池狭窄，乳房中充满乳汁，但挤不出乳，触诊乳头黏膜厚而硬，呈坚实的纵向团块，感到乳池内有一硬索状物，似为“铅笔状”。插入乳导管困难，与肉芽或纤维组织摩擦时会感到阻力。

弥漫性乳头肿胀使正常乳池狭窄、塌陷，乳头肿胀，具疼痛感，无明显团块。

3. 诊断

乳区大小无异常，但挤乳少或不能挤出乳。触摸乳头，没有正常乳头胀满，有纤维化的物质由乳头池基部向乳头池延伸。用 8～10 cm 的乳导管探查，可感知基部有膜性阻塞。超声波、阳性造影 X 线检查，可以辅助诊断。

4. 治疗

本病的治疗方法有保守疗法和手术疗法。具体应根据每一头患病奶牛的实际情况来选择，但预后慎重。

（1）保守疗法。患有局部或弥漫性乳头阻塞，邻近泌乳末期的奶牛，为了减少损伤部位刺激，可以停乳、休息，局部应用抗菌消炎药膏。轻度狭窄时，乳头上涂抗菌消炎油膏，完全挤完乳后将乳头扩张器置入乳头管内，下次挤完乳后再换一支新的，直至治愈。当有漂浮物进入乳头池时，应用手指将其固定，用蚊式止血钳扩张乳头管和括约肌，并将其夹住取出。

（2）手术疗法。对瞎乳区的病例，需要做好确诊工作。可用长的乳导管针直接刺入乳池，放出乳汁并人造乳汁流出口，或用柳叶刀切开膜状物，但对基部的膜性堵塞，疗效欠佳，易复发，常需要做乳头切开术，摘除堵塞物。此法包括开放性和非开放性疗法，不论何种方法，都应在手术后将乳头扩张器或奶头护理栓置入乳头管内，防止乳头管粘连。非开放性手术是对于乳池内有肉芽组织、赘生物的病牛，可用眼科小匙反复刮削，将其去掉。也可用柳叶刀进行切除。开放性手术是做乳头切开术。可直接观察到病变，准确地切除病变和闭合黏膜缺损。但伤口不易愈合，易形成乳头瘘或伤口不愈合。

Donawick(1982) 报道了植入技术，现被改进并广泛应用。该技术是在用手术刀切开乳头前先植入一个硅胶管，管内径为 7 mm，外径为 10 mm，放入乳池中，管的远端紧靠乳池的远端，近端做窗孔并与乳池连接部齐平，用聚丙烯缝线把管固定在乳头层上，管要固定好，不要将管弄歪或错位，最后将乳头缝合，插管永久性置于乳池中。

五、漏乳

漏乳（the milk leakage）是指未经挤乳，乳从乳头内自然流出的现象。可分为生理性漏乳（正常挤乳过程中，由于乳房内乳汁的分泌与充盈，致使内压增加而有漏乳现象）和非正常漏乳（非挤乳时间经常有乳从乳头内流出）两种。

1. 病因

先天漏乳的原因为乳头括约肌发育不良，后天漏乳的原因为乳头损伤，如挤乳时用力过大，机器挤乳时真空压力过大，抽的时间过长，引起乳头末端黏膜发炎和纤维化，破坏了乳头括约肌的正常紧张性，导致括约肌萎缩、松弛和麻痹。乳头外伤使其末端断离、缺损。

2. 症状

生理性漏乳，当洗乳房时或洗完乳房后，即可见从乳头内呈股状流出乳汁，为不间断的线状。不正常漏乳，从乳头内流出的乳呈滴状，无时间性，因乳已流出，故乳区松软，检查乳头，可发现松弛、紧张度差，或乳头缺损、纤维化。

3. 防治

（1）治疗。生理性漏乳，可用拇指与食指、中指轻轻按摩乳头，经 3～5 min，漏乳现象即可消失。非正常漏乳无有效治疗方法，有人用结核注射器吸取液体石蜡在乳头开口处分点注射 0.25 mL。或用结核菌素注射器在括约肌的 4 个等距离点注射复方碘溶液，对漏乳有一定的治愈率。

（2）预防。加强饲养管理，严格遵守挤乳操作规程，提高挤乳技术，防止乳头损伤：机器挤乳时真空压不应过高，挤乳时间不应过长；及时修整牛蹄，防止蹄角质过长而损伤乳头；加强乳房卫生保健，挤乳前后要实施乳头药浴。

第五节　繁殖障碍疾病

一、卵巢囊肿与持久黄体

卵巢囊肿与持久黄体（ovarian cyst and persistent corpus luteum）是引起奶牛发情异常和不育的常见原因。卵巢囊肿是指卵巢上有卵泡状结构，其直径超过 2.5 cm，存在的时间在 10 d 以上，同时卵巢上无正常黄体结构的一种病理状态。这种疾病分为卵泡囊肿和黄体囊肿两种。奶牛的卵巢囊肿多发于第 4～6 胎，在高产奶量期间。慕雄狂是卵泡囊肿的一种症状表现，其特征是持续而强烈地表现发情行为。黄体囊肿是在卵巢上出现一大的囊状物，囊壁细胞可产生黄体酮，奶牛表现为长期不发情或发情间期延长。高产奶牛以卵泡囊肿居多，黄体囊肿只占 25%左右。卵巢囊肿的总发病率为 20%～30%。

持久黄体是指黄体超出正常时限而仍然存在，且保持分泌黄体酮的功能。此病多继发于某些子宫疾病，如子宫内膜炎、子宫蓄脓、子宫积液等。原发性的持久黄体，在子宫处于正常未妊娠状态的牛较少见，常见于配种受胎之后，尤其是多发生于早期胚胎死亡的病例。

1. 病因

引起卵巢囊肿的病因很多，主要有饲料配制不当，含有大量的维生素 A 或雌激素；垂体或其他内分泌腺机能失调以及使用的激素制剂不当。注射雌激素过多，可以造成卵巢囊肿；子宫内膜炎、胎衣不下及其他卵巢疾病可以引起卵巢炎，使排卵受到扰乱，导致该病；卵泡发育过程中，受到应激，如气温变化等，也可导致卵巢囊肿。此外，研究发现，该病与遗传也有一定的关系。囊性黄体有正常的黄体功能，发情周期正常，可以正常妊娠。

持久黄体常继发于子宫疾病，如子宫炎、子宫积脓及积水、胎儿浸溶、胎儿干尸化、产生子宫复旧不全、部分胎衣滞留及子宫肿瘤等，都会使黄体不能按时消退，而发展为持久黄体。长期舍饲、运动不足、维生素及矿物质缺乏也可引起黄体不溶解，持续存在。

2. 症状

患有卵巢囊肿的奶牛，常表现为发情异常，如周期变短、持续时间延长。有的表现为强烈的发情行为，成为慕雄狂，性欲亢进、喜爬跨，对外界刺激敏感，荐坐韧带松弛下陷，致使尾椎隆起。外阴充血、肿胀，触诊呈面团感。阴门处有透明黏稠分泌物，但无牵缕状，易并发阴道炎和子宫内膜炎。直肠检查发现单侧或双侧卵巢体积增大，卵巢上有一个较大的囊肿卵泡，压无痛感，触有弹性，间隔数日检查，不消失。

持久黄体或黄体囊肿的奶牛，主要特征是发情周期停止循环，母畜不发情。对发情周期停止的病畜，直肠检查可发现一侧或两侧卵巢增大，其表面有或大或小的突出黄体，质地比卵巢实质硬。如果母畜超过了应当发情的时间而不发情，间隔一定时间（10～14 d），经过 2 次以上的检查，在卵巢的同一部位触到同样的黄体，即可诊断为持久黄体。

3. 诊断

诊断卵巢囊肿一般是首先调查了解奶牛的繁殖史，然后进行临床检查。如果发现有慕雄狂病史、发情周期短或者不规则及乏情时，即可怀疑患有此病。直肠检查时发现，囊肿卵巢为圆形、表面光滑；有充满液体、突出于卵巢表面的结构。其大小比排卵前的卵泡大，直径通常在 2.5 cm 左右，直径超过 5 cm 的囊肿不多见。卵泡壁的厚度差别很大，卵泡囊肿的壁薄且容易破裂，黄体囊肿壁很厚。囊肿可能只是 1 个，也可能是多个，检查时很难将单个大囊肿与同一卵巢上的多个小囊肿区分开。仔细触诊有时可以将卵泡囊肿与黄体囊肿区别开来，由于两种囊肿均对 hCG 及 GnRH 疗法发生反应，一般没有必要对二者进行鉴别。卵巢囊肿为变性的结构，产后早期发生的囊肿，有时无须治疗就可自行消退，奶牛恢复正常的发情周期，但也可发生新的囊肿，治疗有益于卵巢尽早恢复功能。

如果奶牛超过了应当发情的时间而不发情，间隔一定的时间经过 2 次以上的检查，在卵巢的同一部位触摸到同样的黄体，即可诊断为持久黄体。存在持久黄体时，有的牛子宫可能没有变化，只是松软下垂，但大多数病例是继发于子宫疾病，均有明显的病理变化（炎症、积液或积脓）。

直肠检查时，有时可能将卵巢的正常结构误认为是卵巢囊肿。正常排卵前的卵泡直径虽然有时可以达到 2.5 cm，但有其特点：触诊时感到壁薄，表面光滑，突出于卵巢表面；排卵前的子宫有发情时的特征，触诊时张力增加；患卵巢囊肿的牛，其子宫与乏情牛相似，比较松软、无弹性。

不同发育及退化阶段的黄体也容易与卵巢囊肿相混。在发情周期的前 5～6 d，黄体表面光滑、松软。随着黄体发育，其质地变得与肝类似，此时很容易与卵巢囊肿区别；间隔 7～10 d 重复检查，对于鉴别卵巢囊肿和正常黄体更有益。正常黄体及囊肿黄体的表面均有排卵点。

4. 治疗

治疗卵巢囊肿，应在加强饲养管理的同时采用激素疗法，如肌内注射促性腺激素释放激素（GnRH）、人绒毛膜促性腺激素（hCG）、前列腺素（$PGF_{2\alpha}$）；也可采用肌内注射黄体酮和地塞米松。注射 GnRH，于 9～12 d 后直肠检查，若有正常黄体出现，注射前列腺素，以诱导发情。注射 GnRH，一般于注射后18～23 d出现发情。卵巢囊肿病例或注射 GnRH 无效者，可注射 hCG，其效果与 LH、GnRH 相似，但价格较高、含有异体蛋白，反复注射易发生变态反应。药物治疗无效者，可考虑手术疗法，囊肿穿刺、挤破囊肿或卵巢摘除。

$PGF_{2\alpha}$主要用于治疗黄体囊肿和持久黄体，可以溶解黄体，其溶解黄体的作用好于 GnRH。临床上，有时不易区分卵泡囊肿与黄体囊肿，可根据超声检查与奶牛孕酮水平确诊。卵巢上有囊肿，奶牛孕酮水平低，用 GnRH 治疗；孕酮水平高，则用前列腺素治疗。

治疗持久黄体，首先应改善饲养管理。原发性持久黄体，应用$PGF_{2\alpha}$及其合成的类似物。前列腺素是疗效确实的溶黄体剂，对患畜应用后绝大多数牛于3～5 d内发情，有些牛配种后也能受孕。

预防该病，应合理搭配日粮，科学添加维生素A和维生素E，适当运动，及时配种和受精，对其他生殖器官疾病，应尽早诊断和治疗。

二、卵巢静止与卵巢发育不良

卵巢静止与卵巢发育不良（inactive ovary and ovarian dysgenesis）均造成卵巢机能不全，卵巢机能暂时受到扰乱，处于静止状态，不出现周期性活动；或卵泡不能正常发育成熟排卵。

1. 病因

卵巢静止与卵巢发育不良常常是由于子宫疾病、全身性严重疾病以及饲养管理和利用不当，使家畜身体乏弱所致。卵巢炎可以引起卵巢萎缩及硬化。奶牛年老时，或者繁殖有季节性的奶牛在乏情季节中，卵巢机能也会发生生理性减退。此外，气候变化（转冷或变化无常）或者对当地的气候不适应（家畜迁徙时）也可引起卵巢机能暂时性减退。

引起卵泡萎缩及交替发育的主要因素是气候与温度，早春配种季节天气冷热变化无常时，多发此病，饲料中营养成分不全，特别是维生素A不足可能与此病有关。安静发情多出现于牛产后第1次发情。

2. 症状

卵巢静止时的特征是发情周期延长或者长期不发情，发情的外表症状不明显，或者出现发情症状，但不排卵。直肠检查，卵巢的形状和质地没有明显变化，但摸不到卵泡和黄体，有时可在一侧卵巢上感觉到一个很小的黄体遗迹。

卵巢发育不良时，奶牛不发情，卵巢往往变硬，体积显著缩小，仅有豌豆大小。卵巢中既无卵泡也无黄体。如果间隔1周左右，经过几次检查，卵巢仍无变化，即可做出诊断。卵巢萎缩时，子宫的体积也会缩小。

3. 诊断

诊断牛的安静发情，可以利用公牛检查，也可间隔一定的时间（3 d左右），连续多次进行直肠检查。卵泡萎缩，在发情开始时卵泡的大小及发情的外表征状基本正常，但是卵泡发育的进展较正常时缓慢，一般达到第3期（少数则在第2期）时停止发育，保持原状3～5 d，以后逐渐缩小，波动及紧张性逐渐减弱，外表发情征状也逐渐消失。因为没有排卵，所以卵巢上无黄体形成。发生萎缩的卵泡可能是1个，或者是2个以上；有时在一侧，有时也可在两侧卵巢上。

卵泡静止和卵巢发育不良都需要多次进行直肠检查，并结合外部的发情表现才能确诊。

4. 治疗

对卵巢静止与卵巢发育不良的奶牛，先必须了解其身体状况和生活条件，进行全面分析，找出主要原因，然后按具体情况，采取适当的措施，才能达到治疗效果。

增强卵巢的机能，应从饲养管理方面着手，改善饲料质量，增加日粮中的蛋白质、维生素和矿物质的数量，增加放牧和日照的时间，规定足够的运动，减少泌乳，往往可以收到满意的效果。因为良好的自然因素是保证奶牛卵巢机能正常的根本条件，特别是对于消瘦乏弱的家畜，更不能单独依靠药物催情，因为它们缺乏维持正常生殖机能的基础。

对患生殖器官或其他疾病（全身性疾病、传染病或寄生虫病）而伴发卵巢机能减退的家畜，必须治疗原发疾病才能收效。

常用刺激奶牛生殖机能的方法如下：

(1) 利用公牛催情。在公牛的影响下，可以促进奶牛发情或者使发情征状增强，而且可以加速排卵。催情可以利用正常种公牛进行；为了节省优良种畜的精力，也可以将没有种用价值的公牛在输精管结扎术后，混放于奶牛群中，作为催情之用。

(2) 激素疗法。

① 卵泡刺激素（FSH）。肌内注射 100～200 IU，每天或隔天 1 次，共 2～3 次，每注射一次后须做检查，无效时方可连续使用，直至出现发情征状为止。

② 人绒毛膜促性腺激素（hCG）。静脉注射 2 500～5 000 IU，肌内注射 10 000～20 000 IU，必要时隔 1～2 d重复 1 次。在少数病例，特别是重复注射时，可能出现过敏反应，应当慎用。

③ 孕马血清（PMS）或全血。妊娠 40～90 d 的母马血液或血清中含有大量促性腺激素，其主要作用类似于促卵泡素，因而可用于催情。孕马血清粉剂的剂量按国际单位计算，肌内注射 100～200 IU。可以重复肌内注射，但有时可引起过敏反应。

④ 雌激素。这类药物对中枢神经及生殖道有直接兴奋作用，可以引起奶牛表现明显的外表发情征状，但对卵巢无刺激作用，不能引起卵泡发育及排卵。虽然如此，这类药物仍不失其实用价值，应用雌激素能使生殖器官血管增生，血液供应旺盛，机能增强，从而摆脱生物学上的相对静止状态，使正常的发情周期得以恢复。因此，虽然用后的第 1 次发情不排卵（不必配种），在以后的发情周期中却可正常发情排卵。

(3) 维生素 A 法。维生素 A 对牛卵巢机能减退的疗效有时较激素更优，特别是对于缺乏青绿饲料引起的卵巢机能减退。一般每次给予 100 万 IU，每 10 d 注射 1 次，注射 3 次后的 10 d 内卵巢上即有卵泡发育，且可成熟排卵和受胎。

(4) 冲洗子宫法。对产后不发情的奶牛，用 37 ℃的温生理盐水或 1∶1 000 碘甘油水溶液 500～1 000 mL隔日冲洗子宫 1 次，共用 2～3 次，可促进发情。

(5) 中药疗法。促孕散：淫羊藿 150 g、益母草 150 g、丹参 150 g、香附 130 g、菟丝子 120 g、当归 100 g、枳壳 75 g。将以上药物干燥粉碎，拌匀装袋备用，加适量开水候温灌服，每天 250 g，一次灌服，连用 3 d 为 1 个疗程。服完后在 20 d 未见发情排卵的，可再服第 2 个疗程，一般服药后 3～5 d就可发情配种。

三、流产

流产（abortion）是指胎儿、母体或胎儿与母体之间的关系异常，导致妊娠中断的一种病理现象。可发生在妊娠的各个阶段，但以妊娠早期较为多见。

1. 病因

流产的原因极为复杂，可概括为普通流产（非传染性流产）和传染性流产。每类流产又可分为自发性流产与症状性流产。自发性流产为胎儿及胎盘发生反常或直接受到影响而发生的流产；症状性流产是妊娠牛某些疾病的一种症状，或者是饲养管理不当导致的结果。普通流产其原因可大致归纳为以下几种。

(1) 自发性流产。

① 胎膜及胎盘异常。胎膜异常往往导致胚胎死亡。例如，无绒毛或绒毛发育不全，可使胎儿与母体间的物质交换受到限制，胎儿不能发育。这种反常有时为先天性的，有时则可能是因为母体子宫部分黏膜发炎变性，绒毛膜上的绒毛不能与发炎的黏膜发生联系而退化。

② 胚胎过多。子宫内胎儿的多少与遗传和子宫容积有关。牛双胎，特别是两胎儿在同一子宫角

内，流产也比怀单胎时多。这些情况都可以看作是自发性流产的一种。

③ 胚胎发育停滞。在妊娠早期的流产中，胚胎发育停滞是胚胎死亡的一个重要组成部分。

(2) 症状性流产。广义的症状性流产不但包括奶牛普通疾病及生殖激素失调引起的流产，而且也包括饲养管理、利用不当、损伤及医疗错误引起的流产。下述内容是引起流产的可能原因，并非一定会引起流产，这可能与畜种、个体反应程度及其生活条件不同有关。有时流产是几种原因共同造成的。

① 生殖器官疾病。奶牛生殖器官疾病所造成的症状性流产较多。例如，患局限性慢性子宫内膜炎时，有的交配可以受孕，但在妊娠期间如果炎症发展，则胎盘受到侵害，胎儿死亡。患阴道脱出及阴道炎时，炎症可以破坏子宫颈黏液塞，侵入子宫，引起胎膜炎，危害胎儿。此外，先天性子宫发育不全、子宫粘连等，也能妨碍胎儿的发育，妊娠至一定阶段即不能继续下去。胎水过多、胎膜水肿等偶尔也可能引起流产。

妊娠期激素失调，也会导致胚胎死亡及流产，其中直接有关的是孕酮、雌激素和前列腺素。奶牛生殖道的机能状况，在时间上应与受精卵由输卵管进入子宫及其在子宫内的附植处于精确的同步阶段。激素作用紊乱，子宫环境不能适应胚胎发育的需要而发生早期胚胎死亡。以后，如孕酮不足，也能使子宫不能维持胎儿的发育。

非传染性全身疾病，如牛的瘤胃臌气可能因反射性引起子宫收缩，血液中 CO_2 增多，或起卧打滚，引起流产。牛顽固性瘤胃弛缓及皱胃阻塞，拖延时间长的，也能够导致流产。此外，能引起体温升高、呼吸困难、高度贫血的疾病，都有可能发生流产。

② 饲养性流产。饲料数量严重不足和矿物质含量不足均可引起流产。缺硒地区奶牛除表现缺硒症状外，有时也会发生散发性流产。此外，饲喂方法不当也可使妊娠牛中毒而流产，如妊娠牛由舍饲突然转为放牧，饥饿后喂以大量可口饲料，能够引起消化紊乱或疝痛而致流产。另外，吃霜冻草、露水草、冰冻饲料、饮冷水，均可反射性地引起子宫收缩，而将胎儿排出。这种流产常发在霜降、立春等天气骤冷或乍暖的季节。

③ 中毒性流产。霉玉米喂牛后引起流产，原因是串珠镰刀菌繁殖而产生玉米烯酮。有些重金属可导致流产，如镉中毒、铅中毒等。细菌内毒素也可导致流产。

④ 损伤性及管理性流产。主要由于管理及使用不当，使子宫和胎儿受到直接或间接的机械性损伤，或妊娠牛遭受各种逆境的剧烈危害，引起子宫反射性收缩而发生散发性流产。腹壁的碰伤、抵伤和踢伤，奶牛在泥泞、结冰、光滑或高低不平的地方跌倒，抢食、争夺卧处以及出入圈舍时过挤均可造成流产。剧烈的运动、跳越障碍及沟渠、上下陡坡等，都会使胎儿受到震动而流产。

精神性损伤（惊吓、粗暴地鞭打头和腹部或打架）可使奶牛精神紧张，肾上腺素分泌过多，反射性地引起子宫收缩。

⑤ 医疗错误性流产。全身麻醉，大量放血，手术，服用过量泻剂、驱虫剂、利尿剂，注射某些可以引起子宫收缩的药物（如氨甲酰胆碱、毛果芸香碱、槟榔碱或麦角制剂），误给大量堕胎药（如雌激素制剂、前列腺素等）和妊娠牛忌用的药物以及注射疫苗等，均有可能引起流产。粗鲁的直肠检查、阴道检查、超声波（直肠、阴道探入）诊断，妊娠后在发情时误配，也可能引起流产。

此外，流产与空怀时间也有关系。试验证实，奶牛空怀时间越长，流产发生的概率越高。空怀时间超过 3 个月则流产概率高达 55.2%以上。经检查发现，空怀时间超过 3 个月的奶牛，绝大部分为肥胖牛，肥胖牛排卵数较少，往往不易受孕；即便受孕，由于体内脂肪过多，血脂浓度高，影响体内类固醇激素的代谢，影响子宫的正常机能，使胚胎体内存活受到阻碍而发生流产。

(3) 传染性流产。传染性流产是由传染病引起的流产。主要有布鲁氏菌病、钩端螺旋体、肉芽肿阴道炎、牛传染性鼻气管炎、牛病毒性腹泻、支原体病、滴虫病、李氏杆菌病和弯曲杆菌等。

2. 症状

由于流产的发生时期、原因及奶牛反应能力不同，流产的病理过程及所引起的胎儿变化和临床症状也很不一样。

(1) 隐性流产。发生于妊娠初期，常无临床症状，胚胎大部分或全部被母体吸收。

(2) 早产。排出不足月的活胎，产前征兆不明显，常在排出胎儿前2～3 d，乳腺及阴唇突然稍肿胀，乳头可挤出清亮液体，阴门内有黏液。

(3) 胎儿干尸化。胎儿死亡，未被排出，其组织中的水分及胎水被吸收，变为棕黑色。妊娠期满后数周内，黄体消失而再发情时，母畜将胎儿排出。排出胎儿前，母畜无任何症状。直检，可摸到胎儿，但无妊娠脉搏。

(4) 胎儿浸溶。胎儿死于子宫内，由于子宫颈开张，微生物侵入，使胎儿软组织液化分解后被排出，但因子宫开张有限，故骨骼存留于子宫内。患畜表现精神沉郁，体温升高，食欲减退，腹泻、消瘦；母畜努责可排出红褐色或黄棕色的腐臭黏液或脓液，有时排出短小骨头；黏液黏污后躯，干后结成黑痂。直肠检查时，在子宫内能摸到残存的胎儿骨片。

3. 诊断

通过上述症状确定属于何种流产以及妊娠能否继续进行，在此基础上再确定治疗原则。

4. 治疗

如果妊娠牛出现腹痛、起卧不安、呼吸和脉搏加快等临床症状，即可能发生流产。处理的原则为安胎，使用抑制子宫收缩药。

肌内注射孕酮，50～100 mg，每天或隔天1次，连用数次。为防止习惯性流产，也可在妊娠的一定时间使用孕酮，还可注射1%硫酸阿托品1～3 mL。给予镇静剂，如溴剂、氯丙嗪等。

禁行阴道检查，尽量控制直肠检查，以免刺激奶牛。可进行牵遛，抑制努责。

先兆流产经上述处理，病情仍未稳定下来，阴道排出物继续增多，起卧不安加剧；阴道检查，子宫颈口已经开放，胎囊已进入阴道或已破水，流产已在所难免，应尽快促使子宫内容物排出，以免胎儿死亡腐败引起子宫内膜炎，影响以后受孕。

如子宫颈口已经开大，可用手将胎儿拉出。流产时，胎儿的位置及姿势往往反常。如胎儿已经死亡，矫正遇有困难，可以施行截胎术。如子宫颈口开张不大，手不易伸入，可参考人工引产中所介绍的方法，促使子宫颈开放，并刺激子宫收缩。

对于早产胎儿，如有吮乳反射，可尽量加以挽救，帮助吮乳或人工喂乳，并注意保暖。

对于延期流产，胎儿发生干尸化或浸溶者，首先可使用前列腺素制剂，继之或同时应用雌激素，溶解黄体并促使子宫颈扩张。同时，因为产道干涩，应在子宫及产道内灌入润滑剂，以便子宫内容物易于排出。

对于干尸化胎儿，由于胎儿头颈及四肢蜷缩在一起，且子宫颈开放不大，尽管用一定力量或试图截胎但仍不能将胎儿取出。最好通过剖宫术取出，最好采用站立保定右肷部切开，这可使手术通路暴露。

在胎儿浸溶时，如软组织已基本液化，须尽可能将胎骨逐块取净。分离骨骼有困难时，须根据情况先将其破坏后再取出。操作过程中，术者须防止自己受到感染。

取出干尸化及浸溶胎儿后，因为子宫中留有胎儿的分解组织，必须用消毒液或5%～10%盐水等冲洗子宫，并注射子宫收缩药，促使液体排出。对于胎儿浸溶，因为有严重的子宫炎及全身变化，必须在子宫内放入抗生素，并须特别重视全身治疗，以免发生不良后果。

对于习惯性流产可采用中西结合药疗法：保胎安全散，当归、菟丝子、黄芪、续断各30 g，炒白芍、贝母、荆芥穗（炒黑）、厚朴、炙甘草、炒艾叶、羌活各9 g，黑杜仲、川芎各15 g，补骨脂24 g，枳壳12 g，共为细末，开水冲调，候温灌服，隔天1剂，连服3～4剂；促黄体素，初产牛每次肌内注射100 IU，经产牛每次肌内注射200 IU，每天1次，连用2～3 d。黄体酮注射液80～

120 mg，皮下注射，每天 1 次，连用 3 d。

预防本病还应加强奶牛生殖系统保健，合理配制日粮，适度运动，防止应激；配种应严格操作，防止感染和损伤；定期检疫、预防接种和定期驱虫；凡遇疾病，要及时诊断，及早治疗，用药谨慎，以防流产。

四、子宫扭转

子宫扭转（torsion of the uterus）是指子宫、一侧子宫角或子宫角的一部分围绕自己的纵轴发生扭转，是母体性难产的常见病因之一。牛的子宫扭转虽然从妊娠后 70 d 至分娩的任何时期均可发生，但 90％左右都是临产时发生的，且多引起难产，80％病例的扭转程度为 180°～270°，个别病例可达 720°，大多数病例扭转涉及阴道，而且向右比向左扭转的多。

1. 病因

子宫扭转虽然与妊娠子宫的形态特点及奶牛起卧的姿势有关，但能使奶牛围绕其身体纵轴急剧转动的任何动作，都可成为子宫扭转的直接原因。妊娠末期，奶牛如急剧起卧并转动身体，子宫因胎儿重量大，不随腹壁转动，就可向一侧发生扭转。下坡时绊倒，或运动中突然改变了方向，均易引起扭转。临产时发生的子宫扭转，可能是奶牛因疼痛起卧所致。

牛妊娠末期的子宫扭转与子宫形态的特点关系密切。由于孕角很大，子宫大弯显著向前扩张，但小弯扩张不明显，而且有子宫阔韧带附着，固定住孕角的后端，而前端的大部分游离在腹腔，仅有腹腔底、瘤胃及其他器官固定，因此其位置稳定性低，使子宫的不稳定性增加。牛卧地时，首先前躯卧倒，而起立时是后躯先起，因此无论起卧，都有一个阶段子宫在腹腔内呈悬空状态。这时，牛转动身体，胎儿和子宫由于重量较大，不能随腹腔转动，就可以使孕角向一侧发生扭转。奶牛的腹腔左侧被庞大的瘤胃所占，妊娠子宫常被挤到右侧，所以子宫向右发生扭转的较多。由于阴道后端有周围组织固定，所以扭转发生于阴道的前端，有时发生在子宫颈前。在分娩开口期中，胎儿转变为上位时，过度而强烈地转动也可能是引起子宫扭转的原因。另外，胎儿对子宫肌层的收缩发生反应，调整其姿势而出现的运动也可能与子宫扭转有关。

此外，饲养不当及运动不足，尤其是长期限制奶牛运动，可使子宫及支持组织松弛，腹壁肌肉组织松弛，从而诱发子宫扭转。舍饲牛的子宫扭转比放牧牛多。

2. 症状

（1）产前发生的子宫扭转。如果子宫扭转不超过 90°，奶牛可不表现任何症状。超过 180°时，妊娠牛因子宫阔韧带伸长而有明显不安和阵发性腹痛，并随着病程的延长和血液循环受阻，腹痛加剧，其表现包括摇尾、前蹄刨地、后腿踢腹、出汗、食欲减退或消失、卧地不起或起卧打滚。病牛拱腰、努责，但不见排出胎水。腹部臌气，体温正常，但呼吸、脉搏加快。随着血液循环受阻加重，腹痛剧烈，且间隔时间缩短；也可能因扭转严重，持续时间太长，麻痹而不再疼痛，但病情恶化。也可能因子宫阔韧撕裂和子宫血管破裂而表现内出血症状，甚至引起子宫高度充血和水肿，子宫扭转处坏死，导致发生腹膜炎。妊娠的最后几个月发生 90°～180°扭转，如不及时检查，病程可长达几天、几周甚至几个月，直到分娩时才能表现出来。因此，凡妊娠后期的奶牛，如果表现上述腹痛症状，均须及时进行阴道检查和直肠检查，以便尽早做出诊断。

（2）临产时的子宫扭转。临产时子宫扭转，奶牛可出现正常的分娩预兆，而且分娩之前常表现正常。但在开口期之后由于子宫肌层的收缩可出现腹痛，并可能发生努责，子宫颈开放，但因产道狭窄或关闭，胎儿难以进入产道，故扭转不明显，同时胎膜也不能露出产道外，腹痛及不安的表现比正常分娩要严重，这时需要进行产道及直肠检查，以便尽早诊断救治。如果扭转不能及时矫正，则会发生胎盘分离，胎儿死亡。这种临床症状很容易与胃肠机能紊乱混淆，须注意观察。如果临产前子宫扭转很严重，子宫血液循环受阻，则可表现明显的临床症状，如食欲废绝、瘤胃蠕动停止，四肢冰冷，体温升高，有时甚至出现休克或死亡，胎儿也可死亡、气肿或浸溶。

3. 诊断

阴道及直肠检查子宫扭转时，阴道和直肠检查常引起奶牛的强烈不安，产前的子宫扭转，阴道壁干涩。检查所发现的情况如下：

（1）子宫颈前扭转。阴道检查，在临产时发生的扭转，只要不超过 360°，子宫颈口总是稍微开张的，并弯向一侧。达 360°时，颈管即封闭，也不弯向一侧。视诊可见子宫颈部呈紫红色。产前发生的子宫扭转，阴道中变化不明显，直肠检查才能确诊。

直肠检查，在耻骨前缘摸到子宫体上的扭转处如一堆软而实的物体。阔韧带从两旁向此扭转处交叉。一侧阔韧带达到此处的上前方，另一侧阔韧带则达到其下后方；扭转如不超过 180°，下后方的阔韧带要比上前方的阔韧带紧张得多，而子宫就是向着阔韧带紧张的一侧扭转。不论向哪一侧扭转，两侧的子宫动脉都拉得很紧。扭转超过 180°时，两侧阔韧带均紧张，阔韧带内静脉怒张，扭转程度越大，怒张也越明显。胎儿的位置比妊娠末期的正常位置靠前，所以不易摸清。有时发现粪便中带血。阔韧带及子宫动脉的紧张程度可以帮助诊断子宫扭转的严重程度。

（2）子宫颈后扭转。阴道检查，表现为阴道壁紧张，阴道腔越向前越狭窄，阴道壁的前端可见到有或大或小的螺旋皱襞。如果螺旋皱襞从阴道背部开始向哪一侧旋转，则子宫就向该方向扭转。阴道前端的宽窄及皱襞的大小，依扭转的程度而定，同时它们也代表扭转程度的轻重。不超过 90°时，手可以自由通过；达到 180°时，手仅能勉强伸入。以上两种情况可以在阴道前端的下壁摸到一个较大的皱襞，并且由此向前子宫腔即弯向一侧。达 270°时，手即不能伸入；达 360°时宫腔关闭。在这两种情况下，阴道壁的皱襞均较细小，阴道检查看不到子宫颈口，只能看到前端的皱襞。直肠检查，所发现的情况与颈前扭转相同。子宫扭转超过 180°时，多使子宫血液循环受阻，引起胎儿死亡，如不及时诊断救治，可引起子宫破裂。

除上述症状外，有些扭转轻的病例可以发生同侧阴唇向阴门外陷入。如果扭转严重，一侧阴唇可肿胀歪斜。一般是阴唇的肿胀与子宫扭转的方向相反，如右侧子宫扭转到 180°，左侧阴唇表现肿大，这种表现在妊娠后期的奶牛，由于阴门松弛、水肿，因此更为明显。

4. 治疗

临产发生的子宫扭转，首先应把子宫转正，然后拉出胎儿。

矫正子宫的方法通常有 4 种：产道矫正、直肠矫正、翻转母体、剖腹矫正或剖宫产。后 3 种方法主要用于扭转程度较大而产道极度狭窄，手难以进入产道抓住胎儿或用于子宫颈尚未开放的产前扭转。

（1）产道矫正。这种方法是救治子宫扭转引起难产的最常用方法，主要是借助胎儿，矫正扭转的子宫。这种方法能否成功，主要取决于两个因素，即术者的手能否进入子宫颈以及胎儿是否活着。当扭转程度小，手能通过子宫颈握住胎儿时用此法。矫正时应让奶牛站立保定，并前低后高。必要时可行后海穴麻醉，但药物的剂量不可过大，以免奶牛卧下。手进入子宫后，伸到胎儿的扭转侧之下，把握住胎儿的某部分向上向对侧翻转，如果胎儿不大，可借助转胎儿以矫正子宫，也可以边翻转，边用绳牵拉位置在上的前腿。对于活胎儿，用手指抓住两眼眶，在掐压眼眶的同时，向扭转的对侧扭转，这样所引起的胎动，有时可使扭转得到矫正。

（2）直肠矫正。如果子宫向右侧扭转。可将手伸至右侧子宫下侧方，向上向左侧翻转，同时一个助手用肩部或肩部背部顶在右腹侧向上抬，另一助手在左侧肷窝部由上向下施加压力。如果扭转程度较小，可望得到矫正。向左扭转时，操作方向相反。

(3) 翻转母体。这是一种间接矫正子宫扭转的简单方法，其操作时迅速向子宫扭转方向翻转母体的身体，此时由于子宫的位置相对不变，可使其位置恢复正常。

翻转前，如果奶牛挣扎不安，可行硬膜外麻醉，或注射肌松药物，使腹肌松弛；施术场地必须宽敞、平坦；病牛头下应垫以草袋。翻转母体有3种方法。

① 直接翻转法。子宫向哪侧扭转，使奶牛卧于哪侧。把前后肢分别保定住，并设法使后躯高于前躯。两助手站于奶牛的背侧，分别牵拉前后肢上的绳子。准备好了以后，猛然同时拉前后肢，急剧把奶牛仰翻过去。由于转动迅速，子宫因胎儿重量的惯性，不随母体转动，而恢复正常位置。翻转如果成功，可以摸到阴道前端开大，阴道皱襞消失；无效时则无变化；如果翻转方向错误，软产道会更加狭窄。因此，每翻转一次，须经产道进行一次验证，检查是否正确有效，从而确定是否继续翻转。

② 腹壁加压翻转法。操作方法与直接法基本相同，但另用一长约3 m，宽20～25 cm的木板，将其中部置于施术动物腹肋部最突出的部位上，一端着地，术者站立或蹲于着地的一端上，然后将奶牛慢慢向对侧翻，同时另一人翻转其头部；翻转时助手还可从另一端帮助固定木板，防止它滑向腹部后方，防止对胎儿产生压迫。翻转后同样须进行产道或直肠检查。一次不成功，可重新翻转。腹壁加压可防止子宫及胎儿随母体转动。

③ 产道固定胎儿翻转法。如果分娩时子宫发生扭转，只有手能伸入子宫颈，最好从产道把胎儿的一条腿抓住，这样可将其固定，翻转时子宫不随母体转动，矫正就更加容易，可结合①和②进行。

(4) 剖腹矫正或剖宫产。利用上述方法达不到目的时，可剖腹在腹腔内矫正，矫正不成功则进行剖宫产。

① 剖腹矫正。这种方法主要用于子宫颈开张前任何时间发生的子宫扭转。施术奶牛的保定、麻醉及腹壁切开方法见剖宫产。切口部位可根据妊娠时期不同而定。如距分娩尚早，胎儿较小，容易转动，可在奶牛站立的情况下于腹肋中部做切口，子宫向哪一侧扭转，切口就做在哪一侧。临产前发生扭转，因为胎儿重量大，为便于转动，可使母体侧卧，在腹中线做切口。上述切口的大小，均须能容纳两只手通过。

手伸入腹腔后，首先应摸到扭转处，并由此确认扭转方向，然后尽可能隔着子宫壁，把握住胎儿的某一部分，最好是腿部，围绕孕角的纵轴向对侧转动。子宫已经转动的标志是其恢复了正常的位置，扭转处消失。在颈后扭转及临产前发生的扭转，助手还可以把手指伸进阴道，验证产道是否已经松开。

② 剖宫产。剖宫产矫正过程中，常因胎儿较大、子宫壁水肿、粘连等，矫正较为困难，因此不得不把切口扩大，施行剖宫产。腹下切口延长要比腹肋部切口方便，因此实施剖宫矫正时，宜选用腹下切口，扭转程度大、持续时间久的病例，常见到腹水红染，子宫壁充血、出血。这种病例在转正后，子宫颈也常开张不大，且子宫壁变脆，拉出胎儿可能引起破裂，因此在矫正以后也可考虑剖宫产。

严重的子宫扭转，因子宫高度充血，切开子宫壁时往往导致大量出血。为避免出血过多，应在切开子宫前尽可能先将子宫转正；确实无法转正者，须随切随止血；对可见的大血管，应先结扎再切断。切开子宫后，还要注意止血，并仔细检查扭转处有无损伤、破口等。

发生子宫扭转时，可供选择的治疗方案较多，各个病例必须根据情况选用。大多数病例发生子宫扭转后，多已出现胎盘分离及子宫弛缓，而且扭转子宫复位后大多数情况下子宫颈口很快关闭，因此发生在临产时的扭转。如果子宫颈开张且胎儿无异常，可用牵引术将胎儿拉出；如果子宫颈开张不全或完全没有开张，则可用剖宫产。

术后护理须连续几天用止血药物，全身及子宫用抗生素预防感染，有时还必须在腹腔中注入大量抗生素。术后不宜补充等渗液体，否则会使子宫水肿加剧。

子宫扭转的预后，因扭转的程度、妊娠阶段、是否及时救治及家畜种类不同而异。产前奶牛发生的扭转，如果不超过90°，一般预后良好，也不需要治疗，子宫可自行转正。如果扭转严重而且延误治疗，子宫与周围器官发生粘连，妊娠过程虽然能正常进行，但子宫不能自行转正。如果扭转达到

180°～270°，奶牛多有明显的临床症状，如果治疗及时，预后也较好，但矫正后有可能复发。如果扭转严重且未能及时诊断矫正，则由于子宫壁充血、出血、水肿，胎盘血液循环发生障碍，胎儿不久即死亡。如果距分娩尚早，子宫颈未开张，也未发生腹膜炎，胎儿在无菌环境中可以发生干尸化，奶牛也可能存活。如果子宫颈已经开放，阴道中的细菌进入子宫，胎儿死亡后腐败，奶牛常并发腹膜炎、败血症而死亡。扭转更为严重者，子宫因血液循环停止而发生坏死，奶牛也死亡。

子宫扭转引起的难产，如果诊断救治及时，一般预后良好。

五、胎衣不下

奶牛娩出胎儿后，胎衣在第3产程的生理时限内未能排出，就称胎衣不下（afterbirth non exuviation）。牛排出胎衣的正常时间为12 h，如超过这个时间，则表示异常。牛比其他动物更易发生胎衣不下。正常健康的奶牛分娩后胎衣不下的发生率为3%～12%，平均为7%。而异常分娩的（如剖宫产、难产、流产和早产）奶牛和感染布鲁氏菌病的牛胎衣不下的发生率为20%～50%，甚至更高。

1. 病因

引起胎衣不下的原因很多，主要与产后子宫收缩无力及胎盘未成熟或老化、充血、水肿、发炎、胎盘构造等有关。

（1）产后子宫收缩无力。奶牛在妊娠期饲养管理不当，饲料搭配不合理，饲料单一，品质差或精饲料过多；妊娠后期运动不足，体质差，瘦弱或过度肥胖；钙、磷等缺乏或比例失调及微量元素缺乏，尤其是硒和维生素E缺乏，都可引起胎衣不下。胎儿过多、胎水过多及胎儿过大，使子宫过度扩张，容易继发产后阵缩微弱。流产、早产、生产瘫痪、子宫扭转则会造成产后子宫收缩力不够。难产时引起子宫肌疲劳，也易发生收缩无力。产后没有及时给仔畜哺乳，致使催产素释放不足，也影响子宫收缩。

（2）胎盘未成熟或老化。奶牛胎盘属于上皮绒毛膜与结缔组织绒毛膜混合型，胎儿胎盘与母体胎盘联系比较紧密，这是奶牛易患胎衣不下的一个原因。胎盘平均在妊娠期满前2～5 d成熟。成熟后胎盘结缔组织胶原化，变湿润，纤维膨胀、轮廓不清并呈直线形，子宫腺窝的上皮层变平；多核巨细胞数量增多，吞噬作用增强；受分娩时激素的变化影响，组织变松。这些变化有利于胎盘分离。未成熟的胎盘缺乏上述变化，母体子叶胶原纤维呈波浪形，轮廓清晰，不能完成分离过程。因此，早产时间越早，胎衣不下的发生率越高。据报道，奶牛在妊娠后240～265 d间排出胎儿，胎衣不下发生率上升到50%或更多。

胎盘老化也能导致胎衣不下，过期妊娠常伴发胎盘老化及功能不全。胎盘老化时，母体胎盘结缔组织增生，胎盘重量增加。母体子叶表层组织增厚，使绒毛钳闭在腺窝中，不易分离。胎盘老化后，内分泌功能减弱，使胎盘分离过程复杂化。

（3）胎盘充血和水肿。在分娩过程中，子宫异常强烈收缩或脐带血管关闭太快会引起胎盘充血。由于脐带血管内充血，胎儿胎盘毛细血管的表面积增加，绒毛嵌闭在腺窝中。充血还会使腺窝和绒毛发生水肿，不利于绒毛中的血液排出。水肿可延伸到绒毛末端，结果腺窝内压力不能下降，胎盘组织之间持续紧密连接，不易分离。

（4）胎盘炎症。妊娠期间胎盘受到来自机体某部病灶，如乳腺炎、腹膜炎和腹泻细菌的感染，从而发生胎盘炎，使结缔组织增生，胎儿胎盘和母体胎盘发生粘连，导致胎衣不下。特别是饲喂变质的饲料，可使胎盘内绒毛和腺窝壁间组织坏死，从而影响胎盘分离。患胎盘炎时，炎症从轻度感染到严重坏死不等。炎症部位可能是局部性的，也可能是弥漫性的。子宫的空角很少发生。感染的子宫全部或部分坏死，变成黄灰色，胎盘基质水肿并含有大量白细胞。

（5）其他原因。引起胎衣不下的原因十分复杂，除上述主要原因外，还与下列因素有关：畜群结构、年度及季节、遗传因素、剖宫产时误将胎膜缝在子宫壁切口上等。有时，胎衣不下只有一种原因，而有时是多种因素综合作用的结果。

2. 症状

胎衣不下分为全部不下及部分不下两种。胎衣全部不下，即整个胎衣未排出来，胎儿胎盘的大部分仍与子宫黏膜连接，仅见一部分胎膜悬吊于阴门外。牛胎衣脱出的部分常为尿膜绒毛膜，呈土黄色，表面有许多大小不等的子叶。子宫严重弛缓时，全部胎膜可能滞留在子宫内。悬吊于阴门外的胎衣也可能断离，这种情况须进行阴道检查，才能发现子宫内是否还有胎衣。胎衣部分不下，即胎衣的大部分已经排出，只有一部分或个别胎儿胎盘残留在子宫内。将脱落不久的胎衣摊开在地面上，仔细观察胎衣破裂处的边缘及其血管断端能否对合以及子叶有无缺失，以查出是否发生胎衣部分不下。

牛发生胎衣不下后，由于胎衣的刺激作用，病牛常表现弓背和努责；如果努责剧烈，可能发生子宫脱出。胎衣在产后 1 d 内就开始变性分解，夏天更易腐败。在此过程中胎儿子叶腐烂液化，因而胎儿绒毛会逐渐地从母体腺窝中脱离出来。由于子宫腔内存在有胎衣，子宫颈不会完全关闭，从阴道排出污红色恶臭液体，病牛卧下时排出量较多。液体内含胎衣碎块，特别是胎衣的血管不易腐烂，很容易观察到。向外排出胎衣的过程一般为 7～10 d，长者可达 10 d 以上。由于感染及腐败胎衣的刺激，病牛会发生急性子宫炎。胎衣腐败分解产物被吸收后引起牛的全身症状，体温升高，脉搏、呼吸加快，精神沉郁，食欲减退，瘤胃弛缓，腹泻，产奶量下降。胎衣部分不下通常仅在恶露排出时间延长时才被发现，所排恶露的性质和对子宫的影响与胎衣完全不下时相似，仅是排出分泌物的数量较少。

3. 治疗

胎衣不下的治疗原则是尽早采取治疗措施，防止胎衣腐败、吸收，促进子宫收缩，局部和全身抗菌消炎，在条件适合时可以用手剥离胎衣。对于露出阴门外的胎衣，既不能拴上重物扯拉，又不能从阴门处剪断，以避免勒伤阴道底壁上的黏膜，引起子宫内翻及脱出，或使遗留的胎衣断端缩回子宫内。如果悬吊在阴门外的胎衣较长、较重，可在距阴门约 30 cm 处将胎衣剪断。治疗胎衣不下的方法分为药物疗法和手术疗法两大类。

(1) 药物疗法。药物治疗的原则是局部用药与全身用药相结合，以抗菌消炎和促进胎衣排出为主，对症治疗与支持疗法为辅。

① 子宫腔内投抗菌药。向子宫腔内投放氧氟沙星、环丙沙星、土霉素、磺胺类药物或其他抗生素，起到防止腐败、延缓溶解的作用，等待胎衣自行排出。药物应投放到子宫黏膜和胎衣之间。奶牛每次投药 1～2 g。每次投药之前应轻拉胎衣，检查胎衣是否已经脱落，并将子宫内聚集的液体排出。隔日投药 1 次，治疗 2～3 次。

子宫颈口如已缩小、可先肌内注射雌激素。例如，己烯雌酚，10～30 mg，使子宫颈口开放，排出腐败物，然后再放入防止感染的药物。雌激素还能增强子宫收缩，促进子宫血液循环，提高子宫的抵抗力，可每天或隔天注射 1 次，治疗 1～2 次。

② 肌内注射抗生素。在胎衣不下的早期阶段，常采用肌内注射抗生素的方法。当出现体温升高、内毒素血症、产道创伤感染情况时，还应根据病情进行对症疗法和支持疗法。

③ 促进子宫收缩。为了加快排出子宫内已腐败分解的胎衣碎片和液体，可先肌内注射己烯雌酚，1 h 后肌内注射或皮下注射催产素，牛 50～100 IU，每隔 2 h 重复注射一次催产素，连续使用 2～4 次。这类制剂应在产后尽早使用，对分娩后超过 24 h 或难产后继发子宫弛缓者，效果不佳。皮下注射麦角新碱 1～2 mg。麦角新碱比催产素的作用时间长，易引起子宫颈口收缩或关闭。

分娩后 8 h 内尚未完全排出胎衣的奶牛，肌内注射 25 mg $PGF_{2\alpha}$或 0.3～0.5 mg 氯前列烯醇，可使胎膜滞留的发生率显著下降。

雌激素具有较强的刺激母畜子宫收缩的作用，同时增加了子宫对催产素的敏感性。在奶牛分娩后

2 h 内注射已烯雌酚，可降低奶牛胎衣不下的发生率。

④ 中药治疗。中药生化汤对产后子宫的收缩与恶露排放有良好作用。当归 120 g、川芎 45 g、桃仁 30 g、炮姜 20 g、甘草 20 g、草果 45 g、益母草 60 g、三棱 40 g、白术 40 g、红糖 500 g，研末开水冲服，每天 1 剂，连用 2 剂。

⑤ 全身疗法。少数胎衣不下的奶牛出现全身症状，应及时采取全身疗法与子宫腔内灌注药液治疗。可输注葡萄糖、维生素 C、电解质、强心剂、利尿剂和碳酸氢钠等药物。

⑥ 子宫灌注。向子宫投放胰蛋白酶、洗必泰和氯化钠，或胃蛋白酶 20 g、稀盐酸 15 mL、水 300 mL。胰蛋白酶或胃蛋白酶加快胎衣溶解，氯已定杀菌，氯化钠（10 g）造成高渗环境，促进胎衣剥离和防止子宫内容物被吸收。

对于产后胎儿胎盘和母体胎盘粘连比较紧密的，可用 10%氯化钠溶液 500～1 000 mL 灌注子宫，并随即填入抗生素或碘伏栓剂，每隔 2 d 灌注 1 次，直至子宫内排出的分泌物洁净为止。如果已继发子宫炎，从阴道流出大量腥臭脓性分泌物，可灌注 1∶2 000 洗必泰或 0.05%呋喃西林溶液 250～500 mL，每隔 2 d 灌注 1 次。子宫内的脓性分泌物消失后，再灌注诺氟沙星、土霉素、呋喃西林等抗菌药，直至子宫内排出的分泌物洁净为止。

（2）手术疗法。采用手术剥离的原则：易剥离则剥，不易剥离不要强剥，剥离不干净不如不剥。牛最好到产后 72 h 进行剥离。剥离胎衣应做到快（5～20 min 剥完）、净（无菌操作，彻底剥净）、轻（动作要轻，不可粗暴），严禁损伤子宫内膜。对患急性子宫内膜炎和体温升高的病牛，不可进行剥离。

术者戴长臂手套、穿高筒靴及围裙，清洗奶牛的外阴及其周围，并按常规消毒。用绷带包缠病牛的尾根，拉向一侧系于颈部。为了避免胎衣黏在手上妨碍操作，可向子宫内灌入 1 000～1 500 mL 10%盐水。如努责剧烈，可在荐尾间隙注射 2%普鲁卡因或利多卡因 15 mL。

首先将阴门外悬吊着的胎衣理顺，并轻拧几圈后握于左手，右手沿着它伸进子宫进行剥离：剥离要按顺序，由近及远螺旋前进，并且先剥完一个子宫角，再剥另一个子宫角。在剥胎衣的过程中，左手把胎衣扯紧，以便顺着它去找尚未剥离的胎盘，一直达到子宫角尖端。为防止已剥出的胎衣过于沉重把胎衣拽断，可先剪掉一部分。位于子宫角尖端的胎盘最难剥离，一方面是空间过小妨碍操作，另一方面是手的长度不够。这时可轻拉胎衣，使子宫角尖端向后移或内翻以便剥离。在母体胎盘与胎衣交界处，用拇指及食指捏住胎儿胎盘的边缘，轻轻将它自母体胎盘上撕开一点，或者用食指尖把它抠开一点，再将食指或拇指伸入胎儿胎盘与母体胎盘之间，逐步把它们分开，剥得越完整效果越好。辨别一个胎盘是否剥过的依据是：剥过的胎盘表面粗糙，不与胎膜相连；未剥过的胎盘与胎膜相连，表面光滑。如果一次不能剥完，可在子宫内投放抗菌防腐药物，等 1～3 d 再剥或让其自行脱落。

胎衣正常脱落或剥离后，子宫内膜上仍然残留一些胎衣上的微绒毛，特别是强行剥离时，绒毛的较大分支被拔出来了，但其断端仍遗留在子宫内膜中。强行剥离极易损伤子宫内膜及腺窝上皮，易造成子宫感染。

胎衣剥离完毕后，用虹吸管将子宫内的腐败液体吸出，并向子宫内投放抗菌防腐药物，每天或隔天 1 次，持续 2～3 次。

4. 预防

（1）科学合理搭配日粮。根据当地饲料饲草资源，合理配合日粮，以满足妊娠奶牛营养需要，使其临产前体况丰满度在中上水平，健壮而不过肥，妊娠干乳牛一般可按日产奶 10～15 kg 所需营养标准进行饲喂，日粮要具有多样性、易消化性和轻泻性，特别重视与奶牛胎衣不下相关的维生素 A、维生素 D、维生素 E 和微量元素碘、硒等的补充，能有效防治胎衣不下。

（2）加强奶牛运动。奶牛每天运动时间不少于 5 h，在妊娠前期和干乳期每天运动 2～3 h。运动不仅可促进血液循环，有利于妊娠奶牛的健康，减少和预防难产、胎衣不下。同时可增加日照时间，有利于维生素D的合成。

(3) 药物防治。对年老、高产和有胎衣不下病史的奶牛，临产前3～5 d，静脉注射25%葡萄糖液和20%葡萄糖酸钙各500 mL，隔天1次，可有效促进胎衣的正常脱落。奶牛干乳期注意维生素及微量元素的补充，尤其是维生素E和硒的补充，对防治胎衣不下、改善产后繁殖性能有明显效果。静脉注射10%盐水500 mL，10%氯化钙或葡萄糖酸钙300～500 mL，25%糖500 mL，有良好的促进胎衣排出的效果。

(4) 其他措施。对奶牛定期进行防疫、检疫，预防李氏杆菌病、布鲁氏菌病、结核病等可引起胎盘炎症的传染病（上述传染病可使胎儿胎盘与母体胎盘之间的正常联系受到破坏而发生粘连，即使产后子宫收缩剧烈，胎衣也不易脱离）。同时加强妊娠奶牛生殖卫生保健，在人工授精、阴道检查、子宫检查、助产分娩时，按操作规程进行，严格消毒，预防奶牛阴道、子宫内膜等被病原微生物感染。

分娩后让奶牛舔犊牛身上的羊水，并尽早挤犊牛或让犊牛吮乳。分娩后特别是在难产后立即注射催产素或钙溶液，避免给奶牛饮冷水。

牛胎衣不下一般预后良好。多数牛胎衣腐败分解以后会自行排尽，但也常引起子宫内膜炎、子宫蓄脓等子宫疾病，影响以后妊娠。

六、子宫炎与子宫内膜炎

子宫壁由内到外分为3层，即内膜层（黏膜层）、肌层和浆膜层。子宫腔内感染可导致子宫炎与子宫内膜炎（uterine inflammation and endometritis）。子宫炎是子宫壁全层的炎症，见于产后21 d内，多发于产后10 d左右。子宫内膜炎是指在产后21 d以后子宫内膜的炎症，包括临床型子宫内膜炎与亚临床型子宫内膜炎。临床型子宫内膜炎具有明显的临床症状，由子宫腔排出浆液性、黏液性或脓性子宫内容物；亚临床型子宫内膜炎没有明显的临床症状，表现为屡配不孕，仅在发情时子宫分泌物增多、混浊，是生产中最为常见的子宫疾病，常继发于子宫炎，配种、人工授精或阴道检查等若无菌操作不严格，也常导致子宫内膜炎。

产后1周，子宫炎发病率为36%～50%，18.5%～21%的病牛全身症状明显。产后3周，临床型子宫内膜炎发病率为15%～20%；产后3～5周，亚临床型子宫内膜炎发病率为27%～74%。

1. 病因

子宫炎多继发于分娩异常，如难产、胎衣不下、流产、产道损伤、剖宫产手术等。环境病原菌经开放的产道进入子宫腔，是导致子宫污染的主要因素。常见病原菌有化脓性隐秘杆菌、坏死梭杆菌、拟杆菌、大肠杆菌、溶血性链球菌、假单胞菌、变形杆菌、梭状芽孢杆菌等。其中，内膜炎多为化脓性隐秘杆菌和大肠杆菌感染。卵巢功能异常，饲养管理不当、营养不良、环境卫生差、应激反应或其他子宫疾病等，常是子宫感染的诱因。

子宫感染的主要病因是细菌感染，既可损害子宫局部，又可干扰下丘脑和垂体的功能。子宫炎症反应，影响奶牛的舒适度，降低或使奶牛丧失繁殖能力。产前子宫是无菌环境，若被细菌侵入，常导致流产。分娩期间，子宫颈的生理屏障开放，阴道和阴门的抵抗力下降，细菌易自环境、动物体表、粪便侵入子宫腔。子宫内细菌的种类和数量，与分娩时和分娩后的环境卫生条件有关。

炎症损害黏膜上皮，导致繁殖力下降。化脓性隐秘杆菌有降低生育力的作用，在有子宫感染时子宫内膜炎导致不孕症，即使成功治愈，其繁殖力也下降。子宫内膜炎牛受孕率降低20%，产犊至受孕之间的间隔时间平均长30 d，不孕牛增加3%，产奶量下降，特别是伴有胎衣不下的牛，更明显。

产后发生的子宫炎多为急性炎症，临床症状较为明显，可出现全身症状，体温升高，精神沉郁，食欲下降；弓背、努责，从阴门中排出黏液性或脓性分泌物。严重者，其分泌物呈污红色或棕色，可发生内毒素血症或因败血症死亡。产奶量明显降低或泌乳停止。监测体温，体温高于39.4 ℃为发热，有 50%～60%的新产牛会在产后 1 周内发热，有 2/3 发热与子宫炎有关。通过监测体温，可以及早发现子宫炎。但也有一些患子宫炎的牛不发热，需要通过观察子宫排出物来诊断。

2. 症状

临床型子宫内膜炎一般无明显的全身症状，可排出异常的子宫分泌物。随着病情的加重，子宫分泌物逐渐增多，分泌物的性状由黏稠透明变为白色、乳膏样、灰白色或黄白色脓样，严重的病例带有血液；分泌物由无臭味变为恶臭味，细菌计数逐渐增多。病牛一般表现为体重减轻，产奶量下降，卧下时子宫分泌物排出量较多，在尾根部被毛常附着有子宫分泌物。阴道检查可见子宫颈口不同程度肿胀和充血。在子宫颈口封闭不全时，可见有不同性状的炎性分泌物经子宫颈口排出。如子宫颈封闭，则无分泌物排出。直肠检查可感觉到子宫角稍变粗，子宫壁增厚，弹性减弱，收缩反应微弱。阴道检查前会阴部、阴门、阴道清洗消毒，以防细菌污染子宫腔和阴道。阴道内的子宫脓性分泌物性状和味道反映了子宫内病原菌的数量。

亚临床型子宫内膜炎主要表现为屡配不孕，发情时阴道分泌物增多，略微混浊，冲洗液呈米汤样，中性粒细胞数增加，其他症状不明显，发情周期和持续的时间一般正常。

3. 治疗

治疗子宫炎的原则是早发现、早治疗，全身治疗和局部治疗相结合，抗生素和非甾体抗炎药配伍应用，促进炎性产物的排出和子宫机能的恢复。

临床上常用于治疗子宫感染的方法如下：

(1) 子宫冲洗疗法。子宫冲洗疗法是治疗子宫炎和子宫内膜炎的有效方法之一，但在怀疑子宫破裂时不可冲洗，否则可造成炎症扩散。冲洗液温度应与体温接近，子宫炎 36～41 ℃，子宫内膜炎 45～50 ℃。每天或隔天 1 次，每次反复冲洗几次，直至回流液透明。冲洗子宫应注意的事项是严格遵守操作规程与无菌原则；每次冲洗液要适量，不可过多，以免炎症扩散；每次冲洗后将冲洗液导出，避免在子宫内蓄积。子宫炎时若发病时间短、内容物少，不宜做子宫冲洗和按摩。分泌物数量少、黏稠的子宫内膜炎，一般不冲洗。各种子宫内膜炎的冲洗疗法有以下几种。

① 急性浆液性子宫内膜炎的冲洗方法。此种子宫内膜炎子宫内容物较多，较稀薄，呈乳白色或灰白色，内容物中有絮状的脓块。常用 1%氯化钠溶液或 5%碳酸氢钠生理盐水冲洗。冲洗液回流完后，子宫内注入抗生素溶液（以 10%葡萄糖液或生理盐水稀释），每天 1 次，连续 5～7 次。

② 黏液脓性子宫内膜炎的冲洗方法。此种子宫内膜炎子宫内容物黏稠，呈灰白色或黄白色，内容物中混有大量脓块，恶臭味浓。用 5%碘伏（0.5%有效碘）或 0.5%高锰酸钾溶液或 0.05%新洁尔灭溶液冲洗。

③ 亚临床型子宫内膜炎的冲洗方法。常用抗生素生理盐水冲洗。在发情时冲洗、治疗。

(2) 宫内给药。治疗临床型子宫内膜炎时，因子宫颈管变细长，子宫角下垂，注入的液体不易排出；输卵管的宫管结合部呈漏斗状，无明显的括约肌，子宫内注入大量液体压力增加时，液体可经宫管结合部和输卵管流入腹腔，造成腹腔污染和炎症扩散。因此，在子宫内容物少的情况下，不做冲洗，仅是宫内给药。子宫冲洗后，需要子宫内给药。子宫已复旧的牛，宫内注药的剂量也应严格控制，育成牛不超过 20 mL，经产牛一般为 25～40 mL。

由于子宫内膜炎的病原非常复杂，且多为混合感染，宜选用抗菌范围广的药物，如四环素、氯霉素、庆大霉素、卡那霉素、金霉素、头孢噻呋、磺胺类药、呋喃类药物、喹诺酮类药等。子宫颈口尚未完全关闭时，可直接将 1～2 g 药物投入子宫，或用少量生理盐水溶解，做成溶液或混悬液用细导管注入子宫，每天 1 次。

目前，将对子宫黏膜刺激较小的抗菌药物制成栓剂、泡腾剂用于子宫内膜炎治疗，得到兽医的欢迎。例如，呋喃（吗）唑酮栓剂、土霉素栓剂、碘伏栓剂、宫得健中草药栓剂等。

(3) 激素疗法。在患慢性子宫内膜炎时，使用 $PGF_{2\alpha}$ 及其类似物，可促进炎症产物的排出和子宫功能的恢复。一般于产后 11～14 d 使用前列腺素类药物，过早使用，有发生卵泡囊肿的危险。在临床型子宫内膜炎或子宫内有积液时，可注射雌激素与催产素等，但须注意药物残留问题。

(4) 中药疗法。中药以活血化瘀、清热解毒、消痈通络为治疗原则。常用生化汤或益母草单方。

(5) 其他疗法。有人用氦氖激光照射阴蒂、地户穴和宫颈阴道部治疗子宫内膜炎病牛，或子宫腔内注入乳酸杆菌培养液或用牛血浆、白细胞等治疗子宫内膜炎，有一定的疗效。子宫炎病牛，给予非甾体类药物，如水杨酸钠、氟尼辛葡甲胺、托芬那酸、美洛昔康等。

临床上，慢性、间断性或排少量分泌物的子宫内膜炎，若发情周期不正常或不发情，需要检查卵巢，确定有无卵巢囊肿、卵巢功能低下、卵巢静止或持久黄体等卵巢疾病。阴道检查，排除子宫颈炎与阴道炎。在确诊的前提下进行治疗。盲目使用药物与各种治疗方法是不明智的。

4. 预防

加强奶牛的饲养管理，提高机体的抵抗力，给予优质饲草，经常补充矿物质和维生素，合理补料，吃饱饮足，避暑防寒，使用舔砖（由盐和矿物质压成的块），使牛膘情好，体质壮，免疫力强。牛分娩时，注意外阴部卫生。用温清水加适量无刺激消毒药，如癸甲溴铵溶液（百毒杀），清洗外阴部。胎儿进入产道后，在无异常的情况下使用缩宫药物，可防止子宫弛缓和胎衣不下。难产助产时，救助人员应遵守操作规程，严格消毒，戴长臂手套，防止损伤生殖道。牵拉胎儿应用力平稳缓慢，防止粗暴用力，引起子宫脱出。分娩时接的羊水 3 000 mL，加入白糖 300 g，灌服后有缩宫作用。牛产后 12 h 胎衣不下，应进行治疗。

预防子宫炎，首先是促进胎衣排出，科学补钙（产后立即注射或口服钙剂），促进肌肉收缩和胎衣排出；科学使用激素，产后 2 d 内胎衣不下，每天注射 2 次催产素（缩宫素），按照正常剂量使用，严禁超量，以免导致子宫破裂或子宫颈口关闭。

子宫内膜炎影响配种受胎，增加配种次数，增加产犊间隔。临床上应按时检测子宫内膜炎。产后 4 周时采集子宫分泌物，进行中性粒细胞计数，进行子宫内膜炎诊断；分离细菌做药敏试验，指导临床用药。

促进子宫复旧。产后 4 周子宫复旧，子宫容量自分娩时的 60 L 缩减到 3 L 左右。试验表明，新产牛注射非甾体抗炎药和前列腺素，可以显著缩减产后子宫角直径，促进子宫复旧，降低子宫内膜炎的发病率。

七、子宫蓄脓

子宫蓄脓（pyometra）是指子宫腔内有脓汁积聚并伴有持久黄体与不发情。多由化脓性子宫内膜炎发展而成，其特点为子宫腔中蓄积脓性液体，子宫内膜出现炎症病理变化，多数病牛卵巢上存在持久黄体，因而病牛不发情。

1. 病因

子宫内有液体或脓汁积聚，使得病牛自我认为“自己已经妊娠”，子宫内膜性黄体溶解因子或内源性前列腺素分泌减少，不能使黄体溶解，停止发情。牛的子宫蓄脓大多发生于产后早期（15～60 d），而且常继发于分娩期疾病，如难产、胎衣不下及子宫炎。患此病时出现的持久黄体主要是由于子宫发生感染、子宫内容物异常，而使产后排卵形成的黄体不能退化所致。配种之后发生的子宫蓄脓，可能与胚胎死亡有关，其病原菌是在配种时引入或胚胎死亡后感染。在发情周期的黄体期给动物输精，或给妊娠牛错误输精及冲洗子宫引起流产，均可导致子宫蓄脓。

布鲁氏菌是引起子宫蓄脓的一种常见病原菌，溶血性链球菌、大肠杆菌、化脓棒状杆菌及假单胞菌和真菌也常引起此病。胎毛滴虫在某些地区是引起胚胎死亡的常见病原，胚胎死亡后发生浸溶、液化，从而出现子宫蓄脓。但子宫颈塞可能保留完好。

2. 症状

子宫蓄脓的症状视子宫壁损伤的程度及子宫颈的开闭状况而异。病牛的特征症状是乏情，卵巢上存在持久黄体及子宫中积有脓性液体，其数量不等，为 200～2 000 mL。产后子宫蓄脓病牛由于子宫颈开放，大多数在躺下或排尿时从子宫中排出脓液，尾根或后肢有脓液或其干痂；阴道检查时也可发现阴道内积有脓液，颜色为黄色、白色或灰绿色。直肠检查发现，子宫壁通常变厚或变薄，并有波动感，子宫体积的大小与妊娠 6 周至 5 个月的牛相似，两子宫角的大小可能不相等，但对称者更为常见。杳不到子叶、胎膜、胎体。当子宫体积很大时，子宫中动脉无妊娠脉搏出现，且两侧脉搏的强度均等，卵巢上有黄体。病牛一般不表现全身症状，但在病的初期或体况较差的牛，可出现全身症状，体温升高，精神沉郁，食欲下降，泌乳减少和体重减轻。

囊肿性子宫内膜增生病牛不并发感染时，无明显的全身症状，但阴门流出的分泌物中含有大量细菌；子宫颈闭合的病例可发生子宫积液。

如果没有全身症状和子宫分泌物排出，临床上区别妊娠与积液、积脓的方法是 B 超检查；或间隔 20～30 d 做第 2 次直肠检查，确定有无胎儿生长的迹象。

此外，子宫蓄脓也可能与胎儿干尸化或浸溶相混，此病须与后两种情况以及正常妊娠进行鉴别诊断。

子宫蓄脓的病程不定，严重的急性病例，病情进展急速，如不及时治疗，可能导致死亡。子宫颈开放的病例，病程可以拖延数月。

3. 防治

确诊及治疗的时间越早，治疗效果越好。病程延长，特别是子宫内膜受到严重损害时，虽能临床治愈，但难保证以后的生育能力。对奶牛可用下列方法进行治疗：

（1）前列腺素疗法。对子宫蓄脓病牛，应用前列腺素治疗，效果良好，注射后 24 h 左右即可使子宫中的液体排出，经过 3～4 d 病牛可能出现发情，并随之排卵。间隔 14 d 可以重复用药一次。子宫内容物排空之后，可用抗生素溶液灌注子宫腔，消除或防治感染。氯前列烯醇 0.3～0.5 mg 或 35 mg前列腺素 $PGF_{2\alpha}$。

（2）冲洗子宫。在子宫颈口开放时可以冲洗子宫腔。通常采用的冲洗液有高渗盐水、0.05%高锰酸钾溶液、0.05%新洁尔灭溶液、2%碘伏溶液，也可将抗生素溶于生理盐水。冲洗后将抗生素注入或装于胶囊中送入子宫腔。

（3）药物治疗。常使用的抗生素有土霉素、四环素、庆大霉素、呋喃西林、环丙沙星、头孢噻呋等抗生素等。氨基糖苷类抗生素，如庆大霉素、卡那霉素、链霉素及新霉素等，不宜用于治疗子宫内感染，因为这些抗生素在子宫内的厌气环境中均难发挥作用。抗生素在脓汁易被破坏，但化学合成类抗菌药，如喹诺酮类、磺胺类、呋喃类，在子宫腔内保持的时间较长。防腐剂，如碘制剂、新洁尔灭、高锰酸钾等在杀灭细菌的同时，也破坏了黏膜表面抗体和进入子宫腔的中性粒细胞，不利于自身免疫机制发挥抗菌作用。

表现全身症状的病牛，在子宫腔局部治疗与注射前列腺素类药物的同时，应全身应用抗生素，进行全身治疗。抗菌谱广的土霉素或四环素是治疗子宫蓄脓的首选有效药物，子宫中积聚的脓液及厌氧环境都不会影响它的作用；但这种抗生素对子宫壁的渗透能力不大，因此在有全身症状的病例，也应全身用药。对症治疗与支持疗法，有益于提高疗效和加速病牛康复。

八、子宫脱出

子宫角或全部子宫翻出于阴门外，称为子宫脱出（prolapse of uterus）。子宫脱出多于产后数小时内发生，超过产后 24 h 发病的牛极为少见。

1. 病因

子宫脱出的病因不完全清楚，但产后子宫弛缓是主要原因。临床上，产后强烈努责、外力牵引、低血钙和牛床前高后低等因素与子宫脱出有关。

(1) 产后强烈努责。子宫脱出主要发生在胎儿排出后不久，部分胎儿胎盘已从母体胎盘分离。此时只有腹肌收缩的力量能使沉重的子宫进入骨盆腔，进而脱出。因此，奶牛在分娩第三期由于存在某些能刺激奶牛发生强烈努责的因素，如产道及阴门的损伤、胎衣对阴道的刺激或胎衣不下等，使奶牛继续强烈努责，腹压增高，导致子宫内翻及脱出。

(2) 外力牵引。在分娩第三期，部分胎儿胎盘与母体胎盘分离后，脱落的部分悬垂于阴门外，会牵引子宫使之内翻，特别是当脱出的胎衣内存有胎水或尿液时，会增加胎衣对子宫的拉力。分娩第三期子宫的蠕动性收缩以及奶牛的努责，有助于子宫脱出。此外，难产时，产道干燥，子宫紧包胎儿，如果未经很好地处理（如注入润滑剂）即强力拉出胎儿，子宫常随胎儿翻出阴门外。

(3) 子宫弛缓。子宫弛缓可延迟子宫颈闭合时间和子宫角体积缩小的速度，易受腹壁肌收缩和胎衣牵引的作用导致外翻、脱出。临床上也常发现，许多子宫脱出病例同时伴有低钙血症，低钙也是造成子宫弛缓的主要因素。奶牛衰老、经产、营养不良（单纯喂以麸皮、钙盐缺乏等）、运动不足、胎儿过大等，也可造成子宫弛缓。

(4) 在妊娠末期或产后奶牛处在前高后低的厩床，奶牛产前饲料单一、运动不足，致使骨盆韧带及会阴结缔组织松弛无力等，均可成为发生本病的诱因。

2. 症状

子宫轻度内翻，能在子宫复旧过程中自行复原，常无外部症状；子宫角尖端通过子宫颈进入阴道内时，患牛表现轻度不安，经常努责，尾根举起，食欲降低，反刍减少。如奶牛产后仍有明显努责时，应及时进行检查，手伸入产道，可发现柔软、圆形的瘤样物。直肠检查时可发现，肿大的子宫角似肠套叠，子宫阔韧带紧张。病牛卧下后，可以看到突入阴道内的内翻子宫角。子宫角内翻时间稍长，可能发生坏死及败血性子宫炎，有污红色、带臭味的液体从阴道排出，全身症状明显。子宫内翻后，如不及时处理，奶牛持续努责时即发展为子宫脱出。肠管进入脱出的子宫腔内时，患牛往往有疼痛症状。肠系膜、卵巢系膜及子宫阔韧带有时被扯破，其中的血管被扯断时，即引起大出血，很快出现结膜苍白、战栗、脉搏变弱等急性贫血症状。穿刺子宫末端有血液流出，病牛可在 1～2 h 内死亡。

脱出的子宫体积较大，有时还附有尚未脱离的胎衣。如胎衣已脱离，则可看到黏膜表面上有许多暗红色的子叶（母体胎盘），并极易出血。脱出的孕角旁侧有空角的开口。有时脱出的子宫角分为大小不同的两个部分，大的为孕角，小的为空角，每一角的末端都向内凹陷。脱出时间稍久，子宫黏膜瘀血、水肿，呈黑红色肉冻状，并发生干裂，有血水渗出；寒冷季节常因冻伤而发生坏死；子宫脱出继发腹膜炎、败血病等，患牛才表现出全身症状。在外界物体的作用下，常引起子宫损伤、出血。

3. 防治

及时实施手术整复。子宫脱出的时间越长，整复越困难，所受外界刺激越严重，康复后不孕率也越高。

(1) 整复法。整复脱出的子宫之前必须检查子宫腔中有无肠管和膀胱，如有，应将肠管先压回腹腔，将膀胱中尿液导出，再行膀胱整复，并对产道的破裂口做处理。整复时助手要密切配合，掌握住子宫，并注意防止已送入的部分再脱出。具体方法如下：

① 保定。将奶牛的后躯抬高。后躯越高，腹腔器官越向前移，骨盆腔的压力越小，整复时的阻力就越小，操作起来越顺利。发生子宫脱出的病牛，常不愿或不能站立。这时可将后躯尽可能垫高。如站立进行整复，必须使其后肢站于高处。在保定前，应先排空直肠内的粪便，防止整复时排便，污

染子宫。

② 清洗。如胎衣尚未脱落，可试行剥离，如剥离困难又易引起母体组织损伤时，可不剥离，子宫整复后按胎衣不下处理。清洗时首先将子宫放在用消毒液浸洗过的塑料布上。用温消毒液将子宫及外阴和尾根区域充分清洗干净，除去其上黏附的污物及坏死组织。黏膜上的小创伤，可涂以抗生素或防腐剂，大的创伤则要进行缝合。

③ 麻醉。防止奶牛努责，可施荐尾间硬膜外麻。但麻醉不宜过深，以免使其卧下，妨碍整复。

④ 整复。病牛侧卧保定时，可先静脉注射葡萄糖酸钙，以减少脱出子宫内膜出血；经口灌服40%鱼石脂酒精100 mL，以减少瘤胃臌气。由两助手用布将子宫兜起提高，使它与阴门等高，并将子宫摆正，然后整复。在确证子宫腔内无肠管和膀胱时，为了掌握子宫并避免损伤子宫黏膜，也可用长条消毒巾把子宫从下至上缠绕起来，由助手将它托起，整复时一边松解缠绕的布条，一边把子宫推入产道。

整复时应先从靠近阴门的部分开始。操作方法是将手指并拢，用手掌或者用拳头压迫靠近阴门的子宫壁（切忌用手抓子宫壁），将它向阴道内推送。推进去一部分以后，由助手在阴门外用手紧紧顶压固定，术者将手抽出来，再以同法将剩余部分逐步向阴门内推送，直至脱出的子宫全部送入阴道内。整复也可以从下部开始，即将拳头伸入子宫角尖端的凹陷中，将它顶住，慢慢推回阴门内，这种方法操作困难，且易引起子宫内膜出血。上述两种方法，都必须趁患牛不努责时进行；而且在努责时要把送回的部分紧紧顶压住，防止再脱出来。如果脱出时间已久，子宫壁变硬，子宫颈已缩小，整复就极其困难。在这种情况下，必须耐心操作，切忌用力过猛、过大，避免动作粗鲁和情绪急躁，否则更易使子宫黏膜受伤。

脱出的子宫全部被推入阴门之后，为保证子宫全部复位，可向子宫内灌注9～10 L温水，然后导出。在查证子宫角确已恢复正常位置，并无套叠后，向子宫内放入抗生素或其他防腐抑菌药物，并注射促进子宫收缩药物，以免再次脱出。

在治疗牛的子宫内翻时，可将手伸入子宫角内直接整复内翻的子宫角或用手抓住内翻部分的尖端轻轻摇晃，即可将它恢复原位。发生本病后应及早进行整复，脱出后至手术整复最好不超过1 h，因为脱出时间越长，整复越困难，所受外界刺激越严重，康复后的不孕率也会增加。术者指甲要剪短磨光。操作必须耐心细致，动作要准确敏捷。

（2）预防复发的措施。

① 整复后，应皮下或肌内注射50～100 IU催产素。也可静脉注射，静脉注射催产素后，子宫壁在注后30～60 s即开始收缩。整复后，为防止病牛努责，也可进行荐尾间硬膜外腔麻醉，注射2%利多卡因15～20 mL。

② 阴门缝合术。在阴门基部做几针纽扣状缝合，驱赶奶牛慢步活动，以促进子宫收缩复位。手术后6 h内，不准病牛卧地。

③ 静脉注射复方氯化钠1 500 L、5%葡萄糖1 000 L、5%碳酸氢钠250 mL、10%葡萄糖酸钙500 mL、10%氯化钠500 mL、维生素C 30 mL，以促进子宫收缩。口服中药益母草冲剂或益母草膏。

术后按常规护理进行。如有内出血须给予止血剂并输液。对病牛要有专人负责观察，发现奶牛努责强烈，须检查是否有子宫角内翻；如有，则应立即加以整复。在24 h内使用镇静剂或非甾体抗炎药，如氟尼辛葡甲胺、托芬那酸、美洛昔康等。子宫腔内放置或灌入抗生素，炎症或污染严重的，应全身应用抗生素。待奶牛康复半年后，方可再次配种。

（3）脱出子宫切除术。如确定子宫脱出时间已久，子宫壁大面积坏死，或子宫无法送回者，可将脱出的子宫切除，以挽救奶牛的生命。但对于有子宫内膜损伤、出血或黏膜严重瘀血的病例，只要子宫可以被送回，则不须做子宫切除术。

（4）预防。要预防本病的发生，应对怀孕奶牛加强饲养管理，饲喂全价日粮，合理运动，保持厩舍地面平坦；在临近分娩时，应注意观察奶牛，如有不安、努责等现象，应详细检查，及时做好接产、助产等准备。实践证明，临产时或产后肌内注射催产素 100 万 IU，可有效避免本病发生。

本病多发生于奶牛产后不久，故应对刚产过的奶牛加强管理，尽可能做到早发现、早治疗。否则，可能会引起继发感染或给整复工作带来困难。

九、产道损伤

产道损伤（the birth canal injury）通常发生在临产前或生产过程中，临产前虽然产道会发生一系列适应分娩的变化，以利于胎儿通过，但由于在排出相对过大胎儿的过程中，软产道剧烈扩张或受到压迫、摩擦；或在胎儿刚进入产道就开始助产，软产道尚未得到充分扩张就用力向外牵拉胎儿。很多奶牛，尤其是初产奶牛的软产道在分娩时会受到一定损伤；难产时胎儿通过产道困难，如若助产动作粗鲁，子宫强烈收缩，则更易引起产道及子宫的损伤，这些情况统称为产道损伤。

临床上常见的损伤有阴门及阴道损伤、子宫颈损伤、骨盆韧带和神经的损伤以及骨盆骨折等。分娩和难产时，产道的任何部位都可能发生损伤，但阴道及阴门损伤更易发生。如果不及时处理，容易被细菌感染。子宫颈损伤主要是撕裂，多发生在胎儿排出期。奶牛初次分娩时，常发生子宫颈黏膜轻度损伤，但一般能愈合。

1. 病因

初产奶牛分娩时，阴门未充分松软，开张不够大，或者胎儿通过时助产人员未采取保护措施，容易发生阴门撕裂；胎儿过大，强行拉出胎儿时，常造成阴门撕裂。胎衣不下时，在外露的胎衣部分悬吊重物，成为索状的胎衣能勒伤阴道底壁。

难产过程中，如胎儿过大，胎位、胎势不正且产道干燥时，未经完全矫正和灌入润滑剂即强行拉出胎儿；初产牛阴道壁脂肪蓄积过多，分娩时胎儿通过困难；助产时使用产科器械不慎，截胎之后未将胎儿骨骼断端保护好即拉出等，都能造成阴道损伤。胎儿的蹄及异端姿势异常，抵于阴道上壁，努责强烈或强行拉出胎儿时可能穿破阴道壁，甚至使直肠、肛门及会阴发生破裂。当子宫颈开张不全时强行拉出胎儿；胎儿过大、胎位及胎势不正且未经充分矫正即拉出胎儿；截胎时胎儿骨骼断端未充分保护；强烈努责和排出胎儿过速等，均能使子宫颈发生撕裂。此外，人工输精及冲洗子宫时操作粗鲁，也能损伤子宫颈。

2. 症状

阴道及阴门损伤的病牛表现出极度疼痛的症状，尾根高举，骚动不安，弓背并频频努责。阴门可见撕裂口边缘不整齐，创口出血，创口周围组织肿胀。对阴道及阴门过度刺激时，可使其发生剧烈肿胀，阴门内黏膜外翻，阴道腔变狭窄，阴门内黏膜变成紫红色或有血肿。

阴道损伤时，从阴道内流出血水及血凝块，阴道黏膜充血、肿胀、有新鲜创口。如为陈旧性损伤，创面上常附有污黄色坏死组织及脓性分泌物。阴道壁发生透创时，其症状随破口位置不同而异。透创发生在阴道后部时，阴道壁周围的脂肪组织或膀胱可能经破口突出于阴道腔内或阴门外。膀胱脱出时，随尿液增加透创增大。透创发生在阴道前端时，病牛很快就出现腹膜炎症状，如不及时治疗，则奶牛预后不良。如果透创发生在阴道前端下壁上，肠管还可能突入阴道腔内，甚至脱出于阴门外。

产后有少量鲜血从阴道内流出，如撕裂不深，见不到血液外流，仅在阴道检查时才能发现阴道内有少量鲜血。如子宫颈肌层发生严重撕裂创时，能引起大出血，甚至危及生命，有时一部分血液可以流入盆腔的疏松结缔组织中或子宫内，常被忽视，导致奶牛死亡。产后检查产道有无损伤，应是接产的常规内容。

子宫颈损伤时，阴道检查可发现裂伤的部位及出血情况。以后因创伤周围组织发炎、肿胀，创口出现黏液性脓性分泌物，子宫颈环状肌发生严重撕裂时，会使子宫颈管闭锁不全，并可引起不孕或影响下一次分娩。

腹膜炎、阴道周围蜂窝织炎与脓肿多继发于阴道损伤。

3. 治疗

阴门及会阴的损伤应按一般外科方法处理。

对于新鲜撕裂创口，可用组织黏合剂将创缘黏接起来，也可用可吸收缝线做水平褥式缝合。阴门血肿有时在几周内由于液体的吸收而自愈。少数情况下，可能发生细菌感染。炎症治愈后可能出现组织纤维化，使阴门扭曲，出现吸气现象。阴门血肿较大时，可在产后3～4 d切开血肿，清除血凝块；形成脓肿时，应切开脓肿并做引流。对阴道黏膜肿胀并有创伤的病牛，可向阴道内注入乳剂抗生素，或在阴门两侧注射抗生素。

对于阴道壁发生透创的病例，应迅速将脱入阴道内的肠管、网膜等脏器用消毒溶液冲洗干净，涂以抗菌药液，推回原位。膀胱脱出时，应将膀胱表面洗净，用注射针头穿刺膀胱，排出尿液，撒上抗生素粉后，轻推复位。阴道周围脂肪脱出可将其剪掉。硬膜下麻醉有利于送回脱出的器官。将脱出器官及组织复位处理后，立即缝合创口。用可吸收缝线全层间断缝合破裂口，创面涂抗生素软膏。

对于子宫颈损伤，用双爪钳将子宫颈向后牵拉并靠近阴门，用止血钳钳夹出血的脉管或大出血点并结扎，然后缝合伤口。用可吸收缝线做间断或连续缝合，注意勿将子宫颈口封闭。肌内注射止血剂，如静脉注射10%的葡萄糖酸钙500 mL或10%氯化钙300 mL，并同时注射酚磺乙胺（止血敏）、维生素K等止血药。止血后创面涂2%龙胆紫、碘甘油或抗生素软膏。

阴道周围的脓肿，可自阴道穿刺或切开排出脓汁，冲洗脓腔并引流。全身应用抗生素。

十、阴道炎与子宫颈炎

阴道炎和子宫颈炎（vaginitis and cervicitis）是指阴道或子宫颈黏膜的炎症。多与分娩时损伤或子宫感染有关，可导致奶牛不孕或流产。

1. 病因

分娩或接产时导致阴道损伤并继发细菌感染、人工授精或交配时污染、流产、难产、阴道脱出等均可造成阴道与子宫颈炎。此外，用刺激性强的消毒液冲洗阴道或实施阴道子宫冲洗时可致无菌性炎症，继而可由细菌感染发生感染性炎症。阴道炎还可继发于某些传染病，如牛传染性鼻气管炎、滴虫病、弯杆菌感染等。

若病牛有阴道积液或吸气，可导致阴道炎并继发子宫颈炎。人工授精时操作不慎导致子宫颈损伤非常常见。慢性子宫颈炎的致病菌多为化脓性放线菌。

2. 症状

患阴道炎时，往往从阴门中流出灰黄色的黏脓性分泌物，阴道检查时，在阴道底壁可见到有分泌物沉积，阴道壁充血、肿胀、发炎。比较严重的病例，阴道壁充血肿胀更加剧烈，有时黏膜发生溃疡、坏死，在前庭与阴道的交界处更为明显，继而出现全身症状。由损伤引起，可见阴道中有创伤，发生阴道壁透创的病例，有时粪便或尿液蓄积。

通过内窥镜检查，可见阴道或子宫颈充血、肿胀，表面附有脓性分泌物。严重的，可见黏膜溃疡灶。子宫颈口外翻，暗红色。

临床上，子宫颈炎或阴道炎常继发于子宫内膜炎，也见有子宫颈炎或阴道炎继发子宫内膜炎，引起不孕症。

3. 治疗

治疗阴道炎与子宫颈炎时，可用消毒收敛药液冲洗。常用的药物有：0.1%高锰酸钾溶液、0.05%新洁尔灭溶液、2%明矾溶液、10%鞣酸溶液、2%硫酸铜或硫酸锌溶液等。冲洗之后可在阴道中放入浸有抗生素乳剂的棉塞，或将棉塞置于子宫颈外口。冲洗阴道可以重复进行，每天或者隔天进行1次。中药洁尔阴药液对本病有良好的治疗效果。

阴道炎伴发子宫颈炎或者子宫内膜炎的，应同时加以治疗。阴道吸气引起的阴道炎，在治疗的同时，可以施行阴门缝合术。给病牛施行荐尾硬膜外腔麻醉或术部浸润麻醉，站立保定。对性情不好的病牛，可适当添加镇静剂，如赛拉唑、赛拉嗪。在距离两侧阴唇皮肤边缘1.2～2.0 cm处切开黏膜，切口的长度是自阴门上角开始至坐骨弓的水平为止，在缝合后让阴门下角留有3～5 cm的开口；除去切口与皮肤之间的黏膜，用可吸收缝线以结节缝合法将阴唇两侧皮肤缝合起来，使黏膜缺损部对合、愈合，针距离1～1.2 cm。缝合后，每天按外科常规方法处理切口，直至愈合为止，防止感染。8～10 d后拆线。以后配种采用人工输精，在预产期前1～2周，沿原来的缝合口将阴门切开，避免分娩时被撕裂。

如果有严重的阴道积尿或积液，可做尿道延长术。在阴道前部的横向皱褶处朝阴门口方向做一倒“U”形阴道底壁黏膜切口，切口外端距阴唇2～2.5 cm。然后，做膀胱内插管术，以膀胱插管为支架，缝合腹侧黏膜创缘，形成黏膜管道，用于术后排尿。最后缝合背侧黏膜创缘。缝合用可吸收缝线，采用间断伦勃特（lembert）缝合法闭合黏膜切口。

术后用抗生素和非甾体抗炎药。保留膀胱插管5～7 d。

十一、阴道脱出

阴道脱出（vaginal prolapse）是指阴道底壁、侧壁或上壁一部分或全部组织松弛扩张，连带子宫和子宫颈向后移出，使松弛的阴道壁形成折壁嵌堵于阴门内（又称阴道内翻）或突出于阴门外（又称阴道外翻），形成部分阴道脱出或全部阴道脱出。常发生于妊娠末期，但也可发生于妊娠3个月后的各阶段以及产后。

1. 病因

病因多种多样，与奶牛骨盆腔的局部解剖构造有一定关系。由于部分生殖器官和子宫阔韧带及膀胱韧带具有延伸性，直肠生殖道凹陷、膀胱生殖道凹陷和膀胱耻骨凹陷处存在“空隙”，为膀胱和子宫及阴道向后延伸并脱出阴门外提供了解剖学条件，但只有在骨盆韧带及其邻近组织松弛，阴道腔扩张，壁松软，又有一定的腹内压时才可发生。妊娠奶牛年老、经产、衰弱、营养不良、缺乏钙磷等矿物质及运动不足，常引起全身组织紧张性降低，骨盆韧带松弛。妊娠末期，胎盘分泌的雌激素较多，或奶牛摄食含雌激素较多的牧草，可使骨盆内固定阴道的组织及外阴松弛。

在上述基础上，如同时伴有腹压长时间持续增高的情况，如胎儿过大、胎水过多、瘤胃臌胀、便秘、腹泻、产前瘫痪、患严重软骨病卧地不起、妊娠奶牛长期拴于前高后低的牛舍内，以及产后努责过强等，压迫松软的阴道壁，可使其发生阴道脱出。牛患卵泡囊肿，因分泌雌激素较多，也常继发阴道脱出。另外，牛的阴道脱出也可能与遗传有关。

2. 症状

按其脱出程度，可分为3种。

（1）单纯阴道脱出。尿道口前方部分阴道下壁突出于阴门外，除稍牵拉子宫颈外，子宫和膀胱未移位，阴道壁一般无损伤，或者有浅表潮红或轻度糜烂，主要发生在产前。病初仅当病牛卧下时，可见前庭及阴道下壁（有时为上壁）形成小皮球大、粉红湿润并有光泽的瘤状物，位于阴门内或露出于阴门外；奶牛起立后，脱出部分能自行缩回。以后，如病因未除，导致阴道侧壁经常脱出，则能使脱出的阴道壁逐渐变大，以致阴道脱出的部分在病牛起立后经过较长时间才能缩回。因此，黏膜常红肿、干燥。有的奶牛每次妊娠末期均发生，称为习惯性阴道脱出。

（2）中度阴道脱出。当阴道脱出伴有膀胱和肠道脱入骨盆腔内时，称为中度阴道脱出。产前发生者，常是由于阴道部分脱出的病因未除，或由于脱出的阴道壁发炎、受到刺激，不断努责导致阴道脱出增多，膀胱生殖道凹陷扩大，使膀胱脱入。可见从阴门向外突出排球大小的囊状物，病牛起立后，脱出的阴道壁不能缩回。组织发生充血，由于盆腔内有异物感，动物频频努责，使阴道脱出更大，表面干燥或溃疡，由粉红色转为暗红色或蓝紫色，甚至黑色，严重的组织坏死及穿孔。

（3）重度阴道脱出。子宫和子宫颈后移，子宫颈脱出于阴门外。在脱出的末端，可以看到黏液塞已变稀薄液化，下壁的腹侧可见到尿道口，排尿不畅。胎儿的前置部分有时进入脱出的囊内，触诊可以摸到。产后发生者，脱出往往不完全，所以体积一般较产前脱出者小，在其末端有时可看到子宫颈腔部肥厚的横皱襞。若脱出的阴道前端子宫颈明显并关闭紧密，则不至于发生早产及流产，若宫颈外口已开放且界限不清则常在 24～72 h 内发生早产。

阴道的脱出部分长期不能回缩，黏膜瘀血，变为紫红色。黏膜发生水肿，严重时可与肌层分离。因受地面摩擦及粪尿污染，常使脱出的阴道黏膜破裂、发炎、糜烂或者是坏死。严重时可继发全身感染，甚至死亡。冬季则易发生冻伤。

根据阴道脱出的大小及损伤、发炎的轻重，病牛有不同程度的努责。牛的产前完全脱出，常因阴道及子宫颈受到刺激，发生持续强烈的努责，可能引起直肠脱出、胎儿死亡及流产等。久病后，病牛精神沉郁，脉搏快而弱，食欲减少，常继发瘤胃臌胀。牛产后发生阴道脱出，须注意检查是否有卵巢囊肿。

预后视发生的时期、脱出的程度及久暂、致病原因是否除去而定。部分脱出，预后良好；完全脱出，发生在产前者，距分娩越近预后越好，不会妨碍胎儿排出，分娩后多能自行恢复。如距分娩尚早，预后则需十分谨慎，因为整复后不易固定，反复脱出，容易发生阴道炎、子宫颈炎，炎症可能破坏黏液塞，细菌侵入子宫，引起胎儿死亡及流产，产后可能屡配不孕。发生过阴道脱出者，再妊娠时容易复发，也容易发生子宫脱出。

3. 防治

根据病情轻重、妊娠阶段和护理能力选择治疗方法。一般是整复后加以固定的治疗方法。临产时可以仅整复，不固定。

单纯阴道脱出：易于整复，关键是防止复发。因病牛起立后能自行缩回，所以应注意使其多站立并取前低后高的姿势以防止脱出部分继续增大、避免损伤和感染发炎。将尾拴于一侧，以免尾根刺激脱出的黏膜。同时适当增加自由运动，给予易消化饲料。对便秘、腹泻及瘤胃弛缓等病，应及时治疗。

中度和重度阴道脱出：必须迅速整复，并加以固定，防止复发。现将整复操作步骤和常用的固定方法分述于下。

（1）整复及阴门基部缝合法。整复前先将病牛处于前低后高的位置。努责强烈、妨碍整复时，应先在荐尾尾椎间隙行硬膜外麻醉。用温热的防腐消毒液（如 0.1%高锰酸钾、0.05%新洁尔灭等）将脱出阴道上的污物充分洗净，除去坏死组织，伤口大时要进行缝合，并涂以抗生素油膏。若黏膜水肿严重，可先用毛巾浸以 2%明矾水进行冷敷，并适当压迫 15～30 min；也可针刺水肿黏膜，挤压排液；涂以 3%明矾水，可使水肿减轻，黏膜皱缩。

整复时先用消毒纱布将脱出的阴道托起，在病牛不努责时，用手将脱出的阴道向阴门内推送。推送时，手指不能分开，否则易损伤阴道黏膜。待全部推入阴门后，再用拳头将阴道推回原位。推回后手臂最好再放置一段时间，以使回复的阴道适应片刻。最后在阴道腔内注入消毒药液，或在阴门两旁注入抗生素。热敷阴门也有抑制努责的作用。如果努责强烈，可做荐尾间隙硬膜外麻醉、注射肌肉松弛剂等。整复后，对再脱出的病牛，必须进行固定。

阴门基部缝合法：对妊娠最后 2～3 周的奶牛更为适合。速眠新注射液每 100 kg 体重 0.5 mL，肌内注射进行浅麻醉，使牛失去痛觉但仍能站立。对阴门清洗，碘伏消毒。用大号弯三角缝针系 12 号或 18 号 1 m 长缝线，针先穿系一个消毒后的胶垫，将胶垫推移至接近线尾处。针从阴门基部右侧皮肤外进针，至阴道腔黏膜出针。为防止针误穿伤阴道腔内其他组织，术者左手应从阴道内保护，然后针在阴道腔内左侧阴道黏膜进针，自左侧阴门基部皮肤出针。针再穿系上一个胶垫并将胶垫推移至皮肤出针，针再从胶垫外侧、阴门基部的皮肤外进针，左侧阴门黏膜出针，再从右侧阴道黏膜进针，自右侧阴道基部皮肤出针，再从右侧阴门外胶垫进针。二线尾均在右侧阴门基部的胶垫上，拉紧缝线，使阴门基部靠拢，线结打在胶垫上，可防止因牛努责缝线勒伤阴门皮肤。按同样方法，在阴门基部再做 2～3 个同样的缝合。此种固定方法牢固而安全。

(2) 阴道侧壁固定法（永久性固定法）。适用于重度阴道脱的病例，用缝线将阴道前侧壁通过坐骨小孔穿过荐坐韧带背侧壁固定在臀部皮肤上的方法。这种缝合由于缝针穿过处的结缔组织发炎增生，最后发生粘连，固定比较牢靠，阴道不易再脱出。其具体操作步骤是：在坐骨小孔相应投影的臀部位置剃毛消毒，皮下注射 1%盐酸普鲁卡因或利多卡因 5 mL。用直尖外科刀尖将皮肤切一小口。术者一手伸入阴道，并将一端带有双股或四股缝线的纱布圆枕或大衣纽扣作为枕垫，带入其内。使阴道壁尽量贴紧骨盆侧壁，另一手拿着长直针（头上有槽钩，与探针或锥鞋锥子相似）从皮肤切口刺入，慢慢用力钝性穿过肌肉，一直穿透阴道侧壁黏膜为止。注意不要刺破骨盆侧壁的大动脉。然后在阴道内将缝线的一端嵌入针的槽钩后，在外面的手缓缓抽拉，将它拉至臀部皮肤外。再将缝线打结扎紧，打结时应同样放一枕垫，使阴道侧壁紧贴骨盆侧壁。一侧做完后，再做另一侧。如无长柄针，还可用长直缝针从阴道侧壁刺入，从臀中部皮肤穿出，缝线两端各拴上枕垫，将缝线抽紧、打结即可。缝合后，肌内注射抗生素 3～4 d，阴道内涂消炎药液，病牛如不感染，10 d 左右即可拆线。感染化脓时，阴道内和臀部的压垫常常陷入黏膜下或凹入皮下，对此应扩大皮肤上的切口，用止血钳夹持压垫并剪断一端缝线，用力拉出线尾，然后对化脓处给予适当外科处理，因化脓后阴道壁与其周围粘连紧密，阴道也不易再次脱出。

整复固定后，还可在阴门两侧深部组织内各注入 70%乙醇 20～40 mL，刺激组织发炎、肿胀，压迫阴门，这样也可以阻止阴道再次脱出。

有时阴道脱出的妊娠牛，特别是卧地不能起立的骨软症及衰竭患牛，整复及固定后仍持续强烈努责，无法制止，甚至引起直肠脱出及胎儿死亡。对这样的病例，应做直肠检查，确定胎儿的死活后，采取适当的治疗措施：如胎儿仍活着并且临近分娩，可进行人工引产或剖宫产术，挽救胎儿及奶牛生命，并将阴道脱出治愈；胎儿如已死亡，不管距预产期远近，均可进行人工引产或施行手术取出胎儿。

假如阴道脱是发生在产后，对病牛应做直肠检查，查明卵巢状况，是否存在卵泡囊肿，若无囊肿则应着重检查产道是否有损伤。

(3) 阴道黏膜下层部分切除术。这种手术适用于阴道黏膜广泛水肿和坏死的病例，将有病变的黏膜自阴道做部分切除。术前做硬膜外麻醉，局部注射 0.5%普鲁卡因和肾上腺素，进行黏膜下浸润麻醉。切除部位是在子宫后部至尿道外口的阴道段，将有病变的黏膜切除掉。切除的黏膜肌层，若是阴道背面时要窄，若是阴道腹面时要宽。用可吸收缝线将正常的黏膜切口两缘缝合，通常是一边切除，一边缝合，以减少出血。只能切除黏膜和肌层，不能伤及浆膜层。膀胱有扩张并脱入阴道内时，或 3～4周内即将分娩或流产的病例，不能应用此法。

此外，对阴道轻度脱出的妊娠牛注射孕酮，可收到一定的治疗效果。可每天肌内注射孕酮 50～100 mg，至分娩前 20 d 左右停止注射。对由卵泡囊肿引起的阴道脱出，在整复后，首先要治疗原发病，卵泡囊肿治愈后阴道脱就可治愈。

本病也可用中药辅助治疗：如党参、白术、升麻、黄芪、当归、川芎、柴胡、陈皮、麦芽、神曲、甘草，研粉开水冲服，1剂/d，连用3～5 d。

预防本病的重点是对妊娠奶牛要注意饲养管理。舍饲奶牛应适当增加运动，提高全身组织的紧张性。病牛要少喂容积过大的粗饲料，给予易消化的饲料。及时防治便秘、腹泻、瘤胃臌胀等疾病，补足维生素、微量元素和矿物质，可减少此病的发生。

第六节 呼吸及循环系统疾病

一、上呼吸道炎症

奶牛上呼吸道炎症（upper respiratory tract inflammation）常见的有鼻炎、额窦炎、喉炎等，其中以喉炎、鼻炎为多见。

1. 鼻炎

鼻炎（rhinitis）是指由某些因素引起的鼻黏膜的炎症，以鼻腔黏膜充血肿胀、分泌物明显增多、痒痛、打喷嚏和鼻塞等为临床特征。

（1）病因。鼻炎主要由寒冷、温热、麦芒、胃导管、饲料，或从外界环境中吸入的尘埃、真菌孢子，昆虫叮咬、有害气体对鼻黏膜长期刺激等，使鼻黏膜的完整性和防御机能受到破坏。与此同时，病原菌（如肺炎链球菌及葡萄球菌等）在机体免疫机能降低时乘虚而入，在鼻黏膜上定殖、增殖。在各种因素的综合作用下，鼻黏膜发生炎症变化。

继发性鼻炎多继发于牛流感、牛痘、牛恶性卡他热、咽喉炎、支气管炎、额窦炎等疾病的炎症蔓延或病原体转移。

（2）症状。病初鼻黏膜充血、潮红、肿胀，流出浆液性鼻液。鼻部不适，发痒，经常打喷嚏，从鼻孔流出大量鼻液，表现摇头不安，频繁伸舌舔鼻孔，敏感性增高。后期鼻液呈黏液性、黏液脓性，混浊黏稠，黄白色。严重者体温升高，精神沉郁。当为纤维蛋白性炎症时，鼻汁常混有血丝，这时咽喉及下颌淋巴结肿胀明显，鼻腔发生糜烂。

若炎症继续发展，可发生咽喉炎、气管炎。病牛表现咳嗽、吞咽障碍等。本病也可发生于结核病、鼻孢子虫病、芽生菌等疾病。病程长，其临床症状时轻时重，长期流鼻液，多为黏液脓性鼻液，有的混有血丝，散发出腐败臭味。鼻镜由于长期被鼻液侵蚀，常引起上皮性糜烂或溃疡。

此外，变应性鼻炎也称夏季鼻塞，是一种由易感个体接触变应原或过敏原引起的鼻黏膜的慢性炎症。临床上以鼻塞、鼻痒、流清水样鼻涕、打喷嚏为主要特征，其发病机理与机体特异性机制的紊乱有关。过敏性鼻炎主要发生在春、夏季转到草场的奶牛。病奶牛不表现出疾病过程，但双侧鼻孔流出大量鼻液和出现鼻瘙痒。

肉芽肿性鼻炎，肉芽肿多发生在鼻黏膜至鼻甲部，随着肉芽肿增大，鼻腔通道逐渐变窄。弥散性鼻肉芽肿不常见，如有发生，多为鼻孢子虫感染所致。因此，症状呈现为进行性吸气性呼吸困难，流鼻液和鼻痒。畜主往往发现病奶牛鼻出血。利用局部光照观察鼻孔，可见淡褐色或褐色的肉芽肿结节。

根据病奶牛鼻黏膜潮红、肿胀、鼻孔流出数量不等的浆液性、黏液性或脓性鼻液，频繁伸出舌头舔鼻孔等症状，可以诊断为鼻炎。

（3）治疗。治疗原则是改善环境，除去病因，积极治疗继发病。全身症状比较明显的，应及时用磺胺类药物或抗生素进行肌内注射或静脉注射。一般病例以局部治疗为主。

① 首先除去致病因素，将病奶牛放于温暖、通风良好的牛舍，加强饲养管理，改善环境卫生，适当调节空气的温度和湿度，轻症可以不治自愈。

② 对重症病牛，有大量鼻液，可用温生理盐水、1%碳酸氢钠、1‰磺胺、1%明矾、0.1%鞣酸或0.1%高锰酸钾等溶液，根据病情每天冲洗鼻腔1～2次。这样既可冲洗鼻汁，又可以起到抗菌消炎的作用，冲洗后涂以抗生素软膏。

③ 鼻黏膜肿胀严重时，用可卡因0.1 g、1∶1 000的肾上腺素溶液1 mL、蒸馏水20 mL的混合液滴鼻，每天2～3次。既可促进血管收缩，又可以减轻病奶牛的敏感性。

④ 用抗生素与地塞米松进行蒸汽吸入，20～30 min/次，每天2～3次。

⑤ 对于肉芽肿性鼻炎（鼻孢子虫、放线菌感染），静脉注射碘化钾溶液（每450 kg 30 g），间隔24 h二次注射，同时可以每天口服30 g碘化钠粉剂，直到出现碘中毒症状（动物出现瘙痒）为止。

2. 额窦炎

额窦炎（frontal sinusitis）是指额窦黏膜的炎症，包括急性炎症与慢性炎症，以急性炎症多见。

（1）病因。多见于粗暴锯角后发病。手术器械污染、锯角位置错误或操作不当，导致额窦污染或额窦直接向外界开放，病原体感染后导致额窦黏膜的炎症。

（2）症状。急性额窦炎，病牛发热（39.4 ℃以上），单侧或双侧鼻孔流出黏液脓性鼻涕，精神沉郁，有头痛的表现。眼半闭，伸头伸颈，鼻镜部放在支架上。额窦叩诊敏感，当接触或靠近额窦部时，牛有恐惧感或不安。如果急性额窦炎发生在刚去角不久，在额窦角突的伤口可见大量脓性分泌物流出并有脓痂。常见致病菌有化脓性放线菌、巴氏杆菌、大肠杆菌等；结痂下方为厌氧环境，易发生破伤风。

慢性额窦炎，见于急性额窦炎未彻底治愈，或病原菌自血液、鼻孔等部位侵入额窦，长期感染后导致额窦黏膜的慢性炎症。持续性或间断性发热，单侧或双侧鼻孔流出黏液脓性鼻涕，精神沉郁，眼半闭，伸头伸颈，鼻镜部放在支架上（头痛的表现）。窦部骨肿胀，引起面部不对称性扭曲，特别是当开口于鼻腔的筛骨通道被堵塞时，症状更为明显。肿胀可导致同侧眼球突出和鼻道通气困难。有的病例因额窦骨被侵蚀、糜烂，可导致脑部神经系统损害，如脓毒性脑膜炎、硬脑膜脓肿、垂体脓肿等，这常被忽视。有的牛还可以继发眼部软组织感染，如眼眶部蜂窝织炎、眼球突出或面部脓肿。

X线拍片检查，可确定病变范围，与肿瘤等疾病做出鉴别诊断。局部麻醉后做额窦穿刺，取出脓汁做细菌分离培养与药敏试验。

（3）治疗。急性额窦炎，清理牛角突处的伤口，用抗生素生理盐水、0.1%高锰酸钾或0.1%新洁尔灭溶液清洗创腔、创面，注射敏感抗生素7～14 d。抗生素与非甾体类药物（如阿司匹林、氟尼辛葡甲胺、美洛昔康等）联合应用，效果良好。清洗额窦腔时，要将窦腔灌满冲洗液，然后吸出。反复地灌满与吸出，直至冲洗干净为止。

慢性病例，在两处做圆锯孔，一个是在额窦角突部，另一个是在两眼眶后部连线与鼻中线交点外侧4 cm处。利用这两个圆锯孔对额窦腔做冲洗。但对于2岁以内的牛要谨慎，因其额窦内侧骨板未成熟，钻孔时易伤害颅骨或感染常侵蚀颅骨，治疗时易损害脑部。圆锯孔的直径2.0～2.5 cm，若孔过小，术后在短期内软组织可愈合，不利于治疗。抗生素依据药敏试验结果选用，连续应用14～24 d。对有眼球突出、神经症状和眼部蜂窝织炎的牛，常做眼球摘除术。对发生肉芽肿的病例，预后不良，难治愈。

3. 喉炎

喉炎（laryngitis）是喉黏膜的炎症，包括急性与慢性喉炎，以急性喉炎为多见，严重的病例可出现坏死性喉炎。

（1）病因。风寒感冒、吸入有害气体、尘埃或霉菌等，可导致喉黏膜感染。常见的致病菌多来自环境病原菌，也可继发于其他传染病，如巴氏杆菌病、恶性卡他热、流感等。

（2）症状。临床上以剧烈咳嗽和后部敏感为特征。频繁咳嗽，开始为干咳，随后为湿咳。咳嗽时牛有疼痛的表现。头颈伸直，饮水、采食时咳嗽加重。触诊喉部，病牛敏感、咳嗽或躲闪。炎症可以向周围或气管蔓延。急性病例，发热、沉郁、呼吸困难。

犊牛常发生坏死性喉炎（犊牛白喉），多为坏死梭菌感染所致。1～4 月龄的牛，口腔黏膜被异物刺伤，细菌感染。肿胀可波及面颊部，或在面颊部形成脓肿。流涎，拒绝采食，吸气性呼吸困难。发热，饮水时咳嗽加剧。

打开口腔，可见喉部黏膜充血、肿胀，喉口狭窄，犊牛可见喉黏膜坏死灶。

（3）治疗。喉炎常引起软骨组织感染，需要长期治疗。对出现严重呼吸困难的病例，应吸氧或做气管切开造口术。慢性病例，喉软骨病变严重，常发生坏死和形成脓肿，需要连续用药 15 d 以上，也可以做气管造口术，有利于喉部康复。

抗生素与磺胺药或喹诺酮类药物联合应用，配合应用非甾体类药物，急性炎症预后良好，慢性炎症预后慎重。病牛饲养在通风良好的环境，保温及饲喂无尘饲料。

二、支气管肺炎

支气管炎（bronchitis）是多种原因引起的动物支气管黏膜表层或深层的炎症。支气管肺炎又名小叶性肺炎，是由病原微生物感染引起的以细支气管为中心的个别肺小叶或几个肺小叶的炎症。病理学特征为肺泡内充满了由上皮细胞、血浆和白细胞组成的卡他性炎性渗出物，故又称为卡他性肺炎。本病秋、冬季较多发。

1. 病因

原发性支气管肺炎，风寒感冒，特别是突然受到寒冷的刺激最易引起发病；受多种病原微生物，如肺炎链球菌、巴氏杆菌、铜绿假单胞菌、化脓棒状杆菌、沙门氏菌、大肠杆菌、葡萄球菌、衣原体属、腺病毒、疱疹病毒等侵入而发病。

继发性支气管肺炎，多继发于某些传染病和寄生虫病的经过中，如流行性感冒、嗜血杆菌感染、牛恶性卡他热、牛出血性败血症、牛传染性鼻气管炎等。还有邻近器官炎症蔓延，如喉炎、气管炎、支气管肺炎及胸膜炎等。

一些化脓性疾病，如子宫炎、乳腺炎及去势后阴囊化脓等，其病原菌可以通过血源途径进入肺而致病。在咽炎及神经系统发生紊乱时，常因吞咽障碍，将饲料、饮水或唾液等吸入肺内或经口投药失误，将药液投入气管内引起异物性肺炎。

畜舍卫生条件不好、通风不良、闷热潮湿、应激反应、饲料营养不全，特别是维生素 A 缺乏等因素，易促使本病的发生。

2. 症状

临床上以咳嗽、鼻分泌物增多、弛张热型，呼吸次数增多（气喘），肺部叩诊有散在的局灶性浊音区，听诊有啰音和捻发音为特征。

急性支气管炎主要的症状是咳嗽。病初，呈现干、短和疼痛性咳嗽，随炎性渗出物的增多，变为湿而长的咳嗽。鼻分泌物增多，呈浆液性或脓性鼻液。肺部听诊，肺泡呼吸音增强。人工诱咳阳性。当出现全身症状时，体温升高，呼吸加快，黏膜发绀。X 线检查，肺纹理增粗。

慢性支气管炎，主要表现为持续性咳嗽，可拖延数月甚至数年。一般运动、采食、夜间或早晚气温低时，剧烈咳嗽。人工诱咳阳性，体温无明显变化。肺部听诊，初期湿啰音，后期干啰音。X 线检查，早期无明显变化，后期可见纹理增粗、紊乱，呈条索样或斑点阴影。

支气管肺炎病初呈现支气管炎的症状，表现为短而干的疼痛性咳嗽，后变为湿而长的咳嗽，并有分泌物咳出。体温升高，呈弛张热。呼吸加快，严重者出现呼吸困难，食欲废绝，可视黏膜发绀。胸部出现浊音区，听诊有捻发音。X 线检查，肺部出现斑点状渗出性阴影，大小不等，边缘不清；病灶融合者，可见大片的云絮样阴影，密度不均匀。

病理剖检，肺小叶发炎，病灶呈岛屿状。在肺实质内，特别在肺的前下部，散在一个或数个孤立的大小不一的肺炎病灶，每个病灶是一个或一群肺小叶，这些肺小叶局限于受累及支气管的分支区域；患病部分的肺组织坚实而不含空气，初呈暗红色，而后则呈灰红色，剪取病变肺组织小块投入水中即下沉。肺切面因病变程度不同而表现各种颜色，新发病变区域，因充血呈红色或灰红色；病变区因脱落的上皮细胞及渗出性细胞的增多而呈灰黄或灰白色。当挤压时流浆液性或出血性的液体，肺的间质组织扩张，被浆液性渗出物所浸润，呈胶冻状。在病灶中，可见到扩张并充满渗出物的支气管腔，病灶周围肺组织常伴有不同程度的代偿性肺气肿。

在多发性肺小叶炎时，发生散播样的许多病灶，这些病灶如粟粒大，化脓而带白色，或者大部分肺发生脓性浸润。转归的以肺扩张不全（无气肺）为主。在炎症病灶周围，几乎总可发现代偿性气肿，支气管扩张。此外，还有肺组织化脓、脓肿及干酪样变性等变化。

3. 诊断

根据病史、咳嗽、肺部听诊及 X 线检查，容易做出诊断。

肺部听诊，急性支气管炎肺泡呼吸音增强。人工诱咳阳性。慢性支气管炎时初期湿啰音，后期干啰音。胸部出现浊音区，听诊有捻发音。X 线检查，肺部出现斑点状渗出性阴影，大小不等，边缘不清，病灶融合者，可见大片的云絮样阴影，密度不均匀。

血液学检查，患支气管炎肺炎的奶牛白细胞总数和中性粒细胞数增多，出现核左移现象，单核细胞增多，嗜酸性粒细胞缺乏。经几天后，白细胞增多可转变为白细胞减少。变态反应所致的支气管炎，嗜酸性粒细胞增多；并发其他疾病且转归不良的病例，血液白细胞总数急剧减少。

X 线检查，支气管炎早期无明显变化，后期可见纹理增粗、紊乱，呈条索样或斑点阴影。发展为支气管肺炎时，则表现为斑片状或斑点状的渗出性阴影，大小和形状不规则，密度不均匀，边缘模糊不清，可沿肺纹理分布；当病灶发生融合时，则形成较大片的云絮状阴影，但密度多不均匀。

确定病原需要进行渗出液和黏液的涂片检查或培养试验。临床上需与大叶性肺炎、异物性肺炎、胸膜炎、气管炎等鉴别诊断。

4. 治疗

治疗原则是加强护理，抗菌消炎，祛痰止咳，制止渗出，促进炎性渗出物的吸收和排出，对症治疗。保持畜舍内清洁、通风良好、温暖、湿润，喂以易消化饲料，青草充足，饮水清洁，适当地牵遛运动。

当痰液浓稠而排出不畅时，应用祛痰剂，如氯化铵、酒石酸锑钾（吐酒石）、碳酸氢钠。还可行蒸汽吸入疗法，如 1%～2%碳酸氢钠溶液或 1%薄荷脑溶液蒸汽吸入。

当咳嗽剧烈而频繁时，复方樟脑酊、复方甘草合剂、远志酊、紫苏散、麻杏石甘汤、杷叶散等，可用于支气管肺炎的辩证治疗。

抗菌消炎可选用抗生素、喹诺酮类或磺胺类药物等。如青霉素、阿莫西林、头孢噻呋、红霉素、氧氟沙星、恩诺沙星或磺胺二甲嘧啶等。可以用单一抗生素，也可两种抗生素联合应用，但应依据细菌的药敏试验结果选择敏感抗生素。中药双黄连注射液对病毒性感染有良好的辅助效果。用抗生素做蒸汽吸入疗法，疗效良好。

制止渗出，促进炎性渗出物的吸收和排出，可选用钙制剂，如 10%葡萄糖酸钙、10%氯化钙溶液。10%安钠咖溶液、10%水杨酸钠溶液和 40%乌洛托品溶液联合应用，有良好的强心、利尿和抗炎效果。

对于因变态反应引起的支气管痉挛或炎症，可给予解痉平喘和抗过敏药，如氨茶碱、麻黄素、盐酸异丙嗪、地塞米松、盐酸苯海拉明等。

非甾体类药物，如阿司匹林、氟尼辛葡甲胺、美洛昔康等，与抗生素联合应用，对本病的治疗效果良好。

对症治疗，当严重呼吸困难，或继发或并发肺水肿、肺气肿时，可吸氧。

要根据每天奶牛的体温、精神状况、饮食欲、咳嗽强度、肺部听诊变化等情况来判断治疗的效果。用药后病情有所好转，如体温每天下降 0.5～1.0 ℃，表明治疗方案合理；否则，需要调整治疗方案。

抗生素与抗炎药物联合应用，可增强对细菌性炎症的控制，但皮质激素类药物具有降低机体免疫力的副作用，不可长时间应用。如果炎症反应严重，可以应用 1～2 次，且需要考虑它有引起流产和停乳的风险。非甾体抗炎药，具有解热、抗炎、镇痛和抗内毒素的作用，按照推荐剂量短时间应用，没有明显的副作用。

预防本病首先要防寒保暖，预防感冒，免受寒冷、风、雨、潮湿等因素的侵袭。平时注意饲养管理，注意通风，保持空气新鲜清洁，提高抵抗力。避免各种应激反应，特别是长途运输、转群、改变饲料或饲养管理方式时，可引起抵抗力下降。本病常继发于某些传染病或寄生虫病，应做好兽医卫生、防疫等工作，定期免疫、驱虫，避免疫病流行。

为减少肺部传染病，应完善防疫制度，特别是对犊牛和青年牛，应加强免疫接种，提高体内抗体水平。如预防巴氏杆菌、昏睡嗜血杆菌、传染性鼻气管炎病毒、牛病毒性腹泻病毒等病原体的感染。

三、肺充血与肺水肿

肺充血（pulmonary congestion）是指肺毛细血管过度充满血液使肺中血量增加。分主动性与被动性充血两种，前者是由于流入肺和流出肺的血量同时增多，使毛细血管过度充盈；而后者则由于流出肺的血量减少，流入肺的血量正常或增多所致。肺水肿（pulmonary edema）是由于毛细血管内液体渗出而漏入肺间质与肺泡所引起，为肺充血的必然结果。由于肺泡空间数量丧失的程度不同，故其呼吸困难的程度各异。

1. 病因

肺充血及肺水肿是许多疾病常见的一种最终结果，但常被其他机能障碍所掩盖。肺充血有原发性和继发性两种，原发性是肺主动性充血，继发性是肺被动性充血。

原发性充血其基本损害在肺。多见于肺炎初期；炎热天气时无遮阳、无防暑设施所致的日射病和热射病；吸入烟雾和刺激性气体及毒气中毒；农药中毒，如有机磷和有机氟中毒等。这些均能引起肺毛细血管扩张而造成主动性充血。

继发性充血的基本损害在其他器官。主要见于充血性心力衰竭，如心扩张、心肌炎、心肌变性及二尖瓣膜狭窄和闭锁不全，因肺内血液流出受阻而造成肺瘀血；也见于病牛长期躺卧，造成局部血液停滞在卧侧肺叶，引起所谓的沉积性充血。

肺充血时，由于肺毛细血管扩张，使肺泡腔减少和肺活量减少，血液氧合作用降低。同时，由于流经肺血管内的血液减慢，血液氧合作用更弱，血氧不足和二氧化碳在血中储留，引起机体缺氧症，表现出呼吸困难、喘息等。由于毒素、缺氧时代谢产物对肺毛细血管的损害，使其渗透性改变，或由于发生充血性心力衰竭，血液流经肺时因毛细血管流入静脉压升高，血液回流受阻，此时血液中液体由血管漏出而形成水肿。液体充满肺泡、继而充满支气管时，致使肺活量更低，气体交换障碍更严重，最后呼吸衰竭窒息而亡。

2. 症状

肺充血及肺水肿的临床症状相似，常迅速发生呼吸困难，黏膜鲜红或发绀，颈静脉怒张。病牛由兴奋不安转为沉郁。咳嗽短浅、声弱而呈湿性，鼻液初呈浆液性，后期鼻液量增多，常从两鼻孔内流出黄色或淡红色、带血色的泡沫样鼻液。严重呼吸困难者，头直伸，张口吐舌，鼻孔张大，喘息，腹部运动明显。也有表现为两前肢叉开，肘头外展，头下垂者。心率加快至100次/min以上，心音初期增强然后减弱。

肺部叩诊音不同，充血初期无明显异常，为鼓音；当肺泡被大量水肿液充满时，则呈浊音或半浊音。肺部听诊，充血时有粗糙的水泡杂音，肺水肿时，肺泡音减弱，能听到小水泡音和捻发音。

急性肺充血时肺体积增大，色呈暗红色、质度稍硬，切面流出大量血液。组织学变化是肺毛细血管充盈，肺泡中积有漏出液和血液。肺水肿使肺体积增大、较重，呈蓝紫色，失去弹性，按有压痕。气管、支气管和肺泡常积聚大量淡红色、泡沫状液体。切面流出大量淡红色浆液。

3. 诊断

临床上区别肺水肿及肺充血困难。通过临床症状可以做出初步诊断，结合死亡病例的肺病理变化进行诊断。

临床诊断时，应与热射病、肺炎等鉴别。热射病及日射病时病牛体温升高，达41.5℃以上，并伴有神经症状。肺炎体温升高至40～41.5℃，呈弛张热，叩诊时肺部出现散在性小浊音区，听诊时浊音区肺泡音减弱或消失，其周围肺泡音增强，有时能听到啰音。细菌性肺炎常伴有毒血症，对抗菌药物治疗反应好，由于过敏反应引起肺充血与水肿。

4. 治疗

（1）治疗。治疗原则是降低肺内压，缓解呼吸困难，减少渗出，预防水肿加重。可选用呋塞米，每千克体重0.3～0.5 mg，一次肌内注射，每天2次。阿托品，每千克体重0.02～0.04 mg，一次肌内注射，每天2次。为了防止渗出，可用10%氯化钙每450 kg体重150～200 mL，一次静脉注射。应用强心剂，如樟脑磺酸钠、洋地黄等，可减轻临床症状。

因过敏反应导致的肺水肿，可用肾上腺素和抗组织胺类药物或皮质类固醇类药物（妊娠牛不用），如苯海拉明、地塞米松、氢化可的松等。

呼吸困难严重的，可以吸氧，每分钟10～15 L。

（2）预防措施。加强饲养管理，注意牛舍通风，避免刺激性气体的刺激。夏季应做好防暑降温工作，防止奶牛受热应激。加强对农药保管，防止奶牛误食、误饮有机磷等杀虫剂而引起中毒。对因产后瘫痪等疾病而躺卧的奶牛，或因蹄病而卧地不起的病牛，应加强护理，每天应人工翻动体躯1～2次，以防止沉积性肺瘀血的发生。

四、大叶性肺炎与肺坏疽

肺炎（pneumonia）是肺组织炎症的总称，是指包括终末气道、肺泡腔及肺间质等在内的肺实质炎症。根据炎性渗出物的性质及病变范围的大小，临床上分为：大叶性肺炎和小叶性肺炎（支气管肺炎，见前述）。支气管肺炎，炎性渗出物为卡他性，病变多局限于个别或几个肺小叶；大叶性肺炎是整个肺叶，甚至一侧肺和两侧肺的大部分发生急性炎症过程，其炎性渗出物为纤维蛋白。肺坏疽是指奶牛采食时食物误咽到肺或某些腐败菌进入肺，从而引起肺部病变组织坏死，导致坏死性肺炎（图12-33）。

图12-33　大叶性肺炎

1. 病因

大叶性肺炎与小叶性肺炎的病因与发病机理相似。感冒、气管炎、支气管炎或支气管肺炎可直接发展为大叶性肺炎，但临床上多见于牛巴氏杆菌病。此外，铜绿假单胞菌、大肠杆菌、坏死杆菌、昏睡嗜血杆菌、沙门氏菌、肺炎链球菌和支原体，也可导致本病的发生。当在某些因素的作用下，机体的抵抗力降低，特别是呼吸道的防御机能减弱，一些病原微生物就乘虚而入，加上体内一些条件性病原菌的毒性增强等，这些因素综合作用而导致大叶性肺炎发生。

饲养管理不当，营养元素缺乏（尤其是维生素 A 缺乏），体质衰弱，厩舍环境不良，雨淋、受寒、应激反应等，这些均可降低机体的抵抗力，为病原体侵入创造了条件，从而促使肺炎的发生和发展。

肺坏疽是由于奶牛采食时误咽到肺或某些腐败细菌进入肺而致，也见于巴氏杆菌、大肠杆菌等引起的肺脓肿与肺坏死。

大叶性肺炎肺叶的病变过程包括充血期、红色肝变期、灰色肝变期和溶解期。若肝变期肺叶内炎性产物未被溶解、吸收，可发生变性坏死、形成脓肿，或在腐败菌作用下形成肺坏疽。

2. 症状与诊断

临床上以高热稽留、流铁锈色鼻液、肺部广泛性浊音区为特征。初期，患病奶牛精神沉郁，体温迅速升高，40 ℃以上，稽留热。心音增强，心率加快，可达 90～100 次/min；脉搏加强加快，以后随着心跳的减弱脉搏变快变弱。呼吸困难，黏膜充血、微黄疸。反刍减弱或停止，食欲下降或废绝。粪便数量少，并且干燥，有的有腹泻症状，产奶量骤然下降。鼻漏病初多为透明浆液性，至肝变期流出铁锈色鼻液，咳嗽时鼻液增多。初期，肺部叩诊，出现过清音，以后变为半浊音或浊音（肝变期）。肺部听诊，初期为肺泡呼吸音增强和干啰音，以后出现湿啰音、捻发音、肺泡呼吸音消失，肝变期出现支气管呼吸音。

X 线检查，可见有大面积或广泛阴影。血液检查，白细胞总数增加，核左移，淋巴细胞、嗜酸性粒细胞和单核细胞常减少，红细胞和血小板也可减少。

患肺坏疽的病牛呼出气有腐败气味，但若坏疽病灶未与支气管相通时，没有腐臭味。发热，体温 39.5 ℃以上，弛张热。呼吸困难，毒血症。鼻孔流出灰褐色带红色或淡绿色的鼻液，在咳嗽和低头时大量流出。异物性肺炎的病变肺组织很快发生实变，出现支气管呼吸音和啰音，以前腹侧肺叶明显。肺部叩诊，在胸部的前腹侧，初期可出现半浊音或浊音区，后期为鼓音；若坏死空洞与支气管连通，则有破壶音；若病灶小，或位于肺深部，则叩诊病变不明显。听诊肺部，初期有支气管呼吸音和水泡音；若坏死空洞与支气管连通，则出现空瓮音。

3. 防治

（1）治疗。治疗原则是补充能量，支持疗法，抗菌、消炎，阻止炎症的扩散；强心、利尿，减少渗出；已渗出时应促使渗出物吸收。

① 抗菌消炎，可选用广谱抗菌药物，也可应选用敏感性高的抗菌药物。如头孢噻呋、氟苯尼考、多西环素、恩诺沙星等抗菌药。

② 减少渗出和促进渗出物的吸收，可用呋塞米、氯化钙、葡萄糖酸钙和强心剂。

③ 缓解呼吸困难，可用支气管扩张药物、非甾体抗炎药和抗组织胺类药物。如阿托品每千克体重 0.048 mg，一次肌内注射，每天 2 次。盐酸扑尔敏每千克体重 1～2 mg，一次肌内注射，每天 2 次。氟尼辛葡甲胺每千克体重 2～3 mg，每天 1 次。

④ 中药麻杏石甘汤水煎灌服，每天 1 次。

（2）预防。

① 加强对病牛的临床和实验室诊断。对病牛除了进行细致的临床检查外，还应采集病料进行病

原学、临床病理学及病理组织学的检查。以此判定确切的发病原因，从而提出有效的预防方法。

② 加强饲养管理，减少各种应激因素对呼吸道的刺激。饲料品质要好，营养要全面，牛舍要干净、通风、明亮，冬春季节要做好防寒保暖，防止有害气体及尘埃的吸入，给奶牛提供良好的生存环境，以增强机体体质，提高奶牛抗病力。

③ 加强兽医卫生防疫，预防传染病的发生。我国地域辽阔，风土、气候差异较大，又因各地奶牛场饲养管理条件及技术水平的不同，肺炎的发病率也不相同。从临床观察来看，哺乳犊牛由大肠杆菌、沙门氏菌所致的犊牛腹泻及肺炎较为常见。近年来发现，在不少牛场传染性鼻气管炎（IBR）、牛病毒性腹泻/黏膜病（BVD）和牛副流感3型病毒感染（PI3）等引起的呼吸道疾病，包括肺炎，其发病率增多。因此，在一个牛场或一个地区，当呼吸道疾病增多时，应尽快采用综合检测方法确定病性。确诊为IBR、BAD和PI3的牛场，可选用免疫接种的方法预防。按照疫苗的使用说明和免疫程序操作，全场接种疫苗，使牛犊尽快获得免疫力，从而降低和控制呼吸道疾病的发生。

五、创伤性心包炎

创伤性心包炎（traumatic pericarditis）是心包受到机械性损伤而引起的炎症，这种损伤多来自网胃内异物的刺伤，是饲养管理不当时反刍动物养殖中的常见病。此病的特征是食欲废绝，心跳增速，颈静脉怒张，胸下、颈下、颌下浮肿。

1. 病因

由于牛羊等反刍动物采食咀嚼粗放，且吞咽动作迅速，对硬物的刺激反应迟钝，容易将铁钉、铁丝、玻璃等随同食物一并吞下，这些尖锐的物体进入网胃，当网胃收缩时，就易刺破网胃和膈肌到达胸腔并刺伤心包，甚至刺伤心脏，引发化脓性创伤性心包炎。

2. 症状

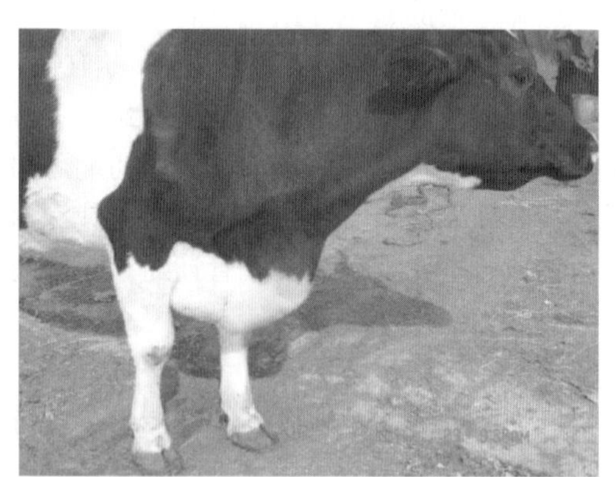

图12-34 心包炎致胸前、下颌皮下水肿

在未出现心包炎症状前，往往先呈创伤性网胃炎的症状，如消化机能障碍，运步小心，有时不安，站立或卧下时呻吟。触诊剑状软骨与网胃区域，牛躲闪、呻吟，表现为疼痛反应。反刍无力、迟滞或消失，前胃时而蠕动，时而停止，瘤胃轻度臌气或间歇性臌气等。产奶量下降。数周至数月后，往往出现心包炎症状。病牛精神沉郁，痛苦，食欲、反刍停止，瘤胃蠕动音消失。站立时弓背，不愿行走。泌乳量下降或无乳。粪便干硬、少，呈黑色，有的牛排出黑色稀粪（败血性腹泻）。被毛粗乱，无光，逆立。肘头外展，肘肌震颤，空嚼磨牙；头低下、颈伸直、眼半闭。颈静脉怒张，呈条索状，波动明显。体温升高，可达40℃以上。心搏动初期亢进，心率增速，每分钟达100～130次，有心包摩擦音，以后由于心包积液，摩擦音消失，心搏动变弱，可听到拍水音。叩诊心区，表现疼痛，心后界向后扩张至7～8肋间。随病程的延长，可见胸前、颌下出现水肿（图12-34）。病牛呆立，前肢向前伸张，后肢聚于腹下，头颈伸展，弓腰，时而局部肌肉震颤；上坡易，下坡难。病初体温升高，脉搏加快，以后体温降低，心音弱，但脉数仍多。便秘，少数下痢，在排粪排尿时避免用力，断续排放。

心包炎发展到心力衰竭时出现呼吸迫促和呼吸困难。病牛不愿活动，疼痛，肘关节外展，在胸壁腹侧或剑状软骨区叩击或直接压迫引起疼痛反应。心包扩张压迫肺致肺水肿和心输出量减少，可引起呼吸困难。听诊两侧心音强度减弱。心音低沉常与呼啸音、摩擦音、击水音或振铃音同时存在，但这些心音并不一定在所有病牛中都出现。如果心包是由于细菌感染引起的炎症，心包内产气菌产生气体形成的液气界面，产生明显的击水音。由于心包扩张使肺移向背侧，在两侧胸壁下 1/3～1/2 可能听不到呼吸音。创伤性心包炎常出现下列两种情况，对临床诊断有一定的意义。

（1）大多数患创伤性心包炎的牛，在 7～14 d 前，畜主观察到牛出现不适。当时可能或没有诊断出创伤性网胃腹膜炎。疾病的症状常不明显及非特异性，随后病牛好转或症状消失，可能没有引起兽医注意，但经过一段时间后症状重新出现。重新发病时出现心脏病症状。当然并非所有牛都有这两个临床发病过程。有些牛出现最急性心包炎或创伤性心肌炎，可能在几小时或几天内死亡。一旦病史上出现了两个相的临床症状，就可以认为可能是异物从网胃和膈肌进入胸腔，如果疼痛和炎症减轻，症状有所缓解，但随后发生严重脓毒性心包感染及心衰。

（2）在创伤性心包炎急性期或亚急性期，心音可能每天都会变化。低沉音、击水音或振铃音、摩擦音、杂音和其他心音在 1 d 内都可出现，翌日可能都消失，第 3 天可能又出现。动态的病理过程取决于心包内纤维蛋白、脓性液体和气体的相对含量的变化。慢性病例，当心脏搏动冲击脓性积液时，往往出现一致的双侧低沉心音和遥远的振铃音。

3. 诊断

显然，根据创伤性心包炎的临床症状还不足以做出明确诊断，须借助二维心回声检查法、心包穿刺法、胸透等技术确诊。

利用二维心回声检查法可以很容易观察到心包内的积液和纤维素。在心脏壁层和心包脏层间出现大量纤维素沉着，心包腔变宽或心包壁变厚。

心包穿刺可用 18 号 8.75 cm 脊髓穿刺针或相近长度的小套管针。首先在左胸部剪毛、消毒，用手术刀在第 5 肋间肘关节顶部位置，预先切一皮肤小口，然后穿刺。如果想连续引流，须准备 20 号胸套管针和硅胶或聚乙烯塑料导管，经套管针伸入心包腔中。引流出的液体为脓性、恶臭。有纤维蛋白凝块时，常阻塞较细的引流针头或导管。脓性液中蛋白和细胞含量大大超出了心包液中的正常含量（正常时蛋白质＜25 mg/L，白细胞≤500 万/mL）。脓性液中细胞成分主要是中性粒细胞，不是正常心包液中的单核细胞。脓性液涂片革兰氏染色，容易发现细菌。

心包穿刺的主要目的是鉴别与创伤性心包炎症状相似的疾病，如淋巴肉瘤累及心包引起心包积液。穿刺液的细胞学检查非常容易区分这两种疾病。

心包穿刺并非没有危险。潜在的并发症有气胸、心脏刺伤引起出血和死亡，以及心包物质漏入胸腔导致胸膜炎。因为多数心包炎病牛心包壁层与胸膜不是紧密相连。所以，穿刺时心包液容易漏入胸腔。心脏处于正压下呈某种程度的收缩，当突然解除这种压力时，因改变了代偿机制可引起死亡。因此，在进行心包穿刺时一定要小心，缓慢放出心包内的液体。

实验室诊断检查：在亚急性或慢性病例可能出现中性粒细胞增多。发病 10～14 d 后常出现血清白蛋白减少和球蛋白升高，因而总的蛋白水平升高或处于高限。胸透显示心包严重扩张、心包积液，有时可见致病性金属异物。

创伤性心包炎一般预后不良。

4. 治疗

（1）保守疗法。大剂量应用抗生素，同时应用抗炎制剂，控制炎症发展。心包积液时，可在左侧第 6 肋骨前缘，肘突水平线上进行心包穿刺，排出积液。抽尽积液后，用生理盐水反复冲洗，再灌注抗生素。同时，还要对症治疗，但最好在早期采用手术摘除异物。

（2）手术治疗。全身性抗菌药物治疗和心包腔引流很少能治愈病牛。因此，大多数都采用手术疗法。已经采用各种形式的胸廓切开术、心包切开术进行引流、寻找异物和防止积液损伤心脏。

用手术治疗，可取出异物、排出渗出液，化脓时用抗生素冲洗。手术可在剑状软骨和左肋骨弓之间的三角区切开腹腔，触诊网胃的外面，将第七、八肋骨的胸骨端切除，通过胸膜后组织将手伸进胸腔下部，显露心包并切开心包，取出异物，对心包施行冲洗和导液。

为了增加病牛生存的机会，手术越早越好。出现严重腹侧水肿和明显心衰的牛不宜手术。胸廓切开术取出刺入的金属丝很困难，但是非常必要。通常，金属丝大部分或全部刺入心脏。因此，很难甚至不可能通过瘤胃切开术清除。这些病牛具有临床上可以查出的心包渗出，射线照片证明异物刺伤心包，瘤胃切开术和全身抗生素疗法有时足以治疗这类最急性或急性心包炎。尽管瘤胃切开术清除了异物，并进行全身性抗生素治疗，但是病牛的成活率不高。如果心包炎恶化可考虑胸廓切开术。瘤胃切开术可能最适用于急性病例，因为金属异物的一部分可能仍留在这些病例的网胃内。如果没有射线照片的帮助，很难了解到这一点。而且，瘤胃切开术失败可能会进一步危害病牛。

为了预防金属异物引起的心包炎，向瘤胃内投入棒状磁铁，以吸着金属异物，定时用金属探测器检查，如胃内有金属异物时，取出磁铁，将吸着的金属异物取下，再将磁铁投入瘤胃内。除此之外，在牛槽、饲料搅拌机处也应有强力磁铁，以吸出草料内的金属异物。

六、血栓形成与静脉炎

血栓形成是指在活体的心脏或血管内血液发生凝固，有形成固体物质的过程，所形成的固体物质称为血栓（thrombosis）。心血管内膜损伤、血流状态的改变和血液凝固性增高，可导致血栓形成。奶牛血栓形成与静脉炎，可在机体的许多部位发生，但多见于颈静脉、脐静脉、尾静脉和乳静脉。

1. 病因

最常见的病因主要是静脉采血、注射等损伤性操作或不按无菌操作规程操作，反复多次地刺激或损伤静脉及其周围组织；其次是外科手术时造成的静脉组织损伤和继发感染；静脉注射刺激性药物（如氯化钙、水合氯醛、四环素、碘化钾等）时药物漏至静脉外，导致无菌性静脉周围炎，继而发展为静脉炎。偶尔可见高渗葡萄糖溶液漏至犊牛静脉外导致静脉周围炎或血栓性静脉炎。长时间保留静脉留置针，血栓性静脉炎或脓毒性血栓性静脉炎的发病率升高。严重脱水、内毒素中毒或败血症病例，静脉的损伤处易形成血栓。血栓性静脉炎或脓毒性血栓性静脉炎，易继发心内膜炎与心包炎。

多数静脉血栓与静脉炎是医源性的，偶尔有自发的。新生犊牛可患脐静脉炎，细菌沿血液循环到其他部位并引起感染，严重的可引起败血症。成年牛的颈静脉、尾静脉和乳静脉易发生静脉血栓或静脉炎，与长期刺激或损伤有关。

2. 症状与诊断

单纯性静脉血栓，在静脉内有可以触知的柔软或坚实的血凝块，呈索状，局部静脉变粗或扩张。新鲜的血栓柔软或呈果冻样，陈旧血栓较坚实。在血栓下游压住静脉时，触击脉管无血流波动感。血栓上游出现血液回流障碍性水肿，如颈静脉血栓，同侧面部水肿；乳静脉血栓，同侧乳房水肿。局部疼痛不明显。

静脉炎根据炎症发生的范围和性质可分为静脉炎、静脉周围炎、血栓性静脉炎、化脓性或脓毒性静脉炎。静脉炎是指单纯性静脉组织的炎症，静脉管壁增厚，硬固而有疼痛感。静脉周围炎是静脉周围出现不同程度的炎症病变，患部肿胀、温热和疼痛明显；随着病程的发展，后期在静脉周围可出现质地较硬、高低不平的增生性肿胀。血栓性静脉炎是指在静脉发生炎症的同时在静脉内形成血栓。在静脉周围出现炎性水肿，局部温热、疼痛；在静脉内有血栓形成，触诊有长索状粗大的肿胀物，质较硬，血栓远心端静脉怒张，近心端静脉空虚。患侧上游组织水肿，当侧副循环建立后，水肿现象逐渐缓解。化脓性静脉炎是指在血栓和静脉发生了严重的细菌感染。视诊及触诊可发现弥漫性温热、疼痛及炎性水肿。不易触知静脉。病畜出现精神沉郁、食欲减退、体温升高等全身症状。化脓性颈静脉炎时头颈部活动受限，有时可见头部浮肿；严重的，可见同侧颈交感神经麻痹（霍纳氏综合征）。化脓性乳静脉炎时，同侧下腹壁肿胀、疼痛，乳房水肿，静脉变粗。患处可出现脓肿，脓肿破溃后不断排出混有组织碎片的脓汁。易继发败血症或身体其他部位的感染。尾静脉血栓性静脉炎时，尾部水肿、疼痛。严重的病例，可出现尾坏死、脱落。某些病例血管壁可发生化脓性溶解，突然发生大出血并危及生命。

剧烈刺激性药物，如50%葡萄糖、20%碘化钾、10%氯化钙、5%水合氯醛等，静脉注射时漏到血管外，可引起局部组织变性、坏死或血栓性静脉炎。严重的，可发生局部组织坏死、脱落、蜂窝织炎或脓肿。易发生细菌感染，继发感染性炎症。

3. 治疗

病牛应停止使役，以防炎症扩散和血栓碎裂。根据不同病因和病程选择合适的治疗方案。

单纯性静脉血栓，可以不治疗，减少刺激，消除病因。对注射刺激性药物失误，药物漏至静脉外引起的无菌性炎症，立即停止注射，并向局部隆起处注入生理盐水以稀释药物，同时局部用20%硫酸钠热敷。也可在肿胀部位的周围用盐酸普鲁卡因泼尼松龙封闭。若肿胀过大过于严重，可在其下缘做皮肤与皮下组织切口，以排出漏出的药物与渗出液。如是氯化钙漏至血管外，可局部注射10%硫酸钠溶液，以形成刺激性小的硫酸钙。无菌性血栓性静脉炎，应局部应用温热疗法，配合口服或注射非甾体类消炎止痛药。

对细菌感染性炎症，需要全身应用抗生素。如化脓性血栓性静脉炎时，每天热敷数次，应用非甾体类消炎止痛药（如水杨酸钠、托芬那酸、美洛昔康等），全身应用抗生素。用药时尽量避免静脉注射，以防再度发生血栓性静脉炎。慢性病例，可采用病变静脉切除术，但少用。病情改善时，病牛体温恢复正常，食欲和产奶量增加，局部温热、疼痛和肿胀减轻或消失。

静脉周围蜂窝织炎时，应早期切开，切口要大，深达受侵害的肌肉，以有效地清除坏死组织和渗出液。

静脉注射时，良好的保定、熟练的技术操作和优良的设备，是预防医源性血栓性静脉炎的关键。采用静脉留置针或插管输液，可减少对静脉的损伤与刺激，降低血栓性静脉炎的发病率。

七、贫血

贫血（anemia）是指在单位容积内外周血液中的红细胞计数、血红蛋白含量和红细胞比容低于正常水平的综合征。贫血往往不是一种独立的疾病，而是某种疾病的一种临床症状。由于引起贫血的原因不同，将贫血分为失血性贫血、再生障碍性贫血和溶血性贫血。

1. 病因

（1）失血性贫血。由于骨髓的储备有限，贫血可因任何一种大出血而引起，这种出血可能由于大血管自发的或外伤性的破裂或切口，动脉受病理性损害因素的侵蚀（如消化性溃疡或肿瘤）或正常止血功能障碍而引起。其后果直接取决于出血时间的长短和出血量的多少，突然丧失血容量的1/3可能是致命的，但如果是24 h内缓慢地出血，即使达到血容量的2/3，也可能没有这种危险。贫血症状，是由于血容量突然减少及其后的血液稀释使血液的携氧能力下降而引起。奶牛由于外伤、分娩、内脏破裂使机体大量失血或持续少量出血，引起的贫血。成年奶牛出血性皱胃溃疡会引起急性或亚急性失血。皱胃的淋巴肉瘤也引起溃疡、出血和失血性贫血。后腔静脉血栓形成综合征的奶牛会出现栓子进入气管或肺实质后引起出血，分娩或子宫脱垂后子宫动脉破裂，或其他大动脉破裂，都会引起急性大失血。

(2) 再生障碍性贫血。本病与骨髓造血功能受到抑制有关。慢性感染或肿瘤常与红细胞再生不足或再生障碍有关。慢性肺炎伴发肺脓肿、肾盂肾炎，继发于骨骼肌疾病的多发性脓肿、心内膜炎和内脏器官脓肿，都会引起再生障碍性贫血。机体的骨髓不易生成足够的红细胞补充外周血红细胞的损失。虽然与牛病毒性腹泻（BVD）病毒有关的贫血通常见于急性病例，出现血小板减少症和失血，但是慢性病毒性腹泻在少数情况下也能引起再生障碍性贫血。牛患双侧慢性肾盂肾炎时，由于肾损伤抑制红细胞生成素的生成，形成再生障碍性贫血。慢性蛋白质丢失性肾病，如淀粉样变和肾小球性肾炎，也会引起再生障碍性贫血。慢性蕨中毒、有机砷与有机磷中毒、长期使用氯霉素、抗肿瘤药物等，也可引起再生障碍性贫血或血小板减少症性贫血。

(3) 溶血性贫血。溶血性贫血与血管内或血管外的红细胞破坏有关。犊牛常见引起血管内溶血的原因是水中毒。间歇给水的犊牛，大量给水后，可能饮水过量，继而引起严重的血管扩张和红细胞溶解。根据病史和出现血红蛋白尿，可以做出诊断。同样，在血管内注射低渗溶液也会引起溶血。牛巴贝斯焦虫病，常引起血管内红细胞破裂，出现发热、贫血、抑郁、黄疸、血红蛋白尿和其他一些贫血症状。犊牛钩端螺旋体病引起发热、血管内红细胞溶血和血红蛋白尿。D型诺氏梭菌（溶血梭菌）是引起牛血管内溶血的另一种传染病。海恩茨氏小体性溶血性贫血，是多种氧化剂使血红蛋白变性引起的。牛患无浆体病会发生免疫介导的红细胞破坏，可出现血管外溶血。除了红细胞原虫寄生引起红细胞破裂外，牛很少发生像其他动物那样的自身免疫性溶血，但用牛源的抗无浆体病或巴贝斯焦虫病疫苗免疫后，可能见到这种病症。有时有遗传病的牛也会出现贫血，红细胞生成性叶琳症（红牙齿），认为是溶血性的。

各种原因导致的失血过多，造成严重的机能障碍。心脏血液供应不足，动脉充盈度不够，颈动脉窦的血压降低，刺激交感神经，使之心动过速，末梢血管收缩，瞳孔散大，肝糖进入血液，汗腺分泌增加。由于红细胞数量减少，氧化过程降低，出现酸中毒，导致呼吸加快、加深。在短时间内失血达全身总量的50%～60%，可以引起休克和虚脱，甚至死亡。

如果血液长期丧失，则机体内的蛋白质和铁等大量消耗。此时，由于造血器官强烈的再生性反应，在末梢血液中出现各种病理状态的红细胞。血红蛋白比红细胞消耗得快，因此血色指数低于一个单位，长期贫血，使心肌、肝和其他的器官组织变性坏死。细胞内铁代谢障碍，衰老红细胞铁的有效再利用是铁平衡的标志。慢性病时，网状细胞抑制衰老红细胞铁的释放，使铁不能通过血红素被用于合成血红蛋白，引起网织红细胞减少和红细胞无效代偿的增生性贫血。铁代谢障碍及其导致的造血缺陷也可能是炎性细胞因子造成的结果。

溶血时，血红蛋白被网状内皮细胞转变为胆红素，游离于血浆中，随血液循环到达肝，在肝细胞中转化为间接胆红素。严重溶血时所产生的过多的血红蛋白，不能完全转化为胆红素，一部分在血液中，由肾排出，形成血红蛋白尿。

2. 症状

(1) 失血性贫血。轻度症状时，表现为衰弱无力，四肢叉开，运步不稳。重度溶血时，意识丧失，体温下降，四肢厥冷，皮肤干燥松弛，出冷黏汗，可视黏膜苍白，瞳孔散大。心率显著加快，心音微弱，最后眩晕倒地。血液稀薄，红细胞数和血红蛋白量降低，血沉加快。急性失血，因为出血时血细胞和血浆都流失，短期内红细胞比容无明显变化。红细胞比容在正常范围内，但动物可因失血而死亡。因为血管内外血液的转移以维持循环血容量需要数小时才能达到平衡，出血后再生性应答则大约需要4 d。因此，急性出血性贫血的最初，血液红细胞数接近正常。

(2) 再生障碍性贫血。再生障碍性贫血表现为可视黏膜及皮肤苍白，呼吸困难，眩晕。红细胞减少，血红蛋白降低，红细胞大小不等，出现异形红细胞，网织红细胞数减少，再生型的红细胞几乎完全消失。血小板数量减少，皮肤及黏膜上出现出血点，皮下溢血。

(3) 溶血性贫血。溶血性贫血表现为生长缓慢，精神沉郁，食欲减少，黏膜逐渐苍白，消瘦。严重贫血时，表现为体温下降，胸下、腹下及四肢出现浮肿，脉搏显著增加，呼吸疾速且浅表。血液中出现幼稚型红细胞，成熟红细胞消失。由于骨髓中铁的含量不足，出现不等形、染色过弱的红细胞（巨型红细胞）。

溶血性贫血表现为可视黏膜和皮肤出现黄疸，全身贫血，精神抑郁，步态不稳。心动过速，呼吸困难。严重时，出现血红蛋白尿，尿胆红素增加。胆红素呈现间接反应阳性。红细胞减少，网织红细胞增多，并出现大量有核红细胞及异形红细胞，血小板数量减少。

根据血液学检查和贫血特有的症状，可以确诊。是否内出血及隐性出血，可进行腹腔穿刺，观察有无血液。

3. 治疗

（1）止血。对于外部出血，可用外科手术方法进行结扎或压迫止血。内出血或为了加强局部止血，可用止血药，如肌内注射1%仙鹤草素、静脉注射10%氯化钙注射液。也可注射酚磺乙胺、安络血和维生素K等。

对溶血性贫血，首先要消除病因，如血液寄生虫病，需要驱虫。对再生障碍性贫血，需要找到导致造血障碍的病因，并及时消除病因，如避免接触有毒物质、控制病毒性腹泻等。

（2）补充血容量。少量失血或轻度贫血者，可应用右旋糖酐和高渗葡萄糖等补充血液量。严重贫血或失血者，应输血。成年牛的严重失血，每次可输2 000～3 000 mL血液。

输血方法：用柠檬酸三钠（枸橼酸钠）或肝素作抗凝剂。3.8%枸橼酸钠1 mL或20%枸橼酸钠0.3 mL，或0.1%肝素水溶液1 mL，抗10 mL全血。同品种间输血，输血前应做血凝试验。取供血者的红细胞与受血者血浆（主配试验）、供血者的血浆与受血者红细胞（次配试验）分别做凝集试验（平板凝集或试管凝集试验），若两者均未出现红细胞凝集现象，可以输血。先缓慢输入，15～30 min后无反应者，再缓慢输全量血液（生物学试验）。

输血有可能发生不良反应，出现不良反应时应立即停止输血，并采取处理措施。发热反应，输血后15～30 min，出现寒战，体温高。溶血反应，输血过程中突然不安，呼吸、脉搏加快，肌肉震颤，黏膜发绀，高热，频繁排尿。需要采用吸氧、输液、强心疗法。过敏反应，呼吸加快，痉挛，皮肤有荨麻疹，眼睑肿胀，严重者可休克死亡。需要注射肾上腺素、地塞米松和苯海拉明，吸氧。

（3）增进造血机能。注射维生素B_{12}、维生素C。内服补铁制剂，如枸橼酸铁铵、右旋糖酐铁、硫酸亚铁等。同时，补充铜、钴等微量元素。各种动物的肝、血液制品，是良好的补血剂。睾酮类制剂、促红细胞生成素，对再生障碍性贫血有良好的效果。

第七节　泌尿器官及神经系统疾病

一、肾盂肾炎

肾盂肾炎（pyelonephritis）是奶牛临床上较常见的泌尿系统疾病，下尿路的细菌性上行性感染可引起感染性肾盂肾炎。

1. 病因

牛的肾盂肾炎多由泌尿道埃希氏大肠杆菌或肾棒状杆菌的上行性感染所致，至少有3种血清型肾棒状杆菌存在于奶牛下尿路及生殖道中，能在下尿路黏膜上吸附与繁殖，上行感染引起奶牛的肾盂肾炎。

细菌可经血源、尿源、淋巴源感染途径侵入肾。当奶牛患全身性传染病或局部化脓性疾病时，病原菌及其毒素经血液循环途径侵入肾，移行至肾小管和集合管，并在其周围的间质形成小脓肿。最后通过肾乳头到达肾盂，引起肾盂炎症。

病原菌从尿道经膀胱和输尿管逆行进入肾盂。在肾小管及其周围组织引起化脓性炎症，严重者可形成大量小脓肿，脓肿向肾小管腔破溃，形成脓尿和菌尿。

当与肾相邻近的肠管发生病变时，病原菌或其毒素可沿淋巴途径侵入肾盂。开始时，肾盂黏膜呈进行性肿胀而增厚。继则，黏膜下层发生化脓性浸润，致肾盂上皮细胞脱落，于是尿中出现大量黏液、脓液、上皮细胞、病原菌等，使尿液变混浊、黏稠。

因尿液排出困难引起肾盂蠕动机能减弱，肾盂腔扩展积尿，肾盂内压不断增高，压迫感觉神经末梢，引起肾疼痛。当尿液长时间不能排出时，则混有炎性产物的尿液大量积聚于肾盂。久之，肾盂可形成一个充满液体的大囊腔。

病原菌及其毒素和炎性产物不断被吸收而进入血液，可引起机体全身性反应，出现体温升高、精神沉郁、食欲减退和消化紊乱等症状。

2. 症状

(1) 急性原发性肾盂肾炎。病牛体温升高至39.5℃以上，采食减少或食欲废绝，反刍减少或反刍停止，产奶量急剧下降。病牛常有腹痛表现，如后肢踢腹，用后蹄踏地、不安，弓背，有些还常常表现出尿性淋漓，排尿次数增多，但每次排出极少量的尿，肉眼可见的血尿，尿中带有血凝块、纤维素或脓尿等症状。

(2) 慢性肾盂肾炎。病牛体重减轻，逐渐消瘦，被毛粗乱，食欲下降，产奶量降低，腹泻，排尿次数增多，但每次排出少量尿液。排尿时呈淋漓状，并表现排尿用力，尿液混浊，混有黏液、脓液。

做直肠检查，体型小的牛，可触及肾体积增大，敏感性增高。当肾盂内有脓液蓄积时，则输尿管扩张，有波动感。随病程发展，病畜贫血、心脏衰竭，脉搏快、弱，全身衰竭。

3. 诊断

根据临床症状、直肠触诊、阴道检查和尿液分析等进行诊断。通常认为，尿中含有蛋白质，尿沉渣中见有肾盂上皮细胞时，乃是单纯性肾盂炎的变化。如尿中蛋白质增量，尿沉渣中除见有肾盂上皮细胞外，还有肾上皮和管型时，则是肾盂肾炎的指征。

对症状不明显的病例，除根据尿液的一般检查外，还须借助于对尿液的特殊检验（尿液白细胞检出率、尿液细菌培养和菌落计数或肾的X线造影检查），以确诊。

直肠检查可以发现单侧左肾感染或双侧肾感染时左肾肿大。当肾感染十分严重，并有明显肿大时，直肠检查也可能触及到右肾。另外，可触及输尿管的扩张积液或出现波动。

对于急性病例来说，尿液中含有肉眼可见的纤维素、血凝块及脓液。

4. 防治

(1) 治疗。主要是采取抑制病原微生物繁殖并减弱其毒力的措施，其次是增强肾盂的活动机能，促进尿液和炎性产物及时排出。

由于肾盂肾炎病原菌多属于革兰氏阴性细菌，故宜选用氨苄西林、氟苯尼考、多西环素、卡那霉素、庆大霉素、链霉素等。病原菌分离鉴定并进行药敏试验，可选择最佳抗菌药物。用药时间一般不少于3周，短期抗微生物疗法效果差。促进炎性产物的排出及尿路消毒，可应用利尿和尿路消毒剂。

(2) 预防。预防本病主要是做好卫生消毒和饲养管理工作，防止病原微生物的感染。治疗泌尿器官疾病时，应避免使用对尿路黏膜具有强烈刺激作用的药物。对母畜产后的各种生殖器官疾病，应及时采取有效的防治措施，并控制产道污染与感染。对患有肾盂肾炎，特别是细菌性肾盂肾炎的疾病，应隔离饲养，并对畜舍进行消毒，以防止传播、蔓延。

二、肾炎

肾炎（nephritis）是指肾小球、肾小管或肾间质组织发生的炎症。主要临床特征是肾区敏感和疼痛，进行性肾衰，尿量减少，尿液中含有病理产物，低蛋白血症，腹下水肿与体重下降。

1. 病因

病因大多数与机体的免疫机制有关。如外源性抗原形成的免疫复合物、病毒性因素、中毒性因素和机械因素。外源性抗原形成的免疫复合物，如结核杆菌、溶血性链球菌、肺炎双球菌、葡萄球菌、埃希氏大肠杆菌、钩端螺旋体。病毒性因素如口蹄疫病毒。中毒性因素分为内、外两种毒素。内源性毒素，如奶牛胎衣不下、严重的化脓性子宫内膜炎、急性乳腺炎、结核病、腹膜炎、肠套叠、肠扭转等疾病的过程中；外源性毒素，如饲喂霉败变质饲草、饲料，饲喂未脱毒的棉籽饼，食入有毒植物、药物，以及砷、铅、汞等有毒化学物质。机械性因素包括撞击、踢打损伤，或直肠检查时对肾误诊为便秘块从而进行不恰当的按压而引起肾损伤。

患肾小球性肾炎时，如治疗不当或不及时，或因患畜体质高度过敏时，被破坏的肾小球组织则成为新的抗原，这种自体抗原又破坏了肾组织并产生新的抗原。如此反复循环，自身免疫反应不断地进行，就转为慢性炎症过程。

肾炎的初期，由于机体变态反应，致肾血管痉挛收缩，肾小球显著缺血，使毛细血管的有效滤过压降低。继而肾小球毛细血管基底膜在抗原抗体复合物作用下发生变质性炎症而增厚、肿胀，致肾小球滤过面积减少，肾滤过率降低。最后肾小球毛细血管网的内皮细胞，肾球囊的上皮细胞和毛细管间的间质细胞也增生、肿胀，致管腔变狭窄，甚至阻塞，结果尿量减少（少尿），甚至无尿。

肾小球毛细血管阻塞，致肾小球滤过率降低，而肾小管重吸收（对水、钠的吸收）机能基本正常，可引起钠、水在体内潴留，发生不同程度的水肿、浮肿。

肾的滤过机能障碍导致机体代谢产物（非蛋白氮）及某些毒性产物不能及时经尿排出而潴留，引起氮血症或酸中毒。有毒物质在血中蓄积，久之可抑制红细胞生成，并引起贫血。

2. 症状

（1）急性肾炎。病畜精神沉郁，体温升高，食欲减退，消化不良，反刍紊乱。肾区敏感、疼痛，站立时，背腰拱起，后肢叉开或集拢于腹下。强迫行走时背腰僵硬，运步困难，步态强拘。严重时，后肢不能充分提举而拖曳前进。外部强力压迫肾区或行直肠触诊时，可发现肾肿大且敏感性增高。病畜呈疼痛反应，表现站立不安，弓腰，躲避或抗拒检查。

病畜频频排尿，但每次尿量较少，个别病畜见有无尿现象。尿色浓暗，密度增高。当尿中含有大量红细胞时，则尿呈粉红色，甚至深红色或褐红色。尿中蛋白质含量增高（3%或更多）。尿沉渣中见有透明、颗粒、红细胞管型。此外，还见有上皮管型及散在的红细胞、肾上皮细胞、白细胞及细菌等。

动脉血压升高，主动脉第 2 心音增强。病程延长，可出现血液循环障碍和全身静脉瘀血现象。

在病的后期常发生水肿，水肿发生明显处为眼睑、腹下、胸前、阴囊部位及会阴部。严重病例可伴发喉水肿、肺水肿或腹腔积水。

重症病畜血中非蛋白氮含量增高，呈现尿毒症症状。病畜衰弱无力，意识障碍或昏迷，全身肌肉呈发作性痉挛。严重者，腹泻，呼吸困难。

（2）慢性肾炎。多由急性肾炎发展而来，故其症状与急性肾炎基本相似。但慢性肾炎发展缓慢，且症状多不明显。患畜全身衰弱，疲乏无力，食欲减少，反刍少，消化不良或严重的胃肠炎，病畜逐渐消瘦。病至后期，于眼睑、腹下、胸下、会阴部出现水肿，严重时可发生腹水或肺水肿。

尿量不定（正常或减少），密度增高，蛋白质含量增加，尿沉渣中见有大量肾上皮细胞，管型（颗粒、上皮），少量红细胞和白细胞。

重症病畜血中非蛋白氮（可增至 116 mg/dL）和尿液中尿蓝母（可增至 4 mg/dL）大量蓄积，引起慢性氮血症性尿毒症。

（3）间质性肾炎。临床症状视肾受损害程度不同而异。病初主要表现为尿量增多，后期尿量减少，尿沉渣中见有少量蛋白、红细胞、白细胞及肾上皮。有时还可发现透明、颗粒管型。血压升高，心脏肥大，心搏动增强，第 2 心音增强，脉搏充实、紧张。随病程的持续发展，心脏衰弱，尿量减少，密度增高，心性水肿。直肠内触诊肾，体积缩小，呈坚硬感，但无疼痛、敏感现象。最后由于肾机能障碍，导致尿毒症而死亡。

3. 诊断

肾炎主要根据病史，如曾患某些传染病或中毒，或受风寒、感冒；根据典型的临床症状，如少尿或无尿，肾区敏感、疼痛，血压升高，第 2 心音增强，水肿，尿毒症，特别是结合实验室诊断，如蛋白尿、管型尿、尿沉渣中含有肾上皮细胞进行诊断。间质性肾炎除上述诊断根据外，可进行直肠内触诊：肾硬固、体积缩小。

在鉴别诊断方面，应注意与肾病的区别。肾病是细菌或毒物的直接刺激肾，引起肾小管上皮变性的一种非炎性疾病，通常肾小球损害轻微。临床上见有明显的水肿、大量蛋白尿及低蛋白血症，但不见有血尿及肾性高血压现象。

4. 治疗

治疗原则：清除病因，加强护理，消炎利尿及对症疗法。为此，要改善饲养管理，将病畜置于温暖、干燥、阳光充足且通风良好的畜舍内，防止继续受寒、感冒。

在饲养方面，要给予富含营养、易消化且无刺激性的糖类饲料。为缓解水肿和肾的负担，对饮水和食盐的给予量应适当加以限制。

在药物治疗方面，可采用消除感染、抑制免疫疗法、利尿消肿、尿路消毒、对症疗法等。

（1）消除感染。可选用氨苄西林、多西环素、氟苯尼考、头孢噻呋钠等抗生素。

（2）抑制免疫疗法。可应用皮质激素类药物，如醋酸泼尼松、氢化泼尼松、醋酸考的松或氢化考的松、地塞米松（氟美松）等，或抗肿瘤药物，如长春新碱、环磷酰胺等。

（3）利尿消肿。当有明显水肿时，应消除水肿。可选用利尿剂，如呋塞米、氯噻酮、醋酸钾、氨茶碱等。

（4）尿路消毒。可用乌洛托品利尿与尿路消毒。

（5）对症疗法。当心衰竭时，可用强心剂，如安钠咖、樟脑磺酸钠或洋地黄制剂。当出现尿毒症时，可应用 5%碳酸氢钠注射液静脉注射。出现大面积浮肿或腹水时，可用甘露醇、50%葡萄糖等药物利尿、消肿。

三、膀胱炎

膀胱炎（cystitis）是指膀胱黏膜及黏膜下层的炎症。临床特征为疼痛性的频尿和尿液中出现较多的膀胱上皮、白细胞、血液以及磷酸铵镁结晶等。

1. 病因

膀胱炎主要由于病原微生物的感染所致。难产是奶牛膀胱炎的一个重要原因，因为难产时可损伤支配膀胱的荐神经，从而减低了膀胱的张力，使膀胱弛缓、排空困难，造成膀胱积尿易于感染或直接通过尿道污染而使膀胱感染。不恰当地导尿、不洁的导尿管及粗暴导尿引起膀胱黏膜的损伤，都是引起膀胱炎的病因。另外，病畜患肾炎、输尿管炎、尿道炎，特别是母畜患阴道炎、子宫内膜炎时，可蔓延至膀胱而发病。

病原菌侵入膀胱的途径有：尿源性（经尿道逆行进入膀胱）、肾源性（经肾下行进入膀胱）、血源性（经血液循环进入膀胱）。其中，最主要的途径是尿源性及肾源性感染。

病原菌直接作用于膀胱黏膜或随尿液作用于膀胱黏膜而引起炎症。当尿潴留时，还可由于尿液的异常分解，形成大量氨及其他有害产物，对黏膜产生强烈的刺激，从而引起膀胱组织发炎。严重者，可引起膀胱组织坏死。

由于膀胱黏膜遭受炎性产物的刺激，致使膀胱兴奋性和紧张性增高，收缩频繁，故病畜排尿次数增多，呈现疼痛性排尿。若对黏膜的刺激过强，则极易引起膀胱括约肌的反射性痉挛，导致排尿困难或尿闭。当炎性产物被黏膜吸收后，又可呈现明显的全身症状。

2. 症状

（1）急性膀胱炎。病牛常做排尿姿势而仅排出少量尿液，排尿疼痛，多呈淋漓状，摇尾、后肢踢腹、踏地、牛易受惊是膀胱炎的常见症状。严重者，由于膀胱（颈部）黏膜肿胀或膀胱括约肌痉挛收缩，引起尿闭。此时，病牛表现极度疼痛不安（肾性腹痛），呻吟。公畜阴茎频频勃起，母畜摇摆后躯，阴门频频开张。

由直肠触诊膀胱时，病畜表现疼痛不安，膀胱体积缩小，呈空虚感。但膀胱颈组织增厚或括约肌痉挛时，由于尿液潴留致使膀胱高度充盈。由于膀胱尿液潴留，使膀胱内出现过多的结晶尿或尿石；由于膀胱黏膜炎症，在膀胱内常出现大量纤维蛋白絮团，小纤维素块常随尿排出。在进行阴道检查时，手指可经尿道外口插入奶牛的尿道内，并且手指可触及纤维素块。当膀胱内有尿结晶或尿结石时，时常看到外阴部被毛上附着沙粒样颗粒。

尿液成分变化：卡他性膀胱炎时，尿液混浊，尿中含有大量黏液和少量蛋白；化脓性膀胱炎时，尿中混有脓液；出血性膀胱炎时，尿中含有大量血液或血凝块；纤维蛋白性膀胱炎时，尿中混有纤维蛋白膜或坏死组织碎片，并具氨臭味。

尿沉渣中见有大量白细胞、脓细胞、红细胞、膀胱上皮、组织碎片及病原菌。在碱性尿中，可发现有磷酸铵镁及尿酸铵结晶。

全身症状通常不明显，若炎症波及深部组织，可有体温升高，精神沉郁，食欲减退症状。严重的出血性膀胱炎，也可有贫血现象。

（2）慢性膀胱炎。症状与急性膀胱炎基本相似，仅是程度较轻，多无排尿困难现象，但病程较长。

临床上，根据临床症状和尿液实验室检查不难诊断，必要时可采用B超检查、膀胱镜检查。

3. 治疗

治疗原则是抑菌消炎、防腐消毒和对症治疗。可根据病情施行局部或全身药物疗法。局部疗法，首先是经尿道外口向膀胱内插入导尿管对膀胱灌洗。先将膀胱内积尿排出，然后经导尿管向膀胱内注入抗生素生理盐水，然后将生理盐水排出，再注入再放出，如此反复灌洗2～3次，再用消毒、收敛药液，如3%硼酸溶液、0.1%高锰酸钾溶液、0.1%雷佛奴耳溶液、1%氯化钠溶液以及2%明矾溶液进行灌洗，放出消毒、收敛液后，将少量生理盐水抗生素液注入膀胱并不再放出，每天1次。

在治疗期间应适当地增加饮水量，饲料中减少碳酸氢钠的使用量，减少尿液的碱化，并全身使用抗生素，如氨苄西林、头孢噻呋钠、庆大霉素等，用药6～7 d。全身用抗生素与膀胱冲洗用抗生素为同一种抗生素。

四、膀胱麻痹

膀胱麻痹（paralysis of the bladder）是膀胱肌失去收缩能力，不能随意排出膀胱内尿液而使尿液潴留。本病的特点是不能随意地排尿、膀胱膨满且无疼痛表现等。

1. 病因

膀胱麻痹多属继发性，由于中枢神经系统、脑和脊髓的损伤以及支配膀胱肌肉的神经机能障碍所引起。最常见的是由于腰荐部脊髓的炎症，腰椎脊髓扭伤、挫伤、创伤、出血及肿瘤等所引起的脊髓性麻痹。因支配膀胱的神经机能障碍，致膀胱缺乏感觉和运动能力，失去正常收缩功能，导致尿液潴留。

另外，由于严重的膀胱炎或与膀胱相邻器官的炎症而波及深部肌层时，引起肌肉收缩乏力，此时因膀胱充满尿液而无力排出。临床上因尿道结石而引起尿道阻塞，使膀胱长时间膨满，致使膀胱肌肉过度伸展变为弛缓，最终导致麻痹。

较少见的中枢性麻痹发生在某些脑疾病时（如脑膜脑炎、脑挫伤与震荡、中暑、电击等），由于大脑皮层丧失对脊髓排尿中枢的控制，致使排尿的自主性丧失，因而引起膀胱麻痹。

也有在脊髓硬膜外腔麻醉后继发膀胱麻痹者。在奶牛分娩后当子宫复旧不全时，子宫挤压膀胱而引起膀胱积尿的病例也有发生。

2. 症状

临床症状视病因不同而有差异。

脊髓性麻痹时，病畜排尿反射减弱或消失，排尿间隔时间延长，直至膀胱高度膨满时，才被动地排出少量尿液。直肠内触诊，发现膀胱膨满，以手触压时，排尿量增多。当膀胱括约肌发生麻痹时，则尿液不断地或间歇地呈细流状或点滴状排出（排尿失禁），触诊膀胱空虚。

脑性麻痹时，是由于脑的抑制而丧失调节排尿作用，排尿反射减弱或消失，只有在膀胱内压超过膀胱括约肌紧张度时，才能排出少量尿液。直肠内触诊，膀胱高度膨满。按压时尿呈细流状喷射而出，但停止按压时，排尿也停止。

末梢性麻痹时，病畜有排尿企图，虽频做排尿姿势和用力排尿，但排出的尿量始终不多。直肠触诊，虽然膀胱膨满，但并无疼痛的表现。按压膀胱时可被动地排出尿液。

3. 治疗

治疗原则是消除病因、治疗原发病和对症治疗。因尿道结石阻塞引起的膀胱麻痹，先取出尿道结石，然后再对膀胱进行按摩，排空膀胱内尿液。

兴奋神经：对于腰荐脊髓的损伤，可用皮质激素、维生素 B_1、盐酸普鲁卡因在百会穴、肾俞、肾角等穴进行注射，每 3 d 注射 1 次。应用硝酸士的宁，兴奋脊神经。

膀胱按摩：是膀胱排空最简单的措施，对大牛可施行直肠内按摩，每天 2～4 次，每次 5～10 min。犊牛做腹部膀胱按摩。

导尿：为了防止膀胱破裂，可施行导尿。自尿道插管排尿后，导管留置于膀胱内，持续排尿，保持膀胱空虚，促进膀胱功能恢复。

抗菌消炎：膀胱内或全身应用抗生素与非甾体类药物。如磺胺类药物或喹诺酮类药物、氟尼辛葡甲胺等。

五、尿石症

尿石症（urolithiasis）是指尿路中盐类结晶的凝结物，刺激尿路黏膜引起出血、炎症和尿道阻塞的一种泌尿器官疾病。

1. 病因

尿石的形成乃是多种因素综合的结果，但主要与饲料及饮水的数量和质量、机体矿物质代谢状态以及泌尿器官，特别是肾的机能活动有密切关系。

在正常尿液中，含有大量呈溶解状态的盐类晶体及一定量的胶体物质，两者之间保持着相对的平衡。一旦这种平衡被破坏，即晶体超过正常的过饱和度，或胶体物质由于不断丧失其分子间的稳定性结构，且核心物质又不断产生时，则尿中的盐类晶体物质就不断析出，进而凝结成为尿石。促使尿石形成的因素，主要有下列几种情况。

（1）高磷日粮或日粮中钙磷比例失衡是形成尿石的主要原因。钙磷比例失衡可影响血清钙磷比率。血清钙磷平衡机制是由甲状旁腺与甲状腺滤泡旁细胞以及维生素D的代谢共同完成的。甲状旁腺产生的甲状旁腺素（PTH），其纯效应是增加血清钙，降低血清磷及增加肾尿磷的排泄。甲状腺旁细胞分泌降钙素（CT）是对高钙血症的反应。PTH和CT互相协同，对血钙浓度进行精细的调节。维生素D在体内可转化为1，25-二羟胆钙化醇（维生素D_3），它能提高肠黏膜对钙的吸收。当给牛饲喂低钙高磷饲料时，可继发营养性甲状旁腺机能亢进，血清中PTH浓度增高，导致尿钙减少，尿磷、尿镁增加。当尿液中磷、镁升高达到饱和程度时，在碱性环境下即可形成磷酸铵镁结晶。

（2）尿液碱化促进磷酸铵镁的形成。在饲料中添加碳酸氢钠碱化饲料，可使牛的尿液碱化，促进磷酸铵镁的形成。肾小管尿液中形成的磷酸铵镁，受尿液动力的影响，大部分随尿液下行到膀胱。

（3）尿石核心形成为尿结晶附着提供了支架。尿液中的无机晶体随尿液下行到膀胱后，附着在膀胱或尿道中的病理性核心物上。无机物构成的尿液盐类晶体在核心物周围层层沉着。病理性核心物，如肾上皮、血凝块、纤维蛋白等，成为尿石的支架。

（4）饲料与饮水质量不良。当长期饲喂大量马铃薯、甜菜、萝卜等块根类饲料，或含硅酸盐较多的酒糟，或单纯饲喂富磷的麸皮、谷类等精饲料，以及长期给予钙盐丰富的饮水时，均能引起尿中盐类浓度增高，促进尿石的形成。

（5）维生素A缺乏和雌激素过多。这两种因素都使黏膜鳞状化，产生固状核，使尿道狭窄及上皮细胞脱落。雌激素可来自牧草、饲料、玉米赤霉烯酮等。

2. 症状

尿石症的主要症状是排尿障碍、肾性腹痛和血尿。但由于尿石存在部位及其对各器官损害程度的不同，其临床症状也不一致。结石位于肾盂时，多呈肾盂肾炎症状，并见有血尿现象。严重时，形成肾盂积水。病牛肾区疼痛，运步强拘，步态紧张。

尿石移行至输尿管而刺激其黏膜或阻塞输尿管时，病畜表现剧烈的疼痛不安。当单侧输尿管阻塞时，不见有尿闭现象。直肠内触诊，可发现在阻塞部近肾端的输尿管显著紧张、膨胀，而远端呈正常柔软的感觉。

尿石位于膀胱腔时，有时并不呈现任何症状，但大多数病牛表现有频尿或血尿，膀胱敏感性增高。公牛的阴茎包皮周围，常附有干燥的细沙粒样物。

尿石位于膀胱颈部时，可呈现明显的疼痛和排尿障碍。病畜频频呈现排尿动作，但尿量较少或无尿排出。排尿时患畜呻吟，腹壁抽缩。

公牛的尿石多发生于乙状弯曲或会阴部。当尿道不完全阻塞时，病畜排尿痛苦且排尿时间延长，尿液呈断续或点滴状流出，有时排出血尿。当尿道完全阻塞时，则呈现尿闭或肾性腹痛现象。病畜后肢屈曲叉开，弓背缩腹，频频举尾，屡呈排尿动作，但无尿排出。尿道探诊时，可触及尿石所在部位，尿道外部触诊时有疼痛感。直肠内触诊时，膀胱膨满，体积增大，富弹性感，按压膀胱也不能使尿排出。长期尿闭，可引起尿毒症或发生膀胱破裂。病牛采食停止，精神沉郁，全身情况恶化。当牛的尿道结石时间长时，结石部尿道压迫性坏死，引起尿道破裂，尿液在皮下沉积，沿包皮向腹下部延伸，形成被称作"水腹"的指压留痕的水肿。有的在会阴部或腹下形成一个大的充满尿液的包囊，局部组织处于坏死状态。

膀胱破裂时，凡因尿闭引起的努责、疼痛、不安等肾性腹痛现象突然消失，病畜暂时转为安静。由于尿液大量流入腹腔，可出现下腹部腹围迅速膨大，以拳冲击式触压时，可听到液体振动的击水音。此时若施行腹腔穿刺，则有大量腹液自穿刺针孔涌出。液体一般呈棕黄色，透明，有尿味。尿液进入腹腔后，可继发尿性腹膜炎。

尿石症因无特征性的临床症状，若不导致尿道阻塞，则诊断较为困难。一般根据病史（对饲料及饮水质量的调查分析结果）、临床症状（排尿障碍、肾性腹痛）、尿液变化（尿中混有血液及微细砾样物质）、尿道触诊（公畜尿道阻塞部位膨大，压迫时疼痛不安）以及直肠检查进行综合诊断。如有条件时，可施行X线检查。

3. 治疗

当有尿石症嫌疑时，可通过改善饲养，给病牛喂以流体饲料和大量饮水。饲料中添加4%食盐，以促进饮水。必要时可投予利尿剂，以期形成大量稀释尿，借以冲淡尿液晶体浓度，减少析出并防止沉淀。同时，还可以冲洗尿路以使体积细小的尿石随尿排出。

对草酸盐尿石的病牛，应用硫酸阿托品或硫酸镁；对磷酸盐尿石的病牛，应用稀醋酸进行治疗以获得良好的效果。

对体积较大的膀胱结石，特别是伴发尿路阻塞或并发尿路感染时，须施行尿道切开手术或膀胱切开手术以取出结石。必要时，可施行尿道造口手术或阴茎切除手术。

六、脑膜脑炎

脑膜脑炎（meningitis）又称脑炎或脑膜炎，是由病原微生物和毒素侵入所致，常引起脑膜及脑实质的炎症。常见于犊牛。

1. 病因

革兰氏阴性菌（大肠杆菌、克雷伯氏菌和沙门氏菌等）败血症是新生犊牛脑膜炎的主要病因，并以大肠杆菌最为常见。其败血症可能源于犊牛脐部感染或经口食入病原微生物。据报道，本病在管理好的牧场常呈散发性，但管理差的牧场则呈地方流行性。有的大肠杆菌毒株可引起犊牛地方流行性脑膜炎，一般发病犊牛为3～5月龄。犊牛发病，可能与母源抗体质量或数量有关。管理好的牧场，犊牛发病率低。

本病成年奶牛不常见，多为散发，多因乳腺、子宫急性感染或慢性创伤性网胃腹膜炎、心包炎，导致细菌性败血症扩散所致。霉菌性乳腺炎、霉菌性瘤胃炎可继发栓塞性败血症而引起霉菌性脑炎或栓塞性脑膜脑炎。但少数情况下，6～24月龄的小奶牛也可发生栓塞性脑膜脑炎。成年牛慢性垂体脓肿和慢性额窦炎的蔓延，也可导致脑膜炎。如多头成年牛发生急性脑膜炎，还应怀疑昏睡嗜血杆菌感染。

许多内源性中毒，尤其是急性消化不良，可引起脑膜脑炎，但程度有差异，如中毒性肠炎。铅中毒有脑膜脑炎的表现。

2. 症状

奶牛脑膜炎以兴奋为主，有的以精神沉郁为主，或兴奋与沉郁交替发生。新生犊牛脑炎有典型的高热、嗜睡、间歇性癫痫、低头和失明症状。病牛步态僵硬，头颈伸展、强直，鼻镜抽动，眼睑半闭，表现“头痛”的痛苦状态。有的表现角弓反张现象，可能因局部水肿压迫小脑所致。严重败血症者，可出现低血容量性休克和虚脱。如伴发其他器官感染，如色素层炎、脓毒性关节炎和脐静脉炎时，则难区分脑炎的特异症状。

成年牛脑膜炎常表现高热、严重精神沉郁、步态异常和“头痛现象”。但癫痫症状较犊牛少见。如脑炎波及脑视觉皮层，可能导致失明，但瞳孔功能正常。

昏睡嗜血杆菌引起的脑炎常呈急性发作，病牛在数小时内呈现高度沉郁、高热，体温可达 41 ℃。沉郁持续 12～24 h 后，食欲不振，嗜睡，不能站立。严重沉郁者，难确定是否有视力。有的牛偶见癫痫症状。如不采取特异性治疗，病牛则可能在 24～48 h 死亡。

3. 诊断

根据临床症状可做出初步诊断。出现神经症状，同时伴有脐静脉炎、眼色素层炎、脓毒性关节炎的新生犊牛可怀疑本病。对于成年牛，如脑炎继发于体内其他部位的急、慢性感染，诊断较困难。因这些牛发病已有一段时间，脑炎的症状易被误认为是对原发病治疗无效的全身性发展的表现。精神抑郁、头颈伸直、低头、失明，但瞳孔对光反应完好和癫痫等症状，均可能存在于个别牛。

由病原微生物引起的脑膜炎，初期有发热、视力下降、视神经乳头充血、头痛的现象。继发于败血症的病例，多在出现败血症或毒血症之后出现神经症状。病牛出现沉郁与兴奋交替的症状。兴奋牛对刺激过敏，反射亢进；沉郁牛嗜睡、昏迷、反射减弱或消失。

脊髓穿刺进行脑脊液（CSF）检查，有助于诊断本病。CSF 蛋白含量（正常值≤400 mg/L）、白细胞总数增多，白细胞多数为中性粒细胞。CSF 和血液细菌培养可确定其病原微生物。测定初生牛犊的血清蛋白和免疫球蛋白的水平，来评估犊牛的免疫状态以及犊牛饲养管理是否适当。

4. 治疗

犊牛或成年牛主要使用广谱抗生素。正常情况下，多数抗生素难以通过血脑屏障而在 CSF 达到有效浓度，但在脑膜炎时因其血脑屏障受到损伤，抗生素易进入 CSF，脑内的药物浓度要比正常牛高。应针对可能感染的微生物选择适宜的抗生素。如新生犊牛脑炎，多数为大肠杆菌感染，应选择氨基糖苷类、喹诺酮类或其他有效抗生素。如庆大霉素、阿米卡星、磺胺嘧啶、氧氟沙星、恩诺沙星等。成年牛脑炎主要由乳腺炎和子宫炎继发感染所致，应针对原发病选择适宜抗生素治疗。如怀疑昏睡嗜血杆菌感染，可用氨苄西林，其剂量为每千克体重 11.0～22.0 mg，2 次/d。

选用非甾体类药物（NSAID）作为支持疗法，可降低因脑膜炎引起的脑水肿。忌用皮质类固醇药。新生犊牛有癫痫症状时，可用安定镇静。

预防本病需要加强饲养管理，提高犊牛免疫力。新生犊牛哺乳足够的初乳，获得适当的被动免疫球蛋白是最重要的预防措施。消毒脐部，提供清洁干燥环境，有利于减少脐部感染、败血症和脑炎的发生。如脑炎或血栓性脑膜脑炎由昏睡嗜血杆菌感染所致，应给牛群接种该菌疫苗。成年牛重点预防和积极治疗乳腺炎与子宫炎。

七、中暑

中暑（heat stroke）是日射病和热射病的统称。日射病（sunstroke）是家畜在炎热的季节中，头部持续受到强烈的日光照射而引起的中枢神经系统机能严重障碍性疾病。中暑多发生于炎热的夏季，病情发展急剧，甚至突然死亡。

1. 病因

在高温季节，奶牛在处置、运输、躺卧在通风不良和高湿度环境中，或剧烈太阳光直射等热应激时，易发生热射病。牛患有呼吸道疾病或其他疾病，如脓毒性乳腺炎、子宫炎、低钙血症或体弱、肥胖、老年或犊牛对热耐受力低，是热射病的促发因素。奶牛遭受热应激，且通风不良，降温不及时，其体温一般在 39.7 ℃或稍高一些，只要很小的热刺激，体温便会升高到 42 ℃或更高。本病常发生于成年奶牛，也可见于青年牛或犊牛。春末夏初，有时高温、高湿天气提前出现，会使尚未完全脱去冬毛而散热较差的成牛、犊牛发生热射病。

2. 症状

天气闷热，呼吸急促（>76 次/min）、直肠温度高于 40.5 ℃、心动过速（100 次/min）是热射病的标志。早期，病牛表现张口呼吸、舌伸出口外、流涎、大出汗、尿量减少。随后精神沉郁，运步缓慢，头颈伸直，呼吸急迫，鼻翼扩张且明显扇动。严重者发生明显的肺水肿，其鼻腔和嘴中流有大量泡沫状分泌物。如体温继续升高，皮肤干燥增温，动物极度虚弱，甚至虚脱。如体温超过 41.1 ℃，病牛则卧地；当高于 42.2 ℃时，可引起神经损伤。后期，可视黏膜发绀，血凝不良，肌肉震颤，无节律挣扎、痉挛而死亡。

根据发病季节，病史和体温急剧升高，心肺机能障碍和倒地昏迷等临床特征，容易做出诊断。但应与急性心力衰竭、肺充血或肺水肿、脑炎，脑积水等疾病相区别。

3. 治疗

本病治疗原则是加强护理，促进降温，维持心肺功能，纠正水盐代谢和酸碱平衡失调。一旦诊断为热射病，将病牛移至阴凉通风处，保持安静，尽量减少不必要的应激。用冷水浇淋病牛头部和全身，或用大的风扇降温。如有条件，头部放置冰袋、冷生理盐水灌肠。配合应用氯丙嗪（1～2 mg/kg），有助于降温。

怀疑或防止肺水肿，可应用呋塞米，剂量为每千克体重 0.3～0.5 mg。

低钙血症者，可静脉注射钙制剂，但注射速度应缓慢。重症虚脱病例（非孕畜），可使用非固醇类消炎药，如地塞米松，并静脉滴注生理盐水和 10%葡萄糖溶液。强心可注射安钠咖、樟脑磺酸钠。或输注碳酸氢钠和葡萄糖氯化钠，纠正酸中毒。好转的病例，输注 10%氯化钠、灌服盐类泻剂。

在治疗过程中应不断测量直肠温度，直到温度降至 40.0 ℃以下或心动过速和呼吸急促现象减轻或消失为止。病牛直肠温度超过 42.2 ℃时，预后不良。

预防本病应注意酷暑高温季节，减少奶牛户外日下活动，并保持良好通风，给予充足饮水。

八、李氏杆菌病

李氏杆菌病（李斯特氏杆菌病，list’s bacillus disease）是由单核细胞李氏杆菌引起的一种人兽共患病。多发生于妊娠母畜和幼龄动物。临床以流产和神经症状为特征。

1. 病因

病原为单核细胞李氏杆菌，革兰氏染色阳性的小杆菌。发病率低，但死亡率高。患病动物和带菌动物是本病的主要传染源。由患病动物的粪便、尿液、乳汁、精液或眼、鼻的分泌物等造成传染或污染饲料和水，造成传播。包括牛在内的大多数家畜均易感。各种年龄的牛均可感染发病，但以犊牛较易感，发病急；妊娠奶牛也较易感。饲料和饮水可能是主要的传播媒介，腐败青贮饲料和碱性环境有益于李氏杆菌的繁殖。冬季缺乏青绿饲料，天气骤变，体内寄生虫和沙门氏菌感染，均可促使本病的发生。本病多发于寒冷季节，夏季少见，一般呈散发。

2. 症状

自然感染潜伏期 2～3 周，有的可能只有数天，也有长达 2 个月的。病初体温升高 1～2 ℃，不久降至正常。原发性败血症主要见于幼畜，出现精神沉郁，低热，流鼻液，流泪，不随群运动，不听驱使。咀嚼吞咽迟缓，有时于口颊一侧积聚大量没有嚼碎的草料。脑膜炎常发生于年龄较大的牛，头颈一侧性麻痹，弯向对侧，该侧耳下垂，唇下垂，眼半闭，视力丧失，做圆圈运动，遇障碍物则抵头于其上。时有角弓反张、共济失调、吞咽麻痹等。最后卧地不起，呈昏迷状，甚至死亡。病程短的 2～3 d，长的 1～3 周或更长。妊娠奶牛流产，但不伴发脑炎症状。血液检查，单核细胞增多。

3. 诊断

现场诊断根据病牛特殊的神经症状，妊娠流产，血液中多形核细胞增多，脑脊髓穿刺液中有较多的有核细胞和较高水平的蛋白质，有核细胞至少 50% 为单核细胞，结合病理变化可以疑为本病，确诊必须依靠实验室病原学检查。

（1）病原学检查。脑炎型病例可采取延脑、桥脑、小脑髓质和大脑脚病料，流产病例采取胎盘和胎儿胃内容物，进行细菌的分离鉴定。

① 直接镜检。取病料触片或涂片，革兰氏染色，镜检，如发现散在的两个细菌排列成“V”形并列的革兰氏阳性杆菌，即可作为诊断依据。

② 分离培养本菌兼性厌氧，在大多数普通培养基于 37 ℃均能良好生长。在血液琼脂上 37 ℃培养 24 h 可长出扁平、蓝白色、透明、直径很少超过 1 mm 的表面菌落和周围有窄的 β-型溶血带的微细深层菌落；在肉汤中培养，呈均匀混浊。

（2）鉴别诊断。本病应注意与表现神经症状的其他疾病（脑包虫、牛散发性脑脊髓炎、伪狂犬病、铅中毒、血栓栓塞性脑膜炎或昏睡嗜血杆菌引起的单纯性脑膜炎等）进行鉴别诊断。

① 脑包虫病。该病是由于脑受虫体压迫发生转圈或斜走等神经症状，但体温不高，病程发展缓慢，剖检时可见脑包虫。

② 牛散发性脑脊髓炎。症状与本病相似，但无麻痹症状，剖检可见脑膜炎、心包炎和腹膜炎。而李氏杆菌病则以头部一侧性麻痹为特征，尸体剖检体腔无炎症变化，可以初步区别。

③ 伪狂犬病。病畜脑脊液中的有核细胞和蛋白质较李氏杆菌病畜少，李氏杆菌病畜单核细胞比例高于中性粒细胞，但在伪狂犬病病畜，这种现象不典型。

④ 铅中毒。表现为双侧皮质性的失明、抑郁、癫痫和吼叫，但不见李氏杆菌病的颅神经症状。

⑤ 血栓栓塞性脑膜炎或昏睡嗜血杆菌引起的单纯性脑膜炎。症状因细菌在脑部栓塞部位不同而不同，除典型的大脑症状和抑郁外，也可见颅神经症状，脑脊液穿刺可发现昏睡嗜血杆菌感染有核细胞明显增多，而且主要是中性粒细胞。

4. 防治

目前，尚无满意的特异性预防方法。平时预防工作须注意驱除鼠类和其他啮齿动物，驱除体外寄生虫，不从疫区引进家畜。发病时，应实施隔离、消毒、治疗等措施。如青贮饲料与发病有关，必须改用其他饲料。

在治疗方面，确诊后，病牛应及早治疗，通常选用青霉素等抗生素。由于单核细胞增生性李氏杆菌是兼性细胞内寄生，可在细胞内生存和逃避药物的杀伤作用。因此，抗生素的使用剂量应高于正常的使用剂量。病初也可用大剂量新型广谱抗生素。大多数病畜须治疗 7～21 d，否则难以治愈。对于失去饮水能力的病牛要补充碳酸盐和体液，流涎病牛每天需要补液直至流涎停止。一般对于能行走的病牛，采用抗生素疗法、补液疗法、支持疗法的预后良好；躺卧或不能行走的病牛预后不良。

人在参与病牛饲养管理或剖检尸体和接触污物时，应注意自身防护。病牛肉及其产品，须经无害化处理后才能利用。平时应注意饮食卫生，防止食入被污染的蔬菜或乳、肉而感染。

九、四肢外周神经疾病

四肢外周神经疾病（limb peripheral nerve disease）多见于神经损伤。外周神经损伤可分为开放性损伤和非开放性损伤。前者往往随软硬组织的开放性损伤引起神经的部分截断或全截断；而后者并发于组织的钝性非开放性损伤，引起神经干的震荡、挫伤、压迫、牵张和断裂等。

1. 病因

外周神经损伤常发生于跌倒、在硬地上或破旧失修的手术台上的粗暴侧卧保定、打击、蹴踢。此时，受伤神经干仍保持其解剖上的连续性，神经纤维尚完整，仅髓鞘变性吸收，神经内发生溢血和水肿，有时被损伤的神经纤维发生变性。神经干发生损伤后，有关肌肉发生机能减退或丧失，有时出现神经过敏现象。一般表现是反射减弱，神经仍保持其兴奋性，压迫损伤远端，能引起疼痛反应。神经损伤，一般经过治疗可以恢复。

神经干受压迫常发生于手术台上长时间的保定、不合理的石膏绷带和夹板绷带、四肢长时间紧扎止血带、骨病过程中增殖骨胼胝及外生骨赘、骨折片等都能压迫神经。由于受压迫的原因和程度以及时间长短不同，引起肢体程度不同的机能障碍，肌肉运动机能减弱或消失，呈弛缓状态；局部感觉迟钝或消失（神经麻痹）。此时，经过精心治疗一般情况下可恢复。但神经断裂病例，或多或少的神经束的完整性受破坏，其断端因抽缩而有不等的距离，因而出现完全神经麻痹症状，神经机能完全丧失，且不可恢复，有关肌肉出现弛缓，失去弹性，时间稍长出现萎缩。如感觉神经断裂，该区知觉完全丧失，针刺检查无反应。神经完全断裂，能引起血管的扩张、充血、末梢水肿，时间过久能出现营养性溃疡或骨质疏松等。

外周神经损伤后神经再生修复的表现是：损伤后的麻痹区域逐渐消失，肢损伤下部的疼痛感觉逐渐出现；血管运动、分泌及营养障碍逐渐恢复正常；肌肉的紧张度和收缩力以及电反射逐步恢复，萎缩现象减轻。

2. 症状

（1）肩胛上神经麻痹。肩胛上神经麻痹常为一侧性麻痹，很少两侧发病。肩胛上神经是来自臂神经丛的比较粗的神经，由 6、7、8 颈神经组成，从肩胛骨下进入肩胛下肌和冈上肌之间，绕经肩胛骨前缘的切迹转到外面，并分布于冈上肌、冈下肌。在前肢负重时，这些肌肉起制止肩关节外偏的作用。由于肩胛上神经易被牛舍隔栏碰触而受到损伤，或在神经行走部位注射刺激性药物或直接针刺神经，也可导致其损伤。

当肩胛上神经完全麻痹时，因肩关节失去制止外偏的机能，所以病牛站立时，肩关节偏向外方，肩胛骨前缘与胸壁离开，胸前出现凹陷。运动时表现为支跛。如提举对侧健肢时，则症状更为明显。运动前进时，患肢提举无任何障碍，当在患肢着地负重时，表现明显支跛，肩关节外偏。时间久者，冈上肌和冈下肌萎缩。

治疗可注射糖皮质激素（无禁忌证的，如未妊娠）和非甾体抗炎药。早期病例，采取针灸与按摩，疗效良好。

（2）桡神经麻痹。桡神经麻痹分全麻痹、部分麻痹。桡神经是以运动神经为主的混合神经，出自臂神经丛后向下方分布于臂三头肌、前臂筋膜张肌、臂肌、肘关节，并分出桡浅神经和桡深神经。桡浅神经分布于前臂背侧皮肤，桡深神经分布于前肢腕指的伸肌。因该神经主要分布于固定肘关节的肌群和伸展前肢的肌群，所以当桡神经麻痹时，由于掌管肘关节、腕关节和指关节伸展机能的肌肉失去作用，因而患肢在运步时提伸困难。负重时，肘关节等不能固定而表现过度屈曲状态。

不合理的倒卧保定、冲撞、挫伤、蹴踢等外伤都能引起本病的发生，特别是侧卧保定、手术台保定时，过紧的系缚肱骨外髁附近部位（此处桡神经比较浅在）以及在不平地面上侧卧保定，使臂部、前臂部受地面或粗绳索的压迫，修蹄时吊起保定绳索从腋下通过而压迫桡神经；或骨折时的损伤。

桡神经全麻痹：站立时肩关节过度伸展，肘关节下沉，腕关节形成钝角，此时掌部向后倾斜，球节呈掌屈状态，以蹄尖壁着地。运动时患肢各关节伸展不充分或不能伸展，所以患肢远端和指不能充分提起，前伸困难，蹄尖曳地前进，前方短步，但后退运动比较容易。不能跨越障碍，在不平地面快步运动容易跌倒。患肢虽负重不全，如在站立时人为的固定患肢成垂直状态，尚可负重，此点与炎性疾病不同。指背侧皮肤对疼痛刺激反射减弱或消失。病程长者，肌肉萎缩。

桡神经部分麻痹：指损伤支配桡侧伸肌及指伸肌的桡深支，而桡浅支未受损伤。站立时，无明显变化，常以蹄尖负重。如在平地、硬地上运动时，可见到腕关节、指关节伸展困难。当快步运动时，特别是在泥泞地时，症状加重，患肢常磋跌（打前失），球节和系部的背面接触地。

治疗时躺卧并在肩部和肘部垫一厚垫，地面或手术台加垫（20～30 cm 厚）。强行站立、缓慢行走。用糖皮质激素（无禁忌证的，如未妊娠），如地塞米松、泼尼松龙等，非甾体抗炎药，如阿司匹林、保泰松、氟尼辛葡甲胺等。治疗不及时的，预后不良。

（3）股神经麻痹。股神经麻痹常发于难产的犊牛，成年牛在光滑地面摔倒、挣扎，或捆绑后肢时强烈挣扎时，可导致股神经损伤。低血钙奶牛爬跨其他牛时易发生股神经损伤。

股神经按机能分属混合神经，由 3、4、5、6 腰神经组成，其运动纤维分布于股四头肌、髂腰肌等肌肉。而其感觉纤维分布于股、胫、跖部内侧的皮肤。因股神经是分布于膝关节的伸肌、内收肌和向前提腿的肌肉，如神经麻痹时，这些肌肉弛缓无力，丧失机能。站立时，以蹄尖轻着地，膝盖骨不固定，自由滑动，膝关节以下各关节呈半屈曲状态。病牛常试探以患肢负重，但因膝关节不能伸展，膝、跗关节屈曲，膝关节和肘关节下降，着地时表现支跛。运动时，患肢提起困难，呈外转肢势。股、胫、跖内侧的皮肤感觉丧失。出现肌肉萎缩、过度牵拉致伤或病程久者，预后不良。

治疗时加厚垫料或铺垫，避免在光滑地面或水泥地面上躺卧。辅助翻身，按摩和热敷股四头肌。糖皮质激素（无禁忌证的，如未妊娠）应用 1～3 d，非甾体抗炎药可以间歇性应用。

（4）坐骨神经麻痹。坐骨神经麻痹分为全麻痹和不全麻痹。肌内注射部位不当、手术、髂骨或股骨骨折、摔倒及蹴踢等可直接损伤坐骨神经。此外，中毒、产后截瘫、布鲁氏菌病也可引起发病。

坐骨神经出坐骨大孔，沿荐坐韧带的外侧向后下行，在大转子与坐骨结节之间绕过髋关节后方至股后部，并沿股二头肌与半膜肌、半腱肌之间下行，分为胫神经和腓神经。

坐骨神经全麻痹：坐骨神经的全神经干受侵害，除股四头肌外，后肢所有肌肉的自动运动能力丧失。除指关节外，其他关节丧失屈曲能力，患肢变长，不能支持体重。若人工辅助使各关节伸直，则能用患肢负重，当除去外力时立即恢复病态。运步困难。站立时，患肢膝关节稍屈曲，跟腱弛缓，跗关节下垂，球节突出，以球节和趾的背侧着地。运动时肌肉震颤，以蹄尖着地前进。膝关节远端以下的感觉消失。

坐骨神经不全麻痹：多为坐骨神经分支胫神经或腓神经的损伤。关节不能主动伸展，变为被动屈曲。站立时，跗关节、球节、冠关节屈曲，放于稍前方略能负重。运动时，有髂腰肌的收缩作用患肢能提伸，各关节过度屈曲，球节突出，背侧着地，蹄高抬。病牛不能快步运动。

治疗时应避免给奶牛做臀部注射，这里的肌肉很少。对可以行走的部分损伤病例，对球节进行打绷带保护。避免在光滑地面或水泥地面上运动。糖皮质激素（无禁忌证的，如未妊娠）应用 1～3 d，非甾体抗炎药可以间歇性应用。

（5）闭孔神经麻痹。闭孔神经是运动神经，由 5、6、7 腰神经组成，沿髂骨体内面和骨盆伸延，经闭孔的外侧穿出，分布于腿内侧的肌肉，如闭孔内肌、内收肌、耻骨肌和股薄肌等。

闭孔神经在与骨接触的部分易受损伤，如分娩时胎儿过大压迫神经，或助产时强力牵引，引起神经损伤（产后截瘫）。耻骨骨折、盆骨有骨痂或新生物都可压迫神经，引起麻痹。动物滑倒时叉开两肢，或因某种原因后肢强力挣扎导致内收肌断裂，可出现类似闭孔神经损伤的症状（图 12－35）。

图 12－35 闭孔神经损伤

病牛可以辅助站立和负重。一侧闭孔神经麻痹时，可见患肢外展，不能内收，球节突出，以球节和趾背侧着地。运步时，即使是慢步，也可见步态僵硬，小心翼翼地运步。两侧闭孔神经麻痹时，病牛不能站立，力图挣扎站立时，呈现两后肢向后叉开，呈“蛙坐”姿势，腹部着地，两后肢屈曲。严重的病例，两后肢向两侧伸展，与体纵轴垂直。易并发髋关节脱位、股骨头骨折等。双侧闭孔神经麻痹，预后不良。

治疗时在两后肢的跖部之间拴系 60～70 cm 长的布带，防止两后腿劈叉。注意预防局部损伤和血液循环不良。避免在光滑地面或水泥地面上运动。铺垫加厚，翻身，适量运动。有条件的，可以悬吊饲喂。糖皮质激素（无禁忌证的，如未妊娠）应用 1～3 d，非甾体抗炎药可以间歇性应用。

（6）胫神经麻痹。常见于胫后部肌内注射刺激性药物，或因局部脓肿、血肿压迫等导致胫神经损伤。

胫神经是坐骨神经的一分支，属混合神经，分布于半腱肌、半膜肌、腓肠肌、腘肌、趾浅屈肌等。若胫神经麻痹时，则上述肌肉丧失机能，病牛站立时跗关节、球节及冠关节屈曲，稍向前伸，以蹄尖着地。此时因为有跟腱固定跗关节，股四头肌和阔筋膜张肌仍可固定膝关节，故患肢尚能负重。运动时，因有髂腰肌协助，患肢能抬高，所有关节高度屈曲，球节突出。跖部、趾部感觉消失。

（7）腓神经麻痹。牛产后瘫痪、长期趴卧可压迫腓神经导致神经损伤。腓神经为坐骨神经一分支，在膝关节附近分出背侧皮支，分布于胫部，主干行至腓骨头时在皮下分成腓浅神经、腓深神经。腓浅神经在趾长伸肌及趾侧伸肌之间沿肌沟下行，分布于小腿和跖部外侧的皮肤；腓深神经在趾长伸肌及趾外侧伸肌之间的深部下行，向胫部背侧肌肉分出一些分支，同时在趾伸肌及跖骨之间向下行。因此，腓神经支配跗部屈肌和趾部伸肌的运动。

腓神经全麻痹，病牛站立时跗关节高度伸展状态，以系骨及蹄的背侧面着地。运动时，患肢借髂腰肌和阔筋膜张肌的作用提伸，此时跗关节在膝关节的带动下能被动的屈曲，但趾部不能伸展，所以蹄前壁着地前行。

腓神经不全麻痹，上述的症状比较轻。站立时无明显变化或有时出现球节背屈。运动时，有时出现较轻的蹄尖壁着地现象，特别是在转弯或患肢踏地不确实时，容易出现球节背屈。

3. 治疗

治疗原则是除去病因，恢复神经机能，促进神经再生，防止病变部位感染、瘢痕形成及肌肉萎缩。常用的治疗方法如下。

（1）兴奋神经纤维。可应用针灸、电针疗法和药物疗法。可应用兴奋脊神经、促进神经修复和营养保护神经纤维的药物，如硝酸士的宁、维生素 B_1、维生素 B_{12} 等。

（2）抗炎疗法。可用糖皮质激素类药物，如强的松龙、地塞米松等；非甾体抗炎药，如阿司匹林、氟尼辛葡甲胺、美洛昔康等。

（3）促进局部血液循环。预防肌肉萎缩可用按摩疗法，促进血液循环，促进机能恢复，提高肌肉的紧张力。病初每天按摩 2 次，每次 15～20 min。在按摩后配合涂擦刺激剂、针灸或电针、理疗（低频脉冲电疗、感应电疗、红外线）。为兴奋骨骼肌，可肌内注射氢溴酸加兰他敏。牵遛运动，有助于肌肉萎缩的恢复。

(4) 手术治疗。对外伤导致的神经干断裂，可以实施神经端吻合术。

治疗时对长期趴卧的牛，每隔1～2 h翻身一次。对患肢可做热敷、按摩。糖皮质激素（无禁忌证的，如未妊娠）应用1～3 d，非甾体抗炎药可以间歇性应用。卧地不起和病程长的牛，预后不良。

第八节　肢蹄病与眼病

蹄病（hoof disease）是奶牛蹄部疾病的总称，包括一系列的病理变化过程，有变形、炎症、坏死、化脓和机能障碍等临床表现。眼病包括角膜炎、结膜炎等。

一、腐蹄病

腐蹄病（foot rot）是侵害指（趾）间隙皮肤及深部软组织的急性或亚急性炎症。皮肤常坏死和裂开，炎症常从指（趾）间隙皮肤蔓延到蹄冠、系部和球节，有明显跛行和体温升高的症状。本病一年四季皆可发病，但夏、秋季多发。

1. 病因

坏死杆菌是本病的病原菌，指（趾）间隙是微生物的侵入部位，但也有报道的病例是从血源感染的。

指（趾）间隙被异物等刺伤，如冻泥、石子、瓦片或残茬；或被稀粪、稀泥浸泡，可使指（趾）间皮肤软化、损伤，为病原菌侵入打开了门户。也有人报道一次暴发发病是由于牛皮螨引起皮肤损伤后坏死杆菌侵入引起的。

指（趾）间皮炎、球部和蹄冠部皮炎、疣性皮炎、指（趾）间皮肤增殖和黏膜病可并发坏死杆菌感染。

美国学者用从腐蹄病活体标本上分出的坏死杆菌和产黑色素杆菌混合接种到划破的指（趾）间皮肤或皮内，引起典型的腐蹄病病变，从该病变组织中又分出大量坏死杆菌和产黑色素杆菌。两种细菌如果不是注射到指（趾）间皮肤，不能发展成大的病变。如果皮肤和土壤混合接种时，可引起感染。

2. 症状

在病变发展后几小时内，一个或更多的肢有轻度跛行，系部和球节屈曲，患肢以蹄尖轻轻负重，约75%的病例发生在后肢，18～36 h之后，指（趾）间隙和冠部出现肿胀，皮肤上有小裂口，有难闻的恶臭气味，形成假膜。36～72 h后，病变可变得更显著，指（趾）部和球节都可出现肿胀，疼痛剧烈，体温升高，食欲和泌乳量下降。再过一两天后，指（趾）间组织可完全剥脱（图12-36）。转好的病例，以后出现机化或纤维化。在某些病例，坏死可持续发展到深部组织，出现各种并发症，甚至蹄匣脱落。

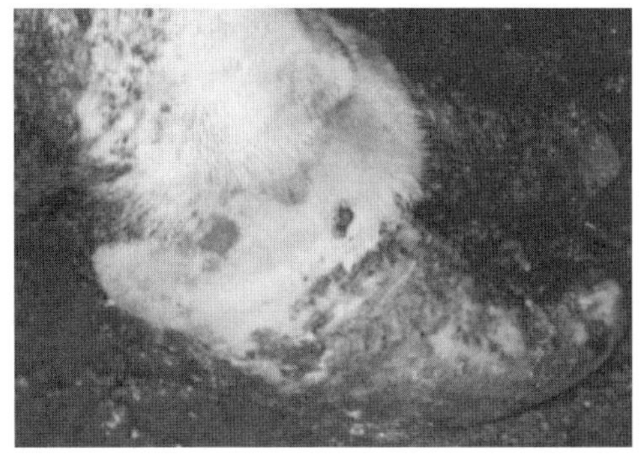

图12-36　腐蹄病，软组织肿胀

3. 诊断

根据症状和实验室检查可以确诊，但应与引起的并发症和蹄部化脓性疾病做鉴别诊断。

4. 防治

全身应用抗生素或磺胺药物。磺胺药可用磺胺二甲氧嘧啶，静脉注射，1 次/d。抗生素可用青霉素或广谱抗生素。蹄部用防腐液清洗后，去除游离的指（趾）间坏死组织，创内放置抗生素或磺胺药粉，绷带环绕两指（趾）包扎，不要装在指（趾）间。否则，影响引流和创伤开放。口服氧化锌可增强治疗效果。

预防本病应定期用硫酸铜做蹄浴，饲料内添加乙二胺二氢碘化物，也可采用坏死杆菌疫苗免疫接种。

及时发现并采取合理的治疗措施，预后良好。延误的病例或治疗不合理的病例，预后应慎重。发展到深部组织的病例，预后不良。

预防本病应加强饲养管理，做好环境卫生，保持牛舍和运动场干燥、清洁。定期或每天做牛蹄药浴。

二、蹄叶炎

蹄叶炎（laminitis）又称弥散性无败性蹄皮炎，可分为急性、亚急性和慢性，通常侵害几个指（趾）。蹄叶炎可发生于奶牛、肉牛、年轻公牛。奶牛蹄叶炎的季节性发病率与产犊季节密切有关，青年牛发病率最高。

1. 病因

一般认为，蹄叶炎是全身代谢紊乱的局部表现，但确切的原因尚不清楚，似乎是许多因素的结合，包括分娩期间和泌乳高峰后过多的碳水化合物、运动不足、遗传和季节因素等。

组织胺是否与蹄叶炎的发生有关系，是一个有争议的问题。有人认为它只在发病中起次要作用，因为瘤胃内组织胺在 pH 为 5 时基本分解，很少被吸收。其他的血管活性胺（如酪胺），在瘤胃内也被分解，很少吸收。但 Takahashi 等（1981）在后来的研究中证明，给年轻公牛皮下注射二磷酸组织胺（200 μg/kg），可以引起急性蹄叶炎的症状；指动脉内注射组织胺后，24 h 内引起急性蹄叶炎。现已经证实，给牛注射革兰氏阴性杆菌内毒素，可成功诱发蹄叶炎。

血管开始的损伤可能直接由毒素或内毒素作用于血管壁，或通过变态反应间接作用。牛发生蹄叶炎时，常注意到有消化紊乱，特别是突然喂大量碳水化合物，发病与乳酸酸中毒有关，也与瘤胃的微生物区系变化有关。有人试验，在瘤胃内注射乳酸能引起羊蹄叶炎。

临床上，牛蹄叶炎也可继发于严重的乳腺炎、子宫内膜炎、酮病、瘤胃酸中毒等。

2. 症状与诊断

蹄叶炎可同时侵害几个指（趾），前肢内侧指、后指外侧趾多发，可引起局部和全身性症状。病牛跛行、喜卧地、蹄变形和产奶量下降。

急性蹄叶炎时，动物不愿活动，弓背站立，肢势由于为了减轻疼痛而有所改变，四肢可屈于一起，或前肢向前伸，而后肢伸于腹下。前肢患病时，为了减轻患肢的负重，而出现两肢交叉，以减轻内侧肢的疼痛。大多数牛是躺卧的，一些大体型的常四肢伸直侧卧，从躺卧状态站起来常常有困难（图 12 - 37）。为了避免有病的前肢负重，吃食时以腕关节负重。病牛在硬地面或不平

图 12 - 37　蹄叶炎病牛侧卧姿势

的地面运步时，常小心翼翼，愿意在软地上行走，在牛舍内常用后趾尖站在粪沟沿上，以减轻负重时的疼痛。早期的病例，症状不明显，但可注意到患肢出汗、肌肉颤抖、蹄有划弧运动等。

重度蹄叶炎，脉搏每分钟可达 120～130 次，呼吸每分钟可达 90～100 次。Conffman 等（1972）在急性和慢性蹄叶炎都观察到高血压。已知引起高血压的发病机理之一是毛细小动脉硬化，发病早期就观察到血管有增殖性变化。但是，Nilsson（1963）在他的牛急性蹄叶炎研究中却是有特征性低血压。

急性蹄叶炎在蹄冠之上可看到皮肤出汗、肢的肌肉颤抖，但蹄发热不总是能检查到，用检蹄器压迫蹄底时，也不像马那样敏感，但蹄壁叩诊时敏感。在两悬蹄之间，前肢可摸到掌侧指总动脉搏动，后肢触摸不易检查到搏动，因趾部血管难以接近。两前肢或两后肢的浅表静脉可扩张。

原发性急性蹄叶炎蹄形一般没有变化，除非本身早有蹄变形。蹄底角质开始发病时表现正常，但发病后 2～3 d 可变软、发黄和呈蜡样，易使沙石嵌入。角质可发生血染，特别是后肢的外侧趾，常是侵害远轴侧白线，但有时发生在蹄尖后和底球结合处。发病后 1 周的病例，蹄骨尖可稍稍转位，可在侧位的 X 线片上看到。

亚急性蹄叶炎很难看到全身性症候，许多牛的局部症候也很轻微，许多病例可能注意不到，有的常误认为其他病。

慢性蹄叶炎由于蹄骨转位，角质异常生长，也出现芜蹄，这时常常误认为变形蹄。卷蹄、延蹄和扁蹄一般与蹄叶炎无关。

3. 治疗

治疗原则是消除病因，消炎止痛，改善局部血液循环和防治蹄骨移位。

牛蹄叶炎应看成是急症，应及时进行治疗，因小叶的病变和细胞水平的变化，在临床症候出现后 4 h 即可发生，在 24 h 内可引起永久性损害；在 36 h 后治疗，仅是消除症状。

因过多碳水化合物饲料引起的，应停喂或大大地减少碳水化合物饲料；如由乳腺炎或子宫炎引起，应治疗原发病；如由瘤胃酸中毒引起，应用碳酸氢钠疗法。

早期应用抗组织胺疗法，如苯海拉明，可得到满意效果。

消炎止痛，非甾体抗炎药，对急性炎症均有一定的效果。慎用糖皮质激素类药物。

蹄内正常血液循环的恢复是很重要的，动物要放在软地，可给止痛剂或蹄部普鲁卡因封闭疗法。乙酰普马嗪在早期应用，可降低血压和减少疼痛。急性蹄叶炎的初期用冷水蹄浴，中后期用温水蹄浴，可使毛细血管扩张，使渗出物吸收。静脉放血，也可在牛上应用。对慢性病例，主要是消除病因和修蹄，预防蹄骨移位。

采取以下预防措施，对蹄叶炎的发生很有意义：要生犊的青年牛提前进入水泥地面牛舍几周，以适应这种地面；产前几个月和产后立刻进行充分的运动；产前、产后 4 周避免突然改变饲料；产后精饲料要减少，在产奶高峰前（产后 6 周）逐渐增加精饲料；吃精饲料后立刻吃适量的粗饲料；自由吃岩盐或碘化盐，以增加唾液分泌，改善瘤胃的 pH 缓冲能力；产前和产后饲料中增加草块和壳类饲料，以增加瘤胃缓冲能力；饲料中增加碳酸氢钠，为自制精饲料的 1%，改善瘤胃的 pH；新产犊的牛，每天吃精饲料不多于 2 次，这样可减少瘤胃酸中毒；定期削蹄，对预防蹄叶炎有一定作用。

三、蹄底溃疡

蹄底溃疡（sole ulcers）又名局限性蹄皮炎，是牛蹄底和蹄球结合部的局限性病变，通常靠近蹄腹侧的轴侧缘。角质有缺损，真皮有局限性损伤和出血，通常是两侧性的，多侵害后肢的外侧趾，公牛则常侵害前肢的内侧趾。舍饲牛和放牧牛都可发生，潮湿季节和冬季发病率高；发病年龄一般为5～8岁。

1. 病因

引发本病的确切原因尚不清楚，已知下列一些因素可引起本病。

（1）长期站立在水泥地面上，或在炉灰渣铺的或有多量小石块、冰冻土块的地面与运动场上站立和运动，常发生本病。

（2）削蹄不合理，蹄底和蹄球结合部的角质削得不够或过多，易形成对该部位的压迫，引起本病。

（3）蹄角质软化，易被损伤和感染，继而发生本病。牛舍或运动场过度潮湿，引起角质软化，有助于本病的发生。

（4）不良的肢势和蹄形，有助于本病的发生，如X状肢势、直腿、小蹄、卷蹄、大外侧趾、延蹄和芜蹄等。由于不正肢势（通常为X状肢势）使深屈腱向一侧牵拉，远端指（趾）节骨近端受的压力过大，易引起局限性蹄皮炎。

（5）有人认为固有指（趾）动脉终支和内、外指（趾）动脉之间的吻合支血栓，引起局部缺血性坏死，易形成局限性蹄皮炎。

（6）远端指（趾）节骨下面有外生骨瘤，压迫蹄底部可引起本病，这是Rusterholz提出的，但其他一些学者从放射学摄片并没有看到远端指（趾）节骨有外生骨瘤。

2. 症状

大多数蹄底溃疡发生在一个或两个后肢，有病的肢呈现外展，用内侧趾负重。有的牛也用患趾尖负重，使底球结合部架空。有时也可看到患肢抖动，在硬地上运步，跛行可加重。两侧肢同时患病时，不易被发觉，因为两侧肢交替休息和负重，只是看到牛卧的时间比以前长，同时显得运步笨拙。患侧蹄壳可感到温度升高，动脉的搏动可增强。

清洁蹄底后，早期的病例，在底球结合部角质褪色，压迫时感到发软、表现疼痛。病情进一步发展，角质可出现缺损，暴露出真皮，或者也长出菜花样或莲蓬样肉芽组织（溃疡灶）。角质缺损后，粪尿和污泥等异物容易进入角质下引起感染，蹄球部和蹄冠部出现炎性肿胀，并在蹄底角质下形成不同方向的潜道和化脓性蹄皮炎，或并发深部组织的化脓性过程，甚至在蹄冠形成蜂窝织炎和脓肿。有时引起蹄骨骨髓炎，致使深屈腱抵止点处断裂。

由于病变和感染的程度不同，可出现不同程度的跛行，跛行可持续很长时间，明显降低产奶量，并且体质下降，甚至被迫淘汰。

病变有特定部位，在清蹄后或稍稍削除蹄底角质，即可在蹄底与蹄球结合部看到病变，如果角质已经有破损，更容易确诊。本病应与外伤性蹄皮炎、白线病、趾间蜂窝织炎、蹄糜烂和急性蹄叶炎等相区别，也应鉴别由本病引起的并发症。

3. 治疗

清蹄后，首先暴露有病的组织，削除坏死的角质和真皮，切除过剩的肉芽组织，创道内放置抗菌药，保护患指（趾）。手术过程中防止过多出血，以免血液妨碍手术进行和血液分离开真皮小叶，形成新潜道，应该事先装上止血带。为了避免手术时的疼痛，可用神经传导麻醉。其次是包扎，因为难溶的粉剂容易堵塞伤口，妨碍深部的液体排出，提倡用易溶性粉剂、软膏、流膏等剂型的药物。有感染时，全身用抗生素。

削蹄时多切除蹄底轴侧和蹄球部的角质，多以白线部负重。两指（趾）尖打孔，用金属丝固定于一起，健侧指（趾）下黏一木块或胶垫，以减轻患指（趾）负担。保持地面干燥、清洁。

四、变形蹄

变形蹄（hoof deformities）是由于各种因素的作用，致使蹄角质异常生长，而不同于正常奶牛的蹄形，又称蹄变形，是奶牛的一种常见病。

1. 病因

引起该病的因素很多，主要有饲养管理不科学，日粮不均衡，微量元素缺乏，运动场地坚硬或长期积水、泥泞；修蹄程序不合理，无巡查制度，致使角质过长；某些遗传因素可导致本病的发生。也见于慢性蹄叶炎或长期精饲料饲喂量较多的牛。

2. 症状

变形蹄主要有延蹄、宽蹄和翻卷蹄。延蹄是蹄前壁延长，蹄角度低，使屈肌腱受到牵拉，蹄踵部下沉；蹄不蜷不翻，指（趾）轴后方波折的变形蹄，肢势变化明显，体重落于蹄踵。宽蹄是蹄壁倾斜缓，负面广，蹄横径增大，纵径常不增大，肢势良好。翻卷蹄多见于后蹄的外侧趾。蹄变得窄小，呈翻卷状，蹄尖细长而向上翻卷（图 12－38）。蹄底磨灭不全，蹄底负重不均，病牛弓背，运步拘谨。

牛蹄球部和远轴侧壁后 1/3 处角质过多生长，可出现蹄踵部分层，裂隙中有泥土、粪便、石子等脏物，可继发细菌感染。

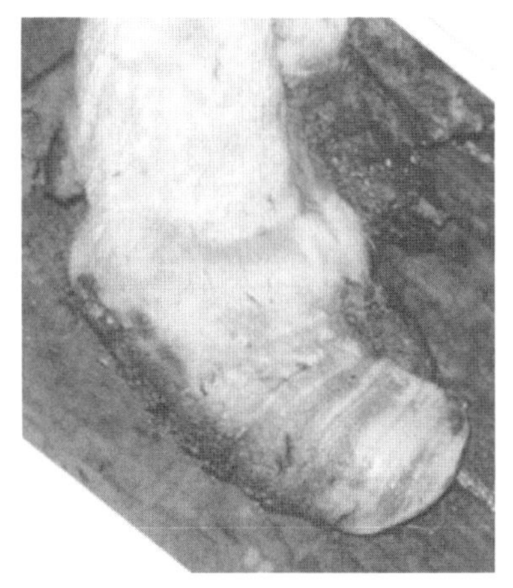

图 12－38　蹄变形，呈剪刀状

3. 防治

根据临床症状和蹄部清洗、修整检查可确诊。本病治疗重在对变形蹄进行科学修蹄，有并发症的辅以药物治疗，并保持修蹄后运动场地干燥、清洁。削蹄时，多切除蹄球部、轴侧的角质，使轴侧呈凹陷，以蹄远轴侧和蹄尖部负重。蹄尖部尽量削短，以免蹄踵部皮肤和软组织接触地面。蹄底远轴侧尽量与白线垂直。切削蹄球部时，注意保护软组织，以免形成球部创伤。一般情况下，前蹄的蹄角度为 50°，后蹄为 45°，但要视具体情况而定，不可依照资料机械地修蹄。

预防本病应建立合理的修蹄计划和巡检制度，并加强场地管理和科学配制日粮。

五、蹄裂

这是蹄壁角质的部分裂开，按裂开的位置分为蹄尖裂、蹄侧裂、蹄踵裂；按裂开的深度分为浅层裂和深层裂；按裂开的长度分为蹄冠裂、负缘裂、全裂；按裂开的方向可分为纵裂和横裂。

1. 病因

肢势下正，如广踏肢势、外向肢势；蹄形不正，如举踵蹄、狭蹄、倾蹄、弯蹄；蹄质脆弱；蹄过分干燥；不及时削蹄；蹄小而体重过大等，都为蹄裂的因素。

由于体重压力不平衡，如内外侧削蹄不合理等，负重大的角质部分易发生角质裂开。牛配种或发情时站立爬跨对蹄的压力和震荡增强，也易引起角质裂开。蹄冠处受损伤，如蹄冠踢伤等，破坏了角质的生成组织，长出的角质易形成裂隙。

2. 症状

表层裂时，一般没有跛行；深层裂时，由于裂缘的开闭运动，致使该部的真皮发生损伤，并容易发生感染，引起病牛的疼痛反应，运动后可能出血，有明显的运动障碍。

发生角质裂开时，裂开的角质不能自己愈合在一起。一般蹄裂都是肢负重时，裂口张开，当蹄离开地面，在悬垂阶段裂口闭合，但蹄尖裂时，开闭运动可能相反，即悬垂时裂开，负重时闭合。

牛在水平方向蹄冠全裂时，可能发生脱蹄，即蹄壳全部从断裂处脱下。有的牛从蹄冠处角质分离，出现明显的功能障碍，四周可看到出血，以后从蹄冠处长出新的角质，插入到原角质层下，原角质逐渐向下退，最后新蹄壳完全代替原蹄壳。

3. 治疗

除去原因，预防裂隙进一步发展，其方法是注意护蹄，使裂开部减轻负担，减少地面反冲力，也可用手术方法闭合分裂部，防止其进一步发展。

薄削法是治疗蹄裂的一种方法，陈旧性的蹄裂，由于局部的角质增厚，常引起慢性跛行。在这种情况下，为了减轻角质压迫，缓解疼痛，可将裂缘的角质削薄，蹄冠裂和全裂时采用本法，有一定效果。围绕裂缘削薄角质，离裂缘近处多削，削的范围随蹄裂大小而定。

用环氧树脂等黏合裂蹄，有良好效果。现介绍如下。

(1) 配方组成。环氧树脂 10 g，邻苯二甲酸二丁酯 1.5～2 mL（增强剂），乙二胺（固化剂）0.65～0.7 mL（夏天），或 0.8～0.9 mL（冬天），滑石粉 5～8 g（加固剂）。

(2) 配制方法。将环氧树脂稍加热熔化后，加入邻苯二甲酸二丁酯搅拌均匀，再加入乙二胺（点滴加入），边加边搅拌，以免乙二胺挥发影响质量。搅拌均匀后，再加入滑石粉，搅拌，使之成微黄色、糊状即可。此药必须现配现用，1 h 内用完。

(3) 治疗方法。先将裂口上方蹄冠处被毛剪净，将裂口两侧的角质锉成粗糙面。裂口先进行一般外科处理，除去血痂、异物，并进行彻底消毒。待干燥后，用脱脂棉浸胶填平裂口，在裂口处贴上小纱布块，纱布块两端要超过裂口，贴完第 1 块纱布后再涂胶，再贴上纱布，共贴 4～5 层纱布，每一层纱布块都要比前一层小，以防翘边脱落。外面可以装蹄绷带。处理 4 h 后即可牵走。

目前，市场有蹄胶成品，买来就可直接用，方法简单，凝固快。

六、髋关节损伤与脱位

髋关节损伤（hip injury）是指髋关节在突然受到机械外力作用下，超越了生理活动范围，瞬时间的过度伸展、屈曲或扭转，引起骨间关节面失去正常对合的一种病征。严重时，会发生髋关节脱出髋臼窝，造成髋关节脱位。由于牛的髋臼较浅，多发此病。

1. 病因

髋关节损伤与脱位多是由于受到突然暴力，如争斗顶撞、肢势不正、在泥泞的运动场上运动、误踏深坑或深沟、跳沟扭闪（跨越沟渠）、跌倒后挣扎等引起；麻醉保定不当，动物过度惊恐挣扎；髋关节的慢性炎症，缺乏运动，可促使本病发生；发情牛相互爬跨，后肢共济失调或奶牛爬卧综合征等，都可引起髋关节损伤与脱位，膝盖骨上方脱位也可并发髋关节脱位。难产时，对犊牛过度牵拉后肢，可造成犊牛髋关节脱位。

2. 症状

髋关节损伤与脱位常为一侧性，多发生于 2～5 岁的牛，病牛呈突发的重度跛行，患肢不能直立负重，运动时呈混合跛行或蹄尖拖曳前进，呈三脚跳，喜卧，运动时常表现外展肢势，后退运动时疼痛明显，他动运动有疼痛反应，尤其是在做内收肢势时更为明显。大转子与骨盆不对称，大转子的活动性加大。上方脱位，患肢变短，大转子比正常靠前、突起明显。下方脱位，大转子不易摸到，直肠检查，有时可触及损伤或脱出的股骨头（内方或内方脱位，股骨头移至闭孔内）。

3. 防治

多数髋关节损伤与脱位的病牛预后不良。长时间不能站立，确定为髋关节脱位或该部位骨折，考虑经济价值，一般建议淘汰。对特殊的牛可进行治疗。

首先应安静休息，对于单纯损伤的，病初应用冷敷或局部封闭疗法。急性炎症缓和后用温热疗法。镇痛可肌内注射安乃近、安痛定、氟尼辛葡甲胺等。也可以选用0.5%～1%盐酸普鲁卡因溶液、青霉素、强的松龙等进行百会穴穴位注射。对关节脱位，特别是具有关节内骨折可疑时，应进行手术。但对体重大、两侧髋关节脱位或并发股骨或髋骨骨折的病牛，手术效果不佳。

闭合整复，在髋关节脱位后24 h内是最佳时间，可将病牛全身麻醉后进行闭合整复；超过24 h的病例，整复不易成功。

髋关节脱位，关键在于预防。加强运动场地管理，场地应平整、不滑；减少应激刺激，避免牛群惊恐、狂奔。尽量拴养，减少大群互动。

七、腕前黏液囊炎

腕前黏液囊炎（anterior carpal bursitis）俗名“膝瘤”，是指腕前皮下黏液囊的炎症，多为无菌性炎症，为一侧性或两侧性发病。

1. 病因

若地面坚硬而粗糙、牛床不平、垫草不足或不给垫草，当牛起卧时，腕关节前面不免反复遭受挫伤；布鲁氏菌病可并发或继发腕前皮下黏液囊炎。

2. 症状

腕前黏液囊炎在临床上可分为浆液性、纤维素性及化脓性炎症。

在腕关节前下方呈局限性圆形肿胀，触诊多无热、无痛，但波动明显，有的可有捻发音（图12-39）。运动时，有轻度跛行或不明显。穿刺检查，肿胀的内容物多为浆液性，或为纤维素性、化脓性液体。随着渗出液增多，局部可呈现巨大的圆形肿胀（如排球大小），时日较久，患病皮肤被毛卷缩，皮下组织肥厚。脱毛的皮肤胼胝化，上皮角化，呈鳞片状。

若为化脓性腕前皮下黏液囊炎，有化脓性致病菌侵入，在腕关节前出现弥漫性肿胀，触诊有热痛和波动。运动时跛行明显。穿刺有脓液排出，细菌分离培养可见病原菌。皮肤有破口时，可生成持久性瘘管。

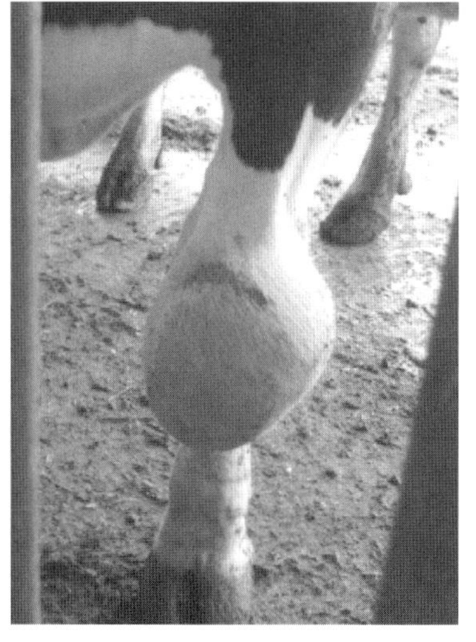

图12-39　腕前黏液囊炎

3. 治疗

治疗的原则是消除病因，制止炎症。首先必须将牛转移至土地面并铺以厚的褥草，使腕部不再受到机械撞击。治疗急性病例时，在发生本病后前6 h用碎冰块冷敷腕关节前面的组织，再用温热疗法，然后在皮肤上涂刺激剂，直到皮肤显出刺激效果。体积较小的病变黏液囊，可以抽出囊内液体并进行囊腔冲洗，然后再向囊腔内注入抗生素、糖皮质激素和普鲁卡因液，打压迫绷带。对感染性黏液囊炎，在底部做小切口，做囊腔冲洗后用带有抗生素油膏的纱布条引流。

对慢性的病例并影响牛的生活质量，或对特大的腕前皮下黏液囊炎，应手术治疗。在肿大的前外侧或前内侧略下方，做梭形切口，将黏液囊整体剥离。对过多的皮肤做数行平行的结节缝合。皮肤皱褶置于一侧，装置压迫绷带。以后每 5 d 拆除一行结节缝合（先从靠近肢体的一行开始，最后拆除手术创口的结节缝合）。全身应用抗生素和非甾体抗炎药，以消炎止痛，防治感染。

八、跗关节肿

跗关节肿（hock galls）又称为飞节肿，是指在关节的突出部位有液体积聚，是局部重复损伤或长期卧于坚硬地面所引起的浆液在皮下组织内聚积的结果。

1. 病因

牛床表层太硬、垫草不足或太薄是常见病因。合格的牛床表面，人双膝跪在牛床上可在牛床表面形成凹陷，有松软舒服感。目前，许多牛舍地面为水泥结构，无垫草。因此，规模牛场有相当多的牛发生本病。

2. 症状与诊断

肿胀常见于跗关节外侧，鸡蛋大至排球大（图 12－40）。若继发细菌感染，可发生化脓性炎症，多为化脓性放线菌感染；关节周围肿胀，局部疼痛，触诊或屈曲关节时病牛因疼痛而躲闪。若治疗不及时或不当，常发展为脓毒性关节炎或腱鞘炎。抽出内容物检查，未感染的病灶内容物呈淡黄色或黄红色液体；感染的病灶内容物呈脓样、黄白色，显微镜下可见大量细菌。

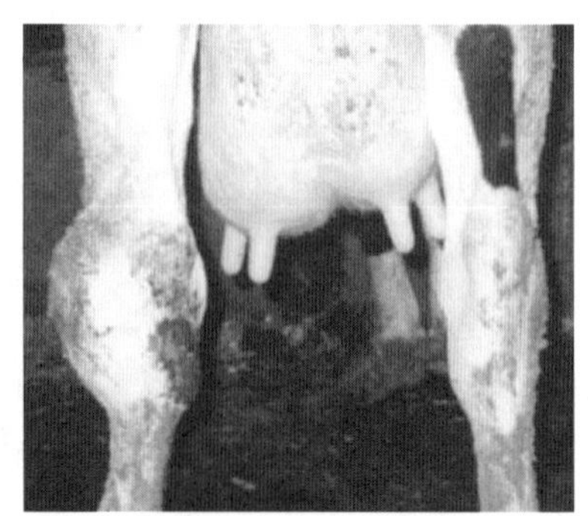

图 12－40 跗关节外侧肿

3. 治疗

未发生感染的，一般不需要治疗，但应改善卧床条件或改卧干燥松散的沙土地面。增加垫草或垫料的厚度，或放牧饲养，可使症状逐渐减轻。用橡胶垫牛床，无益于本病的治疗与预防，其发病率与水泥地面或铺少量垫草的情况相似。

如果手术治疗，未感染的病例，小的肿胀，可用针抽出液体，然后打压迫绷带，并改善牛床垫料。大的肿胀，可在肿胀的后外侧或前外侧切开，放出液体后减张缝合，并打压迫绷带。对于已经感染的肿胀，应做外科处理，自后下方或前下方切开，用抗生素生理盐水冲洗后纱布条引流，引流条上放置抗生素油膏，每天冲洗 1 次；如果发生严重的关节周围蜂窝织炎，需要全身应用抗生素。在治疗期间，保持地面干燥、松软，或在沙层较厚的运动场休息、医治。

九、结膜炎

结膜炎（conjunctivitis）是指眼结膜受外界刺激和感染而引起的炎症，是奶牛的常见眼病。炎症类型包括浆液性、卡他性、化脓性、纤维素性等。

1. 病因

结膜对各种刺激敏感，常由于外来的或内在的轻微刺激而引起炎症，可能的病因如下。

(1) 机械性因素。风起尘扬，灰尘、泥沙等异物落入结膜囊内或黏在结膜面上；牛泪管吸吮线虫（斯氏吸吮线虫和大口吸吮线虫）多出现于结膜囊或第三眼睑后方；眼睑位置改变，如内翻、外翻、睫毛倒生等；笼头不合适等。结膜外伤常与眼睑外伤同时发生，如刺伤、打伤、抗拒检查或处理时的撞伤等。侧卧保定不当，下方的眼结膜因摩擦受伤、发炎。

(2) 化学性因素。常见于各种化学药品或强刺激性消毒剂误入眼内，如碘伏、鱼石脂或福尔马林等。用碘化钠治疗牛放线菌病时，由于长时间大剂量用药导致碘中毒，常出现结膜炎。

(3) 物理性因素。如热水烫伤、烧伤、紫外线长时间照射等。夏季日光的长期直射，也可导致结膜炎。

(4) 生物性因素。多种病原微生物经常导致结膜炎。例如，牛传染性鼻气管炎病毒（IBR）、巴氏杆菌、牛莫拉克氏杆菌（牛嗜血杆菌）、支原体等，但牛患衣原体性结膜炎比较罕见。流行性感冒、牛恶性卡他热、牛瘟、牛炭疽等传染病，常出现症候性结膜炎，结膜炎仅是其临床症状之一。绵羊可发生衣原体性结膜炎。

(5) 免疫介导性因素。如过敏性结膜炎、嗜酸细胞性结膜炎等。

2. 症状与诊断

结膜炎的共同症状是畏光、流泪、结膜充血、结膜浮肿、眼睑痉挛、眼睛有分泌物及白细胞浸润。

牛传染性鼻气管炎病毒（IBR）是牛甲型疱疹病毒，可引起非免疫牛或犊牛群的结膜炎，呈地方流行性；结膜炎可以是传染性鼻气管炎的症状之一，也可以是唯一的临床表现，青年牛也常见。结膜严重充血，眼分泌物浓稠；48～72 h 后，分泌物常由浆液性转变为黏液脓性，在睑结膜上有多灶性白斑。牛群内 10%～70%的牛发病，表现为一侧性或两侧性结膜炎，角膜轻度混浊，但无溃疡。成年牛发病，可出现高热，40.5～42 ℃，精神沉郁，产奶量下降，鼻孔流出浆液性或黏液脓性分泌物，鼻黏膜充血呈红色，有时并发呼吸道症状。

发病 5～9 d，结膜白斑开始融合、脱落，结膜出现水肿；发病严重的牛，角膜边缘水肿，但中央透明、清亮，极个别的严重病例出现整个角膜水肿、混浊，外周有血管形成，眼部病变不易与牛传染性角膜结膜炎区别诊断，但角膜没有溃疡，而传染性角膜结膜炎有溃疡。传染性鼻气管炎的早期特征性病变可持续几天，在眼分泌物中可分离到病毒，但 7～9 d 后则不易分离到病毒；传染性角膜结膜炎病例，可分离到莫拉克氏杆菌。莫拉克氏杆菌是牛传染性角膜结膜炎的主要致病菌。

巴氏杆菌是牛上呼吸道的常见菌，可单独引起结膜炎或同时导致肺炎、败血症等疾病，犊牛更为易感。支原体在牛结膜感染时，常无其他临床症状，仅出现一侧或两侧眼睛的结膜炎；开始少数奶牛眼部有黏液或黏液脓性分泌物排出，7～10 d 后又有新的病例出现，发病率在 10%～50%，传播的速度较缓慢，多数病牛有自愈现象。流行性感冒、牛恶性卡他热、牛瘟、牛炭疽等传染病，常出现症候性结膜炎，结膜炎仅是其临床症状之一。

炎症初期为浆液性或卡他性炎症，结膜潮红、肿胀、充血明显，眼流浆液、黏液或黏液脓性分泌物。在急性期，肿胀明显，疼痛敏感，分泌物稀薄似水样，继而变为黏稠。炎症可波及球结膜，有时角膜面也见轻微的混浊。在急性炎症后期或急性结膜炎因治疗不当转为慢性炎症，肿胀减轻，轻微畏光或见不到畏光流泪，结膜轻微充血，呈暗红色、黄红色或黄色；经久的病例，结膜变厚，表面呈丝绒状，有少量分泌物。

卡他性结膜炎治疗不当、化脓性致病菌感染或在某些传染病经过中常发生化脓性结膜炎。临床症状都较严重，常由眼内流出大量脓性分泌物，上、下眼睑被黏在一起，炎症常波及角膜，发生角膜混浊或形成溃疡。

确诊须确定病原，为此须做细菌、病毒或支原体检查。初期，分泌物中存有病毒，分泌物涂片后用荧光抗体做病毒检测试验；后期或康复的牛，则不易查到病毒，需要做血清学抗体检测。初期或治疗前用分泌物做细菌、支原体的分离培养，阳性率高。

3. 治疗

（1）除去病因。应设法找到病因并将其除去。若是症候性结膜炎，则应以治疗原发病为主。

（2）遮光。将病牛放在暗厩内或装眼绷带。但当分泌物量多时，不宜装眼绷带。

（3）清洗患眼。用3%硼酸溶液、抗生素生理盐水冲洗患眼。

（4）对症疗法。结膜充血、肿胀显著，分泌物稀薄且量多时，可用冷敷；当分泌物变为黏稠时，则改为温敷。处理后用0.5%～1%硝酸银溶液点眼（每天2～3次）。用药后30 min左右，可将结膜表层的细菌杀灭，同时还能在结膜表面形成一层薄膜，对结膜面呈现保护作用。用过硝酸银溶液后10 min，须用生理盐水冲洗，避免过剩的硝酸银分解刺激结膜，并可预防银沉积。若分泌物已见减少或趋于吸收过程中，可用收敛药，其中以0.5%～2%硫酸锌溶液（每天2～3次）为宜。此外，还可用2%～5%蛋白银溶液、1%～2%明矾溶液。肿胀严重、疼痛显著时，可用下述配方点眼：硫酸锌0.1 g、盐酸普鲁卡因0.5 g、硼酸3 g、0.1%肾上腺素2滴、蒸馏水100 mL。

目前，有多种抗生素药膏或眼膏可用于牛结膜炎的治疗，结膜囊经上述药液冲洗后再用药膏。药膏在结膜囊内保留的时间长，治疗效果较好。例如，金霉素眼膏、红霉素眼膏，或由庆大霉素或新霉素等抗生素与抗炎药制成的复方软膏制剂，均有良好的疗效。

也可用中草药水煎剂冲洗眼部，如5%板蓝根溶液、2%黄连溶液等。中药方剂黄连2 g、枯矾6 g、防风9 g，水煎浓缩至200 mL左右后过滤，洗眼效果良好。

治疗慢性结膜炎宜采用刺激疗法和温敷。局部可用2%硫酸锌或1%硝酸银溶液点眼，10 min后用3%硼酸水冲洗，然后再温敷20～30 min，最后结膜囊内用眼膏。

急性结膜炎时，因病牛的眼睑痉挛症状显著，易引起眼睑内翻，造成睫毛刺激结膜与角膜。因此，对牛的结膜炎可用表面麻醉剂点眼，如2%利多卡因、3%普鲁卡因等。奶牛低血镁时，经常见到短暂的但却是明显的眼睑痉挛症状，导致机械刺激性的结膜炎。机械刺激性的结膜炎，解除刺激因素后结膜炎就可自愈。

病毒性结膜炎和出现角膜溃疡的病例，均应禁止使用皮质类固醇类药物。对分泌物做细菌分离培养和药敏试验，有助于选用疗效好的抗生素。若经过长时间治疗没有效果，应全面检查眼睛，以排出眼内存留异物。

某些全身性疾病，如巴氏杆菌病、传染性鼻气管炎、恶性卡他热等疾病，需要做全身性治疗，眼部治疗仅是为了缓解牛的痛苦和减轻眼部病变。随着全身性疾病的康复，眼部症状逐渐消失。增加营养或维生素，改善病牛的营养状况，对及早康复有积极作用。

十、角膜炎

角膜炎（keratitis）是奶牛常发生的眼病，占眼科疾病的35%～65%，且常与结膜炎并发或相继发生。

1. 病因

角膜炎多由外伤引起，如打击、笼头或保定绳的压迫、尖锐物体的刺激、牛尾的抽打等，或因异物误入眼内引起，如饲料、碎玻璃、碎铁片等。角膜损伤，异物携带的细菌或结膜囊内存在的细菌以及来自血液循环的细菌可侵入感染。此外，在某些传染病，如牛恶性卡他热、牛肺疫、牛传染性角膜结炎、牛传染性鼻气管炎，能并发角膜炎。眼眶窝较浅或眼球肿瘤导致眼球向外突出的牛角膜暴露，易受到损伤和感染。邻近组织病变的蔓延，可诱发本病，如眼眶、眼球疾病或眼睑神经疾病（如面神经麻痹），角膜过多暴露，引起角膜干燥，失去泪膜保护，中央角膜上皮和其下面的间质发生坏死，形成深的角膜溃疡，难以愈合。若不处理或处理不当，可发生角膜穿孔。眼色素层的炎症，可继发角膜弥散性水肿，角膜周围的血管进入角膜，发生深层间质性结膜炎。眼色素层的炎症常与败血症、内毒素血症、恶性卡他热或其他全身性疾病有关。结膜型的牛传染性鼻气管炎，也可引起非溃疡性间质性结膜炎。

牛传染性角膜结膜炎（IBK）又称为红眼病，是世界范围分布的一种高度接触性传染性眼病。通常先侵害一只眼，然后侵及另一只眼，两眼同时发病的较少。结膜和角膜均出现明显的炎症。本病为多病原性传染病。牛莫拉氏杆菌（牛嗜血杆菌）是本病的主要致病菌，为革兰氏阴性菌。立克次氏体、支原体或某些病毒（如牛传染性鼻气管炎病毒）等在本病的发生中起到辅助的作用。阳光中紫外线在本病的发生上有促进或联合致病的作用。患有黏膜病或带有黏膜病病毒的牛，易发生本病。秋家蝇是传播牛莫拉氏杆菌的主要昆虫媒介，这些家蝇将感染牛眼鼻分泌物中的莫拉氏杆菌携带至未感染牛眼中。直接接触病牛，或接触被病牛眼鼻分泌物污染的饲料、灰尘等，也可导致本病的流行。细菌在外界可存活数月，包括存活于病牛体表的污物中。

2. 症状与诊断

角膜炎的共同症状是畏光、流泪、疼痛、眼睑闭合、角膜混浊，严重的病例出现角膜缺损或溃疡。溃疡灶深时，角膜基底层可向外凸出。

病变轻的角膜炎，常不易直接发现，但在阳光斜照下可见到角膜表面粗糙不平。角膜面上形成不透明的白色瘢痕，称作角膜混浊或角膜翳。角膜混浊是角膜水肿和细胞浸润的结果，如多形核白细胞、单核细胞和浆细胞等，致使角膜表层或深层变暗而不透明。混浊可能为局限性或弥漫性，也可呈点状或线状；混浊的角膜一般呈乳白色或橙黄色。

新的角膜混浊有炎症症状，镜检不明显，表面粗糙稍隆起。陈旧的角膜混浊没有炎症症状，镜检明显。深层混浊时，由侧面视诊可见到在混浊的表面被覆有薄的透明层；浅层混浊时，则见不到薄的透明层，多呈淡蓝色云雾状。

角膜炎可见角膜周围充血，继而出现新生血管。表层性角膜炎的血管来自结膜，呈树枝状分布于角膜面上，可看到其来源。深层性角膜炎的血管来自角膜缘的毛细血管网，呈刷状，自角膜缘伸入角膜内，看不到其来源。

外伤性角膜炎常可找到伤痕，透明的角膜表面变为淡蓝色或蓝褐色。由于致伤物体的种类和力量不同，外伤性角膜炎可出现角膜浅创、深创或透创。角膜内存在异物或有溃疡时，眼睛流泪、畏光和眼睑痉挛。眼睑长时间痉挛，导致眼睑肿胀、结膜充血和眼部疼痛敏感。角膜内如果有铁片存留，在其周围可见带铁锈色的晕环。对不明显的损伤或溃疡，用荧光素染料染色，上皮缺损处被染成绿色，在紫外线照射下更为明显。因疼痛和睫状肌反射性痉挛，可致瞳孔缩小。疼痛和眼睑痉挛给检查带来不便，可用2％利多卡因做眼睑神经传导麻醉，阻滞面神经对眼轮匝肌的支配，眼睑变松弛。将牛头向下旋转，有利于显露角膜。

通过聚焦的强光线照射眼睛，多数角膜异物可以被发现。若异物取出后或未见到异物的情况下治疗后，眼疼痛、眼睑肿胀和结膜出血没有好转，可用放大镜检查角膜或结膜内有无微小的异物。受伤后眼排出物开始为浆液性的，随着感染变为慢性或继发感染，排出物变为黏液脓性。

因角膜外伤或角膜上皮抵抗力降低，细菌侵入角膜，角膜的一处或多处呈暗灰色或灰黄色浸润，后期形成脓肿，脓肿破溃后便形成溃疡。用荧光素点眼可确定溃疡的存在及其范围，但当溃疡深达后弹力膜时不易着色，应注意辨别。角膜溃疡发生感染时，溃疡边缘的角膜坏死、融合，角膜水肿和溃疡周围血管形成更为明显，眼前房可见积脓或有纤维素渗出，眼有黏液脓性分泌物排出，瞳孔明显缩小。细菌毒素经过水溶性角膜基质被吸收，作用于虹膜并引起眼色素层炎，这是眼房内出现纤维素的原因。溃疡感染后，疼痛、畏光、流泪和眼睑痉挛更明显。

暴露性角膜炎出现的溃疡，多位于角膜中央或稍下方；面神经麻痹可引起暴露性角膜炎，此时眼睑反射消失。由于化学物质所引起的烧伤，病变轻的，仅见角膜上皮被破坏，形成银灰色混浊。角膜深层受伤时出现溃疡，溃疡的表面常呈淡黄色；严重时，角膜发生坏疽，呈明显的灰白色。

损伤或病变严重的，角膜可发生穿孔，眼房液流失，眼前房内压力降低，虹膜前移与角膜或后移与晶状体发生粘连，从而丧失视力。

间质性角膜炎为非溃疡性的，角膜水肿，周围有血管向中央生长，这常是眼色素层炎的临床表现，同时出现眼睑痉挛、流泪、畏光、睫状肌和结膜充血、瞳孔缩小、眼前房内出现细胞蛋白蓄积。眼色素层炎，多属于全身性疾病的局部表现，须做系统检查，以确定病因。

牛传染性角膜炎，初期患眼畏光、流泪、眼睑肿胀，眼睑痉挛和闭锁，局部增温，疼痛敏感，其后角膜凸起，角膜周围充血，结膜和瞬膜红肿，或在角膜上出现白色或灰色小点，出现角膜炎和结膜炎的典型临床体征。眼分泌物量多，初为浆液性，后为黏液脓性并黏在患眼的睫毛上，在眼睑上出现泪痕。角膜有特征性的病理变化。发病初期或 48 h 内角膜即出现变化，开始角膜中央出现轻度混浊，用荧光素点眼，略着色；角膜（尤其中央）呈微黄色，角膜周边可见新生的血管；1～3 d，角膜中央或稍下方出现环形角膜溃疡，角膜水肿，瞳孔缩小，有的角膜后弹力层膨出，角膜缘深部血管形成，自角膜缘向溃疡边缘分布。若治疗不当或病情发展，溃疡变深，后弹力层明显膨出，溃疡呈火山口样，其边缘发生融合、坏死；角膜水肿自边缘向溃疡部逐渐加重；溃疡的直径 1 cm 或更大，边缘不整齐，溃疡为突出的卵圆形或圆锥形。严重的可发生角膜穿孔和全眼球炎。继发性眼色素层炎，引起虹膜后粘连或白内障。

3. 治疗

单纯角膜炎的治疗方法，如冲洗和用药的方法，与结膜炎的治疗方法大致相同。眼睑皮下或结膜下注射，无助于角膜炎的治疗，但可做球结膜注射。结膜注射需要确切保定，仅对犊牛、价值高的牛使用。一般的牛，主要做眼部冲洗和结膜囊内用药。

在发生急性角膜擦伤、溃疡或非穿孔性撕裂时，若没有发生感染，最好使用广谱抗生素眼膏，以预防细菌感染。若溃疡或损伤部发生感染，最好做细菌分离培养和药敏试验，对有必要加强治疗的牛，结膜囊内用药配合球结膜下注射抗生素，但不建议用皮质激素（角膜溃疡病例禁用此药），每天用药 2～3 次。泌乳期奶牛，应考虑牛乳中抗生素残留与休药期的问题。常用抗生素为红霉素、金霉素，或用青霉素、庆大霉素、卡那霉素、头孢曲松等。角膜创伤的痊愈标准是病变部位有新的上皮覆盖。

为了促进角膜混浊吸收，可向患眼吹入等份的甘汞（氯化亚汞）和乳糖（白糖也可以）；40％葡萄糖溶液点眼；每天静脉内注射 5％碘化钠溶液，连用 1 周；或每天内服碘化钠，连服 5～7 d。

疼痛剧烈时，可用 1％阿托品软膏涂于患眼内，缓解睫状肌痉挛，散大瞳孔，使病牛安静，每天 1～2 次。用 5％氯化钠溶液点眼，每天 3～5 次，有利于减轻角膜和结膜的水肿。

冲洗患眼或冲洗眼内异物，最简便的方法是用注射器连接 16 号针头，向角膜面喷射生理盐水，借水流的力量冲去结膜囊内或角膜内的异物。先用 2％利多卡因做眼睑神经传导麻醉和眼球表面麻醉，然后再做冲洗。若冲洗后异物仍然存留，需要用赛拉唑或速眠新镇静后手术取出异物。取出异物后，要重点预防角膜感染。

角膜穿孔时，应严格消毒，防止感染。对于直径小于 2～3 mm 的角膜破裂，可用眼科无损伤缝针和可吸收缝线进行缝合。对新发的虹膜脱出病例，可将虹膜还纳展平；脱出久的病例，可用灭菌的虹膜剪剪去脱出部，再用第三眼睑覆盖固定给予保护。溃疡较深或后弹力膜膨出时，可用附近的球结膜作成结膜瓣，覆盖固定在溃疡处，这时移植物既可起生物绷带的作用，又有完整的血液供应。或做上下眼睑闭合术，在外眼角侧缝针仅穿透眼睑皮下，不穿透睑结膜，做纽扣缝合，线结打在上眼睑上，使外 1/3 的眼睑闭合在一起。经验证明，角膜穿孔后虹膜一旦脱出，即使治愈，视力也受到严重影响。若不能控制感染，应行眼球摘除术。

暴露性结膜炎，重点是消除角膜面干燥，预防感染，可应用抗生素软膏。若形成溃疡，用生理盐水轻轻冲洗掉溃疡表面的痂皮、毛发、饲料、坏死的角膜组织等附着物，然后再用抗生素眼膏和阿托品眼膏。该结膜炎愈合速度慢，通常需要数周的时间才能愈合；治疗不当，易发生角膜穿孔。对面神经麻痹或受伤导致的暴露性结膜炎，需要同时治疗神经麻痹。

清洗皮肤上的眼排出物，以减轻对皮肤的刺激，预防继发性皮炎。

中成药，如拨云散、决明散、明目散等对慢性角膜炎有一定疗效，每天用药 1 次。1%三七煮沸水溶液，冷却后点眼，对角膜创伤的愈合有促进作用，且能使角膜混浊减退。

目前还没有预防效果好的牛传染性角膜炎疫苗，但接种疫苗可降低牛群发病率，有一定的应用价值。

十一、眼部肿瘤

奶牛最常发生的肿瘤是眼部鳞状细胞瘤（SCC），这是一种多发于成年牛和老龄牛的眼病。主要侵及牛眼及眼部附属器官的鳞状细胞瘤。75%的鳞状细胞瘤发生在牛球结膜和角膜上（其中，90%在角巩膜缘上，10%在角膜上），25%病变发生在睑结膜、瞬膜和皮肤上。

1. 病因

虽然 SCC 在世界范围内发病，但日照时间长的国家和地区发病率较高。但本病发病似乎需要几种促进因素，眼睑、结膜和巩膜上黑色素的功能可能是其中最重要的因素。色素沉着是由基因决定的，黑色素的出现无疑保护了组织免于发生 SCC。紫外线也被认为是 SCC 发病的重要影响因素之一，黑色素能够吸收紫外线，是一种重要的保护因素。多数 SCC 见于与角膜缘毗邻的内外侧球结膜上，但其他色素沉着减少的部位（如睑结膜、瞬膜和眼睑皮肤）也可能会发病。其他可能的影响因素还包括传染性鼻气管炎（IBR）病毒、灰尘、苍蝇和高营养水平的日粮。

肿瘤的生长部位和地区间发病率的显著差异表明，紫外线可能是一种重要的病因。鳞状细胞瘤见于无色素沉着和色素沉着较少的眼组织上，内外侧球结膜较其他部位的球结膜受到日照的时间更长。世界范围内，紫外线强的地区和高纬度地区的 SCC 发病率较高。在肿瘤组织内可能会发现 IBR 病毒或包涵体。据推测，该病毒可能刺激部分原发性肿瘤的生成或在癌变前对组织造成损伤。令人惊奇的是，在高营养水平日粮饲养的牛中 SCC 发病率也较高。

2. 症状

SCC 的发展要经过几个阶段。初期为结膜上皮过度生长形成的斑或眼睑皮肤角化过度。但是，瘢痕多被乳头状瘤所替代，继而形成非侵入性的肿瘤。最后为侵入性的肿瘤，可能累及整个眼球。瘤细胞转变偶尔可见于眶骨，且 SCC 经久不愈，肿瘤可能会通过淋巴系统转移至肺、心脏、肝和肾。

眼球表面的良性鳞状细胞瘤可能为小的白色增生性斑块或呈稍大的疣状物，表面可能为分叶状。表层细胞角化使得肿瘤表面粗糙，呈现白色。鳞状细胞瘤最初多见于外侧或内侧角膜缘，随后从这些部位扩散至整个角膜。良性肿瘤常表现为角化过度。相对而言，眼鳞状细胞瘤则形状不规则，呈粉红色结节状，基质层内含有大量血管。

良性角化棘皮瘤常见于下眼睑，这种肿瘤外部多被覆泪腺分泌物以及坏死组织片，过度角化。眼睑乳头状瘤是一种典型的疣状增生物，表面光滑。除在第三眼睑上的肿瘤外，眼附属器官上的鳞状细胞瘤呈侵入性生长，部分在内眦附近。附件的鳞状细胞瘤更倾向为硬瘤，其内部血管更为丰富。

生长快速的瘤变组织会逐渐发生溃疡、坏死、变脆且易出血，但根据其在眼部的不同部位而异。累及眶骨的鳞状细胞瘤可侵入骨组织内，患处肿胀。病情严重的病例，常可转移至腮腺淋巴结。正常牛该淋巴结是触及不到的，但随着病情的发展变得能够触及甚至可见。肿大的淋巴结内可能出现转移灶，可通过组织学方法确定。转移至脏器并表现出明显的临床症状者少见。眼球上的鳞状细胞瘤常因角巩膜的屏障作用而很少转移。虽然侵入前房的鳞状细胞瘤能够破坏眼内的结构，但常因巩膜的屏障作用而局限于患眼内。眼睑与内眦处生长的侵入性瘤较源于眼球的瘤更易转移。

3. 诊断

虽然眼鳞状细胞瘤通过大体的外观即可做出临床诊断，但对良性肿瘤和原位瘤难以鉴别。虽然大小并非判断良性或恶性的可靠指标，但鳞状细胞瘤通常较大。某些体积较大的过度角化的良性肿瘤常被误诊，表面光滑的肿瘤并非源于上皮组织。

如果病牛较贵重，可进行组织病理学或细胞学诊断。用手术方法进行活组织采样并固定于10%福尔马林溶液中，然后进行组织病理学检查；也可用锐匙或刮铲取样做细胞学涂片，用聚乙二醇或95%乙醇溶液固定后再行检查。在染色后的涂片中，表层细胞为角化的无核鳞状细胞，深层细胞的细胞核肿胀，内部含有粗的团块状染色体者为良性鳞状细胞瘤。如果涂片中细胞形状不规则、大小不等，细胞核肿大、浓染且内部有大团染色体者应诊断为鳞状细胞瘤。研究人员发现，细胞学诊断与组织病理诊断的一致性可达86.5%～90%。

病情严重的鳞状细胞瘤病例，尸体剖检时可见同侧的腮腺淋巴结和咽后淋巴结上有转移灶，肺上也可能有中央为白色病灶的粉红色结节样转移灶侵入肺实质内。从屠宰场调查得知，因患鳞状细胞瘤而屠宰的牛中有5%发生了转移。

牛淋巴肉瘤进行性眼球突出，并伴发暴露性角膜炎，病牛淋巴结肿大，排黑粪，血清中乳酸脱氢酶的活性升高。

4. 治疗

治疗要根据肿瘤扩散的程度而定，可能发生转移的病牛要尽早屠宰。肿瘤摘除、瞬膜切除、眼内容物剜除术或眶内容物剜除术，可作为早期治疗方法。在肿瘤发展的早期，直径小于2.0 cm时，可通过冷冻手术、高温疗法、放射疗法和免疫疗法治疗，具有一定的效果。小的肿瘤不用考虑肿瘤的位置即可切除，只要在根蒂上完整切除，很少复发。若切除不彻底可能会复发或扩散。瞬膜上大的病灶可能已经累及眼眶。恶变前的病灶和小的肿瘤可用液氮喷雾的方法治疗。角膜缘周边的病灶无有效治疗方法。此外，肿瘤细胞可用45 ℃电极烧灼后有选择地杀灭，且SCC早期对高温疗法有一定的反应。

在采用冷冻、烧烙或切除等方法时，对病牛进行麻醉，一般采用速眠新浅麻醉，局部用0.5%利多卡因于肿瘤根部进行浸润麻醉。多种离子放射疗法已成功用于本病的治疗。

可通过以下措施对牛群进行管理，以减少因牛眼鳞状细胞瘤造成的损失：

（1）每年对牛群做2～3次普查，观察易感牛（2岁以上牛）的眼部，如有肿瘤出现，则隔离病牛。

（2）对小的局限性眼部肿瘤做高温治疗。眼球或眼睑上大的非侵入性瘤，可考虑做眶内容物剜除术。如病牛的生产性能较差，病情严重，应考虑淘汰。患侵入性或转移性鳞状细胞瘤的病牛，应立即淘汰。

（3）通过详细记录对牛群做长期的眼鳞状细胞瘤遗传学控制。

第九节　中毒性疾病

一、黄曲霉毒素中毒

黄曲霉毒素（aflatoxicosis）是黄曲霉等真菌特定菌株所产生的代谢产物，广泛污染粮食、食品和饲料，对奶牛的健康危害极大。黄曲霉毒素中毒是其靶器官肝损害所表现的一种以全身出血、消化障碍和神经症状为主要临床特征的中毒病。

1. 病因

致病因素为黄曲霉毒素。能产生黄曲霉毒素的真菌有黄曲霉（*Aspergillus flavus*）和寄生曲霉（*A. parasiticus*）等多种霉菌。

黄曲霉毒素的分布范围很广，包括粮食、饲草、饲料、花生、玉米、黄豆、棉籽等作物及其副产品都易感染黄曲霉。

黄曲霉毒素对人、动物、植物、微生物都有很强的毒性。黄曲霉毒素是一种肝毒素，能抑制标记的前体物（质）参与脱氧核糖核酸（DNA）、核糖核酸（RNA）和蛋白质合成。这是黄曲霉毒素致癌性及其他毒害机制的基础。

2. 症状

奶牛黄曲霉毒素中毒多见于3～6月龄犊牛，病死率高。主要症状为精神沉郁，角膜混浊，磨牙，腹泻，里急后重和脱肛等。成年病牛多取慢性经过，表现厌食，消化功能紊乱，间歇性腹泻，腹水多。奶牛产奶量降低或停止产乳，间或发生流产。

血液检验所见：低蛋白血症，红细胞数明显减少，白细胞增多，凝血时间延长。急性病例，谷草转氨酶、瓜氨酸转移酶和凝血酶原活性升高；亚急性和慢性病例，异柠檬酸脱氢酶和碱性磷酸酶活性明显升高。

中毒病牛肝质地变硬、黄疸、纤维化及肝细胞瘤，胆囊扩张，腹腔积液。黄曲霉毒素入侵肝后，导致脂肪的浸入、肝细胞的溶解和死亡。

3. 诊断

首先调查病史（饲料品质与发病的关系、流行特点），然后依据临床症状，结合血液化验和病理变化，进行综合分析，做出初步诊断。为确证诊断，还需要进行：

（1）可疑饲料的黄曲霉毒素测定。先用最简便的快速方法，即用特定波长的紫外灯照射直观过筛法，若为阳性再用化学分析法测定。

（2）可疑饲料的病原真菌分离、培养与鉴定。为确定其产毒性，应将优势纯培养扩大培养，并做成菌饲料，进行动物毒性及本动物回归发病试验。

（3）黄曲霉毒素的生物学鉴定。国内外应用最多的仍然是雏鸭法。选用1日龄健康雏鸭，将待检饲料样品溶解于丙二醇中，喂给试验组雏鸭，连续4～5 d。对照组雏鸭喂给不同量的黄曲霉毒素 B_1（总量为0～16 μg/只）。最后一次喂给毒素后再饲养2 d，然后处死雏鸭，根据其胆管上皮细胞异常增生的程度，分为若干等级（0～4+或5+），表示毒素含量的多少。国内北京雏鸭 AFT B_1 的 LD_{50} 为18.7 μg/只。

4. 防治

（1）治疗。无特效解毒药物和疗法。应立即停止饲喂致病性可疑饲料，改喂新鲜全价日粮，加强饲养管理。重症病例，可投服人工盐、硫酸钠等泻药，清理胃肠道内的有毒物质。同时，注意解毒、保肝、止血、强心，应用维生素C制剂、葡萄糖酸钙注射液等药物，进行对症治疗。

（2）预防。要点在于饲料防霉、去毒和解毒3个环节。

① 防霉。选育抗黄曲霉毒素的农作物新品种。采用适宜的种植技术和收获方法。如花生种植不重茬，收获前灌水，收获时尽量防止破损。玉米、小麦等农作物收割后要及时晾晒，使水分含量符合要求（谷粒为13%、玉米为12.5%、花生仁为8%以下）。

采用适当的储藏方法。仓库温度保持在 13 ℃以下，相对湿度在 70%～75%。降低氧浓度或提高二氧化碳浓度。

采用化学防霉剂。应用对氨基苯甲酸、磺胺、邻氨基苯甲酸、丙酸、醋酸钠、叠氮化钾、硼酸、亚硫酸钠、次氯酸钙、溴乙烷、环氧乙烷等，都能阻止黄曲霉的生长。

② 去毒。碾轧加水搓洗或冲洗法，碾去含毒素较集中的谷物皮和胚部，碾后加 3～4 倍清水漂洗，使霉坏部分谷物皮和胚部上浮而随水倾出；利用活性白陶土、活性炭、膨润土等吸附；应用乙醇、丙酮、己烷、甲醇、异丙醇等有机溶剂或以各种有机溶剂和水的混合物作为抽提溶剂；利用橙色黄杆菌、好食脉孢菌、星状诺卡氏菌、梨形四膜虫等微生物和原生动物，进行生物学处理。

③ 解毒。目前，应用氨、甲胺、乙胺、臭氧、氯、甲醛、氢氧化钠、氢氧化铵、次氯酸钠、碳酸铵、磷酸三钠等化学药剂与高温结合处理霉败饲料的方法，解毒效果好。如 Brekke 等利用氢氧化铵溶液处理污染黄曲霉毒素的玉米，使毒素含量由 180 μg/kg 下降到检测不出的程度，而且不降低玉米的营养价值。

二、牛霉稻草中毒

牛霉稻草中毒（moldy straw poisoning in cattle）在国内外文献上有多种同义名称，如牛烂脚病（sore foot disease of cattle）、牛烂蹄坏尾病（foot rot and tail decay in cattle）、牛蹄腿肿烂病和牛真菌中毒性蹄壳脱落病等。有的称为羊茅草（酥油草）烂蹄病（fescue foot）或羊茅草跛行（fescue lameness），在印度和巴基斯坦，特称为水牛坏死综合征（gangrenous syndrome in buffaloes）或德格纳拉病（Deg Nela disease）。

1. 病因

放牧牛群发生的苇状羊茅草烂蹄病是苇状羊茅草寄生三线镰刀菌（*F. tricinctum*），形成有毒代谢产物丁烯酸内酯（butenolide）所致。用这种染菌含毒的苇状羊茅草或其乙醇分馏物喂牛，1 个月左右，即发生典型的烂蹄病。

牛烂蹄坏尾病实质上是由镰刀菌属多种真菌侵染稻草或苇状羊茅草，产生丁烯酸内酯和/或某些单端孢霉烯族化合物而致发的一组镰刀菌毒素中毒病。国内外各地区不同年份暴发的牛烂蹄坏尾病，其优势致病镰刀菌的种类及其所产生毒素的性质和数量不尽一致，因为具体的产毒条件各不相同。

近年来，国内外学者用纯丁烯酸内酯进行动物试验，只出现尾端病变而不能引起蹄坏疽，况且有些病区霉稻草中根本检测不到丁烯酸内酯，但应用霉稻草或苇状羊茅草粗毒素乙醇分馏物进行发病试验却获得成功。这提示，具收缩末梢血管作用而致发末梢部坏疽的毒素，除丁烯酸内酯外，还有其他一些有毒化合物。Yates 等（1984）和 Lyons 等（1986）发现感染内生真菌（*Fungal endophyte*）如香柱菌（*Epechloe typhina*、*Sphacelia typhina*）的苇状羊茅草，其提取物中可检出麦角缬氨酸（ergovaline）、麦角宁（ergonine）、麦角星（ergosine）等麦角肽生物碱（ergopeptide alkaloids），认为这些收缩血管物质可能是苇状羊茅草导致麦角中毒样中毒病（ergotism-like toxicosis）的因素。

2. 症状

病牛精神委顿，拱背站立，被毛粗乱，皮肤干燥，个别出现鼻黏膜烂斑，有的公牛阴囊皮肤干硬皱缩。体温、脉搏、呼吸等全身症状轻微或不显。特征性体征集中表现于耳、尾、肢端等末梢部。初始表现跛行。站立时频频提举患肢尤其是后肢。行走时步态僵硬。蹄冠部肿胀、温热、疼痛。系凹部皮肤有横行裂隙。数天后，肿胀蔓延至腕关节或跗关节，跛行加重。继而肿胀部皮肤变凉，表面渗出黄白色或黄红色液体，并破溃、出血、化脓或坏死。严重的则蹄匣或趾（指）关节脱落（图 12-41）。少数病例，肿胀可蔓延至股部或肩部。肿胀消退后，皮肤硬结，如龟板样。有些病牛肢端在肿胀消退后发生干性坏疽，跗（腕）关节以下的皮肤形成明显的环形分界线，坏死部远端皮肤紧箍于骨骼上。多数病牛伴发耳尖和尾梢坏死，患部干硬，终至脱落。

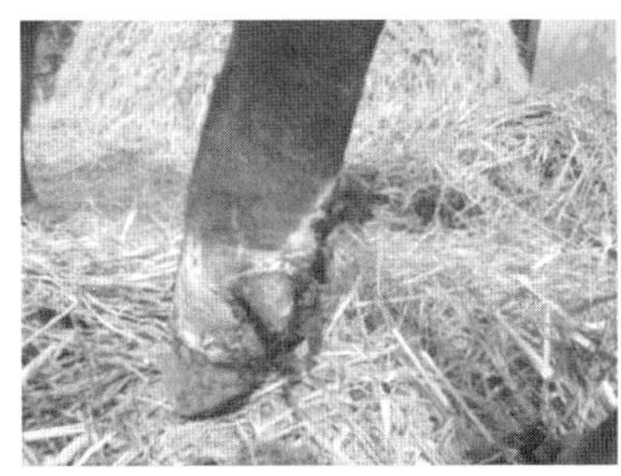
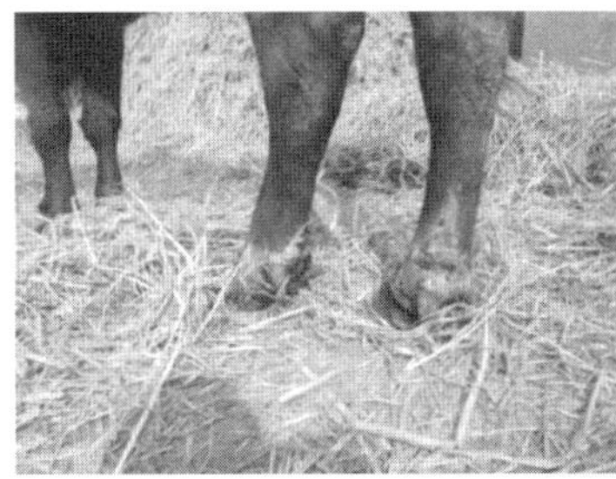

图 12-41　牛霉稻草中毒后，蹄匣发生腐烂

3. 诊断

本病的论证诊断，依据于采食霉稻草或苇状羊茅草的生活史，耳、尾、蹄等末梢部干性坏疽的临床表现，霉稻草发病试验及其毒素鉴定，致病优势镰刀菌及其毒素的检定。

应注意区别可造成耳、尾、蹄坏死的类症，如麦角中毒、慢性硒中毒、伊氏锥虫病等。

4. 防治

病牛应立即停喂霉稻草或苇状羊茅草。病初，为促进末梢血液循环，可对患部进行热敷、按摩。肿胀部破烂而继发感染时，可施行外科处理，辅以磺胺药与抗生素疗法。

预防要点在于秋收冬藏期间防止稻草发霉；不喂霉稻草；必要时，可用 10％纯石灰水浸泡霉稻草，3 d 后捞出，清水冲洗，晒干再喂。

三、棉籽饼中毒

棉籽饼中毒（cottonseed cake poisoning）是奶牛饲用含棉酚色素的棉籽饼而出现的中毒症。棉籽饼为棉籽去纤维榨油后的副产品，含粗蛋白质 36％～45％，是具有高营养价值的精饲料，但因有毒副作用，其利用受到限制。

棉籽除棉酚色素外，还有磷含量高（0.83％～1.19％）、钙含量低（0.2％左右）、缺乏维生素 D 和维生素 A 的特点，家畜单纯饲喂棉籽饼会引起营养代谢紊乱，使病情复杂化。

棉籽饼的复杂致病因素产生多种效应，形成综合征。病期 1 个月左右，较重者 1 周内可死亡。成年奶牛较能耐受，病程较长。

1. 病因

单纯以棉籽饼饲喂，或作为蛋白质补充剂用量过多，或放牧时奶牛采食过量棉叶，是棉籽饼中毒的主因。因为棉花的根、茎、叶和种子中都存在有毒的棉酚色素，包括棉酚、棉蓝素、棉紫素、棉黄素、棉绿素、二氨基棉酚和水溶性结合棉酚等，以棉酚含量为最多，占总毒素量的 20.6％～39.0％。棉籽饼中的游离棉酚含量可因品种、生长环境和不同榨油加工方法而异，一般含 0.02％～0.20％。

棉酚从消化道吸收后分布于各器官，以肝浓度为最高，依次为脾、肺、心肌、肾、骨骼肌和睾丸等，从胆汁与尿液中排出。棉籽饼引起牛的目盲、关节肿胀和食欲降低等所谓“棉籽饼中毒”的病状是因食物中缺乏维生素 A 和钙所致。

棉酚是一种细胞毒，急性口服毒性较低，但长期持续少量吃入可使牛发病。累积作用达一定程度即显示症状，终因心力衰竭、肺水肿与营养不良而死亡。

2. 症状

毒性反应随动物的种类和食物成分而有差别，主要与吸收量有关。共同特点是食欲下降，体重减轻和虚弱，呼吸困难和心脏功能异常，还包括代谢失调引起的尿石症和维生素 A 缺乏症等。

犊牛食欲差，精神萎靡，行动缓慢无力，体弱消瘦，腹泻，呼吸迫促，多鼻液，听诊肺部有明显湿啰音。视力减弱或目盲，瞳孔散大。成年牛食欲减退，反刍减少或停止，逐渐虚弱，四肢浮肿，间或有腹痛表现，粪便中混有血液。心搏加快，呼吸喘促或困难，鼻液多泡沫，咳嗽，妊娠牛多流产。部分牛出现血红蛋白尿或血尿，公牛易患磷酸盐尿结石。

临床病理：一般为血红蛋白和红细胞减少，红细胞比容（PCV）下降，凝血时间延长，溶血和黄疸指数升高。

病理形态学变化：胸腹腔与心包囊不同程度积液。心脏柔软扩张，心内外膜有出血点，心肌颜色变淡。肝瘀血质韧，脾萎缩，胃肠黏膜充血、出血和水肿。肺充血、水肿，间质增宽，切面可见大小不等的空腔，有大量泡沫样液体溢出。镜检肝小叶间质增生，肝细胞呈现退行性变和坏死。多见浊肿和颗粒变性，线粒体肿胀。心肌纤维排列紊乱，部分空泡变性或萎缩。肾充血，肾小管上皮细胞肿胀、颗粒变性，视神经萎缩。睾丸多数精曲小管上皮排列稀疏，胞核模糊或自溶，精子数减少，结构被破坏，线粒体肿胀。

3. 治疗

单纯饲喂棉籽饼带来的麻烦不仅是棉酚色素中毒，同时还伴有钙磷代谢紊乱和/或维生素 A 缺乏的问题，三者何轻何重，是否同时出现，由多种因素决定，因而治疗措施应该是综合的。

牛群中一旦发现病例，全群应立即停止喂棉籽饼或在棉地放牧，并补充青绿饲料或优质干草。为加速排出胃肠内容物，并使残存棉酚色素灭活，可用 1∶300 高锰酸钾溶液或 5%碳酸氢钠液洗胃，或使用硫酸钠缓泻。

解毒可服用铁盐（硫酸亚铁、枸橼酸铁铵等）、钙盐（乳酸钙、碳酸钙、葡萄糖酸钙），或静脉注射 10%葡萄糖酸钙溶液与复方氯化钠溶液。灌服黄豆汁对缓解毒性有益。补充钙剂还可以同时调整钙磷代谢失调。注射维生素 A 和维生素 C 有助于康复。

4. 预防

限制棉籽饼的饲喂量，不能单纯大量饲喂棉籽饼。牛日粮中含棉籽饼应少于 1 kg。

日粮中应注意补充足量的矿物质和维生素。硫酸亚铁与棉籽饼中的棉酚按 1∶1 配合，能有效地解除毒性。将硫酸亚铁配成 1%～2%溶液，与饲料充分拌匀。同时补充足量钙盐。

种公牛不宜饲喂棉籽饼。

四、菜籽饼中毒

菜籽饼中毒（rapeseed cake poisoning）是指奶牛长期大量采食油菜籽榨油后的副产品，引起肺、肝、肾及甲状腺等器官的损伤，临床上以急性胃肠炎、肺气肿、肺水肿和肾炎为特征的中毒病。

1. 病因

菜籽饼是油菜籽榨油后的副产品，是一种含蛋白质高、营养丰富的饲料。在我国西北各省份和长江流域地区，广泛用以饲喂家畜。菜籽饼中含硫葡萄糖苷、硫葡萄糖苷降解物、菜籽碱以及其他有害成分，如缩合单宁等，若不经过去毒处理，长期大量饲喂，即可引起奶牛中毒。

2. 症状

青壮年牛易中毒发病，表现尿频，有时排血尿。咳嗽，呼吸促迫或困难，黏膜发绀，鼻孔流出粉红色泡沫状液体。腹痛，腹臌胀，腹泻，粪中带血。重者口流白沫，瞳孔散大，耳尖、蹄部发凉，四肢无力，站立不稳，心力衰竭。妊娠奶牛可发生流产，常因虚脱而死。

3. 诊断

病理剖检特点：胃肠道黏膜充血、肿胀和点状出血。肝肿胀、色黄、质脆。胸、腹腔有浆液性、出血性渗出物，有的病牛在头、颈、胸部皮下组织发生水肿。肾有出血性炎症，有时膀胱积有血尿。肺水肿和气肿。甲状腺肿大。

实验室诊断：采用硝酸显色反应的方法，取菜籽饼 20 g，加蒸馏水等量，混合搅拌，静置过夜，取浸出液 5 mL，加浓硝酸 3～4 滴，则迅速呈明显的红色反应，证明有异硫氰酸丙烯脂存在。

4. 防治

(1) 治疗。无特效解毒药物，主要采用一般解毒方法及对症治疗。发现中毒后，立即停喂菜籽饼，灌服 0.1%高锰酸钾液，也可灌服蛋清水、牛乳等，粪干者可用石蜡油缓泻。对症治疗着重于保肝，维护心、肾和预防肺水肿，并可适时应用维生素 C、维生素 K 及肾上腺皮质激素等。

(2) 预防。预防本病，关键是将菜籽饼进行去毒处理。一般少量饲喂者，可将粉碎的菜籽饼用热水浸泡 12～24 h，把水倒掉再加水煮沸 1～2 h，边煮边搅，使毒素蒸发掉。也可采用坑埋去毒法，即将菜籽饼埋入约 1 m^3 的土坑内，2 个月后基本无毒。也可用发酵中和法，将菜籽饼发酵后加碱以中和有毒成分。

五、瘤胃碱中毒

瘤胃碱中毒（rumen alkalosis）是由于过食富含蛋白质饲料或其他含氮物质（尿素、胺盐），瘤胃内形成并吸收大量游离氨所造成的一种急性消化不良氨中毒综合征，可发生于各种反刍动物，多见于奶牛。

1. 病因

(1) 大量饲喂富含蛋白质的饲料。如黄豆、豆饼、花生饼、棉籽饼、亚麻籽饼、鱼粉、脱脂牛乳、豆科牧草，致使可溶性碳水化合物饲料不足，粗纤维饲料缺乏。

(2) 饲喂变质饲料，饲养卫生条件不良。如舐吮粪便污染的墙壁和地面，采食腐败的槽底残饲，大量微生物群落进入瘤胃，腐败过程加剧，生成大量胺类及游离氨。

(3) 尿素等非蛋白氮添加剂喂量过大或饲喂不当。尿素的添加量，应控制在全部饲料干物质总量的 1%以下或精饲料量的 3%以下，即日粮中的配合量成年奶牛以 200～300 g 为宜，且必须逐步增加达到此限量。如成年奶牛初次突然在日粮中添加尿素 100 g 可致中毒。而逐步增加时，即使尿素添加量每天多达 400 g 也未必有毒性反应。

(4) 误食氮质化肥。误食硝酸铵、硫酸铵（肥田粉）、尿素以及氨水等氮质化肥是造成瘤胃碱中毒的又一常见原因。奶牛铵盐中毒量为 0.3～0.5 g/kg，最小致死量为 0.5～1.5 g/kg。曾有牛因偷喝大量人尿而中毒死亡的。人尿中含有 3%左右的尿素，人尿中毒实质上是尿素中毒，或尿素所致的瘤胃碱中毒和高氨血症。

2. 症状

瘤胃碱中毒的临床表现，取决于其病因类型（蛋白氮或非蛋白氮）、氮质摄入量、氨尤其是游离氨生成的数量和速度、个体耐受性以及肝的解毒功能。

（1）高蛋白日粮所致的瘤胃碱中毒。采食后数小时至十几小时显症。主要表现胃肠症状和神经症状。病牛鼻镜干燥，结膜潮红，眼窝下陷，不同程度脱水。食欲废绝，反刍停止，瘤胃运动消失，由口腔散发出腐败臭味，常伴有轻度臌气，瘤胃冲击式触诊感液体震荡音，排粥状软粪或恶臭稀粪。初期兴奋性增高，出现肌颤或肌肉痉挛，后期转为精神沉郁、昏睡以致昏迷。

（2）尿素所致的瘤胃碱中毒。通常在采食过量尿素之后的 20～60 min（牛）或 30～90 min（绵羊）起病显症。病畜反刍和瘤胃运动停止，瘤胃臌胀，呻吟不安，表现腹痛。很快出现各种神经症状：兴奋、狂躁，头抵墙壁，攻击人畜，呈脑膜充血症状；耳、鼻、唇肌挛缩，眼球震颤，四肢肌颤，步态踉跄，直至全身痉挛呈角弓反张姿势；以后则转为沉郁、昏睡、失明。初期多尿，很快转为少尿或无尿。有些病畜，尤其重症后期，出现心力衰竭和肺充血、肺水肿症状，表现呼吸用力，脉搏疾速，体温升高，自口、鼻流出泡沫状液体，于短时间内死于窒息。

（3）铵盐和氨水所致的瘤胃碱中毒。通常于采食铵盐或喝进氨水之后的数分钟之内显症。主要表现整个消化道尤其上部消化道的炎性刺激症状，大多于短时间内死于肺水肿和心力衰竭。

高蛋白日粮所致的瘤胃碱中毒，病程较长，重症可于 2～4 d 死亡。尿素所致的瘤胃碱中毒，病程较急，可于 40 min 至 2 h 之内（牛）或 1～4 h 之内（绵羊）死亡。铵盐和氨水中毒，重症可于 1 h 之内死亡。转为慢性的，则出现消化道慢性炎症、中毒性肝病、间质性肾炎、心肌变性等，预后不良。

3. 诊断

瘤胃碱中毒症状典型，结合病史，辅以瘤胃内容物、血液的酸碱度测定和氨测定，容易确诊。

4. 防治

（1）治疗。要点在于制止游离氨的生成和吸收，纠正脱水和高钾血症，调整瘤胃液和血液的 pH。

① 尿素等非蛋白氮化合物所致的瘤胃碱中毒。最有效的急救措施是尽快向瘤胃内灌入 40 L 冷水和 4 L 5%醋酸溶液。

② 高蛋白日粮所致的瘤胃碱中毒。最有效而实用的急救措施是用冷水反复洗胃，然后向瘤胃内注入健牛瘤胃液 2 L 或更多，以加快瘤胃功能的恢复。并持续数日肌内注射硫胺素制剂，以预防瘤胃内微生物死灭所引起的维生素 B_1 缺乏症（脑皮质软化）。

③ 静脉注射大量葡萄糖盐水，以纠正脱水，缓解酸、碱血症和高钾血症。

（2）预防。正确使用含氮添加物；注意合理的日粮构成，多采用易消化的糖类饲料和粗纤维饲料；定期清理饲槽内的饲料残渣；保证牛羊自由舐吮食盐；妥善保管氨水、铵盐等化肥；禁止饮用刚施氮肥的田水和泄流的沟水。

六、酒糟中毒

奶牛酒糟中毒（brewery grain poisoning）发生于酒糟霉败变质，长期饲喂单一饲料而缺乏其他饲料搭配，或突然大量喂用（偷食）等情况。

1. 病因

酒糟中有毒成分非常复杂，取决于酿酒原料、工艺过程、堆放储存条件和污染变质情况等。

新鲜酒糟中可能存在的有毒成分：残存的乙醇，龙葵素（马铃薯酒糟），翁家酮（甘薯酒糟），麦角毒素、麦角胺（谷类酒糟）以及多种真菌毒素（霉败原料酒糟）。

储存酒糟中可能存在的有毒成分：新鲜酒糟原来存在的残存乙醇等有毒成分；酒糟酸败形成的醋酸、乳酸、酪酸等游离的有机酸，酒糟变质形成的正丙醇、异丙醇、异戊醇等杂醇油；酒糟发霉产生的各种真菌毒素等。

酒糟中毒的病变有胃肠黏膜充血、出血，小结肠纤维素性炎症，直肠出血、水肿，肠系膜淋巴结充血，心内膜出血，肺充血、水肿，肝、肾肿胀，质地脆弱。

2. 症状

基本临床表现是消化道症状和神经症状。病牛呈消化不良以致胃肠炎症状，皮肤肿胀、发炎以致坏死（酒糟疹），牙齿松动以致脱落，骨质松脆，容易骨折。妊娠牛可能流产。

3. 治疗

立即停喂酒糟。碳酸氢钠溶液灌服或灌肠，静脉注射葡萄糖生理盐水。实施中毒的一般急救措施和对症疗法。

七、淀粉渣中毒

淀粉渣中毒（starch residue poisoning）是动物长期连续饲喂加工淀粉后的残渣，引起以消化机能紊乱、繁殖性能降低为特征的中毒性疾病。

1. 病因

粉渣（浆）含有蛋白质、糖、脂肪等多种营养成分，而且质地疏松、柔软，适口性好，造价相对较低。因此，很多奶牛养殖户用粉渣喂奶牛，以提高产奶量。但由于粉渣（浆）中所含亚硫酸在奶牛体内有蓄积作用，常会引起消化机能紊乱、出血性胃肠炎、产奶量下降、跛行和瘫痪中毒症状。

2. 症状与诊断

高产奶牛喂量多，则发病率高；低产奶牛喂量少，则发病率低。

中毒较轻者，精神沉郁，采食量下降，只吃一些新鲜的青绿饲料；反刍不规律，呈现周期性瘤胃消化紊乱，产奶量下降。

中毒严重者，瘤胃蠕动微弱无力；有异食癖现象，如啃食泥土，舔食带有粪尿的垫圈草；个别有便秘现象，粪便干燥，呈深黑色；有的腹泻，排出大量棕褐色、稀粥样粪便；全身无力，步态强拘，运步时后躯摇摆、跛行；弓背似腹痛，卧地不起；如果分娩牛发生此病，则多出现产后瘫痪现象。

根据病史、临床特征，即可确诊。

3. 防治

（1）治疗。停喂粉渣一段时间，症状即可自行消失。对于中毒较重的奶牛采用对症治疗的方法。

① 补钙、输液。为提高血钙浓度，缓解低血钙症，可用3%～5%氯化钙，或者20%葡萄糖酸钙500 mL，一次性静脉注射，每天1～2次。

② 解毒保肝，防止脱水，提高抵抗力。可以静脉注射25%葡萄糖液500 mL，5%葡萄糖生理盐水1 500～2 500 mL；维生素C 5 g，一次性皮下注射。

③ 防止继发感染和胃肠炎。可使用氟苯尼考等广谱抗生素类药物进行静脉注射或肌内注射。

④ 中和瘤胃酸度。防止瘤胃pH下降，可用碳酸氢钙灌服。

（2）预防。严格控制粉渣的饲喂量，未经去毒处理的粉渣，其喂量每天每次不应超过7 kg。在饲喂过程中要充分保证优质干草的进食量。为防止中毒，最好在饲喂一段时间后停一段时间再喂。

日粮中补喂钙及胡萝卜素。为减少亚硫酸对钙的消耗，饲料中应补加骨粉、贝壳粉等；同时，为防止胡萝卜素缺乏而引起硫在奶牛体内的蓄积所致的中毒现象，每天应饲喂 5～7 mg 的胡萝卜素。

加强饲料调制。粗饲料如麦秸、玉米秸、干草可经碱化处理再喂，既可以增加饲料的适口性，提高进食量，又可以增加钙的补充。

八、硝酸盐和亚硝酸盐中毒

硝酸盐和亚硝酸盐中毒（nitrate and nitrite poisoning）是富含硝酸盐的饲料在饲喂前的调制中或采食后在瘤胃内产生大量亚硝酸盐，造成高铁血红蛋白血症，导致组织缺氧而引起的中毒。该病在奶牛中比较常见。

1. 病因

亚硝酸盐是饲料中的硝酸盐在硝酸盐还原菌（具有硝化酶和供氢酶的所谓反硝化菌类）的作用下，经还原作用而生成的。因此，亚硝酸盐的产生，主要取决于饲料中硝酸盐的含量和硝酸盐还原菌的活力。

饮用硝酸盐含量高的水，也是造成亚硝酸盐中毒的原因。含硝酸钾 200～500 mg/L 的饮水即可引起牛的中毒，施氮肥地区的田水、深井水，以及牛舍、厕所、垃圾堆附近的地面水或水泡水，含硝酸盐很多，常达 1 700～3 000 mg/L，有的甚至高达 8 000～10 000 mg/L，极易造成中毒。

牛亚硝酸盐最小致死量为 88～110 g/kg，硝酸钾最小致死量则为 0.6 g/kg。各种饲料的硝酸钾安全极限是其干物质的 1.5%。饮水的硝酸钾安全极限为 200 mg/L。

亚硝酸盐属氧化剂毒物，吸收入血后可使血红蛋白中的二价铁（Fe^{2+}）被氧化为三价铁（Fe^{3+}），从而使正常的低铁血红蛋白变为高铁血红蛋白，丧失了血红蛋白的正常携氧功能。

健康动物高铁血红蛋白只占血红蛋白总量的 0.7%～10%。少量亚硝酸盐进入血液，生成较多的高铁血红蛋白。当高铁血红蛋白达到 30%～50%时，即导致贫血样缺氧，造成全身各组织特别是脑组织的急性损害而出现呼吸困难，神经机能紊乱。当高铁血红蛋白达到 80%～90%时，则病象危重，常于短时间内死亡。

2. 症状

临床特点包括发病突然、黏膜发绀、血液褐变、呼吸困难、神经紊乱和病程短促。

病牛通常在采食之后 5 h 内突然发病，除血液褐变、黏膜发绀、高度呼吸困难、抽搐等基本症状外，还伴有流涎、呕吐、腹痛、腹泻等硝酸盐对消化道的刺激症状，且呼吸困难和循环衰竭的临床表现更为突出。整个病程可延续 12～24 h。

3. 诊断

应依据黏膜发绀、血液褐变、呼吸高度困难等主要临床症状，特别短急的疾病经过，以及发病的突然性、发生的群体性、与饲料调制失误的相关性，果断地做出初步诊断，并火速组织抢救，通过特效解毒药美蓝的即效高效，验证诊断。必要时，可在现场做变性血红蛋白检查和亚硝酸盐简易检验。

亚硝酸盐简易检验：取残余饲料的液汁 1 滴，滴在滤纸上，加 10%联苯胺液 1～2 滴，再加 10%醋酸液 1～2 滴，滤纸变为棕色，即为阳性反应。

变性血红蛋白检查：取血液少许于小试管内振荡，棕褐色血液不转红的，大体就是变性血红蛋白。为进一步确证，可滴加 1%氰化钾（钠）液 1～3 滴，血色即转为鲜红。

4. 防治

（1）治疗。小剂量美蓝是亚硝酸盐中毒的特效解毒药。

奶牛剂量为每千克体重 0.08 mg，用1%美蓝液（取美蓝 1 g，溶于 10 mL 乙醇中，再加灭菌生理盐水 90 mL），即 0.8 mL/kg，静脉注射或者深层肌内注射。

也可用甲苯胺蓝（toluidine），其还原变性血红蛋白的速度比美蓝快 37%，剂量为 5 mg/kg，配成 5%溶液，静脉注射、肌内注射或腹腔注射。

大剂量抗坏血酸，作为还原剂用于亚硝酸盐中毒，疗效也很确实，而且取材方便，只是奏效速度不及美蓝快。奶牛 3～5 g，配成 5%溶液，肌内注射或静脉注射。

（2）预防。注意改善青绿饲料的堆放和蒸煮方法。青绿饲料，不论生熟，摊开敞放，是预防亚硝酸盐中毒的有效措施。

接近收割的青绿饲料，不应施用硝酸盐等化肥，以免增高其中硝酸盐或亚硝酸盐的含量。

九、亚麻籽饼中毒

亚麻籽饼中毒（linseed cake poisoning）是奶牛采食含有生氰糖苷、亚麻籽胶和抗维生素 B_6 等有毒物质亚麻籽饼所引起的中毒。亚麻为一年生草本植物，分为油用、纤维用和兼用 3 种，主要分布于我国西北、华北的干旱和半干旱地区。亚麻籽榨油后的饼粕仍富含蛋白质。

1. 症状

影响体内氨基酸代谢，引起中枢神经系统机能紊乱；精神沉郁、不安；呼吸困难急促、脉搏快而微弱，心跳急促；剧烈腹痛和下痢，有时尿闭；肌肉震颤；结膜发绀；重则卧地不起，角弓反张，瞳孔散大，昏迷，心力衰竭，呼吸麻痹而死亡。

2. 治疗

急性中毒：发病后立即用 5%亚硝酸钠溶液 40 mL 静脉注射，随后再用 5%硫代硫酸钠 100～200 mL 静脉注射。

慢性中毒：补充维生素 B_6，对症治疗。

3. 预防

亚麻籽饼经水浸泡后煮沸 10 min，消除毒性；用水处理（亚麻籽饼∶水＝1∶2）去除亚麻籽胶；亚麻籽饼应与其他饲料搭配，适当控制用量；最好饲喂半个月后停一段时间。

十、食盐中毒

食盐中毒（salt poisoning），以脑组织的水肿、变性乃至坏死和消化道的炎症为病理基础，并以突出的神经症状和一定的消化紊乱为其临床特征。本病可发生于各种动物，奶牛比较常见。

1. 病因

食盐中毒可发生于下列多种情况：误饮碱泡水、自流井水、油井附近的污染水；某些地区不得已用咸水（氯化钠咸水，含盐量可达 1.3%；重碳酸盐咸水，食盐量可达 0.5%）作为奶牛饮水；配料时误加过量食盐或混合不匀等。

奶牛食盐中毒量为 1.0～2.2 g/kg；致死量（成年中等个体）为 1 500～3 000 g。这些数值的变动范围很大，主要涉及饲料中的矿物质组成、饮水量以及机体总的水盐代谢状态。

全价饲养，特别是日粮中钙、镁等矿物质充足时，对过量食盐的敏感性大大降低，反之则敏感性显著增高。如犊牛的食盐通常致死量为 3.7～4.0 g/kg。钙、镁不足时，降为 1.5～2.5 g/kg。钙、镁充足时，升高到 6.0 g/kg。

饮水充足与否，对食盐中毒的发生具有决定性作用。食盐中毒的关键在于限制饮水。食盐中毒的原因，与其说是食盐过量，不如说是饮水不足。所以，笼统地讲食盐中毒和致死量而不注明饮水情况，是没有实际意义的。

机体水盐代谢的具体情况，对食盐耐受量也有影响，体液减少时，对食盐的耐受力降低，如高产奶牛在泌乳期对食盐的敏感性要比干乳期高得多；夏季炎热多汗，往往耐受不了本来在冬季能够耐受的食盐量等。

2. 症状

奶牛食盐中毒多为急性食盐中毒，主要表现为食欲废绝，烦渴贪饮，呕吐，腹痛，腹泻，粪便混有黏液或血液，也可出现视觉障碍，不全麻痹，球节挛缩等神经症状，接着卧地不起，多于 24 h 内死亡。

慢性食盐中毒的牛，见于以咸水为饮水的牛。主要表现食欲减退，体重减轻，脱水，体温低下，衰弱，有时腹泻，最后多死于衰竭。

3. 诊断

论证诊断依据包括过饲食盐和/或限制饮水的病史，暴饮后癫痫样发作等突出的神经症状，脑水肿、变性、软化坏死、嗜酸细胞血管套等病理形态学改变。必要时可做血清钠测定和嗜酸性粒细胞计数。

为确证诊断，可采取饮水、饲料、胃肠内容物，以及肝、脑等组织做氯化钠含量测定。肝和脑中的钠含量超过 1.50 mg/g，或氯化物含量超过 2.50 mg/g 和 1.80 mg/g，即可认为是食盐中毒。

4. 治疗

无特效解毒药。治疗要点是促进食盐排出，恢复阳离子平衡和对症处置。首先应立即停止喂饲含盐饲料及咸水而多次小量地给予清水。切忌猛然大量给水或任其随意暴饮，以免病情恶化。同群未发病的牛也不宜突然随意供水，否则会促使处于前驱期的钠潴留病牛大批暴发水中毒。为恢复血液中一价和二价阳离子的平衡，可静脉注射 5%葡萄糖酸钙液 200～400 mL 或 10%氯化钙液 100～200 mL。为缓解脑水肿，降低颅内压，可高速静脉注射 25%山梨醇液或高渗葡萄糖液；为促进毒物排出，可用利尿剂和油类泻剂。为缓和兴奋和痉挛发作，可用硫酸镁、溴化物等镇静解痉药。

十一、有机磷农药中毒

有机磷农药中毒（organophosphatic insecticides poisoning）是由于接触、吸入或误食某种有机磷农药所致，以体内胆碱酯酶钝化和乙酰胆碱蓄积为毒理学基础，以胆碱能神经效应为临床特征。

1. 病因

有机磷农药不少于百种，按毒性大小分为 3 类：剧毒类，包括甲拌磷（即 3911）、硫特普（苏化 203）、对硫磷（1605）、内吸磷（1059）等；强毒类，包括敌敌畏（DDVP）、甲基内吸磷（甲基 1059）等；低毒类，包括乐果、马拉硫磷（4049）、敌百虫等。引起家畜中毒的，主要是甲拌磷、对硫磷和内吸磷，其次是乐果、敌百虫和马拉硫磷。

有机磷农药可经消化道、呼吸道或皮肤进入机体而引起中毒。发生于下列情况。

误食撒布有机磷农药的青草或庄稼，误饮撒药地区附近的地表水；配制或撒布药剂时，粉末或雾滴沾染附近或下风方向的牛舍、牛场、草料及饮水，被奶牛舔吮、采食或吸入；误用配制农药的容器当作饲槽或水桶而饮喂奶牛；用药不当，如滥用有机磷农药治疗外寄生虫病，超量灌服敌百虫驱除胃肠寄生虫。

有机磷农药的毒理主要涉及胆碱酯酶、胆碱能神经以及胆碱反应系统。

有机磷化合物吸收后，能与胆碱酯酶结合，形成比较稳定的磷酰化胆碱酯酶而失去分解乙酰胆碱的能力，结果体内胆碱酯酶的活性显著下降，乙酰胆碱在胆碱能神经末梢和突触部大量蓄积，持续不断地作用于胆碱能受体，出现一系列胆碱反应系统机能亢进的临床表现，包括毒蕈碱样、烟碱样以及中枢神经系统症状，如虹膜括约肌收缩使瞳孔缩小；支气管平滑肌收缩和支气管腺体分泌增多，导致呼吸困难，甚至发生肺水肿；胃肠平滑肌兴奋，表现腹痛不安，肠音强盛，不断腹泻；膀胱平滑肌收缩，造成尿失禁；汗腺和唾液腺分泌增加，引起大出汗和流涎；骨骼肌兴奋，发生肌肉痉挛，最后陷于麻痹；中枢神经系统，则是先兴奋后抑制，甚至发生昏迷。

上述胆碱酯酶钝化机理，是有机磷中毒的共同机理和主要机理，但不是唯一机理。不同有机磷农药还各有一定的独特性毒作用。某些有机磷农药对中枢神经系统、神经节和效应器官可能有直接作用，而且对三磷酸腺苷酶、胰蛋白酶以及其他一些酯酶可能也呈抑制作用。

2. 症状

由于有机磷农药的毒性、摄入量、进入途径以及机体的状态不同，中毒的临床症状和发展经过也多种多样。但除少数呈闪电型最急性经过，部分呈隐袭型慢性经过外，大多取急性经过，于吸入、吃进或皮肤沾染后数小时内突然发病。

（1）神经系统症状。病初精神兴奋，狂暴不安，向前猛冲，向后暴退，无目的地奔跑，以后高度沉郁，甚而倒地昏睡。瞳孔缩小，严重的几乎成线状。肌肉痉挛是早期的突出症状，一般从眼睑、颜面部肌肉开始，很快扩延到颈部，躯干部乃至全身肌肉，轻则震颤，重则抽搐，往往呈侧弓反张和前弓反张，也有后弓反张的。四肢肌肉阵挛时，病畜频频踏步（站立状态下）或做游泳样动作（横卧状态下）。头部肌肉阵挛时，可伴有耍舌头（舌频频伸缩）和眼球震颤。

（2）消化系统症状。口腔湿润或流涎，食欲大减或废绝，腹痛不安，肠音高朗连绵，不断排稀水样粪，进而排粪失禁，有时粪内混有黏液或血液。重症后期，肠音减弱或消失，并伴发肠臌胀。

（3）全身症状。首先在胸前、会阴部及阴囊周围出汗，以后全身汗液淋漓。体温多升高，呼吸困难明显。严重病例心跳急速，脉搏细弱而不感于手，往往伴发肺水肿，有的窒息而死。

（4）血液中胆碱酯酶活力。一般均降到50%以下。严重的中毒，则降到30%以下。

轻症病例，只表现流涎，肠音增强，局部出汗以及肌肉震颤，经数小时即自愈。重症病例，多继发肺水肿或呼吸衰竭，而于当天死亡；耐过24 h以上的，多有痊愈希望，完全康复常需数日之久。

3. 诊断

主要根据接触有机磷农药的病史，胆碱能神经兴奋效应为基础的一系列临床表现，包括流涎、出汗、肌肉痉挛、瞳孔缩小、肠音强盛、排粪稀软、呼吸困难等。进行全血胆碱酯酶活力测定，则更有助于早期确立诊断。必要时应取可疑饲料或胃内容物作为检样，送交有关单位进行有机磷农药等毒物检验。紧急时可进行阿托品治疗性诊断，皮下注射或肌内注射常用剂量的阿托品，如是有机磷中毒，则在注射后30 min内心率不加快，原心率快者反而减慢，毒蕈碱样症状也有所减轻。否则很快出现口干、瞳孔散大、心率加快等现象。

4. 治疗

（1）急救原则。首先立即实施特效解毒，然后尽快除去尚未吸收的毒物。

（2）实施特效解毒。应用胆碱酯酶复活剂和乙酰胆碱对抗剂，双管齐下，疗效确实。胆碱酯酶复活剂可使钝化的胆碱酯酶复活，但不能解除毒蕈碱样症状，难以救急；阿托品等乙酰胆碱对抗剂可以解除毒蕈碱样症状，但不会使钝化的胆碱酯酶复活，不能治本。因此，轻度中毒可以任选其一，中度和重度中毒则以两者合用为好，可互补，增强疗效，且阿托品用量相应减少，毒副作用得以避免。

① 胆碱酯酶复活剂。常用的有解磷毒（派姆，PAM）、氯磷定（PAM-Cl）、双解磷、双复磷等。解毒作用在于能与磷酰化胆碱酯酶的磷原子结合，形成磷酰化解磷毒等，从而使胆碱酯酶游离而恢复活性。胆碱酯酶复活剂用得越早，效果越好。否则失活的胆碱酯酶老化，很难复活。解磷毒和氯磷定用量为10～30 mg/kg，以生理盐水配成2.5%～5%溶液，缓慢静脉注射，以后每隔2～3 h注射1次，剂量减半，直至症状缓解。双解磷和双复磷的剂量为解磷毒的一半，用法相同。双复磷能通过血脑屏障，对中枢神经中毒症状的缓解效果更好。

② 乙酰胆碱对抗剂。常用的是硫酸阿托品。它能与乙酰胆碱竞争受体，阻断乙酰胆碱的作用。阿托品对解除毒蕈碱样症状效果最佳，消除中枢神经系统症状次之，对呼吸中枢抑制也有疗效，但不能解除烟碱样症状。再者，阿托品是竞争性对抗剂，必须超量应用，达到阿托品化（atropinization），方可取得确实疗效。硫酸阿托品的一次用量，牛为0.25 mg/kg，皮下注射或肌内注射。重度中毒，以其1/3量混于葡萄糖盐水内缓慢静脉滴注，另2/3量作皮下注射或肌内注射。经1～2 h症状未见减轻的，可减量重复应用，直到出现所谓阿托品化状态。阿托品化的临床标准是口腔干燥、出汗停止、瞳孔散大、心跳加快等。阿托品化之后，应每隔3～4 h皮下注射或肌内注射一般剂量阿托品，以巩固疗效，直至痊愈。在实施特效解毒的同时或稍后，采用除去未吸收毒物的措施。经皮肤沾染中毒的，用5%石灰水、0.5%氢氧化钠液或肥皂水洗刷皮肤；经消化道中毒的，可用2%～3%碳酸氢钠液或食盐水洗胃，并灌服活性炭。

（3）注意。敌百虫中毒不能用碱水洗胃和洗被药沾污的皮肤，否则会转变成毒性更强的敌敌畏。

十二、有机硫杀菌剂中毒

有机硫杀菌剂中毒（organosulphur fungicides poisoning）是奶牛误食有机硫杀菌剂而引起的中毒。

1. 病因

有机硫杀菌剂是一种高效低毒，广泛用于防治植物病害的杀菌剂，在代替铜、汞制剂农药防治农作物病害方面起着重要作用。一些杀菌剂的溶剂或载体也有毒，如二硫化碳、四氯化碳、二溴乙烷、甲醛、石油醚和二氧化硫等挥发性化合物。畜舍邻近这类化合物，有可能遭受其挥发性载体的毒害作用。有机硫杀菌剂，对人畜毒性较大者，主要有“代森”类、“福美”类和敌克松等制剂。常见的中毒原因是管理和使用不善，造成牲畜误食；或因投毒破坏；偶见因牲畜大量偷食施放有机硫杀菌剂不久的农作物、蔬菜而发生中毒。

2. 症状

牲畜食入一定量的这类杀菌剂后，表现呕吐、腹泻和程度不同的腹痛症状。随着毒物的吸收，引起呼吸和循环衰竭，呼吸抑制，血压下降。后期可导致肝、肾功能障碍。预后多半不良。

3. 防治

预防本病的根本措施，在于严格遵守农药管理、使用制度。注意用药浓度、方法和操作规程，严禁滥用。防止牲畜偷食、误食施放农药不久的农作物、蔬菜。皮肤或黏膜沾染时，用温水清洗即可。经消化道中毒的病例，为及早排出毒物，可采用催吐法、洗胃法（用温水，或1∶2 000高锰酸钾溶液）和泻法（禁用油类泻剂）；并施行对症治疗，禁用酊剂和醑剂。

十三、五氯酚除草剂中毒

五氯酚除草剂中毒（pentachlorophenol poisoning）是因动物误食或接触五氯酚（PCP）而引起的疾病。五氯酚有关的化合物很多，应用范围很广，现已作为杀真菌剂、杀菌剂、灭螺剂和落叶剂，用于木材、纺织、食品、制革、橡胶、染料、木制包装容器和黏合剂等方面。五氯酚对人畜均有毒性。

1. 病因

五氯酚可经消化道、呼吸道和完整的皮肤进入机体。动物中毒多因舐食用五氯酚处理的木材，食入或饮入五氯酚污染的饲料或饮水而引起。动物长期处于以高浓度五氯酚处理的谷仓、货棚中，也可因透过皮肤渗入或吸入挥发的五氯酚气体而引起中毒。

家畜口服或皮肤接触五氯酚的 LD_{50}，一般为 100～200 mg/kg。

许多因素能影响五氯酚的毒性：高温环境，身体活动过剧，体况不佳，油和有机溶媒，既往接触过此类毒物以及甲状腺机能亢进，均可增强其毒性作用。

进入机体的五氯酚，起着解偶联剂的作用，使氧化磷酸化过程失调，产生可逆性的“生化病灶”，一系列的中毒反应即由此而来。五氯酚，作为解偶联剂，阻滞由 ADP 生成 ATP，而氧化作用仍照常进行，致使 ADP 浓度增加，生物氧化加速，细胞耗氧量增加，作为底物的 ADP 进一步推动细胞线粒体的电子传递链（ETC），大部分被释放的能量以体热的形式散发出来。ETC 反应越强，氧耗越多，储存能量耗竭，动物即表现喘促和衰弱，同时“闷”于自身的体热中。

五氯酚可使大脑充血水肿、神经节细胞核发生凝固、萎缩以及体温调节中枢机能障碍。机体因乏氧和“过热”而死亡。

2. 症状与诊断

一次食入大量五氯酚，可不显前驱症状即突然死亡。吸入大量五氯酚，可致咳嗽，流浆性鼻液，呼吸困难，听诊有啰音。若长期而大量地接触，可引起接触性皮炎。同时表现结膜潮红、流泪。

口服中毒的病牛，精神沉郁、面部发绀、流泪、流涎、磨牙、翘鼻皱唇、吼叫、呼吸困难。有时兴奋不安、前冲或转圈、视力迅速减退。病畜咬肌痉挛、吞咽困难、胃肠蠕动极弱、粪便稀软并有多量黏液。严重中毒，口渴、出汗、尿少、心动过速、后躯麻痹、卧地难起、体温升高、脱水、血糖及尿糖升高。损及肾则有蛋白尿和血中非蛋白氮升高。

慢性中毒，表现贫血。五氯酚在血中浓度达 40～80 mg/L 时出现症状，血中浓度达 100 mg/L 和组织浓度达 200 mg/L 时死亡。死后数分钟即尸僵。

3. 防治

（1）治疗。无特效解毒药，可对症处理。

① 药物接触皮肤时，可用肥皂水清洗。

② 口服中毒之初，可用 5%碳酸氢钠溶液洗胃，后用盐类泻剂导泻。静脉注射硫代硫酸钠溶液。

③ 立即输氧。

④ 静脉输入葡萄糖和电解质溶液，以制止代谢性酸中毒和脱水。伴有严重肺水肿和肾功能衰竭的，不宜大量、快速输液。

⑤ 为解除高热不退和降低代谢率，可浇冷水，头部置冰袋；注射甲基硫氧嘧啶或吩噻嗪。

（2）预防。

① 施用过五氯酚的地区禁牧 10 d 以上，并不得用该地植被作饲料。

② 不应在饮用水源处施用五氯酚。

③ 勿用新近以过量五氯酚处理的木制围栏圈养牛。

十四、铅中毒

铅中毒（lead poisoning）是动物中最常见的一种矿物质或重金属中毒病。各种畜禽均可发生，奶牛比较多见。

1. 病因

牛尤其犊牛的铅中毒，多起因于舔食旧油漆木器上剥落的颜料和咀嚼蓄电池等各种含铅的废弃物。

铅矿、炼铅厂排放的废水和烟尘污染附近的田野、牧地、水源，机油、汽油燃烧产生的含铅废气污染公路两旁的草地和沟水，是动物铅中毒的常见原因。

奶牛急性中毒量：犊牛 400～600 mg/kg，成牛 600～800 mg/kg。

奶牛慢性中毒日摄量：6～7 mg/kg。

铅在消化道内形成不溶性铅复合物，仅有 1%～2%被吸收，绝大部分随粪便排出。吸收的铅，一部分随胆汁、尿液和乳汁排泄；另一部分沉积在骨骼、肝、肾等组织中。

铅的毒性主要表现在 4 个方面：铅脑病（lead encephalopathy）、胃肠炎、外周神经变性和贫血。

铅中毒致发贫血，基于红细胞寿命缩短和血红素合成障碍。铅能抑制血红素合成所需的两种酶：δ-氨基乙酰丙酸脱水酶（ALA-D）和铁螯合酶（ferrochelatase），导致铁利用性贫血。

2. 症状

以流涎、腹泻、腹痛等胃肠炎症状，兴奋躁狂、感觉过敏、肌肉震颤、痉挛、麻痹等神经症状（铅脑病）以及铁利用性贫血为其临床特征。各种动物的具体铅中毒症状，因病程类型不同而不同。

牛铅中毒有急性和亚急性两种病程类型。前者多见于犊牛，后者多见于成年牛。

（1）急性铅中毒。主要表现铅脑病症状。病牛兴奋以致狂躁，头抵障碍物，冲向围栏，试图爬墙，甚至攻击人畜。视觉障碍以致失明。对触摸和声音等感觉过敏，诱发肌肉震颤，头面部小肌肉尤为突出，如轧齿空嚼（咀嚼肌阵挛）、口吐白沫、频频眨眼（眼睑肌阵挛）和摆耳（耳肌阵挛）、眼球震颤（眼肌阵挛）。步态僵硬、蹒跚，间歇发作强直性阵挛性惊厥，直至死亡，病程 12～36 h（图 12 - 42）。

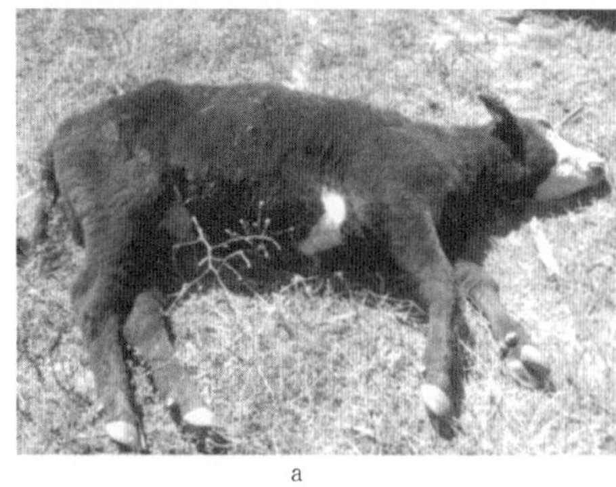
a

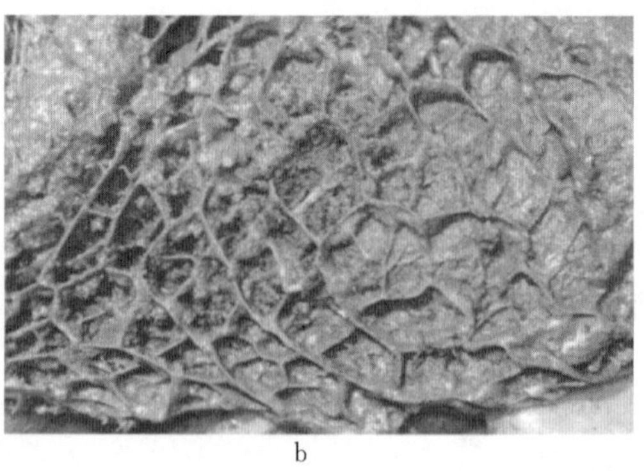
b

图 12 - 42 犊牛铅中毒

a. 断奶犊牛铅中毒死亡 b. 网胃中有蓄电池，导致铅残留

（2）亚急性铅中毒。除上述铅脑病的表现外，胃肠炎症状更为突出。病牛精神大多极端沉郁，长时间呆立，不食不饮，前胃迟缓，腹痛，便秘然后腹泻，排恶臭的稀粪。病程 3～5 d。

检验所见：小细胞低色素型贫血的各项指征；循环血中网织红细胞增多，出现嗜碱性点彩（basophilic stippling）红细胞。骨髓内铁粒幼细胞（hemosiderocyte）增多，红细胞系增生活跃。血液中

δ-氨基乙酰丙酸脱水酶活性降低，尿液中δ-氨基乙酰丙酸含量升高。

3. 诊断

论证诊断依据包括长期小量或一次大量的铅接触摄入病史，铅脑病、胃肠炎、铁利用性贫血、外周神经麻痹组成的临床综合征；血液内嗜碱性点彩红细胞出现以及骨髓内铁粒幼细胞增多、血液中δ-氨基乙酰丙酸脱水酶活性低下、尿液中δ-氨基乙酰丙酸含量增多等血红素合成障碍的各项检验证据。

确诊必须依靠血、毛、组织的铅测定。血铅含量>0.35 mg/L以至1.2 mg/L（正常为0.05～0.25 mg/L）；毛铅含量可达88 mg/L（正常为0.1 mg/L）；肾皮质铅含量可超过25 mg/kg（湿重），肝铅含量超过10～20 mg/kg（湿重），有的可达40 mg/kg（正常肾、肝铅含量低于0.1 mg/kg），网胃中有蓄电池导致铅残留（图12-42b）。

在鉴别诊断上，应注意区分显现脑症状的各种类症，如脑炎、脑软化、维生素A缺乏症、低镁血搐搦，以及汞中毒、砷中毒和雀稗麦角（claviceps paspali）中毒等。

4. 防治

（1）治疗。急性铅中毒，常来不及救治而迅速死亡。发现较早时，可采取催吐、洗胃（用1%硫酸镁或硫酸钠液）、导泻（硫酸镁或硫酸钠）等急救措施，以促进毒物排出，并用特效解毒药实施驱铅疗法。

慢性铅中毒，可使用特效解毒药实施驱铅疗法。乙烯二胺四乙酸二钠钙（$CaNa_2EDTA$），即依地酸二钠钙或维尔烯酸钙（calcium versenate），剂量为110 mg/kg，配成12.5%溶液或溶于5%葡萄糖盐水100～500 mL，静脉注射，每天2次，连用4 d为一疗程。休药数日后酌情再用。同时，适量灌服硫酸镁等盐类缓泻剂，有良好效果。

（2）预防。防止动物接触铅涂料。严禁在铅尘污染的厂矿区周围及公路两旁放牧。

十五、氟中毒

氟中毒（fluorine poisoning）又称氟病（fluorosis），是长期连续摄入超过安全限量的少量无机氟化物引起的一种以骨、牙病变为特征的中毒病，常呈地方性群发。各种家畜均可发生，奶牛尤为敏感。

1. 病因

（1）工业氟污染。利用含氟矿石作为原料或催化剂的工厂（磷肥厂、钢铁厂、炼铝厂、陶瓷厂、玻璃厂、氟化物厂等），未采取除氟措施，随“三废”排出的氟化物常污染周围空气、土壤、牧草及地表水，其中含氟废气与粉尘污染较广，危害最大。

（2）地方性高氟。地方性高氟也称自然高氟，是岩石、土壤、饮水中含氟量高，形成地方性高氟区，致发家畜的慢性氟中毒，称地方性氟病。

植物从土壤中吸收的氟主要累积于根部，自然高氟区生长的植物，被人、畜食用的部分，虽然含氟量有所增加，在中毒病因上也起一定的作用，但不同于工业污染区，饮水是地方性氟病更为重要的毒源。

（3）长期饮喂未经脱氟的矿物质添加剂。如过磷酸钙、天然磷灰石等，也可致病。

氟对机体的毒性作用是多方面的。氟主要在硬组织中潴留。慢性氟中毒时，骨、牙最易受到损害。严重中毒时，成釉质细胞坏死，造釉停止，导致釉质缺损，形成发育不全的斑釉（氟斑牙）（图12-43）。

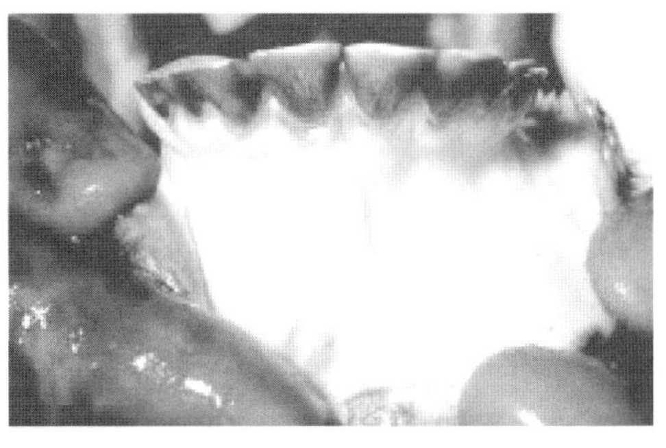

图12-43 奶牛氟中毒后出现的氟斑牙

2. 症状

常呈地方性群发，当地出生的放牧家畜发病率最高。病畜异嗜，生长发育不良，骨、牙的病变及其引起的一系列症状最为突出，且随年龄的增长而加重。氟病很难自愈。

（1）乳齿。一般无明显变化。

（2）恒齿。切齿唇面釉质粗糙少光泽，呈白垩状，并附有黄色、黄褐色以致黑色的牙垢。牛在釉面上出现黄色、褐色或黑色的凹陷斑（斑釉质）；普遍过度磨损，有些还显齿列不齐。严重者硬度较强的牙（长牙）可把对应的硬度低的牙（短牙）磨至牙龈，刺伤口腔黏膜。

有些病例，可见个别臼齿脱落，有的发生齿槽骨膜炎。

由于牙齿受损，病牛咀嚼发生障碍，出现齿间蓄草或吐草团的现象，病牛日渐消瘦，最终衰竭而死亡。

（3）骨骼变化。下颌肥厚，常有骨赘，有些病例面骨也肿大，肋骨上出现局部硬肿。病牛喜卧，出现跛行。管骨变粗，常有骨赘；腕关节或跗关节硬肿，患肢僵硬，蹄尖磨损。有的蹄匣变形，重症起立困难。有的病例，可见盆骨和腰椎变形，易发生骨折。

（4）X线检查。牛骨氟高于4 000 mg/kg，X线可见明显变化：骨密度增大，骨外膜呈羽状增厚，骨密质增厚，骨髓腔变窄。奶牛尾骨变形，最后1～4尾椎密度减低或被吸收，个别牛可见尾椎陈旧性骨折。

3. 诊断

根据骨、牙体症及流行病学特点，可做出初步诊断。

为了确诊，查清氟源与确定病区，应进行牛体及外环境含氟量的检测。

（1）骨氟。骨氟是目前诊断氟病的重要指标，生前可取一小段肋骨作为检样。动物的骨氟随年龄增长而累积，一般认为老龄动物的骨氟在1 600 mg/kg以下（脱脂干重）。

经测试，奶牛正常骨氟：2岁为401～714 mg/kg，4～6岁为653～1 138 mg/kg。

奶牛骨氟超过1 000 mg/kg，可作为氟病的诊断指标。达3 000 mg/kg以上的，为明显氟病的指征。这一标准适用于恒齿生长期奶牛，对老龄奶牛还得具体分析。

（2）尿氟。反映体内氟状态的指标之一，但易受摄氟量的影响而波动。一般将尿氟超过15 mg/L作为诊断氟病的参考指标。

（3）毛氟与爪氟。我国学者对毛氟、爪氟的诊断价值进行了探讨，测得健康黄牛毛氟为87.4(9.15～165.5)mg/kg。初步认为，毛氟达到182.3 mg/kg，即可作为诊断氟病的参考指标。

毛氟与骨氟呈低度正相关，爪氟与骨氟呈高度正相关，是值得进一步研究的氟病诊断指标。

（4）牧草、饲料氟。牧草、饲料的含氟安全量，各国规定不一。试验表明，牛饲料的氟允许量：全年月均值低于40 mg/kg和60 mg/kg的，连续采食不得超过2个月；80 mg/kg不得超过1个月。牧草含氟40 mg/kg作为诊断氟病的指标之一。污染区牧草含氟基准值为全年月均值30 mg/kg。月均值连续3个月超过30 mg/kg，可作为诊断氟病的指标。

（5）饮水氟。一般认为，饮水含氟量超过4 mg/L（也有人主张2 mg/L），可作为家畜地方性氟病的重要诊断指标。

工业污染区地表死水含氟量高。如无自然高氟并存，井水含氟量一般不高。

（6）大气氟。石灰滤纸法采样，非污染区应低于1 μg/（dm^2·d）（每天每平方分米滤纸含氟1 μg)。《包头市实施大气氟化物排放许可证管理办法》规定：大气氟化物标准浓度限值为植物生长季节各月平均1.2 μg/（dm^2·d)，作为基本控制牧区家畜氟病的大气质量要求。

为了确定污染源与污染范围，以可疑氟源为起点，顺主风向由近而远设点，采集牧草及大气样品进行测试，根据含氟量随氟源距离缩小呈梯度增加的特点，确定排氟源与污染范围。污染源与病区之间若有山相隔，则应沿山沟采样，因大气氟可借管道效应，沿山沟扩散。

4. 防治

（1）治疗。首先要停止摄入高氟牧草或饮水。移至安全区放牧是最经济的有效方法，并给予富含维生素的饲料及矿物质添加剂。修整牙齿。对跛行病牛，可静脉注射葡萄糖酸钙。

（2）预防。

① 工业氟污染区。根本措施是将排氟量控制在安全限量以下。在一时难以消除污染的地区，为了减轻污染造成的损失，应采取综合治理。查清污染程度及范围，按牧草含氟年月均值划分为重度污染区（60 mg/kg 以上）、高氟区（30～60 mg/kg）及安全区（30 mg/kg 以下），以便合理利用草场。建立畜群草库，多收获青干草，留作枯草期补饲，以减少采食高氟枯草的量。这些预防措施对保护和发展氟污染区畜牧业已收到显著的经济效益和社会效益。至于在污染区如何饲养奶牛，尚待研究。

② 自然高氟区。关键措施是改饮低氟水：从安全区引入低氟水；在我国北方可打深井，要注意防止浅层高氟水流入深层水中；在缺乏改水条件的地区，可用活性氧化铝、明矾或熟石灰除氟，降低饮水含氟量。一些学者先后采用蛇纹石、骨粉及钙、铝、硼、硒等制剂，在污染区进行药物预防试验，效果均不明显。

第十节　寄生虫病与皮肤病

按照寄生虫分类，奶牛寄生虫病主要分为奶牛蠕虫病、奶牛蜘蛛昆虫病和奶牛原虫病 3 类。奶牛蠕虫病包括肝片吸虫病、日本分体吸虫病（日本血吸虫病）、胃肠道线虫病；奶牛蜘蛛昆虫病主要包括蜱病、螨病、牛皮蝇蛆病等；奶牛原虫病包括弓形虫病、新孢子虫病、牛胎毛滴虫病、巴贝斯虫病、泰勒虫病、胎儿毛滴虫病、隐孢子虫病、牛球虫病、附红细胞体病。这些寄生虫病不仅危害奶牛的健康，而且影响奶牛的生产性能。皮肤病包括皮肤真菌病和皮肤肿瘤。

一、寄生虫病

（一）蠕虫病

1. 肝片吸虫病

奶牛肝片吸虫病由片形科（Fasciolidae）、片形属（*Fasciola*）的肝片形吸虫（*Fasciola hipatica*）寄生于牛肝胆管中所引起的疾病。本虫能引起肝炎和胆管炎，并伴有全身性中毒现象和营养障碍，可引起大批死亡。在其病程中，可使奶牛瘦弱、发育障碍、产奶量减少。肝片形吸虫的主要中间宿主为小土窝螺（*Galba pervia*），还有斯氏萝卜螺（*Radix swinhoei*）。肝片形吸虫是世界性分布，但多呈地区性流行。

（1）病因。肝片形吸虫寄生于动物肝胆管内，产出的虫卵随胆汁入肠腔，经粪便排出体外。牛、羊吞食了含囊蚴的水或草而感染。

肝片形吸虫以血液、胆汁和细胞为其营养，为慢性病例营养障碍、贫血、消瘦的原因之一。

（2）症状。轻度感染往往不表现症状。感染数量多时（牛约 250 条成虫，羊约 50 条成虫）则表现症状，但幼畜即使轻度感染也可能表现症状。临床上一般可分为急性型和慢性型两种类型。

牛多呈慢性经过，犊牛症状明显，成年牛一般不明显。如果感染严重，营养状况欠佳，也可能引起死亡。病牛逐渐消瘦，被毛粗乱，易脱落，食欲减退，反刍异常，继而出现周期性瘤胃臌胀或前胃弛缓、下痢、贫血、水肿、奶牛不孕或流产。奶牛产奶量下降、质量差，如不及时治疗，可因恶病质而死亡。

(3) 诊断。根据临床症状、流行病学资料，粪便检查发现虫卵和死后剖检发现虫体等进行综合判定，不难确诊。但仅见少数虫卵而无症状出现，只能视为“带虫现象”。粪便检查虫卵，可用水洗沉淀法，或锦纶筛集卵法，虫卵易于识别。

(4) 防治。

① 治疗。治疗肝片吸虫病时，不仅要进行驱虫，而且应该注意对症治疗。治疗的药物较多，各地可根据药源和具体情况加以选用。

a. 硫双二氯酚（bithond，bitin，别丁）。对畜禽的多种吸虫和绦虫有驱除作用，为目前较为理想的广谱驱虫药。按每千克体重 40～50 mg，口服。有消化道疾病或其他严重疾病的牛不宜使用此驱虫药。

b. 丙硫咪唑（albendazole）。剂量为牛每千克体重 20～30 mg，一次口服。本药不仅对成虫有效，而且对童虫也有一定的功效。

c. 硝氯酚（niclofolan bilevon bayer 9015）。粉剂，口服剂量为牛每千克体重 3～4 mg；针剂，剂量为牛每千克体重 0.5～1.0 mg，深部肌内注射。适用于慢性病例，对童虫无效。

d. 碘醚柳胺（rafoxanide，重碘柳胺）。本药可杀灭 99%以上的肝片形吸虫成虫和 98%的 6 周龄童虫，还可以杀灭 50%以上的 4 周龄童虫。此药对矛形双腔吸虫也有一定效果。口服，牛每次每千克体重 7～12 mg。

e. 氯氰碘柳胺钠（closantel sodium，佳灵三特、富基华）。5%氯氰碘柳胺钠注射液皮下（肌内）注射，牛每次每千克体重 2.5～5 mg。5%氯氰碘柳胺钠悬浮液，口服，牛每次每千克体重 5 mg，氯氰碘柳胺钠片（0.5 g）口服剂量同悬浮液。

f. 三氯苯唑（triclabendazole，肝蛭净）。为新型苯并咪唑类驱虫药，对各种日龄的肝片形吸虫均有明显杀灭效果。口服，牛每次每千克体重 12 mg。

g. 溴酚磷散剂。每克含溴酚磷 240 mg，口服，每次每千克体重 12 mg（指溴酚磷含量）。溴酚磷片，每片含溴酚磷 240 mg，用量同散剂。

② 预防。应根据流行病学特点，采取综合防治措施。

a. 定期驱虫。驱虫的时间和次数可根据流行区的具体情况而定。在我国北方地区，每年应进行两次驱虫：一次在冬季；另一次在春季。南方因终年放牧，每年可进行 3 次驱虫。急性病例可随时驱虫。在同一牧地放牧的动物最好同时驱虫，尽量减少感染源。家畜的粪便，特别是驱虫后的粪便应堆积发酵产热而杀死虫卵。

b. 消灭中间宿主。灭螺是预防肝片吸虫病的重要措施。可结合农田水利建设，草场改良，填平无用的低洼水潭等措施，以改变螺的滋生条件。此外，还可用化学药物灭螺，如施用 1∶50 000 的硫酸铜、2.5 mg/L 的血防 67 及 20%的氯水均可达到灭螺的效果。如牧地面积不大，也可饲养家鸭，消灭中间宿主。

c. 加强卫生管理。选择在高燥处放牧，牛的饮水最好用自来水、井水或流动的河水，并保持水源清洁，以防感染。从流行区运来的牧草须经处理后，再饲喂舍饲的牛。

2. 日本分体吸虫病（日本血吸虫病）

日本分体吸虫病又称日本血吸虫病，是由分体科（Schistosomatidae）、分体属（*Schistosoma*）日本分体吸虫（*Schistosoma japonicum*）寄生于人和牛、羊、猪、犬、啮齿类及一些野生哺乳动物的门静脉系统的小血管内所引起的，是一种危害严重的人兽共患寄生虫病。本病广泛分布于我国长江流域 13 个省份。

(1) 病因。日本分体吸虫为雌雄异体，虫体线虫样。雄虫短粗，雌虫细长，雄虫乳白色，大小为(10～20)mm×(0.5～0.55)mm（图 12-44）。

日本分体吸虫的发育必须通过中间宿主钉螺，否则不能发育、传播。人和动物的感染是与所在生

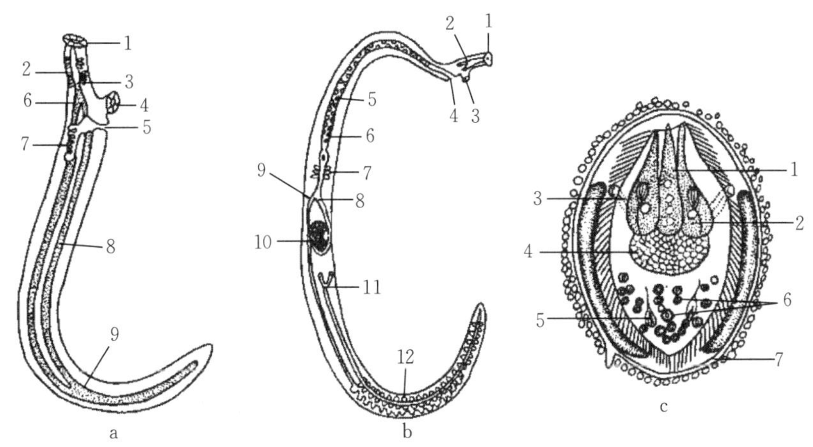

图 12-44　日本分体吸虫雌、雄虫及虫卵结构

a. 雄虫　1. 口吸盘　2. 食道　3. 腺群　4. 腹吸盘　5. 生殖孔　6. 肠管　7. 睾丸　8. 肠管　9. 合一的肠管

b. 雌虫　1. 口吸盘　2. 肠管　3. 腹吸盘　4. 生殖孔　5、6. 虫卵与子宫　7. 梅氏腺　8. 输卵管　9. 卵黄管　10. 卵巢　11. 肠管合并处　12. 卵黄腺

c. 虫卵　1. 头腺　2. 穿刺腺　3. 神经突　4. 神经元　5. 焰细胞　6. 胚细胞　7. 卵膜

产和生活活动过程中接触含有尾蚴的疫水有关，如耕牛下水田耕作或放牧时接触“疫水”而遭感染。感染途径主要是经皮肤感染，还可通过吞食含尾蚴的水、草经口腔黏膜感染，以及经胎盘感染。

(2) 症状。日本分体吸虫病以犊牛和犬的症状较重。一般来讲，黄牛症状较水牛明显，小牛症状较大牛明显。

临床上有急性和慢性之分，以慢性为常见。黄牛或水牛犊大量感染时，常呈急性经过。首先表现食欲不振，精神不佳，体温升高，可达 40～41 ℃以上，行动缓慢，呆立不动，以后严重贫血，因衰竭而死亡。慢性型的病牛表现有消化不良，发育缓慢，往往成为侏儒牛。病牛食欲不振，下痢，粪便含黏液、血液，甚至块状黏膜，有腥恶臭和里急后重现象，甚至发生脱肛、肝硬化、腹水。母牛往往不孕或流产等。

少量感染时，一般症状不明显，病程多取慢性经过，特别是成年水牛，虽诊断为阳性病牛，但在外观上并无明显表现而成为带虫牛。

尸体消瘦、贫血，皮下脂肪萎缩；腹腔内常有多量积液。

(3) 诊断。在流行区，根据临床表现和流行病学资料分析可做出初步诊断，但确诊要靠病原学检查和血清学试验诊断。

病原学检查最常用的方法是虫卵毛蚴孵化法。含毛蚴的虫卵，在适宜的条件下，可短时间内孵出，并在水中呈特殊的游动姿态。其次是沉淀法，经改进为尼龙绢袋集卵法。尼龙绢袋孔径小于虫卵，在冲洗过程中虫卵不会漏在袋外，全集中于袋上。其优点是省时、省水、省器械等。这两种方法相比，孵化法检出率稍高，但它又不能替代沉淀法，最好两法结合进行。近年来，已将免疫学诊断法应用于生产实践，如环卵沉淀试验、间接血球凝集试验和酶联免疫吸附试验等。其检出率均在 95%以上，假阳性率在 5%以下。

(4) 防治。

① 治疗。目前常用的治疗日本分体吸虫病的药物有：

a. 硝硫氰胺（amoscanate，7505）。对黄牛、水牛的剂量为每千克体重 60 mg，一次口服。奶牛可参考此剂量。

b. 敌百虫。水牛剂量为每千克体重 75 mg，5 d 分服，每天 1 次。粉剂用冷水配成 1%～2%的溶液灌服，现用现配。片剂可直接投服。奶牛可参考此剂量。

c. 吡喹酮。剂量为黄牛或水牛均用每千克体重 30 mg；犊牛为每千克体重 25 mg，均为一次口服。牛体重以 400 kg 为限，最大剂量为 10 g。

d. 六氯对二甲苯（hexachloroparaxylene，血防 846）：

新血防片（含量 0.25 g）：应用于急性期病牛，剂量为每千克体重 100～200 mg，每天口服，连用 10 d 为一疗程。

血防 846 油溶液（含量 20%）：剂量为牛每千克体重 40 mg，每天注射，5 d 为一疗程，半个月后可重复治疗。遇药物副反应时，应及时采用对症治疗。

② 预防。日本分体吸虫病的预防要采取综合性措施，要人、畜同步防治，除积极查治病畜、病人及控制感染源外，还须加强粪便和用水管理、安全放牧和消灭中间宿主钉螺等。应结合农业生产，采用适合当地习惯的积肥方式，将牛粪堆积或池封发酵，或推广用粪便生产沼气等方法，以杀灭虫卵；管好水源，防止粪尿污染，耕牛用水必须选择无螺水源或钉螺已消灭的池塘，实行专塘用水。疫区的牛应实行安全放牧，建立安全放牧区：

a. 必须在没有钉螺的山坡、丘陵和水淹不到的地方放牧。

b. 水网和湖沼地区应在灭尽钉螺之地放牧。

c. 草滩集体放牧时，牛只应在距水界 10 m 以外的草滩上放牧；对有钉螺的地带应根据钉螺的生态学特点，结合农田水利基本建设采用土埋、水淹和水改旱、饲养水禽等方法灭螺。更常用的方法是化学灭螺，如用五氯酚钠、氯硝柳胺、茶子饼、生石灰及溴乙酰胺等灭螺。

3. 胃肠道线虫病

胃肠道线虫病包括犊新蛔虫病、毛圆线虫病、牛仰口线虫病和食道口线虫病。

(1) 犊新蛔虫病。犊新蛔虫病（calves ascariasis）的病原体为弓首科新蛔属的牛新蛔虫（*Neoascaris vitulorum*），寄生于初生犊牛的小肠内，引起肠炎、腹泻、腹部膨大和腹痛等症状。此病分布很广，遍及世界各地，我国多见于南方各省的犊牛，初生牛大量感染时可引起死亡，对养牛业危害很大。牛新蛔虫（*Neoascaris vitulorum*）近年来改称牛弓首蛔虫（*Toxocara vitulorum*）。

① 病因。牛新蛔虫的感染取胎内感染和乳汁感染方式。成虫只寄生于 5 个月龄以内的犊牛小肠内，雌虫产卵，随粪便排出体外，在适当的温度（27 ℃）和湿度下，经 7～9 d 发育为幼虫，再经 13～15 d，在卵壳内进行一次蜕化，变为第 2 期幼虫，即感染性虫卵。奶牛吞食感染性虫卵后，幼虫在小肠内逸出，穿出肠壁，移行至肝、肺、肾等器官组织，进行第 2 次蜕化，变为第 3 期幼虫，并停留在那些器官组织里，当该奶牛妊娠 8.5 个月左右时，幼虫便移行至子宫，进入胎盘羊膜液中，进行第 3 次蜕化，变为第 4 期幼虫。由于胎盘的蠕动作用，幼虫被胎牛吞入肠中发育。至犊牛出生后，幼虫在小肠内第 4 次蜕化，经 25～31 d 变为成虫。成虫在小肠中可生活 2～5 个月，以后逐渐从宿主体内排出。另一途径是幼虫从胎盘移行到胎儿肝和肺，以后沿类似猪蛔虫幼虫移行途径转入小肠，引起生前感染，犊牛出生时小肠中已有成虫。还有一途径是幼虫在母体内移行到乳腺，经乳汁被犊牛吞食，因此犊牛可以出生后感染。

在自然感染情况下，2 周龄至 4 月龄的犊牛小肠中寄生有成虫；在成年牛，只在内部器官组织中寄生有移行阶段的幼虫，尚未见有成虫寄生的情况。蛔虫使牛增重降低 30%。

② 症状。受害最严重的时期是犊牛出生 2 周后，表现为精神不振，后肢无力，不愿走动，嗜睡，消化失调，吸乳无力或停止吸乳，消瘦腹胀，有疝痛症状，腹泻，排出稀糊样灰白色腥臭粪便，有时排血便，呼出刺鼻的酸味气体，血液中嗜酸性粒细胞显著增加（可达 26%）。大量虫体寄生时，可引起肠阻塞或穿孔。犊牛患蛔虫病的死亡率很高。

③ 诊断。依据临床症状及流行病学材料综合分析，确诊须在粪便中检出虫卵或虫体。检查粪便可用直接涂片法、沉淀法或漂浮法。

④ 防治。采取综合性防治措施。驱虫可用精制敌百虫、左旋咪唑和丙硫咪唑等药物。

在本病流行的地区，犊牛应于 10～30 日龄进行预防性驱虫，因此时成虫寄生较多。对患病犊牛，早期治疗不仅对保护犊牛健康有益，且可减少虫卵对环境的污染。注意保持牛舍和运动场的清洁，垫草和粪便要勤清扫，并发酵处理。有条件时，将母牛和犊牛隔离饲养，以减少母牛感染。

（2）毛圆线虫病。寄生于奶牛皱胃和小肠的毛圆线虫，有血矛属（*Haemonchus*）、长刺属（*Mecistocirrus*）、奥斯特属（*Ostertagia*）、马歇尔属（*Marshallagia*）、古柏属（*Cooperia*）、毛圆属（*Trichostrongylus*）、细颈属（*Nematodirus*）和似细颈属（*Nematodirella*）的许多种线虫，在奶牛体内多是混合寄生，其中以血矛属的捻转血矛线虫致病力最强。

① 病因。牛、羊随吃草和饮水吞食第 3 期幼虫，幼虫在瘤胃内脱鞘，之后到皱胃，钻入黏膜，开始摄食。感染后 36 h，开始第 3 次蜕皮，形成第 4 期幼虫，并返回黏膜表面。感染后 3 d，虫体出现口囊，并吸附于胃黏膜上。感染后 12 d，全部虫体进入第 5 期。感染后 18 d 发育为成虫。成虫游离于胃腔内。感染后 18～21 d，宿主粪便中出现虫卵。感染后 25～35 d，产卵量达高峰。成虫寿命不超过 1 年。

② 症状。一般情况下，毛圆线虫病常表现为慢性过程，病牛日渐消瘦，精神萎靡，放牧时离群落后。严重时卧地不起，贫血，表现为下颌间隙及头部发生水肿，呼吸、脉搏加快，体重减轻，育肥不良，幼畜生长受阻，食欲减退，饮欲如常或增加，下痢与便秘交替，红细胞减少。轻度感染时，呈带虫现象，但污染牧地，成为感染源。

③ 诊断。奶牛往往被多种毛圆线虫寄生，粪便虫卵区别困难，仅能判定其感染强度，因此对于捻转血矛线虫的诊断，可以根据当地流行情况、症状及剖检做综合判断。

④ 防治。治疗胃肠道线虫病的药物很多，如丙硫咪唑、噻苯达唑、左旋咪唑、羟嘧啶、酒石酸甲噻嘧啶和伊维菌素等都可以用于驱虫。预防应做到：适时进行预防性驱虫，可根据当地流行病学资料制订计划。一般春秋季各进行 1 次；注意放牧和饮水卫生，夏季避免吃露水草，避免在低湿的牧地放牧，不要在清晨、傍晚或雨后放牧，以减少感染机会；禁饮低洼地区的积水和死水，换干净的流水和井水；有计划地实行轮牧；加强饲养管理，合理补充精饲料，提高畜体的抗病力；加强粪便管理，将粪便集中在适当地点进行生物热处理，以消灭虫卵和幼虫。

（3）牛仰口线虫病。牛仰口线虫病（yang mouth nematode disease）是由钩口科仰口属（*Bunostomum*）的牛仰口线虫（*B. phlebotomum*）引起的，又称钩虫病。寄生于牛的小肠，主要是十二指肠。本病在我国各地普遍流行，可引起贫血、死亡，对家畜危害很大。

① 病因。牛是由于吞食了被感染性幼虫污染的饲料或饮水，或感染性幼虫钻进牛皮而受感染。牛仰口线虫的幼虫经皮肤感染时，从牛的表皮缝隙钻入，随即脱去皮鞘，然后沿血流到肺，在那里发育，并进行第 3 次蜕化而成为第 4 期幼虫。之后，上行到咽，重返小肠，进行第 4 次蜕化而成为第 5 期幼虫。在侵入皮肤后的 50～60 d 发育为成虫。经口感染时，幼虫在小肠内直接发育为成虫。经口感染的幼虫，其发育率比经皮肤感染的要少得多；经皮肤感染时可以有 85%的幼虫得到发育；而经口感染时只有 12%～14%的幼虫得到发育。

在夏季，感染性幼虫可以存活 2～3 个月。春季生活时间较长。8 ℃时，幼虫不能发育；35～38 ℃时，仅能发育到第 1 期幼虫。

② 症状。病牛表现为进行性贫血，严重消瘦，下颌水肿，顽固性下痢，粪带黑色。犊牛发育受阻，还有神经症状，如后躯萎弱和进行性麻痹，死亡率很高。

病尸消瘦、贫血、水肿，皮下浆液性浸润。血液色淡、水样、凝固不全。肺有瘀血性出血和小点出血。心肌软化。肝淡灰、质脆。十二指肠和空肠有大量虫体，游离于肠内容物中或附着在黏膜上。肠黏膜发炎，有出血点。肠内容物呈褐色或血红色。

③ 诊断。根据临床症状、粪便检查发现虫卵和死后剖检发现大量虫体即可确诊。病尸消瘦、贫血、十二指肠和空肠有大量虫体，黏膜发炎、有小出血点。

④ 防治。

a. 治疗。可用噻苯达唑、苯硫咪唑、左旋咪唑、丙硫咪唑或伊维菌素等驱虫。

b. 预防。定期驱虫；舍饲时保持牛舍干燥清洁；饲料和饮水应不受粪便污染，改善牧场环境，注意排水。

(4) 食道口线虫病。奶牛食道口线虫病是食道口科、食道口属（*Oesophagostomum*）几种线虫的幼虫和成虫寄生于肠壁与肠腔引起的。由于有些食道口线虫的幼虫阶段可使肠壁发生结节，故又名结节虫病。此病在我国各地牛中普遍存在。

① 病因。成虫在寄生部位产卵，随粪便排出体外。虫卵在外界发育至感染性幼虫的过程及各期幼虫在外界环境中的习性与毛圆线虫相似。宿主摄食了被感染性幼虫污染的青草和饮水而被感染。幼虫在胃肠内脱鞘，然后钻入小结肠和大结肠固有膜的深处，并在此形成包囊和结节（哥伦比亚结节虫和辐射结节虫在肠壁中形成结节），在其内进行两次蜕化，然后返回肠腔，发育为成虫。有些幼虫可不返回肠腔而自浆膜层移行到腹腔，可生活数日但不继续发育。此种虫体在肉品检验中有时遇到。自感染到排出虫卵需 30～40 d。

幼虫阶段在肠壁上形成 2～10 mm 的结节，影响肠蠕动、食物的消化和吸收，结节在肠的腹膜破溃时，可引起腹膜炎，当肠腔面破溃时，引起溃疡性和化脓性结肠炎。成虫吸附在黏膜上虽不吸血，但可分泌有毒物质加剧结节性肠炎的发生，毒素还可以引起造血组织某种程度的萎缩，因而导致红细胞减少，血色素下降和贫血。

② 症状。此病无特殊症状，轻度感染不显症状；重度感染时，病牛弓腰，后肢僵直有腹痛感。严重者可致机体脱水、消瘦，引起死亡。

③ 诊断。结节虫卵和其他圆线虫卵很难区别，所以生前诊断比较困难，应根据临床症状，结合尸体剖检进行综合判断。

④ 防治。治宜驱虫，其方法如下。

a. 驱蛔灵 90 g。一次口服，牛按 1 kg 体重 220 mg 用药。

b. 鹤虱 7.5 g、使君子 3 g、苦楝子 3 g、石榴皮 7.5 g、贯仲 9 g、雷丸 4.5 g（另包研末）。前五味研碎煎汤取汁，冲入雷丸，加油 50 g 为引，一次灌服。

（二）蜘蛛昆虫病

1. 蜱病

蜱属于蜱螨亚纲、蜱螨目、蜱亚目，蜱分为 3 个科：硬蜱科（Ixodidae）、软蜱科（Argasidae）和纳蜱科（Nuttalliellidae），其中最常见的、危害性最大的是硬蜱科，其次是软蜱科，而纳蜱科不常见。

蜱的发育需要经过卵、幼虫、若虫及成虫 4 个阶段。幼虫、若虫、成虫这 3 个活跃期都要在人畜及野兽（禽）身上吸血。有些种的蜱各个活跃期都以家畜为宿主。

(1) 病因与病症。硬蜱不但吸食宿主大量血液，而叮咬可使宿主皮肤产生水肿、出血、胶原纤维溶解和中性粒细胞浸润的急性炎症反应。在恢复期，巨噬细胞、纤维母细胞逐渐代替中性粒细胞。对蜱有免疫性的宿主，其真皮处具有明显的嗜碱性细胞的浸润。蜱的唾腺能分泌毒素，可使家畜产生厌食、体重减轻和代谢障碍，但症状一般较轻。某些种的雌蜱唾液腺可分泌一种神经毒素，抑制肌神经接头处乙酰胆碱的释放活动，造成运动性纤维的传导障碍，引起急性上行性的肌萎缩性麻痹，称为“蜱瘫痪”。

经蜱传播的疾病较多，已知蜱是 83 种病毒、14 种细菌、17 种回归热螺旋体、32 种原虫，以及钩端螺旋体、鸟疫衣原体、霉菌样支原体、犬巴尔通氏体、鼠丝虫、棘唇丝虫的媒介或储存宿主，其中大多数是重要的自然疫源性疾病和人兽共患病，如森林脑炎、出血热、Q 热、蜱传斑疹伤寒、鼠疫、野兔热、布鲁氏菌病等。硬蜱在兽医学上更具有特殊的重要的地位，因为对家畜危害极其严重的梨形虫病和泰勒虫病都由硬蜱来传播。

(2) 防治。由于蜱类寄生的宿主种类多，分布区域广，所以应在充分调查研究蜱的生活习性（消长规律、滋生场所、宿主范围、寄生部位等）的基础上，发动群众、因地制宜地采取综合性防治措施才能取得良好的效果。

① 消灭牛体上的蜱。在牛少、人力充足的条件下，可每天刷拭、放牧、使役归来时检查牛体，发现蜱时将其摘掉，集中起来烧掉，摘蜱时应与牛的皮肤呈垂直角度往上拔出，否则蜱的假头容易断在牛体，引起局部炎症。这是一个较好的辅助方法，因为消灭牛体上一个雌蜱等于消灭地面成千上万个幼蜱。

药物灭蜱可选用：0.037 5%双甲脒药浴，间隔 7 d 重复用药 1 次。1%敌百虫水溶液喷洒或洗涮畜体，每半个月用药 1 次。每千克体重 250 mg 二嗪农水乳剂喷淋。0.05%蝇毒磷乳液进行喷洒、药浴或洗刷。0.01%溴氰菊酯药浴或喷洒，间隔 10～15 d 重复用药 1 次。20%碘硝酚注射液，剂量为每千克体重 10 mg，皮下注射。1%的伊维菌素注射液，剂量为每千克体重 0.02 mL，一次皮下注射。

每种药剂若长期使用，均可使蜱产生抗药性，因此杀虫剂应轮流使用，以增强杀蜱效果和推迟发生抗药性。

② 消灭牛舍的蜱。有些蜱类，如残缘璃眼蜱通常生活在牛舍的墙壁、地面、饲槽的裂缝内。为了消灭这些地方的蜱类，应堵塞牛舍内所有缝隙和小孔，堵塞前先向裂缝内撒杀蜱药物，然后以水泥、石灰、黄泥堵塞，并用新鲜石灰乳粉刷牛舍。用杀蜱药液对牛舍内墙面、门窗、柱子做滞留喷洒。璃眼蜱能耐饥 7～10 个月，故在必要和可能的条件下，停止使用（隔离封锁）有蜱的牛舍或牛栏 10 个多月。

③ 对引进的或输出的家畜均要检查和进行灭蜱处理。防止外来家畜带进或有蜱寄生的家畜带出硬蜱。

2. 螨病

螨病包括螨病和蠕形螨病。

(1) 螨病。螨病（acariasis）又称疥癣，俗称癞病，通常所称的螨病是指由于疥螨科或痒螨科的螨寄生在畜禽体表而引起的慢性寄生性皮肤病。剧痒、湿疹性皮炎、脱毛、患部逐渐向周围扩展和具有高度传染性为本病特征。

① 病因。

a. 疥螨。疥螨的种类很多，差不多每一种家畜和野兽体上都有疥螨寄生。各种疥螨在形态上极为相似，但在异宿主身上存留时间不长。疥螨的口器为咀嚼式，在宿主表皮挖凿隧道，以角质层组织和渗出的淋巴液为食，在隧道内发育和繁殖。疥螨在宿主体外的生活期限，随温度、湿度和阳光照射强度等多种因素的变化而有显著的差异。一般仅能存活 3 周左右，在 18～20 ℃和空气相对湿度为 65%时经 2～3 d 死亡，而在 7～8 ℃时则经 15～18 d 才死亡。疥螨在动物体外经 10～30 d 仍不失去侵袭特性。

b. 痒螨。痒螨的口器为刺吸式，寄生于皮肤表面，吸取渗出液为食。痒螨具有坚韧的角质表皮，对不利因素的抵抗力超过疥螨，如 6～8 ℃和空气相对湿度 85%～100%的条件下在牛舍内能活 2 个月，在牧场上能活 35 d，在−12～−2 ℃经 4 d 死亡，在−25 ℃时约 6 h 死亡。

螨病主要由于健牛与病牛直接接触或通过被螨及其卵污染的牛舍、用具、鞍挽具等间接接触引起感染。另外，工作上不注意，也可由饲养人员或兽医人员的衣服等传播病原。

螨病主要发生于冬季和秋末春初，因为这些季节日光照射不足，牛毛长而密，特别是牛舍潮湿，牛体卫生状况不良，皮肤表面湿度较高的条件下，最适合螨的发育繁殖。夏季牛毛大量脱落，皮肤表面常受阳光照射、皮温增高，经常保持干燥状态，这些条件都不利于螨的生存和繁殖，大部分虫体死亡，仅有少数螨潜伏在耳壳、系凹、蹄踵、腹股沟部以及被毛深处，这种带虫牛没有明显的症状，但到了秋季，随着条件的改变，螨又重新活跃起来，不但引起症状的复发，而且成为最危险的传染来源。

② 症状。

a. 剧痒。这是贯穿于整个疾病过程中的主要症状。病势越重，痒觉越剧烈。剧痒使病牛不停地啃咬患部，并在各种物体上用力摩擦，因而越发加重患部的炎症和损伤，同时还向周围环境散布大量病原。

b. 结痂、脱毛和皮肤肥厚。这也是螨病病牛必然出现的症状。在虫体的机械刺激和毒素的作用下，皮肤发生炎性浸润，发痒处皮肤形成结节和水疱，当病牛蹭痒时，结节、水疱破溃，流出渗出液。渗出液与脱落的上皮细胞、被毛及污垢混杂在一起，干燥后就结成痂皮。痂皮被擦破或除去后，创面有大量液体渗出及毛细血管出血，又重新结痂。随着病情的发展，毛囊、汗腺受到侵害，皮肤角质层角化过度，患部脱毛，皮肤肥厚，失去弹性而形成皱褶。

c. 消瘦。由于皮肤发痒，病牛终日啃咬、摩擦，烦躁不安，影响正常的采食和休息，并使胃肠消化、吸收机能降低。加之在寒冷季节因皮肤裸露，体温降低，体内蓄积的脂肪被大量消耗，所以病牛日渐消瘦，有时继发感染，严重时甚至死亡。

d. 牛痒螨病。初期见于颈部两侧，垂肉和肩胛两侧，严重时蔓延到全身。病牛表现奇痒，常在墙头、木柱等物体上摩擦，或以舌舐患部，被舐湿部位的毛呈波浪状。以后被毛逐渐脱落，淋巴渗出形成棕褐色痂皮，皮肤增厚，失去弹性。严重感染时病牛精神委顿，食欲大减，卧地不起，最终死亡。

e. 牛疥螨病。开始于牛的面部、颈部、背部、尾根等被毛较短的部位，病情严重时，可遍及全身，特别是幼牛感染疥螨后，可引起死亡。

③ 诊断。对有明显症状的螨病，根据发病季节、剧痒、患部皮肤的变化等，确诊并不困难。但症状不够明显时，则须采取患部皮肤上的痂皮，检查有无虫体，才能确诊。除螨病外，钱癣、湿疹等皮肤病以及虱与毛虱寄生时也都有皮炎、脱毛、落屑、发痒等症状，应注意鉴别。

钱癣（秃毛癣）：由真菌引起，在头、颈、肩等部位出现圆形、椭圆形边界明显的患部，上面覆盖着浅灰色疏松的干痂，容易剥脱，创面干燥，痒觉不明显，被毛常在近根部折断。在患部与健康部交界处拔取毛根或刮取痂皮，用10％苛性钾处理后，镜检可发现病原菌。

湿疹：无传染性。痒觉不剧烈，而且在温暖场所也不加剧。

虱与毛虱：发痒、脱毛和营养障碍与螨病相类似，但皮肤发炎、落屑程度都不如螨病严重，而且容易发现虫体及虱卵。

④ 治疗。

a. 局部与全身用药。对已经确诊的螨病病牛，应及时隔离治疗。治疗螨病的药物有很多种，可选用敌百虫、蝇毒磷、螨净、双甲脒、溴氰菊酯、20％碘硝酚注射液、虫克星注射液和1％伊维菌素注射液等。具体使用方法是：敌百虫配成1％～3％的药液喷洒或局部涂布；0.025％～0.05％蝇毒磷的药液喷洒；0.025％螨净的药液喷洒；0.05％双甲脒的药液喷洒；0.05％溴氰菊酯的药液喷洒。2％碘硝酚注射液，以每千克体重10 mg的剂量一次皮下注射。1％伊维菌素注射液以每千克体重0.02 mL的剂量一次皮下注射。

螨病有高度接触传染性，遗漏一个小的患部，都有可能造成继续蔓延。因此，在应用药液喷洒治疗之前，应详细检查所有病牛，找出所有患部，以免遗漏。为使药物能与虫体充分接触，应将患部及其周围3～4 cm处的被毛剪去（收集在污物容器内，烧掉或用消毒水浸泡），用温肥皂水彻底刷洗，除掉硬痂和污物，擦干后用药。

治疗螨病的药物，大多数对螨的虫卵没有杀灭作用。因此，对患有螨病牛的治疗须进行2～3次（每次间隔5～7 d），以便杀死新孵出的幼虫。在处理病牛的同时，要注意场地、用具等彻底消毒，防止散布病原，经过治疗的病牛应安置到已经消毒的厩舍内饲养，以免再感染。螨病多发生在寒冷的季节，因此用注射剂型的药物来治疗更为方便。

b. 药浴疗法。此法既可用于治疗螨病也可用于预防螨病。药浴应选择无风晴朗的天气进行。老弱幼牛和病牛应分群分批进行。药浴前饮足水，以免误饮中毒。药浴时间为 1 min 左右，注意浸泡头部。药浴后应注意观察，发现精神不好、口吐白沫，应及时治疗，同时也要注意工作人员的安全。如一次药浴不彻底，可 7～8 d 后进行第 2 次。药浴可用 0.05％双甲脒、0.005％倍特、0.05％蝇毒磷水乳液、0.025％螨净、0.2％～0.5％敌百虫、0.025％～0.03％林丹乳油水乳液等。药液温度应保持在 36～38 ℃，药液温度过高对健康有害，过低影响药效，最低不能低于 30 ℃。大批药浴时，应随时增加药液，以免影响疗效。药液的浓度要准确，大群药浴前应先做小群安全试验。

⑤ 预防。

a. 畜舍要宽敞、干燥、透光、通风良好，不要使牛群过于密集。牛舍应经常清扫，定期消毒（至少每 2 周 1 次），饲养管理用具也应定期消毒。

b. 经常注意牛群中有无发痒、掉毛现象的牛，及时挑出可疑病牛，隔离饲养，迅速查明原因。发现病牛及时隔离治疗。隔离治疗过程中，饲养管理人员应注意经常消毒，以免通过手、衣服和用品散布病原。治愈的病牛应继续隔离观察 20 d，如未再发，再一次用杀虫药处理后，方可合群。

c. 引入牛时，应事先了解有无螨病存在。引入后应详细进行螨病检查，最好先隔离观察一段时间（15～20 d），确定无螨病症状后，经杀螨药喷洒后再并入牛群中去。

（2）蠕形螨病。蠕形螨病是由蠕形螨科（Demodicidae）中各种蠕形螨寄生于家畜及人的毛囊或皮脂腺而引起的皮肤病，该病又称为毛囊虫病或脂螨病。各种家畜各有其专一的蠕形螨寄生，互不感染。

① 病因。牛蠕形螨（*D. bovis*）寄生在牛的毛囊和皮脂腺内，蠕形螨的全部发育过程都在宿主体上进行。本病的发生主要由于病牛与健牛互相接触，通过皮肤感染，或健牛与病牛污染的物体相接触，通过皮肤感染。虫体离开宿主后在阴暗潮湿的环境中可生存 21 d 左右。

② 症状。蠕形螨钻入毛囊皮脂腺内，以针状的口器吸取宿主细胞内含物，由于虫体的机械刺激和排泄物的化学刺激使组织出现炎性反应，虫体在毛囊中不断繁殖，逐渐引起毛囊和皮脂腺的袋状扩大和延伸，甚至增生肥大，引起毛干脱落。此外，由于腺口扩大，虫体进出活动，易使化脓性细菌侵入而继发毛脂腺炎、脓疱。

牛蠕形螨病一般初发于头部、颈部、肩部、背部或臀部。形成小如针尖至大如核桃的白色小囊肿，常见的为黄豆大。内含粉状物或脓状稠液，并有各期的蠕形螨。也有只出现鳞屑而无疮疖的。

③ 诊断。本病的早期诊断较困难，可疑的情况下，可切破皮肤上的结节或脓疱，取其内容物做涂片镜检，以发现病原体。

④ 防治。发现病牛时，首先进行隔离，并消毒一切被污染的场所和用具，同时加强对病牛的护理。治疗可采用下述药物：

a. 25％或 50％苯甲酸苄酯乳剂，涂擦患部。

b. 伊维菌素，剂量为每千克体重 0.2～0.3 mg，皮下注射，间隔 7～10 d 重复用药。对脓疱型重症病牛还应同时选用高效抗菌药物，对体质虚弱的病牛应补给营养，以增强体质及抵抗力。

3. 牛皮蝇蛆病

牛皮蝇蛆病（hypodermosis）是由双翅目环裂亚目皮蝇科皮蝇属（*Hypoderma*）的 3 期幼虫寄生于牛背部皮下组织所引起的一种慢性寄生虫病。

（1）病因。由于皮蝇幼虫的寄生发病，可使皮革质量降低。病牛消瘦，发育不良，产奶量下降。本病在我国西北、东北以及内蒙古牧区流行甚为严重。我国常见的有牛皮蝇（*H. bovis*）和纹皮蝇（*H. lineatum*）两种，有时常为混合感染。皮蝇幼虫寄生于黄牛、牦牛、水牛等背部皮下组织。

（2）病症。皮蝇飞翔产卵时，发出“嗡嗡声”，引起牛只极度惊恐不安，表现蹴踢、狂跑等，因此不但严重地影响牛采食、休息、抓膘等，甚至可引起摔伤、流产或死亡。幼虫钻入皮肤时，引起皮肤痛痒，病牛精神不安。幼虫在食道寄生时，可引起病牛食道壁的炎症，甚至坏死。幼虫移行至背部皮下时，在寄生部位引起血肿或皮下蜂窝织炎，皮肤稍隆起，变为粗糙而凹凸不平，继而皮肤穿孔，如有细菌感染可引起化脓，形成瘘管，经常有脓液和浆液流出，直到成熟幼虫脱落后，瘘管始逐渐愈合，形成瘢痕。皮蝇幼虫的寄生使皮张最贵重的部位（背、腰、荐部——所谓核心皮）大量被破坏，造成皮张利用率和价格降低30%～50%。幼虫在生活过程中分泌毒素，对血液和血管壁有损害作用，严重感染时，病牛贫血、消瘦、生长缓慢，产奶量下降，使役能力降低。有时幼虫进入延脑和脊髓，能引起神经症状，如后退、倒地、半身瘫痪或晕厥，重者可造成死亡。幼虫如在皮下破裂，有时可引起过敏现象，病牛口吐白沫、呼吸短促、腹泻、皮肤皱缩，甚至引起死亡。

（3）诊断。幼虫出现于背部皮下时易于诊断，最初可在背部摸到长圆形的硬结，过一段时间后可以摸到瘤状肿，瘤状肿中间有一小孔，内有一幼虫，即可确诊。此外，流行病学资料包括当地流行情况及病畜来源等，对本病的诊断均有重要的参考价值。

（4）防治。为阻断牛皮蝇成虫在牛体表产卵、杀死在牛体表的幼虫，可用0.01%溴氰菊酯、0.02%敌虫菊酯，在牛皮蝇成虫活动的季节，对牛只进行体表喷洒，每头牛平均用药500 mL，每20 d喷1次，一个流行季节共喷4～5次。

消灭寄生于牛体内的牛皮蝇的各期幼虫，可以减少幼虫的危害，防止幼虫化蛹为成虫，对于防治该病具有极重要的作用。消灭幼虫可用化学药物或机械的方法。化学治疗多用有机磷杀虫药，可用药液沿背线浇注。4%蝇毒磷药液，剂量为每千克体重0.3 mL；3%倍硫磷乳剂，剂量为每千克体重0.3 mL；8%皮蝇磷药液，剂量为每千克体重0.33 mL，在一年中4—11月的任何时间都可进行。伊维菌素或阿维菌素皮下注射对本病有良好的治疗效果，剂量为每千克体重0.2 mg。12月至翌年3月，因幼虫在食道或脊椎，若幼虫在该处死亡则可引起相应的局部严重反应，故此期间不宜用药。对于在背部出现的3期幼虫，可用敌百虫杀灭。用20 ℃的温水把敌百虫配成2%药液给牛背穿孔处涂擦，涂擦前应剪毛，露出孔口；一般于3月中旬至5月底进行，每隔30 d处理1次，共处理2～3次。

（三）奶牛原虫病

1. 弓形虫病

弓形虫病（toxoplasmosis）是由刚地弓形虫（*Toxoplasma gondii*）引起的一种人兽共患病。本病给人类健康和畜牧业发展带来很大危害和威胁。

（1）病因。本病分布于世界各地。动物的感染很普遍，但多数为隐性感染。感染的动物已知有猫、犬、猪、羊、牛、兔、鸽、鸡等40余种。

① 传染来源。主要为病牛和带虫动物，因为它们体内带有弓形虫的速殖子、包囊。已证明病畜的唾液、痰、粪、尿、乳汁、腹腔液、眼分泌物、肉、内脏、淋巴结以及急性病例的血液中都可能含有速殖子，如果外界条件有利于其存在，就可能成为传染来源。

病猫排出的卵囊及被其污染的土壤、牧草、饲料、饮水等也是重要的传染来源。虫如蝇类、蟑螂等可机械携带本虫而起传播作用。

② 感染途径。

a. 经口感染是本病最主要的感染途径。动物吞入猫粪中的卵囊或带虫动物的肉、脏器，以及乳、蛋中的速殖子、包囊都能引起感染。

b. 经胎盘感染。妊娠的母牛感染弓形虫后，通过胎盘使其后代发生先天性感染。

c. 经皮肤、黏膜感染。速殖子可通过损伤的黏膜、皮肤进入牛体内。有人认为速殖子经口感染时，也是由损伤的消化道黏膜进入血流或淋巴而感染的。

（2）症状。牛弓形虫病较少见。犊牛感染时出现呼吸困难、咳嗽、发热、头震颤、精神沉郁和虚弱等症状，常于2～6 d死亡，成年牛在初期极度兴奋，其他症状与犊牛相似。牛可在各组织中发现虫体。

(3) 诊断。弓形虫病临床症状、剖检变化与很多疾病相似，在临床上容易误诊。为了确诊须采用病原学检查和血清学诊断。

① 病原学检查。

a. 脏器涂片检查。取肺、肝、淋巴结做涂片，干燥、固定，然后染色镜检；生前血涂片检查；淋巴结穿刺液涂片检查。

b. 集虫法检查。取肺及肺门淋巴结研碎加10倍生理盐水滤过，500 r/min离心3 min，取上清液再1 500 r/min离心10 min，取沉渣涂片，染色镜检。

c. 动物接种。将受检材料接种于实验动物后，在实验动物体内找虫体再做出诊断。以小鼠做腹腔接种较为方便。

② 血清学诊断。

a. 染色试验。取自小鼠腹水或组织培养所得的游离的弓形虫，分别放在正常血清和待检血清中，经1～2 h后，取出虫体各加碱性美蓝染色。正常血清中的虫体染色良好，而待检血清中的虫体染色不良则为阳性。这是因为阳性血清中含有抗体，使虫体的胞浆性质有了改变，以致染不上色。这个试验要倍比稀释血清，1∶16稀释度认为有诊断意义。此法可用于早期诊断，因为在感染后2周就呈阳性反应，且持续多年。

b. 间接血凝试验。本法简单，易于推广，适合大规模流行病学调查用。

c. 间接荧光抗体试验。与染色试验符合率较高，反应灵敏，制备的抗原可长期保存，操作也较简便，是一种较好的诊断方法。此外，还有补体结合反应、皮内反应、酶联免疫吸附试验以及中和试验等均可采用。

(4) 防治。对本病的治疗主要是采用磺胺类药物，大多数磺胺类药物对弓形虫病均有效。应注意在发病初期及时用药，如果用药较晚虽可使临床症状消失，但不能抑制虫体进入组织形成包囊，结果使病畜成为带虫者。此外，二磷酸氯喹啉和磷酸伯氨喹啉效果也很好。

做好预防工作，牛舍保持清洁，定期消毒。阻断猫及鼠粪便污染饲料及饮水。流产胎儿及其他排泄物，包括流产的场地均须进行严格的消毒处理。对死于本病的和可疑的动物尸体严格处理，防止污染环境，禁止用上述物品喂猫、犬或其他动物。

2. 新孢子虫病

新孢子虫病（neosporiasis）是最近发现的一种致死性原虫病。由球虫目新孢子虫属的犬新孢子虫（*Neospora caninum*）寄生于宿主体内而引起的一种原虫病。本病宿主范围广，除犬外，牛、山羊、鹿等多种动物及实验动物均可感染。

(1) 病因。牛新孢子虫病流行非常广泛，不受季节和地域的限制，呈世界性分布，其感染率为10%～40%，最高可达82%。近年来，我国牛进口数量急剧增加，牛新孢子虫病已成为当前严重危害我国养牛业的传染病之一。

(2) 症状。隐性感染的奶牛发生死胎或流产。犊牛表现为后肢持续性麻痹、僵直，肌肉无力、萎缩，吞咽困难，甚至心力衰竭，病牛可表现脑炎、肌炎、肝炎和持续性肺炎病变。

(3) 诊断。新孢子虫与弓形虫形态学及临床症状相似，因此通过症状及病原学检查难以区分。目前，主要通过下列方法确诊：间接荧光抗体试验（IFAT）；免疫组织化学法；组织包囊检查，在光镜下新孢子虫的组织包囊仅在神经组织中出现，囊壁厚达4 μm；超微结构检查。

(4) 防治。由于新孢子虫生活史尚不清楚，因此无有效防治方法。发现病牛应淘汰。对早期病牛可用甲氧苄胺嘧啶和磺胺嘧啶合剂，每千克体重15 mg，每天给药2次，同时用乙胺嘧啶，按每千克体重1 mg治疗1次，4周后麻痹症状可消失。

3. 牛胎毛滴虫病

牛胎毛滴虫病（bovine foetal hair trichomoniasis）是毛滴虫科、毛滴虫属（*Trichomonas*）的牛胎毛滴虫（*T. foetus*）寄生于牛的生殖器官而引起的。本病为世界性分布。

（1）病因。牛胎毛滴虫主要寄生在奶牛的阴道、子宫；公牛的包皮腔、阴茎黏膜及输精管等处；重症病例，生殖器官的其他部分也有寄生；奶牛妊娠后，在胎儿的胃和体腔内、胎盘和胎液中，均有大量虫体。牛胎毛滴虫主要以纵分裂方式进行繁殖，以黏液、黏膜碎片、微生物、红细胞等为食物，经胞口摄入体内，或以内渗方式吸收营养。

本病常发生在配种季节，主要是通过病牛与健康牛直接交配，或在人工授精时使用带虫精液或沾染虫体的输精器械而传播。此外，也可通过被病牛生殖器官分泌物污染的垫草和护理用具以及家蝇携带而散播。犊牛与病牛接触时，也有感染的可能。

（2）症状。本病的主要特征是在奶牛群中引起早期流产、不孕和生殖系统炎症，给养牛业带来很大的经济损失。奶牛感染后，经 1～2 d，阴道即发红肿胀，1～2 周后，开始有带絮状物的灰白色分泌物自阴道流出，同时在阴道黏膜上出现小疹样的毛滴虫性结节。探诊阴道时，感觉黏膜粗糙，如同触及砂纸一般。当子宫发生化脓性炎症时，体温往往升高，泌乳量显著下降。妊娠后不久，胎儿死亡并流产；流产后，奶牛发情期的间隔往往延长，并有不孕等后遗症。

公牛于感染后 12 d，包皮肿胀，分泌大量脓性物，阴茎黏膜上发生红色小结节，此时公牛有不愿交配的表现。上述症状不久就消失，但虫体已侵入输精管、前列腺和睾丸等部位，临床上不呈现症状。

（3）诊断。可根据临床症状、流行病学材料和病原体检查做出诊断。临床症状要注意有无生殖器炎症、黏液脓性分泌物、早期流产和不孕。流行病学材料应着重注意牛群的历史，奶牛群有无大批早期流产的现象及奶牛群不孕的统计。对可疑病畜应采集阴道排出物、包皮分泌物、胎液、胎儿的胸腹腔液和皱胃内容物等做病原检查。

（4）防治。

① 治疗。可用 0.2%碘溶液、1%钾肥皂、8%鱼石脂甘油溶液、2%红汞液或 0.1%黄色素溶液洗涤患部，在 30 min 内，可使脓液中的牛胎毛滴虫死亡。此外，1%大蒜乙醇浸液、0.5%硝酸银溶液也很有效。在 5～6 d，用上述浓度的药液洗涤 2～3 次为 1 个疗程。根据生殖道的情况，可按 5 d 的间隔，再进行 2～3 个疗程。治疗公牛，要设法使药液停留在包皮腔内一段时间，并按摩包皮数分钟。隔日冲洗 1 次，整个疗程为 2～3 周。在治疗过程中禁止交配，以免影响效果及传播本病。

② 预防。在牛群中开展人工授精，是较有效的预防措施。应仔细检查公牛精液，确证无牛胎毛滴虫感染方可利用。对病公牛应严格隔离治疗，治疗后 5～7 d，镜检其精液和包皮腔冲洗液 2 次，如未发现虫体，可使之先与数头健康奶牛交配。对交配后的奶牛观察 15 d，每隔 1 d 检查 1 次阴道分泌物，如无发病迹象，证明该公牛确已治愈。尚未完全消灭本病的不安全牧场，不得输出病牛或可疑牛。对新引进牛，须隔离检查有无牛胎毛滴虫病。严防奶牛与来历不明的公牛自然交配。加强病牛群的卫生工作，一切用具均须与健康牛分开使用，并经常用来苏儿和克辽林溶液消毒。

4. 巴贝斯虫病

（1）双芽巴贝斯虫病。牛双芽巴贝斯虫病是一种经蜱传播的急性发作的季节性血液原虫病。临床上常出现血红蛋白尿，故又称为红尿热（blackwater fever）。黄牛、水牛和瘤牛均易感，常造成死亡。

① 病因。双芽巴贝斯虫（*Babesia bigemina*）寄生于牛红细胞中，是一种大型的虫体。红细胞染虫率为 2%～15%。

文献记载有 5 种牛蜱、3 种扇头蜱、1 种血蜱可以传播双芽巴贝斯虫。本病在一年之内可以暴发 2～3 次。从春季到秋季以散发的形式出现，在我国南方本病主要发生于 6—9 月。当地牛对本病有抵抗力，良种牛和由外地引入的牛易感性较高，症状严重，病死率高。

② 症状。潜伏期 12～15 d。病牛首先表现为发热，体温升高到 40～42 ℃，呈稽留热型。脉搏及呼吸加快，精神沉郁，喜卧地。食欲减退或消失。反刍迟缓或停止，便秘或腹泻，有的病牛还排黑褐色、恶臭带有黏液的粪便。奶牛泌乳减少或停止，妊娠奶牛常发生流产。病牛迅速消瘦、贫血、黏膜苍白和黄染。由于红细胞大量破坏，血红蛋白从肾排出而出现血红蛋白尿，尿的颜色由淡红色变为棕红色乃至黑红色。血液稀薄，红细胞数降至 100 万～200 万个/mL，血红蛋白量减少到 25%左右，血沉加快 10 余倍。红细胞大小不均，着色淡，有时还可见到幼稚型红细胞。白细胞在病初正常或减少，以后增至正常的 3～4 倍；淋巴细胞增加 15%～25%；中性粒细胞减少；嗜酸性粒细胞降至 1%以下或消失。重症时如不治疗可在 4～8 d 死亡，死亡率可达 50%～80%。慢性病例，体温波动于 40 ℃上下持续数周，减食及渐进性贫血和消瘦，须经数周或数月才能康复。幼年病牛，中度发热仅数日，心跳略快，食欲减退，略现虚弱，黏膜苍白或微黄，热退后迅速康复。

尸体消瘦、贫血、血液稀薄如水。皮下组织、肌间结缔组织和脂肪均呈黄色胶样水肿。各内脏器官被膜均黄染。皱胃和肠黏膜潮红并有点状出血。脾肿大，脾髓软化呈暗红色，白髓肿大呈颗粒状突出于切面。肝肿大，黄褐色，切面呈豆蔻状花纹。胆囊扩张，充满浓稠胆汁。肾肿大，淡红黄色，有点状出血。膀胱膨大，存有大量红色尿液，黏膜有出血点。肺瘀血、水肿。心肌柔软，黄红色；心内外膜有出血斑。

③ 诊断。首先应了解当地疫情，看是否发生过本病，是否有传播本病的蜱和病牛来自疫区。在发病季节，如牛呈现高热、贫血、黄疸和血红蛋白尿等症状时，应考虑是否为本病。血液涂片检出虫体是确诊本病的主要依据。体温升高后 1～2 d，耳尖采血涂片检查，可发现少量圆形和变形虫样虫体。在血红蛋白尿出现期检查，可在血涂片中发现较多的梨籽形虫体，如在病牛体上抓到蜱时，可对其进行鉴定，确认是否为微小牛蜱。

近年来，陆续报道了许多种免疫学诊断方法用于诊断梨形虫病，如补体结合反应（CF）、间接血凝（IHA）、胶乳凝集（CA）、间接荧光抗体试验（IFAT）、酶联免疫吸附试验（ELISA）等，其中仅间接荧光抗体试验和酶联吸附试验可供常规使用，主要用于染虫率较低的带虫牛的检出和疫区的流行病学调查。

④ 治疗。应尽量做到早确诊、早治疗。除应用特效药物杀灭虫体外，还应针对病情进行对症治疗，如健胃、强心、补液等。常用的特效药有：

a. 咪唑苯脲（imidocarb，imizol）。对各种巴贝斯虫均有较好的治疗效果。治疗剂量为每千克体重 1～3 mg，配成 10%溶液，肌内注射。该药安全性较好，增大剂量至每千克体重 8 mg，仅出现一过性的呼吸困难、流涎、肌肉颤抖、腹痛和排出稀便等副反应，约经 30 min 后消失。该药在体内不降解代谢且排泄缓慢，导致它长期残留在动物体内。有些国家不允许该药用于肉食动物和奶牛或规定动物用药后 28 d 内不可屠宰供食用。

b. 三氮咪（diminazene）。剂量为每千克体重 3.5～3.8 mg，配成 5%～7%溶液，深部肌内注射。黄牛偶尔出现起卧不安、肌肉震颤等副作用，但很快消失。水牛对本药较敏感，一般用药一次较安全，连续使用易出现毒性反应，甚至死亡。

c. 锥黄素（吖啶黄，acriflavine）。剂量为每千克体重 3～4 mg，配成 0.5%～1%溶液，静脉注射，症状未减轻时，24 h 后再注射 1 次，病牛在治疗后的数日内，避免烈日照射。

d. 喹啉脲（quinuronium，阿卡普林 acaprin）。剂量为每千克体重 0.6～1 mg，配成 5%溶液，皮下注射。有时注射后数分钟出现起卧不安、肌肉震颤、流涎、出汗、呼吸困难等副作用（妊娠牛可能流产），一般于 1～4 h 后自行消失，严重者可皮下注射阿托品，剂量为每千克体重 10 mg。治疗时应停止使役，给予易消化的饲料，多饮水。检查和捕捉体表的蜱等。

⑤ 预防。

a. 预防的关键在于灭蜱，可根据流行地区蜱的活动规律，实施有计划有组织的灭蜱措施；使用杀蜱药物消灭牛体上及牛舍内的蜱；牛群应避免到大量滋生蜱的牧场放牧，必要时可改为舍饲。

b. 应选择无蜱活动季节进行牛只调动，在调入、调出前，应进行药物灭蜱处理。

c. 当牛群中已出现临床病例或由安全区向疫区输入牛只时，可应用咪唑苯脲进行药物预防，对双芽巴贝斯虫和牛巴贝斯虫分别产生 60 d 和 21 d 的保护作用。

目前，国外一些地区已广泛应用抗巴贝斯虫弱毒虫苗和分泌抗原虫苗。

（2）牛巴贝斯虫病。牛巴贝斯虫（*B. bovis*）常和双芽巴贝斯虫一起，广泛存在于有牛蜱的北纬32°至南纬30°的区域，两者常混合感染。牛巴贝斯虫各虫株之间致病性有差异，澳大利亚株和墨西哥株致病性强。

文献记载有 2 种硬蜱、2 种牛蜱和 1 种扇头蜱可以传播牛巴贝斯虫。引起我国水牛巴贝斯虫病的病原体形态与牛巴贝斯虫相似，但水牛巴贝斯虫病的传播媒介为镰形扇头蜱，以经卵传播方式由次代成虫传播。在水牛巴贝斯虫病流行区未见有黄牛发病。用感染水牛巴贝斯虫的镰形扇头蜱叮咬黄牛或用患病水牛染虫血液给黄牛皮下注射，均未出现任何临床症状，仅在感染后 10～12 d 外周血液中出现少量不典型的虫体，持续 3～5 d 后消失。

本病潜伏期为 4～10 d，症状与双芽巴贝斯虫病相似，主要为高热稽留、沉郁、厌食、消瘦、贫血、黄疸、呼吸粗粝、心律不齐、便秘、腹泻及血红蛋白尿等。

诊断、治疗和预防可参阅双芽巴贝斯虫病。

（3）卵形巴贝斯虫病。寄生于牛的巴贝斯虫有 7 种，我国除双芽巴贝斯虫、牛巴贝斯虫外，还有一种大型的巴贝斯虫。依据虫体形态特征、媒介蜱种类、临床症状及荧光抗体试验结果，认为该虫与发现于日本、朝鲜的卵形巴贝斯虫（*B. ovata*）为同一种。

卵形巴贝斯虫寄生于牛红细胞中，是一种大型的虫体，虫体长度大于红细胞的半径，呈梨籽形、卵形、卵圆形、出芽形等。

卵形巴贝斯虫的传播媒介为长角血蜱。以经卵传播方式，由次代幼虫、若虫和成虫传播。雄虫也可传播病原。长角血蜱也是牛瑟氏泰勒虫的传播媒介，因此两者常混合感染。

卵形巴贝斯虫具有一定的致病性，可引起实验牛食欲减退、体温升高、贫血、黄疸、血红蛋白尿、腹泻、呼吸粗粝和心跳加快等严重症状。未摘脾实验牛，临床症状较轻。

诊断、治疗和预防可参阅双芽巴贝斯虫病。

5. 泰勒虫病

泰勒虫病是指由泰勒科泰勒属（*Theileria*）的各种原虫寄生于牛羊和其他野生动物巨噬细胞、淋巴细胞和红细胞内所引起的疾病的总称。文献记载寄生于牛的泰勒虫共有 5 种，我国共发现 2 种：环形泰勒虫和瑟氏泰勒虫。

（1）环形泰勒虫病。环形泰勒虫病（the annular taylor worm disease）是一种季节性很强的地方性流行病，流行于我国西北、华北和东北的一些省份。发病率高，病死率 16％～60％，使养牛业遭受损失。

① 病因。环形泰勒虫（*Theileria annulata*）寄生于红细胞内的虫体称为血液型虫体（配子体），虫体很小，形态多样。

环形泰勒虫病的传播者是璃眼蜱属的蜱。

环形泰勒虫子孢子进入牛体后，侵入局部淋巴结的巨噬细胞和淋巴细胞内，反复进行裂体增殖，形成大量的裂殖子，在虫体对细胞的直接破坏和虫体毒素的刺激下，使局部淋巴结巨噬细胞增生、坏死、崩解，引起充血、渗出等病理过程。牛患环形泰勒虫病时，病牛发生严重贫血。

② 症状。多呈急性经过，以高热、贫血、出血、消瘦和体表淋巴结肿胀为特征。潜伏期 14～20 d，常取急性经过，大部分病牛经 3～20 d 趋于死亡。病牛初体温升高到 40～42 ℃，为稽留热，4～10 d维持在 41 ℃上下。少数病牛呈弛张热或间歇热。病牛随体温升高而表现沉郁、行走无力、离

群落后、多卧少立。脉弱而快，心音亢进有杂音。呼吸增数、肺泡音粗粝、咳嗽、流鼻漏。眼结膜初充血肿胀，流出大量浆液性眼泪，以后贫血黄染，布满绿豆大溢血斑。可视黏膜及尾根、肛门周围、阴囊等薄的皮肤上出现粟粒乃至扁豆大的、深红色、结节状（略高出皮肤）的溢血斑点。有的在颌下、胸前、腹下、四肢发生水肿。病初食欲减退，中后期病牛喜啃土或其他异物，反刍次数减少以致停止，常磨牙，流涎，排少量干而黑的粪便，粪便常带有黏液或血丝；病牛往往出现前胃弛缓。病初和重病牛有时可见肩肌或肘肌震颤。体表淋巴结肿胀为本病特征。大多数病牛一侧肩前或腹股沟浅淋巴结肿大，初为硬肿，有痛感，后渐变软，常不易推动（个别牛不见肿胀）。病牛迅速消瘦，血液稀薄，红细胞减少至200万～300万/mm^3，血红蛋白降至20%～30%，血沉加快，红细胞大小不均，出现异形红细胞。后期食欲废绝、反刍完全停止，溢血点增大增多，濒死前体温降至常温以下，卧地不起，衰弱而死。耐过的病牛成为带虫牛。

全身皮下、肌间、黏膜和浆膜上均可见大量的出血点和出血斑。全身淋巴结肿胀，切面多汁，有暗红色和灰白色大小不一的结节。皱胃病变明显，具有诊断意义。皱胃黏膜肿胀、充血，有针头至黄豆大、暗红色或黄白色的结节。结节部上皮细胞坏死后形成糜烂或溃疡。溃疡有针头大、粟粒大乃至高粱米大，其中央凹下呈暗红色或褐红色；疡缘不整稍隆起，周围黏膜充血、出血，构成细窄的暗红色带。小肠和膀胱黏膜有时也可见到结节和溃疡。脾肿大，被膜有出血点，脾髓质软呈紫黑色泥糊状。肾肿大、质软，有圆形或类圆形粟粒大暗红色病灶。肝肿大、质软，呈棕黄色或棕红色，有灰白色和暗红色病灶。胆囊扩张，充满黏稠胆汁。

③ 诊断。本病的诊断与诊断其他梨形虫病相同，包括分析流行病学资料、观察临床症状和镜检血片中有无虫体。此外，还可做淋巴结穿刺检查病原体。

④ 治疗。至今对环形泰勒虫尚无特效药物，但如能早期应用比较有效的杀虫药，再配合对症治疗，特别是输血疗法以及加强饲养管理可以大大降低病死率。

磷酸伯氨喹啉（primaquine）（PMQ），剂量为每千克体重0.75～1.5 mg，每天口服1剂，连服3剂。该药具有强大的杀灭环形泰勒虫配子体的作用，杀虫作用迅速，投药后24 h，配子体开始被杀死，疗程结束后48～72 h，染虫率下降到1%左右，被杀死的虫体表现为变形、变色、变小，死虫残骸在1～2周内从红细胞内消失。

三氮咪，剂量为每千克体重7 mg，配成7%溶液，肌内注射，每天1次，连用3 d，如红细胞染虫率不下降，还可继续治疗2次。

为了促使临床症状缓解，还应根据症状配合给予强心、补液、止血、健胃、缓泻、舒肝利胆等中西药物以及抗生素类药物。

对红细胞数、血红蛋白量显著下降的牛可输血。每天输血量，犊牛不少于500～1 000 mL，成年牛不少于1 500～2 000 mL，每天或隔2 d输血1次，连输3～5次，直至血红蛋白稳定在25%左右不再下降为止。

⑤ 预防。预防关键是消灭牛舍内和牛体上的璃眼蜱。在本病流行区可应用牛泰勒虫病裂殖体胶冻细胞苗对牛进行预防接种。接种后20 d即产生免疫力，免疫持续期为1年以上。此种疫苗对瑟氏泰勒虫病无交叉免疫保护作用。

（2）瑟氏泰勒虫病。瑟氏泰勒虫（*T. sergenti*）为寄生于红细胞内的虫体。瑟氏泰勒虫病的传播者是血蜱属的蜱，瑟氏泰勒虫不能经卵传播。血蜱生活于山野或农区，因此本病主要在放牧条件下发生。

瑟氏泰勒虫病的症状基本与环形泰勒虫病相似。但病程较长（一般10 d以上），症状缓和，死亡率较低，仅在过度使役、饲养管理不当和长途运输等不良条件下促使病情迅速恶化。

瑟氏泰勒虫病虽然体表淋巴结也肿胀，但淋巴结穿刺检查时较难查到病原体，而且在淋巴细胞内的病原体更少，所见到的往往多为游离于胞外的病原体。治疗和预防参阅环形泰勘虫病。预防重点是要消灭血蜱。

6. 隐孢子虫病

隐孢子虫病（cryptosporidiosis）是由孢子虫纲、真球虫目、隐孢子虫科、隐孢子虫属（*Cryptosporidium*）引起的一种人兽共患原虫病。近年来，我国不少地区发现了人、畜、禽的隐孢子虫病。

（1）病因。隐孢子虫是 Tyzzer（1907）在小鼠胃腺组织切片中首先发现并将其命名为鼠隐孢子虫。此后，人们相继在多种动物体内发现了该虫。

本病呈世界性分布。奶牛感染隐孢子虫病后，产奶量下降约 13%，犊牛感染率约为 15%。

（2）症状。临床上以腹泻或呼吸困难为特征。隐孢子虫可单独致病，导致黏膜上皮细胞的广泛损伤及微绒毛萎缩。隐孢子虫常作为条件性致病因素，与其他病原体，如轮状病毒、冠状病毒、牛腹泻病毒、大肠杆菌、沙门氏菌、支原体及艾美耳球虫等同时存在，使病情复杂化。

各种动物和人，尤其是新生或幼龄动物，对隐孢子虫呈高度易感性，但并非所有感染都引起急性发病。正常机体，常呈自身限制性或亚临床感染或无症状感染。但在免疫功能低下或受损者，可迅速繁殖，使病情恶化，成为死因。

病牛隐孢子虫病在临床上常表现为间歇性水泻、脱水和厌食，有时粪便带血。发育滞缓，进行性消瘦和减重，严重者可导致死亡。本病主要危害幼龄家畜，其中以犊牛发病较为严重。犊牛常发生于 1～4 周龄，最早为 4 日龄，最晚为 30 日龄，病程 2～14 d，死亡率可达 16%～40%。

尸体消瘦，脱水，肛周及尾部被粪便污染。肠道或呼吸道寄生部位呈现卡他性及纤维素性炎症，严重者有出血点。病理组织学变化为上皮细胞微绒毛肿胀、萎缩变性甚至崩解脱落，肠黏膜固有层中淋巴细胞、浆细胞、嗜酸性粒细胞和巨噬细胞增多，在病变部位发现大量的隐孢子虫各阶段虫体。

（3）诊断。粪检和尸检发现不同发育阶段的虫体是确诊的依据。

① 黏膜涂片查活虫。在动物死前或死后 6 h 尸体尚未发生自溶之前，取相应器官黏膜涂片，加生理盐水于室温下镜检观察各发育阶段虫体。

② 黏膜及粪便涂片染色法。在动物死前或死后 36 h 内，取相应器官黏膜涂片或用新鲜稀粪涂片，自然干燥后用甲醇固定 10 min，然后以改良齐-尼氏染色法或改良抗酸染色法染色，染色后隐孢子虫卵囊在蓝色背景下为淡红色球形体，外周发亮，内有红褐色小颗粒。

③ 粪便漂浮法。取待检粪便加下列漂浮液：饱和蔗糖溶液、饱和白糖溶液、饱和碘化钾溶液、饱和硫酸锌溶液，离心漂浮，取液面膜检查卵囊。

④ 组织切片染色法。在动物生前或死后 6 h 内，取相应器官组织，按常规方法取材、固定和苏木精-伊红染色，于光镜下在黏膜上皮细胞表面的微绒毛层边缘查找虫体。

（4）防治。

① 治疗。目前尚无特效方法。在人医和兽医临床上，曾试用 50 多种药物，包括广谱抗生素、磺胺类、抗球虫药、抗疟药及抗蠕虫药等。但是，还没有一种药物对隐孢子虫临床感染是有效的。有人认为，螺旋霉素及高免乳汁可减轻由隐孢子虫所引起的腹泻症状。盐霉素、磺胺喹噁啉可减少牛粪中的卵囊。国内有报道中药制剂（鹤虱、常山、榧子、苦楝根皮、石榴皮、仙鹤草、乌梅等水煎候温，浓缩，加入雷丸粉、熊胆粉灌服）对小鼠隐孢子虫病有一定抑制作用。由于免疫功能健全的宿主的隐孢子虫感染是自身限制性的，因此在无其他病原存在时，采取包括止泻、补液及补充大量丢失的维生素、电解质等的对症疗法和应用免疫调节剂、提高机体非特异免疫力的支持疗法是可行的。

② 预防。由于目前尚缺乏治疗隐孢子虫病的有效药物，可采取消毒隔离措施来控制隐孢子虫，用热水处理畜禽饮食器具，采取全进全出制度，养殖场撒布生石灰、石灰乳或用热蒸汽进行彻底消毒及其他环境消毒和卫生防护措施，对防止合并感染或继发感染及控制本病都是必要的和有益的。

7. 牛球虫病

牛球虫病（bovine coccidiosis）是由艾美耳科、艾美耳属的球虫寄生于牛的肠道内所引起的一种原虫病。本病以犊牛最易感，且发病严重。常以季节性、地方性流行或散发形式出现。

（1）病因。牛球虫病多发生于春、夏、秋三季，特别是多雨连阴季节，在低洼潮湿的地方放牧，以及卫生条件差的牛舍，都易使牛感染球虫。各品种的牛都有易感性，2 岁以内的犊牛发病率较高，患病严重。

裂殖体在牛肠上皮细胞中增殖，破坏肠黏膜，黏膜下层出现淋巴细胞浸润，并发生溃疡和出血。肠黏膜破坏之后，造成有利于腐败细菌生长繁殖的环境，其所产生的毒素和肠道中的其他有毒物质被吸收后，引起全身中毒，导致中枢神经系统和各种器官的机能失调。

（2）症状。主要特征为急性或慢性出血性肠炎，临床表现为渐进性贫血、消瘦和血痢。潜伏期 15～23 d，有时多达 1 个多月。发病多为急性型，病期通常为 10～15 d，个别情况下有在发病后 1～2 d 内可引起犊牛死亡的。病初精神沉郁，被毛粗乱无光泽，体温略高或正常，下痢，产奶量减少。约 7 d 后，牛精神更加沉郁，体温升高到 40～41 ℃。瘤胃蠕动和反刍停止，肠蠕动增强，排带血的稀粪，内混纤维素性薄膜，有恶臭。后肢及尾部被粪便污染。后期粪呈黑色，或全部便血，甚至肛门哆开，排粪失禁，体温下降至 35～36 ℃，在恶病质和贫血状态下死亡。慢性型的病牛一般在发病后 3～6 d 逐渐好转，但下痢和贫血症状持续存在，病程可能拖延数月，最后因极度消瘦、贫血而死亡。

尸体消瘦，可视黏膜苍白，肛门松弛，外翻，后肢和肛门周围被血粪所污染。牛直肠病变明显，直肠黏膜肥厚，有出血性炎症变化。淋巴滤泡肿大凸出，有白色和灰色小病灶，同时在这些部位常常出现直径 4～15 mm 的溃疡。其表面覆有凝乳样薄膜。直肠内容物呈褐色、恶臭、有纤维素性薄膜和黏膜碎片。肠系膜淋巴结肿大发炎。

（3）诊断。根据流行病学、临床症状和病理剖检等方面做综合诊断，取粪便或直肠刮取物镜检，发现球虫卵囊即可确诊。

诊断本病应注意与牛的副结核性肠炎相区别。后者有间断排出稀糊状或稀液状混有气泡和黏液的恶臭粪便的症状，病程很长，体温常不升高，且多发于较老的牛。此外，还应与大肠杆菌进行鉴别诊断。大肠杆菌病多发于出生后数天内的犊牛，而球虫病多发于 1 月龄以上的犊牛；大肠杆菌病的病变特征是脾肿大。

（4）防治。

① 治疗。

a. 应用磺胺类（如磺胺二甲基嘧啶、磺胺六甲氧嘧啶）可减轻症状，抑制球虫病恶化。

b. 氨丙啉，按每千克体重 20～25 mg 剂量口服，连用 4～5 d 为一疗程。

c. 对症治疗，在使用抗球虫药的同时应结合止泻、强心、补液等对症方法。贫血严重时应考虑输血。

② 预防。采取隔离、卫生和治疗等综合性措施。成年牛多为带虫者，故犊牛应与成年牛分群饲养，放牧场地也应分开。勤扫圈舍，将粪便等污物集中进行生物热处理。定期清查，可用开水、3%～5%热氢氧化钠水消毒地面，牛栏、饲槽、饮水槽，一般 1 周 1 次。奶牛乳房应经常擦洗。球虫病往往在更换饲料时突然发生，因此更换饲料应逐步过渡。药物预防：氨丙啉以每千克体重 5 mg 混饲，连用 21 d；或用莫能菌素以每千克体重 1 mg 混饲，连用 33 d。

8. 附红细胞体病

附红细胞体（eperythrozoon）是寄生于动物血液、可附着在红细胞表面，或游离于血浆中的一种单细胞原生物。

（1）病因。附红细胞体病是由多种因素引发的疾病，仅仅通过感染一般不会使在正常管理条件下饲养的健康奶牛发生急性症状，应激是导致本病暴发的主要因素。通常情况下只发生于那些抵抗力下降的奶牛，分娩、过度拥挤、长途运输、恶劣的天气、饲养管理不良、更换圈舍或饲料及其他疾病感染时，该病原各种牛均能感染，发病从6月末7月初开始，到10月下旬止。

（2）症状。病牛体温升至40～41.5℃，稽留热，流清鼻涕，精神差，食欲下降，呼吸急促。严重贫血，皮肤及可视黏膜苍白，黄疸，个别牛有血尿。四肢无力，步态不稳，喜卧。血常规：白细胞增加，中性粒细胞增加，红细胞数下降（190万～600万个/mL），血小板减少到10万个/mL，血色素平均为52%，有个别病例发现白细胞减少，原因未明。

皮肤苍白，血液稀薄，凝固不良，皮下有大小不等的出血点和出血斑。腹腔、胸腔积水，淋巴结肿大，切面多汁。肝、脾肿大1～2倍，表面有出血点，质脆，有的脾组织出现坏死灶，胆囊肿大，胆汁浓稠。心肌扩张、质软，心间质水肿，心外膜、心冠脂肪出血和黄染。肺出现代偿性肺气肿。肾肿大变性、积水。胃肠黏膜局部出血、水肿。

（3）诊断。本病根据临床症状、流行特点可初诊，但应与其他血液原虫病相区别，确诊须进行血液学检查。方法：取静脉鲜血1滴，加等量生理盐水，稀释后，高倍光学显微镜下观察，如发现有圆形、椭圆形或星形绿包闪光小体在血浆、红细胞旁做扭转运动，或发现红细胞边缘不整，并有星光闪亮，即可确诊。

（4）防治。

① 治疗。贝尼尔，每千克体重2 mg，深部肌内注射，每天1次，连用2次。尼可苏，100～200 g/头，每天1次，连用3～5 d。口服金霉素与土霉素。辅助治疗，肌内注射补铁剂，静脉注射葡萄维生素C、维生素K及输血。

② 预防。加强消毒，灭蚊、蝇、虱、蜱等吸血昆虫，加强注射器械与用具清洁、消毒，以免相互感染。每年5月，用贝尼尔预防剂量注射1次，隔10～15 d再注射1次。

二、皮肤病

（一）皮肤真菌病

皮肤真菌病（fungal skin diseases）是由皮肤真菌引起的一种以脱毛、鳞屑为特征的慢性、局部表在性的真菌性皮肤炎，俗称为钱癣。本病呈世界性流行，传染性强。

1. 病因

在舍饲奶牛场，由于饲养管理不当，极易造成多数牛被感染发病，并且通过病牛也易引起人的感染。

2. 症状

以被皮呈圆形脱毛、形成痂皮等病变为特征，且该病传染快、蔓延广。奶牛的皮肤病多发生在头部，特别是眼的周围、颈部等部位，不久就遍及全身。病初成片脱毛区域如小硬币大小，有时保留一些残毛，随着病情的发展，皮肤出现界限明显的秃毛圆斑，一部分皮肤隆起变厚形似灰褐色的石棉状，病初不痒，逐渐开始出现发痒表现。

3. 诊断

直接镜检：刮取患部痂皮连同受害部的毛，浸泡于20%氢氧化钾溶液中，微加热3～5 h，然后将所采病料置于载玻片上滴蒸馏水1滴，加盖玻片镜检，可看到分隔的菌丝或成串的孢子。

真菌的分离培养：将采集的被毛、痂皮等病料，先用生理盐水冲洗，再用灭菌吸纸吸干后，接种在马铃薯葡萄糖琼脂培养基上（添加1%酵母浸出液，同时为了抑制杂菌繁殖干扰，每毫升培养液添加0.125 mg氯霉素），放在37 ℃恒温箱中培养10 d，在培养基表面形成棉絮状的白色菌落，显微镜下观察，可见到棒状的大分生孢子和分隔的菌丝。

4. 防治

（1）治疗。

① 分群隔离。对所有牛只逐头保定检查，有临床症状的牛只全部转群集中在同一牛舍内，病牛、健康牛固定人员饲养，不得串舍。

② 强化消毒。采取全方位的卫生清理和消毒，牛舍要求每天上、下午2次清扫，2次用消防水龙头冲洗，2次用来苏儿、百毒杀更替消毒，舍外包括人员、用具及场地等每天进行1次清洁和消毒。

③ 具体治疗。对于发病牛整个治疗工作分为3个疗程，每个疗程7 d。

a. 用灰黄霉素原粉饮水对症治疗，每头5 g/次，2次/d。

b. 用温的来苏儿溶液浸泡过的毛巾对患部浸润→用牙刷去掉患部痂皮→用5%～10%碘伏涂擦患部→用酮康唑软膏外涂。

c. 对去掉的痂皮集中清理，焚毁，保定牛只用具、人员和场地消毒处理。

（2）预防。

① 健康牛饮用添加灰黄霉素原粉的水。每头4 g/次，2次/d。

② 健康牛在各自固定的运动场进行日光浴。在天气晴朗时，每天12:00～16:00进行日晒。牛入舍前运动场实施清理和消毒。

（二）皮肤肿瘤

牛皮肤乳头状瘤的病原是牛皮肤乳头状瘤病毒（bovine papillomavirus，BPV），该病毒存在于病变皮肤的颗粒细胞层和角质层细胞核内。

1. 病因

牛皮肤乳头状瘤主要侵害6个月龄至2岁的牛。2岁以上的牛虽有发病，但肿瘤较小，角质化程度高，生长缓慢，故认为可能在2岁以前所感染。而6个月以前的犊牛未见发病。发病原因一般认为是病牛与健康牛直接接触或通过病毒污染的畜栏、饲槽等间接接触而感染。另外，可通过节肢动物而传播。

2. 症状

病牛食欲、精神未见异常。在体表不同部位有大小不等的赘生物，小的只有豆粒大，大的如拳头大。部位多在头、股部、腹壁、唇部、背、肘、臀、尾部、阴唇、面部和四肢。大多数牛有几个部位同时发生。肿瘤呈结节或菜花状生长，有的在一个较大的结节周围有许多小结节围绕，呈“卫星”状。小结节有广泛的基底附着于皮肤上，较大的结节有蒂与皮肤相连。肿瘤表面颜色呈白色或深灰色。质地坚实，表面粗糙，顶部少毛或无毛。结节大小不一。

3. 治疗

（1）切除法。对于基部与皮肤广泛联系的肿瘤，周围剪毛消毒，然后用手术刀紧贴皮肤将瘤体切除，并彻底清除肿瘤残余组织。止血后涂擦碘伏，撒布磺胺粉。

（2）拔除法。对于较小的或有蒂的肿瘤，用止血钳轻轻夹住肿瘤基部，然后向皮肤内挤压，使钳尽量夹紧最基部，用力迅速拔掉，清理创面，止血，涂擦碘伏，撒布磺胺粉。

第十一节　犊牛疾病

一、新生犊牛窒息

新生犊牛窒息又称新生犊牛假死，即刚产出的犊牛呼吸不畅或无呼吸动作，仅有心跳。

1. 病因

起因于气体代谢不足或胎盘血液循环障碍。主要见于分娩时间拖延或胎儿产出受阻，胎盘水肿，早期破水，胎盘早期剥离，胎囊破裂过晚，胎儿骨盆前置，产出时脐带受到压迫，阵缩过强或胎儿脐带缠绕等情况。由于胎儿严重缺氧，二氧化碳急剧蓄积，刺激胎儿过早地呼吸，以致吸入羊水而发生窒息。分娩前母牛患有某种热性疾病或全身性疾病，同样会使胎儿缺氧而发生窒息。早产胎儿尤为多见。

2. 症状

按病征分为两型：青色窒息和苍白窒息。

(1) 青色窒息。此为轻症型，新生犊牛肌肉松弛，可视黏膜发绀，口腔和鼻腔充满黏液，舌脱出于口角外。呼吸不均匀，有时张口呼吸，呈喘气状。心跳加快，脉搏细弱，肺部有湿性啰音，喉及气管部尤为明显。

(2) 苍白窒息。此为重症型，新生犊牛全身松软，反射消失，呼吸停止，仅有微弱心跳，卧地不动，呈假死状态。脐带血管出血。

3. 治疗

首先用布擦净鼻孔及口腔内的羊水。为诱发呼吸反射，可刺激鼻腔黏膜，或用浸有氨水的棉团放在鼻孔旁，或往犊牛身上泼冷水等。如仍无呼吸，则将犊牛后肢提起并抖动，有节律地轻压胸腹部，以诱发呼吸，并促使呼吸道内的黏液排出。

还可用细胶管吸出犊牛鼻腔、气管内的黏液及羊水，进行人工呼吸或输氧，应用刺激呼吸中枢的药物，如山梗菜碱（犊牛皮下注射或肌内注射 5～10 mL）、尼可刹米（25%溶液 1.5 mL 皮下注射或肌内注射）。窒息缓解后，为纠正酸中毒，可静脉注射 5%碳酸氢钠液 50～100 mL，为预防继发呼吸道感染，可肌内注射抗生素。

二、犊牛饮食性腹泻

饮食性腹泻（calf diarrhea diet），主要是指由于食物（乳及代乳品）不当或品质不良而造成的腹泻，为犊牛胃肠消化障碍和器质性变化的综合性疾病。

1. 病因

饮食性腹泻发生于所有年龄的奶牛，但较常见的是吃乳过多或吃了难以消化的食物或代乳品的新生犊牛。饲喂犊牛劣质代乳品是犊牛饮食性腹泻的常见原因之一，即奶粉也常由于加工过程中蛋白质受热变性使其含量减少，在皱胃中不易凝结，消化率降低。用非牛乳碳水化合物和蛋白质，如大豆和鱼粉等代乳品，饲喂犊牛也会引起慢性腹泻和生长发育缓慢，还可能继发犊牛大肠杆菌病或沙门氏菌病。给犊牛饲喂过多的奶牛全乳，虽然多不引起犊牛严重水泻，但常引起犊牛排出大量的异常粪便，有利于大肠杆菌的继发感染。饲喂食物突然变化，尤其断奶时，常导致犊牛腹泻。

2. 症状

腹泻可使犊牛营养不良，生长缓慢，发育受阻。发病以 1 月龄内最多，2 个月龄后减少。全年都有发病，以雨季和冬春季发病最多。10 d 以内的犊牛，此种症状多与大肠杆菌感染有关。其特征是消化不良和腹泻，粪呈暗红色，血汤样，多见于 1 个月的犊牛。粪呈白色、干硬，这与过食牛乳或乳制品有关；粪呈暗绿色、黑褐色，稀粪汤内含有较干的粪块，多见于 1 个月以上的犊牛。

3. 诊断

根据临床表现出消化不良、腹泻即可确诊。因犊牛腹泻的病因复杂，而病后表现除腹泻外，又无典型症状。因此，要注意与大肠杆菌病、轮状病毒感染、犊牛副伤寒进行鉴别。要根据病后情况，如发病犊牛日龄、发病头数、发病时间、全身症状等进行综合分析。

4. 防治

(1) 治疗。治疗原则是健胃整肠，消炎，防止继发感染和脱水。

减少喂乳量或绝食。通常可减少正常乳量的 1/3～1/2，减少乳量用温开水替代；绝食 24 h，可喂给补液盐，当腹泻减轻，再逐渐喂给正常乳量。

对腹泻带血者，首先应清理胃肠道，用液态石蜡油 150～200 mL，一次灌服。翌日可用磺胺脒和碳酸氢钠各 4 g，一次喂服，每天服 3 次，连服 2～3 d。

对腹泻伴有胃肠臌胀者，应消除臌胀，可用磺胺脒 5 g、碳酸氢钠 5 g、氧化镁 2 g，一次喂服。

对腹泻而脱水者，应尽快补充等渗电解质溶液，增加血容量。常用葡萄糖生理盐水或林格氏液 1 500～2 500 mL、20%葡萄糖溶液 250～500 mL、5%碳酸氢钠溶液 250～300 mL，一次静脉注射，每天 1 次。连续 2～3 次。

对腹泻而伴有体温升高者，除内服健胃、消炎药外，全身可用青霉素 80 万～160 万 U，链霉素 100万 U，一次肌内注射，每天 2～3 次，连续注射，2～3 d。犊牛饮食性腹泻一般全身症状轻微，当加强饲养管理，改变饮食，合理治疗，经 1～2 d 可愈。但饲养管理不当，腹泻仍可再次复发。下痢有食欲者，病程短、恢复快；下痢无食欲者，病程长、恢复慢；下痢持续或反复发生下痢者，犊牛营养不良、消瘦、衰竭、预后不良；当继发感染，犊牛体温升高，伴发肺炎者，病程长而预后不良。

(2) 预防。加强饲养管理、严格执行犊牛饲养管理规程是预防犊牛饮食性腹泻的关键。出生时及时喂给初乳，使犊牛能尽早获得母源抗体。坚持“四定”即定温、定时、定量和定饲养员。乳温恒定，不能忽高忽低；饲喂时间固定，不能忽早忽晚；喂量固定，不忽多忽少；要选细心、有经验的饲养员管理犊牛，要固定人员，不能频繁更换。

初乳发酵和保存最适温度为 10～12 ℃，夏天可加入初乳重量的 1%丙酸醋酸防腐。有的养牛场应用自发酵初乳喂给犊牛，50～70 d 断奶，喂发酵初乳 200 kg，犊牛发育正常，可预防腹泻。保证饮乳质量，严禁饲喂劣质乳品及发酵变质腐败的牛乳。

三、犊牛消化不良

犊牛消化不良（dyspepsia in calf）是犊牛胃肠消化机能障碍的统称，是犊牛最常见的一种胃肠疾病。犊牛消化不良多于出生后吮食初乳不久或经 1～2 d 后开始发病，犊牛到 2～3 月龄后发病逐渐减少。

1. 病因

(1) 母牛营养不良，特别是妊娠母牛饲粮不全价，是犊牛消化不良的主要原因。

① 妊娠母牛，特别是妊娠后期，日粮中营养物质不足，尤其是能量物质、维生素和某些矿物

质缺乏，可使新生犊牛发育不良，体质孱弱，吮乳反射出现较晚，消化能力低下，极易患胃肠疾病。

② 妊娠母牛饲喂不全价饲料，影响母乳，特别是初乳的质量。营养不良的母牛，初乳分泌延迟而短暂，数量不足，质量低劣，营养成分和免疫球蛋白缺少，犊牛抗病力低下。

③ 哺乳母牛饲喂不良（饲料质量不佳、营养价值低、日粮组成不合理、饲喂不足等），或母牛患乳腺炎及其他慢性疾病，严重地影响母乳的数量和质量，且往往含有某些病理产物和病原微生物。

④ 妊娠母牛应激状态。牛舍微气候不良，母牛缺乏运动、阳光照射不足、密集饲养、机体受寒、转移运输、骚扰捕捉、饲喂制度改变等均可成为应激源，引起母牛的应激综合征，使胎儿体内出现大量促肾上腺皮质激素，防御能力提前消耗，出生后抗病力低下。

（2）犊牛饲养和护理不当，是引起犊牛消化不良的重要因素。

① 新生犊牛吃初乳过晚或初乳数量不足，乳质不佳，营养物质缺乏，特别是维生素 C 缺乏，可使胃肠分泌机能减弱；B 族维生素缺乏，可使胃肠蠕动机能紊乱；维生素 A 缺乏，可使消化道黏膜上皮角化，影响母乳的吸收和消化。矿物质缺乏，可导致胃内盐酸和酶的形成受阻，而引起消化不良。

② 新生犊牛饲喂不当，如人工哺乳不定时、不定量、补料不当，胃肠道遭受不良刺激。饮水不足，抑制消化液的分泌和酶的形成。

③ 新生犊牛管理不当，如卫生条件不良，哺乳母牛乳头污秽，饲槽、饲具不洁，牛舍不卫生（牛栏、牛床不及时清扫、消毒，垫草长时间不更换，粪尿不及时清除）。牛舍内不良的微气候作为应激因素，特别是低温或湿度过大，致犊牛机体受寒。

近年来，一些学者认为自体免疫因素具有特异性病因作用。母牛初乳中如含有特定酶类的抗体和免疫淋巴细胞，则新生犊牛发生消化障碍。

2. 症状

犊牛消化不良按临床症状和病程经过，分单纯性消化不良和中毒性消化不良两种病型。前者主要呈现消化与营养的急性障碍，全身症状轻微；后者主要呈现严重的消化紊乱和自体中毒，全身症状重剧。

（1）单纯性消化不良。主要表现消化机能障碍和腹泻，一般不伴有明显的全身症状。病犊牛精神不振，食欲减退或拒乳，体温正常或稍低，逐渐消瘦，多喜躺卧，不愿活动，出现不同程度的腹泻，粪便性状多种多样。犊牛开始时排粥样稀粪，后转为深黄色或暗绿色水样粪便。

持续腹泻不止时，机体脱水，皮肤干皱，弹性降低，被毛蓬乱无光泽，眼球凹陷，心跳加快，心音增强，呼吸迫促。严重的，全身战栗，站立不稳。如不及时采取治疗措施，极易继发支气管肺炎或转为中毒性消化不良。

（2）中毒性消化不良。呈现重剧的腹泻并伴发自体中毒和全身机能障碍。病牛精神委顿，目光呆滞，食欲废绝，急剧消瘦，衰弱无力，体温升高，结膜苍白、黄染，不愿活动。腹泻重剧，频排灰色或灰绿色混大量黏液或血液带强烈恶臭或腐臭气味的水样稀粪，直至肛门松弛，排粪失禁。机体脱水明显，皮肤干皱，眼窝凹陷。心跳加快，心音混浊，脉搏细弱，呼吸浅表疾速，黏膜发绀。

严重病牛反应迟钝，肌肉震颤或呈短时间的痉挛发作。病至后期，体温突然下降，四肢末端、耳尖、鼻端厥冷。病程较急，多于 1～5 d 内死于昏迷和衰竭。

3. 治疗

综合采用食饵疗法和药物疗法。

（1）为缓解胃肠负担和刺激作用应施行饥饿疗法。饮以微温的生理盐水溶液（氯化钠 5 g、33% 盐酸 1 mL、凉开水 1 000 mL）。

（2）排出胃肠内容物。对腹泻不严重的病牛应用缓泻剂，或用温水灌肠。

（3）促进消化机能恢复。可给予胃液、人工胃液或胃蛋白酶。人工胃液，由胃蛋白酶 10 g、稀盐酸 5 mL、温常水 1 000 mL 组成。剂量：犊牛 30～50 mL。

（4）防止肠道感染。可选用抗生素或磺胺类药物治疗。链霉素，犊牛首次量 1 g，维持量 0.5 g。土霉素或新霉素，犊牛 2～3 g，每天 3 次内服。卡那霉素，每千克体重 0.005～0.01 g，内服。磺胺脒，犊牛首次量 2～5 g，维持量 1～3 g。

（5）恢复水盐代谢平衡。10%葡萄糖液或 5%葡萄糖氯化钠液，犊牛 500～1 000 mL，静脉注射或腹腔注射。对中毒性消化不良病牛可用平衡液（氯化钠 8.5 g，氯化钾 0.2～0.3 g，氯化钙 0.2～0.3 g，氯化镁 0.2 g，碳酸氢钠 1 g，葡萄糖粉 10～20 g，安钠咖粉 0.2 g，青霉素 30 万～50 万 U），首次量，犊牛 1 000 mL，维持量 500 mL，静脉注射。

（6）促进免疫生物学功能。可施行血液疗法。10%枸橼酸钠储存血，犊牛每千克体重 3～5 mL，每次递增 10%～20%，皮下注射或肌内注射，1～3 d 1 次，4～5 次为一疗程。

四、犊牛肺炎

犊牛肺炎（calf pneumonia）多为卡他性肺炎，又称支气管肺炎（broncho-pneumonia）或小叶性肺炎（lobular pneumonia），是定位于肺小叶的炎症。以肺泡内充满由上皮细胞、血浆与白细胞等组成的浆液性细胞性炎症渗出物为病理特征。临床上以弛张热型、叩诊有散在的局灶性浊音区和听诊有捻发音为特征。犊牛比较多发。

1. 病因

多由支气管炎发展而来。过劳、衰弱、维生素缺乏及慢性消耗性疾病等凡使动物呼吸道防卫能力降低的因素，均可导致呼吸道常在菌大量繁殖或病原菌入侵而诱发本病。

已发现的病原有支原体属（图 12－45）、肺炎链球菌、铜绿假单胞菌、化脓杆菌、沙门氏菌、大肠杆菌、坏死杆菌、葡萄球菌、化脓棒状杆菌、真菌，以及腺病毒、鼻病毒、流感病毒、3 型副流感病毒和疱疹病毒等。

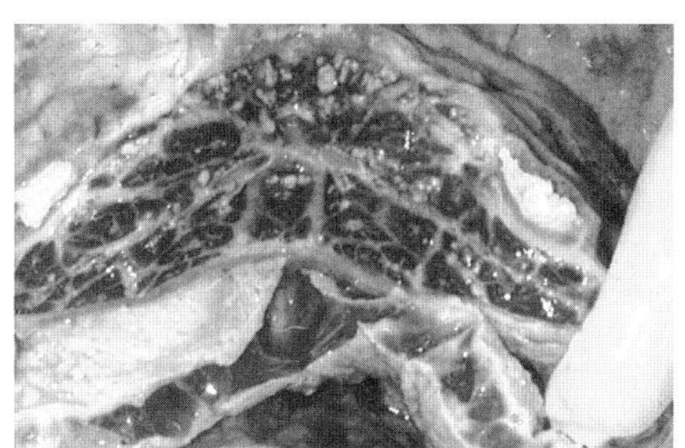

图 12－45　支原体感染引起的肺炎、肺脓肿

本病常继发或并发于许多传染病和寄生虫病，如牛传染性支气管炎、鼻疽、结核病、口蹄疫、病毒性动脉炎、牛恶性卡他热、肺线虫病等。

上述病因作用于动物机体，首先引起支气管炎，随后蔓延至肺泡，引起肺小叶或小叶群的炎症。炎症组织蔓延融合成大片的融合性肺炎时，病变范围如同大叶性肺炎，但病变新旧不一，肺泡内仍然是细胞性渗出物和脱落的上皮而非纤维蛋白，病性截然不同。

2. 症状

病初呈急性支气管炎的症状，但全身症状较重剧。病牛精神沉郁，食欲减退或废绝，结膜潮红或蓝紫。体温升高 1.5～2 ℃，呈弛张热，有时为间歇热。脉搏随体温变化而变化，可达 60～80 次。呼吸增数，牛每分钟可达 20～40 次。咳嗽是固定症状，由干性痛咳转为湿性痛咳。流少量鼻液，呈黏液性或黏液脓性。

胸部叩听诊：病灶浅在的，可发现一个或数个小浊音区，通常在胸前下三角区内；融合性肺炎时，则出现大片浊音区；深在病灶，叩不出浊音或呈浊鼓音。听诊病灶部肺泡呼吸音减弱，可听到捻发音；其他部位肺泡呼吸音增强。融合性肺炎区可听到干、湿性啰音和支气管肺泡（混合性）呼吸音。

X 线检查：肺纹理增强，显现大小不等的灶状阴影，似云雾状，有的融成一片（融合性肺炎）。

病程一般持续 2 周。大多康复；少数转为化脓性肺炎或坏疽性肺炎，转归死亡。

3. 诊断

本病论证诊断不难。类症鉴别应注意细支气管炎和纤维素性肺炎。

① 细支气管炎。呼吸极度困难，呼气呈冲击状。因继发肺气肿，叩诊呈过清音，肺界扩大。

② 纤维素性肺炎。稽留热型，有时见铁锈色鼻液，叩诊的大片浊音区内肺泡音消失，出现支气管呼吸音。X 线检查，显示均匀一致的大片阴影。

4. 治疗

治疗原则包括抑菌消炎、祛痰止咳和制止渗出。

抑菌消炎主要应用抗生素和磺胺类制剂。常用的抗生素为青霉素、链霉素及广谱抗生素。常用的磺胺类制剂为磺胺二甲基嘧啶。

在条件允许时，治疗前最好取鼻液做细菌对抗生素的敏感试验，以便对症用药。例如，肺炎双球菌、链球菌对青霉素较敏感，青霉素与链霉素联合应用效果良好。对金黄色葡萄球菌，可用青霉素或红霉素。对肺炎杆菌，可用链霉素、卡那霉素、土霉素，也可应用磺胺类药物。对铜绿假单胞菌，可联用庆大霉素和多黏菌素 B、F。对多杀性巴氏杆菌，可使用氟苯尼考，按每千克体重 10 mg，肌内注射，疗效很高。大肠杆菌所引起的，应用卡那霉素，按每天每千克体重 10 mg，肌内注射，每天注射 1 次。病情顽固的奶牛，可应用四环素 1～2 g，溶于葡萄糖生理盐水或 5%葡萄糖注射液中，静脉注射，每天 2 次。实践证明，应用抗生素和普鲁卡因气管内注射效果良好，即青霉素 200 万～400 万 U，链霉素 1～2 g，1%～2%普鲁卡因液 40～60 mL，气管内注入，每天 1 次，2～4 次可愈。

五、犊牛贫血

犊牛贫血（calf anemia）是由于缺铁而引发的一种疾病。已查明，可有 30%的新生犊牛呈现特征为血红蛋白过少性贫血，且一些犊牛出生后即有先天性贫血。1～3 日龄犊牛中有 6.9%～26.3%、30～40日龄犊牛中有 53.8% 患有贫血。

1. 病因

特发于 30～40 日龄犊牛的贫血，病因在于其铁储量低，铁需要量大，铁供应量少。

乳及其饲料中铁缺乏是犊牛发生贫血的主要原因，犊牛铁需要量为 50～100 mg/d。妊娠期中所蓄积的铁储量，在分娩后被迅速消耗，且犊牛生后的前 4 周内，铁储量需增加 5%～10%。

(1) 铁储存量低。妊娠期中所蓄积的铁储量，在分娩后被迅速消耗，且犊牛生后的前4周内，铁储量须增加5%～10%。铁储量其绝大部分（约80%）分布在血红蛋白中；一部分（约10%）存在于血清（血清铁），与铁蛋白结合运输于血浆（运输铁）或包含在肌红蛋白及细胞色素等某些酶类中；余下的不到10%，以铁蛋白和含铁血黄素的形式储存于肝、脾、骨髓和肺黏膜中。犊牛体内的储存铁，不论产前或生后，数量都极其少，稍加动用，即告耗竭。

(2) 铁需要量大。哺乳犊牛发育生长迅速，全血容量也随体重增加而相应增长。1周龄时比出生时增长30%，到3～4周龄时则几乎倍增。犊牛需要量每天为50～100 mg。

(3) 铁供应量少。乳及其饲料中铁缺乏是犊牛发生贫血的主要原因。从母乳中实际摄入的外源铁远远不能满足需要，出现“铁债”。

2. 症状

病犊牛表现精神沉郁，离群伏卧，体温不高，但食欲减退，营养不良。最突出的症状是可视黏膜呈淡蔷薇色，轻度黄染。重症犊牛黏膜苍白，如同白瓷，光照耳壳呈灰白色，几乎看不到血管，针刺也很少出血、消瘦（图12-46）。呼吸增数，脉搏疾速，心区听诊可闻贫血性杂音，稍微活动即心搏亢进、气喘不止。有的伴发膈肌痉挛，以致肷部跳动而呼吸更加费力。

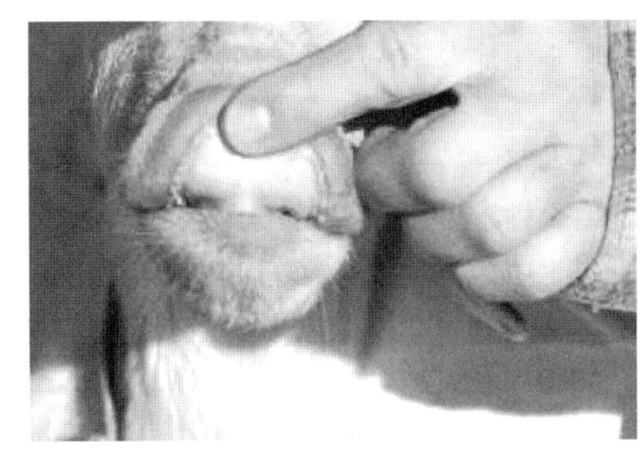

图12-46 贫血犊牛可视黏膜苍白

检验所见：血液色淡而稀薄，不易凝固。红细胞数量减少，可至（1～3）$\times 10^{12}$个/L（健康的新生犊牛的红细胞数量为（6.0～9.0）$\times 10^{12}$个/L，血红蛋白量降低，可至20～40 g/L）（健康犊牛为96.0～118.0 g/L）。MCV、MCH等红细胞指数低于正常，显示小细胞低色素贫血类型。血片观察，红细胞着色浅淡，中央淡染区明显扩大。红细胞大小高度不均，小的居多，平均直径缩小到5 μm（正常为6 μm）。卜-乔氏曲线左移，且又低又宽。骨髓涂片铁染色，细胞外铁粒消失，幼红细胞内则几乎看不到铁粒。

3. 治疗

原则是补足外源铁质，充实铁质储备。

(1) 口服铁剂疗法。口服铁有多种制剂，如硫酸亚铁、焦磷酸铁、乳酸铁、还原铁等，其中仍以硫酸亚铁为首选药物。常用的处方是硫酸亚铁10 g、硫酸铜4 g、常水4 L，剂量为0.25 mL/kg，用茶匙灌服，每天1次，连服7～14 d。焦磷酸铁每天灌服120 mg，连用1～2周。还原铁，对胃肠几无刺激性，可一次灌服2～4 g，每周1次。

灌服铁盐，要特别注意掌握剂量。动物的铁代谢有其特点，即铁排泄量相当稳定，体内铁平衡依靠吸收进行调节，体内铁负荷太大时，铁的吸收就自动减少。但是，肠道对铁吸收的调节只是在肠内铁浓度较低时才发挥作用。铁浓度很高时，肠黏膜就失去阻断铁吸收的控制能力。因此，误投大量铁剂，可引起铁中毒而出现呕吐和腹泻，甚至发生肝坏死和肝硬化。

(2) 注射铁剂疗法。供肌内注射的铁剂有右旋糖酐铁、山梨醇铁和卡古地铁。深部肌内注射，通常一次即可，必要时隔周再注射半剂量。

4. 预防

北方寒区，要尽量避免隆冬季节（12月下旬至翌年2月上旬）产犊。冬春舍饲所产犊牛，应有一定的户外活动时间，最好尽早随同奶牛放牧。要及时粒饲，添置土盘，最好用红黏土（富含氧化铁）。水泥地面舍饲的犊牛，生后3～5 d即应开始补铁。方法是将前述的铁铜合剂涂抹在奶牛的乳头上任其自由舔吮，或逐头按量灌服。生后 3 d 一次肌内注射右旋糖酐铁 100 mg，预防效果良好。

六、脑积水

脑积水（hydrocephalus）又称乏神症，是脑脊液吸收减少和/或生成过多致发的一种以脑室扩张和脑内压升高为病理学基础的慢性脑病。临床上以意识、运动和感觉障碍为特征。

1. 病因

(1) 阻塞性脑室积水。这是因中脑导水管畸形、狭窄，脑脊液流动受阻所致，多属先天性或遗传性缺陷。中脑导水管闭塞也可继发于脑炎、脑膜脑炎等颅内炎性疾病，或脑干等部位肿瘤的压迫。

(2) 非阻塞性脑室积水。多因脑脊液吸收减少和/或生成增多所致。前者见于传染性脑膜脑炎、蛛网膜下出血及维生素 A 缺乏；后者见于脉络膜乳头瘤。

2. 症状

后天性脑室积水，多见于成年动物。病初精神沉郁，低头耷耳、眼半闭，不注意周围事物，呆立不动。间或突然兴奋不安，狂躁暴跳，甚至伤人（图 12－47）。

图 12－47　犊牛脑积水，头部膨大

随着病程发展，病情逐渐加重，呈现意识障碍，如突然中断采食，或饲草衔于口中而不知咀嚼，饮水时往往将鼻部深入水中；运动障碍，如无目的前进或做圆圈运动，运步时头下垂，抬腿过高，着地不稳，动作笨拙，容易跌倒。感觉机能障碍，如不知驱赶蝇虻，针刺也不发生反应。本体感觉异常，听觉过敏，较强的音响可使之惊恐不安；视觉障碍，如瞳孔大小不等，或眼球震颤，视乳头水肿。后期，呼吸、脉搏减慢。

3. 治疗

尚无确效疗法。据报道，慢性脑室积水可采用小剂量肾上腺皮质激素疗法，治愈率可达 60%。治疗时每天注射地塞米松，每千克体重 0.025 mg，用药后 3 d，若症状缓解，1 周后药量减半，第 3 周起每隔 2 d 注射 1 次。

（雷连成、李建基、王亨、韩春杨、丁壮、周玉龙、孙长江、曹永国、张乃生、张西、宫鹏涛、马馨）

主要参考文献

白实，郭宇鹏，李艳华，2007. 敦化地区黄牛气肿疽的防治与诊断 [J]. 吉林畜牧兽医（6）：38－39.
比尔来西肯·赛都力，吾兰·呼加汗，2013. 牛巴氏杆菌病的病理学观察 [J]. 中国兽医杂志，49(2).
蔡宝祥，2001. 家育传染病学 [M]. 北京：中国农业出版社.
车达，2011. 气肿疽梭菌单克隆抗体的制备及鉴定 [D]. 延边：延边大学.
陈聪敏，王文风，1989. 厌氧菌及其感染 [M]. 上海：上海医科大学出版社.
陈红曾，王红军，2008. 牛沙门氏菌病的诊治 [J]. 河南畜牧兽医（5）：41－42.
陈怀涛，2004. 牛羊病诊治彩色图谱 [M]. 2 版. 北京：中国农业出版社.
陈怀涛，2005. 兽医病理学 [M]. 2 版. 北京：中国农业出版社.
陈溥言，2006. 兽医传染病学 [M]. 2 版. 北京：中国农业出版社.

陈颖钮，邓铿涛，詹枝华，等，2008. 人 IFN-γ体外释放检测法的建立及其在结核病诊断中的应用［J］. 生物工程学报，24(9)：1-6.
陈振旅，王元林，王小龙，等，1988. 南京地区奶牛骨软病病因和防制的研究［J］. 畜牧兽医学报（2）：117-122.
程颖璠，2011. 中西结合治疗牛气肿疽病［J］. 中国牛业科学，37(2)：96.
崔治中，金宁一，2013. 动物疫病诊断与防控彩色图谱［M］. 北京：中国农业出版社.
戴国钧，1985. 地方性氟中毒［M］. 呼和浩特：内蒙古人民出版社.
丁家波，毛开荣，程君生，等，2006. 布氏杆菌病疫苗的应用和研究现状［J］. 微生物学报，46(5)：856-859.
董全，吕景松，姜小平，等，2010. 奶牛寄生虫病的防治［J］. 北京农业（24）：17-20.
董永鸿，李万财，许正林，2010. 环青海湖地区牦牛气肿疽的流行情况及综合防治［J］. 中国畜牧兽医，37(7)：207-208.
段利雅，2011. 牛沙门氏菌病及其防治措施［J］. 养殖技术顾问（12）：152.
段兆林，2013. 奶牛肝片吸虫病的防治［J］. 中国畜牧兽医文摘（1）：120.
冯立红，蒯淑霞，殷金刚，等，2007. 奶牛气肿疽病的诊断报告［J］. 中国奶牛（9）：36-37.
甘肃农业大学，1980. 兽医微生物学实验指导［M］. 北京：农业出版社.
高洪，李卫真，谭丽勤，等，1999. 我国家畜猝死症病因研究近况［J］. 云南畜牧兽医（2）：23-24.
高曼，2012. 关中地区牛球虫种类和安氏隐孢子虫基因分型研究［D］. 杨凌：西北农林科技大学.
高永辉，王希良，2005. 布鲁氏菌的感染免疫研究进展［J］. 国际流行病学传染病学杂志，32(1).
高振萍，2005. 牛羊沙门氏菌病［J］. 农村科技（12）：36.
龚伟，刘志尧，王哲，等，1990. 绵羊实验性乳酸菌中毒研究——Ⅱ. 血气和阴离子对乳酸中毒的诊断价值［J］. 兽医大学学报，10(3)：255-258.
郭爱珍，陈焕春，2010. 牛结核病流行特点及防控措施［J］. 中国奶牛（11）：38-45.
郭定宗，2005. 兽医内科学［M］. 北京：高等教育出版社.
韩文瑜，何昭阳，刘玉斌，1992. 病原细菌检验技术［M］. 长春：吉林科学技术出版社.
黄亚男，2003. 放线菌病的鉴定及肉尸处理［J］. 现代畜牧兽医（5）：27.
姜丹丹，金鑫，陈莹，等，2010. 气肿疽梭菌套式 PCR 检测方法的建立［J］. 中国兽医科学，40(21)：1171-1174.
蒋晓春、张乃生，臧家仁，等，1994. 牛烂蹄坏尾病致病弯角镰刀菌代谢产物分离鉴定［J］. 中国兽医学报，14(2)：121-126.
金宁一，胡仲明，冯书章，2007. 新编人兽共患病学［M］. 北京：科学出版社.
金鑫，鲁承，许玲玲，等，1998. 气肿疽灭活苗的制造［J］. 黑龙江畜牧兽医（12）：31.
拉毛多杰，2012. 犊牛沙门氏菌病与病毒性腹泻的鉴别诊治［J］. 养殖与饲料（6）：61-62.
李广才，李永生，1990. 牛沙门氏菌病［J］. 现代化农业（1）：35-37.
李宏志，2011. 牛沙门氏菌病的流行及诊治［J］. 养殖技术顾问（3）：138.
李建基，刘云，2012. 动物外科手术实用技术［M］. 北京：中国农业出版社.
李建基，王亨，2012. 牛羊病速诊快治技术［M］. 北京：化学工业出版社.
李金岭，郭宏军，宋艳华，等，2012. 牛巴氏杆菌病的诊断方法［J］. 兽医导刊（8）.
李凯伦，李鹏，王萍，2006. 牛羊疫病免疫诊断技术［M］. 北京：中国农业大学出版社.
李普霖，1994. 动物病理学［M］. 长春：吉林科学技术出版社.
李勤凡，篙彩菊，王建华，2002. 牛猝死症的研究进展［J］. 中国牛业科学（9）：28-29.
李秀丽，李祥翠，廖万清，2008. 放线菌病的研究进展［J］. 中国真菌学杂志（3）：189-192.
李佑民，姚湘燕，常国权，等，1996. 吉林省黄牛猝死症的病因学研究［J］. 中国兽医学报，16(1)：350-355.
李毓义，1988. 动物血液病［M］. 北京：农业出版社.
李毓义，李彦舫，2001. 动物遗传·免疫病学—医学自发模型［M］. 北京：科学出版社.
李毓义，王哲，张乃生，2002. 食草动物胃肠弛缓［M］. 长春：吉林大学出版社.
李毓义，王哲，赵旭昌，等，1998. 醋酸盐缓冲合剂对牛碱过多性胃肠弛缓的疗效［J］. 中国兽医学报，18(2)：179-181.
梁旭东，2002. 炭疽防治手册［M］. 2 版. 北京：中国农业出版社.
廖党金，2006. 我国奶牛寄生虫病现状与防治战略［J］. 中国奶牛（8）：37-39.
廖党金，汪明，文豪，等，2009. 中国奶牛寄生虫病及虫种资源研究［J］. 中国奶牛（8）：11-16.
廖延雄，1995. 兽医微生物实验诊断手册［M］. 北京：中国农业出版社.

林立，孔繁德，徐淑菲，等，2012. 牛放线菌病的诊断与防治技术评述 [J]. 检验检疫学刊，22(1) .
卢中华，罗国琦，2000. 动物微生物学 [M]. 北京：中国科学技术出版社 .
陆承平，2007. 兽医微生物学 [M].4 版 . 北京：中国农业出版社 .
陆德源，1996. 医学微生物学 [M].2 版 . 北京：人民卫生出版社 .
逯艳云，李小六，王新华，2008. 新乡市奶牛皮肤乳头状瘤病调查 [J]. 河南科技学院学报，63(3)：61 - 62.
罗德炎，韩玉霞，王希良，2004. 布氏杆菌病新型疫苗的研究进展 [J]. 免疫学杂志，20(z1)：43 - 45，49.
毛景东，王景龙，杨艳玲，2011. 布鲁氏菌病的研究进展 [J]. 中国畜牧兽医，38(1)：222 - 227.
牛淑新，崔建国，2011. 奶牛泰勒氏焦虫病的诊治 [J]. 中国畜牧兽医文摘 (3)：133.
牛彦兵，柳旭伟，郭庆河，2012. 奶牛焦虫病的诊断和治疗 [J]. 黑龙江畜牧兽医 (20)：89 - 90.
朴范泽，2008. 牛病类症鉴别诊断彩色图谱 [M]. 北京：中国农业出版社 .
秦晟，汪昭贤，谢毓芬，等，1987. 耕牛蹄腿肿烂病致病真菌霉素研究-粗毒素提取与生物活性测定 [J]. 畜牧兽医学报，18(1)：48 - 54.
秦晟，张百祥，张士贤，等，1981. 耕牛蹄腿肿烂病病原诊断研究 [J]. 畜牧兽医学报，12(2)：137 - 144.
任洪林，卢士英，周玉，等，2009. 布鲁氏菌病的研究与防控进展 [J]. 中国畜牧兽医，36(9)：139 - 143.
任世俨，1998. 平凉地区牛猝死症调查 [J]. 甘肃畜牧兽医，28(3)：11 - 12.
桑国俊，1997. 牛猝死症研究新进展 [J]. 四川畜禽 (5)：26 - 28.
史新涛，古少鹏，郑明学，等，2010. 布鲁氏菌病的流行及防控研究概况 [J]. 中国畜牧兽医，37(3)：204 - 207.
宋斌，付龙，王树茂，2011. 犊牛魏氏梭菌病的诊断与防治 [J]. 中国畜禽种业 (3)：47 - 48.
孙志学，2010. 奶牛皮肤真菌病的诊治 [J]. 黑龙江畜牧兽医 (10)：90.
谭学诗，庞全海，王斌，1989. 奶山羊实验性过食黄豆的血液学研究 [J]. 畜牧兽医学报，20(3)：242 - 246.
唐昌茂，孔芳玲，史宁花，等，1997. 宁夏家畜“猝死症”调查及综合防制的研究（初报） [J]. 中国兽医科技，27(3)：15 - 16.
田美湛，2012. 畜禽沙门氏菌病的流行病学与防治措施 [J]. 现代畜牧科技 (2)：159.
汪明，2003. 兽医寄生虫学 [M]. 北京：中国农业出版社 .
王洪斌，2011. 家畜外科学 [M]. 北京：中国农业出版社 .
王洪章，段得贤，1985. 家畜中毒学 [M]. 北京：农业出版社 .
王军，石冬梅，陈益，等，2012. 郑州市奶牛场犬新孢子虫血清学调查 [J]. 中国兽医杂志 (9)：42 - 43.
王利峰，王利新，赵彦东，2009. 牛放线菌病的流行病学及防治介绍 [J]. 养殖技术顾问 (12)：76.
王明俊，1995. 兽医生物制品学 [M]. 北京：中国农业出版社 .
王庄，刘振东，2011. 牛巴氏杆菌病的诊断及防治 [J]. 兽医临床 (2) .
王自振，卢中华，张红英，等，1997. “猝死症”病原菌的分离与鉴定 [J]. 中国兽医科技，27(12)：33 - 34.
韦欢，2009. 牛气肿疽的诊断及防治措施 [J]. 贵州畜牧兽医 (3)：32.
吴清民，2002. 兽医传染病学 [M].3 版 . 北京：中国农业出版社 .
吴清民，2011. 动物布鲁氏菌病新型防控技术及研究进展 [J]. 兽医导刊 (9)：25.
吴信法，1996. 兽医细菌学 [M]. 北京：中国农业出版社 .
吴志明，刘莲芝，李桂喜，2006. 动物疫病防控知识宝典 [M]. 北京：中国农业出版社 .
武福平，王岩，夏成，等，2004. 中国荷斯坦奶牛副结核病的诊治 [J]. 黑龙江畜牧兽医 (10)：43 - 44.
徐发荣，赵景义，潘保良，等，2011. 北京地区奶牛寄生虫感染情况的调查 [J]. 中国兽医杂志 (2)：9 - 12.
许英民，2010. 犊牛感染沙门氏菌病的诊疗报告 [J]. 当代畜牧 (1)：23 - 24.
薛金良，刘建民，1987. 肌注补铁对仔猪增重和血红蛋白含量的影响 [J]. 中国畜牧杂志 (4)：14 - 16.
杨本升，刘玉斌，苟仕金，等，1995. 动物微生物学 [M]. 长春：吉林科学技术出版社 .
杨明凡，崔保安，1996. 家畜猝死症的调查研究 [J]. 畜牧兽医杂志，21(2)：36 - 37.
杨醉宇，刘文杰，郭社旺，等，2009. 人牛结核病互感关系的探讨 [J]. 畜牧兽医科技信息 (6)：115 - 118.
叶秀娟，李君荣，2012. 奶牛寄生虫病防控技术新模式的效果试验 [J]. 黑龙江畜牧兽医 (13)：120 - 121.
叶远森，臧家仁，姜玉富，等，1989. 牛烂蹄坏尾病病原的研究 [J]. 中国兽医学报，9(4)：341 - 343.
岳秀宝，2012. 牛沙门氏菌病的诊断与防治 [J]. 农村养殖技术 (1)：22.
张春燕，吴清民，2010. 奶牛的几种重要繁殖障碍类传染病防控措施 [J]. 中国乳业 (1)：25.

张福全，孙国光，石国忠，等，2010. 奶牛寄生虫病防治技术［J］. 当代畜牧（7）：20.

张高轩，李玉瑛，濮方德，等，1990. 新疆石河子垦区绵羊尿石病的调查与研究［J］. 畜牧与兽医（1）：6－8.

张乃生，李毓义，2011. 动物普通病学［M］. 2版．北京：中国农业出版社．

张宁，赵博伟，胡晓悦，等，2013. 牛新孢子虫病最新研究进展［J］. 上海畜牧兽医通讯（1）：10－13.

张昇，陆国强，2012. 奶牛放线菌病的治疗［J］. 中国畜牧兽医文摘，28(2)．

张婉如，王振权，1988. 注射铁剂对仔猪防止贫血和促进生长的研究［J］. 中国畜牧杂志（4）：12－14.

张西臣，李建华，2010. 动物寄生虫病学［M］. 3版．北京：科学出版社．

张永泉，2012. 几种原虫病对奶牛的危害及预防［J］. 养殖技术顾问（11）：146.

赵德明，沈建忠，1999. 奶牛疾病学［M］. 北京：中国农业大学出版社．

赵宏涛，薛梅，张振仓，2006. 犊牛腹泻病原菌的分离鉴定及药敏试验［J］. 上海畜牧兽医通讯（6）：40－41.

赵志伟，莫国东，韦平，2011. 畜禽生产中沙门氏菌病的防控意义［J］. 广西畜牧兽医（2）：4.

郑世民，2009. 动物病理学［M］. 北京：高等教育出版社．

郑源强，吴岩，毕力夫，2011. 布鲁氏菌病检测、防控措施与疫苗研究进展［J］. 内蒙古医学院学报，33(1)：71－75.

钟志军，陈泽良，黄克和，等，2008. 布氏杆菌病致病因子及防治研究进展［J］. 畜牧与兽医，40(12)：96－101.

周艳彬，柳晓琳，2010. 布鲁氏菌病的流行、发病原因及防治进展［J］. 辽宁医学院学报，31(1)：81－85.

朱维正，1987. 人畜放线菌病［J］. 中国人兽共患病杂志，3(4)：49－51.

Anon，2003. Zoonotic tuberculosis and food safety［J］. Report of the Food Safety Authority of Ireland Scientific Committee，Dublin：Food Safety Authority of Ireland.

Armstrong H L，McNamee J K，1950. Blackleg in deer［J］. Jour. Am. Vet. Med. Assoc（117）：212－214.

Bagge E，Lewerin S S，Johansson K E，2009. Detection and identification by PCR of *Clostridium chauvoei* in clinical isolates，bovine faeces and substrates from biogas plant［J］. Acta. Vet. Scand，51(1)：8.

Billington S J，Wieckowski E U，Sarker M R，1998. Clostridium perfringens TyPe E animal enieritis isolates with highly conserved，silent enterotoxin gene sequenees［J］. Infection and Immunity，66(9)：4531－4536.

Buesehel D M，Jost B H，Billington S J，et al，2003. Prevalence of cPb2，encoding beta2 toxin，in *Clostridium perfringens* field isolates：correlation of genotype with Phenotype［J］. Vet. Mic，94(2)：121－129.

Bull T J，Hermontaylor J，Pavlik I，et al，2000. Characterization of IS900 loci in *Mycobacterium avium* subsp. *paratuberculosis* and development of multiplex PCR typing［J］. Microbiology，146(9)：2185－2197.

Bush R D，Windsor P A，Toribio J A，et al，2006. Losses of adult sheep due to ovine Johne's disease in 12 infected flocks over a 3－year period［J］. Aust. Vet J（84）：246－253.

Cole A R，Gibert M，Popoff M，2004. Clostridium perfringens epsilon-toxin shows structural similarity to the pore-forming toxin aerolysin［J］. Nat. Str. Mol. Biol（1）．

Collins C H，2000. The bovine tubercle bacillus［J］. Br J Biomed（57）：234－240.

Collins M T，Lisby G，Moser C，et al，2000. Results of multiple diagnostic tests for *Mycobacterium avium* subsp. *paratuberculosis* in patients with inflammatory bowel disease and in controls［J］. Jour. Clin. Micr（38）：4373－4381.

Cummings K J，Warnick L D，Davis M A，2010. Farm animal contact as risk factor for transmission of *Bovineassociated salmonella* subtypes［J］. Emerging infectious diseases，18(12)：1929－1936.

Cummings K J，Warnick L D，Elton M，2010. The effect of clinical outbreaks of salmonellosis on the prevalence of fecal Salmonella shedding among dairy cattle in New York［J］. Foodborne Pathogens and Disease.

Daube G，China B，Simon P，1994. Typing of clostridium perfringens by in vitro amplification of toxin genes［J］. Jou. APl. Bae（77）：650－655.

Daube G，Simon P，Limbourg B，et al，1996. Hybridization of clostridium perfringens isolates with gene probes for seven toxins（α，β，ε，ι，β2 and entero toxin）and for sialidase［J］. Am. Jou. Vet. Res（57）：496－501.

Deepa R，Mahfuzur R S，2007. Production of small，acid-soluble spore proteins in clostridium perfringens nonfoodborne gastrointestinal disease isolates［J］. Can. J. Microbiol，15(53)：514－518.

Divers T J，Peek S F，2008. Rebhun's diseases of dairy cattle［M］. 2nd ed. Philadelphia：Elsevier Inc.

Donnelly C A，Woodroffe R，Cox D R，et al，2003. Impact of loealized badger culling on tuberculosis incidence in British cattle［J］. Nature，426(6968)：834－837.

Dreesen D W, Wood A R, 1970. A human case of *Mycobacterium bovis* infection in Georgia [J]. Am. Rev. Respir. Dis, 101(2): 289-292.

Ferreira F J, Oliveira P A, Bastos F C, et al, 2002. Evaluation of direct fluorescent antibody test for the diagnosis of Bovine Genital Campylobacteriosis [J]. Rev. Lat. Micro: 118-123.

Frey J, Johansson A, Bürki S, et al, 2012. Cytotoxin CctA, a major virulence factor of clostridium chauvoei conferring protective immunity against myonecrosis [J]. Vaccine, 30(37): 5505.

GormLey E, Fitzsimons T, Collins J D, 2006. Diagnosis of myeobaeterium bovis infection in cattle by use of the gamma-interferon(Bovigam)assay [J]. Vet. Mierobiol, 12(2-4): 171-179.

Griffith F, 1916. On the pathology of bovine actinomycosis: A Preliminary Report [J]. The Journal of Hygiene: 195-207.

Halm A, Wagner M, Köfer J, et al, 2010. Novel real-time PCR assay for simultaneous detection and differentiation of and in clostridial myonecrosis [J]. Jour. Clin. Microbiol, 48(4): 1098.

Hamaoka T, Terakado N, 1994. Demonstration of common antigens on cell surface of *Clostridium chauvoei* and *C. septicum* by indirect-immunofluorescence assay [J]. Jour. Vet. Med (56): 371-373.

Hardie R M, Watson J M, 1992. Mycobacterium bovis in England and Wales: past, present and future [J]. Epidemiol. Infect (109): 23-33.

Harper M, Boyce J D, Adler B, 2006. Pasteurella multocida pathogenesis: 125 years after Pasteur [J]. Fems. Micr. Lett (265): 1-10.

Harrison B, Raju D, Garmory H S, 2005. Molecular characterization of clostridium perfringens isolates from humans with sporadic diarrhea: Evidence for transcriptional regulation of the beta2-toxin-encoding gene [J]. App. Env. Mic, 71 (12): 8362-8370.

Hawkes R, Pederson E, Ngeleka M, 2008. Mastitis caused by Bacillus anthracis in a beef cow [J]. Can. Vet. J, 49(9): 889-891.

Henderson B, Nair S P, 2003. Hard labour: bacterial infection of the skeleton [J]. Trends. Micro (11): 570-577.

Heuermann D, Roggentin P, Kleineidam R G, et al, 1991. Purification and characterization of a sialidase from Clostridium chauvoei NC08596 [J]. Gly. J, 8(2): 95-101.

Hildebrand D, Aktories K, Kubatzky K F, 2010. Pasteurella multocida toxin is a potent activator of anti-apoptotic signalling pathways [J]. Cell. Micr (12): 1174-1185.

Hoffer M A, 1981. Bovine Campylobacteriosis: a Review [J]. Can Vet Jour, 22(11): 327-330.

Hublart M, Moine G, 1969. Human tuberculosis caused by the bovine bacillus in Denmark after eradication of bovine tuberculosis [J]. Bull. Lacad. Vet. Fr (42): 69-73.

Johansson A, Schlatter Y, Redhead K, et al, 2011. Genetic and functional characterization of the NanA sialidase from *Clostridium chauvoei* [J]. Vet. Res, 42(1): 2.

Kijimatanaka M, Nakamura M, Nagamine N, et al, 1994. Protection of mice against *Clostridium chauvoei* infection by anti-idiotype antibody to a monoclonal antibody to flagella [J]. Fems. Immu. Med. Mic (8): 183-188.

Kleeberg H H, 1984. Human tuberculosis of bovine origin in relation to public health [J]. Rev. Sci. Tech (3): 11-32.

Kuhnert P, Capaul S E, Nicolet J, et al, 1996. Phylogenetic positions of *Clostridium chauvoei* and *Clostridium septicum* based on 16S rRNA gene sequences [J]. Int. J. Syst. Bacteriol, 46(4): 1176.

Kuhnert P, Krampe M, Capaul S E, et al, 1997. Identification of *Clostridium chauvoei* in cultures and clinical material from blackleg using PCR [J]. Vet. Micr, 57(2-3): 291-298.

Lange M, Neubauer H, Seyboldt C, 2010. Development and validation of a multiplex real-time PCR for detection of *Clostridium chauvoei* and *Clostridium septicum* [J]. Mol. Cell. Probes, 24(4): 210.

Mattar M A, Cortiñas T I, Stefanini A M, 2007. Extracellular proteins of *Clostridium chauvoei* are protective in a mouse model [J]. Acta. Vet. Hung, 55(2): 170.

Michel A L, Muller B, Helden P D, 2010. Mycobacterium bovis at the animal-human interface: A problem, or not? [J]. Veterinary Microbiology(140): 371-381.

Nagano N, Isomine S, Kato H, et al, 2008. Human fulminant gas gangrene caused by *Clostridium chauvoei* [J]. Jour. Clin. Micr, 46(4): 1547.

Niilo L，1980. Clostridium Perfringens in animal disease：a review of current knowledge [J]. Can. Vet. J，21(5)：141－148.

Orth J H，Preuss I，Schlosser A，et al，2009. Pasteurella multocida toxin activation of heterotrimeric G proteins by deamidation [J]. Proc. Natl. Acad. Sci (106)：7179－7184.

Quinn P J，Carter M E，Morley B，et al，1994. Clinical Veterinary Microbiology [M]. London：Wolfe Publishing.

Rath T，Roderfeld M，Blocher S，et al，2011. Presence of intestinal Mycobacterium avium subspecies paratuberculosis (MAP)DNA is not associated with altered MMP expression in ulcerative colitis [J]. Bmc. Gas (11)：34.

Reviriego Gordejo F J，Vermeersch J P，2006. Towards eradication of bovine tuberculosis in the European Union [J]. Vet Microbiol (112)：101－109.

Ricardo R D，2006. Human Mycobacterium bovis infection in the United Kingdom：Incidence，risks，control measures and review of the zoonotic aspects of bovine tuberculosis [J]. Tuberculosis (86)：77－109.

Rood J I，Cole S T，1991. Molecular genetics and Pathogenesis of Clostridium perfringens [J]. Microbiol Rew (55) (4)：621－648.

Rood J L，1998. Virulence genes of clostridium perfringens [J]. Annu. Rev. Mic (52)：333－360.

Rozengurt E，Higgins T，Staddon J M，et al，1990. Pasteurella multocida toxin：potent mitogen for cultured fibroblasts [J]. Proc. Natl. Acad. Sci (87)：123－127.

Sathish S，Swaminathan K，2008. Molecular characterization of the diversity of Clostridium chauvoei isolates collected from two bovine slaughterhouses：analysis of cross-contamination [J]. Anaerobe，14(3)：190－199.

Sevilla I，Singh S V，Garrido J M，et al，2005. Molecular typing of Mycobacterium avium subspecies paratuberculosis strains from different hosts and regions [J]. Rev. Sci. Tech (24)：1061－1066.

Singh K，Chandel B S，Singh S V，et al，2013. Efficacy of 'indigenous vaccine' using native 'Indian bison type' genotype of Mycobacterium avium subspecies paratuberculosis for the control of clinical Johne's disease in an organized goat herd [J]. Vet. Res. Com (37)：109－114.

Sneath P H A，Mair N S，Sharpe M E，et al，1986. Bergey's Manual of Systematic Bacteriology [M]. Williams & Wilkins.

Takafumi H，Yasuyuki M，Nobuyuki T A，et al，1993. Similarity in the EDTA-soluble antigens of *Clostridium chauvoei* and *C. Septieum* [J]. Jour Gene Micr (139)：617－622.

Tamura Y，Kijimatanaka M，Aoki A，et al，1995. Reversible expression of motility and flagella in *Clostridium chauvoei* and their relationship to virulence [J]. Mierobiology (41)：605－610.

TayLor M A，Coop R L，Wall R L，2007. Veterinary Parasitology [M]. 3nd ed. London：blackwell Publishing Ltd.

Thoen C O，Steele J H，1995. Mycobacterium bovis Infection in Animals and Humans [M]. Regional and Country Status Report.

Timoney J F，Gillespie J H，Barlough J E，et al，1988. Hagan and Bruner's Microbiology and Infectious Diseases of Domestic Animals [M]. 8nd ed. New York：Comstock Publishing Associates.

Tiwari A，VanLeeuwen J A，Mckenna S L，et al，2006. Johne's disease in Canada：Part I：clinical symptoms，pathophysiology，diagnosis，and prevalence in dairy herds [J]. Can. Vet. Jour (47)：874－882.

Uchida I，Sekizaki T，Ogikubo Y，et al，2001. Rapid detection and identification of Clostridium chauvoei by PCR based on flagellin gene sequence [J]. Micr，78(4)：363－371.

Useh N M，Ajanusi J O，Esievo K A，et al，2010. Characterization of a sialidase(neuraminidase)isolated from Clostridium chauvoei(Jakari strain) [J]. Cell. Bio. Funct，24(4)：352.

Vazquez P，Garrido J M，Juste R A，et al，2012. Effects of paratuberculosis on Friesian cattle carcass weight and age at culling [J]. Span. Jour. Agric. Res，10(3)：662－670.

Watts T C，Olson S M，Rhodes C S，1973. Treatment of bovine actinomycosis with isoniazid [J]. Canadian veterinary journal.

Weatherhead J E，Tweardy D J，2012. Lethal human neutropenic entercolitis caused by *Clostridium chauvoei* in the United States：tip of the iceberg? [J]. Jour. Inf，64(2)：227.

Wentink G H，Frankena K，Bosch J C，et al，2000. Prevention of disease transmission by semen in cattle [J]. Liv. Pro. Sci (62)：207－220.

Wray C，Sojka W J，1977. Reviews of the progress of dairy science：bovine salmonellosis [J]. The Journal of dairy research.

Yamamoto K，Tetsuka Y，Norimatsu M，et al，2000. Rapid and direct detection of clostridium chauvoei by PCR of the 16S－23S rDNA spacer region and partial 23S rDNA sequences [J]. Vet. Med. Sci，62(12)：1281.

Yu Yi Li，Nai Sheng Zhang，Ze Wang，et al，2002. Therapeutic effect of carbonate buffer mixture(CBM)on gastrointestinal atony in cattle [J]. Chinese J of Vet Sci，22(1)：35－36.

第十三章

乳 品 加 工

自2003年起，我国对乳制品等10类食品实施市场准入制度。由国家质量监督检验检疫总局（现国家市场监督管理总局）发布《企业生产乳制品许可条件审查细则》（以下简称《细则》）。凡在我国境内从事乳和乳制品加工和销售的公民或组织，都必须遵循其要求。该《细则》涉及液体乳、乳粉和其他乳制品等三大类产品，是我国乳制品在产品加工领域里的工艺性操作规范，体现了我国乳品工业发展的阶段性特点。

① 液态乳类。以生乳或乳制品为原料，经过不同强度热处理的液态饮用乳。包括巴氏杀菌乳、超高温灭菌乳、发酵乳和调制乳等。

② 乳粉类。包括全脂乳粉、脱脂乳粉、部分脱脂乳粉、调制乳粉、牛初乳粉等。按规定全脂乳粉、脱脂乳粉、部分脱脂乳粉不能使用干法制备。

需要注意的是，婴幼儿配方乳粉不属于乳制品生产许可证的审核范畴，须按国家质量监督检验检疫总局发布的《企业生产婴幼儿配方乳粉许可条件审查细则（2010版）》申请专项许可。企业可以自行选择干法或湿法工艺生产乳基婴幼儿配方食品。

③ 其他乳制品类。包括炼乳、奶油、干酪以及乳清粉和乳清蛋白粉等。但目前我国乳原料不足还不生产奶油、乳清粉和酪乳。

第一节 乳 原 料

乳原料是制备各类乳制品的基本原材料。其中，最重要的基本乳原料是生乳，也称为原料乳或生鲜乳。其次是已经制成的某些乳制品，如全脂乳粉、脱脂乳粉、乳清粉等也可作为乳原料。

无论是生乳还是乳原料，其应用范围因质量等级或性质特点而受到一定的限制，乳原料的供应和管理是我国乳品企业的首要工作内容。

一、生乳

1. 生乳定义

《食品安全国家标准 生乳》（GB 19301—2010）给出的定义是：从符合国家有关要求的健康奶畜乳房中挤出的无任何成分改变的常乳。产犊后7 d的初乳、应用抗生素期间和休药期间的乳汁、变质乳等不能视作生乳。

按相关国际标准，在定义生乳之前先得定义另一个更具普遍意义的基础概念——乳（milk），然后再定义术语生乳（raw milk）。乳，即不添加也不提取任何物质，由一次或多次挤得的正常乳腺分泌物；生乳，即只经过冷却，可能经过过滤，但未经巴氏消毒、低温抑菌（thermization）、净化

(clarification)、灭菌等涉热处理过的乳。

国外在定义乳时还有几个附加限制。只有奶牛的乳，才能简称为乳，其他蹄类动物（马、山羊、牦牛等）的分泌物一般不能省略其主体名称，如水牛乳、马乳、山羊乳等。

即食生乳指的是无须热处理即可供饮用或直接制作乳制品的乳。目前，我国尚无即食生乳产品及相关标准。

2. 生乳的经营管理

世界各国对生乳的生产经营，都实施形式不一的许可证（permit）制度。在我国境内从事生乳的生产、收购、储存、运输、销售等活动，除了必须遵守《中华人民共和国食品安全法》规定的内容外，还需要按照农业农村部《生鲜乳生产收购管理办法》注册登记。其中，从事生乳生产的须持奶畜养殖代码，从事生乳收购的须持《生鲜乳收购许可证》，从事生乳运输的车辆须持《生鲜乳准运证明》。

中国乳品企业从事乳品加工和经营也需要申办许可证，但与生乳的生产和商业性经营许可证的审核和签发，分属两大系统。对此，乳品企业在从事乳品加工，尤其是组织奶源供应和日常管理时，须加以特别注意。

企业在组织采购生乳时，除了按照《乳制品工业产业政策（2009）》第十七条的要求，在平衡加工能力和生乳收购量的比例之外，更重要的控制要素是必须服从生乳的微生物性质，合理设计收乳路径。在收乳半径、运输速度和耗费时间三因素中具有决定意义的，是从挤出生乳起到生乳投料加工之间的间隔时间，以及与之相应的冷链温度。

3. 生乳的分类收集

(1) 生乳的自然抑菌能力。在健康乳房里合成的乳汁是无菌的，刚挤出乳房的牛乳一般含菌量为 $10^2 \sim 10^3$ CFU/mL。而且，刚流出乳房的乳汁在最初的数小时内，凡与乳汁接触的环境细菌不仅不能在其中生长反而有死亡的倾向。不过，过了这段时间之后细菌将迅速繁殖导致乳汁腐败。阶段性的乳汁自我保护能力被称为自然抑菌（germicidal）作用，在一定程度上保证了哺乳动物作为一个物种，能够在自然界得以不断繁衍，也使得人类利用其他哺乳动物的乳汁，有了商业上的可能性。生牛乳挤出之后在不同储存温度下的细菌总数变化见表 13－1。

表 13－1 生牛乳挤出之后在不同储存温度下的细菌总数变化（CFU/mL）

储存温度（℃）	挤出时	2.5 h	5 h	7.5 h	10 h
36.1	2 214	2 246	6 240	530 000	1 148 000
21.1	2 214	2 080	1 874	4 346	14 200
4.4	2 214	2 154	2 020	2 074	2 180

表 13－1 中 3 种设定的温度分别代表了奶牛体温、环境室温和强制冷却温度。纵向比较不难发现：降低储存温度对延长生乳的自然抑菌期具有明显的效果。

(2) 收乳方式。商业化加工乳和乳制品需要尽可能地集中乳汁，以形成一定的生产规模。在自然条件下成批量地收集和保存乳汁是有难度的，但是利用健康奶畜所产乳汁的自然抑菌的特性，可以采用 3 种不同的方式实现不同规模的集中。

① 热乳。对于新鲜度高度敏感的终端产品，牛乳须在挤出后 4 h 内投料加工，无须冷却，因此称为“热乳”。如果细菌总数不大于 10^5 CFU/mL，且金黄色葡萄球菌数符合“N=5 个/mL、c=0 个/mL、m=500 个/mL 和 M=2 000 CFU/mL”的规定，即符合无须杀菌可以“即食”的充分条件，允许在加工过程中无须施行以消毒或杀菌为目的任何技术处理。国际上称这类生乳为“Raw cow's milk intended for direct human consumption and for the manufacture of products made with raw milk”（直接饮用的生乳，也是供制备生乳制品的原料乳），而其制品须标识“Manufacturing of raw products”（生乳制品）。显然，由于受到 4 h 的时间限制，集中生乳的规模较小，仅在奶业高度发达地区得到应用。

② 冷乳。热乳如果不能在 4 h 内投料加工，或者有致病菌污染的可能，则在挤出之后尽快冷却到 4～10 ℃（对生乳的冷藏保护一般称为前冷链，与加工之后成品的冷藏保护后冷链相区别）。冷乳一般宜在挤出之后的 36 h 内投料加工，而且在投料加工时其细菌总数不大于 3×10^5CFU/mL，相应地，每个养殖场递交的生乳细菌总数应不大于 10^5CFU/mL。国际上称这类原料乳为生乳（raw milk），是当前世界各地乳品工业最常用的收乳方式，集中生乳的规模较大。

③ 弱热抑菌乳。如果某些终端产品本身对生乳的新鲜度不很敏感，可以允许在挤出之后先施行一次低于巴氏杀菌强度的加热杀菌，其技术参数为 57～68 ℃ 15 s，即所谓的弱热抑菌（thermization）处理。然后冷却至 4～10 ℃保存。保存期约为 72 h。保存期的长短，实际上取决于弱热抑菌处理后细菌在乳汁中再生长的速度，以细菌总数 10^6CFU/mL 为限。但经过弱热处理的原料乳有别于一般意义上的生乳，因此其应用范围受一定限制，只能供作高强度热处理产品的原料，其优点是集中生乳的规模更大，可在奶业欠发达地区得到应用。

4. 生乳的分级使用

尽管目前国家没有生乳的分级标准和分级使用的规定，但是从加工工艺的角度看，企业在组织生产实践中，分级使用的规定是不可或缺的。其主要原因有二：制备不同种类的乳制品，原料乳经受的热处理强度各不相同，因此对乳的热稳定性要求也各不相同；不同的乳制品具有不同的风味，对生乳的新鲜度要求也各不相同。

生乳的热稳定性和新鲜度，反映的本质是生乳中的微生物活动状况。因此，生乳的分级指标体系，早期多以滴定酸度、刃天青褪色（hygiene tests of resazurin）、乙醇试验等间接的简易测试指标为主设定，目前则以杂菌总数（TBC）和体细胞计数（SCC）等直接指标为主而设定。同时，还辅以脂肪、蛋白质等成分质量指标。

在生乳的所有控制指标中，污染物指标，如各种微生物毒素、重金属、药物残留等属于致命缺陷，加工工艺对此基本无能为力。成分质量指标则可通过物理性的脂肪标准化和蛋白质标准化工艺手段而得到调整。微生物虽然可以通过热处理被杀灭，但由其产生的种种缺陷，则难以完全弥补。只能通过规范分级合理使用的方法加以回避。

乳品企业应该以食品安全国家标准为底线，结合不同的加工品种的工艺所需和企业质量管理的目标，确定合适的生乳分级标准和分级使用规定。企业标准和规定，应该等同或高于食品安全国家标准的要求。根据我国现状推荐的生乳分级标准见表 13－2。

表 13－2　推荐的生乳分级标准

级别	乳脂肪（%）	乳蛋白（%）	体细胞数（$\times10^4$ 个/mL）	菌落总数（$\times10^4$CFU/mL）	适用产品
特优级	≥3.3	≥3.1	≤40	≤10	低温产品
优级	≥3.2	≥3.0	≤75	≤30	
优良级	≥3.1	≥2.9	≤90	≤50	高温产品
合格级	≥3.1	≥2.8	≤100	≤200	

二、其他乳原料

乳品工业源自奶类资源富裕的地区，按传统的行业惯例只有乳及其制品（milk and its product）

一个产品系列。历史形成了牛乳不准进行“二次杀菌”的传统惯例，原因是任何热处理都将改变牛乳的性状，降低牛乳的营养价值。这个惯例保护了原产地消费者的利益。不准将乳制品等同于生乳那样作为乳原料供当地乳品工业再次利用，只可供其他食品工业作原料，如糕点、糖果等。

对于奶类资源匮乏的地区而言，如果进口乳制品只能作为终端产品进入市场，不能作为乳原料使用，势必难以在当地发展乳品工业组织大规模的市场供应。为了打破这个僵局，自 20 世纪 60 年代起，国际上逐步完善并形成了一个新规则：作为乳原料的乳制品，只要满足已经受到的热伤害程度，低于待制备的乳制品将要经受的热伤害程度，允许乳制品经复原或再制后进行第 2 次杀菌。同时，为了修饰或掩盖再次加热处理带来的缺陷，对此类乳制品也在一定程度上放宽了添加剂的使用限制。于是，无论奶类资源富裕或匮乏的地区，都可各得其所。

国际标准将以乳制品为原料制得的产品命名为复合乳（composite milk），以复合乳为原料制得的成品命名为复合乳制品（composite milk product）。我国 2010 年发布的《巴氏杀菌乳》《灭菌乳》《调制乳》等食品安全标准开始与之接轨。

1. 奶粉的分级

以生乳为原料制备奶粉的过程中，牛乳至少需要经历杀菌、浓缩、干燥等若干个接受热伤害的单元操作，其中以杀菌为最甚。由于不同的奶粉制造工艺所采用的工艺和设备不尽相同，热处理强度不尽相同，成品奶粉接受的热负荷也不尽相同，最后表现为成品中对热敏感的乳清蛋白，发生不可逆变性的程度也各不相同。因此，乳清蛋白常常被整体作为一个指示物，用来监测评估热处理损害牛乳的程度，最常用的指标是乳清蛋白质氮指数（WPNI），以保留在脱脂奶粉里的未变性的乳清蛋白质质量分数来表示。脱脂奶粉热处理强度分级标准见表 13 - 3。

表 13 - 3　脱脂奶粉热处理强度分级指标

热处理强度	热处理条件	未变性的乳清蛋白质氮指数（WPNI，mg/g）
高热（HH）	135 ℃ 30 s	＜1.4
中高热（MHH）	96～124 ℃ 30 s	1.5～4.4
中热（MH）	85～90 ℃ 20～30 s	4.5～5.9
低热（LH）	70 ℃ 15 s	＞6.0

2. 奶粉的合理使用

由表 13 - 3 可见，不同等级的脱脂奶粉含有未变性的乳清蛋白数量是不同的。如选用中高热（MHH）或高热（HH）脱脂奶粉为原料来加工巴氏杀菌脱脂乳是不合适的，因为加水复原后其中所含的未变性乳清蛋白含量，已经低于正常产品的要求，更何况为了终端产品的生物性安全，至少还需要再进行一次热杀菌处理。

新的国际规则进一步规定了不同等级的脱脂奶粉用来制造复合乳制品的许可范围，不同热处理等级脱脂奶粉用于复合乳制品的范围见表 13 - 4。

表 13 - 4　不同热处理等级脱脂奶粉用于复合乳制品的范围

脱脂奶粉热处理等级	低热	中热	中高热	高热
硬质奶酪	+			
半硬奶酪	+			
菲达（Feta）奶酪	+	+		
新鲜奶酪	+	+		

（续）

脱脂奶粉热处理等级	低热	中热	中高热	高热
巴氏杀菌乳	+	+		
甜炼乳	+	+		
发酵乳	+	+	+	
UHT 灭菌乳		+	+	
冰激凌	+	+	+	+
保持法灭菌乳		+	+	+
淡炼乳				+

表 3-13、表 3-14 显示的国际规则是：乳原料所含的未变性乳清蛋白含量，必须高于将制得的成品。不难发现，以乳制品为乳原料制得的产品称之为复合乳制品（composite milk product），是因为比以生乳为原料直接制得的同类产品要逊色一筹。在一般情况下，许多国家视复合乳制品为非常规产品而加以必要限制，除非在特殊情况下另行获得许可才允许进入市场流通。

国际标准 CODEX STAN 206 将复合乳制品视作为与乳制品具有同等逻辑分类地位的一大类制品，是为了满足国际贸易的现实需要，以促进全球奶业的发展。鉴于我国历来是个奶类资源匮乏的国家，接纳和运用新国际规则有利于自身的发展。使用进口乳制品作为乳原料，不仅可以缓解我国奶类资源的不足，而且能够促进我国乳品加工业和奶牛养殖业的迅速发展。然而，为了实现以上目标，还需要严格按照国际惯例准确标识各种乳与乳制品。

第二节 巴氏杀菌乳

一、定义和分类

《食品安全国家标准 巴氏杀菌乳》（GB 19645—2010）的定义：仅以生乳为原料且无任何添加物的，经巴氏杀菌工序制得的液体产品。该产品不含非生乳成分，故可在产品包装上标注“鲜乳”。

习惯上按成品的脂肪含量，巴氏杀菌乳可以细分为高脂、全脂、半脱脂、低脂、脱脂等品种。

二、加工工艺

热处理（heat treatment）作为奶业专业术语定义是：生乳在经受一个加热过程之后，如果即刻进行磷酸酶测试，凡是得出阴性结果的，所有此类加热操作即统称为热处理。国际乳品联合会（IDF）给出的界定是：以控制微生物生长和提高产品性能为目的，将产品直接或间接加热，加热强度相当于巴氏杀菌或更高的加热操作的统称。热处理强度由加热温度和在此温度下的保持时间两个因素决定。

1. 设备

（1）《企业生产乳制品许可条件审查细则》规定的设备。储乳罐、净乳设备、均质设备、巴氏杀菌设备、灌装设备、制冷设备、全自动 CIP 清洗设备、保温运输工具。

（2）关键设备。（板式）巴氏杀菌器，其工作原理如图 13-1 所示。

2. 工艺

（1）《企业生产乳制品许可条件审查细则》规定的加工流程。生乳验收→净乳→冷藏→标准化→

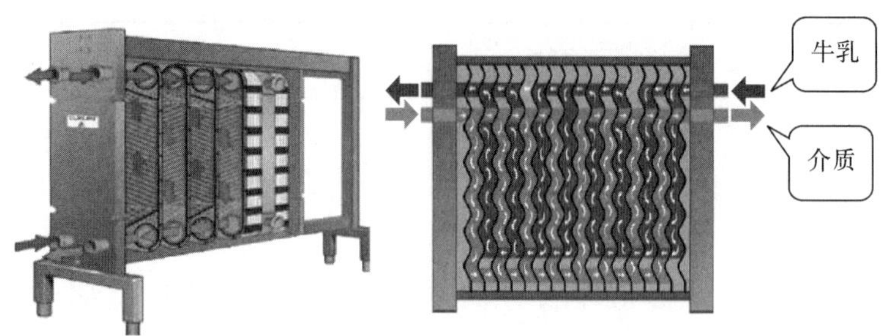

图 13－1 （板式）巴氏杀菌器示意图

均质→巴氏杀菌→冷却→灌装→冷藏。

（2）国内企业实际使用的工艺实例。为了提高成品的口感，不少企业在工艺中增加了降膜浓缩环节，去除乳中的部分水分以提高总乳固体含量。图 13－2 为国内企业使用的巴氏杀菌工艺流程实例。

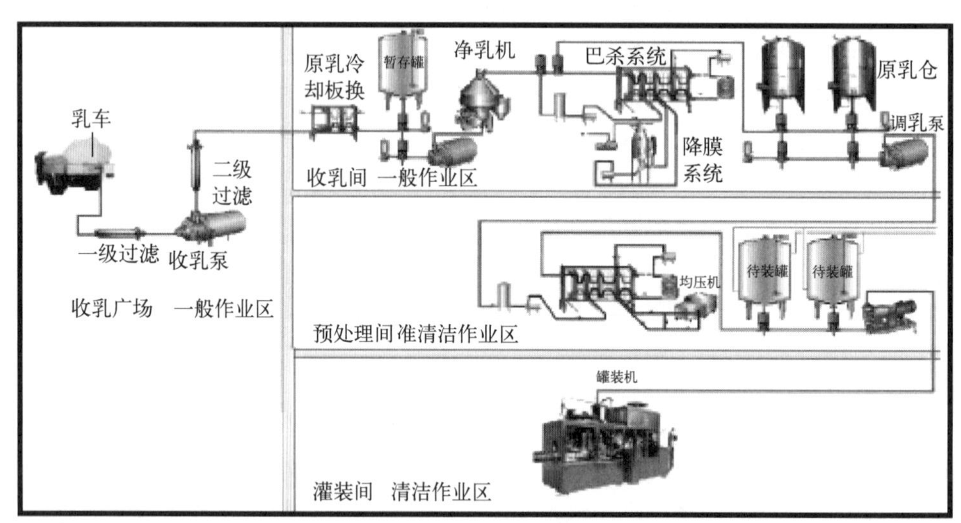

图 13－2 国内企业使用的巴氏杀菌工艺流程实例

三、成品特点

巴氏杀菌的目标是有效杀灭生乳中致病菌。因此，巴氏杀菌乳的特点是：最大限度上保留了牛乳的活性营养物质，生乳固有风味的变化最小。即使巴氏杀菌乳中残留有少量的营养性细菌（$>3\times10^4$ CFU/mL）、极少量的孢子以及酶类活性物质，都不足以影响巴氏杀菌乳的品质，保存期在冷藏下最长只有 7 d。巴氏杀菌乳的品质和保质期取决于生乳的质量。

因此，巴氏杀菌乳对生乳的要求，除了满足《食品安全国家标准 生乳》（GB 19301—2010）的全部规定之外，从规范乳品工艺的角度来看，生乳的细菌总数不宜超过 3×10^5 CFU/mL，而且生乳在巴氏杀菌之前不宜施行所谓的预巴氏杀菌（thermization）和净乳（clarification）等与加热乳汁有关的诸多操作。

巴氏杀菌乳的特点是由热处理工艺赋予的，其中的核心关键是生乳只经过了一次最低强度的热处理。最低强度的含义是：存在于生乳中的碱性磷酸酶的活性得到抑制而过氧化物酶依然具有活性。欧盟采用的标准工艺参数是 71.7 ℃15 s，以保证成品中“碱性磷酸酶的活性得到抑制而过氧化物酶依然具有活性”。如果碱性磷酸酶和过氧化物酶的活性都得到抑制，则产品不能标识为巴氏杀菌（鲜）乳。美国项目管理办公室（PMO）标准规定了更多的巴氏杀菌工艺参数组合供企业选用（表 13－5）。

表 13-5　美国 PMO 规定的巴氏杀菌工艺参数组合

温　度	时间	国际标准使用的工艺名称
63 ℃(145 ℉)	30 min	低温长时，LTLT.
72 ℃(161 ℉)	15 s	高温短时，HTST.
89 ℃(191 ℉)	1.0 s	高温瞬时，HHST.
90 ℃(194 ℉)	0.5 s	高温瞬时，HHST.
94 ℃(201 ℉)	0.1 s	高温瞬时，HHST.
96 ℃(204 ℉)	0.05 s	高温瞬时，HHST.
100 ℃(212 ℉)	0.01 s	高温瞬时，HHST.

在表 13-5 中出现的多种巴氏杀菌工艺参数组合中，LTLT 和 HTST 是目前全球最常用的两种工艺。世界各地许多小型企业依然偏爱采用经典的 LTLT 工艺，而大中型乳品厂多采用 HTST 工艺。典型的 HTST 工艺的过程技术参数组合是：(5 ℃-16 s-72 ℃-15 s-5 ℃)，按此过程技术参数组合制作“温度-时间”曲线，见图 13-3。

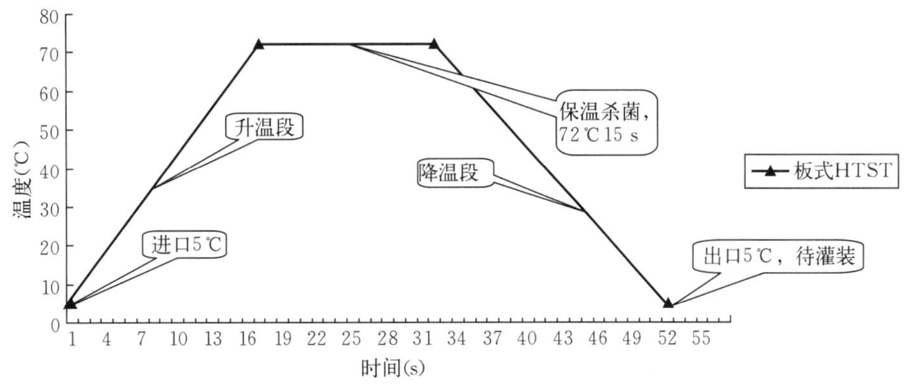

图 13-3　牛乳在板式热交换器 HTST 过程中的温度-时间曲线

冷藏的生乳在开始投料时的温度即储存温度设定为 5 ℃，进入板式杀菌器后 16 s 升温到 72 ℃，保持 15 s 完成杀菌后迅速降温至 5 ℃，牛乳在此温度下进入灌装工序。操作重点是防止杀菌之后的二次污染以及持续维持冷链的有效性和可靠性。

第三节　超高温瞬时灭菌乳

一、定义和分类

《食品安全国家标准　灭菌乳》(GB 25190—2010) 的定义：超高温瞬时灭菌 (UHT) 乳是仅以生乳为原料且无任何添加物，在连续流动的状态下，加热到至少 132 ℃并保持很短时间的灭菌，再经无菌灌装等工序制成的液体产品。该产品不含任何非生乳成分，可标识为“纯乳”。

按超高温灭菌乳成品的脂肪含量，可分为高脂、全脂、半脱脂、低脂、脱脂等品种。

按《食品安全国家标准　灭菌乳》(GB 25190—2010) 和《食品安全国家标准　调制乳》(GB 25191—2010) 的规定，超高温灭菌乳也可以以复原乳为原料，但其成品应命名为超高温灭菌复原乳或含××%复原乳。

二、加工工艺

1. 设备

(1)《企业生产乳制品许可条件审查细则》规定的设备。储乳罐、制冷设备、净乳设备、均质设备、超高温灭菌设备、无菌灌装设备、全自动 CIP 清洗设备。

(2)关键设备。①套管式 UHT 灭菌器(图 13-4)。②无菌灌装机(图 13-5)。

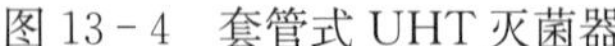

图 13-4 套管式 UHT 灭菌器

图 13-5 无菌灌装机

2. 工艺

(1)《企业生产乳制品许可条件审查细则》规定的加工流程。原料乳验收→净乳→冷藏→标准化→预热→均质→超高温瞬时灭菌→冷却→无菌灌装→成品储存。

(2)国内企业实际使用的工艺实例。国内企业基本都采用套管式间接法加工工艺生产超高温灭菌乳(图 13-6)。

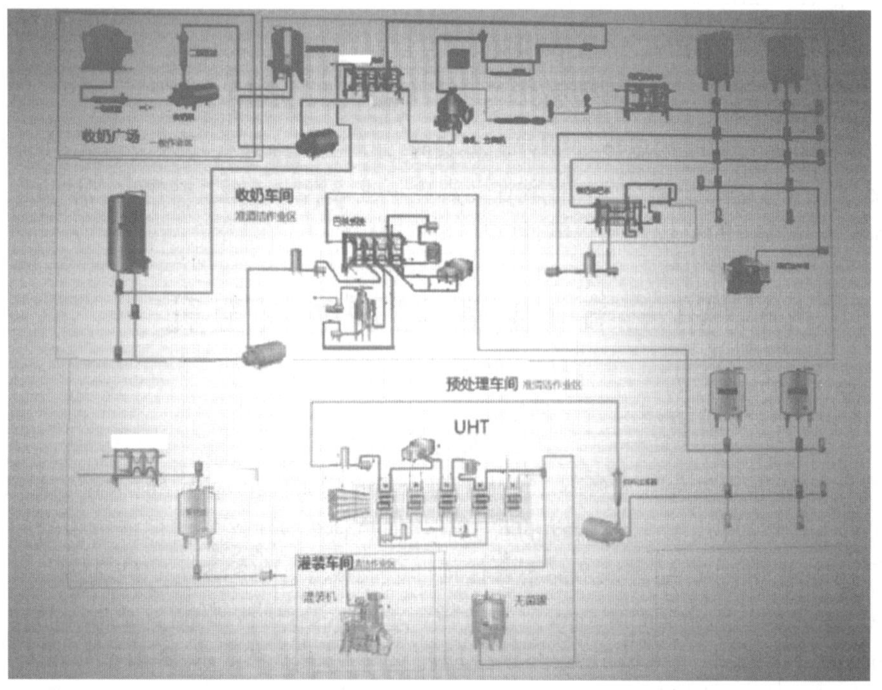

图 13-6 国内企业使用的超高温灭菌乳工艺流程

三、成品特点

超高温瞬时灭菌的目标是实现商业无菌，即不仅要杀灭生乳中的细菌，还必须基本杀灭耐热芽孢（以肉毒梭菌为代表），还需要抑制酶的活性。因此，超高温灭菌乳的特点是：保存期在常温下可达 9 个月甚至 1 年之久，给加工企业、零售商和消费者都带来方便。然而，难以避免在一定程度上损害牛乳的活性营养成分，使其色香味发生明显变化。乳白色变暗而带微黄，有硫化氢味。

超高温灭菌乳对生乳的要求，除了满足《食品安全国家标准　生乳》（GB 19301—2010）的全部规定之外，从乳品工艺学角度，还需要控制生乳的热稳定性。影响生乳热稳定性的因素主要是酸度、盐类离子的平衡和乳清蛋白的含量。

生乳中存在的酶类活性会严重威胁超高温瞬时灭菌乳在保质期内的质地和风味。对于生牛乳应当在控制细菌总数的同时，高度关注产生耐热酶的嗜冷菌的入侵和生长，必要时可采用 IDF 定义的低温抑菌（thermization）和低温钝化（low-temperature inactivation）等方法加以弥补或改善。另外，需要对生乳中耐热芽孢的含量设定限值指标，一般为小于 100 CFU/mL。

超高温灭菌乳的特点主要是由热处理工艺赋予的。国内常用的 UHT 设备是间接法加热的套管式 UHT 灭菌器，其典型的热处理过程是：（5 ℃- 18 s - 75 ℃- 4 s - 90 ℃- 30 s - 90 ℃- 15 s - 110 ℃-20 s - 137 ℃- 4 s - 137 ℃- 13 s - 127 ℃- 22 s - 25 ℃）。其中的核心关键是生乳在连续流动的状态下，首先经过了高于巴氏杀菌的工艺过程，即（5 ℃- 18 s - 75 ℃- 4 s - 90 ℃- 30 s - 90 ℃）这一段，目的是促使乳清蛋白变性并黏附到 κ -酪蛋白上形成对热稳定的结合体。然后再经过一次更高强度的热处理，即（5 ℃- 15 s - 110 ℃- 20 s - 137 ℃- 4 s - 137 ℃- 13 s - 127 ℃- 22 s - 25 ℃），完成第 2 段杀菌。显然套管式 UHT 灭菌器的热处理强度大于巴氏杀菌法。

不过这两段热处理必须在同一台灭菌器中一次连续完成。按此过程技术参数组合制作温度-时间曲线，见图 13 - 7。

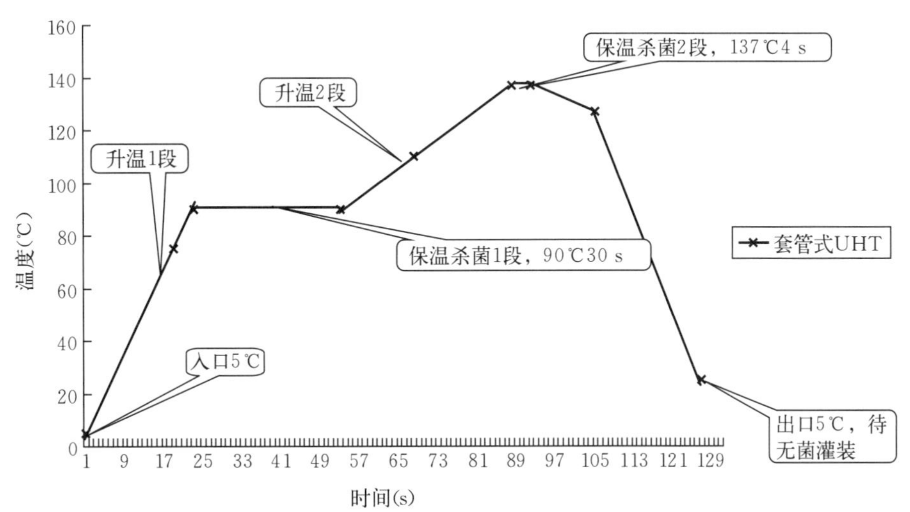

图 13 - 7　牛乳在套管式 UHT 灭菌器灭菌过程中的温度-时间曲线

国外更多的是采用直接加热法生产超高温瞬时灭菌乳，常用的一种热处理过程是：（5 ℃- 18 s - 75 ℃- 0. 2 s - 140 ℃- 1 s - 140 ℃- 0. 2 s - 75 ℃- 18 s - 8 ℃）。其中的关键是生乳在连续流动的状态下，首先经过了几乎等同于巴氏杀菌的升温过程，即（5 ℃- 18 s - 75 ℃）这一段；然后将高温水蒸气注入牛乳，在 0. 2 s 内迅速升温至 140 ℃保持 1 s，完成高温灭菌操作；旋即采用闪蒸设施（flash cooling）在 0. 2 s 内迅速降温至 75 ℃再降温至灌装温度，即（75 ℃- 0. 2 s - 140 ℃- 1 s - 140 ℃- 0. 2 s - 75 ℃- 18 s - 8 ℃）。显然直接加热法 UHT 热处理强度高于间接式加热法 UHT。

当然，这两段热处理也是在同一台灭菌器中一次连续完成的。按此过程技术参数组合，制作温度-时间曲线，见图 13-8。

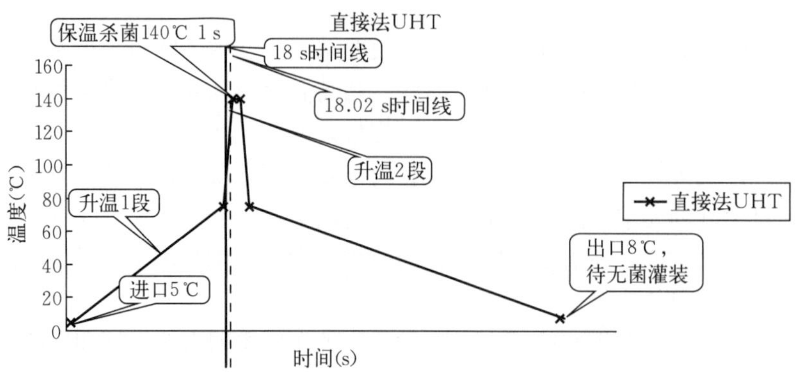

图 13-8 牛乳在直接加热法 UHT 热处理过程中的温度-时间曲线

在超高温瞬时灭菌乳加工中，间接法加热所使用的灭菌设备有板片式和套管式两种，直接加热法所使用的灭菌设备有牛乳喷入蒸汽式（图 13-9）和蒸汽注入牛乳式（图 13-10）两种。

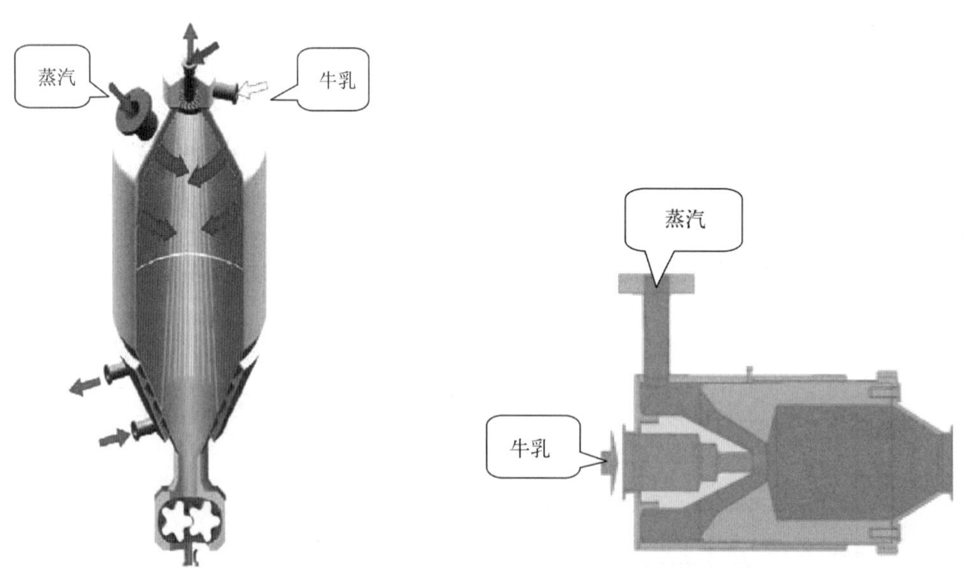

图 13-9 牛乳喷入蒸汽式设备

图 13-10 蒸汽注入牛乳式设备

上述设备的工艺效果各不相同，原因在于升温速度各不相同，如图 13-11 所示。

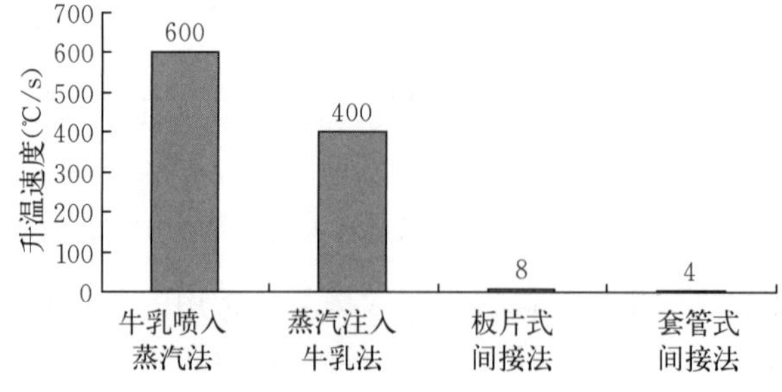

图 13-11 UHT 灭菌乳加工使用的不同加热方法升温速度比较

就此 4 种加工超高温瞬时灭菌乳的方法诱发牛乳化学变化的效果而言，牛乳喷入蒸汽法为最优，其次为蒸汽注入牛乳法，再次为板片式间接法，最后为套管式间接法。

第四节　保持法灭菌乳

一、定义和分类

《食品安全国家标准　灭菌乳》（GB 25190—2010）的定义：以生乳为原料，无论是否经过预热处理，在灌装并密封之后经灭菌等工序制成的液体产品。

按成品的脂肪含量，可以细分为高脂、全脂、半脱脂、低脂、脱脂等品种。

按照有无预热处理单元操作分，经过预热处理的称为二次灭菌乳或两步法灭菌乳；未经预热处理的称为一步法灭菌乳。

保持法灭菌乳也可以用复原乳做原料，其成品应命名为灭菌复原乳或含多大比例的复原乳，不能标识为纯乳。

二、加工工艺

1. 设备

（1）《企业生产乳制品许可条件审查细则》规定的设备。储乳罐、制冷设备、净乳设备、均质设备、高温保持灭菌设备、灌装设备、全自动 CIP 清洗设备。

（2）关键设备。高压灭菌釜（图 13－12）。

图 13－12　高压灭菌釜设备图

2. 工艺

（1）《企业生产乳制品许可条件审查细则》规定的加工流程。原料乳验收→净乳→冷却→储存→标准化→预热→均质（或杀菌）→灌装→保持灭菌→成品储存。

（2）国内企业实际使用的工艺实例。国内企业大多采用两步法加工工艺生产保持法灭菌乳工艺流程如图 13－13 所示。

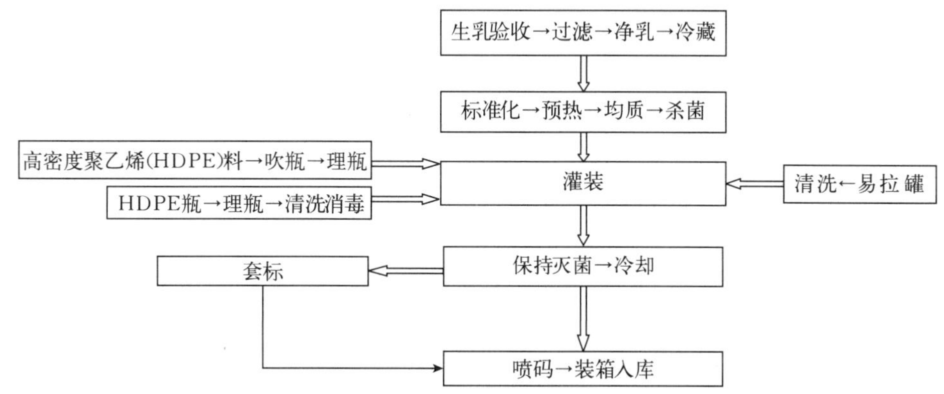

图 13－13　国内企业实际采用的两步法加工工艺生产保持法灭菌乳工艺流程图

三、成品特点

保持法灭菌工艺引自罐头食品工业。一个特殊的处理方式是先将牛乳灌装入最小包装单位的容器并密封后，再经受高温高压的热处理。不仅能够有效杀灭生乳中比肉毒梭菌芽孢更耐热的嗜热脂肪芽孢杆菌的孢子，还能更大幅度地抑制酶的活性，因此保持法灭菌乳的特点是保存期在常温下可达 12 个月，甚至更久。但是，在相当程度上损害了牛乳的活性营养成分，呈肉眼可察觉的棕黄色，带有明显的焦煳味。

保持法灭菌乳对生乳的要求，除了满足《食品安全国家标准 生乳》（GB 19301—2010）的全部规定之外，从乳品工艺学角度，宜对生乳的热稳定性另设要求，应当尽可能地注重生乳卫生，降低其中耐热孢子和酶类物质的含量。

保持法灭菌乳的特点主要是允许生乳先进行一次强度不低于 80 ℃60 s 的预热处理，预热处理后牛乳必须密封入容器，再置于高压灭菌釜或经喷淋式灭菌设备经受温度为 110 ℃保持时间至少 10 min 的高强度热处理。或者，将生乳灌装入容器并严密封口后直接置于灭菌设备内，加热到 120 ℃保持时间不少于 10 min。即两步热处理合并为一。

常用的一步法工艺的过程技术参数参数组合是：（5 ℃- 18 s - 80 ℃- 60 s - 120 ℃- 600 s - 120 ℃- 60 s - 30 ℃），按此组合制作温度-时间曲线，见图 13 - 14。

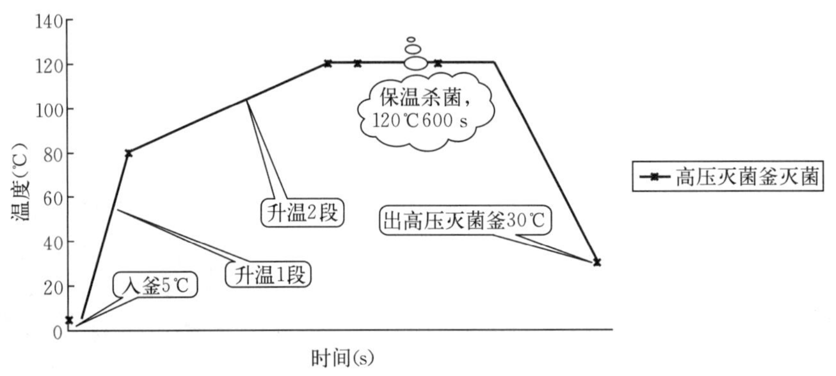

图 13 - 14 牛乳在一步法高压灭菌釜灭菌过程中的温度-时间曲线

第五节 调 制 乳

一、定义和分类

《食品安全国家标准 调制乳》（GB 25191—2010）的定义：以不低于 80%的生乳或复原乳为主要原料，添加其他原料或食品添加剂或营养强化剂，采用适当的杀菌或灭菌等工艺制成的液体产品。无论以生乳或者以复原乳为原料的产品，只要其中含有不超过 20%的其他非乳添加物，都应归属为调制乳。非乳成分超过 20%但乳脂肪和乳蛋白质的含量均高于 1%的液体产品，称为“含乳饮料”。含乳饮料不属于乳制品生产许可证的审核范畴，而属于饮料。

按《国际食品法典》该产品属于复合乳制品的范畴，是我国国家标准首次在液体乳产品里引入的与国际标准保持一致的新概念。以前此类产品曾被我国乳品工业分别命名为复原乳、花式乳、风味乳等含乳成分的液体产品，即与仅以生乳为原料的乳制品不完全等同的大部分产品，现在有了一个初步与国际惯例接轨的通用名称。

与乳制品相比，除了乳原料的差异之外，对于添加了其他非乳成分的调制乳，加工时所采用的热处理强度一般要比牛乳产品略高，否则不足以保证食用安全。

二、加工工艺

1. 设备

(1)《企业生产乳制品许可条件审查细则》规定的设备。储乳罐、净乳设备、均质设备、高温杀菌或灭菌设备、灌装设备、制冷设备、全自动CIP清洗设备、保温运输工具（常温产品除外）。

(2) 关键设备。

① 高速剪切机。高速剪切机（图13-15）配备不锈钢材质的锥形投料漏斗，剪切乳化泵的齿轮间隙应达到近似均质效果，约为5 μm，高速剪切机投料后具有“自吸”功能，流体不能从投料口反溢或喷溅。

② 化糖罐。化糖系统（图13-16）由料液混合泵、冷热缸、双联过滤器、机架以及连接管件组成。主要用于砂糖的溶解，也适用于奶粉、淀粉和其他食品添加剂等粉状或颗粒物料的定量溶解。同时，发挥溶解、加热（或冷却）和过滤3种作用。化糖罐设备见图13-16。

图13-15　高速剪切机设备图

图13-16　化糖罐设备图

③ 无尘投料站。用于人工倾倒小袋装粉末或颗粒物料至下游料斗内的手工设备，通过人工拆袋、倾倒等步骤，使物料靠重力落进储料斗中来完成拆袋卸料工作。设备内部安装过滤器清洁装置及排风扇，用于滤除倾倒过程中产生的粉尘，并将洁净尾气排入大气，保证环境的清洁。无尘投料站示意图见图13-17。

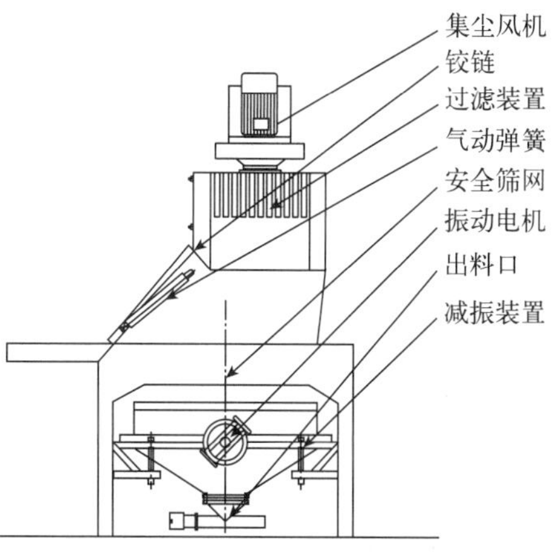

图13-17　无尘投料站示意图

④ 纯净水制备设备。调制乳对水质要求较高，通常需要对工厂的生活饮用水进行再处理，一般工艺流程为：原水→原水加压泵→多介质过滤器→活性炭过滤器→软水器→精密过滤器→一级反渗透→pH调节→中间水箱→二级反渗透→纯水箱→用水点。纯净水制备设备图及处理路径图见图13-18。

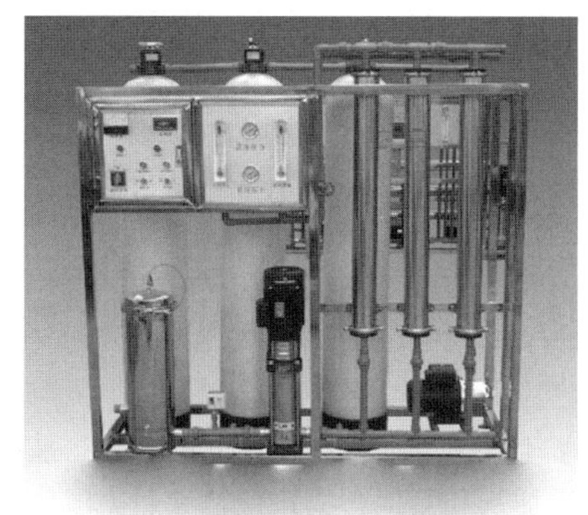

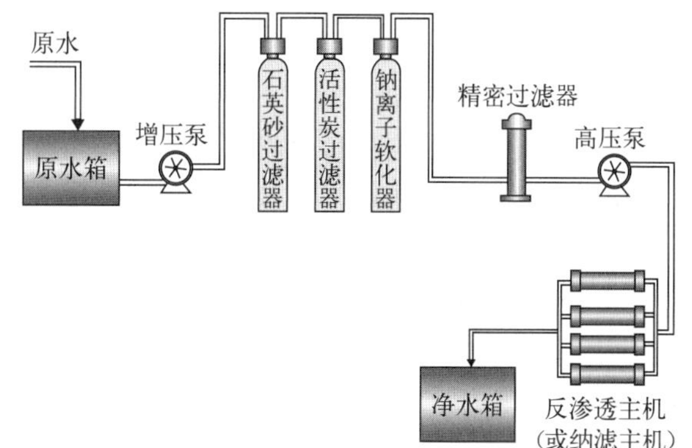

图13-18　纯净水制备设备图及处理路径图

2. 工艺

（1）《企业生产乳制品许可条件审查细则》规定的加工流程。原料乳验收→净乳→冷藏→标准化→均质→高温杀菌或其他杀菌、灭菌方式→冷却→灌装→冷藏（需冷藏的产品）。

（2）国内企业实际使用的工艺实例。

① 以生乳为原料的调制乳生产工艺。如果不采用复原乳，一般调制乳生产工艺流程见图 13-19。

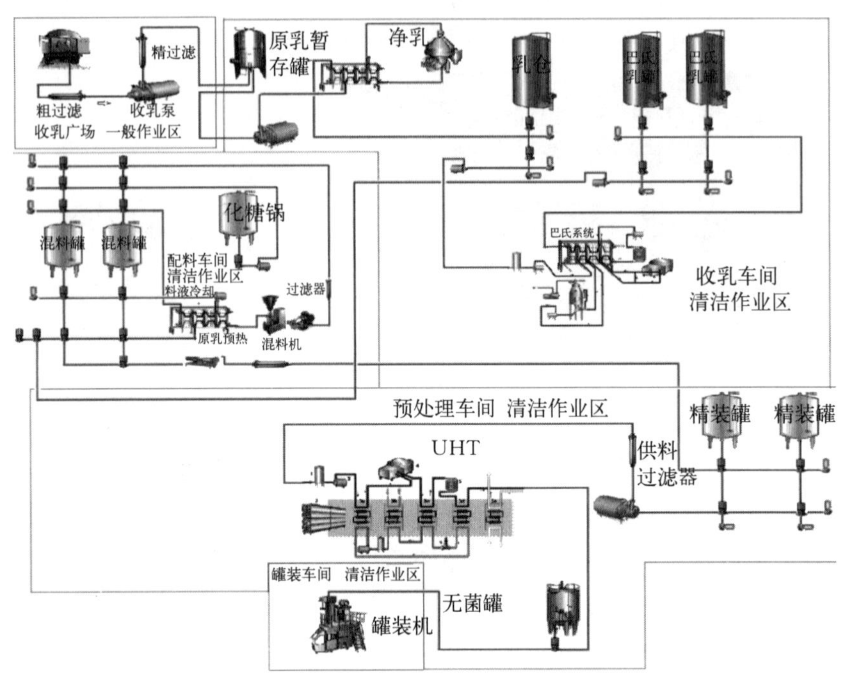

图 13-19 调制乳生产工艺流程图

② 以复原乳为原料的调制乳生产工艺。全脂乳粉复原→储存→标准化（配料）→均质→高温杀菌或其他杀菌、灭菌方式→冷却→灌装→冷藏（须冷藏的产品）。

与采用生乳的做法相比，区别只是增加了全脂乳粉的复原操作：

a. 在化糖锅中打入适量的生产用水（生产用水为全脂乳粉重量的 6～7 倍），升温至 45～55 ℃。

b. 将乳粉缓慢加入搅拌的化糖锅（必须缓慢添加，加料速度 20～40 kg/min）。

c. 投料完毕后，持续搅拌 15～30 min，直到料液完全融合均匀，目测无明显颗粒，再通过 80～100 目过滤器过滤。

d. 关闭搅拌静置水合 30 min（化料后直接均质必须水合，化料后不直接进行均质的可以不进行水合）。

e. 最后经过套管式（或板片式）冷却器将料液冷却至 0～7 ℃后泵入复原乳储存罐备用。

如果以脱脂乳粉为原料并舍弃均质操作，即可制得脱脂复原乳；以脱脂乳粉和无水黄油为原料，按类似步骤可以制备全脂再制乳（recombined milk）。

三、成品特点

调制乳的主要特点有 3 个：一是乳原料的多样化，除了生乳之外还可以使用乳制品；二是可以在 20%的重量范围内，添加我国食品添加剂标准许可的各种添加剂和其他食物；三是参照美国项目管理办公室和其他国际标准的规定，热处理强度宜高于同类纯液体乳制品，通常是在标准热处理工艺规定的温度上提高 3～5 ℃。

第六节　发 酵 乳

一、定义和分类

《食品安全国家标准　发酵乳》（GB 19302—2010）的定义：以生乳或乳粉为原料，经杀菌、发酵后制成的 pH 降低的产品。如酸乳（yoghurt）：以生乳或乳粉为原料，经杀菌、接种嗜热链球菌和保加利亚乳杆菌（德氏乳杆菌保加利亚亚种）发酵制成的产品。该产品又名为“酸奶”。

《食品安全国家标准　发酵乳》（GB 19302—2010）还定义：风味发酵乳（flavored fermented milk）：以 80%以上生乳或乳粉为原料，添加其他原料，经杀菌、发酵后 pH 降低，发酵前或后添加或不添加食品添加剂、营养强化剂、果蔬、谷物等制成的产品。风味酸乳（flavored yoghurt）：以 80%以上生牛乳或乳粉为原料，添加其他原料，经杀菌、接种嗜热链球菌和保加利亚乳杆菌（德氏乳杆菌保加利亚亚种）发酵前或后添加或不添加食品添加剂、营养强化剂、果蔬、谷物等制成的产品。

按成品的脂肪含量还可以细分为高脂、全脂、半脱脂、低脂、脱脂等品种；按成品的形态也可细分为不同的品种，如冷冻型酸乳（frozen yoghurt）、搅拌型酸乳（stirred yoghurt）、灭菌搅拌型酸乳（re-sterilized stirred yoghurt）等。

二、加工工艺

1. 设备

（1）《企业生产乳制品许可条件审查细则》规定的设备。储乳罐、净乳设备、均质设备、发酵罐（发酵室）、制冷设备、杀菌设备、灌装设备、全自动 CIP 清洗设备、保温运输工具（常温产品除外）。

（2）关键设备。发酵罐：其材质为卫生级不锈钢 304，内外抛光、带搅拌、温度显示器等。接种后的牛乳在此罐内完成发酵，然后再分装入包装容器。用于搅拌型发酵乳的制作。发酵罐设备见图 13－20。

图 13－20　发酵罐设备

发酵室：凝固型发酵乳发酵的场所。接种后的牛乳先灌装入包装容器，然后将包装容器置于发酵室里完成发酵。发酵室示意图见图 13－21。

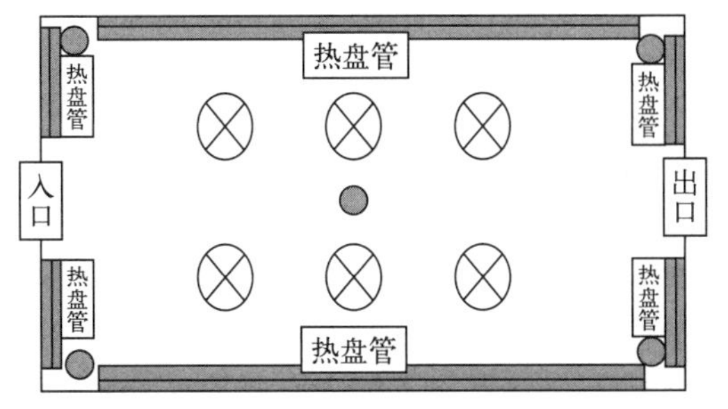

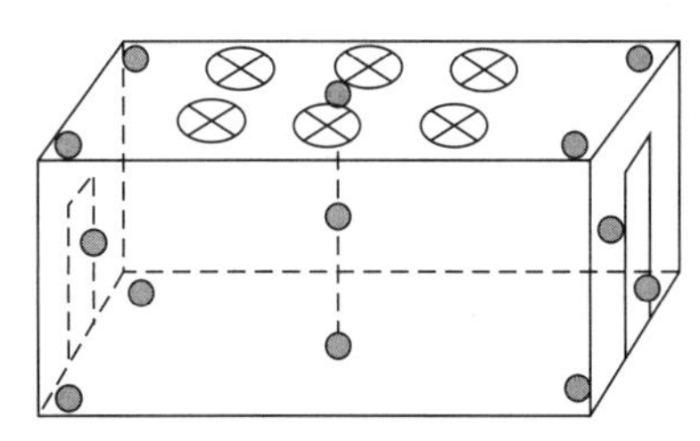

图 13－21　发酵室示意图

● 温度检测点　⊗ 风扇安装点　▬ 热盘管

2. 工艺

《企业生产乳制品许可条件审查细则》规定的加工流程。

（1）凝固型。原料乳验收→净乳→冷藏→标准化→均质→杀菌→冷却→接入发酵菌种→灌装→发酵→冷却→冷藏。

(2) 搅拌型。原料乳验收→净乳→冷藏→标准化→均质→杀菌→冷却→接入发酵菌种→发酵→搅拌→再杀菌（限于须再次热处理的产品）→冷却→灌装→冷藏。

三、成品特点

发酵乳制品是由微生物发酵形成的，其最大特点是在一定程度上延长了生乳的保存期，其次是为乳糖不耐症患者提供了利用乳汁营养的机会，因为约有 1/3 的乳糖被转化为乳酸。这也是被统称为发酵乳制品的原因。

但是，发酵乳制品由于使用不同的微生物作为菌种，伴随而产生的其他物质并不完全相同，如有的以多种有机酸为主，有的以醇类为主；在挥发性物质中，有的以丁二酮为主，有的以乙醛为主，因此滋味、气味和质地也各不相同。就产品范畴而言，不仅有液体乳，还有浓缩乳、奶油和奶酪。因此，《国际食品法典》对发酵乳的定义和分类显得相当复杂烦琐。本章仅按照食品安全国家标准，重点讨论只以传统乳酸链球菌和保加利亚乳酸杆菌协同发酵的酸乳产品，与其他的发酵乳制品的区别在于发酵剂微生物的选用和培养条件的优化。目前，我国企业大多采用直投式发酵剂，因此本章也不讨论菌种的筛选、提纯、复壮等内容，集中关注酸乳的热处理。

在酸乳的生产过程中必须为发酵微生物创造最好的生长条件。牛乳的热处理可首先杀灭原料乳中存有的其他微生物；在接种和发酵阶段必须保持发酵微生物活动的最适温度；当酸乳获得最好的滋味和香味时，必须迅速冷却以停止发酵。无论发酵时间过长或过短，风味和稠度都会相应变差。

发酵乳制品除了风味和香味外，良好的外观和凝块质地也是一个重要方面，所有这些品质都决定于热处理参数。要想使酸乳的凝块结构坚实，需要对乳进行充分的热处理。实践表明，90～95 ℃时保持 5 min 的热处理效果最好。此时乳清蛋白变性率为 70%～80%，乳清蛋白中的乳球蛋白会与 κ-酪蛋白微球相互作用，使酸乳成为一个非常稳定的凝乳体系而不易析出乳清。然而，如果采用强度更高的 UHT 处理，也不能在黏稠度上取得最好的效果，原因目前并不清楚，可能与酪蛋白的部分变性有关。如果反过来，采用热处理强度更低的巴氏杀菌法，则凝块显得稀松，原因是乳清蛋白变性不够。

因此，当以乳粉为原料制备酸乳时，应选择“中高热”或“中热”级别的乳粉为宜。这一特点充分表明了酸乳与奶酪的凝结机制完全不同，在乳品工艺学上分别称为酸性凝乳和甜性凝乳。奶酪的凝块属于甜性凝乳，要求乳清蛋白不能变性保持固有的水溶性而能够随同乳糖等物质一起析出。彻底排出乳清之后，酪蛋白才能在凝乳酶和来自微生物等多种酶的作用下，进一步成熟为含有功能性游离多肽的天然奶酪。

第七节 热处理工艺的技术比较

自法国科学家路易·巴斯德（Louis Pasteur）于 1862 年首次发明热杀菌技术以来，新的热处理技术层出不穷，但是在实际应用上各种方法各有利弊。尤其自美国乳粉研究所在 1971 年发布第 916 号公报《乳粉定级标准及分析方法》之后，国际乳品工业界对不同强度的热处理工艺比较研究有了长足的进步。

一、不同热处理工艺过程比较

图 13-22 是板式 HTST、套管式 UHT 和一步法高压灭菌釜灭菌中的温度变化曲线比较图，将牛乳在板片式 HTST、套管式 UHT 和一步法高压灭菌釜灭菌法过程 3 条温度-时间曲线置于同一时

间坐标里的比较图。从中不难发现，在最初的16 s内，无论是套管式UHT灭菌器灭菌还是一步法高压灭菌釜灭菌法，牛乳的升温速率基本与板片式HTST相当，但此后2 s内的温度都超越了板片式HTST，至31 s开始降温，因为其中的致病菌已被杀灭；而套管式UHT灭菌器灭菌和一步法高压灭菌釜灭菌法还在继续升温并经受长短不一的保温时间，因为它们的目标不仅是杀灭致病菌还需要杀灭耐热性各异的多种芽孢菌和抑制酶活性，以实现延长液体乳保存期的可能性。

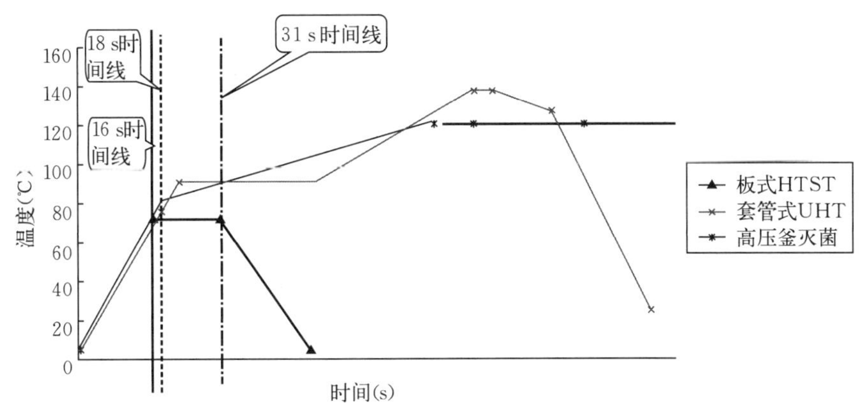

图13-22　板式HTST、套管式UHT和一步法高压灭菌釜灭菌中的温度变化曲线比较图

在3种典型工艺中设定牛乳的进口温度都是5 ℃，16 s之后第1段升温结束时温度为72 ℃，牛乳中对热最敏感的乳清蛋白变性程度都很小，可以忽略不计；从16 s起板片式HTST进入为时15 s的保温段并迅速冷却完成热处理，而一步法高压灭菌釜从第18秒起减缓了升温速率，进入"温度为80～120 ℃、时间为60 s的升温2段"，套管式UHT则在第22秒进入"温度为90 ℃、时间为30 s的保温1段和为时15 s的升温2段"，从图13-22看存在一个升温平坡/台；这对采用间接式加热的灭菌牛乳加工来说是必不可少的。乳清蛋白需要在此温度下发生变性并黏附到κ-酪蛋白上形成新的结合体，从而提高牛乳蛋白质的整体热稳定性；使牛乳能够最终经受120～150 ℃的高温灭菌段而不发生肉眼可见的分层絮凝。

曲线中升温平坡/台的不同设计，是区分UHT灭菌工艺和一步法高压灭菌釜灭菌工艺的重要依据。对于UHT来说，牛乳是在流动的状态下一次性连续完成所有的升降温操作，而保持法灭菌则不仅允许分步完成而且也不强求牛乳必须流动。而同类工艺中，不同设备供应商对升温平坡/台的设计和牛乳热稳定性效果的实现，则是区分其所提供设备性能高低的重要依据。

为了在提高液体乳保存性能的同时尽可能少地引起牛乳的物理化学变化，乳品工艺学做了许多卓有成效的努力。国际乳品联合会据此审定并发布了3种主要热处理工艺标准（表13-6）。

表13-6　国外液体乳3种主要热处理工艺标准

工艺名称	参数组合	生物学性状	物理化学性状	乳果糖含量(mg/L)	糠氨酸含量(mg/L)	β-乳球蛋白含量（mg/L）	保质期
巴氏杀菌	72 ℃15 s	减少微生物的数量到不至于危害公众健康的程度	在热处理工艺中变化是最小的	≤40	0.2	≥2 500	冷藏下≤10 d
超高温瞬时灭菌	135～147 ℃ 4～5 s	有效杀灭和抑制残留微生物及其孢子生长	在灭菌工艺中变化是最小的	300～600	1.4～26	200～400	常温下9个月
高压灭菌釜灭菌	120 ℃20 min	最大限度杀灭和抑制残留微生物及其孢子生长	在热处理工艺中变化是最大的	600～1 200	190～280	痕量	常温下12个月

事实上乳品工业在选择采用每种热处理工艺时，可选用的热处理技术参数组合都不只限于一种。例如，对于巴氏杀菌法，在美国PMO标准里规定了7种（表13-5），虽然都适用于巴氏杀菌

乳的加工，但是企业一旦选定就不得自行更改。其中 5 种 HHST 巴氏杀菌法，运用的不是传统的间接式加热法而是直接式加热法。PMO 还另外定义了两个适用于两类特殊产品的巴氏杀菌工艺参数。一是当液体乳的脂肪含量达到和超过 10%，或者总固体含量达到和超过 18%，或者其中添加了甜味剂，那么必须将规定的参数温度提高 3 ℃。二是适用于制造奶酪的生牛乳，为 64 ℃21 s 或 68 ℃15 s。《美国优质乳条例》（PMO）不认可其他的巴氏杀菌技术参数组合，除非经过美国 FDA 特批。

欧盟认定的巴氏杀菌技术参数组合是 71.7 ℃15 s，而且产品必须满足碱性磷酸酶（phosphatase）试验呈阴性、过氧化物酶（peroxidase）试验呈阳性的限制。一旦过氧化物酶试验呈阴性，则产品不能标识为一般意义上的巴氏杀菌乳，而只能标识为高温巴氏杀菌乳（high-temperature pasteurized）。

UHT 法，不仅有直接式和间接式加热方法的不同，在每种加热方法里，技术参数的组合也有多种选择。对于保持法灭菌还有一步法和两步法的区分。

IDF 在目前认定的 3 种热处理工艺之外，正在研究制定适用于液体乳的第 4 种热处理工艺。意图将出现在世界各地的超巴氏杀菌（Ultra-pasteurization）和延长保质期的巴氏杀菌（Extended shelf-life）等名称各异但内涵相近的概念统一起来，期望的成品保质期介于巴氏杀菌乳和 UHT 灭菌乳之间，在不高于 10 ℃的环境下为 45 d。其暂用名为延长保质期乳（ESL），可能的技术参数组合是：（5 ℃-18 s-75 ℃-0.2 s-133 ℃-0.5 s-133 ℃-0.2 s-75 ℃-18 s-8 ℃）。按此组合制作温度-时间曲线，见图 13-23。

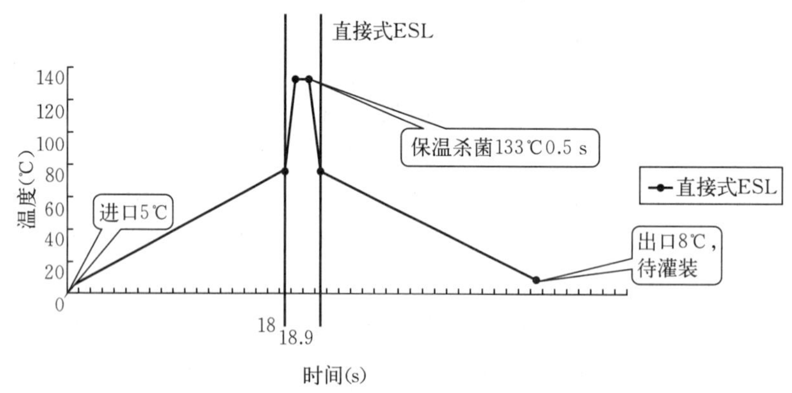

图 13-23　牛乳在 ESL 过程中的温度-时间曲线

值得关注的是，图 13-23 牛乳在 ESL 过程中的温度-时间曲线显示牛乳在 18 s 内从 5 ℃升温到了 75 ℃，然后在 0.2 s 内迅速升温到 133 ℃；保温时间仅为 1 s；然后在 0.2 s 内迅速降温到 75 ℃。与牛乳在直接法 UHT 热处理过程中的温度变化曲线相比较，可以发现直接法 ESL 其实是直接法 UHT 的瘦身版。表 13-7 是直接法 ESL 和直接法 UHT 的工艺技术参数比较，其区别只是在温度和保温时间参数上存在细微的差异，然而它们是分属新一代巴氏乳和优质 UHT 乳两种不同系列产品的生产工艺。产品品质迥然不同。

表 13-7　直接法 ESL 和直接法 UHT 的工艺技术参数比较

项　　目	热处理过程参数
直接法 UHT	（5 ℃-18 s-75 ℃-0.2 s-140 ℃-1 s-140 ℃-0.2 s-75 ℃-18 s-8 ℃）
直接法 ESL	（5 ℃-18 s-75 ℃-0.2 s-133 ℃-0.5 s-133 ℃-0.2 s-75 ℃-18 s-8 ℃）

在乳品工艺学发展的历史上，最初出现的是低温长时间巴氏杀菌法（LTLT）与高压灭菌釜灭菌法。表 13-8 是 LTLT 巴氏杀菌法与传统高压灭菌釜灭菌法的技术参数比较，其区别只是在温度和保温时间参数上存在差异，因此历史上曾用名分别是保持法消毒和保持法灭菌。虽然都采用间歇

（batch）的加工方式，然而它们是分属巴氏杀菌乳和灭菌乳两种不同系列产品的生产工艺。产品品质迥然不同。

表 13-8　LTLT 巴氏杀菌法与传统高压灭菌釜灭菌法的技术参数比较

	热处理过程参数
LTLT 法	（5 ℃-20 min-63 ℃-30 min-63 ℃-20 min-5 ℃）
传统高压灭菌釜灭菌法	（5 ℃-18 s-80 ℃-60 s-120 ℃-900 s-120 ℃-60 s-30 ℃）

二、评估热处理效果常用指标和效果

热处理的结果不仅与采用的标准工艺参数组合有关，也与投料时生乳所含的微生物总数有关。热杀菌的杀菌率见公式（13-1）：

$$杀菌率=(\log N_0-\log N_t)\ /\log N_0\times 100\% \qquad (13-1)$$

式中，N_0 为初始细菌数（CFU/mL）；N_t 为经过设定温度和保温时间为 t 的一次热杀菌之后，残存细菌数（CFU/mL）。

灭菌效果以杀灭耐热孢子的结果来表示，见公式（13-2）：

$$灭菌效果=\log N_0/\log N_t \qquad (13-2)$$

式中，N_0 为初始孢子数（CFU/mL）；N_t 为经过设定温度和保温时间为 t 的一次灭菌之后，残存孢子数（CFU/mL）。

乳品工艺学采用普通微生物学的热致死研究方法和工具，如 D 值、F 值、F_0 值、L 值、Q 值、Z 值等，对生乳的各种热处理工艺进行研究并得出结论：按照 IDF 认定的液态乳标准热处理工艺，对于巴氏杀菌乳而言，只有在生乳的初始细菌数不大于 3×10^5 CFU/mL；对于灭菌乳而言，还得补充满足初始孢子数不大于 10^2 CFU/mL、适冷菌不大于 10^3 CFU/mL 等前提下，才可望实现预期的产品品质和保质期。

随着 UHT 工艺的创新发展，乳品工艺学先是对一些经典指标做了改进以便于乳品工业使用。例如，微生物学的 F 值原来指的是：将一定数量的某种微生物置于不低于其致死温度的环境里，测定全部被杀死所需要的时间。改进后的数值称为 F_0 值，指的是在灭菌温度为 T、Z 为 10 ℃时所产生的灭菌效果，如果与 121 ℃、Z 为 10 ℃时所产生的灭菌效果相当的话，所需要的时间 F_0 和时间 t（s）之间的关系满足公式（13-3）：

$$F_0=t/60\times10^{(T-121)}/Z \qquad (13-3)$$

式中，Z 为得到相同灭菌效果的情况下，如果灭菌时间减少到原来的 1/10 所须升高的温度（℃）。

在乳品工业生产中，采用 F_0 值来考察牛乳的灭菌效果具有重要意义，因为 F_0 值是将不同灭菌温度折算到相当于 121 ℃的灭菌效力，而且对温度非常敏感，可作为不同灭菌过程的比较参数。

温度系数 Q 值是指在不同温度下化学反应的速度差。乳品工艺学设定温度的变化幅度为 10 ℃，称之为 Q_{10}。既用来表示在不同温度下杀灭孢子的速度差，也用来表示牛乳风味的变化幅度，因为牛乳中发生的化学反应速度也存在差异。利用 Q_{10} 研究发现，在 100～170 ℃的区域内，温度变化幅度 10 ℃，化学反应的速度提高 2～3 倍而杀灭孢子的速度超过 8～10 倍。

乳品工艺学根据自身需要，设定了两个更切合乳品工业实际需要的指标：综合评估微生物学效果 B 值（B starvalue）和综合评估物理化学效果 C 值（C starvalue）。B 值是由热处理后存活的耐热芽孢量来界定的，以 1/1 000 000 000 为一个基本单位。C 值是由热处理致维生素 B_1 的损毁量来界定的，以 3%为一个基本单位。由两个界定可得以下两个公式：

$$B\text{值}=10\times(T-135)/10.5\times(t/10.1) \quad (13-4)$$

$$C\text{值}=10\times(T-135)/31.4\times(t/30.5) \quad (13-5)$$

式中，T 为杀菌温度（℃），一般是指热处理过程中各个升温段的温度极大值；t 为在杀菌温度下的保持时间（s）。

此外，还运用国际标准色卡、蛋白质变性率、酶活性抑制率等多种指标来评估热处理对牛乳其他方面的效果。

表 13－9 为不同热处理工艺的综合效果对照表，是综合运用各种评估指标，对迄今为止最为常见的 10 种不同热处理工艺所制得的液体乳，各种变化研究结果的一个归纳。

表 13－9　不同热处理工艺的综合效果对照表

No.	1	2	3	4	5	6	7	8	9	10
对照项目	72 ℃ 15 s 巴氏杀菌法	85 ℃ 15 s 高温巴氏杀菌法	130 ℃ 15 s 超高巴氏杀菌法	133 ℃ 0.5 s 直接法 ESL	137 ℃ 4 s 间接法 UHT	140 ℃ 1 s 间接法 UHT	140 ℃ 1 s 直接法 UHT	145 ℃ 2 s 直接法 UHT	120 ℃ 600 s 保持法	120 ℃ 900 s 保持法
微生物的杀灭										
肉毒梭状芽孢杆菌 F 值（min）	0.00	0.00	2.38	0.14	8.03	10.44	1.33	8.28	7.88	11.77
嗜热蜡状芽孢杆菌 B 值	0.00	0.00	0.61	0.03	1.96	2.49	0.31	1.84	2.18	3.25
F_m 值（s）	0.00	0.00	9.03	0.49	27.94	35.07	4.20	24.04	35.05	52.28
化学变化										
β-乳球蛋白变性（%）	0.48	12.77	91.67	10.48	95.66	95.64	21.70	40.42	99.91	99.96
β-乳球蛋白 A 变性（%）	0.43	10.85	89.80	9.32	94.80	94.54	19.82	37.86	99.89	99.95
β-乳球蛋白 B 变性（%）	0.48	14.28	92.97	11.47	96.56	96.37	23.20	42.32	99.93	99.97
α-乳球蛋白变性（%）	0.32	4.35	45.34	1.59	61.86	60.95	3.96	9.40	99.96	100.00
细胞溶素损失（%）	0.00	0.01	0.38	0.01	0.63	0.63	0.04	0.10	4.28	6.20
维生素 B_1 C 值	0.01	0.02	0.58	0.02	0.97	0.96	0.05	0.14	6.86	10.14
损失（%）	0.02	0.05	1.84	0.06	3.07	3.06	0.18	0.50	17.90	24.37
乳果糖（mg/kg）	0.79	2.25	125.11	7.00	200.27	195.19	10.37	22.07	1 248.24	1 846.91
糠氨酸（mg/L）	0.20	0.50	15.71	0.54	26.27	26.09	1.46	3.90	186.98	276.18
羟甲基糠醛（μmol/L）	0.01	0.04	3.95	0.14	7.15	7.33	0.49	1.53	40.54	60.10

（续）

No.	1	2	3	4	5	6	7	8	9	10
对照项目	72 ℃ 15 s 巴氏 杀菌法	85 ℃ 15 s 高温巴氏 杀菌法	130 ℃ 15 s 超高巴氏 杀菌法	133 ℃ 0.5 s 直接法 ESL	137 ℃ 4 s 间接法 UHT	140 ℃ 1 s 间接法 UHT	140 ℃ 1 s 直接法 UHT	145 ℃ 2 s 直接法 UHT	120 ℃ 600 s 保持法	120 ℃ 900 s 保持法
F 值	0.00	0.00	0.11	0.00	0.19	0.19	0.01	0.03	1.29	1.91
酶失活率（%）	0.19	0.55	24.42	0.93	38.35	38.54	2.90	8.13	95.65	99.03

注：F_m 值为在某一温度条件下杀灭 90%微生物所需要的时间。

表 13－9 中 10 种不同的热处理过程参数（温度和时间）（据丹麦 Jøern Stistrop 先生提供的数据整理）：

No. 1：[5 ℃－16 s－72 ℃－15 s－72 ℃－20 s－5 ℃]

No. 2：[5 ℃－18 s－85 ℃－15 s－85 ℃－20 s－5 ℃]

No. 3：[5 ℃－18 s－85 ℃－22 s－130 ℃－15 s－130 ℃－30 s－25 ℃]

No. 4：[5 ℃－18 s－75 ℃－0.2 s－133 ℃－0.5 s－133 ℃－0.2 s－75 ℃－18 s－8 ℃]

No. 5：[5 ℃－18 s－75 ℃－4 s－90 ℃－30 s－90 ℃－15 s－110 ℃－20 s－137 ℃－4 s－137 ℃－13 s－127 ℃－22 s－25 ℃]

No. 6：[5 ℃－18 s－75 ℃－4 s－90 ℃－30 s－90 ℃－15 s－110 ℃－20 s－140 ℃－1 s－140 ℃－13 s－127 ℃－22 s－25 ℃]

No. 7：[5 ℃－18 s－75 ℃－0.2 s－140 ℃－1 s－140 ℃－0.2 s－75 ℃－18 s－8 ℃]

No. 8：[5 ℃－18 s－75 ℃－0.2 s－145 ℃－2 s－145 ℃－0.2 s－75 ℃－18 s－8 ℃]

No. 9：[5 ℃－18 s－80 ℃－60 s－120 ℃－600 s－120 ℃－60 s－30 ℃]

No. 10：[5 ℃－18 s－80 ℃－60 s－120 ℃－900 s－120 ℃－60 s－30 ℃]

三、热处理技术参数的控制测试和监督管理

由于牛乳中的多种成分对热敏感，因此随着不同强度热处理技术的开发，在杀灭微生物和抑制不利于乳制品保存的各种因素的同时，更多地关注防止乳的热伤害后果。因此，对热处理过程中温度和时间的控制精度，成了全球乳品工业的核心技术之一。

对液体乳成品和其他乳制品而言，热处理过程中极端最高温度段的温度和在此温度下的保持时间，两个核心技术参数的控制精度，无疑对安全和质量至关重要，然而并不能因此降低了其他升温和降温段的时间及其控制精度的重要性。乳品工艺学必须关注牛乳实际承受的热负荷总量。

另外，与热处理杀菌器相连接的输送牛乳的管道阀门和输送冷热介质的管道阀门，其动作都是由自动控制装置操纵的。自动控制系统动作的时间响应精度，是评估热处理杀菌器基本性能的核心技术指标之一。通常对时间的控制精度要求为＋0.35%，温度的控制精度为±0.25 ℃，但随工况环境的不同，精度要求也不尽相同。为此，美国历版 PMO 都设有《附录Ⅰ　热杀菌设备和控制器的测试》，设定了与热处理有关的各种技术参数的 15 个测试方法和相应的控制限值以及测试频率，还对系统所用电子计算机提出了特殊要求。

欧美各国乳品工业对热处理工艺操作均实施严格监管，新建工厂或大修之后的加工流水线，凡是与温度相关的所有控制装置，都是必须由执法人员调试验证的核心内容。一旦调试合格立即铅封固

定，除非执法人员不得自行改动。因此，企业虽然有权选择热处理工艺，但一经选定并获得许可之后，就不能随意改动热处理技术参数的设定。有效记录和妥善保存日常的热处理过程的技术参数，不仅是乳品企业管理最重要的责任之一，也是政府现场监管工厂生产过程最重要的内容之一。

第八节 乳 粉

一、乳粉的定义和分类

1. 定义

乳粉是以新鲜乳为原料，或以新鲜乳为主要原料，添加一定数量的植物或动物蛋白质、脂肪、维生素、矿物质等配料，除去其中几乎全部水分而制成的粉末状乳制品，也称为干燥乳制品（dried milk products）。乳粉因具有水分含量低、重量轻、体积小等特点，方便储存和运输。同时，微生物不能发育繁殖，有的甚至死亡，所以还具有储存期长的特点。

2. 乳粉种类

根据乳粉加工所用原料及加工工艺的不同，可以将乳粉分为以下几类。

（1）全脂乳粉。全脂乳粉（full cream milk powder）是由生乳标准化后，经杀菌、浓缩、干燥等工艺加工而成。由于脂肪含量高易被氧化，在室温可保存 3 个月。

（2）脱脂乳粉。脱脂乳粉（non-fat milk powder）是用离心的方法将新鲜牛乳中的绝大部分脂肪分离去除后，再经杀菌、浓缩、干燥等工艺加工而成。由于脱去了脂肪，脱脂乳粉保存性好（通常达 1 年以上）。

（3）速溶乳粉。速溶乳粉（instant milk powder）是将全脂牛乳、脱脂牛乳经过特殊的工艺操作而制成的乳粉，对温水或冷水具有良好的润湿性、分散性及溶解性。

（4）配方乳粉。配方乳粉（modified milk powder）是指针对不同人的营养需要，在牛乳中添加各种营养物质后再经杀菌、浓缩、干燥而制成乳制品。配方乳粉最初主要是针对婴儿营养需要而研制的，供给母乳不足的婴儿食用。目前，配制乳粉已呈现出系列化的发展势头，如中小学生乳粉、中老年乳粉、孕妇乳粉、降糖乳粉、营养强化乳粉等针对不同的人群具有一定的生理调节功能的一大类产品。

（5）加糖乳粉。新鲜牛乳经标准化后，加入一定量的蔗糖，再经杀菌、浓缩、干燥等工艺加工而成。

（6）冰激凌粉。在牛乳中配以乳脂肪、香料、稳定剂、抗氧化剂、蔗糖或一部分植物油等物质，经干燥而制成。

（7）奶油粉。将稀奶油经干燥而制成的粉状物，易氧化。与稀奶油相比，储存期长、储存和运输方便。

（8）麦精乳粉。在牛乳中添加可溶性麦芽糖、糊精、香料等，经真空干燥而制成的乳粉。

（9）乳清粉。乳清粉（whey powde）是将制造干酪的副产品乳清进行干燥而制成的粉状物。乳清中含有易消化、有生理价值的乳蛋白、球蛋白及非蛋白态氮化合物、其他有效物质。根据用途分为普通乳清粉、脱盐乳清粉、浓缩乳清粉等。

（10）酪乳粉。将酪乳（butter milk）干燥制成的粉状物，含有丰富的卵磷脂。乳粉的化学组成依原料乳的种类和添加物不同而有所不同，表 13 - 10 中列举了几种乳粉的主要成分。

表 13 - 10 几种乳粉的主要成分（%）

种类	水分	脂肪	蛋白质	乳糖	灰分	乳酸
全脂乳粉	2.00	27.00	26.50	38.00	6.05	0.16
脱脂乳粉	3.23	0.88	36.89	47.84	7.80	1.55

（续）

种类	水分	脂肪	蛋白质	乳糖	灰分	乳酸
麦精乳粉	3.29	7.55	13.19	72.40	3.66	
婴儿乳粉	2.60	20.00	19.00	54.00	4.40	0.17
母乳化乳粉	2.50	26.00	13.00	56.00	3.20	0.17
乳油粉	0.66	65.15	13.42	17.86	2.91	
甜性酪乳粉	3.90	4.68	35.88	47.84	7.80	1.55

二、乳粉的加工

乳粉的加工工艺大致相同，普通乳粉加工和配方乳粉的加工工艺略有不同。

1. 普通乳粉的工艺

(1) 工艺流程。原料乳的检收及预处理→标准化及配料→均质→杀菌→浓缩和喷雾干燥→冷却，晾粉→包装→成品。

(2) 原料乳的验收及预处理。见生乳部分内容。

(3) 配料。乳粉生产过程中乳成分要标准化，主要是脂肪和蛋白质的标准化。

除了全脂乳粉、脱脂乳粉外，其他乳粉可能需要经过配料工序，其配料比例因产品要求不同而不同。配料时所用的设备主要有配料缸、水粉混合器和加热器。牛乳或水通过加热器后得以升温，其他配料加入水粉混合器上方的料斗中，物料不断地被吸入并在水粉混合器内与牛乳或水相混合，然后又回流到配料缸内，周而复始，直到所有的配料溶解完毕并混合均匀为止。

(4) 均质。生产全脂乳粉、全脂甜乳粉以及脱脂乳粉时，一般不必经过均质操作，但若乳粉的配料中加入了植物油或其他不易混匀的物料时，就需要进行均质操作。均质时的压力一般控制在 14～21 MPa，温度控制在 60 ℃为宜。均质后脂肪球变小，从而可以有效地防止脂肪上浮，并易于消化吸收。

(5) 杀菌。牛乳常用的杀菌方法见表 13-11。具体应用时，可根据不同产品本身的特性，选择合适的杀菌方法。目前，最常见的是采用高温短时灭菌法，因为该方法牛乳的营养成分损失较小，且乳粉的理化特性较好。

表 13-11　牛乳常用的杀菌方法

杀菌方法	杀菌温度及时间	杀菌效果	所用设备
低温长时间杀菌法	60～65 ℃30 min 70～72 ℃15～20 min	可杀死全部病原菌，杀菌效果一般	容器式杀菌缸
高温短时灭菌法	85～87 ℃15 s 94 ℃24 s	杀菌效果好	板式、列管式杀菌器
超高温瞬时灭菌法	120～140 ℃2～4 s	杀菌效果最好	板式、列管式蒸汽直接喷射式杀菌器

(6) 真空浓缩。牛乳经杀菌后立即泵入真空蒸发器进行减压（真空）浓缩，一般要求原料乳浓缩至原体积的 1/4。浓缩后的乳温一般为 47～50 ℃，不同的产品浓缩程度：①全脂乳粉为 11.5～13 oBe，相应乳固体含量为 38%～42%；②脱脂乳粉为 20～22 oBe，相应乳固体含量为 35%～40%；③全脂甜乳粉为 15～20 oBe，相应乳固体含量为 45%～50%。经浓缩除去乳中大部分水分（65%）后，进入干燥塔中进行喷雾干燥。

(7) 喷雾干燥。喷雾干燥即浓乳经过雾化后再与热空气进行水分交换，而得到乳粉的过程。目前，国内外广泛采用压力式喷雾干燥和离心式喷雾干燥，设备见图13-24。干燥阶段可分为3个连续过程：①将浓缩乳雾化成液滴。②液滴与热空气流接触，牛乳中的水分迅速蒸发，该过程又可细分为预热段、恒率干燥段和降速干燥段。③将乳粉颗粒与热空气分开，乳粉在流化床干燥机中继续干燥，可生产优质的乳粉。

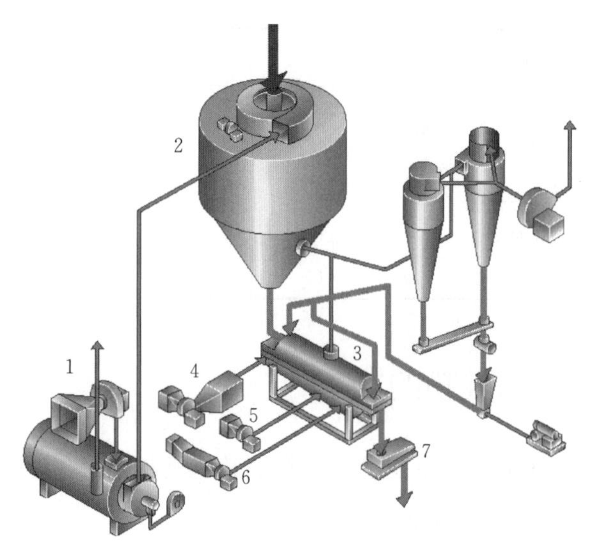

图13-24 配有流化床的喷雾干燥
1、4. 空气加热器 2. 喷雾干燥塔 3. 流化床 5. 冷空气室 6. 冷却干空气室 7. 振动筛

(8) 冷却。在不设置二次干燥的设备中，乳粉从塔底出来的温度若为65℃以上，需要冷却以防脂肪分离。冷却是在粉箱中室温下过夜，然后过筛（20～30目）后即可包装。在设有二次干燥设备中，乳粉经二次干燥后进入冷却床被冷却到40℃以下，再经过粉筛送入乳粉仓，待包装。

(9) 计量包装。工业用乳粉采用25 kg的大袋包装，家庭采用1 kg以下小包装。小包装一般为马口铁罐或塑料袋包装，保质期为3～18个月，若充氮可延长保质期。

2. 配方乳粉的工艺

(1) 湿法工艺。配方乳粉的要求是特殊的，其工艺与普通乳粉生产工艺略有不同，且有湿法和干法之分。加工时需要对牛乳中的多种成分进行调整，使之近似于母乳，首先成为液态的配方乳，然后再加工成方便食用的粉状乳产品。

(2) 干法工艺。干法工艺流程如下：原料→验收拆包（脱外包）→内包装的清洁→称量→隧道杀菌→预混→混料→包装。与湿法工艺的显著区别是以乳粉为原料，各种添加物均为粉末，直接混合均匀而制成。

(3) 配方成分的调整。牛乳被认为是最好的代乳品，但人乳和牛乳无论是感官上还是组成上都有很大区别。以婴儿配方乳粉为例：蛋白质方面，人乳与牛乳中蛋白质的组成有明显的不同。牛乳中总蛋白含量高于人乳，尤其是酪蛋白的含量大大超过人乳，而乳清蛋白含量却低于人乳，所以必须调低牛乳中蛋白质的含量，并使酪蛋白和乳清蛋白的比例与人乳基本一致，一般用脱盐乳清粉、大豆分离蛋白调整。牛乳与人乳的脂肪含量接近，但构成不同，其中牛乳不饱和脂肪酸的含量低而饱和脂肪酸高，且缺乏亚油酸。调整时可采用植物油脂替换牛乳脂肪的方法，以增加亚油酸的含量。另外，牛乳中乳糖含量比人乳少得多，牛乳中主要是α-型，人乳中主要是β-型。调制乳粉中通过加可溶性多糖类，如葡萄糖、麦芽糖、糊精等或平衡乳糖，来调整乳糖和蛋白质之间的比例，平衡α-型和β-型的比例，使其接近于人乳（$\alpha:\beta=4:6$）。一般婴儿乳粉含有7%的碳水化合物，其中6%是乳糖，1%是麦芽糊精。此外，牛乳中的无机盐量较人乳高3倍多。摄入过多的微量元素会加重婴儿肾的负担。调制乳粉中一般采用脱盐法除掉一部分无机盐。但人乳中含铁量比牛乳高，所以要根据婴儿需要补充一部分铁。婴儿用调制乳粉还应充分强化维生素，特别是维生素A、维生素C、维生素D、维生素K、烟酸、维生素B_1、维生素B_2、叶酸等。其中，水溶性维生素过量摄入时不会引起中毒，所以没有规定其上限。脂溶性维生素A、维生素D长时间过量摄入时会引起中毒，因此须按规定加入。

三、乳粉品质评价

正常乳粉呈淡黄色或乳白色，具有淡淡的乳香味，常见的腐败状况如下。

1. 脂肪分解味（酸败味）

由于乳中解脂酶的作用，乳粉中的脂肪水解而产生游离的挥发性脂肪酸。为了防止这一缺陷，必须严格控制原料乳的微生物数量，同时杀菌时将脂肪分解酶彻底灭活。

2. 氧化味（哈喇味）

不饱和脂肪酸氧化产生的气味。与接触的空气、光线以及所含重金属（特别是铜）、过氧化物酶、水分和游离脂肪酸含量有关。

3. 棕色化

水分在5%以上的乳粉储存时会发生羰-氨基反应产生棕色，温度高会加速这一变化。

4. 吸潮

乳粉中的乳糖呈无水的非结晶玻璃态，易吸潮。当乳糖吸水后使蛋白质彼此黏结而使乳粉结块，因此应保存在密封容器里。

5. 细菌引起的变质

乳粉打开包装后会逐渐吸收水分，当水分超过5%以上时，细菌开始繁殖，而使乳粉变质。所以，乳粉打开包装后不应放置过久。

第九节 奶　　酪

一、定义和分类

奶酪是最古老的加工食品之一。早在大约公元前3000年，远古苏美人记载了将近20种软质奶酪，这是历史上对于奶酪的首次记载。现在，干酪是欧美等发达国家最主要的乳制品，已形成了庞大的产业和独特的干酪文化，法国人甚至说："餐桌上没有干酪就等于美女少了一只眼睛。"奶酪在各个国家中的文字分别为：拉丁文caseus，意大利文cacio，德文kase，英文cheese，葡萄牙文queso和西班牙文queijo。

1. 奶酪定义

奶酪是新鲜的或经过成熟的牛（羊）奶酪蛋白的凝聚物。乳汁在凝乳酶（rennet）的作用下，其中的酪蛋白与乳脂肪发生凝聚成为凝聚物，同时析出包含乳清蛋白和乳糖等成分的乳清。排除乳清液即获得新鲜奶酪，可以直接食用，而其他类型的奶酪则必须经过成熟或老化，才能获得特有的色香味和质地。成熟老化是指接种在凝乳中的细菌、霉菌、酵母等微生物所产生的多种酶，与凝结酪蛋白时所使用的凝乳酶一起，在特定的温度和湿度下对酪蛋白的降解过程。根据不同奶酪的要求，可以选择全乳、低脂乳、脱脂乳或这些牛乳的组合来制作。

2. 奶酪的分类

按照原料和不同的加工方式，奶酪分为天然奶酪和再制奶酪（processed cheese）两大类。

（1）天然奶酪。欧美市场上的主要产品均为天然奶酪，其代表性的产品有：

① 新鲜奶酪。新鲜奶酪没有成熟过程。农家奶酪（cottage cheese）和稀奶油奶酪（cream）是两类主要的新鲜奶酪。马苏拉里奶酪（Mozzarella）奶酪是制作比萨常用的另一大类新鲜奶酪。它们的制作不需要添加凝乳酶，不经过热处理和成熟阶段，没有明显的表皮或霉菌生长。严格讲，这些奶酪不能算是真正的奶酪。

② 硬质奶酪。非常坚硬的硬质奶酪经过热处理，然后放入箍或模子中成熟两年以上。这种类型的奶酪水分含量少于30%，如曼切格奶酪、坚硬意大利奶酪和罗马诺奶酪等。因为它们坚硬的质地，这类奶酪常作为研磨奶酪使用。

③ 半硬质奶酪。半硬质奶酪水分含量至多56%，分为两个种类：一种是固体硬质奶酪，如切达奶酪和卡塔尔奶酪；另一种是含孔硬质奶酪，如埃曼塔尔奶酪（emmental）和贾尔斯堡奶酪（jarlsberg）。

（2）再制奶酪。再制奶酪通常是由1种或2种类型的奶酪混合制成，由于在加工过程中微生物被彻底灭活，因此再制奶酪没有自然奶酪所拥有的独特风味。对于许多人来说，再制奶酪吃起来就像吃无毒害作用的“塑料”。但是，因为它们的可储藏性、经济性和口感柔和，再制奶酪非常受欢迎。

再制奶酪按照加工工艺不同，分为巴氏杀菌再制奶酪、巴氏杀菌再制奶酪、巴氏杀菌再制涂抹奶酪等几大类产品。

再制奶酪可能包含一种或多种天然奶酪，如切达奶酪、考尔比奶酪、蒙特里杰克奶酪、瑞士奶酪和莫扎瑞拉奶酪。再制奶酪的原料主要是根据滋味、脂肪和水分含量这3个指标来选择。不同的天然奶酪在乳化剂的作用下混匀，成为均一的成分，也可以添加蔬菜、香料、水果或肉等其他成分。再制奶酪食品和再制涂抹奶酪中有时添加牛乳蛋白质及食用胶。各个成分混合后经融化、搅拌和成形，形成结构紧凑、颜色统一、外表平滑的产品。

与天然奶酪相比，再制奶酪保质期较长，货架期长，不需要冷藏。再制奶酪通常具有统一的风味和外观。也有不同范围的熔化性和切片性，不同颜色、不同程度的滋味、不同外形和包装的再制奶酪。

二、奶酪的加工

奶酪的制作是一系列有控制的发酵过程。无论制作规模大小，奶酪的加工过程基本上相同。大规模的工厂通过集装箱来运输原料乳，小规模的制造商通常从自养的牲畜或临近的农场收集未处理过的乳。原料乳要求干净、无污染，并且在良好的环境下保存至奶酪制作。

奶酪的制作需要3个基本阶段，即产生凝乳、浓缩凝乳和奶酪的成熟3个阶段。新鲜奶酪不完全经过这3个阶段，如意大利的里考塔奶酪和瑞士的布里奶酪（petit）奶酪不需要成熟阶段而直接制得。

1. 凝乳

目的是凝固乳中的酪蛋白形成凝乳，包括两个步骤。

（1）杀菌。制作奶酪首先选用“即食生乳”；其次，应选择细菌总数最低的生乳。因为即使经过非常温的杀菌加热处理，乳蛋白也会发生些微的变性而降低凝乳酶的效价。因此，国际标准只对“未切割成凝块或未经熟化的奶酪”提出了“所使用的生乳必须经过巴氏杀菌”的要求。美国标准允许此类热杀菌的强度是64 ℃ 21 s或68 ℃ 15 s，比一般饮用巴氏杀菌乳的热处理强度要低得多。

（2）形成凝乳。当原料乳温度处于奶牛体温即37 ℃时，边搅拌边加入凝乳酶和细菌发酵剂。主要在凝乳酶的作用下，一般在20 min内酪蛋白迅速凝聚成凝乳。凝乳酶的添加并不影响发酵剂的作用，细菌发酵剂在奶酪中一直保持活性，在随后的成熟过程中发挥作用，包括影响奶酪最终风味的形成。

2. 浓缩凝乳

浓缩凝乳的处理方法因奶酪品种的不同而异，如切割、排乳清、加盐等。

(1) 切割。首先是切割凝乳以排出凝乳中的乳清（一种混浊的乳状液）。凝乳切割块的大小影响奶酪的质地。根据不同奶酪对质地的不同要求，凝乳切割块大小可能是精细的、中等大小的或粗糙的（硬质奶酪要求细切，软质奶酪则相反）。凝乳切块越细，乳清排出越多，奶酪越干硬；凝乳切块越大，奶酪通常也越软。

(2) 排乳清。某些奶酪使用滤布悬吊自然排放乳清，有些需要将凝块装入模具内经压机施压排出乳清并使其成型。某些奶酪需要反复堆叠、切割、挤压和再堆叠，彻底排出乳清，以形成细致、干燥、半坚硬的奶酪结构。

(3) 加盐。加盐引起凝乳脱水，可以减缓发酵剂活力的释放，控制奶酪成熟速率，使奶酪具有一个较长的成熟期，获得合适的滋味和质地，同时也可以抑制腐败菌的生长。

奶酪加盐有 4 种方法：

方法 1：盐通过机器或手工操作直接加入凝乳中，如切达奶酪。

方法 2：盐水浸泡奶酪几个小时，如埃曼塔尔奶酪。

方法 3：将盐粒抹在奶酪的表面，大部分英国奶酪用这一方法处理。该方法处理的奶酪外壳干燥坚硬，从里到外成熟，产生浓郁的风味。

方法 4：用盐水浸湿的布擦洗奶酪表面，如里伐罗特奶酪、塔勒吉奶酪和马弘奶酪。

加盐后，将奶酪装入一个模具内，以进一步除去乳清和成型。

3. 成熟

成熟也称硬化或老化，是奶酪制造商提升奶酪质量的关键步骤。该阶段的目标是成熟和精制奶酪，使奶酪形成其特有的成熟度、质地、滋味、香味和外观。奶酪成熟的过程也是控制腐败过程的延续，乳中的化学成分蛋白质、脂肪和碳水化合物经过天然的化学变化降解为小分子物质，奶酪逐渐形成特有的质地和风味。

奶酪的成熟过程需要严格控制温度和湿度条件，不同类型的奶酪需要不同的成熟温度和湿度水平。奶酪凝块的体积和表面积之比，也是控制奶酪内外物质交换速度的一个重要因素。这是每种特定的奶酪需要模具，统一其尺寸和形状的原因。

通常成熟室要求保持较低的温度（4～7 ℃），合理的湿度阻止奶酪表面失水干燥和成熟过快，并保持发酵剂中细菌的活力。不同类型奶酪的要求不同，软质奶酪对相对湿度要求约在 95%；硬质奶酪对相对湿度要求较低，约 80%。在奶酪成熟过程中，要有节奏地清洗奶酪的外表和翻转奶酪，以确保均匀成熟。

三、奶酪评价

近年来，在酪蛋白中发现了多种功能性多肽后，还发现了含量丰富的功能性游离肽，且生乳的预处理、凝乳酶制剂、发酵剂、烫洗操作和成熟时间等诸多单元操作因素，对奶酪中活性肽的含量有显著影响。因此，极大地丰富了评价奶酪的方法和手段，也在深刻地影响着全球的奶酪生产。纵观近 50 年来，乳制品产量获得稳定增长的品种只有奶酪，奶酪耗用全球同期生乳产量的比重在逐年升高。

奶酪的消费在我国尚处于起步阶段，几乎全为进口，对奶酪的文化认知也还处于培育阶段。不过奶酪作为欧美等发达国家最主要的乳制品，早已形成了庞大的产业和市场。不仅平民百姓的日常生活离不开奶酪，而且欧美的任何正餐或酒会，如果没有价格昂贵的奶酪上桌，就不成其为宴席。

事实上，欧美等发达国家对奶酪的传统评价方法，与其说是一门科学，还不如说是一种艺术。而且带有非常强烈的地域色彩，异常重视原产地标识。举例来说，美国奶酪协会每年都会举办一年一度的“美洲奶酪鉴赏大赛”，而世界奶酪协会则会每年在世界的不同地方举办“世界奶酪大赛”，参加大赛的有世界各地的奶酪生产商，包括一些小农场的制造商。他们会拿出自己认为最好的奶酪，包装得非常漂亮去参加大赛。来自各科研院所的专业奶酪鉴赏师（一般为行业内有名的教授）受邀对各种奶酪进行品质评判，最终通过多轮比赛确定年度冠军。当然，冠军会因为奶酪的种类不同而分设几个，一般得主均为被广泛接受的成熟型奶酪，如切达（cheddar）奶酪和蓝纹（blue）奶酪等。

奶酪的评定包括许多项目，如包装、外形、取样后的风味和质地、结构、入口的味道、余味和后味等许多因素。图 13－25a为 3 种典型的奶酪，从左到右分别为软质奶酪、蓝纹奶酪和切达奶酪，图 13－25b 为专业的奶酪切割工具，以避免任何人为的对奶酪的破坏和污染。

a

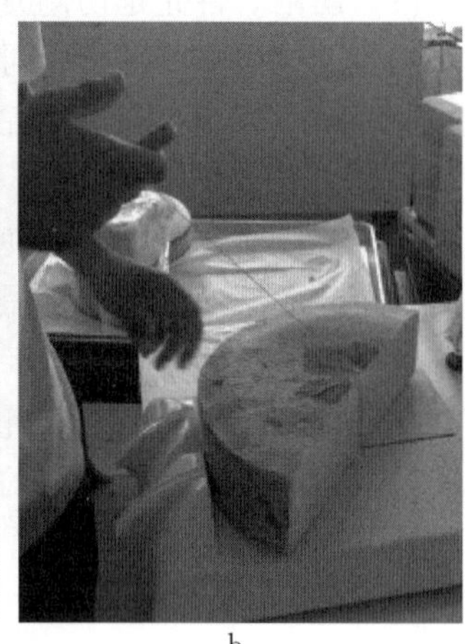
b

图 13－25　奶酪及切割工具
a. 奶酪　b. 切割工具

第十节　冰 淇 淋

一、冰激凌定义和分类

冰激凌是指以饮用水、乳或乳制品、植物油脂、食糖等为主要原料，经混合、灭菌、均质、老化、凝冻、硬化等工序制成的体积膨胀的冷冻饮品。

按照组成，冰激凌有以下几类：一是全乳脂冰激凌（full-cream ice cream）。乳脂质量分数为 8%以上（不含非乳脂）的冰激凌。二是半乳脂冰激凌（half derifat ice cream）。乳脂质量分数为 2.2%～8%的冰激凌。三是植脂冰激凌（plantfat ice cream）。乳脂质量分数低于 2.2%的冰激凌。四是清型冰激凌（uniform ice cream）。不含颗粒或块状辅料的冰激凌。五是组合型冰激凌（make up ice cream）。由主体冰激凌和其他种类冷冻饮品或巧克力、饼坯等组合而成的制品，冰激凌所占质量分数大于 50%。

二、冰激凌的加工

冰激凌的组织状态是固相、气相、液相的复杂结构，在液相中有直径 150 μm 左右的气泡和大约 50 μm 大小的冰晶。此外，还分散有 2 μm 以下的脂肪球、乳糖结晶、蛋白颗粒和不溶性的盐类等，由于稳定剂和乳化剂的存在，使其分散状态均匀细腻，并具有一定形状。

1. 生产工艺流程

预热→配料混合→杀菌→冷却/老化（4 ℃/4 h）→冷凝（－3～6 ℃）→添加干物料、果料→注模→速冻（－40～－20 ℃）→入库储存（－25 ℃）

2. 混合料的配制

将冰激凌的各种原料以适当的比例加以混合，即称为冰激凌混合料，简称为混合料。混合料的配制包括配比标准化和混合两个步骤。

(1) 混合料的配比标准化。冰激凌原料虽然有不同的选择，但标准的冰激凌组成为：脂肪 8%～14%、全脂乳干物质 8%～12%、蔗糖 13%～15%、稳定剂 0.3%～0.5%。

(2) 混合料的混合。按照冰激凌标准和质量的要求，选择冰激凌原料，然后依据原料成分计算各种原料的需要量。原辅料质量好坏直接影响冰激凌质量，所以各种原辅料必须严格按照质量要求进行检验，不合格者不许使用。按照规定的产品配方，核对各种原材料的数量后，即可进行配料。混合配制要求如下：

① 原料混合的顺序宜从浓度低的液体原料如牛乳等开始，其次为炼乳、稀奶油等液体原料，再次为砂糖、乳粉、乳化剂、稳定剂等固体原料，最后以水进行容量调整。

② 混合溶解时的温度通常为 40～50 ℃。

③ 鲜乳要经 100 目筛进行过滤、除去杂质后再泵入缸内。

④ 乳粉在配制前应先加温水溶解，并经过过滤和均质再与其他原料混合。

⑤ 砂糖应先加入适量的水，加热溶解成糖浆，经 160 目筛过滤后泵入缸内。

⑥ 人造黄油、硬化油等使用前应加热融化或切成小块后加入冰激凌复合乳化，稳定剂可与其 5 倍以上的砂糖拌匀后，在不断搅拌的情况下加入混合缸中，使其充分溶解和分散。

⑦ 鸡蛋应与水或牛乳以 1∶4 的比例混合后加入，以免蛋白质变性凝成絮状。

⑧ 明胶、琼脂等先用水泡软，加热使其溶解后加入。

⑨ 淀粉原料使用前要加入其量的 8～10 倍的水并不断搅拌制成淀粉浆，通过 100 目筛过滤，边搅拌边徐徐加入配料缸内，加热糊化后使用。

按照冰激凌标准和质量要求选择冰激凌原料，然后依据原料成分计算各种原料的需要量。

3. 混合料的杀菌

通过杀菌可以杀灭料液中一切病原菌和绝大部分非病原菌，以保证产品的安全性、卫生指标达标，延长冰激凌的保质期。

杀菌温度和时间的确定，主要看杀菌的效果，过高的温度与过长的时间不但浪费能源，而且还会使料液中的蛋白质凝固、产生蒸煮味和焦味、维生素被破坏而影响产品的风味及营养价值。通常间歇式杀菌的杀菌温度和时间分别为 75～77 ℃、20～30 min，连续式杀菌的杀菌温度和时间分别为 83～85 ℃、15 s。

4. 混合料的均质

(1) 均质的目的。冰激凌的混合料本质上是一种乳浊液，里面含有大量粒径为 4～8 μm 的脂肪球，这些脂肪球与其他成分的密度相差较大，易于上浮，严重影响冰激凌的质量，故必须加以均质使混合料中的脂肪球变小。由于细小的脂肪球互相吸引使混合料的黏度增加，能防止凝冻时乳脂肪被搅成奶油粒，以保证冰激凌产品组织细腻。同时，通过均质作用，可以强化酪蛋白胶粒与钙及磷的结合，使混合料的水合作用增强。另外，适宜的均质条件还是改善混合料起泡性、获得良好组织状态及理想膨胀率冰激凌的重要因素。经过均质后制得的冰激凌，组织细腻，形体润滑松软，具有良好的稳定性和持久性。

(2) 均质的条件。主要包括均质压力和均质温度两个主要因素。

① 均质压力的选择。均质压力的选择应适当。均质压力过低时，脂肪粒没有被充分粉碎，乳化不良，影响冰激凌的形体；而压力过高时，脂肪粒过于微小，使混合料黏度过高，凝冻时空气难以混入，给膨胀率带来影响。合适的压力，可以使冰激凌组织细腻、形体松软润滑。一般情况，选择均质压力为 14.7～17.6 MPa。

② 均质温度的选择。均质温度对冰激凌的质量也有较大的影响。当均质温度低于 52 ℃时，均质

后混合料黏度高，对凝冻不利，形体不良；而均质温度高于 70 ℃时，凝冻时膨胀率过大，也有损于形体。一般较合适的均质温度是 65～70 ℃。

5. 混合料的冷却与老化

（1）冷却。冷却（cooling）是使物料降低温度的过程。均质后的混合料温度一般在 60 ℃以上。在这个温度，混合料中的脂肪粒容易分离，因此需要将其迅速冷却至 0～5 ℃后输入老化缸（冷热缸）进行老化。

（2）老化。老化（aging）是将经均质、冷却后的混合料置于老化缸中，在 2～4 ℃的低温下使混合料在物理上成熟的过程，也称为成熟或熟化。其实质是脂肪、蛋白质和稳定剂的水合作用，稳定剂充分吸收水分使料液黏度增加。老化期间的物理变化导致在以后的凝冻操作中搅打出的液体脂肪增加，脂肪的附聚和凝聚促进了空气的混入，并使搅入的空气泡稳定，从而使冰激凌具有细致、均匀的空气泡分散，赋予冰激凌细腻的质构，提高冰激凌的融化阻力及其储藏的稳定性。

老化操作的参数主要为温度和时间。随着温度的降低，老化的时间也将缩短。如在 2～4 ℃时，老化时间需 4 h；而在 0～1 ℃时，只需 2 h。若温度过高，如高于 6 ℃，则时间再长也难有良好的效果。混合料的组成成分与老化时间有一定关系，干物质越多，黏度越高，老化时间越短。一般来说，老化温度控制在 2～4 ℃，时间为 6～12 h 为佳。

6. 冰激凌的凝冻

在冰激凌生产中，凝冻（continuous freezing）过程是将混合料置于低温下，在强制搅拌下进行冰冻，使空气以极微小的气泡状态均匀分布于混合料中，使物料形成细微气泡密布、体积膨胀、凝结体组织疏松的过程。凝冻的目的主要有以下几个方面。

（1）使混合料更加均匀。经均质后的混合料还须添加香精、色素等，所以凝冻时搅拌器应不断搅拌，使混合料中各组分进一步混合均匀。

（2）使冰激凌组织更加细腻。凝冻是在－6～－2 ℃的低温下进行的，此时料液中的水分会结冰，但由于搅拌作用，水分只能形成 4～10 μm 的均匀小结晶，而使冰激凌的组织细腻、形体优良、口感滑润。

（3）得到合适的膨胀率。在凝冻时，不断搅拌及空气逐渐混入使冰激凌体积膨胀而获得优良的组织和形体，使产品更加适口、柔润和松软。

（4）提高冰激凌稳定性。由于凝冻后，空气气泡均匀地分布于冰激凌组织之中，能阻止热传导的作用，可使产品抗融化作用增强。

（5）加速硬化成型进程。由于搅拌凝冻是在低温下操作，因而能使冰激凌料液冻结成为具有一定硬度的凝结体，即凝冻状态，经包装后可较快硬化成形。

冰激凌的料液凝冻过程大体分为以下 3 个阶段。

① 液态阶段。料液经过凝冻机凝冻搅拌一段时间（2～3 min）后，料液的温度从进料温度（4 ℃）降低到 2 ℃。由于此时料液温度尚高，未达到使空气混入的条件，故称这个阶段为液态阶段。

② 半固态阶段。继续将料液凝冻搅拌 2～3 min，此时料液的温度降至－2～－1 ℃，料液的黏度也显著提高。由于料液的黏度提高了，空气得以大量混入，料液开始变得浓厚，体积也开始膨胀，这个阶段为半固态阶段。

③ 固态阶段。此阶段为料液即将形成软冰激凌的最后阶段。经过半固态阶段以后，继续凝冻搅拌料液 3～4 min，此时料液的温度已降低到－6～－4 ℃。在温度降低的同时，空气继续混入，并不断地被料液层层包围，此时冰激凌料液内的空气含量已接近饱和。整个料液体积不断膨胀，料液最终成为浓厚、体积膨大的固态物质，此阶段即是固态阶段。

7. 成型灌装、硬化和储存

（1）成型灌装。凝冻后的冰激凌必须立即成型灌装（和硬化），以满足储藏和销售的需要。冰激凌的成型有冰砖、纸杯、蛋筒、浇模成型、巧克力涂层冰激凌、异形冰激凌切割线等多种成型灌装模式。

(2) 硬化。硬化（hardening）是将经成型灌装机灌装和包装后的冰激凌迅速置于－25 ℃以下的温度，经过一定时间的速冻，品温保持在－18 ℃以下，使其组织状态固定、硬度增加的加工过程。

(3) 储存。硬化后的冰激凌产品，在销售前应将制品保存在低温冷藏库中。冷藏库的温度为－20 ℃，相对湿度为85％～90％。冷藏库温度不可忽高忽低，储存温度及储存中温度变化往往导致冰激凌中的冰再结晶，使冰激凌质地粗糙，影响冰激凌品质。

三、冰激凌评价

由于制作冰激凌原料的组成不同，其外形、口感、风味、质地等各不相同，所以难以用一个普遍的标准评价。但若是因原料配合不当，均质、冻结、储存等处理不合理，会使得冰激凌质量低劣，其质量缺陷及原因见表13－12。

表13－12　冰激凌质量缺陷及原因

种类	缺　陷	原　因
风味	脂肪分解味、饲料味、加热味、牛舍味、金属味、苦味、酸味、甜味与香料味	使用的原料乳、乳制品质量差，杀菌不完全，吸收异味，添加的甜味与香料不适当
组织状态	砂状组织 轻或蓬松的组织 粗或冰状组织 奶油状组织	无脂乳干物质过高，储存温度高，乳糖结晶大 膨胀率过大 缓慢冻结，储存温度波动大，气泡大，固形物低 生成脂肪块，乳化剂不适合，均质不良
质地	脆弱 水样 软弱	稳定剂、乳化剂不足，气泡粗大，膨胀率高 膨胀率低，砂糖含量高，稳定剂不足，乳化剂不足，固形物不足 稳定剂过量
融化状态	起泡、乳清分离、凝固、黏质状	原料配合不当，蛋白质与矿物质不均衡，酸度高，均质不完全，膨胀率调整不当

第十一节　功能性牛乳

一、功能性牛乳的概念

功能性食品可分为两大类：一是该食物本身富含某类功能性成分；二是某些食物适宜添加某类功能性成分。但是，都需要利用物理学、化学、生命科学的技术手段对食品进行合理加工后，使其具有稳定可靠的增强机体的防御功能、调节人体生理功能、预防和治疗疾病等身体调节功能。

功能性食品除了具有普通食品的营养、感官享受功能外，还具有维持健康、预防疾病等调节生理活动等功能。有增强机体的防御、免疫、预防疾病，以及辅助病后恢复、延缓衰老等调节人体生理功能的食品，长期服用对身体无害。

功能性牛乳包括液体乳、发酵乳、干酪、冰激凌等；通过对乳成分进行调整，满足特定消费人群的需要，如低乳糖或无乳糖乳制品、含水解蛋白的低致敏性配方乳粉、强化钙和化维生素类的乳制品等。

据报道，韩国牛乳市场中40％为功能性牛乳，常规牛乳占60％，其功能性牛乳分类见表13－13。

表 13-13 韩国市场功能性牛乳分类

牛乳类型	饮用对象	成分	特性及功能
加强型	婴儿、儿童	钙、铁、维生素、DHA	加强不足的成分
高脂肪型	青少年、成年男性	乳脂 4.3%	高脂肪、附加脂肪、高热量
低脂肪型	肥胖者	乳脂 1.7%～2.0%	低脂肪、低热量、增加新口味
生理功能型	婴幼儿、老人	乳铁蛋白、卵磷脂、低聚糖、硒等	增加生理活性和功能
特殊型	成人病、心脏病患者	乳糖酶、中草药、人参提取物	去除牛乳中胆固醇

二、功能性牛乳的调制

功能性乳制品从添加形式上可以分为两种：后期加工处理过程中添加营养物质所得的乳制品称为添加型功能性乳制品；奶牛自身所产含高营养物质或通过调控奶牛日粮，使牛乳中含有某种甚至几种营养物质的牛乳称为天然型功能性乳制品。

1. 添加型功能性乳制品

在原乳中添加对人体有益的功能性物质，如矿物质、维生素、蛋白质、多肽、脂肪酸、天然色素等。按添加的物质可分为以下几大类功能乳。

(1) 维生素/矿物质乳。针对人体维生素慢性缺乏症，多数乳制品企业开发出维生素强化牛乳，如牛乳中添加人体常需要的维生素 A、维生素 C、维生素 D 和维生素 E。各种维生素有其各自功能，维生素之间也具有协同作用。许多企业通过在原乳中添加钙、铁、铜、锌等补充人体所需的矿物质。国内市场上钙铁锌牛乳比较流行。

(2) 膳食纤维乳。膳食纤维正被越来越多地添加在乳品当中，其主要功能是调节肠胃功能，提高人体免疫力和预防疾病。膳食纤维能吸收肠内的有害金属，刺激肠壁，促进排便，以清扫肠道来防止大肠癌或直肠癌等疾病，尤其对中年妇女及老年人效果更明显。近年来，多种膳食纤维乳被研制开发出来，如小麦、裸麦、稻米、苹果皮、野菜（如车前草）、苔草、菊花等，经提纯后添加到牛乳中调节人体胃肠道功能及预防疾病。日本在 20 世纪 90 年代中期上市了强化水果、芹菜的酸乳，受到广大消费者的欢迎。

(3) 乳清蛋白乳。乳清蛋白是一种很受欢迎的功能性食品添加物质。乳清蛋白是一种非常优质的蛋白质，还可以刺激细胞的生长、提高人体免疫力、预防癌症。近年来，乳清蛋白已经在酸乳、冰激凌、婴幼儿配方乳粉和干酪等乳制品生产中添加应用。

(4) 低聚糖乳。低聚糖是一种单糖，进入大肠能促进双歧杆菌增殖，并产生一系列特殊的生理功能，因此称为功能性低聚糖。研究发现，低聚异麦芽糖可添加在婴幼儿配方乳粉、中老年人乳粉、酸乳、鲜牛乳、乳酸菌饮料中，人饮用后可促进肠道双歧杆菌增殖，并可发挥营养保健功能。

(5) 天然植物色素乳。开发含有天然植物成分，有利于各年龄段人群吸收的天然色素乳是功能乳发展的一个方向。

(6) 低乳糖乳。有消费者饮用牛乳后会出现腹胀、腹痛、腹泻等胃肠不适现象，这是由于体内缺乏乳糖酶或乳糖酶活性降低而引起的乳糖不耐症。针对这种情况，目前多数研究用酶降解法降解牛乳中的乳糖后再供人们饮用。常用的酶降解法是以固定化 β-半乳糖苷酶等酶对牛乳中的乳糖进行水解，通过改进酶解工艺，可使牛乳中乳糖水解率达 70%～90%，以满足乳糖不耐症患者的需求。

(7) 益生菌乳。在乳品消费发达的国家，各种各样的添加益生菌的牛乳，特别是酸乳产品越来越受消费者欢迎。一个成年人的肠道中有很多种细菌，既有益生菌，也有有害菌。所谓益生菌，主要是乳酸菌、双歧杆菌等这些有益于人体健康的菌类。它们不仅可以抑制有害菌在肠道内的生长，还可以帮助消化吸收以及提高人体的自然免疫力。

2. 天然型功能性乳制品

天然型功能性乳制品又分为自然型功能乳，如牛初乳制品、免疫乳、转基因牛乳等，还有通过添加特定物质进行营养调控而生产的天然功能乳，如 CLA 牛乳。

（1）牛初乳制品。随着人们对奶牛初乳的逐步认识，牛初乳的功效也被人们认可。牛初乳中含有多种养分及生物活性物质，使之具有较强的功能性，而成为保健食品的原料。

牛初乳中的蛋白质含量远远高于常乳，特别是第 1 天的初乳中蛋白质含量是常乳的 4～8 倍，乳脂肪含量比常乳高约 23.5%，维生素类物质如胡萝卜素、维生素 A、维生素 D、维生素 E 的含量为常乳的 2～7 倍，免疫球蛋白含量是人初乳的 50 倍，乳铁蛋白（Lf）又称为乳转铁蛋白，含量是常乳的 50 倍左右。此外，牛初乳中的生长因子，如表皮生长因子（EGF）等含量也非常高。因此，牛初乳是一种纯天然食物，对人体安全无毒，能够调节免疫功能，增强免疫力；促进营养吸收，有利于生长发育；消除疲劳，延缓衰老。牛初乳制品属天然的功能性乳制品，已在国内外广泛应用。

（2）免疫乳。免疫乳是给奶牛有选择性地接种引起人或动物某些疾病的病毒、毒素、细菌的抗原，使其产生免疫应答，分泌免疫球蛋白（或其他特异性抗体）到牛乳中。免疫乳是一种天然、安全、健康并有医疗价值的保健性食品。有业内专家预测，免疫乳将会在今后的医疗保健业中发挥举足轻重的作用。

（3）转基因牛乳。使外源基因在奶牛的乳腺中表达出来，得到转基因奶牛，使奶牛生产出含有特定功能性成分的牛乳。

（4）以营养调控为手段生产的天然功能乳。目前，营养调控型功能乳按其饲料中所添加的物质可分为以下几类。

① 天然矿物质、维生素功能乳。钙是奶牛饲料中添加最多的矿物质，也是保证奶牛健康和牛乳质量所必需的。牛乳中钙含量增加，而且所含的钙质容易被人体吸收。强化了钙的牛乳，可以帮助消费者增加骨密度，防止骨质疏松。其他较流行的矿物质包括铁和锌，以及维生素 A、维生素 C、维生素 D、维生素 E 也经常添加到奶牛饲料中，以获得相应营养调控型功能乳，帮助消费者提高身体的免疫力和延缓衰老。

② 天然不饱和脂肪酸功能乳。大部分不饱和脂肪酸对人体都有特殊功效，美国学者 Dhiman 根据 CLA 在啮齿动物表现的生物活性最低有效剂量，类推到牛乳富集 CLA 后与人类健康的潜在关系，认为消费富含 CLA 的反刍动物产品（乳和肉制品）是人体摄入天然 CLA 的一种有效途径。研究表明，增加日粮亚油酸、EPA 和 DHA 采食量能够使乳脂 CLA 含量增加 6～7 倍，可用于 CLA 功能牛乳的生产。

③ 天然激素功能乳。通过营养调控可使牛乳中天然的含有一些褪黑素。2004 年，英国推出了全天然高褪黑素牛乳，虽然其价格比普通牛乳高 1.5 倍，仍颇受消费者欢迎。褪黑素是人脑中松果体所分泌的一种激素，具有安神、安眠、调整睡眠的功能，如大脑中不能产生足够的褪黑素，人就会失眠。

④ 天然风味功能乳。据报道，在奶牛日粮中添加果香味剂，可以提高奶牛干物质消化率，进而提高饲料转化率；还可以有效改善牛乳的风味，使牛乳具有果香味。

三、功能性牛乳的评价

新型、多样的功能性牛乳正在不断研制开发。目前，我国市场上以添加型功能性牛乳为主。由于牛乳中添加的是现成配料或添加剂，添加技术含量较低，制备工艺简单一致，市场监管力度不强，导致市场上功能性牛乳良莠不齐，甚至有些功能性牛乳在开发研制过程中失去原乳的自身部分营养作用，或添加功能物质后达不到相应的功效。由于原乳后添加加工生产的功能性牛乳存在各种问题，而通过在饲料中添加营养成分饲喂奶牛，经牛体代谢将添加的营养元素转化到牛乳中的天然功能性牛乳，既保证了牛乳营养全面，又安全健康，才是未来功能性牛乳发展的大趋势。

（顾佳升、王金枝、李梅）

主要参考文献

陈卫，张灏，葛佳佳，等，2002. 膳食纤维在乳制品中的应用［J］. 乳业科学与技术（3）：5 - 8.

董春萤，任发政，2004. 世界干酪文化鉴赏［M］. 北京：化学工业出版社.

宫霞，郭本恒，李云飞，等，2005. 乳酪蛋白活性肽的开发趋势及应用前景［J］. 乳业科学与技术，27(1)：1 - 4.

郭本恒，2001. 功能性乳制品［M］. 北京：中国轻工业出版社.

国际乳业联合会，2001. IDF 英汉乳业术语词汇［M］. 国际乳品联合会中国国家委员会，译. 北京：中国轻工业出版社.

李晓东，2011. 乳品工艺学［M］. 北京：科学出版社.

陆东林，张瑞梅，2008. 功能性乳制品开发现状和前景［J］. 新疆畜牧业（4）：50 - 52.

马燕芬，2009. 果味奶生产技术及果味物质在牛体内代谢机制的研究［D］. 呼和浩特：内蒙古农业大学.

潘瑶，2007. 功能性乳制品市场情况及发展动态［J］. 中国乳业（4）：3.

宋丽华，韩玉堂，韩吉雨，等，2012. 功能性乳制品的开发与应用现状［J］. 中国乳业，131(11)：52 - 54.

宋涛，2005. 功能性牛奶的种类及开发［J］. 乳品与人类（5）：60 - 61.

张和平，张列兵，2012. 现代乳品工业手册［M］. 2 版. 北京：中国轻工业出版社.

张胜善，1983. 牛乳与乳制品［M］. 台湾：长河出版社.

朱永红，2006. 乳制品中的 Maillard 反应标示物及其应用［J］. 中国乳品工业，34(7)：45 - 49.

Alan Czaplicki，2007. Pasteurization and milk purity in Chicago，1908—1916［J］. Social Science History，31 (3)：411 - 433.

Codex Alimentarius Commission，2011. Milk and milk products［M］. Rome：Secretariat of the Codex Alimentarius Commission.

Dhiman T R，Satter L D，Parize M W，et al，2000. Conjugated linoleic acid content of milk from cows offered diet rich in linoleic and linolenic acid［J］. Journal of Dairy Science，83(5)：1016 - 1027.

Gösta Bylund，1995. Dairy processing handbook［M］. Lund：Tetra Pak Processing Systems AB.

Vagn Westergaard，1994. Milk powder technology evaporation and spray drying［M］. Copenhagen：NIRO A/S.

第十四章

乳品品质及评价

乳品营养成分的高低反映了乳品的营养水平，是评价乳品品质的主要指标。《食品安全国家标准　生乳》（GB 19301—2010）对生乳中蛋白质、脂肪和非脂乳固体等营养成分的含量都有明确规定。生乳作为乳品的基本原料，是乳品质量的基石。

乳品品质的评价指标及相应的评价方法包括蛋白质、脂肪、乳糖、全脂乳固体（非脂乳固体）、氨基酸、维生素、微量元素及活性蛋白质等。

第一节　蛋　白　质

蛋白质是牛乳中最重要的营养成分，含量为2.8～3.8 g/hg。乳蛋白主要由酪蛋白、乳清蛋白组成，含有8种人体必需氨基酸，是补充人体蛋白质的重要来源。

牛乳中蛋白质含量的评价方法主要有凯氏定氮法、福林-酚试剂法、双缩脲比色法、紫外光谱法和考马斯亮蓝染色法等。凯氏定氮法是《食品安全国家标准　生乳》（GB 19301—2010）中采用的测定蛋白质含量的方法，但该方法不能分辨人为添加的含氮化合物，如三聚氰胺、尿素等。双缩脲比色法是《乳与乳制品中蛋白质的测定　双缩脲比色法》（NY/T 1678—2008）中规定的方法，可以准确地测定生乳中“真蛋白”的含量，但此法不能区分乳蛋白和皮革水解蛋白。为区分乳蛋白和皮革水解蛋白，可利用氨基酸分析仪测定L-羟脯氨酸的含量。总之，蛋白质含量是牛乳质量重要的品质指标之一，但一定要注意评价蛋白质含量所使用的方法，以防误判。

一、凯氏定氮法

1. 原理

乳品中的蛋白质在催化加热条件下被分解，产生的氨与硫酸结合生成硫酸铵。碱化蒸馏使氨游离，用硼酸吸收后以硫酸或盐酸标准溶液滴定，根据酸的消耗量乘以换算系数，即为蛋白质的含量。生乳中除乳蛋白外，还有少量非蛋白态的含氮化合物，如氨、游离氨基酸、尿素、肌酸及嘌呤碱等也被测定，故称为粗蛋白质。

2. 试剂

除非另有规定，本方法所用试剂均为分析纯，水为《分析实验室用水规格和试验方法》（GB/T 6682—2008）规定的三级水。

（1）硼酸吸收液。向10 L 1%的硼酸（H_3BO_3）溶液中加入70 mL 0.1%甲基红-乙醇溶液和100 mL 0.1%溴甲酚绿-乙醇溶液。

(2) 40%氢氧化钠溶液。称取 4 kg 氢氧化钠 (NaOH),溶于 10 L 水中。

(3) 硫酸 (H_2SO_4,ρ=1.84 g/cm^3)。

(4) 硫酸铜-硫酸钾混合催化剂 ($CuSO_4-K_2SO_4$),将 $CuSO_4\cdot5H_2O$ 和 K_2SO_4 按重量比 1∶9 混合后研细,也可以使用凯氏定氮仪专用催化剂。

(5) 0.1 mol/L 盐酸标准溶液。

3. 仪器

凯氏定氮仪、远红外消化炉、消化炉。

4. 操作步骤

称取 1~2 g(精确至 0.000 1 g)牛乳样品于消化管中,加入 10 mL 浓硫酸和 1 g 混合催化剂,在消化炉上、通风橱内缓慢加热到 420 ℃,消化 3 h,至溶液清亮透明后,再继续加热 0.5 h,取下冷却至室温。将消化好的试样放入凯氏定氮仪进行蒸馏,用硼酸溶液吸收,再用 0.1 mol/L 的盐酸标准溶液滴定。同时做空白对照。

5. 结果分析与评价

(1) 结果计算。牛乳中蛋白质的含量以质量分数 ω (g/hg) 表示,按式 (14-1) 计算:

$$\omega=\frac{c\times(V_1-V_0)\times14.0\times6.38}{m\times1000}\times100\% \qquad (14-1)$$

式中,ω 为牛乳中蛋白质的含量 (g/hg);c 为盐酸标准溶液的浓度 (mol/L);V_1 为样品滴定时消耗的盐酸标准溶液的体积 (mL);V_0 为空白试验时消耗的盐酸标准溶液的体积 (mL);m 为牛乳样品质量 (g);14.0 为氮的摩尔质量 (g/mol);6.38 为将牛乳中的氮换算为蛋白质的系数。

(2) 结果误差。分析结果保留 3 位有效数字。在重复性条件下获得的 2 次独立测定结果的绝对差值不得超过算术平均值的 3%。

(3) 结果评价。

① 分析误差。评价结果时,首先要注意测试数据的准确性,要注意分析过程可能出现的误差。如称取牛乳样品时,不要将样品附着在消化管管壁上。加完硫酸后,可以轻轻摇动消解管,使其混合均匀。消化过程中温度较高,反应较为剧烈,样品溶液可能会冲出消化管,必要时,需要盖上玻璃盖子。并对分析方法的误差做一评估。

② 分析方法。对分析方法本身的问题要充分估计到。凯氏定氮法最初是用于测定单一饲料中粗蛋白质的一种方法,后来把凯氏定氮法扩展应用于食品,对于单一食品来说是没有问题的,如牛乳、蔬菜、面粉等。但随着社会的发展,食品不再单一。同时,也有不法分子为了追求利润,往牛乳中非法添加各种物质,如三聚氰胺、尿素、皮革水解蛋白等,以提高凯氏定氮法的蛋白质含量。由于凯氏定氮法不能区分蛋白质和其他含氮物质,如果发现牛乳蛋白质含量过高,就要考虑凯氏定氮法本身的缺陷,必要时可改用双缩脲比色法或氨基酸法重新测定,确保数据可靠,再做评价。

③ 结果评价。与牛乳中蛋白质指标比对,做出评价。《食品安全国家标准 生乳》(GB 19301—2010) 中规定,生乳中蛋白质含量应≥2.8 g/hg。《无公害食品 生鲜牛乳》(NY 5045—2008) 中要求,生鲜牛乳中蛋白质含量应达到 3.0 g/hg 以上。

二、双缩脲比色法

1. 原理

利用三氯乙酸沉淀牛乳样品中的蛋白质,将沉淀物与双缩脲进行反应,用分光光度计测定显色液的吸光度，以酪蛋白为标准，计算乳品中蛋白质的含量。

2. 试剂

除非另有规定，本方法所用试剂均为分析纯，水为《分析实验室用水规格和试验方法》（GB/T 6682—2008）规定的三级水。

（1）四氯化碳（CCl_4）。

（2）酪蛋白标准品：纯度≥99.0%。

（3）10 mol/L 氢氧化钾溶液。称取 56 g 氢氧化钾（KOH），加水溶解并定容至 100 mL。

（4）250 g/L 酒石酸钾钠溶液。称取 25 g 酒石酸钾钠（$C_4O_6H_2KNa$），加水溶解并定容至 100 mL。

（5）40 g/L 硫酸铜溶液。称取 4 g 硫酸铜（$CuSO_4 \cdot 5H_2O$），加水溶解并定容至 100 mL。

（6）150 g/L 三氯乙酸溶液。称取 15 g 三氯乙酸（CCl_3COOH），加水溶解并定容至 100 mL。

（7）双缩脲试剂。将 10 mL 10 mol/L 氢氧化钾和 20 mL 250 g/L 酒石酸钾钠溶液加到约 800 mL 水中，剧烈搅拌，同时慢慢加入 30 mL 40 g/L 硫酸铜溶液，用水定容至 1 000 mL。

3. 仪器

分析天平（感量 0.000 1 g）、高速冷冻离心机、可见分光光度计（540 nm）、超声波清洗器。

4. 操作步骤

（1）标准。取 6 支试管，按表 14－1 加入酪蛋白标准品（纯度≥99.0%）和双缩脲试剂，充分混匀，在室温下放置 30 min。

表 14－1 标准工作曲线的制作

管号	0	1	2	3	4	5
酪蛋白标准品（mg）	0	10	20	30	40	50
双缩脲试剂（mL）	20.0	20.0	20.0	20.0	20.0	20.0
蛋白质浓度（mg/mL）	0	0.5	1.0	1.5	2.0	2.5

用上述制备的标准溶液，以 0 号管调零，于波长 540 nm 处测定标准溶液的吸光度。以吸光度为纵坐标、蛋白质浓度为横坐标，绘制标准工作曲线。

（2）制样。称取 1.5 g（精确至 0.1 mg）试样，置于 50 mL 离心管中，加入 5 mL 150 g/L 三氯乙酸溶液，静置 10 min 使蛋白质充分沉淀，在 10 000×g 下离心 10 min，倾去上清液，经 10 mL 95% 乙醇洗涤。向沉淀中加入 2 mL 四氯化碳和 20 mL 双缩脲试剂，置于超声波清洗器中振荡均匀，使蛋白质溶解，静置显色 10 min，在 10 000×g 下离心 20 min，取上清液，作为待测溶液。

（3）测定。于波长 540 nm 处测定待测溶液的吸光度，并根据标准工作曲线查得蛋白质浓度。

5. 结果分析与评价

（1）结果计算。生乳中蛋白质的含量以质量分数 ω（g/hg）表示，按式（14－2）计算：

$$\omega = \frac{2 \times \rho}{m} \tag{14-2}$$

式中，ω 为牛乳中蛋白质的含量（g/hg）；ρ 为从标准工作曲线上查得的待测溶液中蛋白质的浓度（mg/mL）；m 为牛乳样品质量（g）。

注意式（14－2）中已经包含了定容体积等物理量，按照操作步骤进行试验，并按公式（14－2）要求进行计算，即可直接得到结果。

(2) 分析误差。分析误差是评价的重要依据。方法要求结果保留 3 位有效数字。在重复性条件下获得的 2 次独立测定结果的绝对差值不得超过算术平均值的 10%。

(3) 结果评价。

① 双缩脲比色法是 2008 年农业部颁布的方法，该法测定的是牛乳中的乳蛋白，能够把乳蛋白和其他含氮物质区分开，这是双缩脲比色法测定牛乳蛋白的最大优点。但双缩脲比色法不能区分是乳源蛋白和其他动物源蛋白，如皮革水解蛋白。如果怀疑牛乳中含有皮革水解蛋白，可采用氨基酸分析仪测定 L-羟脯氨酸的含量以区分乳蛋白和皮革水解蛋白。因为乳蛋白中不含 L-羟脯氨酸，而皮革水解蛋白中含 10%以上的 L-羟脯氨酸。利用氨基酸分析仪测定 L-羟脯氨酸的含量，可区分乳蛋白和皮革水解蛋白，从而鉴别牛乳中是否非法添加了皮革水解蛋白。氨基酸分析法可参看本章第五节氨基酸。

② 与牛乳蛋白质指标比对做出评价。《食品安全国家标准　生乳》(GB 19301—2010) 中规定，生乳中蛋白质的含量应≥2.8 g/hg。《无公害食品　生鲜牛乳》(NY 5045—2008) 中要求，生鲜牛乳中蛋白质的含量应达到 3.0 g/hg 以上。

第二节　脂　　肪

脂肪是牛乳的主要营养成分之一，含量一般为 3～5 g/hg，对牛乳风味起着重要作用，也是评价牛乳品质不可或缺的指标。乳脂肪以脂肪球的形式分散于乳中，主要由甘油三酯、少量的磷脂、微量的甾醇和游离脂肪酸等组成。

乳脂肪含量可采用毛氏抽脂瓶法、盖勃法、巴布考克法、伊尼霍夫法和罗兹-哥特里法等测定，这些方法本质上没有区别，所以本节只介绍毛氏抽脂瓶法和盖勃法两种评价方法。

一、毛氏抽脂瓶法

1. 原理

用乙醚和石油醚抽提样品的碱水解液，蒸发去除溶剂，计算脂肪含量。

2. 试剂

(1) 混合溶剂。将乙醚和石油醚等体积混合。

(2) 刚果红溶液(可选择性地使用)**。**将 1 g 刚果红 ($C_{32}H_{22}N_6Na_2O_6S_2$) 溶于蒸馏水中，稀释至 100 mL。该溶液可使溶剂和水相界面清晰，也可使用其他能使水相染色而不影响测定结果的溶液。

3. 仪器

分析天平 (感量 0.000 1 g)、电热恒温干燥箱 (102±2)℃、恒温水浴锅、脂肪收集瓶、毛氏抽脂瓶及与毛氏抽脂瓶配套的离心机 [可在抽脂瓶外端产生 $80\times g$～$90\times g$]。

4. 操作步骤

(1) 准备脂肪收集瓶。脂肪收集瓶洗净后加入几粒沸石，放入电热恒温干燥箱中干燥 1 h，冷却至室温后，称量，精确至 0.1 mg。

(2) 提取。称取 10 g (精确至 0.1 mg) 生乳样品于毛氏抽脂瓶中，加入 2.0 mL 氨水，充分混合后放入 (65±5)℃的恒温水浴锅中，加热 15～20 min，不时振荡。取出后，冷却至室温。加入 10 mL 乙醇，慢慢混匀。如果需要，可加入 2 滴刚果红溶液。加入 25 mL 乙醚，塞上瓶塞，将毛氏抽脂瓶保持在水平位置，小球的延伸部分朝上夹到摇混器上，按 100 次/min 振荡约 1 min，也可采用手动振摇方式，但均应注意避免形成乳化液。

再加入 25 mL 石油醚，轻轻振荡 30 s。放入离心机中，离心 5 min。小心地打开瓶塞，用少量的混合溶剂冲洗塞子和瓶颈内壁。如果两相界面低于小球与瓶身相接处，则沿瓶壁边缘慢慢地加入水，使液面高于小球和瓶身相接处（图 14－1a），以便于倾倒。将上层溶液尽可能地倒入已恒重的脂肪收集瓶中，避免倒出水层（图 14－1b）。用少量混合溶剂冲洗瓶颈外部，冲洗液收集在脂肪收集瓶中。要防止溶剂溅到抽脂瓶的外面。

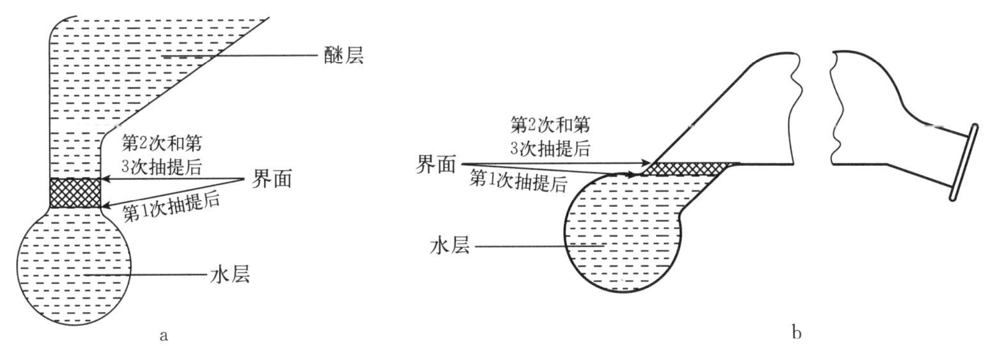

图 14－1　毛氏抽脂瓶法倾倒醚层时的示意图
a. 倾倒醚层前　b. 倾倒醚层后

（3）按照步骤（2）重复抽提 2 次。

（4）蒸干、称量。合并所有提取液，将脂肪收集瓶中的溶剂蒸除。将脂肪收集瓶放入（102±2)℃的电热恒温干燥箱中加热 1 h。取出脂肪收集瓶，冷却至室温，称量，精确至 0.1 mg。重复加热、冷却、称量的操作，直到脂肪收集瓶 2 次连续称量差值不超过 0.5 mg，记录脂肪收集瓶和抽提物的最低质量。

5. 结果分析与评价

（1）结果计算。生乳样品中脂肪的含量以质量分数 ω（g/hg）表示，按式（14－3）计算：

$$\omega=\frac{(m_1-m_2)-(m_3-m_4)}{m}\times 100\% \tag{14-3}$$

式中，ω 为牛乳样品中脂肪的含量（g/hg）；m 为样品的质量（g）；m_1 为脂肪收集瓶和抽提物的质量（g）；m_2 为脂肪收集瓶的质量（g）；m_3 为空白试验中脂肪收集瓶和抽提物的质量（g）；m_4 为空白试验中脂肪收集瓶的质量（g）。

（2）分析误差。方法要求结果保留 3 位有效数字。在重复性条件下获得的 2 次独立测定结果以算术平均值表示。当脂肪含量小于或等于 5%时，在重复性条件下获得的 2 次独立测定结果之差应小于 0.1 g/hg。

（3）结果评价。毛氏抽脂瓶法和盖勃法都不能区分乳脂肪与其他脂肪，也没有区分的必要。因为还没有发现往牛乳中加其他脂肪的问题。值得注意的是，方法本身可能出现的问题：

① 空白试验。要进行空白试验，以消除环境及温度对检验结果的影响。进行空白试验时在脂肪收集瓶中放入 1 g 新鲜的无水奶油。必要时，在每 100 mL 溶剂中加入 1 g 无水奶油后重新蒸馏，重新蒸馏后必须尽快使用。

② 空白试验与样品测定同时进行。对于存在非挥发性物质的试剂，可用与样品测定同时进行的空白试验进行校正。抽脂瓶与天平室之间的温差可对抽提物的质量产生影响。但在理想条件下，校正值通常小于 0.5 mg。在常规测定中，可忽略不计。

如果全部试剂空白残余物大于 0.5 mg，则分别蒸馏 100 mL 乙醚和石油醚，测定溶剂残余物的含量。用空的脂肪收集瓶测得的质量和每种溶剂的残余物的含量都不应超过 0.5 mg。否则应更换不合格的试剂或对试剂进行提纯。

③ 验证。为验证抽提物是否全部溶解，向脂肪收集瓶中加入 25 mL 石油醚，微热，振摇，直到脂肪全部溶解。如果抽提物全部溶于石油醚中，则含抽提物的脂肪收集瓶的最终质量和最初质量之差，即为脂肪含量。如果抽提物未全部溶于石油醚中，或怀疑抽提物是否全部为脂肪，则用石油醚洗提。小心地倒出石油醚，不要倒出任何不溶物，重复此操作 3 次以上。将全部石油醚收集于另一脂肪收集瓶中。蒸除石油醚后，将脂肪收集瓶放入（102±2)℃的烘箱中加热 1 h，冷却，称重，作为脂肪的质量。

④ 安全。试验中使用的有机溶剂，如乙醚、乙醇和石油醚等，都是易燃易爆的物品，操作时必须在通风橱内进行，而且试验操作台附近不能有明火。另外，乙醚和石油醚的沸点较低，萃取振荡时要少摇多放气，避免试剂喷出。

⑤ 评价。根据测定结果与牛乳中脂肪指标比对，做出评价。《食品安全国家标准　生乳》(GB 19301—2010）规定牛乳中脂肪的含量应大于或等于 3.1 g/hg。但《无公害食品　生鲜牛乳》(NY 5045—2008）规定，生乳中脂肪的含量应达到 3.2 g/hg 以上。由于乳脂肪对人体非常重要，所以乳脂肪含量越高的牛乳，其品质也越好。

二、盖勃法

1. 原理

在乳中加入硫酸破坏乳的胶质性和覆盖在脂肪球上的蛋白质外膜，离心分离脂肪后测量其体积。

2. 试剂

硫酸（H_2SO_4）(相对密度 1.820～1.825)、异戊醇。

3. 仪器

恒温水浴锅、盖勃氏离心机、10.75 mL 吸管、10.0 mL 硫酸自动吸管、1.00 mL 异戊醇自动吸管、温度计、盖勃氏乳脂计（最小刻度为 0.1%）(图 14-2)。

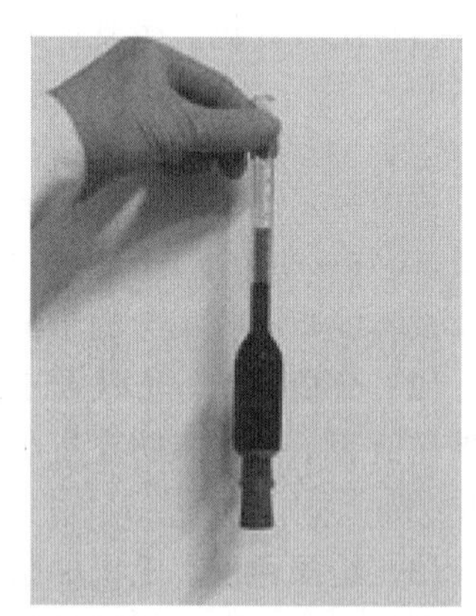

图 14-2　盖勃氏乳脂计

4. 操作步骤

将盖勃氏乳脂计置于乳脂计架上，用硫酸自动吸管取 10.0 mL 硫酸注入乳脂计中。用吸管吸取 10.75 mL 生乳样品，靠壁慢慢放入盖勃氏乳脂计内，使乳浮在硫酸液面上，切勿混合。吸取 1.00 mL 异戊醇靠壁小心注入盖勃氏乳脂计内。塞紧盖勃氏乳脂计胶塞并用湿毛巾将乳脂计包好，用拇指压住胶塞，瓶口向下，使细部硫酸溶液流到乳脂计的膨大部，用力多次摇振使内容物充分混合。待蛋白质完全溶解，溶液变成褐色后，将盖勃氏乳脂计瓶口向下置于 65～70 ℃恒温水浴锅中 5 min。取出盖勃氏乳脂计置于离心机中，以 1 100×g 离心 5 min。再将盖勃氏乳脂计置于 65～70 ℃恒温水浴锅中 5 min，取出后立即读数，即为脂肪的百分比。

5. 结果分析与评价

(1) 结果误差。直接读取脂肪层上沿和下沿的差值即可。在重复性条件下获得的 2 次独立测定结果的绝对差值不得超过算术平均值的 5%。

(2) 方法简便。此法操作较简便、迅速，对大多数生乳样品来说，测定精度可满足要求。

（3）分析应注意的问题。

① 硫酸的浓度要严格遵守规定的要求，如果过浓，会使生乳样品炭化呈黑色溶液而影响读数；过稀，则不能使酪蛋白完全溶解，会使测定值偏低或使脂肪层混浊。虽然《食品安全国家标准　婴幼儿食品和乳品中脂肪的测定》（GB 5413.3—2010）规定，硫酸的浓度应为98%，但实际试验中发现该浓度过高，容易导致样品炭化，具体操作时，使用92%的硫酸即可。

② 硫酸除了可以破坏脂肪球膜，使脂肪游离出来以外，还可以增加液体的相对密度，使脂肪容易浮出。

③ 盖勃法中所用异戊醇的作用是促使脂肪析出，并能降低脂肪球的表面张力，以利于形成连续的脂肪层。

④ 将盖勃氏乳脂计从水浴中取出后，应立即读取脂肪层上沿和下沿的刻度，尽量减小温度对结果的影响。

（4）评价。根据测定结果与牛乳中脂肪指标比对，做出评价。《食品安全国家标准　生乳》（GB 19301—2010）规定牛乳中脂肪的含量应大于或等于 3.1 g/hg。但《无公害食品　生鲜牛乳》（NY 5045—2008）规定，生乳中脂肪的含量应达到 3.2 g/hg 以上。由于乳脂肪对人体非常重要，所以乳脂肪含量越高的牛乳，其品质也越好。

第三节　乳　　糖

乳糖是哺乳动物乳腺产生的特有物质。牛乳中乳糖含量的评价方法有高效液相色谱法和氧化还原滴定法。这两种方法各有所长，可根据情况选用。

一、高效液相色谱法

1. 原理

试样中的乳糖经提取后，利用高效液相色谱柱分离，用示差检测器检测，外标法定量。

2. 试剂

（1）乳糖标准储备溶液。称取在（94±2）℃电热恒温干燥箱中干燥 2 h 的 2 g（精确至 0.1 mg）乳糖标准品，溶于适量蒸馏水中，定容至 100 mL。得到浓度为 20 mg/mL 的乳糖标准储备溶液。4 ℃冰箱内保存，有效期 1 个月。

（2）乳糖标准工作溶液。分别吸取乳糖标准储备溶液 0 mL、1.00 mL、2.00 mL、3.00 mL、4.00 mL、5.00 mL 于 10 mL 容量瓶中，用乙腈定容。配制成乳糖标准工作溶液，浓度分别为 0 mg/mL、2.00 mg/mL、4.00 mg/mL、6.00 mg/mL、8.00 mg/mL、10.00 mg/mL。现用现配。

3. 仪器

高效液相色谱仪（带示差检测器）、分析天平（感量 0.000 1 g）、超声波清洗器。

4. 操作步骤

（1）制试样。称取 2.5 g（精确至 0.1 mg）生乳样品于 50 mL 容量瓶中，加入 15 mL 50～60 ℃的水，于超声波清洗器中超声提取 10 min，用乙腈定容至刻度，静置 10 min，过滤。取 5.0 mL 滤液于 10 mL 容量瓶中，用乙腈定容，用 0.45 μm 滤膜过滤，收集滤液作为待测溶液。

（2）高效液相色谱仪测定参考条件。

色谱柱：氨基柱（4.6 mm×250 mm，5 μm 粒径）或等效产品。

流动相：乙腈-水（$V:V=7:3$）。

检测器温度：33～37 ℃。

柱温：35 ℃。

流速：1.0 mL/min。

进样量：10 μL。

（3）测定。将乳糖标准工作溶液分别注入高效液相色谱仪，测定相应的峰面积或峰高，以峰面积或峰高为纵坐标、乳糖标准工作溶液的浓度为横坐标，绘制标准工作曲线。将待测溶液注入高效液相色谱仪，测定峰面积或峰高（图 14－3），从标准工作曲线中查得待测溶液中乳糖的浓度。

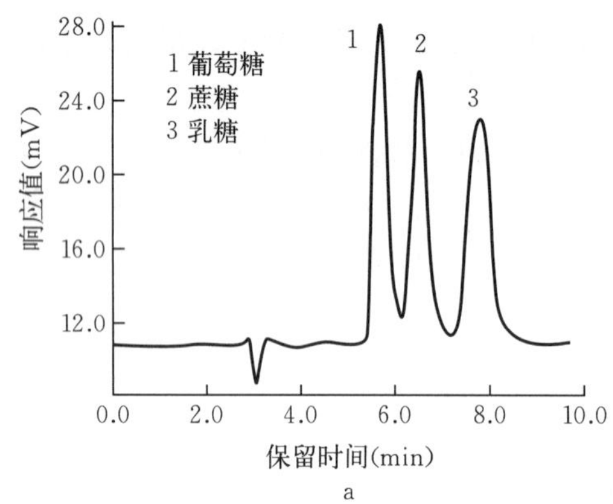

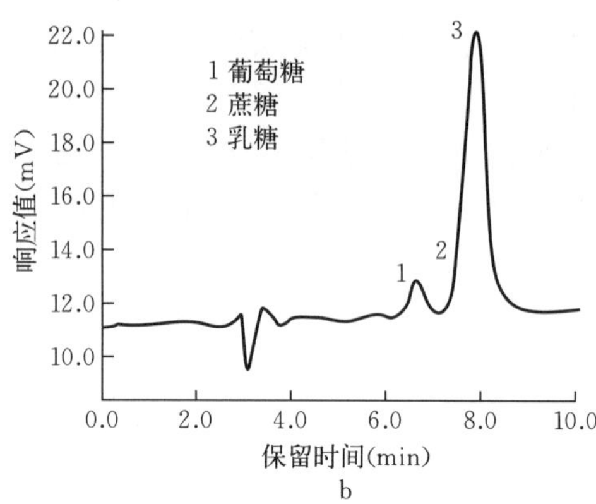

图 14－3 乳糖等的色谱图

a. 标准溶液 b. 乳粉样品

5. 结果分析与评价

（1）结果计算。生乳中乳糖的含量以质量分数 ω（g/hg）表示，按式（14－4）计算：

$$\omega=\frac{c\times V\times D}{m\times 1000}\times 100\% \tag{14-4}$$

式中，ω 为牛奶中乳糖的含量（g/hg）；c 为从标准工作曲线上查得的待测溶液中乳糖的浓度（mg/mL）；V 为待测溶液的定容体积（mL）；D 为稀释倍数；m 为牛乳样品质量（g）。

（2）分析误差。结果保留 3 位有效数字。在重复性条件下获得的 2 次独立测定结果的绝对差值不得超过算术平均值的 5%。

（3）方法与仪器。本方法前处理步骤简单，准确性好。但是，需要使用高效液相色谱仪，且必须配备对糖类物质有吸收的示差检测器或蒸发光散射检测器。如果实验室未装备这两种检测器，可以考虑使用氧化还原滴定法进行测定，但操作步骤较复杂。

（4）结果评价。根据测定结果与牛乳中乳糖含量指标比对做出评价。牛乳中乳糖的含量一般在 4.7 g/hg 左右，是乳中最稳定的一种成分。但乳糖对人体健康的作用不大，所以乳糖含量的高低，并未引起重视，未纳入乳品品质评价，《食品安全国家标准 生乳》（GB 19301—2010）对生乳中乳糖含量也未做规定。目前只在《食品安全国家标准 乳清粉和乳清蛋白粉》（GB 11674—2010）和《食品安全国家标准 婴儿配方食品》（GB 10765—2010）中规定了乳糖的含量≥61.0 g/hg 和乳糖占碳水化合物总量应≥90%。

二、氧化还原滴定法

1. 原理

牛乳试样除去蛋白质后，在加热条件下，以亚甲基蓝为指示剂，直接用已标定过的费林氏液滴定，根据样液消耗的体积，计算乳糖含量。

2. 试剂

（1）200 g/L 乙酸铅溶液。称取 200 g 乙酸铅，溶于蒸馏水并稀释至 1 000 mL。

（2）草酸钾-磷酸氢二钠溶液。称取草酸钾 30 g，磷酸氢二钠 70 g，溶于蒸馏水并稀释至 1 000 mL。

（3）300 g/L 氢氧化钠溶液。称取 300 g 氢氧化钠，溶于蒸馏水并稀释至 1 000 mL。

（4）费林氏液。

甲液：称取 34.639 g 硫酸铜（$CuSO_4 \cdot 5H_2O$），溶于蒸馏水中，加入 0.5 mL 硫酸，加水至 500 mL。

乙液：称取 173 g 酒石酸钾钠（$C_4O_6H_2KNa$）及 50 g 氢氧化钠溶于蒸馏水中，稀释至 500 mL，静置 2 d 后过滤。

（5）5 g/L 酚酞溶液。称取 0.5 g 酚酞（$C_{20}H_{14}O_4$），溶于 100 mL 体积分数为 95%的乙醇中。

（6）10 g/L 亚甲基蓝溶液。称取 1 g 亚甲基蓝（$C_{16}H_{18}ClN_3S \cdot 3H_2O$），溶于 100 mL 蒸馏水中。

3. 仪器

分析天平（感量 0.000 1 g）、恒温水浴锅（75±2）℃、电阻炉。

4. 操作步骤

（1）费林氏液的标定。

① 称取。预先在 92～96 ℃烘箱中干燥 2 h 约 0.75 g（精确至 0.1 mg）乳糖标准品，用水溶解并定容至 250 mL。将此乳糖标准溶液注入 50 mL 滴定管中，待滴定。

② 预滴定。取费林氏液甲、乙液各 5.00 mL 于 250 mL 三角烧瓶中。放入几粒玻璃珠，再用 20 mL 水冲洗三角瓶内壁。从滴定管中放出 15 mL 乳糖标准溶液于三角瓶中，置于电阻炉上加热，使其在 2 min内沸腾，保持沸腾状态 15 s，加入 3 滴亚甲基蓝溶液，继续滴定至蓝色完全褪尽为止，读取所用乳糖标准溶液的体积。

③ 精确滴定。另取费林氏液甲、乙液各 5.00 mL 于 250 mL 三角烧瓶中，放入几粒玻璃珠，再用 20 mL 水冲洗三角瓶内壁，一次性加入比预滴定量少 0.5～1.0 mL 的乳糖标准溶液，置于电阻炉上，使其在 2 min 内沸腾，维持沸腾状态 2 min，加入 3 滴亚甲基蓝溶液，以每 2 s 一滴的速度徐徐滴入乳糖标准溶液，至溶液蓝色完全褪尽，即为终点，记录消耗的乳糖标准溶液的准确体积。

④ 费林氏液的乳糖校正值以 f_1 表示，按式（14－5）和式（14－6）计算：

$$A_1=\frac{V_1\times m_1\times 1000}{250}=4\times V_1\times m_1 \tag{14-5}$$

$$f_1=\frac{A_1}{AL_1}=\frac{4\times V_1\times m_1}{AL_1} \tag{14-6}$$

式中，A_1 为实测乳糖数（mg）；V_1 为滴定消耗乳糖标准溶液的体积（mL）；m_1 为乳糖标准品的质量（g）；250 为定容体积（mL）；f_1 为费林氏液的乳糖校正值；AL_1 为由滴定消耗乳糖标准溶液的毫升数查表 14－2 所得的乳糖数（mg）。

表 14－2　乳糖及转化糖因素表（10.00 mL 费林氏液）

滴定量（mL）	乳糖（mg）	转化糖（mg）	滴定量（mL）	乳糖（mg）	转化糖（mg）
15	68.3	50.5	18	68.1	50.8
16	68.2	50.6	19	68.1	50.8
17	68.2	50.7	20	68.0	50.9

（续）

滴定量（mL）	乳糖（mg）	转化糖（mg）	滴定量（mL）	乳糖（mg）	转化糖（mg）
21	68.0	51.0	36	67.9	51.8
22	68.0	51.0	37	67.9	51.9
23	67.9	51.1	38	67.9	51.9
24	67.9	51.2	39	67.9	52.0
25	67.9	51.2	40	67.9	52.0
26	67.9	51.3	41	68.0	52.1
27	67.8	51.4	42	68.0	52.1
28	67.8	51.4	43	68.0	52.2
29	67.8	51.5	44	68.0	52.2
30	67.8	51.5	45	68.1	52.3
31	67.8	51.6	46	68.1	52.3
32	67.8	51.6	47	68.2	52.4
33	67.8	51.7	48	68.2	52.4
34	67.9	51.7	49	68.2	52.5
35	67.9	51.8	50	68.3	52.5

注："因素"是指与滴定量相对应的数目。若蔗糖含量与乳糖含量的比超过3∶1，则在滴定量中加表14-3中的校正数后计算。

表14-3　乳糖滴定量校正值

滴定终点时所用的糖液量（mL）	用10.00 mL费林氏液、蔗糖及乳糖量的比	
	3∶1	6∶1
15	0.15	0.30
20	0.25	0.50
25	0.30	0.60
30	0.35	0.70
35	0.40	0.80
40	0.45	0.90
45	0.50	0.95
50	0.55	1.05

（2）乳糖的测定。

① 称取。称2.5～3 g（精确至0.1 mg）生乳样品，用100 mL蒸馏水分数次洗入250 mL容量瓶中。徐徐加入4 mL乙酸铅、4 mL草酸钾-磷酸氢二钠溶液，每次加入试剂时都要振荡容量瓶，用水稀释至刻度。静置数分钟，用干燥滤纸过滤，弃去最初25 mL滤液后，所得滤液作滴定用。

② 预滴定。将此滤液注入50 mL的滴定管中，待测定。取费林氏液甲、乙液各5.00 mL于250 mL三角烧瓶中，放入几粒玻璃珠，用20 mL水冲洗三角瓶内壁，置于电炉上加热，使其在2 min内沸腾，保持微沸状态15 s，加入3滴亚甲基蓝，用滤液滴定至蓝色完全褪尽为止，读取所用滤液的体积。

③ 精确滴定。另取费林氏液甲、乙液各5.00 mL于250 mL三角烧瓶中，放入几粒玻璃珠，用20 mL水冲洗三角瓶内壁，一次性加入比预滴定量少0.5～1 mL的滤液，置于电炉上，使其在2 min内沸腾，维持微沸状态2 min，加入3滴亚甲基蓝溶液，以每2 s一滴的速度徐徐滴入滤液，至蓝色完

全褪尽即为终点。

(3) 结果分析。 牛乳中乳糖的含量以质量分数 ω (g/hg) 表示，按式 (14－7) 计算：

$$\omega=\frac{F_1\times f_1\times 250}{V_1\times m\times 1000}\times 100\% \tag{14-7}$$

式中，ω 为牛乳中乳糖的含量 (g/hg)；F_1 为由滴定消耗滤液的毫升数查表 14－2 所得的乳糖数 (mg)；f_1 为费林氏液的乳糖校正值；250 为牛乳样品的定容体积 (mL)；V_1 为滴定消耗滤液体积 (mL)；m 为样品质量 (g)。

5. 结果评价

(1) 分析误差。 测定结果保留 3 位有效数字。在重复性条件下获得的 2 次独立测定结果的绝对差值不得超过算术平均值的 1.5%。

(2) 方法评价。 氧化还原滴定法虽然操作步骤烦琐，且须查表计算乳糖数，但不需要大型的分析仪器，适合小规模实验室检测时使用。

(3) 结果评价。 同高效液相色谱法。

第四节　全脂乳固体及非脂乳固体

牛乳除去水分后，剩下的组分就是全脂乳固体（又称干物质或总固体），含量一般为 11.3%～14.5%。而非脂乳固体或非脂干物质，即全脂乳固体扣除脂肪后剩下的组分，含量一般为 8.1%～10.0%。

一、全脂乳固体

牛乳全脂乳固体的测定方法可采用直接干燥法、真空干燥法和冷冻干燥法等，但考虑到应用上的方便，本节只介绍直接干燥法。

1. 原理

牛乳样品直接干燥至恒重，即为全脂乳固体含量，减去脂肪即得到非脂乳固体含量。

2. 仪器

石英砂、短玻璃棒、分析天平（感量 0.000 1 g）、电热恒温干燥箱、恒温水浴锅、称量皿（直径为 5～7 cm）。

3. 操作步骤

(1) 准备称量皿。 取洁净的称量皿，内加 20 g 精制石英砂及一根短玻璃棒，置于 (100±2)℃的电热恒温干燥箱内，不要盖上皿盖，加热 2.0 h，取出将称量皿盖盖上，置于电热恒温干燥箱内冷却 0.5 h 至室温，称量，并重复干燥至恒重。

(2) 测定。 准确称取 5.0 g（精确至 0.1 mg）牛乳样品于恒重的称量皿内，用短玻璃棒拌匀，置沸水浴上蒸干，并随时搅拌。蒸干后，擦去皿外的水渍，置于 (100±2)℃电热恒温干燥箱内干燥 3 h，取出放入电热恒温干燥箱中冷却 0.5 h，称量，再于 (100±2)℃电热恒温干燥箱中干燥 1 h，取出冷却后称量，直至前后 2 次质量相差不超过 1.0 mg，即为恒重。

4. 结果分析与评价

(1) 全脂乳固体的含量。 牛乳中全脂乳固体的含量以质量分数 ω_1 (g/hg) 表示，按式 (14－8)

计算：

$$\omega_1=\frac{m_1-m_2}{m}\times 100\% \qquad (14-8)$$

式中，ω_1 为牛乳中全脂乳固体的含量（g/hg）；m_1 为干燥后皿、石英砂和生乳样品的质量（g）；m_2 为皿和石英砂的质量（g）；m 为牛乳样品质量（g）。

（2）分析误差。结果保留 3 位有效数字。在重复性条件下 2 次测定结果的相对偏差不得超过 5%。

（3）评价。根据测定结果与牛乳中非脂乳固体含量指标比对，做出评价。由于牛乳的全脂乳固体中含有多种对人体有益的物质，如蛋白质、脂肪、乳糖、矿物质（钙、铁、磷等）和维生素 B_1、维生素 B_2 等，所以国际上越来越多的国家采用干物质的总量来表示奶牛产奶量，而不用产出牛乳的总体积或重量。在不掺假的前提下，牛乳中全脂乳固体或非脂乳固体的含量越高，其品质越好。但人为掺入麦芽糊精等非乳成分，则可能导致非脂乳固体含量增加，所以检测非脂乳固体的含量对评价乳的品质十分重要。《食品安全国家标准　生乳》（GB 19301—2010）规定，牛乳的非脂乳固体含量必须大于或等于 8.1 g/hg。

二、非脂乳固体

（1）结果。牛乳中非脂乳固体的含量以质量分数 ω（g/hg）表示，按式（14－9）计算：

$$\omega=\omega_1-\omega_2 \qquad (14-9)$$

式中，ω 为牛乳中非脂乳固体含量（g/hg）；ω_1 为牛乳中全脂乳固体含量（g/hg）；ω_2 为牛乳中脂肪含量（g/hg）（脂肪含量的测定方法请参见本章第二节脂肪）。

（2）分析误差与评价。同全脂乳固体。

第五节　氨 基 酸

氨基酸是组成蛋白质的基本单位。通常所说的牛乳中氨基酸分析是指测定牛乳蛋白质水解后各种氨基酸含量。蛋白质的水解方法有酸水解法、碱水解法和氧化水解法。酸水解法主要用于测定除色氨酸、半胱氨酸、胱氨酸和蛋氨酸以外的各种氨基酸。碱水解法只适用于色氨酸的测定。氧化水解法主要用于测定含硫氨基酸（半胱氨酸、胱氨酸和蛋氨酸）。

一、酸水解法

1. 原理

样品中的蛋白质经盐酸水解后生成游离氨基酸，用离子交换柱分离，以茚三酮做柱后衍生，外标法定量。酸水解过程中，色氨酸被破坏，不能测定。半胱氨酸、胱氨酸和蛋氨酸部分被氧化，不能准确测定。

2. 试剂

（1）7.8 mol/L 盐酸溶液。将 650 mL 盐酸（HCl）倒入 350 mL 水中，混匀。

（2）0.02 mol/L 盐酸溶液。取 1.00 mL 盐酸加入 600 mL 水中，混匀。

（3）50 g/L 苯酚溶液。称取 5.0 g 苯酚（C_6H_5OH），溶于 100 mL 水中。

（4）混合氨基酸标准储备溶液。含 L-天门冬氨酸等 17 种常见氨基酸，各组分浓度为 2.5 μmol/mL。

（5）混合氨基酸标准工作溶液。吸取 2.00 mL 混合氨基酸标准储备溶液于 50 mL 容量瓶中，用

0.02 mol/L 盐酸溶液定容，混匀。各组分浓度为 100 nmol/mL。

(6) 茚三酮试剂。茚三酮试剂的组成和配制方法见表 14－4。

表 14－4　茚三酮试剂的组成和配制方法

储液桶	步骤	试剂或操作内容	用量及时间
R1 茚三酮	1	乙二醇单甲醚（$CH_3OC_2H_4OH$）	979 mL
	2	茚三酮（$C_9H_6O_4$）	39 g
	3	鼓泡溶解时间	5 min
	4	硼氢化钠（$NaBH_4$）	81 mg
	5	鼓泡时间	30 min
R2 缓冲液	1	水	336 mL
	2	乙酸钠（CH_3COONa）	204 g
	3	冰乙酸（CH_3COOH）	123 mL
	4	乙二醇单甲醚（$CH_3OC_2H_4OH$）	401 mL
	5	定容体积	1 000 mL
	6	鼓泡时间	10 min

3. 仪器

氨基酸自动分析仪（带自动进样装置和梯度洗脱系统）、电热恒温干燥箱（110±1)℃、水解管（带聚四氟乙烯密封盖）、分析天平（感量 0.000 1 g）、水性样品过滤膜（0.45 μm）、定量滤纸（直径 11 cm）、氮吹仪或真空浓缩仪。

4. 操作步骤

(1) 水解。称取 2 g（精确至 0.1 mg）生乳样品于水解管中，加入 8.00 mL 7.8 mol/L 盐酸溶液，滴入 3 滴 50 g/L 苯酚溶液，向试管中缓慢通入氮气 2 min，旋紧水解管的盖子，置于（110±1)℃电热恒温干燥箱中水解 22～24 h。加热 1 h 后，轻轻摇动水解管。冷却后，将水解管中的水解液摇匀，定量滤纸干过滤，弃去最初几滴滤液，收集其余滤液。

(2) 待测液。准确移取 100～200 μL（精确至 1 μL）的滤液于塑料离心管中，置于氮吹仪或真空浓缩仪上 60 ℃浓缩至近干，然后加入 200 μL 水浓缩至近干 2 次。用 1.00 mL 0.02 mol/L 盐酸溶液超声溶解。过 0.45 μm 的滤膜，收集滤液待测。

(3) 测定。

① 氨基酸自动分析仪测定参考条件。

色谱柱：氨基酸专用分析柱（4.6 mm×60 mm）。

流动相：可按照表 14－5 配制，也可根据仪器要求配制。

检测波长：440 nm 和 570 nm。

柱温：57 ℃。

反应柱温度：135 ℃。

流速：0.400 mL/min。

柱后衍生试剂流速：0.350 mL/min。

进样量：20 μL。

② 上机测定。待仪器基线稳定后，依次注入混合氨基酸标准工作溶液和待测溶液，外标法定量。

表 14-5 流动相的组成

项目	流动相名称				
	PH-1	PH-2	PH-3	PH-4	RH-RG
储液桶	B1	B2	B3	B4	B6
钠离子浓度（mol/L）	0.16	0.20	0.20	1.2	0.2
相对密度	1.02	1.02	1.02	1.06	1.00
标称 pH	3.3	3.2	4.0	4.9	—
超纯水（mL）	700	700	700	700	700
二水合柠檬酸三钠（$C_6H_5O_7Na_3 \cdot 2H_2O$）（g）	6.19	7.74	13.31	26.67	0
氢氧化钠（NaOH）（g）	0	0	0	0	8.00
氯化钠（NaCl）（g）	5.66	7.07	3.74	54.35	0
一水合柠檬酸（$C_6H_8O_7 \cdot H_2O$）（g）	19.80	22.00	12.80	6.10	0
乙醇（C_2H_5OH）（mL）	130.0	20.0	4.0	0	100.0
苯甲醇（$C_6H_5CH_2OH$）（mL）	0	0	0	5.0	0
硫二甘醇［$S(CH_2CH_2OH)_2$］（mL）	5.0	5.0	5.0	0	0
聚氧乙烯月桂醚 Brji-35(g)	1.0	1.0	1.0	1.0	1.0
辛酸（$C_7H_{15}COOH$）（mL）	0.1	0.1	0.1	0.1	0.1
定容体积（mL）	1 000	1 000	1 000	1 000	1 000

5. 结果分析与评价

（1）分析结果。牛乳中某种氨基酸的含量以质量分数 ω（g/hg）表示，按式（14-10）计算：

$$\omega=\frac{c\times V\times D}{m}\times 10^{-9}\times 100\% \qquad (14-10)$$

式中，ω 为牛乳中某种氨基酸的含量（g/hg）；c 为从标准工作曲线上查得的待测溶液中某种氨基酸的浓度（ng/mL）；V 为待测溶液的最终体积（mL）；D 为稀释倍数；m 为牛乳样品质量（g）。

（2）分析误差。分析结果保留 3 位有效数字。在重复性条件下获得的 2 次独立测定结果的绝对差值不得超过算术平均值的 10%。

（3）方法评价。

① 水解液中蛋白质的最终浓度应在 0.5 mg/mL 左右。待测溶液中氨基酸的最适宜浓度为 0.02～0.5 nmol/μL。如果样品的浓度过大，会形成一种铵盐，堵塞反应柱。

② 使用氮吹仪时，针头不能离液面太近，气流量不能太大，以防吹出。

③ 使用水解管时，注意检查是否密封，密封不严不能使用。

④ 氨基酸自动分析仪对试剂和水的要求较高，纯度不高的试剂直接影响色谱柱的寿命和基线噪声等技术指标，尽量使用色谱纯试剂和超纯水。

⑤ 应严格按说明书配制各种缓冲溶液和反应溶液，并用 0.45 μm 滤膜过滤。

⑥ 仪器上机测定显示的浓度有纳摩/毫升（nmol/mL）和纳克/毫升（ng/mL）两种单位，式（14-10）的单位是纳克/毫升（ng/mL）。

⑦ 测定 17 种氨基酸标准溶液的色谱图如图 14-4 所示。

（4）结果评价。根据测定结果与牛乳中氨基酸指标比对，做出评价。尽管《食品安全国家标准 生乳》（GB 19301—2010）中未规定生乳中各种氨基酸的含量或比例，但是牛乳中 18 种氨基酸的含

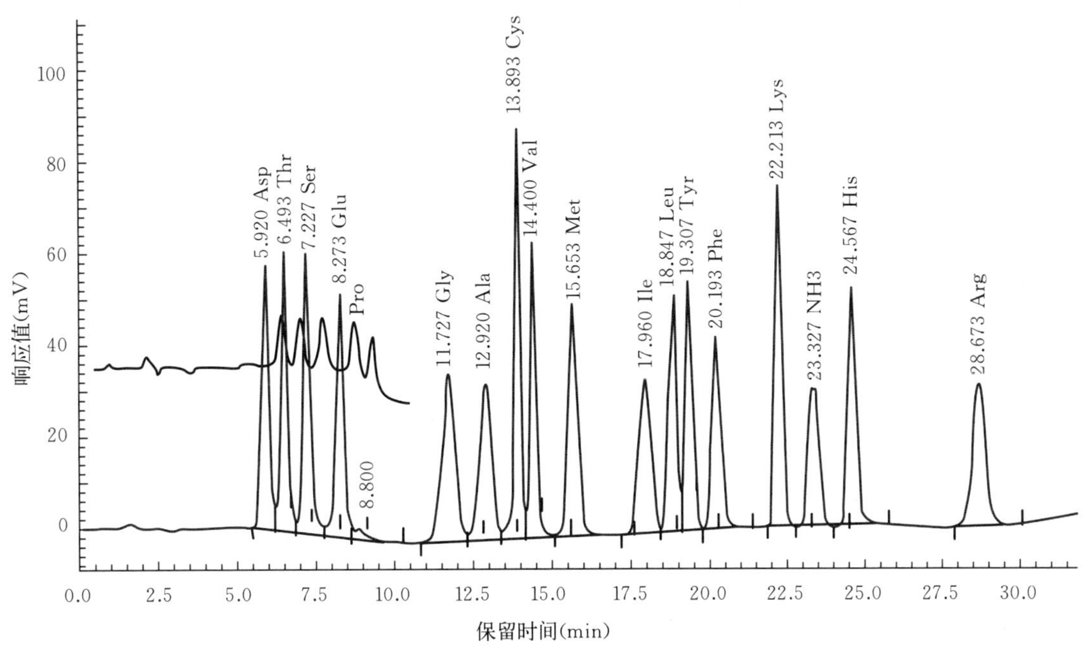

图 14－4　17 种氨基酸标准溶液的色谱图

量和比例（表 14－6）也应近似符合文献报道值。如果牛乳某种氨基酸的含量异常偏高，有可能是人为掺入了其他蛋白质物质，提高了蛋白质的含量。例如，生乳中掺入皮革水解蛋白，则会检出 L－羟脯氨酸，牛乳蛋白质中是不含 L－羟脯氨酸的。所以，检测牛乳中氨基酸总量及各种氨基酸的比例，对保证牛乳质量，防止掺假十分重要。

表 14－6　牛奶中 18 种氨基酸的含量和比例

氨基酸	牛乳中氨基酸的含量（g/kg）	不同文献报道的各种氨基酸所占乳蛋白的比例（%）			
天冬氨酸（Asp）	2.19	8.3	7.12	—	7.64
苏氨酸（Thr）	1.20	4.6	4.24	4.6	4.18
丝氨酸（Ser）	1.47	5.1	5.39	—	5.13
谷氨酸（Glu）	6.48	17.8	21.91	—	22.59
甘氨酸（Gly）	0.53	2.6	1.88	—	1.85
丙氨酸（Ala）	0.89	4.0	3.14	—	3.10
半胱氨酸（Cys）	0.21	1.7	0.77	0.9	0.73
缬氨酸（Val）	1.53	6.0	5.31	7.3	5.33
蛋氨酸（Met）	0.69	1.8	2.55	3.2	2.41
异亮氨酸（Ile）	1.31	5.8	4.87	7.3	4.57
亮氨酸（Leu）	2.27	10.1	9.66	10.2	9.66
酪氨酸（Tyr）	1.28	4.4	4.39	6.0	4.46
苯丙氨酸（Phe）	1.35	4.7	4.46	6.0	4.71
赖氨酸（Lys）	2.23	6.2	7.67	7.1	7.78
组氨酸（His）	0.68	2.3	2.58	2.6	2.37
精氨酸（Arg）	0.93	4.0	3.32	3.5	3.24
脯氨酸（Pro）	2.50	8.6	9.18	—	8.72
色氨酸（Trp）	0.44	1.8	1.51	1.5	1.53

二、碱水解法

1. 原理

蛋白质在碱的作用下被水解，游离出的色氨酸经反相色谱柱分离，外标法定量。

2. 试剂

（1）5.25 mol/L 氢氧化钠溶液。称取 210 g 氢氧化钠，用无离子水溶解并稀释定容至 1 000 mL。用 0.45 μm 滤膜过滤抽气。

（2）6.0 mol/L 盐酸溶液。将 50 mL 浓盐酸与 50 mL 无离子水混合。

（3）8.5 mmol/L 乙酸钠溶液。称取 0.697 g 乙酸钠（CH_3COONa）溶于 500 mL 无离子水，用 5%乙酸溶液调节 pH 至 4.0，定容至 1 000 mL，摇匀。

（4）色氨酸标准储备溶液。准确称取 25.0 mg 色氨酸（$C_{11}H_{12}O_2N_2$）标准品，用 0.2 mol/L 氢氧化钠溶液溶解，定容至 100 mL 容量瓶中。色氨酸的质量体积浓度为 100 μg/mL。

3. 仪器

高效液相色谱仪（带紫外检测器）、电热恒温干燥箱（110±1）℃、水解管（带聚四氟乙烯密封盖）、分析天平（感量 0.000 1 g）、水性样品过滤器（0.45 μm）。

4. 操作步骤

（1）水解。称取 2 g（精确至 0.1 mg）生乳样品于水解管中，加 8.0 mL 5.25 mol/L 氢氧化钠溶液，向试管中缓慢通入氮气 2 min，旋紧水解管的盖子，置于（110±1）℃电热恒温干燥箱中水解 24 h。取出冷却后，加入 3.5 mL 6 mol/L 盐酸溶液中和，调节 pH 至 4.2～4.3，用无离子水定容于 25 mL 容量瓶中，混匀。溶液用定量滤纸干过滤后，过 0.45 μm 滤膜，收集滤液待测。

（2）测定。

① 高效液相色谱仪测定参考条件。

色谱柱：PiCO·Tag™HAA 柱（3.9 mm×150 mm）或等效产品。

流动相：甲醇-8.5 mmol/L 乙酸钠溶液（$V:V=1:19$）。

检测波长：280 nm。

柱温：30 ℃。

流速：1.2 mL/min。

进样量：10 μL。

②上机测定。待仪器基线稳定后，依次注入色氨酸标准储备溶液和待测溶液，外标法定量。

5. 结果分析与评价

（1）结果计算。牛乳中色氨酸的含量以质量分数 ω（g/hg）表示，按式（14-11）计算：

$$\omega=\frac{c\times V\times D}{m}\times10^{-6}\times100\% \tag{14-11}$$

式中，ω 为牛乳中色氨酸含量（g/hg）；c 为从标准工作曲线上查得的待测溶液中色氨酸浓度（μg/mL）；V 为待测溶液最终体积（mL）；D 为稀释倍数；m 为牛乳样品质量（g）。

（2）分析误差。分析结果保留 3 位有效数字。在重复性条件下获得的 2 次独立测定结果的绝对差值不得超过算术平均值的 10%。

（3）结果评价。① 分析应注意的问题。通入氮气时，一定要将氧气除尽，避免色氨酸被氧化。

由于浓碱会腐蚀玻璃，可以采用聚四氟乙烯管进行水解。② 结果评价。根据测定结果与牛乳中色氨酸指标比对，做出评价。

三、氧化水解法

1. 原理

蛋白质被过甲酸氧化，其中的半胱氨酸（胱氨酸）和蛋氨酸分别转变成半胱磺酸及甲硫氨酸砜（这两种化合物在酸水解过程中是稳定的，且易于分离）。然后用氢溴酸或偏重亚硫酸钠终止反应，再进行普通酸水解，最后经离子交换色谱法分离，茚三酮柱后衍生，外标法定量。

2. 试剂

（1）过甲酸溶液。将 10 mL 30%过氧化氢（H_2O_2）与 90 mL 88%甲酸（CH_3COOH）混合，室温下放置 1 h，置冰水浴中冷却 30 min，现用现配。

（2）33.6%偏重亚硫酸钠溶液。称取 33.6 g 偏重亚硫酸钠（$Na_2S_2O_5$）溶于 100 mL 无离子水中。

（3）6.0 mol/L 盐酸溶液。将 500 mL 盐酸缓慢倒入 500 mL 无离子水中，混匀。

（4）0.02 mol/L 盐酸溶液。取 1.00 mL 盐酸加入 600 mL 无离子水中，混匀。

（5）50 g/L 苯酚溶液。称取 5.0 g 苯酚，溶于 100 mL 无离子水中。

（6）100 nmol/mL 含硫氨基酸标准工作液。

（7）茚三酮试剂。配制方法见表 14－4。

3. 仪器

氨基酸自动分析仪（带自动进样装置和梯度洗脱系统）、电热恒温干燥箱（110±1)℃、水解管（带聚四氟乙烯密封盖）、分析天平（感量 0.000 1 g）、水性样品过滤器（0.45 μm）、定量滤纸（直径 11 cm）、氮吹仪或真空浓缩仪。

4. 操作步骤

（1）氧化。称取 2 g（精确至 0.1 mg）生乳样品于水解管中，加入 3.0 mL 过甲酸溶液，在 60 ℃水浴中，氧化 20 min，冷却。加入 1.0 mL 偏重亚硫酸钠溶液，终止氧化反应。减压蒸干。

（2）水解。加入 10.00 mL 6.0 mol/L 盐酸溶液，滴入 3 滴 50 g/L 苯酚溶液，向试管中缓慢通入氮气 2 min，旋紧水解管的盖子，置于（110±1)℃电热恒温干燥箱中水解 22～24 h。加热 1 h 后，轻轻摇动水解管。

（3）制备待测液。冷却后，将水解管中的水解液摇匀，定量滤纸干过滤，弃去最初几滴滤液。准确移取 100～200 μL（精确至 1 μL）的滤液于塑料离心管中，置于氮吹仪或真空浓缩仪上 60 ℃浓缩至近干，然后再加入 200 μL 水浓缩至近干 2 次。用 1.00 mL 0.02 mol/L 盐酸溶液超声溶解。过 0.45 μm的滤膜，收集滤液待测。

（4）测定。

① 氨基酸自动分析仪测定参考条件。

色谱柱：氨基酸专用分析柱（4.6 mm×60 mm）。

流动相：流动相 PH－1 按表 14－7 配制，其他流动相的配制同表 14－5。

检测波长：570 nm。

柱温：57 ℃。

反应柱温度：135 ℃。

流速：0.400 mL/min。

柱后衍生试剂流速：0.350 mL/min。

进样量：20 μL。

表 14－7　氧化水解法 PH－1 流动相的组成

项目	流动相名称
	PH－1
储液桶	B1
钠离子浓度（mol/L）	0.060
超纯水（mL）	700
二水合柠檬酸三钠（g）	5.88
氢氧化钠（g）	0
氯化钠（g）	0
一水合柠檬酸（g）	22.00
乙醇（mL）	130.0
苯甲醇（mL）	0
硫二甘醇（mL）	5.0
聚氧乙烯月桂醚 Brji－35(g)	1.0
辛酸（mL）	0.1
定容体积（mL）	1 000

② 上机测定。待仪器基线稳定后，依次注入标准工作液和待测溶液，外标法定量（图 14－5）。

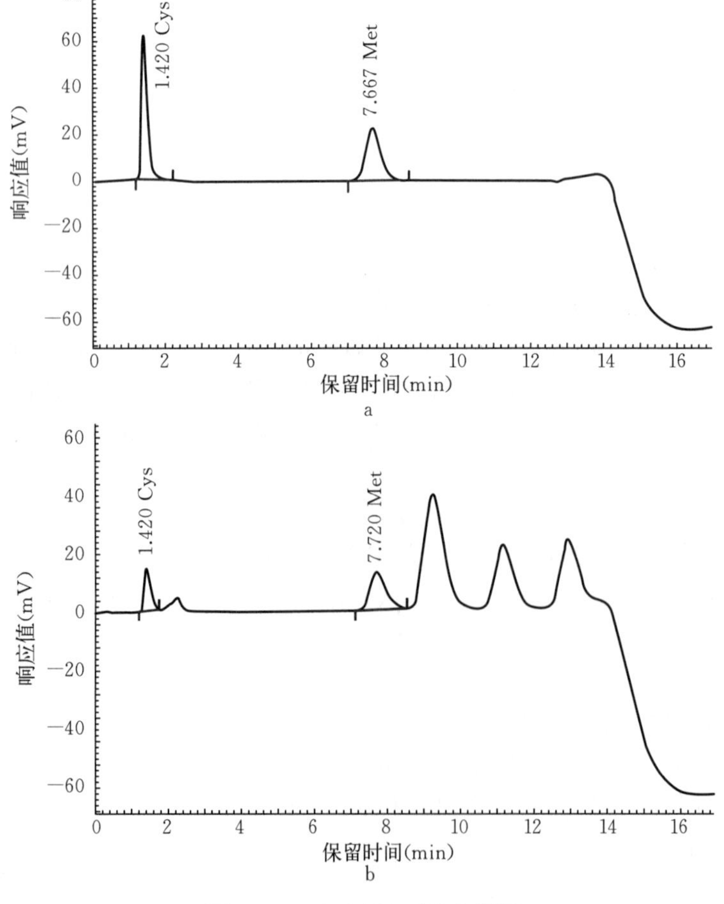

图 14－5　含硫氨基酸的色谱图

a. 含硫氨基酸标准工作液　b. 生乳样品含硫氨基酸

5. 结果分析与评价

(1) 结果计算。牛乳中某种含硫氨基酸的含量以质量分数 ω（g/hg）表示，按式（14－12）计算：

$$\omega=\frac{c\times V\times D}{m}\times 10^{-9}\times 100\% \qquad (14-12)$$

式中，ω 为牛乳中某种含硫氨基酸的含量（g/hg）；c 为从标准工作曲线上查得的待测溶液中某种含硫氨基酸的浓度（ng/mL）；V 为待测溶液的最终体积（mL）；D 为稀释倍数；m 为牛乳样品的质量（g）。

(2) 分析误差。分析结果保留 3 位有效数字。在重复性条件下获得的 2 次独立测定结果的绝对差值不得超过算术平均值的 10%。

(3) 结果评价。①应严格按要求配制流动相，并用 0.45 μm 滤膜过滤。其他事项同酸水解法。②本方法适用于含硫氨基酸（半胱氨酸、胱氨酸和蛋氨酸）的准确分析测定。此法还可以测定芳香氨基酸（酪氨酸、苯丙氨酸）及组氨酸以外的氨基酸的准确分析测定。但应注意在以偏重亚硫酸钠作为氧化终止剂时，酪氨酸被氧化，导致测定结果不准确。酪氨酸、苯丙氨酸和组氨酸则在以氢溴酸作为终止剂时被氧化，导致测定结果不准确。③ 根据测定结果，与牛乳中含硫氨基酸指标比对，做出评价。

第六节　维 生 素

维生素是人和动物为维持正常的生理功能而必须从食物中获得的一类微量有机物质，在人体生长、代谢、发育过程中发挥着重要的作用。牛乳中含有多种维生素，尤其是维生素 A、维生素 B_2 的含量较高。生乳中维生素的含量与饲料中的含量有很大关系，当饲料中维生素不足时，乳中相应的维生素也减少。生乳在热加工过程中，某些维生素也会有不同程度的损失。维生素的种类很多，在化学结构上没有共性，但一般可以分为两类：脂溶性维生素（如维生素 A、维生素 D、维生素 E、维生素 K_1 等）和水溶性维生素（如维生素 B_1、维生素 B_2、维生素 C、烟酸、烟酰胺等）。

一、脂溶性维生素

维生素 A、维生素 D、维生素 E、维生素 K_1 都是脂溶性维生素。脂溶性维生素存在于牛乳脂肪球中，是评价牛乳品质的重要指标。维生素 A 能促进眼球内物质的合成与再生，维持人的正常视力，还能促进人体生长，提高疾病抵抗力，并保护表皮组织，防止细菌感染。维生素 D 能提高肌体对钙、磷的吸收，促进生长和骨骼钙化，防止牙齿脱落及蛀牙。维生素 E 又称生育酚，是人体内最主要的抗氧化剂之一，能促进性激素分泌，而且对胡萝卜素及维生素 A 有保护作用。维生素 K_1 是肝合成因子所必需的物质，可以促进肝中凝血酶原及凝血因子的合成，也可以作为辅酶而发挥作用。维生素 K_1 缺乏时，可能会引起多种出血症。奶牛可以在瘤胃中合成维生素 K。维生素 K 在小肠中被充分吸收利用，所以牛乳中维生素 K 含量比人乳多。

检测维生素 A、维生素 D、维生素 E、维生素 K_1 的方法主要有高效液相色谱法等。

1. 原理

牛乳样品中脂溶性维生素 A、维生素 E 经皂化与脂肪分离，石油醚萃取后，用高效液相色谱分离，紫外检测器测定，外标法定量。

2. 试剂

(1) 15 g/L 维生素 C 溶液。称取 15 g 维生素 C($C_6H_8O_6$)，用 1 000 mL 无水乙醇溶解。

(2) 氢氧化钾溶液。称取 250 g 氢氧化钾（KOH），溶于 200 mL 无离子水。

(3) 石油醚（沸程 30～60 ℃）。

(4) 甲醇（色谱纯，CH_3OH）。

(5) 无水硫酸钠（Na_2SO_4）。

(6) 维生素 A 和维生素 E 标准储备溶液。称取 10 mg（精确至 0.1 mg）维生素 A 标准物质，用乙醇溶解并定容至 100 mL，得到 100 μg/mL 维生素 A 标准储备溶液。称取 40 mg（精确至 0.1 mg）维生素 E 标准物质，用乙醇溶解并定容至 100 mL，得到 400 μg/mL 维生素 E 标准储备溶液。

(7) 维生素 A 和维生素 E 标准工作溶液。移取 1.00 mL 维生素 A 标准储备溶液、2.50 mL 维生素 E 标准储备溶液，置于 50 mL 容量瓶内，用乙醇定容，得到浓度分别为 2.00 μg/mL 和 20.0 μg/mL 的维生素 A、维生素 E 标准工作溶液。

3. 仪器

高效液相色谱仪（带紫外可变波长检测器）、分析天平（感量 0.000 1 g）、旋转蒸发仪、恒温磁力搅拌器（20～80 ℃）、氮吹仪、离心机（不低于 5 000×*g*）。

4. 操作步骤

(1) 皂化。称取 50 g（精确至 0.1 mg）生乳样品于 250 mL 三角瓶中，加入 100 mL 15 g/L 维生素 C 溶液，充分摇匀。加入 25 mL 氢氧化钾溶液，放入磁力搅拌棒，充氮排出空气，盖上胶塞。向 1 000 mL的烧杯中加入约 300 mL 的无离子水，将烧杯放在恒温磁力搅拌器上，当水温控制在（53±2)℃时，将三角瓶放入烧杯中，磁力搅拌皂化约 45 min 后，取出立刻冷却到室温。

(2) 纯化。用少量无离子水将皂化液全部转入 500 mL 分液漏斗中，加入 100 mL 石油醚，盖好瓶塞，振荡 10 min，注意放气。静置分层后，将水相转入另一只 500 mL 分液漏斗中，再用 100 mL 石油醚萃取第 2 次，合并石油醚相，用水洗至近中性。石油醚用无水硫酸钠干燥后过滤，收集全部滤液，在（40±2)℃和氮气流保护下，用旋转蒸发仪蒸发至近干，绝对不许蒸干。

(3) 制备待测液。用石油醚将剩余物转入 10 mL 容量瓶中定容，摇匀。取 2.00 mL 石油醚溶液于试管中，于（40±2)℃条件下氮气吹干后，用 5.00 mL 甲醇振荡溶解残渣。以不低于 5 000×*g* 的速度离心 10 min，上清液作为待测溶液。

(4) 测定。

① 高效液相色谱仪测定参考条件。

色谱柱：C_{18}柱（4.6 mm×250 mm，5 μm 粒径）。

流动相：甲醇。

检测波长：325 nm（维生素 A）、294 nm（维生素 E）。

柱温：35 ℃。

流速：1.0 mL/min。

进样量：100 μL。

② 上机测定。待仪器基线稳定后，依次注入维生素 A 和维生素 E 标准工作溶液及待测溶液，外标法定量（图 14－6）。

5. 结果分析与评价

(1) 结果计算。牛乳中维生素 A 或维生素 E 的含量以质量分数 ω（mg/kg）表示，按式（14－13）

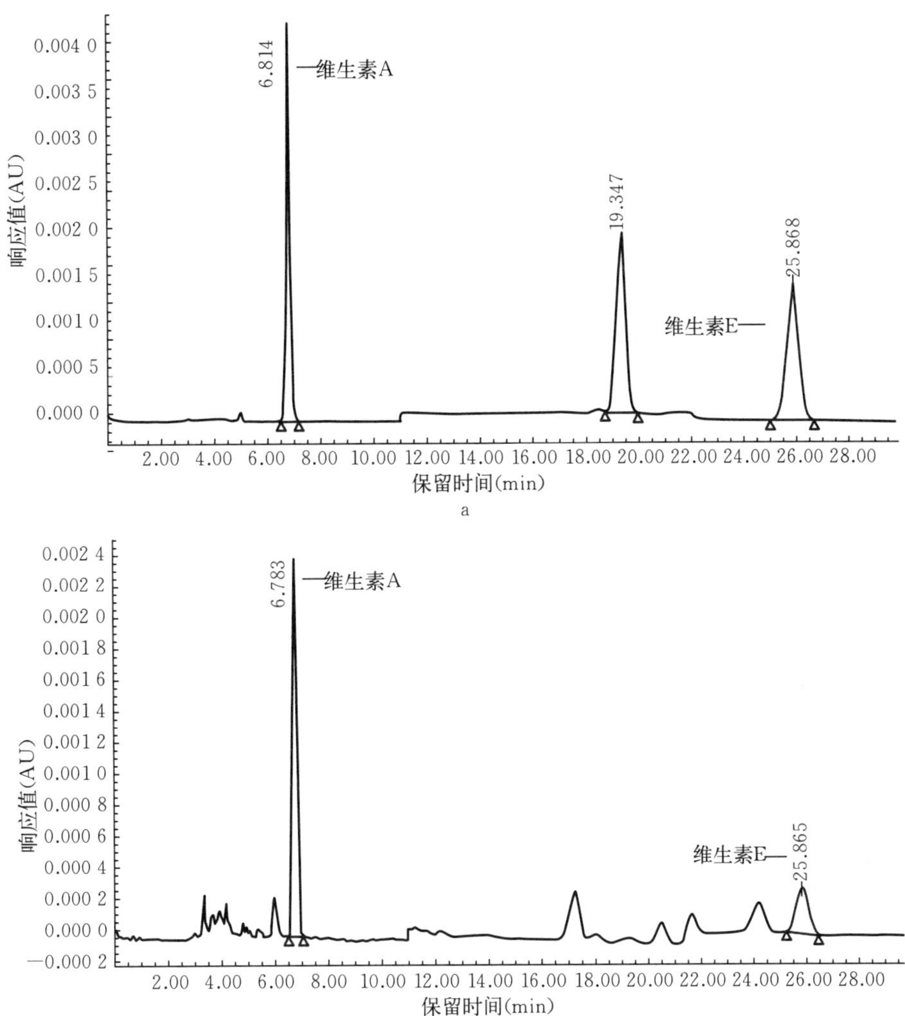

图 14-6　维生素 A 和维生素 E 标准工作液和生乳样品的色谱图

a. 维生素 A 和维生素 E 标准工作溶液　b. 生乳样品中维生素 A 和维生素 E

计算：

$$\omega=\frac{c\times V\times D}{m} \tag{14-13}$$

式中，ω 为牛乳中维生素 A 或维生素 E 的含量（mg/kg）；c 为从标准工作曲线上查得的待测溶液中维生素 A 或维生素 E 的浓度（μg/mL）；V 为待测溶液的体积（mL）；D 为稀释倍数；m 为牛乳样品的质量（g）。

（2）分析误差。分析结果保留 3 位有效数字。在重复性条件下获得的 2 次独立测定结果的绝对差值不得超过算术平均值的 10%。

（3）结果评价。

① 方法评价。由于维生素 A、维生素 E 对光敏感，所以整个检测过程应尽量避光进行，而且标准储备溶液和标准工作溶液均须在−10 ℃以下避光保存，临用前配制。检测牛乳中维生素 D 和维生素 K_1 时，只需将液相色谱的条件稍加改动即可完成，具体方法可参考《食品安全国家标准　婴幼儿食品和乳品中维生素 A、D、E 的测定》(GB 5413.9—2010) 和《食品安全国家标准　婴幼儿食品和乳品中维生素 K_1 的测定》(GB 5413.10—2010)。

② 结果评价。根据测定结果与牛乳中脂溶性维生素指标比对，做出评价。虽然《食品安全国

家标准 生乳》(GB 19301—2010)中未规定生乳中维生素的限量，但鉴于维生素能够调节人体生理机能，维持生命和人体健康，所以牛乳中维生素含量的高低，也应列为评定牛乳品质的指标。

二、水溶性维生素

牛乳中的水溶性维生素主要有维生素 B_1、维生素 B_2、维生素 B_6 和烟酸、烟酰胺等，这类维生素的含量很低，但作用十分显著，是对人体有重要作用的营养成分，也是评价乳品质量的重要指标。

维生素 B_1 又称硫胺素或抗神经炎素。它是脱羧辅酶的主要成分，在能量代谢中也起辅酶的作用，可以促进食欲，促进生长，促进碳水化合物的代谢。缺乏维生素 B_1 时，可引起多种神经炎症，如脚气病，并可引起心脏功能失调。

维生素 B_2 又称核黄素，一般以游离的形式存在于牛乳中。它可以促进细胞的再生，促使皮肤、指甲、毛发生长，并参与体内生物氧化与能量生成，提高机体对环境应激适应能力，它还可以作为辅酶，参与色氨酸转变为烟酸以及吡哆醇（维生素 B_6）转变为吡哆醛的过程。

维生素 B_6 有 3 种功能相同的物质，即吡哆醇、吡哆醛和吡哆胺，是人体内某些辅酶的重要组成部分，参与多种代谢反应，尤其是氨基酸、脂肪酸和烟酸的代谢等。

烟酸和烟酰胺又称维生素 PP，是一种稳定的水溶性维生素，对酸、碱、光及弱氧化剂都相对稳定。烟酸在体内转化为烟酰胺，后者是辅酶Ⅰ和辅酶Ⅱ的组成部分，也是许多脱氢酶的辅酶。缺乏烟酸或烟酰胺时，可能影响细胞的正常呼吸和代谢。

牛乳中水溶性维生素的检测方法多采用高效液相色谱法，由于这类维生素往往具有一定的荧光特性，可以用荧光检测器检测，杂质的干扰也小。现仅以牛乳中维生素 B_1 为例进行介绍。

1. 原理

生乳样品中的维生素 B_1 在稀盐酸环境中经高温水解、酶解后，被碱性铁氰化钾氧化，用正丁醇萃取，经高效液相色谱分离，荧光检测器检测，外标法定量。

2. 试剂

(1) **20 g/L 铁氰化钾溶液。**称取 2 g 铁氰化钾 [$K_3Fe(CN)_6$]，用无离子水溶解并定容至 100 mL。临用前配制。

(2) **100 g/L 氢氧化钠溶液。**称取 25 g 氢氧化钠，用无离子水溶解并定容至 250 mL。

(3) **碱性铁氰化钾溶液。**将 5 mL 铁氰化钾溶液与 200 mL 氢氧化钠溶液混合。临用前配制。

(4) **0.1 mol/L 盐酸溶液。**吸取 9 mL 浓盐酸，溶于 1 000 mL 无离子水中。

(5) **0.01 mol/L 盐酸溶液。**吸取 0.1 mol/L 盐酸 50 mL，用无离子水稀释并定容至 500 mL。

(6) **0.05 mol/L 乙酸钠溶液。**称取 6.80 g 乙酸钠 ($CH_3COONa \cdot 3H_2O$)，加 900 mL 无离子水溶解，用冰乙酸调 pH 至 4.0～5.0，定容至 1 000 mL。经 0.45 μm 微孔滤膜过滤。

(7) **2.0 mol/L 乙酸钠溶液。**称取 27.22 g $CH_3COONa \cdot 3H_2O$，用水溶解并定容至 100 mL。

(8) **混合酶溶液。**称取 2.345 g 木瓜蛋白酶（酶活≥600 U/g）、1.175 g 淀粉酶（酶活≥4 000 U/g），用无离子水溶解并定容至 50 mL。临用前配制。

(9) **维生素 B_1 标准储备溶液。**称取 50 mg（精确至 0.1 mg）维生素 B_1 标准品，溶于 0.01 mol/L 盐酸溶液中，定容至 100 mL，得到浓度为 500 μg/mL 的维生素 B_1 标准储备溶液。

(10) **维生素 B_1 标准工作溶液。**取 1.00 mL 500 μg/mL 的维生素 B_1 标准储备溶液于 1 000 mL 棕色容量瓶中，用水定容，得到浓度为 0.5 μg/mL 的维生素 B_1 标准工作溶液。

3. 仪器

高效液相色谱仪（带荧光检测器）、高压蒸汽灭菌锅、水浴或培养箱、离心机（≥4 000×g）、pH计（精度0.01）、有机相样品过滤器（0.45 μm）。

4. 操作步骤

（1）水解。称取5～10 g（精确至0.01 g）生乳样品（试样中含维生素B_1 5 μg以上）于100 mL三角瓶中，加60 mL 0.1 mol/L盐酸，充分摇匀，用棉花塞和牛皮纸封口，放入高压蒸汽灭菌锅内，在121 ℃下保持30 min，待冷却至40 ℃以下后取出，轻摇数次。

用2.0 mol/L乙酸钠溶液调pH至4.0，加入2.0 mL混合酶溶液，摇匀后，置于37 ℃的培养箱中过夜。将酶解液转移至100 mL容量瓶中，用水定容至刻度，滤纸干过滤，取滤液备用。

（2）制备待测液。取上述滤液10.00 mL于25 mL具塞比色管中，加入5 mL碱性铁氰化钾溶液，充分混匀后，加10.00 mL正丁醇（C_4H_9OH），剧烈振荡后静置10 min，充分分层，吸取正丁醇相（上层）于4 000～6 000×g离心5 min，取上清液经0.45 μm滤膜过滤，滤液作为待测溶液。

（3）测定。

① 高效液相色谱仪测定参考条件。

色谱柱：C_{18}柱（4.6 mm×250 mm，5 μm粒径）。

流动相：0.05 moL/L乙酸钠溶液-甲醇（V∶V=65∶35）。

激发波长：375 nm。

发射波长：435 nm。

柱温：35 ℃。

流速：1.0 mL/min。

进样量：20 μL。

② 上机测定。待仪器基线稳定后，依次注入维生素B_1标准工作液和待测溶液，外标法定量（图14-7）。

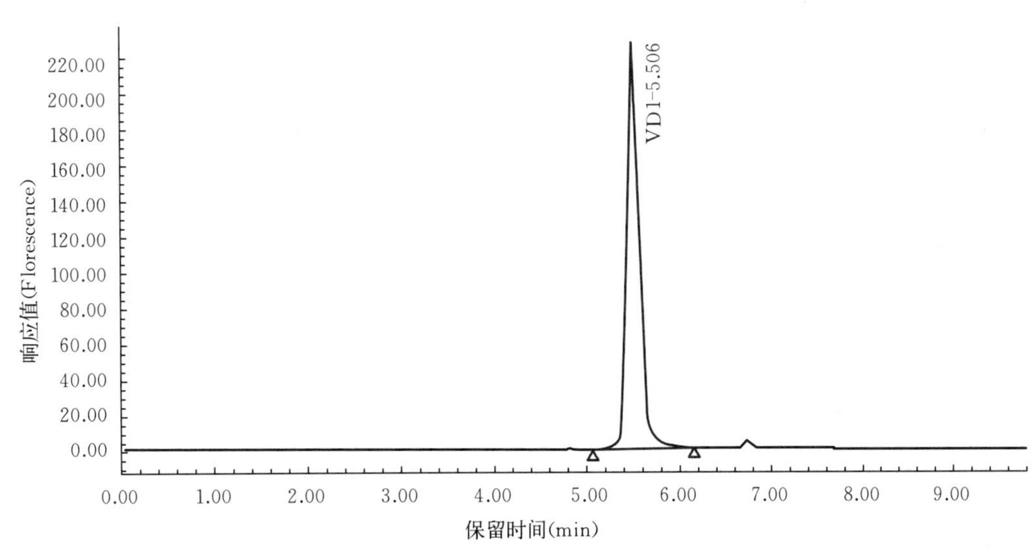

图14-7　维生素B_1标准工作液的色谱图

5. 结果分析与评价

（1）结果计算。牛乳中维生素B_1的含量以质量分数ω（mg/kg）表示，按式（14-14）计算：

$$\omega=\frac{c_s \times A_i \times V \times D}{A_s \times m} \tag{14-14}$$

式中，ω 为牛乳中维生素 B_1 的含量（mg/kg）；c_s 为维生素 B_1 标准工作溶液的浓度（μg/mL）；A_i 为待测溶液中维生素 B_1 的峰面积；V 为待测溶液中正丁醇的体积（mL）；D 为稀释倍数；A_s 为维生素 B_1 标准工作溶液的峰面积；m 为牛乳样品的质量（g）。

（2）分析误差。分析结果保留 3 位有效数字。在重复性条件下获得的 2 次独立测定结果的绝对差值不得超过算术平均值的 10%。

（3）结果评价。

① 方法评价。维生素 B_1 见光易分解，操作时应尽可能避光，尽量使用棕色的玻璃器皿。维生素 B_2、维生素 B_6 和烟酸、烟酰胺的检测方法可参考《食品安全国家标准 婴幼儿食品和乳品中维生素 B_2 的测定》（GB 5413.12—2010）、《食品安全国家标准 婴幼儿食品和乳品中维生素 B_6 的测定》（GB 5413.13—2010）、《食品安全国家标准 婴幼儿食品和乳品中烟酸和烟酰胺的测定》（GB 5413.15—2010）等标准。

② 结果评价。根据测定结果与牛乳中水溶性维生素指标比对，做出评价。虽然《食品安全国家标准 生乳》（GB 19301—2010）中未规定生乳中维生素的限量，但鉴于维生素能够调节人体生理机能，维持生命和人体健康，所以牛乳中维生素含量的高低，应列为评定牛乳品质的指标。

三、维生素 C

维生素 C 又称抗坏血酸，也是一种水溶性维生素。在体内可以形成可逆的氧化还原体系，参与机体代谢，具有抗氧化作用，也可用于防治维生素 C 缺乏症，并提高机体的免疫力。维生素 C 的检测主要采用荧光法。

1. 原理

维生素 C（抗坏血酸）在活性炭存在下氧化成脱氢抗坏血酸，与邻苯二胺反应生成荧光物质，用荧光分光光度计测定其荧光强度，其荧光强度与维生素 C 的浓度成正比。外标法定量。

2. 试剂

（1）偏磷酸-乙酸水溶液 A。称取 15 g 偏磷酸（HPO_3）溶于 200 mL 无离子水中，加入 40 mL 冰乙酸（CH_3COOH），完全溶解后，用无离子水定容至 500 mL。

（2）偏磷酸-乙酸水溶液 B。称取 15 g 偏磷酸溶于 100 mL 无离子水中，加入 40 mL 冰乙酸，完全溶解后，用水定容至 250 mL。

（3）酸性活性炭。称取 200 g 粉状活性炭（化学纯），加入 1 L 体积分数为 10%的盐酸溶液，加热煮沸，真空抽滤。取下滤纸于大烧杯中，加入 1 000 mL 无离子水，搅拌后过滤，再用水清洗 1 次，抽干后于 110～120 ℃烘干 10 h，备用。

（4）50%乙酸钠溶液。将 500 g 乙酸钠（$CH_3COONa \cdot 3H_2O$）溶于无离子水，并定容至1 000 mL。

（5）硼酸-乙酸钠溶液。称取 3.0 g 硼酸（H_3BO_3），用 50%乙酸钠溶液溶解，并定容至 100 mL。临用前配制。

（6）400 mg/L 邻苯二胺溶液。称取 40 mg 邻苯二胺（$NH_2C_6H_4NH_2$），用无离子水溶解并定容至 100 mL。临用前配制。

（7）维生素 C 标准溶液。称取 50 mg（精确至 0.1 mg）维生素 C 标准品，用偏磷酸-乙酸水溶液 A 溶解并定容至 50 mL，得到浓度为 1 mg/mL 的维生素 C 标准储备溶液。取 10.0 mL 维生素 C 标准储备溶液于 100 mL 容量瓶中，用偏磷酸-乙酸水溶液 A 稀释定容，得到浓度为 100 μg/mL 维生素 C 标准工作溶液。现用现配。

3. 仪器

荧光分光光度计、分析天平（感量 0.000 1 g）、电热恒温干燥箱、培养箱。

4. 操作步骤

（1）制备空白。 称取 50 g（精确至 0.1 mg）生乳样品于 100 mL 容量瓶中，用偏磷酸-乙酸溶液 A 定容，摇匀。将试样溶液及维生素 C 标准工作溶液转至放有约 2 g 酸性活性炭的 250 mL 三角瓶中，剧烈振动，过滤（弃去最初大约 5 mL 的滤液），即为试样及标准溶液的滤液。然后准确吸取 5.0 mL 试样及标准溶液的滤液分别置于 25 mL 及 50 mL 放有 5.0 mL 硼酸-乙酸钠溶液的容量瓶中，静置 30 min后，用无离子水定容。以此作为试样的空白溶液及标准溶液的空白溶液。

分别准确吸取 2.0 mL 试样溶液及试样的空白溶液于 10.0 mL 试管中，向每支试管中准确加入 5.0 mL 邻苯二胺溶液，摇匀，在避光条件下放置 60 min 后待测。

（2）试样与标准溶液。 在此 30 min 内，再准确吸取 5.0 mL 试样及标准溶液的滤液于另外的 25 mL及 50 mL 放有 5.0 mL 乙酸钠溶液和约 15 mL 无离子水的容量瓶中，用水稀释至刻度。以此作为试样溶液及标准溶液。

准确吸取标准溶液 0.5 mL、1.0 mL、1.5 mL 和 2.0 mL，分别置于 10 mL 试管中，再用水补充至 2.0 mL。同时，准确吸取标准溶液的空白溶液 2.0 mL 于 10 mL 试管中。向每支试管中准确加入 5.0 mL 邻苯二胺溶液，摇匀，在避光条件下放置 60 min 后待测。

（3）测定。 将标准待测溶液立刻移入荧光分光光度计的石英杯中，在激发波长 350 nm、发射波长 430 nm 条件下测定其荧光度。以标准待测溶液的荧光度分别减去标准空白溶液的荧光度为纵坐标、对应的维生素 C 的浓度为横坐标，绘制标准工作曲线。

将试样待测溶液按上述的方法分别测其荧光度，试样待测溶液的荧光度减去试样空白待测溶液的荧光度后，在标准工作曲线上查得对应的维生素 C 的浓度。

5. 结果分析与评价

（1）结果计算。 牛乳中维生素 C 的含量以质量分数 ω（mg/kg）表示，按照式（14 - 15）计算：

$$\omega=\frac{c\times V\times D}{m} \tag{14-15}$$

式中，ω 为牛乳中维生素 C 的含量（mg/kg）；c 为从标准工作曲线上查得的试样待测溶液中维生素 C 的浓度（μg/mL）；V 为待测溶液的体积（mL）；D 为稀释倍数；m 为牛乳样品的质量（g）。

（2）分析误差。 结果保留 3 位有效数字。在重复性条件下获得 2 次独立测定结果的绝对差值不得超过算术平均值的 10%。

（3）结果评价。

① 方法评价。该方法所用活性炭，应该按照下述方法检验是否含有铁离子：将 20 g/L 亚铁氰化钾［$K_4Fe(CN)_6$］与体积分数为 1%的盐酸等量混合，将活性炭的洗出滤液滴入，如有铁离子则产生蓝色沉淀，应继续洗涤活性炭至无铁离子为止。

② 结果评价。根据测定结果与牛乳中维生素 C 指标比对，做出评价。虽然《食品安全国家标准 生乳》（GB 19301—2010）中未规定生乳中维生素的限量，但鉴于维生素能够调节人体生理机能，维持生命和人体健康，所以牛乳中维生素含量的高低，也应列为评定牛乳品质的指标。

第七节　微量元素

牛乳中的微量元素主要包括钾、钠、钙、镁、铜、锌、铁、锰、磷、硒等。

钾、钠、钙、镁是生乳中含量较高的4种元素，也称矿物元素或常量元素。钙是构成骨骼和牙齿的主要成分，参与血液凝结、体内某些酶的活化功能。钾元素可以维持体内的水平衡、酸碱平衡与渗透压平衡，加强肌肉的兴奋性，保证心跳规律。镁可以激活体内多种酶，抑制神经的兴奋性，参与体内蛋白质合成、肌肉收缩与体温调节。钠是细胞外液体中主要的阳离子，其主要功能是维持体液渗透压、身体酸碱度的平衡以及神经系统的传递和调节心脏搏动等。

铜、锌、铁、锰在生乳中的含量较低，是典型的微量元素。铜可以催化血红蛋白的合成，维持神经纤维的正常功能。锌是人体代谢中许多金属酶的组成成分，与人体的能量代谢、蛋白质代谢、脂肪代谢都有密切的关系。铁是人体中血红蛋白、肌红蛋白的重要组成部分，主要功能是给组织输送氧和参与细胞的氧化过程。锰元素可以活化硫酸软骨素合成酶系统，促进骨骼生长和成骨作用。

磷是构成骨骼和牙齿的主要成分，也是细胞核的重要成分，它可以协助糖和脂肪的吸收及代谢，并能维持机体内的酸碱平衡，为人体内所有的代谢反应提供能量，是三磷酸腺苷的重要组成部分。硒是构成谷胱甘肽过氧化物酶的重要成分之一，参与辅酶Q与辅酶A的合成，保护细胞不被氧化。缺硒是克山病、大骨节病这两种地方性疾病的主要病因，补硒对这两种地方性疾病和关节炎患者都有很好地预防和治疗作用。

生乳中微量元素的测定方法主要有原子吸收法、电感耦合等离子体光谱法和比色法等。本节介绍的生乳中钾、钠、钙、镁、铜、锌、铁、锰的测定方法主要参考《食品安全国家标准 婴幼儿食品和乳品中钙、铁、锌、钠、钾、镁、铜和锰的测定》(GB 5413.21—2010)，磷的检测方法主要参考《食品安全国家标准 婴幼儿食品和乳品中磷的测定》(GB 5413.22—2010)，硒的检测方法主要参考《食品安全国家标准 食品中硒的测定》(GB 5009.93—2010)。

一、矿物元素

1. 原理

牛乳中的矿物元素包括钾、钠、钙、镁、铜、锌、铁和锰。

乳样经干法灰化，加酸溶解，再加入适当的基体改进剂，直接吸入空气-乙炔气火焰原子吸收分光光度计测定。

2. 试剂

(1) 2%盐酸。取2 mL盐酸，用无离子水稀释至100 mL。

(2) 20%盐酸。取20 mL盐酸，用无离子水稀释至100 mL。

(3) 50%硝酸溶液。取50 mL硝酸，用无离子水稀释至100 mL。

(4) 50 g/L镧溶液。称取29.32 g氧化镧，用25 mL无离子水湿润后，缓慢添加125 mL盐酸使氧化镧溶解，用无离子水稀释至500 mL。

(5) 50 g/L铯溶液。称取31.68 g氯化铯，用25 mL无离子水湿润后，缓慢添加125 mL盐酸使氯化铯溶解，用去离子水稀释至500 mL。

(6) 钙、铁、锌、钠、钾、镁、铜和锰标准溶液。可以直接购买钙、铁、锌、钠、钾、镁、铜和锰有证国家标准物质储备溶液。

3. 仪器

原子吸收分光光度计，钙、铁、锌、钠、钾、镁、铜、锰空心阴极灯，分析用钢瓶乙炔气，空气压缩机，石英坩埚或瓷坩埚，马弗炉，分析天平（感量0.000 1 g)。

4. 操作步骤

(1) 制备试液。称取15 g（精确至0.1 mg）牛乳样品约于坩埚中，在电炉上微火蒸干并炭化至不再冒烟，再移入马弗炉中，550 ℃灰化约 5 h。如果有黑色炭粒，冷却后，则滴加少许硝酸溶液湿润。在电炉上小火蒸干后，再移入马弗炉中继续灰化成白色灰烬。冷却至室温后取出，加入 5 mL 20%盐酸，在电炉上加热溶解。冷却至室温后，移入 50 mL 容量瓶中，用无离子水定容。同时做空白对照。

（2）标准。由于各个厂家生产的原子吸收分光光度计的灵敏度和线性范围有所不同，需要根据仪器自身条件配制各个元素的标准工作溶液。同时，为了保证待测溶液的浓度在标准工作曲线的线性范围内，可以适当调整试样溶液的定容体积和稀释倍数。测定钙、镁时，需要按照比例向 100 mL 的容量瓶内加入 2.0 mL 50 g/L 镧溶液；测定钾、钠时，需要按照比例向 100 mL 的容量瓶内加入 2.0 mL 50 g/L 铯溶液，用 2%盐酸定容。同样方法处理标准工作溶液和空白对照溶液。

（3）测定。按照仪器说明书将仪器工作条件调整到测定各元素的最佳状态，选用特异性吸收波长，钾 766.5 nm、钙 422.7 nm、钠 589.0 nm、镁 285.2 nm、铁 248.3 nm、铜 324.8 nm、锰 279.5 nm、锌 213.9 nm，分别测定各元素标准工作溶液的吸光度。以标准工作溶液的浓度为横坐标、对应的吸光度为纵坐标，绘制标准工作曲线。然后，分别测定空白对照溶液的吸光度及待测溶液的吸光度，查标准工作曲线得到对应的浓度。

5. 结果分析与评价

（1）结果计算。牛乳中各元素的含量以质量分数 ω（mg/kg）表示，按式（14-16）计算：

$$\omega=\frac{(c-c_0)\times V\times D}{m} \tag{14-16}$$

式中，ω 为牛乳中各元素的含量（mg/kg）；c 为从标准工作曲线上查得的待测溶液中各元素的浓度（μg/mL）；c_0 为从标准工作曲线上查得的空白对照溶液中各元素的浓度（μg/mL）；V 为待测溶液的体积（mL）；D 为稀释倍数；m 为牛乳样品的质量（g）。

（2）分析误差。分析结果保留 3 位有效数字。在重复性条件下获得 2 次独立测定结果的绝对差值，钙、镁、钠、钾、铁、锌不得超过算术平均值的 10%；铜和锰不得超过算术平均值的 15%。

（3）结果评价。

① 方法安全。使用空气-乙炔气火焰原子吸收分光光度计时，应注意安全。特别要注意水封，确保加满水，且空气压力≥0.3 MPa，否则易发生回火、爆炸。

② 湿法消化。称取 10 g（精确至 0.1 mg）生乳样品于 250 mL 三角瓶中，加入 25 mL 硝酸-高氯酸混合溶液（V∶V=9∶1），盖上一个弯颈小漏斗，在电热板上缓慢加热消煮至溶液变清，三角瓶内充满高氯酸的白烟为止。定容后干过滤，再稀释测定。

③ ICP 法。牛乳中的矿物元素包括钾、钠、钙、镁、铜、锌、铁和锰，可用原子吸收和 ICP 测定，前处理方法基本一样，原子吸收精密度高，ICP 可同时测定这几个元素。

④ 结果评价。根据测定结果与牛乳中微量元素指标比对，做出评价。微量元素对人体都有着十分重要的作用。检测与评价生乳中这些元素的含量很有必要。虽然《食品安全国家标准　生乳》（GB 19301—2010）中未规定生乳中各种元素含量的限量，但是微量元素对人类健康很有益处，因此微量元素也是评价生乳品质优劣的重要指标。

实测牛乳中钾、钠、钙、镁、铜、锌、铁、锰的含量见表 14-8。

表 14-8　牛乳中钾、钠、钙、镁、铜、锌、铁、锰的含量

元　素	含　量
钾	1.5 g/kg
钠	0.63 g/kg

（续）

元 素	含 量
钙	1.22 g/kg
镁	0.12～0.15 g/kg
铜	0.15 mg/kg
锌	4 mg/kg
铁	1 mg/kg
锰	0.03 mg/kg

二、磷

1. 原理

乳样经酸消化，使磷在硝酸溶液中与钒钼酸铵生成黄色络合物。用分光光度计在波长 440 nm 处测定吸光度，外标法计算磷的含量。

2. 试剂

（1）硝酸-高氯酸混合酸。将 50 mL 高氯酸倒入 500 mL 硝酸中，混匀。

（2）钒钼酸铵显色剂。称取 1.25 g 偏钒酸铵（NH_4VO_3），加 300 mL 沸水溶解，冷却后加入 250 mL 硝酸。另取 25.0 g 四水合钼酸铵［$(NH_4)_6Mo_7O_{24}\cdot 4H_2O$］，加 400 mL 无离子水溶解，与前溶液混合，并用无离子水定容至 1 000 mL。在棕色瓶内避光保存，若有沉淀出现，则不能继续使用。

（3）磷标准储备溶液。将磷酸二氢钾（KH_2PO_4）在 105 ℃烘干 1～2 h，在干燥器内冷却，称取 0.219 5 g 溶于适量无离子水后，加入 3 mL 硝酸，用无离子水定容至 1 000 mL，摇匀。得到浓度为 50 μg/mL的磷标准储备溶液。

3. 仪器

可见分光光度计（带 1.0 cm 的比色皿）、分析天平（感量 0.000 1 g）、电热板或可调电炉。

4. 操作步骤

（1）制备试液。称取 10 g（精确至 0.1 mg）牛乳样品于 250 mL 三角瓶中，加入 25 mL 硝酸-高氯酸混合酸，瓶口盖一弯颈漏斗，放置过夜。在电热板或可调电炉上加热消化。开始时应缓慢加热，当大量棕色气体消失后，继续加热至冒高氯酸白烟，溶液变清。若消化液变黑，应取下再加入 2 mL 硝酸继续消化至清。冷却后用无离子水转入 100 mL 容量瓶中并定容，摇匀，干过滤，弃去最初的几毫升滤液，收集其余滤液作为待测溶液。同时做空白对照。

（2）标准溶液。吸取磷标准储备溶液 0 mL、2.5 mL、5.0 mL、7.5 mL、10 mL、15 mL，分别放入 6 支 50 mL 容量瓶中。加入 10.00 mL 钒钼酸铵试剂，用水定容，摇匀。该标准工作溶液中磷的浓度分别为 0 μg/mL、2.5 μg/mL、5.0 μg/mL、7.5 μg/mL、10 μg/mL、15 μg/mL。在 25～30 ℃下显色 30 min，于波长 440 nm 处测定吸光度。以吸光度为纵坐标、磷的浓度为横坐标，绘制标准工作曲线。

（3）测定。根据试样中磷的含量取 2～10 mL 样品待测溶液（内含 50～750 μg 的磷）于 50 mL 容量瓶中，加入 10 mL 钒钼酸铵显色剂，用无离子水定容，摇匀。在 25～30 ℃下显色 30 min，于波长 440 nm 处测定吸光度，从标准工作曲线上查得待测溶液中磷的浓度。乳粉样品中磷含量的测定结果见表 14－9。

表 14－9　乳粉样品中磷含量的测定结果

项目	样品名称和编号			
	Blank－1	Blank－2	1－1	1－2
称样质量（g）	—	—	0.412 1	0.409 4
检测浓度（μg/mL）	2.015 2	1.990 9	32.971 7	32.269 8
实际浓度（μg/mL）	2.003 05（平均值）		30.968 65	30.266 75
定容体积（mL）	25	25	25	25
稀释倍数	12.5	12.5	12.5	12.5
实际含量（g/kg）			7.50	7.38
平均值（g/kg）			7.44	
相对偏差（%）			1.6	

5. 结果分析与评价

牛乳中磷的含量以质量分数 ω（mg/kg）表示，按式（14－17）计算：

$$\omega=\frac{(c-c_0)\times V\times D}{m} \tag{14-17}$$

式中，ω 为牛乳中磷的含量（mg/kg）；c 为从标准工作曲线上查得的待测溶液中磷的浓度（μg/mL）；c_0 为从标准工作曲线上查得的空白溶液中磷的浓度（μg/mL）；V 为待测溶液的体积（mL）；D 为稀释倍数；m 为牛乳样品的质量（g）。

分析结果保留 3 位有效数字。在重复性条件下获得的 2 次独立测定结果的绝对差值不得超过算术平均值的 5%。

（1）方法评价。在加入 10 mL 钒钼酸铵显色剂之前，待测溶液可不调整 pH 而直接测定，对结果的影响不大。虽然在波长 440 nm 处，比色皿本身的吸光度较小，但对于磷含量较低的样品，比色皿的影响就会体现出来，导致平行样品之间的偏差较大。此时可以固定比色皿的顺序，先测量比色皿自身的吸光度，再测量样品的吸光度，两者相减即可消除比色皿的影响。

（2）结果评价。根据测定结果与牛乳中磷指标比对，做出评价。虽然《食品安全国家标准　生乳》（GB 19301—2010）中未规定生乳中磷含量的限量，但是磷元素对人类健康很有益处，因此磷元素也是评价生乳品质优劣的重要指标。乳粉中磷含量约 7.5 g/kg，牛乳中磷的含量为0.083%～0.100%。

三、硒

1. 原理

乳样经消解后，在酸性介质中，硒被硼氢化钾还原成硒化氢，由载气带入原子化器中，在特制的硒空心阴极灯照射下，硒原子发射出荧光，其强度与硒含量成正比，与标准工作溶液比较定量。

2. 试剂

（1）硝酸-高氯酸混合酸。将 50 mL 高氯酸倒入 450 mL 硝酸中，混匀。

（2）还原剂溶液（0.5%氢氧化钾＋1%硼氢化钾）。称取 2.5 g 氢氧化钾溶于去离子水，加入 5.0 g硼氢化钾，溶解后用去离子水定容至 500 mL。

（3）5%盐酸载流溶液。量取 50 mL 盐酸倒入 1 000 mL 容量瓶中，用去离子水定容。

(4) 硒标准溶液。可以直接购买硒有证国家标准物质储备溶液。

3. 仪器

氢化物发生器-原子荧光光度计(带硒高强度空心阴极灯)、分析天平(感量 0.000 1 g)、电热板或可调电炉。

4. 操作步骤

(1) 制备试液。称取 5 g(精确至 0.1 mg)牛乳样品于 250 mL 三角瓶中,加入 20 mL 硝酸-高氯酸混合酸,瓶口盖一弯颈漏斗,放置过夜。在电热板或可调电炉上加热消化。开始应缓慢加热,当大量棕色气体消失后,继续加热至冒高氯酸白烟,溶液变清,其间避免消化液变黑。冷却后,加入 5 mL盐酸,70 ℃加热 5 min。冷却后,用水定容至 25 mL 比色管内,摇匀,干过滤,弃去最初几毫升滤液,收集其余滤液作为待测溶液。同时做空白对照。

(2) 标准。取 6 只 25 mL 比色管,分别加入不同体积的硒标准溶液,使定容后溶液中硒的浓度分别为 0 ng/mL、2.00 ng/mL、4.00 ng/mL、6.00 ng/mL、8.00 ng/mL 和 10.00 ng/mL。然后各加入 5.0 mL 盐酸,用水定容至刻度,摇匀,作为硒标准工作溶液。

(3) 测定。

① 氢化物发生器-原子荧光光度计测定参考条件。

光电倍增管负高压:340 V。

灯电流:100 mA。

原子化器高度:8 mm。

原子化器温度:200 ℃。

氩气载气流速:500 mL/min。

氩气屏蔽气流速:1 000 mL/min。

积分方式:峰面积。

读数延迟时间:1 s。

读数时间:15 s。

② 上机测定。设定好仪器最佳条件,稳定 30 min 后开始测量。连续用标准工作溶液进样并测量,绘制标准工作曲线。然后,分别测定空白溶液和待测溶液。乳粉标准样品中硒含量的测定结果见表 14-10。

表 14-10 乳粉标准样品中硒含量的测定结果

项目	样品名称和编号			
	Blank-1	Blank-2	1-1	1-2
称样质量(g)	—	—	0.351 3	0.350 9
检测浓度(ng/mL)	0	0	2.695	2.787
实际浓度(ng/mL)	0(平均值)		2.695	2.787
定容体积(mL)	25	25	25	25
稀释倍数	1*	1	1	1
平均值(mg/kg)			0.20	
相对偏差(%)			5.1	

注:*稀释倍数为"1"表示"未稀释"。

5. 结果分析与评价

牛乳中硒的含量以质量分数 ω(mg/kg)表示,按式(14-18)计算:

$$\omega=\frac{(c-c_0)\times V}{m\times 1000} \qquad (14-18)$$

式中，ω 为牛乳中硒的含量（mg/kg）；c 为从标准工作曲线上查得的待测溶液中硒的浓度（ng/mL）；c_0 为从标准工作曲线上查得的空白溶液中硒的浓度（ng/mL）；V 为待测溶液的体积（mL）；m 为牛乳样品的质量（g）。

分析结果保留 3 位有效数字。在重复性条件下获得的 2 次独立测定结果的绝对差值不得超过算术平均值的 10%。

（1）方法评价。硫酸中含有微量硒，所以消解样品时不能用硫酸。硒是易损失的元素，消解过程中电热板要缓慢升温，严格避免消化液变黑。一旦变黑，应立即从电热板上取下冷却，加 5 mL 硝酸，继续消解。必要时重新测定。

（2）结果评价。根据测定结果与牛乳中硒指标比对，做出评价。牛乳中硒含量取决于奶牛对硒的采食量，当奶牛食入较多的硒，乳中硒的浓度也会增加。《食品安全国家标准　食品中污染物限量》（GB 2762—2017）修订版中，已将生乳中硒的限量取消。

第八节　乳成分快速测定方法

在各种快速检测技术中，以乳成分分析仪应用较广，该方法测定样品只需简单处理就可快速测定脂肪、蛋白质、乳糖数等十几种成分。

一、原理

乳成分分析仪利用近红外光谱技术（NIRS）对牛乳中化学成分含量进行分析。红外光谱记录的是有机分子中化学键的振动频率信息。由于有机分子中化学键不同，其振动频率对特定波段电磁波产生吸收会形成特定的谱带，从而确定样品中各种成分的含量。

二、器材

（1）S－6060 置零液。将一包仪器专用试剂液 S－6060 加入 5 L 蒸馏水中，混匀。

（2）S－470 清洗液。将 25 g 仪器专用 S－470 清洗剂粉溶于 5 L 蒸馏水，混匀，1 周内有效。

（3）仪器专用强力清洗液。

（4）消泡剂。

（5）乳成分分析仪（图 14－8）。

图 14－8　乳成分分析仪

三、操作步骤

1. 样品处理

将牛乳样品在 40 ℃水浴中预热 10 min。确保上机乳样温度在 37～40 ℃。水浴时间避免过长，易引起乳样酸败。

2. 仪器检测前的清洗和置零

仪器在检测前开机预热 2 h。在仪器的检测页面，当屏幕右下方指示框由红色“not ready”变为绿色“ready”后，开始测定操作。

3. 仪器的清洗

选择屏幕上方的清洗按钮，或从菜单中选择“分析/清洗”，按照清洗程序对话框的提示，依次在取样管下放 S－6060 置零液、S－470 清洗液和 S－6060 置零液清洗仪器系统。

4. 仪器置零

将 S－6060 置零液放于取样管下，点击屏幕上方的置零按钮，仪器用调零液测量 5 次，结果显示 5 次测定的结果和 SD 值。

注意：运行样品程序时每隔 2 h 要进行零点校正。如果零点偏差超过±0.02，就要缩短零点设置间隔。这时脂肪、蛋白质和乳糖的调零极限设定为 0.03。当 5 次调零的偏差在 0.03 以内，仪器会自动补偿调零的偏差。如调零偏差大于 0.03，仪器会有提示，是否接受调零的偏差。在运行样品程序前，要先清洗再调零 1 次。如果仪器稳定，提示前后两次的调零一致，就可接受；否则必须清洗观察室然后调零直到低于设定的调零极限。

5. 进样检测

（1）检测程序的选择。按仪器显示菜单选择输入样品名称和备注，即在页面的左下方，输入样品名称或编号，用鼠标左键双击屏幕上的“remark”，添加备注，选择分析项目。

（2）进样。将样品上下轻轻翻动几次，混匀。打开瓶盖将样品瓶放在仪器进样管下。

（3）分析。点击屏幕上方的检测按钮或直接按下仪器取样管右上方的手动按钮启动分析程序。此时，屏幕上方的操作按钮均变为无色，表示取样未结束。

（4）观察屏幕右下方的计时器。当两次平行取样完成，计时器的两个方格均变为蓝色，“开始分析”按钮自动变回彩色。此时取样结束，可在进样口更换下一个样品。当完成一个样品的分析检测后，测定结果便在结果窗口显示（表 14－11）。

表 14－11　FT 120 仪器测定结果

样品编号	平行	酪蛋白（%）	密度（G/L）	蛋白（%）	脂肪（%）	总固（%）	非脂固（%）	乳糖（%）	冰点（℃）	酸度（°SH）	柠檬酸（%）	尿素（%）	游离脂肪酸（%）
nxhs-fu31	1	2.67	1 031	3.31	3.59	12.50	8.91	4.69	－0.55	7.13	0.158	0.03	4.66
nxhs-fu31	2	2.67	1 031	3.31	3.75	12.65	8.90	4.68	－0.55	7.10	0.159	0.03	5.02
nxhs-fu31	平均值	2.67	1 031	3.31	3.67	12.57	8.90	4.68	－0.55	7.12	0.159	0.03	4.84
nxhs-fu32	1	2.68	1 031	3.31	3.66	12.57	8.91	4.69	－0.55	7.09	0.158	0.03	4.46
nxhs-fu32	2	2.68	1 031	3.31	3.76	12.66	8.90	4.69	－0.55	7.08	0.158	0.03	5.23
nxhs-fu32	平均值	2.68	1 031	3.31	3.71	12.62	8.91	4.69	－0.55	7.09	0.158	0.03	4.85

（续）

样品编号	平行	酪蛋白（%）	密度（G/L）	蛋白（%）	脂肪（%）	总固（%）	非脂固（%）	乳糖（%）	冰点（℃）	酸度（°SH）	柠檬酸（%）	尿素（%）	游离脂肪酸（%）
nxhs-fu12	1	2.59	1 031	3.14	3.67	12.66	9.02	4.82	−0.55	7.36	0.202	0.02	3.21
nxhs-fu12	2	2.58	1 031	3.14	3.70	12.65	8.99	4.81	−0.55	7.45	0.201	0.02	3.11
nxhs-fu12	平均值	2.59	1 031	3.14	3.69	12.66	9.00	4.81	−0.55	7.40	0.202	0.02	3.16

6. 检测结束后仪器的清洗、归零

（1）当所有样品检测完毕，须对仪器进行清洗和归零。预热 100 mL S－470 清洗液至 50～60 ℃，连续测试 10～20 次。

（2）检测黏稠样品或高蛋白样品时，最好采用强力清洗，使用 FOSS 品牌的强力清洗液置于吸管下，选择“分析，浸泡”程序，至少浸泡 10 min 或浸泡过夜。

四、结果分析与评价

1. 结果评价

乳成分快速测定对奶牛群体改良（DHI）实验室的检验和原料乳定级检验非常重要。将测定结果与牛乳中各项指标进行比对，给出报告，做出评价，包括牛乳成分的变化对牛场生产的影响等，以指导生产。分析结果由仪器直接打印，3 个乳样的实例分析结果见表 14－11，每个乳样分析两次，取平均值。

2. 方法评价

该方法测定样品只需简单处理就可快速测定脂肪、蛋白质、乳糖等十几种成分。分析样品要求是新鲜牛乳，没有变质，没有结块或分层，不能有灰尘和其他外来颗粒。样品须在 40 ℃预热 10 min 后进样。如果样品在分析前有空气或泡沫混入，应加入几滴消泡剂，清除样品中的气体。

第九节　活性乳蛋白成分测定

乳清是牛乳活性蛋白质的主体，活性乳蛋白包括免疫球蛋白（immunoglobulin，Ig）和乳铁蛋白（Lf）等。免疫球蛋白和乳铁蛋白、乳过氧化物酶（LP）和溶菌酶一起构成了哺乳动物乳腺抗微生物系统（Lilius et al.，2001）。初乳和常乳中各种免疫活性蛋白质的含量与功能见表 14－12。

表 14－12　牛乳免疫活性蛋白含量与功能

活性蛋白质种类	生物活性	含量	
		初乳	常乳
乳清蛋白	抗癌、激发肌体免疫力、降低胆固醇	2.8%	0.7%
免疫球蛋白	被动免疫、抗菌、抗病毒	IgG1：46.4 mg/mL	0.58 mg/mL
		IgG2：2.87 mg/mL	0.05 mg/mL
		IgA：5.36 mg/mL	0.10 mg/mL
		IgM：6.77 mg/mL	0.09 mg/mL
乳铁蛋白	免疫调节、抗菌、抗病毒	1.5～5.0 mg/mL	0.1 mg/mL
β-乳球蛋白	助消化、舒缓疼痛	—	4.0 mg/mL
α-乳白蛋白	调节乳糖的合成、辅助睡眠、舒缓疼痛	—	2.0 mg/mL

免疫活性蛋白质的结构是其功能的物质基础，结构的变化必定导致其功能发生变化。免疫球蛋白的基本结构见图 14-9。免疫球蛋白分子有 2 条相同的轻链（L 链）和 2 条相同重链（H 链），共 4 条肽链，呈 Y 形结构。轻链分子质量约为 20 ku，重链为 50～70 ku。每条链均包含可变区域（variable region）和稳定区域（constant region），深色是可变区域，浅色表示稳定区域。

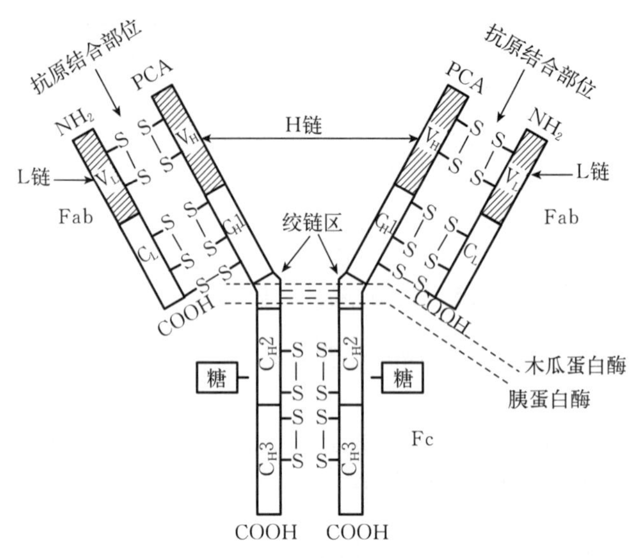

图 14-9 免疫球蛋白的基本结构

可变区位于 L 链靠近 N 端的 1/2（含 108～111 个氨基酸残基）和 H 链靠近 N 端的 1/5 或 1/4（约含 118 个氨基酸残基）区域。V 区氨基酸的组成和排列随抗结合抗原的特异性不同而有较大的变异。由于 V 区中氨基酸的排列顺序千变万化，故可形成许多种具有不同结合抗原特异性的抗体。两个一样的可变区域位于 Y 型两臂，形成了两个抗原可识别结合位点，决定抗原-抗体的结合点，可捕获各种各样不同形状的抗体。免疫球蛋白的可变区是检测牛乳免疫球蛋白活性的原理和基础。当特异性抗体的可变区发生不可逆变化后，牛乳中抗体便失去其生物性。

稳定区位于 L 链靠近 C 端的 1/2（约含 105 个氨基酸残基）和 H 链靠近 C 端的 3/4 区域或 4/5 区域（约从 119 位氨基酸至 C 末端）。不同类免疫球蛋白重链长度不一，有的包括 C_H1、C_H2 和 C_H3；有的更长，包括 C_H1、C_H2、C_H3 和 C_H4。H 链每个功能区含 110 多个氨基酸残基，含有一个由二硫键连接的 50～60 个氨基酸残基组成的肽环。这个区域氨基酸的组成和排列在同一种属动物免疫球蛋白同型 L 链和同一类 H 链中都比较恒定，如乳中抗大肠杆菌 IgG 与抗破伤风外毒素的 IgG，它们的 V 区不相同，只能与相应的抗原发生特异性的结合，但 C 区的结构是相同的，即具有相同的抗原性，应用牛 IgG 的抗体均能与这两种不同的特异性 IgG 发生结合反应。这是制备第 2 抗体、琼脂糖扩散检测和 ELISA 测定总免疫球蛋白的理论基础。

一、牛初乳中 IgG

牛初乳（bovine colostrum）通常是指奶牛分娩后 7 d 特别是 3 d 内所分泌的乳汁。新鲜牛初乳色泽黄而浓稠、酸度高、具有特殊的乳腥味和苦味。牛初乳含有丰富的常规营养成分和免疫活性物质，是新生犊牛的重要营养来源和抵抗疾病的物质基础，也是一种有发展前景的生长促进剂和提高机体免疫力的功能性食品。牛初乳中的免疫球蛋白含量高达 30～200 mg/mL，牛初乳中免疫球蛋白 G(IgG) 含量是较常见的检测项目。用单向免疫扩散法检测牛初乳 IgG 含量是比较理想的定量方法。

1. 原理

可溶性抗原与相应抗体特异性结合，两者比例适当并有电解质存在及一定的温度条件下，经一定的时间，可形成肉眼可见的沉淀物，称为沉淀反应。为了使抗原抗体之间比例适合，不使抗原过剩，故一般均应稀释抗原，并以抗原最高稀释度仍能与抗体出现沉淀反应为该抗体的沉淀反应效价（滴度）。

琼脂扩散即可溶性抗原与抗体在琼脂凝胶中所呈现的一种沉淀反应。当对应的抗原、抗体在半固体琼脂中相遇，且二者比例适当时，便出现可见的白色沉淀线，这组沉淀线是一组抗原、抗体的特异性复合物。当琼脂中有多组不同的抗原、抗体存在时，便各自依其扩散速度的差异，在适当的部位形成独立的沉淀线。因此，琼脂扩散不仅用于疾病诊断，而且更广泛地用于抗原成分的分析。

单向琼脂扩散反应是指可溶性抗原或抗体分子，其中一种固定在琼脂凝胶中，另一种则自由扩散。一般是将一定量的抗体混合于琼脂凝胶内倾注于玻璃板上，待胶凝固后打孔，将标准抗原与未知抗原分别加入孔中，使其在凝胶中向四周扩散。抗原与相应抗体在琼脂胶内结合后形成白色沉淀环，沉淀环直径的平方与抗原的浓度成正比，是一种定性和半定量方法。

2. 试剂与仪器

（1）试剂。琼脂、0.01 mol/L PBS(pH 6.8)、标准 IgG（纯度 99.99%以上，Sigma)、兔抗牛 IgG 的抗体（二抗，Sigma)。

（2）0.01 mol/L 磷酸盐缓冲溶液（pH 6.8)。取 49.0 mL 0.2 mol/L 磷酸氢二钠溶液和 51.0 mL 0.2 mol/L 磷酸二氢钠溶液混合后，添加 0.02%的叠氮钠，再用蒸馏水稀释至 1 L 即可。

（3）1.0%～1.5%琼脂糖。取 1.0～1.5 g 琼脂溶于 100 mL 0.01 mol/L 磷酸盐缓冲溶液（pH 6.8)，加热溶解后，121 ℃高压蒸汽灭菌 15 min，冷却后置 4 ℃冰箱，冷藏备用。

（4）仪器。载玻片、水平尺、琼脂板打孔器、水浴锅、酒精灯、微量加样器。

3. 操作步骤

（1）确定兔抗牛 IgG 抗体最佳工作浓度。

① 琼脂板的制备。将载玻片置于水平桌面上（水平尺检验校正)，将 1%的琼脂倾注于载玻片上，使其自然流成水平面。待琼脂凝固后，用琼脂板打孔器按图 14-10打孔。用酒精灯加热载玻片进行封底，以防样品加入后从底部渗出。

② 加样。于中央孔 1 注满牛标准 IgG（浓度分别为 100 μg/mL、75 μg/mL、50 μg/mL、33 μg/mL、17 μg/mL)，周围孔 2～7 分别加入 1∶2、1∶4、1∶8、1∶16、1∶32 和 1∶64 倍比稀释的兔抗牛 IgG 抗体。

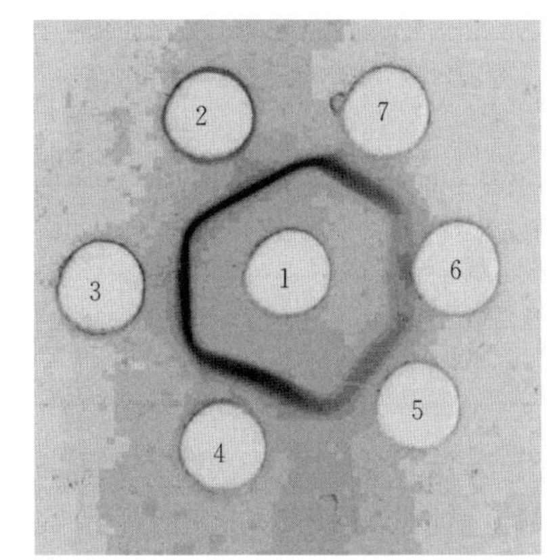

图 14-10　抗血清和提纯后抗体的效价

注：中心孔 1 为标准牛 IgG；外周孔为兔抗牛 IgG 抗体；孔 2～7 稀释比例分别为 1∶2、1∶4、1∶8、1∶16、1∶32、1∶64。

③ 扩散。将琼脂板放入湿盒内置 37 ℃电热恒温干燥箱中培养扩散 24 h，取出，观察结果。如图 14-10 所示，周围小孔与中央孔之间可出现清晰的乳白色沉淀线。当抗体稀释度为 1∶32 时，标准牛 IgG 的孔沉淀圈边缘清晰、大小适中。因此，可以选择 1∶32 为兔抗牛二抗的工作浓度。

（2）标准曲线。

① 标准溶液。准确称取 1.0 mg 标准 IgG，加入 1.0 mL 0.01 mg/L 磷酸盐缓冲溶液（pH 6.8)，充分溶解、摇匀后配成浓度为 1.0 mg/mL 的 IgG 标准溶液，然后再用磷酸盐缓冲溶液梯度稀释，分别配成 100 mg/dL、50 mg/dL、25 mg/dL、12.5 mg/dL、6.25 mg/dL 浓度的系列 IgG 标准溶液各 0.5 mL，用于标准曲线的绘制。

② 琼脂糖凝胶。配制 1.0%的琼脂糖，加热至沸腾，冷却至 56 ℃，于 56 ℃水浴锅中保持融化状态，将稀释好的兔抗牛抗体加入琼脂糖凝胶，混匀，迅速倒入平板中。

③ 加样。取不同浓度的（100 mg/dL、50 mg/dL、25 mg/dL、12.5 mg/dL、6.25 mg/dL) IgG 标准溶液 10.0 μL 和不同稀释倍数的样品稀释液各 10.0 μL 分别加入各孔内，每孔做 3 个平行试验，置于湿盒，37 ℃扩散 24 h 后，用游标卡尺准确测量沉淀环的直径。

(3) 检测。 牛初乳样品经离心，弃去乳脂，取脱脂乳进行稀释，每个样品设 3 个平行样，37 ℃培养 24 h，测量沉淀圈直径，根据标准曲线计算样品 IgG 实际浓度。样品的稀释倍数需要根据试验摸索，以其沉淀环直径落在标准曲线内为准。

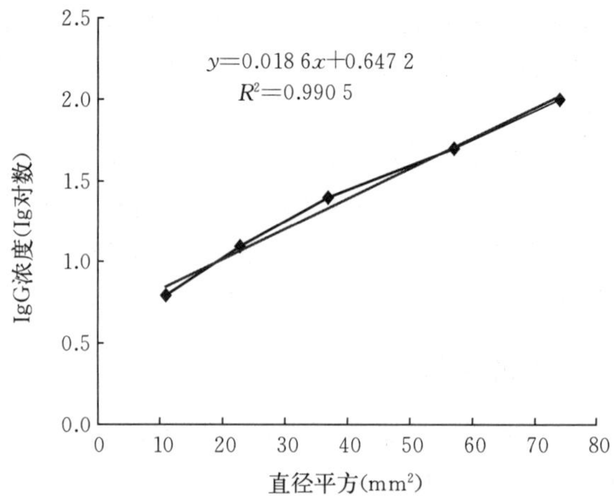

图 14-11 单向免疫扩散法测定 IgG 标准曲线

4. 结果分析与评价

(1) 结果计算。 以标准样品 IgG 浓度（mg/dL）的对数为纵坐标（对数坐标），以扩散环直径的平方（mm²）为横坐标绘制标准曲线（图 14-11）。

(2) 分析误差。 用 5 块板，每块板平行测 5 个标准品，结果见表 14-13 和表 14-14。可见，单向免疫扩散法精确性和重复性均较好，板间变异系数为 0.6%～1.5%，回收率为 92.0%～104.3%。

表 14-13 标准牛 IgG 沉淀圈直径

标准品浓度（μg/mL）	100	75	50	33
平均直径（cm）	1.07	0.92	0.78	0.69
CV	1.2	1	1.1	1.5

注：CV 为板间变异系数。

表 14-14 单向免疫扩散法标准品回收率

期望值	100	75	50	33	17
测定值（μg/mL）	99.1	73.3	50.6	34.4	15.6
回收率（%）	99.1	97.7	101.2	104.3	92.0

(3) 方法评价。 该法琼脂糖凝胶厚薄要适中，均匀一致；加样时注意加样枪头不要将琼脂划破，以免影响沉淀线的形成。反应时间要适宜，时间过长，沉淀线可解离而导致假阴性、不出现或不清楚。加样时不同浓度抗体和抗原不要混淆，以免影响试验结果。试验前应做预试验，确定抗体的稀释度，使形成的沉淀圈无重影现象，边缘更加清晰，易于测量，减少误差。当兔抗牛二抗加入琼脂糖凝胶时，凝胶的温度需要控制在 56 ℃左右，不可超过 60 ℃，因为过热会使兔抗牛二抗失活，效价降低。每块板子均应绘制标准曲线，不同板子之间的标准曲线有差别。绘制标准曲线时，沉淀圈的大小与标准 IgG 浓度直接相关，标准 IgG 浓度大，沉淀圈就大，测量时就会增加板间变异系数，同时为了使标准 IgG 扩散充分就得延长时间，会使沉淀圈因扩散时间延长而边缘不清晰，增加测量误差，标准 IgG 浓度一般选用 0.1～1 mg/mL。

(4) 结果评价。 目前，活性蛋白质含量检测技术已有许多公开的方法，但还没有国际公认的标准检测方法，也没有国家标准方法。尽管国内外有许多关于初乳中免疫球蛋白 IgG 检测技术报道，但不能满足富含活性蛋白乳制品和药物治疗产品市场发展的需要，要尽快建立国际检验标准或国家标准方法。一般来说，初乳中免疫球蛋白 IgG 含量高好。牛初乳中的免疫球蛋白含量高达 30～200 mg/mL。

二、乳铁蛋白

牛乳中的乳铁蛋白是一种重要的生理活性物质，具有增强铁的传递和吸收、广谱的抗菌性和免疫功能。牛乳中 Lf 的功能、作用机理及产生机理已经成为目前研究的难点和热点。检测牛乳中 Lf 含量的方法有十二烷基硫酸钠-聚丙烯酰胺凝胶电泳法（SDS-PAGE 法）、毛细管电泳法、反相高效液相层析法等。因 SDS-PAGE 法相对于其他几种方法较为简单，易于操作，而广泛应用于许多研究领域。

1. 原理

十二烷基硫酸钠-聚丙烯酰胺（SDS）是一种阴离子去污剂，它能破坏蛋白质分子之间以及其他物质分子之间的非共价键。在强还原剂如巯基乙醇或二硫苏糖醇的存在下，蛋白质分子内的二硫键被打开并解聚成多肽链。解聚后的蛋白质分子与 SDS 充分结合形成带负电荷的蛋白质亚基- SDS 复合物，复合物所带的负电荷大大超过了蛋白质分子原有的电荷量，这就消除了不同蛋白质分子之间原有的电荷差异，蛋白质亚基- SDS 复合物在溶液中的形状像一个长椭圆棒。椭圆棒的短轴对不同的蛋白质亚基- SDS 复合物基本上是相同的，但长轴的长度则与蛋白质分子质量的大小成正比，因此这种复合物在 SDS-PAGE 系统中的电泳迁移率不再受蛋白质原有电荷的影响，而主要取决于椭圆棒的长轴长度即蛋白质及其亚基分子质量的大小。当蛋白质的分子质量为 15～200 ku 时，电泳迁移率与分子质量的对数呈线性关系。由此可见，SDS - PAGE 法不仅可以分离鉴定蛋白质，而且可以根据电泳迁移率大小测定蛋白质亚基的分子质量。

2. 试剂

低分子质量标准蛋白质、丙烯酰胺（sanland）、双丙烯酰胺（sigma）、TEMED（Amresco）、β-ME 及其他常用缓冲液。

3. 仪器

超低温冰箱、多功能电泳仪、凝胶成像系统、垂直电泳槽、冷冻离心机、微量进样器、微量移液器、磁力搅拌器。

4. 操作步骤

（1）样品制备。液态乳和酸乳：取 1 mL 样品，依次加入 1 mL 水和 2 mL 样品缓冲液，沸水浴煮 3～5 min，磁力搅拌 4 h，离心去除脂肪，取上清液分装备用，样品在－20 ℃可保存 6 个月。

奶酪、乳粉、乳清粉：称取 1 g 乳粉、奶酪、蛋白质粉等固体样品，加入适量水进行溶解，定容至 10 mL。取 1 mL 溶液，依次加入 1 mL 水和 2 mL 样品缓冲液，沸水浴煮 3～5 min，磁力搅拌 4 h，离心去除脂肪，取上清液分装备用。样品在－20 ℃可保存 6 个月。

（2）分离胶浓度的选择。采用不连续系统，同时配制了 8%、12%、15%以及 20%的分离胶（SDS 不连续电泳的凝胶配方见表 14 - 15），研究不同浓度的分离胶对分离效果的影响。

表 14 - 15　SDS 不连续电泳的凝胶配方（垂直电泳用）

试剂	5%浓缩胶	分离胶			
		8%	12%	15%	20%
去离子水（mL）	4.06	14.5	4.2	7.5	2.5
4×分离胶溶液（mL）	—	7.5	3	7.5	7.5
4×浓缩胶溶液（mL）	1.68	—	—	—	—
30% 丙烯酰胺（mL）	1	8	4.8	15	20
四乙基乙二胺（μL）	5	16.7	10	16.7	16.7
10%过硫酸铵（μL）	50	167	100	167	167

根据不同浓度分离胶浓度所得出的电泳条带进行分析，选择出合适的浓度用于乳铁蛋白的检测。

(3) 电压的选择。对相同样品在所选浓度的分离胶上分别在 160 V、180 V、200 V、220 V 和 240 V电压下进行电泳，将电泳时间与电压进行比较。

(4) 染色剂的选择。SDS-聚丙烯酰胺凝胶常用的染色剂为考马斯亮蓝 R-250，在进行电泳时使用两种方法进行染色。两种染色液的成分及操作如下：①传统考马斯亮蓝染色法。清洗后的凝胶用染色液（45.4%甲醇、4.6%乙酸、0.25%考马斯亮蓝 R-250）着色过夜，再经洗脱液（5%甲醇、7.5%乙酸）过夜脱色至背景清晰。②改良考马斯亮蓝染色法。清洗后的凝胶用染色液（20%乙醇、10%磷酸、10%硫酸铵、0.25%考马斯亮蓝 R-250）着色过夜，再经洗脱液（5%甲醇、7.5%乙酸）脱色 3～4 次，即可背景清晰。将两种染色方法进行比较。

在考察染色时间、脱色时间、图像背景的同时，对同一样品分别在两块凝胶上做 8 个平行样，进行凝胶电泳，两块凝胶分别采用两种方法染色。

(5) 标样浓度及点样量。配制 8 个不同浓度的乳铁蛋白标准溶液，在同一块凝胶上进行点样，得出适用的点样浓度。标准溶液点样浓度见表 14-16。

表 14-16　标准溶液点样浓度

样品号	1	2	3	4	5	6	7	8	9
Lf 浓度（mg/mL）	0.250 0	0.166 7	0.111 1	0.074 1	0.049 4	0.032 9	0.021 9	0.014 6	0.009 7

选择合适的乳铁蛋白的标准溶液浓度，在同一块凝胶上进行点样，选择在相应区域有谱带、染色颜色适中、条带宽度适中的点样体积。标准溶液点样体积见表 14-17。

表 14-17　标准溶液点样体积

样品号	1	2	3	4	5	6	7	8
Lf 点样量（μL）	4	6	8	10	12	14	16	18

(6) 待测样品的上样量。收集原料乳、酸乳、乳粉、奶酪、乳清蛋白粉 5 类代表性样品，在同一块凝胶上进行点样，得出各类样品合适的上样量。待测样品点样体积见表 14-18。

表 14-18　待测样品点样体积

待测样品	乳清蛋白粉		奶酪		乳粉		酸乳		原料乳	
点样量（μL）	12	16	18	36	16	30	16	30	12	16

(7) 方法的准确度和精密度验证。

① 乳铁蛋白不同浓度标准溶液与光密度值之间的线性关系。用 SDS-PAGE 法分别测定乳铁蛋白的标准溶液，其测定结果可以得出乳铁蛋白的标准溶液与光密度值之间存在的线性关系、相关系数和回归方程。

② 标准溶液与样品图谱。将乳铁蛋白标准样品与经前处理的样品一同点样，在既定电泳条件下进行电泳分析。

③ 确定检出限及定量限。选择浓度接近于空白样品的标准溶液进行 20 次平行样电泳，测光密度值。计算标准偏差、检出限和定量限。

根据初步试验结果，确定乳铁蛋白的含量范围，为稀释体积、分取体积及结果的表述提供原始数据。

④ 方法精密度。对同一样品在同一块凝胶上做 8 个平行样进行电泳，得到乳铁蛋白的含量；如果同一样品在同一块凝胶上做 8 个平行样进行电泳，相对标准偏差≤10%，则可以满足试验要求。

5. 结果分析与评价

(1) 方法评价。

① 分离胶浓度的选择。对同一样品，相同电流，在8%、12%、15%、20%的分离胶上进行电泳，对分离效果进行比较（图14-12）。

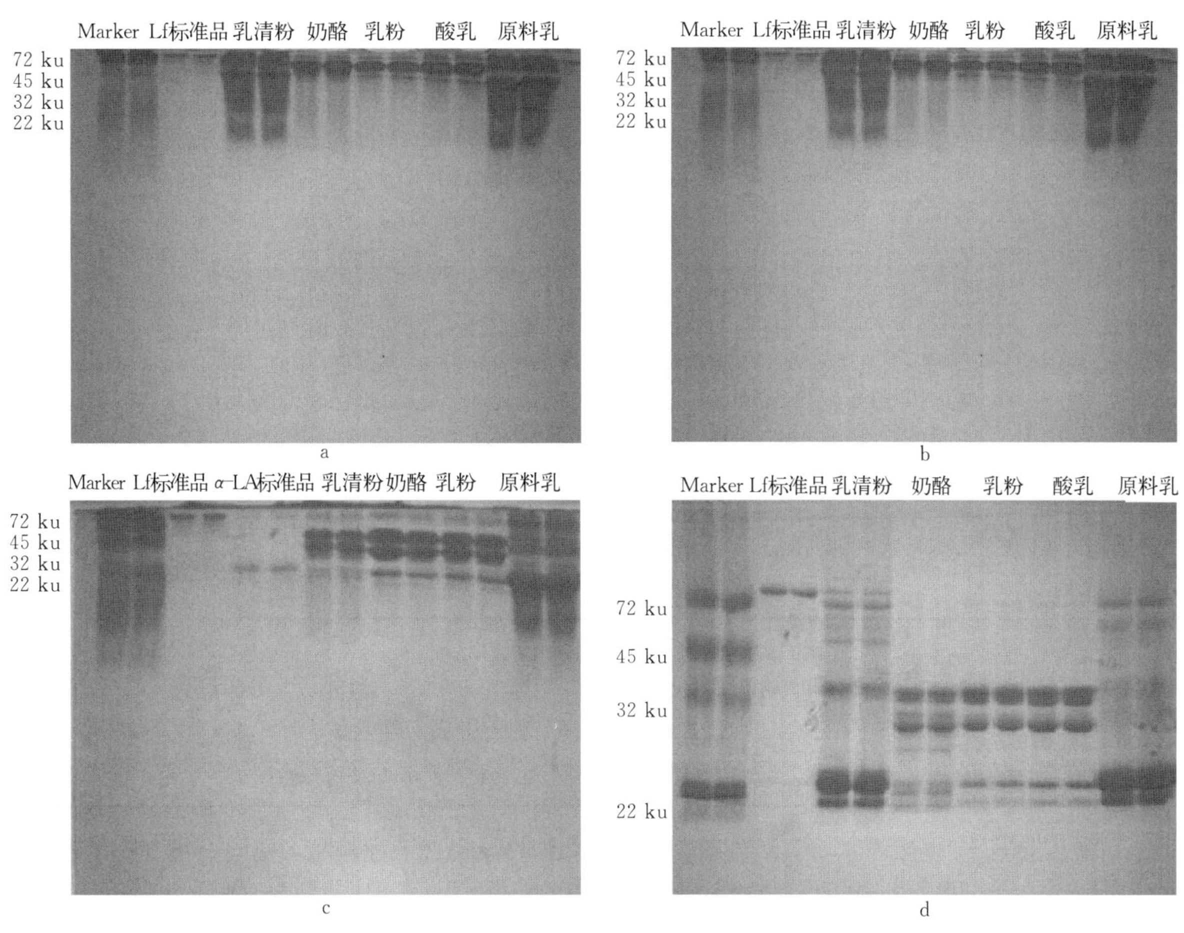

图14-12　不同浓度分离胶效果

a. 8%　b. 12%　c. 15%　d. 20%

由图14-12a可见，8%的分离胶无法将蛋白质分开；由图14-12b至d可见，12%～20%的分离胶对蛋白质能够起到分子筛的作用，与其他乳清蛋白和酪蛋白有较好的分离效果，但是综合考虑迁移距离和时间，12%的分离胶浓度更加适用于乳铁蛋白的检测。

② 电压的选择。同一样品在12%分离胶上分别在160 V、180 V、200 V、220 V、240 V电压下进行电泳（表14-19），电压越大，电泳时间越短；但当电压增加到240 V时，可以明显感觉到电泳中产生热量，对分离效果造成潜在的影响。综合考虑，选择200 V的电压。

表14-19　电压与电泳时间表

电压（V）	160	180	200	220	240
耗时（min）	270	240	210	180	150

③ 染色剂的选择。改良考马斯亮蓝染色法（表14-20）用低毒的乙醇代替甲醇，采用高酸、高离子染色液，与蛋白质结合选择性高，脱色时间大大缩短，也缩短了整个染色及人与有

毒物质接触的时间，在胶体背景处取 20 个点，吸光度的平均值为 0.000 11，获得了背景清晰的胶体。

表 14-20　两种染色方法的比较

项　　目	染色耗时	脱色耗时	有毒试剂使用	吸光度平均值
传统考马斯亮蓝染色	过夜	1～2 d	大量	0.000 57
改良考马斯亮蓝染色	过夜	2 h	少量	0.000 11

④ 标样浓度及点样量。配制 9 个不同浓度的乳铁蛋白的标准溶液，在同一块凝胶上进行点样，电泳结果见图 14-13；相应编号的样品浓度与吸光度值见表 14-21。

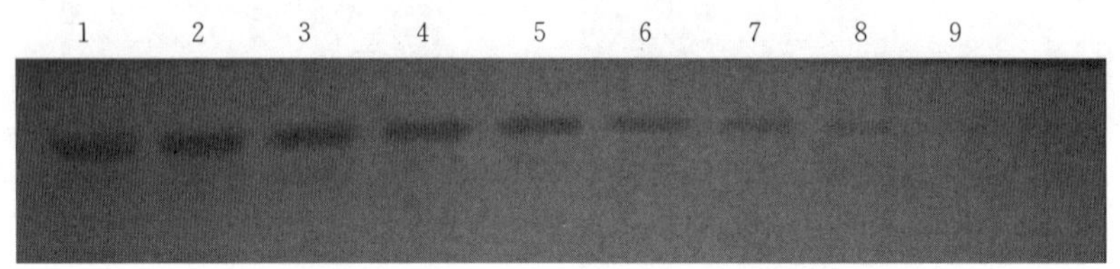

图 14-13　不同标样浓度的电泳图

注：通过电泳图，选择 0.111 1 mg/mL 作为乳铁蛋白标准溶液的点样浓度。

本试验中，依据标准溶液含量及染色的程度，建议选择 12 μL 作为点样体积。

表 14-21　不同标样浓度与吸光度值

样品编号	1	2	3	4	5	6	7	8	9
浓度（mg/mL）	0.250 0	0.166 7	0.111 1	0.074 1	0.049 4	0.032 9	0.021 9	0.014 6	0.009 7
吸光度	5.530 4	3.772 6	2.623 5	1.789 2	1.269 1	0.904 7	0.668 0	0.536 0	0.288 1

⑤ 样品上样量。原料乳、酸乳、乳粉、奶酪、乳清粉 5 类代表性样品，在同一块凝胶上进行点样后结果如图 14-14，合适的点样体积分别为：乳清粉，12 μL；奶酪，36 μL；乳粉，30 μL；酸乳，30 μL；原料乳，16 μL。

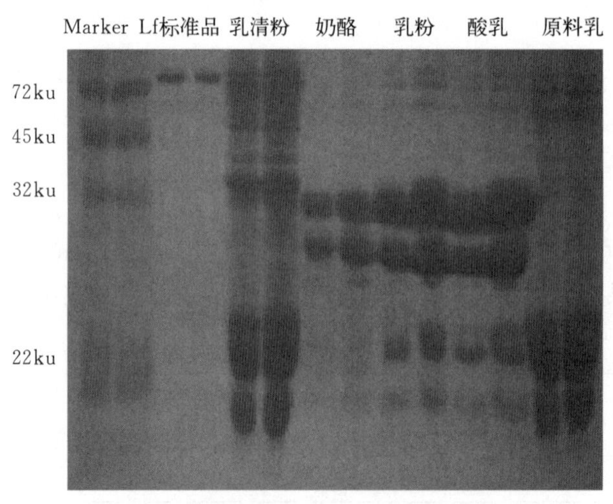

图 14-14　代表样品的不同点样体积电泳图

⑥ 乳及乳制品中乳铁蛋白的含量。乳及乳制品中乳铁蛋白的含量，数据见表 14-22。

表 14-22　不同样品中乳铁蛋白的含量

样品种类	浓度平均值（mg/mL 或 mg/g）	相对偏差（%）
酸乳	31.3	5.7
牛乳	72.5	4.7
奶酪	100.7	6.7
乳粉	398.8	5.8
乳清蛋白粉	1 618.2	0.2

⑦ 方法准确度和精密度验证。

a. 不同浓度乳铁蛋白标准溶液与吸光度值之间的线性关系。用 SDS-PAGE（法）测定乳制品中乳铁蛋白标准溶液，其测定结果表明乳铁蛋白标准溶液与吸光度值之间存在着较好的线性关系（图 14-15），决定系数 R^2 为 0.999 3，回归方程为 $y=21.501x+0.186\ 2$。

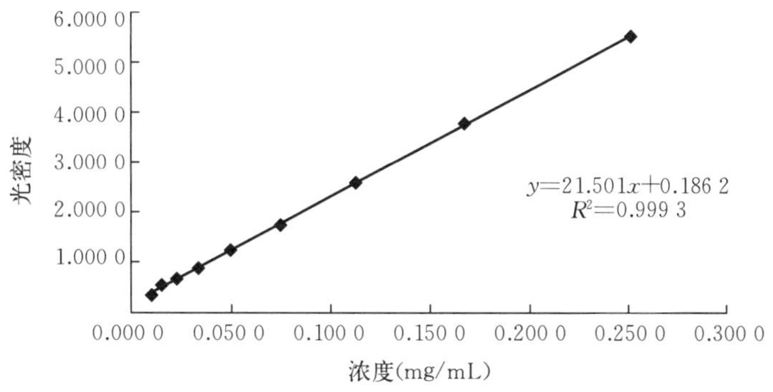

图 14-15　乳铁蛋白标样浓度与吸光度值的线性关系

b. 标准溶液与样品图谱。在既定电泳条件下，可以达到乳铁蛋白与其他蛋白良好的分离效果（图 14-16）。另外，由于采用外标法定量，因此每次应将乳铁蛋白标准溶液与样品一起点样进行电泳，以保证测定结果的准确性。

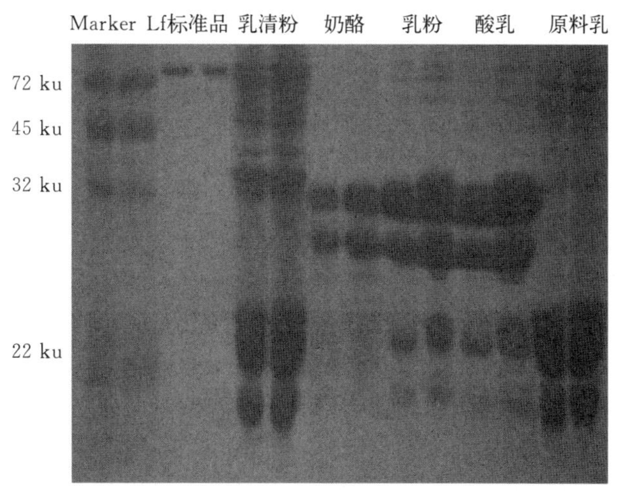

图 14-16　乳铁蛋白在 SDS-PAGE 图

c. 确定检出限及定量限。根据限量要求，对 0.009 7 mg/mL 的标准样品（较接近于空白样品）的 20 个平行样进行电泳，得到乳铁蛋白检出限、定量限试验结果（表 14-23）。

表 14-23 乳铁蛋白检出限、定量限试验结果

序号	1	2	3	4	5	6	7	8	9	10
吸光度值	0.083	0.088	0.087	0.082	0.084	0.081	0.087	0.083	0.095	0.088
序号	11	12	13	14	15	16	17	18	19	20
吸光度值	0.088	0.092	0.083	0.085	0.081	0.082	0.087	0.087	0.084	0.083
标准偏差 SD	0.03									
检出限 LOD	LOD=3×SD				液态乳		2.9 mg/dL			
					乳粉、奶酪		29 mg/hg			
定量限 LOQ	LOQ=10×SD				液态乳		9.7 mg/dL			
					乳粉、奶酪		97 mg/hg			

(2) 结果评价。牛乳中乳铁蛋白含量高好。对 6 种生乳进行测定，平均乳铁蛋白含量为 97.8 mg/mL，相对标准偏差 2.8%～10%。在不同凝胶上进行方法精密度试验，结果表明，其相对标准偏差≤10%，用本法测定乳与乳制品中乳铁蛋白含量有较好的精密度、重复性。

三、牛乳特异性抗体效价

牛乳特异性抗体效价（the antibody titers in milk）是评价牛乳免疫功能的重要指标。通过给奶牛选择性地接种一些能够引起人或动物疾病的细菌、病毒或其他一些外来抗原，可以刺激奶牛产生免疫应答而处于高免状态分泌特异性的抗体进入乳中，使得初乳和常乳中抗体大幅度增加。人食用这种牛乳可被动免疫，以清除细菌和中和细菌毒素，激发人体胃肠道局部免疫，可有效预防感染和控制疾病。牛乳中特异性抗体效价最常用的检测方法是酶联免疫吸附剂试验（ELISA）。ELISA 是以免疫学反应为基础，将抗原、抗体的特异性反应与酶对底物的高效催化作用相结合的一种敏感性很高的试验技术。其方法是利用聚苯乙烯微量反应板吸附抗原/抗体，使之固相化，免疫反应和酶促反应都在其中进行。间接 ELISA 是检测抗体最常用的方法，该方法是利用酶标记的抗体以检测已与固相结合的受检抗体，故称为间接 ELISA 法，方法如下。

1. 原理

间接 ELISA 法主要用于检测抗体。首先用特异性抗原包被固相载体，加入含待测抗体的样品，使之与固相抗原结合，再加入酶标记的第 2 抗体，使之与待测抗体结合；反应后再加入底物显色，颜色的深浅与标本中待测抗体的量成正比（图 14-17）。此方法的特点是只需一种酶标记的第 2 抗体就可以检测多种抗体，因而在临床中广泛用于检测各种感染性疾病的抗体。通过对样品进行系列稀释，可以检测牛乳中特异性抗体的效价。

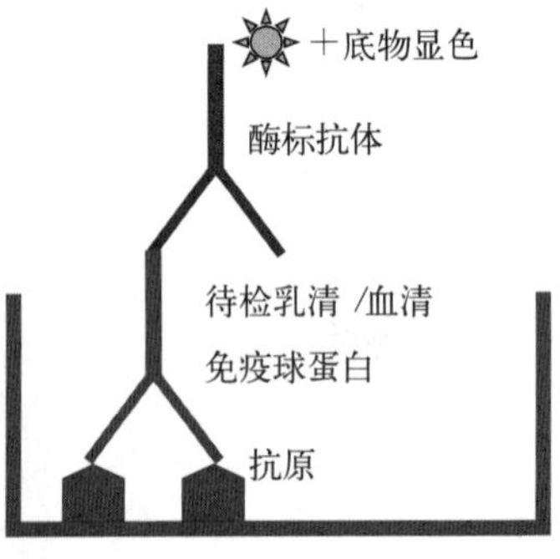

图 14-17 间接 ELISA 法检测原理

2. 试剂

(1) 包被液（碳酸盐缓冲溶液）。3.98 g Na_2CO_3，7.35 g $NaHCO_3$，加蒸馏水至 250 mL，pH 为 9.6，保存于 4 ℃，每周配制 1 次。

(2) 抗原储存液。5 mg 脂肪酶抗原蛋白 Lipase（本试验所采用的抗原模型）溶于 1 mL 包被液中，于−20 ℃保存待用。

（3）抗原包被液。 取 50 μL 抗原储存液溶于 10 mL 包被液中，每块板用量 10 mL（一定要新鲜配制）。

（4）PBS-T 洗涤缓冲液。 1.91 g KH_2PO_4，15.4 g $Na_2HPO_4 \cdot 12H_2O$，80.6 g NaCl，2.0 g KCl，加蒸馏水至 1 L，pH 为 7.4，即 10 倍 PBS（10×）。取 200 mL PBS（10×），1 mL Tween－20，加蒸馏水 1 800 mL，配制成 2 L 的洗涤缓冲液。

（5）封闭液（0.5%的人血清）。150 μL 人血清溶于 30 mL PBS－T 洗涤缓冲液。

（6）0.5%胎牛血清（FCS）。10 μL 胎牛血清（FCS）溶于 2 mL PBS－T 洗涤缓冲液，用于阴性对照。

（7）阳性对照。 5 μL 阳性标准乳清溶于 1 mL PBS－T 洗涤缓冲液，用于阳性对照。

（8）待检样品稀释。 5 μL 血清/乳清溶于 1 mL PBS－T 洗涤缓冲液。

（9）酶标抗体使用液。 碱性磷酸酯酶驴抗牛 IgG（promega）以 1∶2 500 稀释，取 4 μL 溶于 10 mL PBS－T 洗涤缓冲液（一定要新鲜配制）。

（10）底物缓冲液。 取 48.5 mL 二乙醇胺（diethanolamine）溶于 400 mL 蒸馏水中，以浓盐酸调节 pH 为 9.8。加 250 μL 1 mol/L 的 $MgCl_2$ 溶液，蒸馏水定容至 500 mL，4 ℃避光保存。

（11）对硝基苯磷酸酯（p-NPP）**使用液。**

① p-NPP 储存液。250 mg 对硝基苯磷酸酯溶于 1 mL 二乙醇胺缓冲液，4 ℃避光保存。

② p-NPP 使用液。100 μL 对硝基苯磷酸酯储存液加入 9.9 mL 二乙醇胺缓冲液（NPP 使用液一定要新鲜配制）。

（12）终止液（3.75 mol/L NaOH）。称取 37.5 g NaOH，蒸馏水定容至 250 mL。

3. 仪器

酶标仪、培养箱、4 ℃冰箱、96 孔酶标板（ELISA 板）。

4. 操作步骤

（1）96 孔酶标板上每孔加 100 μL 抗原包被液。

（2）96 孔酶标板加盖/封口膜，于 4 ℃过夜。

（3）翌日，弃去 96 孔酶标板孔内溶液，用 PBS-T 洗涤缓冲液洗涤 3 次，每次 3 min，每次须甩净孔内液体。

（4）以 150 μL 人血清溶于 30 mL PBS-T 洗涤缓冲液配制封闭液。

（5）每孔加 200 μL 封闭液；37 ℃封闭 90～120 min，用 PBS－T 洗涤缓冲液洗涤 3 次。

（6）乳清起始稀释浓度为 1∶200，同样配制阳性乳清对照和阴性 FCS 对照。

（7）建议每次试验前先设计每板要检测样品编号及排列，每孔添加 100 μL PBS-T 洗涤缓冲液；将乳清在 ELISA 板上进行倍比稀释，待检样品应做 2 个平行样。

（8）96 孔酶标板于 37 ℃培养 90～120 min，用 PBS-T 洗涤缓冲液洗涤 3 次。

（9）每孔加 100 μL 酶标抗体使用液。

（10）96 孔酶标板于 37 ℃培养 90～120 min。

（11）先用 PBS-T 洗涤缓冲液洗涤 3 次，最后用双蒸水洗涤 1 次。

（12）每孔加 100 μL p－NPP 使用液，室温 37 ℃下显色反应约 30 min。

（13）加 3.75 mol/L 的 NaOH 终止液 50 μL 终止反应。

（14）酶标仪 405 nm 波长处测吸光度。

5. 结果分析与评价

当（待检样品吸光度－空白对照吸光度）/（阴性对照吸光度－空白对照吸光）≥2 时，判定为阳性，样品呈反应阳性的最大稀释倍数即样品的滴定效价。由于不同研究人员采用的酶标抗体、抗原等试剂无法标准化，反应条件可以影响结果。因此，不同研究测定的滴定效价不便于比较。但通常大家认为当 ELISA 效价大于 1∶10 000 时，表明乳中抗体效价较好；当 ELISA 效价大于 1∶100 000 时，表明乳中抗体效价相当好。

ELISA 试验以灵敏度较高、特异性较好的特点在临床上得到了广泛的应用，但操作中的各个环节对试验的检测效果影响较大，如不注意，有可能导致显色不全、花板等结果。在实际操作中，除了选择优良试剂外，还必须严格按照操作步骤进行操作，以严谨的工作作风检测每一份标本，才能保证检测质量。现在国内已有相当数量的单位拥有全自动酶标仪，这对于实现 ELISA 标准化检测、提高检测质量起到了重要作用。

四、免疫球蛋白

免疫球蛋白是牛乳中重要的生物活性蛋白，目前已确认牛乳中主要有 4 类免疫球蛋白，即 IgG1、IgG2、IgA 和 IgM，其主要功能是提供被动免疫、抗菌、抗病毒等。间接 ELISA 法可以测定牛乳中特异性抗体效价，而夹心 ELISA 法可以测定牛乳中免疫球蛋白绝对含量。夹心 ELISA 法的检测是由两个特异性抗体先后与待检蛋白质相结合构成“夹心”状（图 14－18）。

1. 原理

夹心 ELISA 法（图 14－18）的检测原理如下：将特异性抗牛免疫球蛋白的抗体（二抗）与固相载体连接，形成固相抗体；洗涤除去未结合的抗体及杂质；加待检牛乳样品，使之与固相抗体接触反应一段时间，让样品中的免疫球蛋白与固相载体上的二抗结合，形成固相复合物；洗涤除去其他未结合的物质；添加酶标抗体，使固相免疫复合物上的免疫球蛋白再与酶标抗体结合。此时，固相载体上带有的酶量与样品中受检物质的量呈正相关。根据底物颜色反应的程度进行该抗原的定性或定量。

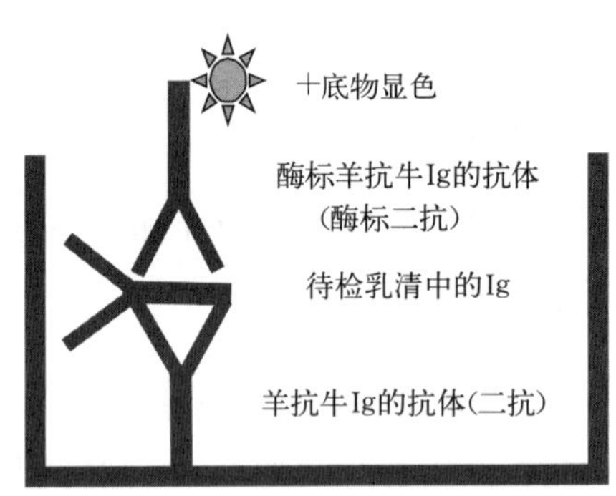

图 14－18　夹心 ELISA 法检测原理

2. 试剂

（1）ELISA 缓冲液及底物配制。

① 捕获抗体包被液（碳酸盐缓冲溶液）。3.98 g Na_2CO_3，7.35 g $NaHCO_3$，加蒸馏水至 250 mL，pH 为 9.6，保存于4 ℃，每周配制 1 次。

② HRP 酶标抗体使用液。按试剂盒说明书稀释酶标抗体，溶于 10 mL 洗涤缓冲溶液（新鲜配制）。

③ 洗涤缓冲溶液。

配制 PBS(10×)：1.91 g KH_2PO_4，15.4 g $Na_2HPO_4\cdot 12H_2O$，80.6 g NaCl，2.0 g KCl，加蒸馏水至 1 000 mL，pH 为 7.4。

取 200 mL PBS(10×)，1 mL Tween－20，加蒸馏水 1 800 mL，配制成 2 L 的洗涤缓冲溶液。

④ 封闭液（0.5%的人血清）。150 μL 人血清溶于 30 mL PBS－T 洗涤缓冲溶液。

⑤ 底物缓冲溶液（0.05 mol/L 的磷酸-柠檬酸盐缓冲溶液）：

0.2 mol/L 磷酸氢二钠溶液：取 14.326 g 磷酸氢二钠，溶于 200 mL 蒸馏水中。

0.1 mol/L 柠檬酸溶液：取 4.203 g 柠檬酸，溶于 200 mL 蒸馏水中。

取 25.7 mL 0.2 mol/L 磷酸氢二钠溶液和 24.3 mL 0.1 mol/L 柠檬酸溶液，加蒸馏水 50 mL，调 pH 到 5.0。

⑥ TMB 使用液。1.2 mg 四甲基联苯胺（TMB）溶于 1.2 mL 二甲基亚砜（DMSO）中，避光，

加 10.8 mL 磷酸-柠檬酸盐缓冲溶液，再加 2.4 μL 的 30%的 H_2O_2，临用前配制。

⑦ 终止液（2 mol/L 的 H_2SO_4）。178.3 mL 蒸馏水，逐滴加入 21.7 mL 98%的浓硫酸。

（2）牛免疫球蛋白试剂盒抗体特点，详见表 14-24。

表 14-24　牛免疫球蛋白试剂盒特点

项目	捕获抗体名称		
	亲和纯化羊抗牛 IgG 抗体	亲和纯化羊抗牛 IgA 抗体	亲和纯化羊抗牛 IgM 抗体
浓度	1 mg/mL	1 mg/mL	1 mg/mL
总量	1 mL	1 mL	1 mL
工作稀释倍数	1∶100	1∶100	1∶100
标准参照蛋白	牛参照血清	牛参照血清	牛参照血清
浓度	28 mg/mL	0.18 mg/mL	2.5 mg/mL
总量	0.1 mL	0.2 mL	0.1 mL
浓度范围	7.8～500 ng/mL	15.625～1 000 ng/mL	15.625～1 000 ng/mL
HRP 标记抗体	HRP 标记的羊抗牛 IgG 抗体	HRP 标记的羊抗牛 IgA 抗体	HRP 标记的羊抗牛 IgM 抗体
浓度	1 mg/mL	1 mg/mL	1 mg/mL
总量	0.1 mL	0.1 mL	0.1 mL
工作稀释倍数	1∶(10 000～200 000)	1∶(5 000～100 000)	1∶(10 000～100 000)

3. 操作步骤

（1）设计 ELISA 试验。

（2）96 孔酶标板上每孔加 100 μL 捕获抗体包被液。

（3）96 孔酶标板加盖/封口膜，于 4 ℃过夜。

（4）翌日，弃去 96 孔酶标板孔内溶液，用 PBS-T 洗涤缓冲液洗涤 3 次，每次 3 min，每次须甩净孔内液体。

（5）每孔加 200 μL 封闭液，37 ℃封闭 90 min，用 PBS-T 洗涤缓冲液洗涤 3 次。

（6）按试剂盒说明书稀释待检样品，将待检样品稀释一定倍数（参照 Bethyl 公司的牛免疫球蛋白试剂盒标准蛋白质稀释步骤）。

（7）每孔加 100 μL 稀释的待检样品，待检样品应做 2 个平行样。

（8）96 孔酶标板于 37 ℃培养 90 min；用 PBS-T 洗涤缓冲液洗涤 3 次。

（9）每孔加 100 μL HRP 酶标抗体使用液，96 孔酶标板于 37 ℃培养 90 min。

（10）PBS-T 洗涤缓冲液洗涤 3 次，最后用双蒸水洗涤 1 次。

（11）每孔加 100 μL TMB 使用液。

（12）室温下显色反应 20 min。

（13）加终止液 50 μL 终止反应。

（14）酶标仪 450 nm 波长处测吸光度。

4. 结果分析与评价

（1）分析误差。分别计算标准、对照和样品的平均值，每个平均值减去零点的读数、制作标准曲线。牛乳中 IgG、IgA、IgM 含量检测标准曲线见图 14-19。该方法较为精确，重复性较好，ELISA 板间偏差和板内偏差分别小于 6%和 9%。

（2）夹心 ELISA 法常见问题及解决方法见表 14-25。免疫球蛋白是牛乳中重要的生物活性蛋白，含量越高越好。

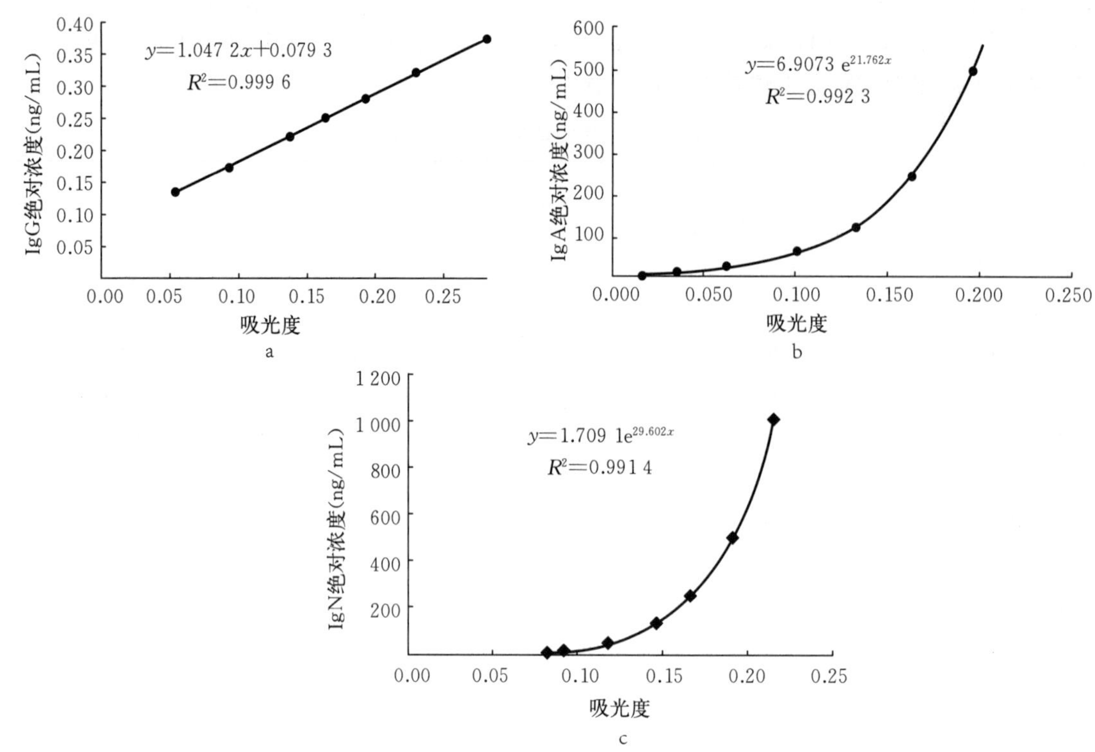

图 14-19 乳中 IgG、IgA、IgM 含量检测标准曲线

a. IgG 检测的标准曲线 b. IgA 检测的标准曲线 c. IgM 检测的标准曲线

表 14-25 夹心 ELISA 法常见问题及解决方法

常见问题	原因
读数低	① 错误稀释或吸液管使用有误 ② 孵育时间不合适 ③ TMB 底物混合不正确，每种成分等量混合 ④ 读数的波长不正确，TMB、OPD、ABTS 为底物时，应分别使用 450 nm、490 nm、405 nm 波长进行检测 ⑤ 试剂盒被污染或超出使用期 ⑥ 反应物使用不正确
读数高	① 样品或阳性对照交叉污染 ② 错误稀释或吸液管使用有误 ③ 洗涤不正确 ④ 读数的波长不正确 ⑤ 缓冲液或酶底物污染 ⑥ 孵育时间不合适 ⑦ 试剂盒被污染或到期了
平行差	① 样品没混匀 ② 错误稀释或吸液管使用有误 ③ 方法错误 ④ 试验前后不一致 ⑤ 洗涤无效

（续）

常见问题	原因
所有孔都是阳性	① 缓冲液或酶底物被污染了 ② 错误稀释或吸液管使用有误 ③ 试剂盒被污染或超出使用期 ④ 洗涤无效
所有孔都是阴性	① 操作程序有误 ② 缓冲液或酶底物被污染了 ③ 酶标抗体被污染了 ④ 试剂盒被污染或到期了

（于建国、杜洪、王加启）

主要参考文献

刘光磊，王加启，卜登攀，等，2007. 埋植抗原缓释剂 ARD 后牛乳特异性抗体效价评价［J］. 中国农业大学学报，12(6)：57－61.

刘朋龙，张丹凤，陆东林，2002. 琼脂单、双扩散法测定牛初乳中 IgG 的应用分析［J］. 草食家畜，116(3)：41－45.

郭本恒，2001. 功能性乳制品［M］. 北京：中国轻工业出版社.

王加启，2007. 21 世纪国际奶业发展新动向［J］. 中国畜牧兽医，34(4)：5－6.

王加启，于建国，2004. 饲料分析与检验［M］. 北京：中国计量出版社.

伍红，1999. 两种测定牛奶中乳糖含量方法的比较［J］. 西南民族学院学报（自然科学版），25(3)：288－291.

杨汉春，2003. 动物免疫学［M］. 2 版. 北京：中国农业大学出版社.

Andrews A T，Taylor M D，Owen A J，1985. Rapid analysis of bovine milk proteins by fast protein liquid chromatography［J］. Journal of Chromatography，348(1)：177－185.

Berruex L G，Freitag R，Tennikova T B，2000. Comparison of antibody binding to immobilized group specific affinity ligands in high performance monolith affinity chromatography［J］. Journal of Pharmaceutical and Biomedical Analysis，24(1)：95－104.

Bjorck L，Kronvall G，1984. Purification and some properties of streptococcal protein G，a novel IgG-binding reagent［J］. Journal of Immunology，133(2)：969－974.

Copestake D E，Indyk H E，Otter D E，2006. Affinity liquid chromatography method for the quantification of immunoglobulin G in bovine colostrum powders［J］. Journal of AOAC International，89(5)：1249－1256.

de Jong N，Visser S，Olieman C，1993. Determination of milk proteins by capillary electrophoresis［J］. Journal of Chromatography A，652(1)：207－213.

Dominguez E，Perez M D，Calvo M，1997. Effect of heat treatment on the antigen-binding activity of anti-peroxidase immunoglobulins in bovine colostrum［J］. Journal of Dairy Science，80(12)：3182－3187.

Dominguez E，Perez M D，Puyol P，et al，2001. Effect of pH on antigen-binding activity of IgG from bovine colostrum upon heating［J］. Journal of Dairy Research，68(3)：511－518.

Gapper L W，Copestake D E，Otter D E，et al，2007. Analysis of bovine immunoglobulin G in milk，colostrum and dietary supplements：a review［J］. Analytical and Bioanalytical Chemistry，389(1)：93－109.

Gaucheron F，Mollé D，Léonil J，et al，1995. Selective determination of phosphopeptide beta-CN（1－25）in a beta-casein digest by adding iron：characterization by liquid chromatography with on-line electrospray-ionization mass spectrometric detection［J］. Journal Chromatography B Biomedical Application，664(1)：193－200.

Godden S，McMartin S，Feirtag J，et al，2006. Heat-Treatment of Bovine Colostrum. Ⅱ：Effects of heating duration on pathogen viability and immunoglobulin G [J]. Journal of Dairy Science，89(9)：3476 - 3483.

Kinghorn N M，Norris C S，Paterson G R，et al，1995. Comparison of capillary electrophoresis with traditional methods to analyse bovine whey proteins [J]. Journal of Chromatography A，700(1 - 2)：111 - 123.

Kinghorn N M，Paterson G R，Otter D E，1996. Quantification of the major bovine whey proteins using capillary zone electrophoresis [J]. Journal of Chromatography A，723(2)：371 - 379.

Levieux D，Levieux A，EI-Hatmi H，et al，2006. Immunochemical quantification of heat denaturation of camel(Camelus dromedarius)whey proteins [J]. Journal of Dairy Research，73(1)：1 - 9.

Li S Q，Zhang H Q，Balasubramaniam V M，et al，2006. Comparison of effects of high-pressure processing and heat treatment on immunoactivity of bovine milk immunoglobulin G in enriched soymilk under equivalent microbial inactivation levels [J]. Journal of Agricultural Food Chemistry，54(3)：739 - 746.

McConnell M A，Buchan G，Borissenko M V，et al，2001. A comparison of IgG and IgG1 activity in an early milk concentrate from non-immunised cows and a milk from hyperimmunised animals [J]. Food Research International，34(2 - 3)：255 - 261.

McMartin S，Godden S，Metzger L，et al，2006. Heat treatment of bovine colostrum. Ⅰ：Effects of temperature on viscosity and immunoglobulin G level [J]. Journal of Dairy Science，89(6)：2110 - 2118.

Mickleson K N，Moriarty K M，1982. Immunoglobulin levels in human colostrum and milk [J]. Journal Pediatric Gastroenterology Nutrition，1(3)：381 - 384.

Newgard J R，Rouse G C，Mcvicker J K，2002. Novel method for detecting bovine immunoglobulin G in dried porcine plasma as an indicator of bovine plasma contamination [J]. Journal of Agricultural and Food Chemistry，50(11)：3094 -3097.

Ohnuki H，Otani H，2015. Antigen-binding and protein G-binding abilities of immunoglobulin G in hyperimmunized cow's milk treated under various conditions [J]. Animal Science Journal，76(3)：283 - 290.

Recio I，Amigo L，López-Fandiño R，1997. Assessment of the quality of dairy products by capillary electrophoresis of milk proteins [J]. Journal of Chromatography. B：Biomedical Sciences and Applications，697(1 - 2)：231 - 242.

Resmini P，Pellegrino L，Hogenboom J A，et al，1989. Thermal denaturation of whey protein in pasteurized milk，Fast evaluation by HPLC [J]. Italian Journal of Food Science，1(3)：51 - 62.

第十五章

生乳安全及评价

生乳（raw milk）是指从符合国家有关要求的健康奶畜乳房中挤出的无任何成分改变的常乳。产犊后 7 d 的初乳、应用抗生素期间和休药期间的乳汁、变质乳不应用作生乳。

生乳的安全指标是指生乳中对人体健康有害的各项指标，主要包括污染物、真菌毒素、微生物、农药残留、兽药残留和违禁添加物等。除此之外，生乳理化指标不合格也会危害人体健康；牛奶体细胞数超标不仅仅是奶牛患乳腺炎的重要指标，而且对人体也十分有害；还原乳虽然不危害健康但必须标识清晰。这些指标应列为生乳的安全指标。

第一节　理化指标

生乳的理化指标包括新鲜度、酸度、杂质度、相对密度、冰点和感官指标。这些指标如果不合格也会危害人体健康，必须严格控制。

一、新鲜度

牛乳新鲜度（fresh degree）就是牛乳的新鲜程度。新鲜度的评价方法包括 3 个具体试验：煮沸试验、乙醇试验和酸度测试。

1. 煮沸试验

（1）原理。不新鲜牛乳中的蛋白质在微生物作用下发生变性，经高温处理出现蛋白质凝固，以此来区分新鲜与不新鲜的牛乳。

（2）仪器。10 mL 移液管、玻璃试管、烧杯、电热套。

（3）操作步骤。吸取约 10 mL 的牛乳，放入试管中，置于沸水浴中 5 min，取出观察管壁是否有絮片状固体出现或发生凝固现象。

（4）结果分析评价。若出现沉淀、分层或凝固等现象，则为不新鲜牛乳，新鲜度不合格的牛乳不宜收购或饮用。

评定牛乳新鲜程度的试验，普通消费者在不具备专业的牛乳品质检测条件下也能进行此项试验，并对牛乳新鲜度做出判断。

2. 乙醇试验

（1）原理。乙醇具有脱水作用，向生乳中加入乙醇后，酪蛋白胶粒周围水化层被脱掉，酪蛋白胶粒变成带负电荷的不稳定状态。当乳的酸度增高时，H^+（氢离子）与带负电荷的酪蛋白作用，胶粒电荷变为电中性而沉淀。

(2) 材料。68%、70%、72%乙醇，玻璃试管。

(3) 操作步骤。吸取 2 mL 生乳于试管中，加入 2 mL 不同浓度的乙醇（68%、70%、72%，但 NY 5045—2008 规定使用 72%的乙醇），混合振摇，观察试管内是否出现絮片状沉淀。

(4) 结果分析与评价。

① 若牛乳出现絮片状沉淀，则判定乙醇试验结果阳性，为不新鲜乳样，不宜收购或饮用。

② 使用不同浓度的乙醇能够间接判定牛乳的酸度，即牛乳新鲜程度：若在 68%乙醇中不出现絮片，表明酸度低于 20 °T，为合格乳；在 70%乙醇中不出现絮片，表明酸度低于 19 °T，为新鲜乳；在 72%乙醇中不出现絮片，酸度低于 18 °T，为优质新鲜乳。

③《生鲜牛奶收购标准》(GB/T 6914—1986) 规定：使用不同的乙醇浓度对应不同的酸度。如果要求生乳酸度达到 12～18°T，则乙醇试验应该达到 72°呈阴性的结果。若以新鲜度作为生乳理化指标，如果生乳达到 72°乙醇试验阴性的结果，才表明达到对生乳的基本要求。

二、酸度

牛乳酸度（acidity）可分为自然酸度和发生酸度。自然酸度是指乳汁从奶牛乳房中刚挤出时所具有的酸度；发生酸度包括牛乳在储藏和运输过程中因乳酸菌的发酵作用，导致牛乳升高的酸度（发酵酸度）和牛乳中人为地掺入了碱性物质（如碳酸钠或碳酸氢钠等）导致牛乳降低的酸度两部分。自然酸度和发生酸度的总和称为总酸度或牛乳酸度。

1. 原理

牛乳酸度（°T）又称吉尔涅尔酸度，其定义是：滴定 100 mL 的牛乳样品，消耗 0.100 0 mol/L 氢氧化钠溶液的毫升数，所以又称滴定酸度。实际测定时，一般采用 10 mL 样品，而不是 100 mL，以酚酞作指示剂滴定至粉红色，将结果乘以 10 即为牛乳酸度°T。

2. 试剂

(1) 酚酞指示剂。称取 0.1 g 酚酞，用乙醇溶解并定容至 100 mL。

(2) 0.1 mol/L 氢氧化钠标准溶液。称取 40 g 氢氧化钠（NaOH），溶于 100 mL 蒸馏水中，摇匀，使之成为饱和溶液后储于聚乙烯容器中，密闭放置数日后至溶液清亮。吸取该溶液 10 mL 于 1 000 mL容量瓶中，用无 CO_2 的水（将蒸馏水煮沸后再冷却）定容，摇匀，并用基准试剂进行标定。

称取 0.600 0 g 基准级试剂邻苯二甲酸氢钾（已于 105～110 ℃烘至恒重）于三角瓶中，加入 50 mL 无 CO_2 的水，溶解后加入 3 滴酚酞指示剂，用配好的氢氧化钠溶液滴定至溶液呈粉红色，0.5 min 内不褪色。同时做空白试验。

氢氧化钠标准溶液浓度按式（15-1）计算：

$$c=\frac{m}{(V-V_0)\times 0.2042} \tag{15-1}$$

式中，c 为氢氧化钠标准溶液的浓度（mol/L）；m 为基准邻苯二甲酸氢钾的质量（g）；V 为消耗氢氧化钠标准溶液的体积（mL）；V_0 为空白试验消耗的氢氧化钠标准溶液的体积（mL）；0.204 2 为基准邻苯二甲酸氢钾的毫摩尔质量（g/mmol）。

3. 操作步骤

准确吸取 10.0 mL 乳样于 150 mL 锥形瓶中，加 20 mL 无 CO_2 的水及 3 滴酚酞指示剂，混匀，用

0.1 mol/L 氢氧化钠标准溶液滴定至粉红色，并在 0.5 min 内不褪色，记录消耗的氢氧化钠标准溶液的体积，同时做空白试验。

4. 结果与评价

(1) 酸度计算。牛乳酸度按式（15-2）计算：

$$X_1=\frac{c}{0.1000}\times(V_1-V_0)\times 10 \quad (15-2)$$

式中，X_1 为牛乳酸度（°T）；c 为氢氧化钠标准溶液浓度（mol/L）；V_1 为试样消耗氢氧化钠标准溶液的体积（mL）；V_0 为空白试验消耗氢氧化钠标准溶液的体积（mL）。

(2) 分析误差。在重复性条件下获得的 2 次独立滴定结果的绝对差值应小于 0.5°T。要求滴定到微红色，30～60 s 不褪色即为终点，视力误差约 0.5°T。应严格按要求配制酚酞指示液。酚酞浓度不同，会导致终点稍有差异，如酚酞加入量偏少，测定结果会偏高。

加 20 mL 水稀释乳样会使牛乳酸度降低约 2°T，这是因为加水后乳中的磷酸三钙溶解度增加，从而降低牛乳酸度。一般测定的酸度都是指加水后的总酸度。如果在滴定时没有加水，那么所得的结果应减去 2°T。

(3) 结果评价。生乳在挤出后，应该尽快降温至 4 ℃以下储存或运输，以降低生乳中乳酸菌的繁殖速度，减少发酵酸度的影响。一般情况下，只要生乳保存得当，其酸度都能达到标准的规定。如果发现生乳的酸度过低，很有可能是人为掺入了碱性物质，可进行“掺碱试验”检测。在未掺碱的情况下，生乳的酸度越低，说明乳样越新鲜。

牛乳酸度易受其预处理和加工情况的影响，必须及时对原料乳进行冷却、储存和加工，以控制发酵酸度的增长。若牛乳酸度超过 18 °T，表明已有乳酸生成。所以，牛乳酸度可以作为牛乳新鲜度的判定指标。生乳的酸度应该在 12～18 °T。

牛乳的有效酸度是指牛乳的酸碱性，即 pH。牛乳的有效酸度可用 pH 计直接测定。测定 pH 时，应在待测牛乳中加入一粒磁力搅拌子，在磁力搅拌器上边搅拌边用 pH 计测定，待仪器读数稳定后，所得结果即为牛乳的有效酸度。pH 计使用前应使用标准缓冲溶液进行校正。

三、杂质度

牛乳杂质度（Impurity）是指可过滤除去的不溶性杂质的含量。牛乳杂质度的安全评价方法一般采用杂质过滤法。

1. 原理

取一定量的牛乳，加热至约 60 ℃，通过一定直径的棉质过滤板过滤，不溶性的可见杂质将残留于过滤板上，与特制的杂质度标准板比较，确定杂质度。

2. 仪器

杂质度过滤器（图 15-1）；500 mL 量筒；杂质度标准板（图 15-2）；棉质过滤板（直径 32 mm，密度为 135 g/m^3，过滤牛乳时通过的过滤板截面直径为 28.6 mm）。

3. 操作步骤

(1) 量取乳样 500 mL，加热至 60 ℃，倒于杂质度过滤器的棉质过滤板上过滤，用水冲洗干净附着在过滤板上的牛乳。

(2) 将棉质过滤板置于烘箱中烘干后，在非直射且均匀的光亮处与杂质度标准板比较。

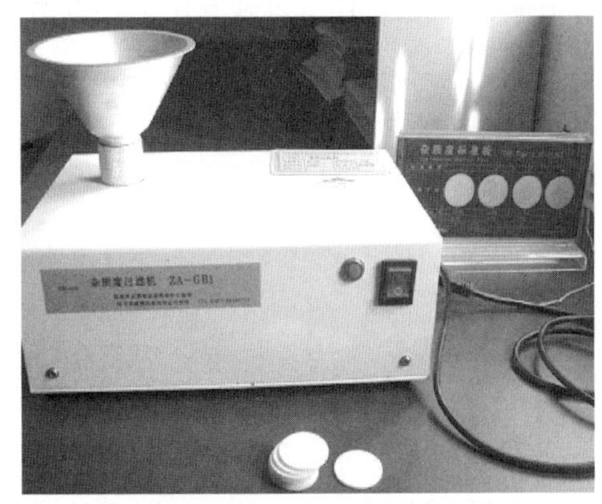

图 15－1　杂质度过滤器

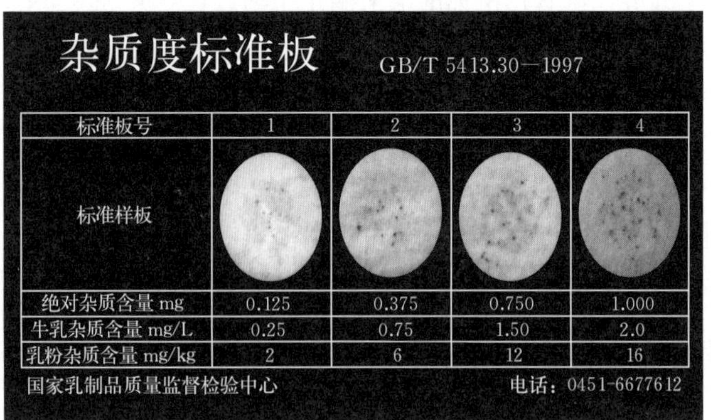

杂质度标准板　GB/T 5413.30—1997

标准板号	1	2	3	4
标准样板				
绝对杂质含量 mg	0.125	0.375	0.750	1.000
牛乳杂质含量 mg/L	0.25	0.75	1.50	2.0
乳粉杂质含量 mg/kg	2	6	12	16

国家乳制品质量监督检验中心　电话：0451-6677612

图 15－2　杂质度标准板

4. 结果与评价

（1）分析结果。从杂质度标准板中选出与棉质过滤板杂质度最接近的标准板，其对应的牛乳杂质含量即为乳样的杂质度，单位为毫克/升（mg/L）。当棉质过滤板上杂质的含量介于两个杂质度标准板之间时，判定杂质度为较高的级别。

按本方法对同一样品所做的 2 次重复测定，其结果应一致，否则应重复再测定。

（2）结果评价。杂质度作为评价生乳质量状况的指标之一，较少受到关注。其主要原因：一方面是由于生乳中的杂质主要是由某些人为因素引起，如挤乳时落入乳桶的毛发、饲料等，这些因素只要加强管理、规范操作，基本能够排除；另一方面，生乳在收集到储存罐前，都要经过在线过滤的步骤，将生乳中的大部分杂质滤除，所以杂质度对生乳质量的影响较小。合格牛乳的杂质度应小于 4 mg/L。

牛乳中杂质主要来源于挤乳、运输、生产及乳罐的消毒清洗等过程。测定牛乳的杂质度可判断牛乳的前处理过程是否卫生。

四、相对密度

牛乳相对密度（relative density）是指在 20 ℃时一定体积牛乳的质量与 4 ℃同体积水的质量之比（ρ_4^{20}）。使用密度计测定牛乳的相对密度是最常用的评价方法。

1. 原理

密度计（又称乳稠计）是根据重力和浮力的大小而上浮或下沉的原理制成的。密度计的体积不变，所受浮力等于其排开同体积水的重力。当重力大于浮力时，密度计会下沉；反之密度计上浮。密度计进入液体越深，表示密度越小。

2. 器材

（1）密度计（图 15－3）。20 ℃/4 ℃，上部细管有刻度标线，表示相对密度读数，下部球形内部装有汞或铅砂。

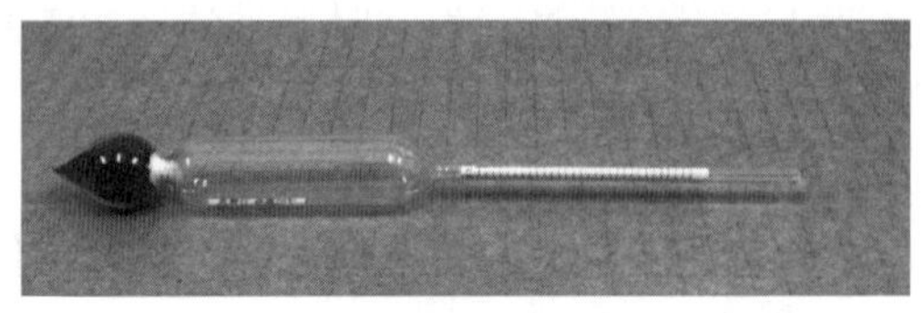

图 15－3　密度计（20 ℃/4 ℃）

（2）温度计。0～50 ℃ 或 0～100 ℃的水银或酒精温度计。

（3）玻璃圆筒（或 200～250 mL 量筒）。圆筒高应大于密度计的长度，其直径大小应使密度计沉入后，玻璃圆筒（或量筒）内壁与密度计的周边距离不小于 5 mm。

3. 操作步骤

（1）将牛乳样品升温至 40 ℃，混合均匀后，降温至 20 ℃，小心地注入高度大于密度计长度、容积约 250 mL 的玻璃圆筒中（图 15－4），大约加到玻璃圆筒容积的 3/4 处。注入牛乳时应防止牛乳产生泡沫。

（2）手持密度计上部，小心地沉入玻璃圆筒内的乳汁中，让其自由浮动，避免与玻璃圆筒壁接触。

（3）待密度计静止 2～3 min 后，双眼对准筒内乳液表面密度计的高度。由于牛乳表面与密度计接触处形成新月形，新月形表面的顶点处所指示的密度计刻度数即密度的数值。

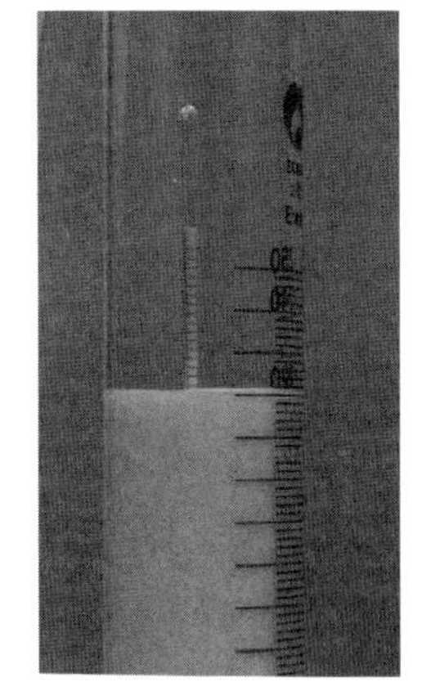

图 15－4 密度计测定牛乳密度

4. 结果与评价

（1）结果计算。牛乳相对密度（ρ_4^{20}）与密度计读数的关系：

$$\rho_4^{20}=\frac{X}{1000}+1.000 \qquad (15-3)$$

式中，X 为密度计读数；ρ_4^{20} 为牛乳相对密度。

当使用 20 ℃/4 ℃密度计且样品温度在 20 ℃时，读数代入式（15－3）即可算出牛乳相对密度。如果乳样具有另一温度，则须查换算表（表 15－1），换算成 20 ℃时的相对密度，再代入公式。如表 15－1 所示，温度比 20 ℃每高 1 ℃时，要在得出的密度计度数上加 0.2°，或在密度数值上加上 0.000 2；而温度比 20 ℃每低 1 ℃时，要从得出的密度计度数上减 0.2°，或在密度数值上减去 0.000 2。

表 15－1 密度计读数转换为温度 20 ℃时的度数换算表

密度计读数	牛乳温度（℃）															
	10	11	12	13	14	15	16	17	18	19	20	21	22	23	24	25
25	23.3	23.5	23.6	23.7	23.9	24.0	24.2	24.4	24.6	24.8	25.0	25.2	25.4	25.5	25.8	26.0
26	24.2	24.4	24.5	24.7	24.9	25.0	25.2	25.4	25.6	25.8	26.0	26.2	26.4	26.6	26.8	27.0
27	25.1	25.3	25.4	25.6	25.7	25.9	26.1	26.3	26.5	26.8	27.0	27.2	27.5	27.7	27.9	28.1
28	26.0	26.1	26.3	26.5	26.6	26.8	27.0	27.3	27.5	27.8	28.0	28.2	28.5	28.7	29.0	29.2
29	26.9	27.1	27.3	27.5	27.6	27.8	28.0	28.3	28.5	28.8	29.0	29.2	29.5	29.7	30.0	30.2
30	27.9	28.1	28.3	28.5	28.6	28.8	29.0	29.3	29.5	29.8	30.0	30.2	30.5	30.7	31.0	31.2
31	28.8	28.0	29.2	29.4	29.6	29.8	30.0	30.3	30.5	30.8	31.0	31.2	31.5	31.7	32.0	32.2
32	29.3	30.0	30.2	30.4	30.6	30.7	31.0	31.2	31.5	31.8	32.0	32.3	32.5	32.8	33.0	33.3
33	30.7	30.8	31.1	31.2	31.5	31.7	32.0	32.2	32.5	32.8	33.0	33.3	33.5	33.8	34.1	34.3
34	31.7	31.9	32.1	32.3	32.5	32.7	33.0	33.2	33.5	33.8	34.0	34.3	34.4	34.8	35.1	35.3
35	32.6	32.8	33.1	33.3	33.5	33.7	34.0	34.2	34.5	34.7	35.0	35.3	35.5	35.8	36.1	36.3
36	33.5	33.8	34.0	34.3	34.5	34.7	34.9	35.2	35.6	35.7	36.0	36.2	36.5	36.7	37.0	37.2

密度计有 20 ℃/4 ℃和 15 ℃/15 ℃两种，二者之间的换算关系为：

$$15\ ℃/15\ ℃测得的度数=20\ ℃/4\ ℃测得的度数+2^{\circ} \qquad (15-4)$$

（2）结果评价。通过测定牛乳的相对密度，可判断牛乳是否掺假或者是否脱脂，进而判断牛乳质量的好坏。生乳的相对密度应该在 1.028～1.032，过低不符合要求，可能掺水；过高则表明可能人为地掺入了某些增稠物质。所以，测定的牛乳相对密度是判定牛乳质量和安全的重要指标。

五、冰点

牛乳冰点（freezing point）是指牛乳凝固时的温度。牛乳冰点的常用评价方法有冰点法、折光法和比重法。目前，较为流行的是热敏式冰点测定仪法。

1. 原理

冰点测定仪的样品管中有一套热敏电阻和搅拌装置。样品管中放入一定量的乳样，置于冷阱中，于冰点以下制冷。当被测乳样制冷到－3 ℃时，进行引晶，结冰后通过连续释放热量，使乳样温度回升至最高点。并在短时间内保持恒定，此为冰点温度平台，该平台温度即为该乳样的冰点值（图 15－5）。

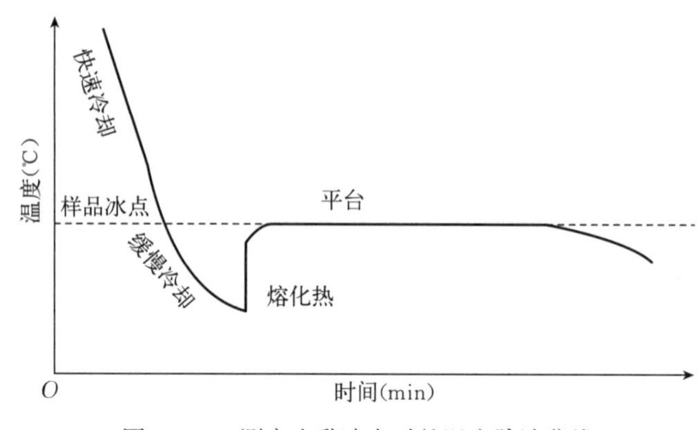

图 15－5　测定牛乳冰点时的温度脉波曲线

2. 试剂

(1) 氯化钠标准溶液。

标准溶液 A：称取 6.859 g 氯化钠（使用前须 130 ℃烘干），用蒸馏水溶解并定容至 100 mL，此标准溶液的冰点为－0.408 ℃。

标准溶液 B：称取 10.155 g 氯化钠，用蒸馏水溶解并定容至 100 mL，此标准溶液的冰点为－0.600 ℃。

(2) 冷却液。准确量取 330 mL 乙二醇于 1 000 mL 容量瓶中，用水定容至刻度并摇匀，其体积分数为 33%。

3. 仪器

(1) 冰点测定仪。包括恒温控制水浴、热敏电阻探测器（一个半导体电阻温度计），配有相关的电路和检流计或读数计、样品搅拌器、引发结冰的装置。

(2) 辅助设备。包括分析天平、容量瓶、烘箱和干燥器等。

4. 操作步骤

(1) 仪器预冷。开启冰点测定仪，等待冰点测定仪传感探头升起后，打开冷阱盖，加入约 30 mL 冷却液，盖上盖子，预冷 30 min。

(2) 仪器校正。

① 向样品瓶中加入约 2.2 mL 标准溶液 A，移动光标到“Start measure”确定，测定标准溶液 A 冰点值。

② 更换新标准溶液 A，将光标移动到“Calibration A”，进行标准溶液 A 校准。记录标准溶液 A 冰点值。

③ 更换新标准溶液 A，将光标移动到“Start measure”确定，反测标准溶液 A。记录标准溶液 A 冰点值，并与步骤①得到的冰点值比较。如差值小于等于 0.002 ℃，可进行下一步操作；如差值大于 0.002 ℃，需重新进行步骤①、②、③。

④ 将标准溶液 A 更换为标准溶液 B，操作方法同步骤①、②、③。

(3) 样品测试。取 3.00 mL 乳样于干燥的样品管中，立即放入冷阱进行测定，测定结束后记录冰点值。

5. 结果与评价

（1）结果计算。通常认为，牛乳中每添加1%的水，其冰点就上升0.005 4 ℃。若设定正常牛乳的冰点为−0.54 ℃，加入5%的水，其冰点就变为：

$$-0.540+(0.0054\times5)=-0.540+0.027=-0.513\ ℃$$

若加入10%的水，其冰点就变为：

$$-0.540+(0.0054\times10)=-0.540+0.054=-0.486\ ℃$$

掺水的数量或比例可按式（15-5）计算：

$$W=\frac{(C-D)\times(100-S)}{C} \tag{15-5}$$

式中，W 为被检牛乳掺水的百分比（%）；C 为正常牛乳的真实或参照冰点（℃）；D 为被检牛乳冰点（℃）；S 为被检牛乳的总固形物的百分比（%）。

（2）分析误差。重复性：2次重复测量结果绝对偏差不超过0.004 ℃。

在测定牛乳冰点时，往往同时检测其可滴定酸度。酸败乳的冰点比常乳低，故在测定牛乳冰点时，规定其滴定酸度要在20°T以下。

作为冰点检测的牛乳样品，不能添加任何防腐剂，也不能有细菌生长繁殖。因此，牛乳采集后务必在5 ℃以下储存，−18 ℃可储存12周。

测定结束后，应保证探头和搅拌金属棒的清洁、干燥。必要时，可用柔软洁净的纱布仔细擦拭。

（3）结果评价。牛乳是一种胶体溶液，牛乳冰点随牛乳中水分及其他成分含量的变化而变化。在正常情况下，牛奶的含水率一般为85.5%～88.7%。牛乳冰点仅在一个狭小的范围内变化，其在−0.533～−0.516 ℃变动，平均值为−0.525 ℃。若牛乳中掺水或其他杂质，其冰点就会发生明显变化。因此，检测牛乳冰点可作为判断牛乳是否掺水或掺杂的一种手段。当牛乳中掺水，则冰点上升，超出正常范围。作为牛乳质量安全评价体系的重要指标，许多国家已将牛乳冰点列入按质论价体系。

六、感官指标

在收购生乳时，需要对牛乳进行感官指标（sensory index）评定。感官指标包括色泽、异物和气味等。

1. 色泽和异物

取适量乳样于50 mL烧杯中，在自然光下观察色泽。

正常乳样应为乳白色或稍带微黄色的不透明胶态液体、无沉淀、无凝块、无肉眼可见杂质和其他异物；否则为异常乳，不宜收购。

2. 气味

取适量乳样于150 mL三角瓶中，闻乳香气味。然后加热至70～80 ℃，冷却至25 ℃时，用温开水漱口后，品尝乳样的滋味。

正常乳样应具有新鲜牛乳固有的香味，无其他异味；否则为异常乳，不宜收购。

3. 结果与评价

正常牛乳应为乳白色或微带黄色，不得含有肉眼可见的异物，不得有红色、绿色或其他异色。不能有苦、咸、涩的滋味和含有饲料、霉变等其他异常气味。

如果新鲜牛乳呈红色、绿色或明显的黄色，则属异常乳。患有疾病的奶牛的产奶量和乳成分都有变化，其中以乳腺炎最为严重。由于乳房、乳头受损伤及泌乳器官的病变，挤乳时会有少量的血液融入乳中，使乳呈现粉红色，口味变咸。加热时会形成红色细胞沉积。

牛乳中含有挥发性脂肪酸和其他挥发性物质，因此牛乳带有特殊的香味，加热后香味较浓。牛乳也很容易吸附外来的各种气味，使其带有异味。如果牛乳挤出后在牛舍久置，往往带有牛粪味；牛乳在太阳下暴晒，会带有油酸味；储存牛乳的容器不良则产生金属味。所以，对生鲜牛乳气味和口感的检查，是不应忽视的感官安全评价指标。

第二节 污 染 物

生乳中的污染物（contaminants）是指外因引入的有害元素，主要包括铅、汞、无机砷和铬等安全指标。

一、铅

铅（lead）是一种具有蓄积性的有害元素。其测定方法主要有石墨炉原子吸收等。

1. 原理

试样经酸消解后，注入石墨炉原子吸收分光光度计，于波长 283.3 nm 处测定，与标准工作溶液比较定量。

2. 试剂

硝酸（优级纯）、过氧化氢（优级纯）、水为 GB/T 6682 规定的一级水、铅标准溶液（可以直接购买铅有证国家标准物质储备溶液）。

3. 仪器

石墨炉原子吸收分光光度计（带铅空心阴极灯）、分析天平（感量 0.000 1 g）、微波消解仪（带聚四氟乙烯消解管）。

4. 操作步骤

(1) 消化。称取 2.5 g（精确至 0.1 mg）生乳样品于 50 mL 的聚四氟乙烯塑解管中，加 8 mL 硝酸，摇匀，静置 30 min，再加入 5 mL 过氧化氢，摇匀，静置 30 min。拧紧消解管的盖子，按照表 15－2 的升温程序进行微波消解。

表 15－2 微波消解仪升温程序

步骤	初始温度（℃）	升温时间（min）	终止温度（℃）
1	室温	15	150
2	150	5	150
3	150	5	200
4	200	30	200
5	自然冷却		

(2) 制备试液。待消解管自然冷却至室温后，小心打开盖子，将管内的全部溶液蒸发至近干，加入 0.25 mL 硝酸，用水转移至 25 mL 比色管中，定容至刻度，待测。同时做空白对照。

(3) 标准。根据标准溶液的浓度和仪器自身的条件，配制标准工作溶液，使溶液中铅的浓度分别为 0 ng/mL、5.0 ng/mL、10.0 ng/mL、15.0 ng/mL、20.0 ng/mL。

(4) 测定。

① 石墨炉原子吸收分光光度计测定参考条件。

检测波长：283.3 nm。

狭缝：0.4 nm。

灯电流：6.0 mA。

干燥温度：120 ℃，持续 20 s。

灰化温度：450 ℃，持续 20 s。

原子化温度：2 200 ℃，持续 4～5 s。

背景校正：氘灯或塞曼效应。

进样量：10 μL。

② 上机测定。设定好仪器最佳条件，稳定 30 min 后开始测量。连续用标准工作溶液进样并测量，绘制标准曲线。然后，分别测定空白溶液和待测溶液。

5. 结果与评价

(1) 结果计算。生乳中铅的含量以质量分数 ω（mg/kg）表示，按式（15-6）计算。

$$\omega=\frac{(c-c_0)\times V}{m\times 1000} \qquad (15-6)$$

式中，ω 为生乳中铅的含量（mg/kg）；c 为从标准工作曲线上查得的待测溶液中铅的浓度（ng/mL）；c_0 为从标准工作曲线上查得的空白溶液中铅的浓度（ng/mL）；V 为待测溶液的体积（mL）；m 为生乳样品的质量（g）。

(2) 分析误差。结果保留 2 位有效数字。在重复性条件下获得的 2 次独立测定结果的绝对差值不得超过算术平均值的 20%。

对有干扰的试样，可以注入适量的基体改进剂——磷酸二氢铵溶液（20 g/L，一般为 5 μL 或与试样同量）消除干扰。但绘制铅标准曲线时也要加入与试样测定时等量的基体改进剂，以减小误差。

试剂、环境等污染对铅的测定结果影响较大，一定要将实验容器在 20%的硝酸中浸泡 24 h 以上，必要时煮沸 1 h，再依次用自来水、超纯水冲洗干净。

(3) 结果评价。《食品安全国家标准　食品中污染物限量》(GB 2762—2017)（含第 1 号修改单）规定了生乳中铅、汞、无机砷、铬和硒这 5 种污染物的限量，分别是 0.05 mg/kg、0.01 mg/kg、0.05 mg/kg、0.3 mg/kg 和 0.03 mg/kg。但卫生部 2011 年第 3 号公告中已经取消了对硒的限量要求，故只把铅、汞、无机砷和铬作为生乳中污染物的重要安全指标。

铅是一种具有蓄积性的有害元素。铅主要损害人和动物的骨髓造血系统和神经系统，可引起贫血、高血压、冠心病、神经炎、儿童自闭症等病症，使患者出现运动、感觉和行为障碍。

实测生乳样品中铅的含量见表 15-3。

表 15-3　生乳样品中铅的含量

项目	样品名称和编号			
	Blank-1	Blank-2	1-1	1-2
称样质量（g）	—	—	2.502 6	2.502 0
检测浓度（ng/mL）	0.325	0.309	1.545	1.634
实际浓度（ng/mL）	0.317（平均值）		1.228	1.317

（续）

项目	样品名称和编号			
	Blank-1	Blank-2	1-1	1-2
定容体积（mL）	25	25	25	25
稀释倍数	1	1	1	1
实际含量（mg/kg）			0.012	0.013
平均值（mg/kg）			0.013	
相对偏差（%）			7.7	

注：稀释倍数为“1”表示“未稀释”。

二、汞

牛乳的汞（mercury）主要来自饲料和饮水。汞的测定主要参考《食品中总汞及有机汞的测定》（GB/T 5009.17—2003）。

1. 原理

试样经消解后，在酸性介质中，汞被硼氢化钾还原成原子态汞，由载气带入原子化器中，在特制的汞空心阴极灯照射下，汞原子发射出荧光，其强度与汞含量成正比，与标准工作溶液比较定量。

2. 试剂

（1）5%盐酸载流溶液。量取 50 mL 盐酸，用无离子水定容至 1 000 mL。

（2）还原剂溶液。称取 2.5 g 氢氧化钾溶于无离子水，加入 5.0 g 硼氢化钾（KBH_4），溶解后用水定容至 500 mL。

（3）汞标准溶液（可以直接购买汞有证国家标准物质储备溶液）。

3. 仪器

氢化物发生器-原子荧光光度计（带汞高强度空心阴极灯），分析天平（感量 0.000 1 g），微波消解仪（带聚四氟乙烯塑料消解管）。

4. 操作步骤

（1）消解制样。称取 5 g（精确至 0.1 mg）生乳样品于 50 mL 的聚四氟乙烯塑料消解管中，加 8 mL硝酸（优级纯，HNO_3），摇匀，静置 30 min，再加入 3 mL 过氧化氢（优级纯，H_2O_2），摇匀，静置 30 min。拧紧消解管的盖子，按照表 15-2 的升温程序进行微波消解。

待消解管自然冷却至室温后，小心打开盖子，将管内的全部溶液转移至 25 mL 比色管中，用无离子水定容至刻度，待测。同时做空白对照。

（2）标准工作溶液。根据标准溶液的浓度和仪器自身的条件，配制标准工作溶液，使溶液中汞的浓度分别为 0 ng/mL、0.20 ng/mL、0.40 ng/mL、0.60 ng/mL、0.80 ng/mL、1.00 ng/mL，或由仪器自动稀释配制。

（3）测定。

① 氢化物发生器-原子荧光光度计测定参考条件。

光电倍增管负高压：240 V。

灯电流：30 mA。

原子化器高度：10 mm。

原子化器温度：200 ℃。

氩气载气流速：400 mL/min。

氩气屏蔽气流速：1 000 mL/min。

积分方式：峰面积。

读数延迟时间：2 s。

读数时间：16 s。

进样量：0.5 mL。

② 上机测定。设定好仪器最佳条件，稳定 30 min 后开始测量。连续用标准工作溶液进样并测量，绘制标准曲线。然后，分别测定空白溶液和待测溶液。检测生乳样品中汞的含量，结果见表 15－4。

表 15－4　生乳样品中汞的含量

项目	样品名称和编号					
	Blank－1	Blank－2	1－1	1－2	加标样品－1	加标样品－2
称样质量（g）	—	—	5.002 3	5.000 2	5.003 4	5.001 5
检测浓度（ng/mL）	0.046	0.045	0.066	0.072	0.708	0.732
实际浓度（ng/mL）	0.045 5（平均值）		0.020 5	0.026 5	0.662 5	0.686 5
定容体积（mL）	25	25	25	25	25	25
稀释倍数	1	1	1	1	1	1
实际含量（mg/kg）			0.102×10^{-3}	0.132×10^{-3}	3.310×10^{-3}	3.431×10^{-3}
平均值（mg/kg）			未检出（本方法检出限为 0.15×10^{-3}）		3.37×10^{-3}	
相对偏差（%）			—		3.6	

注：稀释倍数为“1”表示“未稀释”。

5. 结果与评价

（1）结果计算。生乳中汞的含量以质量分数 ω（mg/kg）表示，按式（15－7）计算：

$$\omega=\frac{(c-c_0)\times V}{m\times1000} \qquad (15-7)$$

式中，ω 为生乳中汞的含量（mg/kg）；c 为从标准工作曲线上查得的待测溶液中汞的浓度（ng/mL）；c_0 为从标准工作曲线上查得的空白溶液中汞的浓度（ng/mL）；V 为待测溶液的体积（mL）；m 为生乳样品的质量（g）。

（2）分析误差。结果保留 3 位有效数字。在重复性条件下获得的 2 次独立测定结果的绝对差值不得超过算术平均值的 10%。

使用微波消解仪消化样品可减少误差，提高回收率。但由于微波消解管处于高温高压条件时，危险性较大，使用时要注意安全。分析纯的盐酸中往往含有微量汞，必须使用优级纯试剂。汞灯要求预热至少 30 min，并建议使用大电流预热，小电流检测。

（3）结果评价。《食品安全国家标准　食品中污染物限量》（GB 2762—2017）规定了生乳中汞的限量为 0.01 mg/kg，是评价生乳中汞污染的主要依据。

环境中的汞主要来自工厂排放含汞的废水。江湖中的水生植物和水产品中会积蓄大量的汞，农作物、牧草也会吸收污染土壤的汞，最终通过食物链进入牛体和牛乳。汞对蛋白有凝固作用，汞离子侵入人体后与红细胞巯基结合成稳定硫醇盐，抑制细胞表面的酶系统，阻碍葡萄糖进入细胞，进而阻碍细胞中呼吸酶，使细胞窒息坏死。所以，牛乳中汞含量越低越好。实测生乳中的汞含量见表 15－4。

三、无机砷

无机砷（Inorganic arsenic）是一种剧毒的无机化合物。砷的测定主要有原子荧光光度计等方法。

1. 原理

在酸性介质中，无机砷被硼氢化钾还原成砷化氢，由载气带入原子化器中，在特制的砷空心阴极灯照射下，砷原子发射出荧光，其强度与砷含量成正比，与标准工作溶液比较定量。

2. 试剂

（1）6 mol/L 盐酸。量取 100 mL 盐酸（优级纯，HCl），加入 100 mL 无离子水中，混匀。

（2）碘化钾-硫脲混合溶液。称取 10 g 碘化钾（KI）、5 g 硫脲（CH_4N_2S），溶于 100 mL 无离子水中。

（3）5%盐酸载流溶液。量取 50 mL 盐酸，用无离子水定容至 1 000 mL。

（4）还原剂溶液（0.5%氢氧化钾＋1%硼氢化钾）。称取 2.5 g 氢氧化钾（优级纯）溶于无离子水，加入 5.0 g 硼氢化钾（优级纯），溶解后用无离子水定容至 500 mL。

（5）无机砷标准溶液。可以直接购买亚砷酸根有证国家标准物质储备溶液，以 As 计即可。

3. 仪器

氢化物发生器-原子荧光光度计（带砷高强度空心阴极灯），分析天平（感量 0.000 1 g）。

4. 操作步骤

（1）制备试液。称取 10 g（精确至 1 mg）生乳样品于 25 mL 的容量瓶中，加入 10.0 mL 6 mol/L 盐酸、2.5 mL 碘化钾-硫脲混合溶液、5 滴正辛醇（$C_8H_{17}OH$），定容，混匀，待测。同时做空白对照。

（2）标准溶液。根据标准溶液的浓度和仪器自身的条件，除不加生乳外，用同样方法配制标准工作溶液，使溶液中无机砷（以 As 计）的浓度分别为 0 ng/mL、5.0 ng/mL、10.0 ng/mL、15.0 ng/mL、20.0 ng/mL。

（3）测定。

① 氢化物发生器-原子荧光光度计测定参考条件。

光电倍增管负高压：340 V。

灯电流：40 mA。

原子化器高度：8 mm。

原子化器温度：200 ℃。

氩气载气流速：400 mL/min。

氩气屏蔽气流速：1 000 mL/min。

积分方式：峰面积。

读数延迟时间：2 s。

读数时间：12 s。

进样量：0.5 mL。

② 上机测定。设定好仪器最佳条件，稳定 20 min 后开始测量。连续用标准工作溶液进样并测量，绘制标准曲线。然后，分别测定空白溶液和待测溶液。测定生乳样品中无机砷含量的结果见表 15－5。

表 15－5　生乳样品中无机砷的含量

项目	样品名称和编号			
	Blank－1	Blank－2	1－1	1－2
称样质量（g）	—	—	10.013	10.002
检测浓度（ng/mL）	0.365	0.360	0.776	0.784
实际浓度（ng/mL）	0.362 5（平均值）		0.413 5	0.421 5
定容体积（mL）	25	25	25	25
稀释倍数	1	1	1	1
实际含量（mg/kg）			1.03×10^{-3}	1.05×10^{-3}
平均值（mg/kg）			未检出（本方法检出限为 4×10^{-3}）	
相对偏差（%）			—	

注：稀释倍数为“1”表示“未稀释”。

5. 结果与评价

（1）结果计算。生乳中无机砷（以 As 计）的含量以质量分数 ω（mg/kg）表示，按式（15－8）计算：

$$\omega=\frac{(c-c_0)\times V}{m\times1000} \tag{15-8}$$

式中，ω 为生乳中无机砷（以 As 计）的含量（mg/kg）；c 为从标准工作曲线上查得的待测溶液中无机砷的浓度（ng/mL）；c_0 为从标准工作曲线上查得的空白溶液中无机砷的浓度（ng/mL）；V 为待测溶液的体积（mL）；m 为生乳样品的质量（g）。

（2）分析误差。结果保留 3 位有效数字。在重复性条件下获得的 2 次独立测定结果的绝对差值不得超过算术平均值的 10%。

碘化钾-硫脲混合溶液具有一定的还原性，样品提取溶液放置时间不宜太长，应尽快测定，以减小误差。

（3）结果评价。《食品安全国家标准　食品中污染物限量》（GB 2762—2017）规定了生乳中无机砷污染物的限量为 0.05 mg/kg，是评价生乳中无机砷污染的主要依据。

无机砷是一种剧毒的无机化合物。食品中的无机砷主要以三价砷和五价砷两种价态存在，不同价态的砷在人体中的作用机制不同，毒性也不同，三价砷的毒性约为五价砷的 60 倍。无机砷可以破坏细胞的氧化还原能力，影响细胞正常代谢，严重时导致中毒死亡。所以，牛乳中砷含量越低越好。实测生乳中的无机砷含量见表 15－5。

四、铬

铬（chromium）一般以六价和三价的形式存在于环境和食品中。铬的测定主要有石墨炉原子吸收分光光度计等方法。

1. 原理

试样经酸消解后，注入石墨炉原子吸收分光光度计，于波长 357.9 nm 处测定，与标准工作溶液比较定量。

2. 试剂

硝酸（优级纯）、过氧化氢（优级纯）、铬标准溶液（可以直接购买铬有证国家标准物质储备溶液）。

3. 仪器

石墨炉原子吸收分光光度计（带铬空心阴极灯），分析天平（感量 0.000 1 g），微波消解仪（带聚四氟乙烯消解管）。

4. 操作步骤

（1）消解制样。 称取 2.5 g（精确至 0.1 mg）生乳样品于 50 mL 的聚四氟乙烯消解管中，加8 mL 硝酸，摇匀，静置 30 min，再加入 5 mL 过氧化氢，摇匀，静置 30 min。拧紧消解管的盖子，按照表 15 - 2 的升温程序进行微波消解。

待消解管自然冷却至室温后，小心打开盖子，将管内的全部溶液蒸发至近干，加入 0.25 mL 硝酸，用水转移至 25 mL 比色管中，定容至刻度，待测。同时做空白对照。

（2）标准溶液。 根据标准溶液的浓度和仪器自身的条件，配制标准工作溶液，使溶液中铬的浓度分别为 0 ng/mL、5.0 ng/mL、10.0 ng/mL、15.0 ng/mL、20.0 ng/mL。

（3）测定。

① 石墨炉原子吸收分光光度计测定参考条件。

检测波长：357.9 nm。

狭缝：1.0 nm。

灯电流：7.0 mA。

干燥温度：120 ℃，持续 40 s。

灰化温度：1 000 ℃，持续 30 s。

原子化温度：2 800 ℃，持续 5 s。

背景校正：氘灯或塞曼效应。

进样量：10 μL。

② 上机测定。设定好仪器最佳条件，稳定 30 min 后开始测量。连续用标准工作溶液进样并测量，绘制标准曲线。然后，分别测定空白溶液和待测溶液。

5. 结果与评价

（1）结果计算。 生乳中铬的含量以质量分数 ω（mg/kg）表示，按式（15 - 9）计算。

$$\omega=\frac{(c-c_0)\times V}{m\times 1000} \tag{15-9}$$

式中，ω 为生乳中铬的含量（mg/kg）；c 为从标准工作曲线上查得的待测溶液中铬的浓度（ng/mL）；c_0 为从标准工作曲线上查得的空白溶液中铬的浓度（ng/mL）；V 为待测溶液的体积（mL）；m 为生乳样品的质量（g）。

（2）分析误差。 在重复性条件下获得的 2 次独立测定结果的绝对差值不得超过算术平均值的 10%。

铬元素是难挥发元素，石墨炉程序升温时，可以使用较高的灰化温度，同时也必须使用较高的原子化温度。由于原子化温度较高，应该使用热解石墨管，以减小误差。

（3）结果评价。 铬以六价和三价的形式存在于环境和食品中。六价铬具有很强的毒性，可以影响细胞的氧化、还原过程，能与核酸结合，对呼吸道、消化道有刺激、致癌、诱变作用（许春树，2005）；而三价铬作为人体必需微量元素，参与人体糖类、脂肪、蛋白质和核酸的代谢。

《食品安全国家标准　食品中污染物限量》（GB 2762—2017）规定了生乳中铬的限量为 0.3 mg/kg。该方法测定的是总铬。显然，如果生乳中总铬含量合格，则六价铬含量也合格。实测生乳样品中铬含量见表 15 - 6。

表 15 - 6　生乳样品中铬的含量

项目	样品名称和编号			
	Blank - 1	Blank - 2	1 - 1	1 - 2
称样质量（g）	—	—	2.502 6	2.502 0
检测浓度（ng/mL）	0.57	0.51	5.04	5.27
实际浓度（ng/mL）	0.54（平均值）		4.50	4.73
定容体积（mL）	25	25	25	25
稀释倍数	1	1	1	1
实际含量（mg/kg）			0.045	0.047
平均值（mg/kg）			0.046	
相对偏差（%）			4.3	

注：稀释倍数为“1”表示“未稀释”。

第三节　真菌毒素和微生物

真菌毒素（mycotoxins）指的是某些真菌在生长繁殖过程中产生的次生有毒代谢产物。《食品安全国家标准　食品中真菌毒素限量》（GB 2761—2017）规定了 4 种真菌毒素，分别是黄曲霉毒素 B_1、黄曲霉毒素 M_1、脱氧雪腐镰刀菌烯醇和展青霉素。其中，涉及生乳的仅有黄曲霉毒素 M_1，限量为 0.5 μg/kg，其他 3 种真菌毒素都不涉及生乳。

生乳中营养物质含量丰富，在生产过程中会受到不同程度的微生物污染，特别是在储存和运输过程中，储存容器卫生情况差以及保存温度不当，都有可能导致生乳中微生物污染程度加剧。菌落总数的多少在一定程度上可以反映生乳卫生质量的优劣。生乳中不可避免的细菌数为 10^2～10^3 CFU/mL，在极其严格的无菌操作条件下，用机器挤出的乳中细菌总数一般为 10^4 CFU/mL（范江平和毛华明，2003)。《食品安全国家标准　生乳》（GB 19301—2010）中关于微生物的要求仅仅是对“菌落总数”做出规定，限量为 2×10^6 CFU/g(mL)。因为生乳是不能直接饮用的，所以该标准未对生乳的致病菌限量做出规定。

一、黄曲霉毒素 M_1

黄曲霉毒素（aflatoxin）是一类毒性极强的物质，对人及动物肝组织有破坏作用，严重时可导致肝癌甚至死亡。黄曲霉毒素 M_1 的测定方法常用免疫亲和柱-高效液相色谱法。

1. 原理

免疫亲和柱内含有的黄曲霉毒素 M_1 特异性单克隆抗体交联在固体支持物上，当试样通过免疫亲和柱时，抗体选择性的与黄曲霉毒素 M_1（抗原）结合，形成抗原-抗体复合体。用水洗除去柱内杂质，然后用乙腈洗脱吸附在柱上的黄曲霉毒素 M_1，收集洗脱液。用带有荧光检测器的高效液相色谱仪测定洗脱液中黄曲霉毒素 M_1 的含量，外标法定量。

2. 试剂

(1) 免疫亲和柱。免疫亲和柱的最大柱容量不小于 100 ng 黄曲霉毒素 M_1（相当于 50 mL 浓度为 2 μg/L 的试样），当标准溶液中含有 4 ng 的黄曲霉毒素 M_1（相当于 50 mL 浓度为 80 ng/L 的试样）

时，回收率不低于 80%。应该定期检查免疫亲和柱的柱效和回收率，每个批次的柱子应至少检查一次。

（2）10%乙腈水溶液。将 100 mL 乙腈（CH_3CN，色谱纯）与 900 mL 无离子水混合，使用前脱气。

（3）三氯甲烷（$CHCl_3$）。加入 0.5%～1.0%（质量分数）的乙醇稳定。

（4）黄曲霉毒素 M_1 标准溶液。可以直接购买黄曲霉毒素 M_1 有证国家标准物质储备溶液，或配制浓度为 10 μg/mL 的黄曲霉毒素 M_1 的三氯甲烷标准溶液。根据下面的方法，在最大吸收波长处测定溶液的吸光度，以确定黄曲霉毒素 M_1 的实际浓度。

用紫外分光光度计，在波长 340～370 nm 处测定，扣除三氯甲烷空白本底的吸光度，读取标准溶液的吸光度。在接近 360 nm 的最大吸收波长 λ_{max} 处，测得吸光度为 A，根据式（15－10）计算实际浓度：

$$\rho=\frac{A\times 328}{\varepsilon\times 0.01} \tag{15-10}$$

式中，ρ 为黄曲霉毒素 M_1 标准溶液的实际浓度（μg/mL）；A 为在最大吸收波长处测得的吸光度值；328 为黄曲霉毒素 M_1 的摩尔质量（g/mol）；ε 为溶于三氯甲烷中的黄曲霉毒素 M_1 的摩尔吸光系数（m^2/mol）。

（5）黄曲霉毒素 M_1 标准储备溶液。确定黄曲霉毒素 M_1 标准溶液的实际浓度后，继续用三氯甲烷稀释成浓度为 100 ng/mL 的储备溶液。储备溶液密封后储存于 4 ℃冰箱中，避光保存。2 个月内有效。

（6）黄曲霉毒素 M_1 标准中间溶液。准确移取 1.00 mL 的储备溶液到 20 mL 锥形试管中，氮气吹干，加入 20.0 mL 10%乙腈水溶液重新溶解残渣，振摇 30 min，混匀，得到浓度为 5 ng/mL 的黄曲霉毒素 M_1 标准中间溶液。现用现配。

（7）黄曲霉毒素 M_1 标准工作溶液。根据标准中间溶液的浓度和仪器自身的条件，用 10%乙腈水溶液稀释，配制黄曲霉毒素 M_1 标准工作溶液，使溶液中黄曲霉毒素 M_1 的浓度分别为 0 ng/mL、0.50 ng/mL、1.00 ng/mL、2.00 ng/mL、3.00 ng/mL、4.00 ng/mL。

3. 仪器

一次性注射器（10 mL 和 50 mL）、离心机（7 000×g）、水浴［能温控于（30±2)℃、(50±2)℃、(36±1)℃］、滤纸（中速定性滤纸）、高效液相色谱仪（带荧光检测器）、紫外分光光度计（检测波长 200～400 nm）、真空系统。

4. 操作步骤

（1）制备试液。将生乳试样在水浴中加热到 35～37 ℃，用滤纸过滤，或者在 7 000×g 离心 15 min。收集至少 50 mL 的生乳试样。

将 50 mL 一次性注射器筒与免疫亲和柱的顶部相连，再将免疫亲和柱与真空系统连接起来。用移液管移取 50 mL 生乳试样至 50 mL 注射器中，调节真空系统，控制试样以 2～3 mL/min 的稳定流速过柱。取下 50 mL 的注射器，换上 10 mL 注射器。向注射器内加入 10 mL 水，以稳定的流速洗柱，然后抽干免疫亲和柱。脱开真空系统，换上另一个 10 mL 注射器，加入 4 mL 乙腈。缓缓推动注射器柱塞，洗脱黄曲霉毒素 M_1，洗脱液收集在锥形管中，洗脱时间不少于 60 s。然后用和缓的氮气在 30 ℃下将洗脱液蒸发至体积为 50～500 μL（如果蒸发至干，会损失黄曲霉毒素 M_1）。再用水稀释 10 倍至最终体积为 V_f，即 500～5 000 μL，作为待测溶液。

（2）测定。

① 高效液相色谱仪测定参考条件。

色谱柱：C_{18} 柱（4.6 mm×250 mm，5 μm 粒径）。

流动相：25%乙腈水溶液。

激发波长：365 nm。

发射波长：435 nm。

柱温：35 ℃。

流速：1.0 mL/min。

进样量：100 μL。

② 上机测定。向高效液相色谱仪中分别注入含有 0 ng/mL、0.50 ng/mL、1.00 ng/mL、2.00 ng/mL、3.00 ng/mL、4.00 ng/mL 的黄曲霉毒素 M_1 标准工作液，绘制峰面积对黄曲霉毒素 M_1 浓度的标准工作溶液曲线。根据待测溶液色谱图中黄曲霉毒素 M_1 的峰面积，从标准工作溶液曲线上查得待测溶液中黄曲霉毒素 M_1 的浓度。如果待测溶液中黄曲霉毒素 M_1 的峰面积高于标准工作曲线的上限，用水稀释待测溶液后，重新进样测定。测定标准工作溶液和生乳样品中的黄曲霉毒素 M_1 的结果见图 15-6。

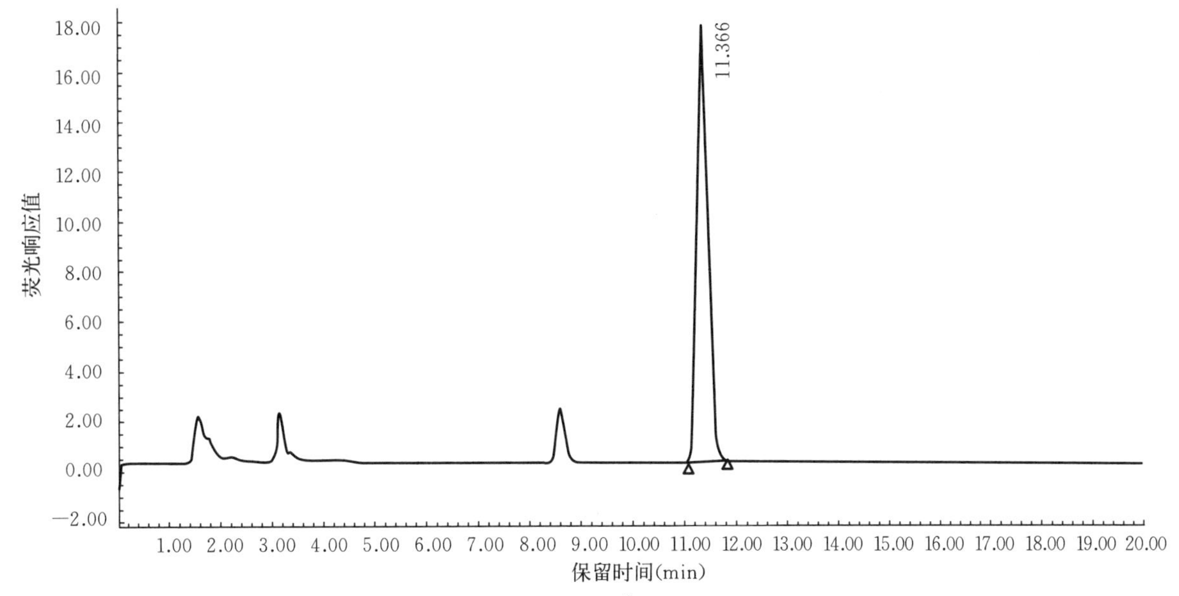

a

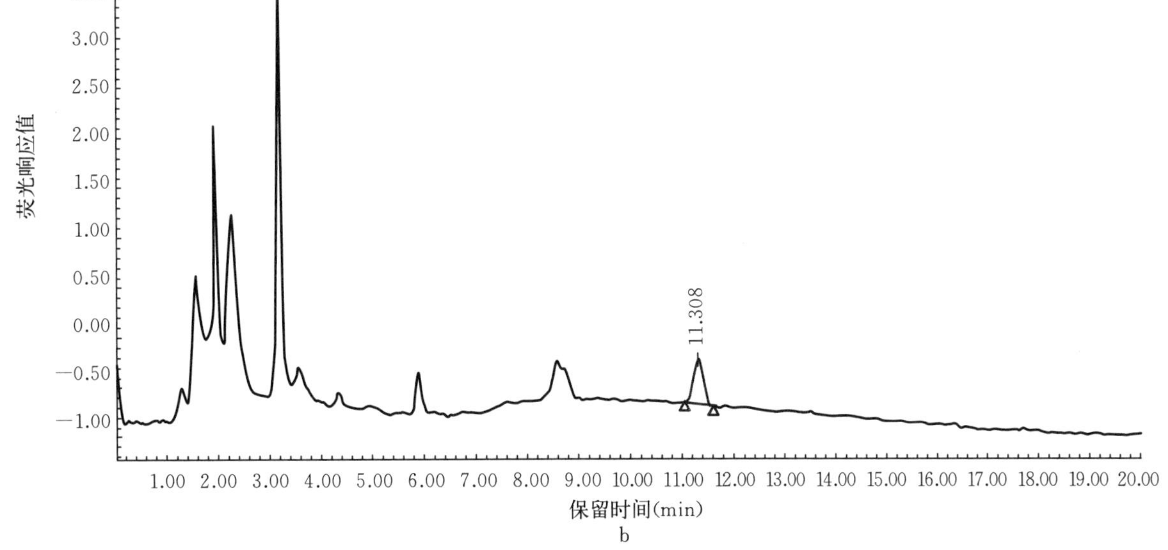

b

图 15-6　测定标准工作溶液和生乳样品中的黄曲霉毒素 M_1 的结果

a. 黄曲霉毒素 M_1 标准工作液　b. 生乳样品

5. 结果与评价

(1) 结果计算。生乳中黄曲霉毒素 M_1 的含量以质量浓度 ρ（μg/L）表示，按式（15－11）计算：

$$\rho=\frac{c\times D}{V} \quad (15-11)$$

式中，ρ 为生乳中黄曲霉毒素 M_1 的含量（μg/L）；c 为从标准工作曲线上查得的待测溶液中黄曲霉毒素 M_1 的浓度（ng/mL）；D 为稀释倍数；V 为通过免疫亲和柱的生乳样品的体积（mL）。

(2) 分析误差。结果保留 3 位有效数字。以重复性条件下获得的 2 次独立测定结果的算术平均值表示。

所有操作步骤均应在避光条件下进行。测定标准工作溶液和待测溶液的色谱条件应一致。每分析 5 个样品，应插入 1 个黄曲霉毒素 M_1 标准工作溶液，以判断仪器是否稳定。每个容器使用后都必须用 5%次氯酸钠溶液浸泡 24 h 以上，以保证下次分析准确。注入高效液相色谱仪的待测溶液中，乙腈含量应小于 10%，如果乙腈含量超过 10%，色谱峰会变宽。

(3) 结果评价。黄曲霉毒素是一类毒性极强的物质，对人及动物肝组织有破坏作用，严重时可导致肝癌甚至死亡。生乳中黄曲霉毒素 M_1 主要来自奶牛饲料。饲料受到黄曲霉菌（*Asperillus flavus*）和寄生曲霉菌（*Asperillus parasiticus*）的污染，可产生黄曲霉毒素 B_1，奶牛食用这种饲料后，黄曲霉毒素 B_1 在牛体内转化成黄曲霉毒素 M_1，存在于动物分泌的乳汁中（张东升等，2004）。饲料中大约有 2%的黄曲霉毒素 B_1 转化为生乳中的黄曲霉毒素 M_1，对于高产奶牛，转化率甚至达到 6%（EFSA，2004）。此外，黄曲霉毒素 M_1 非常稳定，在加工及储存过程中，其毒性不变，巴氏杀菌、高温高压等均不能降低其毒性（Tajkarimi et al.，2008）。

黄曲霉毒素 M_1 和黄曲霉毒素 B_1 的结构如下：

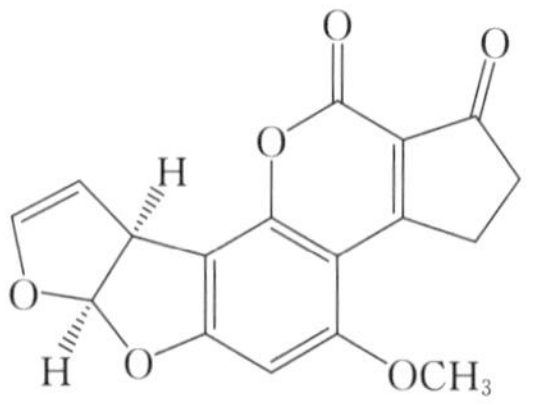

黄曲霉毒素 B_1 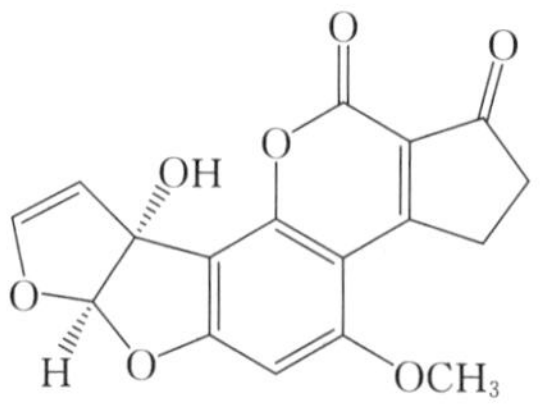　　　　黄曲霉毒素 M_1

《食品安全国家标准　食品中真菌毒素限量》（GB 2761—2017）中涉及生乳的仅有黄曲霉毒素 M_1，限量为 0.5 μg/kg，是评价生乳中真菌毒素限量的依据。

二、菌落总数

菌落总数（the total number of colonies）是反映奶牛健康状况、牧场卫生状况和冷链质量控制的卫生指标。生乳中菌落总数的评价方法如下。

1. 原理

菌落总数是指样品经过处理，在一定条件下（如培养基、培养温度和培养时间等）培养后，所得每克或每毫升样品中形成的微生物菌落总数。

2. 试剂

(1) 琼脂培养基。分别称取 5.0 g 胰蛋白胨、2.5 g 酵母浸膏、1.0 g 葡萄糖和 15.0 g 琼脂，溶于 1 000 mL蒸馏水中，调节 pH 至 7.0±0.2，煮沸溶解，分装于试管或锥形瓶中，121 ℃高压蒸汽灭菌 15 min。

(2) 无菌生理盐水。称取 8.5 g 氯化钠(NaCl)溶于 1 000 mL 蒸馏水中,121 ℃高压蒸汽灭菌 15 min。

3. 仪器

恒温培养箱(36±1)℃、(30±1)℃,冰箱(2~5)℃,恒温水浴锅(46±1)℃,天平(感量 0.01 g),无菌吸管(1 mL、10 mL),无菌锥形瓶(250 mL 和 500 mL),无菌培养皿(直径 90 mm),pH 计(精度 0.01),放大镜或/和菌落计数器。

4. 操作步骤

(1) 样品的稀释。

① 用无菌吸管吸取 25 mL 生乳样品置于盛有 225 mL 无菌生理盐水的无菌锥形瓶内(瓶内预置适当数量的无菌玻璃珠),充分混匀,制成 1∶10 的样品匀液。

② 用 1.0 mL 无菌吸管或无菌微量移液器吸取 1.0 mL 1∶10 的样品匀液,沿管壁缓慢注入盛有 9.0 mL 无菌生理盐水的无菌试管中(注意吸管或吸头尖端不要触及稀释液面),振摇试管或换用另一支无菌吸管反复吹打使其混合均匀,制成 1∶100 的样品匀液。

③ 按步骤②操作程序,制备 10 倍系列稀释样品匀液。每递增稀释一次,换用一支 1 mL 无菌吸管或吸头。

④ 根据对样品污染状况的估计,选择 2~3 个适宜稀释度的样品匀液。在进行 10 倍递增稀释时,吸取 1.0 mL 样品匀液于无菌平皿内,每个稀释度做 2 个平皿。同时,分别吸取 1.0 mL 空白稀释液加入 2 个无菌平皿内作空白对照。

⑤ 及时将 15~20 mL 冷却至 46 ℃的琼脂培养基倾注平皿,并转动平皿使其混合均匀。可预先将琼脂培养基置于(46±1)℃的恒温水浴锅中保温。

(2) 培养。待琼脂凝固后,将平皿翻转,(36±1)℃培养(48±2)h。如果样品中可能含有在琼脂培养基表面弥漫生长的菌落,则可在凝固后的琼脂表面覆盖一薄层琼脂培养基(约 4 mL),凝固后翻转平皿,再进行培养。

(3) 菌落计数。可用肉眼观察,必要时可以使用放大镜或菌落计数器,记录稀释倍数和菌落数量。菌落计数以菌落形成单位 CFU 表示。

① 选取菌落数在 30~300 CFU、无蔓延菌落生长的平皿计数菌落总数。低于 30 CFU 的平皿记录具体菌落数,大于 300 CFU 的可记录为“多不可计”。每个稀释度的菌落数应采用 2 个平皿的平均数。

② 其中一个平皿有较大片状菌落生长时,不宜采用,应以无片状菌落生长的平板作为该稀释度的菌落数;若片状菌落不到平皿的一半,而其余一半中菌落分布又很均匀,即可计算半个平皿菌落数后乘以 2,代表一个平皿菌落数。

③ 当平皿上出现菌落间无明显界线的链状生长时,则将每条单链作为一个菌落计数。

5. 结果与评价

(1) 菌落总数的计算方法。

① 若只有一个稀释度平皿上的菌落数在适宜计数范围内,计算 2 个平皿菌落数的平均值,再将平均值乘以相应稀释倍数,作为每克或每毫升样品中菌落总数结果。

② 若有 2 个连续稀释度的平皿菌落数在适宜计数范围内时,按式(15-12)计算:

$$N=\frac{\sum C}{(n_1+0.1\times n_2)\times d} \tag{15-12}$$

式中,N 为生乳中菌落总数(CFU);$\sum C$ 为平皿(含适宜范围菌落数的平板)菌落数之和(CFU);n_1 为第 1 稀释度(低稀释倍数)平皿的个数;n_2 为第 2 稀释度(高稀释倍数)平皿的个数;d 为稀释因子(第 1 稀释度)。

③ 若所有稀释度的平皿上菌落数均大于 300 CFU，则对稀释度最高的平皿进行计数，其他平皿可记录为“多不可计”，结果按平均菌落数乘以最高稀释倍数计算。

④ 若所有稀释度的平皿菌落数均小于 30 CFU，则应按稀释度最低的平均菌落数乘以稀释倍数计算。

⑤ 若所有稀释度（包括液体样品原液）平板均无菌落生长，则以“小于 1”乘以最低稀释倍数计算。

⑥ 若所有稀释度的平板菌落数均不在 30～300 CFU，其中一部分小于 30 CFU 或大于 300 CFU 时，则以最接近 30 CFU 或 300 CFU 的平均菌落数乘以稀释倍数计算。

（2）菌落总数的报告。

① 菌落数小于 100 CFU 时，按“四舍五入”的原则修约，以整数报告。

② 菌落数大于或等于 100 CFU 时，第 3 位数字采用“四舍五入”的原则修约后，取前 2 位数字，后面用 0 代替位数，也可用 10 的指数形式来表示。按“四舍五入”的原则修约后，采用 2 位有效数字。

③ 若所有平皿上为蔓延菌落而无法计数，则报告“菌落蔓延”。

④ 若空白对照上有菌落生长，则此次检测结果无效。

⑤ 称重取样，则以“CFU/g”为单位报告。若体积取样，则以“CFU/mL”为单位报告。

（3）结果评价。菌落总数是反映奶牛健康状况、牧场卫生状况和冷链质量控制的卫生指标。目前，我国奶牛小规模散养比例较高，100 头以上规模养殖比例仅为 23.1%，5 头以下比例为 32.4%，这种小规模养殖的现状短期内难以改变。养殖水平低造成生鲜乳菌落总数相对较高。当前，《食品安全国家标准　生乳》（GB 19301—2010）设置菌落总数的指标（2×10^6 CFU/mL）符合我国发展实际，既能够保护大量中小规模奶农的利益，又能保证消费者的健康，维护我国奶业稳定发展。

未经杀菌的生乳含有较多的细菌，且生乳本身就是天然的培养基，所以采集到生乳样品后，应立刻将样品冷却至 4 ℃，并维持整个检测体系处于较低的温度（如 4 ℃），避免样品中的细菌过量增长，造成菌落总数结果偏高。但在正常情况下生乳中的细菌总数不会超标。生乳中菌落总数测定的实例解释见表 15-7。

表 15-7　生乳中菌落总数测定的实例解释

项目	稀释度			
	1∶100（第 1 稀释度）		1∶1 000（第 2 稀释度）	
	平行 1	平行 2	平行 1	平行 2
菌落数（CFU）	232	244	33	35

$$N=\frac{\sum C}{(n_1+0.1\times n_2)\times d}=\frac{232+244+33+35}{[2+(0.1\times2)]\times10^{-2}}=\frac{544}{0.022}=24\ 727$$

上述数字修约后，表示为 25 000 CFU/mL 或 2.5×10^4 CFU/mL。

三、致病菌

牛乳或乳粉中的致病菌有许多种，《食品安全国家标准　巴氏杀菌乳》（GB 19645—2010）和《食品安全国家标准　乳粉》（GB 19644—2010）要求，不得检出沙门氏菌，对于金黄色葡萄球菌和大肠菌群有不同的规定，《食品安全国家标准　灭菌乳》（GB 25190—2010）则要求商业无菌，不同产品对致病菌的限量请参考相关标准。

生乳中的致病菌，主要有金黄色葡萄球菌和大肠杆菌、沙门氏菌或链球菌等（许晓曦等，2008；巢国祥等，2005；赵承辉等，2005）。生乳中的金黄色葡萄球菌主要来源于患乳腺炎的奶牛，应定期检查，定期进行隐性乳腺炎试验以减少病牛奶源（巢国祥等，2005）。但是，《食品安全国家标准　生乳》（GB 19301—2010）未规定致病菌的限量，这是因为生乳经过热处理加工后，基本上能杀死其中的致病菌，而生乳是不能直接饮用的，所以本节不再具体介绍致病菌的评价方法。

牛乳或乳粉中致病菌的检测方法主要采用微生物培养法。将待测样品稀释不同的倍数后，接种于特殊的培养基中，经过较长时间的培养，观察培养基上是否有菌落生长，必要时还需要挑取可疑菌落，做进一步鉴别或鉴定。牛乳中微生物的检测方法可以参考《食品微生物学检验》（GB 4789）系列标准。

第四节　农药残留

生乳中的农药残留主要因饲料中的农药残留引起。某些类型的农药会在奶牛体内被分解，所以生乳中残留的农药种类和含量相对较少。随着饲料中使用的农药种类日益增加，需要评价生乳中农药残留的种类会越来越多。

一、有机氯农药

生乳中的有机氯农药包括六六六、滴滴涕和林丹等，生乳中六六六、滴滴涕和林丹的安全评价方法如下。

1. 原理

试样中六六六、滴滴涕和林丹，经提取、净化后用气相色谱法测定，与标准工作溶液比较，外标法定量。电子捕获检测器对于电负性极强的化合物具有极高的灵敏度，利用这一特点，可分别测出痕量的六六六、滴滴涕和林丹。

2. 试剂

（1）农药标准储备溶液。分别称取六六六（α-HCH、β-HCH、γ-HCH、δ-HCH，纯度≥99%）和滴滴涕（p，p'-DDE、o，p'-DDT、p，p'-DDD、p，p'-DDT，纯度≥99%）标准品各10.0 mg，溶于正己烷（C_6H_{14}，色谱纯）中，分别转移至100 mL容量瓶中，用正己烷定容，混匀，得到浓度分别为100 μg/mL的农药标准储备液，储存于4 ℃冰箱中。

（2）农药混合标准工作溶液。分别量取上述各标准储备液于同一容量瓶中，以正己烷稀释至刻度，使农药混合标准工作液中α-HCH、γ-HCH和δ-HCH的浓度为0.005 μg/mL；β-HCH和p，p'-DDE的浓度为0.01 μg/mL；o，p'-DDT的浓度为0.05 μg/mL；p，p'-DDD的浓度为0.02 μg/mL；p，p'-DDT的浓度为0.1 μg/mL。

3. 仪器

气相色谱仪（带ECD检测器）、旋转蒸发仪、漩涡混合器、超声波清洗器、离心机、分析天平（感量0.000 1 g）。

4. 操作步骤

（1）制备试样。称取20 g（精确至0.01 g）生乳样品，加入5 mL超纯水、40 mL丙酮，振荡30 min或超声波萃取5 min，加入6 g氯化钠，剧烈摇匀。加入30 mL石油醚，再振荡30 min或超声波萃取5 min，静置分层。取上层有机相经无水硫酸钠干燥，于旋转蒸发仪中浓缩至近干，用石油醚定容至10 mL，超声2 min，混合均匀，取5.00 mL石油醚溶液，向其中加入0.5 mL浓硫酸，振摇0.5 min，于3 000×g离心15 min。上清液过0.22 μm滤膜后，作为待测溶液进行气相色谱分析。

(2) 测定。

① 气相色谱仪测定参考条件。

色谱柱：DB-5 型毛细管色谱柱（30 m× 0.32 mm× 0.25 μm）或等效产品。

载气：高纯氮气。

流量：1.0 mL/min。

柱温：75 ℃保持 1 min，以 10 ℃/min 的速率升温至 300 ℃，保持 5 min。

检测器温度：300 ℃。

进样口温度：250 ℃。

进样方式：不分流进样。

进样量：1.0 μL。

② 上机测定。待仪器基线稳定后，依次注入农药混合标准工作溶液和待测溶液，外标法定量。测定生乳加标样品中六六六和滴滴涕的色谱图见图 15-7。其中，环氧七氯为内标物。

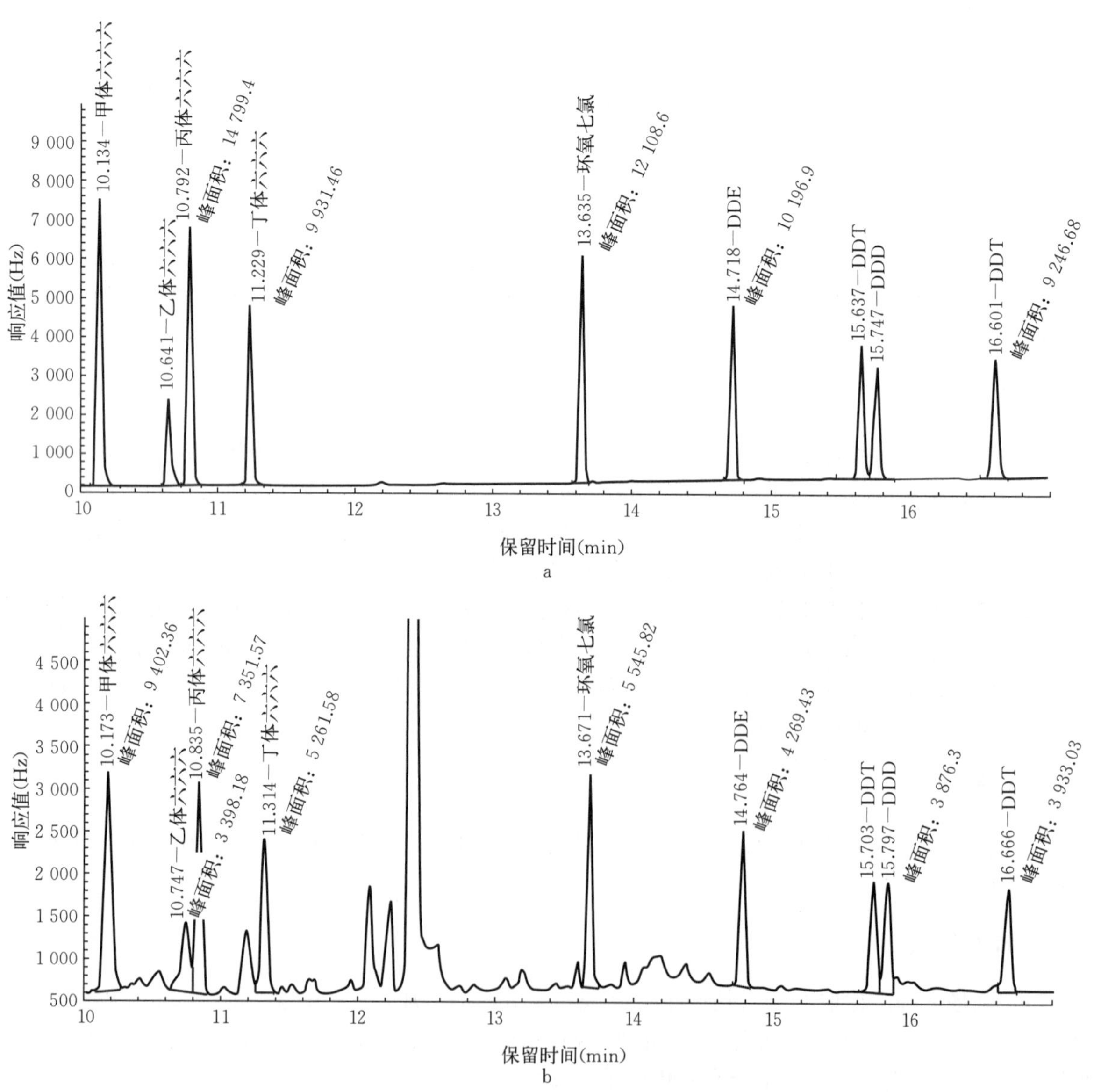

图 15-7 六六六、滴滴涕的色谱图

a. 六六六、滴滴涕的标准溶液 b. 生乳加标样品

5. 结果与评价

(1) 结果计算。

① 生乳中六六六、滴滴涕、林丹的各个代谢物的含量以质量分数 ω_i（mg/kg）表示，按式（15-13）计算：

$$\omega_i = \frac{c_i \times V \times D}{m} \tag{15-13}$$

式中，ω_i 为生乳中各个代谢物的含量（mg/kg）；c_i 为从标准工作曲线上查得的待测溶液中各个代谢物的浓度（μg/mL）；V 为待测溶液的体积（mL）；D 为稀释倍数；m 为生乳样品的质量（g）。

② 生乳中六六六的含量以质量分数 ω_{HCH}（mg/kg）表示，按式（15-14）计算：

$$\omega_{HCH} = \omega_{\alpha\text{-}HCH} + \omega_{\beta\text{-}HCH} + \omega_{\gamma\text{-}HCH} + \omega_{\delta\text{-}HCH} \tag{15-14}$$

式中，ω_{HCH} 为生乳中六六六的含量（mg/kg）；$\omega_{\alpha\text{-}HCH}$ 为生乳中 α-HCH 的含量（mg/kg）；$\omega_{\beta\text{-}HCH}$ 为生乳中 β-HCH 的含量（mg/kg）；$\omega_{\gamma\text{-}HCH}$ 为生乳中 γ-HCH 的含量（mg/kg）；$\omega_{\delta\text{-}HCH}$ 为生乳中 δ-HCH 的含量（mg/kg）。

③ 生乳中滴滴涕的含量以质量分数 ω_{DDT}（mg/kg）表示，按式（15-15）计算：

$$\omega_{DDT} = \omega_{p,p'\text{-}DDE} + \omega_{o,p'\text{-}DDT} + \omega_{p,p'\text{-}DDD} + \omega_{p,p'\text{-}DDT} \tag{15-15}$$

式中，ω_{DDT} 为生乳中滴滴涕的含量（mg/kg）；$\omega_{p,p'\text{-}DDE}$ 为生乳中 p，p'-DDE 的含量（mg/kg）；$\omega_{o,p'\text{-}DDT}$ 为生乳中 o，p'-DDT 的含量（mg/kg）；$\omega_{p,p'\text{-}DDD}$ 为生乳中 p，p'-DDD 的含量（mg/kg）；$\omega_{p,p'\text{-}DDT}$ 为生乳中 p，p'-DDT 的含量（mg/kg）。

④ 生乳中林丹的含量以 γ-HCH 计。

(2) 分析误差。在重复性条件下获得的 2 次独立测定结果的绝对差值不得超过算术平均值的 20%。

电子捕获检测器带有放射源，使用时须注意安全。仪器使用时，不能注入丙酮，否则会使电子捕获检测器出现过饱和现象。

(3) 结果评价。生乳中的有机氯农药包括六六六、滴滴涕和林丹等农药。它们具有高度的化学稳定性，半衰期长达数年，在自然界中极难分解。而且，由于有机氯农药的脂溶性强，在食品加工过程中不易去除。所以，这类农药容易通过食物链在人体内蓄积，其毒性作用主要表现在侵害肝、肾及神经系统，并证实有致畸、致癌作用（李立军等，2010）。目前，这类农药已在我国及世界大多数国家被禁止使用。

《食品安全国家标准　食品中农药的最大残留限量》(GB 2763—2021) 规定了 483 种农药残留（pesticide residues）的限量，但涉及生乳的农药残留有 23 种，即 2,4-滴和 2,4-滴钠盐、2 甲 4 氯（钠）、矮壮素、百草枯、百菌清、苯并烯氟唑、苯丁锡、苯菌酮、苯醚甲环唑、苯线磷、吡虫啉、吡噻菌胺、吡唑醚菌酯、丙环唑、丙硫菌唑、丙溴磷、草铵膦、虫酰肼、除虫脲、敌草快、敌敌畏、丁苯吗啉和啶酰菌胺。但农药残留对生乳质量安全指标的影响毕竟是属于二次污染，一般不会超过限量指标。

二、有机磷

《食品安全国家标准　食品中农药的最大残留限量》(GB 2763—2021) 未规定有机磷农药残留在生乳中的限量。农业行业标准《无公害食品　生鲜牛乳》(NY 5045—2001) 规定了有机磷的限量，马拉硫磷、倍硫磷和甲胺磷（部分有机磷）的限量分别为 0.1 mg/kg、0.01 mg/kg 和 0.2 mg/kg，检测方法可以参考国家标准《食品中有机磷农药残留量的测定》(GB/T 5009.20) 和《植物性食品中甲胺磷和乙酰甲胺磷农药残留量的测定》(GB/T 5009.103)，但是此标准已经废止。因此，本节不再细述有机磷的安全评价方法。

第五节　兽药残留

兽药残留（residues of veterinary drugs）是指残留在动物体内或动物性食品内的兽药。兽药在预防和治疗动物疾病、促进动物生长、调控生殖周期和繁殖功能等方面发挥着越来越重要的作用。但是，残留在动物性食品内的兽药会随着食物链进入人体，对人类的健康构成潜在威胁。例如，青霉素会导致危险的过敏反应和严重的耐药性，四环素有致畸胎等作用（易晓玲等，2005），磺胺二甲基嘧啶能诱发啮齿动物的甲状腺癌等（孙晶玮和赵新淮，2007）。

生乳中抗生素类兽药残留的微生物安全评价方法作为定性方法具有简单快速的优点，兽药残留的检测方法主要有高压液相、液相色谱-质谱法等。

一、抗生素药物残留快速评价方法

目前，常用的生乳中抗生素药物残留（antibiotic residues）快速检测方法主要有微生物法（又称TTC法）、SNAP法和ELISA法。后两者的适用性专一，不同的抗生素需要使用不同的试剂盒进行检测，价格较高。微生物法具有广谱、价廉的优点，可直接判断生乳样品中是否含有抗生素，但不能判断具体含有哪一种抗生素。本节介绍的微生物法是国家标准方法[《鲜乳中抗生素残留量的检验》(GB/T 4789.27—2008)]。

1. 原理

抗生素药物能杀灭嗜热链球菌，以此检验抗生素药物的存在与否，以TTC为显色剂，故又称为TTC法。

2. 试剂

（1）水为GB/T 6682规定的三级水，嗜热链球菌（*Streptococcus thermophilus*），无抗灭菌脱脂乳（使用前115 ℃高压蒸汽灭菌20 min）。

（2）4% TTC溶液。称取1.0 g 2,3,5-氯化三苯四氮唑溶液（TTC）溶于5 mL灭菌水中，移入褐色瓶中，于4 ℃冰箱内保存。使用前，用灭菌水稀释5倍。如果溶液变为淡褐色，则不能使用。

3. 仪器

生化培养箱（36±1)℃、恒温水浴锅［（36±1)℃、(80±2)℃］、分析天平（感量0.000 1 g)、吸管（1 mL、10 mL，使用前115 ℃高压蒸汽灭菌20 min)、试管（16 mm×160 mm，使用前115 ℃高压蒸汽灭菌20 min)、高压蒸汽灭菌锅、超净工作台。

4. 操作步骤

（1）在超净工作台内将嗜热链球菌接种至无抗灭菌脱脂乳中，在（36±1)℃生化培养箱内培养15 h。使用时，用无抗灭菌脱脂乳按1∶1稀释待用。

（2）取9.0 mL待测生乳样品，置于16 mm×160 mm灭菌试管中，于80 ℃水浴中加热5 min，冷却至37 ℃以下，加入1.0 mL制备的菌液。在（36 ± 1)℃生化培养箱内培养2 h，加入0.3 mL 4% TTC溶液，再于（36 ± 1)℃生化培养箱内培养30 min。

（3）每个样品做2次重复。另外做阴性对照和阳性对照各1份。阳性对照为8.0 mL无抗牛乳样品、1.0 mL抗生素药物、1.0 mL菌液和0.3 mL 4%的TTC溶液。阴性对照为9.0 mL无抗牛乳样品、1.0 mL 菌液和 0.3 mL 4%的 TTC 溶液。

采用 TTC 法检测生乳样品中抗生素的结果见图 15-8。

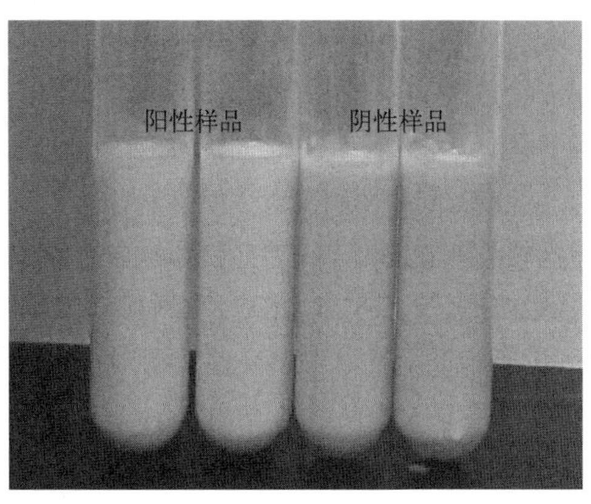

图 15-8　TTC 法检测生乳样品中抗生素的结果

5. 结果与评价

培养时间到后，观察试管中样品的颜色。

（1）如果未显色，初步判定为阳性。再于（36±1）℃生化培养箱内培养 30 min，进行第 2 次观察，如果仍未显色，则判定为阳性，即含有抗生素类药物。

（2）如果显微红色，判定为可疑。

（3）如果显红色，判定为阴性，即不含抗生素类药物。

（4）本方法仅能判断生乳中是否含有抗生素，不能判断抗生素的种类和确切含量。

（5）无抗生素的生乳样品应取自未使用过抗生素药物的奶牛。

二、青霉素类

青霉素（penicillin）类抗生素的毒性很小，广泛应用于人类或牲畜疾病的治疗。青霉素类抗生素的高效液相色谱检测方法如下。

1. 原理

生乳样品经脱脂和去除蛋白质后，经 C_{18} 固相萃取柱纯化浓缩，柱前衍生，用高效液相色谱仪分离，紫外检测器检测，外标法定量。

2. 试剂

（1）氯化汞溶液。 称取 0.271 5 g 氯化汞（$HgCl_2$），用适量超纯水溶解，定容至 10 mL。使用前配制。

（2）衍生试剂。 称取 13.78 g 1,2,4-三氮唑（$C_2H_3N_3$），用 60 mL 超纯水溶解，加入 10 mL 氯化汞溶液，用 5 mol/L 的氢氧化钠（NaOH）溶液调节 pH 至 9.0，用水定容至 100 mL。4 ℃避光保存。

（3）流动相 A 溶液。 称取 5.0 g 无水磷酸氢二钠（Na_2HPO_4）、10.0 g 二水合磷酸二氢钠（$NaH_2PO_4 \cdot 2H_2O$）、4.0 g 五水合硫代硫酸钠（$Na_2S_2O_3 \cdot 5H_2O$）、6.5 g 硫酸氢化四丁基铵[$(CH_3CH_2CH_2CH_2)_4NHSO_4$]，用适量水溶解，定容至 1 000 mL。

（4）磷酸盐缓冲溶液。 称取 15.0 g 无水磷酸氢二钠，用适量超纯水溶解，定容至 1 000 mL，4 ℃保存。

（5）溴化四丁基铵乙腈溶液。 称取 3.2 g 溴化四丁基铵[$(CH_3CH_2CH_2CH_2)_4NBr$]，溶解于乙腈中，定容至 1 000 mL。

（6）氯化钠溶液。 称取 20 g 氯化钠（NaCl），溶于适量超纯水中，定容至 1 000 mL。

（7）标准稀释液。 量取 50 mL 流动相 A 溶液，用 2 mol/L 氢氧化钠溶液调节 pH 至 8.0，然后与等体积的乙腈混合，现用现配。

（8）苯甲酸酐溶液。 称取 2.262 g 苯甲酸酐[$(C_6H_5CO)_2O$]，用适量乙腈溶解，定容至 50 mL。

（9）青霉素类标准储备溶液。 称取 100 mg（精确至 0.1 mg）的氨苄西林、阿莫西林、青霉素 G、青霉素V、萘夫西林、苯唑西林、双氯西林标准品，用超纯水定容至100 mL，用0.45 μm滤膜过滤，得到浓度为1 000 μg/mL的青霉素类标准储备溶液。−20 ℃避光保存，有效期1个月。

（10）青霉素类标准工作溶液。根据需要和仪器响应情况，用标准稀释液逐级稀释标准储备液，配制不同浓度的青霉素类标准工作溶液。现用现配，C_{18}固相萃取柱。

3. 仪器

高效液相色谱仪（带紫外检测器）、分析天平（感量0.000 1 g）、pH计（精度0.01）、漩涡混合器、氮吹仪、固相萃取装置、旋转蒸发仪、离心机。

4. 操作步骤

（1）提取。称取5 g（精确至0.1 mg）生乳样品置于离心管中，加入10 mL溴化四丁基铵乙腈溶液，轻轻混匀，3 000×*g*离心10 min，取上清液，按照上述操作重复2次，合并上清液，加入10 mL正己烷。振荡混匀，静置10 min。除去正己烷层，在45～50 ℃水浴的旋转蒸发仪上浓缩至3～4 mL，作为提取液。

（2）纯化。C_{18}固相萃取柱依次用10 mL甲醇、10 mL水、5 mL氯化钠溶液和5 mL磷酸盐缓冲溶液进行活化。将提取液过C_{18}固相萃取柱，用1 mL水淋洗，抽干，然后用3.0 mL乙腈洗脱，收集洗脱液。

（3）制样。洗脱液在45～50 ℃用氮气吹干，加入0.50 mL标准稀释液，涡旋溶解，转入1.5 mL聚丙烯离心管中，加入25 μL苯甲酸酐溶液，涡旋混匀，50 ℃水浴5 min。冰浴快速冷却，再加入250 μL衍生试剂，涡旋混匀，65 ℃水浴10 min，冰浴、快速冷却，在4 ℃下10 000×*g*离心10 min，取上清液作为待测溶液。同时做空白对照。

（4）标准。分别取不同浓度的青霉素类标准工作溶液0.50 mL，于1.5 mL聚丙烯离心管中，加入25 μL苯甲酸酐溶液，涡旋混匀，50 ℃水浴5 min。冰浴快速冷却，再加入250 μL衍生试剂，涡旋混匀，65 ℃水浴10 min，冰浴、快速冷却，在4 ℃下10 000×*g*离心10 min，取上清液作为标准工作溶液。

（5）测定。

① 高效液相色谱仪测定参考条件。

色谱柱：C_8柱（4.6 mm×250 mm，5 μm粒径）。

流动相：用流动相A溶液和乙腈进行梯度洗脱（表15-8）。

表15-8 流动相梯度洗脱条件

时间（min）	流动相A∶乙腈（*V*∶*V*）
0～3	70∶30
3～8	65∶35
8～30	60∶40

检测波长：325 nm。

柱温：35 ℃。

流速：1.0 mL/min。

进样量：100 μL。

② 测定。待仪器基线稳定后，依次注入衍生后的青霉素类标准工作溶液和待测溶液，外标法定量。7种青霉素标准品的高效液相色谱图见图15-9。

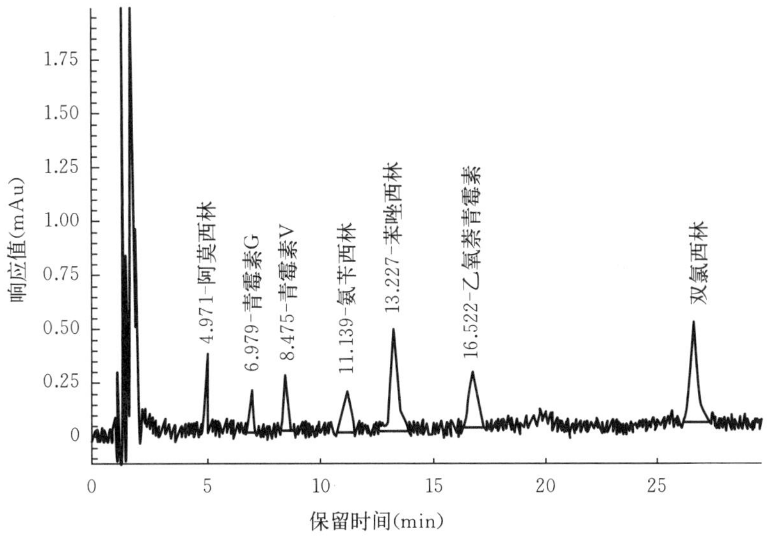

图 15-9　7 种青霉素标准品的高效液相色谱图

5. 结果与评价

(1) 结果计算。生乳样品中各种青霉素类抗生素的含量以质量分数 ω（mg/kg）表示，按式（15-16）计算：

$$\omega=\frac{(c-c_0)\times V}{m} \tag{15-16}$$

式中，ω 为生乳中某种青霉素类抗生素的含量（mg/kg）；c 为从标准曲线上查得的待测溶液中某种抗生素的浓度（μg/mL）；c_0 为从标准曲线上查得的空白溶液中某种抗生素的浓度（μg/mL）；V 为洗脱液氮气吹干后，加入标准稀释液的体积（mL）；m 为生乳样品的质量（g）。

(2) 分析误差。在重复性条件下获得的 2 次独立测定结果的绝对差值不得超过算术平均值的 20%。在添加浓度为 2～8 μg/L 的条件下，本方法回收率应达到 60%～120%，添加浓度为 15～60 μg/L时，回收率应达到 70%～110%。无抗生素的生乳样品应取自未使用过抗生素药物的奶牛。

(3) 结果评价。青霉素类抗生素的毒性很小，广泛应用于人类或牲畜疾病的治疗。但它仍有副作用，主要表现为皮疹、血管性水肿，严重者为过敏性休克。然而近年来，随着青霉素的使用，细菌出现了耐药性（刘磊和许家喜，2010），最终影响人类的用药安全。所以，检测生乳中是否含有青霉素类抗生素残留，具有十分重要的意义。

牛乳中的青霉素类抗生素可按《动物性食品中兽药最高残留限量》（农业部 235 号公告）规定的 4 类兽药残留需要进行监测和评价：第 1 类是允许使用，不需要制定残留限量的兽药；第 2 类是允许使用，但有限量要求的兽药；第 3 类是允许使用，但不得检出的兽药；第 4 类是不允许使用，且不得检出的兽药。每一种兽药的限量都有所不同，差别很大。对生乳中残留的青霉素类抗生素，要根据实际情况，有针对性地进行检测和评估。

三、四环素类

四环素类（tetracyclines）抗生素作为一类广谱抗生素，在畜禽养殖中被广泛使用。四环素类抗生素的液相色谱测定方法如下。

1. 原理

生乳样品经离心脱脂并除去蛋白质，用柠檬酸磷酸盐（Mcllvaine）缓冲溶液提取其中的四环素类抗生素残留，经固相萃取柱和阳离子交换柱净化，用高效液相色谱仪分离，紫外检测器检测，外标法定量。

2. 材料与试剂

（1）0.2 mol/L 磷酸氢二钠溶液。称取 28.41 g 磷酸氢二钠（优级纯，$Na_2HPO_4 \cdot 2H_2O$），用超纯水溶解，定容至 1 000 mL。

（2）0.1 mol/L 柠檬酸溶液。称取 21.01 g 柠檬酸（$C_6H_8O_7 \cdot H_2O$），用超纯水溶解，定容至 1 000 mL。

（3）McIlvaine 缓冲溶液。将 1 000 mL 0.1 mol/L 柠檬酸溶液与 625 mL 0.2 mol/L 磷酸氢二钠溶液混合，调节 pH 至 4.0。

（4）EDTA-McIlvaine 缓冲溶液。称取 60.50 g 乙二胺四乙酸二钠（$Na_2EDTA \cdot 2H_2O$），溶于 1 625 mL McIlvaine 缓冲溶液中。

（5）5%甲醇溶液。将 5 mL 甲醇（色谱纯）与 95 mL 超纯水混合。

（6）0.01 mol/L 草酸溶液。称取 1.26 g 草酸，用超纯水溶解，定容至 1 000 mL。

（7）草酸乙腈溶液。量取 50 mL 0.01 mol/L 草酸溶液，与 50 mL 乙腈混合。

（8）HLB 固相萃取柱。柱容量为 500 mg，6 mL，或等效产品。使用前依次用 5 mL 甲醇（色谱纯）和 10 mL 超纯水预处理，保持柱内湿润。

（9）阳离子交换柱。羧酸型，柱容量为 500 mg，6 mL。使用前用 5 mL 甲醇预处理，保持柱内湿润。

（10）四环素类抗生素标准储备溶液。称取各 100 mg（精确至 0.1 mg）土霉素、四环素和金霉素标准物质，分别置于 3 支 100 mL 容量瓶中，用甲醇溶解并定容。得到浓度为 1 000 μg/mL 的四环素类抗生素标准储备溶液。−20 ℃保存，有效期 1 个月。

（11）四环素类抗生素标准工作溶液。根据需要和仪器响应情况，用甲醇稀释标准储备液，配制不同浓度的四环素类标准工作溶液。4 ℃保存，有效期 1 周。

3. 仪器

高效液相色谱仪、带紫外检测器、分析天平（感量 0.000 1 g）、漩涡混合器、固相萃取装置、pH 计（精度 0.01）、离心机、氮吹仪。

4. 操作步骤

（1）提取。称取 10 g（精确至 0.01 g）生乳样品于 50 mL 具塞塑料离心管中，加入 20 mL EDTA-McIlvaine 缓冲溶液，涡旋混合 2 min，于 10 ℃ 5 000× *g* 离心 10 min，取上清液过滤至另一离心管中，残渣中再加入 20 mL EDTA-McIlvaine 缓冲溶液，重复提取 1 次，合并上清液。

（2）纯化。将上清液全部通过 HLB 固相萃取柱，用 5 mL 5%甲醇溶液淋洗，抽干。用 5 mL 甲醇洗脱，收集洗脱液。

（3）制样。将洗脱液全部通过阳离子交换柱，用 5 mL 甲醇淋洗，抽干。用 4 mL 草酸乙腈溶液洗脱，收集洗脱液，45 ℃氮气吹至 1.5 mL 左右，用流动相定容至 2.00 mL，作为待测溶液。同时做空白对照。

（4）测定。

① 高效液相色谱仪测定参考条件。

色谱柱：Kromasil 100 - 5C_{18}柱（3.9 mm×300 mm，5 μm 粒径）或等效产品。

流动相：甲醇-乙腈- 0.01 mol/L 草酸溶液（$V:V:V=5:18:77$）。

检测波长：350 nm。

柱温：40 ℃。

进样量：100 μL。

② 上机测定。待仪器基线稳定后，依次注入四环素类抗生素标准工作溶液和待测溶液，外标法定量。测定生乳样品中四环素类抗生素的色谱图见图 15－10。

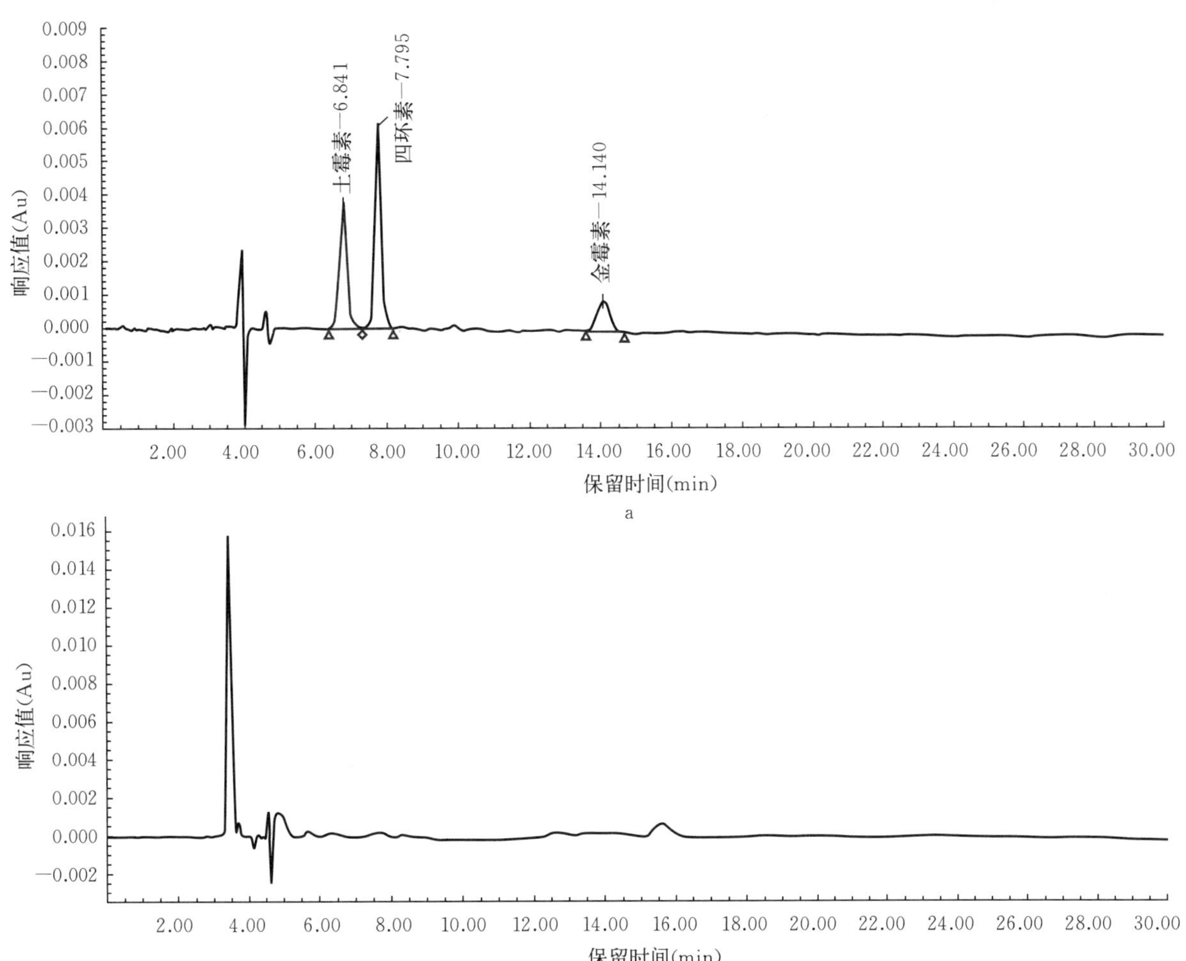

图 15－10 四环素类抗生素的色谱图

a. 土霉素、四环素、金霉素混合标准溶液的色谱图 b. 生乳中土霉素、四环素、金霉素的色谱图

5. 结果与评价

（1）结果计算。生乳样品中各种四环素类抗生素的含量以质量分数 ω（mg/kg）表示，按式（15－17）计算：

$$\omega=\frac{(c-c_0)\times V}{m} \tag{15-17}$$

式中，ω 为生乳中某种四环素类抗生素的含量（mg/kg）；c 为从标准曲线上查得的待测溶液中某种抗生素的浓度（μg/mL）；c_0 为从标准曲线上查得的空白溶液中某种抗生素的浓度（μg/mL）；V 为待测溶液的体积（mL）；m 为生乳样品的质量（g）。

（2）分析误差。结果保留 3 位有效数字。在重复性条件下获得的 2 次独立测定结果的绝对差值不得超过算术平均值的 15％。

四环素类抗生素见光和碱性条件下均不稳定，应严格控制提取溶液的 pH，避光并尽快完成试验，以减小误差。

(3) 结果评价。四环素类抗生素作为一类广谱抗生素，在畜禽养殖中被广泛作为药物添加剂，用于防治肠道感染和促进生长，但这类抗生素容易诱导耐药菌株和导致食品残留（刘勇军等，2009）。而且，孕妇服用四环素类药物会引起胎儿牙齿变色、牙釉质再生不良，以及抑制胎儿骨骼生长，在动物试验中有致畸胎作用（易晓玲等，2005）。因此，许多国家都对食品中四环素类抗生素的残留进行监控，生乳也不例外。

牛乳中的四环素类药物可按《动物性食品中兽药最高残留限量》（农业部 235 号公告）规定的 4 类兽药残留需要进行监测和评价：第 1 类是允许使用，不需要制定残留限量的兽药；第 2 类是允许使用，但有限量要求的兽药；第 3 类是允许使用，但不得检出的兽药；第 4 类是不允许使用，且不得检出的兽药。每一种兽药的限量都有所不同，差别很大。对生乳中残留的兽药，要根据实际情况，有针对性地进行检测和评估。

四、磺胺类

磺胺类药物（sulfa drugs）是一类用于预防和治疗细菌感染性疾病的化学治疗药物。生乳中磺胺类抗生素残留可用高压液相色谱测定。

1. 原理

生乳样品经氯仿-丙酮混合溶剂萃取，蒸发除去有机溶剂，残渣用流动相溶解，正己烷脱脂后，用高效液相色谱仪分离，紫外检测器检测，外标法定量。

2. 试剂

(1) 萃取溶液。量取 200 mL 三氯甲烷（$CHCl_3$）与 100 mL 丙酮（CH_3COCH_3）混合。

(2) 磺胺类抗生素标准储备溶液。称取磺胺嘧啶、磺胺甲基嘧啶、磺胺二甲基嘧啶、磺胺间甲氧嘧啶、磺胺甲噁唑、磺胺间二甲氧嘧啶标准物质各 100 mg（精确至 0.1 mg），分别置于 6 支 100 mL 容量瓶中，用甲醇溶解，必要时可超声加速溶解，定容。得到浓度为 1 000 μg/mL 的 6 种磺胺类抗生素标准储备溶液。−20 ℃保存，有效期 1 个月。

(3) 磺胺类抗生素混合标准工作溶液。根据需要和仪器响应情况，用甲醇稀释标准储备液配制不同浓度的磺胺类抗生素混合标准工作溶液。4 ℃避光保存，有效期 1 周。

3. 仪器

高效液相色谱仪（带紫外检测器）、旋转蒸发仪、微孔滤膜（0.45 μm）、漩涡混合器、分析天平（感量 0.000 1 g）。

4. 操作步骤

(1) 制样。称取 5 g（精确至 0.1 mg）生乳样品于分液漏斗中。加入 25 mL 萃取溶液，振摇 1 min，注意放气！再振摇 2 min，静置 5 min 分层，分离出下层清液。再用 25 mL 萃取溶液提取 1 次。合并 2 次提取的下层清液，用无水硫酸钠干燥，过滤于梨形瓶中，在 35 ℃水浴条件下，用旋转蒸发仪蒸发至近干。残留物用 1 mL 甲醇溶解，再次旋转蒸发至干。残渣用 1.50 mL 流动相溶解，再加入 5.00 mL 正己烷，剧烈振荡 1 min。静置 5 min 分层后，弃去正己烷层，再重复 1 次。底层水相经 0.45 μm 滤膜过滤，作为待测溶液。同时做空白对照。

(2) 测定。

① 高效液相色谱仪测定参考条件。

色谱柱：C_{18}柱（4.6 mm×250 mm，5 μm 粒径）。

流动相：甲醇-0.08%乙酸（$V:V=4:6$）。

检测波长：272 nm。

柱温：35 ℃。

流速：0.8 mL/min。

进样量：100 μL。

② 待仪器基线稳定后，依次注入磺胺类抗生素混合标准工作溶液和待测溶液，外标法定量。图 15 - 11是牛乳中磺胺类抗生素的色谱图。

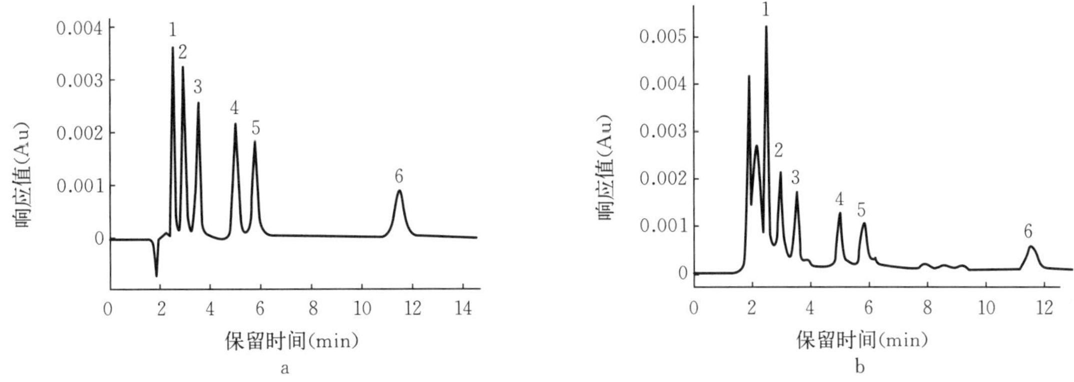

图 15 - 11　磺胺类抗生素的色谱图

a. 磺胺类抗生素混合标准溶液的色谱图　b. 实际样品的色谱图

1. 磺胺嘧啶　2. 磺胺甲基嘧啶　3. 磺胺二甲基嘧啶　4. 磺胺甲噁唑

5. 磺胺间甲氧嘧啶　6. 磺胺间二甲氧嘧啶

5. 结果与评价

(1) 结果计算。生乳样品中各种磺胺类抗生素的含量以质量分数 ω (mg/kg) 表示，按式 (15 - 18) 计算：

$$\omega=\frac{(c-c_0)\times V}{m} \tag{15-18}$$

式中，ω 为生乳中某种磺胺类抗生素的含量 (mg/kg)；c 为从标准曲线上查得的待测溶液中某种抗生素的浓度 (μg/mL)；c_0 为从标准曲线上查得的空白溶液中某种抗生素的浓度 (μg/mL)；V 为待测溶液的体积 (mL)；m 为生乳样品的质量 (g)。

(2) 分析误差。结果保留 3 位有效数字。在重复性条件下获得的 2 次独立测定结果的绝对差值不得超过算术平均值的 15%。

三氯甲烷有毒，萃取过程应在通风橱内完成。正己烷沸点较低，萃取时要小心放气，避免液体喷出。

(3) 结果评价。磺胺类药物是一类用于预防和治疗细菌感染性疾病的化学治疗药物，它能引起耐药等副作用，并对泌尿系统有损害，给牲畜长期使用会造成动物源产品的残留，对人类和环境的危害较大（胡海燕等，2009）。

磺胺类药物的评价可按《动物性食品中兽药最高残留限量》（农业部 235 号公告）规定的 4 类兽药残留需要进行监测和评价：第 1 类是允许使用，不需要制定残留限量的兽药；第 2 类是允许使用，但有限量要求的兽药；第 3 类是允许使用，但不得检出的兽药；第 4 类是不允许使用，且不得检出的兽药。每一种兽药的限量都有所不同，差别很大。对生乳中残留的磺胺类兽药，磺胺类药物要根据实际情况，有针对性地进行检测和评价。

第六节　违禁添加物

根据中华人民共和国国务院令第 536 号《乳品质量安全监督管理条例》的规定，生乳中禁止添加任何物质，即使是水也不能添加，这对保证牛乳质量安全起着至关重要的作用。2008 年 12 月以来，我国先后公布了 5 批《食品中可能违法添加的非食用物质和易滥用的食品添加剂名单》，其中可能在牛乳中非法添加的违禁添加物（illegal additives）共有 6 种，即三聚氰胺、硫氰酸盐、工业用火碱、革皮水解物、β-内酰胺酶和玉米赤霉醇。牛乳中这些非法添加物不得检出，或低于限量指标。

一、三聚氰胺

三聚氰胺（melamine，$C_3H_6N_6$）是一种含氮杂环有机物，学名 1,3,5 -三嗪- 2，4，俗称密胺、蛋白精。

三聚氰胺的评价方法有高压液相色谱法、液相色谱-质谱法、气相色谱-质谱法和试剂盒法等。气相色谱-质谱法的精度和准确度较好，现介绍如下。

1. 原理

试样经超声提取、固相萃取净化后，进行硅烷化衍生，衍生产物采用气相色谱-质谱联用仪的选择离子监测扫描模式，并配合用标准化合物的保留时间和质谱碎片的丰度比定性，外标法定量。

2. 试剂

（1）衍生试剂。N，O-双三甲基硅基三氟乙酰胺和三甲基氯硅烷（V∶V=99∶1，色谱纯）。

（2）甲醇水溶液。准确量取 50 mL 甲醇（色谱纯）和 50 mL 无离子水，混匀后备用。

（3）5%三氯乙酸溶液。称取 50 g 三氯乙酸（CCl_3COOH）于 1 L 容量瓶中，用无离子水溶解并定容。

（4）5%氨化甲醇溶液。量取 25 mL 氨水于 500 mL 容量瓶中，用甲醇定容。

（5）10 g/L 乙酸铅溶液。称取 1.0 g 乙酸铅［$(CH_3COO)_2Pb$］，溶于 100 mL 无离子水中。

（6）三聚氰胺标准储备溶液。准确称取 100 mg（精确至 0.1 mg）三聚氰胺标准品（纯度≥99.0%）于 100 mL 容量瓶中，用甲醇水溶液溶解并定容至刻度，配制成浓度为 1 mg/mL 的标准储备溶液，4 ℃冰箱内避光保存，有效期 1 年。

（7）三聚氰胺标准工作溶液。准确吸取三聚氰胺标准储备溶液 1 mL 于 100 mL 容量瓶中，用甲醇定容至刻度。此标准工作溶液浓度为 10 μg/mL，于 4 ℃冰箱内保存，有效期 3 个月。

3. 仪器

固相萃取装置；气相色谱-质谱联用仪（带电子轰击电离源）；电子恒温箱；分析天平；高速离心机（不低于 10 000×g）；超声波水浴；氮吹仪；漩涡混合器；针筒注射器（5 mL）；微孔滤膜（0.2 μm）；阳离子交换固相萃取柱（混合型阳离子交换固相萃取柱，基质为苯磺酸化的聚苯乙烯-二乙烯基苯高聚物，柱容量 60 mg、3 mL，或等效产品。使用前依次用 3 mL 甲醇、3 mL水活化）。

4. 操作步骤

（1）制备试液。称取 5 g（精确至 0.01 g）生乳样品于 10 mL 具塞塑料离心管中，加入1.50 mL 三氯乙酸溶液和 1.00 mL 乙酸铅溶液，混匀，超声提取 10 min，于 10 000× g，15 ℃离心 10 min。用针筒注射器吸取约 4 mL 上清液，过 0.2 μm 滤膜后，作为待净化液。用纯水作空白对照。

将 3.00 mL 待净化液准确加入固相萃取柱中，依次用 3 mL 水和 3 mL 甲醇洗涤，抽至近干后，用 4 mL 5%氨化甲醇溶液洗脱。整个固相萃取过程中流速不超过 1 mL/min。洗脱液收集于衍生瓶中，50 ℃下，氮气吹干。加入 100 μL 的吡啶（色谱纯，C_5H_5N）和 100 μL 的衍生试剂，旋紧瓶盖，涡旋 1 min，75 ℃反应 30 min，作为待测溶液。用相同程序使用纯水作空白对照。

（2）标准溶液。准确吸取三聚氰胺标准工作溶液 0 mL、0.40 mL、0.80 mL、1.60 mL、4.00 mL、8.00 mL、16.0 mL 于 7 个 100 mL 容量瓶中，用甲醇稀释至刻度。各取 1.00 mL 于衍生瓶中，氮气吹干，加入 100 μL 的吡啶和 100 μL 的衍生试剂，旋紧瓶塞，涡旋 1 min，75 ℃反应 30 min。得到浓度分别为 0 μg/mL、0.20 μg/mL、0.40 μg/mL、0.80 μg/mL、2.00 μg/mL、4.00 μg/mL、8.00 μg/mL 的标准工作溶液，供气相色谱-质谱联用仪测定。

（3）测定。

① 气相色谱-质谱联用仪测定参考条件。

色谱柱：5%苯基二甲基聚硅氧烷石英毛细管柱（30 m×0.25 mm×0.25 μm）。

载气：氦气。

流量：1.0 mL/min。

柱温：70 ℃保持 1 min，以 20 ℃/min 升温至 300 ℃，保持 10 min。

传输线温度：280 ℃。

进样口温度：250 ℃。

进样方式：不分流进样（或分流进样）。

进样量：1.0 μL（或 2.0 μL、1∶20 分流进样）。

电离方式：电子轰击电离。

电离能量：70 eV。

离子源温度：230 ℃。

四极杆温度：150 ℃。

扫描模式：选择性离子扫描，定性离子 m/z 为 99、171、327、342，定量离子 m/z 为 327。

② 上机测定。待仪器基线稳定后，依次注入标准工作溶液和待测溶液，外标法定量。

以标准样品的保留时间和监测离子（m/z 为 99、171、327 和 342）定性，待测样品中 4 个离子（m/z 为 99、171、327 和 342）的丰度比与标准品的相同离子丰度比相差不大于 20%。待测溶液中三聚氰胺的响应值应在标准曲线线性范围内，超过线性范围应稀释后再测定。

测定生乳中三聚氰胺的色谱图见图 15-12。图中纵坐标的响应值是 4 个离子（m/z 为 99、171、327 和 342）的响应值之和。

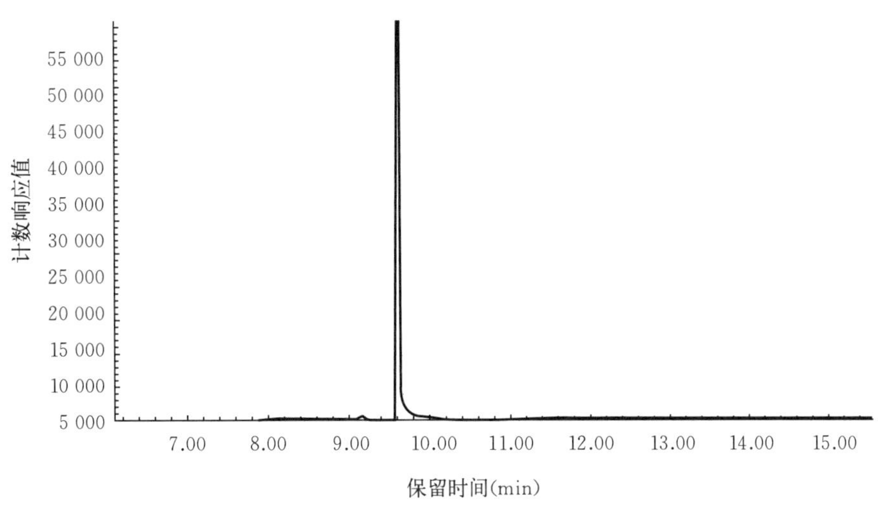

a

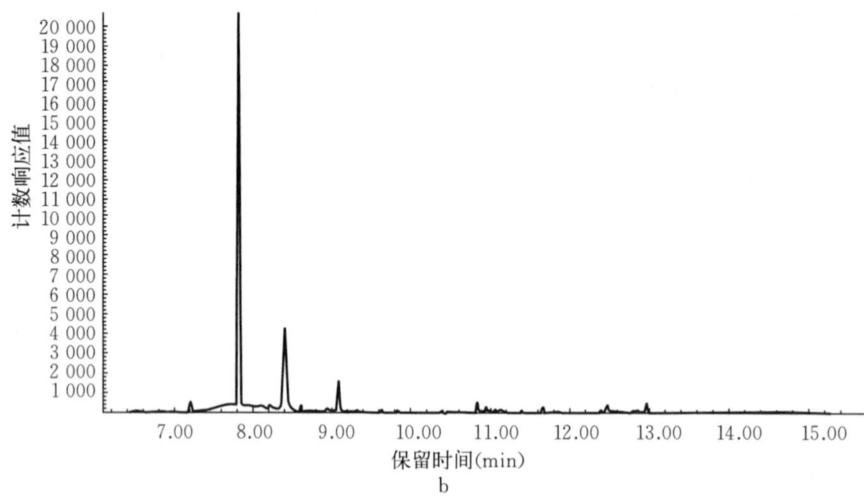

图 15-12 三聚氰胺的色谱图

a. 标准溶液 b. 生乳样品

5. 结果与评价

（1）结果计算。生乳中三聚氰胺的含量以质量分数 ω（mg/kg）表示，按式（15-19）计算：

$$\omega=\frac{(c-c_0)\times V\times D}{m} \tag{15-19}$$

式中，ω 为生乳中三聚氰胺的含量（mg/kg）；c 为从标准工作曲线上查得的待测溶液中三聚氰胺的浓度（μg/mL）；c_0 为从标准工作曲线上查得的空白溶液中三聚氰胺的浓度（μg/mL）；V 为加入吡啶和衍生试剂后，待测溶液的体积（mL）；D 为稀释倍数；m 为生乳样品的质量（g）。

（2）分析误差。结果保留 3 位有效数字。在重复性条件下获得的 2 次独立测定结果的绝对差值不得超过算术平均值的 15%。

在添加浓度为 0.05～2.0 mg/kg 的条件下，本方法的回收率应达到 70%～110%。衍生化前，一定要保证衍生瓶内干燥。为避免有水，可将小瓶放入 75 ℃烘箱内烘干 20 min 后，再进行衍生。

（3）结果评价。三聚氰胺的氮含量很高（约 66%），在饲料或生乳中添加 1%的三聚氰胺，凯氏定氮法的粗蛋白质含量增加约 4 个百分点，且价格低廉，给造假、掺假者极大的利益驱动。

2008 年，卫生部联合五部委发布了《关于乳与乳制品中三聚氰胺临时管理限量值规定的公告》，规定生乳中三聚氰胺含量不得超过 2.5 mg/kg。这一限量值保证了生乳的质量安全，是评价的主要依据。

二、硫氰酸盐

硫氰酸盐（thiocyanate）是动植物组织和分泌物中普遍存在的一种盐。正常生乳中硫氰酸盐的含量为 2～7 mg/L(IDF，1988)。硫氰酸盐常用的评价方法是离子色谱法。

1. 原理

生乳样品经乙酸溶液和氢氧化钾溶液沉淀蛋白质并过滤后，直接注入离子色谱仪分离，外标法定量。

2. 试剂

（1）6.0%乙酸水溶液。量取 6.0 mL 冰乙酸倒入 94 mL 无离子水中。

(2) 1.0 mol/L 氢氧化钾溶液。称取 5.6 g 氢氧化钾(纯度≥99.0%)溶于 100 mL 无离子水中，用橡胶塞塞紧瓶口。

(3) 硫氰酸根标准储备溶液。将硫氰酸钾于 101～103 ℃烘箱内烘干 2 h，在干燥器内冷却至室温。准确称取 1.673 2 g 干燥后的硫氰酸钾于烧杯中，加少量无离子水溶解。滴加 10 滴 1.0 mol/L 氢氧化钾溶液，转移定容于 1 000 mL 容量瓶内，混匀。于 4 ℃保存，有效期 3 个月。此溶液中，硫氰酸根的含量为 1 000 mg/L。

(4) 硫氰酸根标准中间溶液。准确吸取 10.0 mL 硫氰酸根标准储备溶液于 100 mL 容量瓶内，用水定容，混匀。4 ℃保存，有效期 1 周。此溶液中，硫氰酸根的含量为 100 mg/L。

(5) 硫氰酸根标准工作溶液。分别吸取硫氰酸根标准中间溶液 0 mL、2.00 mL、4.00 mL、6.00 mL、8.00 mL 和 10.0 mL 于 6 支 100 mL 容量瓶内，用水定容，混匀，得到浓度分别为 0 mg/L、2.00 mg/L、4.00 mg/L、6.00 mg/L、8.00 mg/L 和 10.0 mg/L 硫氰酸根标准工作溶液。现用现配。

3. 仪器

离子色谱仪(带电导检测器)、高速离心机(不低于 12 000×*g*)、分析天平(感量 0.000 1 g)、水性样品过滤器(0.22 μm)。

4. 操作步骤

(1) 制备试液。将牛乳样品摇匀后，吸取 5.00 mL 试样于 10 mL 离心管中，加入 1.00 mL 乙酸水溶液，摇匀。在 12 000×*g*、15 ℃下离心 10 min。取约 4 mL 的上清液，过 0.22 μm 滤膜，收集所有滤液。准确移取 3.00 mL 滤液于另一干净的离心管中，加入 1.00 mL 氢氧化钾溶液，摇匀。于 12 000×*g*、15 ℃离心 10 min。将上清液过 0.22 μm 滤膜，收集滤液作为待测溶液。同时用 5.00 mL 水代替生乳样品作空白对照。

(2) 测定。

① 离子色谱仪测定参考条件。

色谱柱：Dionex AS－16 型分析柱和 AG－16 型保护柱，或等效产品。

抑制器：Dionex ASRS-ULTRA Ⅱ型 4 mm 阴离子抑制器，自身抑制模式，抑制器电流 105 mA，或等效产品。

流动相：40 mmol/L 氢氧化钾溶液。

电导池温度：35.0 ℃。

柱温：30.0 ℃。

流速：1.0 mL/min。

进样量：25 μL。

② 上机测定。待仪器基线稳定后，依次注入标准工作溶液和待测溶液，外标法定量。测定生乳中硫氰酸根的色谱图见图 15－13。

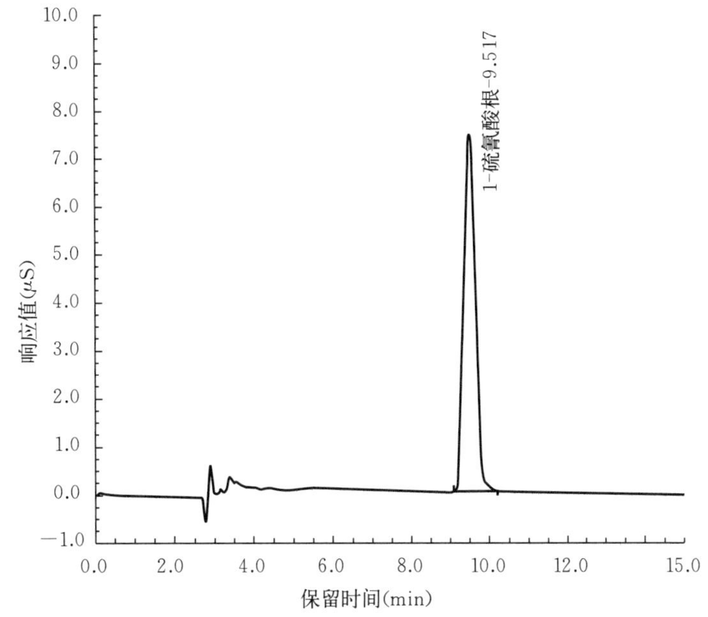

图 15－13 硫氰酸根的色谱图

5. 结果与评价

(1) 结果计算。生乳中硫氰酸根的含量以质量浓度 ρ (mg/L) 表示，按式（15－20）计算：

$$\rho=\frac{(c-c_0)\times V_4\times V_2}{V_3\times V_1} \tag{15－20}$$

式中，ρ 为生乳中硫氰酸根的含量（mg/L）；c 为从标准工作曲线上查得的待测溶液中硫氰酸根的含量（mg/L）；c_0 为从标准工作曲线上查得的空白溶液中硫氰酸根的含量（mg/L）；V_4 为加入氢氧化钾溶液后的总体积（mL）；V_2 为加入乙酸水溶液后的总体积（mL）；V_3 为第 1 次过滤后，吸取上清液的体积（mL）；V_1 为生乳样品的体积（mL）。

（2）分析误差。分析结果保留 3 位有效数字。在重复性条件下获得的 2 次独立测定结果的值，不得超过算术平均值的 10%。

前处理后的样品应尽快进行离子色谱分析，样品处理与进样检测之间的时间应小于 8 h，以减小误差。

（3）结果评价。硫氰酸盐是动植物组织和分泌物中普遍存在的一种盐。正常生乳中硫氰酸盐的含量为 2～7 mg/L(IDF，1988)。硫氰酸盐曾被推荐作为牛乳的保鲜剂使用（GB/T 15550—1995），现已废止，原因是硫氰酸盐对人体有一定的毒害作用。尽管国家对牛乳中硫氰酸盐没有限量规定，但规定禁止添加。所以，牛乳中硫氰酸盐含量不应高于正常生乳中硫氰酸盐的含量，即 2～7 mg/L。

三、工业用火碱

工业用火碱（industrial sodium hydroxide）是指碳酸氢钠、碱面等碱性物质。工业用火碱可用酸碱指示剂评价。

1. 原理

生乳中如果加碱，可使百里香酚指示剂变色，由颜色的不同判断加碱量的多少。

2. 材料

百里香酚-乙醇溶液（称取 40 mg 百里香酚，用乙醇定容于 100 mL），试管（16 mm×160 mm）。

3. 操作步骤

量取 5 mL 生乳样品于试管中，将试管保持倾斜位置，沿管壁小心加入 5 滴百里香酚-乙醇溶液。将试管轻轻倾斜转 2～3 圈，使其更好地相互接触，切勿使液体相互混合，然后将试管垂直放置，2 min后根据环层指示剂颜色的特征确定结果，同时用未掺碱的生乳作空白对照。

4. 结果与评价

（1）分析结果。根据环层颜色变化界限直接判定结果即可，见表 15－9。掺入不同浓度碳酸氢钠溶液的生乳样品，结果见图 15－14。

表 15－9 环层颜色变化界限判定表

生乳中碳酸氢钠的浓度（%）	界面环层颜色特征
0.00	黄绿色
0.05	浅绿色
0.10	绿色
0.30	深绿色
0.50	青绿色
1.00	青色

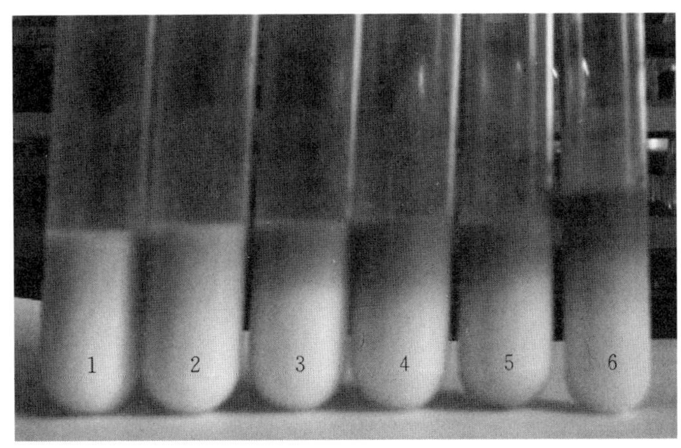

图 15-14 掺入不同浓度碳酸氢钠溶液的生乳样品

1～6. 生乳样品中碳酸氢钠的浓度依次为 0.00%、0.05%、0.10%、0.30%、0.50%和 1.00%

(2) 减小误差。 减小误判应注意的事项：

① 在滴加显色剂时，注意沿试管壁小心加入，剧烈晃动会导致指示剂同乳样混合，使颜色变浅，无法分辨环层。

② 因为样品的颜色会随显色时间的延长而加深，观察显色结果的时间控制在滴加指示剂后的 2～10 min。

③ 试验前，应配制一系列已知浓度的碳酸氢钠生乳样品作为标准系列，将样品的颜色与标准系列比较，减少人为因素的影响。

(3) 结果评价。 工业用火碱是指碳酸氢钠、碱面等碱性物质。由于牛乳营养丰富，微生物易于繁殖，特别在夏季容易酸败，而加碱可以掩盖酸败。所以，检测生乳中是否加碱，是保证生乳品质的重要安全指标。

(4) 试验前，应配制一系列已知浓度的碳酸氢钠生乳样品作为标准系列，将样品的颜色与标准系列进行比较，减少人为因素的影响。

四、革皮水解物

革皮水解物（hydrolyzate leather）是皮革鞣制后的副产品经酸水解得到的产物，其主要成分是皮革水解蛋白（leather hydrolyzed protein）。牛乳中掺入皮革水解蛋白可提高蛋白质的含量，但会改变牛乳中氨基酸的比例。L-羟脯氨酸是皮革水解蛋白质中特有的氨基酸，占该蛋白质氨基酸总量的 10%以上（田艳玲等，2009），而乳蛋白质中不含 L-羟脯氨酸。所以，检测牛乳中是否含有 L-羟脯氨酸，即可判断牛乳中是否掺有皮革水解蛋白。

1. 原理

试样经酸水解后，过滤，氮气吹干，再用稀盐酸溶解，经氨基酸分析仪测定 L-羟脯氨酸。外标法定量。

2. 试剂

(1) 7.8 mol/L 盐酸溶液。 将 650 mL 盐酸（优级纯，HCl）小心倒入 350 mL 无离子水中，混匀。

(2) 茚三酮显色溶液。 可按照表 15-10 配制，也可根据仪器使用说明书配制。

表 15-10 茚三酮试剂的组成和配制方法

储液桶	步骤	试剂或操作内容	用量
R1 茚三酮	1	乙二醇单甲醚（$CH_3OC_2H_4OH$）	979 mL
	2	茚三酮（$C_9H_6O_4$）	39 g
	3	鼓泡溶解时间	5 min
	4	硼氢化钠（$NaBH_4$）	81 mg
	5	鼓泡时间	30 min
R2 缓冲液	1	水	336 mL
	2	乙酸钠（CH_3COONa）	204 g
	3	冰乙酸（CH_3COOH）	123 mL
	4	乙二醇单甲醚（$CH_3OC_2H_4OH$）	401 mL
	5	定容体积	1 000 mL
	6	鼓泡时间	10 min

（3）5.0%苯酚溶液。称取 5.0 g 苯酚（C_6H_5OH），溶于 100 mL 无离子水中。

（4）0.02 mol/L 盐酸溶液。量取 8.3 mL 盐酸，倒入 1 000 mL 无离子水中，混匀。

（5）L-羟脯氨酸标准储备溶液。称取 100 mg（精确至 0.1 mg）L-羟脯氨酸标准品（纯度≥99.0%），用 0.02 mol/L 盐酸溶液溶解，并定容至 100 mL 容量瓶中，该溶液中 L-羟脯氨酸的浓度为 1 mg/mL，4 ℃储存，有效期 3 个月。

（6）L-羟脯氨酸标准工作溶液。准确吸取 1.00 mL L-羟脯氨酸标准储备溶液于 100 mL 的容量瓶内，用 0.02 mol/L 盐酸溶液定容，该溶液中 L-羟脯氨酸的浓度为 10.0 μg/mL，4 ℃储存，有效期 1 周。

3. 仪器

氨基酸自动分析仪（带自动进样装置和梯度洗脱系统）、电热恒温干燥箱、(110±1)℃、分析天平（感量 0.000 1 g）、氮吹仪、带有聚四氟乙烯密封盖的水解管、定量滤纸、水性过滤膜（0.45 μm，直径 13 mm）、氮气（纯度≥99.99%）。

4. 操作步骤

（1）制备试液。准确吸取 2.00 mL 的生乳样品于水解管中，加 8.0 mL 7.8 mol/L 盐酸溶液，滴入 3 滴苯酚溶液，充氮气后封管，置于 110 ℃电热恒温干燥箱中保持 24 h，冷却后经滤纸过滤。取 200 μL 滤液于氮吹仪上吹至近干，再加 200 μL 水反复吹干 2 次，残留物用 1.00 mL 0.02 mol/L 盐酸溶液溶解，过 0.45 μm 滤膜，作为待测溶液。同时做空白对照。

（2）测定。

① 氨基酸自动分析仪测定参考条件。

色谱柱：氨基酸专用分析柱（4.6 mm×60 mm）。

流动相：可按照表 15-11 配制，也可根据仪器使用说明书配制。

表 15-11 流动相的配制

名称	PH-1
储液桶	B1
钠离子浓度（mol/L）	0.060
超纯水（mL）	700

（续）

名称	PH-1
二水合柠檬酸三钠（g）	5.88
氢氧化钠（g）	0
氯化钠（g）	0
一水合柠檬酸（g）	22.00
乙醇（mL）	130.0
苯甲醇（mL）	0
硫二甘醇（mL）	5.0
聚氧乙烯月桂醚（Brij-35）（g）	1.0
辛酸（mL）	0.1
定容体积（mL）	1 000

检测波长：440 nm。

柱温：57 ℃。

反应柱温度：135 ℃。

流速：0.400 mL/min。

柱后衍生试剂流速：0.350 mL/min。

进样量：20 μL。

② 上机测定。待仪器基线稳定后，依次注入 L-羟脯氨酸标准工作溶液和待测溶液，外标法定量。

测定生乳中 L-羟脯氨酸的色谱图见图 15-15。从图 15-15 中可以看出，使用本方法，可以将人为添加皮革水解蛋白的生乳样品中 L-羟脯氨酸的峰与其他干扰峰分开，从而准确定量。

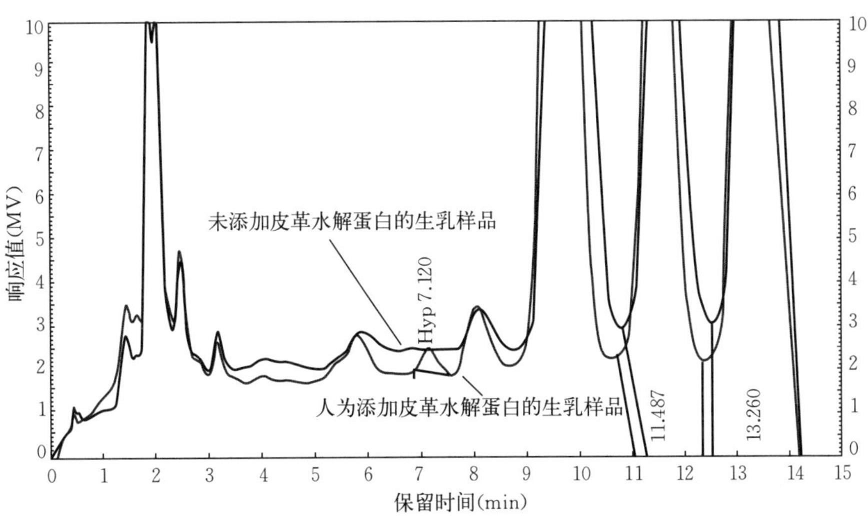

图 15-15　人为添加皮革水解蛋白和未添加皮革水解蛋白的生乳样品的色谱图

5. 结果与评价

（1）结果计算。生乳样品中皮革水解蛋白的含量以质量浓度 ρ（mg/L）表示，按式（15-21）计算：

$$\rho=\frac{A\times c_s\times V_1\times V_2\times 10}{A_s\times V_3\times V_4} \tag{15-21}$$

式中，ρ 为生乳中皮革水解蛋白的含量（mg/L）；A 为待测溶液中 L-羟脯氨酸的峰面积；c_s 为

L-羟脯氨酸标准工作溶液的浓度（μg/mL）；V_1 为待测溶液的体积（mL）；V_2 为水解液的总体积（mL）；A_s 为L-羟脯氨酸标准工作溶液的峰面积；V_3 为吸取水解液进行氮气吹干的体积（mL）；V_4 为生乳样品的体积（mL）；10为皮革水解蛋白含量与L-羟脯氨酸含量之间的转换系数。

（2）分析误差。测定结果用算术平均值表示，结果保留3位有效数字。2次平行测定的相对偏差不大于10%。

（3）结果评价。牛乳中掺入皮革水解蛋白可提高蛋白质的含量，但会改变牛乳中氨基酸的比例，造成营养失衡，或铬含量超标（皮革水解蛋白中铬含量较高）。所以，国家禁止在牛乳中掺入革皮水解物。L-羟脯氨酸是皮革水解蛋白质中特有的氨基酸，占该蛋白质氨基酸总量的10%以上，而乳蛋白质中不含L-羟脯氨酸。所以，检测牛乳中是否含有L-羟脯氨酸，即可判断牛乳中是否掺有皮革水解蛋白。对于L-羟脯氨酸，本方法检出限为25 mg/L，相当于生乳中掺入0.025%的皮革水解蛋白。

五、β-内酰胺酶

β-内酰胺酶（β-Lactamase）是一类由细菌产生、能分解β-内酰胺类抗生素的酶。生乳中β-内酰胺酶的评价方法有杯碟法。

1. 原理

采用对青霉素类药物绝对敏感的标准菌株，利用舒巴坦能特异性抑制β-内酰胺酶的活性，并加入青霉素作为对照，通过比对加入β-内酰胺酶抑制剂与未加入β-内酰胺酶抑制剂的样品所产生的抑制圈的大小，间接判定样品是否含有β-内酰胺酶。

2. 材料与试剂

（1）试验菌株。藤黄微球菌（*Micrococcus luteus*）CMCC(B) 28001，传代次数不得超过14次。

（2）磷酸盐缓冲溶液（pH 6.0）。称取8.0 g无水磷酸二氢钾（KH_2PO_4）、2.0 g无水磷酸氢二钾（K_2HPO_4），加蒸馏水至1 000 mL。

（3）8.5 g/L生理盐水。称取8.5 g氯化钠（NaCl）溶于1 000 mL蒸馏水中，121 ℃高压蒸汽灭菌15 min。

（4）青霉素标准溶液。准确称取适量青霉素G钠（$C_{16}H_{17}N_2O_4SNa$）标准物质，用磷酸盐缓冲溶液溶解并定容，配制成0.1 mg/mL的标准溶液。现用现配。

（5）β-内酰胺酶标准溶液。准确量取或称取适量β-内酰胺酶标准物质，用磷酸盐缓冲溶液溶解并定容，逐级稀释配制16 000 IU/mL的标准溶液。现用现配。

（6）舒巴坦标准溶液。准确称取适量的舒巴坦标准物质，用磷酸盐缓冲溶液溶解并定容，配制1 mg/mL的标准溶液，分装后−20 ℃保存备用，不可反复冻融使用。

（7）营养琼脂培养基。称取10 g蛋白胨、3 g牛肉浸膏、5 g氯化钠和15～20 g琼脂，加入1 000 mL蒸馏水中，搅拌均匀，分装试管每管5～8 mL，121 ℃高压蒸汽灭菌15 min，灭菌后的培养基倾斜摆放。

（8）抗生素检测培养基Ⅱ。称取10 g蛋白胨、3 g牛肉浸膏、5 g氯化钠、3 g酵母膏、1 g葡萄糖、14 g琼脂，加入1 000 mL蒸馏水中，搅拌均匀，121 ℃高压蒸汽灭菌15 min，调整pH至6.6。

3. 仪器

抑菌圈测量仪或测量尺、电热恒温培养箱（36±1)℃、高压蒸汽灭菌锅、无菌玻璃培养皿（内径90 mm，底部平整光滑的玻璃皿，具陶瓦盖，121 ℃高压蒸汽灭菌15 min）、无菌牛津杯（外径

8.0 mm，内径 6.0 mm，高度 10.0 mm，121 ℃高压蒸汽灭菌 15 min）、麦氏比浊仪或标准比浊管、pH 计（精度 0.01）、无菌吸管（1 mL、10 mL，121 ℃高压蒸汽灭菌 15 min）、微量移液器（5～20 μL和 20～200 μL及配套的无菌枪头）。

4. 操作步骤

(1) 制备菌悬液。将藤黄微球菌接种于营养琼脂斜面上，经（36±1)℃培养 18～24 h，用生理盐水洗下菌苔即为菌悬液，测定菌悬液浓度，最终浓度应大于 1×10^{10} CFU/mL，4 ℃保存，储存期限 2 周。

(2) 测定。

① 将待测样品充分混匀，取 1.00 mL 样品于 1.5 mL 离心管中，共 4 管，分别标记 A、B、C、D，每个样品做 3 个平行；同时每批次检验应取纯水 1.00 mL 加入 1.5 mL 离心管中，共 4 管，分别标记 A、B、C、D，作为对照。如果样品为乳粉，则将乳粉按 1∶10 的比例稀释。如果样品为酸性乳制品，应调节 pH 至 6～7。

② 取无菌玻璃培养皿，底层加 10 mL 抗生素检测培养基Ⅱ，凝固后，上层加入 5 mL 含有浓度为 1×10^{8} CFU/mL 藤黄微球菌的抗生素检测培养基Ⅱ，凝固后备用。

③ 按照下列顺序分别将青霉素标准溶液、β-内酰胺酶标准溶液、舒巴坦标准溶液按以下剂量分别加入样品及纯水的 4 个离心管中：

A 管：5 μL 青霉素标准溶液。

B 管：25 μL 舒巴坦标准溶液、5 μL 青霉素标准溶液。

C 管：25 μL β-内酰胺酶标准溶液、5 μL 青霉素标准溶液。

D 管：25 μL β-内酰胺酶标准溶液、25 μL 舒巴坦标准溶液、5 μL 青霉素标准溶液。

混匀后，将上述 A～D 管试样各取 200 μL，分别点样于已铺好培养基的无菌玻璃培养皿中，并对应地标记为 A、B、C、D，(36±1)℃培养 18～22 h，测量抑菌圈直径，每个样品取 3 次平行试验的平均值，同时做空白对照。

5. 结果与评价

(1) 结果判定。

空白纯水样品结果应为：A、B、D 均应产生抑菌圈；A 的抑菌圈与 B 的抑菌圈相比，差异在 3 mm以内（含 3 mm），且重复性良好；C 可能不产生抑菌圈，或 C 的抑菌圈小于 D 的抑菌圈，差异在 3 mm 以上（含 3 mm），且重复性良好。如果为此结果，则系统成立，可对样品结果进行以下判定：

一是如果结果样品中 B 和 D 均产生抑菌圈，且 C 与 D 的抑菌圈差异在 3 mm 以上（含 3 mm）时，可按 a. 和 b. 判定结果。

a. 如果 A 的抑菌圈小于 B 的抑菌圈，且差异在 3 mm 以上（含 3 mm），重复性良好，应判定该试样含有 β-内酰胺酶，报告 β-内酰胺酶检测结果阳性。

b. 如果 A 的抑菌圈与 B 的抑菌圈差异小于 3 mm，重复性良好，应判定该试样不含β-内酰胺酶，报告 β-内酰胺酶检测结果阴性。

二是如果 A 和 B 均不产生抑菌圈，则应将样品稀释后再进行检测。

用杯碟法评价生乳样品中 β-内酰胺酶的结果见图 15－16。图 15－16a 中，抑菌圈 A 和 B 的直径几乎一样，但图 15－16b 中可以看出两者之间明显的差异。

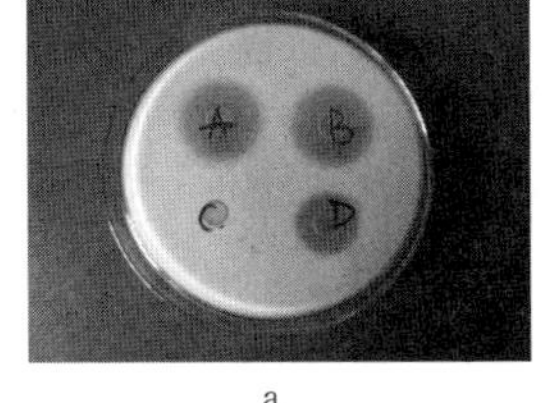

a

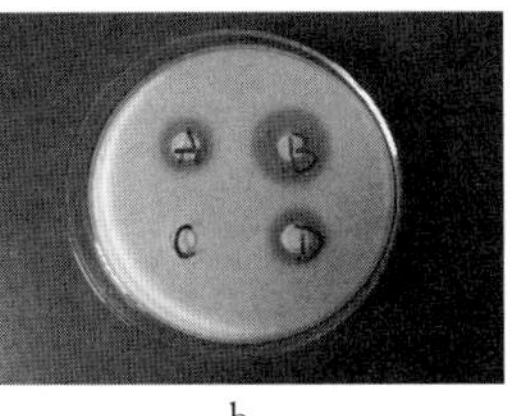

b

图 15－16　杯碟法检测某些生乳样品中 β-内酰胺酶的结果
a. 杯碟法阴性样品　b. 杯碟法阳性样品

（2）结果评价。

① 杯碟法检测样品时，应同时进行阴性样品和人为添加的阳性样品的对照试验。微生物试验受环境等其他因素影响较大，有时试验较难得到满意的结果，应对试验中的各个步骤和条件进行优化，确定方法检出限，并待条件稳定后，再进行大批量样品的检验。

② β-内酰胺酶是一类由细菌产生、能分解 β-内酰胺类抗生素的酶。如果将 β-内酰胺酶用于牛乳，则可以降解牛乳中残留的青霉素等抗生素药物，人为制造“无抗乳”。所以，国家严格禁止这种非法行为，检测结果不得呈阳性。

六、玉米赤霉醇

玉米赤霉醇（zeranol）是一种非甾体同化激素，是镰刀霉菌的次生代谢产物玉米赤霉烯酮的衍生产物，具有弱雌激素功能，可以提高家畜饲料转化率和胴体瘦肉率（彭涛等，2010）。动物源食品中玉米赤霉醇、β-玉米赤霉醇、α-玉米赤霉烯醇、β-玉米赤霉烯醇、玉米赤霉酮和玉米赤霉烯酮残留量可用液相色谱-串联质谱检测。

1. 原理

样品经 β-葡萄糖苷酸/硫酸酯复合酶水解后，采用乙醚提取，经液液分配、固相萃取柱净化后，液相色谱-串联质谱检测和确证，外标法定量。

2. 试剂

（1）0.5 mol/L 氢氧化钠溶液。称取 20 g 氢氧化钠（NaOH），用无离子水溶解并定容至 1 L。

（2）0.05 mol/L 乙酸钠缓冲溶液。称取 6.8 g 乙酸钠（$CH_3COONa \cdot 3H_2O$），用 900 mL 无离子水溶解，用冰乙酸调 pH 至 4.8，定容至 1 L。

（3）20%磷酸溶液。量取 10 mL 磷酸（H_3PO_4）和 40 mL 无离子水混合。

（4）50%甲醇溶液。量取 50 mL 甲醇（色谱纯）和 50 mL 无离子水混合。

（5）β-葡萄糖苷酸/硫酸酯复合酶。96 000 U/mL β-葡萄糖苷酸，390 IU/mL 硫酸酯酶。

（6）玉米赤霉醇标准储备溶液。称取 10 mg（精确至 0.1 mg）玉米赤霉醇标准品（zearalanol，CAS：26538－44－3，纯度≥99%）于 100 mL 容量瓶中，用乙腈溶解，配制成浓度为 100 μg/mL 的标准储备溶液。－20 ℃冰箱内避光保存，有效期 3 个月。

（7）玉米赤霉醇标准中间溶液。准确移取 1.00 mL 玉米赤霉醇标准储备溶液于 10 mL 容量瓶中，用乙腈定容至刻度，配制成浓度为 10.0 μg/mL 的玉米赤霉醇标准中间溶液，4 ℃冰箱内避光保存，有效期 1 个月。

（8）玉米赤霉醇标准工作溶液。准确移取 0.100 mL 玉米赤霉醇标准中间溶液于 10 mL 容量瓶中，用乙腈定容至刻度，配制成浓度为 0.100 μg/mL 的玉米赤霉醇标准工作溶液，4 ℃冰箱内避光保存。现配现用。

（9）HLB 固相萃取柱。N-乙烯吡咯烷酮和二乙烯基苯共聚物填料，500 mg，6 mL，或等效产品。使用前依次用 5 mL 甲醇和 5 mL 无离子水预处理。

3. 仪器

液相色谱-串联质谱联用仪（带电喷雾离子源）、组织捣碎机、分析天平（感量 0.000 1 g）、天平（感量为 0.01 g）、均质器（10 000 r/min）、恒温水浴振荡器、离心机（4 000×g）、pH 计（精度 0.01）、氮吹仪、漩涡混合器、旋转蒸发仪、超声波清洗器、微孔滤膜（0.2 μm，有机相型）。

4. 操作步骤

(1) 水解。 称取 5 g（精确至 0.01 g）生乳样品于 50 mL 具塞离心管中，加入 10 mL 乙酸钠缓冲溶液和 0.025 mL β-葡萄糖苷酸/硫酸酯复合酶，涡旋混匀，于 37 ℃水浴中振荡水解 12 h。

(2) 提取。 水解后，加入 15 mL 无水乙醚，振荡提取 5 min 后，以 4 000×g 离心 2 min，将上清液转移至浓缩瓶中，再用 15 mL 无水乙醚重复提取 1 次，合并上清液，40 ℃以下旋转蒸发至近干。加入 1 mL 三氯甲烷溶解残渣，超声 2 min 后，转入 10 mL 离心管中，再用 3 mL 0.5 mol/L 氢氧化钠溶液润洗浓缩瓶后，转移至同一离心管中，涡旋混匀，以 4 000×g 离心 2 min，吸取上层氢氧化钠溶液。再用 3 mL 氢氧化钠溶液重复润洗、萃取 1 次，合并氢氧化钠萃取液，加入 1 mL 20%磷酸溶液，混匀后待净化。

(3) 纯化。 待净化液转入 HLB 固相萃取柱中。依次用 5 mL 纯水、5 mL 50%的甲醇溶液淋洗，再用 10 mL 甲醇进行洗脱，收集洗脱液。整个固相萃取净化过程控制流速不超过 2 mL/min。洗脱液在 40 ℃以下用氮气吹干。残留物用 1.00 mL 乙腈（色谱纯）溶解，涡旋混匀后，过 0.2 μm 微孔滤膜，作为待测溶液，供仪器检测。

(4) 测定。

① 标准溶液。称取 5 份 5 g 空白试样（精确至 0.01 g）于 50 mL 具塞离心管中，分别加入适当体积的玉米赤霉醇标准中间溶液或玉米赤霉醇标准工作溶液，分别配制成浓度为 1 μg/kg、5 μg/kg、10 μg/kg、50 μg/kg 和 100 μg/kg 的基质标准溶液，然后按步骤（1）中操作进行前处理。

② 液相色谱测定参考条件。

色谱柱：Capcell pak C_{18}柱（2.0 mm×50 mm，2 μm 粒径）或等效产品。

流动相：用乙腈（色谱纯）和纯水进行梯度洗脱，条件见表 15-12。

表 15-12　流动相及梯度洗脱条件

时间（min）	乙腈（%）	水（%）
0	25	75
5	70	30
6	70	30
9	25	75

柱温：40 ℃。

流速：0.2 mL/min。

进样量：5.0 μL。

③ 串联质谱测定参考条件。

电离方式：电喷雾电离。

毛细管电压：3.0 kV。

源温度：120 ℃。

去溶剂温度：350 ℃。

锥孔气流：氮气，流速 100 L/h。

去溶剂气流：氮气，流速 600 L/h。

碰撞气：氩气，碰撞气压 2.60×10^{-4} Pa。

扫描方式：负离子扫描。

检测方式：多反应监测，条件见表 15-13。

④ 上机测定。按照上述条件测定样品和基质标准溶液，如果样品的质量色谱峰保留时间与基质

标准溶液一致，定性离子的相对丰度与浓度相当的混合基质标准溶液的相对丰度一致，且相对丰度偏差不超过表15－14的规定，则可判断样品中含有玉米赤霉醇。按照外标法进行定量计算。按浓度由小到大的顺序，依次分析基质标准溶液，得到浓度与峰面积的标准工作曲线。样品溶液中分析物的响应值应在标准工作曲线范围内，否则应稀释后重新测定。

表15－13　多反应监测条件

中文名称	英文名称	母离子（m/z）	子离子（m/z）	驻留时间（s）	锥孔电压（V）	碰撞能量（eV）	保留时间（min）
玉米赤霉醇	zearalanol	321.1	277.2（定量）	0.2	40	18	3.61
			303.2	0.2	40	20	

表15－14　相对离子丰度的最大允许相对偏差

相对离子丰度	＜10%	10%～20%	20%～50%	＞50%
最大允许相对偏差	±50%	±30%	±25%	±20%

5. 结果与评价

（1）结果计算。生乳样品中玉米赤霉醇的含量以质量分数 ω（mg/kg）表示，按式（15－22）计算：

$$\omega=\frac{c\times V}{V\times 1000} \qquad (15-22)$$

式中，ω 为生乳样品中玉米赤霉醇的含量（mg/kg）；c 为从基质标准溶液工作曲线上查得的待测溶液的浓度（ng/mL）；V 为样品待测溶液的体积（mL）；m 为生乳样品的质量（g）。

（2）分析误差。分析结果保留2位有效数字。在重复性条件下获得的2次独立测定结果的绝对差值不得超过算术平均值的10%。在添加浓度为1～20 μg/kg 的条件下，本方法的回收率应达到85%～110%。

由于样品基质对质谱电离程度的影响较大，应使用不含玉米赤霉醇的生乳样品作为工作曲线的基质，经过同样的前处理后，注入液相色谱-串联质谱联用仪绘制标准工作曲线。

（3）结果评价。《动物性食品中兽药最高残留限量》（农业部235号公告）中明确指出，玉米赤霉醇属于第4类“禁止使用的药物，在动物性食品中不得检出”。为了提高奶牛饲料转化率，不法分子将玉米赤霉醇掺入饲料，结果进一步代谢进入生乳，并最终被人们食用，对人体健康造成危害。所以，检测生乳中玉米赤霉醇的含量，对于评价生乳质量安全具有十分重要的意义。

第七节　牛乳体细胞数

体细胞（somatic cell）是指生乳中混杂的上皮细胞和白细胞。牛乳中所含体细胞数（somatic cell count，SCC）通常以每毫升牛乳中的体细胞个数来表示。牛乳体细胞数评价方法分为显微镜法和体细胞测定仪法等，体细胞测定仪法按测定原理不同又可以分为荧光光电计数法和电子粒子计数法。

一、显微镜法

1. 原理

将测试的生鲜牛乳涂抹在载玻片上成样膜，干燥、染色，显微镜下计算被亚甲基蓝清晰染色的体细胞数。

2. 试剂

95%乙醇、四氯乙烷或三氯乙烷、亚甲基蓝（$Cl_6H_{18}ClN_3S \cdot 3H_2O$）、冰乙酸（$C_2H_4O_2$）、硼酸。

3. 仪器

显微镜（放大倍数 500×或 1 000×，带刻度目镜、测微尺和机械台）、微量注射器（容量 0.01 mL）、载玻片（具有外槽圈定的范围，可使用血球计数板计数）、水浴锅（恒温 35～65 ℃）、电炉［加热温度恒温（40±10）℃］、砂芯漏（斗孔径≤10 μm）、吹风机、恒温箱（恒温 40～45 ℃）。

4. 操作步骤

（1）染色溶液制备。在 250 mL 三角瓶中加入 54.0 mL 95%乙醇和 40.0 mL 四氯乙烷，摇匀；在65 ℃水浴锅中加热 3 min，取出后加入 0.6 g 亚甲基蓝，混匀，置于冰箱中冷却至 4 ℃，加入 6.0 mL 冰乙酸，混匀后用砂芯漏斗过滤；装入试剂瓶，常温储存。

（2）试样的制备。

① 采集的生鲜牛乳应保存在 2～6 ℃条件下，若 6 h 内未测定，应加硼酸或重铬酸钾防腐，但硼酸在样品中的浓度不能大于 0.6%，6～12 ℃条件下的储存时间不超过 24 h；重铬酸钾在样品中浓度不超过 0.2%，6～12 ℃条件下的储存时间不超过 72 h。

② 将生鲜牛乳样在 35 ℃水浴锅中加热 5 min，摇匀后冷却至室温。

③ 用 95%乙醇将载玻片清洗干净后，用无尘镜头纸擦干，火焰烤干，冷却。

④ 用无尘镜头纸擦净微量注射器针头，抽取 0.01 mL 试样，用无尘镜头纸擦干针头外残样，将试样平整地注射在载玻片上，立刻置于恒温箱中，40～45 ℃水平放置 5 min，形成均匀厚度的样膜。在电炉上烤干，将载玻片上干燥样膜浸入染色溶液中，计时 10 min，取出后晾干，若室内湿度大，则可用吹风机吹干；然后将染色的样膜浸入水中洗去剩余的染色溶液，干燥后防尘保存。

（3）计数。

① 将载玻片固定在显微镜的载物台上，用自然光或电光源增大透射光强度，聚光镜头、油浸高倍镜。

② 单向移动机械台对每个视野中载玻片上染色体细胞计数，将明显落在视野内或在视野内显示一半以上形体的体细胞计数，计数的体细胞不得少于 400 个。

5. 结果与评价

（1）结果计算。样品中体细胞数按式（15－23）计算：

$$X=\frac{N\times S}{a\times d\times 0.01} \tag{15-23}$$

式中，X 为样品中体细胞数（个/mL）；N 为显微镜体细胞计数（个）；S 为样膜覆盖面积（mm^2）；a 为单向移动机械台进行镜下计数的长度（mm）；d 为显微镜视野直径（mm）；0.01 为取样体积（mL）。

（2）分析误差。要求测定结果相对偏差≤5%。

（3）结果评价。牛乳中体细胞数是评价牛乳质量安全的重要指标。近年来，几乎所有国家均将牛乳中体细胞数作为牛乳收购标准之一。牛乳中所含体细胞数（SCC）也是奶牛是否患有乳腺炎的重要依据，是奶牛群体改良（DHI）中的一个重要测定项目。影响牛乳体细胞数的因素有很多，包括乳房感染状态、遗传、泌乳阶段、奶牛年龄、季节、疾病等，其中最主要的原因是奶牛感染乳腺炎。病牛的乳中体细胞数升高的程度取决于诱发感染的特定微生物病原菌种类和炎症的严重程度。一般高质量牛奶中所含体细胞数不超过 5×10^5 个/mL，一旦超过这个值就会导致产奶量和乳质量的下降。因此，测定牛乳中体细胞数可及早发现乳房损伤或感染，预防和治疗乳腺炎。

二、体细胞测定仪法

（一）荧光光电计数法

1. 原理

样品在荧光光电计数体细胞仪中与染色溶液混合后，由感应细胞核内脱氧核糖核酸染色后产生的荧光，将其转化为电脉冲，经放大记录，直接显示读数。

2. 试剂

硼酸（H_3BO_3）、重铬酸钾（$K_2Cr_2O_7$）、染色液（荧光光电计数体细胞仪专用的染色工作液）、清洗液（荧光光电计数体细胞仪专用的清洗液，25 g 清洗剂粉末加 5 L 水，配制后于 1 周内用完）。

3. 仪器

荧光光电计数体细胞仪（图 15－17）、水浴锅［恒温（40±1）℃］。

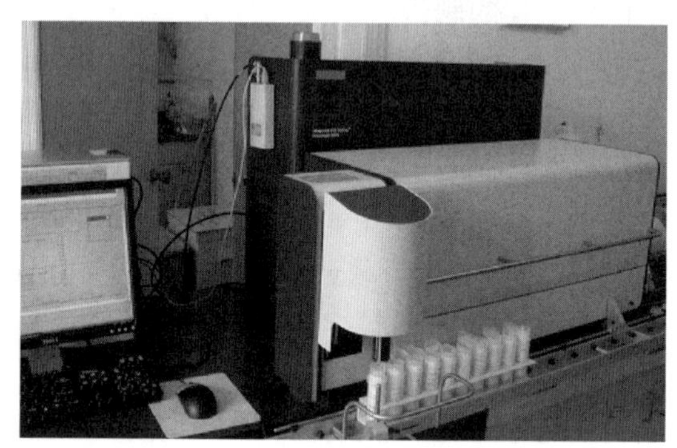

图 15－17　荧光光电计数体细胞仪

4. 操作步骤

（1）乳样的采集。采集的生乳应保存在 2～6 ℃条件下，若 6 h 内未测定，应加硼酸或重铬酸钾防腐，但硼酸在样品中的浓度不能大于 0.6%，6～12 ℃条件下储存时间不超过 24 h；重铬酸钾在样品中浓度不超过 0.2%，6～12 ℃条件下储存时间不超过 72 h。

（2）测定。将试样置于水浴锅中 40 ℃加热 5 min，取出后颠倒 9 次，再水平振摇 5～8 次，然后在试样温度不低于 30 ℃的条件下测定。

5. 结果与评价

（1）分析结果。荧光光电计数体细胞仪可直接给出体细胞数的测定结果（表 15－15）。

表 15－15　荧光光电计数体细胞仪原始记录

序号	体细胞数（×10³个/mL）	可信度	测定时间	样品编号	*R*
1	140	5.00	10：47：57	4－R－12H－1	4.62
2	151	5.26	10：48：14	4－R－12H－2	4.51
3	135	4.86	10：48：32	4－R－12H－3	4.77
4	131	5.36	10：48：50	4－R－12H－4	4.83

表 15－15 中，*R* 值代表重复性，即相对标准偏差（*RSD*）。通常 SCC 值越高，重复性就越好，反之亦然。

Z 值指示的是识别基线的位置，*Z* 值是根据标准偏差（*SD*）、噪声水平（discriminator level，*DL*）和平均值（*M*）计算而来：

$$Z=\frac{M-DL}{SD} \tag{15-24}$$

一般情况下，Z 值为 2～4。当 $Z=2$ 时，表示在计数点后的计数区间有 97.7%符合最佳拟合标准曲线；$Z=1$ 时，相当于 84.1%的区域符合最佳拟合曲线；当 $Z=1.67$ 时，相当于 95%的区域在自动鉴别器的右边，结果可接受。如果系统没有计算 Z 值，即 Z 值显示为 0 时，其原因为：

① 当 SCC 水平低时，也许 Z 值不能计算出来。

② 当无法计算平均值时（脉冲数≤300，DL 的计算将不同），系统不允许计算 Z 值。

（2）分析误差。相对偏差≤15%。

荧光光电计数体细胞仪在下列情况下应进行校正：连续运行 2 个月；长期停用，再次开始使用时；荧光光电计数体细胞仪维修后开始使用时。校正使用专用标样，连续测定 5 次，得出平均值，测定平均值与标样指标值的相对偏差≤10%视为合格。

稳定性试验：在 1 个工作日内每测定 50 个样品做 1 次标准样品的计数。当 1 个测定工作日结束时，按式（15－25）计算数次测定标样的变异系数：

$$CV=\frac{S}{n}\times 100 \qquad (15-25)$$

式中，CV 为变异系数（%）；S 为数次测定的标准差（个/mL）；n 为数次测定的平均值（$n>5$）（个/mL）。

（3）结果评价。见本节显微镜法。

（二）电子粒子计数法

1. 原理

样品中加入甲醛溶液固定体细胞，加入乳化剂电解质混合液，将包含体细胞的脂肪球加热破碎。体细胞经过电子粒子计数体细胞仪的狭缝时，由阻抗增值产生的电压脉冲数记录，读出体细胞数。

2. 试剂

（1）固定液。在 100 mL 容量瓶中加入 0.02 g 伊红 Y（$C_{20}H_8Br_4O_5$）和 9.40 mL 甲醛溶液（35%～40%），用水溶解后定容，混匀后，用砂芯漏斗过滤，滤液装入试剂瓶，常温保存。或者使用电子粒子计数体细胞仪生产厂提供的固定液。

（2）乳化剂电解质混合液。在 1 L 烧杯中加入 125 mL 95%乙醇和 20.0 mL 曲拉通 X－100（$C_{34}H_{62}O_{11}$），完全混匀，再加入 885 mL 0.09 g/L NaCl 溶液，混匀后用砂芯漏斗过滤；滤液装入试剂瓶，常温保存。也可使用电子粒子计数体细胞仪专用的乳化剂电解质混合液。

3. 仪器

砂芯漏斗（孔径≤0.5 μm）、电子粒子计数体细胞仪、水浴锅［恒温（40±1）℃］。

4. 操作步骤

（1）乳样的采集。采集的生乳应保存在 2～6 ℃条件下，若 6 h 内未测定，应加硼酸或重铬酸钾防腐，但硼酸在样品中的浓度不能大于 0.6%，6～12 ℃条件下储存时间不超过 24 h；重铬酸钾在样品中浓度不超过 0.2%，6～12 ℃条件下储存时间不超过 72 h。

（2）体细胞的固定。采样后应立即固定体细胞，即在混匀的样品中吸取 10 mL 样品，加入 0.2 mL 固定液，可在采样前在采样管内预先加入以上比例的固定液，但采样管应密封，以防止甲醛挥发。

（3）测定。将试样置于水浴锅中 40 ℃加热 5 min，取出后颠倒 9 次，再水平振摇 5～8 次，然后在试样温度不低于 30 ℃条件下测定。

5. 结果与评价

(1) 分析结果。直接读数，单位为 10^3 个/mL。

(2) 结果评价。见本节显微镜法。

第八节 复原乳的鉴定

复原乳（reconstituted milk）是指用炼乳或/和全脂乳粉与水勾兑成的液态乳。目前，国内外鉴定牛乳中复原乳的方法，主要是通过测定糠氨酸和乳果糖含量进行鉴别评价。

一、巴氏杀菌复原乳

正常条件下，巴氏杀菌乳中糠氨酸含量≤8 mg/hg（蛋白质）。巴氏杀菌复原乳中糠氨酸含量高于 8 mg/kg（蛋白质）。牛乳中糠氨酸的检测方法如下。

1. 原理

糠氨酸分子中含 1 分子糠醛和 1 分子 L-赖氨酸（Lysine，2，6-二氨基己酸），中间由 1 个甲基连接，通常以盐酸盐的形式存在，分子式为 $C_{12}H_{18}O_4N_2 \cdot 2HCl$，化学结构非常稳定。

其分子结构式：

O H COOH 2HCl NH2

糠氨酸作为一种氨基酸，可以用氨基酸分析仪测定，但由于牛乳中糠氨酸含量很低，出峰晚而且有拖尾现象，使用氨基酸分析仪测定时容易定量不准确。糠氨酸分子中含有呋喃环，对紫外有强吸收。因此，可使用高效液相色谱法分离，紫外检测器测定。

牛乳蛋白质经酸水解和 C_{18} 小柱纯化后，生成的糠氨酸可用高效液相色谱仪，紫外检测器于波长 280 nm 处测定，依据糠氨酸标准物质定量。

2. 试剂

(1) 10.6 mol/L 盐酸溶液。将 8 体积的盐酸和 1 体积的无离子水混合，摇匀。

(2) 0.1%三氟乙酸溶液。用 0.45 μm 滤膜真空脱气过滤。

(3) 糠氨酸标准储备溶液。将糠氨酸标准品用 3 mol/L 盐酸溶液配制成 200 μg/mL 的标准储备溶液，该标准储备溶液在−20 ℃可储存 24 个月。

(4) 糠氨酸标准工作溶液。取 0.1 mL 糠氨酸标准储备溶液，用 3 mol/L 盐酸溶液定容至 10 mL，配制成 2.00 μg/mL 的糠氨酸标准工作溶液。

3. 仪器

分析天平、高效液相色谱仪（配有梯度洗脱系统和紫外检测器，检测波长 280 nm）、凯氏定氮仪（包括远红外消化炉及所用试剂）、固相萃取装置（C_{18} 固相萃取小柱 500 mg，3 mL）、20 mL 耐热水解管（带密封螺口盖）、10 mL 注射器、烘箱。

4. 操作步骤

(1) 试样的制备。从采样点取具有代表性的乳样不少于 250 mL，送往实验室在 4 ℃保存不超过

6 h。样品在转运和储存期间不得受到破坏或发生变质。

（2）试样的水解。吸取 2.00 mL 试样，置于带螺口密闭的耐热水解管中，加入 8.0 mL 10.6 mol/L 盐酸溶液，摇匀。向试管中缓慢通入高纯度氮气 1～2 min，迅速盖好试管塞后摇匀。将其置于烘箱中，在 110 ℃下加热水解 23～24 h。注意：水解约 1 h 后，取出水解管，轻轻摇动混匀，以保证水解完全。水解结束后，将水解管从烘箱中取出，冷却后过滤，作为水解待测溶液。

（3）水解待测溶液中蛋白质的测定。吸取 1.00 mL 试样水解待测溶液于凯氏定氮消化管中，加入 0.6 g 硫酸钾-硫酸铜（9∶1）混合催化剂和 10 mL 浓硫酸，于 420 ℃消化至溶液澄清。然后转入凯氏定氮仪进行蒸馏、测定，水解液中蛋白质的含量（ρ）按式（15－26）计算：

$$\rho=\frac{c\times V\times 14\times 6.38}{2.00} \qquad (15-26)$$

式中，ρ 为水解液中蛋白质的含量（mg/mL）；V 为滴定时所消耗的 0.1 mol/L 盐酸标准溶液的体积（mL）；c 为盐酸标准溶液的浓度（mol/L）；14 为氮的摩尔质量（g/mol）；6.38 为将牛乳中的氮换算为蛋白质的系数；2.00 为定氮所用水解液的体积（mL）。

（4）水解待测溶液中糠氨酸的测定。将 C_{18} 固相萃取小柱安装在注射器上，依次用 5 mL 甲醇和 10 mL 水润洗萃取柱，保持萃取柱湿润状态。吸取 0.500 mL 试样水解液放入活化好的萃取柱，吸取 3 mol/L 盐酸溶液洗脱萃取柱中的样品至 3 mL，作为上机分析的样品溶液。

（5）测定。

① 色谱条件。

色谱柱：反相 C_{18} 色谱柱，250 mm×4.6 mm，5 μm 粒径或相当者。

流动相：0.1%三氟乙酸溶液（洗脱液 A），甲醇（洗脱液 B）。

检测波长：280 nm。

流速：1.0 mL/min。

进样量：20 μL。

柱温：室温。

② 上机测定。用洗脱液 A 和洗脱液 B 的混合液（V ∶V ＝50∶50），以 1.0 mL/min 的流速平衡色谱系统，转入梯度程序，注入 50 μL 3 mol/L 盐酸溶液平衡柱子，按照表 15－16 所示，运行梯度洗脱程序，注入 20 μL 2.00 μg/mL 的糠氨酸标准工作溶液和纯化好的样品溶液上机进行测定，外标法定量。糠氨酸标准品和巴氏杀菌乳水解液的液相色谱测定结果，可参见图 15－18 和图 15－19。

表 15－16　梯度洗脱条件

序号	时间（min）	流量（mL/min）	洗脱液 A 比例（%）	洗脱液 B 比例（%）
1	—	1.00	100.0	0.0
2	16.00	1.00	86.8	13.2
3	16.50	1.50	100.0	0.0
4	30.00	1.00	100.0	0.0

5. 结果与评价

（1）结果计算。牛乳样品中糠氨酸含量以质量分数 ρ 表示，按式（15－27）计算：

$$\rho=\frac{c\times D}{m}\times 100 \qquad (15-27)$$

式中，ρ 为牛乳样品中糠氨酸的含量［mg/hg（蛋白质）］；c 为样品水解液中糠氨酸的浓度（μg/mL）；

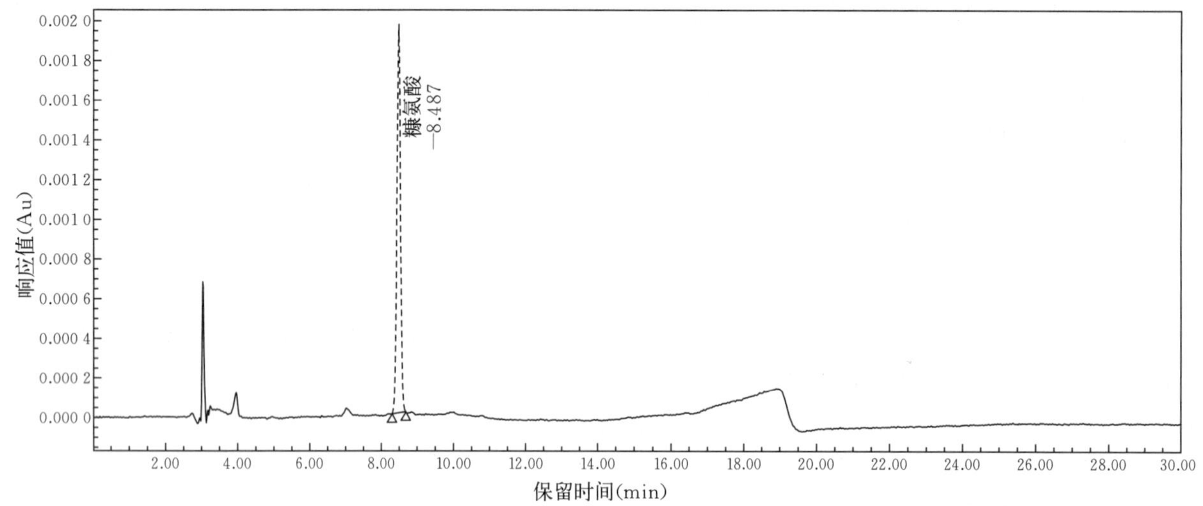

图 15-18 糠氨酸标准品的色谱图

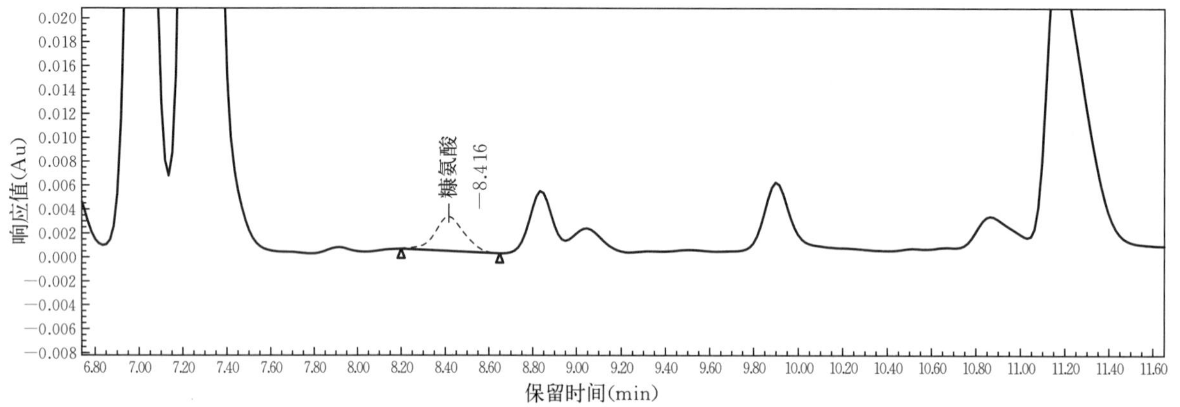

图 15-19 巴氏杀菌乳中糠氨酸的色谱图

D 为稀释倍数；*m* 为样品水解液中蛋白质浓度（mg/mL）。

(2) 分析误差。计算结果精确到小数点后一位。两个平行样品之间的相对标准偏差不超过 5%。

(3) 结果评价。我国规定复原乳必须在包装上明确标识，否则属于违规行为，严重侵犯了消费者的知情权，影响奶农养牛的积极性和利益。如果任其发展，将影响我国奶业的健康发展。

正常条件下，巴氏杀菌乳中糠氨酸含量≤8 mg/hg（蛋白质）。考虑到分析误差（10%）和加入少量乳粉（5%）可能产生的误判，我国规定：巴氏杀菌乳中含糠氨酸限量≤ 12 mg/hg（蛋白质），即当巴氏杀菌乳每 100 g 蛋白质中糠氨酸含量大于 12 mg 时，则可判定为复原乳或牛乳进行了高于巴氏杀菌法规定的热处理强度。巴氏杀菌乳中乳果糖含量一般都低于 50 mg/L，不用作评价指标。但应该指出的是，牛乳在热处理过程中，蛋白质与核糖发生美拉德反应生成糠氨酸。所以，糠氨酸是反映牛乳受热处理程度的重要指标之一，也是判定复原乳的主要指标。

部分液态乳样品中糠氨酸含量检测结果见表 15-17。编号 5 和 6 的牛乳样品，样品类型是巴氏杀菌乳，检测出的糠氨酸含量远大于规定值 12 mg/hg（蛋白质），因此这两个样品判定为复原乳或生产者使用了超过巴氏杀菌法规定的热加工条件所致。

表 15 - 17　部分液态乳样品中糠氨酸含量检测结果

样品类型	样品编号	水解液中糠氨酸的含量（mg/L）	水解液中蛋白质的含量（mg/L）	糠氨酸/蛋白质[mg/hg（蛋白质）]	糠氨酸平均值[mg/hg（蛋白质）]	*RSD*（%）
原料乳	1	0.330 9	9.516 0	3.48	3.5	0.8
		0.336 0	9.773 5	3.44		
巴氏杀菌乳	2	0.379 5	7.865 1	4.83	4.9	3.3
		0.406 5	8.042 5	5.05		
	3	0.460 3	8.000 3	5.75	5.9	3.5
		0.491 6	8.132 7	6.05		
	4	0.497 3	8.008 1	6.21	6.3	2.9
		0.527 9	8.157 0	6.47		
	5	2.922 4	7.651 5	38.19	38.3	0.5
		3.017 8	7.850 0	38.44		
	6	2.507 5	7.598 1	33.00	34.1	4.7
		2.647 1	7.502 7	35.28		
	7	0.774 0	9.143 1	8.47	8.6	2.3
		0.804 5	9.198 5	8.75		
UHT 灭菌乳	8	12.440 7	8.065 8	154.24	157.4	2.8
		12.469 8	7.765 5	160.58		
	9	12.756 6	7.480 1	170.54	168.7	1.6
		12.511 7	7.500 1	166.82		
	10	17.310 4	8.503 4	203.57	210.2	4.4
		18.764 9	8.657 4	216.75		
	11	20.351 4	9.438 1	215.63	214.5	0.7
		19.760 8	9.257 8	213.45		

二、UHT 灭菌复原乳

正常条件下，UHT 灭菌复原乳中糠氨酸含量小于 140 mg/hg（蛋白质）。但 UHT 灭菌复原乳中糠氨酸含量大于 190 mg/hg（蛋白质）。如果糠氨酸含量为 140～190 mg/hg（蛋白质），须检测牛乳中乳果糖含量，再做评价。检测牛乳中乳果糖含量的方法主要有酶法和高效液相色谱法。

1. 酶法

乳果糖（lactulose）又名半乳糖苷果糖，含有 1 分子半乳糖和 1 分子果糖，是牛乳在加热过程中由乳糖（lactose）异构化生成，反应式如下：

在牛乳热处理过程中，乳糖在酪蛋白的游离氨基催化下，碱基异构而形成的一种双糖——乳果糖。所以，乳糖和乳果糖是同分异构体。根据乳果糖的含量可以区分牛乳杀菌方法的类型（Andrews，1984），也作为衡量牛乳热处理效应的指标。

（1）原理。乳样中首先加入硫酸锌和亚铁氰化钾溶液，沉淀脂肪和蛋白质。滤液中加入β-D-半乳糖苷酶（β-galactosidase），在β-D-半乳糖苷酶作用下乳糖水解为半乳糖（galactose）和葡萄糖（glucose）；乳果糖水解为半乳糖和果糖：

$$\text{乳糖}+H_2O\xrightarrow{\beta\text{-D-半乳糖苷酶}}\text{半乳糖}+\text{葡萄糖}$$

$$\text{乳果糖}+H_2O\xrightarrow{\beta\text{-D-半乳糖苷酶}}\text{半乳糖}+\text{果糖}$$

但牛乳中乳糖含量比乳果糖含量高得多（约100倍），水解生成的大量葡萄糖干扰果糖的测定。为此，再加入葡萄糖氧化酶（glucose oxidase，GOD），将大部分葡萄糖氧化为葡萄糖酸：

$$\text{葡萄糖}+H_2O+O_2\xrightarrow{\text{葡萄糖氧化酶}}\text{葡萄糖酸}+H_2O_2$$

用这种方法能够在含有大量乳糖条件下测定少量乳果糖的含量，上述反应生成的过氧化氢，可以加入过氧化氢酶除去：

$$2H_2O_2\xrightarrow{\text{过氧化氢酶}}\text{葡萄糖酸}+H_2O$$

少量未被氧化的葡萄糖和乳果糖水解生成的果糖，在已糖激酶（hexokinase，HK）的催化作用下与腺苷三磷酸酯（adenosine trihosphate，ATP）反应，分别生成葡萄糖-6-磷酸酯和果糖-6-磷酸酯：

$$\text{葡萄糖}+ATP\xrightarrow{\text{己糖激酶}}\text{葡萄糖-6-磷酸酯}+ADP$$

$$\text{果糖}+ATP\xrightarrow{\text{己糖激酶}}\text{果糖-6-磷酸酯}+ADP$$

反应生成的葡萄糖-6-磷酸酯（glucose-6-phosphate）在葡萄糖-6-磷酸脱氢酶（glucose-6-phosphate dehydrogenase，G-6-PD）催化作用下，与$NADP^+$（nicotinamide adenine dinucleotide phosphate disodium salt）反应生成NADPH：

$$\text{葡萄糖-6-磷酸酯}+NADP^+\xrightarrow{\text{葡萄糖-6-磷酸脱氢酶}}\text{6-磷酸葡萄糖酸盐}+NADPH+H^+$$

反应生成的NADPH可在波长340 nm处测定。但是，果糖-6-磷酸酯（fructose-6-phosphate）必须用磷酸葡萄糖异构酶（phosphoglucose isomerase，PGI）转化为葡萄糖-6-磷酸酯：

$$\text{葡萄糖-6-磷酸酯}+\text{果糖-6-磷酸酯}\xrightarrow{\text{磷酸葡萄糖异构酶}}\text{葡萄糖-6-磷酸酯}$$

生成的葡萄糖-6-磷酸酯再与$NADP^+$反应，并于波长340 nm处测定吸光度值。通过2次测定结果之差计算乳果糖含量。样品原有的果糖，可通过空白样品的测定扣除。空白样品的测定与样品测定步骤完全相同，只是不加β-D-半乳糖苷酶。

（2）试剂。

① 缓冲液A(pH 7.5)。称取4.8 g Na_2HPO_4、0.86 g $NaH_2PO_4\cdot H_2O$和0.1 g $MgSO_4\cdot 7H_2O$溶于80 mL水中，用1 mol/L氢氧化钠溶液调节pH至7.5 ± 0.1，用纯水稀释至100 mL，摇匀。

② 缓冲液B(pH 7.6)。称取14.00 g三乙醇胺［$N(CH_2CH_2OH)_3\cdot HCl$］和0.25 g $MgSO_4\cdot 7H_2O$溶于80 mL水中，用1 mol/L氢氧化钠溶液调节pH至7.6±0.1，用水稀释至100 mL，摇匀。

③ 缓冲液C。将40 mL缓冲液B用纯水稀释至100 mL，摇匀。

④ β-D-半乳糖苷酶悬浮液。用（NH_4）$_2SO_4$溶液，将活性为30 IU/mg的β-D-半乳糖苷酶（E.C 3.2.1.23）制备成浓度为5 mg/mL的悬浮液。

⑤ 葡萄糖氧化酶悬浮液。用灭菌水将活性为200 IU/mg的葡萄糖氧化酶（E.C 1.1.3.4）制备成浓度为20 mg/mL的悬浮溶液。

⑥ 过氧化氢酶悬浮液。用灭菌水将活性为65 000 IU/mg的过氧化氢酶（E.C 1.11.1.6）制备成浓度为20 mg/mL的悬浮溶液。

⑦ 己糖激酶/葡萄糖-6-磷酸脱氢酶悬浮液（HK-G6PD）。向1 mL 3.2 mol/L(NH_4)$_2SO_4$溶液

中加入 2 mg 活性为 140 IU/mg 的己糖激酶（E. C 2. 7. 1. 1）和 1 mg 活性为 140 IU/mg 的葡萄糖-6-磷酸脱氢酶（E. C 1. 1. 1. 49），轻摇均匀，制备成悬浮液。

⑧ 磷酸葡萄糖异构酶（PGI）悬浮液。用 3. 2 mol/L $(NH_4)_2SO_4$ 溶液，将活性为 350 IU/mg 的磷酸葡萄糖异构酶（PGI）制备成浓度为 2 mg/mL 的悬浮液。

⑨ ATP 溶液。将 50 mg 5′-腺苷三磷酸二钠盐（ATP-Na_2）和 50 mg $NaHCO_3$ 溶于 1. 0 mL 超纯水中。

⑩ $NADP^+$ 溶液。将 10 mg 烟酰胺腺嘌呤二核苷酸磷酸二钠盐（NADP-Na_2）溶于 1. 0 mL 超纯水中。

（3）仪器。恒温培养箱（40±2）℃、紫外-可见光分光光度计、分析天平、pH 计。

（4）操作步骤。

① 试样制备。取具有代表性的样品不少于 250 mL，送往实验室 2 ℃保存，不超过 6 h。样品在运送和储存期间不应受到破坏或变质。取 50 mL 样品于 100 mL 容量瓶中，用水定容，待测。

② 样品纯化。吸取 10.0 mL 试液于 50 mL 锥形瓶中，依次加入 1. 75 mL 150 g/L $K_4[Fe(CN)_6]$ 溶液、1. 75 mL 300 g/L $ZnSO_4$ 溶液和 6. 5 mL 缓冲液 A。每加入一种溶液后，充分振荡均匀。全部溶液加完后，静置 10 min，过滤，弃去最初的 1～2 mL 滤液，收集滤液。

③ 乳糖和乳果糖的水解。吸取 5. 00 mL 滤液于 10 mL 容量瓶中，加入 50 μL 的 β-D-半乳糖苷酶悬浮液，混匀后加盖。在 55 ℃水浴或恒温培养箱培养 1 h。

④ 葡萄糖的氧化。培养结束后，依次加入 2. 0 mL 缓冲液 C、100 μL 葡萄糖氧化酶悬浮液、1 滴正辛醇、0. 5 mL 0. 33 mol/L NaOH 溶液、50 μL H_2O_2(30%）和 0. 1 mL 过氧化氢酶悬浮液，每加入一种试剂均要摇匀。全部溶液加完后，在 40 ℃水浴或恒温培养箱中培养 3 h。冷却后定容至 10 mL，过滤，弃去最初的 1～2 mL 滤液，收集其余滤液，以备上机测定。同时制取空白溶液，空白溶液与样品的处理一样，但不加 β-D-半乳糖苷酶悬浮液。

⑤ 上机测定。按仪器使用说明书开启紫外-可见光分光光度计，当仪器稳定后，使用 1 cm 标准石英比色皿测定空白溶液和试样，其步骤见表 15-18。部分 UHT 牛乳中乳果糖含量的测定见表 15-19。

表 15-18　上机测定步骤

序号	步骤	空白	样品
1	比色皿中依次加入：		
	缓冲液 B	1. 00 mL	1. 00 mL
	ATP 溶液	0. 100 mL	0. 100 mL
	$NADP^+$ 溶液	0. 100 mL	0. 100 mL
	滤液	1. 00 mL	1. 00 mL
	水	1. 00 mL	1. 00 mL
2	混合均匀后，静置 3 min		
3	加入己糖激酶/葡萄糖-6-磷酸脱氢酶悬浮液	20 μL	20 μL
4	混匀，等反应停止后（约 10 min），记录吸光度值 A_{b1}、A_{s1}	A_{b1}	A_{s1}
5	加入磷酸葡萄糖异构酶悬浮液	20 μL	20 μL
6	混匀，等反应停止后（10～15 min），记录吸光度值 A_{b2}、A_{s2}	A_{b2}	A_{s2}

表 15-19 部分 UHT 牛乳中乳果糖含量的测定

样品号	样品属性	V (mL)	V_1 (mL)	V_2 (mL)	吸光度 A_1	吸光度 A_2	吸光度 A_2-A_1	ΔA_L	比色液浓度 (mg/mL)	乳果糖浓度 (mg/L)	平均浓度 (mg/L)	相对偏差 (%)
1	空白	50	3.24	1	0.159 5	0.170 4	0.010 9					
	样品	50	3.24	1	0.182 1	0.460 7	0.278 6	0.267 7	0.047 1	377	387.1	2.6
	样品	50	3.24	1	0.189 1	0.482 1	0.293	0.282 1	0.049 7	397.3		
2	空白	50	3.24	1	0.161 6	0.170 7	0.009 2					
	样品	50	3.24	1	0.182 1	0.439 9	0.257 8	0.248 7	0.043 8	350.2	353.8	1.0
	样品	50	3.24	1	0.181 9	0.444 9	0.263	0.253 9	0.044 7	357.5		
3	空白	50	3.24	1	0.169 7	0.181 4	0.011 7					
	样品	50	3.24	1	0.188 6	0.551 5	0.362 9	0.351 2	0.061 8	494.6	493.1	0.3
	样品	50	3.24	1	0.190 6	0.551 2	0.360 7	0.349	0.061 4	491.5		
4	空白	50	3.24	1	0.161 2	0.170 5	0.009 3					
	样品	50	3.24	1	0.182 6	0.919 6	0.737	0.727 7	0.128 1	1 024.8	1 019.3	0.5
	样品	50	3.24	1	0.187 6	0.916 8	0.729 2	0.719 9	0.126 7	1 013.8		

(5) 结果分析与评价。

① 吸光度差值的计算。

空白液吸光度差值 $\Delta A_b = A_{b2} - A_{b1}$

样液吸光度差值 $\Delta A_s = A_{s2} - A_{s1}$

样品净吸光度 $\Delta A_L = \Delta A_s - \Delta A_b$

② 乳果糖的含量，以样品的质量浓度 ρ（mg/L）计，按式（15-28）计算：

$$\rho = \frac{M \times V_1 \times 4 \times 100}{\varepsilon \times d \times V_2 \times V} \times \Delta A_L \tag{15-28}$$

式中，ρ 为乳样中乳果糖的质量浓度（mg/L）；ΔA_L 为样品净吸光度；M 为乳果糖的摩尔质量（M=342.3 g/mol）；ε 为 NADPH 在 340 nm 波长处的毫摩尔吸光系数［ε=6.3 L/(mmol · cm)］；V_1 为比色皿中溶液总体积（V_1=3.24 mL）；V_2 为比色皿中所加的上机滤液体积（V_2=1.00 mL）；d 为比色皿光径（d=1.00 cm）；V 为测试样体积（V=50 mL）；4 为稀释倍数；100 为乳样稀释后的体积（mL）。

③ 分析误差。计算结果精确到小数点后一位。在重复条件下 2 次独立测定结果的相对偏差应小于 5%。

试样中加入 β-D-半乳糖苷酶后需要在 40 ℃培养长达 10 h，该条件正是各种微生物繁殖的最佳条件。若试样被微生物污染，则微生物繁殖过程中将消耗样品中的糖类物质，如葡萄糖和果糖等。因此，被微生物污染的样品检测结果偏低，特别是乳果糖含量较低的巴氏杀菌乳，甚至可能出现负值。为保证分析准确性，应尽可能保持实验室和器皿的清洁。但研究表明，将培养温度提高至 55 ℃，只培养 1 h，可以得到同样准确的结果。

④ 结果评价。正常条件下，UHT 灭菌乳中糠氨酸含量应低于 140 mg/hg（蛋白质）。如果 UHT 灭菌乳中糠氨酸超过 190 mg/hg（蛋白质）可判定为复原乳或灭菌时温度过高和时间过长。应当注意的是，UHT 灭菌乳的储存时间比较长，一般为 6～8 个月，在储存过程中美拉德反应仍在进行。试验表明，在常温下储存 1 d 的牛乳中糠氨酸含量约增加 0.7 mg/hg（蛋白质）。因此，在对 UHT 灭菌乳进行复原乳判定时，要根据其生产日期对糠氨酸的测定值进行修正后再做判定。

如果糠氨酸含量介于 140～190 mg/hg（蛋白质），需要再测定样品中的乳果糖含量才能判定是否含有复原乳。当乳果糖（L）含量（mg/L）与糠氨酸（F）含量［mg/hg（蛋白质）］的比值 $L/F<2$

时，判定样品含有复原乳；当二者比值 $L/F \geqslant 2$ 时，样品不含复原乳。

通常情况下，UHT 牛乳中乳果糖的含量都在 300～600 mg/L 内，个别品质较好的牛乳可能会低于 300 mg/L；如果样品含量高于 600 mg/L，则有可能是受到过热处理所致。

2. 高效液相色谱法

(1) 原理。乳样经过沉淀剂处理，过滤除去脂肪和蛋白质，用高效液相色谱分离，示差检测器测定，外标法定量。为消除基体干扰，可采用无乳果糖的巴氏杀菌乳配制标准样品。

(2) 试剂。

① 样品沉淀剂。称取 91.0 g $Zn(CH_3COO)_2 \cdot 2H_2O$、54.6 g $H_3P(W_3O_{10})_4 \cdot 24H_2O$ 和 58.1 mL 冰乙酸溶于纯水中，并定容至 1 L。

② 乳果糖标准溶液。准确称取 100.0 mg 乳果糖标准品（纯度 99.0%以上），溶于纯水并定容至 100 mL，作为标准溶液，乳果糖浓度为 1.000 mg/mL。

(3) 仪器。分析天平、高效液相色谱仪（配示差检测器，噪声水平 $<5\times10^{-9}$ RIU）。

(4) 分析步骤。

① 试样制备。取具有代表性的 UHT 乳样不少于 250 mL。送往实验室 4 ℃保存，不超过 6 h。样品在运送和储存期间不应受到破坏或变质。

② 标准工作溶液的制备。采用巴氏杀菌技术处理过的新鲜脱脂牛乳，在 4 ℃冰箱保存 6 h。此牛乳中不含乳果糖，作为配标乳样。制备与样品基体相同的标准系列工作溶液，按表 15－20 进行。

表 15－20　标准系列工作溶液的配制表

顺序加入的试剂	50 mL 容量瓶编号					
	0	1	2	3	4	5
配标乳样（mL）	10.0	10.0	10.0	10.0	10.0	10.0
标准溶液（mL）	0	2.00	4.00	8.00	12.00	16.00
沉淀剂（mL）	5.5	5.5	5.5	5.5	5.5	5.5
处理方法	加水至 50 mL，摇匀，25 ℃静置 1 h，过滤，弃去初滤液，收集其余滤液，作为标准系列工作溶液					
标准工作溶液浓度（mg/L）	0	200.0	400.0	800.0	1 200.0	1 600.0

③ 样品待测溶液的制备。将乳样轻轻摇匀，取 10.0 mL 于 50 mL 容量瓶中，加入 5.5 mL 沉淀剂，用水定容，摇匀。在 25 ℃沉降 1 h，过滤，弃去初滤液 2～5 mL，收集其余滤液，作为样品待测溶液。

④ 色谱参考条件。

色谱柱：HPX－87P(300 mm×7.8 mm)，或相当者。

保护柱：包括阳离子柱和阴离子柱，均为 30 mm×4.6 mm。

流动相：水，经 0.45 μm 滤膜脱气过滤。

柱温：70 ℃。

流速：0.5 mL/min。

进样量：20 μL。

定量方法：外标法定量。

标准品乳果糖和 UHT 牛乳样品乳果糖的测定结果见图 15－20 和图 15－21（图中箭头所示为乳果糖的峰）。

(5) 结果与评价。

① 结果计算。乳样中乳果糖含量，以质量浓度 ρ（mg/L）表示，按式（15－29）计算：

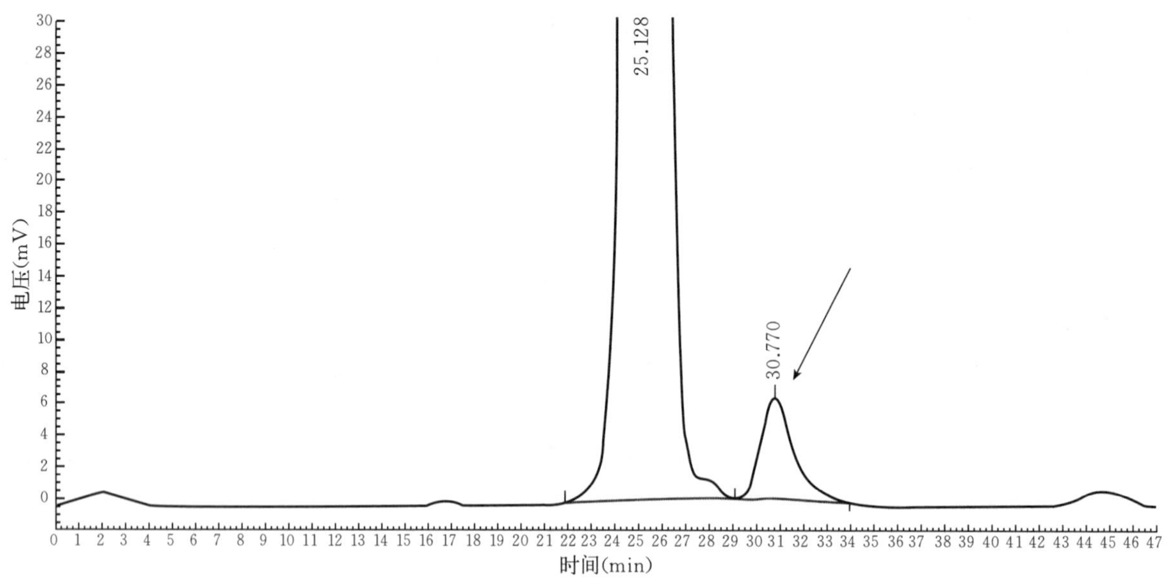

图 15-20　标准品乳果糖的图谱

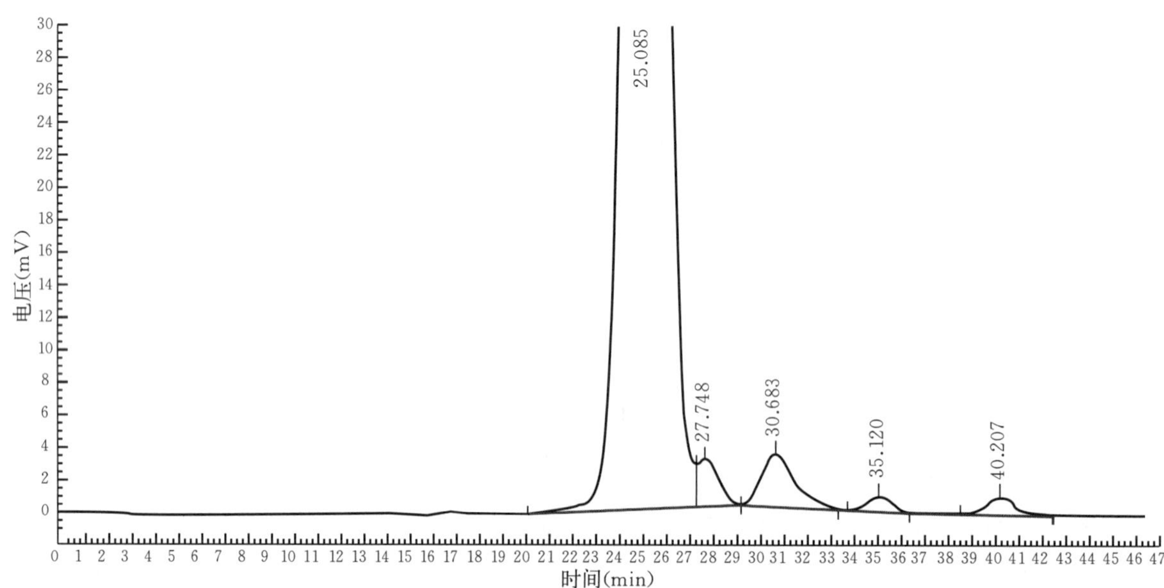

图 15-21　UHT 牛乳样品乳果糖的图谱

$$\rho=\frac{c\times A_1}{A_s} \tag{15-29}$$

式中，ρ 为样品中乳果糖的含量（mg/L）；c 为标准工作溶液浓度（mg/L）；A_1 为样品的峰面积；A_s 为标准样的峰面积。

② 分析误差。多次测定的相对标准偏差<5%。

牛乳中的乳糖含量比乳果糖含量高得多（约 100 倍），乳糖和乳果糖的分离度按保留时间计至少要有 3.5 min 的差值才能完全分开（图 15-21）。因此，糖分析柱的选择颇为重要，并非所有糖分析柱都能满足检测要求。

高效液相色谱法测牛乳中乳果糖简单快速，但该法的检出限偏低。当乳果糖含量小于 200 mg/L 时，则重复性较差。所幸的是，一般 UHT 乳中乳果糖含量都高于 200 mg/L。

高效液相色谱法与酶法测定 UHT 牛乳中乳果糖含量的对比试验结果见表 15-21。对同一样品，两种测定方法的最大相对偏差不超过 8%，相对偏差值的平均值为 5.5%。

表 15-21　高效液相色谱法与酶法测定 UHT 牛乳中乳果糖含量的对比试验结果

样品号	酶法检测值（mg/L）	高效液相色谱法检测值（mg/L）	偏差（%）
1	438.8	450.5	5.18
4	406.3	399.1	3.64
5	460.7	456.9	1.61
8	472.6	482.8	3.50
9	521.1	532.2	5.28
10	419.1	435.1	7.36
偏差的平均值（%）			5.53

③ 结果评价。如表 15-22 所示，10 号和 11 号样品中的糠氨酸含量均已经超过 190 mg/hg（蛋白质），本应判定为复原乳。但 10 号样品的储存天数为 61 d，相当于糠氨酸含量增加了 42.7 mg/hg（蛋白质），修正后 10 号样品的糠氨酸含量为 167.5 mg/hg（蛋白质），小于 190 mg/hg（蛋白质）。也就是说，10 号乳样中糠氨酸含量在 140～190 mg/hg（蛋白质），需要再测定其乳果糖含量才能判定是否含有复原乳。11 号样品的储存天数为 22 d，相当于糠氨酸含量增加了 15.4 mg/hg（蛋白质），修正后 11 号样品的糠氨酸含量为 199.1 mg/hg（蛋白质），仍高于 190 mg/hg（蛋白质），可以判定为复原乳或者受到了过强的热处理所致。

表 15-22　部分 UHT 灭菌乳产品中复原乳检测结果表

样品编号	生产日期	检测日期	储存天数（d）	糠氨酸检测值（mg/L）	折合储藏天数后糠氨酸含量（mg/L）	乳果糖含量（mg/L）	比值（L/F）	复原乳判定结果
8	2008-02-28	2008-04-01	33	157.4	134.3	—	—	未检出
9	2008-03-26	2008-04-01	6	168.7	164.5	310.57	1.89	检出
10	2008-01-31	2008-04-01	61	210.2	167.5	405.48	2.42	未检出
11	2008-03-10	2008-04-01	22	214.5	199.1	—	—	检出

从表 15-22 看出，9 号和 10 号样品根据生产日期修正后的糠氨酸含量介于 140～190 mg/hg（蛋白质）。根据 NY 939—2005 的规定，需要再测定样品中的乳果糖含量才能判定是否含有复原乳。当乳果糖含量（mg/L）与糠氨酸含量［mg/hg（蛋白质）］的比值 $L/F<2$ 时，判定样品含有复原乳；当二者比值 $L/F\geqslant 2$ 时，样品不含复原乳。最终 9 号样品被判定为含有复原乳。

牛乳中复原乳的检测是十分复杂的过程，只有明白相关检测原理，才能做到准确测定并做出正确的判定。

三、巴氏杀菌乳过热产品与复原乳的鉴别

《食品安全国家标准　巴氏杀菌乳》（GB 19645—2010）只允许将以生乳为原料，经巴氏杀菌工艺生产的液体产品标识为“巴氏杀菌乳”。如果采用类似欧盟“高温巴氏杀菌”或美国“超巴氏杀菌”工艺生产，不允许标识为“巴氏杀菌乳”。由于糠氨酸的产生与受热强度直接相关，这类采用过热巴氏杀菌工艺生产却标识为“巴氏杀菌乳”的产品，其糠氨酸含量也会超过 12 mg/hg（蛋白质）。区分巴氏杀菌乳过热产品与复原乳产品，可从糠氨酸和乳果糖 2 个指标进行综合评定。

如表 15-23 所示，在原料为生乳的情况下，随着受热程度增加，产品中糠氨酸（F）和乳果糖（L）含量均呈增加趋势，但两者含量的比值（L/F）在 1.20～1.32 基本稳定。由于乳粉中的糠氨酸和乳果糖 L/F 值一般低于 0.17，添加复原乳后，巴氏杀菌乳中糠氨酸含量增加速度显著高于乳果糖，

导致 L/F 值随着复原乳添加量的增长而下降。基于上述结果，对于标识为巴氏杀菌乳的产品，在糠氨酸含量超过 12 mg/hg（蛋白质）的情况下，如果 L/F 值低于 1.0，表明其是复原乳；如果 L/F 值大于或等于 1.0，表明其是采用过热巴氏杀菌工艺生产的过热产品。这就避免了当糠氨酸含量超过 12 mg/hg（蛋白质）时误判为复原乳的可能。本试验是用进口乳粉 1 [表 15 - 24，糠氨酸含量低于 300 mg/hg（蛋白质）] 进行的，判定下限可达 2.5%复原乳；对于糠氨酸含量在 300 mg/hg（蛋白质）以上的乳粉，判定下限可进一步降低。

表 15 - 23　受热程度对巴氏杀菌乳中糠氨酸和乳果糖含量的影响

加工条件（受热程度）	糠氨酸含量 [mg/hg（蛋白质）]	乳果糖含量（mg/L）	乳果糖/糠氨酸（L/F）
85 ℃ 15 s	8.6	10.8	1.26
85 ℃ 30 s	9.1	12.0	1.32
85 ℃ 45 s	9.7	12.6	1.31
85 ℃ 75 s	10.4	13.6	1.31
85 ℃ 60 s	12.1	14.3	1.20
95 ℃ 15 s	20.3	25.5	1.26
95 ℃ 30 s	21.6	26.6	1.23
100 ℃ 15 s	24.1	31.8	1.32
100 ℃ 30 s	27.9	33.8	1.21

表 15 - 24　不同乳粉的糠氨酸含量

品牌	生产日期	糠氨酸含量 [mg/hg（蛋白质）]
进口乳粉 1	2005 - 3 - 17	288.6
进口乳粉 2	2005 - 7 - 13	227.5
国产乳粉 1	2004 - 1 - 3	176.2
国产乳粉 2	2005 - 8 - 13	234.2
国产乳粉 3	2005 - 4 - 27	234.4
国产乳粉 4	2004 - 8 - 19	249.2
国产乳粉 5	2005 - 3 - 18	342.5
国产乳粉 6	2005 - 7 - 13	427.0
国产乳粉 7	2005 - 8 - 13	475.2
国产乳粉 8	2005 - 1 - 29	1 208.1

四、UHT 灭菌乳过热产品与复原乳的鉴别

NY/T 939—2005 中规定：UHT 灭菌乳中糠氨酸含量超过 190 mg/hg（蛋白质）时判定为复原乳。但 GB 25190—2010 中没有明确规定 UHT 灭菌乳的灭菌温度上限及受热的具体时间，部分乳品企业为保证产品货架期而采用过强的热处理条件，导致糠氨酸含量超过 190 mg/hg（蛋白质），从而被误判为复原乳。这就对 NY/T 939—2005 提出了如何区分 UHT 灭菌乳是过热处理造成的，还是添加了复原乳所致的问题。

1. 热处理强度对 UHT 灭菌乳糠氨酸含量的影响

采用小型试验设备对不同加热强度的 UHT 灭菌乳进行研究表明，在加热时间均为 4 s 时，随着温度从 137 ℃上升到 142 ℃，糠氨酸含量从 101.2 mg/hg（蛋白质）上升到 166.8 mg/hg（蛋白质）。

温度不超过 139 ℃时，糠氨酸含量在 140 mg/hg（蛋白质）以内。采用工厂化条件在 139 ℃ 4 s 制备的产品，其糠氨酸含量为 137.5 mg/hg（蛋白质），与小型试验设备条件下获得的结果一致。在严格监管下，某乳品厂采用的加热工艺为 137 ℃ 4 s，对其产品跟踪抽检的结果显示，糠氨酸含量在 95.2～117.6 mg/hg（蛋白质），平均值为 108.0 mg/hg（蛋白质），与小型试验设备研究结果一致。由于国内大部分乳品厂采用的都是 137～139 ℃ 4 s 的工艺。上述结果表明，将糠氨酸不超过 140 mg/hg（蛋白质）作为 UHT 灭菌乳不含复原乳的判定界限是正确的。

上述研究是在无回流工艺条件下进行的。国内大多数乳品企业使用的生产线，在正常情况下，因为包装与热处理环节不协调所导致的回流加热比例在 10%以内。在 NY/T 939—2005 标准运行过程中发现，在某些情况下，由于包装线未全部运行或出现了故障，回流加热比例在短期内可能会超过 10%。试验表明，在 137 ℃ 4 s 的条件下，与正常工艺条件相比，当回流比例提高到 30%时，糠氨酸含量提高 6.5%，表明回流比例过高也会导致糠氨酸含量适度增加。

2. 热处理强度对 UHT 灭菌乳中乳果糖与糠氨酸含量比值的影响

表 15－25 的结果显示，随着加热温度从 137 ℃提高到 142 ℃，乳果糖含量与糠氨酸含量同步增加，而 L/F 值为 2.20～2.52，平均值为 2.32。在严格监管下，对某乳品厂产品进行跟踪抽检的结果显示（表 15－26），其 L/F 值为 2.43～2.94，平均值为 2.68。在工厂化条件下，人为关掉 2 条包装线中的 1 条造成过度回流状态后，每隔 10 min 连续采集样品检测的结果显示，其 L/F 值介于 2.37～2.79，平均值为 2.60（表 15－26）。由此可以得出：在正常 UHT 条件下 L/F 值应大于 2。

表 15－25　加热温度对 UHT 灭菌乳中乳果糖与糠氨酸含量比值的影响

加工条件	乳果糖（mg/L）	糠氨酸［mg/hg（蛋白质）］	乳果糖/糠氨酸（L/F）
137 ℃ 4 s	234.7	101.2	2.32
138 ℃ 4 s	280.5	122.8	2.28
139 ℃ 4 s	317.9	134.3	2.37
140 ℃ 4 s	351.4	139.7	2.52
141 ℃ 4 s	342.9	154.4	2.22
142 ℃ 4 s	366.6	166.8	2.20
平均值			2.32

表 15－26　工厂化条件下过度回流加热对 UHT 灭菌乳中乳果糖与糠氨酸含量比值的影响

采样顺序号	乳果糖（mg/L）	糠氨酸［mg/hg（蛋白质）］	乳果糖/糠氨酸（L/F）
1	612.62	228.36	2.68
2	599.27	237.91	2.52
3	606.14	256.27	2.37
4	664.20	242.96	2.73
5	643.90	238.59	2.70
6	695.98	265.65	2.62
7	688.71	273.65	2.52
8	660.84	236.50	2.79
9	678.56	249.84	2.72

（续）

采样顺序号	乳果糖（mg/L）	糠氨酸［mg/hg（蛋白质）］	乳果糖/糠氨酸（L/F）
10	671.19	260.35	2.58
11	620.62	245.31	2.53
12	641.61	260.98	2.46
13	641.47	243.90	2.63
14	634.73	245.80	2.58
15	659.69	254.97	2.59
平均值	649.97	249.40	2.60

3. 添加复原乳对UHT灭菌乳中乳果糖与糠氨酸含量的影响

表15－27的结果显示，在137℃ 4 s的工艺条件下，随着复原乳比例的增加，乳果糖含量呈显著降低趋势，与热处理强度变化的影响相反；糠氨酸含量稳步增加，与热处理强度的影响相同。与此对应，L/F值随着复原乳比例增加呈显著降低的趋势。根据该项研究结果，为了完全避免出现误判，对糠氨酸含量在140 mg/hg（蛋白质）以上的UHT产品，规定L/F值小于2时即判为含有复原乳是可靠的。

表15－27　137℃ 4 s条件下添加复原乳对UHT灭菌乳中乳果糖与糠氨酸含量的影响

复原乳比例	乳果糖（mg/L）	糠氨酸［mg/hg（蛋白质）］	乳果糖/糠氨酸（L/F）
0	225.5	83.5	2.70
10%	194.6	91.7	2.12
20%	178.3	104.0	1.71
30%	147.2	118.0	1.26

综述以上研究结果，可以得出以下评价结论：

（1）当UHT灭菌乳中糠氨酸含量＜140 mg/hg（蛋白质）时，为正常UHT灭菌乳，不含复原乳。

（2）当UHT灭菌乳中糠氨酸含量≥140 mg/hg（蛋白质）时，且乳果糖含量（mg/L）与糠氨酸含量［mg/hg（蛋白质）］比值L/F＜2时，鉴定为复原乳。

（3）当UHT灭菌乳中糠氨酸含量≥140 mg/hg（蛋白质），且乳果糖含量（mg/L）与糠氨酸含量［mg/hg（蛋白质）］比值≥2时，鉴定为过热处理所致，并将乳果糖含量＞600 mg/L作为UHT灭菌乳受到过强热处理的参考指标。

（王加启、于建国、杜洪）

主要参考文献

曾文芳，时巧翠，陈永欣，等，2006. 离子色谱电化学测定牛奶中的乳糖和乳果糖［J］. 食品科学，27(5)：205－207.

陈怀宇，黄周英，林育腾，2004. 牛奶中抗生素的残留与危害现状［J］. 泉州师范学院学报（自然科学版），22(6)：102－106.

郭本恒，2003. 液态奶［M］. 北京：化学工业出版社.

侯平然，刘佐才，方贞华，2007. 转化糖浆中5-羟甲基糠醛的形成［J］. 冷饮与速冻食品工业，7(1)：1－3.

胡海燕，徐倩，孙雷，等，2009. 猪肉和牛奶中 10 种磺胺类药物残留检测超高效液相色谱法研究 [J]. 中国兽药杂志，43(8)：1-4.

黄萌萌，王加启，魏宏阳，等，2007. UHT 灭菌乳储存期间乳果糖的变化规律 [J]. 中国乳品工业，35(12)：10-12.

惠永华，杨国宇，韩立强，等，2007. 国标法对乳碱性磷酸酶的检测及其在巴氏消毒上的研究 [J]. 中国畜牧兽医，34(9)：68-70.

兰心怡，王加启，卜登攀，等，2009. 牛奶 β-乳球蛋白研究进展 [J]. 中国畜牧兽医，36(6)：109-112.

李立军，王旭琴，2010. 有机磷和有机氯对水体的污染 [J]. 内蒙古科技与经济（20)：74-75.

刘磊，许家喜，2010. 青霉素与人类健康 [J]. 大学化学，25(s)：31-36.

刘勇军，吴银良，姜艳彬，等，2009. 固相萃取-高效液相色谱法测定畜禽肉与牛奶中 5 种四环素类药物残留及其稳定性研究 [J]. 畜牧与兽医，41(6)：65-67.

孙晶玮，赵新淮，2007. 牛奶中多种磺胺类抗生素残留的 HPLC 快速分析 [J]. 食品科学，28(6)：256-259.

田艳玲，孙妍，陈婧，等，2009. 乳与乳制品中动物水解蛋白 L-羟脯氨酸测定法 [J]. 中国乳品工业，37(6)：49-50.

王加启，卜登攀，于建国，等，2005. 生乳与巴氏杀菌乳中糠氨酸含量及其测定方法研究 [J]. 中国畜牧兽医，32(11)：25-27.

王加启，黄萌萌，韩振春，等，2006. UHT 灭菌乳中乳果糖的 HPLC 测定 [J]. 中国奶牛（4)：8-11.

吴榕，孟瑾，韩奕奕，2006. 高效液相色谱法测定牛奶中的 5-羟甲基糠醛 [J]. 食品工业（4)：49-51.

Alexander J, Autrup H, Bard D, et al, 2004. Opinion of the scientific panel on contaminants in the food chain related to aflatoxin B1 as undesirable substance in animal feed [J]. The European Food Safety Authority Journal (39): 1-27.

Andrews G R, 2007. Distinguishing pasteurized, UHT and sterilized milks by lactulose content [J]. International Journal of Dairy Technology, 37(3): 92-95.

Kussendrager K, 1995. Lactoferrin and lactoperoxydase bio-active milk proteins [J]. International Food Ingredients (6): 17.

Luzzana M, Agnellini D, Cremonesi P, et al, 2003. Milk lactose and lactulose determination by the differential pH technique [J]. Dairy Science & Technology, 83(3): 409.

Montilla A, Moreno F J, Olano A, 2005. A Reliable Gas Capillary Chromatographic Determination of Lactulose in Dairy Samples [J]. Journal of Chromatography, 62(5-6): 311.

Olszewski E, Reuter H, 1992. The inactivation and reactivation behavior of lactoperoxidase in milk at temperatures between 50℃ and 135 ℃ [J]. Zeitschrift für Lebensmittel-Untersuchung und-Forschung, 194(3): 235-239.

Pellegrino L, Noni D I, Resmini P, 1995. Coupling of lactulose and furosine indices for quality evaluation of sterilized milk [J]. International Dairy Journal, 5(7): 647-659.

Tajkarimi M, Aliabadi-Sh F, Salah-Nejad A, et al, 2008. Aflatoxin M1 contamination in winter and summer milk in 14 states in Iran [J]. Food Control (19): 1033-1036.

Verheul M, Roefs Sebastianus P F M, de Kruif Kees G, 1998. Kinetics of heat-induced aggregation of β-lactoglobulin [J]. Journal of Agricultural and Food Chemistry, 46(3): 896.

Wit J N D, Hooydonk A C M V, 1996. Structure, functions and applications of lactoperoxidase in natural antimicrobial systems [J]. Netherlands Milk and Dairy Journal, 50(2): 227.

图书在版编目（CIP）数据

奶牛学 / 张养东，施正香主编．—北京：中国农业出版社，2022.9

ISBN 978-7-109-26128-0

Ⅰ．①奶…　Ⅱ．①张…②施…　Ⅲ．①乳牛—饲养管理　Ⅳ．①S823.9

中国版本图书馆 CIP 数据核字（2019）第 241547 号

中国农业出版社出版

地址：北京市朝阳区麦子店街 18 号楼

邮编：100125

责任编辑：刘　伟　冀　刚　杨晓改　　文字编辑：耿韶磊

版式设计：杜　然　　责任校对：吴丽婷

印刷：北京通州皇家印刷厂

版次：2022 年 9 月第 1 版

印次：2022 年 9 月北京第 1 次印刷

发行：新华书店北京发行所

开本：889mm×1194mm　1/16

印张：52.5

字数：1800 千字

定价：298.00 元
